Susanne Grosser

Ärztekorrespondenz in der Frühen Neuzeit

Frühe Neuzeit

Studien und Dokumente zur deutschen Literatur
und Kultur im europäischen Kontext

Herausgegeben von
Achim Aurnhammer, Wilhelm Kühlmann,
Jan-Dirk Müller, Martin Mulsow und Friedrich Vollhardt

Band 194

Susanne Grosser

Ärztekorrespondenz in der Frühen Neuzeit

Der Briefwechsel zwischen Peter Christian Wagner und Christoph Jacob Trew. Analyse und kommentierte Edition

DE GRUYTER

Zugleich Dissertation unter dem Titel „Die Korrespondenz zwischen den Ärzten Peter Christian Wagner (1703–1764) und Christoph Jacob Trew (1695–1769) – Einblicke in den Unterbau frühneuzeitlicher gelehrter Netze. Analyse und kommentierte Edition", genehmigt von der Philosophischen Fakultät und Fachbereich Theologie der Friedrich-Alexander-Universität Erlangen-Nürnberg, Tag der mündlichen Prüfung: 3. April 2014.

ISBN 978-3-11-041140-9
e-ISBN (PDF) 978-3-11-041144-7
e-ISBN (EPUB) 978-3-11-041147-8
ISSN 0934-5531

Library of Congress Cataloging-in-Publication Data
A CIP catalog record for this book has been applied for at the Library of Congress.

Bibliografische Information der Deutschen Nationalbibliothek
Die Deutsche Nationalbibliothek verzeichnet diese Publikation in der Deutschen Nationalbibliografie; detaillierte bibliografische Daten sind im Internet über http://dnb.dnb.de abrufbar.

Satz: Johanna Boy, Brennberg
Druck und Bindung: CPI books GmbH, Leck
♾ Gedruckt auf säurefreiem Papier
Printed in Germany
www.degruyter.com

Meinen Eltern

Vorwort

Die Bibliothek der Friedrich-Alexander-Universität Erlangen-Nürnberg beherbergt in Gestalt der Trewschen Briefsammlung einen reichen Schatz brieflicher Quellen. Im Rahmen meiner Dissertation, genehmigt von der Philosophischen Fakultät und Fachbereich Theologie der Friedrich-Alexander-Universität (Tag der mündlichen Prüfung 3. April 2014), habe ich die Korrespondenz zwischen den Ärzten Peter Christian Wagner (1703–1764) und Christoph Jacob Trew (1695–1769) als kommentierte Edition vorgelegt sowie unter verschiedenen Gesichtspunkten analysiert. Das hier vorliegende Werk stimmt mit dieser Dissertation nahezu vollständig überein, d.h. die vorgenommenen Änderungen sind fast ausschließlich formeller Art.

Ich möchte an dieser Stelle all jenen danken, die diese Arbeit in ihrer Entstehung begleitet und durch ihre Unterstützung in mannigfaltiger Weise bereichert haben. Mein größter Dank gilt den Betreuern meiner Dissertation Herrn Professor Dr. Georg Seiderer und Frau Professor Dr. Renate Wittern-Sterzel.

Herr Professor Dr. Georg Seiderer ist dem von mir gewählten Thema, gleichsam teils noch einer Art Erbe aus der Zeit meines vorausgegangenen Medizinstudiums, und meinem Vorhaben, bei der Bearbeitung gleichermaßen medizin-, wissenschafts- und landesgeschichtliche Aspekte zu berücksichtigen, mit großer Aufgeschlossenheit begegnet und hat es immer wieder verstanden, den Blickwinkel meiner Betrachtung noch einmal entscheidend zu erweitern. Frau Professor Renate Wittern-Sterzel hat mich nicht nur auf die Briefsammlung Trew und insbesondere den Briefwechsel zwischen Peter Christian Wagner und Christoph Jacob Trew aufmerksam gemacht und so die vorliegende Arbeit angeregt, sondern sie hat sich stets sehr viel Zeit genommen und mir große Unterstützung gewährt: So durfte ich im Prozess der Fertigstellung meiner Dissertation im Kontakt mit ihr fortlaufend dazulernen, ob in sehr hilfreichen Gesprächen zur Gesamtkonzeption bzw. Gliederung der Arbeit, durch die Korrektur der Übersetzungen oder durch ihre äußerst genaue und konstruktive Form der Textkritik.

Unter den Mitarbeitern des medizinhistorischen Instituts in Erlangen, denen ich ebenfalls für ihre wiederholte konstruktive Textkritik zu Dank verpflichtet bin, möchte ich besonders Frau Professor Dr. Marion Maria Ruisinger und Herrn Privatdozent Dr. Fritz Dross hervorheben. Frau Professor Dr. Marion Maria Ruisinger hat mir zudem gerade zu Beginn der Arbeit mit den handschriftlichen Quellen hilfreich zur Seite gestanden und immer wieder (teils auch gemeinsam mit Herrn Udo Andraschke) wichtige Hinweise auf weitere möglicherweise interessante Quellenbestände gegeben. Bei Herrn Privatdozent Dr. Fritz Dross fand ich bei kleineren oder größeren Anliegen stets ein offenes Ohr.

Bedanken möchte ich mich außerdem bei den Mitdoktorandinnen bzw. Mitdoktoranden in den von mir besuchten Doktoranden- bzw. Oberseminaren: namentlich genannt seien an dieser Stelle Frau Dr. Heidrun Mitzel-Kaoukhov, Frau Dr. Ruth Heinzelmann und Herr Dr. Tilman Rau, mit denen ich häufig in anregendem Austausch stand.

Stellvertretend für die Mitarbeiter in den Sekretariaten bzw. Bibliotheken am Lehrstuhl für Bayerische und Fränkische Landesgeschichte sowie am Institut für Geschichte und Ethik der Medizin der Friedrich-Alexander-Universität Erlangen-Nürnberg danke ich hier Frau Brigitte Platzer, Frau Edith Dette, Frau Renate Rittner und Frau Dr. Angelika Kretschmer für ihre stets unkomplizierte und freundliche Unterstützung. Ein besonderer Dank gilt auch den Mitarbeitern in der Handschriftenabteilung der Universitätsbibliothek Erlangen-Nürnberg, vor allem Frau Sigrid Kohlmann und Herrn Günther Baumüller, für ihre jederzeit freundliche und umgehende Hilfe bei der Beschaffung der Quellen. Danke auch an die Mitarbeiter in den vielen anderen besuchten oder kontaktierten Archiven und Bibliotheken.

Mein abschließender und herzlichster Dank aber geht an meine Familie. Ohne meine Eltern, die mir über einen langen Zeitraum hinweg den Rücken freigehalten, mich stets liebevoll begleitet und mich in vielfältiger Weise Zuspruch und Unterstützung haben erfahren lassen, wäre die Arbeit in vorliegender Form niemals möglich gewesen.

Kirchfarrnbach, September 2014 Susanne Grosser

Inhalt

1 Einleitung

> Deshalb sind Briefe so viel werth, weil sie das unmittelbare des Daseyns aufbewahren, [...].[1]

Mit diesen Worten brachte Johann Wolfgang von Goethe in sehr prägnanter Weise die Gründe für den unschätzbaren Wert des Briefs gerade auch als eine gleichsam ganz besondere Pforte zur Vergangenheit zum Ausdruck. Indem ein Brief jedwedem Leser direkten Zugang zu allen von seinem Verfasser im Austausch mit dem Adressaten aufgegriffenen Themen und Gedanken gewährt, übt er eine ganz eigene Faszination aus, der sich auch der heutige Bearbeiter von Briefen als historischer Quelle nicht zu entziehen vermag.

Im Zentrum vorliegender Untersuchung steht der Briefwechsel zwischen den Ärzten Peter Christian Wagner (1703–1764) und Christoph Jacob Trew (1695–1769) aus der Trewsammlung der Universitätsbibliothek Erlangen. Die Wagner-Trew-Korrespondenz wird als Edition mit Sachkommentaren vorgelegt sowie unter vorrangiger Berücksichtigung wissenschafts- und medizinhistorischer Gesichtspunkte analysiert und so in einem breiteren Forschungskontext verortet.

Sowohl Christoph Jacob Trew als auch Peter Christian Wagner waren praktisch tätige Ärzte. Trew wirkte beständig an seinem Wohnort Nürnberg und von dort aus auch als Leibarzt am Ansbacher Markgrafenhof, während Wagner mehrere Wohnortwechsel nach Pappenheim, Erlangen und Bayreuth vollzog. Peter Christian Wagner war in seiner Zeit als Leibarzt des Grafen von Pappenheim und insbesondere in seinen langen Jahren als Leibarzt am Bayreuther Markgrafenhof eng mit seinem höfischen Umfeld und allen sich daraus ergebenden Pflichten und auch Zwängen verbunden, so dass ihm, sehr zu seinem eigenen Leidwesen, nur wenig Zeit für seine naturwissenschaftlichen Interessen und gelehrten Ambitionen verblieb.[2] Die Wagner-Trew-Korrespondenz gibt Zeugnis von seinem Bemühen, dennoch im steten Austausch mit anderen Ärzten und Gelehrten zu bleiben. Christoph Jacob Trew dagegen vermochte in der Reichsstadt Nürnberg, seine vielfältigen wissenschaftlichen Neigungen sehr viel freier und damit umfangreicher zur Entfaltung zu bringen.

---

1 Goethes Werke (Sophien-Ausgabe), 29. Bd. (1891), S. 231 (Aristeia der Mutter [1831]).

2 Vgl. Grosser (2010). – In dieser der vorliegenden Dissertation vorausgehenden Magisterarbeit wurde unter dem Titel „Ein höfischer Arzt des 18. Jahrhunderts im Spiegel seiner Korrespondenz – Stationen seines Lebens, seine Ziele, sein Selbstverständnis“ auf Basis der erhaltenen Briefe v.a. die Zerrissenheit Peter Christian Wagners zwischen höfischen Pflichten und gelehrten Ambitionen herausgearbeitet.

Anders als Wagner, der in der aktuellen Forschungsliteratur bislang keine Beachtung fand, erfuhr Trew daher in den letzten Jahren vor allem in den Arbeiten Thomas Schnalkes eine Würdigung als „wissenschaftlicher Kommunikator"[3] – mit Verdiensten unter anderem in der Herausgeberschaft zahlreicher naturwissenschaftlicher Werke sowie des *Commercium Litterarium*, der ersten medizinischen Wochenzeitschrift Deutschlands[4]. Darüber hinaus aber verdanken wir in Gestalt der Trewsammlung der Universitätsbibliothek Erlangen der Sammelleidenschaft Christoph Jacob Trews einen ganz besonderen Quellenschatz.

Trew baute sich zum einen eine naturkundliche Sammlung aus Pflanzen, Pflanzensamen, anatomischen Präparaten und Instrumenten sowie zum anderen eine stetig erweiterte Bibliothek auf, die neben vielfältigen Werken aus der Zeit seit den Anfängen des Buchdrucks sowie neben wissenschaftlichen Illustrationen und Porträts auch handschriftliche Dokumente wie Briefe und Briefwechsel umfasste. Im Jahr 1769, nach dem Tode Trews, gingen alle Sammlungen zunächst seinem Testament gemäß nahezu geschlossen an die Universität Altdorf.[5] Nach Auflösung der Altdorfer *Alma Mater* 1809 und einer nachfolgenden teilweisen Zersplitterung der Sammlungen verfügte im Jahr 1818 der bayerische König Maximilian I. die Überstellung aller verbliebenen Bestände an die Universität Erlangen. Während die auf verschiedene Institute verteilten Naturalien und Sachobjekte der Trewschen Sammlungen heute nicht mehr gezielt nachzuweisen sind, sind die der Universitätsbibliothek zugegangenen Bestände bis heute fast verlustfrei erhalten: ca. 34.000 gedruckte monographische Abhandlungen, etwa 2.500 gemalte oder gezeichnete Einzelblätter mit naturkundlichen Motiven, einzelne Porträts sowie mehr als 19.000 Briefe und Briefentwürfe aus dem sechzehnten bis achtzehnten Jahrhundert, bei denen es sich sowohl um eigene Korrespondenzen Trews als aber auch um von Trew gesammelte Gelehrtenbriefwechsel vorausgehender Jahrhunderte handelt.

Teile des epistolaren Quellenschatzes der Trewsammlung der Universitätsbibliothek Erlangen wurden in den letzten Jahren gehoben: Zum einen dienten Briefbestände als Quellenbasis wissenschaftlicher Studien, zum anderen wurden

3 Schnalke (1997), S. 43. – Vgl. daneben auch zum Beispiel Schnalke (1995a); Schnalke (1995b).

4 Zum Commercium Litterarium als Teil der Frühgeschichte des medizinischen Journalismus sowie seiner Struktur und Organisation vgl. die folgende Dissertation: Rau (2006); bzw. überarbeitet in Buchform: Rau (2009).

5 Zur Geschichte der Sammlungen Trews vgl. auch im Folgenden Schnalke (1997), S. 34 f. – Zu den Trewschen Sammlungen in Erlangen vgl. ferner Keunecke (1995); Schmidt-Herrling (1940). Letzteres Werk, ein dicker Katalogband, erschloss die Briefsammlung Trew für eine breitere wissenschaftliche Nutzung.

einzelne Korrespondenzen als Editionen mit Sachkommentar vorgelegt.[6] Das vorliegende Werk schließt hier mit Edition und Analyse der Wagner-Trew-Korrespondenz an.

Die speziellen Erfordernisse im Umgang mit brieflichen Quellen resultieren aus den Besonderheiten dieses Mediums. Auch wenn daher die methodische Quellenreflexion zur *conditio sine qua non* jeder wissenschaftlichen Auseinandersetzung mit brieflichen Quellen wird, so können hier, da die umfangreiche und thematisch vielfältige Forschungsliteratur zum historischen Brief heute als „kaum mehr überblickbar"[7] gelten muss, nur einige zentrale Aspekte zu Wesen und Wert der Quelle Brief hervorgehoben werden. Zur Erfassung des Wesens des Briefs kann konstitutiv seine Typisierung als „Redeersatz[]"[8], also als gleichsam „verschriftlichter Dialog", herangezogen werden, d.h. als eine „räumlich und zeitlich getrennte und deshalb indirekte (schriftliche) zentrierte Interaktion zwischen zwei fest bestimmten Kommunikationspartnern (Einzelpersonen oder Institutionen) mit wechselnder Schreiber-/Leserrolle"[9]. Hieraus ergibt sich die oft beschriebene „eigentümlich changierende Stellung der postalischen Kommunikation zwischen der dialogischen Struktur eines Gespräches und der durch ihre Verschriftlichung aufgehobenen Flüchtigkeit mündlicher Unterredungen"[10]. Das Medium Brief befindet sich in einer „Zwitterstellung [...] zwischen Interaktion und Interaktionsüberschreitung"[11], indem einerseits keine Kommunikation anwesender Personen mehr gegeben ist, andererseits aber im Gegensatz zum Massenmedium weder eine Unbestimmtheit der Adressaten noch eine Unterbrechung des direkten Sender-Empfänger-Kontakts vorliegt. Kennzeichen und besonderer

6 Vgl. zum Beispiel Schnalke (1997), der Trew als städtischen Arzt des achtzehnten Jahrhunderts im Spiegel seiner Korrespondenz, d.h. auf Basis ausgewählter erhaltener Briefwechsel, herausarbeitete, sowie Ruisinger (2008b) zur Konsiliarkorrespondenz Lorenz Heisters (1683–1758). – Zudem entstanden am Institut für Geschichte und Ethik der Medizin der Universität Erlangen-Nürnberg Doktorarbeiten, die auf Briefwechseln der Trewsammlung aufbauen oder auch eine kommentierte Edition einzelner Korrespondenzen beinhalten; vgl. Thurner (2009); Henglein (2010); Heinzelmann (2011); Mitzel-Kaoukhov (2011).

7 Stuber/Hächler/Steinke (2005), S. 9.

8 Nikisch (1991), S. 4. – Nikisch (1991), S. 1–9, beschreibt von literaturwissenschaftlicher Seite aus verschiedene ihm vorausgehende theoretische Bemühungen um die Textsorte Brief.

9 Langeheine (1983), S. 311.

10 Dauser/Hächler/Kempe/Mauelshagen/Stuber (2008), S. 15.

11 Kempe (2008), S. 302. – Kempe (2008), S. 302, beschreibt den Brief ferner in Anlehnung an die Unterscheidung Marshall McLuhans in ‚heiße' und ‚kalte' Medien als ein ‚lauwarmes' Medium, das zwar gegenüber ‚heißen Medien' wie Buch oder Radio ein höheres Maß an Beteiligung erfordert, ohne aber dieselbe direkte Anteilnahme und denselben unmittelbaren Einsatz wie ein ‚kaltes Medium' wie Zwiegespräch oder Telefon vorauszusetzen.

Reiz des Briefes sind seine Möglichkeiten zur Überwindung von Raum und Zeit, wodurch aber zugleich jeder epistolare Dialog prolongiert wird, d.h. es kommt durch die z.B. durch den Brieftransport bedingten Redepausen zum „brieftypischen Phasenverzug“, in welchem „das Mitgeteilte dem Rückgriff der Briefpartner entzogen und gesellschaftlichen Einflüssen ausgesetzt ist“[12] und sich zudem „die spezifische Rollenverteilung zwischen Briefautor und -adressat [konstituiert], die im steten Rollentausch, wie er für den fortgesetzten Briefwechsel charakteristisch ist, ihre eigene Dynamik entfaltet“[13]. Im Wesenskern des Briefes als „verschriftlichter Dialog“ liegt somit auch begründet, dass Briefanalyse niemals nur Sprachhandlungsanalyse sein kann, sondern „immer auch Situationsanalyse und Analyse der Partnerbeziehung“[14] sein muss.

Die notwendige Sensibilisierung für die speziellen Erfordernisse, die sich aus den gattungsspezifischen und kommunikativen Besonderheiten der Briefe auch und gerade für deren Edition ergeben, ist in den letzten Jahrzehnten zunehmend ins Blickfeld geraten.[15] Betont wird insbesondere, dass aufgrund der Dialogizität als Wesenskern des Briefes stets die Veröffentlichung eines Briefwechsels, und nicht nur der Briefe eines Briefschreibers, als Idealform der Briefedition anzusehen ist.[16] Entsprechend präsentiert das vorliegende Werk in chronologischer Zusammenstellung die sieben in der Trewsammlung der Universitätsbibliothek Erlangen erhaltenen Briefentwürfe Christoph Jacob Trews an Peter Christian Wagner[17] sowie die umgekehrt erhaltenen 68 Briefe Wagners an Trew[18]. Die Wagner-Trew-Korrespondenz erstreckt sich dabei von 1729 bis 1760, also über einen Zeitraum von 31 Jahren.

---

12 Schnalke (1997), S. 23.

13 A.a.O.

14 Stuber/Hächler/Steinke (2005), S. 10.

15 Im Überblick vgl. Nikisch (1991), S. 228–237.

16 Siehe ebd., S. 229.

17 Universitätsbibliothek Erlangen, Briefsammlung Trew, Korrespondenz Christoph Jacob Trew, Nr. 789–795 (im Folgenden abgekürzt UBE BT, Korr. Trew, Nr. x). – Derartige Angaben erfolgen stets nach Schmidt-Herrling (1940).

18 Universitätsbibliothek Erlangen, Briefsammlung Trew, Korrespondenz Peter Christian Wagner, Nr. 3–70 (im Folgenden abgekürzt UBE BT, Korr. Wagner, Nr. x). – Weitere Schreiben Wagners, die ebenfalls in der UBE Briefsammlung Trew (Korr. Wagner, Nr. 1, 2, 72) erhalten und an andere Korrespondenten (Nr. 1 u. 2: an den Nürnberger Apotheker Johann Ambrosius Beurer, 1716–1754; Nr. 72: an ein unbekanntes „Fräulein Gevatterin“, vermutlich ein Fräulein von Bobenhausen) gerichtet sind, wurden in der Edition ebenso wenig berücksichtigt wie ein erhaltenes Extrakt aus einem Schreiben Wagners an eine unbekannte Person mit Trew betreffenden Passagen (Korr. Wagner, Nr. 71), um die Einheit der Korrespondenz Wagner-Trew nicht aufzubrechen. Sofern sie relevante Aspekte zur Auswertung der Wagner-Trew-Korrespondenz beisteuern können, wurden sie jedoch an entsprechender Stelle vorliegender Dissertation inhaltlich mit einbezogen.

Der Versuch, einzelne Typen des historischen Briefs voneinander abzugrenzen, ist hilfreich, um seiner immensen Vielfalt gewahr zu werden. Doch die in der Forschungsliteratur anzutreffenden Typologien hinterlassen auch einige offene Fragen und Unklarheiten, indem sie teils nach unterschiedlichen Kriterien vorgehen bzw. dieselben Kriterien unterschiedlich anwenden, teils verwendete Begriffe nicht eindeutig oder unterschiedlich definieren. Insbesondere einzelnen Übergangsformen in der Entwicklung des Briefs gerecht zu werden, gelingt so nur schwer – dies gilt auch und gerade für die Art von Schreiben wie wir ihnen in der Wagner-Trew-Korrespondenz begegnen.

Als prägend für die Briefforschung erwies sich insbesondere jene Traditionslinie, die ausgehend von Georg Steinhausens *Geschichte des deutschen Briefes*[19] das wahre Entwicklungsziel des Briefes allein im Übergang von einem strengen stilistischen Standards folgenden, formelhaften Brief hin zu einem stark individualisierten, emotionsbetonten Brief erfüllt sah[20] und daher auf Geburt und Entfaltung des modernen Privatbriefs in Gestalt des „freundschaftlich-empfindsamen Briefs" in der zweiten Hälfte des achtzehnten Jahrhunderts fixiert blieb.[21] Eine derart stark vereinfachte, gleichsam „alt" und „neu" dichotom gegenüberstellende Sichtweise der Briefentwicklung[22] erschwerte lange eine differenzierte Verortung einzelner Briefformen: So ordnete Thomas Schnalke 1997 die untersuchten Briefe Christoph Jacob Trews, obwohl überwiegend aus der ersten Hälfte des achtzehnten Jahrhunderts stammend, bereits den „private[n] Schreiben, welche[] persönliche Mitteilungen zwischen zwei Individuen transportierte[n]"[23], zu und grenzte sie dabei zugleich scharf von dem kunstvoll stilisierten und für ein breiteres Lesepublikum bestimmten „Humanistenbrief" sowie auch dem aus diesem hervorgegangenen „gelehrte[n] Brief"[24] ab. Während die besondere Betonung der vorrangigen Ausrichtung der Briefe Trews allein auf den jeweiligen Briefpartner hin, welche auch die Zuordnung zur historischen Quellenkategorie des „Überrests"[25] erlaubt, ein

---

19 Steinhausen (1889–1891).

20 Auch Michael Maurer beschreibt im „Lexikon der Aufklärung" das achtzehnte Jahrhundert als „Zeitalter des Briefes" vor allem unter dem Aspekt dieses Wandels; vgl. Schneiders (1995), S. 69 f. (Michael Maurer „Briefe/Korrespondenz").

21 Vgl. mit weiteren Beispielen aus der Briefforschung Stuber/Hächler/Steinke (2005), S. 11; Kempe (2004), S. 408 f.

22 Zur Kritik an dieser dichotomen Sichtweise vgl. auch Steinke/Stuber (2008), S. 406.

23 Schnalke (1997), S. 21.

24 A.a.O.

25 Vgl. ebd., S. 21 f. – Als „Überrest" wird eine Quelle verstanden, die im Unterschied zur Kategorie der „Tradition" nicht aus dem Zweck der historischen Unterrichtung der Mit- oder Nachwelt heraus entstanden ist. Vgl. zu den von Droysen und Bernheim entwickelten Kategorien „Tradition" und „Überrest" z.B. Brandt (1996), S. 48–64.

zentrales Merkmal dieser Art von Schreiben erfasst, vermag die vorgenommene scharfe Abtrennung vom „gelehrten Brief" kaum zu überzeugen.

Neuere Ansätze, denen auch die vorliegende Untersuchung folgt, finden eine Auflösung der Problematik, indem sie eine allzu stark auf den persönlich-intimen Bereich verengte Untersuchung der Geschichte des Privatbriefs ablehnen, um so zugleich auch anderen wichtigen Entwicklungslinien besser gerecht werden zu können.[26] Diese Ansätze gehen dabei von einer möglichst offenen Definition des Privatbriefs aus, nach welcher dieser in Abgrenzung zum amtlichen Brief nichts anderes ist „als ein verbaler Informationsaustausch unter den Bedingungen lokaler Distanz, der inoffiziell und mehr oder weniger vorläufig gedacht und niedergeschrieben wird, vielseitig in Bezug auf die behandelten Gegenstände und mehrschichtig in Bezug auf das Anspruchsniveau ihrer Erörterung ist, dabei die Themen häufig wechselt und diese mit unterschiedlicher Gründlichkeit diskutiert"[27]. In dieser erweiterten Perspektive geraten dann auch Aspekte ins Blickfeld, die es erlauben, innerhalb des Privatbriefs unterschiedliche und in sich abgestufte Entwicklungslinien abzugrenzen, darunter „eine Entwicklungslinie hin zum nüchternen und sachlichen Informationsbrief"[28], in die sich unter anderem auch „Humanistenbrief" wie „Gelehrtenbrief" einreihen lassen und in deren Verlauf Formelhaftigkeit und kunstvolle auf ein breiteres Lesepublikum ausgerichtete Stilisierung schrittweise zugunsten eines sachlichen Informationsaustausches zwischen zwei Individuen zurücktreten. So ist der „Humanistenbrief" zwar noch stark am Stilvorbild des Erasmus von Rotterdam orientiert und oft in Gestalt des literarischen Werkbriefes auf Tradierung und Konservierung angelegt, doch wird in den letzten Jahren vermehrt auch auf die vielen „pragmatischeren Unterarten"[29] desselben hingewiesen, in denen zugunsten sachlicher Informationsvermittlung der rhetorische Aufwand bereits deutlich verringert ist.[30]

Ein Gelehrtenbriefwechsel wie die Wagner-Trew-Korrespondenz „zeichne[t] sich [...] durch den Austausch von Informationen, Wissen und materiellen Gaben aus, die unmittelbar auf die wissenschaftlichen und sozialen Interessen der Gelehrten bezogen sind"[31]. Der literarische Anspruch tritt klar hinter die Funktion des Briefs als Beziehungs- und Informationsträger zurück.[32] Die Informa-

26 Vgl. zum Beispiel Stuber/Hächler/Steinke (2005), S. 11.
27 A.a.O.
28 A.a.O.
29 Ebd., S. 12.
30 Vgl. auch am Beispiel der Grotius-Briefe Kempe (2008), S. 308 f.
31 Stuber/Hächler/Steinke (2005), S. 15 f.
32 Siehe Steinke/Stuber (2008), S. 390.

tion ist das dominierende Moment dieses „Gelehrtenbriefs“, nicht die Emotion wie im „freundschaftlich-empfindsamen Brief“.[33] Die Korrespondenzpartner eines Gelehrtenbriefwechsels fühlten sich einem Verhaltenskodex verpflichtet, der durchaus auch mit dem Begriff der „Freundschaft“ umschrieben werden konnte – gemeint war aber stets vorrangig jenes frühaufklärerische Konzept der Freundschaft, das gemäß dem Prinzip des *do ut des* vor allem auf den gegenseitigen Nutzen der Beziehung abzielte.[34] Der Begriff des „Gelehrten“ ist dabei hier und im Folgenden durchgängig im Sinne des achtzehnten Jahrhunderts zu verstehen,[35] d.h. noch keineswegs verengt allein auf den wissenschaftlich produktiven akademischen Lehrer, sondern vorwiegend unter der Vorstellung des „Gelehrten“ als einer Person, die über die lateinische Bildungssprache, den Besuch einer Universität oder, ein zunehmend entscheidendes Kriterium, eine eigene gelehrte Publikation Zugang zur Gelehrtenrepublik fand[36].

Gelehrtenbriefwechsel galten, wie auch die gedruckten Briefsammlungen des siebzehnten und frühen achtzehnten Jahrhunderts belegen, schon in der Frühen Neuzeit selbst als wertvolle wissenschaftshistorische Quellen, bildeten sie doch eine der Grundlagen der *Historia literaria*, welche zur Vermehrung der Klugheit und damit der Vermeidung von Fehlern und Irrungen in den Wissenschaften und im bürgerlichen Leben beitragen sollte.[37] Seitdem wurden mannigfaltige Zugangswege zum historischen Brief gewählt, u.a. auch unter traditionell-literaturwissenschaftlicher, linguistischer und kommunikationsgeschichtlicher Perspektive.[38] Gerade bezüglich des Gelehrtenbriefes dominierte lange Zeit ein antiquarischer Zugang, der den Brief, von naiver Neugier und Verehrung getrieben, vorrangig als Denkmal sah und ihn im Rahmen bewundernder Persönlichkeitsdarstellungen zum Einsatz brachte.[39]

---

33 Siehe a.a.O.

34 Vgl. Stuber/Hächler/Steinke (2005), S. 19. – Zum Konzept der „nützlichen Freundschaft“ vgl. auch Steinke/Stuber (2008), S. 390–392; zur „gelehrten Freundschaft“ und dem „nützlichen Brief“ am Beispiel der Korrespondenz zwischen Trew und Albrecht von Haller (1708–1777) vgl. Steinke (1999), insbesondere S. 15–19 bzw. S. 19 f.

35 Zum Begriff des „Gelehrten“ im achtzehnten Jahrhundert vgl. Seiderer (1997), S. 67–69; Schneiders (1995), S. 146 f. (Gunter E. Grimm „Gelehrter“).

36 Siehe zu den Zugangskriterien zur Gelehrtenrepublik auch Stuber/Hächler/Steinke (2005), S. 14.

37 Vgl. ebd., S. 13; zu den Briefsammlungen des siebzehnten und achtzehnten Jahrhunderts vgl. Ammermann (1983), hier insbesondere S. 81 f. und S. 86 f.

38 Vgl. in einer Übersicht Stuber/Hächler/Steinke (2005), S. 9 f.

39 Vgl. ebd., S. 9 und S. 13; zum antiquarischen Zugang zum historischen Brief vgl. auch Schmid (1996), S. 106.

Die neuere historische Wissenschaftsforschung eröffnet seit einigen Jahren einen neuen Blickwinkel auf den Wert des Gelehrtenbriefs als historische Quelle, den sich auch die vorliegende Untersuchung weitgehend zu eigen macht: Sie konzentriert sich nicht mehr vorwiegend auf die „Abfolge der Erkenntnisse großer Männer, arrangiert auf einer Linie des Fortschritts"[40], sondern richtet ihr Hauptaugenmerk stattdessen auf die Wissenschaft als eine soziale Betätigung, also auf Praktiken der Wissensproduktion und gesellschaftliche Kontexte.[41] Die Gelehrtenrepublik (*Respublica Litteraria*, *République des Lettres*, *Republic of Letters*) gelangt so in der Wahrnehmung als frühneuzeitliches Kommunikationssystem des gelehrten Standes in das Zentrum wissenschaftshistorischen Interesses.[42] Tragende Säulen der sich über weite Teile Europas erstreckenden Gelehrtenrepublik[43] waren gelehrte Institutionen (wie Universitäten, Akademien, Sozietäten, Bibliotheken, botanische Gärten), Druckmedien (wie Bücher und Zeitschriften) und Formen gelehrter Mobilität (wie die *peregrinatio academica*) – jedoch alle in ihrer Bedeutung überstrahlt vom Brief als verbindendes Medium, gleichsam als „the most ideal instrument to bridge geographical distances between scholars from the earliest of times"[44].

In den letzten Jahren erschienen auf Basis dieser neuen Weichenstellungen vermehrt Studien, die teils umfangreich erhaltene Briefwechsel oftmals berühmter Gelehrter des achtzehnten Jahrhunderts nicht mehr allein unter dem Impetus der Huldigung von deren Person oder wissenschaftlicher Leistung erschlossen, sondern diese vielmehr als Teil des Kommunikationssystems der Gelehrtenrepublik zu verorten suchten, wobei hier beispielhaft die Arbeiten im Umfeld des Albrecht-von-Haller-Projekts[45] in Bern genannt

---

40 Bödeker/Reill/Schlumbohm (1999), S. 11 (Einleitung).

41 Vgl. zusammenfassend Stuber/Hächler/Steinke (2005), S. 13 f. – Ausgangspunkt der neueren historischen Wissenschaftsforschung waren angelsächsische Pionierstudien; vgl. zum Beispiel Shapin (1994); als Übersicht Daston (2003). Aufnahme fanden die Ansätze dann auch in mehreren deutschen Sammelbänden zur frühneuzeitlichen Wissenschaftsgeschichte; vgl. Bödeker/Reill/Schlumbohm (1999); Zedelmaier/Mulsow (2001).

42 Vgl. Stuber/Hächler/Steinke (2005), S. 14.

43 Zur Gelehrtenrepublik vgl. noch in eher institutionellem Verständnis Neumeister/Wiedemann (1987); grundlegend dann Bots/Waquet (1994); Bots/Waquet (1997); Bosse (1997). Zur Diskussion über Ideal und Wirklichkeit bzw. die zeitliche Ausdehnung der Gelehrtenrepublik vgl. auch zum Beispiel Daston (1991); Brockliss (2002), insbesondere S. 19.

44 Bots (2008), S. 34.

45 Der Mediziner, Naturforscher und Dichter Albrecht von Haller wurde 1708 in Bern geboren und starb ebenda 1777. Nach einem Studium in Tübingen und Leiden erwarb er 1727 den medizinischen Doktorgrad. Im Anschluss an Aufenthalte in London, Paris und Basel ließ er sich 1729 in Bern als praktischer Arzt nieder. 1736 folgte er einem Ruf an die im Aufbau befindliche

seien.[46] Stets liegt bei derartigen Studien, so unterschiedlich die im Einzelnen entwickelten Fragestellungen sein mögen, auch der Gebrauch des Begriffs des „Netzes“ oder „Netzwerkes“ nahe, der ohnehin gegenwärtig eine Hochkonjunktur erlebt, indem damit, teils auch recht unreflektiert, unterschiedlichste komplexe Interaktionszusammenhänge erfasst werden sollen[47]. Die vielfältigen Möglichkeiten eines thematischen wie methodischen Zugangs zu Korrespondenzen unter dem Fokus der Vernetzung werden jüngst immer weiter ausgelotet und zugleich etwa durch Anleihen bei den Methoden der sozialwissenschaftlichen Netzwerkanalyse[48] auch auf eine solide Basis gestellt.[49]

Anders als die meisten der eben genannten Studien nimmt die vorliegende Untersuchung nicht die teils umfangreich erhaltene Gesamtkorrespondenz eines, schon aufgrund der Überlieferungssituation, oftmals ‚großen‘ Gelehrten in den Blick, sondern bleibt im Kern auf einen Briefwechsel zwischen zwei Briefpartnern begrenzt. Und dennoch erhebt sie den Anspruch in der Analyse dieser Einzelkorrespondenz an den skizzierten Forschungskontext zur Funktionsweise frühneuzeitlicher gelehrter Netzwerke anzuknüpfen, also keineswegs auf Grundlage möglichst genau erschlossener Briefe, wie sie dann auch in der Edition vorgelegt werden, allein bei der Analyse der Beziehung zwischen den beiden Briefpartnern oder ausgewählter einzelner Inhalte der Briefe zu verharren. Einen Briefwechsel wie die Wagner-Trew-Korrespondenz als Ausgangspunkt zu nutzen, wird vielmehr als Chance begriffen, die Aufmerksamkeit auf einige bislang eher weniger beachtete Fragestellungen zur Funktionsweise frühneuzeitlicher gelehrter Netzwerke zu lenken.

Universität Göttingen. Unter seinen Forschungen erlangte vor allem die Interpretation der „Irritabilität“ bzw. „Sensibilität“ Bekanntheit. Zudem legte er die erste umfassende schweizerische Pflanzenkunde vor. Haller war Mitglied der Schwedischen Gesellschaft der Wissenschaften in Uppsala und der Royal Society of London. Ferner war er Präsident der Gesellschaft der Wissenschaften zu Göttingen und Direktor der „Göttingischen Gelehrten Anzeigen“. 1753 kehrte Haller in die Schweiz zurück. Haller gehört neben Linné zu den bedeutendsten Botanikern seiner Zeit, seine größten Verdienste aber liegen auf dem Gebiet der Physiologie; vgl. NDB, Bd. 7, S. 541–548. – Als Arbeiten aus dem Umfeld des Albrecht-von-Haller-Projekts seien genannt: Steinke (1999) (mit Editionsteil); Boschung (2002) (als Repertorium zu Hallers Korrespondenz); Stuber/Hächler/Lienhard (2005); Steinke/Boschung/Proß (2008).

46 Zur Korrespondenz der Leopoldina um 1750 sei hier ferner hingewiesen auf: Mücke/Schnalke (2009) (mit Editionsteil).

47 Vgl. zum Beispiel die Informationsgesellschaft als „network society“ bei Castells (2000); oder auch das „human web“ in der Darstellung der Menschheitsgeschichte bei McNeill/Hardy (2003).

48 Zur Einführung in die Netzwerkanalyse vgl. Jansen (2006); Wasserman/Faust (1994).

49 Vgl. hierzu v.a. Dauser/Hächler (2008), insbesondere S. 289–375 (Teil 3 „Netzwerke in der Analyse“).

Die Korrespondenz zwischen Peter Christian Wagner und Christoph Jacob Trew ist durchzogen vom medizinisch-naturwissenschaftlichen Austausch in seinen unterschiedlichsten Facetten. Nur vordergründig aber dominiert hier allein das Geben und Nehmen im Rahmen der Zweierbeziehung der Briefpartner, steht doch der Briefwechsel, auch nach dem Selbstverständnis der Briefpartner selbst, nicht isoliert, sondern ist Teil eines größeren gelehrten Netzes – zwar ein gleichsam nur kleines Mosaiksteinchen desselben, jedoch nichtsdestoweniger fest eingebaut in das Gesamtgefüge. Damit schafft vor allem eine Korrespondenz, die so ausgeprägt im Zeichen eines vielfältigen Austauschs steht wie jene zwischen Wagner und Trew, geradezu zwangsläufig stets auch analytischen Zugang zu einzelnen Aspekten des sie umgebenden Netzes. Mag ein solcher Zugang zunächst auch ungewöhnlich oder gar umständlich erscheinen, so gewinnt er doch an Strahlkraft, richtet sich der Fokus auf Personen wie Peter Christian Wagner und deren Funktion im Netz – Personen, die sich einem direkteren analytischen Zugriff aufgrund der in der Regel nur äußerst bruchstückhaften Überlieferung ihrer Briefschaften oft entziehen und die daher allzu häufig nur als eher unbedeutende Briefpartner ‚am Rande' umfangreich erhaltener egozentrierter Briefnetze ‚großer' Gelehrter wahrgenommen werden.

Bislang wenig gestellte Fragen sind, was das gelehrte Netz Personen wie Wagner, die wegen verschiedener sonstiger Pflichten nicht im selben Ausmaß wie andere in ihren gelehrten Ambitionen aufgehen konnten, dennoch oder gerade deswegen zu bieten hatte, und vielmehr noch umgekehrt was solche Personen ihrerseits dem gelehrten Netz zu geben hatten, d.h. ob sich in ihnen in ihrer Gesamtheit letztlich eine Art tragender ‚Unterbau' des gelehrten Netzwerkes präsentiert. Derartige Fragestellungen exemplarisch an die Wagner-Trew-Korrespondenz heranzutragen, ist ein vorrangiges Anliegen vorliegender Untersuchung. Einige wenige erhaltene Briefe aus dem Austausch Peter Christian Wagners mit anderen Korrespondenten, vor allem die in der Forschungsbibliothek Gotha erhaltene Wagner-Breyne-Korrespondenz, werden dabei an geeigneter Stelle berücksichtigt, erlauben sie doch eine zumindest geringfügige Verbreiterung der Quellenbasis.[50]

---

50 Biographische Angaben zu Johann Philipp Breyne (1680–1764) finden sich im Rahmen der Edition der Wagner-Trew-Korrespondenz in Brief Nr. 73, Endnote 21. Erfolgt hier und im Folgenden ein Stellennachweis allein über Brief-Nr. x, Endnote oder Z. y, so beziehen sich diese Angaben stets auf die im Rahmen vorliegender Untersuchung präsentierte chronologische Edition der Wagner-Trew-Korrespondenz und die darin entsprechend selbstvergebene Nummerierung. Ist der Stellennachweis einem Briefzitat zugeordnet, so wird in Klammern ferner auf die Nummerierung nach Schmidt-Herrling (s.o.) verwiesen (also: UBE BT, Korr. Wagner/Trew, Nr. z), um das schnelle Auffinden der Quelle am Standort zu ermöglichen. – Erhalten sind in der Forschungs-

Die vorliegende Untersuchung ist aufgrund der ausgeführten Überlegungen im Einzelnen wie folgt gegliedert: Sie beginnt mit den Lebensläufen der Briefpartner Peter Christian Wagner und Christoph Jacob Trew, wobei in der Darstellung eine Unterteilung in ähnliche zeitliche Phasen gewählt wurde, die den Vergleich hinsichtlich Parallelen und Unterschieden im Werdegang der beiden Korrespondenten erleichtert. Das folgende Kapitel vermittelt die Grundstruktur der bearbeiteten Wagner-Trew-Korrespondenz. Dabei wird ihre zeitliche und thematische Struktur untersucht und ggf. auch in Bezug zu den vorausgegangenen Lebensläufen Wagners und Trews gesetzt. Die Betrachtung der Beziehung Trews und Wagners im Spiegel ihrer Korrespondenz bildet den Abschluss dieses Abschnitts.

Mit der Vorstellung der Briefpartner und dem Überblick über die bearbeitete Korrespondenz ist die Grundlage geschaffen für die vertiefende Analyse des Briefwechsels zwischen Peter Christian Wagner und Christoph Jacob Trew im Zeichen eines vielfältigen medizinisch-naturwissenschaftlichen Austauschs. Dabei ist stets die oben skizzierte Fragestellung leitend, in welcher Form sich eine Person wie Wagner in die gelehrten Netzwerke ihrer Zeit einbrachte und welche Funktion sie also darin erfüllte. Trotz oder gerade wegen dieser Fragestellung muss sich das Augenmerk immer auf das *beiderseitige* Geben und Nehmen richten – in der Beziehung zwischen Wagner und Trew und doch zugleich weit darüber hinaus im Kontext jenes gelehrten Netzes, in welches sie eingebettet waren. Die Untersuchung konzentriert sich zunächst auf einige organisatorische Aspekte des medizinisch-naturwissenschaftlichen Austauschs der Korrespondenz, sodann auf ausgewählte inhaltliche Aspekte, d.h. es wird erst gewissermaßen das „Wie“, also die Wege des Austauschs, später das „Was“, also Inhalte des Austauschs wie Informationen aber auch Realien, in den Blick genommen, ohne dabei zu vernachlässigen, dass diese Unterteilung pragmatisch gewählt ist und beides tatsächlich wiederum in vielfacher Wechselwirkung zueinander steht. Dieser Abschnitt schließt mit einem Resümee, inwieweit die Wagner-Trew-Korre-

bibliothek Gotha 16 Briefe Wagners an Johann Philipp Breyne und das Exzerpt eines Briefes sowie eine Antwortnotiz Breynes an Wagner: vgl. Forschungsbibliothek Gotha, Mikrofilm Chart. B 789, Bl. 632–664, und Chart. A 873, Bl. 1r, 9v. Für den freundlichen Hinweis auf diese Bestände danke ich Frau Professor Dr. med. Marion Maria Ruisinger. – In der UBE Briefsammlung Trew sind neben den drei Schreiben Wagners an andere Korrespondenten (s.o.) ein Brief Giuseppe (Joseph) Montis (1682–1760) an Wagner (UBE BT, Korr. Joseph (Giuseppe) Monti, Nr. 3) sowie die Kopie eines Antwortschreibens Georg Friedrich Mohrs (1692–1774) an Wagner (UBE BT, Korr. Georg Friedrich Mohr, Nr. 1, Beilage) erhalten. – An weiteren Standorten finden sich: drei Briefe Wagners an Carl von Linné (1707–1778), vgl. The Linnean Correspondence, letter L0531, L0553, L0677; sowie ein Brief Wagners an Esprit-Claude-François Calvet (1728–1810), vgl. Bibliothèque Municipale Avignon, MS 2359, fos. 1–2 (im Rahmen vorliegender Untersuchung ausschließlich zitiert nach Brockliss (2002), insbesondere S. 247 und S. 252).

spondenz exemplarisch Einblicke in einen tragenden ‚Unterbau' der frühneuzeitlichen gelehrten Netze gewährt.

Nach einer Zusammenfassung aller bis dahin in Analyse und Interpretation der Korrespondenz erzielten Ergebnisse folgt der Editionsteil. Darin wird im Anschluss an die detaillierte Vorstellung der Editionsprinzipien sowie das chronologische Verzeichnis aller edierten Briefe die kommentierte Edition der Wagner-Trew-Korrespondenz vorgelegt. Am Ende folgen schließlich der Anhang mit den im Text nummerierten Beilagen, das Fremdwörterverzeichnis zu den edierten Briefen, die Abkürzungsverzeichnisse zu Edition wie Gesamtarbeit, und zuletzt die Personen-, Orts- und Werkregister zu den edierten Briefen wie zur Gesamtarbeit, das Quellen- und Literaturverzeichnis sowie das Abbildungsverzeichnis.

Es waren vor allem die Besonderheiten des Mediums Brief, die das vorliegende Werk von den Anfängen bis zur Fertigstellung begleiteten und prägten, da es galt, sich ihrer fortwährend bewusst zu bleiben, um ihnen in Konzeption und Umsetzung der Arbeit möglichst weitgehend gerecht zu werden. Über den historischen Brief als Quelle „das unmittelbare des Daseyns" fassen zu können, ist zugleich wissenschaftliche Herausforderung und Faszinosum.

2 Lebensläufe der Briefpartner

Im Folgenden werden die Lebensläufe der Briefpartner Peter Christian Wagner (1703–1764) und Christoph Jacob Trew (1695–1769) vorgestellt. Die Unterteilung in ähnliche zeitliche Abschnitte ist dabei bewusst gewählt, um Parallelen und Unterschiede im Werdegang der beiden Korrespondenten bei vergleichender Lektüre möglichst klar hervortreten zu lassen. Da Peter Christian Wagner, anders als Christoph Jacob Trew, in jüngerer Zeit nicht bereits umfassende biographische Würdigungen erfahren hat, ist sein weitgehend erst quellenbasiert erarbeiteter Lebenslauf hier deutlich umfänglicher gestaltet als jener Trews.

2.1 Peter Christian Wagner (1703–1764) – ein Arzt im Spannungsfeld zwischen seinen höfischen sowie familiären Pflichten und seinen gelehrten Ambitionen

Die Eckdaten zum Leben Peter Christian Wagners sind in einigen biographischen Lexika überliefert.[1] Bislang fehlen jedoch ausführlichere Darstellungen, die nicht nahezu ausschließlich auf die bloße Aufzählung der wesentlichen Fakten zum beruflichen Werdegang Wagners beschränkt bleiben, sondern sich bemühen, ein nuancenreicheres Bild zum Beispiel durch eine verstärkte Einbeziehung des familiären Hintergrunds wie aber auch von Aspekten der inneren Entwicklung zu zeichnen. Die vorliegende Arbeit orientiert sich am heutigen Verständnis der Biographie als „eine[r] individuelle[n] Lebensgeschichte, die sowohl den äußeren Lebensablauf als auch die geistige und psychische Entwicklung umfasst“[2], ohne freilich im Rahmen der Vorstellung der Briefpartner den Anspruch erheben zu wollen, eine solch vollständige Lebensbeschreibung vorlegen zu können. Sie hat aber im Folgenden zum Ziel, sich nicht allein in der Skizzierung des äußeren Lebensablaufs Wagners zu erschöpfen, sondern vielmehr einen umfassenderen Einblick in den Lebensweg Wagners zu bieten, der später auch als Grundlage der Erarbeitung der Beziehung zwischen den Korrespondenten Wagner und Trew

1 Vgl. dazu vor allem Fikenscher (1801–1805), Bd. 10, S. 32–37; desweiteren DBA 1324, Bl. 62–67 (Meusel: Schriftst.; Baader: Verstorb.); Hirsch (1962), Bd. 5, S. 811 f. (Julius Pagel „Peter Christian Wagner“); Jourdan (1820–1825), Bd. 7, S. 456; Michaud, Bd. 44 (1865), S. 195 (Valentin Parisot „Pierre-Chrétien Wagner“); Poggendorff (1863–2004), Bd. 2, Sp. 1240. – Die späteren Einträge stützen sich häufig stark auf den Eintrag bei Fikenscher (1801–1805).

2 Zur „Biographie“ auch als historiographisches Genre vgl. den Artikel von Margit Szöllösi-Janze in Jordan (2002), hier insbesondere S. 44.

dienen kann.[3] Dabei greift sie auf vielfältiges Quellenmaterial zurück, darunter vorrangig zum einen auf die Wagner-Trew-Korrespondenz[4] selbst, zum anderen auf eine nach dem Tod Wagners verfasste Leichenpredigt[5].

2.1.1 1703–1731: Kindheit, Studium und Zeit als Leibarzt in Pappenheim

Peter Christian Wagner wurde am 10. August 1703 in Hof geboren, das zum Markgraftum Brandenburg-Bayreuth gehörte.[6] Er war der sechste Sohn des Kaufmannes Adam Daniel Wagner und seiner Ehefrau Barbara Margaretha Wagner, geborene Schilling.[7] Zwar geben die in den Quellentexten verwendeten Bezeichnungen „negotiator" wie aber auch „tabernarius" und „sartor" keinen klaren Hinweis auf Art und Umfang der Kaufmannstätigkeit des Vaters,[8] doch ist eine gewisse Kaufmannstradition in der Familie auszumachen, da sich auch der Großvater väterlicherseits Johann Wagner in Quellen als „negotiator" vorgestellt findet[9]. Peter

3 Eine tabellarische Übersicht zum Lebenslauf Wagners findet sich als Beilage 1 im Anhang.

4 UBE BT, Korr. Wagner, Nr. 3–70; UBE BT, Korr. Trew, Nr. 789–795.

5 Memoria P.C. Wagneri (1765), nicht paginiert. – Zwar wird auch im Eintrag bei Fikenscher (1801–1805) auf die Memoria P.C. Wagneri als Quelle verwiesen, doch fanden dort nur Informationen zu Wagners beruflichem Werdegang Erwähnung, so dass hier an vielen Stellen auf Aspekte verwiesen werden kann, die bei Fikenscher (1801–1805) keine Berücksichtigung fanden.

6 Das Geburtsdatum wird übereinstimmend in der Memoria P.C. Wagneri (1765), unpaginiert, und in allen biographischen Lexika, siehe z.B. Fikenscher (1801–1805), Bd. 10, S. 32, so angegeben. – Informationen zur Stadt Hof im achtzehnten Jahrhundert finden sich bei Zedler (1732–1754), Bd. 13, Sp. 412–416.

7 Siehe Memoria P.C. Wagneri (1765), unpaginiert: „Patrem habuit Virum nobilissimum Adamum Danielem Wagnerum negotiatorem Curiensem, matrem, matronam honoratissimam Barbaram Margaretham, natam Schillingiam, [...]." – Eine vereinfachte genealogische Übersicht zur Familie Wagners findet sich als Beilage 2 im Anhang.

8 In den Matrikeln des Gymnasiums Hof findet sich Peter Christian Wagner eingetragen als: „Adam. Danielis W., civis, sartoris atque tabernarii h[uius] l[oci], filius sextus"; siehe Weissmann (1914), S. 397. – Zum „sartor" als „Schneider" vgl. Zedler (1732–1754), Bd. 35, Sp. 535–537 („Schneider"); zum „tabernarius" als „Krämer" vgl. ebd., Bd. 41, Sp. 1303. Zum unterschiedlichen Gebrauch des Begriffs des „negotiator" vgl. ferner ebd., Bd. 23, Sp. 1571 f.

9 Siehe Memoria P.C. Wagneri (1765), unpaginiert: „Avus erat Vir nobilissimus Joannes Wagnerus, negotiator et tribunus Curiae Palaeopolitanae; [...]". Nach Longolius (1759), S. 290, betrieb der Großvater Johann Wagner einen Schleierhandel und war Gemeinschreiber der alten Stadt Hof. – Der Urgroßvater Johann Wagner war Pfarrer in Hetzelsdorf im Dekanat Baiersdorf; vgl. Memoria P.C. Wagneri (1765), unpaginiert: „[...]; proavus, Vir plurimum reverendus Joannes Wagnerus, pastor Ecclesiae Hetzelsdorffensis Dioecesi Bayersdorffensi subiectae quondam meritissimus." Auch Hetzelsdorf gehörte zum Markgraftum Brandenburg-Bayreuth. – Weitere Angaben zu Vorfahren Wagners (mutmaßlicher Stammvater des Geschlechts im sechzehnten Jahrhundert;

Christian Wagner besuchte zunächst die Hofer Stadtschule, erhielt daneben aber auch Privatunterricht.[10] Er war ab 1714 Schüler am Hofer Gymnasium und wurde 1719 schließlich nach einer Abschiedsrede zu Pfingsten zum Besuch einer höheren Schule für fähig erklärt.[11] Bevor Wagner jedoch sein Studium aufnahm, weilte er zur Vervollkommnung seines Schulwissens eine Zeit lang bei seinem ältesten Bruder Johann Matthäus Wagner, der zu jener Zeit Pfarrer in Weißenschirmbach und Grockstädt war.[12]

Noch im Jahr 1719 ging Peter Christian Wagner nach Halle.[13] Er trug sich dort am 5. Dezember 1721 für das Studium der Medizin in die Matrikel der erst 1694 inaugurierten Universität ein.[14] Die Universität Halle gilt als die „erste[] moderne[] deutsche[] Universität der Frühaufklärung“[15]. Wagner besuchte Vorlesungen bei einem der für die Universität Halle prägenden Vertreter der Frühaufklärung, dem Philosophen und Mathematiker Christian Wolff (1679–1754).[16] Für Wagners wei-

---

weitere Familienzweige, worunter auch Leibärzte) und zu „Lehen“ einzelner Mitglieder der Familie Wagner im Umfeld Hofs finden sich bei Longolius (1759), S. 285–311. – Umfassendere genealogische Recherchen, etwa in Kirchenbüchern, zu allen Teilen der Familie Wagners konnten und sollten nicht Gegenstand vorliegender Untersuchung sein, sondern konnten nur gezielt unter bestimmten Fragestellungen geleistet werden (s.u.).

10 Vgl. Fikenscher (1801–1805), Bd. 10, S. 32.

11 Vgl. a.a.O. – Die Matrikel des Gymnasiums Hof geben Peter Christian Wagners dortigen schulischen Werdegang im Detail wieder, siehe Weissmann (1914), S. 397: „annos natus 11, in IV locum nactus est 1714 X. 9. 15.I.22 tr. in III, 17 I. 22 in II, 19 II. 7 in I; 19 XII. I †“.

12 Vgl. Fikenscher (1801–1805), Bd. 10, S. 32 f. – Johann Matthäus Wagner, geboren ca. 1683 als ältester Sohn Adam Daniel Wagners und seiner Frau Barbara Margaretha, besuchte ab 1690 das Gymnasium Hof, das er 1699 mit der Abschiedsrede „de Jesuli humilitate“ verließ, und studierte anschließend in Leipzig Theologie. 1704 disputierte er als Praeses und wurde schließlich Pfarrer in Weißenschirmbach und Grockstädt. Neben theologischen Schriften hinterließ er auch Gedichte; vgl. Fikenscher (1801–1805), Bd. 10, S. 27 f.; Weissmann (1914), S. 396. Weißenschirmbach und Grockstädt sind heute Stadtteile von Querfurt in Sachsen-Anhalt.

13 Siehe Memoria P.C. Wagneri (1765), unpaginiert: „Postquam aliquamdiu cum fratre fuisset Noster, eodem anno ad academiam sese accingit, hospiti valedicit, Halam [...] petit, ubique rem suam strenue gerit.“

14 Im Archiv der Universität Halle findet sich als Hinweis nur die Eintragung Peter Christian Wagners aus Hof in die Matrikel der Universität für das Studium der Medizin am 5. Dezember 1721. Für diese Information gilt mein Dank der Archivarin R. Haasenbruch (Email vom 12.5.2004). – Einen Überblick zur Frühgeschichte der Universität Halle bietet u.a. Schröter (2002).

15 Schröter (2002), S. 71.

16 Vgl. Fikenscher (1801–1805), Bd. 10, S. 33. – Christian Wolff wurde 1679 in Breslau geboren und starb 1754 in Halle. Er studierte ab 1699 in Jena Theologie, insbesondere aber Mathematik und Physik. Zur Magisterprüfung ging Wolff 1702 nach Leipzig, wo er dann auch habilitierte. 1706 wurde Wolff Professor der Mathematik und der Naturwissenschaften in Halle. Er musste 1723 nach Anschuldigungen der Irreligiosität von Seiten seiner pietistischen Gegner sein Amt

tere Herausbildung zum Arzt aber dürfte es insbesondere von großer Bedeutung gewesen sein, dass der noch jungen Universität Halle in Gestalt ihrer beiden ersten medizinischen Lehrstuhlinhaber eine entscheidende Rolle bei der Entwicklung neuer Konzeptionen der Medizin des achtzehnten Jahrhunderts zukam[17]: Es standen sich das iatromechanistische Konzept Friedrich Hoffmanns (1660–1742)[18] und das animistische Konzept Georg Ernst Stahls (1659–1734)[19] gegenüber. Während Peter Christian Wagner selbst Hörer in Vorlesungen Friedrich Hoffmanns war,[20] hatte Georg Ernst Stahl die Universität Halle bereits vor der Studienzeit Wagners verlassen. Doch der als Schüler Stahls geltende Georg Daniel Coschwitz (1679–1729) wurde zum besonderen Mentor Peter Christian Wagners,[21] so dass

---

aufgeben und wurde aus Preußen verwiesen. Bis er 1740 nach Halle zurückberufen wurde, lehrte Wolff an der Universität in Marburg Philosophie. 1743 wurde er Kanzler an der Universität in Halle, 1745 Reichsfreiherr. Christian Wolff war Mitglied der Akademie der Wissenschaften Berlin, der Royal Society London, der Académie des Sciences Paris und der Akademie der Wissenschaften St. Petersburg. Er gilt als führender deutscher Aufklärungsphilosoph der ersten Hälfte des achtzehnten Jahrhunderts und als Begründer der deutschsprachigen philosophischen Terminologie; vgl. ADB, Bd. 44, S. 12–28; Boschung (2002), S. 600.

17 Vgl. Schröter (2002), S. 72–74; Eckart (2005), S. 150.

18 Grundlage des iatromechanistischen Konzepts Friedrich Hoffmanns waren Vorstellungen der bereits unter dem maßgeblichen Einfluss René Descartes' im siebzehnten Jahrhundert entstandenen Iatrophysik bzw. Iatromechanik, welche in deutlicher Abgrenzung vom zunehmend als ungenügend empfundenen aus der Antike überkommenen humoralpathologischen Konzept alle Lebensvorgänge als durch physikalische Gesetze determiniert und somit als mathematisch berechenbar und mechanisch erklärbar auffasste. Hoffmann arbeitete diese biomechanischen Vorstellungen weiter aus und sah den menschlichen Körper letztlich als eine von den Bewegungen des Blutes angetriebene hydraulische Maschine; vgl. Wittern (1993b), S. 246 f.; Eckart (2005), S. 150 f.; Schröter (2002), S. 72. – Friedrich Hoffmann wurde 1660 in Halle geboren und starb 1742 ebenda. Er studierte ab 1678 in Jena Mathematik und Philosophie, v.a. aber Medizin als Schüler des Iatrochemikers Georg Wolfgang Wedel. 1681 wurde er in Jena unter Wedel promoviert. Nach einer Bildungsreise nach England und Holland ließ er sich 1685 als Arzt in Minden nieder. 1693 trat er sein Amt als erster Professor der Medizin und Physik an der 1694 eröffneten Universität Halle an. Boerhaave in Leiden, Hoffmann und Stahl gelten als die drei großen Systematiker der Medizin des frühen achtzehnten Jahrhunderts; vgl. NDB, Bd. 9, S. 416–418.

19 Das animistische Konzept Georg Ernst Stahls lässt sich als klarer Gegenansatz zur mechanistischen Lebensdeutung Hoffmanns verstehen. Stahl sah die Seele als die Verursacherin aller Bewegungen des menschlichen Körpers und den Blutkreislauf als das Bindeglied zwischen Seele und Körper. Nach Stahl haben so seelische Affekte unmittelbare Konsequenzen für Gesundheit und Krankheit eines Menschen; vgl. Eckart (2005), S. 151–153; Schröter (2002), S. 72 f.; Wittern (1993b), S. 247. – Biographische Angaben zu Georg Ernst Stahl (1659–1734) finden sich in Brief Nr. 32, Endnote 17 (im Editionsteil vorliegender Arbeit).

20 Vgl. Fikenscher (1801–1805), Bd. 10, S. 33.

21 Georg Daniel Coschwitz wurde 1679 in Konitz geboren und starb 1729 in Halle. Er studierte in Halle unter besonderem Anschluss an Stahl Medizin und widmete sich dann v.a. der Anatomie.

Wagner während seines Studiums mit beiden neuartigen Konzepten der Medizin seiner Zeit unmittelbar am Ort ihrer Entstehung intensiv in Berührung gekommen sein dürfte. Nach einem kurzen Aufenthalt bei Augustin Friedrich Walther (1688–1746) an der Universität in Leipzig zwecks anatomischer Studien[22] ging Wagner nach Halle zurück und erhielt dort im Dezember 1724 den Doktorhut[23]. Die Inauguraldissertation Peter Christian Wagners *De lapidibus iudaicis*[24] befasst sich mit den sogenannten „Judensteinen“[25], worunter die in Ablagerungen des Mesozoikums zu findenden fossilen keulenförmigen Stacheln von regulären Seeigeln (Cidariden) verstanden wurden, denen bis Ende des achtzehnten Jahrhunderts eine medizinische Wirkung zur Vertreibung von Blasen- und Nierensteinen zugeschrieben wurde. Ohne eine größere Studienreise durch Europa, also eine *peregrinatio academica*, unternommen zu haben, wofür es möglicherweise an den erforderlichen Mitteln mangelte,[26] kehrte Peter Christian Wagner zu Beginn des Jahres 1725 mit einem kurzen Zwischenaufenthalt in Jena in seine Vaterstadt Hof zurück, zog aber bald nach Bayreuth weiter, um dort als Arzt zu praktizieren.[27]

Auch in Bayreuth weilte Wagner jedoch nicht lange, sondern zog abermals weiter nach Erlangen, wo die „französische Kolonie“[28] nach einem Arzt mit fran-

---

Er wurde Professor der Botanik und Anatomie in Halle. Erwähnenswert sind v.a. das von ihm auf eigene Kosten in Halle begründete anatomische Theater sowie neben kleineren chirurgischen und geburtshilflichen Schriften sein Werk zu einem von ihm entdeckten und in der Folge heftig umstrittenen Speichelgang („Ductus salivalis novus per glandulas maxillares, sublinguales linguamque excurrens“, 1724); vgl. ADB, Bd. 4, S. 511 f. (hier lautet die Eintragung Georg David Coschwitz anstatt Georg Daniel Coschwitz); Schröter (2002), S. 73. – In der Memoria P. C. Wagneri (1765), unpaginiert, heißt es dazu: „[...], ut celeberrimus Coschwizius auditoris ingenio, diligentia et virtute permotus eundem domum suam reciperet, [...].“

22 Vgl. Fikenscher (1801–1805), Bd. 10, S. 33. – Biographische Angaben zu Augustin Friedrich Walther (1688–1746) finden sich in Brief Nr. 22, Endnote 18.

23 Vgl. Fikenscher (1801–1805), Bd. 10, S. 33. – Fikenscher weist explizit darauf hin, dass die entsprechende Jahresangabe 1725 in der Memoria P.C. Wagneri (1765), unpaginiert, fehlerhaft ist.

24 Wagner (1724). – Im Quellen- und Literaturverzeichnis finden sich die Schriften Wagners separat in chronologischer Reihenfolge vollständig gelistet.

25 Zu den „Judensteinen“ vgl. Gruber (1980), insbesondere S. 240. Ein zeitgenössischer Eintrag des achtzehnten Jahrhunderts zu den „Judensteinen“ findet sich bei Zedler (1732–1754), Bd. 14, Sp. 1509 f.

26 In keiner der Quellen und in keinem der Lexikoneinträge findet sich ein Hinweis auf eine solche größere Studienreise Wagners, auch fehlt im Lebenslauf ein entsprechendes Zeitfenster.

27 Vgl. Fikenscher (1801–1805), Bd. 10, S. 33.

28 Die „französische Kolonie“ meint die von ihren Gegnern als „Hugenotten“ bezeichneten französischen Flüchtlinge calvinistischen Glaubens, deren Ansiedlung in Erlangen Markgraf Christian Ernst (1644–1712) gemäß dem Bayreuther Privileg von 1685 ermöglicht hatte; vgl. zu

zösischen Sprachkenntnissen verlangte, welchen sie in der Person Peter Christian Wagners zumindest für zunächst etwa drei Jahre fand.[29] In diese erste kurze Zeit Wagners in Erlangen bis 1728 fielen sein wohl erster Kontakt zu Christoph Jacob Trew und auch der Beginn seiner ersten Ehe. Es findet sich ein Eintrag Wagners im Stammbuch Trews unter dem Datum des 13. Oktober 1725, der belegt, dass Wagner von seinen naturwissenschaftlichen Interessen getrieben die bereits fortgeschrittenen Sammlungen Trews in Nürnberg besuchte, um mit seinen eigenen Augen die darin enthaltenen „verborgne[n] Wunder [zu] sehen".[30] Am 6. Oktober 1726 heiratete Wagner in Erlangen seine erste Frau Regina (†1735), eine geborene Heer. Im Kirchenbuch der Deutsch-reformierten Gemeinde Erlangen findet sich dazu ein entsprechender Eintrag:

> den 6. octobris ward 1mahl für allemahl proclamiert krafft gehabter Dispensation, und hernach von den Evang. Luther. Geistl. copuliert: Hr. Peter Christian Wagner Doctor & practicus Medicinae allhier, Hr. Adam Daniel Wagners sel. Kauff- u. Handelsmann in hooffe hinterlaßener Ehe Sohn u. Jgfr. Regina Heerin, hr. Joh. Conrad Heers Kauff- und Handelsmanns, auch Commercien-Raths allhier Eheleib. Tochter.[31]

Festgehalten ist hier also, dass die Trauung gemäß der Konfession des Bräutigams durch einen evangelisch-lutherischen Geistlichen vollzogen wurde, nachdem eine Dispensation erfolgt war, da die Braut der Deutsch-reformierten Gemeinde angehörte und es sich somit um konfessionsverschiedene Partner handelte. Der Schwiegervater Wagners Johann Conrad Heer (1676–1736)[32] entstammte einer bedeutenden Kaufleutefamilie aus Rheineck bei St. Gallen, die ein Handelshaus für Seiden-, Woll- und Leinwandhandel im oberitalienischen Verona wie auch einen Handelssitz in Erlangen betrieb.[33] Aus der Ehe Peter Christian und Regina Wagners gingen im weiteren Verlauf sieben Söhne hervor, von denen vier das

---

Erlangen als „Hugenottenstadt" Erlanger Stadtlexikon, S. 62–65 (Helmut Neuhaus „Die Hugenottenstadt").

29 Vgl. Fikenscher (1801–1805), Bd. 10, S. 33 f. – In der Memoria P.C. Wagneri (1765), unpaginiert, heißt es dazu: „Cum igitur etiam gallice sciret perillustris Wagnerus, facile eo adducebatur, ut amicorum et procerum suasu Erlangam commigraret."

30 Universitätsbibliothek Erlangen (UBE), Handschriftensammlung, Ms. 1471, Blatt 30.

31 Landeskirchliches Archiv der Evangelisch-Lutherischen Kirche in Bayern (LAELKB), Kirchenbucharchiv, Kirchenbücher Erlangen-Deutsch-ref. Gemeinde (6 Bde., 1693–1921; Sign. 235,00; als Mikrofiche vorliegend), hier Sign. 235-1, Fiche 1+.

32 Im Leichengedicht Wagners für seinen Schwiegervater aus dessen Todesjahr 1736 wird Johann Conrad Heer als „Sr. Hoch-Fürstlichen Durchlaucht zu Brandenburg-Culmbach best-meritirter Commercien-Rath und fürnehmer Kauffmann in Christian-Erlang, wie auch der Teutsch-Reformirten Gemeinde daselbst erster Kirchen-Vorsteher" vorgestellt; vgl. Wagner (1736), nicht paginiert.

33 Zur Kaufleutefamilie Heer aus Rheineck vgl. Steinlin (2008a), insbesondere S. 212–214; Stein-

Erwachsenenalter erreichten und u.a. eine kaufmännische und medizinische Laufbahn einschlugen.[34]

Im Jahr 1728 kehrte Peter Christian Wagner mit seiner Familie Erlangen zunächst den Rücken, um einem Ruf nach Pappenheim zu folgen. Die kleine Stadt Pappenheim[35] war Hauptstadt der Grafschaft Pappenheim, wobei hier jedoch auf eine gewisse „staatsrechtliche Anomalie des Pappenheimer Ländchens“[36] hinzuweisen ist: Gemäß dem staatsrechtlichen Begriff „Reichsstand“ in seiner Entwicklung nach dem Dreißigjährigen Krieg waren die Reichserbmarschälle von Pappenheim weder alte Grafen noch „Stände des Reiches“ im eigentlichen Sinne, vielmehr kann die Herrschaft Pappenheim als eine staatsrechtliche Besonderheit angesehen werden, da sie gleichsam auf dem Stand des vierzehnten Jahrhunderts verharrte und so mehr oder weniger „nur aus Verlegenheit“[37] mitunter auch zur Ritterschaft gezählt wurde.[38] Unter den Kleindynasten des Reiches nahm das Haus Pappenheim dank der Reichsmarschallfunktion eine hervorgehobene Stellung ein, war dadurch aber zugleich vor dem Hintergrund der Veränderungen bei Einrichtung des Immerwährenden Reichstages 1663 auch erheblichen Belastungen ausgesetzt.[39] Die Geschicke des Hauses Pappenheim bestimmte ab Ende des

---

lin (2008b), insbesondere Tafel 23/1 und 23/2; Historisches Lexikon der Schweiz (HLS) (Peter Müller „Heer (SG)“).

34 In der Memoria P.C. Wagneri (1765), unpaginiert, heißt es zu den Söhnen Wagners aus erster Ehe: „ [...], in lucem sunt editi septem filii, quorum tres mortalitate in tenerrima aetate sunt intercepti, reliqui quatuor gloriam paternam propagant. I.) Vir praenobilissimus IOANNES LAURENTIUS WAGNERUS, qui in celebri honoratissimi Avunculi Heerii negotiatione Italica mercaturam exercet, natus d. IV. Non. Octobris Anni MDCCXXVIII. II.) Vir illustris atque experientissimus D. PAULUS CHRISTIANUS LUDOVICUS WAGNERUS, Serenissimo Principi a consiliis Aulae et Medicus aulicus, civitatis et provinciae Physicus ordinarius, Pestilentiarius et incluti medicorum Senatus Adsessor, scientia et usu medendi celeberrimus, et III.) Vir generosissimus IOANNES CONRADUS WAGNERUS, circuli Franconici centuriae [...] succenturio, qui in supremo bello non sine multa gloria meruit, uterque fratres gemini, utpote d. X. Calend. Mart. Anni MDCCXXX nati. IV) Vir illustris atque consultissimus IOANNES HENRICUS WAGNERUS, Serenissimo Principi a consiliis Regiminis de patria meritissimus, ipsis Idibus Oct. A. MDCCXXXI natus.“ – Im Kirchenbuch der Deutsch-reformierten Gemeinde Erlangen ist bereits im Jahr 1727 Taufe und Begräbnis eines früh verstorbenen Söhnleins Wagners, ebenfalls mit Namen Johann Conrad, eingetragen; vgl. LAELKB, Kirchenbucharchiv, Kirchenbücher Erlangen-Deutsch-ref. Gemeinde, hier Sign. 235-1, Fiche 1+ u. Fiche 2-. – Vgl. auch die vereinfachte genealogische Übersicht zur Familie Wagners als Beilage 2 im Anhang.

35 Zeitgenössische Einträge des achtzehnten Jahrhunderts zu Stadt und Grafschaft Pappenheim finden sich bei Zedler (1732–1754), Bd. 26, Sp. 692–702.

36 Schwackenhofer (2002), S. 247.

37 A.a.O.

38 Vgl. a.a.O.

39 Vgl. ebd., S. 247–251.

siebzehnten Jahrhunderts die evangelische Branche der Linie Pappenheim-Alesheim.[40] Im Jahr 1721 war Reichserbmarschall Johann Friedrich Graf von Pappenheim (1680–1731)[41] seinem Bruder im Seniorat nachgefolgt – und er war es auch, der 1728 Peter Christian Wagner nach Pappenheim holte, in dessen erste Stellung als höfischer Arzt.

Wagner kam 1728 als Leibarzt und Rat sowie als Stadt- und Landphysikus nach Pappenheim.[42] Das Stadtphysikat war im siebzehnten Jahrhundert zu einer festen Einrichtung jeder Stadt geworden: Aufgabe des Stadtphysikus war es vor allem, die entstandene immense professionelle Vielfalt auf dem Heilermarkt, der neben akademisch gebildeten Ärzten u.a. auch Chirurgen und Hebammen umfasste, zu koordinieren und zu überwachen, also eine gleichsam administrative Funktion zu übernehmen.[43] Inwieweit Wagners ärztlicher Alltag in Pappenheim neben seinem höfischen Wirken auch von verschiedenen Tätigkeiten im Rahmen seiner Stellung als Stadt- und Landphysikus, also daneben auch von einem städtisch und ländlich geprägten Wirkkreis, bestimmt wurde, darüber geben die im Rahmen vorliegender Arbeit ausgewerteten Quellen keine Auskunft – auch nicht der Briefwechsel mit Christoph Jacob Trew, den Wagner am 4. Oktober 1729 von Pappenheim aus begann[44].

Dagegen belegen die Briefe eindrücklich die bereits ausgeprägten breit angelegten naturwissenschaftlichen Interessen Peter Christian Wagners, etwa im Bemühen um eine stete Erweiterung seiner eigenen Naturaliensammlung auf dem Wege des Naturalientauschs[45] oder bei eigenen Streifzügen durch das Pappenheimer Umland[46]. Die beiden 1730 erschienenen Beiträge Wagners in der

40 Vgl. ebd., S. 241–247.

41 Biographische Angaben zu Johann Friedrich Graf von Pappenheim (1680–1731) finden sich in der Edition in Brief Nr. 12, Endnote 1.

42 In der Memoria P.C. Wagneri (1765), unpaginiert, heißt es dazu: „Anno MDCCXXVIII praeter opinionem Nostro a illustrissimo Comite Pappenhemensi et S.R.I. Mareschallo haereditario Friderico, Archiatri, nec non civitatis et Comitatus Pappenhemensis Physici ordinarii provincia cum dignitate Consiliarii demandabatur." – Im Archiv der Stadt Pappenheim findet sich nur der Hinweis, dass es einen „Herrn Dr. Wagner, gemeinherrschaftlicher Medicus 1731" gegeben hat. Für diese Auskunft danke ich dem Archivar Herrn Navratil (Email von Frau Marianne Stephan vom 30.3.2004).

43 Vgl. Eckart (2005), S. 140.

44 Vgl. Brief Nr. 1 der Edition (UBE BT, Korr. Wagner, Nr. 4).

45 Vgl. z.B. Brief Nr. 1, Z. 12–17 (UBE BT, Korr. Wagner, Nr. 4).

46 So berichtete Wagner rückblickend in Brief Nr. 16, Z. 11–13 (UBE BT, Korr. Wagner, Nr. 3), von einer von ihm im August wohl des Jahres 1731 unternommenen botanischen Exkursion in die umliegenden Wälder Pappenheims: „Mense Augusto anni praeteriti [...] excursionem botanicam in sylvam montosam, prope Pappenhemium, suscipiens, [...]."

Zeitschrift der *Fränckischen Acta erudita et curiosa*[47] werfen ein frühes Schlaglicht auf die Anstrengungen Wagners, durch zumindest kleine eigene Veröffentlichungen Anteil am gelehrten Austausch seiner Zeit zu nehmen. Die in deutscher Sprache abgefassten *Observationes meteorologico-physicae* griffen in der Grafschaft Pappenheim zu beobachtende vermeintliche Wetterereignisse bzw. Himmelserscheinungen, wie etwa einen „Blut-Regen", auf. Interessant ist dabei Wagners sich in den *Observationes* widerspiegelnde Sichtweise solcher außergewöhnlicher Naturerscheinungen. Derartige Phänomene „als etwas wider natürliches und ominöses"[48] zu sehen, schrieb er allein dem gemeinen Volk und dessen „ungegründete[m] Judicium"[49] zu. Werde aber „der gesunden Vernunft gemäß"[50] vorgegangen und unterziehe man alle Dinge gründlicher eigener Beobachtung und Untersuchung, so zeige sich, „daß man die Ursachen davon guten Theils aus der Natur erklären könne"[51]. So gelang es Wagner, den vermeintlichen „Blut-Regen" als das rote Sekret eines bestimmten Schmetterlings aufzulösen:

> [I]ch sammlete [...] eine ziemliche Quantität solcher Raupen und fütterte sie täglich mit Baum-Blättern bis zu ihrer Verwandlung. [...]. Worauf denn ein gantz weiser Sommer-Vogel mit schwartzen Rippen hervorkam, welcher bey seiner Ausschliesung und auch bald hernach zu unterschiedenen mahlen eine gantz rothe Materie wie Blut von sich gab, [...]. [...]. Hieraus sihet man, daß man sich in Wahrnehmung und Beurteilung solcher ungewöhnlichen Dinge nicht zu übereilen habe.[52]

Wagner zeigt sich hier als gleichsam ‚geistiges Kind' seiner Zeit, steht er doch deutlich im Banne der epistemologischen, hier insbesondere empirischen, Leitmethoden des Jahrhunderts der Aufklärung. Vor allem aber lässt sich zugleich erahnen, welch umfassende Aktivitäten des Sammelns, Untersuchens, Beobachtens, auch Sezierens[53] etc., hinter jeder uns heute vorliegenden Veröffentlichung standen und welch ein großer Zeitbedarf folglich ohne Zweifel dafür zu veranschlagen ist – Zeit, die der junge Arzt Peter Christian Wagner neben all seinen höfischen Pflichten aufzubringen hatte.

---

47 Wagner (1730a) und Wagner (1730b). – Vgl. die separate chronologische Aufstellung aller Schriften Wagners im Quellen- und Literaturverzeichnis vorliegender Arbeit.

48 Wagner (1730b), S. 714.

49 A.a.O.

50 Wagner (1730a), S. 569.

51 Ebd., S. 556.

52 Ebd., S. 562–564.

53 Wagner berichtet in den „Observationes" an anderer Stelle auch von einer von ihm durchgeführten Sektion eines „sogenannten Roth-Spächt[s]", in dessen Magen er „sehr viele Beine, Flügel und Köpffe von allerley geflügelten Insectis" gefunden habe; vgl. Wagner (1730a), S. 557.

Im Jahr 1730 wurde Wagner in Pappenheim Hofrat des gräflichen Hauses.[54] Dass er dem Hof zudem weit über rein ärztliche Dienste hinaus zur Verfügung stehen musste, deutet sich versteckt in einzelnen in die Beiträge in den *Fränckischen Acta erudita et curiosa* eingeschobenen kurzen Bemerkungen an: So erwähnt Wagner darin etwa, er sei am 10. November 1729 noch abends um halb elf Uhr bei der gnädigsten Herrschaft „über der Taffel"[55] gewesen. Das Jahr 1731 war geprägt vom langen Krankenlager[56] und schließlich dem Tod des Johann Friedrich Graf von Pappenheim. Peter Christian Wagner machte hier wohl erste Erfahrungen damit, unter welchem Druck ein von den Erwartungen und Launen seiner hochgestellten Patienten abhängiger höfischer Arzt mitunter stehen konnte. Er berichtete an Trew, „dem Hochgräfflichen Herrn Patienten w[o]ll[e] beÿ dießen Morbo chronico die Zeit Zu lange werden und Er wünsche[] nur einstweilen Von dießen Zufall befreÿet Zu seÿn"[57]. Nach dem Tod des Johann Friedrich Graf von Pappenheim kehrte Peter Christian Wagner im Dezember 1731 nach Erlangen zurück. Nicht ohne Grund dürfte Wagner in jenem Schreiben vom 12. Dezember 1731, in dem er Trew darüber informierte, „daß [er] Vergangene Woche mit [s]einer gesammten Famille [...] glücklich [in Erlangen] angelanget [sei] und dießem nach hinkünfftig Vor beständig [dort] Verbleiben werde"[58], explizit seine Hoffnung zum Ausdruck gebracht haben, dort „mit mehrerer Liberté [s]eine Sachen besorgen Zu können"[59] – vielmehr hatten wohl erste Berührungen mit den besonderen Pflichten und Zwängen in höfischen Diensten ihre Spuren hinterlassen.

2.1.2 1731–1743: Erlanger Jahre

Peter Christian Wagners Rückkehr nach Erlangen sollte diesmal bis 1743 währen, weswegen diese etwa zwölf Jahre, und nicht sein erster nur ca. dreijähriger Aufenthalt, als die eigentlichen „Erlanger Jahre" Wagners zu bezeichnen sind. Dabei war Wagners Rückkehr nach Erlangen zugleich eine Rückkehr in das Markgraftum Brandenburg-Bayreuth. Der Bayreuther Markgraf Christian Ernst (1644–1712) hatte mit dem Bayreuther Privileg im Jahr 1685 aus vorwiegend wirtschaftlichen

54 In der Memoria P.C. Wagneri (1765), unpaginiert, heißt es dazu: „Anno MDCCXXX universae illustrissimae domui Comitum Pappenhemensium a Consiliis Aulae esse iubebatur."
55 Wagner (1730b), S. 713.
56 Zur Erkrankung des Johann Friedrich Graf von Pappenheim vgl. auch Brief Nr. 12 und Nr. 13 (UBE BT, Korr. Wagner, Nr. 10 u. Nr. 11; vom 1.3.1731 u. 27.3.1731).
57 Brief Nr. 13, Z. 30 f. (UBE BT, Korr. Wagner, Nr. 11; vom 27.3.1731).
58 Brief Nr. 14, Z. 7–9 (UBE BT, Korr. Wagner, Nr. 12; vom 12.12.1731).
59 Ebd., Z. 17 f.

Überlegungen heraus nach Widerruf des Edikts von Nantes durch den französischen König Ludwig XIV. (1638–1715) die Ansiedlung calvinistischer Glaubensflüchtlinge aus Frankreich in Erlangen ermöglicht und in der Folge u.a. durch Selbstverwaltungsrechte für die so entstandene „französische Kolonie“ sowie durch die Errichtung einer nach idealen Gesichtspunkten angelegten Planstadt, die „Neu-Erlang“ bzw. ab 1701 nach ihrem Gründer „Christian-Erlang“ genannt wurde, weiter gefördert.[60]

Die erhaltenen Briefe Wagners an Trew weisen darauf hin, dass Peter Christian Wagner, der wie erwähnt bereits während seines ersten Aufenthalts in Erlangen als Arzt in der „französischen Kolonie“ tätig gewesen war, ab 1731 in „Christian-Erlang“ lebte[61] und wohl auch vorrangig wirkte. Zwar wurde Peter Christian Wagner nach seiner Rückkehr nach Erlangen 1731 vom Bayreuther Markgrafen Georg Friedrich Karl (1688–1735)[62] zum Hofmedikus und Rat ernannt,[63] doch zeigt

---

60 Vgl. zu Erlangen als „Hugenottenstadt“ Erlanger Stadtlexikon, S. 62–65 (Helmut Neuhaus „Die Hugenottenstadt“). – Ein zeitgenössischer Eintrag des achtzehnten Jahrhunderts zur Stadt Erlangen findet sich bei Zedler (1732–1754), Bd. 8, Sp. 1683.

61 So erfolgt die Ortsangabe am Ende des Briefes mit „ChristianErlang“ in Brief Nr. 14, Z. 24; Brief Nr. 18, Z. 65; Brief Nr. 26, Z. 70; Brief Nr. 28, Z. 28 (UBE BT, Korr. Wagner, Nr. 12, 15, 20 u. 21). – Im Stadtarchiv Erlangen ist Peter Christian Wagner so gut wie nicht dokumentiert. Die Namenskartei enthält allein den Hinweis auf seine Hochzeit mit Regina Heer 1726. Für diese Angaben gilt mein Dank Herrn Dr. A. Jakob (Email vom 7.10.2004).

62 Georg Friedrich Karl wurde 1688 in Obersülzberg (Oberpfalz) geboren, unternahm 1700–1704 Bildungsreisen durch Dänemark, Frankreich sowie Holland und besuchte 1704–1708 die Universität Utrecht. Er entstammte der sog. „Weferlingischen“ Seitenlinie, gelangte aber 1726, da Markgraf Georg Wilhelm (1678–1726) keine männlichen Erben hinterließ, im Markgraftum Brandenburg-Bayreuth an die Regierung, nachdem er in langen Verhandlungen den Verzicht seines Vaters auf das Erbrecht in den fränkischen Markgraftümern zugunsten Preußens rückgängig gemacht hatte. Georg Friedrich Karl war in seiner neunjährigen Regierungszeit v.a. auf die Sanierung der zerrütteten Finanzen bedacht und förderte bis zu seinem Tod 1735 als eifriger Pietist das religiöse Leben sowie schulische und soziale Einrichtungen; vgl. NDB, Bd. 6, S. 206 f.; Schmidt (2000), S. 40–47; Herrmann (1902/2002), S. 224–233.

63 In der Memoria P.C. Wagneri (1765), unpaginiert, heißt es dazu: „Reversus, a divo Georgio Friderico Carolo Consiliarii et Aulae Medicae dignitate ornatur.“ – Bei Fikenscher (1801–1805), Bd. 10, S. 34, findet sich hier die Ernennung Wagners zum „Rath und LeibArzt“ beschrieben, womit aber die entsprechende Passage des Nachrufs wohl eher unpräzise ins Deutsche übertragen wurde. Treffender scheint die Wiedergabe als Ernennung zum Rat und Hofmedikus. Auch in einem sonst ähnlichen Nachruf bei Delius (1766), hier S. 186, wird berichtet, Markgraf Georg Friedrich Karl habe Wagner „zu seinem Rath und Hofmedico“ ernannt. – Die falsche Angabe einer Berufung Wagners 1731 an den Ansbacher Markgrafenhof, die sich in den französischsprachigen Lexika des neunzehnten Jahrhunderts findet, beruht wohl auf fehlerhafter Verknappung der zeitlich früheren lexikalischen Einträge; vgl. Jourdan (1820–1825), Bd. 7, S. 456; Michaud, Bd. 44 (1865), S. 195.

die überlieferte Korrespondenz Wagner in dieser Phase seines Lebens zunächst als einen Arzt eher städtischer denn höfischer Prägung. Da Wagner wohl an seinen früheren Erlanger Patientenkreis anknüpfen konnte und er zudem in eine angesehene deutsch-reformierte Familie Erlangens eingeheiratet hatte, verwundert es nicht, dass sich weiterhin gerade auch Patienten aus Familien reformierten Glaubens nachweisen lassen, wie zum Beispiel die Residentin Elisabeth Buirette von Ölefeld († 1737).[64] Ferner hob Wagner aus gegebenem Anlass in einem Brief an Trew einmal hervor, er sei in Erlangen unabkömmlich, weil er u.a. „beÿ [...] Verschiedenen Blatter-Kindern[65] aus guten häußern die Dies criticos[66] erst gerne noch abwarten möchte und solte“[67], zudem „nicht nur außer denen Patienten Viele Sauer-Bronnen Trincker[68][,] sondern auch ein paar Vornehme Dames, Von deren häußer [er] besoldet [sei], gantz nahe auf der Zeit gehend[69] habe“[70].

---

64 Die Behandlung der Elisabeth Buirette von Ölefeld ist in der Wagner-Trew-Korrespondenz reich dokumentiert, da Wagner immer wieder Trew hinzuzog; vgl. fast durchgehend als Thema in Brief Nr. 23–48 (UBE BT, Korr. Wagner, Nr. 18–34; vom 28.10.1736 bis zum 1.3.1737). Biographische Angaben zu Elisabeth Buirette von Ölefeld († 1737) finden sich in der Edition in Brief Nr. 23, Endnote 1. – Auch schilderte Wagner Trew in Brief Nr. 18, Z. 16–39 (UBE BT, Korr. Wagner, Nr. 15; vom 20.11.1734), den Fall eines nach wenigen Tagen verstorbenen neugeborenen Töchterchens eines Kaufmanns der französischen Nation in Erlangen („mercatori, natione Gallo, filiola“), wenngleich hier eine unmittelbare Beteiligung Wagners an der Behandlung nicht nachzuweisen ist. Dieser Fall fand als Beitrag Wagners auch Eingang in die Zeitschrift des Commercium Litterarium; vgl. Wagner (1734). Bei dem Kaufmann handelt es sich auf Basis der Kirchenbücher der Französisch-reformierten Gemeinde Erlangen evtl. um Isaac Bosquet und sein Töchterlein Magdeleine Elisabeth Bosquet; vgl. LAELKB, Kirchenbucharchiv, Kirchenbücher Erlangen Franz.-ref. Gemeinde (13 Bde., 1686–1921; Sign. 234,00; als Mikrofiche vorliegend), hier Sign. 234-4, Fiche 3+.

65 Nach einem zeitgenössischen Eintrag bei Zedler (1732–1754), Bd. 4, Sp. 95–101, verstand man unter den „Blattern“, „Pocken“ oder „Kinder-Pocken“, lateinisch „Variolae“ und „Varioli“, „eine böse, zuweilen auch ansteckende Kranckheit, bey jungen und alten Menschen, die darinne bestehe[], daß nicht nur das Gesicht, sondern auch der gantze Leib voll kleiner rothen Flecken wird, welche aus der Haut fahren, sich allmählich in Blattern erheben und eytern“. Dabei sei zwischen gut- und bösartigen Blattern zu unterscheiden.

66 „Critici Dies“ sind nach dem Verständnis des achtzehnten Jahrhunderts „diejenigen Tage, in welchem [!] die Kranckheit zum bösen oder guten ausschlägt, schlimmer oder besser wird“; vgl. Zedler (1732–1754), Bd. 6, Sp. 1662.

67 Brief Nr. 20, Z. 15 f. (UBE BT, Korr. Wagner, Nr. 16; vom 19.7.1736).

68 Nach Zedler (1732–1754), Bd. 1, Sp. 348 f. (Artikel „Acidulae“), sind „Sauer-Brunnen“ oder „Acidulae“ „schöne, klare und helle, aus der Erden hervorspringende, mineralische Wasser, so von den unterirdischen sauren Dämpffen angelassen, oder indem sie durch Metall- und Mineralische Klüffte dringen, derselben Geschmack und Eigenschafft angenommen, und durch heilsame Würckungen an den Tag legen“.

69 Gemeint ist hier „dem ende der schwangerschaft nahe sein“; vgl. Grimm (1854–1960), Bd. 31, Sp. 524.

70 Brief Nr. 20, Z. 19–21.

Peter Christian Wagner war also, teils auch unter fester Besoldung, als Arzt in angesehenen Häusern Erlangens tätig.[71] Darüber hinaus belegt die Wagner-Trew-Korrespondenz, dass Wagner auch zu Patienten aus dem näheren Umfeld Erlangens gerufen wurde.[72]

In der ersten Hälfte der 1730er Jahre entstand ein Großteil der Beiträge Peter Christian Wagners zu der von Trew in Nürnberg mitbegründeten medizinischen Wochenzeitschrift des *Commercium Litterarium ad rei medicae et scientiae naturalis incrementum institutum.*[73] Dies kann durchaus als ein Hinweis darauf gewertet werden, dass Wagner in der Zeit seines eher städtischen ärztlichen Wirkens in Erlangen tatsächlich, wie von ihm erhofft, größere Handlungsfreiheit erlangte, d.h. auch mehr Freiräume zur Verfolgung eigener gelehrter Ambitionen gewann. Inhaltlich dominieren in den *Observationes* Wagners im *Commercium Litterarium* gemäß der Ausrichtung der Zeitschrift medizinische Themen im engeren Sinne, sei es als Diskussion der Wirksamkeit einzelner therapeutischer Maßnahmen[74], als Schilderung einzelner Krankheits- bzw. Todesfälle[75] oder in Form epidemiologischer Beobachtungen[76]. Dagegen bilden Themen aus einem weiter gefassten naturgeschichtlichen, also zoologischen oder botanischen, Bereich eher die Ausnahme.[77]

Das Jahr 1735 markierte einen Einschnitt im Leben Peter Christian Wagners. Im Mai verstarb seine erste Frau Regina und ließ ihn mit seinen kleinen Söhnen zurück.[78] Im Leichengedicht aus Anlass des nur ein Jahr später erfolgten Todes

---

71 Auch in einem von Trew zusammen mit dem Ansbacher Leibarzt Johann Lorenz Ludwig Loelius (1687–1756) für den Ansbacher Hof erstellten Gutachten zu Wagner wird explizit darauf hingewiesen, dass viele vornehme Häuser in Erlangen Wagner mit Jahresgehältern als Hausarzt an sich gebunden hatten; vgl. UBE BT, Korr. Trew, Beilage a an J.L.L. Loelius (vom 18.8.1736).

72 So vermerkt Wagner in Brief Nr. 18, Z. 42 (UBE BT, Korr. Wagner, Nr. 15; vom 20.11.1734), einen Besuch bei einer Kranken außerhalb der Stadt („ab Aegra quadam extra urbem nostram vitam degente redux"). Brief Nr. 55, Z. 8–45 (UBE BT, Korr. Wagner, Nr. 39; vom 18.4.1739), schildert den Besuch Wagners bei der Tochter des Georg Christoph Winkler von Mohrenfels (geb. 1709) zu Hemhofen, Anna Dorothea Sophia Magdalena Juliana Winkler von Mohrenfels.

73 Vgl. separate Aufstellung aller Schriften Wagners im Quellen- und Literaturverzeichnis vorliegender Arbeit. – Zum Commercium Litterarium als Teil der Frühgeschichte des medizinischen Journalismus sowie zu seiner Struktur und Organisation vgl. ausführlich Rau (2006); überarbeitet in Buchform Rau (2009).

74 Vgl. Wagner (1735a).

75 Vgl. Wagner (1734).

76 Vgl. Wagner (1737a).

77 Vgl. Wagner (1733).

78 In der Memoria P.C. Wagneri (1765), unpaginiert, heißt es dazu: „[...]; non solum trium liberorum mortes vidit, sed etiam, Coniugis fidelissimae et dulcissimae obitu Anno MDCCXXXV perculsus, in luctum incidit gravissimum. [...]. Triennium in viduitate et solitudine Viro beatissimo

seines Schwiegervaters Johann Conrad Heer[79] beklagt Wagner den doppelten Verlust binnen kurzer Zeit:

Des Todes tief gesenckten Pfeil
Den die dadurch geschlagne Wunden
Biß jetzt mit langen Schmertz empfunden
Schien meines Hertzens halber Theil
Die Heerin wieder raus zu ziehen.
Sie sprach: Laß Schmertz und Kummer fliehen,
Die Vorsicht
Die mich Dir gegeben
Die zeitlich Dich in mir vergnügt
Befiehlt
Da ich so wohl gesiegt:
Du sollst nicht immer traurig leben.
[...]
Die Quaal an meinem bangen Hertze
Ist wie der wiederholte Schmertze
Wo die verharrschte schweere Wunde
Durch den gemachten frischen Ritz
Mehr Furcht und Pein und Kummernüß
Als bey dem ersten Streich empfunde.
[...].[80]

Zudem starb im Jahr 1735 der Bayreuther Markgraf Georg Friedrich Karl und sein Sohn Markgraf Friedrich (1711–1763)[81] folgte ihm in der Regierung nach. Für Peter Christian Wagner dürfte dies neben seiner belastenden häuslichen Situation zusätzliche Unwägbarkeiten bezüglich seiner bisherigen Stellung als Rat und Hofmedikus bedeutet haben. Nur vor dem Hintergrund dieser einschneidenden Ereignisse des Jahres 1735 lässt sich im Folgenden das Geschehen im Zusammenhang mit der letztlich gescheiterten Vermittlung Wagners als Leibarzt an den Ansbacher Markgrafenhof in den Jahren 1736 und 1737[82] verstehen.

---

effluxerat, cum administrandae domus curae et molestiae novae coniugis quaerendae ipsi imponerent necessitatem." – Es findet sich unter den Begräbnissen 1735 auch ein entsprechender Eintrag im Kirchenbuch der Deutsch-reformierten Gemeinde Erlangen; vgl. LAELKB, Kirchenbucharchiv, Kirchenbücher Erlangen-Deutsch-ref. Gemeinde, hier Sign. 235-1, Fiche 2-.

79 Das Begräbnis Johann Conrad Heers wurde im Mai 1736 im Kirchenbuch der Deutsch-reformierten Gemeinde Erlangen vermerkt; vgl. LAELKB, Kirchenbucharchiv, Kirchenbücher Erlangen-Deutsch-ref. Gemeinde, hier Sign. 235-1, Fiche 2-.

80 Wagner (1736), nicht paginiert.

81 Biographische Angaben zu Markgraf Friedrich von Brandenburg-Bayreuth (1711–1763) finden sich in Brief Nr. 42, Endnote 11.

82 In der Memoria P.C. Wagneri (1765), unpaginiert, heißt es dagegen: „Iam Anno MDCCXXXV ad finem vergente, a Serenissimo Principe Onolsbacensi eidem Archiatri sparta erat oblata, quam

Neben der Wagner-Trew-Korrespondenz beleuchten weitere in der Trewsammlung erhaltene Briefwechsel jene durchaus komplexen Abläufe der Jahre 1736 und 1737 rund um die gescheiterte Vermittlung Wagners nach Ansbach:[83] zum einen Briefe zwischen Trew und dem Geheimen Ratspräsidenten im Markgraftum Brandenburg-Ansbach Christoph Friedrich Freiherr von Seckendorff (1679–1759)[84], zum anderen zwischen Trew und seinem ‚vor Ort' am Ansbacher Markgrafenhof befindlichen Leibarztkollegen Johann Lorenz Ludwig Loelius (1687–1756)[85]. Zu Tage tritt ein mehrstufiges Procedere, welches dazu diente zu testen, ob ein Bewerber dem „Anforderungsprofil für einen geeigneten Kandidaten"[86] entsprach. Auslöser der Suche des Ansbacher Hofes nach einem weiteren Arzt waren Erkrankung und Tod des Ansbacher Leibarztes Andreas Rosa (1665–1736)[87] im Frühjahr 1736.[88] Sowohl Trew als auch Loelius brachten früh Peter Christian

---

vero peculiaribus ductus rationibus non sine numinis nutu modeste declinavit." Hier wird das Geschehen also in das Jahr 1735 verlegt und der Anschein erweckt, als habe Wagner seinerseits wohlüberlegt und mit göttlichem Wink eine Stellung als Leibarzt in Ansbach abgelehnt. Damit wurde der tatsächliche Verlauf im Nachruf wohl zugunsten einer möglichst positiven Darstellung Wagners ‚geschönt', zeigen die erhaltenen Korrespondenzen doch ein sehr viel langwierigeres Geschehen in den Jahren 1736/1737 und dabei eine deutlich passivere Rolle Wagners, dem nicht selbst die Entscheidung zukam, sondern über den vielmehr abschlägig entschieden wurde. – Auch Fikenscher (1801–1805), Bd. 10, S. 34, übernahm die irreführende Fassung der Memoria P.C. Wagneri.

83 Schon Schnalke (1997), S. 121–126, untersuchte die gescheiterte Vermittlung Peter Christian Wagners an den Ansbacher Markgrafenhof auf Basis der Trew-Seckendorff und v.a. der Trew-Loelius-Korrespondenz. Die vorliegende Arbeit baut im Folgenden auf diesen Ausführungen bei Schnalke auf, indem sie zusätzlich die relevanten Schreiben der Wagner-Trew-Korrespondenz in die Auswertung einbezieht. – Alle Briefzitate, die in vorliegende Arbeit eingefügt werden, orientieren sich bezüglich ihrer Transkription stillschweigend an den Editionsrichtlinien der Wagner-Trew-Korrespondenz, um ein möglichst einheitliches Erscheinungsbild aller Briefzitate zu gewährleisten.

84 Vgl. UBE BT, Korr. Christoph Jacob Trew, Nr. 715 (an Christoph Friedrich Freiherr von Seckendorff), und UBE BT, Korr. Christoph Friedrich Freiherr von Seckendorff, Nr. 1 und 2 (an Christoph Jacob Trew). – Zu Christoph Friedrich Freiherr von Seckendorff (1679–1759) siehe Brief Nr. 20, Endnote 9.

85 Vgl. UBE BT, Korr. Christoph Jacob Trew, Nr. 470–473 und Beilage a (an Johann Lorenz Ludwig Loelius), sowie UBE BT, Korr. Johann Lorenz Ludwig Loelius, v.a. Nr. 19, 20, 26, 27, 30, 37, 60–64, 66, 68 und 69 (an Christoph Jacob Trew). – Zu Johann Lorenz Ludwig Loelius (1687–1756) siehe Brief Nr. 32, Endnote 42.

86 Schnalke (1997), S. 122.

87 Andreas Rosa wurde 1665 in Ansbach geboren und starb ebenda am 15. Mai 1736. Er studierte in Königsberg und Jena, wo er 1688 die Doktorwürde annahm. Bis 1695 war er zunächst Stadtphysikus in Gunzenhausen, wurde dann in Ansbach Land- und Stadtphysikus sowie Leibarzt und Hofrat; vgl. Krauß (1941), S. 19 f.; Schmidt-Herrling (1940), S. 504.

88 Vgl. Schnalke (1997), S. 121.

Wagner als Kandidaten ins Gespräch und untermauerten ihren Vorschlag durch positive Gutachten zu seiner Person.[89] Peter Christian Wagner selbst reiste zweimal nach Ansbach, um sich wohl gegen Ende Juli 1736 bei dem Geheimen Ratspräsidenten Christoph Friedrich Freiherr von Seckendorff und im Dezember 1736 bei der markgräflichen Herrschaft[90] vorzustellen.[91] Offenbar war Wagner also zu diesem Zeitpunkt selbst durchaus daran interessiert, als Arzt in einen engeren höfischen Wirkkreis zurückzukehren, wobei hier die Ereignisse des Jahres 1735 seine Überlegungen beeinflusst haben mögen. Es ist jedoch festzuhalten, dass er im Vorfeld beider Reisen von seiner Seite aus um einen gewissen Aufschub bat, indem er in Schreiben an Trew im ersten Falle wegen schwieriger Patienten seine Unabkömmlichkeit in Erlangen[92] und im zweiten Falle aufgrund einer Erkrankung seiner Söhne seine familiäre Situation als Begründung anführte:

> Dero hochwerthestes heutiges Schreiben hat mich mehr erschrecket als erfreuet, und solches um so Viel mehr weilen sich [...] der besondere Umstand in meinem hauße ereignet, daß meine 3 jüngsten Söhne heute just den 8ten Tag an denen Kinder Blattern liegen. Ob nun schon die Blattern sehr gut stehen und alle hoffnung Zur Reconvalescenz da ist, so sollte es mir doch schwehr fallen, dieße [...] Zu Verlaßen.[93]

Auch diese Verzögerungen mögen dazu beigetragen haben, dass entgegen Wagners eigener durchaus positiver Schilderung gegenüber Trew[94] sein zweiter Besuch in Ansbach an den Weihnachtsfeiertagen 1736 zum „Fehlschlag“[95] geriet.

Loelius musste an Trew berichten, dass Wagners „conduite keinen rechten applausum finden [wolle]“[96], „er rede[] Zu Vil“ und „gehe[] doch dabeÿ hoch“[97], zudem „spreche [er] Von nichts als was Er Vor Gnade in bayreuth gehabt,

---

89 Vgl. UBE BT, Korr. Johann Lorenz Ludwig Loelius, Nr. 19 und 20 (vom 9.5.1736 und 14.5.1736), sowie UBE BT, Korr. Christoph Jacob Trew, Nr. 470 (vom 22.5.1736). – Positive Gutachten zu Wagner finden sich in UBE BT, Korr. Christoph Jacob Trew, Nr. 471 (vom 3.7.1736), sowie in UBE BT, Korr. Christoph Jacob Trew, Beilage a an J.L.L. Loelius (vom 18.8.1736). – Vgl. auch bei Schnalke (1997), S. 121–123.

90 Zu Markgraf Carl Wilhelm Friedrich von Brandenburg-Ansbach (1712–1757), seiner Gemahlin Markgräfin Friederike Luise von Brandenburg-Ansbach (1714–1784) und ihrem Sohn Christian Friedrich Carl Alexander (1736–1806), dem späteren Markgrafen von Brandenburg zu Ansbach-Bayreuth, siehe Brief Nr. 37, Endnote 5.

91 Vgl. Schnalke (1997), S. 123 f.

92 Vgl. Brief Nr. 20, Z. 12–24 (UBE BT, Korr. Wagner, Nr. 16; vom 19.7.1736).

93 Brief Nr. 37, Z. 8–13 (UBE BT, Korr. Wagner, Nr. 26; vom 14.12.1736).

94 Vgl. Brief Nr. 41, Z. 8–25 (UBE BT, Korr. Wagner, Nr. 29; vom 25.12.1736).

95 Schnalke (1997), S. 124.

96 UBE BT, Korr. Johann Lorenz Ludwig Loelius, Nr. 62 (vom 28.12.1736). – Vgl. auch bei Schnalke (1997), S. 124.

97 A.a.O.

welches […] nicht angehe[]"[98]. Dass Wagners Betragen keinen Beifall bei Hofe fand, war nur ein Aspekt seines Scheiterns, dem insgesamt ein multikausales Geschehen zugrunde lag. So wünschte zum einen der Hof eigentlich, Trew vollständig von Nürnberg als Leibarzt nach Ansbach zu ziehen, weswegen Wagner einem fortwährenden Vergleich mit Trew ausgesetzt war, den er von Beginn an nicht gewinnen konnte,[99] und zum anderen galten schon seine Herkunft aus dem Markgraftum Brandenburg-Bayreuth und seine, wenn auch noch relativ lockere, Verbindung zum Bayreuther Markgrafenhof in Ansbach keinesfalls als besondere Empfehlung. So konnte Loelius im Januar 1737 nur mehr sein Bedauern über die gescheiterte Vermittlung Peter Christian Wagners als Leibarzt an den Ansbacher Hof in folgende Worte fassen:

> Mich dauert niemand dabeÿ als herr Doktor Wagner, den auch nichts als die allzu freÿe LebensArt […] Verdrüßlich macht […].[100]

In dieser Äußerung des Loelius liegt nicht nur Mitleid mit Wagner, sondern auch eine Art Einverständnis mit dessen ablehnender Haltung gegenüber der in Ansbach vorgefundenen höfischen Lebensart. Die sich hier zeigende innere Distanz Wagners zu einer „allzu freÿe[n] LebensArt" bei Hofe, die eventuell auch sein in Ansbach kritisiertes Betragen teilweise mit bedingte, ist angesichts seines weiteren Lebenslaufs bemerkenswert. Die erhaltenen brieflichen Quellen geben allerdings keinen Aufschluss darüber, wo die Wurzeln dieser ablehnenden Haltung hier im Einzelnen lagen, also etwa grundsätzlich z.B. in einer besonderen religiösen Motivation Wagners oder vorrangig eher in den Charakteristika speziell des Ansbacher Hoflebens[101].

Wagner selbst hielt sich in seinen Briefen an Trew im Hinblick auf sein Scheitern am Ansbacher Hof bedeckt, doch berichtete er wortreich von dem Empfang, der ihm in Erlangen bei seiner Rückkehr vom Ansbacher Hof Anfang Januar 1737 bereitet worden sei:

> Ich hätte aber nicht geglaubet, daß man mich in Erlang so lieb hätte, als ich würk[lich] beÿ meiner Anheimkunfft gefunden, da sich nach überall erschollenen Gericht Einige über

98 A.a.O.
99 Vgl. Schnalke (1997), S. 125.
100 UBE BT, Korr. Johann Lorenz Ludwig Loelius, Nr. 66 (vom 6.1.1737). – Vgl. auch bei Schnalke (1997), S. 125.
101 Der junge Ansbacher Markgraf Carl Wilhelm Friedrich erscheint in vielen Quellen als charakterlich umstritten, u.a. wegen seiner mit verschwenderischem Aufwand exzessiv betriebenen Jagdleidenschaft und seiner zahlreichen Affären, die die Ehe des Markgrafenpaars stark belasteten; vgl. dazu Schuhmann (1980), S. 212–216.

> mein Weggehen beschwehret, Andere gedrohet Sie wolten mich Und alle das meinige arrestiren laßen, noch andere aber sich Verlauten laßen, man sehe sich gezwungen beÿ Serenissimo Zu suppliciren, daß Sie mir ein hinlängliches fixum geben möchten um mich Zu engagiren Daß ich hier bleiben möchte.[102]

Auch in jener Schilderung aus Wagners Feder scheint, wohl in jener Phase seines Lebens nicht zufällig, der Aspekt seiner finanziellen Absicherung auf. Tatsächlich bestätigte Markgraf Friedrich von Brandenburg-Bayreuth im Folgenden, sei es nun aufgrund eines öffentlichen Drängens oder auch aufgrund eines gewissen Konkurrenzdenkens zu Ansbach, nicht nur die bisherige Position Wagners als Rat und Hofmedikus, sondern bewilligte ihm zudem ein jährliches Gehalt.[103] Die Episode seines Scheiterns am Ansbacher Markgrafenhof nahm also für Peter Christian Wagner letztlich ein glückliches Ende, ohne dass dies freilich Wagner selbst aktiv, wie sein Nachruf glauben machte möchte,[104] in eigener Entscheidung maßgeblich mitbestimmt haben dürfte.

Im Jahr 1738 nahm auch das familiäre Leben Peter Christian Wagners wieder eine glücklichere Wende. Er heiratete seine zweite Frau Margaretha Wilhelmina,[105] eine Tochter des Johann Friedrich Weismann (1678–1760)[106], der zu dieser Zeit Stadtphysikus in Erlangen war. Aus dieser Ehe gingen zwei weitere Söhne Wagners hervor.[107]

---

102 Brief Nr. 42, Z. 32–37 (UBE BT, Korr. Wagner, Nr. 30; vom 2.1.1737).

103 In der Memoria P.C. Wagneri (1765), unpaginiert, heißt es dazu: „Cum enim divus Fridericus [...] dignitatem Consiliaris et Medici aulici Nostro a Serenissimo Parente delatam, non solum ratam habuit, sed etiam auxit annuo salario munificentissime constituto [...].“ – Vgl. auch Fikenscher (1801–1805), Bd. 10, S. 34. – Entsprechend ist Wagner im 1738 einsetzenden Amtskalender des Fürstentums Bayreuth unter den „Medici in denen Städten und auf dem Land“ für Erlangen als „Hr. Rath und Hof-Medicus, Dr. Peter Christian Wagner“ geführt; siehe Amtskalender Bayreuth (1738), S. 94 f.

104 Vgl. Memoria P.C. Wagneri (1765), unpaginiert (entsprechendes Zitat siehe bereits Fußnote 82).

105 Vgl. Delius (1766), S. 189 f. – In der Memoria P.C. Wagneri (1765), unpaginiert, heißt es zur Eheschließung mit Margaretha Wilhelmina, geborene Weismann: „Quod quidem Matrimonium Anno MDCCXXXVIII auspicatissime est initum.“

106 Zu Johann Friedrich Weismann (1678–1760), insbesondere auch zu seiner weiteren Laufbahn als Leibarzt und Erlanger Professor, siehe Brief Nr. 15, Endnote 4.

107 In der Memoria P.C. Wagneri werden die beiden Söhne Wagners aus zweiter Ehe im Einzelnen aufgeführt: „Inde nimirum prodierunt duo filii, spem facientes largissimam, [...]. Prior, praenobilissimus DANIEL FRIDERICUS WAGNERUS, qui legum peritiae in alma Academia Fridericiana Erlangae strenue operam dat, postridie Cal. Februarii Anno MDCCXLI natus. Posterior, Iuvenis ornatissimus PHILIPPUS CHRISTIANUS WAGNERUS, qui inter cives nostros ingenio et virtute et diligentia adhuc eminuit, Anno MDCCXLVII in lucem editus.“ – Vgl. auch die vereinfachte genealogische Übersicht zur Familie Wagners als Beilage 2 im Anhang.

In den folgenden Jahren erfuhr die Bindung Peter Christian Wagners an den Bayreuther Markgrafenhof eine erhebliche Intensivierung. Er vollzog gleichsam gemessen an seinem vorrangigen Wirkkreis noch in der zweiten Hälfte seiner „Erlanger Jahre" Schritt für Schritt wieder den Wandel von einem Arzt vornehmlich städtischer hin zu einem Arzt höfischer Prägung. Ein wohl entscheidendes Ereignis auf diesem Weg war im Jahr 1739 die Erkrankung des Markgrafen Friedrich, der auf dem Weg zu einer geplanten Italienreise zeitgleich mit seinem Leibarzt Daniel von Superville (1696–1773)[108] in Erlangen an einem Fieber darnieder lag – eine besondere Situation, die es Wagner ermöglichte, sein ärztliches Können unter Beweis zu stellen und damit zugleich die wohlwollende Aufmerksamkeit der markgräflichen Herrschaft auf sich zu ziehen.[109] Die Markgräfin Friederike Wilhelmine Sophie von Brandenburg-Bayreuth (1709–1758)[110] selbst hielt das Geschehen detailliert in ihren Memoiren fest:

> Kaum hatten wir eine Meile hinter uns, ging es dem Markgrafen schlecht. [...]. [...]; doch weil er sich unbedingt bis nach Erlangen fahren lassen wollte, brachten wir ihn [...] dorthin. Als wir ankamen, erfuhren wir, dass es Superville sehr schlecht ging. [...]. Meine Ängste veranlassten mich schließlich, Superville aufzusuchen, [...]. Ich sagte zu ihm, der Markgraf sei in einem so bedrohlichen Zustand, dass keine Zeit zu verlieren sei und man ihn zur Ader lassen müsse. Superville sagte zu mir, er habe denselben Gedanken gehabt und würde ihn sofort in die Tat umsetzen, sobald das Fieber abnehme. Ich kehrte also zum Markgrafen zurück, wo ich unseren zweiten Arzt antraf, der Wagner hieß. Ich unterrichtete ihn von meiner gerade stattgefundenen Konsultation mit Superville und von dessen Entscheidung. Er antwortete darauf, er stimme auf keinen Fall zu, den Markgrafen in seinem augenblicklichen Zustand zur Ader zu lassen; nichts sei gefährlicher und dies sei das allerletzte Mittel, das man anwenden solle, falls sein Zustand hoffnungslos würde. Ich sagte zu ihm, [...] er solle die Sache mit Superville diskutieren. Er kam einen Moment darauf mit der Antwort und sagte mir, Superville sei seiner Ansicht und man dürfe nichts überstürzen. [...]. Ich schlief seit vier Stunden, als ich merkte, wie ich geweckt wurde, und erblickte, als ich die Augen öffnete, Wagner vor meinem Bett. [...]. „Erschrecken Sie sich nicht, Madame", sagte er zu mir, „dem Markgrafen geht es immer noch wie zuvor, aber wir haben uns schließlich doch entschlossen, ihn zur Ader zu lassen, [...]". [...]. Endlich kam es zu diesem ominösen Aderlass: Wie groß war meine Freude, als ich sah, wie der Markgraf in dem Maß, wie das

108 Zu Daniel von Superville (1696–1773) siehe Brief Nr. 59, Endnote 7.

109 In der Memoria P.C. Wagneri (1765), unpaginiert, heißt es dazu: „Anno MDCCXXXIX accidit, ut Serenissimus Pater Patriae simul cum Archiatro viro perillustri de Superville eadem febri et morbo satis ancipiti opprimeretur. Hic quidem Wagneri scientiae et fidei campus, ubi excurrere, ubi cognosci posset, aperiebatur latissimus." – Vgl. auch Fikenscher (1801–1805), Bd. 10, S. 34.

110 Zu Markgräfin Friederike Wilhelmine Sophie von Brandenburg-Bayreuth (1709–1758) siehe Brief Nr. 65, Endnote 22.

> Blut lief, eine ganz andere Gesichtsfarbe annahm. In der Tat trat die erwartete neuerliche Fieberattacke nicht ein und schon am Abend war er außer Gefahr.[111]

Die Mitwirkung[112] Wagners an der Gesundung des Markgrafen brachte für ihn in der Folge weitere Verbesserungen seiner Stellung: Er wurde von Markgraf Friedrich zum Hofrat ernannt und zudem unter Vermehrung seines Gehalts in Erlangen seinem Schwiegervater Johann Friedrich Weismann als Physikus zur Seite gestellt.[113] Fortan nahm die Rückkehr Wagners in den engeren höfischen Wirkkreis immer mehr an Geschwindigkeit auf, er wurde gleichsam, wie auch in einem Nachruf anschaulich beschrieben, „immer mehr nach Hofe gezogen"[114].

In einem Brief an Trew erwähnte Wagner im Juni 1742 eine „nun mehro seit 1½ Jahr öfftere und lange Abweßenheit"[115] von Erlangen, und rückblickend erinnerte er sich 1749 über die Zeit ab 1740, er sei „beständig mit nach hoffe gezogen worden und [habe] etliche Jahre mit beständigen hin und herreißen Zubringen [...] müßen"[116]. Auffällig ist außerdem, dass sich in den Spätjahren der Zeitschrift des *Commercium Litterarium* nach 1737 keinerlei Beiträge Wagners mehr finden lassen,[117] was wohl auch darauf hinweist, dass ihm nun wieder immer weniger Zeit für eigene gelehrte Ambitionen verblieb. Zwei Geschehnisse in den Jahren 1742/1743 führten schließlich endgültig eine sehr enge Anbindung Wagners an den Bayreuther Markgrafenhof und seinen Umzug von Erlangen nach Bayreuth herbei: Zum einen wurde, da der bisherige Bayreuther Stadtphysikus Primarius Johann Erhard Donauer (1697–1742)[118] verstarb, das Stadtphysikat Bayreuth vakant, und zum anderen ist anzunehmen, dass schon in der Gründungsphase

111 Wilhelmine Friederike Sophie (2007), S. 365–367 (Memoiren in einer Übersetzung von Günter Berger).

112 Die in der Memoria P.C. Wagneri (1765), unpaginiert, und auch bei Fikenscher (1801–1805), Bd. 10, S. 34, gewählte Darstellung, Wagner habe gleichsam im Alleingang den Markgrafen und Superville gerettet, stimmt nicht mit den Schilderungen in den Memoiren der Markgräfin überein und muss wohl eher als Übertreibung zugunsten Wagners gewertet werden.

113 Die Memoria P.C. Wagneri (1765), unpaginiert, hält fest: „Praemia igitur merito accedunt praemiis: Consiliarii aulici honor et auctoritas eidem ultro defertur: reditus augentur: additur muneris Physici Erlangensis cum illustri Socero societas." – Vgl. auch Fikenscher (1801–1805), Bd. 10, S. 34. – Im Amtskalender Bayreuth (1740), S. 61, ist Wagner folglich für das Jahr 1740 unter den „Medici in denen Städten und auf dem Land" in Erlangen als „Herr Hof-Rath und Hof-Medicus, dann Physicats-Adjunctus Doct. Peter Christian Wagner" geführt.

114 Delius (1766), S. 186.

115 Brief Nr. 56, Z. 24 f. (UBE BT, Korr. Wagner, Nr. 40; vom 15.6.1742).

116 Brief Nr. 84, Z. 20–24 (UBE BT, Korr. Wagner, Nr. 61; vom 29.3.1749).

117 Vgl. dazu die separate Aufstellung der Schriften Wagners im Quellen- und Literaturverzeichnis der vorliegenden Arbeit.

118 Zu Johann Erhard Donauer (1697–1742) siehe Brief Nr. 57, Endnote 14.

der Universität Erlangen[119] erkennbar wurde, dass der federführend beteiligte Daniel von Superville seine leibärztliche Tätigkeit wohl immer mehr würde zurückstellen müssen[120].

Nicht ohne Stolz konnte Peter Christian Wagner daher Trew in einem Brief vom 7. September 1742 das Folgende mitteilen:

> [...], [...] ich [bin] gesinnet [...] Ewer hochEdelgeb[ohrn] bald selbsten noch ein mahl Persöhnlich auf Zu warten, maßen es mir ins künfftige nicht so leichte oder so öffters dürffte Vergönnet seÿn, da es S[e[iner]] Hochfürst[lichen] Durch[laucht] unßern gnädigsten Herrn Marggraffen gefallen mich Zu Dero Leib-Medicum Zu ernennen und mir das durch des Herrn Rath Donauers Todt vacant gewordene Stadt-Physicat Zu Baÿreuth Zu conferiren. Ich werde alßo pressiret meinen Aufzug noch Vor Winters dahin Zu beschleunigen [...].[121]

Wagner war am 15. Juni 1742 zum ersten Stadtphysikus von Bayreuth berufen und am 1. September 1742 als solcher durch Markgraf Friedrich bestätigt worden.[122] Die Vereidigung auf dem Rathaus in Bayreuth erfolgte gemäß dem Wortlaut des entsprechenden Schriftstücks dann am 15. Juli 1743:

> Herr hoffRath und LeibMedicus Doct[or] Peter Christian Wagner ist auff ergangenen hochfürst[lichen] Befehl Zum hiesig verleedigten StadtPhysicat vociret – und anheute [...] uff dem Rathhauße verpflichtet worden, [...].[123]

Zum Zeitpunkt der Vereidigung war auch bereits der Umzug des neu ernannten Leibarztes Peter Christian Wagner mit seiner gesamten Familie von Erlangen nach Bayreuth nach einigen Verzögerungen schließlich im März/April 1743 voll-

---

119 Zur Frühgeschichte der Universität Erlangen und der Rolle Supervilles sowie der Markgräfin Wilhelmine vgl. Wittern (1993a); Ruisinger (2002).

120 Daniel von Superville ist bereits im Amtskalender Bayreuth (1744), S. 94, nicht mehr unter den „Leib- und Hof-Medici" als Teil des Hochfürstlichen Hofstaates geführt, auch wenn er sich in anderem Zusammenhang (ebd., S. 86 f.) weiter als „erster Leib-Medicus" bezeichnet findet. Er ist auch nicht mehr als Direktor des Collegium medicum gelistet (ebd., S. 86), vielmehr gilt das Direktorat als „vacat".

121 Brief Nr. 57, Z. 26–32 (UBE BT, Korr. Wagner, Nr. 41; vom 7.9.1742). – Auch einen Brief an Johann Philipp Breyne vom 8.10.1742 unterzeichnete Wagner bereits als Leibmedikus und Physicus Primarius von Bayreuth; vgl. Forschungsbibliothek Gotha, Mikrofilm Chart. B 789, Bl. 634 f., hier Bl. 635.

122 Vgl. Fikenscher (1801–1805), Bd. 10, S. 34 f. – Anders als z.B. auch Delius (1766), S. 186, lässt Fikenscher dagegen einen Hinweis auf die Beförderung Wagners zum Leibarzt vermissen.

123 Stadtarchiv Bayreuth, Aktennummer 25 731 (Schriftstück zur Vereidigung Peter Christian Wagners als Stadtphysikus am 15.7.1743). Mein Dank für die Übersendung einer Kopie gilt Frau Christine Bartholomäus M.A.

ständig abgeschlossen worden[124] – und mit ihm zugleich die Wandlung Wagners von einem Arzt eher städtischer Prägung in den ersten Erlanger Jahren zurück zu einem Arzt vorwiegend höfischer Prägung.

2.1.3 1743–1764: Leibarzt am Bayreuther Markgrafenhof

Nach seinem Umzug nach Bayreuth gelangte Peter Christian Wagner wohl mehr als je zuvor in den Zwiespalt zwischen einerseits den immer mehr Zeit in Anspruch nehmenden Verpflichtungen als höfischer Arzt bzw. Leibarzt und andererseits seinem fortbestehenden Verlangen, sich „jeden Augenblick, den er für sich hatte, der Erweiterung seiner eigenen Kenntnisse besonders der Untersuchung der NaturProducte zu widmen“[125]. In den über 20 Jahren im markgräflichen Bayreuth bis zu seinem Tod im Jahr 1764 war Peter Christian Wagner als vor Ort ansässiger Leibarzt[126] nun unmittelbarer Teil des Hofstaates[127] und somit, wie seine Korrespondenzen belegen, vorrangig mit der ärztlichen Betreuung der Mitglieder jenes Hofstaates, vor allem aber der fürstlichen Familie selbst betraut.

Dagegen finden sich, obwohl Einträge zu Wagner in biographischen Lexika durchaus nach dem Umzug nach Bayreuth seine Sorge um „das Wohl des Fürsten und der Einwohner“[128] erwähnen, in den brieflichen Quellen wie schon in seiner Pappenheimer Zeit keine konkreten Spuren eines städtischen Wirkens bzw. einer Ausübung spezieller Aufgaben eines Stadtphysikus[129]. Zwar ist hier in Rechnung

124 Vgl. Brief Nr. 59, Z. 15–17 (UBE BT, Korr. Wagner, Nr. 43; vom 9.4.1743). – Die Memoria P.C. Wagneri (1765), unpaginiert, fasst die Geschehnisse der Jahre 1742/1743 knapp zusammen: „Inde sactum est, ut Anno MDCCXLIII omnem rem familiarem huc transferre iuberetur, Archiatri et Physici ordinarii primarii provinciam adeptus.“

125 Fikenscher (1801–1805), Bd. 10, S. 35.

126 Wagner lässt sich im Stadtarchiv Bayreuth als Besitzer eines Hauses in der Zweiten Risse Nr. 66, heute Maximilianstraße Nr. 29, unmittelbar gegenüber dem Alten Schloss nachweisen. Das Haus wurde 1767 von seiner Witwe verkauft, später aber von seinem jüngsten Sohn Philipp Christian Wagner zurückgekauft. Für diesen Hinweis gilt mein Dank Christine Bartholomäus M.A. im Stadtarchiv Bayreuth (Schreiben vom 19.3.2004). – Die Lage des Hauses Wagners scheint damit geradezu auch räumlich eine Nähe zur markgräflichen Herrschaft auszudrücken und weist so möglicherweise ebenfalls auf die Verpflichtung hin, stets zur Verfügung zu stehen.

127 Im Amtskalender des Fürstentums Bayreuth findet sich Wagner ab dem Jahr 1743 entsprechend als Teil des Hochfürstlichen Hofstaates unter der Rubrik der „Leib- und Hof-Medici“ mit dem Eintrag „Herr Doctor Peter Christian Wagner, Hofrath und Leib-Medicus“ geführt; vgl. z.B. Amtskalender Bayreuth (1743), S. 92f.

128 Fikenscher (1801–1805), Bd. 10, S. 35.

129 Nach jahrelangen Vorverhandlungen war es in Bayreuth im Jahr 1597/1598 zur Errichtung eines ständigen Stadtphysikats gekommen. Kurz vor dem Umzug Wagners nach Bayreuth wurde

zu stellen, dass die Themenwahl brieflicher Quellen stets in Ausrichtung auf den ursprünglichen Adressaten erfolgte und sich daher keinesfalls alle Aspekte des Lebens und Wirkens des Verfassers in adäquater Gewichtung darin wiederfinden müssen, doch lässt allein die belegte Vielzahl der Verpflichtungen Peter Christian Wagners im engeren höfischen Umfeld vermuten, dass tatsächlich kaum noch Zeitfenster für anderweitige Tätigkeiten verblieben sein dürften.

Im Bayreuth des Markgrafen Friedrich und seiner Gemahlin Wilhelmine lassen sich, ausgehend von der von Volker Bauer erarbeiteten Idealtypologie der deutschen Höfe im siebzehnten und achtzehnten Jahrhundert,[130] Elemente des Typs des „Musenhofs"[131] erkennen. Wenn der markgräfliche Hof Bayreuth auch in einigen Belangen weit hinter den bedeutenderen „Musenhöfen" des ausgehenden siebzehnten und des achtzehnten Jahrhunderts zurückblieb, so hob sich das Markgrafenpaar hinsichtlich der Förderung von Künsten und Wissenschaften[132] doch deutlich von seinen Vorgängern ab. Das sogenannte „Bayreuther Rokoko" veränderte nachhaltig das Erscheinungsbild der Stadt, wobei freilich die rege Bautätigkeit auf Kosten hoher Schulden erfolgte.[133]

---

im Jahr 1740 ein Collegium Medicum eingerichtet, 1742 eine Medizinalordnung veröffentlicht. Zur Entwicklung des Medizinalwesens in Stadt und Fürstentum Bayreuth vgl. ausführlich Andräas (1882), hier v.a. S. 19–67. Aktenbestände zur Errichtung des Collegium Medicum 1740 und der gedruckten Medizinalordnung von 1742 finden sich im Stadtarchiv Bayreuth (auch für diesen Hinweis gilt mein Dank Frau Christine Bartholomäus M.A.). – Es fällt auf, dass erst im Amtskalender Bayreuth (1746), S. 150, unter den „Medici in denen Städten und auf dem Lande" für Bayreuth eine entsprechende Eintragung für Wagner erfolgte: „Herr D. Peter Christian Wagner, Hofrath und Leibmedicus auch Physicus Ordinarius Primarius. Die übrigen siehe Collegium Medicum." Möglicherweise ist dies aber nur auf eine gewisse dem pauschalen Querverweis zum Collegium Medicum, dem Wagner aber zu diesem Zeitpunkt noch gar nicht angehörte (s.u.), geschuldete Nachlässigkeit zurückzuführen. In späteren Aufstellungen aller Inhaber des Stadtphysikats Bayreuth findet sich Wagner dagegen entsprechend gelistet; vgl. Layritz (1802), S. 20; Andräas (1882), hier S. 123 („1742 erster Stadtphysikus").

130 Vgl. in einer Übersicht Bauer (1993), S. 55–80.

131 Vgl. ebd., S. 76. Bauer beschreibt den Musenhof als den „Ort einer Ersatzhandlung, die in der Teilnahme an den gelehrten und künstlerischen Debatten und Entwicklungen der Zeit bestand [...]", wobei sie vorrangig dazu diente, „durch die prestigeträchtige Förderung von Künsten und Wissenschaften über den zwergstaatlichen Charakter der betreffenden Territorien hinweg[zu]täuschen". Darin lässt sich gut die Bayreuther Markgräfin Wilhelmine wiederfinden, die als preußische Prinzessin, enttäuscht vom zunächst eher kleinstädtisch geprägten Umfeld Bayreuths, dergestalt nach Wegen suchte, dennoch überregional Beachtung zu finden; vgl. auch Schmidt (2000), S. 59.

132 Vgl. Schmidt (2000), v.a. S. 50–54.

133 Vgl. ebd., v.a. S. 58–63; Krückmann (1998). – Auch zahlreiche Veröffentlichungen aus Anlass des Jubiläums des Todes- bzw. Geburtstages der Markgräfin Wilhelmine im Jahr 2008 bzw.

Die brieflichen Quellen belegen eindrücklich, wie stark sich das Leben Peter Christian Wagners nach seinem Umzug nach Bayreuth gleichsam nach dem Rhythmus des Hofes ausrichtete. So klagte Wagner schon in einem Schreiben an Johann Philipp Breyne in Danzig am 24. April 1745:

> Die Besorgung eines Ziemlich Zahlreichen und unruhigen Hoffes, mit welchen man die meiste JahresZeit auf dem Landt- Lust- und Jagd-Häußern Herumreißen muß, die mir nun schon beÿ 2 Jahren wegen öffterer Unpäßlichkeit und beständiger Abweßenheit meines Herrn Collegen, des Herrn Geheimen-Raths Von Superville gantz alleine oblieget, hat mir bißhero nicht so Viele Zeit übrig gelassen, daß ich nur meine mit hiehergebrachte naturalien Collection auspacken und die darunter befindlichen häufigen doubletten absondern können.[134]

Und in einem Brief an Christoph Jacob Trew vom 24. April 1746 berichtete Wagner rückblickend über den Herbst des Jahres 1745, er sei „um solche Zeit mit dem hoff auf denen Landt- und Jagd-häußern biß in die spate JahrsZeit herumgezogen“[135]. Wagner war also stets gezwungen, im Lauf jeden Jahres „mit dem hoff immer Von einem Ort Zum andern [zu] wandern“[136], also der „Hoftour“ über verschiedene Jagd- und Landhäuser[137] zu folgen, was, wie er sich selbst später erinnerte, dazu führte, dass er „manches Jahr kaum etliche wenige Wochen Zu hauße seÿn k[o]nn[te]“[138]. Die Schreiborte der Briefe Wagners aus jener Zeit liefern so auch gleichsam eine Art kleines Itinerar: so etwa im August 1743 die „Hermitage beÿ Baÿreuth“[139], im Oktober 1743 „HimmelCron beÿ Baÿreuth“[140], und im Juni 1744 wieder die „Hermitage beÿ Baÿreuth“[141]. Die ständigen Ortswechsel und die durch die häufige Abwesenheit Daniel von Supervilles bedingte oft alleinige ärztliche Verantwortung für die zahlreichen Mitglieder des Hofes ließen Wagner so kaum mehr Zeit für die Verfolgung seiner gelehrten Interessen. Darunter litten nicht nur

---

2009 befassen sich vorrangig mit ihrem kulturellen Erbe für Bayreuth; vgl. z.B. Habermann (2008); Berger (2009).

134 Forschungsbibliothek Gotha, Mikrofilm Chart. B 789, Bl. 638–640, hier Zitat Bl. 638 (Wagner an Breyne am 24.4.1745).

135 Brief Nr. 76, Z. 28 f. (UBE BT, Korr. Wagner, Nr. 55; vom 24.4.1746).

136 Brief Nr. 84, Z. 23 (UBE BT, Korr. Wagner, Nr. 61; vom 29.3.1749).

137 Zur Bedeutung der „Hoftour“ und der Jagd an Fürstenhöfen der Frühen Neuzeit vgl. Müller (1995), v.a. S. 37 und S. 58 f.

138 Brief Nr. 84, Z. 24 (UBE BT, Korr. Wagner, Nr. 61; vom 29.3.1749).

139 Brief Nr. 63, Z. 26 (UBE BT, Korr. Wagner, Nr. 46; vom 8.8.1743). – Zur von der Markgräfin Wilhelmine mit Hilfe verschiedenster Künstler immer weiter ausgestalteten Bayreuther Eremitage vgl. z.B. Schmidt (2000), S. 53.

140 Brief Nr. 64, Z. 57 (UBE BT, Korr. Wagner, Nr. 47; vom 18.10.1743).

141 Brief Nr. 72, Z. 21 (UBE BT, Korr. Wagner, Nr. 53; vom 7.6.1744).

Pflege und Ausbau seiner eigenen naturkundlichen Sammlungen, sondern, wie er Breyne im April 1746 sehr bildhaft beschrieb, auch seine Briefschaften:

> Ewer HochEdelgebohrn können sich die unordentliche LebensArt Vom Hoffe unmöglich Vorstellen, und ich habe Uhrsache Zu besorgen, daß Sie mir kaum glauben werden, wenn ich Versichere daß ich dießen gantzen Winter wegen Vorgefallener schlimmer und langwieriger Patienten fast wie ein Gefangener leben müßen, dem aller BriefWechßel gäntzlich untersaget ist.[142]

Es scheint, als ob Wagner umso enthusiastischer an Trew berichtete, wenn er vereinzelt doch einmal eine Lücke im engen höfischen Zeitkorsett fand: So schwärmte er nach einer siebentägigen botanischen Exkursion im August 1743 vom Ochsenkopf Richtung Eger, er sei „in denen Wäldern und Berg-Wercken herumgekrochen, welches [ihm] Zum grösten Vergnügen gereichet [habe] und [er] Versichere, daß [er] mit Steinen, Kräutern, Saamen und Insecten wohl beladen wiederum nach hauße gekommen [sei]"[143]. Dass solche Freiräume jedoch die Ausnahme blieben, dafür spricht auch ein Blick auf das Schriftenverzeichnis Peter Christian Wagners, das für die kompletten 1740er Jahre keine einzige Veröffentlichung aufweist.[144]

Besonders gefordert war Peter Christian Wagner freilich bei schweren Erkrankungen innerhalb der fürstlichen Familie oder von bedeutenden Mitgliedern des Hofstaates. So war er federführend an der Behandlung der Bayreuther Oberhofmeisterin Dorothea Louise von Wittenhorst-Sonsfeld (1681–1746)[145] beteiligt, deren Gesundheitszustand sich im Mai 1746 rapide verschlechterte und die schließlich am 29. Juli 1746 verstarb.[146] Unter welchen Erfolgsdruck ein höfischer Arzt in einer solchen Situation geraten konnte, lässt sich auch daran ablesen, dass Wagner wegen der Oberhofmeisterin, die der Markgräfin Wilhelmine sehr nahestand,[147] Trew zu einem Konsil nach Bayreuth bat, da der bisherige Krankheitsverlauf „einen üblen Ausgang befürchten l[asse], dem gantzen Hoff aber an

---

142 Forschungsbibliothek Gotha, Mikrofilm Chart. B 789, Bl. 641 f., hier Zitat Bl. 641 (Wagner an Breyne am 14.4.1746).

143 Brief Nr. 64, Z. 42–46, Zitat hier Z. 44–46 (UBE BT, Korr. Wagner, Nr. 47; vom 18.10.1743).

144 Vgl. dazu die separate Aufstellung der Schriften Wagners im Quellen- und Literaturverzeichnis der vorliegenden Arbeit.

145 Biographische Angaben zu Dorothea Louise von Wittenhorst-Sonsfeld (1681–1746) finden sich in Brief Nr. 77, Endnote 6.

146 Zur Erkrankung der Oberhofmeisterin Dorothea Louise von Wittenhorst-Sonsfeld vgl. Brief Nr. 77–81 (UBE BT, Korr. Wagner, Nr. 56–58; UBE BT, Korr. Trew, Nr. 790 u. 795; soweit datiert alle Mai 1746).

147 Zur engen Beziehung zwischen der Markgräfin und ihrer Oberhofmeisterin vgl. auch Schüttpelz (1999), S. 39 f.

der weitern Conservation dießer Vornehmen Patientin sehr Viel gelegen [sei]“[148]. Zu Beginn des Jahres 1747 musste Wagner eine Reise im Auftrag des Fürsten nach Leipzig abrupt abbrechen, da er „unvermuthet durch eine nachgesandte Estaffetta wiederum [...] zurücke beruffen [wurde], weilen [die] durchlauchtigste einzige Prinzeßin[149] unvermuthet die Blattern bekame“[150]. Wagner selbst führte dies gegenüber Breyne als Beispiel für die ständige Rufbereitschaft eines höfischen Arztes an, welches wohl Breynes „Begriff von denen LeibMedicis großer herrn abermahls bekräfftige[]“[151].

Daneben hatte Wagner in jenen Jahren zunehmend mit eigenen gesundheitlichen Problemen zu kämpfen, erwähnte er doch schon in einem Brief an Trew im Februar 1748 rückblickend verschiedene „so wohl [...] sämtlichen gnädigsten Herrschafften in abgewichenen Jahre als auch [ihm] selbsten Zugestoßene Kranckheiten“[152]. Im Jahr 1748 dann erkrankte Wagner nicht zuletzt wohl aufgrund der Arbeitsbelastung im Vorfeld so schwer, dass er acht Monate ans Bett gefesselt war[153] und ihm gar bereits „das letzte Schicksal der Sterblichen auf Erden“[154] drohte. Kaum wieder selbst genesen, musste Wagner zu der in Berlin ernsthaft erkrankten Markgräfin Wilhelmine reisen.[155]

---

148 Brief Nr. 77, Z. 21–23 (UBE BT, Korr. Wagner, Nr. 56; vom 4.5.1746).

149 Gemeint ist hier die einzige Tochter des Markgrafenpaares Prinzessin Elisabeth Friederike Sophie von Brandenburg-Bayreuth (1732–1780). Vgl. zu ihrer Biographie Brief Nr. 65, Endnote 22.

150 Forschungsbibliothek Gotha, Mikrofilm Chart. B 789, Bl. 643 f., hier Zitat Bl. 643 f. (Wagner an Breyne am 18.4.1747).

151 Ebd., Bl. 644.

152 Brief Nr. 82, Z. 18–20 (UBE BT, Korr. Wagner, Nr. 59; vom 9.2.1748).

153 In der Memoria P.C. Wagneri (1765), unpaginiert, heißt es dazu ausführlich: „Quibus quidem in muneribus sese tam fidelem valetudinis, Principi et Aulae, immo civitati tuendae, gessit custodem, ut neque labori, neque vigiliis, si opus esset, non sine suae ipsius sanitatis detrimento parceret. Si quid otii etiam a muneris rationibus relinqueretur, nihilominus tamen, qui erat eiusdem insatiabilis litterarum amor, naturae arcana diligentissime scrutatus, subinde aliquid docti elucubravit. Sic vigiliis adsuetus, pro aliorum salute perpetuas quasi excubias egit: at simul insomnium noctium multitudine sensim minuit corporis robur. Cum ex eo iam tempore, quo aulae admotus est, imbecilliori corporis valetudine uti coepisset, Anno MDCCXLVIII in gravem morbem incidit, per octo mensium spatium lecto adfixus.“ Hier wird die schwere Krankheit Wagners 1748 damit ausdrücklich auf die harten Arbeitsbelastungen bei Hofe und die zahlreichen schlaflosen Nächte, auch im Bemühen dennoch seine gelehrten Ambitionen nicht völlig zu vernachlässigen, zurückgeführt.

154 Delius (1766), S. 184. – Heinrich Friedrich Delius (1720–1791) selbst war an der Behandlung Wagners in jener Zeit beteiligt.

155 Die Memoria P.C. Wagneri (1765), unpaginiert, schildert wortreich den Beitrag Wagners zur Verbesserung des Zustands der Markgräfin: „Vix inde evaserat, cum cursore publico Berolinum arcessitur, Serenissimae Principi Matri tum Patriae regia stirpe oriundae gravissime aegrotanti

Zugleich zog der Markgraf Peter Christian Wagner zu weiteren Diensten heran, die nicht dem ärztlichen Aufgabenspektrum im engeren Sinne zuzuordnen sind, sondern bei denen der Fürst vielmehr das breite naturkundliche Wissen seines Leibmedikus zu nutzen verstand. Bereits 1743 hatte Markgraf Friedrich Wagner auch die Aufsicht über sein fürstliches Naturalienkabinett[156] übertragen.[157] Einerseits brachte dies für Wagner in der Folge neben all seinen anderen Verpflichtungen einen nicht unerheblichen zusätzlichen Arbeitsaufwand mit sich. So berichtete er im Februar 1748 an Trew, das markgräfliche Naturalienkabinett „ha[be] in Vorigen Jahr durch ein Von [ihm] in Leipzig pro 3000 Reichstaler erhandelte Samlung Von Muscheln, Thieren und Mineralien eine ansehnliche Vermehrung erhalten und [er] habe Viel mit deren Einlegung und Eintragung Zu thun [...]"[158]. Der große Brand im Alten Schloss von Bayreuth[159] am 26. Januar 1753 stellte Wagner dann zudem vor besonders große Herausforderungen, klagte er doch gegenüber Breyne noch im September 1753, das Feuer habe das fürstliche Naturalienkabinett „in großen Verlust und Unordnung gebracht, welche [er] so bald nicht <?> werde Verschmertzen und die rechte Ordnung wiederum herstellen können, weilen [er] so wenig Zeit dazu habe, da [er] den gantzen Hoff alleine in [s]einer Vorsorge habe und den Sommer mit auf den Landt seÿn m[üsse]"[160]. Andererseits aber brachte die arbeitsintensive Aufsicht über das markgräfliche Naturalienkabinett für Wagner den nicht zu unterschätzenden Vorteil mit sich, dass die Bestände immer auch seiner eigenen wissenschaftlichen Neugier zugänglich waren.[161]

---

opem laturus. Venit, videt, vincit morbum: e lecto suscitatam Principem sartam tectamque reducit in patriam." – Vgl. auch Fikenscher (1801–1805), Bd. 10, S. 35.

156 Wesentlicher Grundstock des fürstlichen Naturalienkabinetts war die im Jahr 1740 käuflich erworbene Privatsammlung des Danziger Naturforschers Jacob Theodor Klein (1685–1759), die eine große Zahl zoologischer, botanischer und geologischer Objekte umfasste. In den letzten Jahrzehnten ist das Kunst- und Naturalienkabinett des Bayreuther Markgrafen Friedrich v.a. aufgrund seiner Bedeutung für die Erlanger Universitätssammlungen wiederholt zum Gegenstand wissenschaftlicher Aufsätze geworden, hatte doch der Markgraf anlässlich der Gründung der Erlanger Universität 1743 verfügt, dass seine Sammlungen nach seinem Tod in das Eigentum der Universität übergehen sollten; vgl. z.B. Friederich (1993); Seelig (1993); Dippold (2002), hier v.a. S. 19–27; Wittern-Sterzel (2007).

157 Vgl. Delius (1766), S. 186.

158 Brief Nr. 82, Z. 66–69 (UBE BT, Korr. Wagner, Nr. 59; vom 9.2.1748).

159 Zum Brand im Alten Schloss Bayreuth vgl. Schmidt (2000), S. 63; Herrmann (1902/2002), S. 259–262; Krückmann (1998), S. 107 f.

160 Forschungsbibliothek Gotha, Mikrofilm Chart. B 789, Bl. 663 f., hier Bl. 663 (Wagner an Breyne am 28.9.1753).

161 So erwähnte Wagner gegenüber Breyne im August 1751, „[er] [habe] so wohl aus [s]einer, als des Herrn Secretarii Kleins Collection und aus Vielen bewährten Authoribus einen starcken

Eine ähnliche „Win-Win-Situation“ zwischen dem Markgrafen und seinem Leibarzt lässt sich bezüglich Peter Christian Wagners lateinsprachiger *Epistola de acidulis Sichersreuthensibus*[162] aus dem Jahr 1753 feststellen. Gegenstand dieser Abhandlung Wagners, abgefasst in Form eines Briefes an seinen Sohn Paul Christian Ludwig Wagner (1730–1783)[163], ist der Sichersreuther Sauerbrunnen bei Wunsiedel. Diese Heilquelle war erst 1734 entdeckt worden[164] und sollte später in den 1780er Jahren unter Markgraf Christian Friedrich Carl Alexander u.a. mit dem Bau eines Wohngebäudes für Kurgäste ihren eigentlichen Aufstieg vollziehen.[165] Doch schon das Interesse des Bayreuther Markgrafen Friedrich war einige Jahre nach Entdeckung der Quelle geweckt und daher „gab [er] sogleich seinem Leibarzt, dem Hrn. Geheimen Rath, D. Wagner, den Auftrag, diese Quelle von neuem zu untersuchen“[166]. Die Ausführung des markgräflichen Befehls verzögerte sich allerdings aufgrund „Krankheit und andere[r] Verrichtungen“[167] Wagners. In dem schließlich 1753 erschienenen kleinen Werk mit einem Umfang von 23 Seiten lieferte Peter Christian Wagner sodann im Wesentlichen Angaben zur Zusammensetzung des Wassers der Quelle[168] und eine Einschätzung zu ihrem Nutzen in der Behandlung verschiedener Krankheiten[169]. Auf der einen Seite erhielt der Markgraf so eine wissenschaftlich fundierte Lobpreisung der in seinem Territorium vorzufindenden Naturschätze, auf der anderen Seite aber zugleich Wagner die Gelegenheit, sein ansonsten weiter stagnierendes Schriftenverzeichnis wenigstens um ein kleines Werk zu erweitern.

In den Jahren 1754/1755 begleitete Peter Christian Wagner das markgräfliche Paar sowie ein Gefolge von ca. 70 Personen auf einer ausgedehnten zehnmona-

---

Zusammentrag Zu einen Botanico Marino gemachet [...]“; siehe Forschungsbibliothek Gotha, Mikrofilm Chart. B 789, Bl. 660 f., hier Bl. 660 (Wagner an Breyne am 5.8.1751). Mit „Kleins Collection“ dürfte hier das fürstliche Naturalienkabinett gemeint sein, bildete doch die Sammlung Jacob Theodor Kleins dessen Grundstock.

162 Wagner (1753). – Eine separate Aufstellung der Schriften Wagners findet sich im Quellen- und Literaturverzeichnis der vorliegenden Arbeit.

163 Biographische Angaben zu Paul Christian Ludwig Wagner (1730–1783) finden sich in Brief Nr. 88, Endnote 17.

164 Vgl. Keil (1734).

165 Daher kommt auch der heutige Ortsname „Bad Alexandersbad“. – Ausführliche Angaben zu Sichersreuth bzw. Alexandersbad und seiner Geschichte finden sich bei Bundschuh (1802), Sp. 306–329.

166 Ebd., Sp. 312.

167 A.a.O.

168 Vgl. Wagner (1753), S. XV.

169 Vgl. ebd., S. XX f.

tigen Reise durch Frankreich und Italien.[170] Stolz konnte er im Juli 1757 darüber rückblickend aus gegebenem Anlass an Trew berichten:

> Die in denen Verwichenen Jahren Von meinem Hoff in die entlegensten Provinzen Von Franckreich und Italien mit einem Zahlreichen Gefolg unter nommene Reiße, ware einer kleinen Campagne oder Caravane nicht unähnlich, wobeÿ ich mich auf allerleÿ Zufälle gefast halten müßen, es hat uns auch weder an würcklichen Kranckheiten noch an Gelegenheit darzu gemangelt und ich bin dennoch durch Göttliche Gnade und Beÿstandt so glücklich geweßen alle und jede ohne eine einzige Seele in 10 Monathen Zu Verliehren gesund und wohl wiederum nach hauße Zu bringen.[171]

Dabei ist wohl zugleich davon auszugehen, dass Wagner, gerade weil ihm in jüngeren Jahren die Möglichkeit zu einer *peregrinatio academica* gefehlt hatte, bei dieser Reise mit dem Markgrafenpaar, soweit ihm neben seinen ärztlichen Verpflichtungen Zeit verblieb, die Chance erkannte und ergriff, seine medizinischen wie sonstigen Kenntnisse durch eigene Anschauung sowie den Kontakt zu anderen Ärzten und Gelehrten zu vertiefen,[172] wenn auch leider insbesondere die brieflichen Quellen dazu keine Einzelheiten überliefern.

Seine Erfahrungen als begleitender Arzt der *Grand Tour* des markgräflichen Paares versuchte Peter Christian Wagner gegenüber Trew auch als Empfehlung zu nutzen, als er im Juli 1757 eine Art ‚Ausbruchsversuch' aus dem höfischen Leben unternahm:

> Es ist mir nehmlich das HoffLeben, so ich nun in die 14 Jahre allhier und wie bekant schon Verschiedene Jahre anderwärts mit angesehen habe seith einigen Jahren sehr Verleidet und Zu wieder gemachet worden, so daß ich schon mehr als ein mahl auf eine honorable retirade und Veränderung dencken müßen. [...]. Nachdeme sich [...] in Dero Nachtbarschafft eine formidable ReichsArmee formiret und beÿ solcher Vermuthlich ein General-Stabs-Medicus angenommen werden dürffte, ich aber mich gantz wohl getraue solche Stelle mit honneur und Zufriedenheit derer mir anvertraueten Zu Verwalten und einige Feldzüge mit Zu thun, so habe beÿ Ewer Wohlgebohrn mich deswegen erkundigen und anfragen wollen ob Sie mich beÿ habender Gelegenheit nicht darzu in Vorschlag bringen oder Rathgeben möchten an wen ich mich deswegen addressiren solle.[173]

---

170 In der Memoria P.C. Wagneri (1765), unpaginiert, heißt es dazu: „Ubi ergo divus Pater Patriae cum augusta Coniuge Anno MDCCLIV iter in Gallorum Occitaniam et Provinciam suscipere constituisset, Nostrum inter comites esse [...] iussit. [...]. [...]: redit elapsis decem mensibus in patriam. Ex septuaginta hominum comitatu ne unus quidem desiderabatur, ne unus quidem erat relictus sive mortuus sive aegrotus [...]."– Vgl. auch Fikenscher (1801–1805), Bd. 10, S. 35.

171 Brief Nr. 88, Z. 23–30 (UBE BT, Korr. Wagner, Nr. 65; vom 30.7.1757).

172 Darauf verweist in allgemeinen Worten z.B. Fikenscher (1801–1805), Bd. 10, S. 35, ohne allerdings Details zu nennen.

173 Brief Nr. 88, Z. 11–23 (UBE BT, Korr. Wagner, Nr. 65; vom 30.7.1757).

Dieser ‚Ausbruchsversuch' Wagners bei Gelegenheit der sich im Rahmen des Siebenjährigen Krieges nahe Fürth sammelnden Reichsarmee[174] scheiterte letztlich daran, dass die von ihm erhoffte Stelle als „General-Stabs-Medicus" so gar nicht vorgesehen war.[175] Nicht das Scheitern scheint hier jedoch besonders bemerkenswert, sondern vielmehr zum einen die Tatsache an sich, dass Wagner überhaupt, wie allein diese brieflichen Quellen belegen, seinen höfischen Wirkkreis zu verlassen suchte, und zum anderen der von ihm dafür explizit angeführte Beweggrund, nämlich sein Verdruss am höfischen Leben, welches ihm „sehr Verleidet und Zu wieder gemachet worden [sei]".

Auch wenn Peter Christian Wagner hier die Wurzeln seines Verdrusses nicht im Einzelnen nennt, so ist doch zuvorderst an das Spannungsfeld zwischen höfischen Pflichten einerseits und dem Verlangen nach Umsetzung eigener gelehrter Ambitionen andererseits zu denken, in dem sich Wagner permanent bewegte und das sicher massive Belastungen und wiederholte Enttäuschungen für ihn bereithielt. Daneben mögen die Worte Wagners hier aber auch auf Anfeindungen innerhalb des sensiblen Systems der höfischen Gesellschaft verweisen,[176] gerade da die Stellung eines höfischen Arztes, wie Vivian Nutton einleitend in einem Sammelband zur höfischen Medizin eindrücklich beschreibt, u.a. wegen der Nähe zur herrschaftlichen Familie stets eine ganz besondere war, ihn gar zu einer Art „Outsider" werden ließ:

> [The court physicians] are, [...], rarely, if ever, of noble origin; rarely members of families attached to the court. They are outsiders, whose own talents, however they might be described, brought them into princely or royal favour. Socially they stand outside the court families; they are more akin in their professional skills to the court musician or the court librarian; yet their relation to the ruler is at the same time more intimate, perhaps even more necessary, than that of many of the courtiers.[177]

Die Verstrickung Wagners in die höfischen Intrigen lässt sich für die frühen 1760er Jahre anhand der Korrespondenz zwischen Christoph Jacob Trew und

---

174 Zu den Truppen des fränkischen Kreises in der Reichsarmee vgl. Helmes (1907). Eine Übersicht zu Franken während der Schlesischen Kriege und des Siebenjährigen Krieges bietet Endres (1971). – Als Literatur zum Siebenjährigen Krieg in all seinen Facetten sei hier nur exemplarisch hingewiesen auf: Kunisch (1978); Schumann/Schweizer (2008).

175 Siehe Brief Nr. 89, Z. 11–17 (UBE BT, Korr. Trew, Nr. 791; vom 20.8.1757).

176 Zu den zahlreichen Intrigen innerhalb des hierarchischen Systems der Hofgesellschaft am frühneuzeitlichen Hof vgl. z.B. Müller (1995), S. 36.

177 Nutton (1990b), S. 2.

Martin Frobenius Ledermüller (1719–1769)[178] nachweisen.[179] Ledermüller, der 1761 als Assistent unter der Leitung Wagners an das markgräfliche Naturalienkabinett berufen wurde, wähnte seinen Aufstieg in der Gnade des Fürsten vom „scheelen Auge“[180] und „mißgünstigen Blicken“[181] Wagners verfolgt und unterstellte diesem gar, einen Vergiftungsversuch gegen ihn unternommen zu haben, da er bei Wagner „3 StengelGläßer [Wein] getruncken beÿ [s]einer Nachhaußkunfft aber in [s]einem Quartier dergestallt mit einem vehementen Magen Krampff und hize befallen worden [sei], daß [er] 2 tage ausser [sich] und 6 tage Zu Bette Zubrachte“[182]. Dass Ledermüller derartig schwere Anschuldigungen[183] mehr oder minder offen gegenüber Dritten wie Trew vorbrachte, konnte wiederum Wagner nicht gefallen und dürfte von ihm gleichsam als Teil einer Rufmordkampagne angesehen worden sein. Eine eindeutige Zuordnung der Opfer-

---

178 Martin Frobenius Ledermüller (1719–1769) wurde als Sohn eines Kanzlisten in Nürnberg geboren. Er studierte nach Schulausbildung und Lehre 1739 in Jena die Rechte, brach das Studium dann aber ab und reiste für einige Jahre u.a. im Kriegsdienst verschiedener Armeen herum. 1744 bestand er in Nürnberg das Notariatsexamen, war dort dann ab 1749 Sollizitator am Bürgermeisteramt, ab 1757 Prokurator am Stadt- und Ehegericht. 1760 verließ er nach Erkrankung und Verwicklung in einen Gerichtsprozess Nürnberg und zog nach Erlangen, wo er sich der Naturgeschichte und seinen mikroskopischen Beobachtungen widmete. Ledermüller wurde vom Bayreuther Markgrafen Friedrich 1760 zum Justizrat ernannt, 1761 dann Assistent und später Inspektor am markgräflichen Naturalienkabinett; vgl. ADB, Bd. 18, S. 117 (Artikel von Wilhelm Heß); NDB, Bd. 14, S. 43 f. (Artikel von Gerhard H. Müller); Will (1755–1758/1802–1808), Bd. 6 (1805), S. 282–290; Ludwig (1998), S. 350–352; Schmidt-Herrling (1940), S. 349. Speziell zu Ledermüllers Beziehungen zum Bayreuther Hof vgl. Müller (1978). – Zu Ledermüller vgl. desweiteren Naumann (1921); Naumann (1926); Reicke (1923).

179 Vgl. v.a. UBE BT, Korr. Martin Frobenius Ledermüller, Nr. 3–5 (an Christoph Jacob Trew). – Für den freundlichen Hinweis auf diese Briefe mit Bezug zu Peter Christian Wagner und auch für die Übermittlung entsprechender Transkripte danke ich an dieser Stelle Frau Professor Marion Maria Ruisinger sowie Herrn Udo Andraschke. Zitate, die im Folgenden aus den Brieftexten entnommen sind, wurden unter Rückgriff auf die Originale in der Zitierweise den Gepflogenheiten vorliegender Arbeit angepasst.

180 UBE BT, Korr. Martin Frobenius Ledermüller, Nr. 3 (an Trew vom 9.4.1761).

181 A.a.O.

182 A.a.O.

183 Neben einem Vergiftungsversuch unterstellte Ledermüller Wagner an anderer Stelle auch, Naturalien der markgräflichen Sammlung seinen eigenen Sammlungen zugeschlagen zu haben; vgl. „Personalia zu Meinem Lebenslauf“ mit Beilagen (Original in der StB Nürnberg, Sign.: Will VIII, 34), hier zitiert nach Reicke (1923), S. 155: „Der gute Mann [Wagner] wollte sich nicht gerne in seine bißher geführte Haußhaltung sehen lassen, weil er Selbst ein NaturalienCabinet in Seinem Hause hatte, das, wie er sich selbst gegen mich vernehmen lassen, noch schöner seye als das Fürstliche. Er hat es mir aber niemalen sehen lassen. [...]. Mein Gott, was hat dieser Mann nur alles austauschen können!“

bzw. Täterrolle zwischen Wagner und Ledermüller ist, da eine Schilderung der Geschehnisse aus der Sicht Wagners nicht überliefert ist, hier unmöglich, bleibt aber auch von nachrangiger Bedeutung – sicher belegt sind Erfahrungen Wagners mit einer Atmosphäre von Konkurrenz, Neid, Misstrauen und Intrigen im Umfeld des Bayreuther Hofes.

Wie gespalten das Verhältnis Wagners zu seinem Dasein als höfischer Arzt tatsächlich war, lässt sich auch daran ablesen, dass er nicht einmal ein Jahr nach seinem ‚Ausbruchsversuch' aus höfischen Diensten im April 1758 mit erkennbar gemischten Gefühlen, aber eben auch mit unverkennbarem Stolz auf die Anerkennung durch seine markgräfliche Herrschaft an Trew berichtete:

> Inzwischen sind so wohl Ihro hochfürst[liche] Durch[laucht], als Ihro König[liche] so genädig und mit meinen schwachen Diensten Dergestalt Zufrieden, daß Sie mich gestern Nachmittag Zu einem außerordentlichen Besuch einladen laßen und mir das Decret als Geheimer Rath selbsten mit denen Worten Zugestellet haben, das wäre ein Recept so Sie mir hätten Verschreiben laßen. Ich würde gewiß dießen Character wenn ich es Voraus gewust hätte oder nicht als ein außerordentliches Zeichen der Gnade und Zufriedenheit meiner Gnädigsten Herrschafft ansehen müste um Vielerleÿ Uhrsachen Verbethen haben alleine so habe ich Ihn annehmen müßen.[184]

Peter Christian Wagner wurde im Jahr 1758 nicht nur zum Geheimen Rat, sondern auch zum ersten Leibarzt und Direktor des Medizinalkollegiums ernannt, d.h. seine Stellung erfuhr noch einmal eine deutliche Verbesserung.[185] Konkrete Hinweise zu einem Wirken Wagners als Direktor des *Collegium Medicum* finden sich in den brieflichen Quellen ab 1758 nicht, was freilich erneut auch der von ihrem Verfasser bestimmten Themenwahl geschuldet sein kann.[186]

---

184 Brief Nr. 91, Z. 40–47 (UBE BT, Korr. Wagner, Nr. 66; vom 12.4.1758).

185 In der Memoria P.C. Wagneri (1765), unpaginiert, heißt es dazu: „Ubi enim e gravi morbo, in quem denuo inciderat, convaluisset Noster, eundem sibi a Consiliis intimis esse simulque inclyto Aesculapiorum Senatui instaurato praeesse iussit Anno MDCCLVIII." – Vgl. auch Fikenscher (1801–1805), Bd. 10, S. 36. – Im Amtskalender Bayreuth (1759) wurde Peter Christian Wagner folglich nicht nur unter der Rubrik „Hochfürstlicher Hofstaat" und als Medikus in der Stadt Bayreuth geführt, sondern auch als Direktor des Collegium Medicum unter der Bezeichnung „S. T. Herr geheimer Rath, D. Peter Christian Wagner, vorderster Leib-Medicus und Physicus ordinarus primarius"; siehe Amtskalender Bayreuth (1759), S. 92.

186 Der Befund, dass weder seine Stellung als Stadtphysikus noch als Direktor des Collegium Medicum in den erhaltenen Briefen Wagners irgendeinen Niederschlag fand, bleibt dennoch bemerkenswert. Auffällig ist auch, dass Wagner, obwohl ab 1742/1743 erster Stadtphysikus, anders als sein Vorgänger dem Gremium des Collegium Medicum zunächst bis 1758 laut der Amtskalender Bayreuth (1744–1758) überhaupt nicht angehörte. Fragen zum tatsächlichen Zuschnitt von Stadtphysikat und Collegium Medicum zu jener Zeit in Bayreuth und eventuellen Differenzen zwischen Theorie bzw. Wortlaut der Medizinalordnung und der bestehenden Praxis können im

Das Jahr 1758 wurde überschattet von der schweren Erkrankung der Markgräfin Wilhelmine und schließlich ihrem Tod im Alter von nur 49 Jahren am 14. Oktober 1758. Da Trew hier erneut konsiliarisch zur Behandlung einer höchst prominenten Patientin hinzugezogen wurde, spiegelt die Wagner-Trew-Korrespondenz den Krankheitsverlauf der Markgräfin Wilhelmine in Teilen wider.[187] Am 15. Oktober 1758 blieb Wagner jedoch nur mehr, Trew die letzten Stunden im Leben der Markgräfin zu schildern:

> [...], alleine der Kurtze Othem fienge des Abends Zeitlich wiederum an, die Schwachheit nahme Zu und weilen ich die Nacht Wache hatte sahe ich mich um halb 1 Uhr in der Nacht gezwungen Ihro hochfürst[liche] Durch[laucht] und sämtliche Dames [...] Von dem schlechten Zustandt der Sachen und meiner betrübten nur allzu bald eingetroffenen Prognosi Nachricht Zu geben, da Sie denn gleich nach 1 Uhr in aller Beÿseÿn Ihren edlen Geist sanfft und ohne die mindeste Verzuckung oder Ungeberde aufgaben und uns nichts als heulen und Schreÿen Zu rücke ließen. Da Sie nun in einer schon einige Wochen Vorhero eigenhändig aufgesetzten Verordnung, die Sie mir und der ersten CammerFrau anvertrauet hatten, befohlen, daß beÿ und nach Ihren Todt Sie Von MannsPersohnen niemand als ihr medicus, Ihre Dames und CammerFrauen sehen und anrühren solte, so habe ich erst gestern die schmertzhaffte bemühung über mich nehmen müßen Höchst Dieselben in den Sarg legen Zu helffen, [...].[188]

Die bezüglich der Vorbereitung ihres Leichnams für das Begräbnis im Voraus noch von der Markgräfin selbst getroffenen Regelungen können gegenüber ihrem Leibarzt Wagner, ebenso wie seine Berücksichtigung in ihrem Testament[189], als letzter Vertrauens- und Gunstbeweis gewertet werden.

Es finden sich Hinweise darauf, dass Peter Christian Wagner auch in den Jahren nach dem Tod der Markgräfin Wilhelmine Wertschätzung am Bayreuther Hof genoss, so etwa in der Belehnung mit „Gut Obernwaiz" 1760–1764 und der Schenkung von Grundstücken in Obernwaiz durch Markgraf Friedrich 1762.[190]

Rahmen vorliegender Untersuchung nicht weiterverfolgt oder gar beantwortet werden. Eine umfassende quellengestützte Studie zum Medizinalwesen im Markgraftum Bayreuth bleibt ein Desiderat.

187 Vgl. v.a. Brief Nr. 90, Z. 24–35 (UBE BT, Korr. Trew, Nr. 792; vom 6.4.1758); Brief Nr. 91, Z. 23–40 (UBE BT, Korr. Wagner, Nr. 66; vom 12.4.1758); Brief Nr. 92, Z. 8–33 (UBE BT, Korr. Trew, Nr. 793; vom 17.4.1758); Brief Nr. 93, Z. 8–29 (UBE BT, Korr. Trew, Nr. 794; vom 13.10.1758); Brief Nr. 94, Z. 8–31 (UBE BT, Korr. Wagner, Nr. 67; vom 15.10.1758).

188 Brief Nr. 94, Z. 24–36 (UBE BT, Korr. Wagner, Nr. 67; vom 15.10.1758).

189 Vgl. dazu Brief Nr. 95, Z. 58 f. (UBE BT, Korr. Wagner, Nr. 68; vom 13.1.1759).

190 Dazu finden sich in den Beständen des Staatsarchivs Bamberg folgende drei Akten: Akt C 13 Nr. 5211, Akt Nr. 4384 der neuverzeichneten Akten und Akt GAB 4 B Loc. XII Nr. 9. Für diese Informationen danke ich Archivrat Dr. Pörnbacher (Schreiben vom 3.11.2004). – Oberwaiz ist heute ein Ortsteil der Gemeinde Eckersdorf im Landkreis Bayreuth.

Zugleich verschlechterte sich Wagners eigener Gesundheitszustand aber zusehends und erlegte ihm daher in seinen unterschiedlichen Aktivitäten zunehmend Einschränkungen auf, weshalb er auch die ihm in seinen späten Jahren durch die fürstlichen Gunstbeweise wieder vermehrt eingeräumten Möglichkeiten zur Verfolgung seiner naturwissenschaftlichen Interessen kaum mehr nutzen konnte.[191] Auch der Abbruch der Wagner-Trew-Korrespondenz im Jahr 1760 hängt so möglicherweise zumindest in Teilen mit der angeschlagenen Gesundheit Wagners zusammen, musste Wagner doch schon im Januar 1759 gegenüber Trew ein längeres briefliches Schweigen entschuldigen, da „das leidige Podagra[192] [ihn] Verschiedene Wochen dergestalt gefoldert [habe], daß [er] keine Feder oder sonst was anrühren können"[193]. Angesichts dieser körperlichen Defizite dürfte Wagner in jener Zeit auch den Großteil seiner Pflichten bereits an seinen Kollegenkreis, darunter seinen Sohn Paul Christian Ludwig Wagner, abgegeben haben, entsprechend finden sich in seinen letzten Lebensjahren keine Quellenbelege mehr zu einem konkreten ärztlichen Wirken.

Die geradezu paradoxe Situation Peter Christian Wagners gegen Ende seines Lebens, einerseits durch eine wohl zunehmende Befreiung von vielen seiner Pflichten wegen Krankheit und Alters endlich wieder mehr Freiräume zu erlangen, diese aber andererseits zugleich eben wegen häufiger gesundheitlicher Beeinträchtigungen nicht mehr umfassend nutzen zu können, bestätigt auch ein letzter Blick auf sein Schriftenverzeichnis. Nach einer Lücke von 20 Jahren zwischen 1737 und 1757 also etwa zwischen dem 34. und 54. Lebensjahr Wagners mit Ausnahme des kleinen Werks zum Sichersreuther Sauerbrunnen im Auftrag des Markgrafen erfuhr die Liste seiner Veröffentlichungen an seinem Lebensabend noch einmal Zuwachs.[194] In den Jahren 1757 und 1760 erschienen mehrere kurze deutschsprachige Beiträge Peter Christian Wagners in der Zeitschrift *Fränkische Sammlungen von Anmerkungen aus der Naturlehre, Arzneygelahrheit, Oekonomie und den damit verwandten Wissenschaften*, die wie schon im Titel der Zeitschrift verheißen ein recht breites thematisches Spektrum abdecken und so einmal

191 So vermerkte Delius (1766), S. 188: „Er hatte den Vorsatz auf seinem Landgut Ober-Waitz, eine besondere Sammlung, einen botanischen Garten, und zu seinem Vergnügen ein chymisches Laboratorium anzulegen. Vortreflicher Vorsatz, der durch seinen Tod auch unterbrochen worden."

192 Nach dem Verständnis des achtzehnten Jahrhunderts bedeutete Podagra „das Zipperlein an den Füßen, welches diejenige Gattung der Gicht ist, so sich in den untern Fuß, gemeiniglich in die Zehen und vornemlich in die grosse Zehe zu setzen pfleget"; vgl. Zedler (1732–1754), Bd. 28, Sp. 920.

193 Brief Nr. 95, Z. 11–13 (UBE BT, Korr. Wagner, Nr. 68; vom 13.1.1759).

194 Eine separate Aufstellung der Schriften Wagners findet sich im Quellen- und Literaturverzeichnis der vorliegenden Untersuchung.

mehr Wagners weitgefächertes medizinisches und naturwissenschaftliches Interesse belegen.[195] Der letzte Unterpunkt im chronologischen Schriftenverzeichnis Wagners hebt sich in mehrerlei Hinsicht deutlich von allen seinen früheren Veröffentlichungen ab, bei denen es sich fast ausschließlich um Zeitschriftenbeiträge geringen Umfangs gehandelt hatte. Das Tafelwerk zum markgräflichen Naturalienkabinett[196], bei dem Wagner die Abfassung der Erläuterungen zukam, besticht durch die Opulenz seiner Ausstattung. Aber auch die zu den einzelnen Abbildungen in deutscher und parallel auch lateinischer Sprache bereitgestellten Texte Peter Christian Wagners heben sich hinsichtlich ihres gleichsam wissenschaftlichen Gehalts deutlich von allen früheren Schriften Wagners ab, denn Wagner lieferte darin nicht nur Angaben zur Provenienz der einzelnen vorgestellten Objekte und beschrieb diese auf Grundlage der nebenstehenden Abbildungen äußerst detailgenau, sondern er erörterte v.a. zu Fragen der Klassifikation auch auf breiter Literaturbasis den aktuellen Forschungsstand und erlaubte sich dabei, das Urteil angesehener Naturforscher seiner Zeit aufgrund eigener Beobachtung in Frage zu stellen, so im Text zu einem auf Tafel II zu sehenden gepanzerten Tier, einem sogenannten „Manis“ oder „Armodillus“:

> Die Ordnungen der Thiere, worunter diese von denen berühmtesten Schriftstellern gezählet werden, sind wiederum sehr verschieden. So setzet sie Herr Linnaeus unter dieienigen gebrüsteten vierfüßigen, so keine vorder Zähne haben, ob man auch gleich an ihnen weder Brüste noch Backzähne gewahr wird. Herr Klein aber, ein sonst sehr genausichtiger Mann, rechnet sie wegen der unter den Schuppen hier und dar hervorragenden einzelen und an denen untern Seiten wenigen zarten Härlein mit nicht gar grossen Rechte unter die vierfüßigten haarigten, an denen Füssen mit 4 Zähen versehenen Thiere, gesellet sie dem Geschlechte der Tatu bey, nennet sie ganz unrecht Wiesel-Tatu, und verfällt [...] in einen groben Irrthum, (so leichte ist es geschehen, daß auch ein grosser Mann in der Natur Geschichte einen Fehltritt thun kan) denn es ist nicht gewissers, als daß diese Thiere 5 und nicht 4 Zähen an den Füssen, und zwar die 3 mittelsten und nicht zwei länger haben, wovon der ganz mittelste der längste ist.[197]

195 Vgl. Wagner (1757a); Wagner (1757b); Wagner (1760a), Wagner (1760b); Wagner (1760c). – Die Auflistung der Beiträge Wagners folgt hier weitgehend den Angaben bei Fikenscher (1801–1805), Bd. 10, S. 37. Allerdings findet sich dort u.a. auch ein Beitrag „Von den Bayreuthischen Serpentin und Schmerstein“ gelistet, der als Verfasserangabe in der Zeitschrift allein das Kürzel „W.“ aufweist. Eigene Recherche in den „Fränkischen Sammlungen“ ergab jedoch, dass die Zahl der i.d.R. sehr kurzen Beiträge unter dem Kürzel „W.“ (oft nur als knappe Ergänzungen zu vorausgehenden Beiträgen) in jedem Fall noch höher liegt als bei Fikenscher erfasst. Da aber nicht in jedem Fall eine einfache und sichere Zuordnung zum Verfasser Peter Christian Wagner möglich ist (u.a. in Ermangelung entsprechender Register), wurden hier nur die Beiträge Wagners unter Angabe des vollständigen Verfassernamens berücksichtigt.

196 Wagner (1762–ca.1764).

197 Ebd., S. 4 f. – In diesem Abschnitt wird auf die Klassifikationsansätze von Carl von Linné

Peter Christian Wagner war also im Rahmen dieses unter der Protektion des Markgrafen Friedrich stehenden Tafelwerks wie kaum je zuvor die Möglichkeit einer umfassenden Darstellung im Sinne v.a. einer ausführlichen literaturbasierten Vorstellung und kontroversen Diskussion des Forschungsstandes zu einzelnen naturwissenschaftlichen Fragen gegeben, doch der Tod des Markgrafen Friedrich im Jahr 1763 und nur ein Jahr später Wagners selbst brachten das vorzeitige Ende des ursprünglich sehr viel umfangreicher geplanten Tafelwerks: Von 1762 bis 1764 waren insgesamt nur vier Ausgaben bzw. Teile mit je vier Kupferstichen erschienen, so dass die am Ende 16 Abbildungen bei Abbruch des Werkes nur einen verschwindend geringen Teil des markgräflichen Naturalienkabinetts vorwiegend aus dem Bereich der vierfüßigen Tiere repräsentieren konnten. Bei den letzten vier Abbildungen fehlte zudem bereits der erläuternde Kommentar Wagners, der von schwerer Krankheit gezeichnet diese Aufgabe im Jahr seines Todes nicht mehr zu erfüllen vermochte.[198]

Nachdem Peter Christian Wagner wie erwähnt bereits in den Jahren 1748/1749 schwer an einem Fieber erkrankt war, dann unter „heftigsten podagrischen sowohl als Steinschmerzen“[199] gelitten hatte, ereilte ihn schließlich „nach einem langwierigen Durchfall [...] eine Art des Schlages, Lähmung der Zunge, [...] eine Wassersucht der Brust und des Unterleibes“[200]. In der Folge verstarb er am 8. Oktober 1764 in Bayreuth[201] „mit dem Ruhm eines edlen MenschenFreundes, eines großen Wohlthäters, wahren Christen, vorzüglichen Gelehrten und berühmten NaturForschers, der bei mehrerer Muse der gelehrten Welt noch größere Beweiße seiner tiefen Kenntnisse gegeben haben würde“[202]. Er war Mitglied der kaiserlichen Akademie der Naturforscher (Leopoldina) (ab 1739)[203], der bota-

(1707–1778) und Jacob Theodor Klein (1685–1759) verwiesen. Biographische Angaben zu Carl von Linné finden sich in Brief Nr. 85, Endnote 5; zu Jacob Theodor Klein in Brief Nr. 57, Endnote 3.

198 Den Beziehern des Tafelwerks wurde dies in einem eigens der vierten Ausgabe des Tafelwerks beigelegten Avertissement (unpaginiert) mitgeteilt.

199 Delius (1766), S. 190.

200 A.a.O.

201 Dieses Todesdatum Wagners wird übereinstimmend in der Memoria P.C. Wagneri (1765), unpaginiert, und in den biographischen Lexika, etwa bei Fikenscher (1801–1805), Bd. 10, S. 36, und bei Hirsch (1962), Bd. 5, S. 812, angegeben.

202 Fikenscher (1801–1805), Bd. 10, S. 36.

203 Auch das Archiv der Deutschen Akademie der Naturforscher Leopoldina bestätigt die Aufnahme Peter Christian Wagners am 18.12.1739 unter der Matrikelnummer 496 und dem Cognomen Plinius Iunior, wobei der Vorschlag zur Wahl von Dr. D. Widmann kam (wohl Johann Wilhelm Widmann aus Nürnberg, Lebensdaten 1690–1743, und seinerzeit Director Ephemeridum der Akademie). Neben den kurzen Eintragungen im 1. Protokollbuch der Akademie zum Jahr 1739 und im Matrikelbuch finden sich jedoch keinerlei schriftliche Unterlagen zu Wagner in seiner

nischen Gesellschaft in Florenz (ab 1741), der Akademie der Wissenschaften zu Stockholm (ab 1747), der Akademie der Wissenschaften zu Bologna (ab 1749), der Gesellschaft der Altertümer zu Florenz (ab 1755), der Akademie der Wissenschaften zu Montpellier (ebenfalls ab 1755), der Akademie der Kräuterwissenschaft und Untersuchung natürlicher Dinge zu Cortona (ab 1757) und der Bayerischen Akademie der Wissenschaften in München (ab 1762).[204]

Mag die oben zitierte abschließende Würdigung Peter Christian Wagners auch im Stile der biographischen Lexika jener Zeit etwas pathetisch überhöht sein, so trifft sie doch, indem sie ihn als einen teils „verhinderten Naturforscher" skizziert, einen Kernpunkt in Wagners Leben, durch den sich dieses, wie noch zu zeigen sein wird, deutlich von jenem Trews unterschied. Auf der einen Seite konnte Wagner eine Reihe von zumeist kleineren Schriften vorlegen und eine eigene Naturaliensammlung aufbauen, die immerhin so bemerkenswert war, dass Teile davon später wohl Eingang in zwei fürstliche Naturalienkabinette fanden[205]. Auf der anderen Seite aber mussten viele seiner gelehrten Vorhaben, so auch die Veröffentlichung einer Flora des Fürstentums Bayreuth,[206] unerfüllt bleiben. Ursache waren zumeist zahlreiche andere zeitraubende Pflichten.

So sehr seine Stellung als höfischer Arzt Wagner auch mitunter mit Stolz erfüllen konnte, so sehr musste ihn doch das allzu enge Zeitkorsett frustrieren,

---

Personalakte. Für diese Informationen gilt mein Dank der Archivleiterin Erna Laemmel (Email vom 11.5.2004).

204 Die Aufstellung der Mitgliedschaften Wagners in gelehrten Gesellschaften bzw. Akademien wurde hier übernommen aus Fikenscher (1801–1805), Bd. 10, S. 34–36. – Ähnlich bei Delius (1766), S. 188 f., wobei hier der Hinweis auf die Mitgliedschaft in der Akademie der Wissenschaften zu Stockholm fehlt.

205 Delius (1766), S. 188, wusste zu berichten, dass nach dem Tod Wagners seine Sammlungen an das herzogliche Kabinett in Hildburghausen gingen, einschließlich eines „lebendige[n] Kräuterbuch[s] von 28 Bänden". Hirsching (1789), S. 388, wiederum notierte als Teil des fürstlichen Kunst- und Naturalienkabinetts in Bayreuth auch „eine herrliche Sammlung von Sämereyen aus dem Kabinete des sel. geheimen Raths Dr. Wagner's".

206 Delius (1766), S. 188, verwies auf eine beim Tode Wagners noch unter dessen Handschriften befindliche „Flora Principatus Baruthini, nebst vielen Anmerkungen zur Naturgeschichte von Franken". Die im Rahmen vorliegender Arbeit unternommenen Recherchen ergaben keinen Hinweis auf den weiteren Verbleib dieser Handschriften Wagners. – Wagner selbst fügte einem Brief an Carl von Linné vom 31. Januar 1744 eine Liste von 264 Pflanzen bei, deren Samen er in Vorbereitung einer Bayreuther Flora bereits gesammelt habe („Catalogum seminum aestate et autumno proxime praeterlapsis a me Floram principatus nostri parando recenter collectorum"), siehe The Linnean Correspondence, letter L0531. Zudem versprach er auch 1753 das baldige Erscheinen einer Flora des Fürstentums („uti ex flora nostra Baruthino propediem edenda omnibus patebit"), siehe Wagner (1753), S. XXIII.

welches ihn oft zwang, andere Ziele zu vernachlässigen. Dies trug maßgeblich zu dem in vielen Quellentexten spürbaren Verdruss Wagners am höfischen Leben bei. Da Peter Christian Wagner gemäß dem ihm innewohnenden Selbstverständnis zu keinem Zeitpunkt ‚nur' höfischer Arzt sein wollte, litt er wohl zeitlebens an seinem Dasein im Spannungsfeld zwischen einerseits höfischen sowie teils auch familiären Pflichten und andererseits seinen gelehrten Ambitionen.

2.2 Christoph Jacob Trew (1695–1769) – ein Arzt mit einem in großem Umfang entfalteten „wissenschaftsorganisatorischen Talent"

Leben und Wirken Christoph Jacob Trews haben, wie erwähnt, von seinen eigenen Lebzeiten an bis heute bereits vielfach eine Würdigung erfahren, sei es in Form kurzer Lexikoneinträge oder ausführlicher biographischer Abhandlungen.[207] Sein Lebenslauf wird daher hier, basierend vorwiegend auf einer Darstellung Thomas Schnalkes[208], in der Übersicht so präsentiert, dass auf Grundlage der vorgenommenen Phasengliederung vor allem Parallelen und Unterschiede im Vergleich zu seinem Briefpartner Peter Christian Wagner erkennbar werden.

2.2.1 1695–1730: Kindheit, Studium und Zeit der Etablierung als Nürnberger Arzt mit anatomischer und botanischer Lehrtätigkeit

Christoph Jacob Trew wurde am 26. April 1695 in Lauf geboren, das zum Territorium der Reichsstadt Nürnberg gehörte.[209] Er war der Sohn des Laufer Stadtapothekers Christoph Trew (1641–1717) und seiner zweiten Frau Sibylle Regina (1660–1748), geborene Prünsterer.[210] Sein Großvater väterlicherseits war der Alt-

207 Vgl. v.a. Brucker (1755), unpaginiert; DBA 1284, Bl. 153–180 (ADB; Will; Vocke; Hirsching; Meusel: Schriftst.; Baader: Verstorb.); Ziehl (1857); ADB, Bd. 38, S. 593–595 (Artikel von Ernst Wunschmann); Hirsch (1962), Bd. 5, S. 634 (Artikel von Julius Pagel); Schmidt-Herrling (1937); dies. (1940); dies. (1953); Pirson (1953); Schug (1978); Schnalke (1995a); ders. (1995 b); ders. (1997); Stadtlexikon Nürnberg, S. 1086 (Artikel von Thomas Schnalke); zuletzt Steinke (1999), S. 10–12; Boschung (2002), S. 540; DBE, Bd. 10, S. 100 (Artikel von Dietrich von Engelhardt); Mücke/Schnalke (2009), S. 49–60.
208 Die Darstellung bei Schnalke (1997), S. 29–34, dient als hauptsächliche Grundlage des hier vorgelegten Lebenslaufs Trews, da sie literatur- und quellenbasiert eine vollständige und klar strukturierte Übersicht zu Leben und Wirken Trews bietet.
209 Vgl. ebd., S. 29.
210 Vgl. Pirson (1953), S. 449; Schug (1978), S. 130; Stadtlexikon Nürnberg, S. 1086.

dorfer Professor der Mathematik und Physik Abdias Trew (1597–1669)[211]. Zunächst besuchte Christoph Jacob Trew die Volksschule in seiner Heimatstadt Lauf und erhielt daneben auch Privatunterricht.[212] Sein naturkundliches Interesse wurde durch den Vater Christoph Trew gefördert, der in Kontakt zu Gelehrten wie Johann Georg Volkamer d.Ä. (1616–1693)[213] und Johann Georg Volkamer d.J. (1662–1744)[214] in Nürnberg stand.[215]

Am 19. Oktober 1711 trug sich Christoph Jacob Trew für das Studium der Medizin in die Matrikel der reichsstädtischen Universität Altdorf ein.[216] Unter seinen Lehrern sind vor allem Johann Moritz Hoffmann (1653–1727)[217], Johann Jacob Baier (1677–1735)[218] und Lorenz Heister (1683–1758)[219] hervorzu-

---

211 Abdias Trew wurde 1597 in Ansbach geboren und starb 1669 in Altdorf. Er studierte nach Schulbesuch in Heilsbronn Theologie in Wittenberg und promovierte 1621 zum Magister. Er war zunächst Vikar in Heidenheim, dann 1623 Pfarrer zu Markt Erlbach, 1623–1635 Rektor der Stadtschule in Ansbach. Im Jahr 1636 wurde er Professor der Mathematik an der Universität Altdorf, im Jahr 1650 auch Professor der Physik, zudem war er mehrmals Rektor und Dekan der Philosophischen Fakultät. Bekanntheit erlangte Abdias Trew auch durch astronomische und musiktheoretische Studien; vgl. Stadtlexikon Nürnberg, S. 1086 (Andreas Jakob „Abdias Trew"); auch ADB, Bd. 38, S. 591–593; DBE, Bd. 10, S. 100.

212 Vgl. Pirson (1953), S. 449.

213 Johann Georg Volkamer (d.Ä.) wurde 1616 in Nürnberg geboren und starb ebenda 1693. Er war seit 1643 als Arzt in Nürnberg tätig. 1686 wurde er Präsident der kaiserlichen Akademie der Naturforscher (Leopoldina). Johann Georg Volkamer (d.Ä.) erlangte Anerkennung als Arzt, Anatom, Botaniker und Naturforscher. Er ist der Vater von Johann Georg Volkamer d.J. (1662–1744) und Johann Christoph Volkamer (1644–1720); vgl. Schmidt-Herrling (1940), S. 662–671; Stadtlexikon Nürnberg, S. 1145 (Marion Maria Ruisinger „Johann Georg Volkamer der Ältere"); auch ADB, Bd. 40, S. 225 f.; Hirsch (1962), Bd. 5, S. 796.

214 Biographische Angaben zu Johann Georg Volkamer (d.J.) (1662–1744) finden sich in Brief Nr. 7, Endnote 14.

215 Vgl. Schug (1978), S. 130; DBE, Bd. 10, S. 100.

216 Vgl. Schug (1978), S. 131. – Zur Universität Altdorf, der Universität der Reichsstadt Nürnberg, vgl. z.B. Brennecke/Niefanger (2011).

217 Zu Johann Moritz Hoffmann (1653–1727) siehe Brief Nr. 7, Endnote 14.

218 Zu Johann Jacob Baier (1677–1735) siehe Brief Nr. 4, Endnote 12.

219 Lorenz Heister wurde 1683 in Frankfurt a.M. geboren und starb 1758 in Bornum bei Königshütte, heute Königslutter am Elm. 1708 wurde er in Harderwijk zum Dr. med. promoviert, wirkte dann als praktischer Arzt und anatomischer Dozent in Amsterdam, 1709 als Feldarzt in der holländischen Armee. Er lehrte zwischen 1710 und 1720 in Altdorf als Professor Anatomie und Chirurgie. 1720 wechselte er nach Helmstedt auf den Lehrstuhl für Anatomie, erhielt dort 1730 die Professur für Botanik und theoretische Medizin, 1740 die Professur für praktische Heilkunde. Ab 1730 war er zudem Direktor des botanischen Gartens. Lorenz Heister gilt als bedeutendster deutscher Chirurg des achtzehnten Jahrhunderts, der insbesondere die Etablierung der wissenschaftlichen Chirurgie förderte. Auch seine Handbücher zur Anatomie waren weit verbreitet. Heister war Mitglied der kaiserlichen Akademie der Naturforscher (Leopoldina) (1715), der Akademie der

heben.[220] Insbesondere der später berühmte Anatom und Chirurg Heister hatte prägenden Einfluss, indem er das anatomische und botanische Interesse Trews anregte bzw. weiter verstärkte und wohl auch dessen Sammeleifer weckte.[221] In der Mitte des Jahres 1716 erhielt Christoph Jacob Trew den Doktorhut.[222] Seine Inauguraldissertation *De chylosi foetus in utero*[223] befasst sich mit dem Verdauungssystem des Ungeborenen. Nachdem er 1716 kurzzeitig eine ärztliche Praxis in seiner Geburtsstadt Lauf betrieben hatte, brach Trew im Mai 1717 zu einer großen Studienreise auf.[224] Diese führte ihn zunächst über Würzburg, Frankfurt am Main, Straßburg, Basel, Zürich, Bern, Genf und Lyon nach Paris, wo er sich für 13 Monate aufhielt, bevor er 1718 über Amsterdam und Leiden weiter nach Danzig zog, um dort ebenfalls über ein Jahr zu verweilen und von dort aus auch Königsberg zu besuchen.[225] Auf den einzelnen Stationen seiner Reise, vor allem aber in Paris, bildete sich Trew durch den Besuch von Naturaliensammlungen, medizinischen Gärten, anatomischen Theatern und Bibliotheken auf anatomischem und botanischem Gebiet weiter.[226] Diese reichhaltigen Erfahrungen und auch die sich dabei ergebenden vielfältigen Möglichkeiten, Kontakte zu anderen Ärzten und Gelehrten zu knüpfen, hatte Trew wohl Peter Christian Wagner voraus, in dessen Lebenslauf sich keine solche Bildungsreise in jungen Jahren nachweisen lässt.

Im Frühjahr 1720 kehrte Christoph Jacob Trew schließlich nach Lauf zurück, da er sich Hoffnungen auf die vakant gewordene Professur Lorenz Heisters an der Universität Altdorf machen durfte.[227] Diese Hoffnungen erfüllten sich zwar nicht, doch wurde ihm von Seiten des Nürnberger Magistrats die Aufnahme in das *Collegium Medicum*[228] der Reichsstadt angeboten.[229] So zog Trew im Jahr 1721 in die

---

Wissenschaften Berlin (1715), der Royal Society London (1730) und der Accademia delle Scienze dell'Istituto di Bologna (1752); vgl. Boschung (2002), S. 451.

220 Vgl. Schnalke (1997), S. 29.

221 Vgl. a.a.O.

222 Vgl. a.a.O.

223 Trew (1715).

224 Vgl. Schnalke (1997), S. 29.

225 Vgl. ebd., S. 29 f.

226 Vgl. ebd., S. 30; Schug (1978), S. 132; Brucker (1755), unpaginiert.

227 Vgl. Schnalke (1997), S. 30.

228 Zur Geschichte des Nürnberger Collegium Medicum, das bereits in der 1592 in Kraft getretenen Medizinalordnung der Reichsstadt festgeschrieben wurde und somit als frühe Form einer verfassten Ärzteschaft gelten kann, vgl. z.B. Wittwer (1792).

229 Vgl. Schnalke (1997), S. 30.

Stadt Nürnberg,[230] der er mit seiner gutgehenden ärztlichen Praxis bis zu seinem Lebensende treu bleiben sollte[231].

Das lange in der historischen Forschungslandschaft gezeichnete düstere Bild Nürnbergs im achtzehnten Jahrhundert als einer Reichsstadt, die nach ihrer größten Blüte im fünfzehnten und sechzehnten Jahrhundert zunehmend in Agonie verfiel, also im achtzehnten Jahrhundert in allen Belangen nur mehr eine Art ‚Todeskampf' ausfocht, ist in den letzten Jahren bzw. Jahrzehnten immer mehr hinterfragt worden. Hier sei exemplarisch auf die Analyse von Rudolf Endres verwiesen, die ein deutlich helleres, vor allem aber nuancenreicheres und differenzierteres Bild entstehen lässt, indem sie einzelne Argumente der „Agonie-These" zumindest teilweise oder graduell entkräftet.[232] Insbesondere widerspricht Endres dabei dem Vorwurf eines auch mehr oder minder vollständigen kulturellen Verfalls der Reichsstadt Nürnberg im achtzehnten Jahrhundert, wobei er explizit auf die Leistungen im Bereich der Kartographie und des illustrierten wissenschaftlichen Buchdrucks verweist.[233] Die Spätblüte Nürnbergs im achtzehnten Jahrhundert als Verlagsstadt[234] und als Zentrum der naturgeschichtlichen Malerei[235] eröffnete Christoph Jacob Trew viele Möglichkeiten, die er im Lauf seines Lebens in steigendem Maße zu nutzen verstand.

In den Jahren nach seinem Umzug 1721 richtete sich Trew aber zunächst in Nürnberg ein.[236] Am 16. Mai 1723 heiratete Trew in Nürnberg die zehn Jahre ältere Witwe eines Vetters seines Vaters Magdalena Apollonia (1685–1773), eine geborene Bohner,[237] 1728 wurde er Besitzer eines Hauses im sogenannten „Wespennest" hinter St. Lorenz.[238] Seine Ehe blieb jedoch kinderlos – eine Tatsache, in der Christoph Jacob Trew selbst eine Wurzel seiner schon in Studienzeiten beginnenden und dann zusehends anwachsenden Sammelleidenschaft sah, da ihm

230 Vgl. a.a.O.

231 Trew schlug in späteren Jahren mehrfach Angebote für eine universitäre Laufbahn aus, so 1732 ein Angebot der Universität Altdorf oder 1734 eines der im Gründungsprozess befindlichen Universität Göttingen; vgl. ebd., S. 33.

232 Vgl. Endres (1988).

233 Vgl. ebd., v.a. S. 148–153. – Zur Kartographie in Nürnberg vgl. z.B. die Beiträge in Diefenbacher/Heinz/Bach-Damaskinos (2002).

234 Zur Geschichte Nürnbergs als Stadt der Drucker und Verleger vgl. im Überblick Gebhardt (2005).

235 Zur naturgeschichtlichen Malerei in Nürnberg im siebzehnten und achtzehnten Jahrhundert vgl. in der Zusammenschau Ludwig (1998).

236 Vgl. Schnalke (1997), S. 31.

237 Vgl. Stadtlexikon Nürnberg, S. 1086. – Zu Magdalena Apollonia Trew (1685–1773) siehe Brief Nr. 78, Endnote 9.

238 Vgl. Schug (1978), S. 133.

diese als einzige Freude und als Möglichkeit, sein Andenken bei der Nachwelt zu bewahren, geblieben sei.[239] Ganz im Gegensatz zu Peter Christian Wagner war Trew also nicht durch verschiedene Pflichten als Oberhaupt einer Großfamilie gebunden, vielmehr resultierten aus der ungewollten Kinderlosigkeit nicht nur ein besonderer Antrieb, sondern auch die nötigen Freiräume, um sich vielfältigen gelehrten Ambitionen widmen zu können.

Den wissenschaftlichen Neigungen Christoph Jacob Trews war es ferner förderlich, dass auch seine einträgliche ärztliche Praxis ihm ausreichend Zeit übrig ließ und dass manche der ihm als jungem Mitglied der reichsstädtischen Ärzteschaft obliegenden Aufgaben diesen entgegenkamen.[240] So zählte während der 1720er Jahre zu Trews Tätigkeitsbereich auch die Aufsicht über den medizinischen Garten und das *Theatrum anatomicum*, was regelmäßige botanische und anatomische Unterrichtsveranstaltungen beinhaltete, u.a. für künftige Wundärzte und Hebammen, aber auch für naturkundlich interessierte Künstler.[241] Die dabei gewonnenen Sektionsbefunde und botanischen Beobachtungen nutzte Trew zu ersten kleinen Veröffentlichungen, so zum Beispiel einer *Gründlichen Nachricht dessen was bey einer raren Haupt-Wunden ... observirt worden* oder einer *Beschreibung der großen americanischen Aloe.*[242] In einer Streitschrift verteidigte er zudem entschieden den Nutzen der Anatomie.[243] Vor allem aber trat Christoph Jacob Trew in Gestalt der Lehrveranstaltungen bereits in dieser frühen Phase seines Wirkens erstmals gleichsam als eine Art „Wissensvermittler" auf – eine Funktion, der er sich sein ganzes Leben hindurch in immer neuen Formen verpflichtet fühlen sollte.

---

239 Schmidt-Herrling (1937), S. 92, und später auch Pirson (1953), S. 467 f., verweisen auf eine entsprechende Passage in einem Brief Trews an Joseph von Rathgeb aus dem Jahr 1747 (UBE BT, Korr. Christoph Jacob Trew, Nr. 639).

240 Vgl. Schnalke (1997), S. 31.

241 Vgl. a.a.O.

242 Trew (1724); Trew (1727). – Auch im Folgenden können und sollen hier nicht alle Werke Trews, insbesondere seine sehr zahlreichen Beiträge in wissenschaftlichen Zeitschriften, im Einzelnen genannt und vorgestellt werden, sondern es wird, um eine Übersicht über sein Wirken zu erzielen, eine Beschränkung auf seine wichtigsten und bekanntesten Werke vorgenommen. Eine umfangreiche Auflistung der Werke Trews findet sich unter anderem im DBA 1284, Bl. 154–159 (Will).

243 Trew (1729). – Vgl. auch Schnalke (1997), S. 31.

2.2.2 1730–1745: Herausgeberschaft der Zeitschrift *Commercium Litterarium* und das Vorhaben eines großen anatomischen Tafelwerks

Am Übergang von den 1720er zu den 1730er Jahren lässt sich ein „Wandel in Trews Leben“[244] feststellen, denn während die Lehrtätigkeit aus mangelndem allgemeinen wie wohl auch eigenen Interesse zurücktrat, „[erreichten] [s]eine Biblio- und Ikonophilie sowie seine wissenschaftlichen Neigungen [...] demgegenüber einen Intensitätsgrad [...], der seinem Streben eine neue Richtung gab“[245]. Einen ersten und sogleich äußerst bemerkenswerten Niederschlag fand dieses gewandelte Streben in einer Sozietät, die Christoph Jacob Trew im Jahr 1730 gemeinsam mit den drei Nürnberger Ärzten Johann Christoph Götz (1688–1733)[246], Johann Christoph Homann (1703–1730)[247] und Christoph Wilhelm Preißler (1702–1734)[248] sowie dem Altdorfer Professor Johann Heinrich Schulze (1687–1744)[249] mit der Intention begründete, eine wöchentlich erscheinende Zeitschrift herauszugeben.[250]

---

244 Schnalke (1997), S. 31.

245 A.a.O.

246 Johann Christoph Götz wurde 1688 in Nürnberg geboren und starb ebenda 1733. Er studierte in Altdorf u.a. unter Lorenz Heister und war seit 1713 Arzt in Nürnberg; vgl. Will, Bd. 1 (1755), S. 554–556; Schmidt-Herrling (1940), S. 225. – Zu der von Götz herausgegebenen Zeitschrift „Der Aufrichtige Medicus“ als Vorläufer des „Commercium Litterarium“ vgl. ferner Splinter (2011).

247 Johann Christoph Homann wurde 1703 in Nürnberg geboren und starb ebenda 1730. Er war der Sohn von Johann Baptista Homann (1664–1724), dem Begründer der Homann'schen Landkartenoffizin. Er studierte in Halle Medizin, wurde 1725 promoviert. Nach der Rückkehr von einer Studienreise wurde er 1729 in das Nürnberger Collegium Medicum aufgenommen. Bis zu seinem frühen Tod hatte Johann Christoph Homann auch kurzzeitig die Geschäftsleitung der Landkartenoffizin inne; vgl. Will, Bd. 2 (1756), S. 198; Heinz (2002), S. 36 f.

248 Christoph Wilhelm Preißler wurde 1702 in Nürnberg geboren und starb ebenda 1734. Er war seit 1730 Arzt in Nürnberg; vgl. Schmidt-Herrling (1940), S. 478.

249 Johann Heinrich Schulze wurde 1687 in Colbitz bei Magdeburg geboren und starb 1744 in Halle. Schulze war 1708–1715 Lehrer am Pädagogium in Halle, setzte dann aber sein begonnenes Medizinstudium fort und wurde 1717 zum Dr. med. promoviert. Im Jahr 1720 wurde er als Professor der Medizin, später auch der griechischen Sprache, an die Universität Altdorf berufen. Ab 1732 war er Professor der Medizin, der Beredsamkeit und der Altertümer in Halle. Schulze gilt als Begründer der Numismatik als akademische Disziplin. Er war Mitglied der Leopoldina (1721), der Berliner Sozietät der Wissenschaften (1729) und Ehrenmitglied der Akademie der Wissenschaften St. Petersburg (1739); vgl. Schmidt-Herrling (1940), S. 552 f.; NDB, Bd. 23, S. 725 f. (Hans-Dieter Zimmermann „Johann Heinrich Schulze“); auch ADB, Bd. 33, S. 4 f. Zu den in der UBE Briefsammlung Trew erhaltenen Briefen Johann Heinrich Schulzes an Christoph Jacob Trew vgl. Mitzel-Kaoukhov (2011) (dort auch umfänglicher Lebenslauf Schulzes S. 16–30).

250 Vgl. Schnalke (1997), S. 31 f.

Das *Commercium Litterarium ad rei medicae et scientiae naturalis incrementum institutum* erfuhr 2006 durch eine von Tilman Rau vorgelegte Dissertation[251] eine umfassende wissenschaftliche Würdigung, in welcher vor allem auch seine besondere Stellung innerhalb des breiten Spektrums der Ende des siebzehnten und Anfang des achtzehnten Jahrhunderts aufkommenden medizinisch-naturwissenschaftlichen gelehrten Journale herausgestellt wird, handelte es sich dabei doch um die erste medizinische Wochenzeitschrift Deutschlands, wenn nicht gar, unabhängig vom Erscheinungsintervall, um die im strengen Wortsinn erste rein medizinische Fachzeitschrift im deutschen Sprachgebiet überhaupt.[252] Nach Gründung der Sozietät[253] in Nürnberg 1730 begann das *Commercium Litterarium* sein Erscheinen im Jahr 1731 und setzte sich in 15 Jahrgängen bis 1745 fort, wobei es große Verbreitung und Beachtung im europäischen Raum[254] fand. Wie schon der Titel der Zeitschrift verrät, war der „Austausch von Briefen“ von zentraler Bedeutung für ihr Gesamtkonzept: Indem sie ihre Inhalte vorrangig über briefliche Zuschriften zu gewinnen suchte, griff sie auf den steten Informationsfluss der ausgedehnten Briefnetzwerke der Gelehrtenrepublik zu, trug aber zugleich durch die Veröffentlichung der brieflichen Ausführungen selbst wiederum wesentlich zur Belebung des gelehrten Austauschs bei, d.h. sie nahm so eine Art „Mittel- und Mittlerstellung [...] zwischen den Medien Brief und Buch“[255] ein. Die enge Symbiose zwischen dem *Commercium Litterarium* und dem brieflichen Austausch der Gelehrtenrepublik findet sich auch in einzelnen Rubriken der Zeitschrift wieder. Dies gilt in besonderem Maße für die Rubrik der „Nova“, also „Neuigkeiten“, welche in prominenter Stellung jeweils das wöchentliche Exemplar der Zeitschrift eröffneten, nicht ohne dass bei jeder einzelnen abgedruckten Nachricht in der Regel ausdrücklich auf eine ganz bestimmte Zuschrift als Quelle verwiesen wurde.[256] Der Übergang zur quantitativ bedeutendsten Rubrik der „Observationes“, also der an die Sozietät gesandten „Beobachtungen“, war teils fließend, aller-

---

251 Rau (2006); überarbeitet in Buchform: Rau (2009). – Erste Ansätze zu einer Aufarbeitung der Bedeutung des „Commercium Litterarium“ lieferte zuvor Pirson (1953), S. 477–490.

252 Zur Verortung des „Commercium Litterarium“ im Spektrum der medizinisch-naturwissenschaftlichen Journale vgl. ausführlich Rau (2006), S. 29–35; bzw. Rau (2009), S. 35–41.

253 Zu der Anfangsphase des „Commercium Litterarium“, den Mitgliedern der Sozietät und den ersten „Consultationes“ bzw. Ankündigungsschreiben vgl. auch Rau (2006), S. 38–51; bzw. Rau (2009), S. 44–56.

254 Zur europäischen Reichweite des „Commercium Litterarium“ über sein Vertriebssystem der Assistenten vgl. Rau (2006), S. 52–62; bzw. Rau (2009), S. 57–69.

255 Rau (2006), S. 37; bzw. Rau (2009), S. 43.

256 Zur Rubrik der „Nova“ vgl. Rau (2006), S. 96–104; bzw. Rau (2009), S. 103–112.

dings zeichneten sich diese zumeist durch eine größere Informationstiefe und somit auch einen größeren Umfang aus.[257]

Nach dem frühen Tod des ersten Direktors der Sozietät Johann Christoph Götz im Jahr 1733 übernahm Christoph Jacob Trew den Posten des Direktors des *Commercium Litterarium*. Da zudem, etwa durch den Weggang Johann Heinrich Schulzes nach Halle 1732 sowie durch weitere Todesfälle, die Besetzung der Sozietät einer hohen Fluktuation unterlag, war es über lange Zeit hinweg vor allem Trew, der „die Hauptlast der Herausgabe auf seine[n] Schultern"[258] trug. Gerade in den letzten Jahren des *Commercium Litterarium* vor seiner Einstellung 1745, die von zunehmenden redaktionellen Schwierigkeiten und in der Folge auch wachsender Kritik von Seiten der Leserschaft geprägt waren,[259] unternahm Trew große Anstrengungen, um das wöchentliche Erscheinen der Zeitschrift noch zu gewährleisten und stellte dabei auch andere seiner Projekte zurück.[260] Dies zeigt erneut, welch hohen Stellenwert Trew der Wissensvermittlung, hier in Form einer Zeitschrift, beimaß und welch ausgeprägte Bemühungen er darauf verwandte.

Das bedeutendste Projekt Christoph Jacob Trews jener Jahre war neben dem *Commercium Litterarium* ein Werk, „das er zu seinem Opus magnum zu machen hoffte"[261]: Bereits im Herbst 1733 kündigte er in einer Beilage zum *Commercium Litterarium*[262] ein großes sechs- bis achtbändiges anatomisches Tafelwerk an.[263] Erst 1740 aber erschien ein Bruchstück des ersten Bandes, eine Osteologie des Schädels.[264] Da danach keinerlei weitere von Trew autorisierte Teile mehr folgten, blieb das anatomische Tafelwerk „ein Torso"[265] und wurde so gleichsam zu einem Opfer der hohen anderweitigen Arbeitsbelastung Trews in seiner ärztlichen Pra-

---

257 Zur Rubrik der „Observationes" vgl. Rau (2006), S. 105–139; bzw. Rau (2009), S. 113–147. – Zu den übrigen beiden Rubriken der „Recensiones" und der „Libri Novi", also der „Literaturbesprechungen" und der „Vorstellung der Neuerscheinungen des Büchermarkts", vgl. ferner Rau (2006), S. 140–172; bzw. Rau (2009), S. 148–180.

258 Pirson (1953), S. 478.

259 Zwar war bei Ende des „Commercium Litterarium" keine einzige Wochenausgabe ausgefallen und auch der Umfang der Jahrgänge war konstant geblieben, doch hatte sich das Erscheinen insbesondere der Einleitungen und Verzeichnisse, die die Leser zum Binden der Bögen der Zeitschrift zu einem Jahrband benötigten, teils erheblich verzögert. Zur Kritik am „Commercium Litterarium" und den Gründen für dessen Einstellung 1745, u.a. neben den genannten Problemen auch die Ernennung Trews zum „Director Ephemeridum" der Leopoldina (s.u.), vgl. ausführlich Rau (2006), S. 84–94; bzw. Rau (2009), S. 93–103.

260 Vgl. auch Pirson (1953), S. 485–487.

261 Schnalke (1997), S. 32.

262 Vgl. Trew (1733).

263 Zu Trews Projekt eines anatomischen Tafelwerks vgl. ausführlich Schnalke (1995c).

264 Vgl. Trew (1740).

265 Schnalke (1995a), S. 582.

xis wie aber vor allem auch in der Herausgeberschaft des *Commercium Litterarium*[266].

Das ‚Scheitern' Christoph Jacob Trews ist hier jedoch sehr differenziert zu betrachten.[267] Zwar vermochte Trew fraglos gerade aufgrund der Vielzahl seiner Vorhaben nicht alle seine Projekte immer in vollem geplanten Umfang zu verwirklichen, doch vereinzelte spätere Urteile, die darin die „publizistische Ungeschicktheit und gutgläubige Naivität eines Mannes [...], der die Grenzen seiner Leistungskraft und vielleicht überhaupt des Machbaren nicht abzuschätzen weiß"[268], sehen wollen, verkennen in ihrer Einseitigkeit die besondere Leistung Trews, die sich aus seinem hohen Anspruch in der konzeptionellen Ausrichtung und gestalterischen Umsetzung seiner Werke ergibt. So gelten die von dem Zeichner und Maler Nicolaus Friedrich Eisenberger (1707–1771)[269] und dem Kupferstecher Georg Lichtensteger (1700–1781)[270], die Trew beide während seiner Lehrveranstaltungen am Nürnberger *Theatrum anatomicum* kennengelernt hatte, nach detaillierten Vorgaben Trews fertiggestellten anatomischen Abbildungen des Tafelwerks aufgrund ihrer hohen Plastizität und der neuen didaktischen Herangehensweise einer landkartenförmigen Kolorierung der einzelnen Knochen in der Medizingeschichte als bis heute „die besten osteologischen Tafeln, die das 18. Jahrhundert hervorgebracht hat"[271].

Seit dem Jahr 1736 bekleidete Christoph Jacob Trew zudem die Stellung eines Leibarztes im Rang eines Hofrates am markgräflichen Hof in Ansbach – durchaus ein Hinweis auf den guten Ruf, den er sich dank seiner ärztlichen Fähigkeiten in seinem regionalen Umfeld erwerben konnte.[272] Noch kurz vor seinem Tod wurde Trew später auch zum Geheimen Rat ernannt, was auf das anhaltende Wohlwollen der markgräflichen Herrschaft in Anbetracht seiner Dienste schließen

---

266 Wie Pirson (1953), S. 487, vermerkt, schrieb Trew selbst 1738 an Albrecht von Haller, er stelle das anatomische Werk wegen des „Commercium Litterarium" zurück (UBE BT, Korr. Christoph Jacob Trew, Nr. 299).

267 Vgl. dazu Schnalke (1995c), S. 66–72.

268 Schug (1978), S. 138.

269 Zu Nicolaus Friedrich Eisenberger (1707–1771) siehe Brief Nr. 62, Endnote 7.

270 Zu Georg Lichtensteger (1700–1781) siehe ebenfalls Brief Nr. 62, Endnote 7. – Zu den Spannungen zwischen Trew, der insbesondere mit der Betextung der anatomischen Abbildungen nicht nachkam, und seinen Künstlerverlegern Eisenberger und Lichtensteger vgl. Schnalke (1995c), S. 62–65.

271 Schnalke (1995a), S. 582. – Hohe Wertschätzung erfahren die anatomischen (und botanischen) Editionen Trews im medizinhistorischen Urteil des zwanzigsten Jahrhunderts v.a. bei Wegner (1940), hier insbesondere S. 223, und Mann (1964), hier insbesondere S. 11–21.

272 Vgl. Schnalke (1997), S. 33 f.

lässt.[273] Wie Peter Christian Wagner kam also auch Trew in seinem ärztlichen Tun in Kontakt mit dem höfischen Wirkkreis, ließ sich aber, ganz anders als Wagner, niemals völlig von diesem vereinnahmen, sondern wahrte stets eine gewisse Distanz, indem er es zeitlebens bewusst vermied, sich zu einem Umzug nach Ansbach und einem Leben direkt bei Hof überreden zu lassen, d.h. er verstand es, auf Basis seiner Reputation „dem Hof seine Bedingungen zu diktieren“[274], und versah seine Pflichten vielmehr durch Briefe von Nürnberg aus bzw. nötigenfalls durch gelegentliche Reisen an den Ansbacher Hof.[275]

Diese „vergleichsweise einzigartige Stellung“[276] als gewissermaßen „Leibarzt aus der Ferne“[277] ermöglichte es Christoph Jacob Trew im Gegensatz zu Wagner, sich ein deutlich höheres Maß an persönlicher Freiheit im Sinne einer selbstbestimmten Zeiteinteilung und verbleibender Räume für eigene gelehrte Vorhaben zu bewahren. So sollten auch die letzten beiden Lebensjahrzehnte Christoph Jacob Trews nicht wie bei Peter Christian Wagner vorrangig von der Erfüllung höfischer Verpflichtungen geprägt sein, sondern standen vielmehr im Zeichen der Umsetzung weiterer ambitionierter Projekte.

2.2.3 1745–1769: Jahre als Herausgeber zahlreicher botanischer Werke und als Mitglied und Funktionsträger wissenschaftlicher Vereinigungen

Schon in den 1730er Jahren beginnend wandte sich das Interesse Christoph Jacob Trews in seiner zweiten Lebenshälfte anstelle der Anatomie immer stärker der Botanik zu, was sich auch darin äußerte, dass er zunehmend graphische Darstellungen von Pflanzenmotiven sammelte, die er oft erst von heimischen oder auswärtigen Künstlern nach seinen Anweisungen anfertigen ließ.[278] Ab 1750 erschienen großformatige bebilderte Blumenbücher[279], wobei Trew seine Mitwirkung im Sinne eines seinen hohen Ansprüchen genügenden Endprodukts nun gezielt und seiner vielfältigen Arbeitsbelastung angepasst zu dosieren verstand,

273 Vgl. ebd., S. 34.
274 Ebd., S. 144.
275 Zu diesem besonderen Charakter des Wirkens Trews als Ansbacher Leibarzt, auch auf Basis der Auswertung seiner Korrespondenz mit seinem Ansbacher Leibarztkollegen Johann Lorenz Ludwig Loelius (1687–1756), vgl. ausführlich ebd., S. 114–146.
276 Ebd., S. 144.
277 A.a.O.
278 Vgl. Schnalke (1997), S. 32.
279 Vgl. u.a. Trew (1750–1773a); Trew (1750–1773b); Trew (1750–1786); Trew (1763–1784); Seligmann (1748); Schmidel (1751–1753 und 1759–1770).

indem er teils unmittelbar daran mitarbeitete bzw. als Herausgeber fungierte, teils aber auch sein Zutun auf die Bereitstellung der Vorlagen aus seiner graphischen Sammlung oder auf seine bloße Anregung zu einem bestimmten Werk beschränkte.[280]

Diese Blumenbücher werden bis heute „zu den herausragenden Leistungen der illustrierten naturkundlichen Buchproduktion im 18. Jahrhundert“[281] gezählt. Trew hatte „eine recht genaue Vorstellung von guter Botanikmalerei“[282] und wirkte mit dieser auf einen Kreis von Nürnberger Künstlern aus Zeichnern, Malern, Kupferstechern und Illuminatoren ein: Das botanische Bild sollte die einzelne Pflanze möglichst deutlich zeigen, weshalb Trew die Darstellung nur einer Pflanze je Bild gegenüber blumenstückartigen Arrangements bevorzugte, ohne aber deshalb die Bedeutung der ästhetischen Präsentation gering zu schätzen.[283] Auch hier richteten sich Trews Anstrengungen also nicht allein darauf, „den aktuellen Stand botanischen Wissens für sich zu dokumentieren“[284], sondern vielmehr zugleich darauf, „ihn, nach einer didaktischen Aufbereitung, einem breiteren Publikum von ‚Liebhabern‘ zugänglich zu machen“[285].

Von der Anerkennung Christoph Jacob Trews in der gelehrten Welt seiner Zeit zeugt, dass ihm, nachdem er bereits 1727 in die kaiserliche Akademie der Naturforscher (Leopoldina) aufgenommen und 1742 zu deren Adjunkten bestellt worden war, seit 1744 auch das Amt des *Director Ephemeridum* anvertraut war.[286] In dieser Funktion oblag ihm bis zu seinem Tod die Herausgabe der *(Nova) Acta physico-medica*, auch *Ephemeriden* genannt, also des Publikationsorgans der Akademie.[287] Erneut machte sich Trew so um eine Form der Wissensvermittlung verdient.

Auch in der Hierarchie der Nürnberger Ärzteschaft stieg Christoph Jacob Trew auf Grundlage seiner angesehenen ärztlichen Praxis immer weiter auf: Schon 1744 hatte er in das fünfköpfige Seniorat des *Collegium Medicum* Aufnahme

---

280 Zu Trews Engagement im Bereich der botanischen Illustration vgl. auch Schnalke (1995a), S. 583, und vor allem Schnalke (1995d).

281 Schnalke (1997), S. 33.

282 Ludwig (1998), S. 153.

283 Vgl. a.a.O. – Zu Christoph Jacob Trew und seinem Kreis Nürnberger Maler vgl. ausführlich aus kunsthistorischer Sicht ebd., S. 151–172.

284 Schnalke (1995a), S. 583.

285 A.a.O.

286 Vgl. Schnalke (1997), S. 33.

287 Zur Leopoldina im achtzehnten Jahrhundert, den Aufgaben Trews als Director Ephemeridum und seiner Zusammenarbeit mit Andreas Elias Büchner (1701–1769), dem VI. Präsidenten der Leopoldina, vgl. ausführlich Schnalke (2002); zur Edition der Trew-Büchner-Korrespondenz siehe Mücke/Schnalke (2009).

gefunden, hatte zudem in der Folge zweimal das Amt des Dekans und dreimal die Position des Apothekenvisitators inne, bevor er 1761 schließlich zum *Senior primarius* gewählt wurde und so die höchste Stufe innerhalb des *Collegium Medicum* erreichte.[288]

Nach schwerer Krankheit im Jahr 1761, von der er sich nicht mehr vollständig erholte,[289] verstarb Christoph Jacob Trew am 18. Juli 1769 in Nürnberg.[290] Er war, wie erwähnt, Mitglied der kaiserlichen Akademie der Naturforscher (Leopoldina) (ab 1727), daneben aber auch der Akademie der Wissenschaften in Berlin und der *Royal Society* in London (jeweils ab 1745), sowie der botanischen Gesellschaft in Florenz (ab 1754).[291]

Christoph Jacob Trews äußerst vielfältiges Wirken umfasste somit neben seinem ärztlichen Tun in seiner Praxis in der Reichsstadt Nürnberg und als „Leibarzt aus der Ferne" am Ansbacher Markgrafenhof ein leidenschaftliches Engagement als Sammler[292] und als Herausgeber bzw. Initiator gelehrter Zeitschriften sowie anatomischer und botanischer Werke. Besonders hervorzuheben ist Trews stetes Bemühen um verschiedenste Formen der Wissensvermittlung.

Zwar finden sich im historischen Urteil zu Trew vereinzelt auch kritische Stimmen,[293] doch eine abwertende Charakterisierung als „Vielschreiber[]"[294] und „verhinderte[r] Wissenschaftler"[295] scheint heute obsolet, kann eine solche Sichtweise doch nur darauf basieren, eine wissenschaftliche Leistung ausschließlich in der Gewinnung und Veröffentlichung völlig neuer Erkenntnisse etwa in den Werken einzelner ‚großer Gelehrter' anerkennen zu wollen, was in der wesentlich differenzierteren Perspektive der neueren historischen Wissenschaftsforschung als überholt gelten darf. So findet Trew im heutigen Urteil breite Anerkennung

---

288 Vgl. Schnalke (1997), S. 34.

289 Vgl. Mücke/Schnalke (2009), S. 63.

290 Vgl. Schnalke (1997), S. 34; Stadtlexikon Nürnberg, S. 1086.

291 Vgl. Schnalke (1997), S. 33; auch Boschung (2002), S. 540 (dort fehlt der Hinweis auf die Mitgliedschaft in der botanischen Gesellschaft Florenz, außerdem wird als Jahr der Mitgliedschaft in der Akademie der Wissenschaften in Berlin und der Royal Society in London jeweils 1746 angegeben).

292 Zu den umfangreichen Sammlungen Trews siehe in der vorliegenden Untersuchung bereits S. 2 (dort finden sich auch weitere Literaturhinweise).

293 Zum historischen Urteil zu Trew im Lauf der Jahrhunderte aus medizingeschichtlicher wie landeshistorischer Sicht vgl. in einem ausführlichen Überblick Schnalke (1997), S. 35–45.

294 Schug (1978), S. 137.

295 A.a.O.

in der Bezeichnung als „Wissensmediator“[296], „wissenschaftsorganisatorisches Talent“[297], bzw. als „wissenschaftlicher Kommunikator“[298].

Sowohl Christoph Jacob Trew (1695–1769) als auch Peter Christian Wagner (1703–1764) strebten, ganz im Geiste ihrer Zeit, ihr Leben lang danach, neben ihrer ärztlichen Tätigkeit in Kontakt zur gelehrten Welt, also der *Respublica Litteraria*, zu bleiben und ihren breitgefächerten naturwissenschaftlichen Neigungen auch auf Gebieten wie der Botanik, welche zudem noch als integraler Bestandteil der Medizin galten, nachzugehen. Während aber Peter Christian Wagner durch seine zahlreichen höfischen wie familiären Pflichten auch nach eigenem Empfinden dabei allzu enge Grenzen gesetzt wurden, gelang es Christoph Jacob Trew, sich in Nürnberg ein Umfeld zu schaffen, in dem ihm „[f]ern jeder Fremdbestimmung durch eine Universität oder einen Hof“[299] ausreichend Freiräume zur Entfaltung seiner Ambitionen verblieben, so dass er „ärztliche Praxis und wissenschaftliche Neigung produktiv [zu] integrieren“[300] vermochte.

296 Ruisinger/Schnalke (2004), S. 221.
297 Schnalke (1997), S. 75.
298 Ebd., S. 43.
299 Schnalke (1995c), S. 66.
300 Mücke/Schnalke (2009), S. 60.

3 Grundstruktur der Korrespondenz

Im Folgenden wendet sich der Blick verstärkt der Korrespondenz selbst zu. Zum einen wird zunächst die zeitliche und thematische Struktur des Briefwechsels zwischen Peter Christian Wagner (1703–1764) und Christoph Jacob Trew (1695–1769) verdeutlicht und analysiert, zum anderen im Anschluss die Beziehung der Briefpartner im Spiegel ihrer Korrespondenz untersucht. Beides erfordert immer wieder auch den Rückgriff auf die bereits vorgestellten Lebensläufe der Korrespondenten.

3.1 Zeitliche und thematische Struktur der Korrespondenz

Wie bereits in der Einleitung beschrieben, umfasst das im Rahmen dieser Dissertation bearbeitete und edierte Briefkorpus insgesamt 75 Schreiben. Davon waren 68 Briefe von Peter Christian Wagner an Christoph Jacob Trew[1] gerichtet. In umgekehrter Richtung sind sieben Briefentwürfe Trews an Wagner[2] erhalten. Im Vergleich zu anderen in der Briefsammlung Trew der Universitätsbibliothek Erlangen-Nürnberg erhaltenen Briefwechseln ist die Wagner-Trew-Korrespondenz hinsichtlich ihres Umfangs damit im mittleren bis oberen Größenbereich anzusiedeln.[3]

Auffällig ist, dass im überlieferten Briefkorpus den 68 Briefen Wagners nur sieben Antwortentwürfe Trews gegenüberstehen, dass also 91% der erhaltenen

1 UBE BT, Korr. Wagner, Nr. 3–70.

2 UBE BT, Korr. Trew, Nr. 789–795.

3 Hier sei hinsichtlich des Überlieferungsumfangs nur auf zwei extreme Beispiele aus der UBE Briefsammlung Trew verwiesen: Die in der UBE erhaltene Korrespondenz Trews mit dem viel jüngeren Physikus Christian Albrecht Gotthold Gruner (1724–1758) etwa umfasst nur elf Briefe Gruners an Trew und zwei Briefentwürfe Trews an Gruner, also insgesamt 13 Schreiben; vgl. Schmidt-Herrling (1940), S. 232 f. u. S. 623; zur Trew-Gruner-Korrespondenz vgl. auch Schnalke (1997), S. 147–158 (Schnalke zählt 16 Schriftstücke der Korrespondenz, da er zwei Rezeptentwürfe sowie einen auf einem Brief Gruners konzipierten Antwortentwurf Trews separat berücksichtigt). Dagegen umfasst die in der UBE erhaltene Korrespondenz Trews mit seinem Leibarztkollegen am Ansbacher Hof Johann Lorenz Ludwig Loelius (1687–1756), die Trews leibärztliches Wirken aus der Ferne ermöglichte, 823 Briefe des Loelius an Trew und elf Briefentwürfe Trews an Loelius, also insgesamt 834 Briefe; vgl. Schmidt-Herrling (1940), S. 367–374 u. S. 629; zur Trew-Loelius-Korrespondenz vgl. auch Schnalke (1997), S. 114–146. Zwar mag gegenüber dem Extrembeispiel der Trew-Loelius-Korrespondenz die Gesamtzahl erhaltener Schreiben des Wagner-Trew-Briefwechsels relativ gering erscheinen, doch weist Steinke (1999), S. 42 (Diagramm S. 41), auf Basis der Angaben bei Schmidt-Herrling (1940) darauf hin, dass überhaupt nur in 14 Fällen mehr als 50 Briefe eines Korrespondenten an Trew erhalten sind.

Schreiben von Wagner an Trew und nur 9% von Trew an Wagner gerichtet waren (s. Abb. 1).

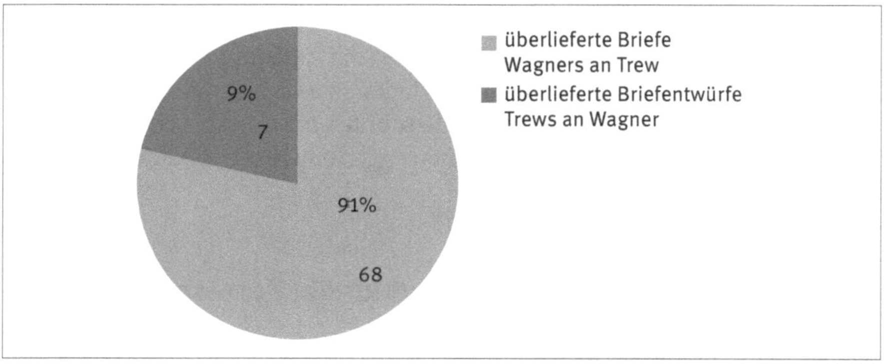

Abb. 1: in der UBE BT überlieferte Schreiben der Wagner-Trew-Korrespondenz (n=75): Verteilung nach Briefautor

Angesichts dieses Befundes lässt sich an dieser Stelle eine Auseinandersetzung mit dem Problem einer möglichen Diskrepanz zwischen einerseits der Zahl der im Rahmen der Trewsammlung erhaltenen Schreiben und andererseits der Zahl der damals tatsächlich ausgetauschten Schreiben nicht umgehen. Denn es hängt ganz entscheidend von der Bewertung dieser Problemstellung ab, inwieweit es überhaupt als sinnvoll und berechtigt betrachtet werden kann, Rückschlüsse aus der Struktur des überlieferten Briefwechsels zu ziehen, die in ihrer Aussagekraft über diesen hinausgehen und auch als gültig für die tatsächlich geführte Korrespondenz erachtet werden können.

Auch wenn die Wagner-Trew-Korrespondenz sich nicht durch an anderem Standort bewahrte gleichsam komplementäre Briefbestände ergänzen lässt,[4] so ergeben sich doch aus den in der Trewsammlung überlieferten Schreiben selbst

4 Einige Korrespondenzen lassen sich weiter ergänzen, wenn sich an anderem Standort zentralisiert die gesammelten Briefbestände des jeweiligen Briefpartners nachweisen lassen, der seinerseits evtl. gerade auch die bei ihm eingehenden Schreiben aufbewahrte, von denen der Absender in der Regel bestenfalls die Entwürfe zurückbehielt. So ergänzen sich bezüglich der Korrespondenz zwischen Trew und Albrecht von Haller (1708–1777) etwa teilweise die Bestände der UBE Briefsammlung Trew und der Burgerbibliothek Bern; vgl. Boschung (2002), S. 540; zur Trew-Haller-Korrespondenz vgl. auch Schnalke (1997), S. 57–89; zu ihrer Edition siehe Steinke (1999). – Ein zentralisierter Bestand der Briefschaften Peter Christian Wagners konnte im Rahmen der Recherchen zu vorliegender Untersuchung an keinem anderen Standort nachgewiesen werden.

Hinweise auf weitere, nicht erhaltene Briefe. In die im Rahmen vorliegender Arbeit erstellte Edition wurden solche Briefe dann unter Vergabe einer eigenständigen Nummer chronologisch eingefügt, wenn sie sich aus dem Inhalt der überlieferten Schreiben sicher erschließen lassen, d.h. wenn nicht nur unverbindlich die Absicht zu schreiben erklärt wird, sondern vielmehr eindeutig die Abfassung bzw. der Empfang eines nicht überlieferten Briefes dokumentiert ist.[5] Auf diese Weise erhöht sich die Zahl der in der Edition erfassten Schreiben der Wagner-Trew-Korrespondenz gegenüber dem überlieferten Briefkorpus von 75 auf 96, d.h. die Edition beinhaltet zusätzlich 21 erschlossene Briefe, was einem Anteil von 22% an der Edition entspricht (s. Abb. 2).

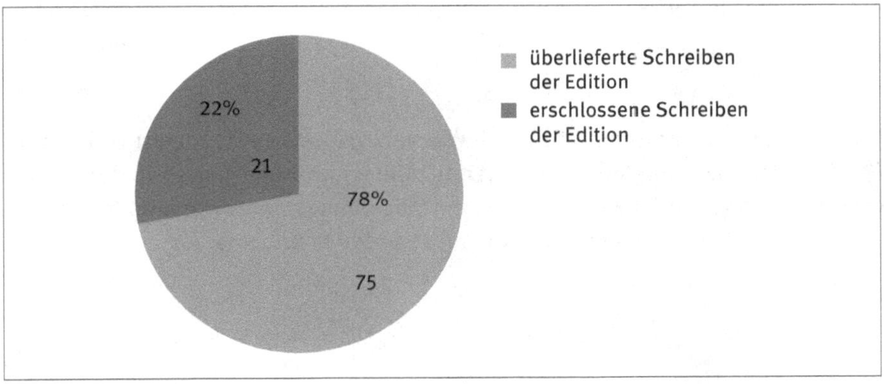

Abb. 2: in der Edition erfasste Schreiben der Wagner-Trew-Korrespondenz (n=96): Verteilung überlieferter und erschlossener Schreiben

Da es sich bei den 21 erschlossenen Briefen der Edition bis auf eine einzige Ausnahme um Schreiben Trews an Wagner handelt, erhöht sich der Anteil der Schreiben Trews an Wagner in der Edition gegenüber eben diesem Anteil im überlieferten Briefkorpus von 9% auf 28% (s. Abb. 3).

5 Die Editionsprinzipien werden in Kapitel 6.1 detailliert vorgestellt. Ein chronologisches Verzeichnis aller edierten Briefe einschließlich der eingefügten erschlossenen Schreiben findet sich zudem in Kapitel 6.2, wobei der Signaturziffer innerhalb der UBE BT jeweils der in der Edition selbstvergebene Numerus currens zugeordnet ist (erschlossene Schreiben sind durch beigestelltes * gekennzeichnet).

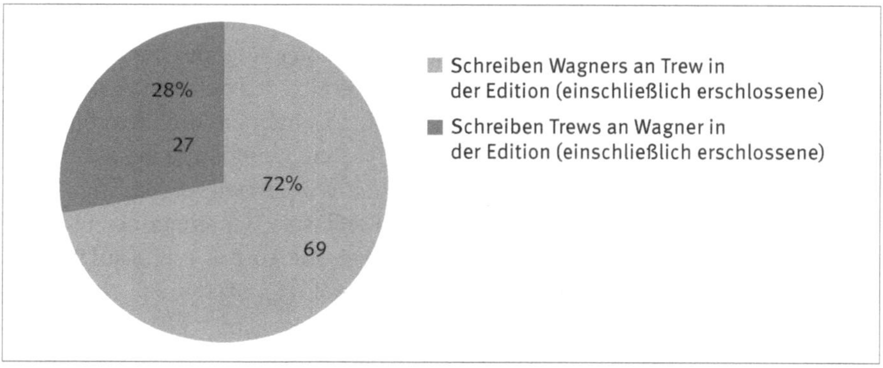

Abb. 3: in der Edition erfasste Schreiben der Wagner-Trew-Korrespondenz (n=96): Verteilung nach Briefautor

Die in der Edition erfassten Schreiben Wagners an Trew sind also fast vollständig (99%) in der Trewsammlung überliefert (s. Abb. 4), wohingegen die in der Edition erfassten Schreiben Trews an Wagner mit Ausnahme einiger erhaltener Briefentwürfe überwiegend (74%) nur erschlossen werden konnten (s. Abb. 5).

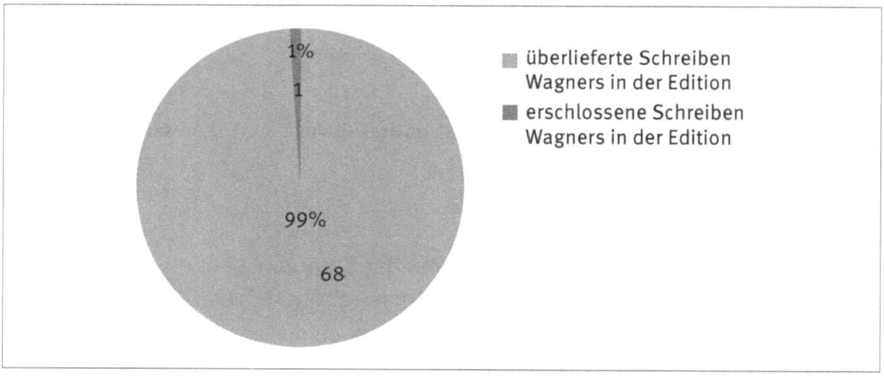

Abb. 4: in der Edition erfasste Schreiben Wagners an Trew (n=69): Verteilung überlieferter und erschlossener Schreiben

Es ist zu beachten, dass die sich so ergebende Summe von 96 überlieferten oder erschlossenen Briefen in der Edition dennoch weiterhin keinesfalls mit der Zahl der einst tatsächlich ausgetauschten Briefe gleichgesetzt werden darf, wurden doch nur sicher aus dem Inhalt überlieferter Briefe zu erschließende Schreiben in der Edition berücksichtigt. Würde man die Kriterien zur Aufnahme erschlos-

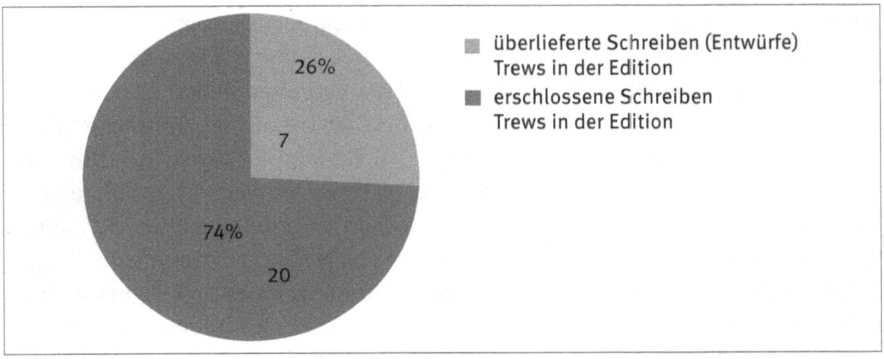

Abb. 5: in der Edition erfasste Schreiben Trews an Wagner (n=27): Verteilung überlieferter und erschlossener Schreiben

sener Schreiben lockern bzw. erweitern,[6] stiege aufgrund der vorhandenen Hinweise insbesondere die Zahl der Schreiben Trews an Wagner weiter an, d.h. die Anteile der Schreiben Wagners an Trew und umgekehrt Trews an Wagner würden sich zusehends immer mehr angleichen. Daraus folgt, dass die festgestellte diesbezügliche Ungleichverteilung der in der Trewsammlung überlieferten Wagner-Trew-Korrespondenz nicht einer Art ‚Schreibfaulheit' Trews gegenüber seinem Briefpartner Wagner geschuldet ist, sondern vielmehr auf der besonderen Überlieferungskonstellation beruht, indem Trew offensichtlich seinen Sammlungen in der Regel gerade seinen Anteil an einem Briefwechsel in Form von Briefentwürfen nicht vollständig hinzufügen konnte oder wollte.[7]

Was aber bedeuten all diese Befunde, gemäß der eingangs aufgeworfenen Problemstellung, für die Möglichkeit, Rückschlüsse aus der Struktur der überlieferten Korrespondenz bzw. der um einige erschlossene Schreiben erweiterten Briefedition zu ziehen, die in ihrer Aussagekraft auch die einst tatsächlich geführte Korrespondenz einzubeziehen vermögen? Es fällt auf, dass sich nach den geschilderten Methoden kaum weitere Schreiben Wagners an Trew erschließen lassen und dass zudem auch keinerlei andere indirekte Anhaltspunkte wie

6 Auch Hinweise, die sich zudem aus zeitgenössischen Vermerken auf den erhaltenen Briefen, wie „respondet ..." etc., ergeben können, wurden in der vorgelegten Edition aufgrund der in der Regel äußerst schlechten und damit unsicheren Lesbarkeit dieser Vermerke nicht im Sinne einer Aufnahme zusätzlicher erschlossener Schreiben berücksichtigt, sondern nur entsprechend in der Handschriftenbeschreibung vermerkt.

7 Auch in anderen in der UBE Briefsammlung Trew überlieferten Briefwechseln findet sich ein ähnliches Verhältnis von Schreiben Trews zu denen seiner Korrespondenten; vgl. die bereits in Fußnote 3 dieses Kapitels vorgestellten Beispiele.

größere oder auch nur kleinere inhaltliche Brüche in der Abfolge der erhaltenen Briefe zu finden sind, die in irgendeiner Weise eine größere Anzahl in der Überlieferung fehlender Briefe Wagners an Trew vermuten ließen. Damit scheint die Annahme zulässig, dass die Briefe Wagners an Trew in der Trewschen Briefsammlung tatsächlich zumindest nahezu vollständig vorliegen. Alle Briefentwürfe und vor allem erschlossenen Schreiben Trews an Wagner gruppieren sich wiederum sowohl zeitlich als auch thematisch um die erhaltenen Briefe Wagners, wie sich aus entsprechenden Hinweisen erkennen lässt. Auch weitere nicht überlieferte und nicht sicher zu erschließende Schreiben Trews an Wagner dürften sich, so liegt es schon allein in der grundsätzlichen Dynamik jeden Briefwechsels als „verschriftlichter Dialog" begründet, in dieses so entstehende zeitliche und thematische Gerüst einfügen, das damit auch in den zur Verfügung stehenden oder sicher zu erschließenden Beständen erkennbar wird und zur näheren Analyse einlädt.

Bezüglich der *zeitlichen Struktur der Korrespondenz* ist zunächst der relativ große Zeitraum auffällig, über den sich der Briefwechsel zwischen Peter Christian Wagner und Christoph Jacob Trew erstreckte: Das erste im Rahmen der Trewsammlung erhaltene Schreiben, ein Brief Wagners an Trew, trägt das Datum des 4. Oktober 1729.[8] Der letzte erhaltene Brief, ebenfalls von Wagner an Trew gerichtet, ist datiert vom 19. August 1760.[9] Insgesamt hatte die Korrespondenz somit nachweisbar nahezu 31 Jahre lang Bestand. Zum einen ist dies eine im Vergleich zu anderen in der Trewsammlung erhaltenen Briefwechseln auffallend lange Zeitspanne.[10] Zum anderen werden vor allem in der Relation zu den Lebensdaten Peter Christian Wagners (1703–1764) und Christoph Jacob Trews (1695–1769) jene Besonderheiten deutlich, die sich aus einer so langdauernden Korrespondenz ergeben, erstreckte sich doch der Briefwechsel, anders formuliert, vom 27. bis zum 58. Lebensjahr Wagners und vom 35. bis zum 66. Lebensjahr Trews. Damit umschließt er bei beiden alle wesentlichen Stationen ihres beruflichen Werde-

8 Vgl. Brief Nr. 1 der Edition (UBE BT, Korr. Wagner, Nr. 4; vom 4.10.1729).
9 Vgl. Brief Nr. 96 der Edition (UBE BT, Korr. Wagner, Nr. 69; vom 19.8.1760).
10 So erstreckte sich die in der Trewsammlung erhaltene Korrespondenz Trews mit dem Chirurgen Johann Christoph May (†1736), auch durch dessen frühen Tod bedingt, nur über ca. acht Jahre; vgl. Schmidt-Herrling (1940), S. 389 f. u. S. 630; zur Trew-May-Korrespondenz vgl. auch Schnalke (1997), S. 158–200. Die in der Trewsammlung erhaltene Korrespondenz Trews mit seinem Leibarztkollegen am Ansbacher Markgrafenhof Johann Lorenz Ludwig Loelius (1687–1756) erstreckte sich dagegen über immerhin ca. 21 Jahre; vgl. Schmidt-Herrling (1940), S. 367–374 u. S. 629; die in der Trewsammlung erhaltene Korrespondenz Trews mit Albrecht von Haller (1708–1777) über ca. 30 Jahre; vgl. Schmidt-Herrling (1940), S. 248 u. S. 624 f.

gangs, der im Falle Wagners allein drei verschiedene Wohnorte nach sich zog, die folglich alle drei als Schreiborte seiner Briefe in Erscheinung treten. Zugleich spiegelt der Briefwechsel darüber hinaus so auch verschiedene Aspekte und Phasen der persönlichen Entwicklung beider Briefpartner wider. Dies bildet im späteren Verlauf vorliegender Untersuchung die Basis für eine Analyse der Wandlung der gegenseitigen Beziehung Peter Christian Wagners und Christoph Jacob Trews über die Jahre.

Bevor detailliert auf die zeitliche Verteilung der Korrespondenz eingegangen wird, richtet sich der Blick zunächst noch einmal genauer auf den zeitlichen Anfangs- und Endpunkt des Briefwechsels. Gibt es mehr oder minder sichere Hinweise darauf, dass das erste und letzte erhaltene Schreiben der Wagner-Trew-Korrespondenz auch tatsächlich dem ersten bzw. letzten ausgetauschten Schreiben der einstigen Korrespondenz entspricht und, wenn dem so ist, warum begann die Korrespondenz im Oktober 1729 und vor allem warum endete sie nach so langem Bestand im August 1760, also bereits einige Jahre vor dem Tod der Briefpartner?

Hinsichtlich des ersten Schreibens des Briefwechsels vom 4. Oktober 1729 darf mit Sicherheit davon ausgegangen werden, dass es sich dabei nicht nur um das älteste erhaltene Schreiben, sondern tatsächlich um das erste damals verfasste Schreiben der Korrespondenz überhaupt handelt. Denn Peter Christian Wagner erlaubte sich in diesem Brief explizit, Christoph Jacob Trew „um [...] angenehme Correspondenz und fernere Amitié an Zu gehen“[11]. Wagner lässt sich so im Oktober 1729 eindeutig als der Initiator des gesamten Briefwechsels identifizieren. Ausgelöst wurde sein Interesse an einem regelmäßigen schriftlichen Austausch mit dem Nürnberger Arzt Trew besonders durch zwei vorausgegangene Besuche in dessen Sammlungen in Nürnberg, in welchen er „Viele Naturalia und rare Cuiositaeten [!]“[12] bewundert habe.[13] Wohl auch wegen der nach dem Umzug Wagners von Erlangen nach Pappenheim angewachsenen räumlichen Entfernung zu Trew und damit deutlich erschwerter Bedingungen für einen persönlichen Besuch von dessen Sammlungen erhoffte sich Wagner vor allem, mit Hilfe des vorgeschlagenen Briefwechsels mit Trew in einen Naturalienaustausch zu treten, ging er doch davon aus, dass Trew „auch andern Liebhabern, gegen Communication anderer [ihm] noch fehlender Dinge, Von [seinen] Doubletten etwas abgeben werde[]“[14].

---

11 Brief Nr. 1, Z. 11 f. (UBE BT, Korr. Wagner, Nr. 4; vom 4.10.1729).

12 Ebd., Z. 14.

13 Vgl. ebd., Z. 12–14. – Die Bewunderung Wagners für die Sammlungen Trews kommt auch in seinem Eintrag in dessen Stammbuch vom 13. Oktober 1725 zur Geltung; vgl. UBE, Handschriftensammlung, Ms. 1471, Blatt 30 (ausführlich zitiert in Kapitel 3.2).

14 Brief Nr. 1, Z. 15–17.

Damit war also nicht der Austausch medizinischer Informationen etwa im Sinne einer konsiliarischen Zusammenarbeit, sondern der auf der Sammelleidenschaft beider Briefpartner beruhende Austausch von und über Naturalien der inhaltliche Ausgangspunkt der Korrespondenz.

Was das letzte erhaltene Schreiben des Briefwechsels zwischen Peter Christian Wagner und Christoph Jacob Trew anbelangt, gestaltet sich eine Bewertung schwieriger. Inhaltlich geht daraus nicht hervor, dass es sich dabei um den Schlusspunkt der Korrespondenz handelt.[15] Das Fehlen expliziter Ausführungen oder gar Begründungen zu einem Korrespondenzabbruch schließt einerseits freilich ein ebensolches Ende an dieser Stelle dennoch keineswegs aus, denn anders als zumeist der Beginn eines Briefwechsels ist dessen Ende nicht immer aus wohlüberlegten Beweggründen bewusst herbeigeführt, sondern vermag oft, zum Beispiel aufgrund äußerer Umstände, unplanmäßig einzutreten, also gleichsam die Briefpartner selbst zu überraschen. Andererseits muss bei fehlender Dokumentierung des Korrespondenzendes in den überlieferten Brieftexten aber eben zunächst grundsätzlich auch die Möglichkeit späterer nicht erhaltener Schreiben weiter mit in Erwägung gezogen werden.

Allerdings lassen sich aus den überlieferten Briefen keine weiteren nach dem August 1760 datierten Schreiben sicher erschließen, weshalb auch die vorgelegte Edition unter Einbeziehung erschlossener Schreiben zu diesem Zeitpunkt endet, und es finden sich darüber hinaus darin auch keinerlei sonstige noch so vage Hinweise auf einen längeren Fortbestand der Korrespondenz. Zudem ließe sich kaum schlüssig begründen, warum Trew ganz entgegen seiner bereits herausgearbeiteten üblichen Sammlungsgewohnheiten ausgerechnet in der Spätphase der Korrespondenz die ansonsten wohl nahezu vollständige Archivierung der eingehenden Briefe Wagners plötzlich einstellen sollte. Inhalt und Struktur der erhaltenen Korrespondenz liefern somit, wenn auch keine sicheren Belege, so doch wichtige Anhaltspunkte für die Annahme, dass der Briefwechsel im August 1760 tatsächlich zu Ende ging.

Weiter gestützt wird diese Annahme durch Argumente, die sich aus der Zusammenschau der Lebensumstände beider Briefpartner in der letzten Phase des überlieferten Briefwechsels und in ihren letzten Lebensjahren nach Abbruch der Korrespondenz ergeben. So beklagte Christoph Jacob Trew schon im Oktober 1758 gegenüber Wagner, dass er „ein Ziemlichen Schmerzen in carpo laevae manus[16]

---

15 Vgl. Brief Nr. 96 (UBE BT, Korr. Wagner, Nr. 69; vom 19.8.1760).

16 Trew berichtet hier von Schmerzen „am carpus der linken Hand". Ein zeitgenössischer Eintrag im Anatomisch-chirurgischen Lexikon, Sp. 173–175, beschreibt den „carpus" als „die Handwurzel, oder die Vorderhand".

verspühre, und, wenn [er] jemals von einem chiragra[17] oder podagra einen anfall gehabt hätte, [er] deßwegen in Sorgen seyn müste"[18]. Ferner erlitt Trew im Jahr 1761/1762 eine schwere Erkrankung unter Beteiligung der Augen, so dass er nicht nur mehrere Wochen ans Bett gefesselt war, sondern ihm insbesondere auch das Schreiben und das Lesen unmöglich gemacht wurden.[19] Peter Christian Wagner seinerseits entschuldigte, wie bereits einmal erwähnt, im Januar 1759 gegenüber Trew seine verzögerte briefliche Antwort ausdrücklich damit, dass „das leidige Podagra [ihn] Verschiedene Wochen dergestalt gefoldert [habe], daß [er] keine Feder oder sonst was anrühren können"[20]. Es ist damit eindeutig zu belegen, dass beiden Briefpartnern durch körperliche Einschränkungen gerade auch der Griff zur Feder im Alter immer wieder sehr erschwert wurde. Hinzu kommt, dass sowohl Christoph Jacob Trew als auch Peter Christian Wagner, obwohl ihre Gesundheit in ihren letzten Lebensjahren, wie schon in den Lebensläufen geschildert, auch insgesamt bereits massiven Beeinträchtigungen ausgesetzt war,[21] dennoch beide noch ambitionierte Veröffentlichungsvorhaben verfolgten. Es scheint daher naheliegend anzunehmen, dass wegen der Konzentrierung ihrer verbliebenen Kräfte auf diese Projekte andere Aspekte ihres Tuns, etwa die Pflege ihrer Briefschaften, zumindest phasenweise tendenziell in den Hintergrund rücken konnten.

Dies mag umso mehr für Briefwechsel gelten, bei denen der Kontakt zum Briefpartner selbst in Zeiten völliger epistolarer Abstinenz nicht komplett abreißen musste, sondern auf anderem Wege aufrechterhalten werden konnte. Daher ist auch in Bezug auf die Frage nach dem Ende der Wagner-Trew-Korrespondenz auf eine Möglichkeit hinzuweisen, die im weiteren Verlauf immer wieder bei Betrachtung von Phasen niedriger Briefdichte mit in Erwägung zu ziehen sein wird: Gelegentliche persönliche Treffen zwischen Christoph Jacob Trew und Peter Christian Wagner könnten von Zeit zu Zeit als Chance zum Informationsaustausch gedient und so die Korrespondenz stellenweise abgelöst bzw. wenigstens teilweise ersetzt haben. Zwar finden sich nach Abbruch des erhaltenen Briefwechsels auch in anderen im Rahmen vorliegender Arbeit ausgewerteten Quellen

17 „Chiragra" ist nach einem zeitgenössischen Eintrag bei Zedler (1732–1754), Bd. 5, Sp. 2150, „die Gicht in denen Händen".

18 Brief Nr. 93, Z. 17–19 (UBE BT, Korr. Trew, Nr. 794; vom 13.10.1758).

19 Pirson (1953), S. 494, verweist dazu auf ein Schreiben Trews an Andreas Elias Büchner vom 25.10.1762 (UBE BT, Korr. Christoph Jacob Trew, Nr. 140). Der entsprechende Brief findet sich ediert bei Mücke/Schnalke (2009), S. 547–553, hier insbesondere S. 547.

20 Brief Nr. 95, Z. 11–13 (UBE BT, Korr. Wagner, Nr. 68; vom 13.1.1759).

21 Zum Beispiel bringen auch Mücke/Schnalke (2009), S. 62 f., einen Rückgang ab 1761 in der Korrespondenz Trews mit dem Präsidenten der Leopoldina Andreas Elias Büchner (1701–1769) in Zusammenhang mit der schweren Erkrankung Trews 1761, von der er sich nicht mehr vollständig erholte.

keine sicheren Nachweise solcher Aufeinandertreffen Wagners und Trews in ihren letzten Lebensjahren, doch weisen einige Aspekte in den letzten überlieferten Schreiben darauf hin, dass gegenseitige Besuche auch nach 1760 als durchaus möglich betrachtet werden müssen. Zum einen lassen sich für die Jahre vor 1760 ebensolche Fahrten der Korrespondenten nach Nürnberg bzw. umgekehrt nach Bayreuth belegen: So bedankte sich Wagner im März 1757 bei Trew für anlässlich eines Besuchs in Nürnberg „erwießene Höflichkeiten und Gutthaten“[22] und Trew hob im April 1758 in einem Brief an Wagner die „hochgeneigte Aufnahme und viele [ihm] bezeugte Ehre und Freundschafft“[23] während eines vorangegangenen Aufenthalts in Bayreuth hervor. Zum anderen drücken, wie das folgende Kapitel zur Beziehung der Briefpartner im Spiegel ihrer Korrespondenz ausführlich zeigen wird, auch noch die letzten erhaltenen Schreiben die gegenseitige Wertschätzung beider Briefpartner aus und lassen keinerlei Spannungen oder Zerwürfnisse erkennen, welche einen bewussten völligen Kontaktabbruch herbeigeführt haben könnten.

Zusammenfassend lässt sich somit an dieser Stelle festhalten, dass sich sowohl aus Struktur und Inhalt des erhaltenen Briefwechsels als auch aus den Lebensläufen der Briefpartner, wenn auch kein sicherer Nachweis, so doch plausible Gründe für die Annahme gewinnen lassen, dass es sich bei dem letzten überlieferten Schreiben aus dem August 1760 auch tatsächlich um den Endpunkt der einstigen Korrespondenz zwischen Peter Christian Wagner und Christoph Jacob Trew handelte. Mit sehr hoher Wahrscheinlichkeit ist zumindest davon auszugehen, dass keine größere Anzahl an Briefen mehr folgte. Zugleich muss, wie dargelegt, stets berücksichtigt werden, dass das sehr wahrscheinliche mehr oder minder vollständige Ende des schriftlichen Kontakts zwischen Wagner und Trew nicht zwangsläufig auch mit einem völligen Abbruch ihrer Beziehung gleichgesetzt werden darf, sondern dass auch danach persönliche Kontakte nicht auszuschließen sind.

Das letzte erhaltene Schreiben der Korrespondenz ist darüber hinaus inhaltlich vor allem insofern interessant, da Wagner mit jenem Brief Marmorproben einschließlich eines Verzeichnisses aller wichtigen im Bayreuther Fürstentum vorkommenden Marmorarten an Trew übersandte[24] und diesen ferner seinerseits um „fructus exoticos Und semina Vor [s]ein seminarium und Garten“[25] bat. Damit ist der Naturalientausch wesentlicher Inhaltspunkt sowohl im ersten wie im letz-

22 Brief Nr. 87, Z. 9 (UBE BT, Korr. Wagner, Nr. 64; vom 17.3.1757).
23 Brief Nr. 90, Z. 9 (UBE BT, Korr. Trew, Nr. 792; vom 6.4.1758).
24 Vgl. Brief Nr. 96, Z. 8–15 u. Z. 40–84 (UBE BT, Korr. Wagner, Nr. 69; vom 19.8.1760).
25 Ebd., Z. 24.

ten überlieferten Schreiben der sich über nahezu 31 Jahre erstreckenden Korrespondenz zwischen Peter Christian Wagner und Christoph Jacob Trew. Die ausgeprägte Sammelleidenschaft der beiden Briefpartner ‚umgreift' auf diese Weise gleichsam die gesamte Korrespondenz wie eine Klammer.

Bevor jedoch die thematische Struktur des Briefwechsels in den Blick genommen wird, ist zunächst in Gestalt der Betrachtung der zeitlichen Verteilung aller erhaltenen und erschlossenen Schreiben über die Jahre die Analyse seiner zeitlichen Struktur zu einem Abschluss zu bringen (s. Abb. 6).[26]

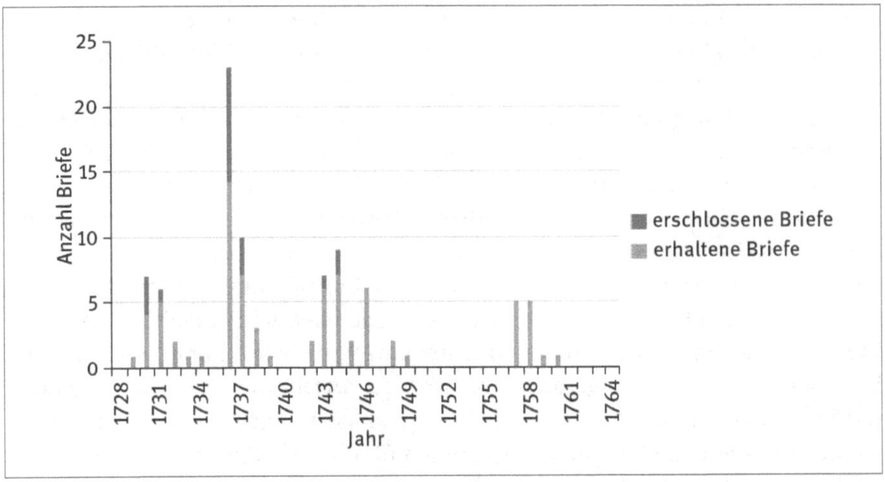

Abb. 6: zeitliche Verteilung aller in der Edition erfassten Schreiben der Wagner-Trew-Korrespondenz (n=96)

Es fällt sogleich auf, dass die in der Edition erfassten Schreiben der Wagner-Trew-Korrespondenz sich nicht gleichmäßig über die gesamte Zeitdauer des Briefwechsels von ca. 31 Jahren verteilen, also bei 96 insgesamt erfassten Schreiben keineswegs kontinuierlich etwa drei Briefe pro Jahr ausgetauscht wurden, sondern vielmehr in einigen Jahren nicht ein Brief nachzuweisen ist, während in anderen Jahren die Marke von fünf Schreiben deutlich übertroffen wird, in der Spitze im Jahr 1736 gar in der Summe aus erhaltenen und erschlossenen Briefen

26 Undatierte erhaltene Schreiben sowie erschlossene Schreiben, bei denen sich aus vorausgehenden oder nachfolgenden erhaltenen Briefen keine exakte Datierung entnehmen lässt, wurden hierfür auf Basis von Hinweisen, die sich aus dem inhaltlichen Kontext gewinnen lassen, nach größtmöglicher Wahrscheinlichkeit den einzelnen Jahren zugeordnet. Erläuterungen zu ihrer zeitlichen Zuordnung finden sich in der Edition jeweils in der Handschriftenbeschreibung.

23 Schreiben erreicht werden. Ferner ist eine deutliche Konzentration der Schreiben auf die erste Hälfte des Gesamtzeitraums der Korrespondenz zu bemerken: In den Jahren 1729–1744 finden sich 73 erfasste Schreiben (76%), gegenüber nur 23 Schreiben (24%) in den Jahren 1745–1760. Diese Ungleichverteilung erklärt sich zum Teil aus der Spitze an 23 erfassten Schreiben im Jahr 1736, die das Ergebnis einer besonders engen und langen konsiliarischen Zusammenarbeit Peter Christian Wagners und Christoph Jacob Trews zu dieser Zeit ist, doch bleibt sie auch nach Abzug dieser Schreiben weiter bestehen. Weitere Gründe für die deutlich niedrigere Briefzahl in der zweiten Hälfte der Korrespondenz lassen sich phasenübergreifend darin vermuten, dass zum einen Wagner, da nur in den ersten Jahren nach seinem Umzug nach Bayreuth 1743 noch größere Briefzahlen zu verzeichnen sind, in seinen Jahren als Bayreuther Leibarzt zunehmend durch anderweitige Pflichten gebunden war, zum anderen mögen auch hier bereits das steigende Alter beider Briefpartner und die wachsende Zahl an Erkrankungen insbesondere Wagners ihren Tribut gefordert haben.

Zudem zeigt die Graphik zur zeitlichen Verteilung der in der Edition erfassten Wagner-Trew-Korrespondenz eindrücklich, dass sich bezüglich der Anzahl der Schreiben über die Jahre auch keine stetige Entwicklung im Sinne also eines kontinuierlichen Rückgangs mit allmählich abnehmender Säulenhöhe vollzieht. Vielmehr stechen dem genauen Betrachter einzelne Phasen hoher und niedriger Briefdichte ins Auge, die geradezu im Wechsel angeordnet sind. Im Folgenden werden daher acht im Wechsel angeordnete Phasen hoher bzw. niedriger Briefdichte abgegrenzt und auf mögliche Gründe für die auffällige wiederholte starke Zu- bzw. Abnahme der Brieffrequenz hin untersucht:[27]

– Phase 1: hohe Briefdichte 1729–1731: Diese Anfangszeit der Korrespondenz umfasst 14 erhaltene oder erschlossene Schreiben.[28] Wie schon erwähnt wurde der Briefwechsel zunächst in erster Linie durch den vor allem von Peter Christian Wagner angebahnten Austausch von Naturalien belebt. Daneben ergibt sich die hohe Zahl der Briefe in dieser ersten Phase auch aus der von Trew zu dieser Zeit forcierten Gründung der Zeitschrift des *Commercium Litterarium*. Fragen und kleinere Anmerkungen zu deren Entstehung und

27 Die Phaseneinteilung erfolgt dabei nach pragmatischen Gesichtspunkten, auch da eine Einteilung auf dem Wege genauerer mathematischer Berechnungen hier aufgrund der Besonderheiten bzw. Unsicherheiten der Datenbasis aus erhaltenen und erschlossenen Schreiben als wenig zielführend angesehen werden kann.

28 Brief Nr. 1–14 der Edition (darunter zehn erhaltene Schreiben: UBE BT, Korr. Wagner, Nr. 4–12; UBE BT, Korr. Trew, Nr. 789). – Dabei verteilen sich die Schreiben wie folgt auf die einzelnen Jahre dieser Phase: 1729: insgesamt 1 Schreiben (darunter 1 erhalten/0 erschlossen); 1730: 7 Schreiben (4 erhalten/3 erschlossen); 1731: 6 (5/1).

Verbreitung bestimmen den Inhalt in jedem der vier erhaltenen Schreiben Wagners zwischen September 1730 und Februar 1731.[29]

- Phase 2: niedrige Briefdichte 1732–1735: In diese Zeit fallen nur vier Schreiben der in der Edition erfassten Korrespondenz.[30] Einen möglichen, wenn auch wenig spezifizierten Grund dafür nennt Wagner selbst in einem Brief vom 20. November 1733, in welchem er „Verschiedene Ehehafften"[31] als Entschuldigung für die verspätete Bezahlung des *Commercium Litterarium* anbringt. Der frühe Tod der ersten Ehefrau Wagners zwei Jahre später ist eine plausible Erklärung für das völlige Fehlen von Briefen im Jahr 1735. Ferner muss gerade in dieser Zeit nach dem Umzug Wagners im Dezember 1731 von Pappenheim zurück nach Erlangen und somit in die Nachbarschaft Trews stets die schon beschriebene Möglichkeit mit einbezogen werden, dass zum Teil gegenseitige Besuche an die Stelle des Briefwechsels getreten sein könnten.
- Phase 3: hohe Briefdichte 1736–1738: In diesen drei Jahren mit insgesamt 36 erhaltenen oder erschlossenen Schreiben ist die höchste Briefdichte der gesamten in der Edition erfassten Korrespondenz zu finden.[32] Der Inhalt der Schreiben lässt eindeutige Rückschlüsse auf die Ursachen dieses äußerst regen brieflichen Austauschs zu. Zum einen arbeiteten Wagner und Trew in dieser Zeit konsiliarisch sehr eng bei der in Erlangen erkrankten Elisabeth Buirette von Oehlefeld († 1737) zusammen, was sich allein in 15 erhaltenen Briefen Wagners von Oktober 1736 bis zum Tod der Patientin im Februar 1737 niederschlug, in denen Peter Christian Wagner seinen Nürnberger Kollegen Trew in zeitweise sehr enger Abfolge detailliert über den Krankheitsverlauf unterrichtete.[33] Zum anderen veranlasste auch der von Trew erheblich unterstützte Versuch einer Vermittlung Wagners als Leibarzt an den Ansbacher Markgrafenhof einige Briefe.[34]

29 Vgl. Brief Nr. 6 u. 7 sowie Nr. 10 u. 11 (UBE BT, Korr. Wagner, Nr. 6–9; zwischen dem 30.9.1730 und dem 26.2.1731).

30 Brief Nr. 15–18 (alle vier Schreiben erhalten: UBE BT, Korr. Wagner; Nr. 13–15 u. Nr. 3). – Dabei verteilen sich die Schreiben wie folgt auf die einzelnen Jahre dieser Phase: 1732: 2 (2/0); 1733: 1 (1/0); 1734: 1 (1/0); 1735: 0 (0/0).

31 Brief Nr. 17, Z. 10 (UBE BT, Korr. Wagner, Nr. 14; vom 20.11.1733). – „Ehehafften" sind nach Grimm (1854–1960), Bd. 3, Sp. 43, und auch nach Zedler (1732–1754), Bd. 8, Sp. 341, „legitima impedimenta", also „rechtmäßige Verhinderungen, und redliche Ursachen der Entschuldigung".

32 Brief Nr. 19*–54 (darunter 24 erhaltene Schreiben: UBE BT, Korr. Wagner, Nr. 16–38 u. Nr. 70). – Dabei verteilen sich die Schreiben wie folgt auf die einzelnen Jahre dieser Phase: 1736: 23 (14/9); 1737: 10 (7/3); 1738: 3 (3/0).

33 Vgl. Brief Nr. 23, 24, 26, 28, 29, 32, 34, 35, 37, 39, 40, 42, 44, 45, 47 (UBE BT, Korr. Wagner, Nr. 18–28 u. Nr. 30–33; zwischen dem 28.10.1736 und dem 17.2.1737).

34 Vgl. dazu vor allem Brief Nr. 41 u. Nr. 42 (UBE BT, Korr. Wagner, Nr. 29 u. Nr. 30; vom 25.12.1736 bzw. 2.1.1737).

- Phase 4: niedrige Briefdichte 1739–1742: Auf diese Zeit entfallen nur drei Briefe.[35] Als wahrscheinlichste Ursache für die niedrige Briefhäufigkeit in diesen Jahren kann mit Blick auf die Lebensläufe der Briefpartner hier Wagners zunehmende Bindung an den markgräflichen Hof zu Bayreuth angenommen werden, entschuldigte er doch selbst im Juni 1742 die verzögerte Rücksendung eines von Trew entliehenen Buches explizit mit seiner in den letzten eineinhalb Jahren häufigen Abwesenheit von Erlangen.[36]
- Phase 5: hohe Briefdichte 1743–1746: Diese vier Jahre beinhalten insgesamt 24 erhaltene oder erschlossene Schreiben.[37] Ein naheliegender Grund für das erneute Ansteigen der Briefhäufigkeit ist in dem im April 1743 endgültig vollzogenen Umzug Peter Christian Wagners nach Bayreuth infolge seiner Beförderung zum dortigen Stadtphysikus und markgräflichen Leibarzt zu sehen. Denn die räumliche Distanz zwischen Wagner und Trew vergrößerte sich so erheblich, weshalb zum einen persönliche Treffen als alternative Kontaktmöglichkeit fortan sicher weniger in Betracht zu ziehen sind, zum anderen aber zugleich in dieser Phase des Briefwechsels die Bedeutung Wagners für Trew als Vermittler von Sendungen und Informationen in dessen Korrespondenznetz anwuchs, indem er mit Wohnsitz in einer von Trew entfernter liegenden Stadt diesem teils neue Räume bzw. Verbindungen zugänglich machen konnte. So fungierte Wagner, um hier nur ein Beispiel zu nennen, bereits im Oktober 1743 als Weitervermittler eines Briefes und Päckchens an Trew, welche ihm „durch Einschlag mit der Coburger-Post“[38] zugegangen waren. Zugleich wurde Christoph Jacob Trew umgekehrt von Bayreuth aus betrachtet zu einem wichtigen Kontakt in Nürnberg, da Wagner ihn brieflich um Besorgung dortiger Geschäfte bis hin zum Kauf einer Art Glasur im Auftrag seiner zweiten Ehefrau bitten konnte.[39] Schon in den Jahren 1745/1746 beginnt die Zahl der Schreiben gegenüber den Jahren 1743/1744 wieder deutlich zurückzugehen. Damit fängt bereits zu diesem Zeitpunkt die starke Beanspruchung Wagners durch den Bayreuther Markgrafenhof wohl an, sich auch auf seine

---

35 Brief Nr. 55–57 (alle erhalten: UBE BT, Korr. Wagner, Nr. 39–41). – Dabei verteilen sich die Schreiben wie folgt auf die einzelnen Jahre der Phase: 1739: 1 (1/0); 1740: 0 (0/0); 1741: 0 (0/0); 1742: 2 (2/0).

36 Vgl. Brief Nr. 56, Z. 8–27 (UBE BT, Korr. Wagner, Nr. 40; vom 15.6.1742).

37 Brief Nr. 58–81 (darunter 19 erhaltene Schreiben: UBE BT, Korr. Wagner, Nr. 42–58; UBE BT, Korr. Trew, Nr. 790 u. Nr. 795). – Dabei verteilen sich die Schreiben wie folgt auf die einzelnen Jahre der Phase: 1743: 7 (6/1); 1744: 9 (7/2); 1745: 2 (0/2); 1746: 6 (6/0).

38 Brief Nr. 64, Z. 12 (UBE BT, Korr. Wagner, Nr. 47; vom 18.10.1743). – „Einschlag“ steht hier nach Grimm (1854–1960), Bd. 3, Sp. 272 u. Sp. 280, wie „Einschluß“, für den „einschlusz des briefes“, also den „einschlag eines briefes in den andern“.

39 Vgl. Brief Nr. 77, Z. 44–51 (UBE BT, Korr. Wagner, Nr. 56; vom 4.5.1746).

Korrespondenz mit Trew auszuwirken. Wie bereits erwähnt, begründete Wagner zumindest gegenüber seinem Briefpartner Johann Philipp Breyne (1680–1764) das briefliche Schweigen im Winter 1745/1746 unmissverständlich mit der „unordentliche[n] LebensArt Vom Hoffe“[40] und vielen Patienten, weshalb er selbst „fast wie ein Gefangener [habe] leben müßen, dem aller BriefWechßel gäntzlich untersaget ist“[41]. Allein die erneute konsiliarische Zusammenarbeit bei Erkrankung der Bayreuther Oberhofmeisterin Dorothea Louise Freiin von Wittenhorst-Sonsfeld (1681–1746) bedingte im weiteren Verlauf des Jahres 1746 noch einmal eine relativ hohe Anzahl Schreiben im Briefwechsel zwischen Wagner und Trew.[42]

– Phase 6: niedrige Briefdichte 1747–1756: Auf diese immerhin zehn Jahre entfallen insgesamt nur drei Schreiben der in der Edition erfassten Wagner-Trew-Korrespondenz.[43] Bei einem Blick auf den Lebenslauf Peter Christian Wagners ist sehr wahrscheinlich anzunehmen, dass nun die Folgen von dessen starker Auslastung durch mannigfaltige Pflichten im Umfeld des Bayreuther Markgrafenhofs, in Form von Zeitmangel wie aber auch gesundheitlichen Problemen, vollständig zum Tragen kamen. So finden sich konkret auffällige Parallelen zur Biographie Wagners zum Beispiel in dem völligen Fehlen von Briefen im Jahr 1747, in dem Wagner einige Reisen im Auftrag des Markgrafen unternahm, was er auch selbst neben eigener Erkrankung explizit im Februar 1748 gegenüber Trew als Entschuldigung vorbrachte, da er deshalb „[s]einen meisten Brief-Wechßel [habe] unterbrechen [...] müßen“[44]. Ferner fällt in die sieben Jahre zwischen 1750 und 1756, in denen kein einziger Brief nachzuweisen ist, u.a. die Reise Wagners 1754/1755 mit dem Bayreuther Markgrafenpaar nach Italien und Frankreich.
– Phase 7: hohe Briefdichte 1757/1758: Die Zahl von immerhin wieder zehn Schreiben in diesen beiden Jahren[45] erklärt sich vorwiegend über die Erkrankung und den anschließenden Tod der Bayreuther Markgräfin Wilhelmine

40 Forschungsbibliothek Gotha, Mikrofilm Chart. B 789, Bl. 641 f., hier Zitat Bl. 641 (Wagner an Breyne am 14.4.1746).

41 A.a.O.

42 Vgl. Brief Nr. 77–81 (UBE BT, Korr. Wagner, Nr. 56–58; UBE BT, Korr. Trew, Nr. 790 u. Nr. 795; soweit datiert alle aus dem Mai 1746).

43 Brief Nr. 82–84 (alle erhalten: UBE BT, Korr. Wagner, Nr. 59–61). – Dabei verteilen sich die Schreiben wie folgt auf die einzelnen Jahre der Phase: 1747: 0 (0/0); 1748: 2 (2/0); 1749: 1 (1/0); 1750–1756: 0 (0/0).

44 Brief Nr. 82, Z. 22 f. (UBE BT, Korr. Wagner, Nr. 59; vom 9.2.1748).

45 Brief Nr. 85–94 (alle erhalten: UBE BT, Korr. Wagner, Nr. 62–67; UBE BT, Korr. Trew, Nr. 791–794). – Dabei verteilen sich die Schreiben wie folgt auf die einzelnen Jahre der Phase: 1757: 5 (5/0); 1758: 5 (5/0).

(1709–1758), an deren Behandlung zumindest zum Ende hin auch Christoph Jacob Trew beteiligt war, so dass erneut Briefe als Medium des konsiliarischen Austauschs zwischen Wagner und Trew dienten.[46]
- Phase 8: niedrige Briefdichte 1759/1760: Diese Spätphase der Wagner-Trew-Korrespondenz umfasst nur mehr zwei Schreiben.[47] Die der nun wieder sehr geringen Briefzahl zugrunde liegenden Ursachen decken sich mit jenen, die bereits für das Ende der nachweisbaren Korrespondenz im Jahr 1760 ausführlich diskutiert wurden. Aus Sicht der Phasenverteilung der gesamten Korrespondenz mit ihren über die komplette Zeitdauer ausgeprägten Schwankungen in der Häufigkeit der erhaltenen und erschlossenen Briefe lässt sich ihr Ende 1760 ohnehin auch so interpretieren, dass es sich dabei weniger um einen eigentlichen Abbruch des Briefwechsels handelte, sondern vielmehr gleichsam insgesamt eher um eine finale Phase niedriger Briefdichte, deren erneuter Übergang in eine Phase höherer Briefdichte allein durch den Tod Wagners im Jahr 1764 verhindert wurde.

Zwar wurden in diesem Kapitel nun bereits im Kontext der Untersuchung der möglichen Ursachen für Veränderungen in der Brieffrequenz einige Inhalte des Briefwechsels zwischen Peter Christian Wagner und Christoph Jacob Trew kurz berührt, doch steht hier noch eine eingehendere Analyse der *thematischen Struktur der Korrespondenz* aus. Es kann und soll dabei im Folgenden keinesfalls darum gehen, alle Inhalte des Briefwechsels im Detail wiederzugeben und diesen somit gleichsam ‚nachzuerzählen'. Vielmehr werden nur die thematischen Schwerpunkte der Korrespondenz vorgestellt, welche die Auswahl jener Aspekte begründen, die im weiteren Verlauf vorliegender Untersuchung eine wissenschafts- bzw. medizinhistorische Vertiefung und Interpretation erfahren.

Einleitend ist hierbei festzuhalten, dass sich die inhaltlichen Schwerpunkte der Korrespondenz in vereinfachender Betrachtung nicht zu einzelnen großen Themenblöcken zusammenfassen lassen, die klar voneinander abzugrenzen und bestimmten Zeitphasen des Briefwechsels zuzuordnen sind. Dennoch lässt sich der insgesamt dargebotene enorme thematische Reichtum der Schreiben strukturieren. Zielt man zunächst einmal darauf ab, ihn unter einem gemeinsamen Schlagwort zu vereinen, so kann dies nur der medizinisch-naturwissenschaftliche Austausch zwischen den beiden Ärzten und Gelehrten sein. Er bildet gewis-

46 Vgl. dazu v.a. Brief Nr. 90–94 (UBE BT, Korr. Wagner, Nr. 66 u. Nr. 67; UBE BT, Korr. Trew, Nr. 792–794; zwischen dem 6.4.1758 und dem 15.10.1758).

47 Brief Nr. 95 u. Nr. 96 (beide erhalten: UBE BT, Korr. Wagner, Nr. 68 u. Nr. 69). – Dabei verteilen sich die Schreiben wie folgt auf die einzelnen Jahre der Phase: 1759: 1 (1/0); 1760: 1 (1/0).

sermaßen den ‚Motor' der gesamten Korrespondenz und durchzieht diese daher wie ein roter Faden, der dabei aber wiederum gleichsam aus mannigfaltigen miteinander verdrehten dünnen Fasern bzw. einzelnen kleinen Facetten besteht, die in seinem Verlauf in unterschiedlicher Intensität immer wieder sichtbar werden. Der medizinisch-naturwissenschaftliche Austausch in den zwischen Wagner und Trew gewechselten Briefen ist also nicht von einem inhaltlich und zeitlich konzentrierten Diskurs zu ausgesuchten im zeitgenössischen Kontext strittigen Fragestellungen geprägt, sondern präsentiert sich eher als ‚bunter Strauß' verschiedenster kleiner, im jeweiligen Kern immer wieder in Erscheinung tretender Aspekte, die sich gerade wegen ihrer immensen Vielfalt in der Gesamtschau zu einem interessanten Bild des Gebens und Nehmens zwischen den beiden Briefpartnern wie aber zugleich darüber hinaus auch innerhalb des sie umgebenden gelehrten Netzes zusammenfügen.

Um dieses Bild schrittweise zu erstellen, werden im Rahmen der in späteren Teilen vorliegender Untersuchung vollzogenen detaillierten Analyse und eingehenden Interpretation des vielfältigen medizinisch-naturwissenschaftlichen Austauschs in der Wagner-Trew-Korrespondenz aus pragmatischen Gründen dessen organisatorische und inhaltliche Aspekte unterschieden, auch wenn beide freilich stets in Wechselwirkung zueinander stehen. Unter die organisatorischen Aspekte fallen alle Hinweise, die vor allem das „Wie" des Austauschs beleuchten, also Hinweise auf das auf Basis der erhaltenen Korrespondenz in Teilen rekonstruierbare Ego-Netzwerk Peter Christian Wagners oder auf verschiedene Übermittlungswege der Sendungen, darunter auch insbesondere die Nutzbarmachung von Handelsverbindungen der eigenen Familie durch Wagner. Dagegen umfassen die inhaltlichen Aspekte alle Hinweise, die sich vorrangig auf das „Was" des Austauschs beziehen, also Hinweise auf einen wechselseitigen Informationsfluss bei gemeinsamer Behandlung von Patienten, auf medizinisch-naturwissenschaftliche Veröffentlichungen oder auf Pflanzen und Gesteine im Zentrum der Sammelleidenschaft, wobei sich in letzteren Fällen der Austausch in Form von Realien wie Büchern oder Naturalien gleichsam materialisieren konnte.

Zusammenfassend bleibt festzuhalten, dass in dem in der Edition erfassten Briefwechsel thematisch durchgängig der medizinisch-naturwissenschaftliche Austausch in all seinen Facetten bestimmend ist, während die zeitliche Struktur durch eine wechselweise Abfolge von Phasen hoher und niedriger Briefdichte geprägt ist. Oft lässt sich aus dem Inhalt der erhaltenen Briefe selbst oder aber aus dem biographischen Kontext der Briefpartner die Zu- oder Abnahme der Schreiben jeweils plausibel erklären. Dabei fällt allerdings auf, dass vor allem Peter Christian Wagner die Anlässe für Veränderungen der Brieffrequenz lieferte, d.h. dass vorwiegend er als gewissermaßen der ‚Taktgeber' der gesamten Korrespondenz gelten kann, da er ihren zeitlichen Rhythmus weitgehend bestimmte. Hierauf wird bei einem Blick auf die Beziehung der Briefpartner im Spiegel ihrer Korrespondenz im Folgenden näher einzugehen sein.

3.2 Die Beziehung Christoph Jacob Trews und Peter Christian Wagners im Spiegel ihrer Korrespondenz

Wie bereits erwähnt, muss jede fundierte Briefanalyse auch eine Analyse der Beziehung der Briefpartner beinhalten. Denn diese im steten Rollentausch zwischen Schreiber und Adressat entstehende Beziehung beeinflusst ihrerseits umgekehrt fortlaufend die Entwicklung des Briefwechsels in mannigfaltiger und nachhaltiger Weise, so dass hier von einer äußerst vielgestaltigen Wechselwirkung auszugehen ist. Ohne eine eingehendere Betrachtung des persönlichen Verhältnisses zwischen Christoph Jacob Trew und Peter Christian Wagner im Spiegel ihrer Korrespondenz kann daher weder die bisherige strukturelle Analyse des Briefwechsels zu einem Abschluss gebracht werden, noch können im Weiteren die Vertiefung und Interpretation ausgewählter inhaltlicher Aspekte sinnvoll in einem größeren Kontext verankert werden. Anders als bei der Darstellung der zeitlichen und thematischen Struktur der Korrespondenz, die zunächst wesentlich auf einer reinen Deskription der erhaltenen und erschlossenen Bestände beruht, ist bei der Untersuchung der Beziehung der Briefpartner bereits ein vorwiegend interpretatives Vorgehen vorherrschend, da sich allein aus der zusammenschauenden Ausdeutung vieler kleiner oftmals versteckter bzw. indirekter Hinweise in den Brieftexten hier ein Gesamtbild gewinnen lässt.

Wie zu zeigen sein wird, zeichnet sich das persönliche Verhältnis Wagners und Trews über die nahezu 31 Jahre der erhaltenen Korrespondenz hinweg insgesamt keineswegs durch ein hohes Maß an Unveränderlichkeit aus, sondern vielmehr durch eine ausgeprägte Wandlungsfähigkeit. Diese äußert sich zum einen, mit Parallelen zum Leben der beiden Briefpartner, in zahlreichen durchschrittenen kleinen Höhen und Tiefen, zum anderen aber vor allem in der Gesamtentwicklung in einer Art Reifungsprozess, an dessen Ende der Beziehung eine ganz andere Qualität zuzusprechen ist als zu Anfang.

Es sei jedoch bereits an dieser Stelle ausdrücklich darauf hingewiesen, dass die Analyse der Beziehung der Briefpartner auf Basis der Korrespondenz als beinahe einziger dafür zugänglicher Quelle durchaus auch Probleme birgt. Auf der Suche nach Hinweisen auf das Verhältnis zweier Personen zueinander richtet sich der Blick in Brieftexten im Allgemeinen zunächst insbesondere auf die gewählten Anredeformen, Grußzeilen und Ähnliches. Gerade hier eröffnet sich aber bei Brieftexten aus dem achtzehnten Jahrhundert die Schwierigkeit, dabei den für diese Zeit üblichen Sprachduktus angemessen zu berücksichtigen und keine voreiligen Schlüsse auf Grundlage heutigen Sprachempfindens zu ziehen. Hinzu kommt, dass bei der Analyse der Zweierbeziehung Wagner-Trew in alle Erwägungen mit einzubeziehen ist, dass die Basis dafür aufgrund der besonderen Überlieferungssituation aus deutlich mehr Schreiben Wagners an Trew als umgekehrt besteht, so dass sich darin das Verhältnis der Briefpartner insgesamt gleichsam eher von der Warte Wagners aus beleuchtet findet, was zwar den Gesamtbefund kaum verändern dürfte, aber doch im Sinne einer korrekten Verortung aller Ausführungen explizit zu bemerken ist.

Im Folgenden sollen freilich nicht alle einzelnen Wechselfälle der Beziehung im Detail rekonstruiert werden. Es geht vielmehr darum, die Gesamttendenz der Entwicklung zu verdeutlichen. Dazu erfolgt eine Untersuchung des persönlichen Verhältnisses zwischen Peter Christian Wagner und Christoph Jacob Trew in der Anfangsphase ihres Briefwechsels, anschließend eine Diskussion der wesentlichen im Lauf der Zeit zu Veränderungen führenden Faktoren und abschließend eine Bewertung ihrer Beziehung gegen Ende des erhaltenen Briefwechsels. Die zentralen Fragen, denen dabei nachgegangen werden soll, sind also: Wie stark veränderte sich die Beziehung Wagners und Trews? In welcher Form veränderte sie sich? Und vor allem auch: Warum veränderte sie sich?

Eine umfassende Beantwortung all dieser Fragen, die auch der notwendigen zeitlichen Kontextualisierung aller Befunde gerecht zu werden vermag, setzt die stete Einbeziehung des bisherigen Forschungsstandes zu den Beziehungsmustern zwischen gelehrten Briefschreibern in der ersten Hälfte des achtzehnten Jahrhunderts voraus. Den Kern bilden dabei frühaufklärerische Konzepte, welche sich im Begriff der „nützlichen Freundschaft“ summieren lassen und hier näher vorgestellt werden sollen.[48] Ein zeitgenössischer Artikel in Zedlers Universallexikon etwa unterschied „zweyerley Arten der Freundschafft“[49]: Während die „natürliche Freundschaft“ sich „auf eine natürliche Gleichheit der Gemüther“[50] gründe, fuße die „moralische oder tugendhafte Freundschaft“ „auf eine[r] mutuelle[n] vernünftige[n] Liebe“, d.h. sie „ziele[] auf einen Nutzen ab“[51]. Letztere Form der Freundschaft mit ihrer Betonung gerade auch des gegenseitigen Nutzens, also eines auch auf die Formel des *do ut des* zu bringenden bewussten Gebens und

---

48 Vgl. z.B. Steinke (1999), S. 15–19, und Steinke/Stuber (2008), S. 390–392; dort findet sich das Konzept der „gelehrten Freundschaft“ bzw. „nützlichen Freundschaft“ auch auf Basis zeitgenössischer Literatur ausführlich erläutert.

49 Zedler (1732–1754), Bd. 9, Sp. 1837 f., hier insbesondere Sp. 1838.

50 A.a.O.

51 A.a.O. – Nach dem Eintrag bei Zedler ist eine solche Freundschaft zwischen Personen evtl. auch verschiedenen Gemüts nur zwischen tugendhaften Menschen möglich.

Nehmens, vermochte dem gelehrten Austausch eine stabile Grundlage zu geben, lieferte sie doch gleichsam einen ungeschriebenen „Verhaltenskodex“[52], dem sich alle Beteiligten verpflichtet fühlten. Ohne dass dies ausdrücklich artikuliert werden musste, war klar, dass sich eine derartige Freundschaft nicht vorrangig in Worten, sondern in erster Linie in Taten immer wieder aufs Neue beweisen musste, und dass bei allzu großer Einseitigkeit stets das Ende der Beziehung bzw. der Korrespondenz drohte.[53] Auch wenn das Konzept der „nützlichen Freundschaft“ den Nutzen des Einzelnen als Triebkraft einerseits keineswegs negiert, so relativiert es andererseits doch wieder seine Bedeutung, indem es alle möglicher Weise auftretenden Privatabsichten zugleich dem alles überspannenden Ziel der Förderung der Wissenschaften untergeordnet sieht,[54] welchem sich alle gemeinsam verpflichtet fühlen. Im Begriff der „Freundschaft“ schwingt zudem immer das Ideal einer „Kommunikation auf gleicher Ebene“[55] mit, was sich hervorragend in das vielbeschworene Ideal der Gleichheit aller Bürger der Gelehrtenrepublik[56] einzufügen scheint.

Gerade Studien der letzten Jahre haben jedoch mit zunehmender Deutlichkeit aufgezeigt, dass es sich beim gelehrten Austausch keineswegs immer um einen „Kontakt zwischen Gleichwertigen“[57] handeln musste, sondern vielmehr auch Formen der Patronage auftreten konnten. Dies beruhte darauf, dass die Bürger der *Respublica Litteraria* sich durchaus in ihrem aus bewusster Abgrenzung zur gesamtgesellschaftlichen Wirklichkeit ihrer Zeit heraus entstandenen Ruf nach dem Ideal der Gleichheit gefallen konnten, ohne deshalb einer real gegebenen Hierarchie auch innerhalb ihrer gelehrten Welt die Anerkennung zu verweigern.[58] Daraus entstand auch deshalb kein unauflöslicher Widerspruch zwischen Ideal und Realität der Gelehrtenrepublik, da diese zwar somit durchaus hierarchisch gegliedert war, jedoch gemäß ihrem Selbstverständnis nach ausschließlich meri-

52 Vgl. Steinke/Stuber (2008), S. 391.
53 Vgl. a.a.O.
54 Vgl. Steinke (1999), S. 16.
55 A.a.O.
56 Zum Ideal der Gleichheit bzw. „égalité“ der Gelehrtenrepublik vgl. z.B. Bots/Waquet (1997), S. 24 f.
57 Steinke/Stuber (2008), S. 392. – Steinke/Stuber (2008), S. 392–395, befassen sich am Beispiel Albrecht von Hallers (1708–1777) ausführlich mit Formen der Patronage im gelehrten Netz. Der Begriff der Patronage bzw. des Klientelsystems wurde zuvor bereits z.B. von Biagioli (1990) zur Beschreibung auch von Praktiken der Gelehrtenrepublik eingesetzt.
58 Siehe Bots/Waquet (1997), S. 95: „Si les citoyens de la République des Lettres se complurent dans cette fiction démocratique, ils n'en reconnaissaient pas moins une réelle hiérarchie de fait entre eux.“

tokratischen Prinzipien[59], d.h. es entschied nicht wie in der Ständegesellschaft die Herkunft über den Rang des Einzelnen, sondern sein Beitrag zum Fortkommen der Wissenschaft. Ausgehend von diesem Forschungsstand zu Beziehungsmustern des gelehrten Austauschs des achtzehnten Jahrhunderts liegt den folgenden Ausführungen stets auch die Frage zugrunde, wo sich das persönliche Verhältnis der Briefpartner Peter Christian Wagner und Christoph Jacob Trew in dem skizzierten Feld von gelehrter bzw. nützlicher Freundschaft und Elementen der Patronage über die Zeit ansiedeln lässt, d.h. vereinfacht formuliert ob oder inwieweit die Korrespondenten gleichsam auf Augenhöhe miteinander verkehrten.

Blickt man zunächst auf die Beziehung Wagners und Trews in der Anfangszeit ihres Briefwechsels, so darf nicht unberücksichtigt bleiben, dass Wagner, noch bevor die Korrespondenz im Oktober 1729 begann, „[s]eine[] Zweÿmahlige[] Aufwartung“[60] bei Trew in Nürnberg gemacht hatte. Ein Eintrag Peter Christian Wagners im Stammbuch Trews vom 13. Oktober 1725 beinhaltet ein wohl selbst verfasstes kleines Gedicht:

> Der Wißenschafften Grund ist der Natur Gesetz,
> Und dießes lernet man, wenn man Sie recht betrachtet;
> Wer aber dieße Müh’ aus schnöden Sinn Verachtet,
> der bleibet Zweiffelsfreÿ wohl stets ein dummer Götz.
> Drum wer Kunst und Natur und ihre Reiche liebt,
> Und sich dem Studiren mit allen Fleiß ergiebt;
> Der bleibe nur allhier Ein wenig stille stehen,
> So wird er Selbiger Verborgne Wunder sehen.[61]

Deutlich erkennbar stand Wagner bei diesen Worten unter dem Eindruck seines Besuchs der bereits fortgeschrittenen Sammlungen Trews: Der junge Arzt und Forscher tritt hier als wissbegieriger sowie vor allem auch staunender und bewundernder Betrachter der Schätze seines etwas älteren Kollegen auf.

---

59 Vgl. Steinke/Stuber (2008), S. 392.

60 Brief Nr. 1, Z. 12 f. (UBE BT, Korr. Wagner, Nr. 4; vom 4.10.1729).

61 UBE, Handschriftensammlung, Ms. 1471, Blatt 30. – Der Eintrag Wagners im Stammbuch Trews umfasst im Einzelnen zunächst ein dem Seneca zugeordnetes Zitat („SENECA. Veritas investiganda, quam etiamsi non semper assequamur, tamen propius, quam nunc sumus, ad eam pervenimus.“), im Anschluss daran das wohl von Wagner selbst verfasste und hier wiedergegebene kleine Gedicht in deutscher Sprache, sodann die Datumsangabe, das Symbolum bzw. den Wahlspruch Wagners („Plus ultra“, also „Immer weiter“), die Dedikationsformel sowie den Namen des Inskribenten.

Eben dieser Bewunderung entsprang der Wunsch Wagners, einen Austausch von Naturalien mit Trew zu beginnen, und ließ ihn so etwa vier Jahre später zum Initiator des am Ende nahezu 31 Jahre andauernden Briefwechsels werden, als er Trew um Korrespondenz und „fernere Amitié“[62] bat, um ihm sogleich auch „einen Vertausch einiger Doubletten Von hießiger und andern Gegenden gegen einige Norica und Altorfina oder auch andrer naturalia Zu offeriren“[63]. Möglicherweise nahm die Korrespondenz also nicht nur daher kurz nach Wagners Umzug von Erlangen nach Pappenheim ihren Anfang, weil die angewachsene räumliche Distanz fortan unmittelbare persönliche Kontakte und Besuche in Trews Sammlungen erheblich erschwerte, sondern auch da Wagner glaubte, bei Streifzügen in der Umgebung seines neuen Wirkortes an Naturalien zu kommen, die seinem Briefpartner sonst nicht ohne Weiteres zugänglich wären und die er ihm daher im Tausch gegen wiederum vor allem Nürnberger und Altdorfer Naturalien anbieten konnte. Schließlich handelte es sich bei der brieflichen Kontaktaufnahme letztlich um die Anbahnung eines Handels: Entsprechend bedankte sich auch Trew in seinem Antwortschreiben ausdrücklich für „das commercium“[64], das Wagner an ihn herangetragen hatte.

Somit beschreiben die Korrespondenten ihr Verhältnis zueinander in den ersten ausgetauschten Schreiben selbst ausdrücklich sowohl mit dem Begriff der „Freundschaft“ bzw. „Amitié“ wie auch des „Handels“ bzw. „commercium“. Sie stellten ihre Beziehung auf diesem Wege unmissverständlich und fraglos bewusst in die Tradition der gelehrten bzw. nützlichen Freundschaft. Der damit von beiden Seiten zugleich stillschweigend akzeptierte Verhaltenskodex beinhaltete ein gegenseitiges Geben und Nehmen und erlaubte es, dass sich beide Briefpartner in einem wechselseitigen Rollenspiel entsprechend dem Sprachduktus ihrer Zeit geradezu unterwürfig als „gehorsamster Diener“[65] des jeweils anderen ins Bild setzen konnten, ohne ihre Erwartung der Gegenleistung ähnlich deutlich artikulieren zu müssen, da diese im Rahmen der Spielregeln des gelehrten Austauschs ohnehin erwartet werden konnte. Bei getrennter Betrachtung beider Seiten der Korrespondenz und mangelnder Berücksichtigung der Sprachgewohnheiten des achtzehnten Jahrhunderts könnte dies schnell zu dem paradoxen Eindruck führen, beide Briefpartner hätten sich jeweils dem anderen nicht gleichwertig

---

62 Brief Nr. 1, Z. 12 (UBE BT, Korr. Wagner, Nr. 4; vom 4.10.1729).
63 Ebd., Z. 22 f.
64 Brief Nr. 2, Z. 19 (UBE BT, Korr. Trew, Nr. 789; vom 4.1.1730).
65 Brief Nr. 1, Z. 38; sowie Brief Nr. 2, Z. 33. – Auch die Erwartung von „gegenBefehle[n]“ des Briefpartners, und die Versicherung, ihn „nicht incommodiren“ zu wollen, sowie die Beteuerung der eigenen „ergebenheit“ fügen sich in den Sprachgebrauch dieses wechselseitigen Rollenspiels ein; siehe Brief Nr. 1, Z. 30 u. Z. 33; Brief Nr. 2, Z. 29.

gefühlt. Erst in der Zusammenschau der Schreiben beider Korrespondenten formt sich vor dem Auge des Betrachters wieder die gemeinsame Huldigung der gelehrten Freundschaft und jenseits des wechselseitigen Rollenspiels auch des Ideals einer Begegnung auf Augenhöhe.

Auch wenn die Wirkmächtigkeit eines solchen, im gelehrten Austausch der Zeit geradezu als fester *Topos* gesetzten wortreichen Bekenntnisses zum Konzept der „nützlichen Freundschaft" und zum Ideal der grundsätzlichen Gleichheit aller Bürger der Gelehrtenrepublik in der Wirklichkeit des persönlichen Verhältnisses zwischen Peter Christian Wagner und Christoph Jacob Trew hier keinesfalls völlig in Abrede gestellt werden soll, so ist doch festzuhalten, dass es freilich andererseits die Realität der Beziehung keineswegs vollständig abbilden muss, sondern diese leicht in nicht unwesentlichen Teilen sprachlich etwas zu verschleiern droht. So werden in der Wagner-Trew-Korrespondenz erst in kleinen sprachlichen und inhaltlichen Details, gewissermaßen bei einem zweiten tiefergehenden Blick nach Abtragung dicker Schichten teils eher traditionsbeladener bzw. klischeehafter Ausdrucks- und Denkmuster, relativ versteckt auch Elemente der Patronage sichtbar, die das persönliche Verhältnis der Briefpartner in den Anfangsjahren nachhaltig mitprägten.

Will man zunächst den Begriff der Patronage bzw. des Klientelsystems für die frühe Neuzeit im Allgemeinen noch einmal etwas näher fassen, so leistet die von Wolfgang Reinhard getroffene Abgrenzung der „ungleichgewichtige[n] Patron-Klient-Beziehung mit vertikaler Solidarität" von der „gleichgewichtige[n] Freundschaft mit horizontaler Solidarität"[66] gute Dienste. Anders als bei der Freundschaft sind Patron und Klient nicht tendenziell gleichrangig und vor allem gewährt der Patron in der Regel eine Leistung, die der Klient nicht sogleich durch eine adäquate Gegenleistung erwidern kann, wodurch eine Art Abhängigkeit vom Patron entsteht.[67] Auch für Formen der Patronage innerhalb des meritokratischen Systems der gelehrten Welt des achtzehnten Jahrhunderts gilt damit, dass der Patron dem Klienten Zugang zu Informationen und Ressourcen bot, die diesem sonst nicht offenstehen würden, dafür aber dessen Loyalität und Unterstützung etwa in Gestalt kleiner Gegendienste erwarten durfte.[68]

Das Potential bzw. die Ressourcen, die den Rang eines Gelehrten in der *Respublica Litteraria* insbesondere bestimmten, lassen sich in Anlehnung an das Konzept der Kapitalformen Pierre Bourdieus vorrangig dem „kulturellen Kapital" zuordnen, das wiederum in inkorporiertem Zustand, in objektiviertem Zustand

---

66 Reinhard (1998), S. 133.
67 Vgl. a.a.O.
68 Vgl. auch Steinke/Stuber (2008), S. 393.

und in institutionalisiertem Zustand, also in Form von Titeln, auftreten kann.[69] Bei einem Blick auf die Lebensläufe der Briefpartner wird schnell klar, dass Christoph Jacob Trew in der Anfangszeit der Korrespondenz über ein doch deutlich größeres kulturelles Kapital als Peter Christian Wagner verfügte. Betrachtet man zunächst das „inkorporierte Kulturkapital", also gewissermaßen die Verinnerlichung von Wissen im Sinne von Bildung, so ist nach Bourdieu die Dauer des Bildungserwerbs das geeignetste Maß.[70] Diese Zeit des Lernens war bei Trew nicht nur, da den Ärzten und Gelehrten ja grundsätzlich stets auch ein lebenslanges sich Fortbilden zu unterstellen ist, aufgrund seines höheren Alters länger, sondern auch da er vom naturwissenschaftlich geprägten und die Nähe zu gelehrten Kreisen suchenden Elternhaus in früher Kindheit wohl stärker gefördert werden konnte und ihm zudem anders als Wagner die Unternehmung einer *peregrinatio academica* im Anschluss an sein Studium möglich war. Neben dem größeren „inkorporierten Kulturkapital" konnte Trew jedoch zugleich auch auf das unverkennbar größere „objektivierte Kulturkapital" in Form kultureller Güter zugreifen: Dies zeigt sich nicht zuletzt an seinen bereits weit fortgeschrittenen Sammlungen, denen wie geschildert Wagners uneingeschränkte Bewunderung galt.

Dass Wagner selbst sich aufgrund des Vorsprungs Trews an Kapital bzw. Ressourcen nicht mit diesem im meritokratischen System der Gelehrtenrepublik auf Augenhöhe sah, belegt die Rolle des „Bittstellers", in die er sich trotz des in vielen Formulierungen beschworenen Konzepts der „nützlichen Freundschaft" bei einem zweiten genaueren Blick auf den Beginn der Korrespondenz zweifellos begab und die für ihn in der Frühphase der Korrespondenz prägend bleiben sollte. Dies wird schon durch einen Vergleich der Häufigkeit der Verwendung von Verben des Bittens im ersten Brief Wagners an Trew gegenüber dessen erhaltenem Antwortbrief deutlich: Wählte Wagner insgesamt fünfmal ein solches Verb, so findet sich im gesamten Antworttext Trews kein einziges Beispiel dafür.[71]

Inhaltlich bat Wagner Trew in seinem ersten Schreiben konkret um Dubletten aus dessen Sammlungen, auch wenn er diese Bitte gleichsam im Angebot

---

69 Vgl. Bourdieu (1983), darin zum „kulturellen Kapital" und seinen Zustandsformen v.a. S. 185–190; vgl. ferner Bourdieu (1987a); Bourdieu (1987b). Auch im Folgenden wird das Konzept der Kapitalformen des Soziologen Pierre Bourdieu immer wieder zur Analyse gelehrter Beziehungen herangezogen. Selbstverständlich lässt sich dieses Konzept nicht in seiner Gesamtheit 1:1 auf die Gegebenheiten der gelehrten Welt des achtzehnten Jahrhunderts übertragen, doch können, wie gezeigt werden soll, einzelne Elemente bzw. Begrifflichkeiten daraus, entsprechend reflektiert, durchaus gewinnbringend eingesetzt werden.

70 Vgl. Bourdieu (1983), S. 186.

71 Vgl. Brief Nr. 1, Z. 12 („an Zu gehen"), Z. 25 („ausbitten"), Z. 29 („bitte"), Z. 30 („ersucht haben"), u. Z. 32 („bitte") (UBE BT, Korr. Wagner, Nr. 4; vom 4.10.1729). Dagegen findet sich in Brief Nr. 2 (UBE BT, Korr. Trew, Nr. 789; vom 4.1.1730) nicht ein Verb des Bittens.

eines Tauschgeschäfts verpackte, sowie um Besorgung auch des ersten Teils des Werkes *Magnalia Dei* des Franz Ernst Brückmann (1697–1753)[72]. Dagegen äußerte Trew in seinem Antwortbrief an Wagner seinerseits auch inhaltlich keine einzige konkrete Bitte. Er versicherte vielmehr in Bezug zu Wagners Sammlung, er werde „was darinnen abgehet und [er] besize Zu übermachen nicht ermangeln"[73], ohne aber selbst auf das Angebot Wagners einzugehen und im Gegenzug Dubletten aus dessen Sammlung anzunehmen[74]. Nachdem Trew sein Versprechen wahr gemacht und eine größere Auswahl Samen an Wagner übersandt hatte,[75] konnte Wagner zwar im weiteren Verlauf der Korrespondenz auch vereinzelt einmal mit einer von Trew konkret erbetenen Spezies dienen[76] und machte seinerseits Trew einige Erd- und Samenproben zum Geschenk[77], doch handelte es sich dabei eher um den Versuch Wagners, im Gegenzug zu Trews großzügigen Geschenken diesem „alles was in [s]einen [eigenen] wenigen Vermögen stehe[] Zu [dessen] angenehmen Diensten an[zu]erbiete[n]"[78], dabei getrieben von dem sehnlichen Wunsch, „daß [er] nur etwas besitzen möchte, Damit [er] [sich] [dessen] fernere Amitié und Gewogenheit Verdienen könte"[79].

Somit entstand die für ein Patron-Klient-Verhältnis typische Konstellation, dass Trew Wagner an seinen Ressourcen teilhaben ließ, ohne dass dieser sich sogleich durch eine adäquate Gegenleistung revanchieren konnte, da das von

---

72 Vgl. Brief Nr. 1, Z. 29–32. – Es handelt sich hier um folgendes Werk: Brückmann, Franz Ernst: Magnalia Dei In Locis Subterraneis Oder Unterirdische Schatz-Cammer Aller Koenigreiche und Laender: In ausführlicher Beschreibung Aller, mehr als MDC Bergwercke Durch alle vier Welt-Theile, Welche von Entdeckung derselben bis auf gegenwärtige Zeit gebauet worden, und noch gebauet werden, in was Stand sie jemahls gewesen / und wie sie jetzo beschaffen; was vor Ertze / Steine und Berg-Arten aus solchen jemahls gewonnen / und noch zu Tage ausgefördert werden; Nebst Anmerckung aller derjenigen Laender und Oerter / wo Edelgesteine zu finden; In Geographischer Ordnung und einigen Kupffer-Figuren zu besichtigen. Teil 1 und 2 mit Supplement 1. Braunschweig 1727–1734. – Zu Franz Ernst Brückmann (1697–1753) siehe Brief Nr. 1, Endnote 1.

73 Brief Nr. 2, Z. 27 f.

74 Trew beschränkte sich bzgl. des ihm von Wagner angetragenen Handels auf die ganz allgemein gehaltene Formulierung, es sei ihm „eine Ehre [...] davon Zu profitiren"; siehe Brief Nr. 2, Z. 20 f. Dagegen bekundete Trew kein konkretes Interesse an einzelnen angebotenen Dubletten, obwohl ihm Wagner als Beilage zu seinem ersten Schreiben bereits eine Liste zum Tausch zur Verfügung stehender Mineralien seiner Sammlung übersandt hatte; vgl. Brief Nr. 1, Z. 23–26.

75 Vgl. Brief Nr. 4, Z. 8 f. (UBE BT, Korr. Wagner, Nr. 5; vom 23.4.1730).

76 Vgl. ebd., Z. 15. Wagner übersandte hier an Trew als Beilage „[d]ie Verlangten Species Capsici".

77 Vgl. ebd., Z. 17–22. Wagner übersandte ferner als Beilage an Trew Samen von Melonen und Angurien sowie eine Probe von Tonerde.

78 Ebd., Z. 12 f.

79 Ebd., Z. 16 f.

seiner Seite aus Offerierte offenbar oft als zu gering bzw. als für die speziellen Sammlungsinteressen Trews uninteressant befunden und in der Folge teils einfach ignoriert wurde. Auch die gewählten Anredeformen des jeweils ersten Briefes Wagners und Trews scheinen, bei aller Vorsicht der Auslegung solcher Befunde, dieses Verhältnis gut wiederzugeben: Ist Trew für Wagner der „Vornehme[] Gönner“[80], so Wagner für Trew einfach der „Hochzuehrende[] Herr Doctor“[81]. In einem etwas späteren Schreiben sprach Wagner Trew gar explizit als „Vornehme[n] Patron“[82] an. Die Rollen als „Bittsteller“ einerseits und „Gönner“ bzw. „Patron“ andererseits waren also in der Anfangszeit der Korrespondenz alles in allem recht klar verteilt.

Peter Christian Wagner, der in der Anfangszeit des Briefwechsels deutliche Züge eines typischen Klienten trägt, hatte wiederum als solcher Christoph Jacob Trew seine Unterstützung und Loyalität zu beweisen, was vor allem im Rahmen kleinerer Hilfsdienste im Umfeld von dessen größeren Projekten erfolgen konnte. So erwies sich Wagner als eifriger Verteiler der beiden Ankündigungsschreiben der von Trew mitbegründeten Zeitschrift des *Commercium Litterarium* innerhalb seines eigenen Korrespondenznetzes.[83] Ebenfalls im Zusammenhang mit der Mitteilung Trews über die Gründung des *Commercium Litterarium* steht eine Äußerung Wagners, die davon zeugt, dass er selbst in dieser Zeit seinen Rang in der gelehrten Welt eher als gering einschätzte, denn er versicherte seine bereitwillige Mithilfe unter Gebrauch einer sehr anschaulichen Metapher bescheiden einschränkend nur dort, „wo es anderst erlaubet seÿ[] […], auch kleine Füncklein großen Lichtern an die Seite zu setzen“[84]. Dagegen versäumte es Wagner nicht, die wissenschaftlichen Schriften Trews wortreich zu bewundern, insbesondere

80 Brief Nr. 1, Z. 6 (UBE BT, Korr. Wagner, Nr. 4; vom 4.10.1729).

81 Brief Nr. 2, Z. 5 f. (UBE BT, Korr. Trew, Nr. 789; vom 4.1.1730). – Leider fehlen in der Frühphase der Korrespondenz hier weitere erhaltene Schreiben Trews, die das Bild weiter verdichten könnten.

82 Brief Nr. 17, Z. 6 (UBE BT, Korr. Wagner, Nr. 14; vom 20.11.1733). – Auch zeitgenössisch bei Zedler (1732–1754), Bd. 26, Sp. 1400 f., wird der „Patron“ als eine solche Person beschrieben, „welche im Stand ist, einem andern zu helfen, sich auch desselbigen annimmt, und sein bestes zu befördern suchet“, während umgekehrt der „Client“ derjenige ist, „der sich in den Schutz eines Patrons begiebet“.

83 Vgl. Brief Nr. 7, Z. 11–17 (UBE BT, Korr. Wagner, Nr. 7; vom 14.10.1730); sowie Brief Nr. 10, Z. 12–19 (UBE BT, Korr. Wagner, Nr. 8; vom 5.2.1731). – Die beiden Ankündigungsschreiben des „Commercium Litterarium“ erschienen mit programmatischem Charakter am 26. August bzw. 20. November 1730 unter dem Titel einer „Consultatio“ bzw. „Ulterior Consultatio de universali commercio litterario ad rei medicae et scientiae naturalis incrementa inter horum studiorum amatores instituendo“; vgl. dazu ausführlich Rau (2006), S. 43–51.

84 Brief Nr. 6, Z. 17 f. (UBE BT, Korr. Wagner, Nr. 6; vom 30.9.1730).

deren „materiarum frequentia & argumentorum gravita[s] sermonisque facundia“[85], also deren Vielfalt an behandelten Gegenständen, die Gewichtigkeit der gezogenen Schlüsse und auch die Gewandtheit der Sprache.

Die Beziehung Peter Christian Wagners und Christoph Jacob Trews war also in der Anfangszeit des Briefwechsels nicht nur von der Verbundenheit beider Korrespondenten zum Konzept bzw. Ideal der „nützlichen Freundschaft“ geprägt, sondern enthielt zugleich, wie die Zusammenschau vieler kleiner und oft erst bei eingehenderer Betrachtung der Briefe ins Auge fallender inhaltlicher und sprachlicher Aspekte zu belegen vermag, auch unverkennbar Elemente eines Patronageverhältnisses mit Wagner in der eher unterlegenen Position. Eine solche Konstellation musste freilich im weiteren zeitlichen Verlauf keineswegs unverändert bleiben. Wie auch Wolfgang Reinhard bei seiner Beschreibung der grundlegenden Kategorien der „Patron-Klient-Beziehung“ als „vertikaler Solidarität“ und der „Freundschaft“ als „horizontaler Solidarität“ betont, besteht deren Reiz „gerade darin, daß sie diachronisch ineinander überzugehen vermögen“[86], weshalb im Folgenden die Frage zu untersuchen ist, ob auch in der Wagner-Trew-Beziehung die Elemente der Patronage allmählich an Kontur verloren bzw. gar ganz verschwanden.

Faktoren, die zu einer solchen schrittweisen Veränderung des Verhältnisses der Briefpartner Wagner und Trew beigetragen haben könnten, finden sich in den Brieftexten bzw. in den Lebensläufen der Korrespondenten. Zu nennen ist diesbezüglich zunächst die zeitweise räumliche Nähe der beiden Korrespondenten hinsichtlich ihres Wohnortes. Der Umzug Wagners im Dezember 1731 von Pappenheim nach Erlangen und die darauf folgenden Jahre bis 1743, in denen er in Erlangen lebte, eröffneten in der Beziehung zu Trew schon allein deshalb ganz neue Möglichkeiten, da aufgrund der deutlich geringeren Entfernung zu Trew in Nürnberg vermehrt (wieder) persönliche Treffen bereichernd zur Korrespondenz hinzutreten bzw. diese stellenweise ersetzen konnten. Darauf spielte wohl auch Wagner selbst an, als er kurz nach seinem Umzug Trew bat, dieser möge ihm, „da [er] [s]ich nun mehro in [dessen] Nachtbarschafft befinde, Gelegenheit Zeigen, wodurch [er] [ihre Freundschaft] excoliren könne“[87]. Hier ist anzumerken, dass das genaue Ausmaß der Bedeutung solcher persönlicher Treffen für die Entwicklung des Verhältnisses zwischen den Briefpartnern kaum einzuschätzen ist, weil sich deren Häufigkeit aus der vorhandenen Korrespondenz nicht zuverlässig erschließen lässt. Zumindest aber ist am Beispiel der gemeinsamen Behand-

85 Brief Nr. 18, Z. 12 f. (UBE BT, Korr. Wagner, Nr. 15; vom 20.11.1734).
86 Reinhard (1998), S. 133.
87 Brief Nr. 14, Z. 19–21 (UBE BT, Korr. Wagner, Nr. 12; vom 12.12.1731).

lung[88] der Elisabeth Buirette von Oehlefeld († 1737) in Erlangen eine über Wochen sehr enge konsiliarische Zusammenarbeit auch am Bett der Patientin sicher zu belegen[89] und bereits dies dürfte in der ein oder anderen Weise zu einer Veränderung bzw. auch Vertiefung der persönlichen Beziehung zwischen Wagner und Trew beigetragen haben.

Insbesondere jedoch die während der Erlanger Jahre beginnende und sich dann im Anschluss weiter entfaltende Laufbahn Peter Christian Wagners am Bayreuther Markgrafenhof sollte zu einem entscheidenden Moment im Fortgang des Verhältnisses der Korrespondenten werden. Nicht umsonst berichtete Wagner stets umgehend an Trew, wenn er wieder eine markante Stufe auf der Erfolgsleiter erklommen hatte.[90] Im Falle seiner Ernennung zum Geheimen Rat im Jahr 1758 schilderte er, wie schon einmal erwähnt, gar sehr detailliert, wie ihm das Dekret durch das Bayreuther Markgrafenpaar mit den Worten, dies sei ein für ihn bestimmtes Rezept, überreicht worden war.[91] Der besondere Stolz Wagners rührte in dieser Situation wohl auch daher, dass er Trew hier von einer Beförderung unterrichten konnte, die diesem selbst am Ansbacher Hof erst einige Jahre später kurz vor seinem Tod noch zuteilwerden würde.

Derartige Mitteilungen waren in der gelehrten Welt nicht nur ein Gebot der Höflichkeit, um andere über das eigene Fortkommen in Kenntnis zu setzen und selbst im Gegenzug Glückwünsche entgegenzunehmen, sondern sie informierten den Briefpartner auch bewusst und gezielt über die angewachsenen eigenen Ressourcen. Oder anders erneut unter Rückgriff auf die Kapitalformen Pierre Bourdieus formuliert: Peter Christian Wagner konnte im Lauf der Zeit über ein steigendes „soziales Kapital" im höfischen Kontext, also gleichsam ein belast- und somit auch mobilisierbares Netz an Beziehungen, sowie eng damit verbunden auch in Form des so erlangten Ansehens über steigendes „symbolisches Kapital" verfügen.[92] Dies war wiederum für Christoph Jacob Trew insofern interessant, da nun sein Korrespondent über ein nennenswertes Potential verfügte, an dem er selbst durchaus gern gewissermaßen Teilhabe gefunden haben dürfte: Jedes Mal wenn Trew von Wagner, der seinerseits das eigene Handeln durch Hinzuziehung eines

88 Zu der gemeinsamen Behandlung verschiedener Patienten durch Wagner und Trew vgl. ausführlich das Kapitel 4.2.1 vorliegender Arbeit.

89 Brief Nr. 24, Z. 9 f., belegt z.B. eine Anwesenheit Trews am Bett der Patientin in Erlangen am 29. Oktober 1736 (UBE BT, Korr. Wagner, Nr. 19; vom 31.10.1736).

90 Die entsprechenden Briefstellen finden sich bereits umfänglich im Rahmen des Lebenslaufes Wagners in Kapitel 2.1 (v.a. 2.1.2 und 2.1.3) vorliegender Arbeit zitiert.

91 Vgl. Brief Nr. 91, Z. 40–44 (UBE BT, Korr. Wagner, Nr. 66; vom 12.4.1758).

92 Zum Begriff des „sozialen Kapitals" und damit verbunden auch des „symbolischen Kapitals" vgl. ausführlich bei Bourdieu (1983), S. 190–195.

renommierten Kollegen absichern wollte, um konsiliarische Zusammenarbeit bei einzelnen Mitgliedern des Bayreuther Hofstaates wie der Oberhofmeisterin Dorothea Louise Freiin von Wittenhorst-Sonsfeld (1681–1746) oder gar bei Mitgliedern der herrschaftlichen Familie selbst wie der Bayreuther Markgräfin Wilhelmine (1709–1758) gebeten wurde, ergab sich daraus für ihn die Gelegenheit, aus seinem „inkorporierten kulturellen Kapital" in Gestalt seines umfangreichen ärztlichen Wissens Gewinn zu ziehen, und zwar in Form einer Vergütung oder Belohnung[93], also letztlich so weiter ausgebauten eigenen „ökonomischen Kapitals", oder aber in Form des über die Tätigkeit bei Hofe grundsätzlich auch für ihn steigenden Ansehens, also letztlich wachsenden „symbolischen Kapitals".

Somit blieb zwar Christoph Jacob Trew hinsichtlich seiner Verdienste um die Wissenschaft und seiner Vernetzung mit anderen Gelehrten, also seines „kulturellen Kapitals" sowie auch „sozialen Kapitals" im Kontext der Beziehungen innerhalb der *Respublica Litteraria*, Peter Christian Wagner fraglos zeitlebens überlegen, doch im Bereich des „sozialen Kapitals" außerhalb der Grenzen der Gelehrtenrepublik etwa im höfischen Zusammenhang vermochte dieser mindestens aufzuschließen.[94] Aus dem Blickwinkel der bisherigen Forschung mag es zunächst ungewöhnlich erscheinen, im Zusammenhang mit den Beziehungen zwischen Gelehrten des achtzehnten Jahrhunderts Kapitalformen wie das „ökonomische Kapital" oder auch ein im Kontext höfischer Kontakte stehendes „soziales Kapital" ausdrücklich in die Überlegungen mit einzubeziehen. Ein solches Vorgehen kann jedoch in mehrerlei Hinsicht als gerechtfertigt, ja gar als notwendig erachtet werden.

Zum einen mag eine Sichtweise kaum zu überzeugen, welche unterstellt, Wissenschaft sei stets ausschließlich im Sinne gleichsam des *l'art pour l'art* allein um ihrer selbst willen betrieben worden, und welche somit jedwede Eigeninteressen der Beteiligten grundsätzlich verneint. Schon das Konzept der „gelehrten Freundschaft" selbst negiert, wie gezeigt, keineswegs völlig den Nutzen des Einzelnen als Triebkraft, allein es wurde in bisherigen Studien zumeist nur jenem Ideal Rechnung getragen, nach dem sich alle Privatabsichten auf das dem meritokratischen Gefüge der Gelehrtenrepublik quasi systemimmanente „kulturelle Kapital"

---

93 So erhielt Trew für seinen ärztlichen Rat bei Erkrankung der Oberhofmeisterin von Wittenhorst-Sonsfeld nachträglich u.a. „einen gantzen Charl d'or"; siehe Brief Nr. 82, Z. 28 (UBE BT, Korr. Wagner, Nr. 59; vom 9.2.1748). Und nach dem Tod der Bayreuther Markgräfin versicherte Wagner Trew, der Markgraf werde für Trews Bemühungen, „so ferne es noch nicht geschehen [sei], gewiß auch erkentlich seÿn"; siehe Brief Nr. 94, Z. 50 f. (UBE BT, Korr. Wagner, Nr. 67; vom 15.10.1758).

94 In den früheren Jahren des Briefwechsels war es noch Trew, der sich in den Jahren 1736/1737 am Ansbacher Hof für eine Anstellung Wagners als Leibarzt verwenden konnte.

ausrichten und sich zudem im alles überspannenden gemeinsamen Streben nach Förderung der Wissenschaft letztlich ohnehin wieder stark relativieren. Die Möglichkeit, dass zumindest stellenweise auch Eigeninteressen anderer Prägung und Zielsetzung das Geschehen mitbestimmen und dass diese sich zumindest ab und an sogar gewissermaßen bis hin zu selbstsüchtigem Eigennutz steigern und verselbstständigen konnten, wurde bislang weitgehend ausgeblendet, auch wenn dies in letzter Konsequenz heißt, Beziehungen zwischen Gelehrten völlig isoliert von den Mechanismen der sonstigen gesellschaftlichen Welt und jenseits auch aller menschlichen Schwächen zu betrachten.

Zum anderen ist die Auseinandersetzung mit den unterschiedlichen Kapitalformen nach Pierre Bourdieu gerade deshalb auch im Zusammenhang mit der Analyse von Beziehungen zwischen Gelehrten des achtzehnten Jahrhunderts hilfreich, da diese Kapitalformen nicht als statischer Besitzstand, sondern vielmehr auch untereinander als gleichsam stets in Bewegung begriffen werden. So kann „inkorporiertes kulturelles Kapital“, wie oben erläutert, monetären Gewinn abwerfen, also „ökonomisches Kapital“ aufbauen. Kapitalformen sind, wie Bourdieu besonders betont, ineinander umwandelbar, wenn auch um den Preis mehr oder minder großer Transformationsarbeit.[95] Zum Beispiel lässt sich „ökonomisches Kapital“ in kulturelle Güter und somit „objektiviertes kulturelles Kapital“ umsetzen, weshalb es für Gelehrte wie Trew und Wagner jenseits der grundlegenden Notwendigkeit, den eigenen Lebensunterhalt zu bestreiten, wie auch jenseits jedweder persönlichen Geldgier als mehr als sinnvoll erscheinen musste, auch Formen wie die des „ökonomischen Kapitals“ und deren Dynamik stets zu berücksichtigen, wollten sie ihre Stellung in der Gelehrtenrepublik wie auch das Wohl der Wissenschaft an sich im Auge behalten.

Um hier nun auf die Beziehung zwischen Peter Christian Wagner und Christoph Jacob Trew zurückzukommen, ist zunächst ausdrücklich darauf hinzuweisen, dass trotz des fraglos abnehmenden Ungleichgewichts zwischen den Korrespondenten niemals völlige Augenhöhe erreicht wurde. Denn das vorausgegangene Plädoyer für eine Ausweitung des Blicks auf die Beziehungen zwischen Gelehrten des achtzehnten Jahrhunderts in Anlehnung an das Konzept der Kapitalformen Bourdieus darf eben nicht dergestalt missverstanden werden, als ob dadurch die prägende Kraft der meritokratischen Hierarchie gemäß der Verdienste um die Förderung der Wissenschaften generell in Frage gestellt würde. So blieb sich Wagner des größeren „kulturellen Kapitals“ Trews zu jeder Zeit nur allzu bewusst und vergaß auch nie dessen im wahrsten Sinn des Wortes ausgedehnteres „soziales Kapital“ innerhalb des gelehrten Netzes, stand Trew doch so

95 Zu den Kapitalumwandlungen vgl. Bourdieu (1983), S. 195–198.

als geeigneter Adressat eines Hilferufs zur Verfügung, wenn die eigene Stellung in der gelehrten Welt gefährdet schien, etwa als Wagner im Jahr 1749 befürchtete, den Anforderungen der Mitgliedschaft in der kaiserlichen Akademie der Naturforscher (Leopoldina) nicht in ausreichendem Maß gerecht geworden zu sein[96]. Ähnlich deuten lässt sich die bei Analyse der zeitlichen Struktur des Briefwechsels augenfällig gewordene Besonderheit, dass in der Regel Peter Christian Wagner die Anlässe für eine Veränderung in der Brieffrequenz lieferte, d.h. als ‚Taktgeber' der Korrespondenz fungierte, weist dies doch möglicherweise darauf hin, dass der Briefwechsel mit Trew von Wagner als bedeutsamer innerhalb seines Korrespondentennetzes angesehen wurde als dies umgekehrt der Fall war, weshalb Wagner letztlich mehr Akzente setzte, um diesen aufrecht zu erhalten. Und auch ein erneuter Blick auf die in den Briefen gewählten Anredeformen für den Briefpartner weist in diese Richtung: Während Wagner auch in der Spätphase der Korrespondenz Trew noch explizit als seinen „Patron"[97] ansprach, wählte Trew diese ausdrucksstarke Anrede umgekehrt weiterhin niemals für Wagner, wenn er ihn nun auch immerhin ebenfalls mitunter als „Hochschäzbare[n] Gönner"[98] titulierte.

Abschließend ist hervorzuheben, dass die Beziehung Peter Christian Wagners und Christoph Jacob Trews in ihrer Spätphase sich nicht nur auf zunehmender, wenn auch nie völlig gleicher, Augenhöhe bewegte, sondern dass auch gleichsam ihr Wesen an sich eine allmähliche Veränderung erfuhr. Wohl nicht zufällig fällt in der Anrede nun auf *beiden* Seiten gehäuft auch der Begriff des „werthestc[n] Freund[es]"[99] bzw. „Hochschäzbahre[n] Freund[es]"[100]. Dies ist ein Fingerzeig für eine gewisse Vertiefung des persönlichen Verhältnisses der Briefpartner, die sich auch anhand anderer Aspekte belegen lässt und die ihren Ausgang im jahrzehntelangen Austausch Wagners und Trews über gelehrte und berufliche Belange nahm, der wie jeder derart langdauernde Briefwechsel fast zwangsläufig „zu einer intimen Kenntnis und Anteilnahme an der Gedanken- und Gefühls-

96 Vgl. Brief Nr. 84, Z. 17–44 (UBE BT, Korr. Wagner, Nr. 61; vom 29.3.1749). Wagner berief sich dort ausdrücklich auf das ihm von Trew „allezeit [...] angediehene[] Patrocinium"; siehe ebd., Z. 43 f.

97 Siehe z.B. Brief Nr. 82, Z. 6 (UBE BT, Korr. Wagner, Nr. 59; vom 9.2.1748). – In Brief Nr. 88, Z. 11 (UBE BT, Korr. Wagner, Nr. 65; vom 30.7.1757), sprach Wagner ferner von seiner Verehrung Trews als „einen Versorger und Vater".

98 Zum Beispiel in Brief Nr. 90, Z. 6 (UBE BT, Korr. Trew, Nr. 792; vom 6.4.1758).

99 Zum Beispiel Wagner unter Bezug auf Trew in Brief Nr. 94, Z. 6 (UBE BT, Korr. Wagner, Nr. 67; vom 15.10.1758).

100 Zum Beispiel Trew unter Bezug auf Wagner in Brief Nr. 89, Z. 6 (UBE BT, Korr. Trew, Nr. 791; vom 20.8.1757).

welt des Gegenübers“[101], also zu einer wachsenden Vertrautheit zwischen den Briefpartnern führen musste. Auf einer solchen Vertrauensbasis konnten dann auch vereinzelte eher persönliche Mitteilungen den „gelehrten Brief“ anreichern, konnte sich die vom Nützlichkeitsaspekt dominierte „gelehrte Freundschaft“ ein Stück weit in Richtung einer „engen Freundschaft“[102] bzw. einer etwas vielgestaltigeren, wenn man so will, „‚echten‘ Freundschaft“[103] weiterentwickeln, ohne dass dies freilich in irgendeiner Weise mit dem „freundschaftlich-empfindsamen Brief“ und der „gesteigerten Freundschaft“ gleichzusetzen wäre, die ab Mitte des achtzehnten Jahrhunderts auftraten und in völliger Abkehr vom Nützlichkeitsaspekt „das Interesse an der Wissenschaft durch das Interesse an der Person“[104] ersetzten. Auffallend ist zum Beispiel, dass Wagner seit dem Jahr 1736 am Ende seiner Briefe häufig auch Grüße an die Gattin Trews bestellte[105] und ab dem Jahr 1739 seinerseits die Grüße seiner zweiten Ehefrau an Trew nebst Gemahlin übermittelte[106], was naheliegend auf eine wachsende Vertrautheit der Briefpartner, eventuell gar auch eine zunehmende Bekanntheit zwischen den Familien der beiden hindeutet. In die gleiche Richtung weist die Tatsache, dass neben die gegenseitige Hilfe bei Besorgungen von wissenschaftlichem Interesse nun auch Aufträge aus dem privaten Bereich traten, so bat Wagner Trew beispielsweise einmal im Namen seiner Gattin um Besorgung einer Glasur.[107] Mit zunehmendem Alter wurden auch die eigenen Erkrankungen immer häufiger zum Thema im gegenseitigen Austausch.[108] Peter Christian Wagner, der als junger Besucher einst die Sammlungen Christoph Jacob Trews bewundert hatte, war für diesen über die Jahrzehnte zu einem geschätzten Briefpartner und vertrauten Freund geworden.

Die Beziehung Peter Christian Wagners und Christoph Jacob Trews im Spiegel ihrer Korrespondenz ist, obwohl durchgängig vom Konzept der „gelehrten Freundschaft“ im Zeichen gegenseitigen Nutzens und beständigen bewussten Gebens und Nehmens geprägt, doch vor allem eines: eine Beziehung im Wandel.

---

101 Steinke/Stuber (2008), S. 390.

102 Steinke/Stuber gebrauchen a.a.O. den Begriff der „engen Freundschaft“.

103 Zum Begriff der „‚echten‘ Freundschaft“ vgl. Steinke (1999), S. 18 f.

104 Steinke/Stuber (2008), S. 391.

105 Vgl. z.B. Brief Nr. 20, Z. 25–27 (UBE BT, Korr. Wagner, Nr. 16; vom 19.7.1736). – Im Jahr 1738 erkundigte sich Wagner mit den Worten „quomodo cum Costa tua dilectissima vivas?“ explizit nach dem Befinden Trews und dessen Gemahlin; siehe Brief Nr. 52, Z. 15 (UBE BT, Korr. Wagner, Nr. 37; vom 23.2.1738).

106 Vgl. z.B. Brief Nr. 55, Z. 46 f. (UBE BT, Korr. Wagner, Nr. 39; vom 18.4.1739).

107 Vgl. Brief Nr. 77, Z. 44–51 (UBE BT, Korr. Wagner, Nr. 56; vom 4.5.1746).

108 Vgl. z.B. Brief Nr. 91, Z. 13–23 (UBE BT, Korr. Wagner, Nr. 66; vom 12.4.1758); sowie Brief Nr. 93, Z. 15–19 (UBE BT, Korr. Trew, Nr. 794; vom 13.10.1758).

Die zu Beginn des Briefwechsels noch stark vertretenen Elemente der Patronage mit Wagner in der unterlegenen Position schwächten sich im Lauf der Zeit immer mehr ab. In der Spätphase vertiefte sich das persönliche Verhältnis parallel zur zunehmenden, wenn auch niemals völlig hergestellten, Augenhöhe zwischen den Briefpartnern mit wachsender Vertrautheit allmählich im Sinne einer „engen bzw. ‚echten' Freundschaft".

Zur Erklärung der Beziehung und ihrer Veränderungen konnten in Anlehnung an Pierre Bourdieu insbesondere Überlegungen zu verschiedenen Kapitalformen beitragen, etwa zum großen „kulturellen Kapital" Trews und dem anwachsenden „sozialen Kapital" Wagners im höfischen Kontext. Im Folgenden wird sich nun der Blick verstärkt über die Zweierbeziehung der Korrespondenten hinaus auf das gelehrte Netz bzw. Beziehungsgeflecht richten, dessen Teil sie waren.

4 Die Korrespondenz Peter Christian Wagners mit Christoph Jacob Trew im Zeichen eines vielfältigen medizinisch-naturwissenschaftlichen Austauschs

Wie schon die Untersuchung der thematischen Struktur des Briefwechsels zwischen Peter Christian Wagner und Christoph Jacob Trew gezeigt hat, durchzieht der medizinisch-naturwissenschaftliche Austausch in seinen unterschiedlichsten Facetten die gesamte Korrespondenz wie ein roter Faden und bildet so gleichsam deren entscheidenden ‚Motor'. Nur hier kann also im Folgenden die angestrebte vertiefte inhaltliche Auswertung und Interpretation des Briefwechsels unter vorrangig wissenschafts- und medizinhistorischen Gesichtspunkten ansetzen. Dass die dabei in den Blick geratenden vielfältigen Prozesse des Gebens und Nehmens sich nie ausschließlich auf die Zweierbeziehung der Briefpartner begrenzt wahrnehmen lassen, sondern stets auch auf das diese beiden Korrespondenten umgebende gelehrte Netz hinausweisen, muss zugleich als besondere Chance wie besondere Herausforderung verstanden werden.

Auf der einen Seite bietet sich so die Möglichkeit, an die in den letzten Jahren bzw. Jahrzehnten vielbeachteten Forschungskomplexe zur Gelehrtenrepublik und insbesondere zu den gelehrten frühneuzeitlichen (Korrespondenz-)Netzen anzuschließen, d.h. dort formulierte Fragestellungen und Thesen aufzugreifen wie auch darüber hinaus dem eigenen Untersuchungsgegenstand gemäß zu modifizieren und weiterzuentwickeln. Auf der anderen Seite aber erfordert der angewandte besondere Zugriff auf das gelehrte Netz, nämlich weitgehend indirekt auf dem Weg über eine erhaltene Einzelkorrespondenz, erhöhte Umsicht bei der Wahl daran angepasster und somit geeigneter Untersuchungsmethoden.

Der Begriff der „Gelehrtenrepublik" (*Respublica Litteraria*, *République des Lettres*, *Republic of Letters*), der seit Anfang des sechzehnten Jahrhunderts immer mehr aufkam und bis heute Verwendung findet,[1] ist auch aufgrund seiner langen Geschichte äußerst vielschichtig, lässt sich aber zunächst einmal grundsätzlich als die Gemeinschaft der Gelehrten von der Zeit der Reformation bis zur Französischen Revolution fassen. Entscheidende neue Akzente erhielt die Forschung zur *Respublica Litteraria* in den letzten Jahrzehnten insbesondere im Zuge der neueren historischen Wissenschaftsforschung, die in angelsächsischen Pionier-

1 Zur Begriffsgeschichte der „Gelehrtenrepublik" bzw. „Respublica Litteraria" vgl. ausführlich Bots/Waquet (1997), S. 11–27.

studien etwa von Steven Shapin[2] Anfang der 1990er Jahre ihren Ausgang nahm und dann in ihren neuartigen Ansätzen in verschiedene auch deutsche Sammelbände zur frühneuzeitlichen Wissenschaftsgeschichte Eingang fand, so z.B. im Jahr 1999 unter dem richtungsweisenden Titel *Wissenschaft als kulturelle Praxis*[3] oder im Jahr 2001 unter dem Titel *Die Praktiken der Gelehrsamkeit in der Frühen Neuzeit*[4]. Indem das Hauptaugenmerk nun der Wissenschaft als einer sozialen Betätigung, also den Praktiken der Wissensproduktion und deren gesellschaftlichem Kontext, galt,[5] wurde auch die Gelehrtenrepublik nicht mehr allein unter dem lange dominierenden institutionellen Blickwinkel[6], sondern zunehmend als ein komplexes und sich über weite Teile Europas erstreckendes frühneuzeitliches Kommunikationssystem des gelehrten Standes wahrgenommen. Umfassend und grundlegend sind hier insbesondere die Veröffentlichungen von Hans Bots und Françoise Waquet.[7]

Unter diesen günstigen Vorzeichen eines allgemein neu belebten Forschungsinteresses an der Gelehrtenrepublik erwiesen sich die in den letzten Jahrzehnten im Einzelnen behandelten Fragestellungen und aufkommenden Kontroversen als ungemein vielfältig. Immer wieder diskutiert wurde unter verschiedenen Gesichtspunkten die Frage nach dem Verhältnis von Ideal und Wirklichkeit der *Respublica Litteraria*.[8] Eine lebhafte Kontroverse entstand auch zur Frage der Dauer bzw. Periodisierung der Gelehrtenrepublik: Während etwa Hans Bots und Françoise Waquet die Phase von 1550 bis 1750 als „l'âge d´or", also goldenes Zeitalter der Gelehrtenrepublik, beschreiben und sodann im Zuge von Aufklärung und Französischer Revolution deren Implosion postulieren, da sich mit dem Ende

---

2 Vgl. Shapin (1994).

3 Vgl. Bödeker/Reill/Schlumbohm (1999).

4 Vgl. Zedelmaier/Mulsow (2001).

5 Zu Entwicklung und Ausrichtung der neueren historischen Wissenschaftsforschung vgl. knapp zusammenfassend auch Stuber/Hächler/Steinke (2005), S. 13 f.

6 Vgl. dazu z.B. Neumeister/Wiedemann (1987). In diesem Sammelband unter dem Titel „Res Publica Litteraria. Die Institutionen der Gelehrsamkeit in der frühen Neuzeit" findet sich u.a. eine eigene Sektion zu „Institutionen und Organisationsformen der Gelehrsamkeit"; vgl. ebd., S. 35–152.

7 Vgl. v.a. Bots/Waquet (1994) und Bots/Waquet (1997). Schon der von Bots und Waquet 1994 unter dem Titel „Commercium Litterarium. La communication dans la République des Lettres" herausgegebene Sammelband enthielt Sektionen u.a. zu „Les vecteurs de la communication" und „L'aire de la communication"; vgl. Bots/Waquet (1994), S. 67–174 bzw. S. 175–260. Und auch die umfassende Darstellung zur Gelehrtenrepublik aus dem Jahr 1997 enthielt explizit ein Kapitel zu „La dynamique de la République des Lettres" (Unterkapitel „Un principe: la communication" und „Un système d'échanges"); vgl. Bots/Waquet (1997), S. 117–141.

8 Vgl. dazu z.B. Daston (1991).

des Absolutismus und zunehmenden Säkularisierungstendenzen wesentliche Gründungsfaktoren der *Respublica Litteraria*, z.B. ihr Anspruch der Überkonfessionalität im konfessionell tief gespalteten Europa, gleichsam überlebt hätten,[9] widersprachen gerade in den letzten Jahren andere Wissenschaftler einem solch frühen und sich in einem scharfen Bruch zur Aufklärung vollziehenden Ende der Gelehrtenrepublik und gestanden ihr ein längeres Fortbestehen zu.[10] Insbesondere Laurence Brockliss kommt bei seiner Auseinandersetzung mit dem Problem der Beziehung zwischen *Respublica Litteraria* und Aufklärung unmissverständlich zu dem Schluss, „that the Republic of Letters and the Enlightenment should not be seen as distinctive or sequential movements“[11].

Anders als die bis hierher vorgestellten Fragestellungen zur Periodisierung der Gelehrtenrepublik, die die vorliegende vorwiegend auf die Einzelkorrespondenz zwischen Peter Christian Wagner und Christoph Jacob Trew konzentrierte Arbeit nur teilweise bzw. eher indirekt berühren, bietet die jüngst ebenfalls verstärkte Forschung zum meritokratischen System der Gelehrtenrepublik und der ihm innewohnenden durchaus hierarchischen Unterscheidung von bedeutenderen und weniger bedeutenden Gelehrten reiche Anknüpfungspunkte. Zum einen wird darauf verwiesen, dass es bereits für die Zeitgenossen „ein kniffliges Problem“[12] werden konnte zu bestimmen, wer über den Rang des einzelnen Gelehr-

9 Zur Periodisierung der Gelehrtenrepublik nach Hans Bots und Françoise Waquet vgl. Bots/Waquet (1997), S. 29–61 (Kapitel „Le temps de la République des Lettres“). Bots/Waquet unterscheiden dabei im Einzelnen eine Art „préhistoire“ vom Mittelalter bis zum Anfang des sechzehnten Jahrhunderts (vgl. insbesondere S. 29 f.), dann „le temps des fondaments“ also eine Art Vorlaufphase in der ersten Hälfte des sechzehnten Jahrhunderts (vgl. S. 30–34), sodann die erwähnte goldene Zeit also Kernzeit der Gelehrtenrepublik von 1550–1750 (vgl. S. 34–55), und schließlich „l'implosion“ (vgl. ausführlich S. 55–61). Ausdrücklich halten Bots/Waquet (1997), S. 29, den Bruch von der Gelehrtenrepublik zur aufgeklärten Philosophenrepublik fest: „[...] la République des Lettres devint la République des Philosophes.“

10 Zur Kontroverse um die Periodisierung der Gelehrtenrepublik vgl. knapp zusammenfassend auch Stuber/Hächler/Steinke (2005), S. 14 f.

11 Brockliss (2002), S. 19. Brockliss untersuchte das gelehrte Netz des französischen Arztes und Gelehrten Esprit Calvet (1728–1810) und setzte sich dabei ausführlich mit der Frage der Dauer der Gelehrtenrepublik auseinander, wozu er ferner festhält: „Rather, the Enlightenment should be subsumed within the Republic of Letters and the philosophes treated as the citizens of a singular mini-Republic within a broader Federation.“; siehe a.a.O. – Auch Steinke/Stuber (2008), S. 409 f., sehen mit Blick auf das gelehrte Netz Albrecht von Hallers (1708–1777) keinen klaren Gegensatz zwischen Gelehrtenrepublik und Aufklärung, sondern schließen sich der Forderung von Brockliss an, in weiteren Studien noch genauer zu erforschen, ob die Aufklärung sich nicht eher als Strömung innerhalb einer bis Ende des achtzehnten Jahrhunderts andauernden Gelehrtenrepublik verstehen lässt.

12 Steinke/Stuber (2008), S. 395.

ten befinden sollte, sei doch einerseits grundsätzlich jedem Mitglied der *Respublica Litteraria* volle Urteilskraft in Fragen der Gelehrsamkeit zugebilligt worden, wohingegen andererseits aber letztlich in der Praxis die eigentliche Entscheidung oft einigen Wenigen wie Universitätsprofessoren und Gesellschaftspräsidenten zugefallen sei, womit hier erneut eine Spielart der Spannung zwischen Ideal und Wirklichkeit der Gelehrtenrepublik aufscheint. Zum anderen werden auch die mannigfaltigen Schwierigkeiten thematisiert, mit denen sich der heutige Betrachter bei Beurteilung des zeitgenössischen Ansehens und Rangs eines Gelehrten auf Basis der überlieferten Quellen konfrontiert sieht: So sei z.B. die Einschätzung, inwieweit einzelne Äußerungen durch das die Gelehrtenrepublik zunächst prägende Prinzip der Mäßigung und Höflichkeit (*politesse*) oder aber umgekehrt durch den mit der Aufklärungsbewegung zunehmend aufkommenden und dazu in Konflikt stehenden allgemeinen Drang zur Kritik allzu einseitig beeinflusst sein könnten, häufig äußerst schwer zu treffen.[13] Die komplexe Frage der Verortung von Ansehen und Rang des einzelnen Gelehrten und in der Folge der Erfassung des Verhältnisses der Gelehrten untereinander wurde in vorliegender Untersuchung bereits gleichsam ‚im Kleinen' im Hinblick auf die Zweierbeziehung Wagner-Trew bearbeitet, soll aber später in einer erweiterten Ausrichtung auf die Positionierung Peter Christian Wagners in der gelehrten Welt seiner Zeit noch einmal aufgegriffen werden.

Viele dieser mannigfaltigen in den letzten Jahrzehnten behandelten Fragestellungen finden sich infolge der dominierenden Wahrnehmung der Gelehrtenrepublik als frühneuzeitliches Kommunikationssystem des gelehrten Standes wiederum eingebettet in jene Studien, die sich schwerpunktmäßig unmittelbar mit dem Brief als tragender Säule und verbindendem Medium der *Respublica Litteraria*, respektive also mit den ausgedehnten Korrespondenznetzen der Gelehrtenrepublik, befassen. Vielversprechendes Material boten hier insbesondere umfangreich überlieferte Briefschaften einzelner Gelehrter. Es sei an dieser Stelle exemplarisch auf die Arbeiten des Haller-Projekts[14] in Bern verwiesen, welche nicht nur die Korrespondenz Albrecht von Hallers (1708–1777) grundsätzlich erschlossen haben, sondern v.a. darum hervorzuheben sind, da sie diese mittels verschiedener Instrumente in musterhafter Weise in ihrem Netzcharakter durchdrungen und veranschaulicht haben. Korrespondenznetze weisen stets eine geographische Raumdimension in Gestalt der Wohn- bzw. Arbeitsorte der einzelnen Briefpartner sowie eine soziale Raumdimension in Gestalt der Inter-

---

13 Vgl. dazu ausführlich ebd., S. 395–398.
14 Vgl. v.a. Steinke (1999); Boschung (2002); Stuber/Hächler/Lienhard (2005); Steinke/Boschung/Proß (2008).

aktion verschiedener Personen teils unterschiedlichen gesellschaftlichen Hintergrunds auf, weshalb zum Zwecke ihrer Analyse und Darstellung je nach der aus dem Untersuchungsmaterial zu gewinnenden Datenbasis und je nach Zielsetzung unterschiedliche methodische Vorgehensweisen zum Einsatz kommen können.[15]

Nach ersten Pionierkarten von Daniel Roche und Robert Mandrou[16] in den 1970er Jahren gerieten kartographische Darstellung und räumliche Analyse von Korrespondenznetzen als die zentralen Instrumentarien der Netzgeographie eine Zeit lang eher in Vergessenheit, gelangten aber in den letzten Jahren[17] wieder vermehrt zur Anwendung.[18] Auch die bildliche Darstellung von Netzen als soziale Beziehungsgefüge im Rahmen der sozialwissenschaftlichen Netzwerkanalyse[19] nahm nach ersten Anfängen in den 1930er Jahren in Form der noch händisch erstellten Visualisierungen Jacob L. Morenos[20] in jüngerer Zeit aufbauend v.a. auf der mathematischen Graphentheorie und parallel zu einer immer weiter verbesserten Software eine rasante Entwicklung auf ein sehr hohes technisches Niveau,[21] wodurch nicht zuletzt auch das Interesse der kommunikationsgeschichtlich orientierten historischen Forschung an netzwerkanalytischen Methoden stieg,[22] zugleich aber gleichsam im Gegenzug zusehends grundsätzlich auch eine Tendenz aufkam, einer allzu einseitig quantitativ ausgerichteten Vorgehens-

15 Vgl. zu einer Abgrenzung der unterschiedlichen Logiken der Netz-Repräsentation in einer knappen Übersicht Dauser/Hächler/Kempe/Mauelshagen/Stuber (2008), S. 16 f. Hier wird zugleich betont, dass netzgeographische und netzwerkanalytische Zugangswege keineswegs in Konkurrenz zueinander stehen, sondern sich vielmehr ergänzen können.

16 Vgl. Roche (1971) mit Pionierkarten z.B. zu dem Korrespondenznetz Jean-Jacques Rousseaus (1712–1778); sowie Mandrou (1973), insbesondere S. 247, mit Pionierkarten z.B. zu dem Korrespondenznetz des Erasmus von Rotterdam (1466/69–1536).

17 Vgl. jüngst Stuber/Hächler/Steinke (2005), v.a. S. 32 f., S. 36 f. sowie S. 68, mit Karten u.a. zum Korrespondenznetz Christoph Jacob Trews und Albrecht von Hallers (1708–1777). Hier findet sich auch eine tabellarische Aufstellung verschiedener bis dahin publizierter Karten europäischer Korrespondenznetze; vgl. ebd., S. 34.

18 Vgl. in einer Übersicht auch Dauser/Hächler/Kempe/Mauelshagen/Stuber (2008), S. 17.

19 Zur Netzwerkanalyse vgl. einführend Jansen (2006); Wasserman/Faust (1994).

20 Vgl. Moreno (1932).

21 Zur rasanten Entwicklung der Visualisierung sozialer Netzwerke vgl. in einer Übersicht Freeman (2000); auch Krempel (2004).

22 Zunächst erkannte Wolfgang Reinhard 1979 den Nutzen der Netzwerkanalyse im Rahmen seiner Studien zur historischen Eliteforschung; vgl. in seinen gesammelten Abhandlungen Reinhard (1997). Erst einige Jahre später stieg auch das Interesse der kommunikationsgeschichtlich orientierten historischen Forschung; vgl. z.B. Pieper (2000).

weise ganz bewusst auch eher qualitativ u.a. an den Inhalten sozialer Netze ausgerichtete Ansätze entgegenzusetzen.[23]

Studien zu den umfangreich erhaltenen Briefschaften einzelner Gelehrter führten so auf Basis des skizzierten Methodenspektrums fraglos zu einem beachtlichen Erkenntnisgewinn im Verständnis frühneuzeitlicher gelehrter Kommunikationsnetze: Insbesondere die netzwerkanalytische Visualisierung blieb dabei zudem nicht bei Darstellung der brieflichen Kontakte einer Fokusperson bzw. „Zentralfigur", also ausschließlich sog. „egozentrierter Netze"[24], stehen, sondern nahm jüngst verstärkt auch sog. „multipolare Netze", die die Beziehungen zwischen allen Akteuren innerhalb eines Korrespondenznetzes oder auch die Beziehungen zwischen verschiedenen Korrespondenznetzen erfassen können, sowie darüber hinaus sog. „two-mode-Netzwerke", die zugleich die institutionelle Einbettung der Korrespondenten etwa über deren Akademiezugehörigkeit zu erschließen vermögen, in den Blick,[25] und schuf so neue Techniken[26], die für die Zukunft gerade auch in Bezug allein schon auf die noch lange nicht ausreichend zusammengeführten bisherigen Forschungsergebnisse weitere Möglichkeiten nicht nur der Veranschaulichung sondern auch der vertiefenden Auswertung eröffnen.[27]

---

23 Vgl. in einer Übersicht auch Dauser/Hächler/Kempe/Mauelshagen/Stuber (2008), S. 19–21. Hier wird explizit auch auf die in den letzten Jahren verstärkt vorgebrachten Forderungen nach einer eher qualitativ ausgerichteten Netzwerkanalyse, etwa durch Ylva Hasselberg, hingewiesen; vgl. ebd., S. 20.

24 Zum Begriff des „ego-zentrierten Netzwerks" bzw. „ego-zentrierten Netzes" vgl. Jansen (2006), S. 65. – Jansen führt a.a.O. weiter aus, das auf eine Fokusperson und deren Kontakte mit anderen Personen, sog. „Alteri", ausgerichtete egozentrierte „Netz" lasse sich eigentlich erst dann als „Netzwerk" qualifizieren, wenn daneben auch bereits die Kontakte der „Alteri" untereinander mit einbezogen würden. Da eine derartige Differenzierung zwischen den Begriffen von „Netz" und „Netzwerk" gerade im Hinblick auf Korrespondenznetze jedoch insgesamt wenig zweckmäßig erscheint und auch in einschlägigen Beiträgen zu diesem Themenkreis nicht gebräuchlich ist, werden auch im Rahmen vorliegender Arbeit die Begriffe des „Netzes" und des „Netzwerkes" synonym verwendet. Zugrunde gelegt werden kann dabei stets die sozialwissenschaftliche Definition des „Netzwerkes", oder eben „Netzes", als „eine abgegrenzte Menge von Knoten oder Elementen und der Menge der zwischen ihnen verlaufenden sogenannten Kanten", wobei die Knoten i.d.R. die Akteure und die Kanten die zwischen diesen verlaufenden Beziehungen darstellen; vgl. Jansen (2006), S. 58.

25 Derartige Möglichkeiten der netzwerkanalytischen Visualisierung großer Datenmengen zu verschiedenen Korrespondenznetzen zeigen Stuber/Hächler/Krempel/Ruisinger (2008) eindrücklich u.a. am Beispiel der Korrespondenznetze Christoph Jacob Trews und Albrecht von Hallers (1708–1777).

26 Vgl. auch Krempel (2005).

27 Zu den Perspektiven der netzwerkanalytischen Visualisierung von Korrespondenznetzen vgl. knapp auch Dauser/Hächler/Kempe/Mauelshagen/Stuber (2008), S. 21.

Es muss allerdings auch konstatiert werden, dass all jene Forschung, die wesentlich von in großem Umfang erhaltenen Briefschaften einzelner Gelehrter ihren Ausgang nimmt und diese in erster Linie in ihrer Struktur als Gesamtkorrespondenz untersucht, überlieferungsbedingt auch in Zukunft in ihren Ergebnissen vorrangig die Funktion nur einiger herausragender Gestalten in den frühneuzeitlichen gelehrten Netzen beleuchten wird. Denn es wurden in der Regel nur die Briefschaften herausragender Wissenschaftler ihrer Zeit, wie z.B. die des Albrecht von Haller (1708–1777), oder mitunter auch besonders reger Kommunikatoren der Wissenschaft, wie etwa die des Christoph Jacob Trew, in großer Zahl und konzentriert an wenigen Standorten an die Nachwelt übergeben. Während also die Funktionsmechanismen dieses gewissermaßen ‚Überbaus' frühneuzeitlicher Korrespondenznetze auf diesem Wege immer weiter erhellt zu werden versprechen, droht so der ‚Unterbau' der gelehrten Netze eher im Dunkeln zu bleiben, da seine Vertreter, wenn überhaupt, nur als Autoren oder Adressaten einiger weniger erhaltener Briefe, also gleichsam geradezu wörtlich nur ‚am Rande' der Korrespondenznetze großer Gelehrter, aufscheinen.

Hier setzt die vorliegende Arbeit an, die den Nachweis erbringen möchte, dass sich diese bislang unter Bezug auf den ‚Unterbau' der frühneuzeitlichen gelehrten Netze ergebende Forschungslücke zumindest ein Stück weit mittels genauer inhaltlicher Analyse von Einzelkorrespondenzen schließen lässt, sofern diese wie der Briefwechsel zwischen Christoph Jacob Trew und Peter Christian Wagner vielfältige Austauschprozesse zum Thema haben, die über die Zweierbeziehung der Korrespondenten hinaus auch auf das umgebende gelehrte Netz verweisen und dieses Netz, welches sich ebenfalls vorrangig als ein Korrespondenznetz präsentiert, so in Teilen zugänglich machen. Freilich ist darauf hinzuweisen, dass die auf diese indirekte Weise zum umgebenden gelehrten Netz zu gewinnende Basis an Informationen bzw. Daten zwangsläufig sehr viel kleiner, fragmentarischer und unsicherer ist als bei Auswertung erhaltener Korrespondenznetze. Die oben beschriebenen Methoden der Analyse und Präsentation von Netzen können also nur sehr selektiv genutzt werden. Vielmehr muss die Analyse unter eher qualitativen denn quantitativen Gesichtspunkten erfolgen und dem Untersuchungsmaterial angepasste Wege beschreiten.

Im Sinne all dieser hier vorgestellten Überlegungen sollen im Folgenden zunächst organisatorische und dann inhaltliche Aspekte des medizinisch-naturwissenschaftlichen Austauschs in der Wagner-Trew-Korrespondenz untersucht werden, um schließlich in einem kurzen Resümee zu der Leitfrage Stellung zu beziehen, inwiefern sich so Einblicke in einen tatsächlich auch tragenden ‚Unterbau' frühneuzeitlicher gelehrter Netze gewinnen lassen.

4.1 Organisatorische Aspekte des medizinisch-naturwissenschaftlichen Austauschs

Die nachfolgend vorgenommene Differenzierung in organisatorische und inhaltliche Aspekte des medizinisch-naturwissenschaftlichen Austauschs in der Wagner-Trew-Korrespondenz ist eine rein pragmatische im Sinne eines strukturierten und gut nachvollziehbaren analytischen Vorgehens. Denn freilich sind organisatorische und inhaltliche Elemente von Austauschprozessen stets letztlich wieder Teile eines Ganzen, weshalb sie auch bei wie im Fall vorliegender Arbeit an sich getrennt sequentieller Betrachtung an geeigneten Stellen immer wieder zusammengeführt werden müssen. So hing zum Beispiel das „Wie" des Austauschs nicht selten unmittelbar vom „Was" des Austauschs ab, erforderte doch etwa, wie zu zeigen sein wird, die Übersendung vor allem von Realien häufig das Erschließen besonderer Zustellungswege, wozu wiederum oft bereits im Vorfeld klärende Schreiben zwischen den Brief- bzw. auch Tauschpartnern nötig wurden, was letztlich das „Wie" des Austauschs selbst vielfach zum erörterten Gegenstand, also zum „Was" des Austauschs, werden ließ.

4.1.1 Rekonstruktion des Ego-Netzwerkes Wagners auf Basis der inhaltlichen Auswertung der erhaltenen Korrespondenz – eine netzgeographische Annäherung

Sollen organisatorische Aspekte des Austauschs im ‚Unterbau' frühneuzeitlicher gelehrter Netze untersucht werden, so drängt sich rasch die Frage auf, ob und inwieweit es gelingen kann, sich umfassenderen Einblick auch in die egozentrierten Briefnetzwerke jener Personen zu verschaffen, deren Korrespondenz in nur geringem Ausmaß erhalten ist. Gerade bei Netzvertretern, die, wie etwa Peter Christian Wagner, oft aufgrund anderer Verpflichtungen in begrenzterem Umfang als andere gelehrte Ambitionen entfalteten bzw. entfalten konnten, daher also weder unter die herausragendsten Wissenschaftler noch unter die aktivsten Wissenschaftskommunikatoren ihrer Zeit zu zählen sind, mag die häufig relativ spärliche Überlieferung ihrer Briefschaften bei oberflächlicher Betrachtung dazu verleiten, ihre Beteiligung bzw. Funktion im Netz pauschal und ohne weitere vertiefende Reflexion nur allzu schnell als geradezu vernachlässigbar gering abzutun. Um einem solchen vorschnellen Urteil trotz der schwierigen Überlieferungssituation zu entgehen, verbleibt im Wesentlichen die Möglichkeit, den Weg über die genaue inhaltliche Auswertung der erhaltenen Korrespondenz zu nehmen, also dort nach Hinweisen auf weitere Briefpartner zu suchen und sich so den tatsächlich vorhandenen Kontakten weiter anzunähern. Im Folgenden soll am Beispiel Peter Christian Wagners exemplarisch der Versuch einer derartigen zumindest teilweisen Rekonstruktion eines Ego-Netzwerkes unternommen werden, wobei deren Ergebnisse zusammengeführt in einer kartographischen Darstellung präsentiert werden.

Bei kartographischer Darstellung eines Korrespondenznetzes im Rahmen der Netzgeographie sind grundsätzlich zwei Vorgehensweisen voneinander zu unterscheiden:[28] Es können in der Karte entweder die Wohnsitze der Korrespondenten oder aber die Absendeorte der Briefe erfasst werden. Entsprechend lässt sich ferner die Gewichtung jedes Ortes in der Karte, z.B. durch die Verwendung unterschiedlich großer Ortspunkte, nach Anzahl der Korrespondenten pro Ort oder aber nach Anzahl der Briefe pro Absendeort auch quantitativ verdeutlichen. Beide Vorgehensweisen bergen auch methodische Probleme, denn im Fall der Erfassung der Korrespondentenwohnsitze können die nicht seltenen Ortswechsel frühneuzeitlicher Gelehrter in der Regel keine Berücksichtigung finden, während im Fall der Erfassung der Absendeorte der Briefe prinzipiell ein ausreichend großes und gut gewähltes Briefsample vorausgesetzt werden muss und somit auch ein insgesamt höherer Arbeitsaufwand erforderlich ist. Letztlich ist die Wahl der Vorgehensweise also stets von der vorhandenen Datenbasis und den eigenen Frage- bzw. Zielstellungen abhängig zu machen.

In vorliegender Arbeit soll hier nun nicht die räumliche Ausdehnung eines in großen Teilen erhaltenen Korrespondenznetzes einer Person veranschaulicht werden, sondern vielmehr kartographisch die partielle Rekonstruktion eines egozentrierten Briefnetzes auf dem Weg über die genaue inhaltliche Analyse der nur in sehr geringem Umfang überlieferten Briefschaften einer Person, also über die gleichsam indirekte Erschließung weiterer Kontakte, abgebildet und so dem Leser vor Augen geführt werden. Aufgrund der relativ kleinen und stellenweise unsicheren Datenbasis aus oft verstreuten und mitunter vagen Hinweisen auf weitere Korrespondenten, nur selten aber auf einzelne Briefe unter expliziter Nennung des Absende- bzw. Adressortes, liegt es daher nahe, eine solche Karte im Kern als Korrespondentenkarte, d.h. unter Erfassung der Wohnsitze der überlieferten und erschlossenen Korrespondenten nicht aber der Absendeorte der Briefe, anzulegen und auf eine ohnehin kaum aussagekräftige quantitative Gewichtung der Orte gänzlich zu verzichten, dafür aber die Namen der einzelnen überlieferten und erschlossenen Korrespondenten in die Karte zu integrieren und durch

---

28 Zu unterschiedlichen Vorgehensweisen und methodischen Problemen bei kartographischer Darstellung von Korrespondenznetzen im Rahmen der Netzgeographie vgl., auch im Folgenden, Stuber/Hächler/Steinke (2005), S. 34 f.; Dauser/Hächler/Kempe/Mauelshagen/Stuber (2008), S. 17 f.

geeignete Auswahl der verwendeten Zeichen etc. dem Betrachter einen raschen Überblick über die jeweilige Erschließungsgrundlage zu ermöglichen (s. Abb. 7).

Im Einzelnen erfolgte die partielle *Rekonstruktion des Ego-Netzwerkes* Peter Christian Wagners auf Basis der erhaltenen Korrespondenz sowie deren netzgeographische Darstellung in folgenden Schritten:

– *Schritt 1: Erfassung der erhaltenen Briefschaften und somit überlieferten Briefpartner Peter Christian Wagners (soweit recherchiert):*

In einem ersten Schritt galt es zunächst die, wenn auch nur in recht geringem Umfang, erhaltenen Briefe von oder an Peter Christian Wagner möglichst vollständig zu erfassen (vgl. Beilage 3).[29] Es stellt sich dabei bei Personen wie Wagner, die eher im ‚Unterbau' der gelehrten Netze ihrer Zeit anzusiedeln sind, regelmäßig die Herausforderung, dass ihre Briefschaften, wie bereits erwähnt, zumeist weder in Form einer im Kern mehr oder minder geschlossenen Briefsammlung noch an einem oder wenigen Standorten konzentriert an die Nachwelt übergeben wurden, sondern sich in ihren Fragmenten nur sehr verstreut an verschiedenen Standorten, also in Gestalt einiger weniger mit der Gesamtkorrespondenz einzelner ihrer Briefpartner überlieferter Schreiben, auffinden lassen. Insofern kann eine eher kursorische Recherche, wie sie im Rahmen vorliegender Untersuchung betrieben wurde, nie für sich beanspruchen, die erhaltenen Schreiben von oder an eine solche Person komplett zu erfassen, sondern ist vielmehr als eine Art Zwischenstand zu begreifen.[30]

Folgende sieben Korrespondenten Peter Christian Wagners aus dem gelehrten Umfeld[31] konnten in Gestalt von Schreiben an und/oder von Wagner an verschiedenen Standorten nachgewiesen werden:

---

29 Eine tabellarische Übersicht zur erhaltenen Korrespondenz Peter Christian Wagners findet sich als Beilage 3 im Anhang vorliegender Untersuchung.

30 Freilich ließe sich bei künftigen Projekten zu Vertretern aus dem ‚Unterbau' der gelehrten frühneuzeitlichen Netze auch ein verstärkter Schwerpunkt auf zunehmend flächendeckende europaweite Recherchen legen, um deren Ego-Netzwerke weiter zu erforschen (zumal die fortschreitende Digitalisierung auch von Handschriften den erheblichen Arbeitsaufwand zunehmend etwas zu verringern verspricht). Vorliegende Arbeit aber verfolgt vorrangig das Ziel, Möglichkeiten der Erschließung weiterer Briefpartner auf Basis der inhaltlichen Auswertung erhaltener Briefe aufzuzeigen.

31 Korrespondenten, die nicht aus dem gelehrten Umfeld stammten, wurden hier bei Rekonstruktion des (gelehrten) Ego-Netzwerkes Wagners der Übersichtlichkeit halber nicht berücksichtigt (erhalten ist auch ein Brief Wagners an eine als „Fräulen Gevatterin" angesprochene Patientin, evtl. ein Fräulein von Bobenhausen; vgl. UBE BT, Korr. Wagner, Nr. 72).

1. *Johann Ambrosius Beurer (1716–1754)*[32]: Wohnsitz Nürnberg; Apotheker und Naturforscher
   - erhalten sind zwei Briefe Wagners an Beurer aus den Jahren 1745/1746 (B)[33]
2. *Johann Philipp Breyne (1680–1764)*[34]: Wohnsitz Danzig; Arzt und Botaniker
   - erhalten sind 16 Briefe Wagners an Breyne und das Exzerpt eines Briefes sowie eine Antwortnotiz Breynes an Wagner aus den Jahren 1741–1753 (B)[35]
3. *Esprit-Claude-François Calvet (1728–1810)*[36]: Wohnsitz Avignon; Arzt und Naturforscher
   - erhalten ist ein Brief Wagners an Calvet aus dem Jahr 1763 (B)[37]
4. *Carl (von) Linné (1707–1778)*[38]: Wohnsitz Uppsala; Arzt, Botaniker und Naturforscher
   - erhalten sind drei Briefe Wagners an Linné aus den Jahren 1744–1746 (B)[39]
5. *Georg Friedrich Mohr (1692–1774)*[40]: Wohnsitz Giengen an der Brenz; Arzt
   - erhalten ist die Kopie eines Antwortschreibens Mohrs an Wagner aus dem Jahr 1743 sowie ein undatierter Brief Mohrs, der bislang als an einen „Ungenannten" gerichtet eingestuft wurde, sich jedoch auf Basis der Wagner-Trew-Korrespondenz sicher als Brief Mohrs an Wagner (aus der ersten Jahreshälfte 1742) identifizieren lässt (B)[41]

---

32 Ausführliche biographische Angaben zu Johann Ambrosius Beurer (1716–1754) finden sich in Brief Nr. 92, Endnote 23.

33 Vgl. UBE BT, Korr. (Peter Christian) Wagner, Nr. 1, 2.

34 Ausführliche biographische Angaben zu Johann Philipp Breyne (1680–1764) finden sich in Brief Nr. 73, Endnote 21.

35 Vgl. Forschungsbibliothek Gotha, Mikrofilm Chart. B 789, Bl. 632–664, und Chart. A 873, Bl. 1r, 9v.

36 Esprit-Claude-François Calvet wurde 1728 in Avignon geboren. Nach einem Studium in Lyon und Avignon erlangte er 1749 den Doktorhut und wurde in die Ärzteschaft von Avignon aufgenommen. Er begab sich dann jedoch zunächst auf Reisen durch Frankreich, u.a. mit einem längeren Parisaufenthalt. Ab 1753 war Calvet in Avignon als Arzt tätig und unterrichtete auch an der dortigen medizinischen Fakultät. Er führte zahlreiche Briefwechsel, war Mitglied einiger Akademien und legte in seinem Haus in Avignon umfangreiche Sammlungen an. Während der Französischen Revolution war er für kurze Zeit in Gefangenschaft. Esprit Calvet verstarb 1810 in Avignon; vgl. Brockliss (2002), S. 20–37.

37 Vgl. Bibliothèque Municipale Avignon, MS 2359, fos. 1–2.

38 Ausführliche biographische Angaben zu Carl (von) Linné (1707–1778) finden sich in Brief Nr. 85, Endnote 5.

39 Vgl. The Linnean Correspondence, letter L0531, L0553, L0677.

40 Ausführliche biographische Angaben zu Georg Friedrich Mohr (1692–1774) finden sich in Brief Nr. 56, Endnote 11.

41 Vgl. UBE BT, Korr. Georg Friedrich Mohr, Nr. 1, 8.

6. *Giuseppe (Joseph) Monti (1682–1760)*[42]: Wohnsitz Bologna; Botaniker
   - erhalten ist ein Brief Montis an Wagner aus dem Jahr 1743 (B)[43]
7. *Christoph Jacob Trew (1695–1769)*: Wohnsitz Nürnberg; Arzt und Naturforscher
   - erhalten sind (die in vorliegender Arbeit edierten) sieben Briefentwürfe Trews an Wagner und 68 Briefe Wagners an Trew aus den Jahren 1729–1760, sowie außerdem ein Extrakt aus einem Schreiben Wagners mit für Trew bestimmten Mitteilungen aus dem Jahr 1749 (B)[44]

Die sechs verschiedenen Wohnsitze dieser sieben Korrespondenten Peter Christian Wagners, die sich über erhaltene Briefe von und/oder an Wagner nachweisen ließen, wurden in der kartographischen Darstellung der Rekonstruktion des Ego-Netzwerkes Wagners mit einem Kreuz („X") markiert. Neben dem Ortsnamen wurden die Namen der jeweiligen Korrespondenten vermerkt, wobei durch ein in Klammern nachgestelltes „B" auch korrespondentenbezogen noch einmal darauf hingewiesen wird, dass Briefe von und/oder an diesen Briefpartner überliefert sind.

— Schritt 2: Erschließung weiterer Korrespondenten Peter Christian Wagners auf Basis der inhaltlichen Auswertung der erhaltenen Korrespondenz:

Im nächsten Schritt wurden die überlieferten Briefschaften Wagners nach Hinweisen auf weitere Korrespondenten durchsucht. Die Suche wurde dabei auf die Wagner-Trew-Korrespondenz sowie die Wagner-Breyne-Korrespondenz begrenzt, da nur hier längere Briefsequenzen zur Verfügung stehen.[45] Alle Suchergebnisse wurden zunächst in Tabellenform festgehalten (vgl. Beilage 4).[46] Es sei hier eingangs noch einmal betont, dass die Suche allein Korrespondenten Wagners galt, d.h. es konnte und sollte hier nicht darum gehen, auch jene Personen zu erfas-

42 Ausführliche biographische Angaben zu Giuseppe (Joseph) Monti (1682–1760) finden sich in Brief Nr. 52 (Übersetzung), Endnote 5.

43 Vgl. UBE BT, Korr. Joseph Monti, Nr. 3.

44 Vgl. UBE BT, Korr. (Christoph Jacob) Trew, Nr. 789–795; UBE BT, Korr. (Peter Christian) Wagner, Nr. 3–71.

45 Oft erweisen sich Hinweise auf weitere Korrespondenten zunächst in der in den Brieftexten vorgefundenen Formulierung als relativ unsicher (wurde also etwa wirklich ein Brief getauscht oder könnte im Einzelfall auch ein persönlicher Kontakt stattgefunden haben?) und gewinnen erst in ihrer Summe weiter an Kontur, weshalb sich besser mit zumindest einigen aufeinanderfolgenden Briefen als mit völlig isoliert überlieferten Einzelbriefen arbeiten lässt.

46 Die tabellarische Übersicht zur Rekonstruktion des Ego-Netzwerkes Wagners auf Basis der inhaltlichen Auswertung der erhaltenen Korrespondenz in Beilage 4 im Anhang vorliegender Untersuchung führt insbesondere die entsprechenden Stellennachweise und auch die relevanten Briefzitate jeweils im Einzelnen auf und ermöglicht dem Leser so, im Detail nachzuvollziehen, in welcher Form die in ihrer Interpretation oft schwierigen Hinweise umgesetzt wurden.

sen, zu denen Wagner in seinem unmittelbaren Umfeld in direktem persönlichen Kontakt stand, also sein Beziehungsnetz in dieser Hinsicht vollständig abzubilden.[47] Zudem wurde das Augenmerk auf Korrespondenten Wagners aus dem gelehrten Kontext gelegt, d.h. außerhalb dessen teils fließender Grenzen stattfindende vereinzelte briefliche Kontakte Wagners zu Handlungen bzw. Geschäften wurden insbesondere zur Vermeidung einer Unübersichtlichkeit in der kartographischen Darstellung vernachlässigt.[48] Zugleich ist darauf hinzuweisen, dass im Kontext des gelehrten Austauschs der Begriff „Korrespondenz" stets nur auf „eine Brief *und* Paket umfassende Form postalischer Kommunikation"[49] abzielen kann, also als weitere Korrespondenten Wagners hier alle Personen erschlossen wurden, die mit diesem Briefe *oder* sonstige Sendungen, z.B. Pakete mit Realien, wechselten.

Folgende weitere zwölf Korrespondenten Peter Christian Wagners konnten so auf dem Weg der inhaltlichen Auswertung der Wagner-Trew- und Wagner-Breyne-Korrespondenz erfasst werden:

1. *Johann Sebastian Albrecht (1695–1774)*[50]: Wohnsitz Coburg; Arzt und Naturwissenschaftler
   – es finden sich Hinweise auf einen „Einschluß" Wagners an Albrecht im Jahr 1730 und auf die Weitervermittlung einer Sendung über Albrecht an Wagner im Jahr 1743 (b)[51]
2. *Jean de Baillou (1684–1758)*[52]: Wohnsitz Florenz; Direktor der Uffizien und Naturaliensammler

47 So stand Wagner z.B. in persönlichem Kontakt zu seinen ärztlichen Kollegen am Bayreuther Markgrafenhof oder auch zu seinem Schwiegervater Johann Friedrich Weismann (1678–1760) in Erlangen. Diese persönlichen Kontakte sind freilich nicht gänzlich außer Acht zu lassen, da, auch wenn sich kein konkreter Hinweis auf einen parallel auch brieflichen Austausch findet, eine komplementäre Ergänzung persönlicher und brieflicher Kontakte, wie am Beispiel Wagners und Trews aufgezeigt, nie völlig auszuschließen ist.

48 In der tabellarischen Zusammenstellung der Suchergebnisse wurden Grenzfälle eines solchen Vorgehens, wie etwa der Kontakt zu einem Kupferstecher, der Vollständigkeit halber teils noch aufgenommen, in der kartographischen Darstellung dann aber der Übersichtlichkeit halber nicht umgesetzt. Selbiges gilt für vereinzelte Kontakte Wagners, die nur sehr fraglich oder gar nicht einer historischen Person zugeordnet werden können, sowie für Kontakte Wagners zu Institutionen, ohne dass konkrete Briefpartner genannt werden.

49 Kempe (2004), S. 417.

50 Ausführliche biographische Angaben zu Johann Sebastian Albrecht (1695–1774) finden sich in Brief Nr. 6, Endnote 23.

51 Vgl. Brief Nr. 6, Z. 50 f. (UBE BT, Korr. Wagner, Nr. 6; vom 30.9.1730); Brief Nr. 63, Z. 8–12 (UBE BT, Korr. Wagner, Nr. 46; vom 8.8.1743).

52 Jean de Baillou wurde 1684 (wohl) in Frankreich geboren und starb 1758 in Wien. Nach einiger Zeit am Hof von Parma wechselte de Baillou 1731 nach Florenz ins Herzogtum Toskana, wurde dort 1735 zum Direktor der Uffizien und 1736 zum Generaldirektor aller Festungen, Ge-

- es finden sich u.a. Hinweise darauf, dass Wagner 1743 Bücher und Naturalien und wohl auch einen Brief an de Baillou sandte, aber lange vergebens auf Antwort wartete, da er noch 1745 gegenüber Breyne beklagte, de Baillou sei wohl „sehr nachläßig und [...] eigennützig in seinen Brief Wechßel" (b)[53]

3. *Giovanni Bianchi (Pseudonym Ianus Plancus) (1693–1775)*[54]: Wohnsitz Rimini[55]; Arzt, Anatom und Naturforscher
   - es finden sich Hinweise, dass Wagner bereits im Jahr 1741 eine „schon Viele Jahre daurende[] Correspondenz" mit Bianchi unterhielt und dass diese mindestens bis 1748 andauerte (bb)[56]
4. *Franz Ernst Brückmann (1697–1753)*[57]: Wohnsitz Wolfenbüttel; Arzt, Botaniker und Naturforscher
   - es finden sich Hinweise auf eine „Zuschrifft" Brückmanns an Wagner 1729, einen „Einschluß" Brückmanns an Wagner 1730, sowie Briefe Brückmanns an Wagner 1738 (teils wörtlich zitiert), ferner auf Sendungen noch 1742 (bb)[58]
5. *Johann Gabriel Doppelmayr (1677–1750)*[59]: Wohnsitz Nürnberg; Mathematiker, Physiker und Astronom

bäude, Gärten und Bergwerke der Toskana ernannt. Jean de Baillou erwarb sich einen Ruf als ein herausragender Naturaliensammler seiner Zeit. Etwa im Jahr 1748 kaufte Kaiser Franz Stephan die Sammlungen de Baillous und ließ sie nach Wien bringen. De Baillou folgte seinen Sammlungen nach Wien und wurde dort erster Direktor des so neugegründeten Hof-Naturalien-Cabinets. Zu Jean de Baillou vgl. ausführlich Blöchlinger vom Bannholz (1868).

53 Vgl. v.a. Forschungsbibliothek Gotha, Mikrofilm Chart. B 789, Bl. 638–640, hier insbesondere Bl. 639 (Wagner an Breyne am 24.4.1745).

54 Ausführliche biographische Angaben zu Giovanni Bianchi (1693–1775) finden sich in Brief Nr. 52 (Übersetzung), Endnote 9.

55 In den Jahren 1741–1744 weilte Bianchi in Siena. Dieser kurzzeitige Wohnortwechsel kann hier (in die kartographische Darstellung) nicht einbezogen werden (s.o.).

56 Vgl. v.a. Forschungsbibliothek Gotha, Mikrofilm Chart. B 789, Bl. 632 f. (Wagner an Breyne am 20.6.1741); oder auch Brief Nr. 82, Z. 42–55 (UBE BT, Korr. Wagner, Nr. 59; vom 9.2.1748).

57 Ausführliche biographische Informationen zu Franz Ernst Brückmann (1697–1753) finden sich in Brief Nr. 1, Endnote 1.

58 Vgl. v.a. Brief Nr. 1, Z. 8–10 (UBE BT, Korr. Wagner, Nr. 4; vom 4.10.1729); Brief Nr. 4, Z. 8–10 (UBE BT, Korr. Wagner, Nr. 5; vom 23.4.1730); Brief Nr. 53, Z. 21–28 (UBE BT, Korr. Wagner, Nr. 70; ohne Datum); Brief Nr. 54, Z. 22–25 (UBE BT, Korr. Wagner, Nr. 38; vom 5.9.1738); Brief Nr. 57, Z. 8–10 (UBE BT, Korr. Wagner, Nr. 41; vom 7.9.1742). – Es sei hier ferner darauf hingewiesen, dass Brückmann einen seiner „Reisebriefe" der „Centuria epistolarum itinerarium" an Wagner richtete; vgl. Brückmann (1756), S. 504–509 (Centurie III, 44. Brief).

59 Ausführliche biographische Informationen zu Johann Gabriel Doppelmayr (1677–1750) finden sich in Brief Nr. 72, Endnote 6.

- es finden sich Hinweise, dass Wagner an Doppelmayr 1746 ein Buch sowie einen von einem Dritten zur Weitervermittlung an Trew bestimmten „Einschluß" übersandte (p)[60]

6. *Jacob Theodor Klein (1685–1759)*[61]: Wohnsitz Danzig; Jurist, Naturforscher und Naturaliensammler
   - es finden sich u.a. Hinweise bereits auf einen Brief Kleins an Wagner (teils wörtlich zitiert) aus dem Jahr 1742, zudem umgekehrt auch auf einen „Einschluß" Wagners an Klein im selben Jahr, sowie nach einigen (ebenfalls teils wörtlich zitierten) Briefen in den Zwischenjahren zuletzt auf einen „Einschluß" Wagners an Klein im Jahr 1751 (bb)[62]
7. *Johann Lorenz Ludwig Loelius (1687–1756)*[63]: Wohnsitz Ansbach; Arzt
   - es finden sich Hinweise v.a. auf drei Schreiben Wagners an Loelius aus den Jahren 1736/1737, die alle über Trew übermittelt wurden (bb)[64]
8. *Christian Gottlieb Ludwig (1709–1773)*[65]: Wohnsitz Leipzig; Arzt und Botaniker
   - es finden sich Hinweise auf wiederholte Weitervermittlungstätigkeiten Ludwigs in den Jahren 1748–1751 in Bezug auf von Wagner kommende oder an Wagner gehende Sendungen von und/oder an Dritte (p)[66]
9. *Saverio Manetti (1723–1785)*[67]: Wohnsitz Florenz; Arzt und Botaniker

---

60 Vgl. Brief Nr. 76, Z. 36–40 (UBE BT, Korr. Wagner, Nr. 55; vom 24.4.1746); Brief Nr. 77, Z. 8–10 (UBE BT, Korr. Wagner, Nr. 56; vom 4.5.1746).

61 Ausführliche biographische Informationen zu Jacob Theodor Klein (1685–1759) finden sich in Brief Nr. 57, Endnote 3.

62 Vgl. u.a. Brief Nr. 57, Z. 11–16 und Z. 19–23 (UBE BT, Korr. Wagner, Nr. 41; vom 7.9.1742); Forschungsbibliothek Gotha, Mikrofilm Chart. B 789, Bl. 634 f. (Wagner an Breyne am 8.10.1742); Brief Nr. 64, Z. 20–32 (UBE BT, Korr. Wagner, Nr. 47; vom 18.10.1743); Brief Nr. 65, Z. 7–18 (UBE BT, Korr. Wagner, Nr. 48; vom 5.1.1744); Forschungsbibliothek Gotha, Mikrofilm Chart. B 789, Bl. 658 f., hier insbesondere Bl. 659 (Wagner an Breyne am 18.9.1751).

63 Ausführliche biographische Informationen zu Johann Lorenz Ludwig Loelius (1687–1756) finden sich in Brief Nr. 32, Endnote 42.

64 Vgl. Brief Nr. 32, Z. 63 f. (UBE BT, Korr. Wagner, Nr. 23; vom 21.11.1736); Brief Nr. 39, Z. 12–15 (UBE BT, Korr. Wagner, Nr. 27; vom 18.12.1736); Brief Nr. 47, Z. 26–35 (UBE BT, Korr. Wagner, Nr. 33; vom 17.2.1737).

65 Ausführliche biographische Informationen zu Christian Gottlieb Ludwig (1709–1773) finden sich in Brief Nr. 76, Endnote 18.

66 Vgl. Brief Nr. 82, Z. 34–42 (UBE BT, Korr. Wagner, Nr. 59; vom 9.2.1748); Forschungsbibliothek Gotha, Mikrofilm Chart. B 789, Bl. 645–647, hier insbesondere Bl. 645 f. (Wagner an Breyne am 30.3.1748); Forschungsbibliothek Gotha, Mikrofilm Chart. B 789, Bl. 652 f., hier insbesondere Bl. 652 (Wagner an Breyne am 9.12.1749); Forschungsbibliothek Gotha, Mikrofilm Chart. B 789, Bl. 660 f., hier insbesondere Bl. 660 (Wagner an Breyne am 5.8.1751).

67 Saverio (Xaverius) Manetti wurde 1723 in Florenz geboren und starb ebenda 1785. Er war Professor der Medizin und Botanik in Florenz sowie Leiter des dortigen Botanischen Gartens 1749–1782. Manetti galt als Verfechter der Pockeninokulation und der Linnéschen Pflanzensystematik

   - es finden sich Hinweise, dass ein Büchertausch Manettis mit Breyne in den Jahren 1751/1752 über Wagner ablief (p)[68]
10. *August Johann Rösel von Rosenhof (1705–1759)*[69]: Wohnsitz Nürnberg; Miniaturmaler, Zeichner, Kupferstecher und Naturforscher
   - es finden sich Hinweise auf einen „Beÿschluß" Wagners über Trew an Rösel von Rosenhof (wogegen er „Blätter" zu erhalten hoffte), aber auch konkret auf eine beabsichtigte „schrifftliche Antwort" Wagners an Rösel von Rosenhof, beides im Jahr 1743 (b)[70]
11. *Johann Jakob Scheuchzer (1672–1733)*[71]: Wohnsitz Zürich; Arzt, Naturforscher und Polyhistor
   - es finden sich Hinweise, dass Wagner mit Scheuchzer vor dessen Tod 1733 in brieflichem Austausch stand, bezeichnet er diesen doch als seinen „ehemahligen geliebtesten Freund[] <?> und Briefwechßler[]" (bb)[72]
12. *Jean-François Séguier (1703–1784)*[73]: Wohnsitz Verona; Altertumsforscher und Botaniker

---

und war Mitglied einiger gelehrter Gesellschaften, so der Leopoldina (1749), der Gesellschaft der Wissenschaft Göttingen (1755), der Royal Society London (1756) und der Accademia delle Scienze dell'Istituto di Bologna (1757). In der UBE Briefsammlung Trew ist u.a. ein Brief Manettis an Trew aus dem Jahr 1756 überliefert; vgl. Boschung (2002), S. 321 f.; Schmidt-Herrling (1940), S. 384.

68 Vgl. Forschungsbibliothek Gotha, Mikrofilm Chart. B 789, Bl. 658 f., hier insbesondere Bl. 658 (Wagner an Breyne am 18.9.1751); Forschungsbibliothek Gotha, Mikrofilm Chart. B 789, Bl. 662 (Wagner an Breyne am 15.4.1752). – Es sei hier ferner darauf hingewiesen, dass Manetti in sein Werk „Viridarium Florentinum" eine Widmung an Wagner einfügte; vgl. Manetti (1751).

69 Ausführliche biographische Informationen zu August Johann Rösel von Rosenhof (1705–1759) finden sich in Brief Nr. 60, Endnote 20.

70 Vgl. Brief Nr. 60, Z. 35–39 (UBE BT, Korr. Wagner, Nr. 45; vom <12.5.1743>, aber wohl Fehldatierung Wagners, tatsächlich eher vom 1.5. oder 2.5.1743); Brief Nr. 62, Z. 55–57 (UBE BT, Korr. Wagner, Nr. 44; vom 10.5.1743).

71 Johann Jakob Scheuchzer wurde 1672 in Zürich geboren und starb ebenda 1733. Er wurde 1694 in Utrecht zum Dr. med. promoviert. In der Folge war er in Zürich Waisenhausarzt (1695), Kurator der Bürgerbibliothek (1696), Professor der Mathematik (1710) und Professor der Physik (1733) am Collegium Carolinum, erster Stadtarzt und Chorherr (1733). Johann Jakob Scheuchzer gilt als der Begründer der Paläobotanik und war zudem ein prominenter Vertreter der Sintfluttheorie. Der Universalgelehrte von europäischem Rang war Mitglied der Leopoldina (1697), der Royal Society London (1703), der Akademie der Wissenschaften Berlin (1706) und der Accademia delle Scienze dell'Istituto di Bologna (1714). In der UBE Briefsammlung Trew sind einige Briefe Scheuchzers an Trew überliefert; vgl. Boschung (2002), S. 452 f.; Schmidt-Herrling (1940), S. 529; auch ADB, Bd. 34, S. 710–715; NDB, Bd. 22, S. 711 f.; Hirsch (1962), Bd. 5, S. 69 f.

72 Vgl. Forschungsbibliothek Gotha, Mikrofilm Chart. B 789, Bl. 636 f., hier insbesondere Bl. 636 (Wagner an Breyne am 21.11.1743).

73 Jean-François Séguier wurde 1703 in Nîmes geboren und starb ebenda 1784. Nach einem Studium der Rechtswissenschaften und Botanik in Montpellier bereiste Séguier 1733–1755 in Ge-

– es finden sich Hinweise auf einen brieflichen Austausch zwischen Séguier und Wagner in den Jahren 1747–1749, wobei v.a. im Jahr 1749 auch aus einem Brief Séguiers an Wagner wörtlich zitiert wird (bb)[74]

Die Wohnsitze[75] der auf diesem Weg erschlossenen weiteren Korrespondenten Peter Christian Wagners wurden, sofern nicht bereits auf Basis der Erfassung der überlieferten Briefschaften als Wohnsitz eines Briefpartners mit „X" gekennzeichnet, in der kartographischen Darstellung der Rekonstruktion des Ego-Netzwerkes Wagners mit einem Kreis („O") markiert. Die Namen aller zwölf erschlossenen Korrespondenten wurden neben den jeweiligen Ortsnamen vermerkt und durch ein in Klammern nachgestelltes „bb", „b" oder „p" weiter spezifiziert, je nachdem ob und wie sicher sich ein explizit auch brieflicher Austausch Wagners mit dem jeweiligen Korrespondenten ermitteln ließ (siehe Legende zur Karte in Abb. 7). Hier auch Korrespondenten zu berücksichtigen, bezüglich derer sich keine konkreten Hinweise auf einen brieflichen Austausch mit Wagner finden, muss schon allein deshalb als sinnvoll angesehen werden, weil davon auszugehen ist, dass auch anderweitige Sendungen wie Pakete etc. häufig von Schreiben begleitet waren, auch wenn Wagner dies in den als Nachweis dienenden erhaltenen Brieftexten z.B. gegenüber Trew nicht immer für nötig befand explizit festzuhalten.

---

sellschaft von Francesco Scipione Maffei Frankreich, England, Holland, Deutschland, Österreich und Italien, wo er insbesondere für längere Zeit in Verona lebte. 1755 kehrte er nach dem Tod Maffeis nach Nîmes zurück und beschäftigte sich mit antiken Inschriften, seinem berühmten Naturalienkabinett sowie seiner Münz- und Altertümersammlung. Séguier erlangte Bekanntheit v.a. auch als Botaniker, u.a. mit der „Bibliotheca botanica" (1740) und einer Flora Veronas (1745–1754). Séguier war Mitglied der Académie des Sciences Paris (1749) und der Accademia delle Scienze dell'Istituto di Bologna (1750). In der UBE Briefsammlung Trew sind u.a. Briefe Séguiers an Trew erhalten; vgl. Boschung (2002), S. 466 f.; Schmidt-Herrling (1940), S. 563.

74 Vgl. v.a. Forschungsbibliothek Gotha, Chart. B 789, Bl. 643 f., hier insbesondere Bl. 644 (Wagner an Breyne am 18.4.1747); Forschungsbibliothek Gotha, Mikrofilm Chart. B 789, Bl. 645–647, hier insbesondere Bl. 645 f. (Wagner an Breyne am 30.3.1748); Forschungsbibliothek Gotha, Mikrofilm Chart. B 789, Bl. 650 f., hier insbesondere Bl. 650 (Wagner an Breyne am 27.9.1749).

75 Vermerkt wurde stets der hauptsächliche Wohnsitz zur Zeit der erschlossenen Korrespondenz, wobei (vorübergehende) Orts- bzw. auch Wohnsitzwechsel der Korrespondenten dabei nicht berücksichtigt werden konnten, so etwa der Aufenthalt Giovanni Bianchis in Siena 1741–1744. – Wurde in den erhaltenen Brieftexten zu den erschlossenen Sendungen ein Absende- bzw. Adressort genannt, so handelte es sich ansonsten in der Regel ohnehin um den jeweiligen Wohnsitz des Korrespondenten (vgl. Tabellen in Beilage 4). – Es sei hier ferner darauf hingewiesen, dass aus den erhaltenen Brieftexten vereinzelt auch Sendungen zu erschließen waren, bei denen ohne jeden Vermerk zum Korrespondenten nur ein Absende- bzw. Adressort genannt wird. Derartige (oft sehr vage) Hinweise konnten in der hier angefertigten Korrespondentenkarte Wagners nicht umgesetzt werden, finden sich aber in Auszügen in die Tabellen in Beilage 4 aufgenommen, um diesen Aspekt und eine mögliche damit einhergehende zusätzliche räumliche Erweiterung des Netzwerkes Wagners zumindest anzudeuten.

Zusammengeführt ergibt sich somit folgende kartographische Darstellung der Rekonstruktion des Ego-Netzwerkes Peter Christian Wagners:

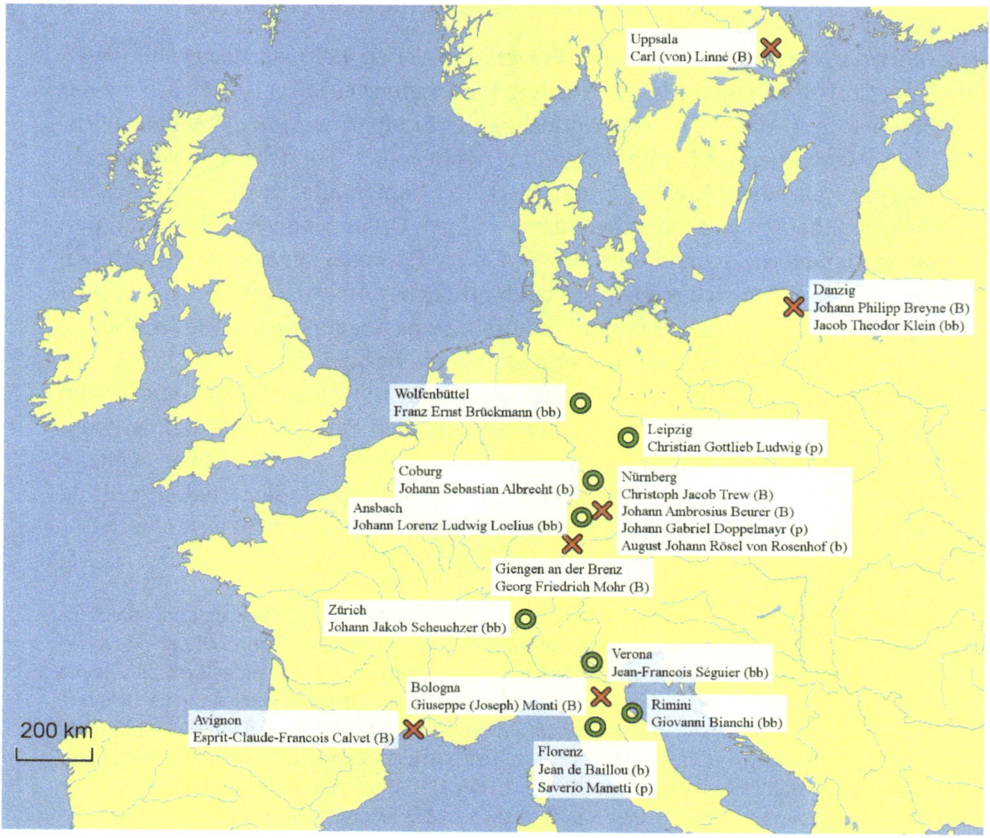

Abb. 7: Rekonstruktion des Ego-Netzwerkes Peter Christian Wagners auf Basis der inhaltlichen Auswertung der erhaltenen Korrespondenz

Legende:

- **X** Wohnsitze von Korrespondenten Wagners, von denen bzw. an welche Schreiben überliefert sind (daneben können dort ferner auch erschlossene Korrespondenten wohnen)
- **O** Wohnsitze von Korrespondenten Wagners, die auf Basis der erhaltenen Korrespondenz (Wagner-Trew- und Wagner-Breyne-Korrespondenz) erschlossen wurden

Den Namen der einzelnen überlieferten bzw. erschlossenen Korrespondenten ist zur weiteren Spezifizierung nachgestellt:

- **B** Korrespondent Wagners, von dem und/oder an den Briefe überliefert sind
- **bb** Korrespondent Wagners, von dem und/oder an den Briefe sicher zu erschließen sind (z.B. da einzelne Schreiben mit Ausstellungs- oder Eingangsdatum erwähnt oder gar zitiert werden)
- **b** Korrespondent Wagners, von dem und/oder an den Briefe nur wahrscheinlich zu erschließen sind (z.B. da nur ein „Einschluß“ oder die Absicht eines Schreibens erwähnt werden)
- **p** Korrespondent Wagners, zu dem sich nur Hinweise auf anderweitige Sendungen finden

Im Weiteren soll abschließend eine kurze verbale Zusammenfassung und auch *Interpretation der bei Rekonstruktion des Ego-Netzwerkes Peter Christian Wagners im Wesentlichen erzielten Resultate* gegeben werden. Dabei ist zu betonen, dass der Bezugspunkt ein Ego-Netzwerk ist, welches nach wie vor nur in vermutlich relativ kleinen Teilen, wenn auch nun in etwas größeren Teilen als zuvor, bekannt ist. Alle hier getroffenen Aussagen können also keinesfalls beanspruchen, auch das tatsächliche Korrespondenznetz Wagners detailgetreu abzubilden, sondern sie können nur mögliche Tendenzen erkennbar machen.

— Aspekt 1: „Sozialstruktur“ der Korrespondenten:
Die Zahl bekannter Korrespondenten Wagners aus dem gelehrten Kontext ließ sich mit Hilfe der Rekonstruktion auf Basis der inhaltlichen Auswertung der erhaltenen Briefschaften auf insgesamt 19 erhöhen und somit mehr als verdoppeln. Auffällig ist, dass es sich in zwölf Fällen (also ca. 63%) um Ärzte handelte, wobei darunter hier alle Personen zusammengefasst werden, die in der Regel nach Erwerb eines medizinischen Doktorgrades als praktizierende Ärzte, Medizinprofessoren an Universitäten oder auch als Ärzte in anderen Ausbildungsfunktionen tätig waren.[76] Nahezu alle diese Ärzte unter den Korrespondenten Wagners waren jedoch zudem in ihrer Zeit anerkannte Naturforscher und Sammler.[77] Da sich unter den Korrespondenten Wagners darüber hinaus weitere Naturwissenschaftler sowie Personen mit ausgeprägter naturkundlicher Sammelleidenschaft aus völlig anderen Berufsgruppen, wie etwa aus dem Bereich der Apotheker oder auch Juristen, finden, kristallisieren sich verschiedene naturkundliche Interessen und Aktivitäten immer mehr als das entscheidende Moment in der Zusammensetzung der Korrespondentenschar Peter Christian Wagners heraus: Es lassen sich von den insgesamt 19 Korrespondenten mindestens 17 (also ca. 90%) dem Kreis anerkannter Naturforscher und Sammler zuordnen. Entsprechend überrascht es nicht, dass bei Analyse inhaltlicher Aspekte des Austauschs im gelehrten Netz auf Grundlage vor allem der Wagner-Trew-Korrespondenz in einem späteren Abschnitt vorliegender Arbeit eine starke Präsenz gerade auch breitgefächerter naturkundlicher Themen bzw. Tauschobjekte ins Auge fällt.

---

76 Eine genauere Aufschlüsselung der Korrespondenten nach ihrem Broterwerb konkret zur Zeit einzelner Briefe, wie sie etwa Stuber/Hächler/Steinke (2005), S. 90–93, für Hallers Netz leisten, ist hier aufgrund der zu geringen Datenbasis nicht sinnvoll möglich.

77 Eine gewisse Ausnahme bilden hier nur Georg Friedrich Mohr und insbesondere auch Johann Lorenz Ludwig Loelius, dessen Korrespondenz mit Wagner wohl auch vor allem auf die Frage der Vermittlung Wagners als Leibarztkollege an den Ansbacher Markgrafenhof beschränkt blieb.

— Aspekt 2: räumliche Ausdehnung des Korrespondenznetzes/ äußere Dimensionen:

Das Ego-Netzwerk Wagners zeigt, soweit es rekonstruiert werden konnte, eine beachtliche Nord-Süd-Ausdehnung (ca. 1800 km) mit Uppsala (Linné) als nördlichstem sowie Florenz (de Baillou, Manetti) als südlichstem Punkt. Auch die West-Ost-Ausdehnung (ca. 900 km) ist mit Avignon (Calvet) als westlichstem sowie Danzig (Breyne, Klein) als östlichstem Punkt erheblich. Es muss freilich einschränkend hervorgehoben werden, dass, anders als in der Raumanalyse umfänglich erhaltener europäischer Korrespondenznetze etwa eines Trew oder Haller,[78] bei einem Blick auf die Rekonstruktion eines Korrespondenznetzes wie jenes Wagners aufgrund der insgesamt nach wie vor allzu geringen und fragmentarischen Datenbasis nicht sinnvoll zwischen der Ausdehnung eines verhältnismäßig homogenen Hauptgebiets der Korrespondenz und isolierten Inseln an dessen Peripherie unterschieden werden kann. Demgemäß bleibt es auch schwierig, das Korrespondenznetz Peter Christian Wagners innerhalb jener Typologie zu verorten, die Korrespondenznetze wie folgt zu differenzieren sucht: in solche „nationalen Typs" mit höchstens vereinzelten Ausläufern europäischer Dimension, in solche „europäischen Typs" mit Verbindungen über den gesamten Kontinent, sowie schließlich in jene, die eine Art Zwischenstellung einnehmen und also nur einen Teil Europas abdecken.[79] Eine Tendenz des Ego-Netzwerkes Wagners zu letztgenanntem Typ ist aber doch bereits auch in seiner fragmentarischen Rekonstruktion vor allem in Gestalt der im Verhältnis zur vorhandenen Gesamtdatenmenge erheblichen Zahl von nachgewiesenen Korrespondenten im norditalienischen Raum unverkennbar.

Zieht man hier eine erste kurze Zwischenbilanz, so kommt man nicht umhin, noch einmal explizit auf das grundsätzliche Problem der nur sehr bedingten Vergleichbarkeit des rekonstruierten Korrespondenznetzes Wagners mit den bislang vorwiegend untersuchten umfänglich erhaltenen Korrespondenznetzen einzelner herausragender Wissenschaftler oder Wissenschaftskommunikatoren zu verweisen: zu unterschiedlich ist die verfügbare Datenbasis, zu unterschiedlich folglich auch der bei allen Rekonstruktionsbemühungen zu erzielende Grad der Vollständigkeit in Abbildung des Korrespondenznetzes. Dennoch lassen sich auch unter einem vergleichenden Blickwinkel zumindest einige Tendenzen mit einer gewissen Wahrscheinlichkeit herausarbeiten. Auf der einen Seite zeichnet sich ab, dass die Gesamtzahl der Korrespondenten eines Vertreters wie Peter

78 Vgl. dazu Stuber/Hächler/Steinke (2005), S. 35–40.

79 Vgl. zu dieser Typologie mit Beispielen ebd., S. 38; grundsätzlich auch Dauser/Hächler/Kempe/Mauelshagen/Stuber (2008), S. 18.

Christian Wagner im gelehrten Netz, der selbst aufgrund anderer Verpflichtungen in der Entfaltung seiner gelehrten Ambitionen stark eingeschränkt war, wohl insgesamt, wie kaum anders zu erwarten, deutlich geringer anzusetzen ist als im Falle etwa eines Trew oder Haller. Auf der anderen Seite aber tritt bei Rekonstruktion des Ego-Netzwerkes Wagners eindrücklich zu Tage, dass auch ein Vertreter aus dem gewissermaßen ‚Unterbau' frühneuzeitlicher gelehrter Netze nicht nur Kontakt zu einigen durchaus namhaften Naturforschern und Sammlern seiner Zeit unterhalten konnte, sondern sich diese Kontakte zudem auch über nicht unwesentliche Teile Europas erstreckten. Dies deutet darauf hin, dass die Ego-Netzwerke von Vertretern aus dem ‚Unterbau' frühneuzeitlicher gelehrter Netze keineswegs nur als gleichsam regional stark begrenzter ‚Maschenfüllstoff' in den ausgedehnten Korrespondenznetzen der Vertreter des ‚Überbaus' fungieren konnten.

— Aspekt 3: räumliche Binnenstruktur des Korrespondenznetzes:
Ein Korrespondenznetz wird räumlich nicht nur durch seine äußeren Grenzen, sondern auch durch seine Binnenstruktur beschrieben, d.h. inwieweit sich einzelne Zentren mit einer besonders hohen Zahl an Korrespondenten hervortun oder gewisse Gebiete durch eine auffallende Dichte an Korrespondentenwohnorten herausstechen.[80] Innerhalb des rekonstruierten Korrespondenznetzes Peter Christian Wagners sind nur drei Orte auszumachen, an denen mehrere Korrespondenten ihren Wohnsitz hatten: So wohnten in Nürnberg (Trew, Beurer, Doppelmayr, Rösel von Rosenhof) vier Korrespondenten, in Danzig (Breyne, Klein) und Florenz (de Baillou, Manetti) je zwei Korrespondenten. Angesichts der geringen zur Verfügung stehenden Datenmenge hierin signifikante „Zentren" erkennen zu wollen, scheint allerdings doch kaum angebracht. Schon interessanter ist eine deutlich feststellbare Ballung der Korrespondentenwohnorte im Netzwerk Wagners: 1.) im süddeutschen Raum (Nürnberg, Coburg, Ansbach, Giengen an der Brenz), 2.) im norditalienischen Raum (Verona, Rimini, Bologna, Florenz), und schließlich etwas weniger ausgeprägt 3.) im Ostseeraum (Danzig, Uppsala).[81]

— Aspekt 4: biographische Interpretation der Netzgeographie:
Sinnvoller Ansatzpunkt für eine Interpretation der vorgefundenen Netzgeographie, also insbesondere auch des Auftretens markanter Ballungsräume, ist die

80 Vgl. zu Möglichkeiten der Analyse der räumlichen Binnenstruktur von Korrespondenznetzen mit Beispielen Stuber/Hächler/Steinke (2005), S. 38 f.; grundsätzlich auch Dauser/Hächler/Kempe/Mauelshagen/Stuber (2008), S. 18.

81 Anders ausgedrückt finden sich im süddeutschen Raum ca. 37% der nachgewiesenen Korrespondenten Wagners (7 von 19), im norditalienischen Raum ca. 26% (5 von 19), und im Ostseeraum ca. 16% (3 von 19).

Biographie des Hauptkorrespondenten.[82] So handelt es sich bei dem süddeutschen Ballungsraum offensichtlich um die Heimatregion Wagners, sind doch alle seine drei im Lauf der Zeit eingenommenen Wohnsitze (Erlangen, Pappenheim, Bayreuth) in diesem Bereich anzusiedeln. Andere räumliche Strukturen eines Korrespondenznetzes lassen sich oft als Ergebnis von Kontaktaufnahmen am Studienort, bei einer unternommenen *peregrinatio academica* oder bei weiteren Bildungs- und Forschungsreisen deuten. Dies greift aber im Falle Wagners aufgrund seiner nur sehr gering ausgeprägten Gelehrtenmobilität, insbesondere einer wohl fehlenden ausgedehnten *peregrinatio academica*, kaum. Vielmehr lassen sich Zusammenhänge zu seinem Wirken in Diensten des Bayreuther Markgrafenhofs herstellen: So finden sich sichere Hinweise auf brieflichen Kontakt zu Breyne und Klein in Danzig erst in den Jahren 1741/1742, also erst nach dem Erwerb der Naturaliensammlung Kleins durch Markgraf Friedrich 1740, sowie zu Calvet in Avignon erst 1763, also erst nach der Reise des Markgrafenpaars in Begleitung Wagners nach Frankreich mit Winterquartier in Avignon 1754/1755[83]. Allerdings bleibt hier vieles sehr spekulativ, da keine Belege für eine Kontaktaufnahme bei derartigen Gelegenheiten gefunden werden konnten,[84] auch die Qualifizierung als „Erstbriefe" keineswegs immer als gesichert gelten darf.

Im Folgenden wird noch zu sehen sein, ob möglicherweise organisatorische Aspekte wie die Ausgestaltung der Übermittlungswege von Sendungen im frühneuzeitlichen gelehrten Netz auch ihrerseits wieder auf die räumliche Struktur eines Ego-Netzwerks wie jenes Wagners Einfluss nehmen konnten.

4.1.2 Vielfältige Übermittlungswege der Sendungen im gelehrten Netz

Der Austausch in frühneuzeitlichen gelehrten Netzen beruhte stets auch wesentlich auf den grundlegenden materiellen Voraussetzungen postalischer Kommunikation, also den vorhandenen Möglichkeiten, die Übermittlung beschriebener Briefbögen oder eines Pakets vom Absender zum Adressaten zu bewerkstelligen. Was heute als ein geradezu selbstverständlicher, völlig problemloser und zumin-

---

82 Zur biographischen Interpretation einer Netzgeographie mit Beispielen vgl. Stuber/Hächler/Steinke (2005), S. 39 f.

83 Zum Winterquartier in Avignon vgl. Wilhelmine Friederike Sophie (2002), S. 35 f. (Tagebuch der Italienischen Reise der Markgräfin).

84 Die genauen Umstände des Ankaufs der Naturaliensammlung Kleins etwa liegen bislang weitgehend im Dunkeln; vgl. Wittern-Sterzel (2007), hier v.a. S. 13. Inwiefern der in diesen Jahren immer mehr an den Bayreuther Hof gezogene Wagner in diesem Kontext in irgendeiner Weise in Kontakt zum Danziger Kreis gekommen sein könnte, bleibt damit ebenfalls unklar.

dest in der elektronischen Form von E-Mail oder SMS gar als ein inzwischen auch mit immer geringer werdendem Materialaufwand verbundener sowie zugleich immer schneller werdender technisch-organisatorischer Akt erscheinen mag,[85] stellte die Korrespondenten noch bis in das achtzehnte Jahrhundert hinein nicht selten vor erhebliche Herausforderungen und ließ so die Frage des Transports selbst zum häufigen und ausführlich diskutierten Gegenstand der gewechselten Schreiben werden.[86] Auch die Wagner-Trew-Korrespondenz thematisiert an vielen Stellen den Transport von Briefen oder Paketen zwischen den beiden Briefpartnern wie aber darüber hinaus auch von Dritten und/oder an Dritte im umgebenden gelehrten Netz, weshalb sie sich, ergänzt mitunter durch die Wagner-Breyne-Korrespondenz, als eine äußerst ergiebige Quelle zum in der Briefforschung insgesamt noch zu wenig beachteten Aspekt der vielgestaltigen Übermittlungswege von Sendungen in frühneuzeitlichen Korrespondenznetzen erweist.

Die europäischen Kommunikationssysteme erfuhren in der Frühen Neuzeit durch neue Medien und Organisationsformen unbestritten einen tiefgreifenden Wandel, in dessen Rahmen sich auch ein in Teilen Europas gut ausgebautes Postwesen herausbildete.[87] Es darf aber trotz aller Fortschritte keinesfalls die Vielzahl an Einschränkungen und Hindernissen vergessen werden, mit denen sich der einzelne Korrespondent im Bestreben, seine Briefe und Pakete auf einen sicheren sowie auch nicht allzu zeit- oder kostenintensiven Weg zu bringen, auch im achtzehnten Jahrhundert weiterhin noch regelmäßig konfrontiert sah. So lässt sich gegen eine von einigen Historikern vorgenommene Einstufung der vollzogenen Fortentwicklungen als eine in der Frühen Neuzeit gar vonstattengehende „Kommunikationsrevolution" u.a. vorbringen, dass diese Neuerungen oft für einen großen Teil der Bevölkerung zunächst noch kaum bezahlbar waren.[88] Selbst die Gelehrten des achtzehnten Jahrhunderts mussten so stets darum bemüht sein, neben den offiziellen Postkursen weitere vor allem auch kostengünstigere Möglichkeiten des Brieftransports aufzutun, was ihnen durch eben die Erschließung und Kombination möglichst vielfältiger Übermittlungswege häufig recht gut gelang: zum einen durch die geschickte Nutzung reisender Personen als gleichsam persönliche Boten bzw. mittels eines Zugangs zu an sich nichtöffentlichen

---

85 Zu den „Materialitäten" postalischer Kommunikation von der Vergangenheit bis in die jüngste Gegenwart vgl. in einer knappen Übersicht z.B. Kempe (2004), S. 412.

86 Zum Brieftransport in gelehrten Netzen des achtzehnten Jahrhunderts und seinen vielfältigen Wegen vgl. u.a., am Beispiel des Netzes Albrecht von Hallers (1708–1777), Stuber/Hächler/Steinke (2005), S. 171–177.

87 Zum Wandel der Kommunikationssysteme und der Herausbildung des Postwesens in der Frühen Neuzeit vgl. im Überblick North (2000), v.a. S. 2–5.

88 Vgl. ebd., S. 51.

Zustellungswegen sowie zum anderen durch den Gebrauch von Beilagensystemen, also Verfahren des Einschlusses einer Sendung in eine andere, bzw. dabei nicht zuletzt durch die koordinierte Zusammenarbeit innerhalb des gelehrten Netzes bei Bestellung von Sendungen.[89] Bevor hier aber die einzelnen Übermittlungswege näher vorgestellt und mit Beispielen aus der Wagner-Trew- bzw. Wagner-Breyne-Korrespondenz unterlegt werden, ist zunächst noch auf einige grundsätzliche, auch im achtzehnten Jahrhundert weiter bestehende Herausforderungen des Transports von Briefen oder Paketen genauer einzugehen.

→ *Herausforderung 1: Transporthindernisse:* Behinderungen des Transports entstanden allgemein durch den mitunter schlechten Zustand der Straßen und Wege, die bis in das achtzehnte Jahrhundert hinein meist unbefestigt waren und daher gerade im Frühjahr und im Herbst stark aufweichen und unpassierbar werden konnten.[90] Verbesserungen im Straßenwesen und Landverkehr vollzogen sich keineswegs „revolutionär", sondern setzten erst im achtzehnten Jahrhundert ganz allmählich und mit regional höchst unterschiedlicher Geschwindigkeit, u.a. beim Bau von Chausseen, ein.[91] Mitunter erfuhren die Korrespondenten auf Reisen die schlechten Straßenverhältnisse auch geradezu wörtlich am eigenen Leibe: So entschuldigte sich Trew gegenüber Wagner im Oktober 1758, dass er nicht sofort erneut von Nürnberg nach Bayreuth ans Krankenlager der Markgräfin Wilhelmine (1709–1758) eilen könne, da nach der letzten Fahrt „durch den bösen weg [s]ein Reiß-Wagen so ruiniret worden [sei], daß [er] solchen durch den Schmidt und Wagner m[ü]s[se] repariren lassen, wann er die Reise wieder aushalten soll[e]"[92], außerdem auch „[er] selbst [s]ich noch so alteriret befinde, als ob [er] wäre geprügelt worden"[93]. Zu dieser grundsätzlich teils noch mangelhaft ausgebauten Verkehrsinfrastruktur kamen nicht selten zeitlich und örtlich begrenzt auftretende vielfältige weitere mögliche Behinderungen des Transports wie außergewöhnliche Wetter- bzw. Naturereignisse, Zensur, Seuchen und vor allem auch Kriege.[94] Peter Christian Wagner etwa zog als Grund für das Ausbleiben der 1745 seit fast zwei Jahren in Reaktion auf übersandte Bücher und Naturalien erwarteten Antwort Jean de Baillous (1684–1758) aus Florenz neben einer

89 Die vorliegende Arbeit lehnt sich bei Einteilung der vorgestellten vielfältigen Übermittlungswege von Sendungen im gelehrten Netz teilweise an Stuber/Hächler/Steinke (2005), S. 171–177, an, die unter Bezug auf Hallers Netz v.a. „offizielle Postkurse", „reisende Bekannte und Vertrauensleute", „Beilagen" sowie „Mischformen" und die spezielle Rolle der „Vermittler" unterscheiden.

90 Zum Landverkehr in der Frühen Neuzeit vgl. North (2000), S. 12 f.

91 Vgl. a.a.O.

92 Brief Nr. 93, Z. 13–15 (UBE BT, Korr. Trew, Nr. 794; vom 13.10.1758).

93 Ebd., Z. 15 f.

94 Vgl. auch Stuber/Hächler/Steinke (2005), S. 177.

Nachlässigkeit oder Eigennützigkeit des Briefpartners auch in Betracht, dass diesen „[v]ielleichte aber [...] auch die KriegsLäuffte und die im Venetianischen fast beständig daurende contumacia und Eröffnung aller Paquete [hindern]“[95], zumal er selbst deshalb „schon 2 Jahre ein Paquet und Küstlein in Rimini liegen habe[,] so [er] noch nicht [habe] bekommen können“[96].

→ *Herausforderung 2: Transportdauer:* Eng verknüpft sowohl mit dem Problem der vielen möglichen Transporthindernisse wie auch mit der entsprechenden Auswahl eines möglichst geeigneten Übermittlungsweges war somit stets auch die Frage der Transportdauer bzw. -geschwindigkeit einer Sendung. Zwar ließen die neuen Kommunikationssysteme der Frühen Neuzeit Europa zeitlich und räumlich näher zusammenrücken, indem durch Einführung regelmäßiger Zeitpläne die Brieflaufzeiten teils stark verkürzt werden konnten (z.B. bereits im beginnenden sechzehnten Jahrhundert Brüssel–Neapel per Postreiter in nur zwei Wochen, in der ersten Hälfte des siebzehnten Jahrhunderts im Sommer Lübeck–Antwerpen per städtischem Botenwesen der Hansestädte nur acht Tage),[97] doch kam auch dieser Fortschritt für den einzelnen Korrespondenten beim Transport seiner Briefe und Pakete nur eingeschränkt zum Tragen. So nahm der Transport schwererer Güter mit dem Wagen, also auch von Päckchen mit Büchern oder Naturalien, weiterhin grundsätzlich einiges mehr an Zeit in Anspruch (auszugehen ist von einer Transportgeschwindigkeit der Wagen von im Durchschnitt ca. 30 km pro Tag, bei günstigen Straßenverhältnissen bzw. in dringenden Fällen von evtl. 40–50 km pro Tag).[98] Und auch bei Übersendung von Briefen ist zum einen stets genau zwischen den z.B. in Postordnungen angegebenen theoretischen Transportzeiten und den durch die geschilderten Transporthindernisse dann tatsächlich erreichten Transportzeiten zu unterscheiden, sowie zum anderen auch an dieser Stelle wiederum zu betonen, dass gute und schnelle Verbindungen noch keineswegs allerorten gegeben waren und dass vor allem die schnellste Verbindung oft auch die teuerste Verbindung gewesen sein dürfte, also allein deswegen dem einzelnen Korrespondenten häufig nicht offenstand.

Erhaltene Korrespondenzen bieten die Möglichkeit, auf reelle Übermittlungszeiten von Briefen und/oder Paketen zuzugreifen: entweder über die Abfolge von Brief und Gegenbrief, oder aber präziser, da eine verzögerte Antwort des Briefpartners ausschließend, über ein konkret genanntes Empfangsdatum in Gestalt eines Empfangsvermerks auf dem eingegangenen Brief oder in Gestalt einer ent-

95 Forschungsbibliothek Gotha, Mikrofilm Chart. B 789, Bl. 638–640, hier insbesondere Bl. 639 (Wagner an Breyne am 24.4.1745).
96 A.a.O.
97 Vgl. mit weiteren Beispielen aus der weiterführenden Literatur North (2000), S. 50 f.
98 Vgl. ebd., S. 12.

sprechenden Angabe im Antwortbrief.[99] Aus der Zeit zwischen dem bekannten Ausstellungs- und Empfangsdatum eines Briefes ergibt sich dessen maximale Transportdauer, die freilich noch eine gewisse Zeitspanne zwischen Abfassung und Absendung des Briefes mit beinhalten kann, wenn etwa der Verfasser auf einen geeigneten Übermittlungsweg für sein Schreiben zu warten gezwungen war. Dies soll hier an einigen Beispielen aus der Wagner-Trew- bzw. auch Wagner-Breyne-Korrespondenz illustriert werden.

Peter Christian Wagner bemerkte in einem undatierten, aber auf Ende Februar/Anfang März 1738 einzugrenzenden Brief an Trew, dass ein Schreiben Franz Ernst Brückmanns (1697–1753) vom 17. Januar 1738 nun erst bei ihm eingetroffen sei.[100] Die maximale Transportdauer von Wolfenbüttel nach Erlangen (Luftlinie[101] ca. 287 km) betrug hier also ca. 1½ Monate. Ein Brief Wagners an Johann Philipp Breyne vom 20. Juni 1741 trägt den Empfangsvermerk „Rec[eptum] 1742 d[ie] 6. Ianuar[ii]“[102]. Die maximale Transportdauer von Erlangen nach Danzig (Luftlinie ca. 744 km) betrug hier also etwa 6½ Monate. Diese Beispiele zeigen, freilich ohne den konkreten Übermittlungsweg zu nennen, dass die Zustellung von Sendungen im gelehrten Netz über derartige längere Distanzen eine doch erhebliche Zeit beanspruchen konnte.

Besonders gehäuft aber finden sich in der Wagner-Trew-Korrespondenz Hinweise auf die Transportdauer zwischen den Wohnorten der Hauptkorrespondenten, also auf den vergleichsweise kürzeren Distanzen Pappenheim–Nürnberg (Luftlinie etwa 57 km), Erlangen–Nürnberg (Luftlinie etwa 16 km) und Bayreuth–Nürnberg (Luftlinie etwa 69 km). Wagner konnte Trew in Nürnberg im April 1730 aus Pappenheim mitteilen, er habe Trews „Hochwerthestes Vom 8. dießes [...] Vergangenen 19ten samt beÿgefügten schönen und raren Saamen und dem Einschluß Von Herrn Dr. Brückmann aus Wolffenbüttel wohl und mit Vielen Vergnügen erhalten“[103], d.h. die maximale Transportdauer von Nürnberg nach Pappenheim betrug hier immerhin zwölf Tage. Dagegen belegen einige Briefstellen, dass die Briefpartner Wagner und Trew nach dem Umzug Wagners nach Erlangen Übermittlungswege zwischen Nürnberg und Erlangen nutzen konnten, die es ihnen erlaubten, von einer Zustel-

---

99 Vgl. auch Stuber/Hächler/Steinke (2005), S. 176 f.

100 Brief Nr. 53, Z. 21 f. (UBE BT, Korr. Wagner, Nr. 70; undatiert): „Literae a D[omi]no Dre. Bruckmanno d[ie] 17. Ian[uarii] 1738 ad me datae & hodie demum perlatae [...]: [...].“

101 Die Angabe der Luftlinienentfernung dient hier nur als erster Anhaltspunkt. Die tatsächlich zurückgelegte Strecke war je nach vorhandenen Straßenverbindungen und gewähltem Übermittlungsweg selbstverständlich noch einmal erheblich länger.

102 Forschungsbibliothek Gotha, Mikrofilm Chart. B 789, Bl. 632 f., hier insbesondere Bl. 632 (Wagner an Breyne am 20.6.1741).

103 Brief Nr. 4, Z. 8–10 (UBE BT, Korr. Wagner, Nr. 5; vom 23.4.1730).

lung noch am selben Tag oder spätestens am Folgetag auszugehen, z.B. konnte Peter Christian Wagner am 9. November 1736 bereits ein erst „gestern an [ihn] erlaßene[s] Antworts-Schreiben“[104] Trews erwidern. Mit dem erneuten Umzug Wagners nach Bayreuth erhöhte sich mit wachsender räumlicher Distanz zwischen den Briefpartnern auch die Transportdauer der Sendungen wieder. So konnte sich Wagner am 10. Mai 1743 bedanken, dass er nach einer maximalen Transportdauer von vier Tagen Trews „Hochwerthestes Vom 5. dießes nebst dem Küstlein mit plantis exoticis und dem Defect des Commercii Litter[arii] [...] Vorgestern Abends bestens erhalten [habe]“[105]. Und umgekehrt notierte Trew auf einem Schreiben Wagners vom 12. April 1758 als Empfangsvermerk „praes[entatum] den 15.“[106], was ebenfalls eine maximale Transportdauer zwischen Bayreuth und Nürnberg von vier Tagen ergibt. Mitunter jedoch stieg die Transportdauer beträchtlich an, wie etwa auch der Empfangsvermerk Trews „praes[entatum] den 20. Ian[uarii]“[107] auf einem Schreiben Wagners vom 13. Januar 1759 beweist, welches evtl. zusammen mit einem schwereren Paket per Landkutsche[108] überbracht wurde.

Auch diese Beispiele entziehen sich zum Teil einer genaueren Interpretation, da in der Regel konkrete bzw. sichere Hinweise auf den im Einzelfall gewählten Übermittlungsweg fehlen. Sie erhärten aber den Eindruck, dass die Transportgeschwindigkeit erheblich eben von dem jeweils gewählten Transportweg abhing und, da die Korrespondenten offenbar keineswegs immer den schnellstmöglichen Weg wählten bzw. wählen konnten, somit deutlichen Schwankungen unterworfen war. Dies wird insbesondere anhand von Fallbeispielen unübersehbar, bei denen sich die maximale Transportdauer unter Bezug auf ein und dieselbe Transportstrecke extrem (z.B. um mehr als das Vierfache) veränderte: So teilte Trew Wagner in einem Brief vom 6. Mai 1746 mit, er habe Wagners „beyde Schreiben vom [24ten April] und 4ten May [...] heute Zugleich erhalten“[109], d.h. das eine Schreiben Wagners benötigte für die Strecke Bayreuth–Nürnberg maximal

104 Brief Nr. 28, Z. 8 (UBE BT, Korr. Wagner, Nr. 21; vom 9.11.1736). – Weitere Belege für eine (erwartete) Zustellung am selben Tag oder Folgetag finden sich in Brief Nr. 29, Z. 30 (UBE BT, Korr. Wagner, Nr. 22; vom 14.11.1736) („Ich erwarte, wenn es möglich, morgen eine Antwort [...].“); und auch in Brief Nr. 37, Z. 8 u. Z. 22–24 (UBE BT, Korr. Wagner, Nr. 26; vom 14.12.1736).

105 Brief Nr. 62, Z. 8–10 (UBE BT, Korr. Wagner, Nr. 44; vom 10.5.1743).

106 Brief Nr. 91, Empfangsvermerk am Rand (UBE BT, Korr. Wagner, Nr. 66; vom 12.4.1758). – Bestätigt wird dies auch durch eine entsprechende Angabe Trews im Antwortbrief an Wagner; siehe Brief Nr. 92, Z. 8 (UBE BT, Korr. Trew, Nr. 793; vom 17.4.1758) („Ewer Hochwohlgeb[ohren] geneigte Zuschrifft vom 12ten dieses habe erst den 15. erhalten [...].“).

107 Brief Nr. 95, Empfangsvermerk am Rand (UBE BT, Korr. Wagner, Nr. 68; vom 13.1.1759).

108 Zum eventuellen, da zuvor einmal angekündigten, Versand per Landkutsche vgl. Brief Nr. 94, Z. 49 (UBE BT, Korr. Wagner, Nr. 67; vom 15.10.1758).

109 Brief Nr. 78, Z. 8 f. (UBE BT, Korr. Trew, Nr. 790; vom 6.5.1746). Das Ausstellungsdatum des

13 Tage, das andere dann aber kurz darauf nur maximal drei Tage. Da sich das zweite Schreiben Wagners in dringlicher Form auf einen Krankheitsfall am Bayreuther Hof bezog,[110] lässt sich vermuten, dass Wagner daher einen sehr schnellen Beförderungsweg wählte bzw. möglicherweise auch mit Unterstützung der markgräflichen Herrschaft wählen konnte. Im Folgenden werden nun die sich hier bereits abzeichnenden vielfältigen Varianten von Übermittlungswegen im gelehrten frühneuzeitlichen Netz im Einzelnen näher vorgestellt.

— Übermittlungsweg 1 – Offizielle Postkurse:
Eingangs sei hier darauf hingewiesen, dass der Begriff der „Post" hier nicht einseitig verengt auf eine bestimmte Beförderungsanstalt, etwa im Sinne einer lange ziemlich stark auf das Haus Taxis bzw. das kaiserliche Postwesen konzentrierten postgeschichtlichen Forschung, gebraucht werden soll, sondern möglichst weitgefasst für „jede Institution [...], die neben ihrer Zugänglichkeit für Jedermann Kriterien wie Regelmäßigkeit, Zuverlässigkeit, Sicherheit, Schnelligkeit und Entlohnung erfüllt"[111]. Auch Zedlers Universallexikon notierte zeitgenössisch zum Stichwort „Post" bzw. „Cursor publicus" recht allgemein gehalten, es handle sich dabei um „ein[en] Bothe[n], so zu gesetzten Tagen und Stunden abläufft, wieder ankömmt, und Briefe von anderen nahen und fernen Orten mitbringet, oder dahin mitnimmt, welche an den Ort, wohin sie addressiret oder gerichtet sind, um ein leidliches Porto-, Brief- oder Post-Geld, abgegeben werden"[112]. Ergänzt wurde dies unter dem Stichwort „Post" bzw. „Cursus Publicus" um den Aspekt der Fahrpost als „ein[em] Wagen, welcher mit gleicher Geschwindigkeit durch Wechsel-Pferde Tag und Nacht fortgehe[], und da Personen, Briefe und Güther mit fortkommen könn[t]en"[113]. Es kann und soll im Rahmen vorliegender Arbeit hier kein vollständiger Abriss zur Postgeschichte der Frühen Neuzeit oder zu Ergebnissen und Tendenzen bisheriger postgeschichtlicher Forschung gegeben werden. Hervorzuheben ist aber, dass in den Studien der letzten Jahre immer mehr das „Nebeneinander mehrerer Kommunikations-Einrichtungen"[114] auch noch bis in das achtzehnte Jahrhundert hinein

ersten Briefs Wagners wurde hier im Briefentwurf Trews ausgelassen, konnte aber auf Basis der erhaltenen Korrespondenz ergänzt werden.

110 Vgl. Brief Nr. 77 (UBE BT, Korr. Wagner, Nr. 56; vom 4.5.1746).

111 Helbig (2010), S. 10. – Zum Begriff der „Post" in seinem unterschiedlichen Gebrauch vgl. ausführlich ebd., S. 9–11.

112 Zedler (1732–1754), Bd. 28, Sp. 1785.

113 Ebd., Sp. 1786.

114 Helbig (2010), S. 110.

betont wurde:[115] Das sich immer weiter ausdifferenzierende und ausbreitende kaiserliche Postwesen unter den Taxis[116] stand dabei nicht nur in Konkurrenz sondern oft auch in enger Kooperation und guter gegenseitiger Ergänzung vor allem zum lange weiterhin zumindest regional bedeutsamen städtischen Botenwesen[117] sowie zu teils neugegründeten Botenanstalten der Fürsten.

In der Wagner-Trew-Korrespondenz finden sich immer wieder auch Hinweise auf den Zugriff der Korrespondenten auf offizielle Postkurse. Die diesbezüglich vorhandenen Angaben können und sollen hier freilich nicht im Kontext postgeschichtlicher Fragestellungen dazu dienen, im Zusammenspiel mit weiterem Quellenmaterial wie Postordnungen etc. das bisherige Wissen zu einzelnen regionalen oder überregionalen Postverbindungen bzw. -netzen zu verdichten.[118] Vielmehr ist im Folgenden bei Analyse einiger Beispiele die leitende Frage, inwieweit sich eine Tendenz erkennen lässt, in welchen Situationen bzw. aus welchen Beweggründen die Korrespondenten im gelehrten Netz zur Übermittlung ihrer Sendungen vorrangig auf die offiziellen Postkurse zurückgriffen, auch mit welchen Vor- und Nachteilen dieses Übermittlungsweges sie sich dabei möglicherweise auseinandersetzten.

Peter Christian Wagner bat Trew im Februar 1731 von Pappenheim aus unter Bezug auf die geplante künftige Übersendung der Bögen des *Commercium Litterarium* eindringlich:

> [...], dahero ersuche Ewer HochEdelgeb[ohrn] [...] die Paquete niemahlen dem Augspurger Gutscher oder Bothen sondern dem Überbringer dießes, nehm[lich] dem Pappenheimer wöchend[lich] fahrenden und in der Schleÿe logirenden Bothen mit Zu geben, weilen ich jenem wenigstens 4 biß 5 mahl so Viel Porto Zahlen muß als dem hießigen. Solte dießer, welches doch selten geschiehet, manches mahl eine Woche ausbleiben, so können die Bögen in der darauffolgenden mit einander überbracht werden.[119]

115 Auch North (2000), S. 2–4, stellt in seiner Übersicht zu frühneuzeitlichen Kommunikationssystemen die Postnetze des kaiserlichen Postwesens unter den Taxis, des städtischen Postwesens und landesherrlicher Postkurse vor. – Zum wechselhaften frühneuzeitlichen Zusammenspiel von kaiserlicher Reichspost sowie städtischen und landesherrlichen Botenanstalten vgl. zudem Wilke (2008), v.a. S. 46–48.

116 Zur kaiserlichen Reichspost vgl. z.B. Behringer (1990); auch Behringer (2003).

117 Zum städtischen Botenwesen vgl. z.B. zur Stadt Augsburg Kränler (1876); zur Stadt Nürnberg Sessler (1946). Eine Übersicht zur Botenanstalt in Nürnberg findet sich auch bei Helbig (2010), S. 103–109. – Insgesamt ist das städtische Botenwesen in seiner Zusammenschau bis heute eher ungenügend bearbeitet; vgl. Helbig (2010), S. 103.

118 Für derartige postgeschichtliche Fragestellungen müsste systematisch umfangreicheres Briefmaterial inhaltlich ausgewertet werden, während sich die vorliegende Untersuchung bewusst weitgehend auf die Analyse einer Einzelkorrespondenz beschränkt.

119 Brief Nr. 10, Z. 18–24 (UBE BT, Korr. Wagner, Nr. 8; vom 5.2.1731).

Die bevorstehende regelmäßige Übersendung von Päckchen mit den neuesten Bögen der Zeitschrift von Nürnberg nach Pappenheim veranlasste hier also Wagner als Empfänger, im Vorfeld genaueste Instruktionen an Trew als Absender zu übermitteln: Maßgeblich war dabei die Motivation, im Vergleich der zur Verfügung stehenden offiziellen Boten die Höhe des Portos möglichst gering zu halten, zur Not ausdrücklich auch auf Kosten eines Transports in größeren Intervallen, d.h. an dieser Stelle mit dem Risiko, die Zeitschrift nicht wöchentlich sondern evtl. mitunter nur zweiwöchentlich zu erhalten. Überhaupt fällt auf, dass die Nutzung offizieller Postkurse gehäuft im Zusammenhang mit dem Transport von Paketen oder Päckchen mit Büchern oder Naturalien, also Sendungen von größerem Gewicht, Erwähnung findet. So erklärte Wagner gegenüber Trew im Mai 1743, er würde es sehr schätzen, wenn dieser ihm „einige [...] Zweiglein und Pfläntzlein Von allerleÿ Plantis exoticis [...] in einer Schachel [!] übersenden und nur auf die Fahrende Post geben wollte[]“[120]. Und Trew teilte Wagner im April 1758 mit, dass er ihm am selben Tag ein Päckchen mit Büchern „durch die Land Kutsche“[121] zukommen lasse. Gerade bei umfangreicheren Sendungen mit Realien waren den Korrespondenten also wohl aufgrund deren Gewichts und mitunter Sperrigkeit bei Erschließung von alternativen Übermittlungswegen zu offiziellen Boten bzw. offizieller Fahrpost doch in manchen Fällen Grenzen gesetzt.

Eine weitere typische Situation für den Rückgriff der Briefpartner auf offizielle Postkurse sind jene Fälle, in denen sie sich gewissermaßen im Auftrag oder zumindest im Interesse höhergestellter bzw. herrschaftlicher Personen austauschten. Peter Christian Wagner formulierte am 1. März 1731, einem Donnerstag, sein Anliegen der Besorgung der pflanzlichen Droge des *Opobalsamum Verum* für den erkrankten Johann Friedrich Graf von Pappenheim (1680–1731) an Trew in Nürnberg wie folgt:

> Weilen ich Vor meinen gnädigsten Herrn etwas Von dem Opobalsamo Vero nöthig hätte, so bitte mir sogleich mit dem Augspurger Bothen oder wenigstens mit der Sonntäglichen Post-Calesche[122] aus Herrn Dietrichs[123] Apothecke [...] gedachten Opobalsamo Vero [...] in einen Schächtelein wohl Verwahrt Zu senden [...].[124]

---

120 Brief Nr. 60, Z. 28–31 (UBE BT, Korr. Wagner, Nr. 45; vom <12.5.1743>, wobei hier wohl eine Fehldatierung Wagners vorliegt, eher 1.5. oder 2.5.1743).

121 Brief Nr. 90, Z. 12 (UBE BT, Korr. Trew, Nr. 792; vom 6.4.1758).

122 Bei einer „Calesche“ handelt es sich um einen „leichte[n], ofne[n] wagen“; vgl. Grimm (1854–1960), Bd. 2, Sp. 602.

123 Biographische Angaben zu Wolfgang Friedrich Dieterich (Dietrich) (†1745), dem Besitzer der Apotheke zum goldenen Stern in Nürnberg, finden sich in Brief Nr. 12, Endnote 5.

124 Brief Nr. 12, Z. 7–10 (UBE BT, Korr. Wagner, Nr. 10; vom 1.3.1731).

Im Postskriptum fügte Wagner ferner erläuternd an:

> PS: Die Addresse auf den Opobalsamum bitte nur alßo Zu machen. Abzugeben in Dietfurth[125] abzugeben an den Hochgräf[lichen] Pappenheim[er] OberZollner, welcher solches schleunig nach Pappenheim befördern wird.[126]

In dieser Konstellation hatte also unverkennbar ein möglichst zeitnaher und schneller Transport des gewünschten Gutes noch am selben Tag oder spätestens am darauffolgenden Sonntag Priorität, wobei konkret auch die Sendung über den Augsburger Boten vorgeschlagen wurde, der von Wagner noch kurz zuvor für den Transport der für ihn bestimmten Bögen des *Commercium Litterarium* explizit als zu teuer verworfen worden war, d.h. die Kostenersparnis rückte hier, da die Korrespondenten das Porto möglicherweise nicht selbst übernehmen oder aber diese Ausgabe zur Erhaltung ihres Ansehens billigend in Kauf nehmen mussten, in den Hintergrund. Auch bei Erkrankung der Bayreuther Oberhofmeisterin Dorothea Louise Freiin von Wittenhorst-Sonsfeld (1681–1746) hob Wagner in einem auf Mittwoch, den 4. Mai 1746, datierten Schreiben hervor, er erwarte von Christoph Jacob Trew „künfftigen Sonnabend frühe mit der Post eine geneigte Antwort"[127]. Zwar ist der tatsächliche Übermittlungsweg des Antwortbriefes Trews[128] vom 6. Mai 1746 und auch dessen Empfangsdatum nicht sicher belegt, doch lässt die erneute Antwort Wagners[129] schon am Sonntag, dem 8. Mai 1746, vermuten, dass auch an dieser Stelle die Nutzung offizieller Postkurse eine rasche Briefabfolge im Interesse des Hofes ermöglichte. Dies gilt insbesondere, da Wagner nur eine Woche später, am 15. Mai 1746, besorgt nachfragte, warum Trew sein vorhergehendes und ebenfalls „durch die Post"[130] übersandtes Schreiben noch immer nicht, „weder mit Voriger Dienstags, noch gestriger, oder heutiger Post"[131], wenigstens mit einigen wenigen Zeilen erwidert habe, wobei ihn bereits die Angst umtrieb, dass „die Antwort Verlohren worden seÿn [könnte]"[132].

---

125 Dietfurt (in Mittelfranken) (Dietfurth) lag an der Straße Nürnberg–Augsburg.
126 Brief Nr. 12, Z. 25–27 (UBE BT, Korr. Wagner, Nr. 10; vom 1.3.1731).
127 Brief Nr. 77, Z. 54 (UBE BT, Korr. Wagner, Nr. 56; vom 4.5.1746).
128 Brief Nr. 78 (UBE BT, Korr. Trew, Nr. 790; vom 6.5.1746).
129 Brief Nr. 79 (UBE BT, Korr. Wagner, Nr. 57; vom 8.5.1746).
130 Brief Nr. 80, Z. 9 (UBE BT, Korr. Wagner, Nr. 58; vom 15.5.1746). – Der Zeitdruck, den die Einhaltung anstehender Posttermine auf die Korrespondenten ausüben konnte, wird durch die Entschuldigung Wagners dokumentiert, er habe die von einem Diener sehr fehlerhaft kopierte Krankengeschichte, die dem Brief vom 8.5.1746 beigefügt war, „wegen abeÿlender Post" nicht mehr entsprechend korrigieren können; siehe ebd., Z. 18.
131 Ebd., Z. 9 f.
132 Ebd., Z. 11 f.

Zusammenfassend lässt sich auf Basis der inhaltlichen Auswertung der Wagner-Trew-Korrespondenz sagen, dass sich der Zugriff der Korrespondenten auf die offiziellen Postkurse vorwiegend dann nachweisen lässt, wenn umfangreichere Sendungen von Realien transportiert werden sollten oder wenn sich der Austausch im Interesse oder Auftrag einer höhergestellten Persönlichkeit vollzog. Als Vorteile dieses Übermittlungsweges galten somit offenbar seine Tauglichkeit auch für die Zustellung sperriger und schwerer Güter sowie seine Stärken im Sinne eines zeitnahen und zügigen Transports. Zugleich schwingt aber darin auch schon der wohl entscheidende Nachteil mit, galt doch die „Zugänglichkeit für Jedermann", wie bereits mehrfach erwähnt und nun deutlich anhand der Briefbelege bestätigt, oft nur unter dem Zusatz „für Jedermann, der es sich auch leisten konnte".

→ *Herausforderung 3: Transportkosten:* Damit rückt hier die Herausforderung der Transportkosten noch einmal gesondert ins Blickfeld. Die konkrete Höhe des Portos wird in den Brieftexten zwar nur sehr selten genannt,[133] doch die Kostenbegrenzung ist, wie bereits gezeigt werden konnte, ein teils umfänglich erörtertes Thema. Grundsätzlich ist hierbei darauf hinzuweisen, dass noch im achtzehnten Jahrhundert in der Regel der Empfänger die Portogebühr bezahlte.[134] War der Brief ausnahmsweise bereits durch den Absender bezahlt, was zu jener Zeit aufgrund der vorhandenen Gefahr des Verschwindens vorbezahlter Briefe auch ein großes Vertrauen in den Postbeförderer voraussetzte, so wurde dies mit dem Ausdruck „franco" gesondert vermerkt.[135] Auch unter der erhaltenen Anschrift Trews auf zwei Briefen Wagners, die von Erlangen nach Nürnberg gesandt wurden, findet sich (links unten) der Hinweis bzw. Postvermerk „Franche"[136] bzw. „Fr[an]co"[137].[138] Dies kann durchaus als freigebige Geste Wagners im Gefüge des wechselseitigen Gebens und Nehmens der gelehrten Freundschaft gewertet werden.

---

133 Allein bezüglich einer Büchersendung von Danzig nach Bayreuth liefert Wagner einmal zumindest indirekt einen gewissen Anhaltspunkt, indem er darauf hinweist, dass jedes der ihm zum Weiterverkauf zugesandten Bücher nun „wie in Danzig 2 Reichstaler und 1 Groschen porto biß hieher" koste; siehe Brief Nr. 82, Z. 58 (UBE BT, Korr. Wagner, Nr. 59; vom 9.2.1748).

134 Vgl. z.B. Helbig (2010), S. 22.

135 Vgl. ebd., S. 20.

136 Brief Nr. 14, Anschrift auf Brief (UBE BT, Korr. Wagner, Nr. 12; vom 12.12.1731).

137 Brief Nr. 51, Anschrift auf Brief (UBE BT, Korr. Wagner, Nr. 36; vom 21.10.1737).

138 Ein Frankobrief konnte auch durch Postvermerke wie bestimmte Striche oder Kreuze gekennzeichnet werden; vgl. dazu mit zahlreichen Beispielen Helbig (2010). Vorliegende Arbeit beschränkt sich auf die Erfassung der unter der Anschrift gemachten Angaben, es erfolgte also keine vollständige Sichtung nach Postvermerken aller Art, zumal sich in der erhaltenen Wagner-Trew-Korrespondenz ohnehin kaum Briefe mit Anschrift und ggf. verschiedenen Postvermerken finden.

Insgesamt aber konnte die Haushaltskasse eines Gelehrten insbesondere durch die eintreffende und zumeist dann eben von ihm zu bezahlende Post, die zudem keineswegs immer auch erwünscht sein musste, erheblich belastet werden.[139] Insofern vermag es nicht zu verwundern, dass im gelehrten Netz Einigkeit darüber bestand, anstelle der offiziellen Postkurse nach Möglichkeit alternative, kostengünstigere Transportwege zu erschließen. Auch Joachim Helbig bemerkte bei seiner ausführlichen Analyse von verschiedensten Postvermerken auf Briefen des fünfzehnten bis achtzehnten Jahrhunderts, u.a. auch aus der Trewsammlung, dass auffälliger Weise gerade in gelehrten Korrespondenzen häufig nur die ersten Briefe äußerliche Spuren einer „postalischen" Behandlung trügen, und formulierte die Erwartung, dass eine Abklärung der alternativen Übermittlungswege im Weiteren vor allem durch eine genaue inhaltliche Analyse von Briefen der Trewsammlung zu erzielen sei.[140] Dieser Forderung will die vorliegende Untersuchung vorwiegend am Beispiel der Wagner-Trew-Korrespondenz im Folgenden versuchen, zumindest in Anfängen nachzukommen.

— Übermittlungsweg 2: Nutzung reisender Personen und Zugang zu an sich nichtöffentlichen Zustellungswegen:

Eine naheliegende kostengünstige, oftmals wohl gar völlig kostenfreie Möglichkeit des Transports von Sendungen konnte sich dem Gelehrten in Gestalt von Personen bieten, welche selbst als Reisende auf Strecken unterwegs waren, die sich in irgendeiner Form für aktuell abzusendende Briefe oder Pakete nutzbar machen ließen. So konnte Peter Christian Wagner im März 1748 aus Bayreuth an Trew in Nürnberg mitteilen:

> Unßere Frau Kreÿßgesandtin die Frau Geheime Legations-Räthin Ellrodtin[141] hat sich ohnlängst gefallen laßen ein großes Packet an Ewer Wohlgebohrn von mir mit Zu nehmen und ich Zweiffle keineswegs daß solches nicht richtig behändiget worden seÿn solte.[142]

Hier hatte sich für Wagner also die Gelegenheit eröffnet, auch ein größeres Paket mittels einer ihm im höfischen Kontext vertrauten Person auf der Strecke Bayreuth–Nürnberg an Trew überbringen zu lassen. Auf längeren Distanzen konnte eine solche Übermittlung im gelehrten Netz mit Hilfe reisender Personen eben-

139 Vgl. Stuber/Hächler/Steinke (2005), S. 175 f. Dort finden sich auch Beispiele aus der teils erhaltenen Buchführung Albrecht von Hallers (1708–1777) zu den durch sein ausgedehntes Korrespondenznetz und die äußerst zahlreich eingehende Post anfallenden Portogebühren.

140 Vgl. Helbig (2010), S. 111.

141 Biographische Angaben zu Anna Maria Sophie (von) Ellrod (†1788) (Ellrodt), der Ehefrau des Legationssekretärs Philipp Andreas Ellrod (1707–1767), finden sich in Brief Nr. 83, Endnote 1.

142 Brief Nr. 83, Z. 8–10 (UBE BT, Korr. Wagner, Nr. 60; vom 13.3.1748).

falls gelingen, so dass z.B. Trew Wagner im Mai 1746 versprach, dass er Jacob Theodor Klein (1685–1759) „diese Woche noch das Verlangte schicken [werde], indeme ein Kauffmann Von hier recta nach Danzig gehe[]“[143]. Bei dem „Verlangte[n]“ handelte es sich an dieser Stelle um Teile der Zeitschrift des *Commercium Litterarium*. Wagner seinerseits fand in seinen Erlanger Jahren, anders als noch von Pappenheim aus, eine im Unterschied zu den offiziellen Postkursen völlig kostenfreie Alternative der wöchentlichen Zustellung der Bögen des *Commercium Litterarium*, weshalb er im Dezember 1731 an Trew schrieb:

> Ewer hochEdelgeb[ohrn] haben alßo die hohe Güte und laßen nun mehro die Bogen des Commercii Litterarii Medici nicht mehr nach Pappenheim, sondern hiehero lauffen. Es könten solche ohnmaßgeblich alle Samstage in der Goldenen Eichel am Fisch-Bach abgegeben werden, da denn meine herrn Schwäger die herrn heer oder Meßmer[144] welche alle Sonnabend daßelbsten logiren, mir solche franco mit heraus nehmen könten.[145]

War eine solch günstige Transportmöglichkeit erst einmal entdeckt, wurde sie in der Regel gerne auch anderen Gelehrten zugänglich gemacht: Wagner etwa ordnete bereits im Februar 1732 gegenüber Trew zugunsten Johann Friedrich Weismanns (1678–1760) an, „daß in [s]ein Paquet, welches alle Sonnabend in die goldene Eichel gegeben w[e]rd[e], nach der mit dem Herrn HoffRath Weißmann genommenen Abrede, auch die Vor Ihn gehörige Specimina miteingeschloßen werden und alßo der Societaet die Transmission Ihm aber die Kosten erleichtert werden könn[t]en“[146].

Der Transport über reisende Personen bot also zusammenfassend viele Chancen, insbesondere im Sinne einer deutlichen Kostenersparnis. Er konnte prinzipiell sowohl für die Übermittlung von Briefen wie aber auch von Paketen genutzt werden. Allerdings muss hier einschränkend angefügt werden, dass die Mitnahme sperriger und schwerer Sendungen sicher meist nur Reisenden möglich war, die über einen eigenen Wagen verfügten. Und überhaupt bestand bei diesem Übermittlungsweg das grundsätzliche Problem darin, dass auch jeweils eine ausreichend vertrauenswürdige Person auf geeigneter Reiseroute zur Verfügung stehen musste, was nicht immer und vor allem auch nicht immer unmittelbar der Fall sein konnte, weswegen hier sicher ggf. teils auch Abstriche bzgl. eines zeitnahen und zügigen Transports in Kauf genommen werden mussten. Bei den für die Dienste als Überbringer in Anspruch genommenen Reisenden konnte

---

143 Brief Nr. 78, Z. 29 f. (UBE BT, Korr. Trew, Nr. 790; vom 6.5.1746).
144 Zur sehr fraglichen Zuordnung der hier genannten Schwager Wagners zu einzelnen historischen Personen und zum familiären Umfeld Wagners siehe Brief Nr. 14, Endnote 5.
145 Brief Nr. 14, Z. 9–14 (UBE BT, Korr. Wagner, Nr. 12; vom 12.12.1731).
146 Brief Nr. 15, Z. 15–18 (UBE BT, Korr. Wagner, Nr. 13; vom 8.2.1732).

es sich dabei, wie gezeigt, um verschiedenste Personen aus dem unmittelbaren eigenen lokalen Umfeld bzw. Bekannten- und Verwandtenkreis des Absenders, aber auch um ‚zufällig' Vorbeireisende, z.B. auch Studenten und andere Gelehrte,[147] handeln. Als besonders vielversprechend konnte sich insbesondere auch jedweder Zugang zu reisenden Kaufleuten erweisen. Das herausragende diesbezügliche Potential Peter Christian Wagners im eigenen familiären Kontext wird in einem späteren Kapitel vorliegender Untersuchung noch einmal gesondert zu betrachten sein.

Neben der geschickten Nutzung von sich ohnehin gerade auf Reisen befindlichen Personen konnte jedoch auch der zumindest in bestimmten Situationen mögliche Zugriff auf einige besondere und an sich nichtöffentliche gleichsam geschäftliche, amtliche oder herrschaftliche Zustellungswege den Gelehrten bzw. Ärzten mitunter vielversprechende Alternativen zu offiziellen Postkursen eröffnen. Während der konsiliarischen Zusammenarbeit bei Erkrankung der Bayreuther Oberhofmeisterin Dorothea Louise Freiin von Wittenhorst-Sonsfeld im Jahr 1746 vermochte Wagner seinem Kollegen Trew die Dringlichkeit von dessen Antwort wohl schon allein durch den Weg der Übermittlung unmissverständlich vor Augen zu führen:

> Wannenhero ich, da nach dero Antwort Von Seiten der Frau Patientin sehr Verlanget wird gegenwärtigen Husaren absende und Ewer Wohlgeb[ohrn] noch mahls geziemend ersuche, daß Sie mir durch solchen Dero Meÿnung ungesäumt nur brevissimis über die der Historiae Morbi angehängten Fragen überschreiben [...].[148]

Hier konnte Peter Christian Wagner also offenbar einen Husaren aus dem Husaren-Corps[149] des Bayreuther Markgrafen Friedrich (1711–1763) direkt und umgehend mit seinem Brief zu Trew in Nürnberg losreiten lassen, welcher sogleich auch die Rückantwort überbringen sollte. Allerdings finden sich in der Wagner-Trew-Korrespondenz keinerlei konkrete Hinweise auf einen Zugang Peter Christian Wagners zu derartigen besonderen herrschaftlichen Transportressourcen außerhalb der Sonderkonstellation der Erkrankung hochgestellter Mitglieder des Hofstaates mit Notwendigkeit eines sehr raschen ärztlichen Austauschs, d.h. diese Option blieb ihm anscheinend bei Versendung seiner sonstigen gelehrten Korrespondenz in aller Regel verwehrt.

---

147 Die Nutzbarmachung reisender Studenten und Gelehrter als Boten ist in der Wagner-Trew-Korrespondenz nicht belegt, findet sich aber z.B. vielfach im Hallerschen Briefnetz; vgl. Stuber/Hächler/Steinke (2005), S. 172.

148 Brief Nr. 80, Z. 12–15 (UBE BT, Korr. Wagner, Nr. 58; vom 15.5.1746).

149 Zur Geschichte der Bayreuther Husaren vgl. in einer knappen Übersicht Fikenscher (1807), S. 135 f.

Insbesondere bei Erwähnung eines Übermittlungsweges unter Beteiligung von Kaufleuten oder bei Gelegenheit von Messen ist die genauere Interpretation der einzelnen Textbelege der Briefe zudem oft schwierig, da eine klare Trennung bzw. Unterscheidung einer Zustellung über ohnehin auf einer bestimmten Strecke reisende (Einzel-)Personen oder über einen Zugriff auf vorhandene nichtöffentliche Transportwege oftmals nicht möglich ist, wie sich an folgender Bitte Wagners an Trew aus dem Jahr 1742 zeigen lässt:

> Könten nun Ewer hochEdelgeb[ohrn] per occasion der Leipziger Michaelis-Meße dem Herrn Klein solchen defect Zum theil oder gantz übersenden so würden Sie Ihn ungemein erfreuen, denn Von hier aus habe ich keine andere Gelegenheit als die Post, welches Zu theuer kommen dürffte.[150]

Es ist hieraus nicht sicher zu entnehmen, wie sich Wagner den Transport wohl von Bögen der Zeitschrift des *Commercium Litterarium* von Trew in Nürnberg zu Jacob Theodor Klein in Danzig „per occasion der Leipziger Michaelis-Meße" im Einzelnen vorstellte, ob also über wegen der Messe selbst von Nürnberg nach Leipzig bzw. später andere von dort wieder zurück nach Danzig reisende Kaufleute, oder ob in einem weniger personenbezogenen Sinne durch gemeinsame Versendung mit deren Waren, möglicherweise dabei auch auf nicht öffentlich zugänglichen speziellen Transportwegen des Handels. In jedem Falle aber versprach sich Wagner im Interesse Kleins so eine erhebliche Kostenersparnis.

Anstehende Warenübersendungen zum gemeinsamen Transport auszunutzen, gelang Wagner auch immer dann hervorragend, wenn er in Bayreuth ohnehin auf eigene Bestellungen aus Handlungen bzw. Werkstätten in Nürnberg wartete, die in Kürze auf den Weg gebracht werden sollten. So instruierte er Trew im Juni 1744 ausdrücklich:

> [...], so nehme ich die Freÿheit [...] Sie Zu ersuchen, daß Sie die gute Gelegenheit, da herr Prof[essor] Doppelmeier oder Herr Puschner[151] dieße Woche ein paar Globos an mich senden werden, nicht Verabsäumen wollen, mir so wohl dießes Buch, als die Continuation der Osteologie und Commercii Litterarii mit Zu schicken.[152]

Gerade wenn Realien wie Bücher, mitunter auch Samen, verschickt werden sollten, erwies sich diese Art der Übermittlung, oft auch in der besonderen Form

150 Brief Nr. 57, Z. 16–19 (UBE BT, Korr. Wagner, Nr. 41; vom 7.9.1742).

151 Biographische Angaben zu Johann Gabriel Doppelmayr (Doppelmayer, Doppelmeier) (1677–1750) finden sich in Brief Nr. 72, Endnote 6; zu Johann Georg Puschner d.Ä. (1680–1749) oder auch Johann Georg Puschner d.J. (1706–1754) in ebd., Endnote 7. – Zur Globenherstellung in Nürnberg in jener Zeit vgl. auch ebd., Endnote 8.

152 Brief Nr. 72, Z. 11–15 (UBE BT, Korr. Wagner, Nr. 53; vom 7.6.1744).

als ein wörtlich zu verstehender „Einschluss" in eine umfangreichere Warensendung, offenbar als äußert attraktive und beliebte Alternative, wie ein weiterer derartiger Vorschlag Wagners an Trew im November 1744 belegt:

> Im Fall nun entweder hievon oder sonst etwas Von neuen Saamen und kleinen pieçen in re litteraria, so da communicable wäre, Vorhanden seÿn solte, so könte es nur ohne Verzug an Johann Peter Wolffs see[lig] Erben[153] übergeben werden, als welche sich nicht weigern werden, solches in ein nechstens an mich Zu sendendes Paquet mit einzuschließen.[154]

Ob das gesamte Paket mit Waren und an dieser Stelle ausdrücklich unmittelbar „einzuschließenden", also im selben Paket mit beizupackenden, Realien jeweils einen nichtöffentlichen und also nur dem Händler offenstehenden oder aber zuweilen auch einen öffentlichen Transportweg nahm bzw. nehmen sollte, ist in diesen Beispielen nicht beschrieben, doch bewährte sich im Sinne der Transportkostenreduzierung hier unter Mitwirkung von Geschäften bzw. Werkstätten fraglos ein Beilagensystem, welches über den „Einschluss" einer Sendung in eine andere funktionierte und welches die Korrespondenten im gelehrten Netz auf vielerlei Art und Weise auch untereinander einzusetzen und immer weiter zu perfektionieren wussten.

— *Übermittlungsweg 3: Gebrauch von ausgefeilten Beilagensystemen des „Einschlusses" einer Sendung in eine andere und koordinierte Zusammenarbeit der Korrespondenten im gelehrten Netz:*

Die Möglichkeit, einen Brief zu übersenden, indem man ihn der Sendung eines Dritten beilegte, welche an denselben Adressaten oder auch eine Person in dessen näherem Umfeld gerichtet war, war im gelehrten Netz des achtzehnten Jahrhunderts allseits bekannt und äußerst weit verbreitet.[155] Nach Grimms Wörterbuch standen daher Begriffe wie „Einschluss" oder auch „Einschlag" für den „einschlusz des briefes"[156], also den „einschlag eines briefes in den andern"[157]. Die wahren Stärken der Zustellungsvariante per „Einschluss" offenbaren sich jedoch erst in der dieser wiederum innewohnenden immensen Vielfalt an Formen bzw. Ausprägungen, bei denen dem Einfallsreichtum der Korrespondenten kaum

---

153 Biographische Angaben zu dem Nürnberger Kunsthändler und Kunstdrucker Johann Peter Wolff (ca. 1655–1711) und dessen 1744 noch lebenden Erben Johann Jonas Wolff (ca. 1694–1750) und wohl auch Christoph Wolff (geb. ca. 1698) finden sich in Brief Nr. 73, Endnote 9.

154 Brief Nr. 73, Z. 13–16 (UBE BT, Korr. Wagner, Nr. 54; vom 14.11.1744).

155 Vgl. auch Stuber/Hächler/Steinke (2005), S. 172 f., die dies auch für das Korrespondenznetz Albrecht von Hallers belegen.

156 Grimm (1854–1960), Bd. 3, Sp. 280.

157 Ebd., Sp. 272.

Grenzen gesetzt waren. Zum einen konnte nicht nur ein Brief in den anderen „eingeschlossen“ oder „eingeschlagen“ werden, sondern auch, wie bereits gezeigt, Realien in ein anderes Paket, d.h. letztlich in der Regel ein kleineres Paket in ein größeres Paket, oder auch des Weiteren selbstverständlich ein Brief in ein Paket. Zum anderen konnte es sich auch als praktikabel und lohnend erweisen, Briefe oder Pakete per „Einschluss“ in eine fremde oder aber auch eigene Sendung zunächst als eine Art von Etappenziel an eine dritte Person zu senden, die sich dann um einen möglichst geeigneten und günstigen weiteren Transportweg zum Adressaten, eventuell auch erneut per „Einschluss“, bemühte. Im koordinierten Zusammenspiel zwischen Absender, Adressat sowie wiederum oft mehreren solcher Vermittlergestalten, die als gleichsam „Relaisstationen“[158] bzw. „Drehscheiben“[159] für die Weiterleitung der für Dritte eingehenden Sendungen sorgten und mitunter geschickt mithalfen, verschiedene der bereits skizzierten Übermittlungswege[160] zu teils langen und vielgliedrigen Transportketten zu verbinden, fanden letztlich alle organisatorischen Möglichkeiten der Zustellung von Sendungen im gelehrten Netz ihre Zusammenführung bzw. Synthese und gelangten so zugleich zu ihrer größten Vollendung.

So verbreitet und vielgestaltig die Zusammenarbeit der Korrespondenten im gelehrten Netz bei der Übermittlung von Sendungen war, so allgegenwärtig und mannigfaltig sind ihre Spuren in den erhaltenen Briefwechseln: Sowohl die Wagner-Trew-Korrespondenz als auch die Wagner-Breyne-Korrespondenz bietet dafür eine sehr große Zahl an Beispielen, die hier im Folgenden daher nur in einer strukturierten Auswahl vorgestellt werden können. Ein Hinweis darauf, dass ein bestimmtes Schreiben einst als „Einschluss“ transportiert wurde, kann sich im Anschluss an die Adresse, sofern diese überhaupt mit überliefert ist, aus dem Zusatz „sous couvert“ bzw. „unter Couvert“ ergeben, wie er z.B. auch auf einem Brief Wagners an Trew aus dem Jahr 1744 erhalten ist[161]. Vor allem aber finden sich in den Brieftexten viele Belege für beiliegend transportierte „Einschlüsse“. Nicht zuletzt scheint es üblich gewesen zu sein, einen beigefügten „Einschluss“ an eine dritte Person beim Briefpartner, oft am Ende des Briefs im Postskriptum, zu entschuldigen, was bereits auf den häufig nicht unerheblichen Aufwand aufmerksam macht, den derartige Vermittlerdienste, zumindest in der Summe, für diesen bedeuten konnten: Peter Christian Wagner etwa bat Trew im Postskriptum

158 Stuber/Hächler/Steinke (2005), S. 173.
159 Ebd., S. 174.
160 Zu derartigen Mischformen der Übermittlung vgl. auch ebd., S. 173.
161 Brief Nr. 72, Anschrift (UBE BT, Korr. Wagner, Nr. 53; vom 7.6.1744): „a Monsieur | Monsieur le Docteur Trew, | Conseiller de la Cour & Mede|cin du Corps de S[on] A[ltesse] S[érénissime] Mons[ei]g[neu]r le Margrave de Branden|bourg-Onolzbach | sous Couv[ert] à <?> | Nuremberg.“

eines Schreibens im September 1730, den „Einschluß an Herrn Dr. Albrecht [...] Zu excusiren und Gelegent[lich] bestellen Zu laßen“[162]. Er setzte hier also von Pappenheim aus Trew in Nürnberg als Vermittler für einen „Einschluss“ an Johann Sebastian Albrecht (1695–1774) in Coburg ein.

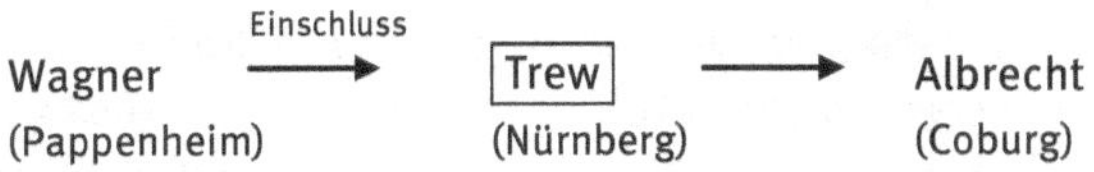

Abb. 8: Graphische Darstellung der Vermittlung von Sendungen im gelehrten Netz (Bsp. 1)

Die Bitte um Weiterleitung eines mitgesandten „Einschlusses“ konnte zudem zugleich um das Anliegen erweitert werden, auch die zu erwartende Antwortsendung des Adressaten des „Einschlusses“ wiederum in gleichsam umgekehrter Richtung befördern zu helfen. So wandte sich Wagner im Mai 1743 mit folgenden Worten an Trew:

> Darf ich mir noch eine Freundschafft und Gefälligkeit ausbitten, so ist es dieße daß Ewer hochEdelgeb[ohrn] belieben wollen, den Beÿschluß an Herrn Rößel [...] richtig behändigen Zu laßen und die Von Ihme dagegen Zu rücke erhaltende Blätter mit dem Commerc[io] Lit[erario] an mich ein Zu schließen.[163]

Erneut griff Wagner somit auf Trew als Vermittler zurück, an dieser Stelle von Bayreuth aus für Sendungen an und später eventuell auch von August Johann Rösel von Rosenhof (1705–1759) aus Trews Nürnberger Nachbarschaft.

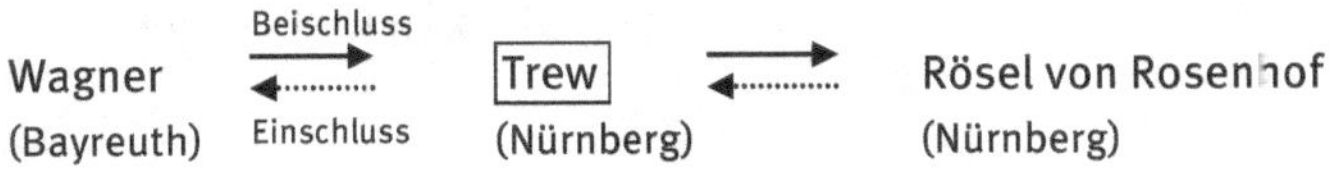

Abb. 9: Graphische Darstellung der Vermittlung von Sendungen im gelehrten Netz (Bsp. 2)

Auch im Austausch mit Johann Lorenz Ludwig Loelius (1687–1756), Trews Leibarztkollegen am Ansbacher Markgrafenhof, bot sich für Wagner von Erlangen aus die Nutzung Trews als Vermittler von Briefen an. Wagner schrieb im Februar 1737 an Trew:

---

162 Brief Nr. 6, Z. 50 f. (UBE BT, Korr. Wagner, Nr. 6; vom 30.9.1730).
163 Brief Nr. 60, Z. 35–39 (UBE BT, Korr. Wagner, Nr. 45; vom <12.5.1743>, wobei hier wohl eine Fehldatierung Wagners vorliegt, eher 1.5. oder 2.5.1743).

> Ich aber erkenne mich Ewer hochEdelgeb[ohrn] Vor den übersandten Einschluß und gegebene Nachricht [...] höchstens Verbunden [...]. In welcher Absicht ich auch innliegendes AntwortsSchreiben an Herrn HoffRath Loelium offen gelaßen, damit Dieselbigen meine Gründe, warum ich gerne eine positive Antwort hätte, daraus ersehen können.[164]

Da Trew selbst in die in dem entsprechenden Antwortschreiben wohl hauptsächlich thematisierte Unterstützung Wagners als Kandidat für eine Stellung als Arzt am Ansbacher Hof involviert war, machten die Beteiligten hier in Gestalt der „offenen Antwort" von einer gewissermaßen Sonderform des „Einschlusses" Gebrauch.[165]

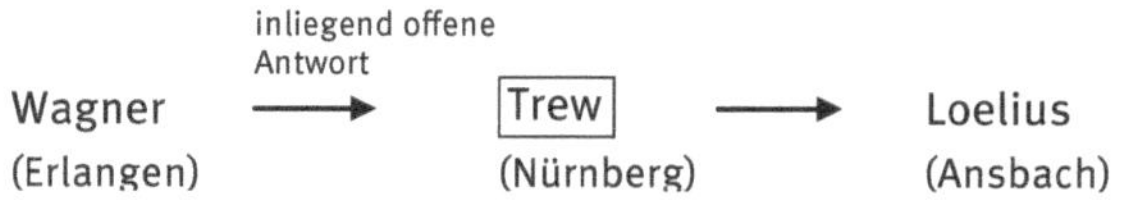

Abb. 10: Graphische Darstellung der Vermittlung von Sendungen im gelehrten Netz (Bsp. 3)

Doch nicht nur Wagner konnte bezüglich bestimmter seiner Korrespondenten zu bestimmten Zeiten auf Trew als Vermittler von Sendungen im gelehrten Netz zurückgreifen, sondern umgekehrt erwies sich auch Wagner für Trew als Vermittler ein- oder ausgehender Sendungen immer wieder als hilfreich. Wagner konnte Trew zum Beispiel im Oktober 1743 mitteilen:

> Beÿkommender Brief und Paquet, welche mir erst Vor ein paar Tagen durch Einschlag mit der Coburger-Post Zugekommen, und wie ich aus meinen Brief ersehe beÿ nahe ein Jahr Gott weiß in welchen Winckel der Welt Verborgen gelegen, geben Zu dem Gegenwärtigen die erste und gröste Gelegenheit.[166]

Hier bleibt die genaue Herkunft des von Wagner aus Bayreuth an Trew in Nürnberg weitervermittelten Briefs und Pakets ungenannt. Die Transportkette stellt sich daher etwa wie folgt dar:

---

164 Brief Nr. 47, Z. 23–28 (UBE BT, Korr. Wagner, Nr. 33; vom 17.2.1737).
165 Auch Brief Nr. 32, Z. 63 f. (UBE BT, Korr. Wagner, Nr. 23; vom 21.11.1736) sowie Brief Nr. 39, Z. 13–15 (UBE BT, Korr. Wagner, Nr. 27; vom 18.12.1736) belegen die Vermittlung von Sendungen, teils als offene Antwort, zwischen Wagner und Loelius mit Hilfe von Trew.
166 Brief Nr. 64, Z. 11–14 (UBE BT, Korr. Wagner, Nr. 47; vom 18.10.1743).

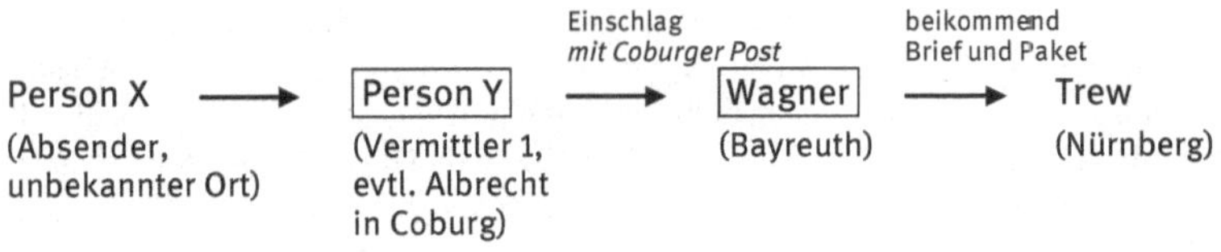

Abb. 11: Graphische Darstellung der Vermittlung von Sendungen im gelehrten Netz (Bsp. 4)

Eventuell fungierte hier Johann Sebastian Albrecht in Coburg als Wagner vorgeschalteter Vermittler, worauf eine ähnliche mehrgliedrige Transportkette, wie sie Wagner gegenüber Trew bereits im August 1743 geschildert hatte, hindeutet:

> Wenn beÿ kommendes Paquet außer Zweiffel so alt ist, als mein Brief in welchen es eingeschloßen geweßen, so werden sich Ewer HochEdelgeb[ohrn] nicht wenig Verwundern, wo solches so lange geblieben seÿ? Alleine ich selbsten kan davon keine Rechenschafft geben; maßen mir solches erst Vorgestern durch Herrn Dr. Albrecht Von Coburg Zugesandt worden.[167]

Während also im Jahr 1730 Trew noch als Vermittler von Sendungen Wagners nach Coburg eingesetzt wurde, konnte nach dem Umzug Wagners von Pappenheim über Erlangen nach Bayreuth nun umgekehrt er als Vermittler von Sendungen, die aus bzw. über Coburg einkamen, an Trew in Nürnberg dienen, d.h. mit teilweiser Veränderung ihrer Verteilung im geographischen Raum vertauschten die Beteiligten gleichsam ihre Positionen in der Transportkette, was einen Beleg für die hohe Flexibilität und Anpassungsfähigkeit der koordinierten Zusammenarbeit bei Übermittlung von Sendungen im gelehrten Netz liefert, indem der neue Wohnort eines Korrespondenten sogleich berücksichtigt und wieder sinnvoll in die bestehenden Austauschsysteme integriert wurde. Die zuletzt genannten Beispiele beleuchten jedoch eindrücklich auch die Tücken bzw. Unwägbarkeiten des Transports einer Sendung über mehrere Stationen im gelehrten Netz, konnte sich doch jeder zwischengeschaltete Vermittler unvermutet als Bremsklotz einer raschen Zustellung erweisen, wenn er aufgrund Abwesenheit oder Krankheit seine Vermittlerfunktion nicht zeitnah erfüllen konnte oder aber eine zur Weitervermittlung eingegangene Sendung aufgrund zahlreicher anderer Verpflichtungen schlichtweg einmal vergaß. Derartige Sendungen konnten dann, wenn überhaupt, teils erst nach Monaten oder Jahren schließlich ihr Ziel erreichen. So musste auch Wagner selbst sich im April 1746 äußerst wortreich bei Trew für begangene Versäumnisse dieser Art entschuldigen:

167 Brief Nr. 63, Z. 8–12 (UBE BT, Korr. Wagner, Nr. 46; vom 8.8.1743).

> Der andere große Fehler, den ich auch so gar wieder mein Wißen gemachet, ist folgender: Ich habe schon im Verwichenen herbst aus Danzig einen sub sigillo volante[168] an mich eingeschloßenen Brief Vor Ewer hochEdelgebohrn erhalten und weilen ich um solche Zeit mit dem hoff auf denen Landt- und Jagd-häußern biß in die spate JahrsZeit herumgezogen, so bin ich beständig in der Meÿnung gestanden, ich hätte solchen per Einschlag über Erlang ablauffen laßen. Nachdeme ich aber Vor kurzen eine kleine Musterung meiner Briefschafften gehalten, fande ich solchen noch Zu meinem grösten Schrecken unter denenselben so wie Sie ihn beÿgehend finden werden. Ich habe alßo solchen lieber Zu spate als gar nicht überschicken und dabeÿ unzählige mahle um Vergebung bitten wollen. Vielleichte Können Ewer hochEdelgeb[ohrn] dem Herrn Secretario Klein das Verlangte noch mit der gegenwärtigen OsterMeße senden und wird alles was an Ihn gehet nur gleich nach Danzig oder an Herrn Prof[essor] Ludwig in Leipzig addressiret.[169]

Den bereits im Herbst 1745 bei ihm als „Einschluss" eingegangenen Brief von Jacob Theodor Klein aus Danzig brachte Wagner somit erst im April 1746 von Bayreuth aus auf seinen weiteren Weg zu Trew in Nürnberg.[170] Der von Wagner hier zudem skizzierte mögliche Weg der Rückantwort Trews an Klein bei Gelegenheit der Ostermesse und ggf. auch über Christian Gottlieb Ludwig (1709–1773) in Leipzig illustriert zudem einmal mehr, wie sich in Transportketten des gelehrten Netzes verschiedene der vorgestellten Übermittlungswege harmonisch zu gleichsam Mischformen ergänzen konnten.

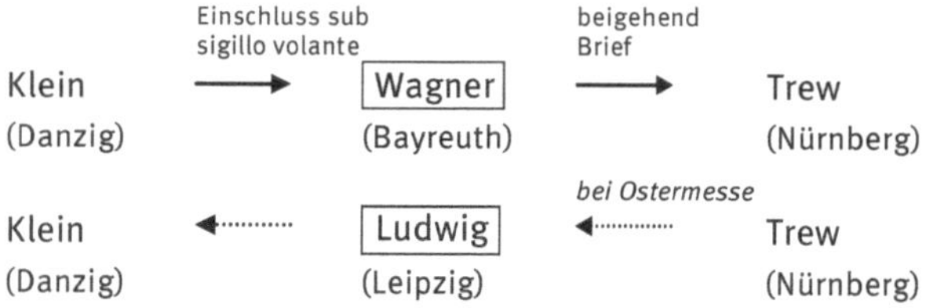

Abb. 12: Graphische Darstellung der Vermittlung von Sendungen im gelehrten Netz (Bsp. 5)

---

168 Nach Zedler (1732–1754), Bd. 40, Sp. 1607, steht „subvolante sigillo" für „unter offenem Siegel, wie man einander bisweilen die Brief zuzuschicken pflege[]". Es handelte sich also auch hier wieder um die Form eines „offenen Schreibens" mit möglicher Einsichtnahme für den Vermittler.

169 Brief Nr. 76, Z. 25–36 (UBE BT, Korr. Wagner, Nr. 55; vom 24.4.1746).

170 Der hier als Einschluss über Wagner an Trew übersandte Brief Jacob Theodor Kleins ist in der UBE Briefsammlung Trew überliefert und datiert vom 21. August 1745. Der Vermerk „p[ar] Couuert" unter der erhaltenen Adressierung verweist auf die Übersendung als Einschluss. Zudem notierte wohl Trew am Rand, dass das Schreiben „ganz Jahr" bei Hofrat Wagner in Bayreuth liegen geblieben sei; vgl. UBE BT, Korr. Jacob Theodor Klein.

Peter Christian Wagner tat sich nicht nur als Vermittler von Sendungen aus dem Ostseeraum an Trew hervor, sondern auch aus Italien. So teilte er Trew im März 1748 mit, er „habe inzwischen die Ehre [ihm] beÿgehendes aus Italien empfangenes [...] Zu überreichen [...]“[171].

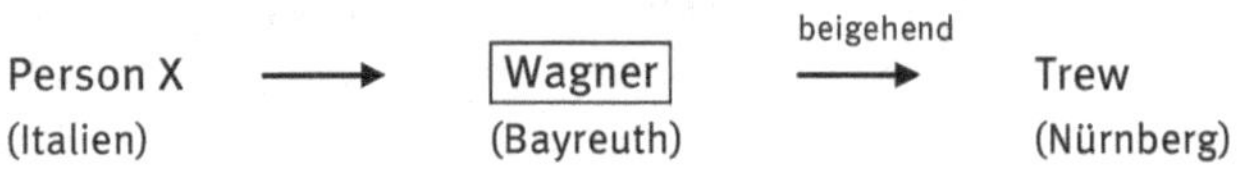

Abb. 13: Graphische Darstellung der Vermittlung von Sendungen im gelehrten Netz (Bsp. 6)

Nicht selten waren aber auch Wagner und Trew beide als nacheinander geschaltete Vermittler Teil längerer Transportketten und tauschten sich darüber in ihrer Korrespondenz auch inhaltlich aus, d.h. regelten so gewissermaßen die Feinabstimmung für eine erfolgreiche Kooperation. Wagner etwa erläuterte im Februar 1748 gegenüber Trew die Weiterleitung einer Sendung ausführlich wie folgt:

> Dießer Leichen-Predigt füge ich noch ein in Wachß-Tuch genehets und Vor herrn Monti in Bologna gehöriges durch Herrn Professor Ludwig in Leipzig mir Von Herrn Klein in Danzig Zugesandtes Paquet beÿ und ersuche Ewer Wohlgebohrn im Nahmen Vorgedachter guten Freunde, solches mit erster Gelegenheit mit nach Bologna Zu befördern, weilen Herr Professor Monti selbsten darum gebeten, daß man dießes Paquet nur an Ewer Wohlgeb[ohrn] addressiren und recommendiren möchte.[172]

Jacob Theodor Klein übersandte hier somit von Danzig aus ein Paket über Christian Gottlieb Ludwig in Leipzig, Wagner in Bayreuth und Trew in Nürnberg, also drei nacheinander geschaltete Vermittler, zu Giuseppe Monti (1682–1760) in Bologna, der als Adressat in diesem Fall offenbar selbst klare Angaben zu dem zu wählenden Transportweg gemacht hatte, wohl nicht zuletzt um die ihm als Empfänger zufallenden Kosten möglichst gering zu halten.

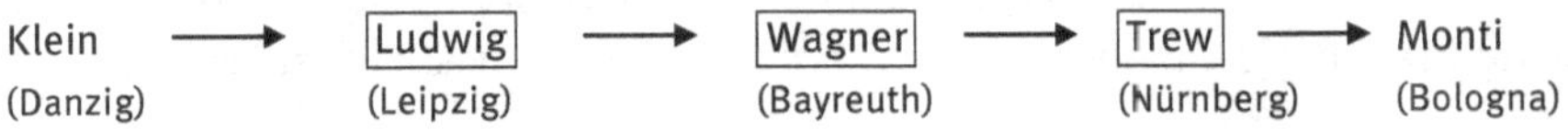

Abb. 14: Graphische Darstellung der Vermittlung von Sendungen im gelehrten Netz (Bsp. 7)

171 Brief Nr. 83, Z. 11 f. (UBE BT, Korr. Wagner, Nr. 60; vom 13.3.1748).
172 Brief Nr. 82, Z. 34–39 (UBE BT, Korr. Wagner, Nr. 59; vom 9.2.1748).

Umgekehrt entschied sich Giuseppe Monti im Jahr 1738 von Bologna aus, eine Sendung an Georg Leonhard Huth (1705–1761)[173] in Nürnberg über den noch in Erlangen lebenden Wagner vermitteln zu lassen, der daher in einem Postskriptum Trew um Mithilfe ersuchte:

> PS: Den Einschluß an Herrn Dr. Huth bitte Zu excusiren, Er ist mir Von Bologna Von Herrn Professor Monti Zugekommen.[174]

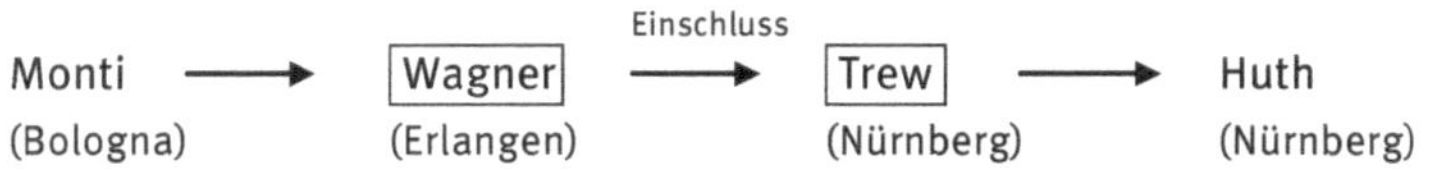

Abb. 15: Graphische Darstellung der Vermittlung von Sendungen im gelehrten Netz (Bsp. 8)

Es fällt auf, dass Peter Christian Wagner in vielen der bislang vorgestellten Beispiele als Vermittler von Sendungen fungiert, die aus Italien oder dem Ostseeraum (insbesondere Danzig) teils über mehrere Stationen in den Bayreuther und Nürnberger Raum eingehen und/oder von dort in diese Zielregionen überstellt werden sollen. Die Wagner-Breyne-Korrespondenz bestätigt Wagners Rolle als immer wieder gern gewähltes Bindeglied bei der Übermittlung von Sendungen in beiden Richtungen zwischen Danzig und Italien. Wagner teilte zum Beispiel Johann Philipp Breyne im November 1743 mit:

> Das Paquet an Herrn Dr. Gualthieri in Florentz habe Zu gleicher Zeit bestens erhalten, wegen manglender Gelegenheit aber noch nicht dahin absenden können. Jedoch kann ich gewiß Versichern, daß solches in nechst künfftigen Monath mit nach Siena an Herrn Bianchi oder immediate nach Florentz an Herrn de Baillou [...] abgehen wird.[175]

Diese Äußerung Wagners spiegelt die teils umfänglichen Überlegungen wider, die ein Vermittler mitunter bezüglich eines in Frage kommenden und dabei möglichst schnellen sowie kostengünstigen weiteren Zustellungswegs anzustellen hatte: An dieser Stelle zog Wagner die weitere Übersendung des von Breyne aus Danzig für Niccolo Gualtieri (1688–1744)[176] in Florenz bestimmten Pakets über

173 Biographische Angaben zu Georg Leonhard Huth (1705–1761) finden sich in Brief Nr. 52, Endnote 7 (der Übersetzung).

174 Brief Nr. 54, Z. 37 f. (UBE BT, Korr. Wagner, Nr. 38; vom 5.9.1738).

175 Forschungsbibliothek Gotha, Mikrofilm Chart. B 789, Bl. 636 f. (Wagner an Breyne am 21.11.1743).

176 Biographische Angaben zu Niccolo Gualtieri (Gualthieri) (1688–1744) finden sich in Brief Nr. 78, Endnote 14.

Giovanni Bianchi (1693–1775) in Siena oder aber alternativ über Jean de Baillou direkt in Florenz in Erwägung.

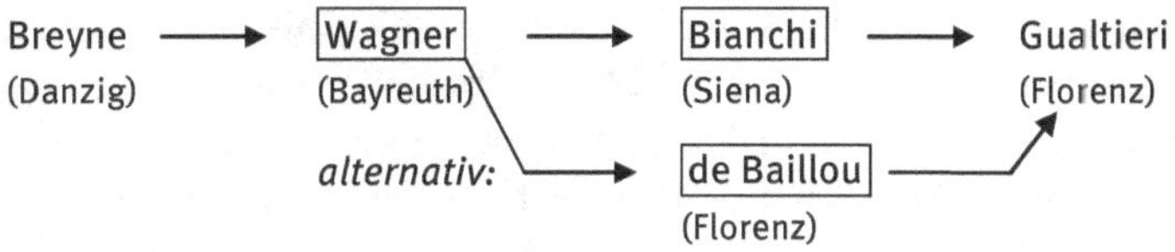

Abb. 16: Graphische Darstellung der Vermittlung von Sendungen im gelehrten Netz (Bsp. 9)

In umgekehrter Richtung wirkte Peter Christian Wagner auch als Vermittler von Sendungen, die von Giovanni Bianchi in Siena für Johann Philipp Breyne in Danzig bestimmt waren. Dies belegen folgende Ausführungen Wagners in einem Brief an Breyne aus dem Oktober 1742:

> Ich habe nicht Uhrsache Zu Zweiffeln, daß Ewer hochEdelgeb[ohrn] ein Von Herrn Bianchi aus Siena an mich beÿgeschloßenes Schreiben nebst einem Schächtelein mit Meer- und Berg-Sand, welche beede ich ohngefehr Vor 2 Monathen an Herrn Secretarium Klein addressiret, nicht richtig solten erhalten haben und ich würde damahlen schon Von der Gelegenheit profitiret und mir in einigen Zeilen Ewer hochEdelgebohrn schätzbare Gewogenheit und Freundschafft Zugleich ausgebeten haben, wenn nicht eine Vermüßigte Eilfertigkeit und mein damahliger Auffenthalt und gehabte Geschäffte an dem Baÿreuthischen Hoffe mich daran Verhindert hätten. Nachdeme aber beÿ meiner Anheimkunfft Von Herrn Blanco ich abermahlen <?> einen Brief an Ewer hochEdelgebohrn an <?> mich addressiret finde, [...], so kan ich nicht umhin solchen durch gegenwärtiges <?> Zu begleiten und denenselbigen meine wenigen <?> Dienste in Bestellung der Antwort an Herrn <?> Blancum Zu offeriren.[177]

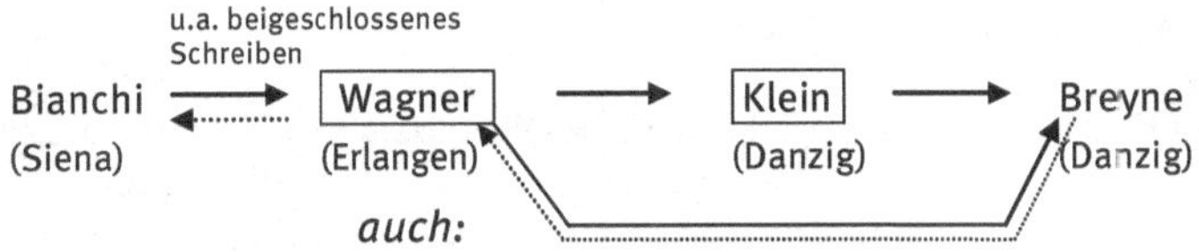

Abb. 17: Graphische Darstellung der Vermittlung von Sendungen im gelehrten Netz (Bsp. 10)

Hier lässt sich den Worten Wagners entnehmen, dass der Auftrag zur Weiterleitung einer Sendung stets auch als Gelegenheit begriffen wurde, selbst einen

177 Forschungsbibliothek Gotha, Mikrofilm Chart. B 789, Bl. 634 f., hier insbesondere Bl. 634 (Wagner an Breyne am 8.10.1742).

Brief an den jeweiligen Adressaten zu richten, da so neue Kontakte geknüpft bzw. bestehende Kontakte gefestigt werden konnten, u.a. indem man sich auch fernerhin als Vermittler anbot. Gerade die Mängel des europäischen Postwesens schufen so im gelehrten Netz „Möglichkeiten, sich gegenseitig als Vermittler zu verpflichten und unentbehrlich zu machen“[178]. Diese spezielle Dynamik war vor allem wichtig für jüngere und auch unbedeutendere Personen, denen sich so die Chance eröffnete, sich durch Vermittlerdienste „in tragfähige Beziehungsnetze einzuklinken“[179].

Das Korrespondenznetz einzelner Personen konnte sich so auch über die von ihnen bereitgestellten Vermittlerdienste ausdehnen bzw. konsolidieren. Dies galt freilich umso mehr, wenn ein Mitglied des gelehrten Netzes in Gestalt des persönlichen Zugangs zu besonders vielversprechenden Transportwegen über ein diesbezüglich außergewöhnliches Potential verfügte.

4.1.3 Nutzbarmachung der Handelsverbindungen der eigenen Familie als „soziales Kapital“ Wagners im gelehrten Netz

Durch die Eheschließung mit Regina Heer (†1735) heiratete Peter Christian Wagner im Jahr 1726 in die bedeutende Kaufmannsfamilie der Heer aus Rheineck bei St. Gallen ein, die neben einem Handelssitz in Erlangen ein Handelshaus für Seiden-, Woll- und Leinwandhandel im oberitalienischen Verona betrieb. Wagner verstand es im Folgenden, seinen so gewonnenen Zugang zu den weitläufigen Handelsverbindungen der Heer für den gelehrten Austausch, d.h. das sich dort stets aufdrängende Problem der Suche nach praktikablen Transportmöglichkeiten für Sendungen, nutzbar zu machen, wie eine Passage aus einem Brief an Christoph Jacob Trew im August 1736 zeigt:

> [...]; so will [...] in Eÿle nur so Viel melden, daß ich Deroselben letzteres samt dem Paquet nach Turin wohl erhalten, auch durch meinen gestern abgereiseten Herrn Schwager, welcher sich Ewer hochEdelgeb[ohrn] noch mahlen gehorsamst befiehlet, wohl bestellet. Er Versichert auch Dieselbigen daß Sie alles was so wohl Ewer hochEdelgeb[ohrn] als der Herr Prof[essor] Bianchi[180] an Sie nach Verona addressiren würden, Sie allezeit mit dem grösten Plaisir bestmöglichst besorgen wolten. Ihre addresse ist: Alli Signori Fratelli Heer, Mercanti in Verona. Was Ewer hochEdelgeb[ohrn] dahin Zu schicken haben können Sie nur

178 Stuber/Hächler/Steinke (2005), S. 177.

179 A.a.O.

180 Biographische Angaben zu Giovanni Battista Bianchi (1681–1761) finden sich in Brief Nr. 22, Endnote 6. – Cave: Nicht zu verwechseln ist Giovanni Battista Bianchi (1681–1761) mit Giovanni Bianchi (1693–1775) (Pseudonym Ianus Plancus)!

hiehero an mich senden oder auch durch die herrn Volkamer[181] oder Sichart[182] nach Rovoredo bestellen welches nicht weit Von Verona.[183]

Den ausführlichen Erläuterungen Wagners lassen sich hier somit einige wesentliche Charakteristika seines Zugriffs auf die Handelsverbindungen seiner angeheirateten Familie entnehmen.

Zum einen ist festzustellen, dass Wagner die gewonnenen wohl in der Regel völlig kostenfreien Zustellungsmöglichkeiten auch anderen Gelehrten wie seinem Briefpartner Trew und dessen Korrespondenten Giovanni Battista Bianchi (1681–1761) in Turin für deren Austausch zugänglich machte. Dabei ist besonders hervorzuheben, dass nicht nur eine einmalige situationsbedingte Vermittlung durch Wagner erfolgte, sondern dass er anderen Gelehrten in Absprache mit seinem Schwager auch eine dauerhafte Nutzung der Handelsverbindungen über Verona offerierte.

Zum anderen legen die Ausführungen einmal mehr Zeugnis darüber ab, wie allgegenwärtig und differenziert die Überlegungen im gelehrten Netz waren, die sich mit der bestmöglichen Kombination verschiedener Transportmöglichkeiten nicht nur zum eigenen Vorteil sondern auch zum Nutzen gelehrter Freunde befassten. Da das Handelshaus der Heer in Verona offenbar als eine Art ‚Drehscheibe' für eingehende Sendungen dienen sollte, bot Wagner auch für die Zukunft an, ihm von Trew aus Nürnberg nach Erlangen überstellte Briefe oder Pakete nach Verona weiterzuvermitteln, wobei er dazu wohl wie im vorliegenden Beispiel vor allem vom Erlanger Handelssitz nach Italien abreisende Familienmitglieder oder in deren Auftrag stehende Personen im Sinn hatte. Zugleich entwickelte Wagner jedoch alternative Vorschläge für eine Übermittlung von Sendungen an die angegebene Adresse des Heerschen Handelshauses in Verona, welche sich für Trew von Nürnberg aus mitunter als noch zügiger bzw. mit noch geringerem Aufwand umsetzbar erweisen mochten: Wagner skizzierte Trew die Möglichkeit, sich in der Angelegenheit eventuell auch an Johann Georg Volkamer d.J. (1662–1744) bzw. ein Mitglied von dessen Familie, welche eine Seidenfabrik in Rovereto besaß,[184] oder aber an wohl Johann Friedrich Sichart <1734>, der Handelsherr in Nürnberg und Compagnon der Seidenfabrik von Sichart in Rovereto war, zu wenden, da Rover-

181 Gemeint ist hier evtl. Johann Georg Volkamer d.J. (1662–1744), oder auch ein anderes Mitglied seiner Familie.

182 Gemeint ist hier wohl Johann Friedrich Sichart <1734>; vgl. zu seiner Person Brief Nr. 22, Endnote 9.

183 Brief Nr. 22, Z. 10–19 (UBE BT, Korr. Wagner, Nr. 17; vom 28.8.1736).

184 Zur Seidenfabrik der Volkamer in Rovereto vgl. auch Stadtlexikon Nürnberg, S. 1144 f. (Diefenbacher; Art. „Johann Christoph Volkamer").

eto ja nicht weit von Verona gelegen sei. Die Idee war hier also, die vorhandenen Handelsverbindungen verschiedener im Umfeld ansässiger und für die gelehrten Transportanliegen zugänglicher Familien bzw. Häuser bestmöglich als Transportwege für den gelehrten Austausch zusammenzustellen.

Die wenigen erhaltenen Briefe der Korrespondenz Peter Christian Wagners geben keinen weiteren Aufschluss darüber, in welchem Umfang die Verbindungen des Handelshauses Heer für die Übermittlung von Sendungen im gelehrten Netz insgesamt tatsächlich genutzt wurden, also ob bzw. wie häufig Trew und Giovanni Battista Bianchi in der Folge auf das Angebot Wagners zurückgriffen oder wie oft Wagner selbst bei seiner, wie gezeigt, an sich gut belegten Vermittlertätigkeit von und nach Italien davon Gebrauch machte. Dass man die sich bietenden sowie auch klar erkannten und analysierten Chancen eines günstigen Transports nicht ungenutzt verstreichen ließ, darf jedoch zumindest vermutet werden – allzu verlockend waren wohl die diesbezüglichen Ressourcen der Familie Heer, wie im Weiteren auch deren etwas eingehendere Vorstellung zu verdeutlichen vermag.

Die frühen Wurzeln der Familie Heer sind nur teilweise überliefert: Sie waren zunächst Beamte der Fürstabtei St. Gallen, später dann wurden sie zu einer Kaufleute- und Handwerkerfamilie.[185] Im Jahr 1514 fand erstmals eine Seitenlinie in Rheineck Erwähnung, welche 1528 zur Reformation übertrat und vorerst einen bäuerlichen Hof bewirtschaftete.[186] Hans Heer (1635–1687) aber schlug einen neuen Weg ein, indem er in Verona, das über die Handelsroute über den Flüela- und Ofenpass mit Rheineck verbunden war, um 1665 das Handelshaus „Giovanni Heer" für Seiden-, Woll- und Leinwandhandel aufbaute und sodann auch einen Geschäftssitz, den ersten „Löwenhof", in Rheineck errichtete, weshalb er als Begründer der wichtigsten Linie der Rheinecker Heer, der sogenannten „Löwenhof-Linie", gilt, deren Mitglieder fortan vom siebzehnten bis neunzehnten Jahrhundert in Rheineck eine führende Position innehatten.[187]

Hans Heer hinterließ aus seiner Ehe mit Regina (1653–1735), einer geborenen Indermaur, u.a. drei Söhne: Johann Conrad Heer (1676–1736), also den späteren Schwiegervater Peter Christian Wagners, sowie Johannes Heer (1680–1752) und Laurenz Heer (1684–1760).[188] Die Witwe des Hans Heer Regina heiratete nach dessen Tod in zweiter Ehe den Stadtammann zu Rheineck und Quartierfähnrich

---

185 Vgl. Historisches Lexikon der Schweiz (HLS) (Peter Müller „Heer (SG)"); Steinlin (2008a), S. 212.

186 Vgl. a.a.O.

187 Vgl. a.a.O.

188 Vgl. Steinlin (2008a), S. 212; auch Steinlin (2008b), insbesondere Tafel 23/1 und 23/2.

Conrad Meßmer (1656–1742)[189] und hatte mit diesem einen weiteren Sohn – ein Beispiel unter vielen (s.u.), das belegt, dass standesgemäße Ehen in Rheineck meist in einem engen Kreis von nur wenigen Familien arrangiert wurden, so dass als Folge auch die Heer und Meßmer vielfach durch Heirat miteinander verbunden waren.[190] Die Söhne des Hans Heer traten alle gleichsam in die kaufmännischen Fußstapfen des Vaters. Laurenz Heer wurde Handelsherr in Rheineck und Stadtammann.[191] Sein Bruder Johannes Heer aber führte das väterliche Handelshaus in Verona und Rheineck weiter und erbaute ferner in den Jahren 1742 bis 1746 als Sommerresidenz den „neuen Löwenhof" in Rheineck, einen palastartigen Kaufherrensitz im Stil des Barock.[192] Johann Conrad Heer schließlich war am Handelshaus mitbeteiligt und wird als in Verona und Erlangen tätiger Kaufherr erwähnt,[193] d.h. mit ihm wurden durch die Eröffnung eines weiteren Handelssitzes die Heer im Jahr 1717 auch in Erlangen ansässig.[194] Die Ernennung Johann Conrad Heers zum brandenburg-kulmbachischen Kommerzienrat und seine Stellung als erster Kirchenvorsteher der deutsch-reformierten Gemeinde verweisen auf sein in Erlangen erworbenes Ansehen und seinen dortigen Erfolg.[195]

Die Heirat Peter Christian Wagners mit Regina, der Tochter Johann Conrad Heers, fiel somit 1726 in eine Zeit, in der die Handelsbeziehungen der Heer ausgehend von Stützpunkten in Rheineck, Verona und Erlangen eine Blüte erlebt haben dürften. In den Kirchenbüchern der deutsch-reformierten Gemeinde Erlangens lassen sich, gehäuft in den 1720er und 1730er Jahren,[196] einige als Kaufleute tätige und zumindest zeitweise in Erlangen weilende männliche Verwandte der Regina Heer (u.a. anlässlich ihrer Heirat, der Taufe ihrer Kinder oder auch durch zahl-

189 Conrad Meßmer war später im Jahr 1727 Taufzeuge von Johann Conrad Wagner (geb./†1727), dem früh verstorbenen Sohn Peter Christian Wagners; vgl. LAELKB Kirchenbucharchiv, Erlangen-Deutsch-ref. Gemeinde, hier unter „Taufen, Trauungen, Beerdigungen, Kommunikanten 1693–1741", Sign. 235-1.

190 Vgl. Steinlin (2008a), S. 212; auch Steinlin (2008b), v.a. Tafel 23/1. – Weitere Angaben zur Rheinecker Familie Meßmer (Messmer) finden sich bei Steinlin (2008a), S. 210 f.

191 Vgl. Steinlin (2008a), S. 213; Steinlin (2008b), Tafel 23/2. – Ob Laurenz Heer als Teilhaber des väterlichen Handelshauses oder selbstständig kaufmännisch tätig war, ist unklar.

192 Vgl. Steinlin (2008a), S. 212; Steinlin (2008b), Tafel 23/2; auch HLS (Peter Müller „Heer, Johannes").

193 Vgl. Steinlin (2008a), S. 212 f.

194 Das Jahr 1717 wird im Stadtlexikon Erlangen als Zeitpunkt der Niederlassung der Heer genannt; vgl. Erlanger Stadtlexikon, S. 467 (Andreas Jakob u. Tanja Greschat „Loewenichsches Palais").

195 Vgl. Steinlin (2008a), S. 213; auch Wagner (1736) (Leichengedicht für seinen Schwiegervater).

196 Vgl. LAELKB Kirchenbucharchiv, Erlangen-Deutsch-ref. Gemeinde, hier unter „Taufen, Trauungen, Beerdigungen, Kommunikanten 1693–1741", Sign. 235-1.

reiche ihrerseits übernommene Taufpatenschaften) nachweisen, aus deren Mitte wohl auch die von Wagner in seinen Briefen mitunter ohne genauere Angaben erwähnten und daher kaum sicher zuzuordnenden „herrn Schwäger“ kamen. Darunter finden sich drei Brüder der Regina, also Söhne Johann Conrad Heers und seiner ihm 1703 angetrauten Ehefrau Anna (1679–1755), einer geborenen Meßmer und Nichte Conrad Meßmers:[197] Johannes Heer <1727–1730>[198], Laurenz Heer (1707–1763)[199] und Joachim Christoph Heer (1709–1767), die alle als „Kauff- u. Handelsmann (allhier)“ genannt werden. Es war jedoch Joachim Christoph Heer, der den Handelssitz in Erlangen in späteren Jahren nach dem Tod des Vaters 1736 wohl vor allem fortführte und der außerdem in die Erlanger Stadtgeschichte einging, da er vermutlich in der Mitte des achtzehnten Jahrhunderts auf einem schon vorher im Besitz der Kaufmannsfamilie Heer befindlichen Gelände vor dem Nürnberger Tor ein Haus errichten ließ, das nach weiteren Umgestaltungen als, benannt nach den späteren Eigentümern, „Loewenichsches Palais“ bekannt werden sollte.[200] In den Erlanger Kirchenbüchern findet sich neben den Söhnen

197 Zur Eheschließung Johann Conrad Heers mit Anna Meßmer vgl. Steinlin (2008b), Tafel 23/1. Der Tod Anna Heers, geborener Meßmer, wird im Erlanger Kirchenbuch für den 4. August 1755 vermerkt; vgl. LAELKB Kirchenbucharchiv, Erlangen-Deutsch-ref. Gemeinde, hier unter „Taufen, Trauungen, Beerdigungen 1742–1774“, Sign. 235-2.

198 Die Lebensdaten der Söhne Johann Conrad Heers sind den Erlanger Kirchenbüchern nicht vollständig zu entnehmen, da sie noch wohl in Rheineck geboren und getauft wurden. – Johannes Heer war 1727, wie seine Eltern Johann Conrad und Anna Heer sowie (s.o.) Conrad Meßmer, Taufzeuge des Johann Conrad Wagner (geb./†1727), also des ersten Sohnes Peter Christian Wagners; vgl. LAELKB Kirchenbucharchiv, Erlangen-Deutsch-ref. Gemeinde, hier unter „Taufen, Trauungen, Beerdigungen, Kommunikanten 1693–1741“, Sign. 235-1.

199 Laurenz Heer findet sich als später in Rheineck tätiger Kaufmann (entweder als Teilhaber im Geschäft des Onkels Johannes Heer oder aber selbstständig) erwähnt bei Steinlin (2008a), S. 213; auch Steinlin (2008b), Tafel 23/1 (dort mit Lebensdaten). – Im Jahr 1731 war Peter Christian Wagner Taufzeuge einer Tochter des Laurenz (bzw. Lorenz) Heer; vgl. LAELKB Kirchenbucharchiv, Erlangen-Deutsch-ref. Gemeinde, hier unter „Taufen, Trauungen, Beerdigungen, Kommunikanten 1693–1741“, Sign. 235-1.

200 Zum „Loewenichschen Palais“ vgl. Erlanger Stadtlexikon, S. 467 (Andreas Jakob u. Tanja Greschat): Im Jahr 1763 erwarb Joachim Christoph Heer zu seinem Anwesen (heute Nürnberger Straße 9) ferner einen angrenzenden Garten hinzu, der seit 1752 als markgräflicher Parforcegarten gedient hatte. – In einer Sammelmappe zum Anwesen Nürnberger Str. 9 des Stadtarchivs Erlangen (StadtAE) finden sich (u.a. unter Verweis auf Staatsarchiv Nürnberg (StAN), Bestand Amtsgericht Erlangen, Grundakte für Anwesen 260–262) weitere Hinweise, u.a. zur weiteren Geschichte des Anwesens der Heer in Erlangen: Im Jahr 1786 wurden die Gebäude von Gläubigern des Johann Georg von Heer, des einzigen Sohnes des Joachim Christoph Heer, verkauft; vgl. StadtAE II.3.N.1. – In der genannten Sammelmappe des StadtAE findet sich ferner (ohne weitere Quellenangaben) zu den Söhnen Johann Conrad Heers vermerkt, dass Johannes Heer die Filiale in Verona, Laurenz Heer jene in Rheineck und Joachim Christoph Heer (1709–1767) unter der

Johann Conrad Heers, also den Heerschen Schwagern Peter Christian Wagners, zudem gerade auch in den 1720er und 1730er Jahren immer wieder ein Johannes Meßmer (1694–1761) als „Kauff- und Handelsmann“ verzeichnet, bei dem es sich durchaus um den in Wagners Briefen ebenfalls erwähnten „herrn Schwager Meßmer“ gehandelt haben könnte.[201] Mag auch die Zuordnung der „Schwager“ Wagners zu einzelnen historischen Personen somit nicht immer verlässlich möglich sein, so zeigen die Ausführungen zur Familie Heer[202] doch eindrücklich, dass Peter Christian Wagner zumindest in seinen Erlanger Jahren, und eventuell auch später noch von Bayreuth aus, erhebliche Möglichkeiten besessen haben dürfte, auf eine Reihe von kaufmännisch tätigen Personen aus dem verwandtschaftlichen Umfeld seiner ersten Frau Regina zurückzugreifen, wenn es darum ging, eigene oder fremde Sendungen innerhalb des gelehrten Netzes gerade auch Richtung Italien auf den Weg bringen zu helfen.

Hiermit aber war das diesbezügliche Potential Peter Christian Wagners wohl noch keineswegs erschöpft: Ein Schreiben Wagners an Trew aus dem März 1743 lässt weitere familiäre Ressourcen bezüglich der Rekrutierung günstiger Transportmöglichkeiten in Richtung Italien aufscheinen:

> Das neulich an mich gesandte Paquet nach Bologna habe darum noch nicht mit dahin senden können weilen mein Herr Oncle bereits alle Waaren damahlen Versendet hatte und sein Bedienter wegen des weiten Umwegs über die Schweitzer Gebürge und Meÿland, um die

---

Firma „Meßmer et Heer Frères“ gemeinsam mit seinem ledigen (und evtl. geistig zurückgebliebenen) Bruder Johann Conrad Heer (1711–1778) den nach Erlangen verlegten Hauptsitz der Firma übernommen habe; vgl. a.a.O. – Weitere archivalische Recherchen, u.a. im StadtAE, könnten sicher die Familien- und Firmengeschichte der Heer noch weiter erhellen, gehen aber über die Fragestellungen vorliegender Untersuchung hinaus.

201 Vgl. auch hier LAELKB Kirchenbucharchiv, Erlangen-Deutsch-ref. Gemeinde, hier unter „Taufen, Trauungen, Beerdigungen, Kommunikanten 1693–1741“, Sign. 235-1: Johannes (bzw. Johanneß) Meßmer findet sich u.a. bei Taufen seiner Kinder (in den Jahren 1725, 1727, 1730, 1732) belegt. – In der bereits vorgestellten Sammelmappe des StadtAE zum Anwesen Nürnberger Straße 9 wird jener Handelsherr, Kommerzienrat und Stadtmajor Johannes Meßmer (hier mit den Lebensdaten 1694–1761) als ein Schwager Johann Conrad Heers (1676–1736) notiert, mit dem dieser in Erlangen eine Niederlassung des Handelshauses „Heer & Meßmer“ mit Hauptsitz in Rheineck betrieben habe, wobei das Großhandelsgeschäft in Erlangen über das Sonderrecht einer zollfreien Warenstation verfügte und auf einem Gelände neben der heutigen Nürnberger Straße durchgeführt wurde; vgl. StadtAE II.3.N.1.

202 Es sei hier abschließend ergänzt, dass auch die Geschäfte des Johannes Heer (1680–1752) in Rheineck, also des Bruders des Johann Conrad Heer (1676–1736), zunächst erfolgreich von dessen gleichnamigem Sohn Johannes (1721–1775) in dritter Generation fortgeführt wurden. Nach wiederum dessen frühem Tod und aufgrund des Fehlens eines Sohnes in nächster Generation ging danach jedoch das Handelsunternehmen der Heer mit dem „Löwenhof“ in Rheineck durch Heirat an die Familie der Custer; vgl. Steinlin (2008a), S. 213 f.; auch Steinlin (2008b), Tafel 23/2.

> unvermuthet angeordnete Contumacia Zu Vermeiden, die Reiße nur Zu Pferd thun müßen. Ich hatte es aber an Herrn Prof[essor] Monti nebst andern mir committirten geschrieben daß das Paquet beÿ mir läge und künfftig mit Waaren Versendet werden sollte. In Beÿliegender Antwort befiehlet Er mir solches An Ewer hochEdelgebohrn [...] Zurücke Zu senden, [...].[203]

Offenbar hatte also Trew im Vorfeld dieses Briefs ein für Giuseppe Monti (1682–1760) in Bologna bestimmtes Paket von Nürnberg an Wagner in Erlangen übersandt, um dieses über die Handelsverbindungen von dessen „Herr[n] Oncle" gemeinsam „mit Waaren" auf günstigem Weg nach Italien überstellen zu lassen. Es zeigt sich somit, dass Wagner, der selbst, wie im Rahmen seines Lebenslaufs erläutert, aus einer kaufmännisch tätigen Familie in Hof stammte, neben den über seine erste Frau erschlossenen Heerschen Handelsbeziehungen auch entsprechende Verbindungen seiner eigenen Familie, hier vermutlich eines Bruders seines Vaters oder seiner Mutter, also eines Kaufmanns aus den Reihen der Familie der Wagner oder Schilling,[204] für den gelehrten Austausch nutzbar machen und seinen Briefpartnern wiederum für deren Transportanliegen offerieren konnte. Es darf jedoch zugleich nicht unerwähnt bleiben, dass im vorliegenden Beispiel die Vermittlung des Pakets über Wagner am Ende nicht zustande kam, u.a. da der Bedienstete von Wagners Onkel aufgrund einer „Contumacia"[205], also wohl eines Seuchengeschehens mit entsprechenden Quarantäne- bzw. Absperrungsmaßnahmen, einen großen Umweg über die Schweizer Gebirge und Mailand in Kauf nehmen musste und die Reise daher „nur Zu Pferd" antreten konnte, was wohl die Mitnahme schwerer Güter verhinderte und in der Folge Giuseppe Monti, dem offenkundig das Warten auf die nächste Warensendung des Onkels Wagners nach Italien zu unsicher schien, dazu veranlasste, Wagner die Rücksendung des Pakets an Trew zu befehlen. Einmal mehr fällt hier also ein Schlaglicht auf die vielfältigen Transporthindernisse des achtzehnten Jahrhunderts.

Die vorgestellten Briefpassagen konnten belegen, dass Peter Christian Wagner über besonders reichhaltige familiäre Ressourcen verfügte, wenn es darum ging, Handelsverbindungen als günstige Alternative zu offiziellen Postkursen für den Transport von Sendungen im gelehrten Netz zu erschließen. Es kann daher als sehr wahrscheinlich angenommen werden, dass eben diese Ressourcen und

---

203 Brief Nr. 58, Z. 14–22 (UBE BT, Korr. Wagner, Nr. 42; vom 8.3.1743).

204 Nur über den Rahmen vorliegender Untersuchung hinausgehende (genealogische) Recherchen könnten es ermöglichen, den „Oncle" Wagners hier genauer einer historischen Person zuzuordnen.

205 Nach Zedler (1732–1754), Bd. 30, Sp. 75 f. („Quarantaine") ist „Quarantaine" bzw. „Contumace", also italienisch „Contumacia", jene Zeit, die eine aus einer seuchenverdächtigen Gegend kommende Person isoliert verbringen muss.

seine Bereitschaft, sie mit anderen Gelehrten zu teilen und dazu auch in jedem Fall zeit-, manchmal möglicherweise aber (bei einem durch den Empfänger zu zahlenden Porto der per Post zur weiteren Bestellung eingehenden Sendungen) durchaus auch kostenintensive Vermittlerdienste zu leisten, sein eigenes Korrespondenznetz nachhaltig prägten, also entscheidend zu dessen Ausdehnung und Konsolidierung beitrugen. So scheint es durchaus naheliegend, dass die schon in jungen Jahren trotz vermutlich fehlender ausgedehnter Studienreisen nachweisbaren Kontakte Wagners nach Italien vorrangig auf dem Boden der gleichsam ‚von Haus aus' vorhandenen vielversprechenden familiären Transportwege in dieser Richtung gediehen. Und auch der Ostseeraum mit insbesondere der Stadt Danzig als weiterer geographischer Schwerpunkt des rekonstruierbaren Ego-Netzwerks Wagners mag durch die Tatsache konsolidiert bzw. forciert worden sein, dass sich Wagner von dort aus betrachtet gut zur Weitervermittlung von Sendungen gen Italien einsetzen ließ.

Die familiären Handelsverbindungen erwiesen sich damit, um noch einmal auf die Kapitalformen Pierre Bourdieus zurückzukommen, als ein wertvolles „soziales Kapital" Wagners im gelehrten Netz, d.h. sie ermöglichten ihm, sich in bestehende Korrespondenzbeziehungen ‚einzuklinken', indem sie seine Attraktivität in den Augen potentieller Briefpartner fraglos erhöhten. Unübersehbar liegt somit auch hier ein für das gelehrte Netz so typischer Akt des Gebens und Nehmens zugrunde: Es griffe daher zu kurz, allein die Chancen zur besseren Vernetzung für, gemessen an ihrem „kulturellen Kapital", unbedeutendere Gestalten der *Respublica Litteraria* zu betonen, ohne zugleich auf die große Bedeutung hinzuweisen, die ebensolche Personen in der Summe der von ihnen angebotenen Dienste zur Weitervermittlung von Sendungen für den reibungslosen organisatorischen Ablauf im gelehrten Netz vor dem Hintergrund der oft noch lückenhaften und v.a. in der Regel auch kostenintensiven offiziellen Postkurse des achtzehnten Jahrhunderts gewinnen mussten. Die meist schwer zu beantwortende Frage, wie häufig einzelne offerierte alternative Transportwege dann tatsächlich genutzt wurden, erscheint dabei nachrangig: Entscheidend für das Funktionieren der organisatorischen Abläufe im gelehrten Netz war zunächst grundsätzlich das Vorhandensein möglichst vieler Transportmöglichkeiten, um auf die vielfältig auftretenden Hindernisse flexibel reagieren zu können.

Die inhaltliche Analyse der Wagner-Trew-Korrespondenz unter organisatorischen Gesichtspunkten des medizinisch-naturwissenschaftlichen Austauschs konnte zeigen, dass sich auch auf Basis von in nur geringem Umfang erhaltenen Briefschaften einer Person deren Ego-Netzwerk zumindest in Teilen rekonstruieren lässt. Die Brieftexte belegten zudem eindrücklich die Vielfalt an Übermittlungswegen, die kollektiv im gelehrten Netz generiert werden mussten, um den Transporthindernissen des achtzehnten Jahrhunderts sinnvoll begegnen zu können. Umso deutlicher tritt hier die Bedeutung von Personen zu Tage, die sich, nicht zuletzt um so ihr eigenes Korrespondenznetz zu vergrößern bzw. zu konsolidieren, als Vermittler von Sendungen insbesondere über eigene günstige Transportkanäle zur Verfügung stellten: Es lässt sich damit bereits hier erkennen, dass auch einer Art von gelehrtem ‚Unterbau' für das Funktionieren des gesamten Netzes eine nicht unerhebliche Relevanz zugekommen sein musste.

4.2 Inhaltliche Aspekte des medizinisch-naturwissenschaftlichen Austauschs

Im Rahmen der nun im Folgenden anschließenden Betrachtung der inhaltlichen Aspekte, also gewissermaßen der Frage nach dem „Was" des medizinisch-naturwissenschaftlichen Austauschs, gilt das Augenmerk zum einen naheliegender Weise den per Brief im gelehrten Netz übermittelten Informationen, zum anderen aber ebenso den verschiedensten Realien, die je nach Gewicht und Größe entweder, ähnlich den in den vorausgehenden Kapiteln bereits ausführlich vorgestellten im Einschlussverfahren weitervermittelten Sendungen, unmittelbar als Briefbeilage oder eben bei Bedarf in Paketform zwischen den Korrespondenten auf die Reise geschickt wurden.[206] Insbesondere da auch Pakete selten völlig isoliert zugestellt, sondern in der Regel direkt von zumindest einigen Zeilen begleitet oder in einem voraus- oder nachgehenden Schreiben angekündigt bzw. erläutert wurden, spiegeln erhaltene Korrespondenzen das vielfältige Spektrum des materiellen Austauschs im gelehrten Netz sehr gut wider:[207] So kann im Weiteren auch auf Basis der Wagner-Trew-Korrespondenz gezeigt werden, dass unter den ausgetauschten Realien Druckwerke ebenso zu finden waren wie Naturalien und Medikamente, mitunter aber auch Produkte des täglichen Bedarfs und Luxusartikel.[208]

---

206 Stuber/Hächler/Steinke (2005), S. 177–186, erläutern die Vielfalt des Realientauschs am Beispiel des Korrespondenznetzes Albrecht von Hallers (1708–1777).

207 Vgl. ebd., insbesondere S. 177 f.

208 Schon für das Korrespondenznetz Hallers ließen sich als ausgetauschte Realien „Druckschriften", „Manuskripte", „Naturalien", weitere medizinische „Artefakte" wie Medikamente, Illustrationen und Instrumente, außerdem „Zeichen von Ruhm und Ehre" wie Porträts, Medaillen und Diplome, sowie auch „Produkte des täglichen Bedarfs und Luxusartikel" identifizieren; vgl. ebd., S. 177–186.

Insbesondere ist bei jedem Realientransfer darauf zu achten, ob die Übermittlung eher im Sinne eines „Geschenks“[209] oder aber einer „Handelsware“[210], also als eine Art Lieferung zu einem festgesetzten Preis auf Bestellung des Briefpartners, erfolgte[211] und inwieweit weitere Personen in Gestalt unterschiedlichster Vermittlerdienste in das Gelingen des Transfers involviert waren, lässt sich doch damit sowohl die Zweierbeziehung entsprechender Briefpartner als auch gegebenenfalls die Rolle bzw. Funktion einzelner teils auch zwischengeschalteter Personen aus dem ‚Unterbau‘ des gelehrten Netzes näher beleuchten – Fragestellungen also, die die vorliegende Untersuchung auch bei Analyse der inhaltlichen Aspekte des medizinisch-naturwissenschaftlichen Austauschs nachfolgend weiter begleiten sollen.

4.2.1 Patientenbezogener Austausch

> Über das Maß der Multiplexität kann ausgedrückt werden, wie viele Dimensionen eine Beziehung beinhaltet, d.h. Multiplexität ist ein Maß zur Beschreibung der Vielfalt an Beziehungsinhalten, die innerhalb einer gegebenen Beziehung ausgetauscht werden.[212]

Die Netzwerkanalyse verbindet daher mit der Multiplexität einer Beziehung auch die Annahme einer verstärkten Bindung und so auch größeren sozialen Kontrolle zwischen zwei Beziehungspartnern.[213] Die Tatsache, dass sich die Briefpartner Peter Christian Wagner und Christoph Jacob Trew in ihren Schreiben und darüber hinaus auch als praktisch tätige ärztliche Kollegen in ihrer Arbeit am Patienten begegneten, verdient es insofern durchaus, neben anderen später vorgestellten Beziehungsnuancen als ein ihre Beziehung insgesamt noch einmal stark vertiefendes und stabilisierendes Moment wahrgenommen

---

209 Peter Christian Wagner bedankte sich z.B. 1757 bei Trew für einen „überschickten Vin d'Avignon“ ohne Bezug auf einen Bezahlvorgang zu nehmen, weswegen der Wein hier möglicherweise als Geschenk überreicht wurde; siehe Brief Nr. 87, Z. 10 (UBE BT, Korr. Wagner, Nr. 64; vom 17.3.1757).

210 So erbat Wagner z.B. bei Trew 1746 die Besorgung „Von rothen Schmeltz“, wohl einer Art Glasur, für seine zweite Gemahlin und übersandte nach Erhalt die entsprechende Bezahlung; vgl. Brief Nr. 77, Z. 47 f. (UBE BT, Korr. Wagner, Nr. 56; vom 4.5.1746); Brief Nr. 78, Z. 26 f. (UBE BT, Korr. Trew, Nr. 790; vom 6.5.1746); Brief Nr. 79, Z. 30–32 (UBE BT, Korr. Wagner, Nr. 57; vom 8.5.1746).

211 Zur wichtigen grundsätzlichen Differenzierung zwischen „Geschenk“ und „Handelsware“ vgl. auch Stuber/Hächler/Steinke (2005), S. 178.

212 Herz (2012), S. 141.

213 Vgl. auch Jansen (2006), S. 98 f.

zu werden.[214] Bei einer genaueren Untersuchung der Wagner-Trew-Korrespondenz unter diesem Aspekt kristallisieren sich zudem schnell unterschiedlichste Facetten eines patientenbezogenen Austauschs von Informationen und/oder auch Realien heraus.

– Bitte um Hilfe bei der Besorgung von Medikamenten:
Eine alles in allem noch recht punktuelle bzw. begrenzte Form der patientenbezogenen Zusammenarbeit, die sich in den zwischen den ärztlichen Kollegen ausgetauschten Briefen niederschlug, war die Hilfe bei der Besorgung von Medikamenten. Wie bereits im Zusammenhang mit der Betrachtung der vielfältigen Übermittlungswege von Sendungen erwähnt, bat Wagner in einem Schreiben vom 1. März 1731 von Pappenheim aus Trew in Nürnberg um Hilfe bei Beschaffung der pflanzlichen Droge des *Opobalsamum Verum* für den schwer erkrankten Johann Friedrich Graf von Pappenheim (1680–1731).[215] Er betonte dabei, er wende sich hierin an Trew, „weilen [er] sonsten niemand in Nürnberg kenne, welcher ein beßerer Connaisseur Von aufrichtigen Exoticis wäre und [ihm] solchen Gefallen erweißen möchte“[216]. Trew empfahl sich hier somit für Wagner nicht nur aufgrund seines Standortvorteils in der Reichsstadt Nürnberg als geeigneter Adressat für sein Anliegen, sondern auch wegen der ihm zugeschriebenen Kenntnisse über exotische Pflanzen bzw. pflanzliche Drogen, d.h. dem ihm gleichsam zugeordneten inkorporierten kulturellen Kapital. Nur so konnte Wagner sichergehen, tatsächlich das gewünschte *Opobalsamum Verum*, welches, wie er explizit hervorhob, „unverfälscht“[217] sein müsse, zu erhalten. Auch wenn Wagner nach erfolgreicher Übersendung eines von ihm als „recht schön und gut“[218] eingestuften *Opobalsamum* durch Trew die gewissermaßen auf Bestellung vom Briefpartner erhaltene „Handelsware“ umgehend bezahlte,[219] geriet er auch in dieser Konstellation in einer für die Anfangszeit ihrer Beziehung, wie schon in einem früheren Kapitel vorliegender Untersuchung gezeigt, typischen Weise gegenüber seinem erfahreneren Kollegen in die Rolle eines „Bittstellers“, welcher sich in Gestalt der Besorgung eines dringend benötigten Medikaments einen Gefallen erweisen ließ, den er trotz der obligatorischen Versicherung jederzeitiger „auf-

214 Auch Dauser (2008), v.a. S. 334 f., belegt am Beispiel der Korrespondenz Hans Fuggers (1531–1598) die Bedeutung der Multiplexität in der Beziehung zu einzelnen Briefpartnern.
215 Vgl. Brief Nr. 12, Z. 7–10 (UBE BT, Korr. Wagner, Nr. 10; vom 1.3.1731).
216 Ebd., Z. 15 f.
217 Ebd., Z. 10.
218 Brief Nr. 13, Z. 16 f. (UBE BT, Korr. Wagner, Nr. 11; vom 27.3.1731).
219 Vgl. ebd., Z. 7–10.

richtige[r] Gegendienste“[220] in Anbetracht der ihm in dieser Lebensphase insgesamt nur begrenzt zur Verfügung stehenden eigenen Ressourcen zeitnah nicht würde adäquat vergelten können. Je nach Verteilung der Ressourcen und damit dem Maß an Gleichwertigkeit der gegenseitig erwiesenen Dienste bzw. Gaben konnte sich die Hilfe bei Besorgung von Medikamenten also als inhaltlicher Aspekt sowohl in eine von horizontaler Solidarität geprägte freundschaftliche Beziehung als aber auch wie im vorliegenden Fall in ein eher von vertikaler Solidarität geprägtes Patronageverhältnis zwischen zwei ärztlichen Korrespondenten einfügen.

— Bitte um schriftliche Erteilung eines konkreten Arzneitipps „sub fide silentii“: Hatte Peter Christian Wagner noch in seinem Brief vom 1. März 1731 Trew allein um Beschaffung einer bestimmten pflanzlichen Droge gebeten, ohne auf seinen hochgestellten Patienten und dessen Leiden genauer einzugehen, so erstrebte er Ende März nicht zuletzt wegen der Hartnäckigkeit der Krankheit, welche „sehr langweilig Hergehe[]“[221] und „noch Viel länger Dauren“[222] könne, sowie der daraus resultierenden zunehmenden Ungeduld[223] des Johann Friedrich Graf von Pappenheim in einem gewissen Umfang eine Erweiterung der Zusammenarbeit. Er teilte nun knapp mit, es handle sich um „eine Cachexia cum Asthmate Spasmodico-hypochondriaco & insigni tumore scroti ac reliquarum partium inferiorum“[224] und ersuchte Trew um Erteilung eines konkreten Arzneitipps:

> Wißen Dießelben ein gutes Euporiston[225] oder bewährtes topicum[226], so in tali casu Zu dem tumore scroti[227], als dem beschwehrlichsten symptomate gebrauchet werden könte, so bitte mir sub fide silentii deßen gütige Communication aus.[228]

---

220 Brief Nr. 12, Z. 16 f.
221 Brief Nr. 13, Z. 21.
222 Ebd., Z. 21 f.
223 Vgl. auch ebd., Z. 30 f.
224 Ebd., Z. 19 f.
225 Ein „Euporiston“ ist „ein leicht zubereitendes [!], und bald anzuschaffendes Medicament“; vgl. Zedler (1732–1754), Bd. 8, Sp. 2175.
226 „Topica“ sind „Örtliche Mittel“, d.h. sie werden äußerlich angewandt; vgl. Schneider (1968–75), Bd. II, S. 73.
227 Es handelt sich hier um eine Art „Geschwulst des Hodensacks“. Ein „Tumor“ ist nach Angaben aus der ersten Hälfte des achtzehnten Jahrhunderts zunächst eine Geschwulst im Allgemeinen, also „jegliche wider die Natur vermehrte Grösse derer Theile“; vgl. Zedler (1732–1754), Bd. 10, Sp. 1254 f. Das „Scrotum“ ist „das Gemächte oder der Hodensack“; vgl. Anatomisch-chirurgisches Lexikon, Sp. 922 f.
228 Brief Nr. 13, Z. 23–26.

Die Formulierung „sub fide silentii“ stellt das Geschehen hier in einen geheimnisvollen Dunstkreis der Verschwiegenheit und weist so darauf hin, dass sich Wagner, nachdem er am Patienten schon „Verschiedene sonst bekante oder Von berühmten Männern [...] recommendirte“[229] Arzneien mit „gar wenige[m] Effect“[230] angewandt hatte, von seinem erfahreneren Kollegen in Nürnberg möglicherweise an dieser Stelle im Vertrauen gar einen Hinweis auf eine Art von Geheimmittel bzw. *Arcanum*[231] erhoffte, um so die Drucksituation, in die er als Leibarzt bei mangelndem Erfolg zweifellos immer stärker zu geraten drohte, zu entschärfen.

Zwar ist eine Antwort Trews im vorliegenden Fall nicht erhalten und Wagner kehrte nach dem Tod des Johann Friedrich Graf von Pappenheim kurz darauf von Pappenheim nach Erlangen zurück, doch ist auch so hinreichend belegt, dass der patientenbezogene Austausch in Briefen sich als eine zum Zwecke der Stärkung der eigenen Position am Krankenbett an einen in der Regel als zumindest etwas erfahrener bzw. kundiger eingeschätzten Kollegen gerichtete vertrauensvolle Bitte um einen besonderen Arzneitipp präsentieren konnte. Freilich ist auch diese Form der Zusammenarbeit noch als recht begrenzt einzustufen, da der renommierte Kollege dabei keineswegs offiziell aufgefordert wurde, auf Basis ihm überlassener umfangreicherer Informationen einen umfassenden Rat in Gestalt etwa auch eines vollständigen Behandlungskonzepts zu erteilen. Entsprechend wurde ihm hier auch nicht explizit eine anschließende Belohnung oder Vergütung des erteilten Rats von Seiten des Patienten avisiert, so dass sich diese Konstellation eines patientenbezogenen brieflichen Austauschs insgesamt wohl ebenfalls noch vorrangig als Gefälligkeit eines erfahrenen Patrons gegenüber einem jüngeren ärztlichen Kollegen verorten lässt.

— Austausch über die Zusammenarbeit bei Behandlung eines Patienten aufgrund einer besonderen räumlichen Situation bzw. infolge des Konsultationsverhaltens des Patienten:

Zu einer bereits wesentlich umfassenderen Form der Zusammenarbeit konnte es kommen, wenn zwei oder mehr Ärzte aufgrund einer besonderen räumlichen Situation, z.B. bei wiederholten Ortswechseln des Patienten, gemeinsam bzw. wechselweise an der Behandlung eines Kranken beteiligt waren und sich darüber auch brieflich abzustimmen suchten. So finden sich Spuren der Zusammenarbeit

229 Ebd., Z. 26 f.

230 Ebd., Z. 28.

231 Zedler (1732–1754), Bd. 2, Sp. 1181 f., beschreibt ein „Arcanum“ als ein „geheimes Mittel“, also „eine solche Artzeney, welcher Zubereitung, wegen grosser Krafft und Würckung, geheim gehalten wird“.

zwischen Christoph Jacob Trew, seinem Leibarztkollegen am Ansbacher Markgrafenhof Johann Lorenz Ludwig Loelius (1687–1756) und Peter Christian Wagner bezüglich der Behandlung des Generalfeldzeugmeisters Helmut Otto von Bassewitz (1673–1736)[232], der sich offenbar, evtl. teils wegen seiner Aufgaben bei den fränkischen Kreistruppen, phasenweise in Ansbach, Erlangen und später wohl auch in Nürnberg aufhielt, sowohl in der auch unter diesem Aspekt bereits von Thomas Schnalke untersuchten Trew-Loelius-Korrespondenz[233] als aber auch in der im Zentrum vorliegender Arbeit stehenden Trew-Wagner-Korrespondenz[234].

Ein Brief des Loelius an Trew vom 1. Juli 1736, in dem er sich für einen Krankenbericht bedankte, den Trew wahrscheinlich nach einer bei einem seiner Besuche in Ansbach vorgenommenen Untersuchung des Generalfeldzeugmeisters von Bassewitz abgefasst hatte, sowie weitere Schreiben des Loelius aus Ansbach an Trew in Nürnberg Anfang August 1736, in denen er sich besorgt zum Zustand des Patienten und einer geplanten Amputation von dessen Fuß äußerte,[235] weisen darauf hin, dass von Bassewitz zeitweise in Ansbach weilte und dort die beiden Leibarztkollegen Trew und Loelius konsultierte. Doch auch Peter Christian Wagner war im Sommer 1736 bereits in eine zeitweise Behandlung des Generalfeldzeugmeisters in Erlangen eingebunden gewesen, da Trew in einem Gutachten vom 18. August 1736, das wegen der beabsichtigten Vermittlung Wagners als Arzt an den Ansbacher Markgrafenhof erstellt wurde, schon lobend herausstreichen konnte, dass er selbst aufgrund seines eigenen „seit einiger Zeit [] etlich maligen Aufenthalt[s] in Erlang“[236] habe feststellen können, dass Wagner bei der dort „Vorgefallenen Cur“[237] des Herrn von Bassewitz „in allen seinen Vorträgen sich sehr bescheiden und sorgfältig auch Zugleich eine gute Einsicht bezeuget, ingleichen die [ihm selbst] öffters in abwesenheit Zugeschickte Nachrichten ordentlich u[nd] wohl abgefaßet habe“[238].

---

232 Biographische Informationen zu Helmut Otto von Bassewitz (1673–1736) finden sich in Brief Nr. 22, Endnote 1.

233 Vgl. dazu (mit vielen Briefzitaten) Schnalke (1997), v.a. S. 132 f., daneben auch S. 123.

234 Vgl. Brief Nr. 22, Z. 8–10 (UBE BT, Korr. Wagner, Nr. 17; vom 28.8.1736); Brief Nr. 23, Z. 18 f. (UBE BT, Korr. Wagner, Nr. 18; vom 28.10.1736); Brief Nr. 24, Z. 63–65 (UBE BT, Korr. Wagner, Nr. 19; vom 31.10.1736); Brief Nr. 32, Z. 75–77 (UBE BT, Korr. Wagner, Nr. 23; vom 21.11.1736); Brief Nr. 34, Z. 52–56 (UBE BT, Korr. Wagner, Nr. 24; vom 6.12.1736); Brief Nr. 35, Z. 21–23 (UBE BT, Korr. Wagner, Nr. 25; vom 13.12.1736); Brief Nr. 40, Z. 24–30 (UBE BT, Korr. Wagner, Nr. 28; vom 22.12.1736); Brief Nr. 45, Z. 8 f. (UBE BT, Korr. Wagner, Nr. 32; vom 8.1.1737).

235 Vgl. Schnalke (1997), S. 132 f.

236 UBE BT, Korr. Christoph Jacob Trew, Beilage a an J.L.L. Loelius (vom 18.8.1736).

237 A.a.O.

238 A.a.O.

Die Behandlung des Generalfeldzeugmeisters gestaltete sich also wohl dergestalt, dass dieser auch in Phasen, in denen er sich nicht in Ansbach, sondern in Erlangen befand, immer wieder Trew aus dem benachbarten Nürnberg hinzuzog, dass aber zugleich vor Ort in Erlangen der dort lebende Wagner vorrangig die Betreuung übernahm, freilich nicht ohne seinem Nürnberger Kollegen in dessen Abwesenheit wiederholt Mitteilung zu machen. Diese von Trew bezeugten Verlaufsberichte Wagners in Briefform aus der ersten Jahreshälfte 1736, die weiteren Aufschluss über Ausmaß und Art der Zusammenarbeit zwischen Wagner und Trew im Fall des Herrn von Bassewitz geben könnten, sind allerdings im Rahmen der Wagner-Trew-Korrespondenz nicht erhalten geblieben, wobei sich vermuten lässt, dass ihr Fehlen in der Trewschen Briefsammlung darin begründet liegen könnte, dass Trew die Unterlagen zu seinem Patienten eventuell anderswo gebündelt sammelte bzw. sie einer nachträglich erstellten Fallbeschreibung (s.u.) beifügte. Die dann insgesamt in hoher Dichte überlieferten Briefe Wagners an Trew aus dem Herbst 1736 jedoch enthalten mehrfach kurze Bemerkungen oder Nachträge, die belegen, dass Wagner auch im weiteren Verlauf des Jahres 1736 sich zumindest zeitweise in Erlangen um den Generalfeldzeugmeister kümmerte und den Fortgang dabei weiterhin mitunter zumindest in knapper Form an Trew übermittelte. So teilte er im Postskriptum eines Schreibens vom 31. Oktober 1736 u.a. kurz mit:

> Beÿ dem Herrn General gehet es noch immer gut, außer daß die höle auf der Fibula[239] ein wenig Zu starck maturiret[240], Er hat heute wohl geschlaffen und der Catarrh ist meistens weg.[241]

Im Dezember 1736 verschlechterte sich der Zustand des Helmut Otto von Bassewitz zusehends, weshalb Wagner gegenüber Trew bemerkte:

> Daß es scheinet, ob solte die mit dem Herrn General Von Bassewiz gehabte Bemühung, wegen nich [!] wiederherzustellenden Appetits und Kräfften, ebenfalls Vergebens seÿn, chagriniret mich nicht wenig. Gewiß ist es daß des herrn Patienten Gemüths Unruhe und besondere Eigenschafften seinen Zustand jederzeit Verschlimmert und am meisten geschadet.[242]

239 Die „Fibula" ist das „Waden-Bein"; vgl. Zedler (1732–1754), Bd. 9, Sp. 797 f.

240 Unter der „Maturatio" verstand man in der Chirurgie, wenn bei einem „Absceß, Geschwühr" oder ähnlichem „der Eyter zu seiner Reiffe gelanget"; vgl. Anatomisch-chirurgisches Lexikon, Sp. 542 f.

241 Brief Nr. 24, Z. 63–65 (UBE BT, Korr. Wagner, Nr. 19; vom 31.10.1736).

242 Brief Nr. 34, Z. 52–56 (UBE BT, Korr. Wagner, Nr. 24; vom 6.12.1736).

Interessant ist hier auch, dass Wagner die Beeinträchtigung der Körperfunktionen des Patienten ausdrücklich insbesondere auf dessen außergewöhnliche bzw. übermäßige Gemütsbewegungen zurückführte, was vermuten lässt, dass Wagner in seinem ärztlichen Denken durchaus von der Affektenlehre Georg Ernst Stahls (1659–1734)[243] beeinflusst war, wobei aber an dieser Stelle zugleich ebenso darauf hinzuweisen ist, dass die untersuchte Wagner-Trew-Korrespondenz nur sehr bedingt Aussagen über den Einfluss einzelner Krankheits- bzw. Gesundheitskonzepte der Medizin des achtzehnten Jahrhunderts auf Wagner bzw. auch Trew zulässt, da grundlegende konzeptionelle Erörterungen, die möglicherweise eher bei den wiederholten persönlichen Zusammentreffen der Korrespondenten geführt wurden, in ihren Briefen vollständig fehlen und sich daher nur einige indirekte Hinweise aus den knappen ausgetauschten Mitteilungen zur Behandlung einzelner Patienten gewinnen lassen. Die Bearbeitung von Fragestellungen zum Forschungskontext der großen medizinischen Konzeptionen des achtzehnten Jahrhunderts wie Animismus und Mechanismus kann daher nicht vorrangiges Anliegen vorliegender Untersuchung sein.

Helmut Otto von Bassewitz starb schließlich am 20. Dezember 1736 in Nürnberg,[244] nachdem bereits in den Wochen zuvor, wie Wagner bedauerte, „alle Nachrichten Von dem herrn General-Feld-Zeugmeister schlechter und betrübter [ge]laute[t] [hatten] und [...] die gemeldeten Umstände [...] wenig [hatten] hoffen [lassen]“[245]. Die letztgenannten Formulierungen Wagners weisen darauf hin, dass Wagner in der Endphase der Erkrankung des Patienten nicht mehr selbst an dessen Krankenbett vor Ort gewesen war, sondern dass Helmut Otto von Bassewitz sich wohl eher schon eine Zeitlang vor seinem Tod in Nürnberg aufgehalten und nun Trew seinerseits seinen Erlanger Kollegen wenigstens in groben Zügen über den sich abzeichnenden betrüblichen Ausgang aller gemeinsamen Anstrengungen auf dem Laufenden gehalten hatte. Nach dem Ableben des Patienten verlangte es Trew, wie auch die Trew-Loelius-Korrespondenz belegt, sodann danach, die eigentliche Todesursache zu ermitteln, wozu er eine Obduktion u.a. des Beinstumpfs der Leiche durchführte und eine genaue Niederschrift des gesamten Falles ins Auge fasste.[246] Für Peter Christian Wagner blieb, vermutlich nach Erhalt der entsprechenden Todesnachricht, daher am 22. Dezember 1736 nur mehr abschließend das Folgende an Trew zu antworten:

243 Zum Animismus Stahls und seiner Affektenlehre vgl. in einer knappen Übersicht Eckart (2005), S. 151–153.

244 Vgl. auch Zedler (1732–1754), Supplement 3, Sp. 150–152, insbesondere Sp. 152 („Bassewitz“).

245 Brief Nr. 35, Z. 21–23 (UBE BT, Korr. Wagner, Nr. 25; vom 13.12.1736).

246 Vgl. dazu auf Basis der Trew-Loelius-Korrespondenz Schnalke (1997), S. 133.

Daß beÿ des Herrn General Feld Zeugmeisters Von Baßewitz Cur so sehr Viele Mühe angewendet worden und doch am Ende Vergeblich geweßen, ist freÿlich Zu bedauren. Alleine es ist gewiß, daß Er gar Viel Hindernüße gemachet und durch seine besondern Einfälle und Opiniatreté seinen Todt gar sehr befördert. Die Verlangten Rp.[247] sollen Ewer hochEdelgebohrn nach den Ferien alle, in Copia oder Originali bekommen, und wird es mir besonders lieb seÿn, wenn der gantze Casus Zu Papier gebracht wird.[248]

Tatsächlich übersandte Wagner am 5. Januar 1737 dann die gewünschten Unterlagen zur Behandlung des Herrn von Bassewitz an Trew.[249] Anders als in den zu Beginn dieses Kapitels vorgestellten Beispielen eines patientenbezogenen Austauschs profitierte hier also auch Trew verstärkt von der gewählten Form der Zusammenarbeit, da sein jüngerer Kollege Wagner ihn zum einen immer wieder in der unmittelbaren Betreuung des sich mehrfach räumlich verändernden Patienten vor Ort vertrat und dann darüber regelmäßig Bericht erstattete, zum anderen aber auch bei der nachträglichen Aufarbeitung des Falles in Gestalt der Übersendung schriftlicher Aufzeichnungen, z.B. einzelner getätigter Verordnungen, seine Unterstützung nicht verweigerte.

Dem Beispiel des Generalfeldzeugmeisters von Bassewitz sehr ähnlich, aber doch in einigen wesentlichen Aspekten davon abweichend, präsentiert sich der briefliche Austausch Wagners und Trews über die Zusammenarbeit bei Behandlung eines „Fräulein von Bobenhausen“[250]. Auch hier lag eine besondere räumliche Konstellation vor, die zur Zusammenarbeit drängte. Sie ergab sich an dieser Stelle allerdings nicht aus einem häufigen Ortswechsel der Patientin, sondern aus dem Umzug des Arztes Wagner von Erlangen nach Bayreuth: Wagner ließ so die bislang von ihm betreute Patientin in Erlangen zurück, wo das Fräulein von Bobenhausen daher fortan auch die Hilfe Trews in Anspruch nahm, schaltete sich aber nichtsdestotrotz bei einem seiner gelegentlichen Aufenthalte mit dem markgräflichen Hof in Erlangen wieder in die Behandlung ein, was er gegenüber Trew am 17. Januar 1744 wie folgt rechtfertigte:

---

247 „Rp.“ geht zurück auf „Recipe/Nimm“ und wurde als Initial auf Rezepte gesetzt; vgl. Schneider (1962), S. 49. Hier verweist Wagner damit wohl auf eine Sammlung von Verordnungen zum Fall des Generalfeldzeugmeisters von Bassewitz.

248 Brief Nr. 40, Z. 24–30 (UBE BT, Korr. Wagner, Nr. 28; vom 22.12.1736).

249 Vgl. Brief Nr. 45, Z. 8 f. (UBE BT, Korr. Wagner, Nr. 32; vom 8.1.1737): „In der hoffnung, daß Ewer hochEdelgeb[ohrn] Vergangenen Sonnabend das gesandte Buch und Rp. Von Herrn General Von Bassewiz richtig werden empfangen haben [...].“

250 Zur schwierigen Zuordnung des „Fräulein von Bobenhausen“ zu einer historischen Person vgl. Brief Nr. 66, Endnote 6.

> [...]; alßo kan ich nicht umhin Ewer hochEdelgeb[ohrn] [...] da ich mich seith einigen Tagen in Dero Nachtbarschafft befinde Hierdurch meine ergebenste Aufwartung Zu machen. Und dießes um so mehr, da ich beÿ meiner Ankunfft allhier Vernommen, daß Ewer hochEdelgeb[ohrn] bißanhero Ihr Gn[aden] der Fräulen Von Bobenhaußen mit Dero Consiliis beÿgestanden und Verschiedene Medicamenta Verordnet haben. Da nun dieße Patientin noch Von alten Zeiten Her einiges Vertrauen Zu mir hat und ich mich Vebunden [!] erachtet habe, solche Zu besuchen; so kan ich nicht bergen, daß ich über Ihren gar elenden Zustand und noch Verhandene sehr wenigen Kräffte mich sehr erschröcket, [...].[251]

Die Anzahl der beteiligten Ärzte aber war noch höher und die Behandlungskonstellation damit sogar noch komplexer, als allein die Wagner-Trew-Korrespondenz zu erkennen gibt: Ein Brief Johann Friedrich Weismanns (1678–1760) an Trew vom 7. November 1743 belegt,[252] dass es nach dem Umzug Wagners nach Bayreuth im April 1743 wohl vor allem Weismann war, der sich um die Betreuung des Fräulein von Bobenhausen vor Ort in Erlangen kümmerte, freilich nicht ohne bisweilen auch die Rolle des Berichterstatters an Trew in Nürnberg auszufüllen und diesen über das aktuelle Befinden der gemeinsamen Patientin sowie die angewandten Medikamente zu unterrichten.

Zwar ist davon auszugehen, dass Wagner sich bei seiner zeitweisen Rückkehr nach Erlangen auch mit dem Kollegen vor Ort Weismann, der ja zugleich sein Schwiegervater war, mündlich über die Patientin austauschte, doch versäumte auch er es eben keineswegs, Trew an seinen Überlegungen zum schlechten Zustand des Fräulein von Bobenhausen und dessen möglichen Ursachen teilhaben zu lassen:

> [...], alßo, daß ich gar auf die Gedancken gerathen bin, ob seÿe Vielleicht eine uns allen noch unbekante causa circa praecordia[253] Vorhanden, so die fast beständig daurenden Schwachheiten und Unvermögen besonders beÿ leeren Magen Zu sprechen, oder sich Zu bewegen Veruhrsachet. Im übrigen siehet man wohl, daß Ventriculus, Duodenum et reliquae digestioni, elaborationi et distributioni Chyli dicatae partes[254] ihre function nicht gehörig, sondern allzu schwach, langsam und mit Vieler Beängstigung der Patientin Ver-

251 Brief Nr. 66, Z. 12–20 (UBE BT, Korr. Wagner, Nr. 49; vom 17.1.1744).

252 Vgl. UBE BT, Korr. Joh. Friedr. Weismann I, Nr. 23; vom 7.11.1743. – Eine vollständige Auswertung der in der UBE BT erhaltenen Weismann-Trew-Korrespondenz jener Zeit könnte die Zusammenarbeit evtl. noch weiter erhellen.

253 Gemeint ist hier eine „Ursache im Bereich der Praecordia". Nach dem Anatomisch-chirurgischen Lexikon, Sp. 858, wurde der Begriff „Praecordia" „von denen Alten in verschiedenem Verstande gebrauchet", teils verstehe man darunter „die ganze Brust", teils speziell „das Zwerchfell".

254 Gemeint sind hier „Magen, Zwölffingerdarm und die übrigen der Verdauung, Verfertigung und Verteilung des Nahrungssaftes gewidmeten Teile". Zum zeitgenössischen Verständnis der einzelnen anatomischen und physiologischen Begriffe vgl. ausführlich Brief Nr. 66, Endnote 8.

richten, folglich Selbige keinen genugßamen Zufluß spirituoeser und Nahrhaffter Theile ins Geblüt hat, [...].[255]

Zugleich scheute Wagner nicht davor zurück, aktiv in die Behandlung einzugreifen und selbst Medikamente zu verordnen:

Ich habe alßo seith denen 6 Tagen, als ich mich hier befinde, Ihr nicht nur Ihr Verhandenes Bitteres Elixir und stärckende Tropffen des Abends Zu nehmen continuiren laßen, sonder ich habe auch noch den Versuch gemachet und Ihr alle Mittag 1/4 Stunde Vor Tisch ein Pülverlein [...] in Bouillon nehmen laßen, alleine Sie hat keinen Lust, solche fortzusetzen, weilen Sie behauptet, Sie machten Ihr den Magen noch Viel schwächer [...]. Ein über den Magen Zu legen Verordnetes trockenes Küßlein [...] will Sie wegen des Geruchs nicht Vertragen. Ewer HochEdelgeb[ohrn] urtheilen alßo selbsten was beÿ so Verwirrten Umständen mit einer so delicaten und äußerst schwachen Patientin anzufangen seÿ.[256]

Peter Christian Wagner ging, nicht zuletzt wohl auf Basis seines wachsenden eigenen Renommees als Bayreuther Leibarzt und somit seiner gegenüber Trew zunehmend gegebenen Augenhöhe als ärztlicher Kollege, einerseits am Krankenbett therapeutisch also recht eigenständig vor, holte aber andererseits bezüglich der geplanten Verabreichung eines Vipernpulvers[257] im weiteren Verlauf des Schreibens zunächst doch vorab Trews „gütigen Beÿrath“[258] ein. Auch wenn leider hier ebenfalls die entsprechende Antwort Trews nicht überliefert ist, so stimmte er doch offenkundig den Vorschlägen Wagners zu, so dass dieser während seines anhaltenden Aufenthalts in Erlangen die Behandlung des Fräulein von Bobenhausen entsprechend fortsetzen konnte, indes allerdings am 21. März 1744 kurz nach seiner Rückkehr nach Bayreuth Trew abschließend berichten musste, dass das Vipernpulver ebenfalls nicht „die angehoffte gäntzliche Hülffe“[259] gebracht habe, vor allem da sich die Behandlung einer Patientin, die stets „gleich alle Hoffnung und Trost Verliehre[], sich nicht getraue[] etwas, wenn es auch das unschuldigste wäre, Zu continuiren, und alle nur immer habende Empfindungen der Arzeneÿ Schuld g[]ebe[]“[260], weiterhin äußerst schwierig gestaltet habe. Von nun an jedenfalls sei, so Wagner, von seiner Seite aus nach der eigenen Abreise von Erlangen „insonderheit abweßend wenig mit Ihr Zu thun und aus Zu richten“[261] – ein Schlusssatz, der klar zu erkennen gibt, dass Peter Christian Wagner

255 Brief Nr. 66, Z. 23–30 (UBE BT, Korr. Wagner, Nr. 49; vom 17.1.1744).
256 Ebd., Z. 31–43.
257 Vgl. ebd., Z. 43–49.
258 Ebd., Z. 49.
259 Brief Nr. 71, Z. 27 (UBE BT, Korr. Wagner, Nr. 52; vom 21.3.1744).
260 Ebd., Z. 33–35.
261 Ebd., Z. 43 f.

sich nach ca. zwei Monaten gleichsam wieder aus der Behandlung auszuklinken und die Verantwortung für die Patientin allein zurück in die Hände seiner Kollegen zu übergeben beabsichtigte.

Schon am 13. Mai 1744 aber richtete Wagner von Bayreuth aus einen Brief direkt an ein sogenanntes „Fräulen Gevatterin", welches sich inhaltlich eindeutig als das Fräulein von Bobenhausen identifizieren lässt, womit er, wie die von ihm gewählten Formulierungen vermuten lassen, einer entsprechenden konkreten Aufforderung von Seiten der Erlanger Patientin nachkam, die ihm über eine Mittelsperson überbracht worden war.[262] Zugleich hatte das Fräulein von Bobenhausen wohl auch einen an sie verfassten Brief Trews zur Einsichtnahme an Wagner übergeben lassen, den er nunmehr beiliegend nicht ohne den Hinweis an sie zurücksandte, dass sie daraus gut ersehen könne, „daß [Trew] auch die Vipern-Cur fast Vor das einzige und beste Mittel wieder Ihre Umstände h[a]lt[e]"[263]. Wagner versäumte es auch nicht, der Patientin in deutlichen Worten vor Augen zu führen, dass vor allem ihre mangelnde Bereitschaft zur dauerhaften Einnahme einer Arznei „es schwehr ja fast ohnmöglich [mache] eine schwehre und eingewurzelte Kranckheit Zu Curiren"[264], sollte sie sich jedoch zur Einnahme einer Kräuterbouillon bereitfinden, „so w[e]rd[e] der Herr HoffRath Treu auch damit Zufrieden seÿn und eine Vorschreiben oder [er selbst] w[o]ll[e] auf Gnädigsten Befehl eine Aufsetzen und übersenden"[265]. In den überlieferten Briefschaften Peter Christian Wagners finden sich allerdings keine weiteren Belege einer Beteiligung an der Behandlung des Fräulein von Bobenhausen in Erlangen, eventuell da Wagner in den Folgejahren allzu stark von seinen Pflichten am Bayreuther Markgrafenhof in Beschlag genommen wurde – möglicherweise aber auch aufgrund geänderter Präferenzen der Patientin.

Das Beispiel des Fräulein von Bobenhausen lenkt den Blick unausweichlich auch auf das Wesen der Arzt-Patienten-Beziehung in der Frühen Neuzeit, denn das Zusammentreffen Wagners und Trews sowie Johann Friedrich Weismanns bei ihrer Behandlung war keineswegs allein das Ergebnis einer besonderen räumlichen Situation, sondern hier unverkennbar ebenso das Resultat einer bewussten Steuerung von Seiten der Patientin, die mitunter scheinbar geradezu einen ihr genehmen therapeutischen Rat erzwingen wollte, indem sie mehrere Ärzte, teils auch gegeneinander, ins Spiel brachte. Die Arzt-Patienten-Beziehung der Frühen Neuzeit, die in den letzten Jahren in zunehmendem Maße gerade in Abgrenzung

262 Vgl. UBE BT, Korr. Peter Christian Wagner, Nr. 72; vom 13.5.1744.
263 A.a.O.
264 A.a.O.
265 A.a.O.

zur modernen Krankenhausmedizin im Fokus der Forschung stand,[266] war, soweit ist die Literatur einig, „in mancher Hinsicht ganz anders gestaltet[] als heute“[267].

Insbesondere die Begegnung zwischen Ärzten und adligen bzw. hochgestellten Patienten wurde, nicht zuletzt aufgrund der insgesamt besseren Quellenlage, in jüngerer Zeit vor allem im Hinblick auf die Frage der Machtverhältnisse, also der Symmetrie oder Asymmetrie der Beziehung, eingehend untersucht:[268] Zwar gilt die einst favorisierte Annahme einer einseitigen Dominanz des adligen Patienten nach Art eines Patron heute als weitgehend überholt,[269] doch wird weiterhin „die stets prekäre Stellung des einzelnen Arztes gegenüber seinen Patienten und die größere Symmetrie in der therapeutischen Interaktion“[270] betont, d.h. es war an der Tagesordnung, dass sich die gebildeteren Patienten nicht bereitfanden, „sich den Anordnungen der Ärzte ohne weiteres zu unterwerfen“[271], sondern im Gegenteil „dem ärztlichen Führungsanspruch klare Grenzen [setzten] und [...] unmißverständlich eigene Wünsche [äußerten]“[272]. Insofern liefert auch das Verhalten des Fräulein von Bobenhausen diesbezüglich ein für ihre Zeit typisches Muster – bis hin zum gegen die Einnahme einer bestimmten Arznei offenbar allgemein gern gebrauchten Einwand[273] einer womöglich allzu starken Belastung des Magens. Es war somit im Sinne ihres beruflichen und gesellschaftlichen Fortkommens für viele Ärzte im achtzehnten Jahrhundert unumgänglich, sich mit den Wünschen, und manches Mal wohl auch Eigenheiten, ihrer höhergestellten oft gerade weiblichen Patienten zu arrangieren.[274] Und doch konnte sich dies nicht selten auch aufgrund der im Vergleich zu heute völlig anderen äußeren Rahmenbedingungen der Arzt-Patienten-Begegnung äußerst schwierig gestalten.

Da die ärztliche Praxis noch im achtzehnten Jahrhundert vorwiegend eine Hausbesuchspraxis war,[275] begab sich der Arzt in der Regel „als Gast“[276] in das Haus seines Patienten, konnte also nicht, wie später in einer eigenen ärztlichen

---

266 Zur Arzt-Patienten-Beziehung der Frühen Neuzeit in einem Überblick vgl. Stolberg (2003), S. 91–106.

267 Ebd., S. 92.

268 Vgl. ebd., v.a. S. 96–98.

269 Zur Annahme eines patronageähnlichen Verhältnisses zwischen adligem Patienten und Arzt vgl. Jewson (1974).

270 Stolberg (2003), S. 97.

271 A.a.O.

272 A.a.O.

273 Zur Beliebtheit dieses Einwands vgl. ebd., S. 98.

274 Zu den oft besonders engen Beziehungen zwischen Ärzten und ihren weiblichen Patienten vgl. ebd., S. 94 f.

275 Vgl. ebd., S. 92.

276 Ebd., S. 93.

Praxis oder in einem Krankenhaus, selbst „als Hausherr oder als Vertreter einer mächtigen Institution“[277] auftreten. Zudem traf der Arzt in der Krankenstube oft nicht nur auf den Patienten, sondern sah sich einem sehr viel größeren Auditorium aus anwesenden Verwandten und Bekannten gegenüber,[278] so dass er zum einen gezwungen war, sich mit Wünschen des Patienten, die wesentlich von dessen Umfeld mitbeeinflusst waren, wie auch zum anderen grundsätzlich mit der Erwartungshaltung einer sehr viel größeren Anzahl an Personen[279] auseinanderzusetzen. Überhaupt gestaltete sich jede Behandlung zumeist „als ein polyphones Geschehen“[280] aus den Stimmen verschiedener vor Ort oder brieflich per Fernkonsultation beteiligter Ärzte, Chirurgen, anderer Heilkundiger und Laien,[281] denn der Pluralismus der zeitgenössischen gelehrten Medizin mit einer zunehmenden Zahl an Modellen und Behandlungssystemen war einerseits für viele Patienten ein Anlass zu Verwirrung und Skepsis, bot ihnen andererseits aber zugleich auch vermehrte Auswahlmöglichkeiten.[282]

Alles in allem lässt sich das Arzt-Patienten-Verhältnis in der Frühen Neuzeit, welches eine „tendenziell deutlich stärkere[] Stellung der Kranken“[283] beinhaltete, beschreiben als „[e]in komplexes Wechselspiel von Geltungsansprüchen und Handlungsstrategien, von Beeinflussungsversuchen und Sanktionen, von Macht und Ohnmacht, Verklärung und Verdammung“[284]. Vor dem Hintergrund dieser Gesamtkonstellation vermag es nicht zu verwundern, dass es, wie bereits

277 A.a.O.

278 Vgl. ebd., S. 96. – Zum Vergleich der therapeutischen Interaktion am Krankenbett mit den Abläufen auf einer Theaterbühne und der „Krankenbettgesellschaft“ der Umstehenden als Publikum vgl. zudem Lachmund/Stollberg (1992). – Auch Wagners Bemerkung im Fall des Fräulein von Bobenhausen, nicht nur er habe eine leichte Zunahme ihrer Kräfte wahrnehmen und ihr bestätigen können, „sondern alle im Hauße und andere Die Sie besuchet“, verweist auf einen größeren Chor der Stimmen am Krankenbett, wenn auch hier gerade mit unterstützender Wirkung für den behandelnden Arzt; siehe Brief Nr. 71, Z. 31 (UBE BT, Korr. Wagner, Nr. 52; vom 21.3.1744).

279 Die Konfrontation von Ärzten mit der Erwartungshaltung auch von Personen aus dem Umfeld ihres Patienten findet im Fall des Fräulein von Bobenhausen auch ihren Ausdruck in einem Postskriptum unter einem Brief Johann Friedrich Weismanns an Trew, welches von einer Charlotte von Bobenhausen, wohl einer Schwester der Patientin, unterzeichnet ist; vgl. UBE BT, Korr. Joh. Friedr. Weismann I, Nr. 23; vom 7.11.1743.

280 Ruisinger (2008b), S. 29.

281 Im Fall des Fräulein von Bobenhausen findet sich z.B. der Hinweis, dass neben den genannten Ärzten Wagner, Weismann und Trew, von der Patientin auch eine kräuterkundige Frau hinzugezogen wurde; vgl. UBE BT, Korr. Peter Christian Wagner, Nr. 72; vom 13.5.1744.

282 Zum Pluralismus der zeitgenössischen gelehrten Medizin und seinen Folgen auch für das Arzt-Patienten-Verhältnis vgl. Stolberg (2003), S. 103 f.

283 Ebd., S. 104.

284 A.a.O.

am Beispiel Wagners und Trews gezeigt, zum festen Verhaltensrepertoire eines Arztes gehören musste, sowohl gegebenenfalls, um „den eigenen Standpunkt zu untermauern“[285], völlig eigenständig und unabhängig vom expliziten Wunsch des Patienten die Meinung eines erfahrenen Experten einzuholen, als auch zur Sicherung der eigenen Stellung bei Bedarf gezielt den Austausch auch in brieflicher Form mit zumindest einigen der ärztlichen Kollegen, die ohnehin bereits, sei es aufgrund einer besonderen räumlichen Situation oder aufgrund einer gezielten Konsultation von Seiten des Patienten, an der Behandlung beteiligt waren, im Sinne einer möglichst konstruktiven Zusammenarbeit zu suchen.

– *Kollegiales Gesuch um konsiliarische Zusammenarbeit im Auftrag des Patienten, ggf. mit umfassendem Austausch im Anschluss:*
Als besonders geschickter Schachzug zur Stärkung der eigenen Position im komplexen Gefüge der behandelnden Personen konnte es sich für einen Arzt freilich erweisen, wenn es ihm gelang, seinerseits das Konsultationsverhalten des Patienten bzw. dessen Umfelds zu steuern, indem er bei beabsichtigter Einholung weiteren medizinischen Rats ärztliche Kollegen seiner eigenen Wahl in Vorschlag brachte und auch durchzusetzen vermochte, um sodann diese Personen aus dem Kreis seiner gelehrten Freunde selbst mit Bitte um konsiliarische Zusammenarbeit im Namen des Patienten zu kontaktieren. Die Wagner-Trew-Korrespondenz liefert zahlreiche Belege dafür, dass Peter Christian Wagner diese ‚Kunst‘ geradezu meisterhaft beherrschte und dass er vor allem in Christoph Jacob Trew den Partner seiner Wahl für eine von ihm selbst mitinitiierte konsiliarische Unterstützung bei seinen hochgestellten Patienten sah.

Im Fall der ca. achtjährigen Tochter des Baron Winkler von Mohrenfels[286], die an „eine[r] blaue[n] wiedernatürliche[n] Größe oder Geschwulst unter der Zungen“[287] litt, bat Wagner, nachdem er selbst erst einige Tage zuvor nach Hemhofen gerufen worden war, um deswegen ein „Iudicium und Consilium Medicum Zu ertheilen“[288], in einem Brief vom 18. April 1739 im Anschluss an eine ausführliche Schilderung[289] aller von ihm erhobenen Befunde und bisher veranlasster therapeutischer Maßnahmen Trew um dessen Rat:

---

285 Ruisinger (2008b), S. 29.

286 Biographische Angaben zu Georg Christoph Winkler von Mohrenfels (geb. 1709) und seiner ältesten Tochter Anna Dorothea Sophia Magdalena Juliana Winkler von Mohrenfels (geb. 1733!) finden sich in Brief Nr. 55, Endnote 1 und 3.

287 Brief Nr. 55, Z. 9 f. (UBE BT, Korr. Wagner, Nr. 39; vom 18.4.1739).

288 Ebd., Z. 11 f.

289 Vgl. ebd., Z. 12–34.

> Da sich nun aber beÿ genauer Nachsicht und Ausnehmung des Zahns beßer hinterwärts circa radicem Linguae[290] noch ein dergleichen blaulichte etwas kleinere Blaße gezeiget, so sind hochgedachter herr Baron in der nicht ungegründeten Beÿsorge, es möchten nicht nur dieße Blutblaßen, oder Varices[291] Ihrer Fräulen Tochter bleiben, sondern wohl gar größer werden und sie dermahleinsten an der Sprache oder andern functionibus naturalibus hindern. Weswegen Sie mich ersuchet, daß ich deswegen mit andern gelehrten Und erfahrnen Medicis conferiren und mir Ihren Beÿrath ausbitten möchte. Da nun Ewer hochEdelgebohrn profunde Gelehrsamkeit und große Erfahrung mir und andern Zur Genüge bekant: alßo ersuche Dieselbigen daß Sie die hohe Geneigtheit haben und mir über dießen Casum Dero hochvernünfftiges Iudicium und Consilium Medicum gegen willigsten Abtrag der schuldigen Gebühren schrifftlich übersenden [...].[292]

Wagner vermochte hier also das in der Sorge um seine Tochter begründete Verlangen des Baron Winkler von Mohrenfels nach Einholung weiterer ärztlicher Meinungen dergestalt zu lenken, dass es ihm selbst, obwohl ja auch er erst kurz zuvor zu dem Fall hinzugezogen worden war, oblag, nach eigener Ansicht geeignete Kollegen unter dem Versprechen der üblichen Bezahlung um deren schriftliches Gutachten zu ersuchen. Indem die entsprechenden Gutachten, so auch jenes bei Trew angeforderte, welches leider nicht überliefert ist, ausdrücklich direkt an Wagner, nicht die Patientin bzw. deren Familie, gesandt werden sollten, behielt Peter Christian Wagner die Fäden des weiteren Vorgehens in der Hand und konnte sich somit eine Schlüsselposition im Gefüge der in die Behandlung involvierten Personen sichern.

An dieser Stelle ist es sinnvoll, den Fokus auch einmal explizit auf die thematisch schon mehrfach berührte Praxis der Konsiliarkorrespondenzen, also den auf Nachfrage per Brief aus der Ferne entweder direkt an einen Patienten oder aber an dessen vor Ort behandelnden Arzt erteilten medizinischen Rat, und insbesondere auf die Frage nach dem Nutzen dieser gerade im achtzehnten Jahrhundert weitverbreiteten Praxis für die Beteiligten zu richten. Wie vor allem Marion Maria Ruisinger am Beispiel der Konsiliarkorrespondenz Lorenz Heisters (1683–1758) vor kurzem umfassend herausarbeiten konnte, lassen sich unschwer Vorteile auf Seiten aller Beteiligten erkennen, also ebenso auf Seiten des Patien-

290 Gemeint ist also „um die Zungenwurzel herum". Nach dem zeitgenössischen Anatomisch-chirurgischen Lexikon, Sp. 520–522, lässt sich die Zunge bzw. „Lingua" einteilen „in die Spitze (apex) als den vordersten spitzigen Theil, in den Körper (corpus) als den mittleren, und in den Grund (basis, s. radix) als den hintersten Theil [...]".

291 Das Anatomisch-chirurgische Lexikon, Sp. 1004–1006, beschreibt eine „Varix" (hier Pl. „Varices"), also eine „Krampfader" bzw. einen „Aderkropf", als eine „schwärzliche knotigte Geschwulst [...], so von einer wiedernatürlichen Ausdehnung derer Blutadern entstehe[]".

292 Brief Nr. 55, Z. 35–45.

ten wie des aus der Ferne konsultierten Arztes, und auch auf Seiten des Arztes vor Ort am Krankenbett, gleichsam des *Medicus ordinarius* oder Hausarztes.[293]

Für den Patienten bot sich, so Ruisinger, keineswegs nur die Möglichkeit, einen Ärztemangel vor Ort zu kompensieren, sondern vielmehr die Chance, im Sinne des von Stephen Greenblatt geprägten Begriffs des „self-fashioning" über die Präsentation der eigenen Person und des eigenen Körpers gegenüber dem entfernt lebenden Experten wie auch gegenüber dem eigenen Umfeld zu bestimmen und somit „in verstärktem Maße zum Dramaturgen seiner eigenen Geschichte"[294] zu werden.[295] Dieser Aspekt, der gerade unter dem Blickwinkel der zunehmend im Interesse der medizinhistorischen Forschung stehenden Patientengeschichte interessant erscheint, galt freilich umso mehr, wenn der Patient selbst brieflich in Kontakt zu einem Fachmann trat, ohne die Korrespondenz über seinen *Medicus ordinarius* laufen zu lassen.

Für den in der Ferne um Rat gefragten Experten wiederum bedeutete eine briefliche Konsultation in erster Linie eine Ausweitung seines therapeutischen Aktionsradius vor allem auch um höhergestellte Patienten, d.h. somit „nicht nur eine quantitative Ausdehnung, sondern auch eine qualitative Aufwertung der Praxisklientel"[296]. Dabei ist darauf hinzuweisen, dass die im Rahmen von Fernkonsultationen unvermeidlich auftretenden Phasenverzögerungen, die an sich durchaus zum Problem z.B. in der Angleichung der Behandlung an die aktuellen Beschwerden werden konnten,[297] sich mitunter in mehrfacher Hinsicht als vorteilhaft für den in Distanz agierenden Arzt zu erweisen vermochten: Dieser konnte sein in der Regel auf einem übermittelten Befund basierendes Gutachten in Ruhe und bei freier Zeiteinteilung im „Schutz- und Freiraum seines Studierzimmers"[298] erstellen, ohne sich dem kritischen Blick der zahlreichen Anwesenden im Krankenzimmer stellen zu müssen, und wurde zugleich zumeist, da sein Rat ohnehin zeitverzögert eintraf, weniger als der *Medicus ordinarius* vor Ort für ein Misslingen der Behandlung verantwortlich gemacht, ja konnte gerade aufgrund seiner eingeschränkten Verfügbarkeit gar leicht vom Patienten zur „unangefoch-

293 Ruisinger (2008b), zum Nutzen für alle Beteiligten vgl. v.a. S. 22–33. – Zur Fernkonsultation als Gegenstand der Korrespondenz Albrecht von Hallers (1708–1777) vgl. ferner Hächler (2005).
294 Ruisinger (2008b), S. 23.
295 Zu den Vorteilen einer „Praxis per Post" aus Sicht der Kranken vgl. ausführlich ebd., S. 22–28.
296 Ebd., S. 29. – Zu den Vorteilen einer „Praxis per Post" aus Sicht des Experten in der Ferne vgl. ausführlich ebd., S. 29–33.
297 Auf die aus den Phasenverzögerungen resultierenden Schwierigkeiten bei medizinischen Fernkonsultationen verweist z.B. auch Kempe (2008), S. 303.
298 Schnalke (1997), S. 219. – Zur Bedeutung der Fernkonsultationen in der ärztlichen Praxis Trews vgl. ebd., S. 218–220.

tenen therapeutischen Kapazität“[299] stilisiert werden. Die günstige Gelegenheit zur Mehrung des eigenen ökonomischen sowie sozialen bzw. symbolischen Kapitals, in Gestalt der in Aussicht gestellten Bezahlung[300] und des möglichen Ausbaus der eigenen Beziehungen, war für den zu einer Behandlung brieflich hinzugezogenen Fachmann somit häufig geradezu unübersehbar.

Hinzu kam ein besonderer Anreiz, der sich für den wissenschaftlich ambitionierten Arzt aus der im Rahmen von Fernkonsultationen zwangsläufig vollzogenen Verschriftlichung der Behandlung ergab. Er konnte so, gleichsam im Nebeneffekt, durch die bloße Aufbewahrung aller ausgetauschten Schreiben und darin skizzierten Verlaufsprotokolle und Behandlungskonzepte eine Art Archiv, zum späteren Nachschlagen wie als Quelle zur Veröffentlichung von Fallsammlungen, generieren.[301]

Für den Arzt vor Ort am Krankenbett, also in der Regel eine Art Hausarzt, schließlich konnte, wie bereits vielfach geschildert, die Einholung eines externen Expertenrats der Sicherung seiner oft permanent gefährdeten eigenen Position dienen[302] – freilich nur solange er selbst durch eine völlig unabhängig vom Patienten oder in dessen Namen an einen ausgesuchten Kollegen adressierte Anfrage das Heft des Handelns in der Hand behielt und somit nicht zuließ, dass ein Konsiliargesuch unter alleiniger Federführung des Patienten, eventuell sogar ohne sein Wissen gestartet, sich gegen ihn wandte, indem der entfernt lebende Fachmann unter diesen Vorzeichen von Seiten des Patienten allzu leicht „nicht nur als Berater, sondern auch als Kontrollinstanz gegenüber den Ärzten vor Ort [...] [ge]nutzt[] [wurde]“[303]. Ferner bedingte die Tatsache, dass die Möglichkeit zur brieflichen Erteilung ärztlichen Rats für viele Kollegen, wie soeben ausgeführt, aus verschiedenen Gründen als äußerst erstrebenswert gelten musste, umgekehrt für den jeweils anfragenden Arzt die Chance, sein oft in Verbindung mit einer interessanten Fallgeschichte stehendes und einen hochangesehenen Patienten betreffendes Konsiliargesuch gewissermaßen als eine Art von ‚Türöffner‘ bzw. zur Kontaktpflege in der gelehrten Welt einzusetzen, waren doch alle Formen patientenbezogener ärztlicher Korrespondenz letztlich stets auch „parts of the culture of communication in the Republic of Letters“[304].

---

299 Ebd., S. 220.

300 Auch Ruisinger (2008b), S. 29, verweist auf den für den aus der Ferne beratenden Arzt durchaus günstigen „ökonomischen Einsatz[] seiner Zeit und Arbeitskraft“.

301 Vgl. ebd., S. 30.

302 Zu den Vorteilen einer „Praxis per Post“ aus Sicht des „Medicus ordinarius“ vor Ort vgl. ausführlich ebd., S. 28 f.

303 Ebd., S. 24.

304 Steinke/Stuber (2004), S. 147.

Insbesondere anhand von Fällen wie dem der Elisabeth Buirette von Oehlefeld († 1737) lassen sich Charakteristika und Motive der wiederholten konsiliarischen Zusammenarbeit Peter Christian Wagners und Christoph Jacob Trews noch einmal vertiefend nachvollziehen, denn Wagner bat Trew hier nicht um ein einmaliges schriftliches Gutachten, sondern um eine umfassendere Form des Zusammenwirkens, welches immer wieder auch das persönliche Erscheinen Trews am Krankenbett in Erlangen zum unmittelbaren konsiliarischen Austausch mit Wagner vorsah, sich dann aber zwischen den einzelnen Besuchen Trews als eine konsiliarische Korrespondenz manifestierte. Die Motivlage Wagners für sein kollegiales Gesuch um konsiliarische Unterstützung an Trew ist bereits seinem ersten diesbezüglichen Schreiben vom 28. Oktober 1736 unmittelbar zu entnehmen:

> Nachdeme es mit der Maladie der Frauen Residentin Buirette Von Ölefeld immer ernstlicher Zu werden beginnet mithin mir die Gefahr Vor Augen Zu liegen scheinet, so habe mir dabeÿ die Assistenz Von Ewer hochEdelgeb[ohrn] ausgebeten und darauf den Befehl erhalten Dieselbigen in Nahmen der Frau Residentin durch gegenwärtigen Expressen gebührend Zu ersuchen, Sie möchten sich doch gefallen laßen heute Nachmittag sobald es seÿn kan hieher Zu bemühen und Dero hoch Vernünfftigen Consilia mit denen meinigen Zu Vereinigen.[305]

Es war also unverkennbar der sich rasch verschlechternde Gesundheitszustand der Residentin Buirette von Oehlefeld, der Wagner an dieser Stelle nach eigenem Bekunden veranlasste, sehr aktiv von seiner Seite aus der Patientin die Einholung weiteren medizinischen Rats, und zwar bei dem von ihm sehr geschätzten Trew, nahezulegen. So konnte er diesen sodann in ihrem Namen herbeirufen und seine eigene möglicherweise bei weiter ungünstigem Verlauf gefährdete Position gegenüber der angesehenen Familie Buirette von Oehlefeld[306] absichern, da er selbst rechtzeitig einen weiteren Fachmann gleichsam als seinen „Assistenten" in Stellung brachte, bevor womöglich ohne sein Zutun eher als Kontrahenten einzustufende Kollegen hinzugezogen wurden.

Das durchaus als taktisch zu wertende Vorgehen Wagners erwies sich offenbar als erfolgreich, lag doch, wie die Wagner-Trew-Korrespondenz belegt, die Betreuung der Residentin Buirette von Oehlefeld bis zu ihrem Tod im Februar 1737 ohne eine erwähnenswerte unerwünschte Einmischung weiterer behandelnder Personen vorrangig in den Händen Wagners und Trews, was freilich phasen-

305 Brief Nr. 23, Z. 8–14 (UBE BT, Korr. Wagner, Nr. 18; vom 28.10.1736).
306 Zur Familie der Buirette von Oehlefeld vgl. auch Brief Nr. 23, Endnote 1.

weise einer sehr engen Brieffolge im Abstand nur weniger Tage bedurfte,[307] um das Vorgehen Wagners vor Ort in Erlangen beständig mit Trew in Nürnberg abzustimmen. So schrieb Wagner am 7. November 1736 an Trew:

> Aus Ewer HochEdelgeb[ohrn] Vergangenen Sonntag richtig eingegangenen Antworts-Schreiben habe mit besonderer Consolation ersehen, daß dieselben meine beÿ der Frau Residentin Buirette Von Ölefeld genommene Messures und adhibirte Medicamenta Vollkommen approbiret, welches denn auch dem gantzen Vornehmen Haußе sehr angenehm Zu Vernehmen geweßen.[308]

Damit Trew aus Nürnberg anhaltend als fundierter und gewissenhafter Ratgeber fungieren konnte, war es geradezu unerlässlich, dass Wagner als Kollege vor Ort ihm in Zeiten seiner eigenen Abwesenheit gewissermaßen als Auge und Ohr am Krankenbett in Erlangen diente – eine Pflicht, der Wagner in detaillierten Verlaufsberichten regelmäßig sehr sorgfältig nachkam:

> Vorgestern war die Engbrüstigkeit biß Nachmittag ungewöhnlich starck, [...]; gestern aber remarquirten wir daß die Füße biß an die Knie Ziemlicher maßen geschwollen, jedoch bleiben gar keine foveae in der Geschwulst stehen und wir Vermercken daß solche anheute nichts Zugenommen.[309]

Erst als der Zustand der Residentin Buirette von Oehlefeld zu Anfang des Jahres 1737 immer mehr als „äußerst bejammernswürdig und ohne hoffnung einiger Menschlicher hülffe“[310] erschien, wurden Wagners Berichte an Trew seltener,

307 Insbesondere die Schreiben Wagners an Trew sind zahlreich erhalten, Gegenbriefe lassen sich teils erschließen. Insgesamt finden sich in folgenden Briefen der Wagner-Trew-Korrespondenz Hinweise auf die Zusammenarbeit im Fall der Residentin Buirette von Oehlefeld: Brief Nr. 23, Z. 8–19 (UBE BT, Korr. Wagner, Nr. 18; vom 28.10.1736); Brief Nr. 24, Z. 8–61 (UBE BT, Korr. Wagner, Nr. 19; vom 31.10.1736); Brief Nr. 26, Z. 8–65 (UBE BT, Korr. Wagner, Nr. 20; vom 7.11.1736); Brief Nr. 28, Z. 8–23 (UBE BT, Korr. Wagner, Nr. 21; vom 9.11.1736); Brief Nr. 29, Z. 8–30 (UBE BT, Korr. Wagner, Nr. 22; vom 14.11.1736); Brief Nr. 32, Z. 8–54 und Z. 75 (UBE BT, Korr. Wagner, Nr. 23; vom 21.11.1736); Brief Nr. 34, Z. 11–52 (UBE BT, Korr. Wagner, Nr. 24; vom 6.12.1736); Brief Nr. 35, Z. 22–34 (UBE BT, Korr. Wagner, Nr. 25; vom 13.12.1736); Brief Nr. 37, Z. 22–24 und Z. 44–53 (UBE BT, Korr. Wagner, Nr. 26; vom 14.12.1736); Brief Nr. 39, Z. 18–24 (UBE BT, Korr. Wagner, Nr. 27; vom 18.12.1736); Brief Nr. 40, Z. 10–19 (UBE BT, Korr. Wagner, Nr. 28; vom 22.12.1736); Brief Nr. 42, Z. 26–29 (UBE BT, Korr. Wagner, Nr. 30; vom 2.1.1737); Brief Nr. 44, Z. 12–41 (UBE BT, Korr. Wagner, Nr. 31; vom 4.1.1737); Brief Nr. 45, Z. 9–16 (UBE BT, Korr. Wagner, Nr. 32; vom 8.1.1737); Brief Nr. 47, Z. 8–23 (UBE BT, Korr. Wagner, Nr. 33; vom 17.2.1737); Brief Nr. 48, Z. 8–19 (UBE BT, Korr. Wagner, Nr. 34; vom 1.3.1737).

308 Brief Nr. 26, Z. 8–12 (UBE BT, Korr. Wagner, Nr. 20; vom 7.11.1736).

309 Ebd., Z. 40–44.

310 Brief Nr. 47, Z. 10 f. (UBE BT, Korr. Wagner, Nr. 33; vom 17.2.1737).

um diesen nicht in seinen „wichtigen Geschäfften Zu interrompiren"[311]. Nachdem die Patientin schließlich am 20. Februar 1737 verstorben war, teilte Wagner kurz darauf Trew in einem Brief vom 1. März 1737 mit:

> Ich bin übrigens begierig Ewer hochEdelgeb[ohrn] hoch Vernünfftiges Iudicium über das in gröster Eÿl entworffene Visum & Repertum Zu hören, und ob dieselbigen in der Meinung Von der Causa Primaria Morbi & Malorum mit mir einig seÿen.[312]

Auch hier war es den Beteiligten also ein Bedürfnis, den Ausgang des Falles schriftlich aufzuarbeiten, weshalb Wagner, dem an dieser Stelle die finale Betreuung und letzte Inaugenscheinnahme der Patientin zukam, ein „Visum & Repertum", welches auch seine Überlegungen zur vorrangigen Krankheitsursache enthielt, an Trew übersandte.

Auf alle weiteren Fälle einer konsiliarischen Zusammenarbeit, die in der Wagner-Trew-Korrespondenz belegt sind, sei im Rahmen des vorliegenden Kapitels nur mehr knapp hingewiesen, da sie sich weitgehend in die bisher herausgearbeiteten Muster einfügen. Das schon mehrfach erwähnte Zusammenwirken bei Erkrankung der Bayreuther Oberhofmeisterin Dorothea Louise Freiin von Wittenhorst-Sonsfeld (1681–1746) im Jahr 1746 war jedoch von einigen Hindernissen geprägt, da Trew auch aufgrund eigener Unpässlichkeit der von Wagner vorgebrachten Bitte um einen persönlichen Besuch nicht nachkommen konnte, alternativ sodann aber um schriftlichen Rat ersucht wurde: Entsprechend liegen u.a. eine ausführliche von Wagner an Trew übersandte Krankengeschichte der Patientin mit angehängtem Fragenkatalog sowie in Teilen der zugehörige Antwortentwurf Trews vor.[313] In jenen Fällen, in denen es wie hier oder auch bei Erkrankung der Bayreuther Markgräfin Wilhelmine (1709–1758)[314] zu einer konsiliarischen Zusammenarbeit Wagners und Trews bei höfischen Patienten

---

311 Ebd., Z. 11 f.

312 Brief Nr. 48, Z. 16–19 (UBE BT, Korr. Wagner, Nr. 34; vom 1.3.1737).

313 Vgl. zur Erkrankung der Oberhofmeisterin: Brief Nr. 77, Z. 10–32 (UBE BT, Korr. Wagner, Nr. 56; vom 4.5.1746); Brief Nr. 78, Z. 9–26 (UBE BT, Korr. Trew, Nr. 790; vom 6.5.1746); Brief Nr. 79, Z. 8–21 und Z. 36–200 (UBE BT, Korr. Wagner, Nr. 57; vom 8.5.1746); Brief Nr. 80, Z. 7–46 (UBE BT, Korr. Wagner, Nr. 58; vom 15.5.1746); Brief Nr. 81, Z. 4–41 (UBE BT, Korr. Trew, Nr. 795; ohne Datum); Brief Nr. 82, Z. 8–33 (UBE BT, Korr. Wagner, Nr. 59; vom 9.2.1748). – In der übersandten Krankengeschichte (Brief Nr. 79, Z. 36–200) ist z.T. das Konzept der „morbi aulici" erkennbar. Zu diesem Konzept vgl. z.B. Kümmel (1990).

314 Im Fall der Markgräfin fehlt ein Konsiliargesuch Wagners an Trew, doch war er wohl auch hier (Mit-)Initiator der Zusammenarbeit; vgl. Brief Nr. 87, Z. 16–19 (UBE BT, Korr. Wagner, Nr. 64; vom 17.3.1757); Brief Nr. 89, Z. 32 f. (UBE BT, Korr. Trew, Nr. 791; vom 20.8.1757); Brief Nr. 90, Z. 24–27 (UBE BT, Korr. Trew, Nr. 792; vom 6.4.1758); Brief Nr. 91, Z. 23–50 (UBE BT, Korr. Wagner, Nr. 66; vom 12.4.1758); Brief Nr. 92, Z. 8–33 (UBE BT, Korr. Trew, Nr. 793; vom 17.4.1758);

Wagners kam, ist der beiderseitige Nutzen des Arrangements besonders unübersehbar, da einerseits Wagner als Leibarzt so dem großen höfischen Druck begegnen konnte, andererseits aber Trew durch einen Gewinn an finanziellen Mitteln und v.a. an Ansehen erheblich profitierte.

Wie anhand der zahlreichen Beispiele aus der Wagner-Trew-Korrespondenz gezeigt, konnte der patientenbezogene Austausch zwischen Ärzten sehr unterschiedliche Formen annehmen. Bezüglich des Umfangs bzw. der Dauer reichte das Spektrum von einer einmaligen Bitte um Besorgung einer Arznei bis hin zu einem eine mehrmonatige Zusammenarbeit begleitenden bzw. ermöglichenden Briefwechsel. Das auslösende Moment und der Grad der dabei auch aktiven Einmischung von Seiten des Patienten waren ebenso sehr variabel: Zum Teil war es der vor Ort behandelnde Arzt, der völlig unabhängig vom Patienten und ohne dessen Wissen einen Kollegen um dessen, dann in der Regel als Gefallen und folglich unvergütet erteilten, konkreten Rat bat, zum Teil ergab sich ein Informationswechsel weniger aufgrund überhaupt einer expliziten Suche nach Rat unter Kollegen, sondern eher beinahe zwangsläufig aus einer besonderen räumlichen Situation bzw. einem oft selbstständigen, ja mitunter gar eigenwilligen, Konsultationsverhalten des Patienten heraus, zum Teil aber stellte ein Arzt an einen anderen im Namen des Patienten ein Gesuch um eine wie auch immer im Folgenden ausgestaltete, oft jedoch umfassendere und entsprechend honorierte konsiliarische Zusammenarbeit. Der patientenbezogene Austausch konnte sich aufgrund seiner zahlreichen Spielarten zudem problemlos sowohl im Rahmen eines eher freundschaftlichen wie eines eher patronageähnlich geprägten Verhältnisses zwischen den beteiligten Ärzten vollziehen, dieses aber auch, wie in vorliegender Untersuchung im Kapitel zur Wagner-Trew-Beziehung erläutert, nachhaltig verändern, indem auch der ein Konsilgesuch eines hochgestellten Patienten vermittelnde Arzt gegenüber seinen davon profitierenden oft an ärztlicher Erfahrung reicheren Kollegen an Augenhöhe gewonnen haben dürfte.

Auch wenn zunächst stets die Bedeutung des patientenbezogenen Austauschs vor allem für das Beziehungsgefüge der gerade hier häufig in eher geringer Zahl unmittelbar beteiligten Personen, teils gar nur die Zweierbeziehung ärztlicher Kollegen, ins Auge stechen mag, so sind doch auch Implikationen für die gleichsam übergeordnete Ebene des gelehrten Netzes als Ganzes nicht zu übersehen. Oder anders ausgedrückt: Auch an dieser Stelle ist unschwer zu erkennen, dass die Vertreter aus dem in vorliegender Untersuchung sogenannten ‚Unter-

Brief Nr. 93, Z. 8–29 (UBE BT, Korr. Trew, Nr. 794; vom 13.10.1758); Brief Nr. 94, Z. 8–46 (UBE BT, Korr. Wagner, Nr. 67; vom 15.10.1758).

bau' in ihrer Summe durchaus entscheidend zum Funktionieren des Gesamtsystems des gelehrten Netzes beitrugen. Nicht nur vermochte die Zuträgerfunktion, welche viele v.a. praktisch tätige Ärzte für die Konsilgesuche ihrer Patienten an renommierte Kollegen ausübten, die im Netz generierten und dabei zugleich geradezu systembildend wirkenden überregionalen Formen von Arbeitsgemeinschaften bzw. organisierter Arbeitsteilung, etwa wie hier auf dem Heilermarkt, entscheidend mit zu fördern, sondern die vor Ort am Patienten wirkenden Ärzte speisten im brieflichen Austausch, in Form von Verlaufsberichten oder abschließend übersandten gesammelten Verordnungen bzw. eines „Visum & Repertum" etc., fortwährend auch viele verschriftlichte empirische Behandlungsdaten ins Netz ein, die von wissenschaftlich ambitionierten Kollegen konkret zur Verfassung ausführlicher Falldarstellungen oder aber auch nur als genereller Zuwachs ihres Wissensfundus genutzt und ggf. wiederum weitergegeben werden konnten. Das gelehrte Netz in seiner Bedeutung für den Prozess des *science-making* wäre ohne einen derartigen breiten Informationszustrom undenkbar gewesen.

4.2.2 Medizinisch-naturwissenschaftliche Veröffentlichungen

Spontaneous and fresh, letters show science in the making.[315]

Dieses Zitat Robert A. Hatchs betont die große Bedeutung, die den Gelehrtenbriefen im wissenschaftlichen Produktionsprozess der Frühen Neuzeit zukam, und hebt zugleich deren somit hohen diesbezüglichen Quellenwert hervor, welcher im Zuge der neueren historischen Wissenschaftsforschung wegen ihres vorrangigen Augenmerks auf den Praktiken der Gelehrsamkeit in den letzten Jahren eine besondere Wertschätzung erfuhr.[316] Allerdings lag der Fokus bislang vorwiegend auf dem wissenschaftlichen Produktionsprozess im engeren Sinn, innerhalb dessen die Forschungsliteratur den Gelehrtenbriefen vor allem drei Funktionen zuweist: Erstens konnte das dialogische Medium Brief dem Gelehrten zur Entwicklung und, gerade im bewusst mit anderen gesuchten Streitgespräch, auch zur gewissermaßen Austestung neuer Ideen dienen, zweitens ließen sich über Briefe dringend benötigte Insiderinformationen beschaffen und drittens war der Erkenntnisgewinn in Fächern, die wie z.B. auch die Botanik oder Geologie auf

315 Hatch (2000), S. 169.

316 Zum Gelehrtenbriefwechsel als „science in the making" vgl. in einer knappen Übersicht (mit einem Verweis auch auf die zentrale bisherige Literatur zum Thema) Stuber/Hächler/Steinke (2005), S. 17.

raumübergreifender Empirie gründeten, vom gezielten überregionalen brieflichen Austausch sowohl ortsspezifischer Daten wie Realien abhängig.[317]

Ein Briefwechsel wie jener zwischen Christoph Jacob Trew und dem als höfischer Arzt stark geforderten und daher in der Umsetzung seiner durchaus vorhandenen wissenschaftlichen Ambitionen oft allzu deutlich eingeschränkten Peter Christian Wagner aber offenbart sich bei genauer inhaltlicher Analyse weder als wichtiges Diskussionsforum neuer wissenschaftlicher Ansätze[318] noch als bedeutender Umschlagplatz von Informationen bzw. Daten, welche als geradezu wegweisend für den zielgerichteten weiteren Erkenntnisprozess des einzelnen Gelehrten anzusehen sind. Und dennoch gewähren, wie bereits am Ende des vorausgehenden Kapitels postuliert, auch solcherlei Briefe Einblick in Mechanismen des *science-making*, wenn auch auf einer gewissermaßen niedrigeren und zugleich grundlegenderen Ebene: Sie waren zwar nicht der Ort, an dem neue wissenschaftliche Ideen zu entstehen pflegten bzw. mitunter auch ihren letzten Schliff erhielten oder gleichsam Schlüsselinformationen bzw. -daten ausgetauscht wurden, doch wurde gerade hier jeweils ein kleiner Beitrag dazu geleistet, dass sich in der Gesamtheit zum einen aus vielen zunächst mitunter wohl eher unspektakulär scheinenden größeren und kleineren Informationsbausteinen ein doch mächtiger grundlegender Wissenspool als Basis jedes weiterführenden Erkenntnisgewinns generieren und verbreiten konnte, und dass zum anderen, nicht minder wichtig für das Funktionieren des Gesamtsystems, auch die vielen im näheren und weiteren Umfeld dieses vielgestaltigen Prozesses anzusiedelnden, teils wiederum eher organisatorisch ausgerichteten Hilfs- bzw. Vermittlerdienste in der Summe in ausreichendem Maße zur Verfügung standen.

In eben diesem Kontext ist auch der in vielen Briefwechseln thematisch sehr stark vertretene Austausch *über* wie aber auch *von* wissenschaftlichen Büchern und Zeitschriften zu verorten, müssen diese doch geradezu als „the first and foremost resources of knowledge“[319] gelten. Die Wagner-Trew-Korrespondenz ist ebenfalls durchzogen von einem äußerst vielfältigen Austausch *über* und, als eine Form der auf Reisen geschickten Realien, auch *von* medizinisch-naturwissenschaftlichen Veröffentlichungen, welcher nachfolgend unter verschiedenen Aspekten genauer betrachtet und analysiert wird, geleitet weiterhin vorrangig von der Frage nach den Implikationen für einerseits die Zweierbeziehung Wag-

---

317 Vgl. a.a.O.; zur Austestung neuer Ansätze bzw. Ideen im brieflichen Austausch vgl. auch Steinke/Stuber (2004), S. 151 f.

318 Es sei an dieser Stelle erneut darauf hingewiesen, dass ein derartiger Austausch über eigene oder fremde neue wissenschaftliche Ideen bzw. Ansätze zumindest gelegentlich im Rahmen persönlicher Treffen zwischen Wagner und Trew stattgefunden haben könnte.

319 Steinke/Stuber (2004), S. 151.

ner-Trew wie andererseits darüber hinaus für die Bewertung der Bedeutung von Vertretern des ,Unterbaus' für das Funktionieren des gelehrten Netzes als Ganzes.

— Hilfe bei käuflichem Erwerb gewünschter Titel bei Auktionen, Antiquaren, Buchhändlern etc.:

Wollte sich ein Arzt bzw. Gelehrter im Rahmen seiner Arbeit oder Forschung für eventuelle Recherchen eine permanente Zugriffsmöglichkeit zu einem bestimmten Werk sichern, dann musste er sich, um seine eigene Bibliothek so zugleich Schritt für Schritt zu erweitern, darum bemühen, dieses Werk käuflich zu erwerben – ggf. auch unter Zuhilfenahme seiner gelehrten Freunde. So übermittelte Wagner im Oktober 1730 von Pappenheim aus eine ganze Liste mit insgesamt sieben gewünschten Buchtiteln an Trew in Nürnberg:

> Solten ohngefehr Ewer HochEdelgeb[ohrn] Gelegenheit haben, auf einer Auction, aus einer Bibliothec, oder Von Antiquariis folgende Bücher roh oder gebunden um einen billigen Preiß Zu erhandeln, so würden Sie mich sehr Verbindlich machen, wenn Sie selbige Vor mich Zu erstehen gütigst belieben wolten: als, Ephemeridum Naturae Curios[orum] Cent. IX & X[320]. Casp[ari] Bauhini Pinax[321]. eiusd[em] Prodromus[322]. Volkammeri Flora Norimbergensis[323], Hoffmanni Flora Altdorffina[324] Helwingii Flora Prussica quasimodoge-

---

320 Gemeint ist hier das Veröffentlichungsorgan der Römisch Kaiserlichen Akademie der Naturforscher Leopoldina, das ab 1670 zunächst unter dem Titel der „Miscellanea curiosa medicophysica academiae naturae Curiosorum sive Ephemeridum medico-physicarum germanicarum curiosarum", dann aber 1712–1722 unter dem Titel der „Ephemerides", später auch dem Titel der „Acta physico medica" bzw. „Nova Acta" erschien.

321 Biographische Informationen zu Caspar Bauhin (1560–1624) finden sich in Brief Nr. 4, Endnote 16. – Bauhin, Caspar: Pinax Theatri Botanici ... sive Index in Theophrasti Dioscoridis Plinii et Botanicorum qui a Seculo scripserunt Opera. Plantarum Circiter Sex Millium Ab Ipsis Exhibitarum Nomina Cum earundem Synonymiis & differentiis Methodice secundum earum & genera & species proponens. Basileae Helvet. [Rex] 1623. (Weitere Ausgaben erschienen 1671 und später 1740 ebenfalls in Basel.)

322 Bauhin, Caspar: Prodromos Theatri Botanici: In Quo Plantae Supra Sexcentae ab ipso primum descriptae cum plurimis figuris proponuntur. Francofurti ad Moenum [Treudel; Jacobi] 1620. (Eine weitere Ausgabe erschien 1671 in Basel.)

323 Biographische Angaben zu Johann Georg Volkamer (d.J.) (1662–1744) finden sich in Brief Nr. 7, Endnote 14. – Volkamer, Johann Georg: Flora Noribergensis: sive catalogus plantarum in agro Noribergensi tam sponte nascentium, quam exoticarum, & in philobotànōn viridariis, ac medico praecipue horto aliquot ab hinc annis enutritarum; cum denominatione locorum in genere, ubi proveniunt, ac mensium, quibus vigent, florentque ... Noribergae [Monath] 1718. (Eine Ausgabe erschien bereits 1700.)

324 Biographische Angaben zu Johann Moritz Hoffmann (1653–1727) finden sich in Brief Nr. 7, Endnote 14. – Hoffmann, Johann Moritz: Florae Altdorfinae deliciae hortenses locupletiores factae: sive appendix catalogi horti medici Altdorffini plantarum novarum accessione aucta. (Altdorf) [Meyerus] 1703.

> nita[325]. Eiusd[em] Lithographia Angerburgensis[326]. Ich Versichere, daß ich mich auf alle Art und Weiße befleißigen werde Ewer HochEdelgeb[ohrn] dafür wiederum angenehme Dienste Zu erweißen.[327]

Wagner bat Trew also, sich für ihn in der Reichsstadt Nürnberg um die Anschaffung der größtenteils botanischen Werke älteren Erscheinungsdatums „um einen billigen Preiß" „auf einer Auction, aus einer Bibliothec, oder Von Antiquariis" zu bemühen, wohl nicht zuletzt da er in der relativen Abgeschiedenheit Pappenheims kaum in der Lage war, selbst günstige Gelegenheiten für einen derartigen Bucherwerb zu ermitteln und wahrzunehmen. Offenbar kam Trew in der Folge dem Ersuchen Wagners nach: Er hielt Augen und Ohren für ihn in Nürnberg nach den gewünschten Buchtiteln offen und teilte das Ergebnis seiner Bemühungen sodann in einem nicht erhaltenen Schreiben an Wagner mit, der darauf im Februar 1731 wiederum wie folgt antwortete:

> Daß Ewer HochEdelgeb[ohrn] sich die Mühe gegeben und mir berichten wollen um welchen Preiß einige ehedem committirte Bücher Zu haben, erkenne mit besonderen Danck und übersende beÿkomend das Geld dafür nehm[lich] Vor C[aspari] Bauhini Pinacem Gulden 1 – 30 Kreuzer dießer aber scheinet mir etwas theuer und ist Zu sehen obnicht noch etwas herunter gehen möchte. 2) Vor Eiusd[em] Phytopinacem[328] 50 Kreuzer. 3) Helwingii Lithographiam Angerburgicam 45 Kreuzer. Ich will aber hoffen daß Von dießen letztern

325 Biographische Angaben zu Georg Andreas Helwing (1666–1748) finden sich in Brief Nr. 7, Endnote 14. – Helwing, Georg Andreas: Flora quasimodogenita, sive enumeratio aliquot plantarum indigenarum in Prussia, quarum in herbariis hectenus editis Borussicis aut nulla, aut superficiaria facta est mentio, additis nonnullis iconibus descriptionibus et observationibus nec non annexo florilegio ad clima Prussiae accomodato, in gratiam botanophilorum adornata. Gedani [Joannes Daniel Stollius] 1712.

326 Helwing, Georg Andreas: Lithographia Angerburgica: sive lapidum et fossilium, in districtu Angerburgensi & ejus vicinia, ad trium vel quatuor miliarum spatium, in montibus, agris, arenofodinis & in primis circa lacuum littora & fluviorum ripas collectorum brevis & succincta consideratio. Regiomonti [Stelter] 1717. Ein zweiter Teil erschien 1720: Helwing, Georg Andreas: Lithographia Angerburgica Pars II, in qua de lapidibus figuratis ad triplex regnum minerale, vegetabile et animale redactis aliisque fossilibus, in districtu Angerburgensi ejusque vicinia noviter detectis et in specie de origine lapidum literas exprimentium occasione lapidis cujusdam resaviensis, literas latinas L. V. R. repraesentantis succincte disseritur. Additis iconibus rariorum ... Lipsiae [Immanuelis Titii] 1720.

327 Brief Nr. 7, Z. 27–35 (UBE BT, Korr. Wagner, Nr. 7; vom 14.10.1730). – Um Besorgung des „Pinax" des Caspar Bauhin hatte Wagner Trew auch bereits in einem Brief vom 23. April 1730 gebeten, bislang aber offenbar ohne Erfolg; vgl. Brief Nr. 4, Z. 28–31 (UBE BT, Korr. Wagner, Nr. 5; vom 23.4.1730).

328 Bauhin, Caspar: Phytopinax seu enumeratio plantarum ab herbariis nostro seculo descriptarum, cum earum differentiis: Additis aliquot hactenus non sculptarum plantarum vivis iconibus. Basileae [Henricpetrus] 1596.

> Buch beÿde Theile seÿn werden, außerdeme wäre es mir nichts nutz. Volkammeri Floram Noricam, so ich auch wo mir recht ist committiret gehabt, Verhoffe in wenig Tagen Von Augspurg Zu haben, im gegentheil aber möchte Von Valentini Museo Museorum Partem secundam & tertiam[329] Von einem Antiquario im billigen Preiß roh oder gebunden erhandeln.[330]

Trew vermochte also nur für zwei der ursprünglich sieben nachgefragten Titel, nämlich Caspar Bauhins *Pinax Theatri Botanici* und Georg Andreas Helwings *Lithographia Angerburgica*, an Wagner ein Angebot zu übermitteln, welches diesem zumindest so annehmbar erschien, dass er den entsprechenden Kaufpreis an Trew übersandte, wenn auch nicht ohne noch eine weitere Nachverhandlung des Preises anzumahnen bzw. bei dem angegebenen Preis die Vollständigkeit des Werkes einzufordern. Da Caspar Bauhins *Phytopinax*, für den Wagner hier ebenfalls den Kaufpreis übersandte, nicht Teil des einstigen Wunschkatalogs gewesen war, ist diesbezüglich zu vermuten, dass Trew seinerseits dieses Werk auf Basis eines als gleichsam Nebenprodukt seiner Recherchen in Nürnberg aufgetanen günstigen Angebots in Vorschlag gebracht hatte. Zugleich belegen die Äußerungen Wagners, dass dieser sich schon in seinen noch recht jungen Jahren sehr umtriebig um eine gezielte Erweiterung seiner Bibliothek bemühte, indem er seine Erkundigungen möglichst breit, d.h. mitunter auch parallel unter mehrere seiner Korrespondenten, streute, wohl nicht zuletzt um durch einen Vergleich der eingehenden Angebote die Belastungen für das eigene Budget einzudämmen. Freilich erforderte dies, die Korrespondenten regelmäßig über Aktualisierungen der Wunschliste auf dem Laufenden zu halten, also bereits von anderswo eingegangene Titel zu streichen, wie gegenüber Trew hier Johann Georg Volkamers *Flora Noribergensis*, und oft sogleich wiederum neue hinzuzufügen, wie hier Michael Bernhard Valentinis *Museum Museorum*. Der käufliche Erwerb gewünschter Buchtitel bei Auktionen, Antiquaren, Buchhändlern etc. unter Zuhilfenahme gelehrter Freunde basierte somit auf einem regen brieflichen Austausch, dessen Dynamik zugleich das gesamte Geschehen vielfältig beeinflusste und prägte.

---

329 Biographische Angaben zu Michael Bernhard Valentini (1657–1729) finden sich in Brief Nr. 10, Endnote 16. – Valentini, Michael Bernhard: Museum Museorum, Oder Vollständige Schau-Bühne Aller Materialien und Specereÿen Nebst deren Natürlichen Beschreibung, Election, Nutzen und Gebrauch, Aus andern Material- Kunst- und Naturalien-Kammern, Oost- und West-Indischen Reißbeschreibungen, Curiosen Zeit- und Tag- Registern, Natur- und Artzney-Kündigern, wie auch selbst-eigenen Erfahrung / Zum Vorschub Der Studirenden Jugend, Materialisten, Apothecker und deren Visitatoren, Wie auch anderer Künstler, als Jubelirer, Mahler, Färber, u.s.w. also verfasset, und Mit etlich hundert sauberen Kupfferstücken Unter Augen geleget ... Theil 2–3. Franckfurt am Mayn [Zunner] 1714. (Der erste Teil erschien 1704.)

330 Brief Nr. 10, Z. 24–34 (UBE BT, Korr. Wagner, Nr. 8; vom 5.2.1731).

Ein solcher gleichsam „Bucherwerb im Auftrag" präsentierte sich dabei in seiner Abwicklung aufgrund der in der Regel mehrfach nötigen wechselseitigen brieflichen Abstimmung mitunter als ein insgesamt durchaus zeitintensiver Prozess: So konnte sich Wagner erst Ende März 1731, und damit gut fünf Monate nach Übermittlung seiner umfangreichen Wunschliste, schließlich bei Trew für die „nechst hin an [ihn] gesandten Bücher"[331] bedanken, wobei eine als Vermerk am Rand eines Briefs Wagners erhalten gebliebene Abrechnung[332] von vermutlich Trews Hand nahelegt, dass es am Ende gar nur zur Übersendung der beiden Bücher Bauhins gekommen war, eventuell da das Angebot für Helwings *Lithographia Angerburgica* eben nicht beide Teile umfasste wie von Wagner ausdrücklich gefordert. Hinzu kam bei einem „Bucherwerb im Auftrag" für den gerade an antiquarischen Werken interessierten Gelehrten ein gewisses Risiko in Bezug auf den Zustand der entsprechenden Bücher, da er diese nicht selbst vor dem Kauf in Augenschein nehmen konnte, sondern sich auf das Urteil seines den Kauf ausführenden Korrespondenten verlassen musste. So teilte Wagner in seinem Schreiben vom 27. März 1731 Trew hinsichtlich eines von diesem angekündigten Katalogs weiterer zum Verkauf stehender Bücher unter spürbarem Unmut über die jüngst besorgten Werke unmissverständlich mit:

> Wollen Sie dießen den nechst hin gemeldeten Catalogum Librorum venalium noch beÿlegen, so will ich sehen ob etwas darunter so mir anständig; Ich bitte mich aber Zu berichten, ob solche noch rohe oder wie der Band beschaffen, denn so ferne sie nicht beßer Conditioniret wären als die letzt empfangenen, so dürffte wohl wenig davon kauffen.[333]

Ein brieflich abgewickelter „Bucherwerb im Auftrag" barg also stets auch einige potentielle Probleme und erforderte für ein gutes Gelingen ein hohes Engagement aller Beteiligten.

---

331 Brief Nr. 13, Z. 7 (UBE BT, Korr. Wagner, Nr. 11; vom 27.3.1731).

332 Der Abrechnungsvermerk auf Brief Nr. 12 (UBE BT, Korr. Wagner, Nr. 10; vom 1.3.1731) lautet: „1:30|50|45||3:5|1:55||1:10". Hier werden eindeutig Angaben in Gulden und Kreuzern addiert bzw. subtrahiert: Zunächst werden 1 Gulden 30 Kreuzer plus 50 Kreuzer plus 45 Kreuzer (also genau das von Wagner zur Besorgung der Bücher übersandte Geld) zu insgesamt 3 Gulden und 5 Kreuzern addiert, davon dann aber wieder 1 Gulden 55 Kreuzer (also wohl das von Trew tatsächlich zum Erwerb von Büchern dann ausgegebene Geld) subtrahiert, womit am Ende noch 1 Gulden 10 Kreuzer verbleiben (auch Wagner erwähnt in Brief Nr. 13, Z. 9 f., sich noch in den Händen Trews befindliches Geld, von dem sich weitere für ihn getätigte Ausgaben, etwa für Opobalsamum verum, abziehen ließen). 1 Gulden 55 Kreuzer dürften aber nur zum Erwerb der beiden Bücher Bauhins gereicht haben (unter der Voraussetzung eines weiteren Preisnachlasses auf Bauhins „Pinax" wie von Wagner gefordert). Briefe Trews aus dieser Zeit, die weitere Klarheit bringen könnten, sind nicht überliefert.

333 Brief Nr. 13, Z. 12–16 (UBE BT, Korr. Wagner, Nr. 11; vom 27.3.1731).

Neben dem antiquarischen Erwerb von Büchern eher älteren Erscheinungsdatums konnte freilich auch der Kauf eines relativ neuerschienenen Werkes Gegenstand eines Gesuchs um Unterstützung bei der Besorgung sein, wie Wagners Bitte an Trew um Beschaffung der 1741 erschienenen *Historia muscorum* des Johann Jacob Dillenius (1684–1747)[334] im März 1743 zeigt.[335] Die erfolgreiche Umsetzung dieses Vorhabens erstreckte sich hier am Ende über mehr als ein Jahr.[336] Auffällig ist, dass in der Zweierbeziehung Wagner-Trew alle Beispiele der Unterstützung bei Erwerb von Büchern bei Antiquaren, Auktionen, Buchhändlern etc. stets Wagner in der Rolle des Hilfesuchenden zeigen, der sich tendenziell in jungen Jahren zunächst um Werke älteren Erscheinungsdatums, z.T. geradezu ‚Klassiker', zum Aufbau seiner Bibliothek, später auch um Neuerscheinungen bemühte: ‚Besorgerdienste' für gewünschte Titel per käuflichem Erwerb konnte in einer gelehrten Freundschaft naheliegenderweise also immer vor allem derjenige Partner anbieten, dessen Wohnsitz in oder nahe einer Stadt mit lebhaftem Büchermarkt lag.

Anders als in den bislang vorgestellten Beispielen der Hilfe bei Besorgung gewünschter Titel durch käuflichen Erwerb, die alle im Kern auf die Zweierbeziehung Wagner-Trew beschränkt blieben, lassen sich auch Fälle in der Wagner-Trew-Korrespondenz nachweisen, in denen in die Abwicklung eines solchen „Bucherwerbs im Auftrag" drei oder mehr Gelehrte bzw. gelehrte Korrespondenten involviert waren, wobei einigen dann als Aufgabe nicht mehr der eigentliche ‚Besorgerdienst' vor Ort, sondern eine Art von Vermittlerrolle zukam. Peter Christian Wagner etwa bat Trew im Jahr 1738 im Namen Giuseppe Montis (1682–1760) aus Bologna darum, Georg Leonhard Huth (1705–1761) in Nürnberg daran

334 Biographische Angaben zu Johann Jacob Dillenius (1684–1747) finden sich in Brief Nr. 58, Endnote 21. – Dillenius, Johann Jacob: Historia muscorum, in qua circiter sexcentae species veteres et novae ad sua genera relatae describuntur et iconibus genuinis illustrantur; cum appendice et indice synonymorum. Oxonii [E Theatro Sheldoniano] 1741.

335 Vgl. Brief Nr. 58, Z. 30–32 (UBE BT, Korr. Wagner, Nr. 42; vom 8.3.1743). – Die Äußerungen Wagners legen hier nahe, dass Trew auch in diesem Fall das gewünschte Werk bei Buchhändlern etc. in Nürnberg besorgen sollte. Da konkrete Angaben fehlen, lässt sich aber auch nicht völlig ausschließen, dass Trew das Werk bei einem bzw. über einen anderen Gelehrten, etwa im Rahmen zur gegenseitigen Unterstützung übernommener Aufgaben im Vertrieb, beschaffen sollte (zu derlei Beispielen folgt im vorliegenden Kapitel ein eigener Abschnitt).

336 Vgl. im weiteren Verlauf Brief Nr. 71, Z. 11–15 und Z. 21–23 (UBE BT, Korr. Wagner, Nr. 52; vom 21.3.1744) (Wagner übersandte hier 11 Gulden 30 Kreuzer zum Kauf des Werkes); Brief Nr. 72, Z. 10–15 (UBE BT, Korr. Wagner, Nr. 53; vom 7.6.1744); Brief Nr. 73, Z. 21 f. (UBE BT, Korr. Wagner, Nr. 54; vom 14.11.1744) (Dank Wagners für übersandtes Werk). – Der Ablauf verzögerte sich auch durch die Frage des günstigsten Versands des Werkes; vgl. auch in vorliegender Untersuchung das Kapitel zur Übermittlung von Sendungen im gelehrten Netz.

zu erinnern, für Monti die *Hesperides Norimbergenses*[337], wenn möglich in lateinischer Sprache, zu kaufen und zu übersenden.[338] Wagner und Trew fungierten somit an dieser Stelle beide als Informationsvermittler zwischen Monti und Huth, wodurch Monti ganz im Sinne einer möglichst effizienten Erledigung seines Korrespondenzgeschäfts zu diesem Zeitpunkt nicht eigens noch ein kurzes Erinnerungsschreiben an Huth bezüglich des geplanten Bucherwerbs verfassen musste.

Auch wenn der Kauf eines bestimmten Titels unmittelbar bei dessen gelehrtem Autor beabsichtigt war, konnte ein anderer Korrespondent als Vermittler eingesetzt werden: So nutzte Wagner von Bayreuth aus seinen Briefpartner Trew mehrfach, wie bereits erwähnt, zur Weitervermittlung von Sendungen, u.a. eines undefinierten Beischlusses wie auch von Geld, an August Johann Rösel von Rosenhof (1705–1759) in Nürnberg und zwar vermutlich mit dem Ziel des Erwerbs von Bögen von dessen monatlich herausgegebener *Insecten-Belustigung*[339], womit einmal mehr eine Verbindung gleichsam zwischen dem „Wie" und dem „Was" des gelehrten Austauschs hergestellt ist.[340] Trew bot an dieser Stelle also als Vermittler von Sendungen einen günstigen Postweg für den brieflich zwischen Wagner und dem Autor Rösel von Rosenhof abgewickelten Bucherwerb.

---

337 Dieses prächtige Werk Johann Christoph Volkamers (1644–1720), des Bruders des Johann Georg Volkamer d.J., erschien 1713 in lateinischer Übersetzung: Volkamer, Johann Christoph: Hesperides Norimbergenses – Hesperidum Norimbergensium Sive De Malorum Citreorum, Limonum Aurantiorumque Cultura Et Usu Libri IIII. Bene Multis Iconibus In Aes Elegantissime Incisis Ornati ... Brevis Commentatio, Auctore J.C.V. Omnia E Lingua Germanica In Latinum Nunc Translata [Erhard Reusch]. Norimbergae [Endter] [1713]. – Ausführliche bibliographische Angaben auch zur deutschen Erstausgabe und einer späteren Ergänzung finden sich in Brief Nr. 52, Endnote 8.

338 Siehe Brief Nr. 52, Z. 24–27 (lateinischer Text) (UBE BT, Korr. Wagner, Nr. 37; vom 23.2.1738): „Clarissimus Monti Bononiensis Te quam plurima impertire salute Teque rogare iussit, velis haud gravari schedulam hic inclusam D[omi]no Dri. Huth tradere eumque monere, ut Hesperides Norimbergenses, et si Tomus unus vel alter latinitate donatus sit, latinum, sin minus germanicum solummodo emat Ipsique modo indicato transmittat."

339 Rösel von Rosenhof, August Johann: Der monatlich-herausgegebenen Insecten-Belustigung. 3 Teile. Nürnberg [Selbstverlag] 1746, 1749, 1755. – Das Werk erschien zusammengefasst eben in drei Teilen 1746, 1749 und 1755; die monatlichen Bögen aber erschienen bereits ab 1740/1741.

340 Vgl. Brief Nr. 60, Z. 35–39 (UBE BT, Korr. Wagner, Nr. 45; vom <12.5.1743> [fehlerhafte Datierung, wohl eher 1./2.5.1743]); Brief Nr. 62, Z. 55–57 (UBE BT, Korr. Wagner, Nr. 44; vom 10.5.1743). – Trew wurde dabei auch aufgefordert, umgekehrt von Rösel von Rosenhof „Zu rücke erhaltende Blätter", also wohl die Bögen der „Insecten-Belustigung", wiederum an Wagner zu übersenden; vgl. Brief Nr. 60, Z. 38 f.

– Ausleihe von Büchern:
Ging es freilich einem Arzt bzw. Gelehrten nicht darum, ein Werk dauerhaft in seinen Besitz zu bringen, sondern wollte er dieses nur für eine bestimmte Zeit einmal zur allgemeinen Ansicht und Lektüre oder aber zur zielgerichteten Beantwortung einer ihn aktuell beschäftigenden spezifischen Fragestellung vorliegen haben, so konnte eine praktikable und vor allem preisgünstige Alternative zum käuflichen Erwerb auch darin bestehen, einen seiner Korrespondenten um Ausleihe des entsprechenden Titels zu ersuchen. Auch derartige Beispiele sind in der Wagner-Trew-Korrespondenz mehrfach dokumentiert.

Im Februar 1738 bat Wagner Trew von Erlangen aus um leihweise Übersendung des zehnten Teils der Ergänzungen der *Acta Eruditorum (Lipsiensia)*[341] sowie kurz darauf auch der *Metallotheca* des Michele Mercati (1541–1593)[342], nicht ohne jeweils explizit zu versichern, sie ohne jeglichen Schaden zurückzusenden.[343] Im Folgenden kam Trew offenbar der Bitte Wagners nach und überschickte die als Leihgabe gewünschten Titel. Die Rücksendung vollzog sich bezüglich der *Acta Eruditorum* etwa ein halbes Jahr später im September 1738 unter wortreichem Dank Wagners:

> [...], so nehme nur die Freÿheit in beÿkommenden Paquet die mir schon Vor geraumer Zeit gütigst communicirten Acta eruditorum Lipsiensia mit aller erdencklichster Dancksagung Zu remittiren und Ewer hochEdelgebohrn gehorsamst Zu ersuchen, ob Sie die geneigte Erlaubnüß geben wollen des Mercati Metallothecam noch auf einige Zeit hier Zu behalten, weilen ich solche gantz Zu durchleßen noch nicht die Zeit gewinnen können. Werden mir

341 Die Zeitschrift der „Acta Eruditorum" war eine der ersten gelehrten Zeitschriften Deutschlands und wurde 1682–1782 in Leipzig verlegt, wobei 1732 ein Namenswechsel zu „Nova Acta Eruditorum" erfolgte. Der hier von Wagner leihweise erbetene Band 10 der „Acta Eruditorum Supplementa" erschien 1734.

342 Biographische Angaben zu Michele Mercati (1541–1593) finden sich in Brief Nr. 53, Endnote 9. – Mercati, Michele: Metallotheca opus posthumum, auctoritate & munificentia Clementis undecimi pontificis maximi e tenebris in lucem eductum; opera autem, & studio Ioannis Mariae Lancisii archiatri pontificii illustratum. Romae [Salvioni] 1717. (Ein Appendix zu diesem Werk erschien 1719.)

343 Vgl. Brief Nr. 52, Z. 20–23 (lateinischer Text) (UBE BT, Korr. Wagner, Nr. 37; vom 23.2.1738); Brief Nr. 53, Z. 18–21 (lateinischer Text) (UBE BT, Korr. Wagner, Nr. 70; ohne Datum). Wagner versicherte darin, die zur Ausleihe gewünschten Bücher „absque ulla macula" (Brief Nr. 52, Z. 22) bzw. „abque [!] damno" (Brief Nr. 53, Z. 20) zurückzusenden. – Schon im August 1736 hatte Wagner in einem Schreiben angekündigt, er werde bald Christian Gottlieb Ludwigs (1709–1773) „De vegetatione plantarum marinarum" sowie wohl Augustin Friedrich Walthers (1688–1746) „Designatio Plantarum" an Trew zurückschicken, d.h. es lag bereits hier vermutlich eine Ausleihe vor, auch wenn die Übergabe der Werke von Trew an Wagner in den erhaltenen Briefen nicht dokumentiert ist, evtl. da sie bei einem Besuch persönlich erfolgte; vgl. Brief Nr. 22, Z. 27 f. (UBE BT, Korr. Wagner, Nr. 17; vom 28.8.1736).

> Ewer hochEdelgebohrn dießen Faveur accordiren, so Versichere, daß ich nicht nur Vor die bestmögliche Conservation und Transport dießes Buches Sorge tragen, sondern auch dagegen in schuldigster Danckbarkeit wieder Zu dienen mich befleißigen werde.[344]

Die hier von Wagner ausgebetene Leihfristverlängerung der *Metallotheca* um „einige Zeit" umfasste dann gar knapp vier Jahre, denn erst im Juni 1742 teilte Wagner Trew mit:

> Beÿ meiner gestrigen Anweßenheit in Nürmberg hatte [!] ich Ewer hochEdelgeb[ohrn] ein Stündgen gewiedmet, um Ihnen meine längst schuldige Aufwartung Zu machen und Ihnen Vor die mit so ungemeiner Gedult und so gar lange Vergönnte Darleÿhung der raren und kostbaren Metallothecae Vaticanae den allerverbündlichsten und schuldigsten Danck Zu sagen; alleine der Herr Hoff-Rath Göckel[345] wird mir das Zeugnüß geben können, daß mich so wohl das späte Aufstehen Vom Tische beÿ dem Herrn Von Montmartin[346], als der mitgehabte Chirurgus, [...], Zu meiner großen Bedauernüß daran Verhindert. Ich habe mich auch würcklich deswegen gezwungen gesehen, mit des Herrn Hoff-Rath Göckels gütigen Erlaubnüß die beeden Bücher nur in deßen nahegelegenes Hauß Zu senden, und dagegen Von Ihme die gewiße Versicherung erhalten, daß Er solche Ewer hochEdelgebohrn Zusenden wolle. Gleich wie ich nun nicht Zweiffle, daß solches geschehen seÿn werde; alßo will hoffen, daß Sie solche ohnbeschädigt gefunden haben werden maßen ich mir alle mögliche Mühe gegeben solche rein und sauber Zu halten und erstatte nur hierdurch Vor Dero ausnehmende Gedult und Gütigkeit noch mahlen unendlichen Danck, wünschende, daß etwas dagegen in meinen geringen Vermögen und Kräfften stehen möchte, womit ich Ewer hochEdelgeb[ohrn] Zu Dienen das Vergnügen haben könte.[347]

Handelte es sich freilich bei dem zur Ausleihe gewünschten Titel um eine Art Nachschlagewerk, auf das der Eigentümer selbst regelmäßig in seiner Bibliothek zugreifen wollte, so gebot es sich von Seiten des um Ausleihe Ersuchenden geradezu, von vornherein nur eine zeitlich stark begrenzte Überlassung des Werkes zu erbitten und ausdrücklich die rasche Rücksendung zuzusichern. Entsprechend wandte sich Wagner am 20. Januar 1757 während eines Aufenthalts in Erlangen bezüglich der von ihm kurzzeitig benötigten *Species plantarum* Carl von Linnés (1707–1778)[348] mit folgenden Worten an Trew:

---

344 Brief Nr. 54, Z. 10–18 (UBE BT, Korr. Wagner, Nr. 38; vom 5.9.1738).

345 Biographische Angaben zu Christoph Ludwig Göckel (1689–1759) finden sich in Brief Nr. 56, Endnote 3.

346 Hier handelt es sich wohl um Friedrich Samuel Graf von Montmartin (1712–1778). Vgl. zu ihm Brief Nr. 56, Endnote 4.

347 Brief Nr. 56, Z. 8–24 (UBE BT, Korr. Wagner, Nr. 40; vom 15.6.1742). – Als Grund für die späte Rückgabe gab Wagner hier seine seit eineinhalb Jahren oftmalige Abwesenheit von Erlangen (wohl wegen seiner zunehmenden Bindung an den Bayreuther Hof) an; vgl. ebd., Z. 24–26.

348 Linné, Carl von: Species Plantarum. Exhibentes Plantas Rite Cognitas, Ad Genera Relatas; Cum Differentiis Specificis, Nominibus Trivialibus, Synonymis Selectis, Locis Natalibus, Secundum Systema Sexuale Digestas. 2 Bde. Holmiae [Salvi] 1753.

> Weilen ich aber inzwischen Linnaei Species plantarum nur auf 2 oder 3 Tage nöthig hätte und solche, da Sie hier nicht Zu haben sind, beÿ Ewer Wohlgebohrn um so Viel gewißer Vermuthe, als dero Vortrefflicher Bücher Vorrath einer der Vollkommensten in der Natur-Geschichte ist; so bin ich so kühne mir solches Buch nur auf 2 oder 3 Tage Zum nachsuchen aus Zu bitten mit der gewißen Versicherung daß ich es nächst künfftige Woche ohne allen Schaden wiederum übersenden oder selbsten überbringen und Zu gleich meine schuldigste Dancksagung für solche besondere Freundschafft erstatten will.[349]

Und tatsächlich sandte Wagner das ihm in der Folge von Trew geliehene Werk Linnés bereits am 29. Januar 1757, wortreich begleitet von der schon angekündigten „schuldigste[n] Dancksagung", wieder zurück:

> Ewer Wohlgebohrn hätten mir gegenwärtig keine werckthätigere Probe Dero mir beÿbehaltenen unschätzbaren Freundschafft und Gewogenheit geben können, als die so gütige <?> als willige Darleÿhung derer beeden mir aus dero kostbaren Bücher Vorrath ausgebetenen Bücher. Ich erkenne solche Vorzügliche Dienstfertigkeit mit dem Verbindlichst-gehorsamsten Danck und werde mir alle Gelegenheit schätzbar seÿn laßen beÿ welcher ich Ewer Wohlgebohrn Proben meiner Hochachtung und Dienstbegierde geben kan. Damit ich aber auch dießes mahl Ewer Wohlgebohrn gütigkeit nicht mißbrauche und Ihnen ein HandBuch, so man nicht lange entbehren kan, nach meinem Versprechen aufs baldeste wiederum Zu handen liefere, so übersende ich beÿgehend beede Bücher mit noch mahliger Dancksagung wiederum Zurücke und wünsche Ewer Wohlgebohrn alles mögliche Vergnügen und Wohl-Ergehen.[350]

Auf Basis der Wagner-Trew-Korrespondenz zeigt sich die Ausleihe von Büchern somit als ein durchaus verbreitetes Element des gelehrten Austauschs, wobei hier nahezu immer[351] Trew in der Rolle des Entleihers an Wagner zu finden ist, war er es doch vor allem, der über einen auch von Wagner mehrfach hochgelobten „Vortreffliche[n] Bücher Vorrath" verfügte.[352] Die Buchausleihe offenbart sich damit in der gelehrten Welt als ein Dienst, den vorrangig ein Patron auf Grundlage seiner

---

349 Brief Nr. 85, Z. 16–23 (UBE BT, Korr. Wagner, Nr. 62; vom 20.1.1757).

350 Brief Nr. 86, Z. 8–18 (UBE BT, Korr. Wagner, Nr. 63; vom 29.1.1757).

351 In nur einem Fall übersandte Wagner zumindest indirekt leihweise ein Werk an Trew: Es handelte sich dabei um ein ungebundenes Exemplar der „Mémoires pour servir à l'histoire des Insectes" des René-Antoine Ferchault de Réaumur (1683–1757), welches Wagner allerdings Trew nicht aus seiner eigenen Bibliothek zur Verfügung stellte, sondern eben nur indirekt als Leihgabe von einem Buchbinder für Trew besorgte; vgl. Brief Nr. 35, Z. 8–13 (UBE BT, Korr. Wagner, Nr. 25; vom 13.12.1736); Brief Nr. 37, Z. 22–24 (UBE BT, Korr. Wagner, Nr. 26; vom 14.12.1736).

352 Das Wissen um den großen Bücherbestand der Bibliothek des gelehrten Freundes konnte freilich nicht nur zu Ausleihgesuchen, sondern auch zur Bitte um konkrete Recherchen in bestimmten Werken führen: So bat Wagner Trew 1737 in Johann Bauhins (1541–1613) „De plantis a divis sanctisve nomen habentibus", das er sicher besitze, nachzusehen, ob sich dort finden lasse, „was das Lignum sanctae Luciae seÿe, wo solches Zu bekommen und was es koste", da

Ressourcen in Gestalt großen objektivierten kulturellen Kapitals, also hier einer gut sortierten umfangreichen Bibliothek, an seinem Klienten zu leisten imstande war. Als begünstigende Konstellation zeichnet sich dabei eine nicht allzu große Entfernung der beteiligten Korrespondenten ab: Auch Wagner ersuchte Trew wohl deshalb ausschließlich in seiner Erlanger Zeit bzw. später bei kurzzeitigen Aufenthalten in Erlangen um Ausleihen, da ein längerer Postweg stets Kosten und Unwägbarkeiten des Transports der teils schweren, teils auch kostbaren Bücher heraufbeschwor. Grundsätzliche Voraussetzung aber, zumindest für einen wiederholten Ausleihvorgang an dieselbe Person, war der jederzeit äußerst vorsichtige Umgang des Entleihers mit den ihm anvertrauten Werken, welcher daher brieflich, wie es scheint, gar nicht oft genug beteuert werden konnte.

— *Buchgeschenke*:
Hin und wieder erfuhr die Bibliothek eines Arztes bzw. Gelehrten auch Zuwachs in Form von ihm als Geschenk, d.h. nicht in Erwartung der Erstattung eines Kaufpreises, von einem seiner Korrespondenten übersandten Büchern. Nachdem Christoph Jacob Trew am 6. April 1758 *De plantis epitome utilissima* des Pier Andrea Mattioli (1501–1578) in einer Bearbeitung von Joachim Camerarius (d.J.) (1534–1598)[353] sowie auch die *Dissertatio de veris sepiarum ovis* des Johann Baptist Bohadsch (1724–1768)[354] an Wagner geschickt hatte,[355] nahm Wagner zunächst an,[356] Trew habe womöglich vergessen, ihm „die Auslage für des Camerarii Epitome Zu melden“[357], und bat ihn dies sogleich nachzuholen, „damit [er] [s]ich ohnverzüglich [s]einer Schuld entledigen könne“[358]. Doch Trew antwortete wiederum am 17. April 1758 wie folgt:

solches „Von hohen Orten“ von Wagner zu wissen verlangt werde; vgl. Brief Nr. 51, Z. 8–13 (UBE BT, Korr. Wagner, Nr. 36; vom 21.10.1737).

353 Biographische Angaben zu Pier Andrea Mattioli (1501–1578) finden sich in Brief Nr. 90, Endnote 5; zu Joachim Camerarius d.J. (1534–1598) in Brief Nr. 91, Endnote 2. – Mattioli, Pietro Andrea: De plantis epitome utilissima. Novis iconibus et descriptionibus aucta a Joach. Camerario. Francofurtum [Feyerabend] 1586. (Hierbei handelt es sich um eine Dioskurides-Ausgabe des Mattioli in Bearbeitung von Joachim Camerarius d.J., die im selben Jahr 1586 auch in deutscher Sprache erschien. Es folgten im siebzehnten und achtzehnten Jahrhundert zahlreiche weitere Auflagen.)

354 Biographische Angaben zu Johann Baptist Bohadsch (1724–1768) finden sich in Brief Nr. 90, Endnote 6. – Bohadsch, Johann Baptist: Dissertatio de veris sepiarum ovis. Praga [Sophiae Viduae Rosenmüllerianae] 1752.

355 Vgl. Brief Nr. 90, Z. 12–14 (UBE BT, Korr. Trew, Nr. 792; vom 6.4.1758).

356 Vgl. Brief Nr. 91, Z. 8–13 (UBE BT, Korr. Wagner, Nr. 66; vom 12.4.1758).

357 Ebd., Z. 10.

358 Ebd., Z. 11 f.

> Camerarii epitomen bitte so, wie Bohatsch dissertation, geneigt aufzunehmen: mir genüget, wann Sie einigen gefallen daran bezeugen. Kommt mir sonst noch einer von den ausgezeichneten botanicis Zuhanden, werde mit solchem eben falls aufzuwarten nicht ermangeln.[359]

Es ist hier besonders hervorzuheben, dass Trew Wagner somit nicht nur die relativ dünne, gut 30seitige neuerschienene zoologische Dissertation des Bohadsch zum Geschenk machte, sondern mit *De plantis epitome utilissima* des Mattioli auch einen sehr umfangreichen, mehr als 1000seitigen botanischen ‚Klassiker' mit sehr vielen Abbildungen. Solcherlei großzügige Geschenke zu überreichen, konnte sich tendenziell eher ein an objektiviertem kulturellen sowie oft zugleich auch an ökonomischem Kapital reicherer Gelehrter, also erneut häufig der Patron in einer Zweierbeziehung, leisten, so dass es nicht zu verwundern vermag, dass in der Wagner-Trew-Korrespondenz umgekehrt kein einziger Fall belegt ist, in dem Wagner Buchgeschenke an Trew übersandte. Doch darf zugleich nicht übersehen werden, dass ein derartiges „Geschenk", auch wenn es als solches keine unmittelbare monetäre Zahlung erforderte und von Wagner auch nicht zeitnah mit Gleichwertigem vergolten werden konnte, dennoch in einer Beziehung stets als ‚Verpflichtung' zu Gegendiensten, zumindest nach Maßgabe der eigenen Kräfte, angesehen wurde. So schickte z.B. Wagner im Januar 1759 Exemplare von Serpentinstein aus seiner eigenen Sammlung an Trew,[360] um diesem „eine kleine Probe [s]einer Danckbarkeit für die an [ihn] gesandten schönen Gewächße und impressa [zu] geben"[361], ja um so wenigstens ein kleines Stück weit „[s]eine so Vielfältige Schuld [...] ab[zu]tragen"[362].

Ähnlich wie beim „Bucherwerb im Auftrag" konnten, wie die Wagner-Trew-Korrespondenz belegt, freilich auch bei Buchgeschenken zum Teil drei oder mehr Gelehrte in der einen oder anderen Weise involviert sein. Peter Christian Wagner etwa ließ Trew in einem Schreiben vom 9. April 1743 wissen, „[er] übersende [...] [ihm] beÿkommend die in dem damahls beÿgelegten Brief des Herrn Professor Monti Zu Bologna gemeldeten Bücher, so da inzwischen glück[lich] aus Italien angekommen s[eien]"[363]. Der an dieser Stelle erwähnte Brief Giuseppe Montis (1682–1760) an Wagner vom 25. Januar 1743, den Wagner wiederum als Beilage zu einem Schreiben vom 8. März 1743 an Trew zur Einsichtnahme weitergeleitet

---

359 Brief Nr. 92, Z. 51–54 (UBE BT, Korr. Trew, Nr. 793; vom 17.4.1758).

360 Vgl. Brief Nr. 95, Z. 24–31 (UBE BT, Korr. Wagner, Nr. 68; vom 13.1.1759).

361 Ebd., Z. 24 f.

362 Ebd., Z. 29.

363 Brief Nr. 59, Z. 9–11 (UBE BT, Korr. Wagner, Nr. 43; vom 9.4.1743).

hatte,[364] ist ebenfalls in der Trewsammlung überliefert: In ihm hatte Monti ein „exiguum munus opusculorum meorum", also gleichsam ein kleines Geschenkpaket seiner Werke, und zwar zum Nutzen Wagners wie Trews angekündigt.[365] Da Wagner später Anfang Mai 1743 zur Sicherheit noch einmal schriftlich nachfragte, ob Trew „die Indices Plantarum Bononienses[366] wohl und richtig erhalten [habe]"[367], lässt sich zumindest eines der hier von Monti verschenkten, gemeinsam an Wagner übersandten und sodann auf dem Postweg durch Wagner an Trew weitervermittelten Werke auch dem Titel nach genau zuordnen. Dass Wagner sich bei Monti großer Beliebtheit als Schaltstation von Büchersendungen aus Italien nach Nürnberg erfreute, belegt ein weiteres Beispiel, bei dem es sich in Ermangelung der Erwähnung irgendeiner Form von Bezahlung ebenfalls um ein Buchgeschenk, nun wohl Montis an Georg Leonhard Huth (1705–1761) in Nürnberg, gehandelt haben dürfte, wie es Wagner gegenüber Trew nachträglich, letztlich im Sinne einer bezüglich des Gelingens der Vermittlung indirekt an Huth gerichteten Nachfrage, am 14. November 1744 vermerkte:

> Vor ohngefehr 2 Monathen habe ich an Herrn Dr. Hut einen Von Herrn Prof[essor] Monti aus Bologna erhaltenen Tractat de Phosphoris quam plurimis noviter detectis[368] durch meinen Herrn Schwieger Vater gesandt und will hoffen, daß Er solchen richtig werde erhalten haben.[369]

Weil Wagner 1744 bereits in Bayreuth und nicht mehr in Erlangen wohnte, musste hier sein Schwiegervater Johann Friedrich Weismann (1678–1760) als weiterer Vermittler in den Postweg der Büchersendung eingeschaltet werden.[370]

---

364 Vgl. Brief Nr. 58, Z. 20–22 und Z. 24–26 (UBE BT, Korr. Wagner, Nr. 42; vom 8.3.1743).

365 UBE BT, Korr. Joseph (Giuseppe) Monti, Nr. 3 (an Peter Christian Wagner; vom 25.1.1743).

366 Gemeint dürfte hier sein: Monti, Giuseppe: Plantarum varii indices ad usum demonstrationum, quae in Bononiensis Archigymnasii publico horto quotannis habentur. Bononiae [Pisarri] 1724.

367 Brief Nr. 60, Z. 21 f. (UBE BT, Korr. Wagner, Nr. 45; vom <12.5.1743> [wohl fehlerhafte Datierung, eher 1./2.5.1743]).

368 Gemeint ist hier das folgende Werk des Jacopo Bartolomeo Beccari (1682–1766): Beccari, Jacopo Bartolomeo: De quamplurimis phosphoris nunc primum detectis commentarius. Bononiae [a Vulpe] 1744.

369 Brief Nr. 73, Z. 22–25 (UBE BT, Korr. Wagner, Nr. 54; vom 14.11.1744).

370 Ferner findet sich Wagner auch bei ebenso denkbaren Tauschgeschäften mit Büchern als Vermittlerfigur im Postweg von Büchersendungen belegt: So schickte Trew am 6. April 1758 die Abbildungstafeln I-XIV von Johann Michael Seligmanns (1720–1762) „Erz Stuffen und Berg Arten mit Farbe genau abgebildet" (mit Beschreibungen des Casimir Christoph Schmidel, 1718–1792) beiliegend an Wagner in Bayreuth, welche im Tausch für „terrae sigillatae" für wohl Christian Ernst Trommler (1719–1788), Bergmeister in Naila, bestimmt waren; vgl. Brief Nr. 90, Z. 14–20 (UBE BT, Korr. Trew, Nr. 792; vom 6.4.1758). Wagner versicherte im Antwortschreiben vom 12. April 1758 an Trew, er werde „[d]ie schönen StuffenAbbildungen [...] ehester Tagen Herrn BergMeister Tremmler

Fasst man an dieser Stelle zur besseren Veranschaulichung die bisher auf Basis der Wagner-Trew-Korrespondenz vorgestellten Beispiele zum Austausch *von* und *über* medizinisch-naturwissenschaftliche Veröffentlichungen im gelehrten Netz im Kontext 1.) der Hilfe bei käuflichem Erwerb gewünschter Titel bei Antiquaren, Auktionen und Buchhändlern etc., 2.) der Ausleihe von Büchern und 3.) der Buchgeschenke noch einmal graphisch zusammen, so empfiehlt es sich der besseren Übersichtlichkeit halber zunächst auf die Fälle zu blicken, die im Wesentlichen auf die Zweierbeziehung Wagner-Trew beschränkt bleiben.

In Abb. 18 wird also einmal mehr sehr deutlich, dass beinahe stets Wagner der um „Erwerb im Auftrag" oder Ausleihe Bittende bzw. der Empfänger von Buchgeschenken war und Trew der in dieser Hinsicht auf Basis seiner umfangreichen Bibliothek und guten Kontakte in der Reichsstadt Nürnberg Gebende, wobei das breite inhaltliche Spektrum der übersandten Werke (mit einem leichten Übergewicht der Botanik) ein kleines Schlaglicht auf die vielfältigen naturwissenschaftlichen Interessen Peter Christian Wagners wirft.

Abb. 19, die über die Zweierbeziehung Wagner-Trew hinausgeht und Konstellationen zur Darstellung bringt, bei denen drei oder mehr Gelehrte in die Abwicklung eines „Bucherwerbs im Auftrag", von Buchgeschenken oder Tauschgeschäften involviert waren, zeigt, dass dabei nicht nur Trew, sondern gerade auch Wagner vielfach als Vermittlerfigur im gelehrten Netz fungierte. Peter Christian Wagner konnte also in diesem Kontext ebenfalls seinen Beitrag zum gelehrten Austausch leisten: zum einen, hier schließt sich, wie erwähnt, erneut der Kreis zwischen organisatorischen und inhaltlichen Aspekten des Austauschs, als Weitervermittler von Büchersendungen, zum anderen aber auch durch Weitergabe entsprechender Informationen in seinen eigenen Brieftexten.

Im weiteren Verlauf vorliegenden Kapitels sollen nun noch jene zahlreichen Fälle im Fokus stehen, in denen die Gelehrten einander bei ihren Veröffentlichungsprojekten unterstützten, was ebenfalls erheblich dazu beitrug, den Austausch *von* und *über* medizinisch-naturwissenschaftliche Veröffentlichungen zu einem der Hauptbestandteile gelehrter Korrespondenzen werden zu lassen. Dabei kann unterschieden werden zwischen einerseits der Unterstützung in Form einer gleichsam beständigen tätigen Anteilnahme an den Veröffentlichungsprojekten anderer Gelehrter und andererseits der Hilfe durch explizite Übernahme konkreter Aufgaben in der Entstehungs- oder Vertriebsphase der Werke anderer Gelehrter.

Zusenden und Ihme aufgeben [Trew] bald möglichst mit dem supplemento terrarum sigillatarum auf Zu warten"; siehe Brief Nr. 91, Z. 51–53 (UBE BT, Korr. Wagner, Nr. 66; vom 12.4.1758).

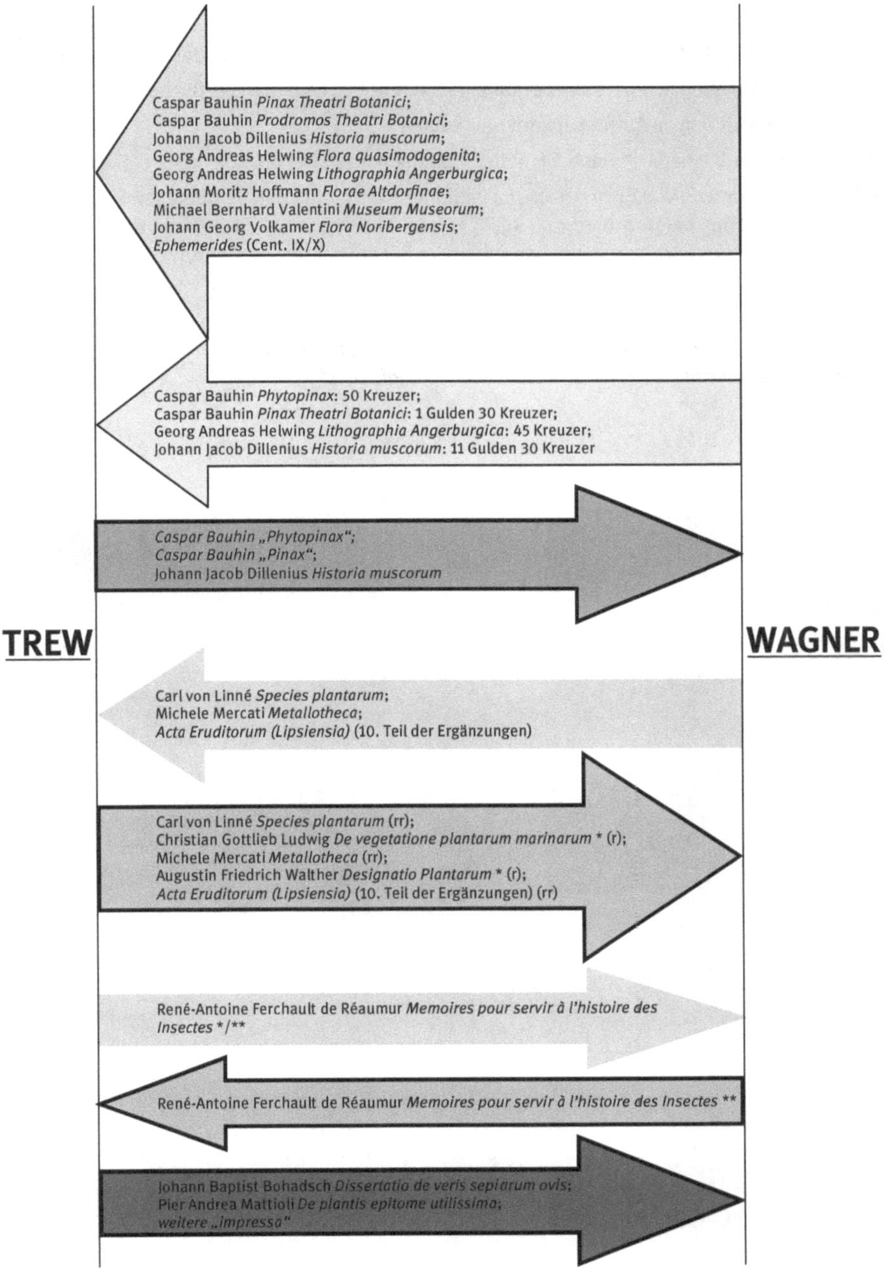

Abb. 18: Graphische Darstellung des Austauschs *von* und *über* medizinisch-naturwissenschaftliche Veröffentlichungen (1): „Bucherwerb im Auftrag", Buchausleihen und Buchgeschenke in der Zweierbeziehung Wagner-Trew

Legende:

- briefliche Bitte um käuflichen Erwerb bei Antiquaren, Auktionen, Buchhändlern etc.
- Übersendung von Geld zur Bezahlung im Auftrag zu erwerbender Bücher
- Übersendung im Auftrag erworbener Bücher
- Bitte um Ausleihe: *hier auch mdl. Bitte möglich; **Bitte um Ausleihe bei Buchbinder
- Übersendung von Büchern an den Entleiher: *auch persönliche Übergabe möglich; ** Ausleihe bei Buchbinder; r: Rückgabe der entliehenen Bücher später brieflich angekündigt; rr: Rückübersendung entliehener Bücher später vollzogen
- Übersendung von Buchgeschenken

Eine komplette Kursivierung (einschließlich Verfassername) bedeutet jeweils, dass auf Basis der Korrespondenz nur wahrscheinliche Aussage möglich

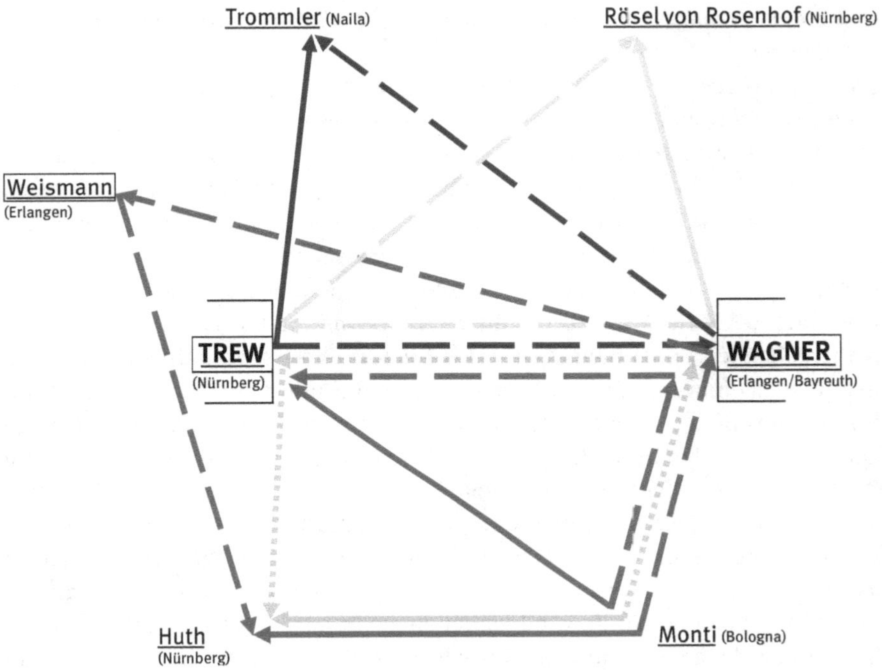

Abb. 19: Graphische Darstellung des Austauschs *von* und *über* medizinisch-naturwissenschaftliche Veröffentlichungen (2): Abwicklung des „Bucherwerbs im Auftrag", von Buchgeschenken oder Tauschgeschäften mit Büchern in Konstellationen von drei oder mehr Gelehrten

Legende:

- (briefliche) Bitte um käuflichen Erwerb eines Buches im Auftrag
- Informationsvermittlung durch Dritte bzgl. Erwerbsbitte (hier als Erinnerung)
- Übersendung von Geld (hier zum Erwerb eines Werks an dessen Autor)
- Postweg der Übersendung des Geldes per Vermittlung durch Dritte
- Übersendung von Büchern als Gegenstand eines Tauschgeschäfts
- Postweg der Übersendung von Büchern als Tauschgegenstand per Vermittlung Dritter
- Übersendung von Buchgeschenken
- Postweg der Übersendung von Buchgeschenken per Vermittlung durch Dritte

Personen, die als Vermittler auftreten (d.h. bei denen sich entsprechend gestrichelte Pfeile aneinandergefügt finden), werden in der Darstellung durch eine Rahmenlinie außen kenntlich gemacht, also Person x

Die angegebenen Orte sind Wohnorte der Korrespondenten.

– *Beständige tätige Anteilnahme an den Veröffentlichungsprojekten anderer Gelehrter*:

Die Wagner-Trew-Korrespondenz liefert zahlreiche Beispiele für eine stete tätige Anteilnahme Wagners an der von Trew herausgegebenen Zeitschrift des *Commercium Litterarium* wie auch an dessen Projekt eines großen anatomischen Tafelwerks. Bei Betrachtung der brieflichen Belege des Austauschs bezüglich des *Commercium Litterarium* wird insbesondere auch die grundsätzliche Frage nach dem Verhältnis zwischen Gelehrtenbriefwechsel und dem seit Ende des siebzehnten Jahrhunderts neu hinzutretenden Medium der wissenschaftlichen Zeitschrift berührt: Während die ältere Forschungsmeinung noch einen damit einhergehenden Bedeutungsverlust des Briefes als wissenschaftliches Kommunikationsmedium postulierte, sehen viele neuere Studien auch noch für das achtzehnte Jahrhundert „weniger die Ablösung des alten Mediums durch das neue als die gegenseitige Durchdringung [als] bestimmend“[371] an, nicht zuletzt da die Herausgabe einer Zeitschrift ihre organisatorische Basis in der Regel in einem ausgedehnten Briefnetz gefunden habe. Die Organisation des *Commercium Litterarium*, welches seine enge Symbiose mit dem brieflichen Austausch ja geradezu im Titel trägt, beruhte dabei unter dem alles überspannenden Dach der gleichsam den redaktionellen Kern bildenden Sozietät auf insgesamt drei tragenden Säulen bzw. Personengruppen: 1.) der Gruppe der „Lectores“ oder „Praenumerantes“, also der Leser bzw. Abonnenten der Zeitschrift, 2.) der Gruppe der „Auctores“ bzw. „Collaborantes“, also der Verfasser von Beiträgen für die Zeitschrift, und schließlich 3.) der Gruppe der sog. „Assistentes“ oder „Collectores“, die sich um die Abwicklung der Zahlungen sowie des Briefverkehrs zwischen Leser und Sozietät und die Zustellung der Zeitschrift kümmern, d.h. eine Art Vertriebsnetz aufbauen sollten.[372]

Am 30. September 1730 antwortete Wagner auf eine wohl erste Ankündigung des Zeitschriftenprojekts durch Trew wie folgt:

> Nechst dießem aber hätte mir nichts angenehmers begegnen können, als daß Ewer Hoch-Edelgeb[ohrn] mich einer Gelehrten Societaet beÿ Zu treten ersuchen,[373] deren Uhrsprung

371 Stuber/Hächler/Steinke (2005), S. 16. – Am a.a.O. findet sich ein kurzer Überblick zum Verhältnis zwischen Gelehrtenbriefwechsel und wissenschaftlicher Zeitschrift unter Verweis auf entsprechende Forschungsliteratur.

372 Zum organisatorischen Aufbau des „Commercium Litterarium“ vgl. Rau (2009), S. 55 f. – Zu den Autoren einzelner Beiträge, ihrer Aufgliederung nach Berufsfeldern etc., vgl. ebd., S. 70–82. Zur Reichweite des „Commercium Litterarium“ über große Teile Europas über sein Vertriebssystem der Assistenten vgl. zudem ausführlich ebd., S. 57–69.

373 Wagner bezieht sich an dieser Stelle wohl auf eine von ihm in der entsprechenden Ankündigung Trews (in Gestalt evtl. auch der übersandten ersten „Consultatio“) grundsätzlich erbetene

ich wohl eher gewünschet als Vermuthet hätte. Gleichwie ich nun gäntzlich persuadiret <?> bin, daß ich eines der geringsten und unwürdigsten Mittglieder seÿn werde: alßo erkenne im Gegentheil Dero Zu mir Hegendes gutes Vertrauen mit Vieler Hochachtung und Dancknehmlichkeit, Versichernde, daß, wo es anderst erlaubet seÿn wird, auch kleine Füncklein großen Lichtern an die Seite Zu setzen, ich mich nach meinen geringen Vermögen bemühen werde, dießes so nützliche Werck befördern und ausbreiten Zu helffen. Ich habe Vorläuffig inliegendes an die Societät geschrieben, welcher ich es beÿ Gelegenheit nebst meiner Empfehlung Zu communiciren bitte. So bald nur wegen der gegewärtig allhier grassirenden Fieber, Frießel und Kinder-Blattern ein wenig respiriren kan, so werde einige Observationes Physico-medicas einsenden. Beÿ der Einrichtung finde Vor dießes mahl nichts Zu errinnern, außer daß ich wünschte, daß solcher Societaet auch ein Nahme möchte beÿgeleget werden, wodurch Sie sich Von andern Gelehrten Societaeten distinguirte. Was Zukünfftig Von dießer Gesellschafft unter die Preße kommen möchte, bitte mir ohnschwehr mit Zu Zu senden; [...].[374]

Nicht nur findet sich in diesem Briefbeleg die von Wagner selbstgewählte Metapher der „kleinen Füncklein", die „großen Lichtern" an die Seite gestellt werden, welche, wie in vorliegender Untersuchung gezeigt werden soll, Wagners Funktion im gelehrten Netz überhaupt in mancherlei Hinsicht durchaus treffend zu umschreiben vermag, sondern Wagner skizzierte schon in dieser frühen Phase des Projekts, in der sich dessen spätere Organisationsstruktur freilich erst herauszubilden begann, tatsächlich bereits sehr präzise die zentralen Aspekte seiner tätigen Anteilnahme über die gesamte Zeitdauer des Bestehens der Zeitschrift: als ihr auch Kritik und Anregungen beisteuernder Leser (*Lector*), als Lieferant von Beiträgen (*Auctor*) sowie aber auch als das Projekt permanent wohlwollend begleitender Unterstützer, der auch ohne Übernahme der offiziellen Funktion eines Assistenten stets bereit war, „dießes so nützliche Werck befördern und ausbreiten Zu helffen".

Als interessierter Leser, dem an einer regelmäßigen Lektüre der aktuellen Bögen der Zeitschrift gelegen war, erinnerte Wagner in seinen Briefen Trew immer wieder an deren Übersendung und brachte selbst mehrfach, wie in einem früheren Kapitel ausführlich geschildert, möglichst günstige Zustellungswege für sich und im Sinne geteilter Postwege auch für andere in Vorschlag.[375] Die Bezah-

---

Unterstützung für das Zeitschriftenprojekt. Er wurde aber niemals (und sollte dies wohl auch nie werden) Teil der Sozietät als dem im engeren Sinne, wie bereits beschrieben, nur wenige Mitglieder umfassenden redaktionellen Kern der Zeitschrift. Möglicherweise führte der von den Herausgebern bewusst in Anlehnung an den Akademiegedanken gewählte Begriff der „Sozietät" bei Wagner in dieser Anfangsphase des Projekts noch zu Unklarheiten.

374 Brief Nr. 6, Z. 11–27 (UBE BT, Korr. Wagner, Nr. 6; vom 30.9.1730).

375 Vgl. Brief Nr. 10, Z. 19–24 (UBE BT, Korr. Wagner, Nr. 8; vom 5.2.1731); Brief Nr. 14, Z. 9–14 (UBE BT, Korr. Wagner, Nr. 12; vom 12.12.1731); Brief Nr. 15, Z. 15–18 (UBE BT, Korr. Wagner, Nr. 13; vom 8.2.1732); Brief Nr. 18, Z. 7–10 (UBE BT, Korr. Wagner, Nr. 15; vom 20.11.1734); Brief Nr. 57,

lung der Zeitschrift erfolgte häufig, indem der entsprechende Betrag Schreiben Wagners an Trew beigelegt wurde, wobei sich dies insbesondere deshalb auch in den überlieferten Brieftexten gut dokumentiert findet, da Wagner nicht selten wortreich erhebliche Verspätungen bei der Bezahlung zu entschuldigen hatte.[376] Übermittelte Wagner gerade in der Frühphase der Zeitschrift allgemeines Lob und konkrete Anregungen z.B. zur Art der Titelangabe rezensierter Werke an Trew,[377] so überwog in der Spätphase im Zuge der zunehmenden Verzögerungen bei Erscheinen und Zustellung der Zeitschrift die immer deutlicher werdende Kritik am Ausbleiben der Bögen und Register.[378]

Als Verfasser von Beiträgen für das *Commercium Litterarium* bot sich für Wagner die Möglichkeit, seine eigene Publikationsliste, wie bereits im Rahmen seines Lebenslaufs erwähnt, immer dann, wenn ihm neben seiner ärztlichen Tätigkeit

Z. 10 f. (UBE BT, Korr. Wagner, Nr. 41; vom 7.9.1742); Brief Nr. 59, Z. 11–16 (UBE BT, Korr. Wagner, Nr. 43; vom 9.4.1743); Brief Nr. 69, Z. 11–16 (UBE BT, Korr. Wagner, Nr. 51; vom 29.2.1744); Brief Nr. 72, Z. 12–15 (UBE BT, Korr. Wagner, Nr. 53; vom 7.6.1744); Brief Nr. 73, Z. 10–16 und Z. 19–21 (UBE BT, Korr. Wagner, Nr. 54; vom 14.11.1744). – Die Übersendung der Bögen des „Commercium Litterarium" von Trew an Wagner erfolgte in der Regel außerhalb ihres Briefwechsels auf verschiedenen Postwegen. Allein die ersten Exemplare übersandte Trew noch als Beilage eines Schreibens an Wagner; vgl. Brief Nr. 10, Z. 8–12 (UBE BT, Korr. Wagner, Nr. 8; vom 5.2.1731). Später kam es jedoch immer wieder zur Rücksendung doppelt erhaltener Bögen Wagners an Trew als Beilage seiner Schreiben; vgl. Brief Nr. 37, Z. 24–27 und Z. 41 f. (UBE BT, Korr. Wagner, Nr. 26; vom 14.12.1736); Brief Nr. 54, Z. 18 f. (UBE BT, Korr. Wagner, Nr. 38; vom 5.9.1738); Brief Nr. 62, Z. 33–35 (UBE BT, Korr. Wagner, Nr. 44; vom 10.5.1743); Brief Nr. 84, Z. 10 f. (UBE BT, Korr. Wagner, Nr. 61; vom 29.3.1749). – Der Aspekt der (geteilten) Postwege sowie der Rücksendung doppelt erhaltener Bögen wurde in der zusammenfassenden Abb. 20 aus Gründen der Übersichtlichkeit nicht berücksichtigt.

376 Vgl. Brief Nr. 13, Z. 9–12 (UBE BT, Korr. Wagner, Nr. 11; vom 27.3.1731); Brief Nr. 14, Z. 14–18 (UBE BT, Korr. Wagner, Nr. 12; vom 12.12.1731); Brief Nr. 15, Z. 7–15 (UBE BT, Korr. Wagner, Nr. 13; vom 8.2.1732); Brief Nr. 17, Z. 8–11 (UBE BT, Korr. Wagner, Nr. 14; vom 20.11.1733); Brief Nr. 18, Z. 10 f. (UBE BT, Korr. Wagner, Nr. 15; vom 20.11.1734); Brief Nr. 48, Z. 19–21 (UBE BT, Korr. Wagner, Nr. 34; vom 1.3.1737); Brief Nr. 56, Z. 24–29 (UBE BT, Korr. Wagner, Nr. 40; vom 15.6.1742); Brief Nr. 58, Z. 26–28 (UBE BT, Korr. Wagner, Nr. 42; vom 8.3.1743); Brief Nr. 59, Z. 8 f. (UBE BT, Korr. Wagner, Nr. 43; vom 9.4.1743); Brief Nr. 60, Z. 19–22 (UBE BT, Korr. Wagner, Nr. 45; vom <12.5.1743> [wohl Fehldatierung, eher der 1./2.5.1743]); Brief Nr. 62, Z. 15 f. (UBE BT, Korr. Wagner, Nr. 44; vom 10.5.1743); Brief Nr. 71, Z. 13–15 (UBE BT, Korr. Wagner, Nr. 52; vom 21.3.1744); Brief Nr. 72, Z. 8–10 (UBE BT, Korr. Wagner, Nr. 53; vom 7.6.1744).

377 Vgl. Brief Nr. 11, Z. 8–17 (UBE BT, Korr. Wagner, Nr. 9; vom 26.2.1731).

378 Zur zunehmenden Kritik am Ausbleiben der Bögen und Register vgl. Brief Nr. 51, Z. 20 (UBE BT, Korr. Wagner, Nr. 36; vom 21.10.1737); Brief Nr. 52, Z. 17–20 (UBE BT, Korr. Wagner, Nr. 37; vom 23.2.1738); Brief Nr. 54, Z. 19–22 (UBE BT, Korr. Wagner, Nr. 38; vom 5.9.1738); Brief Nr. 56, Z. 29–32 (UBE BT, Korr. Wagner, Nr. 40; vom 15.6.1742); Brief Nr. 62, Z. 16 f. (UBE BT, Korr. Wagner, Nr. 44; vom 10.5.1743); Brief Nr. 65, Z. 41–43 (UBE BT, Korr. Wagner, Nr. 48; vom 5.1.1744); Brief Nr. 84, Z. 12–16 (UBE BT, Korr. Wagner, Nr. 61; vom 29.3.1749).

ein wenig Zeit blieb, wieder etwas zu erweitern, indem er *Observationes*, teils beiliegend zu seinen Schreiben an Trew,[379] teils aber auch unmittelbar in die an Trew gerichteten Brieftexte integriert,[380] übersandte. In Gestalt dieser *Observationes*, also Beobachtungen von wenigen Seiten Umfang, speiste auch Wagner kleine empirisch basierte Wissensbausteine zunächst ins gelehrte Briefnetz ein, von wo sie aber in diesem Falle durch Trew ihren Weg in eine wissenschaftliche Zeitschrift und damit zu einem größeren Leserkreis finden sollten.

Die enge Verzahnung der Medien Brief und wissenschaftliche Zeitschrift tritt somit bereits in den bisher vorgestellten Beispielen eindrücklich vor Augen, gewinnt jedoch weiter an Kontur, wenn im Folgenden die Betrachtung nicht mehr allein dem Austausch bezüglich des *Commercium Litterarium* innerhalb der Zweierbeziehung Wagner-Trew gilt, sondern auch Konstellationen mit drei oder mehr im Kontext der Zeitschrift im Austausch stehenden Gelehrten in den Blick genommen werden, wie sie sich ebenfalls zahlreich in der Wagner-Trew-Korrespondenz beschrieben finden und zugleich auch Wagners Rolle als steter Unterstützer des Projekts noch deutlicher hervortreten zu lassen vermögen. So ließ Wagner noch in der Gründungsphase des *Commercium Litterarium* in einen Brief an Trew vom 14. Oktober 1730 einfließen,

> daß [er] den [ihm] Zugesandten Entwurff einer Societaet pro erigendo universali literarum commercio unter [s]eine herrn Correspondenten bereits dergestalt Vertheilet [habe], daß [er] Vor [s]ich nicht ein einziges Exemplar übrig habe, so [er] data occasione einem oder dem andern Gelehrten fürzeigen könte. Wenn [er] nun auch noch einigen andern solche Nachricht gerne mittheilen möchte, so ersuche [er] [Trew] [ihm] nebst denen etwa schon gedruckten ersten Blättern dießer Societaet nocheinpaar Exemplaria des Entwurffs mitzusenden.[381]

379 Beiliegend übersandte „Observationes“ erwähnt Wagner in: Brief Nr. 11, Z. 17–20 (UBE BT, Korr. Wagner, Nr. 9; vom 26.2.1731); Brief Nr. 15, Z. 18–21 (UBE BT, Korr. Wagner, Nr. 13; vom 8.2.1732).

380 Brief Nr. 16, Z. 9–41 (UBE BT, Korr. Wagner, Nr. 3; ohne Datum) enthält eine bereits im vorausgehenden Brief Nr. 15, Z. 20 f., angekündigte lateinsprachige „Beschreibung derer Von [Wagner] neu entdeckten Schwammen auf den EichenLaub“, welche sich jedoch nicht im „Commercium Litterarium“ gedruckt findet. Brief Nr. 18, Z. 13–39 (UBE BT, Korr. Wagner, Nr. 15; vom 20.11.1734) dagegen enthält eine Observatio, die sich später als „Observatio de haemorrhagia letali ex umbilico, decimo quarto a nativitate die“ im Commercium 4 (1734), S. 386 f., gedruckt findet. Interessant sind die Korrekturvermerke in diesem Brieftext, welche vermutlich von Trews Hand in Vorbereitung der Veröffentlichung stammen.

381 Brief Nr. 7, Z. 11–17 (UBE BT, Korr. Wagner, Nr. 7; vom 14.10.1730). – Wagner erinnerte Trew in der Folge noch mehrfach an die erneute Übersendung dieses ersten Entwurfs bzw. dieser ersten „Consultatio“ zur Einrichtung des „Commercium Litterarium“; vgl. Brief Nr. 10, Z. 16–19 (UBE BT, Korr. Wagner, Nr. 8; vom 5.2.1731); Brief Nr. 11, Z. 29 f. (UBE BT, Korr. Wagner, Nr. 9; vom 26.2.1731).

Und auch die zweite *Consultatio* zur Einrichtung des *Commercium Litterarium* sandte Wagner später, wie er Trew sodann am 5. Februar 1731 mitteilte, „gleich der ersteren nach Regenspurg, Ingolstadt und Neuburg“[382], wobei er jedoch „dato noch keine Antwort erhalten [habe], ob Sie die wöchentlichen Bögen wollen bringen laßen, oder nicht“[383]. Peter Christian Wagner betätigte sich damit hier als Verteiler der beiden Ankündigungsschreiben des *Commercium Litterarium* in seinem eigenen Korrespondentennetz und half so in der Frühphase mit, in gelehrten Kreisen für das Zeitschriftenprojekt zu werben.

Später in der Kernphase des wöchentlichen Erscheinens der Zeitschrift fungierte Wagner immer wieder in vielgestaltiger Weise als Vermittler zwischen anderen *Auctores* oder *Lectores* und der Sozietät in Gestalt Trews. Im Februar 1738 etwa besorgte er die Weitervermittlung eines bei ihm aus Rimini eingegangenen und für eine Veröffentlichung im *Commercium Litterarium* vorgesehenen Berichts des Giovanni Bianchi (1693–1775) über das Nordlicht an Trew.[384] Im Mai 1743 handelte Wagner stellvertretend für seinen abwesenden Bayreuther Kollegen Daniel von Superville (1696–1773) gemäß dessen präzisem Auftrag: Er übersandte Trew eine Liste der Superville fehlenden Bögen und bat zudem um Mitteilung der von diesem noch ausstehenden Bezahlung.[385] Nachdem er dann die fehlenden Bögen von Trew erhalten hatte, um sie für Superville sogleich binden lassen zu können, schickte er wiederum im Gegenzug im Namen Supervilles umgehend die rückständige Bezahlung mit Bitte um eine Quittung an Trew.[386]

Schon im September 1742 musste Wagner gegenüber Trew gestehen, dass

> [b]ereits Vor 2 Monathen [...] Herr Klein aus Danzig angebogenen DefectZettel an [ihn] beÿgeschloßen und [ihn] ersuchet [habe], daß [er] Ihme solchen Abgang Von [Trew] procuriren möchte, Weilen [er] aber an dem nehmlichen Tag, als [er] solchen empfangen, nacher Baÿreuth Verreißen und daßelbst wieder [s]ein Vermuthen 9 Wochen Verbleiben müßen,

---

382 Brief Nr. 10, Z. 13 (UBE BT, Korr. Wagner, Nr. 8; vom 5.2.1731).

383 Ebd., Z. 13 f. – Wagner betont jedoch, dass ihm zumindest ein „Dr. Meÿer in Neuburg“ mündlich zugesagt habe, selbst an die Sozietät des „Commercium Litterarium“ zu schreiben; vgl. ebd., Z. 15 f.

384 Siehe Brief Nr. 52, Z. 27–30 (UBE BT, Korr. Wagner, Nr. 37; vom 23.2.1738): „Excellentissimus quoque Ianus Blancus (Bianchi) Arimino praesentem relationem aurorae borealis, lingua italica concinnatam, ut Commercio inseratur litterario benevole communicavit Tibique salutem plurimam adscripsit.“

385 Vgl. Brief Nr. 60, Z. 8–19 (UBE BT, Korr. Wagner, Nr. 45; vom <12.5.1743> [Fehldatierung, wohl eher 1./2.5.1743]).

386 Vgl. Brief Nr. 62, Z. 8–15 (UBE BT, Korr. Wagner, Nr. 44; vom 10.5.1743). – Im August 1743 bestätigte Wagner erneut den Erhalt von „Defecten“, also fehlenden Bögen des „Commercium Litterarium“, für Superville; vgl. Brief Nr. 63, Z. 12 f. (UBE BT, Korr. Wagner, Nr. 46; vom 8.8.1743).

> auch des Herrn Kleins Brief nicht beÿ [sich] hatte, [...] solcher biß hieher liegen [ge]blieben [sei][387].

Einmal mehr unterstreicht dieses Beispiel damit die Risiken der Weitervermittlung von Sendungen durch Dritte: Indem Wagner zunächst verhindert war, erfuhr die Überstellung der Liste mit den fehlenden Bögen des *Commercium Litterarium* Jacob Theodor Kleins (1685–1759) an Trew eine erhebliche Verzögerung. Auch im Folgenden gestaltete es sich für Klein, nachdem Trew offenbar seinerseits auf die Zuständigkeit des Assistenten Johann Adam Kulmus (1689–1745)[388] für die Übermittlung der Bögen nach Danzig verwiesen hatte, weiterhin schwierig, die Lücken in seinem *Commercium Litterarium* wie erwünscht zu schließen, weshalb er immer wieder auch Wagner als zwischengeschalteten Adressaten entsprechender eigentlich an Trew gerichteter Klagen wählte.[389] Im Januar 1744 schließlich zitierte Wagner, vermutlich um der Angelegenheit noch mehr Eindringlichkeit zu verleihen, in einem Brief an Trew ausführlich eine entsprechende Passage aus einem an ihn gerichteten Schreiben Kleins:

> Sonsten meldet herr Klein noch ferner: „Mit Herrn Dr. Kulmus ist wegen des Commercii nichts anzufangen; wolte alßo bitten, daß jenes was laut übersandter Rechnung mir fehlet, mir unbeschwehrt anzuschaffen, und nur Zu melden, was alles koste, so werde die Bezahlung unverzöglich befördern. Ich mag nicht unrichtige Sachen in Museo Vor Augen haben, und was ich nicht completiren Kan gebe ich lieber Vor nichts unter crudas materias in den Auswurff." Wollen nun Ewer hochEdelgebohrn mir Zugleich melden was ich Ihme hierauf in Antwort sagen soll, so will ich es bestens besorgen.[390]

Wie sehr sich die Klagen in jener Zeit bei offenkundig wachsender Arbeitsüberlastung Trews häuften, zeigt ein weiteres ähnliches Zitat aus einem Brief Johann Philipp Breynes (1680–1764), welches Wagner Trew im November 1744 präsentierte:

---

387 Brief Nr. 57, Z. 11–16 (UBE BT, Korr. Wagner, Nr. 41; vom 7.9.1742). – Im Anschluss skizziert Wagner einen möglichen Postweg der Übersendung der fehlenden Bögen an Klein; vgl. ebd., Z. 16–19.

388 Biographische Angaben zu Johann Adam Kulmus (1689–1745) finden sich in Brief Nr. 57, Endnote 8.

389 Vgl. Brief Nr. 62, Z. 22–25 (UBE BT, Korr. Wagner, Nr. 44; vom 10.5.1743).

390 Brief Nr. 65, Z. 23–29 (UBE BT, Korr. Wagner, Nr. 48; vom 5.1.1744). – Bereits am 19. Januar 1744 drängte Wagner Trew erneut um Nachricht bezüglich des Anliegens Kleins; vgl. Brief Nr. 67, Z. 19–22 (UBE BT, Korr. Wagner, Nr. 50; vom 19.1.1744). Und auch noch 1745/1746 verlangte Klein weiter, ihm fehlende Teile der Zeitschrift zu schicken (hier u.a. in einem Brief an Trew selbst, der aber von Wagner weitervermittelt wurde); vgl. Brief Nr. 76, Z. 25–36 (UBE BT, Korr. Wagner, Nr. 55; vom 24.4.1746); Brief Nr. 78, Z. 28–30 (UBE BT, Korr. Trew, Nr. 790; vom 6.5.1746); auch UBE BT, Korr. Jacob Theodor Klein (entsprechendes Schreiben an Trew vom 21.8.1745).

> Dießen Augen-Blick erhalte ich Von Herrn Dr. Breyn ein Vom 4. Sept[embris] h[uius] a[nni] datirtes worinnen folgendes Ewer HochEdelgeb[ohrn] angehendes: „An Herrn Dr. Treu in Nürnberg bitte beÿ Gelegenheit mein ergebenes Compliment. Ich habe Verwichenes Jahr an Ihn geschrieben und inständigst um die Continuation des Commercii litterarii gebeten, aber keine Antwort erhalten. [...].“[391]

Dass auch die Beschwerden Breynes über ausbleibende Bögen des *Commercium Litterarium* über einen längeren Zeitraum hinweg immer wieder von Wagner an Trew vermittelt wurden, belegt bereits ein Brief Wagners an Breyne aus dem November 1743, in dem er Trews Versäumnisse geradezu zu rechtfertigen suchte:

> An Herrn HoffRath Treu in Nürnberg habe ich wegen Ewer hochEdelgeb[ohrn] geschrieben <?> aber noch keine Antwort erhalten. Dieße Klagen laufen <?> Von sehr Vielen Orten wieder Ihn ein und ist es ein <?> Elend daß dießer Ehrliche Mann mit allzu Vielen <?> Geschäfften überladen ist, daß Er ohnmög[lich] sein Versprechen halten kan. Er schiebet aber alles auf den Herrn <?> Dr. Kulmus welcher das Commercium Litterar[ium] Vor die Herrn <?> Danziger und andere NordLänder richtig erhalten habe, wie Er mir eins mahls mündlich gesaget hat.[392]

In der Endphase des *Commercium Litterarium* fiel Peter Christian Wagner also gehäuft die Aufgabe zu, Klagen seiner Korrespondenten wegen der zunehmend ausbleibenden Bögen und Register der Zeitschrift an Trew weiterzuleiten, indem er in Briefen an Trew direkt aus deren Schreiben zitierte[393] oder die drängenden Nachfragen in eigene Worte kleidete[394] (als graphische Zusammenschau zu Wagners tätiger Anteilnahme am *Commercium Litterarium* s. Abb. 20).

Die Anteilnahme Peter Christian Wagners am Projekt des großen anatomischen Tafelwerks Trews gestaltete sich in einer zum *Commercium Litterarium* sehr ähnlichen Weise, wenn auch alles in allem etwas weniger umfang- und facettenreich. Wagner trat hier als interessierter Käufer und künftiger Leser in Erscheinung, der sich brieflich bei Trew immer wieder nach dem Projekt, zunächst zu Beginn insbesondere im Kontext der anstehenden Pränumeration, später

391 Brief Nr. 73, Z. 39–43 (UBE BT, Korr. Wagner, Nr. 54; vom 14.11.1744).

392 Forschungsbibliothek Gotha, Mikrofilm Chart. B 789, Bl. 636 f., hier v.a. Bl. 637 (Wagner an Breyne; am 21.11.1743).

393 Wagner zitierte außerdem im Jahr 1738 entsprechende Klagen auch aus einem an ihn gerichteten Schreiben Franz Ernst Brückmanns (1697–1753) aus Wolfenbüttel; vgl. Brief Nr. 53, Z. 21–28 (UBE BT, Korr. Wagner, Nr. 70; ohne Datum). Zudem übersandte Wagner Trew auch einen kompletten Brief Brückmanns mit entsprechenden Passagen zur Einsicht; vgl. Brief Nr. 54, Z. 22–25 (UBE BT, Korr. Wagner, Nr. 38; vom 5.9.1738).

394 Im Jahr 1743 fasste Wagner die entsprechenden Beschwerden Giuseppe Montis (1682–1760) aus Bologna in eigene Worte; vgl. Brief Nr. 64, Z. 14–20 (UBE BT, Korr. Wagner, Nr. 47; vom 18.10.1743).

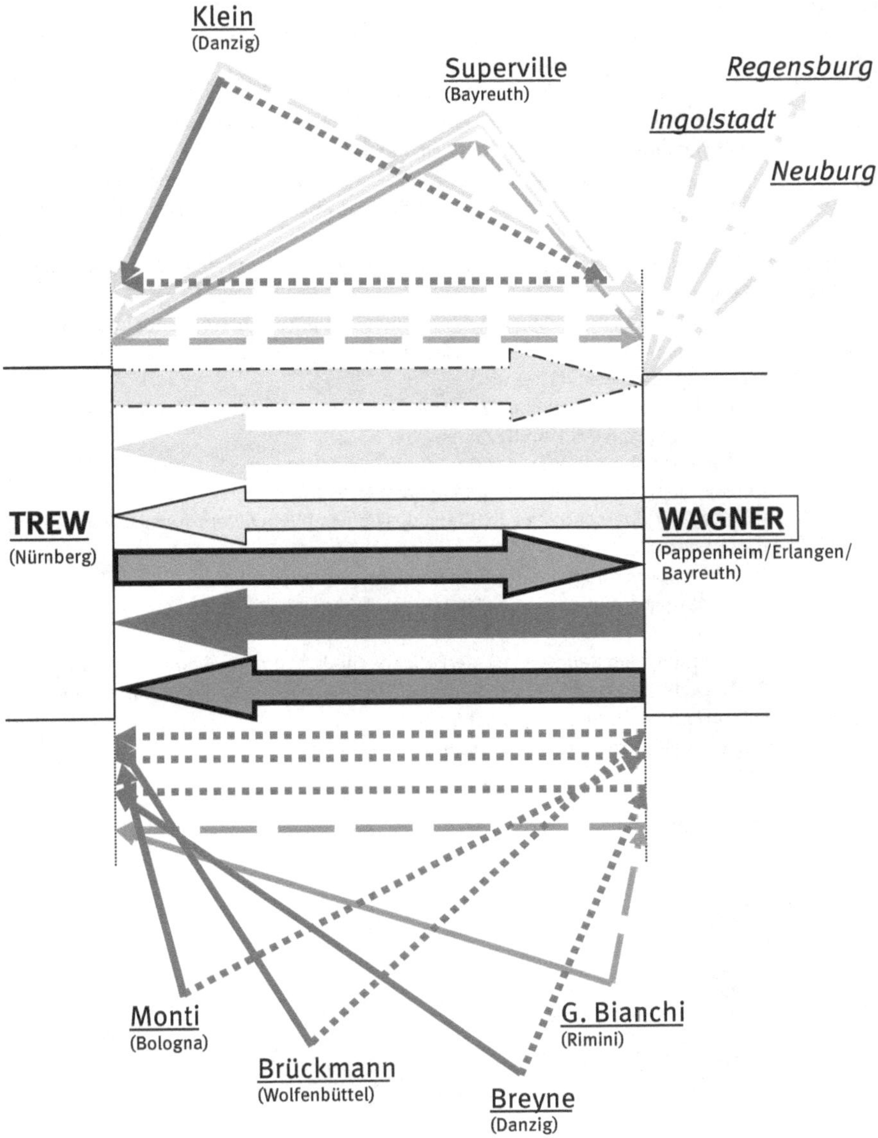

Abb. 20: Graphische Darstellung des Austauschs *von* und *über* medizinisch-naturwissenschaftliche Veröffentlichungen(3): tätige Anteilnahme an den Veröffentlichungsprojekten anderer Gelehrter – Wagner und das *Commercium Litterarium*

Legende:

briefliche Bitte um/Erinnerung an Übersendung der Bögen des *Commercium Litterarium*; Vorschläge zum Postweg der Bögen

Übersendung von Geld zur Bezahlung der Bögen

Übersendung von (erworbenen) Bögen des *Commercium Litterarium*

briefliche Anregungen/Kritik zum *Commercium Litterarium*

Übersendung von Beiträgen/*Observationes* für *Commercium Litterarium*

Übersendung von Ankündigungsschreiben des *Commercium Litterarium* (zur weiteren Verteilung)

Die Dicke der Pfeile ist hier einheitlich gewählt und liefert keine quantitativen Angaben zum jeweiligen Umfang des Austauschs.

Weiterverteilung der Ankündigungsschreiben an eigene Korrespondenten (in ...)

(briefliche) Bitte um Übersendung fehlender Bögen etc. (auch in Gestalt eines übermittelten Defektzettels etc.)

Postweg der Übersendung eines Defektzettels per Vermittlung durch Dritte

Übersendung von Geld zur Bezahlung der Bögen

Postweg der Übersendung des Geldes per Vermittlung durch Dritte

Übersendung von Bögen des *Commercium Litterarium*

Postweg der Übersendung von Bögen des *Commercium Litterarium* per Vermittlung durch Dritte

(briefliche) Anregungen/Kritik zum *Commercium Litterarium*

Informationsvermittlung durch Dritte bzgl. Anregungen/Kritik an *Commercium Litterarium*

Übersendung von Beiträgen/*Observationes* für das *Commercium Litterarium*

Postweg der Übersendung von Beiträgen/*Observationes* für das *Commercium Litterarium* per Vermittlung durch Dritte

Die in Klammern angegebenen Orte sind Wohnorte der Korrespondenten.

bezüglich seines weiteren Fortgangs, in Verbindung mit den besten Wünschen zu einem guten Gelingen erkundigte und ferner wiederholt selbst Vorschläge zu möglichst günstigen Wegen der Übersendung eventuell fertiggestellter Teile des Werkes unterbreitete.[395] Nachdem aber trotz geleisteter Zahlungen[396] nie mehr als Bruchstücke des ersten Bandes, nämlich eine Osteologie des Kopfes, erschienen und zugesandt worden waren,[397] wurden die Nachfragen hinsichtlich einer Fortsetzung des ursprünglich mehrbändig konzipierten Werkes auch seitens Wagners mit den Jahren immer drängender[398] und noch 1759 bat Wagner Trew beinahe flehentlich, „[ihm] Zu der Continuation [des] Osteologischen Wercks geneigt Zu Verhelffen"[399], da er doch „dießes schöne Werck Vor [s]einem [eigenen] Ende noch gerne Völlig sehen und haben [wolle]"[400].

Aber auch andere Gelehrte, die auf das anatomische Werk Trews eine Pränumeration geleistet hatten, wurden zusehends ungeduldig, so dass Wagner auch hier mehrfach die Aufgabe zukam, entsprechende Kritik aus dem Kreis seiner Korrespondenten an Trew weiterzuleiten. So zitierte er 1742 eine entsprechende Passage aus einem an ihn gerichteten Brief Jacob Theodor Kleins (1685–1759):

> Sonsten meldet Er noch in seinem an mich erlaßenen Schreiben folgendes: „Mich wundert ungemein sehr, daß da 1733 den 23. Decembr[is] an Herrn Dr. Kulmus auf des Herrn Dr. Trew I. Partem Anatomiae 5 Kaÿßer Gulden praenumeriret, jedennoch biß dato nichts davon Zum Vorschein gekommen, weiß auch nicht woran es liege."[401]

In gleicher Weise hatte Wagner zudem schon 1738 derartige Klagen Franz Ernst Brückmanns Trew zur Kenntnis gebracht (s. Abb. 21 in graphischer Zusammenschau).[402]

---

395 Vgl. Brief Nr. 17, Z. 11–15 (UBE BT, Korr. Wagner, Nr. 14; vom 20.11.1733); Brief Nr. 20, Z. 24 f. (UBE BT, Korr. Wagner, Nr. 16; vom 19.7.1736); Brief Nr. 60, Z. 22 (UBE BT, Korr. Wagner, Nr. 45; vom <12.5.1743> [Fehldatierung, eher der 1./2.5.1743]); Brief Nr. 63, Z. 19 f. (UBE BT, Korr. Wagner, Nr. 46; vom 8.8.1743); Brief Nr. 72, Z. 12–15 (UBE BT, Korr. Wagner, Nr. 53; vom 7.6.1744); Brief Nr. 73, Z. 10–16 (UBE BT, Korr. Wagner, Nr. 54; vom 14.11.1744).

396 Vgl. Brief Nr. 52, Z. 15–17 (UBE BT, Korr. Wagner, Nr. 37; vom 23.2.1738); Brief Nr. 62, Z. 17–22 (UBE BT, Korr. Wagner, Nr. 44; vom 10.5.1743).

397 Wagner bedankte sich im September 1742 für „die an [ihn] gesandten Anatomischen Platten, so die Osteologie des Kopffes in sich faßen"; siehe Brief Nr. 57, Z. 24 f. (UBE BT, Korr. Wagner, Nr. 41; vom 7.9.1742).

398 Vgl. Brief Nr. 64, Z. 52 f. (UBE BT, Korr. Wagner, Nr. 47; vom 18.10.1743); Brief Nr. 65, Z. 41 (UBE BT, Korr. Wagner, Nr. 48; vom 5.1.1744).

399 Brief Nr. 95, Z. 43 f. (UBE BT, Korr. Wagner, Nr. 68; vom 13.1.1759).

400 Ebd., Z. 46 f.

401 Brief Nr. 57, Z. 19–23 (UBE BT, Korr. Wagner, Nr. 41; vom 7.9.1742).

402 Vgl. Brief Nr. 53, Z. 21–28 (UBE BT, Korr. Wagner, Nr. 70; ohne Datum). Zudem übersandte Wagner Trew auch einen kompletten Brief Brückmanns mit entsprechenden Passagen zur Einsicht; vgl. Brief Nr. 54, Z. 22–25 (UBE BT, Korr. Wagner, Nr. 38; vom 5.9.1738).

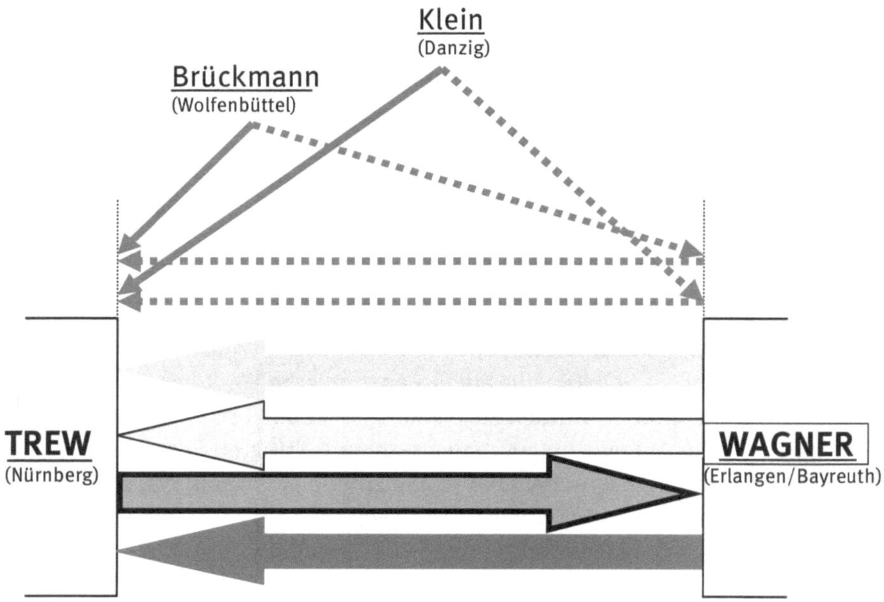

Abb. 21: Graphische Darstellung des Austauschs *von* und *über* medizinisch-naturwissenschaftliche Veröffentlichungen (4): tätige Anteilnahme an den Veröffentlichungsprojekten anderer Gelehrter – Wagner und das Projekt eines anatomischen Tafelwerks Trews

Legende:

briefliche Erkundigung nach dem Projekt des anatomischen Tafelwerks

Übersendung von Geld zur Bezahlung des Tafelwerks (als Pränumeration oder Nachzahlung)

Übersendung von fertiggestellten Bruchstücken des Tafelwerks (Osteologie)

briefliche Kritik am mangelnden Fortgang des anatomischen Tafelwerks

Die Dicke der Pfeile ist hier einheitlich gewählt und liefert keine quantitativen Angaben zum jeweiligen Umfang des Austauschs.

(briefliche) Kritik am mangelnden Fortgang des anatomischen Tafelwerks

Informationsvermittlung durch Dritte bzgl. der Kritik am mangelnden Fortgang des anatomischen Tafelwerks

Die in Klammern angegebenen Orte sind Wohnorte der Korrespondenten.

Mochten sie sich selbst auch aufgrund der ihnen nur begrenzt möglichen Umsetzung eigener wissenschaftlicher Ambitionen vielleicht eher als „kleine Füncklein" wahrnehmen, so konnten Mitglieder des gelehrten Netzes wie Peter Christian Wagner im Rahmen ihrer beständigen tätigen Anteilnahme an den Veröffentlichungsprojekten anderer Gelehrter, wie die vorgestellten Beispiele gezeigt haben, doch jeweils auch ihren kleinen Beitrag zum Gelingen dieser Projekte beisteuern. Zum einen fungierten sie als Käufer bzw. Pränumeranten, die in ihrer Gesamtheit viele Projekte erst ermöglichten, als jederzeit auch zu Anregungen und Kritik bereite Leser sowie ggf. auch als Lieferanten kleiner Beiträge für Zeitschriften. Zum anderen aber wurden sie als permanente Unterstützer vor allem durch ihre Funktion als vielgestaltige Vermittler wirksam: Sie traten sowohl als Vermittler verschiedenster Sendungen auf dem Postweg, wie etwa Geld zur Bezahlung der Werke, von Teilen der Veröffentlichungen selbst oder Defektzetteln anderer Gelehrter, als auch als Vermittler von Informationen, z.B. von Kritik und Anregungen anderer Leser, auf, wobei sie in letzterem Falle das Geschehen nicht nur durch die Zuverlässigkeit ihrer Weitervermittlung beeinflussen konnten, sondern auch durch die Art und Weise, in der sie die Informationen jeweils weitergaben, etwa als wörtliches Zitat aus einem an sie gerichteten Brief oder aber in mehr oder weniger ausführlichen und eindringlichen eigenen Worten.

— Unterstützung der Veröffentlichungsprojekte anderer Gelehrter durch Übernahme konkreter Aufgaben in deren Entstehungs- oder Vertriebsphase:
Neben den bislang präsentierten Beispielen, bei denen sich Peter Christian Wagner gewissermaßen als steter Begleiter von Veröffentlichungsprojekten Christoph Jacob Trews zeigte, lassen sich in der Wagner-Trew-Korrespondenz auch Fälle belegen, in denen er konkrete Aufgaben in der Entstehungs- oder Vertriebsphase der Veröffentlichungsprojekte anderer Gelehrter übernahm. Ähnlich dem im achtzehnten Jahrhundert durchaus üblichen Kommissionsgeschäft bei Kaufleuten, im Rahmen dessen unter einer „empfangenen Commission" verstanden wurde, „wenn iemand von einem ausländischen Kauffmann, um Gelder oder Waaren in Empfang zu nehmen, solche weiter wegzusenden, wieder auszuliefern, auszuzahlen, oder zu verkauffen, oder andere Waaren dafür einzukauffen, Schulden einzucaßiren, [...], sammt andern von der Handlung herkommenden Verrichtungen mehr, Ordre aufgetragen w[u]rd[e]"[403], handelte Wagner dabei in der Regel gleichsam „in Commission", also im Sinne einer „aufgetragene[n] Verrichtung"[404] für einen anderen, oft entfernt lebenden Gelehrten.

---

403 Zedler (1732–1754), Bd. 6, Sp. 834.
404 A.a.O.

So wandte sich Wagner im Mai 1743 nach Erhalt eines Briefes Jacob Theodor Kleins (1685–1759) wie folgt an Trew:

> Er giebt mir aber commission Ihme die beÿkommende Zeichnungen bald möglichst in Nürberg aufs sauberste und accurateste auf eine Platte in {Kupfer} stechen und davon 310 Abdrücke auf sauber weiß und starck Papier Verfertigen Zu laßen. Ich nehme mir dahero die Freÿheit solche Ewer hochEdelgebohrn Zu Zu senden und Zu bitten, daß Sie dießer wegen mit herrn Preißler, Stör[405] oder einem andern berühmten {Kupfer}Stecher Zu sprechen die Mühe auf sich nehmen möchten. Der Künstler so solche Platte aufs baldeste und sauberste Zu stechen und abzudrucken auf sich nehmen wolte könte etwa selbsten an mich schreiben und mir den genauesten Preiß seiner Arbeit melden, so wolte ich denn darüber eine resolution ertheilen, um Ewer hochEdelgebohrn ferner nicht mehrere Mühe damit Zu machen.[406]

Wagner hatte also kurz nach seinem Umzug nach Bayreuth von Klein in Danzig den Auftrag erhalten, für ihn Zeichnungen, die, wie Wagner in einem späteren Schreiben an Trew zu erkennen gibt,[407] für Kleins Werk *Summa dubiorum circa classes quadrupedum et amphibiorum in celebris Domini Caroli Linnaei systemate naturae*[408] bestimmt waren, in Nürnberg in Kupfer stechen zu lassen, und bat nun seinerseits Trew deswegen vor Ort um eine erste Kontaktaufnahme zu einem Kupferstecher, wobei alle weiteren nötigen Absprachen brieflich dann wieder über Wagner selbst laufen sollten. Allerdings nahm sich Trew auch im Weiteren persönlich der Angelegenheit an und vermittelte einen Rothenburger Künstler, wohl Johann Friedrich Schmidt <1730–1785>[409], der jedoch seine Arbeit nur gegen einen vergleichsweise hohen Preis und zudem mit zahlreichen Verzögerungen verrichtete, so dass sich der diesbezügliche Austausch zwischen Wagner und Trew über Monate hinzog, nicht zuletzt da Wagner immer wieder auch briefliche Rücksprache mit dem zunehmend unzufriedenen Klein in Danzig halten musste.[410]

---

405 Zu dem hier wahrscheinlich angesprochenen Kupferstecher Georg Martin Preißler (1700–1754) sowie dem Kupferstecher Johann Wilhelm Stör (ca. 1705–1765) siehe mit entsprechenden biographischen Angaben Brief Nr. 62, Endnote 20.

406 Brief Nr. 62, Z. 25–33 (UBE BT, Korr. Wagner, Nr. 44; vom 10.5.1743).

407 Vgl. Brief Nr. 65, Z. 9–11 (UBE BT, Korr. Wagner, Nr. 48; vom 5.1.1744).

408 Klein, Jacob Theodor: Summa dubiorum circa classes quadrupedum et amphibiorum in celebris Domini Caroli Linnaei systemate naturae sive naturalis quadrupedum historiae promovendae prodromus cum praeludio de crustatis; adjecti discursus: I. de ruminantibus, II. de periodo vitae humanae collata cum brutis. Lipsiae [Gleditsch] 1743.

409 Zu dem Rothenburger Kupferstecher Johann Friedrich Schmidt <1730–1785> vgl. Brief Nr. 63, Endnote 9.

410 Vgl. im weiteren Verlauf Brief Nr. 63, Z. 13–17 (UBE BT, Korr. Wagner, Nr. 46; vom 8.8.1743); Brief Nr. 64, Z. 20–38 (UBE BT, Korr. Wagner, Nr. 47; vom 18.10.1743); Brief Nr. 65, Z. 7–23 (UBE BT, Korr. Wagner, Nr. 48; vom 5.1.1744); Brief Nr. 66, Z. 8–13 (UBE BT, Korr. Wagner, Nr. 49; vom 17.1.1744); Brief Nr. 67, Z. 7–22 (UBE BT, Korr. Wagner, Nr. 50; vom 19.1.1744); Brief Nr. 69, Z. 7–13

Doch auch hinsichtlich des Vertriebs der Veröffentlichungen anderer Gelehrter konnten nicht nur herausragende und damit extrem gut vernetzte Wissenschaftsorganisatoren wie Christoph Jacob Trew konkrete Aufgaben wie etwa die Annahme von Pränumerationszahlungen[411] erfüllen, sondern im Rahmen ihrer Möglichkeiten durchaus auch Personen wie Peter Christian Wagner, der sich um den Absatz der von Giovanni Bianchi (1693–1775) erstellten neuen Ausgabe des *Phytobasanos*[412] des Fabio Colonna (ca. 1567–1650)[413] bemühte, indem er Trew im April 1746 mitteilte:

> Ich weiß nicht ob Ewer hochEdelgeb[ohrn] die neue Edition des Phytobasani Fabii Columnae, so Herr Ianus Plancus mit Vielen Zusätzen und Anmerckungen besorget hat, schon gesehen haben. Ich habe ein Exemplar davon an Herrn Prof[essor] Doppelmaÿer gesandt, welcher es Zur Einsicht gerne mittheilen wird. Herr Plancus wird nach und nach alle opera Columnae alßo herausgeben [...]. Er wünschet Von Phytobasano so wohl als denen Zukünfftigen Theilen einige Exemplarien in Teutschland Vor Geld oder nützliche Bücher, die Von der Historia naturali, Physica experimentali, re antiquaria und numismatibus handeln anzubringen. Ich glaube daß Er gerne einige Exemplarien Vor et[liche] Jahr-Gänge Von Commercio litterario gäbete.[414]

In sehr ähnlicher Weise hatte Wagner bereits im April 1745 Johann Philipp Breyne (1680–1764) in Danzig über das Anliegen Bianchis unterrichtet, Abnehmer für sein Werk gegen Geld oder andere Bücher zu finden.[415] Im Februar 1748 schließ-

(UBE BT, Korr. Wagner, Nr. 51; vom 29.2.1744); Brief Nr. 71, Z. 8–20 (UBE BT, Korr. Wagner, Nr. 52; vom 21.3.1744); Brief Nr. 72, Z. 7–10 (UBE BT, Korr. Wagner, Nr. 53; vom 7.6.1744); Brief Nr. 73, Z. 8–10 (UBE BT, Korr. Wagner, Nr. 54; vom 14.11.1744). – Auch hier zitierte Wagner teils wörtlich entsprechende Passagen aus an ihn gerichteten Briefen Kleins.

411 So nahm Trew z.B. Pränumerationszahlungen auf das Werk „Magnalia Dei in Locis Subterraneis" des Franz Ernst Brückmann (1697–1753) an, was u.a. auch Anlass zur brieflichen Kontaktaufnahme Wagners zu Trew im Jahr 1729 bot; vgl. Brief Nr. 1, Z. 8–12 und Z. 27–32 (UBE BT, Korr. Wagner, Nr. 4; vom 4.10.1729); Brief Nr. 2, Z. 8–11 und Z. 14–19 (UBE BT, Korr. Trew, Nr. 789; vom 4.1.1730); Brief Nr. 4, Z. 8–10 (UBE BT, Korr. Wagner, Nr. 5; vom 23.4.1730); Brief Nr. 6, Z. 32–36 (UBE BT, Korr. Wagner, Nr. 6; vom 30.9.1730); Brief Nr. 7, Z. 8–10 (UBE BT, Korr. Wagner, Nr. 7; vom 14.10.1730).

412 Bianchi, Giovanni: Phytobasanos. Phytobasanos Fabii Columnae Phytobasanos. Vita Fabii et Lynceorum notitia. Florentia [Viviani] 1744.

413 Biographische Angaben zu Fabio Colonna (Columna) (ca. 1567–1650) finden sich in Brief Nr. 76, Endnote 20.

414 Brief Nr. 76, Z. 36–45 (UBE BT, Korr. Wagner, Nr. 55; vom 24.4.1746). – Trew antwortete auf das Anliegen Wagners allerdings im Mai 1746 zunächst eher zurückhaltend; vgl. Brief Nr. 78, Z. 30–35 (UBE BT, Korr. Trew, Nr. 790; vom 6.5.1746).

415 Vgl. Forschungsbibliothek Gotha, Mikrofilm Chart. B 789, Bl. 638–640, hier insbesondere Bl. 638 f. (Wagner an Breyne; am 24.4.1745).

lich kam Wagner dann gegenüber Trew noch einmal auf das einst im Auftrag Bianchis unterbreitete Angebot zurück:

> Ewer Wohlgebohrn werden sich noch gütig errinnern, daß Sie mir im Verwichenen Jahr auf dem Antrag, ob Sie mir nicht einige Exemplare Von der durch Herrn Plancum besorgten neuen Edition des Phytobasani Fabii Columnae Vor Geld oder gegen andere gute Bücher in Nürnberg Verstellen könten, geantwortet: daß Sie wohl gegen die im Druck erschienene volumina Comercii literarii Medici einige exemplaria an nehmen wolten. Nach deme ich nun Von gemeldeten Authore würcklich 30 Bücher Zu Versilbern oder Zu Vertauschen und dabeÿ deßen ausdrückliche ordre empfangen habe, Ihme unter andern auch das Nürnbergische Commercium literarium ein Zu tauschen; so erwarte ich Dero schleunigste Befehle, wie Viel ich Exemplare dagegen übersenden solle und wie Viel Sie Vom Commercio Lit[erario] dagegen Zu geben gesonnen. Vom Phytobasano komt das Stück hieher franco 1 Reichstaler 19 Groschen Zu stehen und ich werde beÿ deßen Übersendung melden an weme das Convolut Vom Commercio Lit[erario] Zur Besorgung nach Italien Zu übergeben seÿe. Ich erbitte mir aber Hierüber Dero baldige Antwort aus weilen ich des nechsten an Herrn Plancum schreibe.[416]

Und auch gegenüber Breyne in Danzig erwähnte Wagner im März 1748 noch einmal ausdrücklich die nun in größerer Anzahl „Zum Verkauff und Vertausch in Commission habenden“[417] Exemplare des *Phytobasanos*. Das Beispiel des Kommissionsverkaufs des *Phytobasanos* durch Wagner im Auftrag Bianchis illustriert die sowohl äußerst arbeitsintensive wie aber auch verantwortungsvolle Tätigkeit des, erneut letztlich wieder in Form eines Vermittlers von Informationen und Postsendungen, zwischen Verkäufer und Käufer geschalteten Kommissionärs, oblag es ihm doch trotz aller Rücksprachen mit seinem Auftraggeber, selbstständig geeignete Personen aus dem Kreis seiner Korrespondenten in geeigneter Weise zu kontaktieren, um das Geschäft einem Erfolg zuzuführen (zur graphischen Zusammenschau s. Abb. 22).

---

416 Brief Nr. 82, Z. 42–55 (UBE BT, Korr. Wagner, Nr. 59; vom 9.2.1748). – Die Wagner-Trew-Korrespondenz belegt ferner, dass Wagner auch u.a. Trew als potentiellen Käufer kontaktierte, nachdem ihm „die Naturforschende Gesellschafft in Danzig Von dem I. Tomo Ihrer Untersuchungen 20 Exemplare in Commission gesandt [hatte], um solche an Liebhaber Zu Verkauffen“; siehe Brief Nr. 82, Z. 56–58.

417 Siehe Forschungsbibliothek Gotha, Mikrofilm Chart. B 789, Bl. 645–647, hier insbesondere Bl. 646 (Wagner an Breyne; am 30.3.1748). – Wagner hatte zu diesem Zeitpunkt offensichtlich schon ein Exemplar des „Phytobasanos“ an Breyne geschickt, das dieser allerdings als verschmutzt monierte und das daher nun noch einmal ausgetauscht werden sollte.

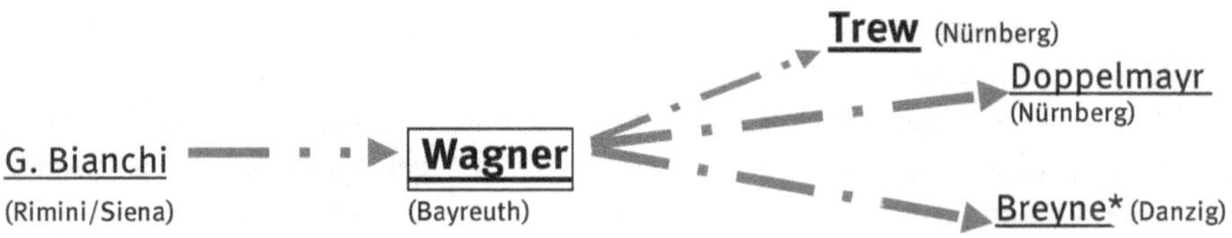

Abb. 22: Graphische Darstellung des Austauschs *von* und *über* medizinisch-naturwissenschaftliche Veröffentlichungen (5): Unterstützung der Veröffentlichungsprojekte anderer Gelehrter durch Übernahme konkreter Aufgaben in deren Entstehungs- oder Vertriebsphase – Kommissionsverkauf eines Werkes Bianchis durch Wagner

Legende:

Auftrag zum Verkauf des *Phytobasanos* vom Kommittenten (hier Bianchi) an den Kommissionär (hier Wagner) und entsprechend Übersendung einiger Exemplare des Werkes zur Weitervermittlung an die rekrutierten Käufer

dünner Pfeil: vom Kommissionär an potentielle Käufer weitervermitteltes Angebot zum Erwerb des *Phytobasanos*, wobei Übersendung des Werkes und somit Vollzug des Geschäfts nicht belegt; dicker Pfeil: hier ist die Übersendung des Werkes durch den Kommissionär/Vermittler an den Käufer belegt (dabei *: belegt über die Wagner-Breyne-Korrespondenz)

Die in Klammern angegebenen Orte sind Wohnorte der Korrespondenten.

Wie gezeigt lassen sich auf Basis der Wagner-Breyne-Korrespondenz einzelne aus der Wagner-Trew-Korrespondenz gewonnene Beispiele, wie etwa der Kommissionsverkauf des *Phytobasanos*, einmal mehr bestätigen. Aber auch grundsätzlich vermag die Wagner-Breyne-Korrespondenz das auf Grundlage der Wagner-Trew-Korrespondenz gewonnene Bild von der Funktion Wagners im gelehrten Austausch *von* und *über* medizinisch-naturwissenschaftliche Veröffentlichungen zu untermauern. Dabei offenbart sie Wagner in besonderer Weise als eine Art Drehscheibe zwischen Italien und dem Ostseeraum, indem sich hier gehäuft Belege für eine Vermittlerrolle Wagners beim Büchertausch zwischen Gelehrten in Danzig und Italien finden[418] und zudem Wagners Bemühen unverkennbar ist, fortlaufend „Mittheilung <?> einiger novorum literariorum so wohl aus [seiner] Gegend, als aus Italien“[419] an Breyne zu machen, womit er zugleich auch den Ver-

418 So vermittelte Wagner beim Büchertausch zwischen Giovanni Bianchi (1693–1775) und Johann Philipp Breyne (1680–1764); vgl. z.B. Forschungsbibliothek Gotha, Mikrofilm Chart. B 789, Bl. 632 f. (Wagner an Breyne; am 20.6.1741).

419 Forschungsbibliothek Gotha, Mikrofilm Chart. B 789, Bl. 654 f., hier insbesondere Bl. 654 (Wagner an Breyne; am 10.4.1750). – Wagner übersandte hier z.B. wohl ein Ankündigungsschreiben zu dem in Nürnberg von Nicolaus Friedrich Eisenberger (1707–1771) und Georg Lichtensteger

fassern bzw. Bearbeitern der Werke in Italien und v.a. Nürnberg einen durchaus nützlichen Dienst erwies.

Auch wenn, zusammenfassend betrachtet, in Entfaltung ihrer wissenschaftlichen Ambitionen eingeschränkte Mitglieder des gelehrten Netzes wie Peter Christian Wagner also weder durch zahlreiche wissenschaftlich besonders gehaltvolle eigene Veröffentlichungen auf sich aufmerksam machen noch anderen über Ausleihen aus einem eigenen gewaltigen Bücherfundus dienen konnten, so vermochten sie doch ihren Beitrag zu einem lebendigen Büchermarkt als Voraussetzung jedes *science-making* zu leisten: als Käufer und kritische Leser, als Lieferanten von Zeitschriftenbeiträgen, v.a. aber als vielgestaltige Vermittler sowohl von Informationen als auch auf dem Postweg von Büchern selbst, wodurch sie den „Bucherwerb im Auftrag", Buchgeschenke, Ausleihen etc. in Konstellationen mehrerer beteiligter Gelehrter oft erst ermöglichten bzw. die Veröffentlichungsprojekte anderer Gelehrter in steter tätiger Anteilnahme oder durch Übernahme konkreter Aufgaben wirksam unterstützten.

4.2.3 Pflanzen und Gesteine im Zentrum der Sammelleidenschaft

> Die naturkundliche Privatsammlung avancierte für ihn vielfach zu einem zentralen Raum, in welchem sich seine Vernetzung verdichtete und in Observations- und Reflexionsprodukten materialisierte. Diese boten ihm wiederum eine breite Grundlage für die Teilnahme am fachlichen Diskurs in seinen vielfältigen Gliederungen. Sammeln und Vernetzen bildeten somit wesentliche Praktiken für die Organisation eines produktiven naturkundlichen Gelehrtenlebens im 18. Jahrhundert. Über sie webte sich das gelehrte Individuum regelrecht ein in die res publica litteraria seiner Zeit.[420]

Mit diesen Worten beschreibt Thomas Schnalke am Beispiel Christoph Jacob Trews sehr anschaulich das „komplexe Wechselspiel von Sammeln, Netzbildung und Netzeinbindung"[421], also die vielfältige wechselseitige Beeinflussung dieser zentralen gelehrten Praktiken des achtzehnten Jahrhunderts. Es vermag daher kaum zu verwundern, dass sich auch in einer Einzelkorrespondenz wie jener zwischen Trew und Peter Christian Wagner, der im Rahmen seiner Möglichkeiten ebenfalls als leidenschaftlicher Sammler agierte, zahlreiche Belege eines Austauschs *über* wie aber, im Sinne eines Realientransfers, auch *von* Naturalien finden.

(1700–1781) bearbeiteten Nachdruck von Marc Catesbys „Natural History of Carolina, Florida and the Bahama Islands".

420 Schnalke (2008), hier S. 171.

421 Ebd., S. 172.

In der Geschichte des naturkundlichen Sammelns steht das achtzehnte Jahrhundert bezüglich des Umgangs mit den Sammlungsobjekten für einen Wandel weg von der noch im siebzehnten Jahrhundert häufigen Bewunderung von Einzelstücken als Ausdruck „einer schöpferischen und trickreichen Natur“[422] hin zu einem immer mehr verstärkten Bemühen „um Ordnung, Klassifikation und Vergleich der Objekte“[423], bezüglich des vorherrschenden Sammlungstypus für den Übergang von den oft durch eine enzyklopädische Gesamtkonzeption geprägten „Kunstkammern“[424] hin zu den ab Mitte des achtzehnten Jahrhunderts aufkommenden spezialisierten Museen.[425] Vorderstes Anliegen eines jeden ambitionierten gelehrten Sammlers aber musste stets die Akquirierung neuer Objekte sein, wozu ihm das Medium Brief, respektive die von ihm unterhaltene gelehrte Korrespondenz, die besten und umfangreichsten Möglichkeiten bot.

— *Naturalientausch und Naturaliengeschenke*:
Naturalien konnten im Rahmen eines gelehrten Briefwechsels explizit „getauscht“ werden, waren aber auch beliebtes „Geschenk“ an einen gelehrten Freund. Es ist hierbei allerdings darauf hinzuweisen, dass in Brieftexten des achtzehnten Jahrhunderts der Akt des „Tauschens“ und der Akt des „Schenkens“ nicht immer scharf voneinander abzugrenzen sind, sondern vielmehr zahlreiche Übergangsformen existierten, da ein unter den Bedingungen der „gelehrten Freundschaft“ gemachtes „Geschenk“ stets beinahe zwangsläufig ein „Gegengeschenk“ erwarten lassen durfte, was soweit ging, dass nicht selten der Schenkende sich in seinem Begleitschreiben bereits in freudiger Erwartung zu einem besonders willkommenen „Gegengeschenk“ äußerte. Als „Tauschgeschäft“ im engeren Sinne können jedoch jene Konstellationen betrachtet werden, in denen schon im Vorfeld eines Realientransfers von Seiten der Korrespondenten und potentiellen Tauschpartner Art und Umfang der zu tauschenden Naturalien diskutiert wurden.

So trat, wie bereits mehrfach erwähnt, Wagner schon in seinem ersten Schreiben vom 4. Oktober 1729 mit dem Vorschlag eines „Tauschgeschäfts“ an Trew heran:

---

422 Heesen/Spary (2002b), hier S. 14.

423 A.a.O.

424 Zum Sammlungstypus der „Kunstkammer“ in der Frühen Neuzeit vgl. ausführlich, unter besonderem Fokus auf den darin enthaltenen „Exotica“, Collet (2007). Zur kontroversen Forschungsdiskussion über die Bedeutung der „Kunstkammern“ für die Entwicklung der empirischen Wissenschaften im sechzehnten und siebzehnten Jahrhundert vgl. zusammenfassend ebd., v.a. S. 14–19.

425 Zum naturkundlichen Sammeln im achtzehnten Jahrhundert vgl. ferner die einschlägigen Beiträge in Grote (1994); auch Heesen/Spary (2002a).

Da ich nun ebenfalls bereits Vor einigen Jahren eine kleine Sammlung Von Conchilien, Insectis, Volucribus, Mineralibus, Terris, Mineris, Lapidibus figuratis & non figuratis, Vegetabilibus, Herbis, radicibus, Lignis, Gummatibus, fructibus & Seminibus exoticis & nostratibus angefangen und darinnen gerne weiter avanciren möchte, so habe mir die Freÿheit nehmen und beÿ dießer Gelegenheit Ewer HochEdelgeb[ohrn] einen Vertausch einiger Doubletten Von hießiger und andern Gegenden gegen einige Norica und Altorfina oder auch andrer naturalia Zu offeriren. Ich habe alßo nur Zum Anfang einige aus den Regno Minerali auf beÿliegenden Zettel nottiren und mir ausbitten wollen Ewer HochEdelgeb[ohrn] möchten befehlen welche davon Ihnen gegen einige Von ihren Doubletten anständig seÿn möchten, da ich denn so gleich den Anfang machen und solche übersenden wolte.[426]

Auch wenn Wagner im Postskriptum noch erklärend anfügte, er habe „[v]on Seminibus und Fructibus [...] 900 gesammlet, und w[o]ll[e] [...] so es beliebe[] [...] [s]einen Catalogum communiciren“[427], schwebte ihm doch unverkennbar ein Tausch vor allem im Bereich des *Regnum Minerale* vor. Ebenso unübersehbar ist, dass Wagner hier noch daran gelegen war, sich durch die ausführliche Schilderung des Umfangs und vor allem der Vielfalt seiner eigenen Sammlungen als für sein Gegenüber durchaus attraktiver Tauschpartner zu präsentieren, der von seiner Seite aus einen Tausch einiger Dubletten, also jeweils doppelt vorhandener und wohl als etwa gleichwertig anzunehmender Objekte, „offeriren“ konnte.

Allerdings blieb Wagner zugleich nur sich „aus[zu]bitten“, Trew möge aus der ihm zugesandten Liste von Dubletten einige Objekte aussuchen, also auf das vorgeschlagene „Tauschgeschäft“ entsprechend eingehen. Die einige Monate später eintreffende Antwort Trews indes war doch eine andere:

Was das commercium, welches Euer HochEdelgeb[ohren] mir gütigst angebotten, anlanget, so erstatte deßwegen gehorsamsten Danck und wird es eine Ehre vor mich seÿn davon Zu profitiren. Nur muß ich so viel berichten daß, ob ich gleich Zu meiner curiosität ex triplici Regno naturae colligire was mir Zu handen kommt, doch die collectio ex Regno minerali die schwächste beÿ mir ist also daß ich darinnen wenig besize womit ich mich unterstehen dürffte aufzuwarten, hingegen Belaufft sich der numerus seminum collectorum gegenwärtig auf 12000 und wächset jährlich durch meine correspondenz nach Franckreich. Wollten nun Euer HochEdelgebohren die güte haben und mir den catalogum von Dero collection Zuschicken, so werde ich was darinnen abgehet und ich besize Zu übermachen nicht ermangeln.[428]

426 Brief Nr. 1, Z. 17–27 (UBE BT, Korr. Wagner, Nr. 4; vom 4.10.1729).
427 Ebd., Z. 44 f.
428 Brief Nr. 2, Z. 19–28 (UBE BT, Korr. Trew, Nr. 789; vom 4.1.1730).

Tatsächlich ließ Wagner Trew im Folgenden wohl sein Samenverzeichnis[429] zukommen und konnte sich Ende April 1730 sodann für eine recht umfangreiche Sendung von Trew „beÿgefügte[r] schöne[r] und rare[r] Saamen“[430] bedanken:

> Die neuen Saamen-Sorten, womit Sie mich gütigst Zu beschencken beliebet, haben mich dermaßen erfreuet, daß ich Denenselbigen dafür den schönsten und Verbindlichsten Danck erstatte und Zu gleich alles was in meinen wenigen Vermögen stehet Zu Dero angenehmen Diensten anerbiete. [...]. Die Verlangten Species Capsici sende hier beÿ folgend um so Viel williger, jemehr ich wünsche, daß ich nur etwas besitzen möchte, Damit ich mir Dero fernere Amitié und Gewogenheit Verdienen könte. Die noch hin Zu gefügte wenige andere Saamen habe erst Vor wenig Tagen aus Italien erhalten, solte es Zu spate seÿn die Melonen und Angurien Zu setzen, so wird es übers Jahr noch taugen, denn dieße Saamen bleiben et[liche] Jahre gut. Nechst dießen übersende noch ein schönes Täfflichen Von der weißen und ein wenig marmorirten Thon Erde Von Schwarzenfeld ohnweit Eger, welche im Feuer gar sehr dauerhafft ist und woraus Vermuthlich die Egerer Sauer-Waßer-Krüge Verfertiget werden. Ich bitte um Verschiedene Erden-Muster und Sand aus den Nürnberg[ischen] [...], ich diene gerne dafür mit anderen Naturalibus und figuratis. Von Altdorffischen Fossilibus mögte ebenfalls etwas haben und gegen hieländische Vertauschen: Haben Ewer HochEdelgeb[ohrn] davon nichts übrig, so bitte mir wenigstens Jemand Zu Zu weißen, mit deme ich ein dergleichen Commercium haben könte.[431]

Zwar unternahm Wagner hier einen letzten Versuch, den ferneren Austausch in die von ihm gewünschten Bahnen eines „Tauschgeschäfts“ im engeren Sinne im Bereich des *Regnum Minerale*, sei es zur Not auch nicht mit Trew selbst, sondern einem von diesem empfohlenen anderen Partner, zu lenken, doch zumindest innerhalb der Zweierbeziehung Wagner-Trew waren die Weichen nun gleich-

429 Wagner bat Trew später immer wieder um Rücksendung dieses Verzeichnisses der von ihm gesammelten Samen, um es um die neu hinzugekommenen erweitern und erneut Trew „Zum beliebigen Choix“ zukommen lassen zu können, wobei allerdings nicht belegt ist, dass Trew jemals Wagner um eine größere Auswahl von Samen aus dessen Sammlung ersuchte; vgl. Brief Nr. 6, Z. 27–32 (UBE BT, Korr. Wagner, Nr. 6; vom 30.9.1730); Brief Nr. 7, Z. 21–27 (UBE BT, Korr. Wagner, Nr. 7; vom 14.10.1730); Brief Nr. 10, Z. 35–38 (UBE BT, Korr. Wagner, Nr. 8; vom 5.2.1731); Brief Nr. 13, Z. 22 f. (UBE BT, Korr. Wagner, Nr. 11; vom 27.3.1731).

430 Brief Nr. 4, Z. 9 (UBE BT, Korr. Wagner, Nr. 5; vom 23.4.1730). – Da die von Wagner ausgesäten Samen Trews nicht alle aufgingen bzw. zur Frucht gelangten, erbat er sich später einige noch einmal von Trew und fügte dazu auch ein entsprechendes Verzeichnis bei, das allein ca. 27 Positionen umfasst und so einen Eindruck vom recht großen Umfang der ursprünglichen Sendung vermittelt; vgl. Brief Nr. 6, Z. 36–41 (UBE BT, Korr. Wagner, Nr. 6; vom 30.9.1730); Brief Nr. 7, Z. 17–21 und Z. 45–59 [Verzeichnis nicht aufgegangener Samen!] (UBE BT, Korr. Wagner, Nr. 7; vom 14.10.1730); Brief Nr. 10, Z. 35 f. (UBE BT, Korr. Wagner, Nr. 8; vom 5.2.1731); Brief Nr. 11, Z. 20 f. (UBE BT, Korr. Wagner, Nr. 9; vom 26.2.1731); Brief Nr. 13, Z. 11 f. (UBE BT, Korr. Wagner, Nr. 11; vom 27.3.1731).

431 Brief Nr. 4, Z. 10–28 (UBE BT, Korr. Wagner, Nr. 5; vom 23.4.1730).

sam bereits gestellt: Nicht nur konzentrierte sich der Austausch, wie von Trew favorisiert, auf Objekte aus dem Pflanzenreich, sondern er gestaltete sich auch eher als Abfolge von „Geschenken" und „Gegengeschenken", was Trew auf Basis seines insgesamt fraglos größeren Sammlungsbestandes, also seines größeren objektivierten kulturellen Kapitals, sehr viel deutlicher als einen gegenüber Wagner in seinen Gaben großzügigen Patron hervortreten ließ, als dies bei einem nach wechselseitiger Absprache im beiderseitigen Einvernehmen vollzogenen „Tauschgeschäft" im engeren Sinne der Fall hätte sein können.

Wagner blieb im vorliegenden Beispiel der umfangreichen Samensendung Trews nur, dessen Freigebigkeit mit „Gegengeschenken" im Rahmen seiner eigenen Möglichkeiten wenigstens ein Stück weit zu vergelten, sei es in Form der *Species Capsici*, welche Trew anscheinend geradezu als „Gegengeschenk" „Verlangt[]" hatte, oder anderer gerade zur Hand habender Naturalien. Mögen der Akt des „Tauschens" im engeren Sinne sowie derjenige des „Schenkens und Gegenschenkens" also auf Grundlage der Brieftexte auch mitunter nur schwer voneinander abzugrenzen sein, so ist es doch wichtig, den zeitlichen Ablauf sowie die einzelnen Modalitäten des Naturalienaustauschs jeweils genau in den Blick zu nehmen, um die durchaus tiefgreifenden Prägungen zu erkennen, die sich daraus für die Zweierbeziehung der Briefpartner ergeben konnten, so auch für jene Wagners und Trews wie bereits in einem früheren Kapitel vorliegender Untersuchung eingehend aufgezeigt wurde.

Im weiteren Verlauf des Briefwechsels nahm Peter Christian Wagner die ihm zugewiesene eher kliententypische Rolle in der Zweierbeziehung zu Trew an und trat folglich bezüglich des Naturalienaustauschs nicht mehr als Tauschpartner auf Augenhöhe auf, sondern eher als Bittsteller, der Trew v.a. im Herbst und Winter, also nachdem mutmaßlich bei diesem auch aus dem eigenen Garten neue Samen angefallen sein konnten, „um etliche körnchen [...], oder aufs Früh-Jahr um kleine Stöckgen Von einem und dem andern Gewächß"[432] ersuchte. Schlug Wagner überhaupt noch einmal eine Art Tauschhandel vor, so geschah dies beinahe schüchtern und nicht ohne zugleich selbst wieder die eigene Tauglichkeit als gleichwertiger Tauschpartner in Frage zu stellen, wie ein Beispiel aus dem Februar 1748 zeigt:

> Haben Ewer Wohlgebohrn im abgewichenen Jahr einige neue semina erbauet oder geschickt bekommen, so werden Sie an mir einen armen Bettler mit denen abfallenden Broßamen

432 Brief Nr. 14, Z. 29 f. (UBE BT, Korr. Wagner, Nr. 12; vom 12.12.1731). – In ähnlicher Weise vgl. auch Brief Nr. 15, Z. 22 f. (UBE BT, Korr. Wagner, Nr. 13; vom 8.2.1732); Brief Nr. 17, Z. 15–17 (UBE BT, Korr. Wagner, Nr. 14; vom 20.11.1733); Brief Nr. 73, Z. 13–16 (UBE BT, Korr. Wagner, Nr. 54; vom 14.11.1744); Brief Nr. 96, Z. 23–26 (UBE BT, Korr. Wagner, Nr. 69; vom 19.8.1760).

> erquicken können. Ich habe Verschiedene neue syberische Pflanzen Zur Reiffe gebracht und bin bereit derer semina dagegen Zu communiciren woferne Ewer Wohlgeb[ohrn] solche nicht schon im Uberfluß haben.[433]

Bei den meisten derartigen Gesuchen Wagners lässt sich auf Basis der erhaltenen Korrespondenz kein anschließender tatsächlich zustande gekommener Realientransfer nachweisen. Dies kann einerseits teils in der speziellen Überlieferungssituation, d.h. der geringen Zahl erhaltener Briefe Trews, begründet liegen, da so möglicher Weise auch gerade jene Begleitschreiben fehlen, die wichtige Hinweise zu den von Trew übersandten Naturalienpaketen liefern könnten. Es ist andererseits aber auch darauf hinzuweisen, dass in den Briefen Wagners nach Erhalt von Naturaliensendungen Trews gemäß den Gepflogenheiten des achtzehnten Jahrhunderts an sich jeweils eine konkrete Danksagung an Trew erwartet werden dürfte, wozu sich jedoch über den gesamten Zeitraum der Korrespondenz auch nur vereinzelte Beispiele finden, welche nachfolgend sogleich noch näher vorgestellt werden sollen. Will man also die schon in einem früheren Kapitel ausführlich erläuterte Annahme der relativen Vollständigkeit der Überlieferung der Schreiben Wagners, die u.a. auf deren großer inhaltlicher Kohärenz basiert, nicht in Frage stellen und auch die Möglichkeiten zur Danksagung im Rahmen persönlicher Treffen nicht höher ansetzen, als die Gesamtsituation beider Briefpartner nahelegt, so kommt man zu der Einschätzung, dass Trew zumindest keineswegs immer den Gesuchen Wagners um Übersendung von Naturalien nachgekommen sein dürfte. Insgesamt aber bleibt die Beurteilung des tatsächlichen Realientransfers von Trew an Wagner auf Basis der erhaltenen Korrespondenz schwierig und mit vielen Unsicherheiten behaftet.

Anfang Mai 1743 wandte sich Wagner mit einer ganz besonderen Bitte an Trew:

> Weilen Ihro Hochfürst[liche] Durch[laucht] mein gnädigster Herr theils Zum Behuf meines Studii botanici, Zum theil aber Auch Zum Nutzen und Gebrauch der neu errichteten Schloß-Apothecke uns einen am Hochfürstlichen Schloß gelegenen und ehemahls Zur Academie gewidmeten Garten mit einem neu erbauten kleinen Treib- und Glaßhäußgen gnädigst überlaßen und angewießen haben, so würden Ewer hochEdelgeb[ohrn] mich unendlich obligiren, woferne Sie mir [...] einige überflüßige Zweiglein und Pfläntzlein Von allerleÿ Plantis exoticis, als Aloe-ficoidibus oder Mesembrianthemis, Sedis, frittillariis crassis, Bryoniis &c. &c. &c. in einer Schachel [!] übersenden und nur auf die Fahrende Post geben wolten. Denn weilen in solchen Garten gar noch nichts Als einige plantae perennes vulgatiores Verhanden, so wird mir alles angenehm seÿn, womit mich Ewer hochEdelgeb[ohrn] aus Ihrem Überfluß und ohne Dero incomoditaet Zu beschencken die generositaet haben

433 Brief Nr. 82, Z. 62–66 (UBE BT, Korr. Wagner, Nr. 59; vom 9.2.1748).

> wollen. Es sollen solche Zu Dero Ruhm und beständigen Andencken cultiviret und bestens gewartet werden.[434]

In diesem Fall nun erhielt Peter Christian Wagner schon wenige Tage später von Trew ein „Küstlein mit plantis exoticis"[435] und bedankte sich sodann in einem Antwortbrief auch gebührend für das „schöne Praesent Von Exoticis"[436]. Die Aussicht, hier letztlich auch den Wünschen des Bayreuther Markgrafen Friedrich (1711–1763) zu entsprechen und sich somit auch dessen Gewogenheit verdienen zu können, mochte Trew an dieser Stelle bewogen haben, dem Ersuchen Wagners besonders zügig und umfassend nachzukommen. Das in den folgenden Monaten von Wagner wiederholt vorgebrachte Anliegen, Trew möge ihm zugehörig auch noch „den Catalogum derer im Früh-Jahr gesandten Pflanzen"[437] schicken, also ein Verzeichnis all ihrer Namen, verweist auf den erneut wohl keineswegs geringen Umfang einer Pflanzensendung Trews an Wagner.

Umgekehrt lassen sich über den gesamten Zeitraum der Korrespondenz verteilt auch Beispiele finden, in denen Wagner, zumeist in Reaktion auf „Geschenke" Christoph Jacob Trews, z.T. auch unabhängig davon, Naturalien an Trew übersandte, wobei es sich hier jedoch zumeist eher um Einzelobjekte denn umfassendere Naturalienpakete handelte. Einzige Ausnahme bildet ein „Gegengeschenk", welches Wagner im Januar 1759 Trew zukommen ließ:

> Damit aber die Schachtel Voll werden und ich Ewer Wohlgeb[ohrn] eine kleine Probe meiner Danckbarkeit für die an mich gesandten schönen Gewächße und impressa geben möchte, so habe ich 15 Gattungen Serpentin-Stein, so in unßern Landt beÿ Röhrenhoff gegraben werden aus meiner eigenen Sammlung [...] hinzu gethan, wünschende daß solche geneigt aufgenommen werden möchten. Ewer Wohlgebohrn befehlen übrigens womit ich meine so Vielfältige Schuld noch ferner abtragen könne und nehmen ja nicht ungütig, daß ich

---

434 Brief Nr. 60, Z. 23–35 (UBE BT, Korr. Wagner, Nr. 45; vom <12.5.1743> [Fehldatierung, eher 1./2.5.1743]).

435 Brief Nr. 62, Z. 8 f. (UBE BT, Korr. Wagner, Nr. 44; vom 10.5.1743).

436 Ebd., Z. 10 f.

437 Brief Nr. 64, Z. 39 f. (UBE BT, Korr. Wagner, Nr. 47; vom 18.10.1743). – Vgl. zur Bitte Wagners um ein Verzeichnis der übersandten exotischen Pflanzen auch bereits Brief Nr. 62, Z. 35–38 (UBE BT, Korr. Wagner, Nr. 44; vom 10.5.1743); Brief Nr. 63, Z. 17–19 (UBE BT, Korr. Wagner, Nr. 46; vom 8.8.1743). – Im Frühjahr 1744 ersuchte Wagner Trew weiterhin um das Verzeichnis der Pflanzen vom Vorjahr sowie erneut um „etwas Von frischen Saamen oder noch ein und anderes Pfläntzlein Vor [s]ein hießiges Gärtlein", wobei hier nicht überliefert ist, ob es noch einmal zu einem derartigen Naturalientransfer kam; vgl. Brief Nr. 71, Z. 23–26 (UBE BT, Korr. Wagner, Nr. 52; vom 21.3.1744).

> mit meiner schuldigsten Dancksagung wie wohl wieder meinen Willen so lange Zu rücke bleiben müßen.[438]

An dieser „Gegengabe“ Wagners von „15 Gattungen Serpentin-Stein“ wird deutlich, dass sein besonderes Interesse am *Regnum Minerale* im Rahmen der eigenen Sammlungen bis ins hohe Lebensalter hinein anhielt.

Immer wieder ließ Wagner seinen Briefpartner Trew aber auch an einzelnen Samenproben teilhaben, die er selbst bei seinen Streifzügen durch die Natur gesammelt oder von anderen Korrespondenten erhalten hatte. So fügte er als Postskriptum eines Briefes aus dem Jahr 1732 an:

> PS: En Semen Coronillae erectae maioris, quod promisi, in montibus Pappenheimensibus collectum. Tibi si quae nova ad manus sint, eorum benevolam communicationem ea qua decet humanitate expeto.[439]

Wagner setzte hier das kleine „Geschenk“ eines selbst in den Pappenheimer Hügeln gesammelten Samens also recht gezielt dazu ein, Trew seinerseits wiederum zu „Gegengeschenken“ zu animieren, wobei er an dieser Stelle gar mit einem Appell an dessen „humanitas“ schloss. Im März 1749 übersandte Wagner an Trew „nach [s]einem in Nürnberg gegebenen Versprechen etliche frische Von herrn Prof[essor] Monti erst kürtzlich erhaltene Saamenkörner Vom Stramonio feroce Bocconis“[440]. Wie der ausdrückliche Rückbezug Wagners auf ein „in Nürnberg gegebene[s] Versprechen“ verrät, konnten gerade persönliche Treffen mit Trew zum Motor des Naturalienaustauschs werden, indem sich dort die Gelegenheit bot, sich gegenseitig noch ausführlicher als schriftlich über die jeweiligen Neuzugänge, etwa von Samen von Giuseppe Monti (1682–1760) aus Bologna, auszutauschen bzw. auch selbst die Bestände in Sammlung und Garten des Briefpartners in Augenschein zu nehmen und mit den eigenen Beständen abzugleichen. Auch dass Wagner im Januar 1759, und somit einige Monate nach einem Aufenthalt Trews in Bayreuth im Herbst 1758, Trew unter wortreicher Entschuldigung für eingetretene Verzögerungen nicht näher spezifizierte „Verlangte[] Saamen“[441] zukommen ließ, kann durchaus dahingehend gedeutet werden, dass Trew selbst

---

438 Brief Nr. 95, Z. 24–31 (UBE BT, Korr. Wagner, Nr. 68; vom 13.1.1759).

439 Brief Nr. 16, Z. 45–47 (UBE BT, Korr. Wagner, Nr. 3; ohne Datum).

440 Brief Nr. 84, Z. 8–10 (UBE BT, Korr. Wagner, Nr. 61; vom 29.3.1749).

441 Brief Nr. 95, Z. 27 (UBE BT, Korr. Wagner, Nr. 68; vom 13.1.1759). – Vgl. auch im Verlauf Brief Nr. 94, Z. 49 (UBE BT, Korr. Wagner, Nr. 67; vom 15.10.1758); Brief Nr. 95, Z. 8 f. (UBE BT, Korr. Wagner, Nr. 68; vom 13.1.1759).

bei einem möglichen Besuch der Sammlungen oder des Gartens Wagners Interesse an eben diesen Samen bekundet hatte.[442]

Im Rahmen des gegenseitigen Besuchs der Sammlungen konnte es freilich nicht nur zum persönlichen Austausch *über* Naturalien mit eventuell späterer postalischer Übersendung einzelner diskutierter oder betrachteter Objekte kommen, sondern auch bereits zum Austausch *von* Naturalien, indem dem Besucher direkt vor Ort ein entsprechendes Geschenk gemacht wurde. So dankte Trew in einem Schreiben vom 6. April 1758 nach der Rückkehr von einer wohl v.a. im Kontext der Erkrankung der Markgräfin Wilhelmine (1709–1758) stehenden Reise nach Bayreuth Wagner „vordersammst noch mals auf das Verbindlichste für die hochgeneigte Aufnahme und viele bezeugte Ehre und Freundschafft, besonders auch für das Verehrte schöne specimen Keratophyti et spongiae ramosae <?> seminiferae“[443]. Wie oft und in welchem Umfang es jedoch alles in allem zu einem Austausch *von* und *über* Naturalien bei persönlichen Treffen der Briefpartner kam, ob also gerade dieser Aspekt der Beziehung ein Stück weit aus der Korrespondenz ausgelagert wurde, lässt sich auf Basis des vorhandenen Quellenmaterials kaum abschließend beurteilen.

Auf einen Sonderfall des Naturalienaustauschs weist die briefliche Äußerung Wagners gegenüber Trew im August 1760 hin, „[s]olte[] [dieser] die [ihm] Verwichenes Jahr communicirte siliquam falcatam Phaseoli cochleati nicht mehr brauchen [...], so würde [er] solche mit der gebührenden Erkentlichkeit empfangen“[444]. Wagner erinnerte Trew hier also an die Rückgabe eines Objekts seiner Sammlung, welches er diesem leihweise eine Zeitlang wohl zur eigenen Anschauung überlassen hatte (zur graphischen Zusammenschau des Naturalienaustauschs in der Zweierbeziehung Wagner-Trew s. Abb. 23).

---

442 Es sei am Ende dieses Abschnitts zum Naturalientransfer Wagners an Trew noch darauf hingewiesen, dass es an einigen Stellen auch zu einer Übersendung von Proben von Arzneipflanzen an Trew kam (unter Erörterung von deren Wirkung, Darreichungsform etc.). Hier ist im Einzelfall die Grenze zum Austausch aus einem breiter gefächerten botanischen Interesse heraus nur schwer zu ziehen, so bleibt z.B. oft offen, ob die Pflanzenproben auch hier am Ende ihren Platz in den Sammlungen des Adressaten finden sollten; vgl. Brief Nr. 22, Z. 19–27 (UBE BT, Korr. Wagner, Nr. 17; vom 28.8.1736); Brief Nr. 35, Z. 13–21 (UBE BT, Korr. Wagner, Nr. 25; vom 13.12.1736); Brief Nr. 54, Z. 25–28 (UBE BT, Korr. Wagner, Nr. 38; vom 5.9.1738).

443 Brief Nr. 90, Z. 8–11 (UBE BT, Korr. Trew, Nr. 792; vom 6.4.1758).

444 Brief Nr. 96, Z. 22–26 (UBE BT, Korr. Wagner, Nr. 69; vom 19.8.1760).

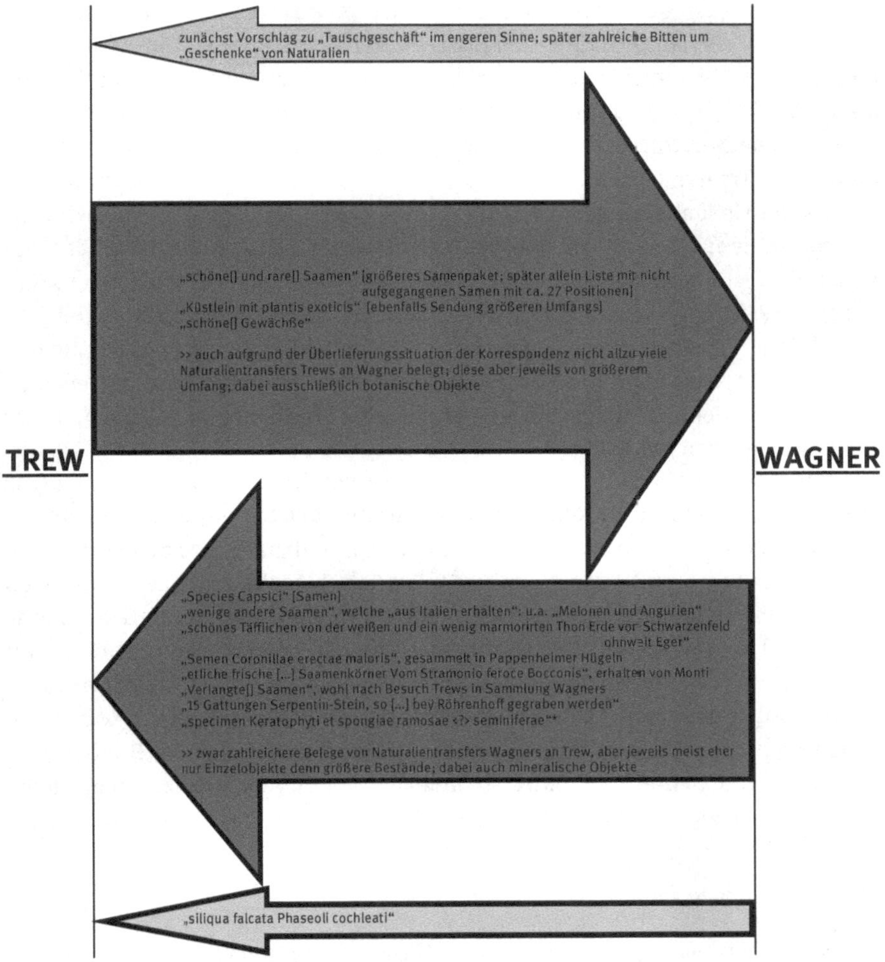

Abb. 23: Graphische Darstellung des Austauschs *von* und *über* Naturalien (1): Naturalienaustausch in der Zweierbeziehung Wagner-Trew

Legende:

Vorschläge zu „Tauschgeschäft“ mit Naturalien, v.a. aber Bitten um „Geschenke“ von Naturalien

Übersendung von Naturalien, v.a. als „Geschenk“ bzw.„Gegengeschenk“: * hier persönliche Übergabe eines Naturaliengeschenks

Übersendung von Naturalien als „Leihgabe“

Die Dicke der Pfeile soll hier den Umfang des Austauschs jeweils nur andeuten, da sich dieser (wie im Fließtext ausführlich erläutert) auf Basis des Quellenmaterials nicht genau quantifizieren lässt.

Auch wenn sich der Naturalientransfer Trews an Wagner und umgekehrt Wagners an Trew auf Grundlage der überlieferten Korrespondenz aus verschiedenen Gründen, wie ausführlich dargelegt, nur sehr unzureichend quantifizieren lässt, so tritt, wie die graphische Zusammenfassung des Naturalienaustauschs in der Zweierbeziehung Wagner-Trew in Abb. 23 veranschaulicht, doch Christoph Jacob Trew auch unter dem Aspekt des Naturalienaustauschs unverkennbar als der Gebende, also der Patron, in der Zweierbeziehung in Erscheinung. Der Naturalienaustausch erfolgte denn auch weniger als „Tauschgeschäft“ auf Augenhöhe, sondern vielmehr vorwiegend nach dem Muster des „Schenkens und Gegenschenkens“, wobei Peter Christian Wagner sich für die oft umfangreichen „Geschenke“ Trews durch an seine eigenen Möglichkeiten angepasste „Gegengeschenke“ soweit eben machbar zu revanchieren versuchte bzw. mit eigenen kleinen „Geschenken“ umgekehrt die großzügige Schenkungsbereitschaft Trews zu stimulieren trachtete.

Der besondere Anreiz für Gelehrte wie Wagner, ihrerseits in Korrespondenz mit anderen Gelehrten zu treten, die über ansehnliche Sammlungsbestände, oft noch weit größer als die eigenen, verfügten, ist nur allzu leicht nachvollziehbar. Das diesbezüglich äußerst gezielte und planvolle Vorgehen Wagners wird auch dadurch unterstrichen, dass er jeweils auch im Briefwechsel mit Carl von Linné (1707–1778) in Uppsala, mit dem Nürnberger Apotheker Johann Ambrosius Beurer (1716–1754) sowie auch mit Johann Philipp Breyne (1680–1764) in Danzig ein ähnliches Gesuch um einen Austausch von Naturalien anbrachte, ja die Korrespondenz jeweils mutmaßlich gerade damit eröffnete.[445] Während der Briefwechsel mit Linné und Beurer, zumindest soweit überliefert, nach kurzer Zeit wieder abbrach,[446] belegt die längerdauernde Korrespondenz mit Breyne einen auch

---

445 Bei den im Folgenden genannten Schreiben Wagners lässt sich auf Grundlage ihres Inhalts mit hoher Wahrscheinlichkeit davon ausgehen, dass es sich um die den Briefwechsel eröffnenden Erstschreiben an den jeweiligen Korrespondenten handelte, auch wenn dies nicht immer explizit ausgeführt wird. – Vgl. The Linnaean Correspondence, letter L0531 (Wagner an Linné; am 31.1.1744); UBE BT, Korr. Peter Christian Wagner, Nr. 1 (Wagner an Beurer; am 13.1.1745); Forschungsbibliothek Gotha, Mikrofilm Chart. B 789, Bl. 632 f. (Wagner an Breyne; am 20.6.1741). – Im Falle Linnés und Breynes diente Wagner ein auf die Bitte anderer Gelehrter hin auszuführender Vermittlungsauftrag als unmittelbarer Anlass seines vermutlichen Erstschreibens, welches er aber sogleich auch für sein Gesuch um einen Naturalientausch zu nutzen verstand.

446 Vgl. The Linnaean Correspondence, letter L0553 (Wagner an Linné; am 4.4.1744) und letter L0677 (Wagner an Linné; am 14.1.1746); UBE BT, Korr. Peter Christian Wagner, Nr. 2 (Wagner an Beurer; am 26.9.1746). – In beiden Fällen war es hier Wagner, der nach einer ersten wohl grundsätzlich positiven Antwort Linnés und Beurers noch Naturalien an diese übersandte, ohne aber (soweit belegbar) daraufhin wieder Antwort sowie vor allem ohne je seinerseits Naturalien von

tatsächlich zustande gekommenen wechselseitigen Austausch von Naturalien, nicht zuletzt auch aus dem *Regnum Minerale*.[447]

Wesentlich schwieriger zu beantworten ist freilich umgekehrt die Frage, was Gelehrte wie Trew, die schon über sehr ausgedehnte eigene Sammlungen verfügten, dazu veranlasst haben mochte, sich ihrerseits auf einen beinahe zwangsläufig eher asymmetrischen Naturalienaustausch mit diesbezüglich deutlich weniger potenten Briefpartnern wie Wagner einzulassen. Zum einen dürfte hier jedoch wohl das grundsätzliche Kalkül eine Rolle gespielt haben, sich möglichst viele Klienten zu langfristig abzuleistenden Gegendiensten zu verpflichten, zumal jeder solcher Klient im Lauf seines Lebens durchaus an begehrenswerten Ressourcen reicher und damit im gelehrten Austausch attraktiver werden konnte, wie es ja auch bei Wagner durch seinen Aufstieg am Bayreuther Hof, wie gezeigt, ein Stück weit geschehen sollte. Zum anderen war zwar kaum damit zu rechnen, dass eine Person wie Wagner sich als derjenige Briefpartner erweisen würde, der regelmäßig mit seltenen aus fernen Gegenden stammenden Objekten, welche womöglich zu einem bestimmten Zeitpunkt dringend für ein Fortschreiten des eigenen Erkenntnisprozesses bzw. einer bestimmten geplanten wissenschaftlichen Veröffentlichung benötigt wurden, aufwarten oder der allein durch großzügige Geschenke zu einem weiteren Anwachsen der eigenen Sammlungen entscheidend beitragen konnte, doch mochte er durchaus im Einzelfall, wie die Leihgabe der *siliqua falcata Phaseoli cochleati* Wagners an Trew belegt, als Lieferant eines soeben benötigten Objekts auf relativ kurzem Postweg zu gebrauchen sein sowie gelegentlich für einen kleinen Zustrom einiger Objekte, zumal mit großem Eifer in seiner Heimatregion gesammelter Naturalien, sorgen können. In ihrer Summe war daher Korrespondenten wie Wagner aus Sicht Trews auch unter dem Aspekt des Naturalienaustauschs ein gewisser Beitrag zum Gelingen der eigenen wissenschaftlichen Arbeit und dem Gedeihen der eigenen Sammlungen wohl keineswegs völlig abzusprechen, der Nutzen eines ausreichenden Pools derartiger Briefpartner also auch diesbezüglich nicht von der Hand zu weisen.

Ferner ist darauf hinzuweisen, dass es zu einem Austausch *über* Naturalien in der Wagner-Trew-Korrespondenz ausschließlich im direkten Kontext zu vielgestaltigen Fragen ihrer Beschaffung oder Übersendung kam, nicht jedoch im Sinne, wie Thomas Schnalke es beschrieb, einer etwa von bestimmten Sammlungsobjekten ausgehenden „Teilnahme am fachlichen Diskurs in seinen vielfäl-

---

diesen zu erhalten, was zumindest bei Beurer mit dessen frühem Tod 1754 zusammenhängen mag.

447 Vgl. z.B. Forschungsbibliothek Gotha, Mikrofilm Chart. B 789, Bl. 641 f. (Wagner an Breyne; am 14.4.1746).

tigen Gliederungen“[448]. Sollte es zwischen Wagner und Trew überhaupt in irgendeiner Weise zur Diskussion zentraler naturwissenschaftlicher Fragen ihrer Zeit, z.B. zur botanischen Systematik, gekommen sein, so könnte sich dies allein in einem gewissen Umfang im Rahmen ihrer persönlichen Treffen ereignet haben. Nichtsdestotrotz ist hinsichtlich des Austauschs *von* und *über* pflanzliche Sammlungsobjekte auch die Korrespondenz zwischen Peter Christian Wagner und Christoph Jacob Trew innerhalb der von Hubert Steinke geschaffenen Typologie botanischer Briefwechsel im achtzehnten Jahrhundert tendenziell am ehesten dem botanischen Briefwechsel zwischen Gelehrten zuzuordnen[449] – zwischen Gelehrten allerdings, von denen einer in Gestalt Wagners seine wissenschaftlichen Ambitionen dergestalt einschränken musste, dass er, wie auch sein nicht allzu umfangreiches Schriftenverzeichnis zeigt, im Anschluss an die Akquirierung von Sammlungsbeständen kaum dazu kam, diese auszuwerten und unter bestimmten Fragestellungen ggf. auch in der Diskussion mit anderen Gelehrten fruchtbar zu machen, also gleichsam den nächsten und entscheidenden Schritt im wissenschaftlichen Erkenntnisprozess zu tun.

Ähnlich dem analytischen Vorgehen im vorausgehenden Kapitel zu den medizinisch-naturwissenschaftlichen Veröffentlichungen richtet sich der Blick im Folgenden nicht mehr allein auf die Zweierbeziehung Wagner-Trew, sondern auf jene in der Wagner-Trew-Korrespondenz ebenfalls reich dokumentierten Beispiele, in denen sich die Abwicklung des Austauschs, hier nun von Naturalien, in Konstellationen von drei oder mehr Gelehrten abspielte, d.h. einer oder mehrere Gelehrte als eine Art Vermittler, entweder von entsprechenden Sendungen auf dem Postweg oder aber von im Kontext des Austauschs stehenden Informationen, fungierten. So war Christoph Jacob Trew in Nürnberg in mindestens einem Fall als Vermittler eines Pakets in den schon beschriebenen Naturalienaustausch zwischen Wagner in Bayreuth und Johann Philipp Breyne (1680–1764) in Danzig eingeschaltet. In seinem Schreiben an Trew vom 24. April 1746 bedankte

448 Schnalke (2008), S. 171.

449 Steinke (2008) grenzt drei Typen botanischer Briefwechsel im achtzehnten Jahrhundert voneinander ab: zwischen Gelehrten, Liebhabern und Ökonomen. Wie Steinke (2008), v.a. S. 141, herausarbeitet, fehlt im Austausch zwischen Liebhabern im Unterschied zum Austausch zwischen Gelehrten nicht der Pflanzenaustausch an sich, jedoch grundsätzliche Diskussionen über deren systematische Zuordnung etc., da die Botanik von ihnen nicht vorrangig als Wissenschaft, sondern eben eher als eine Liebhaberei betrieben wird. Wagner freilich ist kaum zu unterstellen, sich der Botanik nur als „Liebhaberei“ genähert zu haben, weswegen hier die bisherige Typologie nicht voll greift und gewissermaßen um Unterformen des gelehrten botanischen Briefwechsels zu erweitern ist, nicht zuletzt da Steinkes Blick in seinem Beitrag im Wesentlichen auf gelehrte botanische Briefwechsel zwischen herausragenden Gelehrten ihrer Zeit wie Albrecht von Haller (1708–1777) und Carl von Linné (1707–1778) beschränkt bleibt; vgl. ebd., S. 137–139.

sich Wagner nicht nur mit vielmals entschuldigter Verspätung für ein ihm von Trew „Zugesandtes Danziger Paquet“[450], sondern beteuerte im weiteren Verlauf auch, dass er bereits „[ihrem] gemeinschafftlichen werthen Freund und Gönner Herrn Dr. Breÿn in Danzig [...] Vor einigen Wochen auch geantwortet und etwas dagegen gesandt [habe], so Ihme Zweiffelsohne nicht unangenehme seÿn w[e]rd[e]“[451]. Dies stellt die Verbindung her zu einem im Rahmen der Wagner-Breyne-Korrespondenz überlieferten Brief, welchen Wagner schon am 14. April 1746 an Breyne gerichtet hatte und der den Inhalt des von Trew an Wagner vermittelten Pakets Breynes näher bestimmen hilft, da Wagner darin bei Breyne für „das [ihm] gemachte schöne praesent Von Büchern und Bernstein-Mustern“[452] seinen Dank abstattete, um sodann sogleich beigehend seinerseits u.a. „24 Stück mineralia und fossilia figurata <?> so gut [er] Sie wegen ZeitMangel aussuchen können dagegen Zu schicken“[453].

Auch konnten Wagner und Trew beide in längere Informationsketten, betreffend die Weitervermittlung eines Gesuchs um Naturalienaustausch bzw. Naturaliengaben, einbezogen werden, wie folgende Ausführungen Wagners gegenüber Trew in einem Schreiben aus dem Februar 1748 zeigen:

> Dießer Leichen-Predigt füge ich noch ein in Wachß-Tuch genehets und Vor herrn Monti in Bologna gehöriges durch Herrn Professor Ludwig in Leipzig mir Von Herrn Klein in Danzig Zugesandtes Paquet beÿ und ersuche Ewer Wohlgebohrn im Nahmen Vorgedachter guten Freunde, solches mit erster Gelegenheit mit nach Bologna Zu befördern, weilen Herr Professor Monti selbsten darum gebeten, daß man dießes Paquet nur an Ewer Wohlgeb[ohrn] addressiren und recommendiren möchte. Herr Professor Ludwig in Leipzig möchte gerne frische Semina Von Ihme haben, könten Ewer Wohlgeb[ohrn] durch Dero Vorwort einige Von Ihme Verschaffen, so würden Sie sich gedachten herrn Professor sehr Verbindlich machen.[454]

Dieses Beispiel belegt eindrücklich, wie geschickt sich eine lange, schon in einem früheren Kapitel vorliegender Untersuchung vorgestellte Stafette zur Übermittlung eines Pakets von Jacob Theodor Klein (1685–1759) in Danzig zu Giuseppe Monti (1682–1760) in Bologna zugleich zur Informationsvermittlung in den jeweils zu erwartenden Begleitschreiben einsetzen ließ: Christian Gottlieb Ludwig (1709–1773) in Leipzig instruierte so die folgenden beiden Vermittler des Pakets Wagner

450 Brief Nr. 76, Z. 18 (UBE BT, Korr. Wagner, Nr. 55; vom 24.4.1746).
451 Ebd., Z. 22–25.
452 Forschungsbibliothek Gotha, Mikrofilm Chart. B 789, Bl. 641 f., hier insbesondere Bl. 641 (Wagner an Breyne; am 14.4.1746).
453 A.a.O.
454 Brief Nr. 82, Z. 34–42 (UBE BT, Korr. Wagner, Nr. 59; vom 9.2.1748).

in Bayreuth und Trew in Nürnberg zur Weitergabe seines Gesuchs um Samen an Monti in Bologna, wobei vor allem Trew durch gezielte Fürsprache in seinem Schreiben an Monti das Anliegen seinem Erfolg zuführen sollte.

Neben diesen Beispielen, in denen auch Trew als Vermittlerfigur in Erscheinung tritt, ist es ansonsten auf Basis der Wagner-Trew-Korrespondenz aber auch hier wieder vor allem Wagner, der sich vielfach in einer derartigen Rolle nachweisen lässt. Während eines Aufenthalts in Erlangen im Januar 1744 beteuerte Wagner in einem Brief gegenüber Trew, dass er seinem Kollegen Daniel von Superville (1696–1773) „das Muster Von der Sarsapilla [...] überbracht [habe]“[455], welches ihm vermutlich zuvor von Trew als Beilage zu einem Schreiben übersandt worden war. Als besonders eindringlich und hartnäckig erwies sich Peter Christian Wagner im Jahr 1743, als er bereits im Mai an Trew gewandt mahnte:

> Das Arum palustre und den Helleborum nigrum, it[em] Calceolum Mariae, Hepat. fl. albo pleno Vor Herrn Prof[essor] Monti bitte ich heuer nicht Zu Vergeßen, auch mir des Herrn Monti Brief[456] wieder mit Zu remittiren.[457]

Da die versprochene Pflanzensendung Trews an Giuseppe Monti (1682–1760) in Bologna offenbar auch im Folgenden weiterhin ausblieb, versäumte es Wagner im August 1743 wie auch im Oktober 1743 nicht,[458] seine mahnende Erinnerung zu wiederholen, d.h. er verfolgte die Interessen seines Briefpartners Monti gegenüber Trew hier äußerst nachdrücklich.

Die Abwicklung des Naturalienaustauschs in Konstellationen von drei oder mehr Gelehrten lässt sich damit graphisch in Abb. 24 wie folgt zusammenfassen:

455 Brief Nr. 67, Z. 22 f. (UBE BT, Korr. Wagner, Nr. 50; vom 19.1.1744).

456 Gemeint ist hier der Brief Giuseppe Montis (1682–1760) an Wagner vom 25. Januar 1743, der in der UBE BT, Korr. Joseph (Giuseppe) Monti, Nr. 3, überliefert ist. Monti hatte darin gegenüber Wagner an „Hellebori radices aliaque <?> a d[omino] d[octori] Trew <?> promissa“ erinnert, also an die „Hellebori radices“ und andere ihm von Trew versprochene Pflanzen. Trew hätte nun schon durch diesen zur Einsicht an ihn gesandten Brief wieder seines Versprechens gegenüber Monti gewahr werden müssen. Da aber eine Reaktion Trews bis Mai ausblieb, schaltete sich Wagner mahnend ein.

457 Brief Nr. 62, Z. 38–40 (UBE BT, Korr. Wagner, Nr. 44; vom 10.5.1743).

458 Vgl. Brief Nr. 63, Z. 20 f. (UBE BT, Korr. Wagner, Nr. 46; vom 8.8.1743); Brief Nr. 64, Z. 40–42 (UBE BT, Korr. Wagner, Nr. 47; vom 18.10.1743).

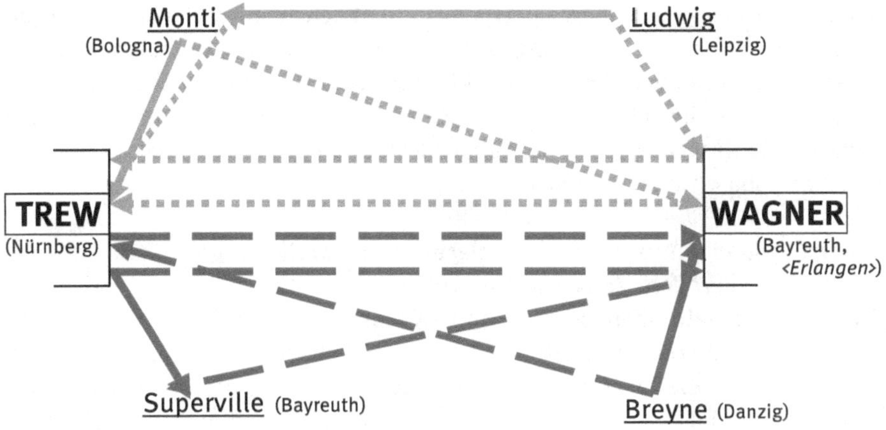

Abb. 24: Graphische Darstellung des Austauschs *von* und *über* Naturalien (2): Abwicklung des Naturalienaustauschs in Konstellationen von drei oder mehr Gelehrten

Legende:

Übersendung von Naturalien, v.a. als „Geschenk“ bzw. „Gegengeschenk“
Postweg der Übersendung von Naturalien
Bitte um/Erinnerung an Naturalien(austausch)
Informationsvermittlung durch Dritte bzgl. Bitte um/ Erinnerung an Naturalien(austausch)

Personen, die als Vermittler auftreten (d.h. bei denen sich entsprechend gestrichelte Pfeile aneinandergefügt finden), werden in der Darstellung durch eine Rahmenlinie außen kenntlich gemacht, also Person x.

Die angegebenen Orte sind Wohnorte der Korrespondenten. (Davon abweichend hielt sich Wagner nur im Fall der Übersendung einer Naturalie von Trew über Wagner an Superville nachweislich gerade zeitweise in *<Erlangen>* auf! [Der Aufenthaltsort Supervilles zu dieser Zeit geht aus den Brieftexten nicht sicher hervor.])

Auch unter dem Aspekt des Naturalienaustauschs wird somit deutlich, dass Peter Christian Wagner sich in besonderer Weise als Vermittler sowohl von Postsendungen als auch von Informationen, die er in seine eigenen Briefe an entsprechende Korrespondenten einfügte, hervortat. Gestützt wird dieser Eindruck erneut desweiteren von der Wagner-Breyne-Korrespondenz, die Wagner u.a. im Jahr 1749 als Vermittler einer „kleine[n] Schachtel [...] mit Petrefactis Veronensibus“[459] von Jean-François Séguier (1703–1784) in Verona an Johann Philipp Breyne in Danzig

459 Forschungsbibliothek Gotha, Mikrofilm Chart. B 789, Bl. 648 f., hier insbesondere Bl. 648 (Wagner an Breyne; am 18.4.1749).

belegt,[460] wobei gerade dieses Beispiel eindrücklich zeigt, wie sich eine solche Vermittlertätigkeit zugleich umgehend wieder für eigene Sammlerinteressen nutzbar machen ließ, indem Wagner hier in einem Schreiben an Breyne hervorhob, dass er für die Schachtel mit Versteinerungen Séguiers das Porto ausgelegt habe, „wofür [er] [sich] [aber] nur einige Nordische <?> oder Englische überflüßige Naturalia <?> oder Petrefacta ausbitte“[461].

— Gegenseitige Unterstützung bei Gelegenheiten zur Beschaffung bzw. zum Erwerb größerer Naturalienbestände:
Zwar war der Naturalienaustausch mit anderen Korrespondenten als „Tauschgeschäft“ im engeren Sinne oder als Akt des „Schenkens und Gegenschenkens“ zweifelsohne für die meisten Gelehrten der gangbarste und entsprechend meistgenutzte Weg zur beständigen Vergrößerung der eigenen Sammlungen, doch unterließen sie es keineswegs, stets auch Ausschau nach Gelegenheiten zum Erwerb größerer Naturalienbestände zu halten, zumindest soweit diese im Rahmen ihrer finanziellen Möglichkeiten lagen. Als durchaus vielversprechend konnte sich diesbezüglich insbesondere die Versteigerung des Nachlasses eines anderen Gelehrten und Sammlers erweisen, worüber es entsprechend rechtzeitig Erkundigungen einzuholen galt: Peter Christian Wagner übersandte Trew im März 1757 wohl gemäß einem diesem zuvor gegebenen Versprechen den Auktionskatalog anatomischer Präparate des in Dresden verstorbenen Justus Gottfried Günz (1714–1754),[462] umgekehrt ließ Wagner im Januar 1759 noch einige Jahre nach dem Tod des Johann Ambrosius Beurer (1716–1754) in Nürnberg seinerseits Trew wissen, „[sollte] von Herrn Beurers Büchern oder naturalien noch etwas Verkaufft werden [...], so bitte [er] um geneigte Nachricht, und um ein geschriebenes oder gedrucktes Verzeichnüß davon“[463].

Neben den Nachlassversteigerungen fanden sich jedoch auch andere Gelegenheiten zur Beschaffung von größeren Naturalienbeständen, zumal wenn man

460 Vgl. im Verlauf Forschungsbibliothek Gotha, Mikrofilm Chart. B 789, Bl. 645–647, hier insbesondere Bl. 645 f. (Wagner an Breyne; am 30.3.1748); Forschungsbibliothek Gotha, Mikrofilm Chart. B 789, Bl. 648 f., hier insbesondere Bl. 648 (Wagner an Breyne; am 18.4.1749); sowie Forschungsbibliothek Gotha, Mikrofilm Chart. B 789, Bl. 650 f. (Wagner an Breyne; am 27.9.1749).
461 Forschungsbibliothek Gotha, Mikrofilm Chart. B 789, Bl. 650 f., hier insbesondere Bl. 650 (Wagner an Breyne; am 27.9.1749). – Es folgt in diesem Brief sodann noch eine Aufstellung der von Wagner insbesondere im Einzelnen begehrten Naturalien; vgl. ebd., Bl. 650 f.
462 Vgl. Brief Nr. 87, Z. 10–12 (UBE BT, Korr. Wagner, Nr. 64; vom 17.3.1757). – Biographische Angaben zu Justus Gottfried Günz (1714–1754) finden sich ebd., Endnote 4.
463 Brief Nr. 95, Z. 47–49 (UBE BT, Korr. Wagner, Nr. 68; vom 13.1.1759).

es wie Trew im April 1758 verstand, sich dazu auch der Unterstützung durch einen Briefpartner wie Wagner zu versichern:

> Schon vor einigen Jahren habe ich von dem see[ligen] Herrn Beurer allhier 11 unterschiedliche Sorten von Bayreuthischem marmor erhalten: da ich nun nicht Zweifle, daß derselben noch mehr sind, wünsche ich auch die übrigen Zu erhalten. Hätte ich nun die Erlaubnus [!] Ewer <?> H[ochwohlgebohren] <?> solche Zuzuschicken um sehen Zu können, welche mir noch fehlen, und, wann ich nicht Zu viel wage, Zu bitten, mir die übrigen und von allen eine Anzeige von den nahmen und lagen, wo sie gefunden werden, Zu procuriren, würde ich nicht alleine auch dieses mit danck bezahlen sondern auch Ihnen mich äuserst verbindlich bekennen.[464]

Tatsächlich besorgte Wagner im Folgenden die Übersendung einer Sammlung Bayreuther Marmorproben an Trew, welche in der nahe Bayreuth gelegenen Planstadt St. Georgen in der dem Zuchthaus angeschlossenen „Marmorfabrik" angefertigt wurden, wobei Wagner durch stetes Drängen vor Ort seinen Einfluss in der Absicht geltend zu machen suchte, auftretende Verzögerungen einzudämmen.[465] Trew profitierte hier also zumindest ein Stück weit möglicher Weise auch von der zu dieser Zeit bereits recht angesehenen Position Wagners am Bayreuther Hof.[466]

Zudem konnten sich freilich innerhalb des gelehrten Netzes größere Naturalienbestände eines Sammlers auch zu dessen Lebzeiten zum Kauf angeboten finden, wenn sich etwa ein Gelehrter z.B. aufgrund eines eigenen veränderten Sammlungsschwerpunkts zum Verkauf eines Teils seiner Sammlungen entschloss oder aber wenn Sammlungen, gerade der Naturalien einer bestimmten Gegend, von Anfang an mit dem Ziel erstellt wurden, sie an andere Gelehrte zu veräußern, wie folgender Hinweis Wagners an Trew aus dem Juni 1742 belegt:

> Im übrigen werden Ewer hochEdelgebohrn aus beÿliegenden Brief[467] des Herrn Dr. Mohr aus Giengen gütigst Zu ersehen belieben, was Derselbe durch mich gerne wißen möchte, ob nehmlich Ewer hochEdelgebohrn nicht auch Zu einer Collection Von petrefactis und lapi-

---

464 Brief Nr. 92, Z. 44–51 (UBE BT, Korr. Trew, Nr. 793; vom 17.4.1758).

465 Vgl. im weiteren Verlauf Brief Nr. 95, Z. 8–24 (UBE BT, Korr. Wagner, Nr. 68; vom 13.1.1759); Brief Nr. 96, Z. 8–15 und Z. 40–84 [Verzeichnis der übersandten Marmorarten] (UBE BT, Korr. Wagner, Nr. 69; vom 19.8.1760).

466 Das genaue Ausmaß, in dem Trew hier auch von Wagners Stellung in Bayreuth profitierte, ist schwer abzuschätzen, da sich auf Basis der Brieftexte nicht sagen lässt, ob und wie schnell die Proben ohne Wagners Fürsprache in der Marmorfabrik gefertigt worden wären. Auch ist unklar, ob (bzw. wie viel) Trew für die Marmorproben bezahlte oder ob es sich am Ende gar um ein „Geschenk" Wagners handelte.

467 Dieser Brief Mohrs an Wagner ist in der UBE BT, Korr. Georg Friedrich Mohr, Nr. 8, erhalten. Er wurde bei Schmidt-Herrling (1940), S. 413, bislang als (undatierter) Brief an einen „Ungenannten" klassifiziert, lässt sich inhaltlich jedoch eindeutig zuordnen.

dibus figuratis, so Er in denen Gegenden Vorbenanter <?> ReichsStadt gesammlet, und wo Von ich Ihme eine Collection Vor 50 Gulden Rheinisch abgekauffet habe, Lust hätten. Sie bestunde in mehr als 100 Sorten klein und großer figuratorum und waren darunter insonderheit einge Matrices mit Coralliis, echinis, Echinorum aculeis, Trochitis und anderen articulis Stellarum Marinarum petrefactis, allerleÿ Modioli und articuli Stellarum separati, sodann Eine Menge der schönsten Ostracitarum [...] sehr merckwürdig und meines Bedünckens das Geld wohl werth. Der gute Mann mag in Praxi schlechten Verdienst und eine nombreuse Famille haben, so suchet Er sich Zu helffen wie Er kan und liefert alles wohl gepackt franco Nürnberg.[468]

Peter Christian Wagner zeigte sich somit einmal mehr als eine Art Informationsvermittler im gelehrten Netz, der sich an dieser Stelle, am Ende auch mit Erfolg, darum bemühte, den Verkäufer eines größeren Naturalienbestandes, hier den um Aufbesserung seines Einkommens[469] ringenden Giengener Stadtphysikus Georg Friedrich Mohr (1692–1774), mit einem potentiellen Käufer, hier Trew, zusammenzubringen und so letztlich den Interessen beider seiner Briefpartner zu dienen (in einer graphischen Zusammenschau s. Abb. 25).[470]

468 Brief Nr. 56, Z. 32–44 (UBE BT, Korr. Wagner, Nr. 40; vom 15.6.1742).

469 In UBE BT, Korr. Georg Friedrich Mohr, Nr. 8, führte Mohr aus, er wolle gerne eine Sammlung von Naturalien an Trew verkaufen, um das Geld zum Unterhalt eines Dienstpferdes nutzen zu können. Doch eine alternative Bezahlung in Naturalien wurde auch nicht ausgeschlagen, betonte Mohr doch, er verlange „nicht lauter par gelt, sondern woll[]e auch etwa ein noch wohl conditionirtes Sceleton" oder auch bestimmte Bücher dafür annehmen. Welche Art der Bezahlung Trew am Ende tatsächlich leistete, lässt sich den erhaltenen Briefen nicht entnehmen.

470 Nach einem erneuten auch „mündliche[n] Vorstellen" des Verkaufsgesuchs Mohrs durch Wagner bei Trew wohl im Verlauf des Herbstes 1742 konnte Wagner an Mohr in einem nicht erhaltenen Schreiben vom 7. Dezember 1742 mitteilen, dass Trew bereit sei, ihm eine Sammlung „gegen ein aequivalent" abzunehmen. Dies geht wiederum aus dem Brief Mohrs an Trew hervor, der unter dem Datum des 10. Januar <1743> [von Mohr hier fehldatiert noch auf 1742] die Übersendung eines „Sortiment[s] Ostrearum gaideropodarum und anderer petrefactum Agri Giengensis" an Trew begleitete und in der UBE BT, Korr. Georg Friedrich Mohr, Nr. 1 (Mohr an Trew vom 10.1.<1743>), überliefert ist. Erhalten ist als Beilage zu UBE BT, Korr. Georg Friedrich Mohr, Nr. 1, ferner die Kopie eines Antwortschreibens Mohrs an Wagner vom 6.1.1743. Außerdem ist das bei Schmidt-Herrling (1940) unter UBE BT, Korr. Georg Friedrich Mohr, Nr. 2, separat geführte Schreiben Mohrs an Trew vielmehr ebenfalls als Beilage zum eben genannten Brief Mohrs an Trew zu werten, handelt es sich doch unter dem Datum eben des 10.1.1743 um eine „Designatio fossilium", also ein Verzeichnis der an Trew soeben übersandten Naturalienbestände. – Da Mohr, anders als erwartet, auf die Übersendung der Naturalienbestände hin jedoch keinerlei Nachricht Trews bezüglich deren Eintreffens erhielt, bat Wagner auf Mohrs Drängen hin Trew noch im Oktober 1743 um eine entsprechende Mitteilung; vgl. Brief Nr. 64, Z. 47–52 (UBE BT, Korr. Wagner, Nr. 47; vom 18.10.1743); zuvor schon Brief Nr. 58, Z. 28–30 (UBE BT, Korr. Wagner, Nr. 42; vom 8.3.1743).

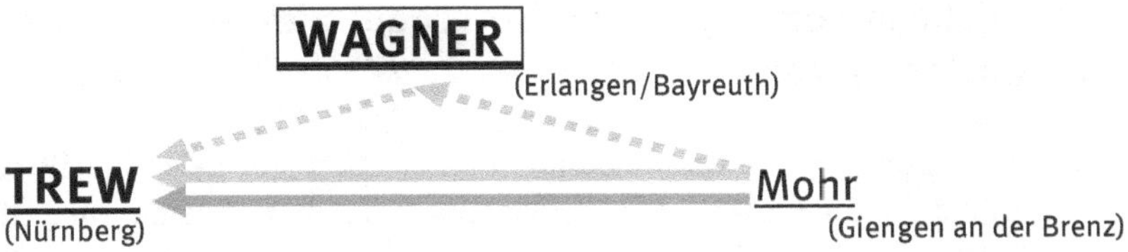

Abb. 25: Graphische Darstellung des Austauschs *von* und *über* Naturalien (3): Wagner als Informationsvermittler zwischen dem Verkäufer eines größeren Naturalienbestandes (Mohr) und einem potentiellen Käufer (Trew)

Legende:

- Verkaufsangebot eines größeren Naturalienbestandes
- Informationsvermittlung durch Dritte bzgl. des Verkaufsangebots eines größeren Naturalienbestandes
- Übersendung eines verkauften größeren Naturalienbestandes

Auch wenn, zusammenfassend betrachtet, in Entfaltung ihrer wissenschaftlichen Ambitionen und oft auch ihres durchaus vorhandenen Sammeleifers eingeschränkte Mitglieder des gelehrten Netzes wie Peter Christian Wagner sich gegenüber ihren Briefpartnern kaum regelmäßig durch besonders seltene oder umfangreiche „Geschenke" von Naturalien hervortun konnten, so vermochten sie doch ihren Beitrag zu einem lebendigen Naturalienaustausch als einer ebenfalls nicht unbedeutenden Voraussetzung des *science-making* zu leisten: als Quelle immer wieder kleinerer Mengen bevorzugt auch in ihrem eigenen Umfeld selbst gesammelter Objekte,[471] vor allem aber wie schon in anderen Bereichen als vielgestaltige Vermittler von Informationen und Realien.

Die Analyse der inhaltlichen Dimension des medizinisch-naturwissenschaftlichen Austauschs zeigte eindrücklich die immense diesbezügliche Vielfalt der Wagner-Trew-Korrespondenz, spielte der patientenbezogene Austausch doch ebenso eine große Rolle wie der Austausch *von* und *über* medizinisch-naturwissenschaftliche Veröffentlichungen sowie auch *von* und *über* Naturalien als Sammelobjekte. Auf dieser Grundlage war es möglich, sich der für diese Arbeit leitenden Frage nach der Bedeutung von Personen wie Peter Christian Wagner für das gelehrte Netz, also eines möglicher Weise gleichsam tragenden ‚Unterbaus' desselben, zu nähern, wozu nun abschließend ein kurzes Resümee folgen soll.

471 Zum frühneuzeitlichen besonderen Interesse auch an der lokalen bzw. „einheimischen" Natur vgl. Cooper (2007).

4.3 Einblicke in den tragenden ‚Unterbau' frühneuzeitlicher gelehrter Netze?

Die vorausgehenden Kapitel vermochten anhand zahlreicher Beispiele die ungeheure Diversität des medizinisch-naturwissenschaftlichen Austauschs, wie er sich im Briefwechsel zwischen den Ärzten Peter Christian Wagner und Christoph Jacob Trew dem Leser bzw. Bearbeiter präsentiert, zu belegen – und zwar im Hinblick sowohl auf die organisatorische wie auch die inhaltliche Dimension eben dieses Austauschs. Die Analyse durfte sich freilich nicht damit begnügen, einzelne organisatorische oder inhaltliche Aspekte des Austauschs nacheinander vorzustellen und jeweils eingehend zu betrachten, sondern musste diese an geeigneter Stelle auch immer wieder zusammenführen, um so u.a. auf wesentliche Implikationen für die Zweierbeziehung Wagner-Trew verweisen zu können.

Bliebe man aber, vor allem dies haben die vorausgehenden Kapitel gezeigt, im Rahmen der weiteren Auswertung, gleichsam der Einholung der Früchte, der eingehenden Analyse des vielfältigen Austauschs in der Wagner-Trew-Korrespondenz allein bei Fragen zur Zweierbeziehung der beiden Briefpartner stehen, also letztlich bei dem Ziel, die bereits in einem früheren Kapitel grob skizzierten wesentlichen Merkmale und die chronologische Entwicklung dieser Beziehung weiter auszudifferenzieren, so würde dies bedeuten, ein beträchtliches Erkenntnispotential in Bezug auf das Verständnis frühneuzeitlicher gelehrter Netze brachliegen zu lassen, welches über die Dyade der Korrespondenten, d.h. das somit kleinstmöglich überhaupt denkbare Netzwerk aus nur zwei Elementen und deren Beziehungen untereinander,[472] erheblich hinausreicht. Der Briefwechsel zwischen Peter Christian Wagner und Christoph Jacob Trew ist seinerseits nur ein kleiner Baustein eines viel größeren frühneuzeitlichen gelehrten Netzes. Er liegt gewissermaßen eingebettet in weit ausgedehntere Netzstrukturen, was allein daran erkennbar wird, dass die in der Korrespondenz geschilderten Austauschbeziehungen kaum jemals ausschließlich auf die beiden Briefpartner beschränkt bleiben, sondern zumeist zugleich in der ein oder anderen Weise den Austausch mit weiteren Ärzten bzw. Gelehrten einschließen. Die genaue Analyse des vielfältigen medizinisch-naturwissenschaftlichen Austauschs in all seinen Ausprägungen in einer Einzelkorrespondenz wie jener zwischen Wagner und Trew kann damit auch Zugang zu den umgebenden Netzstrukturen bieten, welche sich als ein multipolares Netz begreifen lassen, das sich wiederum im Wesentlichen aus

---

472 Zur Dyade als kleinstmögliches Netzwerk bzw. somit auch kleinstmögliches Element der sozialen Netzwerkanalyse vgl. Jansen (2006), S. 60.

den mit vielen Berührungspunkten versehenen ego-zentrierten Netzwerken der beiden Briefpartner, hier Wagners und Trews, ergibt.

Einen solch indirekten und somit recht aufwändigen und mühevollen Weg zu wählen, um, wie einschränkend ausdrücklich betont werden muss, am Ende doch nur kleine Ausschnitte eines größeren frühneuzeitlichen gelehrten Netzes überblicken und, in sich erneut nur fragmentarisch und keineswegs vollständig, zumindest ein Stück weit rekonstruieren zu können, vermag allerdings naheliegender Weise ausschließlich dort seinen Reiz zu entfalten, wo direktere und einfachere Wege, etwa über eine in großem Umfang erhaltene Gesamtkorrespondenz einiger Gelehrter, verbaut sind. Dieser Fall tritt vor allem in dem Moment ein, in dem das Interesse nicht mehr vorrangig herausragenden Wissenschaftlern ihrer Zeit und zentralen Wissenschaftsorganisatoren gilt, sondern auch jenen Personen, die sich, wie eben auch Peter Christian Wagner, obwohl aus verschiedenerlei Gründen in Entfaltung ihrer vorhandenen wissenschaftlichen Ambitionen stark eingeschränkt, dennoch fortwährend darum bemühten, im Rahmen ihrer Möglichkeiten am gelehrten Austausch teilzunehmen. Da gerade deren Briefschaften, wenn überhaupt, zumeist nur äußerst bruchstückhaft überliefert sind, lassen sich ihre Spuren kaum verfolgen, indem man, wie in den letzten Jahren in der Forschung zunehmend geleistet, ausgedehnte frühneuzeitliche gelehrte Netze auf Basis erhaltener Briefbestände rekonstruiert und unter in erster Linie quantitativen Gesichtspunkten auswertet.[473]

Nach recht zahlreichen Studien zu Ego-Netzwerken einzelner großer Wissenschaftler und Wissenschaftsorganisatoren und zunehmend dann auch in einem nächsten Schritt deren Zusammenstellung wiederum zu noch ausgedehnteren multipolaren Netzen, die fraglos in den zurückliegenden Jahren das Wissen über frühneuzeitliche gelehrte Netze erheblich vermehrt haben, scheint es jedoch der schwierigeren Überlieferungssituation ungeachtet an der Zeit, das Augenmerk vermehrt auch auf eben jene bislang im Vergleich relativ unbeachtet gebliebene Gruppe von Personen zu richten, welche sich, wenn auch jeweils in sehr viel bescheidenerem Umfang, ebenfalls in großer Zahl an den gelehrten Netzen beteiligten. Für ein weiter anwachsendes und zunehmend umfassendes Verständnis der frühneuzeitlichen gelehrten Netze ist es geradezu zwingend notwendig, dass sich auch die Kenntnisse über diesen gleichsam ‚Unterbau' der gelehrten Netze noch sehr viel mehr vertiefen. Von entscheidender Bedeutung ist an dieser

473 Der bisherige Forschungsstand, auf dem die für diese Arbeit bei Analyse der Wagner-Trew-Korrespondenz leitenden Fragestellungen aufbauen, wurde bereits in der Hinführung zum Schwerpunktkapitel 4 ausführlich mit zahlreichen Literaturverweisen vorgestellt, weshalb hier nur mehr darauf verwiesen sei; vgl. v.a. S. 97–103 vorliegender Untersuchung.

Stelle sodann die Frage, ob es sich bei diesem ‚Unterbau' auch in Anlehnung an die meritokratische Hierarchie der Gelehrtenrepublik nur um eine Art Sammelbecken für weniger bedeutende Persönlichkeiten der gelehrten Welt, also eine Art zwar füllendes aber nicht völlig unverzichtbares Unterfutter bzw. Beiwerk der gelehrten Netze, oder aber um ein im Sinne der Verwendung dieses Begriffes im Bauwesen tatsächlich tragendes Fundament handelte, ohne welches das darauf errichtete Gebäude einstürzen müsste, hier also das Funktionieren eines gelehrten Netzes in seiner Gesamtheit undenkbar würde.

Eine Einzelkorrespondenz wie die zwischen Peter Christian Wagner und Christoph Jacob Trew bietet zunächst einmal die Gelegenheit, die Rolle eines einzelnen Vertreters jenes ‚Unterbaus' wie Wagner innerhalb des ihn umgebenden gelehrten Netzes genau zu untersuchen, zumal sich ein diesbezüglicher Erkenntnisgewinn auch dann erwarten lässt, wenn die fragmentarisch aufscheinenden umgebenden Netzstrukturen dazu vor allem unter eher qualitativen denn quantitativen Gesichtspunkten unter die Lupe genommen werden. Im Sinne eines induktiven Vorgehens kann sodann in einem weiteren Schritt diskutiert werden, inwieweit sich die Erkenntnisse auch auf andere Vertreter des ‚Unterbaus' übertragen, inwieweit sich also bereits auf dieser Grundlage mit aller gebotenen Vorsicht mehr oder weniger verlässliche Aussagen zur grundsätzlichen Rolle des ‚Unterbaus' in seiner Gesamtheit in frühneuzeitlichen gelehrten Netzen gewinnen lassen.

Die genaue Analyse des medizinisch-naturwissenschaftlichen Austauschs in all seinen Facetten in der Wagner-Trew-Korrespondenz zeigt, dass die Bedeutung Peter Christian Wagners für das gelehrte Netz alles in allem in Gestalt einer Doppelfunktion zu skizzieren ist: als *Übermittler* in das gelehrte Netz hinein wie auch als *Vermittler* innerhalb des gelehrten Netzes, also zwischen einzelnen Mitgliedern desselben. In seiner Funktion als *Übermittler* übersandte Wagner somit Güter an gelehrte Briefpartner wie Trew, welche er nicht seinerseits zuvor von anderen Korrespondenten erhalten, sondern die er selbst außerhalb der engeren Grenzen des gelehrten Briefnetzes, etwa bei Streifzügen durch die Natur oder aber in Ausübung seiner ärztlichen Tätigkeit, gesammelt bzw. generiert hatte. Anzumerken ist hier zum einen, dass es sich bei den gleichsam ins Netz eingespeisten Gütern sowohl um materielle Güter, z.B. naturkundliche Sammelobjekte, als auch um immaterielle Güter, z.B. einzelne Informationen oder auch etwas größere Wissensbestände, handeln konnte. Zum anderen ist gerade unter diesem Aspekt noch einmal ausdrücklich auf die hohe gewissermaßen permanente Durchlässigkeit jeder gelehrten Zweierbeziehung zum umgebenden gelehrten Netz hinzuweisen, d.h. mochte Wagner auch viele derartige Güter zunächst vordergründig nur einem bestimmten Briefpartner, v.a. Trew, zugehen lassen, so billigte er doch, solange ausdrückliche anderslautende Weisungen unterblieben, zugleich durchaus bewusst und wohlwollend im Sinne des Gedeihens der Wissenschaft, dass der vielfach vernetzte Trew diese Güter bzw. auf deren Grundlage gewonnene Erkenntnisse etc. seinerseits wiederum im Kontext eines gelebten *Do ut des* gegebenenfalls an andere Gelehrte weitergab, so dass die übersandten Güter also letztlich nicht nur dem eigenen Briefpartner, sondern einem umfassenderen gelehrten Netz zum Nutzen gereichen konnten.

Die Bedeutung eines einzelnen Vertreters des ‚Unterbaus' der frühneuzeitlichen gelehrten Netze wie Peter Christian Wagner lässt sich freilich in Bezug auf jede der von ihm ausgefüllten Funktionen nur dann genauer einkreisen bzw. bemessen, wenn jeweils entsprechende Relativierungen im Sinne eines „*einerseits-andererseits*" vorgenommen werden, also letztlich eine dialektisch angelegte Argumentationsstruktur verfolgt wird. So ist hinsichtlich Wagners Tun als Übermittler *einerseits* zu betonen, dass er einem Briefpartner, respektive dem gelehrten Netz, sehr wohl mit der Übersendung bzw. Einspeisung teils eigens zusammengestellter empirischer Behandlungsdaten oder auch kleinerer Naturalienbestände, welche er oft in seinem eigenen regionalen Umfeld gesammelt hatte, einen Dienst zu erweisen, ja dass er damit den im Netz stattfindenden Prozess des *science-making* zumindest auf einer eher niedrigeren Ebene ein Stück weit zu unterstützen vermochte, indem er seinen kleinen Beitrag zum Aufbau eines möglichst umfänglich zur Verfügung stehenden grundlegenden Pools an Informationen und Realien leistete. Es ist aber *andererseits* zugleich einschränkend hervorzuheben, dass er auf diesem Wege als Übermittler ins gelehrte Netz sowohl quantitativ als auch qualitativ in keiner Weise die Wirkkraft wie andere herausragende Gelehrte und Sammler, etwa vom Format eines Albrecht von Haller (1708–1777), entfalten konnte, die auf Basis ihres, in Anlehnung an die Begrifflichkeiten Pierre Bourdieus, noch sehr viel größeren inkorporierten wie objektivierten kulturellen Kapitals in der Lage waren, beträchtlichere und bezüglich ihres Gehalts an neuen Erkenntnissen wertvollere Wissensbestände oder auch umfangreichere Kollektionen auch seltenerer bzw. exotischer Naturalien zu liefern und sich somit auf sehr viel höherer Ebene gleichsam in Kernprozesse des *science-making* einzuklinken.

In seiner Funktion als *Vermittler* übersandte Peter Christian Wagner an einen seiner Briefpartner Güter, welche er zuvor erst von einem anderen seiner gelehrten Korrespondenten unter der mehr oder minder expliziten Anweisung, diese weiterzuleiten, erhalten hatte. Auch hier ist die Frage danach, *was* Gegenstand einer solchen Vermittlung sein konnte, dahingehend zu beantworten, dass es sich sowohl um materielle Güter, also Realien wie Bücher oder Naturalien, als auch um immaterielle Güter, also Informationen, handeln konnte. Ging es darum, materielle Güter weiterzuleiten, betätigte sich Wagner letztlich als eine Art Relaisstation für Postsendungen, indem er häufig bei ihm teils auch als „Beischluss" zu anderen Sendungen eingehende für Dritte bestimmte Päckchen oder Pakete mit Büchern oder Naturalien auf ihren weiteren Weg brachte, und dies unter Berücksichtigung einer möglichst zügigen Transportgeschwindigkeit bei zugleich möglichst geringer Kostenbelastung für den Empfänger. Hierbei konnten sich die weitreichenden Handelsbeziehungen von Wagners eigener Familie als durchaus nützlich erweisen. Auch die Weitervermittlung für Dritte bestimmter Briefe, in der Regel, mit Ausnahme offener Antwortschreiben, ohne Kenntnis deren genauen Informationsgehalts, fällt in eben jenen Tätigkeitsbereich, der insgesamt in besonderer Weise die äußerst enge Symbiose zwischen organisatorischen und inhaltlichen Aspekten des medizinisch-naturwissenschaftlichen Austauschs vor Augen führt. Ging es jedoch darum, immaterielle Güter in Form einzelner Informationen an Dritte weiterzuleiten, so hatte Wagner dies in seinen eigenen Briefen an die jeweiligen Personen zu berücksichtigen, indem er die ihm aufgetragene Nachricht dort in eigene mehr oder weniger eindringliche Worte kleidete oder aber sie dort wortwörtlich in Gestalt eines aus dem entsprechenden an ihn gerichteten Schreiben entnommenen Zitats wiedergab.

Neben der Frage, was Gegenstand einer Vermittlung Wagners sein konnte, lohnt es auch, die Frage gesondert ins Blickfeld zu nehmen, *zwischen wem* Wagner innerhalb des gelehrten Netzes vermittelte. Insbesondere fällt dabei die teils sehr unterschiedliche geographische Herkunft der Personen auf, zwischen die Wagner als Vermittler eingeschaltet war, d.h. die teils erheblichen Distanzen, die die von Wagner geleistete Vermittlung gleichsam überwand, etwa zwischen Trew in Nürnberg und Johann Philipp Breyne (1680–1764) in Danzig oder auch zwischen Trew und Giovanni Bianchi (1693–1775) in Rimini. Dass Peter Christian Wagner gehäuft als Schaltstation zwischen ihm relativ nah benachbarten gelehrten Freunden aus dem süddeutschen Raum und deren Korrespondenten aus dem Ostseeraum oder Norditalien bzw. unter Überwindung einer insgesamt noch größeren Vermittlungsdistanz auch zwischen an Ostsee und Adria beheimateten gelehrten Netzvertretern fungierte, ist auf Grundlage der erhaltenen brieflichen Quellen reich dokumentiert. Außerdem ist ausdrücklich darauf hinzuweisen, dass Wagner nicht nur für Personen wie Georg Friedrich Mohr (1692–1774) aus Giengen an der Brenz, die gleich ihm selbst gemessen an der eingeschränkten Entfaltung wissenschaftlicher Aktivitäten eher dem ‚Unterbau' des gelehrten Netzes angehörten, die Verbindung zu ihm aus seinem näheren Umfeld bekannten renommierten Sammlern wie Trew herstellte, sondern ebenso als Vermittler zwischen Personen auftrat, welche beide, wie etwa Trew und Jacob Theodor Klein (1685–1759) aus Danzig oder Trew und Giuseppe Monti (1682–1760) aus Bologna, als prominente Wissenschaftler, Wissenschaftsorganisatoren oder Sammler durchaus bereits eher dem gewissermaßen ‚Mittel- und/oder Überbau' des gelehrten Netzes zugerechnet werden dürfen. Im ersten Fall war Wagner als Vermittler derjenige, der einen Erstkontakt zwischen einem Vertreter des ‚Unterbaus' und einem Vertreter des ‚Mittel- bzw. Überbaus' der gelehrten Netze herstellen sollte, im zweiten Fall dagegen eher derjenige, der bereits bestehende Kontakte zwischen Vertretern des ‚Mittel- bzw. Überbaus' erleichtern sollte.

Es bleibt die Frage, *wie* bzw. in welcher Weise der Vermittler Peter Christian Wagner agierte, d.h. hier vor allem ob er seine Rolle eher aktiv oder eher passiv zu interpretieren pflegte. Diese Frage lässt sich nicht pauschal beantworten. Vielmehr fällt ins Auge, dass diesbezüglich die einzelne Situation die entsprechenden Erfordernisse vorgab und dass Wagner sich daran angepasst verhielt, indem er sich jeweils mit einem adäquaten Maß auch an eigeninitiativem Handeln einzubringen verstand. Sollte Wagner ein Paket mit Realien an einen bestimmten Korrespondenten weitervermitteln, so hatte er eigenständig, wenn überhaupt, ausschließlich über einen möglichst günstigen weiteren Postweg zu befinden, d.h. seine Rolle war alles in allem eher passiv als eine nach genauen Vorgaben handelnde Vermittlerfigur angelegt. Oblag Wagner jedoch z.B. der Kommissionsverkauf der Bücher des Giovanni Bianchi (1693–1775) aus Rimini, so betätigte er sich zwar auch letztlich als Vermittler von Informationen und Büchern von Bianchi an verschiedene seiner eigenen Korrespondenten, doch konnte das gesamte Arrangement an dieser Stelle keinesfalls ohne erhebliche Eigeninitiative des Vermittlers gelingen, der selbst potentielle Käufer unter seinen Briefpartnern verorten und ihnen das Kaufangebot mit eigenen Worten möglichst schmackhaft machen musste, womit ihm eine insgesamt sehr viel aktivere Rolle zukam.

Will man die Bedeutung Peter Christian Wagners in seiner Funktion als Vermittler abschließend bemessen, dann ist auch hier noch einmal eine gewisse Relativierung vorzunehmen. *Einerseits* ist Wagner in der Wagner-Trew-Korrespondenz gerade in seiner Funktion als Vermittler geradezu omnipräsent und das Spektrum bezüglich der Antworten auf die Fragen, *was*, *zwischen wem* und *wie* er vermittelte, äußerst breit, d.h. er zeigt sich als eine sehr facettenreiche bzw. vielfältig einsetzbare Vermittlerfigur. *Andererseits* erlangte Wagner auch in seiner Funktion als Vermittler fraglos keinesfalls die Wirkkraft manch anderer Netzmitglieder, die sich wie etwa Trew unter beträchtlichem Aufwand an Zeit und Mühen als herausragende Wissenschaftsorganisatoren zu positionieren und so, um in der Sprache der Netzwerkanalyse zu bleiben, ein noch viel höheres Maß an Zentralität innerhalb des gelehrten Netzes zu gewinnen vermochten.

Am Ende der Analyse der Bedeutung eines ausgewählten Vertreters aus dem ‚Unterbau' frühneuzeitlicher gelehrter Netze in Gestalt Peter Christian Wagners bleibt somit festzuhalten, dass er *einerseits*, sei es in seiner Funktion als Übermittler ins Netz oder als Vermittler innerhalb des Netzes, unbestreitbar seinen Beitrag zum Gelingen des medizinisch-naturwissenschaftlichen Austauschs in organisatorischer wie inhaltlicher Dimension zu leisten und so das ihn umgebende gelehrte Netz zu unterstützen imstande war, dass aber *andererseits*, anders als bei manch einem Vertreter aus dem ‚Mittel- oder Überbau' der Netze, bei einem plötzlichen Ausfall seiner Person kaum die Entstehung größerer und längerfristig wirksamer gewissermaßen Löcher im Netz bzw. gar der völlige Zusammenbruch zumindest bestimmter Netzsegmente zu befürchten gewesen wären. Diese doch deutliche Einschränkung hinsichtlich der Bedeutung des ‚Unterbaus' frühneuzeitlicher gelehrter Netze gilt allerdings nur solange, wie sich die entsprechende Aussage ausdrücklich allein auf *einzelne Mitglieder dieses ‚Unterbaus'* bezieht. Trotz aller grundsätzlichen Probleme bzw. Unwägbarkeiten induktiver Schlüsse darf wohl mit hoher Wahrscheinlichkeit vorausgesetzt werden, dass sich neben Wagner eine immense Zahl anderer in Entfaltung ihrer wissenschaftlichen Ambitionen eingeschränkter Gelehrter in ähnlicher Weise bemüht hat, sich nach Kräften in die frühneuzeitlichen gelehrten Netze einzubringen. Aus der Summation all dieser für sich genommen eher kleinen Beiträge ergibt sich an dieser Stelle sodann die vermutlich durchaus berechtigte Annahme von einem *in seiner Gesamtheit tragenden ‚Unterbau' frühneuzeitlicher gelehrter Netze*, ohne den weder die organisatorischen noch die inhaltlichen Aspekte des Austauschs dauerhaft aufrecht zu erhalten gewesen wären.

Abschließend ist in diesem Resümee noch einmal zu betonen, dass die in vorliegender Untersuchung durchgeführte Analyse der Funktion eines einzelnen Netzvertreters wie Peter Christian Wagner freilich nur erste Einblicke in den bislang vergleichsweise eher wenig beachteten ‚Unterbau' frühneuzeitlicher gelehrter Netze gewähren kann. Es wurden daher als eine Art Nebenprodukt dieser Analyse zahlreiche weitere Fragen im Kontext des ‚Unterbaus' frühneuzeitlicher gelehrter Netze aufgeworfen, welche sich auf Basis des hier berücksichtigten Quellenmaterials nicht beantworten lassen, welche also möglichen weiteren Studien vorbehalten bleiben müssen. Erst eine mit ähnlichem Fokus vorgenommene Bearbeitung weiterer Einzelkorrespondenzen unter Beteiligung von Gelehrten, die sich wie Wagner aus verschiedenerlei Gründen ihren wissenschaftlichen Ambitionen nur eingeschränkt widmen konnten, wird z.B. zeigen, wie stark Parallelen und Unterschiede zwischen einzelnen Vertretern des ‚Unterbaus' ausgeprägt waren, ob demzufolge sodann über einen Vergleich letztlich eine Typologie derartiger ‚Unterbauvertreter' erstellt und der ‚Unterbau' auf diesem Wege wiederum seinerseits noch weiter ausdifferenziert werden kann. Es sei außerdem angemerkt, dass die Frage nach dem Ansehen bzw. der Stellung von Mitgliedern des ‚Unterbaus' innerhalb der Gelehrtenrepublik und insbesondere in den Augen von Mitgliedern des ‚Überbaus' insgesamt noch keineswegs befriedigend geklärt scheint. Ausgehend von der meritokratischen Hierarchie der Gelehrtenrepublik und somit der Annahme, dass allein außergewöhnliche wissenschaftliche Leistungen, also v.a. großes inkorporiertes kulturelles Kapital, dem einzelnen Gelehrten ein hinreichendes Renommee verschaffen konnte, welches zur Aufnahme in die gelehrten Gesellschaften berechtigte, neigten Studien der letzten Jahre gleichsam im Umkehrschluss auch dazu,[474] all jene Gelehrte, welche „Mitglied in mindestens einer der besonders bedeutenden Gesellschaften von London, Paris, Berlin, St. Petersburg, Stockholm und Bologna"[475] waren, sogleich als „Spitzengelehrte"[476] zu betrachten. Doch wie passt hier Peter Christian Wagner ins Bild, der Mitglied u.a. der Akademie der Wissenschaften zu Stockholm und der Akademie der Wissenschaften zu Bologna war, ohne aber wohl objektiv, legt man etwa sein wenig umfangreiches wissenschaftliches Publikationsverzeichnis zugrunde, auch nach den Maßstäben des achtzehnten Jahrhunderts zu Recht als „Spitzengelehrter" bezeichnet werden zu können?

Dieses Problem scheint nur lösbar, wenn man, ohne deshalb die in vielen Studien belegte grundsätzliche Wirkmächtigkeit der meritokratischen Hierarchie der Gelehrtenrepublik in Frage stellen zu wollen, einräumt, dass neben dem kulturellen Kapital des einzelnen Gelehrten hinsichtlich seines Ansehens teilweise noch weitere Komponenten zum Tragen kommen konnten, z.B. sein soziales Kapital in höfischem oder anderem Kontext, wie dies in vorliegender Untersuchung zumindest innerhalb der Zweierbeziehung Wagner-Trew nachgewiesen werden konnte. Es kann dergestalt wohl als denkbar betrachtet werden, dass ein Gelehrter auch Ansehen innerhalb der Gelehrtenrepublik sowie die Mitgliedschaft in großen gelehrten Gesellschaften erlangen konnte, indem er sich mittels eines besonderen höfischen oder familiären sozialen Kapitals zusätzliche Geltung verschaffte, nicht zuletzt zunächst innerhalb einzelner Zweierbeziehungen zu höhergestellten Persönlichkeiten der gelehrten Welt, welche ihm, in Dankbarkeit z.B. für langjährige mittels der Handelsbeziehungen der eigenen Familie geleistete Vermittlerdienste, wiederum über ihre Empfehlung die Tür zu mancher gelehrten Akademie zu öffnen vermochten. Auch all die hier skizzierten Fragestellungen können jedoch erst im Rahmen weiterer Untersuchungen auf breiterer Quellenbasis umfassender beantwortet werden.

Wie die vorliegende Arbeit gezeigt hat, muss es als wünschenswert gelten, auch in der zukünftigen Forschung zu frühneuzeitlichen gelehrten Netzen zunehmend „kleine Füncklein großen Lichtern an die Seite Zu setzen"[477], also den Fokus nicht nur auf die herausragenden Wissenschaftler und Wissenschaftsorganisatoren und ihre Rolle innerhalb der gelehrten Netze zu richten, sondern

---

474 Ein derartiger Umkehrschluss findet sich z.B. in den Ausführungen bei Steinke/Stuber (2008), S. 393, in Bezug auf die Kategorisierung der Korrespondenten Albrecht von Hallers.

475 A.a.O.

476 A.a.O.

477 Brief Nr. 6, Z. 17 f. (UBE BT, Korr. Wagner, Nr. 6; vom 30.9.1730).

mehr noch als bisher auch auf den durchaus tragenden ‚Unterbau' der gelehrten Netze, zu dessen besserem Verständnis die Analyse der Wagner-Trew-Korrespondenz einen kleinen Beitrag zu leisten imstande war.

5 Zusammenfassung

Der Begriff des „Netzes“ bzw. „Netzwerkes“ erfreut sich seit einigen Jahren in der wissenschaftlichen Forschungslandschaft, wie auch außerhalb derselben, sehr großer Beliebtheit, wobei er nicht selten auch recht unreflektiert bzw. ohne die nötige Begriffsschärfe gebraucht wird. Eine sehr konkrete Anwendung findet er jedoch im Kontext der frühneuzeitlichen gelehrten Korrespondenznetze, die vor allem im Zuge der neueren historischen Wissenschaftsforschung, welche sich in besonderem Maße für die Praktiken der Gelehrsamkeit interessiert, zum Gegenstand zahlreicher Studien wurden. In diesen Studien galt das Augenmerk, ausgehend von teils umfangreich überlieferten Gesamtkorrespondenzen einzelner gelehrter Persönlichkeiten, bislang vor allem der Rekonstruktion und quantitativen Analyse der ego-zentrierten Briefnetze herausragender Wissenschaftler oder Wissenschaftsorganisatoren sowie später in einem nächsten Schritt wiederum auch der Zusammenstellung dieser ego-zentrierten Briefnetze zu noch ausgedehnteren multipolaren Netzen, wobei dazu auf Methoden der sozialen Netzwerkanalyse wie auch der Netzgeographie zurückgegriffen wurde.

Im Zentrum der vorliegenden Untersuchung dagegen steht zunächst eine Einzelkorrespondenz. Der in der Trewsammlung der Universitätsbibliothek Erlangen erhaltene Briefwechsel zwischen den Ärzten Peter Christian Wagner (1703–1764) und Christoph Jacob Trew (1695–1769) umfasst 68 Schreiben Wagners an Trew sowie umgekehrt sieben Briefentwürfe Trews an Wagner. Er erstreckt sich dabei vom Jahr 1729 bis in das Jahr 1760, also über einen Zeitraum von 31 Jahren. Wesentliche Bestandteile des hier vorliegenden Werkes sind die kommentierte Edition dieser Wagner-Trew-Korrespondenz, ihre grundsätzliche Verortung im historischen Kontext sowie ihre Analyse unter ausgewählten vor allem wissenschafts- und medizingeschichtlichen Fragestellungen. Da der gesamte Briefwechsel im Zeichen eines äußerst vielfältigen medizinisch-naturwissenschaftlichen Austauschs steht, der sich keineswegs auf die Zweierbeziehung Wagner-Trew begrenzen lässt, sondern Einblicke in umfassendere umgebende Netzstrukturen gewährt, bot sich hier insbesondere auch die Möglichkeit, an den bisherigen Forschungsstand zu den frühneuzeitlichen gelehrten Netzen anzuschließen.

Die Edition der Wagner-Trew-Korrespondenz erfolgte im Wesentlichen nach den Maßgaben, zum einen eine möglichst große Nähe zum Original beizubehalten, zum anderen dem Leser durch die Kommentierung das Verständnis der Brieftexte möglichst weitgehend zu erleichtern. Dazu wurde die Transkription so durchgeführt, dass die Besonderheiten des achtzehnten Jahrhunderts, z.B. in Orthographie und Grammatik, soweit bei der Wiedergabe über EDV und gleichzeitig zu gewährleistendem Lesefluss für den heutigen Leser irgend möglich, bestehen bleiben, auch wurden die Brieftexte so gesetzt, dass das äußere Erscheinungsbild der brieflichen Quellen u.a. mit der klaren Aufteilung von Briefkopf und Grußformel optisch soweit möglich erkennbar bleibt. Der Kommentar zu Überlieferung und Handschriftenbeschreibung wird ergänzt um einen Kommentar zur Textgestaltung, welcher gerade bei Briefentwürfen auch die früheren Textstufen sichtbar macht. Die Sacherläuterungen liefern in den Endnoten, zugleich zielgerichtet und doch auch umfassend, vor allem Informationen zu allen in den Brieftexten genannten Personen, Orten und medizinisch-naturwissenschaftlichen Veröffentlichungen sowie zu zeitgenössischen medizinischen Fachtermini und zu Pharmaka. Ein selektiver Zugriff auf einzelne Briefe steht dem Nutzer der Edition jederzeit insbesondere auch über die beigefügten Register zu Personen, Orten und Werken offen.

Die nacheinander vorgestellten Lebensläufe der Briefpartner lassen bei vergleichender Lektüre, welche vor allem durch eine Unterteilung in ähnliche zeitliche Abschnitte erleichtert wird, einige auffällige Parallelen wie aber auch markante Unterschiede in Werdegang und Lebensumständen der Korrespondenten hervortreten. Sowohl Peter Christian Wagner als auch Christoph Jacob Trew waren umfangreich praktisch tätige Ärzte, die dennoch ganz im Geiste ihrer Zeit stets bestrebt waren, den Kontakt zur gelehrten Welt, also der *Respublica Litteraria*, zu halten und zugleich auch breitgefächerten eigenen naturwissenschaftlichen Neigungen nachzugehen. Während es aber Trew, wie bereits insbesondere durch Thomas Schnalke detailreich in zahlreichen Studien herausgearbeitet, als städtischem Arzt in Nürnberg gelang, sich ein weitgehend von Fremdbestimmung befreites Umfeld zu schaffen und auf dieser Grundlage zu einem herausragenden Sammler und Wissenschaftsorganisator seiner Zeit zu werden, blieben Wagner, wie verschiedene in vorliegender Untersuchung dazu herangezogene Quellen zeigen, angesichts seiner vielgestaltigen Pflichten als höfischer Arzt zunächst in Pappenheim und später nach einigen Jahren des Wirkens im eher städtischen Umfeld Erlangens dann am Bayreuther Markgrafenhof kaum ausreichend Freiräume zur Entfaltung eigener naturwissenschaftlicher Interessen. Wie die brieflichen Quellen eindrücklich belegen, litt Peter Christian Wagner selbst zeitlebens unter diesem nahezu permanenten Spannungszustand zwischen einerseits der pflichtgemäßen Erfüllung seiner Position als Leibarzt und andererseits dem Verlangen nach Umsetzung eigener wissenschaftlicher Ambitionen.

Ein wesentliches Element der Grundstruktur der Wagner-Trew-Korrespondenz ist die zeitliche Abfolge der Schreiben. Dabei fällt auf, dass sich über die insgesamt 31 Jahre des Fortbestehens der überlieferten Korrespondenz hinweg Phasen hoher und niedriger Briefdichte abwechseln, wobei sich die Zu- oder Abnahme der Schreiben zumeist jeweils aus den erhaltenen Brieftexten selbst oder aber aus dem biographischen Kontext der Briefpartner plausibel erklären lässt. Es ist zu betonen, dass im überlieferten Briefwechsel zwar den zahlreichen

Schreiben Wagners an Trew aufgrund der Sammelpraxis Trews umgekehrt nur wenige Briefentwürfe Trews an Wagner gegenüberstehen und sich dieses Missverhältnis erst durch die Einfügung sicher zu erschließender Schreiben in die Edition ein wenig ausgleicht, dass aber die Briefe Wagners an Trew, da sie ihrerseits, wie ihre hohe inhaltliche Kohärenz zu vermuten erlaubt, relativ vollständig erhalten sind, dennoch zumindest tendenziell das strukturelle Grundgerüst auch der einst tatsächlich abgelaufenen Korrespondenz wiederzugeben vermögen.

Die Beziehung der Briefpartner Christoph Jacob Trew und Peter Christian Wagner spiegelt sich in deren Korrespondenz wider und zeigt sich trotz ihrer, wie zu erwarten, durchgängigen Prägung durch das zeitgenössische Konzept der „gelehrten Freundschaft", also einer steten Betonung des gegenseitigen Nutzens und eines beständig präsenten bewussten Gebens und Nehmens, doch vor allem auch als eine Beziehung im Wandel. Wurde zu Beginn des Briefwechsels die „gelehrte Freundschaft" noch durch ausgeprägte Anzeichen von Patronage mit Wagner in der gleichsam unterlegenen Position des Klienten überlagert, so vertiefte sich in der Spätphase parallel zur zunehmenden, wenn auch niemals völlig hergestellten, Augenhöhe zwischen den Briefpartnern das persönliche Verhältnis nicht zuletzt mittels der über die vielen Jahre angewachsenen Vertrautheit allmählich zumindest ein Stück weit im Sinne einer teils auch emotional behafteten gewissermaßen „echten Freundschaft". Zur Erklärung der Beziehung der Briefpartner und ihrer Veränderungen dienten in vorliegender Arbeit vor allem Überlegungen auf Basis der von Pierre Bourdieu eingeführten verschiedenen Kapitalformen, d.h. konkret insbesondere zum bereits früh in großem Umfang vorhandenen „inkorporierten und objektivierten kulturellen Kapital" Trews und dem erst über die Jahre immer mehr anwachsenden „sozialen Kapital" Wagners im höfischen Kontext, welches die Asymmetrie der Beziehung teilweise etwas auszugleichen vermochte. Hier finden sich somit Anhaltspunkte dafür, dass die prägende Kraft der meritokratischen Hierarchie innerhalb der frühneuzeitlichen Gelehrtenrepublik, ohne sie deshalb generell in Frage stellen zu wollen, möglicher Weise als alleiniger Erklärungsansatz für die Bemessung des Ansehens einzelner gelehrter Personen innerhalb der Dynamik einer Zweierbeziehung, und eventuell auch darüber hinaus, nicht vollständig ausreicht, sondern gelegentlich um andere Aspekte zu erweitern ist, dass also neben Formen des „kulturellen Kapitals" in die Betrachtung mitunter auch Formen des „sozialen Kapitals" wie des „ökonomischen Kapitals" einzubeziehen sind.

Die inhaltliche Struktur der Wagner-Trew-Korrespondenz ist nicht durch wenige große Themenblöcke, welche sich klar voneinander abgrenzen und einzelnen Zeitphasen des Briefwechsels zuordnen lassen, bestimmt, sondern vielmehr liegt ein insgesamt sehr vielfältiges inhaltliches Spektrum vor, welches sich jedoch unter dem Schlagwort eben des medizinisch-naturwissenschaftlichen

Austauschs wiederum vereinen lässt, der in all seinen unterschiedlichen Facetten die gesamte Korrespondenz wie ein roter Faden durchzieht und sie gleichsam zugleich als der ihr innewohnende ‚Motor' auch vorantreibt. Die in einer Art Schwerpunktkapitel vorliegender Untersuchung vorgenommene genaue Analyse der einzelnen organisatorischen und inhaltlichen Aspekte dieses medizinisch-naturwissenschaftlichen Austauschs führt zum einen viele Details der Dynamik innerhalb der Zweierbeziehung Wagner-Trew noch sehr viel eingehender vor Augen, zum anderen aber erlaubt sie es, wie bereits erwähnt, in Anknüpfung an die bisherige Forschung zu frühneuzeitlichen gelehrten Netzen Fragestellungen zu entwickeln und zu verfolgen, die weit über die Zweierbeziehung der Korrespondenten hinausreichen und jene umgebenden umfassenderen Netzstrukturen miteinbeziehen, in welche der Briefwechsel als Baustein gewissermaßen eingebettet liegt.

Einen derartigen indirekten und damit auch recht aufwändigen Zugriff über eine Einzelkorrespondenz auf einzelne Ausschnitte eines ausgedehnteren umgebenden frühneuzeitlichen gelehrten Netzes zu wählen, entfaltet dann methodisch seinen besonderen Reiz, wenn das Forschungsinteresse sich nicht mehr vorrangig auf herausragende Wissenschaftler und zentrale Wissenschaftsorganisatoren richtet, sondern verstärkt auf jene Personen, die wie Peter Christian Wagner trotz aller Einschränkungen stetig bemüht waren, im Rahmen ihrer Möglichkeiten am gelehrten Austausch teilzunehmen. Da gerade die Briefschaften dieser Personen zumeist, wenn überhaupt, nur sehr bruchstückhaft überliefert sind, lässt sich ihre Rolle in den frühneuzeitlichen gelehrten Netzen kaum bestimmen, indem man, wie in den letzten Jahren in der Forschung vermehrt geschehen, gelehrte Netze auf Basis erhaltener Briefbestände rekonstruiert und nach vor allem quantitativen Gesichtspunkten auswertet. Eine Einzelkorrespondenz aber, wie der Briefwechsel zwischen Wagner und Trew, kann Gelegenheit bieten, durch eine genaue inhaltliche Analyse umgebende Netzstrukturen zumindest fragmentarisch sichtbar zu machen und unter insbesondere qualitativen Gesichtspunkten zu betrachten, um so die Rolle von Vertretern gleichsam des ‚Unterbaus' frühneuzeitlicher gelehrter Netze schrittweise besser fassen zu können.

Die inhaltliche Analyse der Wagner-Trew-Korrespondenz unter organisatorischen Gesichtspunkten des medizinisch-naturwissenschaftlichen Austauschs konnte zunächst zeigen, dass sich auch auf Basis von nur in geringem Umfang erhaltenen Briefschaften einer Person deren Ego-Netzwerk ein Stück weit rekonstruieren lässt. Nach Auswertung der Wagner-Trew-Korrespondenz im Hinblick auf Hinweise auf weitere Briefpartner Wagners, ergänzt um eine entsprechende Auswertung auch der in der Forschungsbibliothek Gotha erhaltenen Korrespondenz zwischen Wagner und Johann Philipp Breyne (1680–1764), offenbart sich in einer netzgeographischen Annäherung das Ego-Netzwerk Wagners als wesentlich ausgedehnter als die nur geringfügig überlieferten Briefschaften eines solchen Vertreters des ‚Unterbaus' gelehrter Netze zunächst vermuten lassen. Zwar kann eine solche Annäherung niemals beanspruchen, das tatsächliche Korrespondenznetz einer Person detailgetreu abzubilden, und alle Vergleiche zu anderen Ego-Netzen sowie alle weitergehenden Interpretationen des Befunds sind somit mit aller gebotenen Vorsicht vorzunehmen, doch werden zumindest einige Tendenzen erkennbar: So weist das auf diesem Wege rekonstruierte Ego-Netzwerk Wagners eine beachtliche Nord-Süd-Ausdehnung, von Uppsala bis Florenz, sowie auch eine erhebliche West-Ost-Ausdehnung, von Avignon bis Danzig, auf und deckt damit Teile Europas ab, die räumliche Binnenstruktur des Ego-Netzwerks Wagners ist geprägt von einer feststellbaren Ballung der Korrespondentenwohnorte im süddeutschen Raum, im norditalienischen Raum sowie im Ostseeraum.

Die Brieftexte der Wagner-Trew-Korrespondenz erwiesen sich auch als äußerst ergiebige Quelle in Bezug auf die vielfältigen Übermittlungswege von Sendungen im gelehrten Netz, welche oft im Zusammenwirken der Netzmitglieder nutzbar gemacht werden mussten, um den Transporthindernissen des achtzehnten Jahrhunderts erfolgreich begegnen zu können. Offizielle Postkurse waren für einen reibungslosen organisatorischen Ablauf des Austauschs ebenso von Bedeutung wie die gezielte Nutzung reisender Personen als Transportmittel sowie der wiederholte Zugang zu an sich nichtöffentlichen Zustellungswegen. All dies wird in seiner Bedeutung aber überstrahlt vom Gebrauch ausgefeilter Beilagensysteme des „Einschlusses" einer Sendung in eine andere und dem „Vermittlerdienst" einzelner Gelehrter für andere Gelehrte, wodurch sich in teils langen Transportketten mit mehreren Relaisstationen für Postsendungen unterschiedlichste Zustellungswege wiederum vielfältig kombinieren ließen.

Umso deutlicher tritt hier die Relevanz von Personen auch aus dem ‚Unterbau' gelehrter Netze vor Augen, die sich, nicht zuletzt um ihr eigenes Korrespondenznetz zu vergrößern bzw. zu konsolidieren, bereitwillig immer wieder für Hilfsdienste als „Vermittler" von Postsendungen anboten, zumal wenn sie gar mitunter über eigene besonders günstige Transportkanäle verfügten. Im Falle Peter Christian Wagners konnte sich die Nutzbarmachung der Handelsverbindungen der angeheirateten Kaufmannsfamilie Heer nach Italien als ein ihm im gelehrten Netz speziell zur Verfügung stehendes „soziales Kapital" erweisen, welches seine Attraktivität aus Sicht anderer Korrespondenten steigerte.

Gilt der Blick nicht mehr vorrangig gleichsam der Frage nach dem „Wie", sondern nach dem „Was", also der inhaltlichen Dimension des medizinisch-naturwissenschaftlichen Austauschs in der Wagner-Trew-Korrespondenz, so offenbart sich dem Betrachter auch hier eine immense Vielfalt, spielte der patientenbezogene Austausch doch ebenso eine große Rolle wie der Austausch *von* und *über* medizinisch-naturwissenschaftliche Veröffentlichungen sowie auch *von* und *über* Naturalien als Sammelobjekte. Der patientenbezogene Austausch präsentiert sich sowohl in Gestalt einer konkreten Bitte Wagners an Trew um schriftliche Erteilung eines konkreten Arzneitipps, als auch in Form eines umfassenderen Austauschs über die Zusammenarbeit bei Behandlung eines Patienten. Insbesondere die mehrfach von Wagner im Auftrag eines Patienten an Trew gerichteten kollegialen Gesuche um konsiliarische Zusammenarbeit vermögen ein Schlaglicht nicht nur auf die Konsiliarpraxis des achtzehnten Jahrhunderts, sondern auch auf das Arzt-Patienten-Verhältnis in der Frühen Neuzeit zu werfen, welches mit einer deutlich stärkeren Position zumal von hochgestellten Kranken gegenüber dem Arzt einherging. Wagner war daher stets geneigt, seinen hochgestellten Patienten eine konsiliarische Hinzuziehung des von ihm geschätzten renommierten Kollegen Trew nahezulegen, um dergestalt seine eigene Stellung am Krankenbett zu festigen, und konnte dadurch wohl zugleich bei seinem Briefpartner an Ansehen gewinnen, musste doch für Trew die Erweiterung seines eigenen Patientenkreises um einige hochgestellte bzw. adlige Personen auf dem Weg über an ihn herangetragene Konsilien wiederum als durchaus erstrebenswert gelten. Ferner konnte gezeigt werden, dass auch der unmittelbar zunächst scheinbar auf eher wenige Personen begrenzte patientenbezogene Austausch keineswegs nur Implikationen für eine Zweierbeziehung von Ärzten wie jene zwischen Wagner und Trew beinhalten kann, sondern auch auf einer gewissermaßen übergeordneten Ebene Implikationen für das gelehrte Netz als Ganzes, speisten doch vor Ort am Patienten wirkende Ärzte wie Wagner letztlich im brieflichen Austausch mit Kollegen verschriftlichte empirische Behandlungsdaten zumindest indirekt, indem sie die Daten dem Kollegen in der Regel zugleich zur weiteren Verwendung etwa in Veröffentlichungen überließen, fortwährend auch ins gelehrte Netz an sich ein und leisteten so ihren jeweils kleinen Beitrag zu jenem fortwährenden breiten Informationszustrom, ohne den das gelehrte Netz in seiner Bedeutung für den Prozess des *science-making* undenkbar gewesen wäre.

Die Analyse des Austauschs *von* und *über* medizinisch-naturwissenschaftliche Veröffentlichungen bestätigt einerseits Christoph Jacob Trew gerade in der Frühphase der Korrespondenz mit Wagner als einen Patron, der seinen Klienten Wagner über Buchausleihen oder Buchgeschenke am eigenen gewaltigen Bücherfundus teilhaben ließ und ihm auf Grundlage des eigenen Wohnsitzes in der Reichs- und vor allem auch Verlagsstadt Nürnberg auch mehrfach beim käuflichen Erwerb gewünschter Buchtitel behilflich war. Andererseits vermochte Wagner, obwohl in der Zweierbeziehung mit Trew aufgrund seines wohl sehr viel geringeren „objektivierten kulturellen Kapitals“ zumeist auf die Position des „Nehmenden“ festgelegt, dennoch im Rahmen seiner Möglichkeiten auch den von den frühneuzeitlichen gelehrten Netzen in wesentlichen Teilen geradezu auch selbst unterhaltenen lebendigen Büchermarkt, welcher als eine weitere grundlegende Voraussetzung jedes *science-making* zu werten ist, zu unterstützen: als Käufer und kritischer Leser von Veröffentlichungen, als gelegentlicher Lieferant von Zeitschriftenbeiträgen sowie vor allem aber als Vermittler sowohl von im Kontext des Bücheraustauschs stehenden Informationen als auch von Büchern selbst innerhalb des gelehrten Netzes, wobei letztere Vermittlung von Realien auf dem Postweg verdeutlicht, dass sich der Kreis zwischen organisatorischen und inhaltlichen Aspekten des Austauschs immer wieder schließen lässt. Vermittlerfiguren wie Peter Christian Wagner ermöglichten innerhalb des gelehrten Netzes so oft erst einen „Bucherwerb im Auftrag", Buchgeschenke und Ausleihen etc. in Konstellationen mehrerer daran beteiligter Gelehrter oder es gelang ihnen durch ihr Tun, die Veröffentlichungsprojekte anderer Gelehrter in steter tätiger Anteilnahme, z.B. an der Herausgabe der Zeitschrift des *Commercium Litterarium* durch Trew, oder durch die Übernahme konkreter Aufgaben, etwa bei einem Kommissionsverkauf von Büchern, wirksam in ihrem Gelingen zu befördern.

Die abschließende Analyse des Austauschs *von* und *über* Naturalien, welche eindrücklich die Sammelleidenschaft beider Briefpartner vor allem in Bezug auf Pflanzen und Gesteine vor Augen führt, bestätigt im Kern noch einmal die bereits zuvor hinsichtlich anderer inhaltlicher Aspekte des Austauschs gemachten Beobachtungen, betreffend sowohl zum einen die Position Peter Christian Wagners in der Zweierbeziehung mit Trew als auch zum anderen die Rolle Wagners als Vertreter des ‚Unterbaus' eines frühneuzeitlichen gelehrten Netzes. Auch hier war es wohl überwiegend Trew, der Wagner im Rahmen von Naturalientausch bzw. Naturaliengeschenken in Form recht umfangreicher Sendungen von Samen oder Setzlingen an seinem großen „objektivierten kulturellen Kapital" in Gestalt seiner ausgedehnten naturkundlichen Sammlungen partizipieren ließ. Es ist dennoch zugleich anzumerken, dass umgekehrt auch die von Wagner an Trew und andere seiner Briefpartner übermittelten insgesamt etwas kleineren Geschenke bzw. Gegengeschenke, oft bestehend aus in seinem näheren Umfeld selbst gesammelten Objekten aus dem *Regnum Minerale*, seinen Korrespondenten durchaus auch als weiterer Baustein zur Erweiterung und Vervollständigung ihrer Sammlungen willkommen gewesen sein dürften. Insbesondere aber tritt Peter Christian Wagner einmal mehr als vielgestaltiger Vermittler von Informationen und Realien, hier nun naturkundlichen Sammelobjekten, innerhalb des gelehrten Netzes hervor. Er leistete seinen Beitrag zu einem lebendigen Naturalienaustausch im gelehrten Netz, indem er einen Naturalientausch bzw. Naturaliengeschenke zwischen anderen Gelehrten anbahnen oder umsetzen half, oder aber seinen Korrespondenten wertvolle Unterstützung bei günstigen Gelegenheiten zum Erwerb größerer Naturalienbestände im gelehrten Netz anbot.

Die eingehende Analyse des medizinisch-naturwissenschaftlichen Austauschs in seiner organisatorischen wie inhaltlichen Dimension in der Wagner-

Trew-Korrespondenz eröffnete so in der vorliegenden Untersuchung in der Person Peter Christian Wagners die Möglichkeit zu einer Annäherung an die Bedeutung eines ausgewählten Vertreters aus dem ‚Unterbau' der gelehrten Netze, bestätigt in einigen Aspekten immer wieder auch durch ergänzende Heranziehung der Wagner-Breyne-Korrespondenz. Wagner zeigte sich gewissermaßen in einer Doppelfunktion als sowohl *Übermittler* von Informationen und Realien in einem gewissen Umfang ins gelehrte Netz hinein als auch insbesondere als äußerst vielgestaltiger *Vermittler* innerhalb des gelehrten Netzes. Der immense Facettenreichtum seiner Vermittlertätigkeit spiegelt sich im breiten Spektrum der Antworten auf die Fragen, *was*, *zwischen wem* und *wie* er vermittelte, wider.

Freilich relativiert sich die Bedeutung eines *einzelnen ‚Unterbauvertreters'* wie Wagner im gelehrten Netz insofern, als festzuhalten ist, dass er weder in seiner Funktion als Übermittler ins gelehrte Netz hinein noch als Vermittler innerhalb des gelehrten Netzes eine Wirkkraft entfalten konnte, die auch nur annähernd mit jener herausragender Wissenschaftler oder zentraler Wissenschaftsorganisatoren aus dem ‚Mittel- bzw. Überbau' der gelehrten Netze gleichzusetzen ist. Doch lässt sich ausgehend von einem einzelnen Vertreter des ‚Unterbaus' wie Wagner durchaus darauf schließen, dass die zahlreichen kleinen Beiträge von vielen in ihren wissenschaftlichen Ambitionen eingeschränkten und sich dennoch nach Kräften am gelehrten Austausch beteiligenden Gelehrten in ihrer Summe von erheblicher Relevanz für das Funktionieren der frühneuzeitlichen gelehrten Netze gewesen sein dürften, dass sich der *‚Unterbau' in seiner Gesamtheit* also durchaus als ein tragender ‚Unterbau' qualifizieren lässt.

Die vorliegende von einer Einzelkorrespondenz ausgehende Untersuchung liefert erste Einblicke in den skizzierten ‚Unterbau' frühneuzeitlicher gelehrter Netze. Sie wirft dabei aber zugleich einige weitere Fragestellungen auf, die sie selbst auf Basis des von ihr herangezogenen Untersuchungsmaterials nicht beantworten kann. Ein Beispiel etwa ist die offene Frage nach einer Typologie bzw. weiteren Ausdifferenzierung der ‚Unterbauvertreter'. Es muss daher als durchaus wünschenswert gelten, dass sich im Rahmen der zukünftigen Forschung zu frühneuzeitlichen gelehrten Netzen das Augenmerk stärker als bisher auch auf eben jenen tragenden ‚Unterbau' der gelehrten Netze richtet.

6 Edition der Korrespondenz Peter Christian Wagners mit Christoph Jacob Trew aus der Briefsammlung Trew der Universitätsbibliothek Erlangen-Nürnberg

Ediert werden im Folgenden sämtliche in der Briefsammlung Trew der Universitätsbibliothek Erlangen-Nürnberg erhaltenen Briefe und Briefentwürfe der Korrespondenz zwischen Peter Christian Wagner (1703–1764) und Christoph Jacob Trew (1695–1769): also 68 Briefe Wagners an Trew[1] und umgekehrt sieben Briefentwürfe Trews an Wagner[2].

Nicht ediert werden dagegen ein erhaltenes Extrakt aus einem Schreiben Wagners an eine unbekannte Person mit Trew betreffenden Passagen[3] sowie einige weitere in der Briefsammlung Trew erhaltene Briefe Wagners an dritte Personen[4] oder umgekehrt dritter Personen an Wagner[5]. Insbesondere sei auch darauf hingewiesen, dass zwar alle Beilagen, die sich einem bestimmten Brief zuordnen lassen und die auch in der Briefsammlung Trew unter der Signaturziffer des entsprechenden Briefes gelistet und abgelegt sind, im Anschluss an den jeweiligen Brieftext in die Edition aufgenommen sind (s.u.), nicht aber einige Beilagen (Zettel mit Pflanzennamen etc.), die sich nicht sicher einem erhaltenen Brief zuordnen lassen, d.h. die sich daher in der Briefsammlung Trew separat gelistet finden und deren Zuordnung sich auch auf Basis der Recherchen zu vorliegender Untersuchung nicht sicher klären ließ[6]. Ebenfalls nicht in die Edition aufgenommen ist zudem eine erhaltene wohl von Trew als Grundlage für sein Antwortschreiben erstellte Zusammenschau[7] einer ihm von Wagner übersandten (und entsprechend edierten) Krankengeschichte, da es sich dabei nicht um einen unmittelbaren Bestandteil bzw. eine Beilage eines Briefs oder Briefentwurfs zwischen den Korrespondenten Trew und Wagner handelt.

1 Vgl. UBE Briefsammlung Trew, Korr. Peter Christian Wagner, Nr. 3–70.

2 Vgl. UBE Briefsammlung Trew, Korr. Christoph Jacob Trew, Nr. 789–795.

3 Vgl. UBE Briefsammlung Trew, Korr. Peter Christian Wagner, Nr. 71.

4 Vgl. UBE Briefsammlung Trew, Korr. Peter Christian Wagner, Nr. 1 und 2 (an Johann Ambrosius Beurer) sowie Nr. 72 (an ungenanntes „Fräulen Gevatterin“, evtl. Fräulein v. Bobenhausen).

5 Vgl. UBE Briefsammlung Trew, Korr. Georg Friedrich Mohr, Nr. 1/Beilage (Kopie einer Antwort auf Schreiben Wagners), sowie UBE Briefsammlung Trew, Korr. Joseph (Giuseppe) Monti, Nr. 3.

6 Vgl. UBE Briefsammlung Trew, Korr. Christoph Jacob Trew, Nr. 789–795, Beilagen a–d.

7 Vgl. UBE Briefsammlung Trew, Korr. Christoph Jacob Trew, Nr. 795 und dazu Krankengeschichte ohne Anfang und Ende.

Die in der Edition dargebotene Textfassung soll der Endfassung im Sinne der von einem Korrespondenten an den anderen Korrespondenten tatsächlich übersandten Brieffassung möglichst nahekommen, d.h. bei vorliegenden Korrekturen in den Brieftexten (insbesondere in den Briefentwürfen Trews) gibt die in der Edition dargebotene Textfassung stets die letzte Korrekturstufe bzw. jüngste Textschicht (s.u.) wieder.

Grundsätzliches Ziel der vorliegenden Edition ist es, die in der Briefsammlung Trew der Universitätsbibliothek Erlangen-Nürnberg erhaltene Wagner-Trew-Korrespondenz dem Leser möglichst umfassend zugänglich zu machen, indem zum einen (in jeglicher Hinsicht, s.u., möglichst nah am Original orientierte) Transkripte (und ggf. zugehörige Übersetzungen) bereitgestellt sowie zum anderen aber auch alle weiteren notwendigen Informationen möglichst vollständig vermittelt werden: in einem Kommentar zu Überlieferung und Handschriftenbeschreibung, in einem (die älteren Textschichten wiedergebenden) Kommentar zur Textgestaltung sowie insbesondere auch in zugehörigen Sacherläuterungen in den Endnoten, die dem Leser die in den Brieftexten genannten Personen, Orte, Werke und vor allem auch zahlreichen Pharmaka und zeitgenössischen medizinischen Begriffe etc. soweit im Rahmen einer solchen Edition möglich erschließen und so die Grundlage für ein möglichst umfassendes Verständnis bzw. eine möglichst weitgehende Durchdringung des Briefwechsels schaffen sollen.

6.1 Editionsprinzipien

Im folgenden Kapitel werden die Prinzipien im Einzelnen vorgestellt, die der Briefedition zugrunde liegen. Diese sind bewusst sehr detailliert ausgeführt, um dem Leser so umfänglich als möglich die Gelegenheit zu geben, den Umgang der Editorin mit den Originaltexten genau nachzuvollziehen, also letztlich erkennen zu können, wie sich der ihm vorliegende Editionstext zum handschriftlichen Original verhält. Ferner soll der Leser in die Lage versetzt werden, die Informationen, die im Kommentar zu Überlieferung und Handschriftenbeschreibung sowie zur Textgestaltung als auch in den erläuternden Endnoten und schließlich in den Registern enthalten sind, optimal für sich zu nutzen, indem sich ihm die Absicht der von Seiten der Editorin gewählten Vorgehensweise und der Aufbau dieser zentralen Bestandteile der Edition erschließen.

Die Prinzipien dieser Edition entstanden freilich nicht ‚im luftleeren Raum'. Grundlegender Ausgangspunkt waren zunächst einige im Rahmen der historischen Forschung mit dem Ziel der Vereinheitlichung der Editionsgestaltung formulierte Richtlinien bzw. Empfehlungen zur Edition frühneuzeitlicher Texte.[8] Diese können und wollen, auch nach eigenem Anspruch, aber nur Orientierung und ein grobes Gerüst bieten, innerhalb dessen es dann galt, Fortentwicklungen und Differenzierungen vorzunehmen, die dem eigenen Editionsziel wie vor allem auch den speziellen Erfordernissen der Quellengattung Brief gerecht werden. Da die vorliegende Arbeit, wie bereits erwähnt, daneben stets in einer Reihe mit weiteren teils schon abgeschlossenen Editionsvorhaben zu einzelnen Korrespondenzen der UBE Briefsammlung Trew zu sehen ist, welche am Institut für Geschichte und Ethik der Medizin an der Friedrich-Alexander-Universität Erlangen-Nürnberg angesiedelt sind, schien es dabei zudem sinnvoll, sich in wesentlichen Punkten an die den anderen Projekten zugrunde liegenden Richtlinien zu halten. Diese wurden in Zusammenarbeit am Institut für Geschichte und Ethik der Medizin für den internen Gebrauch erstellt, basieren aber auch auf Arbeitsversionen, die bereits im Vorfeld von Prof. Dr. Thomas Schnalke und Marion Mücke für die Erschließung der Trew-Büchner-Korrespondenz[9] erarbeitet worden waren. Schließlich beinhalten die Editionsprinzipien, wie sie jetzt hier vorliegen, natürlich einige Modifikationen im Vergleich zu allen genannten Vorlagen, um einzelnen Besonderheiten der Wagner-Trew-Korrespondenz gerecht werden zu können.

Leitend war bei der Erstellung der Editionsprinzipien, wie schon erwähnt, stets das Bestreben, in jeder Hinsicht möglichst nah am Original zu bleiben, unter anderem also möglichst buchstabengetreu vorzugehen, aber auch das äußere Erscheinungsbild der brieflichen Quelle noch soweit möglich widerzuspiegeln. Abweichungen von dieser Vorgehensweise erfolgen nur, soweit es sich aufgrund der heutigen Wiedergabe über EDV nicht vermeiden lässt sowie an einigen wenigen Stellen, an denen ansonsten der Lesefluss bzw. -komfort des heutigen Lesers allzu stark beeinträchtigt wäre. Daraus ergeben sich folgende Editionsprinzipien:

Schriftarten und Zeilenzählung

– Die in der Edition eingesetzte Schriftart ist wie in der gesamten Untersuchung DG Meta Serif Science. Im Brieftext, d.h. dem vom Autor des historischen Briefs verfassten Text, wird diese Schrift recte verwendet, im Editortext, d.h. dem von der Bearbeiterin der Edition verfassten Text, dagegen *kursiv*. Zudem ist zu beachten, dass innerhalb eines Brieftextes die *Kursivierung* außerdem zur Kennzeichnung der „lateinischen“, d.h. nicht gebrochenen,

8 Vgl. hierzu v.a. Schultze (1962) und AHF-Empfehlungen.

9 Zur Edition der Trew-Büchner-Korrespondenz vgl. Mücke/Schnalke (2009); vgl. ferner Schnalke (2002).

Schrift im Originaltext angewandt wird, um es dem Leser zu ermöglichen, die Zweischriftigkeit des Originals in Gestalt des Wechsels zwischen „lateinischer“ und „deutscher“, d.h. gebrochener, Schreibschrift nachzuempfinden. Ein Wechsel zwischen „deutscher“ und „lateinischer“ Schrift innerhalb eines Wortes wird dagegen nicht wiedergegeben: Deutschsprachige bzw. -stämmige Wörter erscheinen durchgehend recte, lateinsprachige bzw. -stämmige sowie französischsprachige bzw. -stämmige Wörter kursiv.

Ferner sei darauf hingewiesen, dass sehr vereinzelt in die originalen Brieftexte eingestreute Schreibungen einzelner Wörter auf Basis des griechischen Alphabets im Transkript nicht beibehalten, sondern eingeschlossen in spitze Klammern in einer gängigen Schreibung auf Basis des lateinischen Alphabets wiedergegeben werden.

– Die Zeilenzählung beginnt mit der ersten Zeile des Briefkopfs. Dies ist im Weiteren die Voraussetzung für die Verwendung von Lemmata (s.u.). Sie erfolgt auf dem linken Außenrand in 5er-Schritten. Dabei ist die erste erscheinende Zahl die „5“. Die Leerzeilen, z.B. zwischen Briefkopf und Brieftext, werden EDV-bedingt mitgezählt. Im Bereich der Handschriftenbeschreibung und des Kommentars zur Textgestaltung wird die Zeilenzählung nicht mehr fortgesetzt, sie endet mit dem Brieftext.

Briefkopf

Im Briefkopf werden zur knappen Einordnung des jeweiligen Briefs in den Briefwechsel, soweit bekannt, folgende Angaben gemacht: Briefnummer, Ausstellungsdatum, Name und Schreibort des Briefautors, Name und Empfangsort des Adressaten. Dabei wird der gesamte Briefkopf gefettet und bis auf die Briefnummer als Editortext kursiv gesetzt.

– Die Briefnummer ergibt sich aus der chronologischen Anordnung der Briefe als selbst vergebener Numerus currens, der nur innerhalb der vorliegenden Edition Bedeutung hat. Die Zuordnung zu der originalen Briefsignatur in der Briefsammlung Trew der UBE (nach Schmidt-Herrling)[10] erfolgt in der Handschriftenbeschreibung im Anschluss an den Brieftext. Darüber hinaus wird im folgenden Unterkapitel ein komplettes Verzeichnis der edierten Briefe geboten, das neben Autor, Empfänger und Datum auch die Signatur der Briefe ausweist.
– Kann wegen eines im Original fehlenden Ausstellungsdatums die Einordnung eines Schreibens in die Chronologie der Korrespondenz nicht

10 Vgl. Schmidt-Herrling (1940).

sicher erfolgen, wird aus dem Inhalt des Briefes auf die wahrscheinlichste Positionierung geschlossen. In diesem Fall steht im Briefkopf an der entsprechenden Stelle ein „*<ohne Datum>*“, wobei die Gründe für die gewählte chronologische Einordnung bei unsicherer Datierung jeweils in der Handschriftenbeschreibung dargelegt werden. Ein nachgestelltes „[!]“ sowie eine Einfassung in doppelte spitze Klammern signalisiert, dass ein von Wagner bzw. Trew angegebenes Datum aufgrund inhaltlicher Zusammenhänge stark anzuzweifeln ist, d.h. mutmaßlich den Briefschreibern selbst eine Fehldatierung unterlief (durch irrtümliche Verdrehung einzelner Ziffern oder vergessene Streichung einzelner Ziffern bei Verbesserungen etc.). In diesen Fällen kann es sein, dass ein Schreiben nicht an der dem vom Briefschreiber vergebenen Datum nach zu erwartenden Stelle in die edierte Korrespondenz eingefügt ist, sondern dort, wo es den inhaltlichen Zusammenhängen nach wohl tatsächlich seinen Platz im brieflichen Austausch innehat. Das Vorgehen der Editorin wird auch hier in jedem Einzelfall in der Handschriftenbeschreibung im Detail erläutert.

- Die Namen von Briefautor und Adressat werden im Briefkopf in ganzer Länge, d.h. mit allen Vornamen, angegeben. Dagegen wird in den Einzelstellenkommentaren etc. in der Regel nur der Familienname verwendet.
- Wenn der Schreib- oder Empfangsort im bzw. auf dem Brieforiginal nicht vermerkt ist, sondern von der Editorin erschlossen wurde, wird er in spitze Klammern gesetzt, so z.B. häufig als Empfangsort Trews „*<Nürnberg>*“.
- Handelt es sich bei dem Schreiben um einen Briefentwurf, so wird dies bereits hier durch die zusätzliche Angabe „*<Entwurf>*“ am Ende des Briefkopfes gekennzeichnet.
- Berücksichtigt werden in der chronologischen Abfolge der Briefnummern auch erschlossene Briefe, die im Briefwechsel selbst erwähnt werden, die aber in keinem Archiv ermittelt werden konnten. Voraussetzung für die Erschließung eines Briefes ist jedoch immer die sichere Aussage des Briefautors oder des Empfängers, dass der Brief tatsächlich abgesandt bzw. empfangen wurde. Reine Absichtserklärungen, einen Brief schreiben zu wollen, werden ebenso wenig berücksichtigt wie Sendungen bzw. Pakete ohne Begleitschreiben. In Fällen, in denen aus dem Textzusammenhang heraus nicht vollständig klar ist, ob es sich bei einer erwähnten getätigten oder empfangenen Mitteilung um eine schriftliche oder mündliche Nachricht handelt, folgt, wenn insgesamt eher von Ersterem auszugehen ist, in der Handschriftenbeschreibung zum auf dieser Basis erschlossenen Schreiben eine Erläuterung der entsprechenden Einschätzung der Editorin. Wenn sich auf den Inhalt des verloren gegangenen Schreibens rückschließen lässt, folgt auf den Briefkopf eine knappe Paraphrasierung des vermutlichen Briefinhalts, die

als Editortext *kursiv* gesetzt wird. In der Handschriftenbeschreibung (s.u.) zu dem erschlossenen Schreiben wird die Quelle genannt, auf die sich die Editorin beim Erschließen des Briefes gestützt hat. Ferner werden dort eine unsichere Datierung kommentiert und, sofern bekannt, gemeinsam mit dem erschlossenen Brief übersandte Beilagen gelistet. Auch erschlossene Briefe erhalten eine Briefnummer im Briefkopf. Zur Unterscheidung von den real vorhandenen Briefen wird diese Nummer um ein nachgestelltes Sternchen ergänzt, z.B. „3*".
Unberücksichtigt bleiben bei Aufnahme erschlossener Briefe in die chronologische Abfolge der Schreiben ferner Hinweise, die sich aus zeitgenössischen Vermerken auf erhaltenen Briefen (am Rand etc.) ergeben können, da diese Vermerke teils nicht immer sicher einer Person zuzuordnen sind, teils sehr schlecht, d.h. oft nicht sicher, lesbar sind.

Textkonstitution

- Briefkopf und Anrede sowie Anrede und Brieftext werden jeweils durch eine Leerzeile voneinander abgesetzt.
- Anrede und abschließende Grußformel werden jeweils unter Beibehaltung des originalen Zeilenumbruchs wiedergegeben. Die Anrede wird dabei linksbündig formatiert, wohingegen die Grußformel entsprechend des handschriftlichen Originals eingerückt wird, um dem originalen Erscheinungsbild, soweit EDV-bedingt möglich, nahezukommen.
- Der Zeilenwechsel im fortlaufenden Text wird dagegen aus Gründen der Platzersparnis nicht originalgetreu wiedergegeben.
- Worttrennungen am Ende einer Briefzeile weisen im Original häufig keinen Trennstrich (oder ein anderes adäquates Zeichen) auf. Daher stellte sich für die Editorin immer wieder die Frage, ob ein bestimmtes Wort vom Autor einfach ohne weitere Kennzeichnung am Zeilenende getrennt wurde oder ob tatsächlich eine Getrenntschreibung vorliegt. In diesen Fällen erfolgt eine Wiedergabe des fraglichen Wortes in der Edition zunächst nach Autorengewohnheit, soweit die Getrennt- bzw. Zusammenschreibung also an einer anderen Textstelle belegt ist, und andernfalls nach heutiger Rechtschreibung.
- Der Seitenwechsel wird im fortlaufenden Text durch zwei senkrechte Striche angedeutet, zwischen denen die jeweilige Seitenzahl zu stehen kommt, z.B. „| 3 |". Dies gilt auch bei Seitenwechseln innerhalb eines Wortes.
- Es wird eine linksbündige Absatzformatierung verwendet. Rechts bleibt ein Flatterrand stehen. Dies ist vom optischen Gesamteindruck her näher am handschriftlichen Original als etwa bei Verwendung eines Blocksatzes.

- Absatzwechsel oder breite Spatien im Originaltext, die in ihrer Funktion einem Absatzwechsel entsprechen, werden auch in der Edition durch einen neuen Absatz kenntlich gemacht.
- Unterstreichungen werden in der Regel beibehalten, auch wenn oft nicht sicher unterschieden werden kann, ob diese vom Autor oder dem Empfänger des Briefes stammen. Liegt die Vermutung nahe, dass es sich um nachträglich durch den Empfänger (oder andere Personen) eingefügte Unterstreichungen (etwa im Vorfeld einer geplanten Veröffentlichung von Teilen des Brieftextes in einer Zeitschrift) handelt, so wird die Unterstreichung im edierten Brieftext, der ja der vom Briefautor abgesandten Version nahekommen soll, nicht beibehalten. Es erfolgen entsprechende Erläuterungen in der Handschriftenbeschreibung.
- Auf lateinsprachigen Zahlen beruhende Datumsangaben in der Schlussformel, z.B. „7br.", werden in der Edition originalgetreu wiedergegeben und in einer zugehörigen Endnote erläutert.
- Hochgestellte Wortbestandteile bleiben hochgestellt. Allein lateinsprachige Ordnungszahlen wie „II^{dum}" bzw. „2^{dum}" werden stillschweigend aufgelöst.
- Römische bzw. arabische Ziffern werden getreu dem Original beibehalten.
- Orthographie und Interpunktion werden grundsätzlich soweit möglich zeichengetreu wiedergegeben, wobei stets zu berücksichtigen ist, dass die rechtschriftliche Schreibweise im achtzehnten Jahrhundert nicht generell standardisiert war und auch individuell nicht stringent gehandhabt wurde. Der daraus resultierende sehr große orthographische Variantenreichtum auch innerhalb eines Schreibens soll durch die Transkription in keiner Weise nivelliert, sondern möglichst genau nachgezeichnet werden. Beispielhaft seien an dieser Stelle einige orthographische Besonderheiten des achtzehnten Jahrhunderts genannt, die sich originalgetreu in der Edition wiederfinden:
  - → Verbformen auf -iren anstatt -ieren: z.B. continuiren, absolviren.
  - → Ausfall oder Einfügen eines unbetonten -e-: z.B. andern, aber: genädig.
  - → Ausfall oder Einfügen eines Dehnungs-h: z.B. Wolgebohren, aber: sonderbahr.
  - → Doppelung von Vokalen oder Konsonanten: z.B. seelig oder Freundschafft.
  - → Verschiebung von Vokalen: z.B. beede, ehistens.
  - → im Vergleich zur heutigen Rechtschreibung Verwendung von ck statt k, ß statt s, th statt t, ÿ statt i etc.: z.B. beschencken, dieße, Theil, beÿgefügt.

Im Folgenden werden weitere Besonderheiten bei Wiedergabe von Orthographie und Interpunktion beschrieben.

- Groß- und Kleinschreibung werden originalgetreu wiedergegeben. In Fällen, in denen eine eindeutige Entscheidung aufgrund des Schriftbildes nicht möglich ist, wird soweit möglich zunächst nach autorenspezifischer Gewohnheit vorgegangen, dann nach heutiger Orthographie normalisiert, d.h. Eigennamen und Substantive sowie am Satzanfang großgeschrieben. Insbesondere bei „Z/z", „V/v", „H/h" und „D/d" sind die Übergänge im Schriftbild im Original vom Klein- zum Großbuchstaben oft fließend: Auch hier steht aber, soweit irgend möglich, eine am Schriftbild orientierte originalgetreue Wiedergabe im Vordergrund, erst zweite Wahl bleibt, in dem Schriftbild nach völlig unentschiedenen Fällen, eine Entscheidung nach autorenspezifischer Gewohnheit bzw. zuletzt nach heutiger Orthographie. Einzig innerhalb von Wörtern wird in jeglichen Zweifelsfällen bevorzugt zugunsten der Kleinschreibung entschieden (eine teilweise Ausnahme hiervon wiederum bilden zusammengesetzte Wörter/ Komposita).
- Eine durchgehende Großschreibung ganzer Wörter zumeist zur Hervorhebung wird beibehalten.
- Getrennt- und Zusammenschreibung des Originals werden beibehalten. In Fällen, in denen eine eindeutige Entscheidung aufgrund des Schriftbildes nicht möglich ist, wird soweit möglich zunächst nach autorenspezifischer Gewohnheit vorgegangen, dann nach heutiger Orthographie normalisiert. Einzig wenn das Verständnis des Textes durch Wortzusammenschreibungen allzu sehr erschwert wird, werden sie korrigiert, z.B. bei „istes" statt „ist es" und ähnlichem, wobei in einer Endnote ein entsprechender Vermerk erfolgt.
- Diakritische Zeichen (Punkte in Form eines Trema etc.) bleiben erhalten (zu Ausnahmen in lateinischen Texten s.u.). Insbesondere auch das vor allem von Wagner verwendete „y mit Trema" (ÿ) bleibt erhalten.
  Umlautbezeichnungen werden einheitlich als „ä/ü/ö" wiedergegeben, d.h. zwischen Punkten, Strichen (etc.) im Original wird diesbezüglich nicht unterschieden. Fehlende i-Punkte und einzelne fehlende Punkte über Umlauten werden stillschweigend ergänzt.
  Zeichen (Bögen etc.), die lediglich zur Unterscheidung von „u" und „n" dienen, bleiben unbeachtet.
- Der Bestand an Konsonanten wird bewahrt. Geminationsstriche über „m" und „n" werden stillschweigend zu „mm" bzw. „nn" aufgelöst.
- Zwischen Lang-s und Rund-s wird nicht unterschieden.
- Dagegen wird ansonsten die unterschiedliche Schreibung der s-Laute (s,ss,ß) in der Edition konsequent beibehalten.

- Im Sinne einer möglichst großen Nähe zum Original werden „U/u, V/v, W/w“ sowie „I/i, J/j“ i.d.R. buchstabengetreu und nicht nach ihrem Lautwert wiedergegeben (zur Wiedergabe von „I/i, J/j“ in lateinischen Texten s.u.). Nur an Stellen, an denen die Briefautoren Wagner und Trew im Schriftbild nicht klar insbesondere zwischen den Buchstaben „U“ und „V“, „u“ und „v“ bzw. auch „I“ und „J“ unterscheiden, erfolgt die Wiedergabe nach dem Lautwert.
- Varianten in der Schreibung von Eigen- und Ortsnamen werden beibehalten und ggf. in der zugehörigen Endnote erläutert. Im Personen- bzw. Ortsregister sind sämtliche Schreibweisen aufgenommen.
- Wort- oder Silbendopplungen (Dittographien) werden ohne Vermerk ausgeschieden. Desweiteren wird die Nennung des ersten Wortes oder Wortbestandteiles der Folgeseite am Ende der vorhergehenden Seite stillschweigend übergangen.
- In französischen Textbestandteilen werden die diakritischen Zeichen/Akzente originalgetreu wiedergegeben (Abweichungen zu heute üblichen Akzentsetzungen etc. können und sollen in vorliegender Edition nicht erläutert werden); bzgl. der möglichst buchstabengetreuen Wiedergabe gelten ansonsten die gleichen Vorgaben wie bei deutschsprachigen Texten.
- In lateinischen Texten wird „j“ mit „i“ wiedergegeben, also auch die Endung „-ij“ als „-ii“; bzgl. der möglichst buchstabengetreuen Wiedergabe gelten auch hier ansonsten die gleichen Vorgaben wie bei deutschsprachigen Texten. Diakritische Zeichen zur Kennzeichnung einer besonderen Länge etc. einzelner Buchstaben werden in lateinischen Texten jedoch nicht wiedergegeben.
- Hinsichtlich der Interpunktion ergeben sich einige Besonderheiten, um einen geeigneten Mittelweg zwischen möglichst großer Nähe zum Original und einer dennoch guten Lesbarkeit zu erreichen:
  → Fehlende Punkte zwischen den Hauptsätzen werden stillschweigend ergänzt, fehlende Kommata in Aufzählungen bzw. vor einem Nebensatz jedoch nicht.
  → Satzzeichen in der Funktion von Binde-/Trenn- oder Gedankenstrichen werden nach heutiger Gewohnheit in den Editionstext als (kurzer) Binde-/Trennstrich „-“ bzw. (langer) Gedankenstrich „–“ eingefügt.
  → Die Anführungszeichen werden nach heutigem Gebrauch wiedergegeben, d.h. sie erscheinen nur am Anfang und Ende einer direkten Rede oder auch eines Zitats.
  → Senkrechte Striche (bzw. selten auch andere Zeichen) in der Funktion von Klammern erscheinen in der Edition durchgehend als runde Klammern; eckige und spitze Klammern (s.u.) werden dagegen als Hilfsmittel von Seiten der Editorin eingesetzt.

→ Die zeittypische Punktsetzung nach Zahlen (laufende Grundzahlen, Jahreszahlen etc.) wird stillschweigend aufgelöst. Fehlende Punkte in Datumsangaben oder nach Ordinalzahlen werden ergänzt.
→ Soweit Abkürzungen in der Edition beibehalten werden (s.u.) folgt an ihrem Ende nach heutiger Gewohnheit einheitlich ein Abkürzungspunkt, d.h. Doppelpunkt oder andere Abbrechungszeichen werden nicht originalgetreu wiedergegeben (bei letzteren auch EDV-bedingt nicht möglich). Insbesondere auch die zeitgenössisch sehr variablen Punktsetzungen bei der Abkürzung für „Postskriptum" können in der Edition nicht wiedergegeben werden, die Wiedergabe erfolgt einheitlich (nach heutiger Gewohnheit) als „PS(:)".

– Abkürzungen und Ligaturen werden bis auf wenige Ausnahmen aufgelöst. Bei Abkürzungen (egal ob ohne Abkürzungszeichen, mit Punkt oder Doppelpunkt bzw. Abbrechungszeichen etc.) erfolgt die Auflösung in der Regel in eckigen Klammern. Dies gilt auch für alle Namenskürzungen in der Unterschrift. Ligaturen dagegen werden in der Regel stillschweigend aufgelöst. Dies gilt insbesondere für „Æ/Œ" bzw. „æ/œ"; unberührt von einer Auflösung bleiben dagegen die Buchstaben „ß" und „w", die sich aus Ligaturen entwickelten.
In Fällen, in denen von den Briefautoren Abkürzungen ohne Punkt (v.a. Namenszusätze wie „Dr" etc.) durch eine Art großzügigen Schwung mit dem folgenden Wort verbunden werden, wird diese Verbindung stillschweigend gelöst.
– Einige sehr häufig wiederkehrende Abkürzungen werden stillschweigend aufgelöst, um den Textfluss nicht durch allzu viele Klammersetzungen zu zerstören. Dies gilt insbesondere auch für alle Abkürzungen aus dem Bereich von Währung, Maßen und Gewichten (soweit sie nicht zu den pharmazeutisch-alchemistischen Zeichen zu rechnen sind). Alle diese Abkürzungen finden sich im Abkürzungsverzeichnis zur Edition gelistet, wobei „Verbindungen von Buchstaben mit besonderen Zeichen" separat gelistet werden. Gegebenenfalls werden die entsprechenden Abkürzungen dem Leser auch als Nachbildungen des Originals dargeboten. Verschleifungen bzw. Haken (Bogen, Unterlänge) am Wortende für das Phonem „-em" oder „-en" werden grundsätzlich ohne weiteren Vermerk stillschweigend nach heutiger Rechtschreibung bzw. Grammatik aufgelöst, wobei auf die zeittypische Verwendung von Akkusativ und Dativ in diesen Fällen nicht eingegangen werden kann.
– Einige sehr häufig wiederkehrende und heute noch gängige Abkürzungen bzw. Ligaturen wie „Dr.", „PS" oder „&"/„&c." werden auch in

der Edition beibehalten. Gleiches gilt, um den Text nicht durch allzu viele Klammern zu unterbrechen, für Abkürzungen bei Angabe von Zeitschriftenbänden etc. Ebenso werden im Originaltext vorhandene vollständige botanische Pflanzennamen (z.T. mit botanischem Autorenkürzel) mit allen Abkürzungen beibehalten, da im Rahmen vorliegender Arbeit keine Erläuterung der ausgetauschten Pflanzen im Sinne von Fragen der Nomenklatur und Klassifikation vorgenommen werden kann und soll (s.u.), insofern auch eine Auflösung der entsprechenden Abkürzungen somit ggf. einem späteren botanisch geschulteren Bearbeiter überlassen bleiben kann und muss. In beiden letztgenannten Fällen gelingt es dem Leser zudem schneller, die Angaben ohne Durchbrechung durch Klammern als Einheit zu erfassen. Alle aus den genannten Gründen in der Edition beibehaltenen Abkürzungen finden sich im Abkürzungsverzeichnis zur Edition separat gelistet. Den Abkürzungen ist in Klammern eine mögliche Auflösung beigestellt (mit Ausnahme des oben letztgenannten Falles, in dem für eine korrekte Auflösung weitere den Rahmen vorliegender Arbeit sprengende Recherchen nötig wären); ggf. werden dem Leser auch Nachbildungen der Originale dargeboten, um die in moderner Typographie nicht nachzuempfindenden Abbrechungszeichen in ihrer Vielfalt zumindest anzudeuten.

- Alchemistisch-pharmazeutische Symbole und Abkürzungen werden in der Edition belassen und jeweils in einer zugehörigen Endnote erläutert. Dies gilt auch für Gewichtssymbole bzw. -abkürzungen aus dem alchemistisch-pharmazeutischen Themenkreis. Alle diese Symbole bzw. Abkürzungen finden sich in einer separaten Übersicht am Ende des Abkürzungsverzeichnisses zur Edition noch einmal zusammengestellt.

- Ist der Text nachweislich unvollständig oder befindet sich eine Lücke im Text (z.B. durch Abriss etc.), so wird dies durch drei Punkte in eckiger Klammer „[...]“ gekennzeichnet und in der Handschriftenbeschreibung erläutert. „[...]“ kennzeichnet in der vorliegenden Edition also ausdrücklich nicht von der Editorin vorgenommene Auslassungen.
- Textergänzungen, die die Editorin im Sinne einer Vervollständigung von Lücken im Text vornimmt, etwa wenn sich das ausgesparte Datum eines im fortlaufenden Text erwähnten eingegangenen Schreibens anhand anderer Briefe rekonstruieren lässt, werden in eckige Klammern gefasst und die Quelle für die Ergänzung in der Handschriftenbeschreibung (s.u.) genannt.
- Komplett unleserliche Wörter oder Passagen (sehr vereinzelt; v.a. in zwei Briefentwürfen Trews, in denen durch zahlreiche Streichungen einzelne Passagen tatsächlich kaum mehr/ überhaupt nicht mehr lesbar sind)

werden durch drei Fragezeichen in einer spitzen Klammer „<???>“ kenntlich gemacht.

- Unsichere Lesungen werden durch ein Fragezeichen in spitzen Klammern „<?>“ hinter dem fraglichen Wort markiert.
- Versehen der Vorlage, z.B. offenkundige Schreibfehler wie vertauschte Buchstaben etc., werden nicht stillschweigend verbessert, sondern werden durch „[!]“ kenntlich gemacht. Grundsätzlich soll „[!]“ im Sinne eines „[sic]“ den Leser darauf aufmerksam machen, dass ein bestimmtes Wort sich so und nicht anders im Originaltext geschrieben findet. Im Rahmen vorliegender Edition kann und soll es jedoch ausdrücklich nicht geleistet werden, von sprachwissenschaftlicher Seite her zu beurteilen, ob in jedem Einzelfall einer ungewöhnlichen Schreibweise (oder grammatikalischen Form) ein Schreibfehler oder doch eine zwar ungebräuchlichere aber dennoch zeitgenössisch zulässige orthographische (oder grammatikalische) Variante vorliegt. „[!]“ macht den Leser also zunächst nur völlig ohne weitere Wertung darauf aufmerksam, dass eine orthographisch (oder grammatikalisch) auf den ersten Blick ungewöhnliche Form sich so und nicht anders im Originaltext findet. Gegebenenfalls folgen Erläuterungen in einer Endnote, etwa wenn eindeutig ein Irrtum in Form vertauschter Buchstaben vorliegt oder aber auch in Fällen, in denen geklärt werden soll, von welcher Form als Grundlage bei Übersetzung lateinischer Texte ausgegangen wurde.

- Nachträge des Briefautors (PS) erscheinen auch in der Edition am Briefende nach Datum und Unterschrift.
- Beilagen, die direkt zum Brief gehören und in der UBE Briefsammlung Trew erhalten sind, z.B. Quittungen und Listen, erscheinen ebenfalls am Briefende nach Datum, Unterschrift und den Nachträgen. Sie erhalten eine eigene Kopfleiste und, im Falle mehrerer Beilagen zu einem Brief, auch eine Nummerierung.
- Zeitgenössische Vermerke auf den Briefen, z.B. der Vermerk des Eingangsdatums mutmaßlich durch den Empfänger, werden in der Handschriftenbeschreibung (s.u.) verzeichnet und dort auch transkribiert, wobei hier die Schriftart nicht berücksichtigt werden kann. Auch Vermerke mutmaßlich des Briefschreibers am oberen oder unteren Rand bzw. als Marginalien, die nicht zum laufenden Brieftext (oder dessen Korrektur) gehören, werden in der Handschriftenbeschreibung verzeichnet (z.B. mitunter bei Nutzung des Randes zur Ausführung von kleinen Berechnungen). Vermerke, die auch im Rahmen der späteren Bearbeitung bzw. Katalogisierung der Korrespondenz, vor allem durch Eleonore Schmidt-Herrling, entstanden sein könnten, werden dagegen nicht berücksichtigt.

Kommentar

Kommentar zu Überlieferung und Handschriftenbeschreibung

Im Anschluss an die Transkription des Brieftextes mit Nachträgen und Beilagen erfolgt zunächst eine knappe Beschreibung der Handschrift. Dabei lassen sich verbindliche Kategorien, die bei jedem Brief vorhanden sind, und optionale Kategorien, die nur in manchen Fällen erscheinen, unterscheiden.

– Verbindliche Kategorien:
  → Siglenvergabe unter dem Gesichtspunkt der Autorisation, d.h. „***H***" für eine vom Autor als fertig betrachtete und abgesandte Endfassung und „***h***" für nicht autorisierte also nicht abgesandte Briefe, hierunter fallen Abschriften von dritter Hand und in der vorliegenden Korrespondenz v.a. die Briefentwürfe Trews
  → Standortnachweis: *„UBE Briefsammlung Trew, Korr. xy, Nr. z"*
  → Kurze Handschriftenbeschreibung unter, soweit vorhanden bzw. relevant, den Aspekten: 1) (Text-)Umfang (in Seiten)/ Vollständigkeit (z.B. *„Ende fehlt"*), 2) Vermerke (s.o.)

  Daraus ergibt sich folgendes Beispiel: ***H*** *UBE Briefsammlung Trew, Korr. Wagner, Nr. 4. 3½ S. mit PS. Vermerk vermutlich von Trews Hand S. 1 oben rechts: „den 4. 8bris 1729".*

– Optionale Kategorien:
  → Quelle: Wenn es sich um einen erschlossenen Brief handelt, aber auch bei erschlossenen Ergänzungen in Textlücken (s.o.), erfolgt hier die Nennung der Quelle/Briefstelle, auf die sich die Editorin bei der Erschließung gestützt hat.
  → Datierung: Bei einer unsicheren Datierung (im Briefkopf s.o. *„<ohne Datum>"*) wird an dieser Stelle die von der Editorin vorgenommene chronologische Einordnung bzgl. der selbst vergebenen Briefnummer begründet.
  → Adresse/Siegel: Sofern auf dem Brief eine Adresse (ggf. mit Postvermerken im Anschluss) vorhanden ist, wird sie hier aufgenommen und wiedergegeben, wobei der Zeilenumbruch durch einen senkrechten Strich gekennzeichnet ist. Auf ein vorhandenes Siegel wird hingewiesen.
  → Postweg: Sofern sich aus Brieftexten sichere Hinweise auf den Postweg ergeben, erfolgt eine Angabe wie z.B. *„durch Boten überbracht"* oder *„als Beilage in einem Paket überbracht"*. Dabei bleiben die Angaben nahe an der Formulierung im Original, eine Standardisierung der Angaben erfolgt nicht, da es eben oft nur Hinweise auf den Postweg sind, sich aber der definitive Postweg daraus nicht immer sicher bestimmen lässt. Gelegentlich finden sich auch im Rahmen der mit angeschlossenen Postvermerken wiedergegebenen Anschrift (s.o.) Hinweise auf den

Postweg (z.B. „par Couvert"), diese werden dann hier nicht erneut aufgenommen.

→ Beilagen: Sofern im Brief weitere Beilagen erwähnt werden, die jedoch nicht mit dem Brief in der Trewsammlung überliefert sind (z.B. Naturalien zum Tausch), werden solche hier unter der Nennung der entsprechenden Textstelle angegeben. Erfasst werden dabei alle mutmaßlich zeitgleich mit dem Brief an dessen Adressaten übersandten Dinge, unabhängig davon ob sie vom Absender selbst stammen bzw. ob sie am Ende auch für den Adressaten des Briefes selbst bestimmt sind, was meint, dass auch Pakete/Briefe von/an dritte Personen z.B. als sog. „Einschluss" hier aufgenommen werden. Nicht immer ist dem Brieftext zudem sicher zu entnehmen, ob darin entsprechend erwähnte (etwa) zeitgleich übersandte Dinge wie Bücher, Naturalien etc. auch gemeinsam mit dem Brief d.h. auf demselben Postweg überschickt wurden (oder ob z.B. ein Bücherpaket nicht gesondert transportiert wurde). Der gemeinsame Postweg ist daher kein Kriterium für die Aufnahme unter „Beilagen", sondern allein die Bezugnahme im Brieftext auf die (in etwa) zeitgleiche Übersendung.

→ Beschreibung von Schäden: Sollte der Text durch bestimmte äußere Einflüsse beeinträchtigt sein, folgen hier nähere Angaben, z.B. „*Textverlust durch Abriss des Seitenrandes*" und ähnliches.

Kommentar zur Textgestaltung

Da die Briefe von Christoph Jacob Trew an Peter Christian Wagner als Entwürfe vorliegen, enthalten insbesondere sie zahlreiche Korrekturen. Vereinzelt gilt dies aber auch für die Schreiben Wagners an Trew, auch wenn es sich dabei um übersandte Endfassungen handelt. Durch die Korrekturen entstehen an den entsprechenden Textstellen gleichsam mehrere Textschichten: Man kann zwischen einer „Grundschicht" (1) und einer „späteren Schicht" (2) unterscheiden. Teilweise ist gar eine noch jüngere Schicht (3) vorhanden. Die Grundschicht kann jeweils theoretisch mit der gedachten Schreiblinie gleichgesetzt werden. Bei der Edition des Brieftextes wird immer die jüngste Variante wiedergegeben, die dem abgesandten Schreiben bei Entwürfen wohl am nächsten kommt. Die vorgenommenen Ersetzungen, Hinzufügungen und Streichungen, also die darunter liegenden Textschichten, werden aber im Kommentar zur Textgestaltung im Anschluss an die Handschriftenbeschreibung verzeichnet, wobei Verbesserungen einzelner Buchstaben im Wort ebenso wie verbesserte Satzzeichen nicht berücksichtigt werden. Wer also die Textentwicklung und die verschiedenen Korrekturen nachvollziehen möchte, kann in den Apparat/Kommentar zur Textgestaltung gehen. Von dort aus wird er durch Lemmata an die entsprechenden Textstellen verwiesen. Ein Verweis aus dem Text in den Apparat erfolgt nicht. Der Verweis im Apparat setzt sich jeweils zusammen aus: „Zeilenangabe: Lemma]“.

Im Kommentar zur Textgestaltung werden folgende editorische Zeichen verwendet:

] Eine nach links offene Klammer kennzeichnet das Lemma.

[gingen] Eckige Klammern markieren den gestrichenen Text.

(1), (2) ... bezeichnen die einzelnen Textschichten. Der von einer vorherigen Textschicht in nachfolgenden Textschichten erhalten gebliebene Text wird im Schriftgrad kleiner (Schriftgrad 10), der neue Text dagegen normal in Schriftgrad 12 gesetzt.

Unleserliche Streichungen ganzer Wörter werden mit „<???>“, unsichere Lesungen in der Streichung mit nachgestelltem „<?>“ gekennzeichnet. Die für die einzelnen Textschichten verwendete Schriftart ist unabhängig vom Brieftext durchgängig recte, Abkürzungen werden im Kommentar zur Textgestaltung stets stumm aufgelöst.

Der Kommentar zur Textgestaltung kann und soll keine Interpretation der zeitlichen Abfolge von Text und Korrektur leisten (etwa im Sinne eines „sofort verbessert“ bzw. „nachträglich verbessert“). Ziel ist es vielmehr, den Leser möglichst genau über die Position der Korrekturvermerke im Text zu informieren und ihn so in die Lage zu versetzen, ggf. selbst derartige Spekulationen anzustellen. Die Angaben zur Position der Korrekturen werden kursiv formatiert und im Anschluss an die Nennung der Korrektur nach einem Doppelpunkt eingefügt. Dabei werden die folgenden sechs Formulierungen verwendet:

1) *korr. im Textfluss* (ausgeschrieben: korrigiert im Textfluss)
2) *korr. zwischen den Zeilen* (ausgeschrieben: korrigiert zwischen den Zeilen)
3) *Streichung zurückgenommen*
4) *erg. am Rand* (ausgeschrieben: ergänzt am Rand)
5) *erg. am Rand im Textfluss* (ausgeschrieben: ergänzt am Rand im Textfluss)
6) *erg. zwischen den Zeilen* (ausgeschrieben: ergänzt zwischen den Zeilen)

Zum besseren Verständnis folgt an dieser Stelle ein einfaches Beispiel zu jeder der sechs Kategorien:

1) Handschrift: Ich ~~gehe~~ ging nach Hause.
Editionstext: Ich ging nach Hause.
Kommentar: ging] (1) [gehe] (2) ging: *korr. im Textfluss*

2) Handschrift: ging
Ich ~~gehe~~ nach Hause.
Editionstext: Ich ging nach Hause.
Kommentar: ging] (1) [gehe] (2) ging: *korr. zwischen den Zeilen*

3) Handschrift: Ich ~~gehe~~ ~~ging~~ nach Hause.
Editionstext: Ich gehe nach Hause.
Kommentar: gehe] (1) [gehe] (2) [ging]: *korr. im Textfluss* (3) gehe: *Streichung zurückgenommen*

4) Handschrift: Ich ging * nach Hause. / *gestern
Editionstext: Ich ging gestern nach Hause.
Kommentar: gestern] gestern: *erg. am Rand*

5) Handschrift: Das Haus wird | gestrichen und
geputzt. |
Editionstext: Das Haus wird gestrichen und geputzt.
Kommentar: gestrichen und] gestrichen und: *erg. am Rand im Textfluss*

6) Handschrift: gestern
Ich ging V nach Hause.
Editionstext: Ich ging gestern nach Hause.
Kommentar: gestern] gestern: *erg. zwischen den Zeilen*

Erläuterungen in Endnoten

Die Endnoten sollen in vorliegender Edition vorrangig Sacherläuterungen zu einzelnen Briefinhalten liefern und stehen im Anschluss an den Kommentar zur Textgestaltung, wobei die Endnotenzählung bei jedem Brief wieder mit „1" beginnt. Ausdrücklich sei bereits hier darauf hingewiesen, dass Erläuterungen zu sprachlichen Aspekten in vorliegender Edition nicht im Vordergrund stehen sollen und können, d.h. aus sprachwissenschaftlicher Sicht evtl. stellenweise durchaus interessant scheinende Aspekte zu Fragen der Etymologie etc. können und sollen hier nicht vorgestellt werden, es erfolgen ggf. allein Verständnishilfen für den Leser im Sinne der Bereitstellung von Übersetzungen bzw. Synonymen (s.u.).

Mittels der Einzelstellen-Kommentare sollen dem Leser der Edition also in erster Linie die einzelnen genannten Personen, Werke, Orte, Pharmaka etc. nähergebracht werden. Dazu erfolgt eine knappe Erläuterung in vollständigen Sätzen. Querverweise stellen später jeweils eine Verbindung zur Erläuterung in der Endnote bei Erstnennung her. Überhaupt folgt die folgende Edition dem Anspruch, jeden einzelnen Brief für sich allein genommen dem Leser zugänglich zu machen, d.h. ein Verständnis auch dann zu ermöglichen, wenn der Leser nicht zuvor die vorausgehenden Briefe durchgesehen hat, weswegen in den Endnoten auch Vor- und Rückverweise zu anderen edierten Briefen mit Zeilennennung erfolgen, um bestimmte Themenstränge innerhalb der Korrespondenz schnell erfassbar zu machen (etwa die Behandlung eines bestimmten Patienten, die über mehrere Briefe hinweg thematisiert wird). Eine Ausnahme bzgl. der Erläuterung in Endnoten bilden die erhaltenen Briefbeilagen (Samenlisten, Krankengeschichten etc.), die transkribiert und übersetzt, jedoch nicht inhaltlich in Endnoten erläutert und in den Registern erfasst werden, um den Endnotenapparat nicht zu überdehnen, zumal ihre inhaltliche Durchdringung im Detail für das Verständnis der fortlaufenden Korrespondenz nicht erforderlich ist, sondern sie sich vielmehr tatsächlich als separat beigegebene Pflanzenlisten bzw. Krankengeschichten verstehen lassen.

– Personen: Personen werden bei ihrer ersten Nennung in der Edition durch kurzbiographische Angaben in der zugehörigen Endnote charakterisiert. Bei späteren Nennungen erfolgt in der dortigen Endnote nur mehr ein Querverweis auf die entsprechende Endnote mit Kurzbiographie bei Erstnennung. Die kurzbiographischen Angaben enthalten im Kern folgende Informationen: Name und Vorname(n), Geburtsjahr und Sterbejahr, Stationen der Ausbildung und des beruflichen Werdegangs, Auszeichnungen wie Titel und Ehrungen, Drittkorrespondenzen der genannten Person mit Trew (soweit in Trewsammlung überliefert), ggf. Erläuterung zu den im Brief beschriebenen Sachverhalten. Als Basis der Personenrecherche dienen die folgenden biographischen Lexika und (Nachschlage-)Werke, deren Einträge zur jeweiligen Person vollständig angegeben werden: *DBA* (verwiesen wird jeweils auf: [Mikrofiche-Nr.] x, Blatt y sowie in Klammern die entsprechenden im DBA erfassten Lexika vorwiegend des achtzehnten und neunzehnten Jahrhunderts gemäß ihrer Kurzbezeichnung im DBA), *ADB* (hier wie bei den folgend genannten Lexika Verweis auf Band und Seite des Eintrags), *NDB*, *DBE*, *Hirsch (1962)* (Biographisches Lexikon der hervorragenden Ärzte aller Zeiten...), *Schmidt-Herrling (1940)* (dort Kurzbiographien der Korrespondenten Christoph Jacob Trews), *Boschung (2002)* (dort Kurzbiographien der Korrespondenten Albrecht von Hallers), *Stadtlexikon Nürnberg*, *Erlanger Stadtlexikon* (bei den beiden letztgenannten Lexika werden die Namen der Verfasser der einzelnen Einträge in der bibliographischen Kurzangabe der Endnote in Klammern genannt, im Literaturverzeichnis unter dem entsprechenden Lexikon alle verwendeten Einträge nach Verfassern geordnet gelistet). Je nach Person können weitere (Nachschlage-)Werke herangezogen und entsprechend angegeben werden, z.B. *Wittern-Sterzel (1999)*. Der Verweis auf archivalische Quellen, biographische Monographien etc. erfolgt nur vereinzelt, also ohne jeden Anspruch auf Vollständigkeit. Ziel vorliegender Edition konnte es nicht sein, ggf. bestehende Lücken in der Erforschung einzelner Personen auf Basis archivalischer Quellen zu schließen. Auch wurden zwar umfangreichere, auch archivalische, Recherchen über die einschlägigen Nachschlagewerke hinaus zu Wagners Familie bzw. einzelnen in der Wagner-Trew-Korrespondenz prominent auftretenden Personen unternommen, doch konnte es nicht geleistet werden, auch alle ‚Randfiguren' (wie z.B. ein in der Kutsche mitgenommener Prediger, ein Hausmädchen etc.), zu denen oft weitere Informationen oder ein vollständiger Name fehlen, durch aufwändige Recherchen zu identifizieren.

- Werke: Zu den in den Briefen genannten Publikationen finden sich in der zugehörigen Endnote bei erster Nennung im Text üblicherweise folgende Angaben: Autor, vollständiger Titel, Ort und Jahr einer möglichst dem Brieftext zeitnahen Ausgabe, Verlag. Eine weitergehende bzw. inhaltliche Würdigung des Werkes wird nur in Einzelfällen gegeben, etwa wenn sich entsprechende Bezüge im vorliegenden Brieftext finden.
- Orte: Orte, die in den Brieftexten genannt werden, werden ebenfalls bei erster Nennung im Text in einer zugehörigen Endnote erläutert. Dabei wird ggf. die geographische Lage der Orte kurz beschrieben und es werden zudem knappe Angaben zu Geschichte, territorialer Zugehörigkeit und zeitgenössischer Bedeutung der Orte gemacht, z.B. als bedeutende Messe- oder Universitätsstadt. Ähnliches gilt bei Länder- oder Gebirgsnamen im Brieftext. Als Basis der Recherche dienen u.a. zum einen unter zeitgenössischem Blickwinkel *Zedler (1732–1754)*, zum anderen die entsprechenden Regionenbände des *Deutschen Städtebuchs* bzw. des *Historischen Atlas von Bayern*.
- Pharmaka: Bei der ersten Nennung im Text wird der Leser in der zugehörigen Endnote knapp über die erwähnten Pharmaka informiert. Ziel ist es nicht, zu allen oft nur unter mehr oder minder vollständiger Bezeichnung genannten Arzneimitteln eine mögliche Zusammensetzung bzw. Rezeptur anzugeben, dies kann und soll nur im Einzelfall geschehen. Vielmehr werden v.a. auf Basis von *Schneider (1968–75)* (Lexikon zur Arzneimittelgeschichte) wesentliche Grundbegriffe bzw. -bezeichnungen, die Hinweis auf eine bestimmte Zubereitungsart bzw. Arzneimittelgruppe geben können (wie z.B. „Tinctura" oder „Tonica"), erklärt. Insbesondere wird auch, sofern einzelne pflanzliche oder tierische Drogen bzw. andere Bestandteile eines Arzneimittels in den Briefen explizit genannt werden, eine kurze Darstellung der Bedeutung dieser Droge etc. im Lauf der Geschichte und v.a. im achtzehnten Jahrhundert (u.a. Nennung in Pharmakopöen, Arzneitaxen) gegeben, wobei

von *Schneider (1968–75)* auch der Verweis auf die entsprechende Gattung und eine Zitatempfehlung für den entsprechenden Artnamen (gekennzeichnet durch ein nachgestelltes „S." für Schneider) übernommen werden (der Artname wird, anders als in der Botanik üblich, hier nicht kursiviert, um die Verwendung und damit auch Bedeutung der kursiven Schrift innerhalb dieser Edition nicht noch weiter auszudehnen). Dazu seien noch drei Hinweise gegeben: 1.) die angegebene Zitatempfehlung für den Artnamen zielt möglichst genau auf die im Brief genannte pflanzliche bzw. tierische Droge ab, auch wenn sich die folgenden Erläuterungen zur Arzneimittelgeschichte z.T., wie bei *Schneider (1968–75)* vorgegeben, an übergeordneten Begriffen/Gruppen (teils die heutige Gattung, teils nur Gruppen mehrerer heutiger Arten, die arzneimittelgeschichtlich länger unter einem Begriff zusammengefasst waren) orientieren, um einen Gesamtkontext herzustellen; 2.) lässt sich nicht eindeutig nur ein Artname zuordnen, so wird dies entsprechend kenntlich gemacht bzw. erläutert; 3.) der angegebene Artname und auch die zugehörige Gattungs- und Familienbezeichnung werden aus *Schneider (1968–75)* übernommen bzw. abgeleitet, sie geben so die gültige botanische Nomenklatur zum Zeitpunkt des Erscheinens dieses Werkes an (daher auch (S.) hinter den Artnamen gesetzt), wobei Änderungen der Nomenklatur seit diesem Zeitpunkt hier nicht berücksichtigt werden können und sollen, da dies den Umfang des Endnotenapparats sprengen würde und auch so, wie schon bei Schneider betont, ein eindeutiger Referenzpunkt gegeben wird. Ferner sei darauf hingewiesen, dass es im Rahmen dieser Edition nicht Ziel sein kann und soll, die heutige Verwendung genannter pflanzlicher und tierischer Drogen etc. auch nur annähernd vollständig zu erläutern; es erfolgen ggf. maximal knappe Hinweise, inwiefern es überhaupt noch zu einer Verwendung kommt. Pharmazeutisch-alchemistische Symbole werden auf Basis von *Schneider (1962)* (Lexikon alchemistisch-pharmazeutischer Symbole) in einer Endnote aufgelöst bzw. erklärt. Im Einzelfall kann ferner ein Verweis auch auf entsprechende Einträge in zeitgenössischen Nachschlagewerken, z.B. bei *Zedler (1732–1754)* bzw. *Sommerhoff (1713)*, erfolgen.

- Naturalien (Pflanzen, Gesteine): Die zugehörige Endnote kann und soll in der vorliegenden Edition die erwähnten Naturalien (v.a. zum Tausch übersandte Pflanzen und Gesteine im Rahmen einer Sammlungstätigkeit) nur knapp in zeitgenössischer Sicht würdigen, d.h. sie liefert ggf., sofern vorhanden, Angaben aus *Zedler (1732–1754)*, die dem Leser einen ersten Eindruck vermitteln und die über die darin z.B. aufgeführten zeitgenössischen botanischen Pflanzennamen (u.a.) als möglicher Ausgangspunkt für eine weitergehende botanische (bzw. geologische/mineralogische) Verortung und Bewertung dienen können. Eine Würdigung aus heutiger Sicht, insbesondere eine

Zuordnung zu heutiger Nomenklatur und Klassifikationssystemen, aber soll im Rahmen des Endnotenapparats vorliegender Edition ausdrücklich nicht geleistet werden, da einerseits aufgrund der teils schwierigen Zuordnung bzw. Übertragung oft umfängliche und den Endnotenapparat allzu stark ausdehnende Erläuterungen notwendig wären, andererseits eine derartige Würdigung aus heutiger Sicht für die Fragestellungen vorliegender Arbeit nicht vorrangig ist und auch daher ggf. späteren Bearbeitern mit tiefergehenden botanischen (bzw. geologischen/mineralogischen) Kenntnissen überlassen bleiben sollte. Vollständige zeitgenössische botanische Pflanzennamen (evtl. mit botanischem Autorenkürzel) im Originaltext bleiben in der Edition daher auch unverändert (unter Beibehaltung der Abkürzungen) stehen.

- Medizinische Begriffe: Auch im Hinblick auf medizinische Begriffe (mit Bezug zu Anatomie, einzelnen Symptomen, Diagnosen…) soll in der vorliegenden Edition ausdrücklich keine Würdigung aus heutiger Sicht erfolgen, sondern der Leser ganz bewusst nur über das zeitgenössische Verständnis im achtzehnten Jahrhundert informiert werden, zumal die Übertragung in heutige medizinische Terminologie und insbesondere heutige Diagnosen oft äußerst problematisch und fehlerbehaftet ist und daher grundsätzlich eher unterbleiben sollte. Die Basis für die Kommentierung bilden hier folglich v.a. die entsprechenden zeitgenössischen Einträge von *Onomatologia Medica Completa*, *Anatomisch-chirurgischem Lexikon* oder ggf. auch bei *Zedler (1732–1754)*. Weiterführende Erklärungen zu einzelnen Sachverhalten unter Rückgriff auch auf den aktuellen Stand der medizinhistorischen Forschung können im Rahmen des Endnotenapparats vorliegender Edition nur vereinzelt und kursorisch geboten werden, also ohne jeden Anspruch auf Vollständigkeit.
- Maße, Gewichte, Geldwesen: Hierbei ist stets zu berücksichtigen, dass bei Maßen und Gewichten sowie im Geldwesen im achtzehnten Jahrhundert zeitlich und räumlich stark unterschiedliche Ausprägungen vorlagen. Im Rahmen der Edition können dem Leser daher in einer zugehörigen Endnote nur knappe und eher allgemein gehaltene orientierende Informationen zu den einzelnen Einheiten und deren zeittypischer Umrechnung geboten werden. Die Basis der Angaben sind passende Einträge bei *Zedler (1732–1754)* bzw. in entsprechenden Handbüchern wie *Trapp/Fried (2006)* und *Trapp/Wallerus (2006)*. Die Angaben zum (Nürnberger) Medizinal- bzw. Apothekergewicht erfolgen nach *Schneider (1962)* bzw. *Sommerhoff (1713)*.
- Sonstiges: Auch sonstige kommentierungswürdige Briefinhalte, z.B. einzelne genannte Buchmessen, erfahren in einer zugehörigen Endnote vorwiegend eine Würdigung aus zeitgenössischer Sicht nach *Zedler (1732–1754)* etc.

Es gilt wie für die gesamte Edition, dass im Rahmen des Endnotenapparats Hinweise auf aktuelle Monographien bzw. Sammelbände zum Thema sowie auf archivalische Quellen nur sehr vereinzelt und kursorisch, d.h. ohne jeden Anspruch auf Vollständigkeit, angebracht werden können. Allein im Bereich der Forschung zu Trew und seinem Korrespondentennetz wird vermehrt auf die aktuelle Literatur zum Thema verwiesen. Die Einbeziehung weiterer in den Brieftexten genannter Schreiben insbesondere Wagners und Trews an dritte Personen bzw. dritter Personen an Wagner und Trew anbetreffend werden diese im Rahmen vorliegender Arbeit berücksichtigt und ggf. auch inhaltlich eingesehen und ausgewertet, sofern sie in der UBE Briefsammlung Trew erhalten sind. Daneben wird wie in der gesamten vorliegenden Arbeit die in der Forschungsbibliothek Gotha erhaltene Wagner-Breyne-Korrespondenz einbezogen.

– Bzgl. weiterer Begriffsklärungen bzw. Übersetzungen wird in der Edition folgendermaßen verfahren:
  → Erklärungsbedürftige, da dem heutigen Sprachgebrauch weitgehend unbekannte, deutschsprachige Begriffe und Wendungen werden dem Leser in einem Endnotenkommentar auf Basis von *Grimm (1854–1960)* knapp (und hier ohne Verwendung von Querverweisen) erschlossen (d.h. ein im vorliegenden Textzusammenhang passendes Synonym etc. wird angegeben; ausdrücklich nicht angegeben werden dagegen etymologische oder begriffsgeschichtliche Hinweise bzw. das vollständige mögliche Bedeutungsspektrum).
  → Einzeln im Text vorkommende (latein- oder französischstämmige) Fremdwörter bzw. fremdsprachige Wörter und auch entsprechende Wendungen (z.B. Präpositionalgefüge u.Ä.) werden dagegen (sofern sie nicht bereits in einer Endnote im Rahmen einer breiter angelegten Sacherläuterung erschlossen wurden), um den Endnotenapparat zu entlasten, dem Leser in einem gesonderten alphabetischen Verzeichnis erschlossen, das sich am Ende vorliegender Arbeit findet. Auch hier wird auf Basis zeitgenössischer Wörterbücher nur ein im vorliegenden Textzusammenhang passendes Synonym bzw. eine entsprechende Übersetzung angeboten, um dem Leser ggf. das Verständnis zu erleichtern. Auch hier können und sollen weder etymologische oder begriffsgeschichtliche Hinweise noch das gesamte Bedeutungsspektrum angegeben werden.
  → Einzelne fremdsprachige, also hier vorwiegend lateinische bzw. selten französische, Sätze oder kurze Textpassagen werden in einer zugehörigen Endnote übersetzt.
  → Komplette fremdsprachige, d.h. lateinische, Brieftexte oder längere Textpassagen erhalten eine geschlossene deutsche Überset-

zung im Anschluss an die Transkription des lateinischen Briefes. Handschriftenbeschreibung und Kommentar zur Textgestaltung folgen unmittelbar unter dem transkribierten Originaltext. Die Endnotenkommentare (d.h. Erläuterungen zu inhaltlichen Aspekten) werden dagegen, um dem Leser eine schnellere und leichtere Orientierung zu ermöglichen, immer dem Übersetzungstext beigestellt. Bei späterem Verweis auf Endnoten zu einem lateinischen Brief sind diese also immer beim Übersetzungstext zu suchen; spätere Verweise auf bestimmte Zeilen bzw. Passagen eines lateinischen Briefes dagegen beziehen sich (sofern nicht ausdrücklich anders vermerkt) immer auf den lateinischen Originaltext.

Register

Am Ende der vorliegenden Untersuchung finden sich zudem ein Personen-, ein Orts- sowie ein Werkregister, wobei alle Register auch die edierten Brieftexte einbeziehen, um eine gezielte Suche und schnelles Nachschlagen zu ermöglichen.

– Personenregister: Die in den Briefen genannten Personen sind alphabetisch nach ihrem Nachnamen aufgelistet, wobei hier die in den biographischen Lexika einschlägigste Namensvariante gewählt wird. Beigefügt sind dabei immer die Vornamen und Lebensdaten. In einer separaten Spalte werden alle weiteren in den Briefen vorkommenden Varianten des Nachnamens verzeichnet. Dahinter werden in einer weiteren Spalte als Stellennachweis Briefnummer und Zeilenangabe geliefert, wo sich die jeweilige Person findet, wobei jeweils nur die (ggf. namentliche) Erstnennung im jeweiligen Brief berücksichtigt wird, da der an einer bestimmten Person interessierte Leser dann ohnehin die anschließenden Passagen einsehen wird. Die Formatierung des Stellennachweises gibt Aufschluss darüber, ob die betreffende Person in den Briefen namentlich oder nicht-namentlich (z.B. nur als „Schwiegervater“) genannt ist und ob sie sicher oder nur wahrscheinlich überhaupt der im Register geführten historischen Person zugeordnet werden kann. Ausführliche Erläuterungen zu den gewählten Formatierungen finden sich noch einmal direkt bei dem Register. Die kurzbiographischen Angaben und damit ggf. auch Erläuterungen zu einer fraglichen Zuordnung zu einer historischen Person findet der Leser stets in der zugehörigen Endnote bei Erstnennung in der Edition. Autoren werden im Personenregister nur aufgeführt, wenn sie namentlich in den Brieftexten erwähnt sind, ansonsten finden sich alle Autoren mit zugehörigen genannten Werken im Werkregister (s.u.). Auf die Nennung der Hauptkorrespondenten Wagner und Trew im Personenregister wird verzichtet. Gleiches gilt für ihre Gattinnen, solange sie nur am Ende der Briefe im Zusammenhang mit dem wechselseitigen Austausch von

Grüßen Erwähnung finden, wohingegen sie im Personenregister vertreten sind, wo sie darüber hinaus in Erscheinung treten. Nicht erfasst werden ferner Personennamen als Teil botanischer Bezeichnungen, wohl aber als Teil von Medikamentennamen bzw. anatomischen Bezeichnungen, da hier teils ein Bezug zum Arzt- bzw. Gelehrtenkreis um Trew und Wagner besteht. Die Personen, die in den edierten Briefen vorkommen, aber im Rahmen der im Umfeld vorliegender Arbeit vorgenommenen Recherchen nicht näher identifiziert werden konnten, d.h. keiner historischen Person unter vollständiger Angabe ihres Namens und soweit bekannt ihrer Lebensdaten zumindest mit einer gewissen Wahrscheinlichkeit zugeordnet werden konnten, finden sich am Ende des Personenregisters separat gelistet.

– Ortsregister: Die in den Briefen genannten Orte (Städte, Dörfer, Länder, Gebirge etc.) sind ebenfalls in alphabetischer Reihenfolge aufgeführt, wobei die jeweils in den Schlusszeilen genannten Schreiborte hier nicht berücksichtigt werden, d.h. auch die Wohnorte der Korrespondenten werden nur da erfasst, wo sie im Fließtext der Briefe genannt werden. Bei ortsgebundenen Einrichtungen (Gebäude, Messen etc.) wird im Ortsregister nur dann auf den zugehörigen Ort verwiesen, wenn dieser auch im Brieftext (direkt oder indirekt) eigens erwähnt ist. Unberücksichtigt bleiben auch Ortsnamen als fester Bestandteil von Werkstiteln, Pflanzennamen, Produktnamen etc. Berücksichtigt werden dagegen durchaus auch indirekte (aber im Zusammenhang klar zuzuordnende) Verweise auf einen Ort (z.B. „hier" u.a., abhängig vom Kontext) bzw. adjektivische Verwendungen von Ortsnamen. Ansonsten wird bei der Formatierung des Stellennachweises und den orthographischen Varianten der Ortsnamen vorgegangen wie im Personenregister. Weitere Erläuterungen finden sich unmittelbar bei dem Register.
– Werkregister: In diesem Register werden hinter den alphabetisch gelisteten Autorennamen jeweils alle in den Briefen genannten Publikationen bzw. Monographien mit ihrem Kurztitel alphabetisch verzeichnet. Auch hier wird bei der Formatierung des Stellennachweises ähnlich wie bei den anderen Registern verfahren, wobei weitere Erläuterungen dazu direkt bei dem Register erfolgen. Die vollständigen bibliographischen Informationen findet der Leser stets in der zugehörigen Endnote bei Erstnennung in der Edition. Beiträge in Zeitschriften werden nicht einzeln erfasst, jedoch findet sich ein Register aller in den edierten Briefen erwähnter Zeitschriften angeschlossen. Ebenso werden im nach Autorennamen alphabetisch geführten Register Gelegenheitsschriften (Leichenpredigten etc.) sowie Auktionskataloge und dergleichen nicht erfasst.

Ein Sachregister zur Edition wird nicht erstellt, da ein übersichtliches und dem Leser gewinnbringendes Register letztlich eine Zusammenführung der sehr hohen Zahl von Einzelnennungen, v.a. an Pharmaka oder Naturalien, unter übergeordnete Schlagworte (etwa Gattungsbezeichnungen etc.) erfordert. Eine solche Zusammenführung ist wiederum erst nach Würdigung gerade der Naturalien (Pflanzen, Gesteine) auch aus heutiger Sicht im Sinne einer Zuordnung zu heutiger Nomenklatur und heutigen Klassifikationssystemen sinnvoll möglich, auf die jedoch aus oben beschriebenen Gründen im Rahmen der vorliegenden Edition verzichtet wird.

6.2 Chronologisches Verzeichnis der edierten Briefe

Es folgt hier ein chronologisches Verzeichnis der edierten Briefe bzw. Briefentwürfe. Entsprechend dem chronologischen Ablauf ist der innerhalb der Edition selbst vergebene Numerus currens in der äußersten rechten Spalte fortlaufend von Nr. 1 bis Nr. 96. Anhand der Tabelle lassen sich schnell Absender und Adressat sowie (Ausstellungs-)Datum und (Schreib-)Ort des jeweiligen Briefes erfassen (bei Briefentwürfen werden ebenfalls Ort und Datum der Schlusszeile übernommen, auch wenn diese selbst nicht abgesandt wurden). Ferner wurde jedem Brief mit seiner Nummer innerhalb der vorliegenden Edition die entsprechende Signaturziffer in der Briefsammlung Trew der Universitätsbibliothek Erlangen-Nürnberg zugeordnet (in Klammern folgen dahinter knappe Angaben zu Seitenzahl und Sprache des jeweiligen Briefes).

Eingegliedert sind in kursiver Schrift in das vorliegende Verzeichnis auch alle erschlossenen Schreiben, die in die Edition mit eigener Nummer (mit beigestelltem *) aufgenommen wurden (hier nur unter Angabe von erschlossenem Absender und Adressat).

Von	An	Datum	Ort	Signaturziffer (UBE BT [Korr. Wagner, Nr. 3–71; Korr. Trew, Nr. 789–795])	Numerus currens (innerhalb der Edition selbst vergeben)
Wagner	Trew	4.10.1729	Pappenheim	4 *(3½ S.)*	1
Trew	Wagner	4.1.1730	Nürnberg	789 *(2 S.)*	2
Trew	*Wagner*				*3**
Wagner	Trew	23.4.1730	Pappenheim	5 *(4 S.)*	4
Trew	*Wagner*				*5**
Wagner	Trew	30.9.1730	Pappenheim	6 *(4 S.)*	6

Von	An	Datum	Ort	Signaturziffer (UBE BT [Korr. Wagner, Nr. 3–71; Korr. Trew, Nr. 789–795])		Numerus currens (innerhalb der Edition selbst vergeben)
Wagner	Trew	14.10.1730	Pappenheim	7	*(4 S. u. 2 S. Samenverzeichnis)*	7
Trew	*Wagner*					*8**
Trew	*Wagner*					*9**
Wagner	Trew	5.2.1731	Pappenheim	8	*(4 S.)*	10
Wagner	Trew	26.2.1731	Pappenheim	9	*(2¼ S.)*	11
Wagner	Trew	1.3.1731	Pappenheim	10	*(2 S.)*	12
Wagner	Trew	27.3.1731	Pappenheim	11	*(4 S.)*	13
Wagner	Trew	12.12.1731	Erlangen	12	*(2½ S. u. Anschrift)*	14
Wagner	Trew	8.2.1732	Erlangen	13	*(2 S.)*	15
Wagner	Trew	-	-	3	*(4 S.; Lat.)*	16
Wagner	Trew	20.11.1733	Erlangen	14	*(2 S.)*	17
Wagner	Trew	20.11.1734	Erlangen	15	*(5 S.; Lat.)*	18
Trew	*Wagner*					*19**
Wagner	Trew	19.7.1736	Erlangen	16	*(4 S.)*	20
Trew	*Wagner*					*21**
Wagner	Trew	28.8.1736	Erlangen	17	*(4 S.)*	22
Wagner	Trew	28.10.1736	Erlangen	18	*(3 S.)*	23
Wagner	Trew	31.10.1736	Erlangen	19	*(7 S.)*	24
Trew	*Wagner*					*25**
Wagner	Trew	7.11.1736	Erlangen	20	*(8 S.)*	26
Trew	*Wagner*					*27**
Wagner	Trew	9.11.1736	Erlangen	21	*(4 S.)*	28
Wagner	Trew	14.11.1736	Erlangen	22	*(4 S.)*	29
Trew	*Wagner*					*30**
Trew	*Wagner*					*31**
Wagner	Trew	21.11.1736	Erlangen	23	*(8 S.)*	32
Trew	*Wagner*					*33**
Wagner	Trew	6.12.1736	Erlangen	24	*(4 S.)*	34
Wagner	Trew	13.12.1736	Erlangen	25	*(4 S.)*	35
Trew	*Wagner*					*36**

Von	An	Datum	Ort	Signaturziffer (UBE BT [Korr. Wagner, Nr. 3–71; Korr. Trew, Nr. 789–795])	Numerus currens (innerhalb der Edition selbst vergeben)
Wagner	Trew	14.12.1736	Erlangen	26 *(4 S. u. 2 S. PS^{tum})*	37
Trew	*Wagner*				*38**
Wagner	Trew	18.12.1736	Erlangen	27 *(4 S.)*	39
Wagner	Trew	22.12.1736	Erlangen	28 *(4 S.)*	40
Wagner	Trew	25.12.1736	Ansbach	29 *(4 S.)*	41
Wagner	Trew	2.1.1737	Erlangen	30 *(4 S.)*	42
Trew	*Wagner*				*43**
Wagner	Trew	4.1.1737	Erlangen	31 *(4 S.)*	44
Wagner	Trew	8.1.1737	Erlangen	32 *(3 S.)*	45
Trew	*Wagner*				*46**
Wagner	Trew	17.2.1737	Erlangen	33 *(4 S.)*	47
Wagner	Trew	1.3.1737	Erlangen	34 *(3 S.)*	48
Trew	*Wagner*				*49**
Wagner	Trew	12.8.1737	Erlangen	35 *(4 S.)*	50
Wagner	Trew	21.10.1737	Erlangen	36 *(1¼ S. u. Anschrift)*	51
Wagner	Trew	23.2.1738	Erlangen	37 *(3 S.; Lat.)*	52
Wagner	Trew	-	-	70 *(3 S.; Lat.)*	53
Wagner	Trew	5.9.1738	Erlangen	38 *(3¼ S.)*	54
Wagner	Trew	18.4.1739	Erlangen	39 *(4 S.)*	55
Wagner	Trew	15.6.1742	Erlangen	40 *(4 S.)*	56
Wagner	Trew	7.9.1742	Erlangen	41 *(3½ S.)*	57
Wagner	Trew	8.3.1743	Erlangen	42 *(3 S.)*	58
Wagner	Trew	9.4.1743	Erlangen	43 *(2 S.)*	59
Wagner	Trew	<12.5.1743> (hier wohl Fehldatierung Wagners)	Bayreuth	45 *(4 S.)*	60
Trew	*Wagner*				*61**
Wagner	Trew	10.5.1743	Bayreuth	44 *(3½ S.)*	62
Wagner	Trew	8.8.1743	Bayreuth (Eremitage)	46 *(2 S.)*	63

Von	An	Datum	Ort	Signaturziffer (UBE BT [Korr. Wagner, Nr. 3–71; Korr. Trew, Nr. 789–795])		Numerus currens (innerhalb der Edition selbst vergeben)
Wagner	Trew	18.10.1743	Bayreuth (Himmelkron)	47	*(4 S.)*	64
Wagner	Trew	5.1.1744	Bayreuth	48	*(4 S.)*	65
Wagner	Trew	17.1.1744	Erlangen	49	*(5 S.)*	66
Wagner	Trew	19.1.1744	Erlangen	50	*(3 S.)*	67
Wagner	*Trew*					*68**
Wagner	Trew	29.2.1744	Erlangen	51	*(2 S.)*	69
Trew	*Wagner*					*70**
Wagner	Trew	21.3.1744	Bayreuth	52	*(3 S.)*	71
Wagner	Trew	7.6.1744	Bayreuth (Eremitage)	53	*(2 S. u. Anschrift)*	72
Wagner	Trew	14.11.1744	Bayreuth	54	*(3 S. u. 2 S. PS^tum^)*	73
Trew	*Wagner*					*74**
Trew	*Wagner*					*75**
Wagner	Trew	24.4.1746	Bayreuth	55	*(4 S.)*	76
Wagner	Trew	4.5.1746	Bayreuth	56	*(5½ S.)*	77
Trew	Wagner	6.5.1746	Nürnberg	790	*(2½ S.)*	78
Wagner	Trew	8.5.1746	Bayreuth	57	*(3½ S. u. 9 S. Krankengeschichte von anderer Hand mit Nachschrift von Wagner; Lat.)*	79
Wagner	Trew	15.5.1746	Bayreuth	58	*(5 S.)*	80
Trew	Wagner	-	-	795	*(4 S.)*	81
Wagner	Trew	9.2.1748	Bayreuth	59	*(4 S.)*	82
Wagner	Trew	13.3.1748	Bayreuth	60	*(2 S.)*	83
Wagner	Trew	29.3.1749	Bayreuth	61	*(4 S.)*	84
Wagner	Trew	20.1.1757	Erlangen	62	*(3 S.)*	85
Wagner	Trew	29.1.1757	Erlangen	63	*(3 S.)*	86
Wagner	Trew	17.3.1757	Erlangen	64	*(3 S.)*	87
Wagner	Trew	30.7.1757	Bayreuth	65	*(4 S.)*	88

Von	An	Datum	Ort	Signaturziffer (UBE BT [Korr. Wagner, Nr. 3–71; Korr. Trew, Nr. 789–795])		Numerus currens (innerhalb der Edition selbst vergeben)
Trew	Wagner	20.8.1757	Nürnberg	791	*(2 S.)*	89
Trew	Wagner	6.4.1758	Nürnberg	792	*(2 S.)*	90
Wagner	Trew	12.4.1758	Bayreuth	66	*(4 S.)*	91
Trew	Wagner	17.4.1758	Nürnberg	793	*(2 S.)*	92
Trew	Wagner	13.10.1758	Nürnberg	794	*(1½ S.)*	93
Wagner	Trew	15.10.1758	Bayreuth	67	*(4 S.)*	94
Wagner	Trew	13.1.1759	Bayreuth	68	*(4 S.)*	95
Wagner	Trew	19.8.1760	Erlangen	69	*(3 S. u. 3 ¼ S. Marmorverzeichnis)*	96

6.3 Chronologische Edition der Briefe (ggf. mit zugehörigen Übersetzungen) – mit Kommentar zu Überlieferung und Handschriftenbeschreibung, Kommentar zur Textgestaltung sowie Sacherläuterungen

1 ***4. Oktober 1729***

Peter Christian Wagner, Pappenheim, an Christoph Jacob Trew, <Nürnberg>

HochEdelgebohrner und Hochgelehrter,
insonders Hochgeehrtester Herr *Doctor*,
Vornehmer Gönner!

Nachdeme ich aus Herrn *Dr. Bruckmanns*[1] Zuschrifft und beÿgelegten *Avertissement*[2] ersehe, daß Ewer HochEdelgeb[ohrn] die *Commission* haben, auf obgedachten Herrn *Doctors II.* Theil seiner Unterirrdischen Schatz-Kammer[3] *Praenumeration* an Zu nehmen, so giebet mir solches schöne Gelegenheit an Handen Ewer HochEdelgeb[ohrn] um Deroselben angenehme *Correspondenz* und fernere *Amitié* an Zu gehen. Insonderheit[4], da ich beÿ meiner Zweÿmahligen Aufwartung, so ich Ewer HochEdelgeb[ohrn] Vor deßen in Nürnberg[5] gemacht, in dero *Museo*[6] Viele *Naturalia* und rare *Cuiositaeten* [!] beobachtet und nicht Zweiffle daß Dießelben dero bereits weit *avancirte* Sammlung fortsetzen, auch andern Liebhabern, gegen *Communication* anderer Ihnen noch fehlender Dinge, Von Dero *Doubletten* | 2 | etwas abgeben werden. Da ich nun ebenfalls bereits Vor einigen Jahren eine kleine Sammlung Von *Conchilien, Insectis, Volucribus, Mineralibus, Terris, Mineris, Lapidibus figuratis & non figuratis, Vegetabilibus, Herbis, radicibus, Lignis, Gummatibus, fructibus & Seminibus exoticis & nostratibus*[7] angefangen und darinnen gerne weiter *avanciren* möchte, so habe mir die Freÿheit nehmen und beÿ dießer Gelegenheit Ewer HochEdelgeb[ohrn] einen Vertausch einiger *Doubletten* Von hießiger[8] und andern Gegenden gegen einige *Norica* und *Altorfina*[9] oder auch andrer *naturalia* Zu *offeriren*. Ich habe alßo nur Zum Anfang einige aus den *Regno Minerali* auf beÿliegenden Zettel *nottiren* und mir ausbitten wollen Ewer HochEdelgeb[ohrn] möchten befehlen welche davon Ihnen gegen einige Von ihren *Doubletten* anständig seÿn möchten, da ich denn so gleich den Anfang machen und solche übersenden wolte. Nechst dießen übersende hierbeÿ 2 Gulden 15 Kreuzer[10] *Praenumeration* Vor ein Exemplar Von obgedachten | 3 | Buche[11] auf *ordinarie* Papier und bitte mir dagegen eine kleine *Schedulam* aus. Solte es Ewer HochEdelgeb[ohrn] nicht *incommodiren*, so wolte Dieselben ersucht haben daß Sie mir Von dem Herrn Verleger gegen willige Zahlung auch den ersten Theil dießes Buchs[12] nebst denen übrigen *Exemplaren* wenn sie fertig Zu senden, Verschrieben[13]. Im übrigen aber bitte ich mir dero angenehme gegenBefehle aus und Versichere daß ich mir es Vor eine Ehre schätze mit aller *Sincerité* Zu seÿn

Ewer HochEdelgeb[ohrn]

Pappenheim eiligst
den 4. *8br.*[14] 1729.

gehorsamster Diener
Dr. Peter Christian *Wagner*,
Consil[iarius] Archiat[rus] &
Phys[icus] Ord[inarius]
Pappenheimensis[15]. | 4 |

PS: Von *Seminibus* und *Fructibus* habe ich 900 gesammlet, und will ich so es beliebet wird meinen *Catalogum*[16] *communiciren.*

***H** UBE Briefsammlung Trew, Korr. Wagner, Nr. 4. 3½ S. mit PS. Vermerk vermutlich von Trews Hand S. 1 oben rechts: „den 4. 8bris 1729"; als Beilagen: Zettel mit Exponaten aus dem Bereich der Mineralien, die Wagner Trew zum Tausch anbietet (Z. 23–26), und eine Vorauszahlung auf Brückmanns Werk „Magnalia Dei in Locis Subterraneis Oder Unterirdische Schatz-Cammer Aller Koenigreiche und Laender" (Z. 27–29).*

---

1 Franz Ernst Brückmann (Bruckmann, Brückman, Bruckman, Bruckmannus) wurde 1697 in Marienthal geboren und starb 1753 in Wolfenbüttel. Er erlangte 1721 in Helmstedt den akademischen Grad des Dr. med. et phil. und war von 1720–1721 in Weferlingen, von 1721–1728 in Braunschweig als praktischer Arzt tätig. 1728 wurde er Stadtarzt in Wolfenbüttel, später auch Assessor am Collegium Medicum Braunschweig und Leibarzt am Hof von Braunschweig-Wolfenbüttel. Seit 1725 war er Mitglied der Leopoldina, seit 1727 der Königlichen Akademie der Wissenschaften Berlin. Brückmann verfasste zahlreiche kleinere Schriften zur beschreibenden Naturwissenschaft v.a. im Bereich der Botanik und Mineralogie sowie Metallurgie. Bekannt wurden auch seine ungarischen Reiseberichte und die ernst-heitere Schrift „Die neu-erfundene Floh-Falle, zu gänzlicher Ausrottung der Flöhe". In der UBE Briefsammlung Trew sind u.a. Briefe Brückmanns an Trew sowie Trews an Brückmann erhalten, daneben auch zwischen Brückmann und Johann Ambrosius Beurer oder Lorenz Heister gewechselte Schreiben; vgl. Boschung (2002), S. 75; Schmidt-Herrling (1940), S. 74–76. – Weitere Einträge zu Franz Ernst Brückmann finden sich in: DBA 150, Bl. 11–100 (Hirsching; Meusel; Hennicke; Schrader; Goetten; Börner; Jöcher/Adelung; Gerber); Hirsch (1962), Bd. 1, S. 731 f.; NDB, Bd. 2, S. 655 f.; DBE, Bd. 2, S. 112.

2 Ein Avertissement war die im 18. Jh. übliche Nachricht vom Erscheinen eines Buches; vgl. Zedler (1732–1754), Bd. 2, Sp. 2152.

3 Brückmann, Franz Ernst: Magnalia Dei In Locis Subterraneis Oder Unterirdische Schatz-Cammer Aller Koenigreiche und Laender: In ausführlicher Beschreibung Aller, mehr als MDC Bergwercke Durch alle vier Welt-Theile, Welche von Entdeckung derselben bis auf gegenwärtige Zeit gebauet worden, und noch gebauet werden, in was Stand sie jemahls gewesen/ und wie sie jetzo beschaffen; was vor Ertze/ Steine und Berg-Arten aus solchen jemahls gewonnen/ und noch zu Tage ausgefördert werden; Nebst Anmerckung aller derjenigen Laender und Oerter/ wo Edelgesteine zu finden; In Geographischer Ordnung und einigen Kupffer-Figuren zu besichtigen. Teil 1 und 2 mit Supplement 1. Braunschweig 1727–1734. – Der erste Teil dieses Werkes erschien 1727, der zweite Teil 1730, das 1. Supplement 1734; vgl. DBA 150, Bl. 26–52 (Börner).

4 „Insonderheit" steht hier für „besonders, speciell, im einzelnen"; vgl. Grimm (1854–1960), Bd. 10, Sp. 2144.

5 Die Reichsstadt Nürnberg (Nürmberg, Nürberg, Nurberg), in Franken am Fluss Pegnitz, lag in der ersten Hälfte des 18. Jh. räumlich zwischen den Markgraftümern Bayreuth und Ansbach. Die dort von den Markgrafen geförderten und teils von Hugenotten aufgebauten Industrien sowie das freizügiger arbeitende Fürth bedeuteten eine zunehmende Konkurrenz für die Reichsstadt, deren wirtschaftliche Hochblüte mit herausragender Bedeutung im Groß- und Fernhandel und ausgeprägter handwerklicher Produktion vor allem vom 14.–16. Jh. angedauert hatte. Unter anderem das Beharren der reichsstädtischen Verwaltung auf dem „Zunftgeist" führte dazu, dass Nürnberg wirtschaftlich dem Merkantilismus der deutschen und europäischen Staaten nicht mehr gewachsen war. Ein Niedergang deutete sich im Anstieg der reichsstädtischen Schulden und einem Bevölkerungsrückgang an. Wichtig für Nürnberg war auch das Buchgewerbe, das noch im 18. Jh. bedeutende Kupferstecher, Drucker und Verleger hervorbrachte. Als sehenswert galten aus zeitgenössischer Sicht besonders die doppelte Stadtmauer Nürnbergs, die Burg und die beiden Hauptkirchen St. Sebald und St. Lorenz; vgl. Zedler (1732–1754), Bd. 24, Sp. 1593–1606; Deutsches Städtebuch, Bd. 5.1 (Bayern T.1), S. 388–421. Zu Nürnberg im 18. Jh. vgl. auch Endres (1988) und Seiderer (1997). – Nachweisen lässt sich ein Besuch Wagners bei Trew in Nürnberg vor 1729 anhand eines Eintrags Wagners in das Stammbuch Trews vom 13. Oktober 1725, in dem er seiner Bewunderung für die Sammlungen Trews mit den Worten Ausdruck verleiht: „Der Wißenschafften Grund ist der Natur Gesetz, / Und dießes lernet man, wenn man Sie recht betrachtet; / Wer aber dieße Müh' aus schnöden Sinn Verachtet, / der bleibet Zweiffelsfreÿ wohl stets ein dummer Götz. / Drum wer Kunst und Natur und ihre Reiche liebt, / Und sich dem Studiren mit allen Fleiß ergiebt; / Der bleibe nur allhier Ein wenig stille stehen, / So wird er Selbiger Verborgne Wunder sehen."; vgl. Stammbuch Trews in der UBE, Handschriftensammlung, Ms. 1471, Blatt 30.

6 Das „Museum" Trews umfasste umfangreiche Sammlungen von Büchern, akademischen Streitschriften, Handschriften, Kupferstichen, gemalten und getrockneten Blumen und Kräutern sowie anderen getrockneten und konservierten Naturalien. Trew vermachte seine Sammlungen der Universität Altdorf. Nach deren Auflösung 1809 setzte eine teilweise Zersplitterung der Bestände ein. 1818 verfügte der bayerische König Maximilian I., dass die Universität Erlangen die noch vorhandenen Bestände erhalten sollte. Die naturkundlichen Objekte gingen dort an einzelne Institute und lassen sich heute kaum mehr nachweisen, die Text- und Bildbestände aber blieben in der Universitätsbibliothek bis heute erhalten: gegenwärtig etwa 34.000 gedruckte monographische Abhandlungen, mehr als 19.000 Briefe und etwa 2.500 Zeichnungen oder Bilder; vgl. Schnalke (1997), S. 34 f. – Ausführlichere Darstellungen der Sammlungen Trews finden sich außerdem bei Schnalke (1995a) und (1995b), weitere Angaben zur Briefsammlung und Bibliothek Trews bei Schmidt-Herrling (1937) und (1940).

7 Wagner zählt hier die Bestandteile seiner kleinen Sammlung auf: „Conchilien/Weichtiere, Insekten, Vögel, Mineralien/Erdsäfte, Erden, unterirdische Erdgewächse (wie Golderde/erz, Bleiglanz, Eisenstein), geformte und ungeformte Steine, überirdische Erdgewächse/Pflanzen, Kräuter, Wurzeln, Hölzer, gummi-/harzartige Stoffe, fremde und heimische Früchte und Samen". – Zu den Sammlungen Wagners ist im Wesentlichen nur bekannt, was sich aus seinen Briefen erschließen lässt. Die Aufstellung der Bestandteile seiner Sammlung, die er hier gibt, weist aber darauf hin, dass auch sie Exponate aus allen drei Reichen der Natur (also der Botanik, der Zoologie und der Mineralogie) enthielt, vgl. dazu auch Brief Nr. 2, Endnote 12.

8 Wagner meint hier die Gegend um Pappenheim (Pappenhemium), seinen Wohnort zu dieser Zeit. Die kleine Stadt Pappenheim, in der Frankenalb am Fluss Altmühl gelegen, unterstand seit ihrer Entstehung bis zur Übernahme durch Bayern stets den Grafen und Herren zu Pappenheim, des römischen Reichs Erbmarschällen, wobei die Stadt als kleine Residenzstadt nicht nur wirtschaftliche Vorteile hatte; vgl. Zedler (1732–1754), Bd. 26, Sp. 692; Deutsches Städtebuch, Bd. 5.1 (Bayern T.1), S. 432–435. Weitere Informationen zur Geschichte des Ortes Pappenheim und der Reichserbmarschälle und Grafen von Pappenheim finden sich bei Schwackenhofer (2002).

9 Wagner meint hier Naturalien aus der Nürnberger (lat.: „Norica") und Altdorfer (lat.: „Altorfina") Umgebung. – Die kleine Stadt Altdorf (Altdorff) wurde im Landshuter Erbfolgekrieg 1504 von Nürnberg erobert und im Kölner Frieden der Reichsstadt zugesprochen, erst 1806 ging sie an Bayern. Altdorf war 1578–1809 Sitz der reichsstädtischen Universität (1578 Akademie, 1622/23 Universität), verfügte über einen Botanischen Garten (1626), ein Anatomisches Theater (1650), ein chemisches Labor (1682) und eine Sternwarte (1711); vgl. Zedler (1732–1754), Bd. 1, Sp. 1597; Deutsches Städtebuch, Bd. 5.1 (Bayern T.1), S. 33–39. Weitere Informationen zur Akademie und Universität Altdorf finden sich auch bei Brennecke (2011).

10 In Süddeutschland rechnete man in der ersten Hälfte des 18. Jh. üblicherweise in Gulden (fl) zu 60 Kreuzern (Kr). Zum Münz- und Währungswesen der Neueren Zeit bis etwa um 1750 und seinen zahlreichen regionalen Abweichungen vgl. ausführlicher bei Trapp/Fried (2006), S. 87–89 nebst Tabelle S. 84–86.

11 Gemeint ist „Magnalia Dei in Locis Subterraneis Oder Unterirdische Schatz-Cammer Aller Koenigreiche und Laender", 2. Teil, von Dr. Brückmann, siehe Endnote 3.

12 Der erste Teil des Werkes „Magnalia Dei in Locis Subterraneis Oder Unterirdische Schatz-Cammer Aller Koenigreiche und Laender" von Dr. Brückmann erschien bereits 1727, siehe Endnote 3.

13 „Verschreiben" steht hier für „schriftlich um etwas ersuchen", d.h. dahinter steht „die vorstellung, dasz durch das schreiben etwas oder jemand herbei geschafft werden soll"; vgl. Grimm (1854–1960), Bd. 25, Sp. 1155.

14 Monatsangaben im Datum wie „8br.", „7br." oder „10br." bzw. auch „Xbr." werden im Editionstext in dieser Form belassen, um dem Originaltext der Briefe möglichst nahe zu kommen. Sie sind aufzulösen als „Octobris", „Septembris" und „Decembris", d.h. „Oktober", „September" und „Dezember".

15 Genannt werden hier die Titel Wagners als Rat, Leibarzt sowie Stadt- und Landphysikus in Pappenheim.

16 Die Aufstellung (lat.: „Catalogus") von Samen und Früchten wird in Brief Nr. 6, Z. 29, wiederaufgegriffen, ist aber selbst im Briefkorpus der UBE Briefsammlung Trew nicht erhalten.

2 — *4. Januar 1730*

Christoph Jacob Trew, Nürnberg, an Peter Christian Wagner, Pappenheim, <Entwurf>

HochEdelgebohrner und Hochgelehrter
mein insonders Hochzuehrender Herr
Doctor!

Daß Euer HochEdelgeb[ohren] geehrtes Schreiben[1] biß anhero Zu beantworten und den Empfang der *Praenumeration* von 2 Gulden 15 Kreuzer[2] auf Herr *Dr. Bruckmans*[3] beschreibung aller Bergwercke *II*ten theil[4] Zu berichten unterlaßen habe will ich lieber selbsten einer nachläßigkeit mich schuldig geben als weitläufftig entschuldigen, obgleich die leztverwichene häuffige herbst Kranckheiten und die dabeÿ *continuirte lectiones anatomicae*[5] mich vielmals verhindert haben, hoffe aber jedoch von Dero sonderbahren Gütigkeit deßwegen *Pardon* Zu erhallten. Gegenwärtig aber dienet Euer HochEdelgeb[ohren] Zur schuldigen Nachricht daß ich das obgedachte Geld an Herr *Dr. Bruckmann* ohnlängst übermachet und Zugleich anfrage gethan habe[6] ob der erste theil[7] vor die jenige welche auf den 2ten *praenumeriren* um den <?> ersten Preiß nach erlaßen wird[8], hoffe auch ehistens deßwegen antwort Zu erhallten[9], und werde so dann nicht ermangeln auch davon nachricht Zu ertheilen[10]. | 2 | Was das *commercium*, welches Euer HochEdelgeb[ohren] mir gütigst angebotten, anlanget,[11] so erstatte deßwegen gehorsamsten Danck und wird es eine Ehre vor mich seÿn davon Zu *profitiren*. Nur muß ich so viel berichten daß, ob ich gleich Zu meiner *curiosität ex triplici Regno naturae*[12] *colligire* was mir Zu handen kommt,[13] doch die *collectio ex Regno minerali* die schwächste beÿ mir ist also daß ich darinnen wenig besize womit ich mich unterstehen dürffte aufzuwarten, hingegen Belaufft sich der *numerus seminum collectorum* gegenwärtig auf 12000 und wächset jährlich durch meine *correspondenz* nach Franckreich[14]. Wollten nun Euer HochEdelgebohren die güte haben und mir den *catalogum* von Dero *collection* Zuschicken,[15] so werde ich was darinnen abgehet und ich besize Zu übermachen nicht ermangeln.[16] In erwartung einer Geneigten antwort[17] verharre mit aller ergebenheit

Euer HochEdelgeb[ohren]
meines Hochgeehrten Herrn *Dris.*

Nurb[erg] den 4. *Ian[uarii]* 1730

gehorsamster diener
Chr[istoph] Jac[ob] Treu

***h** UBE Briefsammlung Trew, Korr. Trew, Nr. 789. 2 S. Anschrift Wagners S. 2 links seitlich: „A Monsieur | Monsieur le Docteur Wagner | Conseiller et medicin de son | Excellence Illustrissime Monseigneur | le Comte de Pappenheim | à | Pappenheim“; Datumsvermerk von Trews Hand S. 1 oben rechts: „den 4. Ian[uarii] 1730“.*

8 biß anhero Zu beantworten] (1) [ich] biß anhero Zu beantworten (2) biß anhero Zu beantworten
10 beschreibung aller Bergwercke] (1) [magnalia] (2) beschreibung aller Bergwercke: *korr. im Textfluss*
10 will ich lieber selbsten] (1) [,kan ich selbsten] (2) will ich lieber selbsten: *korr. im Textfluss*
15 an Herr Doctor Bruckmann] (1) [nebst] (2) an Herr Doctor Bruckmann: *korr. im Textfluss*
15 ohnlängst] ohnlängst: *erg. am Rand*
16 ob der] (1) [wie hoch <?>] (2) ob der: *korr. im Textfluss*
17 nach erlaßen wird] (1) [erlaßen <???>] (2) nach erlaßen wird: *korr. im Textfluss*
18 antwort] (1) [Nachricht] (2) [in balden antwort]: *erg. am Rand im Textfluss* (3) antwort: *erg. am Rand im Textfluss, Streichung zurückgenommen*
19 gütigst] gütigst: *erg. zwischen den Zeilen*

21 muß ich so viel berichten] (1) muß ich [Euer HochEdelg] so viel berichten (2) muß ich so viel berichten
22 doch] (1) [daß] (2) doch: *korr. im Textfluss*
24 seminum collectorum] (1) [der <???> colle] (2) seminum collectorum: *korr. im Textfluss*
25 jährlich] (1) [täglich] (2) jährlich: *erg. am Rand im Textfluss*
27 werde ich was] (1) werde ich [alles] was (2) werde ich was
27 besize] (1) [in] (2) besize: *korr. im Textfluss*

---

1 Gemeint ist hier das Schreiben Wagners vom 4.10.1729 siehe Brief Nr. 1.
2 Siehe dazu Brief Nr. 1, Z. 27–29; zu den Währungseinheiten siehe Brief Nr. 1, Endnote 10.
3 Zur Person von Franz Ernst Brückmann (1697–1753) siehe Brief Nr. 1, Endnote 1.
4 Gemeint ist hier Brückmanns Werk „Magnalia Dei in Locis Subterraneis Oder Unterirdische Schatz-Cammer Aller Koenigreiche und Laender". Siehe dazu Brief Nr. 1, Endnote 3.
5 Trew hielt zu dieser Zeit gerade im Winterhalbjahr in Nürnberg anatomische Lehrsektionen (lat.: „lectiones anatomicae") für künftige Wundärzte, Hebammen und naturkundlich interessierte Künstler ab; vgl. dazu Schnalke (1997), S. 31.
6 Ein solches Schreiben Trews an Dr. Brückmann ist in der UBE Briefsammlung Trew nicht erhalten; vgl. Schmidt-Herrling (1940), S. 619.
7 Gemeint ist hier der erste Teil des Werks „Magnalia Dei in Locis Subterraneis Oder Unterirdische Schatz-Cammer Aller Koenigreiche und Laender" von Dr. Brückmann. Siehe dazu Brief Nr. 1, Z. 29–31 und Endnote 12.
8 Gemeint ist hier wohl, dass erwartet wird, dass bei Anzahlung auf den zweiten Teil des Werks der Kaufpreis des ersten Teils sinkt.
9 Ein solches Schreiben Dr. Brückmanns an Trew ist in der UBE Briefsammlung Trew nicht erhalten; vgl. Schmidt-Herrling (1940), S. 75.
10 Ein Brief dieses Inhalts ist in der UBE Briefsammlung Trew nicht erhalten. Es könnte sich aber um das nicht erhaltene Schreiben Trews an Wagner Nr. 3* vom 8.4.1730 handeln. In Bezug darauf wird eine beigelegte Sendung Dr. Brückmanns an Wagner erwähnt. Siehe dazu Brief Nr. 4, Z. 8–10.
11 Gemeint ist hier ein von Wagner an Trew herangetragener Austausch von Naturalien. Siehe dazu Brief Nr. 1, Z. 17–27.
12 Im 18. Jahrhundert wurde auch die „Materia Medica" (d.h. die Hilfsmittel der Medizin mit heilender Wirkung) nach ihrer Herkunft in drei Reiche unterteilt: erstens das Regnum vegetabile, d.h. die Botanik, zweitens das Regnum animale, d.h. die Zoologie, und drittens das Regnum minerale, d.h. die Mineralogie; vgl. Zedler (1732–1754), Bd. 19, Sp. 2019–2024. – Trew deutet an dieser Stelle an, in seiner Naturaliensammlung Stücke eben aus allen diesen drei Reichen der Natur (lat.: „ex triplici Regno naturae") vereinen zu wollen.
13 Zu den vielfältigen Sammlungen Trews im Überblick siehe Brief Nr. 1, Endnote 6.
14 Trew unterhielt in Frankreich zu dieser Zeit beispielsweise eine Korrespondenz mit dem Arzt und Botaniker Bernard de Jussieu (1699–1777 bzw. 1776?), der seit 1726 im botanischen Garten zu Paris wirkte; vgl. Schmidt-Herrling (1940), S. 316 u. 627. – Frankreich (Franckreich) wird in Zedlers Universallexikon aus der ersten Hälfte des 18. Jahrhunderts als „eines der schönsten Länder und grösten Königreiche in Europa" beschrieben, da es neben der Hauptstadt Paris zahlreiche weitere große Städte (Lyon, Toulouse u.a.), zudem viele Universitäten (z.B. in Paris, Montpellier, Avignon) und zahlreiche Häfen (wie z.B. in Marseille) aufweise. Nach der langen Regierungszeit Ludwigs XIV. von 1643–1715 wurde Frankreich seit

1715 von Ludwig XV. (1715–1774, 1723 großjährig), ebenfalls aus der Bourbonischen Linie stammend, regiert. Unter ihm erlitt die Krone trotz des von Kardinal Fleury (leitender Minister 1726–1743) bewirkten wirtschaftlichen Aufschwungs und der Konsolidierung der Staatsfinanzen einen zunehmenden Machtverfall, ausgelöst von des Königs Willkür- und Mätressenherrschaft sowie seiner kostspieligen Kriegs- und Kolonialpolitik; vgl. Zedler (1732–1754), Bd. 9, Sp. 1727–1737; Brockhaus, Bd. 7, S. 548.

15 Siehe dazu Brief Nr. 1, Z. 44 f., und Brief Nr. 6, Z. 29. Das von Wagner im weiteren Verlauf an Trew gesandte Verzeichnis seiner gesammelten Früchte und Samen ist im Briefkorpus der UBE Briefsammlung Trew nicht erhalten. – Zu den Sammlungen Wagners siehe Brief Nr. 1, Endnote 7.

16 Trew übersandte in der Folge immer wieder Samen an Wagner. Siehe dazu zum Beispiel Brief Nr. 4, Z. 8 f.

17 Dieses Antwortschreiben Wagners wäre wohl vor das nächste Schreiben Trews vom 8.4.1730 zu datieren, ist aber nicht erhalten und es gibt auch keinen direkten Hinweis darauf in den erhaltenen Brieftexten. Dennoch ist davon auszugehen, dass aufgrund der inhaltlichen Zusammenhänge dem Brief Trews vom 8.4.1730 ein Antwortschreiben Wagners vorausging, das möglicherweise auch den Samenkatalog Wagners enthielt.

3* — ***8. April 1730***

Christoph Jacob Trew, <Nürnberg>, an Peter Christian Wagner, <Pappenheim>

Trew bat Wagner in diesem Schreiben u.a. um Übersendung von Species Capsici.

Erschlossen nach Brief Nr. 4, Z. 8–10; als Beilagen: Samen und ein Einschluss von Franz Ernst Brückmann (vgl. Brief Nr. 4, Z. 9 f.).

4 — ***23. April 1730***

Peter Christian Wagner, Pappenheim, an Christoph Jacob Trew, <Nürnberg>

HochEdelgeb[ohrner] und Hochgelehrter,
Insonders Hochgeehrtester Herr *Doctor*
Hochgeschätzter Freund und Gönner!

Ewer HochEdelgeb[ohrn] Hochwerthestes Vom 8. dießes[1] habe Vergangenen 19ten samt beÿgefügten schönen und raren Saamen und dem Einschluß[2] Von Herrn *Dr. Brückmann*[3] aus Wolffenbüttel[4] wohl und mit Vielen Vergnügen erhalten. Die neuen Saamen-Sorten[5], womit Sie mich gütigst Zu beschencken beliebet, haben mich dermaßen erfreuet, daß ich Denenselbigen dafür den schönsten und Verbindlichsten Danck erstatte und Zu gleich alles was in meinen wenigen Vermögen stehet Zu Dero ange| 2 |nehmen Diensten anerbiete. Ich werde die meisten davon säen und erfahren, ob sie sich auch in unßern Erdreich fortpflantzen laßen. Die Verlangten *Species Capsici*[6] sende hier beÿ folgend um so Viel williger, jemehr ich wünsche, daß ich nur etwas besitzen möchte, Damit ich mir Dero fernere *Amitié* und Gewogenheit Verdienen könte. Die noch hin Zu gefügte wenige andere Saamen habe erst Vor wenig Tagen aus Italien[7] erhalten, solte es Zu spate seÿn die *Melonen* und *Angurien*[8] Zu setzen, so wird es übers Jahr noch taugen, denn dieße Saamen bleiben et[liche] Jahre gut. Nechst dießen übersende noch ein schönes Täfflichen Von der weißen und ein wenig *marmorirten* Thon Erde Von Schwar| 3 |zenfeld ohnweit Eger[9], welche im Feuer gar sehr dauerhafft ist und woraus Vermuthlich die Egerer Sauer-Waßer-Krüge[10] Verfertiget werden. Ich bitte um Verschiedene Erden-Muster und Sand aus den Nürnberg[ischen][11] so Von Herrn *Dr. Baier*[12] in seiner *Oryctogr[aphia]*[13] beschrieben werden, ich diene gerne dafür mit anderen *Naturalibus* und *figuratis*. Von Altdorffischen[14] *Fossilibus* mögte ebenfalls etwas haben und gegen hieländische[15] Vertauschen: Haben Ewer HochEdelgeb[ohrn] davon nichts übrig, so bitte mir wenigstens Jemand Zu Zu weißen, mit deme ich ein dergleichen *Commercium* haben könte. Solte *C[aspari] Bauhini*[16] *Pinax Theatr[i] Botan[ici]*[17] beÿ denen Nürnberg[ischen] *Antiquariis* einmahl gebunden Vorkom| 4 |men, so bitte solchen für mich um billigen Preiß Zu erhandlen, ich Versichere daß ich die Auslage sogleich mit allen Danck *restituiren* und jeder Zeit mit Vieler Hochachtung unausgesetzt Verharren werde

Ewer HochEdelgeb[ohrn]

eiligst
Pappenheim
den 23. *Apri[lis]*
1730.

gehorsamster
Diener
Dr. P[eter] C[hristian] Wagner.

***H** UBE Briefsammlung Trew, Korr. Wagner, Nr. 5. 4 S. Vermerk vermutlich von Trews Hand S. 1 oben rechts: „den 23. Apr[ilis] 1730“; als Beilagen: Samen der Species Capsici (Z. 15–17) sowie Melonen- und Angurien-Samen aus Italien (Z. 17–19), außerdem ein Täfelchen Tonerde von Schwarzenfeld bei Eger (Z. 20–22).*

---

1 Gemeint ist hier der in der Briefsammlung Trew der UB Erlangen nicht erhaltene Brief Trews an Wagner Nr. 3* vom 8. April 1730. Noch vorliegend ist dagegen ein weiter zurückliegender Brief Trews an Wagner vom 4. Januar 1730 siehe Brief Nr. 2.

2 „Einschluß“ steht hier, wie „Einschlag“, für den „einschlusz des briefes“, d.h. den „einschlag eines briefes in den andern“; vgl. Grimm (1854–1960), Bd. 3, Sp. 272 und Sp. 280.

3 Zu Franz Ernst Brückmann (1697–1753) siehe Brief Nr. 1, Endnote 1. – Der hier erwähnte, jedoch in der UBE Briefsammlung Trew nicht erhaltene Einschluss Brückmanns an Wagner bezog sich eventuell auf das Interesse Wagners an dessen Werk „Magnalia Dei in Locis Subterraneis Oder Unterirdische Schatz-Cammer Aller Koenigreiche und Laender“, vgl. dazu Brief Nr. 1, Z. 8–10 und Z. 27–32.

4 Wolfenbüttel (Wolffenbüttel), das sich als Stadt aus einer am Fluss Oker gelegenen Wasserburg entwickelt hatte, war seit 1432 alleinige Residenz des Teiles des Gesamtherzogtums Braunschweig-Lüneburg, welches 1495 nach der Residenzburg Fürstentum Wolfenbüttel genannt wurde. Als besonders sehenswert galten in der ersten Hälfte des 18. Jahrhunderts das Schloss, die umfangreiche und berühmte Bibliothek (Herzog August Bibliothek) sowie eine Raritätenkammer; vgl. Zedler (1732–1754), Bd. 58, Sp. 803–837; Deutsches Städtebuch, Bd. 3.1 (Niedersachsen und Bremen), S. 387–394.
5 Siehe Liste in Brief Nr. 7, Z. 46–60, welche zumindest die im weiteren Verlauf bei Wagner nicht gediehenen dieser hier erwähnten Samen im Einzelnen nennt.
6 Zedlers Universallexikon kennt den Brasilienpfeffer, lateinisch Capsicum, auch genannt u.a. Pfeffer aus Brasilien oder aus Guinea, (runder) Indianischer Pfeffer, Spanischer Pfeffer, Schoten-Pfeffer, Teutscher Pfeffer; Capsicum siliquis longis propendentibus, Pit. Tournef.; Piper Indicum vulgatissimum, C.B. Alle Teile des Gewächses, das zunächst in Goa und anderen Orten Asiens angebaut worden sei, inzwischen aber auch in anderen warmen Ländern gezogen werde, seien sehr scharf, insbesondere aber die Frucht in Form einer langen Hülse. Gebraucht würden insbesondere diese Hülsen, die den Kräften nach dem rechten Pfeffer sehr nahe kämen und den Magen stärkten. Ferner wird eine Wirkung u.a. bei Wassersucht, Flecken der Haut und harten Geschwulsten beschrieben. Aufgrund der großen Schärfe würden die Hülsen vorwiegend in Zucker eingelegt oder mit Essig und Fenchel eingemacht verzehrt. Das Wort „Capsicum" komme von „Capsa" (Schachtel), da die Samen der Pflanze wie in einem Futteral steckten; vgl. Zedler (1732–1754), Bd. 4, Sp. 1102–1104.
7 Italien wird in Zedlers Universallexikon aus der ersten Hälfte des 18. Jahrhunderts als „eines derer schönsten Theile von Europa" beschrieben, sei aber noch „in viele Staaten getheilet". Tatsächlich kam es im Zusammenhang mit dem bourbonisch-habsburgischen Ringen um das spanische Erbe nach Aussterben der spanischen Habsburger sowie dem zeitgleichen Aussterben der meisten einheimischen Dynastien (außer Savoyen) ab 1700 zu tiefgreifenden territorialen Herrschaftswechseln. Erst 1748 wurden nach mehrfachem Ländertausch im Aachener Frieden die Territorialverhältnisse abschließend bestätigt, woran sich für die meisten italienischen Staaten eine längere Friedenszeit anschloss. Für besonders bemerkenswert hielt man im 18. Jh. in Bezug auf Italien das milde Klima und die außergewöhnliche Fruchtbarkeit des Landes, was den Anbau von Getreide, Wein, Öl, Zitronen und überhaupt vielfältigen Früchten erlaube, weswegen Italien auch als „Paradies der Welt" bezeichnet werde. In den Gebirgen könnten Marmor und Alabaster gewonnen werden. Ferner wird auf die alten römischen Monumente und die Vielzahl an Städten wie Rom, Florenz, Neapel hingewiesen; vgl. Zedler (1732–1754), Bd. 14, Sp. 1425–1430; Brockhaus, Bd. 11, S. 18–20.
8 Zedlers Universallexikon kennt Melonen, lat. Melo, auch genannt u.a. Melaunen, Pfeben, Plutzer, Türckische Cucumern, Meer-Cucumern; Melo vulgaris, C.B. Dies seien Sommer-Früchte, die z.T. mit „Kürbsen", bzgl. Blättern und Blüten aber vor allem mit Gurken Ähnlichkeit haben. Die Früchte seien an Gestalt und Größe sehr verschieden. Man kenne Mayländische und Bolognesische Melonen, Melonen aus Ungarn, Persien und anderswo. Der Anbau eigener Melonen hierzulande sei „ein Meisterstück in der Gärtnerey": Die Samen seien im „halben Mertzen" in ein Mistbeet zu pflanzen und mit einem Glasfenster für ausreichend Wärme zu sorgen. Verzehrt würden die Melonen u.a. mit Zucker, Salz oder Pfeffer, z.T. auch in Zucker oder Essig eingemacht oder getrocknet. Sie hätten feuchtende und kühlende Kraft, stillten den Durst, linderten die Hitze des Magens und der Leber und beförderten den Urin, z.T. würden auch die Schalen therapeutisch eingesetzt; vgl. Zedler (1732–1754), Bd. 20, Sp. 546–553. – Zedlers Universallexikon kennt Angurien, lat. Citrullus, auch genannt u.a. Citrulle, Cytrulle, Indianischer Kürbiß, Erd-Apffel oder Wasser-Melone; Anguria Citrullus dicta, C.B. Pit. Tournef.; Citrullus folio colocynthidis secto, semine nigro, quibusdam Anguria, J.B. Es sei ein Gewächs mit einer dicken runden Frucht mit harter Schale von dunkelgrüner Farbe mit hellgrünen oder weißen Flecken. Man finde es in Italien und Frankreich. Eigenschaft und Wirkung sei der der Melonen gleich, insbesondere würde der Saft aus dem Fleisch zur

Abkühlung bei Fiebern gebraucht, der Samen zähle in den Apotheken unter die vier großen kühlenden Samen; vgl. Zedler (1732–1754), Bd. 6, Sp. 187 f.
9 Eger, gelegen am gleichnamigen Fluss Eger, entstand als Kaufmannssiedlung bei der als Mittelpunkt der Region Eger errichteten Burg (1125). Einst (seit Mitte des 12. Jh.) unmittelbar zum Reich gehörig und 1277 Reichsstadt geriet Eger seit Ende des 16. Jahrhunderts zunehmend in Abhängigkeit von Böhmen. Dies geschah vor allem im Rahmen der Gegenreformation als politischem Instrument und durch den Ausbau zu einer habsburgischen Grenzfestung während des Dreißigjährigen Krieges. 1806 schließlich wurde Eger rechtlich voll in Böhmen eingegliedert. Zedlers Universallexikon aus der ersten Hälfte des 18. Jahrhunderts beschreibt Eger als eine „ansehnliche und wohl befestigte Stadt", gelegen nicht weit östlich der Grenze des Markgraftums Bayreuth. Sie sei bekannt für ihren Sauer-Brunnen, der wegen seiner Qualität bis in entfernte Orte exportiert werde; vgl. Zedler (1732–1754), Bd. 8, Sp. 297 f.; Brockhaus, Bd. 6, S. 117. – „Schwarzenfeld ohnweit Eger" meint evtl. das heutige Markt Schwarzenfeld, Landkreis Schwandorf, Regierungsbezirk Oberpfalz, Bayern. Ein „Schwarzenfeld" in der unmittelbaren Umgebung Egers ließ sich im Rahmen der Recherchen zu vorliegender Edition nicht nachweisen, z.B. bei Proekl (1845), insbesondere auch nicht als Herkunftsort der Tonerde der Sauerwasserkrüge. Daher ist evtl. auch eine Verwechslung Wagners denkbar; vgl. dazu auch Endnote 10.
10 Es handelt sich hier um Krüge für das Egerer „Sauer-Waßer", d.h. „wasser eines sauerbrunnens"; vgl. Grimm (1854–1960), Bd. 14, Sp. 1875. – Zedlers Universallexikon aus der ersten Hälfte des 18. Jahrhunderts beschreibt den Egerer Sauerbrunnen als eine Quelle von der täglich große Mengen Wasser abgefüllt würden und die sich etwa eine Stunde nördlich von Eger befinde. Das Wasser enthalte u.a. Vitriol und Schwefel. Es helfe bei verschiedensten Symptomen, u.a. bei Husten, Mattigkeit und Appetitlosigkeit, bzw. Krankheiten, z.B. einigen des Magens, der Leber und der Milz; vgl. Zedler (1732–1754), Bd. 34, Sp. 306–308. Weitere zeitgenössische Darstellungen zum Egerer Sauerwasserbrunnen und seiner medizinischen Verwendung liefern Wider (ca.1730) und Starckmann (1750). – Zum Egerer Sauerbrunnen, dem späteren Franzensbad, und dem Versand in Steinzeugflaschen vgl. insbesondere Brinkmann (1984), aber auch Proekl (1845), Bd. 2, S. 11 und S. 196–201, sowie Sturm (1951–52), Bd. 2, S. 241 und S. 319 f. Die irdenen Krüge für die seit Anfang des 17. Jh. betriebene Versendung des Sauerbrunnens wurden zunächst im sächsischen Waldenburg gefertigt und von egerischen Zinngießern mit Gewinde-Monturen versehen. 1723 errichtete die Stadt Eger dann in Höflas, nur eine halbe Stunde vom Brunnen entfernt, eine eigene „Flaschenbrennerei", um eine gewisse Unabhängigkeit von den Waldenburger Töpfern zu erreichen. Der Ton für die Flaschen wurde aus Wildstein in der Nähe von Eger bezogen. Bei Proekl (1845), Bd. 2, S. 11, heißt es dazu: „Das mächtige Thonlager bei Kinsberg und Wildstein liefert vorzüglichen Töpferthon zur Erzeugung der sogenannten Waldenburger (steinernen) Krüge zur Sauerbrunnenversendung, [...]. Er hat eine hellgraue Farbe, ist im Bruche matt, erdig, und fühlt sich fett und fein; er führt Spuren verwesener Pflanzenwurzeln, deßhalb die Töpfergeschirre früher kleine Löcher erhielten, bis endlich diesem Gebrechen dadurch vollkommen abgeholfen wurde, daß man den Thon ausgräbt und ihn längere Zeit dem Einwirken der Witterung aussetzt, wodurch er in eine Art Fäulung übergeht und die Wurzeltheile zerstört". – Als Herkunftsort des Tons für die Egerer Sauerwasserkrüge wird in der im Rahmen vorliegender Edition ausgewerteten Literatur also stets das nahe Eger gelegene Wildstein (heute tschech. Skalná) genannt. Da es auch ein Dorf Wildstein, gelegen ebenso wie Schwarzenfeld im heutigen Landkreis Schwandorf, Regierungsbezirk Oberpfalz in Bayern, gibt, scheint es auch nicht ausgeschlossen, dass Wagner hier fehlerhafte geographische Bezüge herstellte.
11 Zu Nürnberg siehe Brief Nr. 1, Endnote 5.
12 Johann Jacob Baier wurde 1677 in Jena geboren und starb 1735 in Altdorf. Er studierte in Jena und Halle. Ab 1701 war er zunächst Arzt in Nürnberg, dann Stadtarzt in Regensburg. 1704 wurde er Professor der Medizin an der Universität von Altdorf. Ferner war er Mitglied und später ab 1730 auch Präsident der Kaiserlichen Akademie der Naturforscher, kurz Leopoldina, wodurch er auch kaiserlicher Leibarzt und

Pfalzgraf wurde. In der UBE Briefsammlung Trew sind Briefe Johann Jacob Baiers an Trew und Trews an Baier erhalten; vgl. Schmidt-Herrling (1940), S. 21 f.; NDB, Bd. 1, S. 543. – Weitere Einträge zu Johann Jacob Baier finden sich in: DBA 50, Bl. 200–210 (ADB; Meusel; Jöcher; Vocke; Will); ADB, Bd. 1, S. 774 f.; Hirsch (1962), Bd. 1, S. 289; DBE, Bd. 1, S. 340; Stadtlexikon Nürnberg, S. 98 (Ruisinger).

13 Baier, Johann Jacob: Oryktographia Norica: sive rerum fossilium et ad minerale regnum pertinentium in territorio Norimbergensi eiusque vicinia observatarum succincta descriptio; cum iconibus lapidum figuratorum fere ducentis. Nürnberg [impensis Wolfgangi Michahellis] 1708. – Baier beschäftigte sich seit seiner Übersiedlung nach Altdorf verstärkt mit der Untersuchung und Sammlung von Pflanzen und Mineralien. Die von ihm verfasste „Oryktographia" beschreibt Gesteine in der Umgebung von Nürnberg und bildet diese auch in mehreren Kupfertafeln ab. 1757 erstellte sein Sohn Ferdinand Jakob Baier einen Nachtrag zu dem Werk unter dem Titel „Monum rerum petrificatarum"; vgl. ADB, Bd. 1, S. 774 f.

14 Zu Altdorf siehe Brief Nr. 1, Endnote 9.

15 Gemeint sind hier entsprechende Exemplare aus der Pappenheimer Gegend. Zu Pappenheim siehe Brief Nr. 1, Endnote 8.

16 Caspar Bauhin (Bauhinus) wurde 1560 in Basel geboren und starb ebenda 1624. Er stammte aus einer berühmten Arztfamilie, die 1541 wegen ihres protestantischen Glaubens von Frankreich in die Schweiz übergesiedelt war. Ab 1576 studierte Bauhin in Basel, wo er nach Aufenthalten in Padua, Bologna, Montpellier und Paris 1581 auch promoviert wurde. Er wurde 1582 Professor der griechischen Sprache, 1589 Professor der Anatomie und Botanik, 1614 der praktischen Medizin und schließlich Stadtarzt in Basel. Verdienste erwarb sich Caspar Bauhin auf dem Gebiet der Botanik, da er, aufbauend auf ersten Anfängen in dieser Richtung, die natürliche Ordnung im Pflanzenreich und die botanische Terminologie im Sinne der binären Nomenklatur mitbegründete und durch Aufstellung von Synonymen eine Identifikation auf breiterer Basis ermöglichte. Auch als Anatom erlangte er Bedeutung durch die Beschreibung der nach ihm benannten Darmklappe (Valvula coli) und einer rationalisierten Benennung der Muskeln nach deren Ursprung und Ansatz. Caspar Bauhin hinterließ zahlreiche v.a. anatomische und botanische Schriften. In der UBE Briefsammlung Trew sind Briefe Caspar Bauhins erhalten; vgl. Schmidt-Herrling (1940), S. 29 f.; NDB, Bd. 1, S. 649 f. – Weitere Einträge zu Caspar Bauhin finden sich in: DBA 62, Bl. 309–328 (Wolf; ADB; Jöcher); ADB, Bd. 2, S. 151 f.; Hirsch (1962), Bd. 1, S. 382 f.; DBE, Bd. 1, S. 416.

17 Bauhin, Caspar: Pinax Theatri Botanici ... sive Index in Theophrasti Dioscoridis Plinii et Botanicorum qui a Seculo scripserunt Opera. Plantarum Circiter Sex Millium Ab Ipsis Exhibitarum Nomina Cum earundem Synonymiis & differentiis Methodice secundum earum & genera & species proponens. Basileae Helvet. [Rex] 1623. – Weitere Ausgaben erschienen 1671 und 1740 ebenfalls in Basel. – Vor allem im höheren Lebensalter überwog bei Caspar Bauhin das Interesse an der Botanik, wobei er danach strebte, eine Ordnung der Pflanzen zu erstellen. „Pinax Theatri Botanici" war sein großes Werk, das ihn unter Botanikern berühmt machte. Caspar Bauhin besaß selbst ein Herbarium, d.h. eine Sammlung, die entsprechend dem Pinax geordnet war; vgl. DBA 62, Bl. 312–328 (Wolf); ADB, Bd. 2, S. 151 f.

5* — *12. September 1730*

Christoph Jacob Trew, <Nürnberg>, an Peter Christian Wagner, <Pappenheim>

Trew unterrichtete Wagner in diesem Schreiben von der Gründung der Sozietät des Commercium Litterarium.

Erschlossen nach Brief Nr. 6, Z. 8–14.

6 ***30. September 1730***

Peter Christian Wagner, Pappenheim, an Christoph Jacob Trew, <Nürnberg>

HochEdelgebohrner Und Hochgelehrter,
Insonders Hochgeehrtester Herr *Doctor*,
Sehr werther Gönner und Freund.

Das Hochgeneigte Andencken Von Ewer HochEdelgeb[ohrn] deßen ich durch Dero sehr angenehme Zuschrifft Vom 12. *huius*[1] Versichert worden, gebet mir das nachdrücklichste Zeugnüß Von Dero noch Zu mir tragenden sehr werthen Freundschafft. Ich erkenne solches mit allen ergebenen Danck und bitte mir deren langwierigste *Continuation* aus. Nechst dießem aber hätte mir nichts angenehmers begegnen können, als daß Ewer HochEdelgeb[ohrn] mich einer Gelehrten *Societaet*[2] beÿ Zu treten ersuchen, deren Uhrsprung ich wohl eher gewünschet als Vermuthet hätte. Gleichwie ich nun gäntzlich *persuadiret* <?> bin, daß ich eines der geringsten und unwürdigsten Mittglieder seÿn werde: alßo erkenne im Gegen| 2 |theil Dero Zu mir Hegendes gutes Vertrauen mit Vieler Hochachtung und Dancknehmlichkeit, Versichernde, daß, wo es anderst erlaubet seÿn wird, auch kleine Füncklein großen Lichtern an die Seite Zu setzen, ich mich nach meinen geringen Vermögen bemühen werde, dießes so nützliche Werck befördern und ausbreiten[3] Zu helffen. Ich habe Vorläuffig inliegendes an die *Societaet* geschrieben,[4] welcher ich es beÿ Gelegenheit nebst meiner Empfehlung Zu *communiciren* bitte. So bald nur wegen der gegewärtig allhier[5] *grassirenden* Fieber, Frießel und Kinder-Blattern[6] ein wenig *respiriren* kan, so werde einige *Observationes Physico-medicas*[7] einsenden. Beÿ der Einrichtung finde Vor dießes mahl nichts Zu errinnern, außer daß ich wünschte, daß solcher *Societaet* auch ein Nahme möchte beÿgeleget werden, wodurch Sie sich Von andern Gelehrten *Societaeten*[8] *distinguirte*. Was Zukünfftig Von dießer Gesellschafft unter die Preße kommen möchte, bitte mir ohnschwehr mit Zu Zu senden;[9] Wobeÿ mir Höchst angenehm seÿn wird auch eine fernere Sammlung[10] Von allerleÿ Saamen | 3 | Zu erhalten. Ich habe deren dießes lauffende Jahr beÿ nahe ein paar 100 neue gesammlet, so in meinem Ihnen *communicirten Catalogo*[11] noch nicht enthalten, weswegen ich, so bald nur ein wenig Zeit gewinne, derselben Nahmen aufschreiben und Ihnen *communiciren* werde um Zu sehen, ob etwas darunter seÿn möchte, so Zu Dero Diensten könte *employret* werden. Daß der Herr *Dr. Brückman*[12] noch einen Taler[13] *Praenumeration* auf seine *Magnalia Dei &c.*[14] Verlanget, habe noch nicht gewust, weilen allhier die Gelehrten-Zeitungen[15] Niemand hält[16]; ich übersende alßo beÿliegend solchen an Ewer HochEdelgeb[ohrn] mit Bitte solchen nebst andern an Herrn *Dr.* Brückmann Zu schicken; mich düncket es aber auf ein paar Alphabet[17] Nachschuß etwas Viel Zu seÿn. Die mir Voriges Früh-Jahr übersandte Saamen[18] habe insgesamt, theils aufs Mist-Beet, theils ins GartenLand gesäet, sie sind mir aber kaum die Helffte aufgegangen oder Zur Frucht gelanget, dahero ich Ihnen solche ins Zukünfftige nennen[19] und mir sie noch ein mahl ausbiten[20] werde. | 4 | Ein paar davon aber, nehm[lich] *Keyri fl. luteo siliqua strictissima Tourn.* und *Asteroid. Alpin. solicis folio Eiusd.* habe hier wild wachßend angetroffen. Im übrigen werde mich glücklich schätzen Von Denenselben fernere Befehle Zu erhalten, Der ich inzwischen mit Vieler Hochachtung Verharre

Ewer HochEdelgebohrn

Pappenheim
den 30. *7br.*[21]
1730.

ergebenster Diener
Dr. P[eter] C[hristian] *Wagner.*

PS: Einschluß[22] an Herrn *Dr. Albrecht*[23] und Herrn Geißel den jüngern[24] bitte Zu *excusiren* und Gelegent[lich] bestellen Zu laßen.

H *UBE Briefsammlung Trew, Korr. Wagner, Nr. 6. 4 S. mit PS. Vermerk vermutlich von Trews Hand S. 1 oben rechts: „den 30. 7br. 1730"; als Beilagen: Einschluss an Sozietät des Commercium Litterarium (Z. 19–21), Vorauszahlung auf Brückmanns „Magnalia Dei in Locis Subterraneis Oder Unterirdische Schatz-Cammer Aller Koenigreiche und Laender" (Z. 32–36), Einschlüsse an Johann Sebastian Albrecht sowie „Herrn Geißel den jüngern" (Z. 50 f.).*

---

1 Dieses Schreiben Trews Nr. 5* vom 12.9.1730 (lat.: „huius" = „dieses", gemeint ist „dieses Monats") ist in der UBE Briefsammlung Trew nicht erhalten.

2 Hier ist die „Societaet" (d.h. Gesellschaft) des „Commercium Litterarium" gemeint. Die medizinische Fachzeitschrift mit dem vollständigen Titel „Commercium Litterarium ad rei medicae et scientiae naturalis incrementum institutum quo quicquid novissime observatum agitatum scriptum vel peractum est succincte dilucideque exponitur" wurde wöchentlich ohne Unterbrechung 1731–1745 in Nürnberg verlegt. Sie stand den Lesern in Buchform gebunden mit fortlaufenden Seitenzahlen, mit vielen Kupferstichtafeln und mit Indices der wichtigsten Artikel und Registern zur Verfügung. Zur Vorbereitung und weiteren Leitung dieser medizinischen Fachzeitschrift wurde bereits 1730, also ein Jahr vor Herausgabe, eine eigene Sozietät gegründet, der anfangs der Altdorfer Professor Johann Heinrich Schulze (1687–1744) sowie aus der Nürnberger Ärzteschaft Johann Christoph Götze (1688–1733), Johann Christoph Homann (1703–1730), Christoph Wilhelm Preißler (1702–1734) und eben Christoph Jacob Trew angehörten. Zunächst war Johann Christoph Götze Direktor der Sozietät, nach seinem Tod übernahm 1734 Trew dieses Amt und prägte im Weiteren das „Commercium Litterarium" entscheidend. Als Sinnspruch wählte sich die Sozietät „collatis viribus", also „mit vereinten Kräften", was auch in ihrem Emblem zum Ausdruck kam, das einen Bienenstock flankiert von der griechischen Göttin der Weisheit Athene und dem Götterboten Hermes zeigte; vgl. Rau (2006), S. 37–43. – Wagner selbst wurde nie Mitglied der Sozietät, trat aber als Autor von Beiträgen im „Commercium Litterarium" in Erscheinung; vgl. Verzeichnis der Schriften Peter Christian Wagners im Quellen- und Literaturverzeichnis dieser Arbeit.

3 In den folgenden Briefen gibt es mehrfach Passagen, die eine Werbe- bzw. Weitervermittlungstätigkeit Wagners für das Commercium Litterarium beschreiben, z.B. Brief Nr. 7, Z. 9–18, und Nr. 10, Z. 12–19. – Das Commercium Litterarium hatte den Anspruch, Leser in ganz Europa zu erreichen. Um dies umzusetzen, baute die Sozietät ein Assistentensystem auf, das seinerseits auf der bereits bestehenden Vernetzung der europäischen Wissenschaftler über Briefkorrespondenzen basierte. Die Assistenten erhielten Vergünstigungen von der Sozietät und leisteten dafür eine Vermittlung in zwei Richtungen: den Vertrieb der Zeitschrift für den Leser sowie die Rückleitung wichtiger Informationen an die Sozietät. Wagner nun war, soweit nachweisbar (für die letzten sechs Jahre des Commercium Litterarium ist keine Aufstellung der Assistenten überliefert), nie hauptamtlicher Assistent des Commercium Litterarium. Er ist damit jedoch ein gutes Beispiel dafür, dass an der Weitervermittlung des Commercium Litterarium auf nachgeschalteten Ebenen eine ganze Reihe weiterer Personen mitwirkte; zum Assistentensystem vgl. Rau (2006), S. 52–62.

4 Dieses Schreiben Wagners an die „Societaet" ist im Rahmen der UBE Briefsammlung Trew nicht erhalten.

5 Gemeint ist hier Pappenheim, vgl. dazu Brief Nr. 1, Endnote 8.

6 Zum „Frießel" finden sich in Zedlers Universallexikon aus der ersten Hälfte des 18. Jh. folgende Angaben: Der Friesel (oder Purpura) sei eine Krankheit, die sich durch Bildung kleiner etwa hirsekorngroßer Bläschen auf der Haut auszeichne und daher auch als „Febris miliaris" oder „militaris", „Hirse-Fieber" oder „morbilli ignei" bezeichnet werde. Als weitere Symptome der Krankheit würden Fieber, Kopfweh und Husten auftreten, wobei nach dem Ausmaß ihres Auftretens ein gutartiger und bösartiger Friesel unterschieden werde. Der bösartige Friesel werde nach seiner Farbe weiter in einen weißen und roten Friesel untergliedert. Beim gutartigen Friesel, der vor allem im Sommer und ohne Fieber auftrete, sei die Prognose günstig, er sei nur eine „Crisis der Natur", die das Blut reinige, und müsse daher auch nicht therapiert werden. Insbesondere der weiße Friesel aber sei gefährlich und könne auch zum Tod führen. Als Therapie beim bösartigen Friesel werden u.a. genannt: „laxantia" (wie „Salia digestiva" und „Magnesia") oder „Nitrata" und „Cinnabarina"; vgl. Zedler (1732–1754), Bd. 9, Sp. 2113–2117. Siehe daneben auch Onomatologia Medica Completa, Bd. 1, Sp. 1159–1161. – Zu den „Kinder-Blattern" finden sich in Zedlers Universallexikon aus der ersten Hälfte des 18. Jh. folgende Angaben: Als Blattern, Pocken, Kinder-Pocken, lateinisch „Variolae" und „Varioli", französisch „La petite verole", werde eine alte und junge Menschen befallende, auch ansteckende Krankheit bezeichnet, die mit roten Flecken auf der Haut einhergehe, die sich immer mehr zu meist eitrigen Blattern, d.h. Blasen, hervorwölbten. Die Pocken ließen sich ebenfalls in gut- und bösartige Pocken unterteilen, da besonders die „Wind-Pocken" oft symptomarm aufträten und wieder vergingen. An sich aber träten bei den Pocken Symptome auf wie Fieber, Kopfweh, Husten, Ohnmacht, Herzklopfen und vieles mehr. Die bösartigen Pocken könnten auch zum Tod führen. Die Ursache der Pocken, die die meisten Menschen einmal befielen, werde oft in einer schlechten Beschaffenheit der Luft gesehen, in Miasmen. Die Blattern der Kinder heilten meist ohne Therapie aus. Ansonsten bestehe die Therapie, nicht immer mit Erfolg, aus mäßiger Wärme, chirurgischen Hilfsmitteln wie Aderlass und Blutegeln sowie innerlich und äußerlich angewandten Pharmazeutica wie „Laxantia", „antispasmodica", „Alexipharmaca calidiora" oder auch Fußbädern oder um den Hals gehängtem oder geschmiertem „Theriac". Auch eine Eröffnung der Blattern werde in Erwägung gezogen, könne aber Narben- und Grubenbildung auch nicht sicher verhindern; vgl. Zedler (1732–1754), Bd. 4, Sp. 95–101. Siehe daneben auch Onomatologia Medica Completa, Bd. 1, Sp. 580 und Sp. 1310–1315.

7 Wagner erwähnt im Folgenden z.B. in Brief Nr. 11, Z. 17–20, die Übersendung von „Observationes Physico-medicae" (lat.; d.h. „physiko-medizinische Beobachtungen") für das Commercium Litterarium an Trew. – Die „Observationes" waren die bedeutendste Rubrik (neben Nova, Rezensionen und Libri Novi) im Commercium Litterarium und nahmen auch den meisten Raum ein, etwa die Hälfte des Umfangs jedes Exemplars, durchschnittlich 4 Seiten. Die einzelne Observation hatte eine Länge von 1–3 Seiten. Die Einsendung von Observationen an das Commercium Litterarium erfolgte freiwillig. Als Autoren konnten Professoren ebenso wie einfache Landärzte in Erscheinung treten. Besonders dank der Observationen gelang es dem Commercium Litterarium, die von Beginn an angestrebte thematische Vielfalt umzusetzen, denn sie befassten sich mit Themen aus den unterschiedlichsten Bereichen wie Anatomie, Botanik, Chemie, Physik, Pharmazie, Epidemiologie, Meteorologie, Astronomie und Balneologie. Oft handelt es sich bei ihnen um detaillierte Fallberichte aus Chirurgie, Geburtshilfe und vor allem der praktischen Medizin; vgl. Rau (2006), S. 105–139.

8 Eine „Societaet“ ist zunächst allgemein eine Gesellschaft von Menschen, die sich an einem bestimmten Ort oder zu einem bestimmten Zweck zusammenschließt; vgl. Zedler (1732–1754), Bd. 38, Sp. 171. – In der ersten Hälfte des 18. Jh. gab es in Europa eine Vielzahl „Gelehrter Societaeten“, d.h. Zusammenschlüsse von Wissenschaftlern und Gelehrten: die „Societät der Wissenschafften von London“ (Royal Society), die „Societät der Wissenschafften von Paris“ (Académie des Sciences), die „Societät der Wissenschafften zu Berlin“ und viele mehr. Die „Societät der Wissenschafften zu Berlin“ z.B. wurde 1700 vom späteren preußischen König Friedrich I. gestiftet und 1711 eingeweiht. Sie wurde auch die „Preußische Gesellschafft der Wissenschafften“ genannt. Ihr erstes Oberhaupt war Gottfried Wilhelm Leibniz (1646–1716). Die meiste Zeit hatte die Gesellschaft über hundert Mitglieder, die in vier Ordnungen eingeteilt waren: die „Physical-Medicinische“, die „Mathematische“, die „zur deutschen Sprache und Historie“ und die „zu den Morgenländischen Wissenschafften und Sprachen“; vgl. Zedler (1732–1754), Bd. 38, Sp. 219–223. – Auch in der vorliegenden Korrespondenz werden weitere „Gelehrte Societaeten“ erwähnt: Zur „Academia Caesarea Leopoldino-Carolina Naturae Curiosorum“, kurz Leopoldina, der ältesten naturwissenschaftlich-medizinischen Gesellschaft Deutschlands, vgl. Brief Nr. 84, Endnote 7. Zur Naturforschenden Gesellschaft Danzig vgl. Brief Nr. 82, Endnote 41.

9 Wagner erhielt im Folgenden tatsächlich regelmäßig die Exemplare des Commercium Litterarium von Trew; vgl. weitere Korrespondenz, beispielsweise erstmals Brief Nr. 10, Z. 8 f.

10 Zu Wagners Sammlung s. Brief Nr. 1, Endnote 7. Wagner hatte bereits in seinem ersten in der UBE erhaltenen Schreiben an Trew um einen Austausch von Naturalien gebeten siehe Brief Nr. 1, Z. 12–27.

11 Wagner erwähnt die Übersendung einer Aufstellung der Samen und Früchte seiner Sammlung (hier lat.: „communicirten Catalogo“) bereits in Brief Nr. 1, Z. 43 f. Die Aufstellung selbst, die einen Eindruck von Wagners Sammlung vermitteln könnte, aber ist in der UBE Briefsammlung Trew nicht überliefert.

12 Zur Person von Franz Ernst Brückmann (1697–1753) siehe Brief Nr. 1, Endnote 1.

13 Die Währungsabkürzung im Originaltext steht hier für „Taler“. – Sehr verbreitet war in Norddeutschland (wie im überregionalen Handel) um das Jahr 1738 der Reichstaler (als Rechengröße, „Taler courant“) zu 24 Groschen bzw. Guten Groschen zu je 12 Pfennig, oder andernorts auch zu 36 Mariengroschen zu je 8 Pfennig (zum Vergleich 1 Gulden i.d.R. 16 Groschen); nicht zu verwechseln ist der Reichstaler (als Rechengröße, „Taler courant“) mit dem alten geprägten „Reichsspeziestaler“ (zu 32 Groschen); vgl. Trapp/Fried (2006), S. 88 und Tabelle S. 85; Zedler (1732–1754), Bd. 43, Sp. 358–369.

14 Wagner hatte bereits in Brief Nr. 1, Z. 8–10 und Z. 26–31, Interesse an dem Werk „Magnalia Dei in Locis Subterraneis Oder Unterirdische Schatz-Cammer Aller Koenigreiche und Laender“ von Franz Ernst Brückmann bekundet. – Zu dem Werk vgl. Brief Nr. 1, Endnote 3.

15 Auch wenn mit dem Commercium Litterarium „im deutschsprachigen Raum eine neue Ära für das medizinische Fachzeitschriftenwesen“ begann, so lag der Ausgangspunkt der medizinischen Pressegeschichte doch schon im Auftreten der gelehrten Zeitschriften an sich. Ab 1665 erschienen das „Journal des Sçavants“ und die „Philosophical Transactions“. Im deutschsprachigen Raum sind zu Beginn des 18. Jh. vor allem zwei gelehrte Zeitschriften zu nennen, auf die Wagner hier vor allem Bezug nehmen dürfte: Die ab 1670 in Leipzig erscheinenden „Miscellanea curiosa medico-physica“ (ab 1727 unter dem

Titel „Acta physico-medica"), die zugleich Veröffentlichungsorgan der Kaiserlichen Akademie der Naturforscher Leopoldina waren, und die ebenfalls in Leipzig 1682–1782 erscheinenden „Acta eruditorum" (ab 1732 unter dem Titel „Nova acta"); vgl. Rau (2006), S. 11–13.
16 „Halten" steht hier für „längere zeit führen oder haben"; vgl. Grimm (1854–1960), Bd. 10, Sp. 295.
17 „Alphabet" steht hier wohl für die „zahl von 23 bogen" eines Werkes, ein Ausdruck wie er bei Buchdruckern geläufig war; vgl. Grimm (1854–1960), Bd. 1, Sp. 246; Zedler (1732–1754), Bd. 1, Sp. 1336 f.
18 Vgl. Brief Nr. 4, Z. 10–15 und Endnote 5.
19 Vgl. Brief Nr. 7, Z. 45–59.
20 „Ausbiten" (bzw. „ausbitten") steht hier für „erbitten"; vgl. Grimm (1854–1960), Bd. 1, Sp. 832.
21 Siehe Brief Nr. 1, Endnote 14, zu derartigen Monatsangaben.
22 „Einschluß" steht hier, wie „Einschlag", für den „einschlusz des briefes", d.h. den „einschlag eines briefes in den andern"; vgl. Grimm (1854–1960), Bd. 3, Sp. 272 und Sp. 280.
23 Hier ist, zumal im Zusammenhang mit dem Namen „Dr. Albrecht" im weiteren Verlauf in Brief Nr. 63, Z. 11, die Ortsangabe „Coburg" erfolgt, sehr wahrscheinlich Johann Sebastian Albrecht gemeint, der 1695 in Coburg geboren wurde und ebenda 1774 starb. Er war Arzt und Naturwissenschaftler. Albrecht studierte ab 1715 zunächst in Jena und in Leiden. Nach Reisen durch Holland und Norddeutschland wurde er 1718 in Jena promoviert. Anschließend war er als Arzt in seiner Vaterstadt Coburg tätig. Seit 1734 war er Professor am Coburger Gymnasium, seit 1737 Coburger Physikus. Er wurde 1730 in die kaiserliche Akademie der Naturforscher, kurz Leopoldina, aufgenommen. Neben zahlreichen anderen kleineren Schriften in deutscher und lateinischer Sprache lieferte Albrecht auch Beiträge für das Commercium Litterarium. In der UBE Briefsammlung Trew sind Briefe Albrechts an Trew und Trews an Albrecht erhalten; vgl. Schmidt-Herrling (1940), S. 6 f.; Hirsch (1962), Bd. 1, S. 74. – Weitere Einträge zu Johann Sebastian Albrecht finden sich in: DBA 14, Bl. 186–209 (Börner; Jöcher/Adelung; Meusel; Schrader); DBE, Bd. 1, S. 106.
24 Bei Erwähnung von „Geißel dem jüngern" bzw. später evtl. identisch „Geiselius" werden in den Briefen kaum weitere Informationen geliefert, die eine eindeutige Zuordnung zu einer historischen Person ermöglichen würden. Auf Basis der im Rahmen vorliegender Edition vorgenommenen lexikalischen Recherche lässt sich daher nur festhalten, dass nicht ausgeschlossen scheint, dass es sich hier evtl. (trotz gewisser Abweichungen in der Schreibung des Namens) um Daniel Christoph Geisler bzw. viel eher noch um einen (evtl. namensgleichen) Sohn bzw. Verwandten desselben handeln könnte. Daniel Christoph Geisler wurde 1687 in Landsberg geboren und starb 1737 in Nürnberg. Nach seiner Ausbildung in der Barbierkunst und Chirurgie unternahm Daniel Christoph Geisler zunächst Reisen nach Frankreich, in die Schweiz, nach England und Holland. Er war seit 1715 in Nürnberg Stadt- und Spital-Operateur, Stein- und Bruchарzt sowie Okulist. Bekannt wurde Geisler vor allem durch seinen Streit mit Lorenz Heister (1683–1758) über den „Häutleins-Staar", der über Veröffentlichungen in wissenschaftlichen Zeitschriften ausgetragen wurde. In der UBE Briefsammlung Trew ist ein Brief J. M. Glaschkes an Geisler erhalten; vgl. Schmidt-Herrling (1940), S. 205; DBA 376, Bl. 240 f. (Will; Jöcher/Adelung). – Da die Kirchenbücher der Deutsch-ref. Gemeinde Erlangen die Verbindung der Erlanger Familie Heer, aus der die erste Ehefrau Wagners Regina stammte, zu Vertretern einer Familie „Geißel" oder „Geÿßel" belegen (so war zum einen ein Johann Geißel aus Nürnberg 1718 Taufzeuge der Susanna Johanna, einer Tochter eines Johann Conrad Heer und somit einer Schwester der Regina, und zum anderen heiratete Joachim Christoph Heer, ein Sohn Johann Conrad Heers und somit Bruder der Regina, 1736 eine Maria Eleonara, geborene Geÿßelin, die Tochter eines verstorbenen Kauf- und Handelsmannes namens Joel Geÿßel), könnten die in den Briefen genannten „Geißel der jüngere" bzw. später „Geiselius" jedoch auch aus diesem Umfeld kommen; vgl. LAELKB Kirchenbucharchiv, Erlangen-Deutsch-ref. Gemeinde; hier unter „Taufen, Trauungen, Beerdigungen, Kommunikanten 1693–1741", Sign. 235-1.

7 ***14. Oktober 1730***

Peter Christian Wagner, Pappenheim, an Christoph Jacob Trew, <Nürnberg>

HochEdelgebohrner und Hochgelehrter
Hochgeehrtester Herr *Doctor,*
Sehr werther Gönner!

Daß Ewer HochEdelgeb[ohrn] Vergangene Woche mein an Sie erlaßenes[1] samt beÿgelegter fernern *Praenumeration* auf Herrn *Dr. Bruckmans*[2] *Magnalia Dei &c.*[3] richtig werden erhalten und gütig aufgenommen haben, lebe der Zuversichtlichen Hoffnung und berichte nur Vor dießes mahl daß ich den mir Zugesandten Entwurff[4] einer *Societaet pro erigendo universali literarum commercio*[5] unter meine herrn *Correspondenten*[6] bereits dergestalt Vertheilet, daß ich Vor mich nicht ein einziges *Exemplar* übrig habe, so ich *data occasione* einem oder dem andern Gelehrten fürzeigen könte. Wenn ich nun | 2 | auch noch einigen andern solche Nachricht gerne mittheilen möchte, so ersuche Ewer HochEdelgeb[ohrn] mir nebst denen etwa schon gedruckten ersten Blättern[7] dießer *Societaet* nocheinpaar *Exemplaria* des Entwurffs mitzusenden. Nechst dießen habe auf inliegenden Zettel[8] Ewer HochEdelgeb[ohrn] die jenigen Saamen *specificiren* wollen, so Dießelbigen Zwar Vergangenes Früh-Jahr an mich Zu senden die Gütte gehabt haben, die aber Zum theil nicht aufgegangen, oder wenigstens keine Frucht getragen haben.[9] Die andern, Von welchen ich reiffen Saamen erhalten, oder noch Zu erhalten Hoffnung habe, sind ausgelaßen worden. So bald mir | 3 | Ewer HochEdelgeb[ohrn] meinen *Catalogum seminarii*[10] Zu *remittiren* belieben werden, so will ich den *Appendicem* Von denen heuer gesammleten neuen so wohl aus- als innländischen Saamen Verfertigen und Denenselben Zu Dero gütigen Befehlen überschicken. Ich habe Hoffnung mit aller nechsten aus dem *Horto Medico Ingolstadiensi*[11], den ich kürtz[lich] besuchet, und wohl eingerichtet befunden, eine neue *Collection* Von allerleÿ *Exoticis* Zu empfangen. Solten ohngefehr Ewer HochEdelgeb[ohrn] Gelegenheit haben, auf einer *Auction*, aus einer *Bibliothec*, oder Von *Antiquariis*[12] folgende Bücher roh[13] oder gebunden um einen billigen Preiß | 4 | Zu erhandeln, so würden Sie mich sehr Verbindlich machen, wenn Sie selbige Vor mich Zu erstehen gütigst belieben wolten: als, *Ephemeridum Naturae Curios[orum] Cent. IX & X. Casp[ari] Bauhini Pinax. eiusd[em] Prodromus. Volkammeri Flora Norimbergensis, Hoffmanni Flora Altdorffina Helwingii Flora Prussica quasimodogenita. Eiusd[em] Lithographia Angerburgensis*[14]. Ich Versichere, daß ich mich auf alle Art und Weiße befleißigen werde Ewer HochEdelgeb[ohrn] dafür wiederum angenehme Dienste Zu erweißen. Der ich mit Vieller [!] Hochachtung und besonderen *Attachement* jederzeit Verharre

Ewer HochEdelgeb[ohrn]
Meines Hochgeehrtesten Herrn *Doctoris*

Pappenheim den 14. *8br.*[15] 1730.

gehorsamster Diener *Dr. Wagner.*

Beilage: Verzeichnis von Samen[16]

Folgende Saamen sind theils nicht aufgegangen, theils aber nicht Zur Zeitigung gelanget. *Abrus Aegyptiorum Prosp. Alpin.* | *Alysson Alpinum hirsutum luteum T. Inst.* | *Apium Macedonicum. C.B.P.* | *Atriplex angustissimo & longissimo folio H.A.L. Bat.* | *Calamintha Cretica angusto oblongo folio.* | *Conyza Pyrenaica primulae veris folio Cat. H. Herbip.* | *Crithmum marinum Dod.* | *Glyzirrhiza Orient. siliquis hirsutissimis. Tourn. Coroll.* | *Hedysorum clypeat. anuum fl. rubello.* | *Horminum Verbenae Laciniis Triumf.* | *Iacea argentea Rhagusina.* | *Ketmia Indica arborea Papayae folio._ _ _ Syriaca arborea fl. ex albo & rubro vario. T. Inst.* | *Lapathum folio acuto rubente.* | *Lavatera folio & facie altheae. Tourn.* | 2 | *Ligusticum Graecum Apii folio. Coroll. Tourn.* | *Limonium parvum bellidis minoris folio. C.B.P.* | *Mimosa s. frutex sensibilis. T.* | *Mimosa Ia maicensis Zamok.* | *Myrrhis Canadensis angelicae faciae trifolia. T._ _ _ Pastinacae foliis laete virentibus. T.* | *Myosotis Orientalis per foliata lychnidis folio T.* | *Parthemiastrum Ambrosiae folio. Act. Acad. Reg. Paris.* | *Phaseolus minimus siliquis sursum rigentibus fr.violaceo.* | *Sclarea rugoso folio verrucosoque laciniato T.* | *Sideritis persica odorata fl. luteo albente H. Herbip.* | *Veronica spicata latifolia.*

***H** UBE Briefsammlung Trew, Korr. Wagner, Nr. 7. 4 S. nebst 2 S. Verzeichnis von Samen. Vermerk vermutlich von Trews Hand S. 1 oben rechts: „den 14. 8bris 1730".*

15 gerne mittheilen] (1) [noch] gerne mittheilen (2) gerne mittheilen

---

1 Gemeint ist hier Wagners Brief Nr. 6 vom 30. September 1730.

2 Zu Franz Ernst Brückmann (Bruckman) (1697–1753) siehe Brief Nr. 1, Endnote 1.

3 Zu dem Werk Brückmanns „Magnalia Dei in Locis Subterraneis Oder Unterirdische Schatz-Cammer Aller Koenigreiche und Laender" siehe Brief Nr. 1, Endnote 3.

4 Mit dem „Entwurff" bezieht Wagner sich hier sehr wahrscheinlich auf das erste Ankündigungsschreiben zur Zeitschrift des Commercium Litterarium. – Bereits im Gründungsjahr der Sozietät des Commercium Litterarium 1730 wurden zwei Ankündigungsschreiben (am 26. August und 20. November) mit programmatischem Charakter veröffentlicht. Die beiden Schreiben trugen den Titel „Consultatio" bzw. „Ulterior Consultatio de universali commercio litterario ad rei medicae et scientiae naturalis incrementa inter horum studiorum amatores instituendo" und waren, so Rau (2006), S. 44, der erste „Schritt hin zur Öffentlichkeit". Sie wurden in unbekannter Auflage vom Nürnberger Verlag Adelbulner gedruckt und umfassten ähnlich den späteren Einzelausgaben des Commercium Litterarium acht Seiten im Quartformat, auf denen über den geplanten Aufbau, Inhalt, Organisation und Vertrieb des Commercium Litterarium informiert wurde. Insbesondere erfolgte eine mehrfache Bitte um aktive Mitarbeit, schließlich sollte

das Commercium Litterarium, wie schon der Titel der zweiten „Consultatio“ beinhaltet, als Plattform für den Austausch von Briefen dienen, d.h. gleichsam die wissenschaftlichen Früchte der vielen Gelehrtenkorrespondenzen der Zeit öffentlichem Nutzen zugänglich machen; vgl. ausführlich Rau (2006), S. 43–51.
5 Hier wird die Sozietät des Commercium Litterarium als „Gesellschaft zur Einrichtung eines umfassenden Austauschs von Briefen“ bezeichnet. Zur Erläuterung vgl. Endnote 4. Zu ausführlicheren Informationen zur Zeitschrift des Commercium Litterarium und der zugehörigen Sozietät siehe Brief Nr. 6, Endnote 2.
6 In der UBE Briefsammlung Trew treten als Korrespondenten Wagners aus seinem medizinischen bzw. wissenschaftlichen Umfeld neben Trew noch Johann Ambrosius Beurer aus Nürnberg (1716–1754), Georg Friedrich Mohr (geb. 1692) aus Gingen und Joseph Monti (1682–1760) aus Bologna hervor; vgl. Schmidt-Herrling (1940), S. 677 f. Daneben ist in der Forschungsbibliothek Gotha (Breynekorrespondenz, Mikrofilm Chart. B 789, Blatt 632–664 und Chart. A 873, Blatt 1, 9 v.) ein Teil seiner Korrespondenz mit Johann Philipp Breyne (1680–1764) aus Danzig erhalten. Allein die vorliegende Korrespondenz mit Trew lässt aber Rückschlüsse auf eine so große Zahl weiterer Briefpartner Wagners zu, dass davon ausgegangen werden kann, dass Wagner selbst im Zentrum eines eigenen durchaus weitgespannten und vielfältigen Korrespondentennetzwerkes stand, auch wenn dieses zum frühen Zeitpunkt des vorliegenden Briefes 1730 sicher erst in einem frühen Entwicklungsstadium war.
7 Die erste Ausgabe der Zeitschrift des Commercium Litterarium erschien 1731; vgl. Rau (2006), S. 37.
8 Siehe Beilage des Briefes, Z. 45–59.
9 Vgl. Brief Nr. 4, Z. 10–15, und Brief Nr. 6, Z. 36–39.
10 Vgl. Brief Nr. 1, Z. 44 f. Die von Wagner an Trew übersandte Aufstellung seiner Samensammlung selbst (lat.: „Catalogus seminarii“) ist in der UBE Briefsammlung Trew nicht erhalten.
11 Der „Hortus Academico-Medicus" in Ingolstadt (hier lat. Abl. Sgl.: „Horto Medico Ingolstadiensi“) wurde 1723–1735 eingerichtet und stellte einen Höhepunkt in der Geschichte des Faches Botanik an der Universität Ingolstadt dar, das zu Beginn des 18. Jh. noch als Teilgebiet und Hilfswissenschaft der Medizin begriffen wurde. Nachdem es schon zuvor jahrelangen Streit um einen Garten beim Garnisonskrankenhaus gegeben hatte, bemühte sich vor allem der Professor und Dekan Johann Adam Morasch (1682–1734) zwischen 1720–23 um Spenden für einen botanischen Garten. Durch die Spenden konnte schließlich ein Grundstück gekauft werden. Von Beginn an war auch die Errichtung eines Exerzitiengebäudes für den medizinischen Lehrbetrieb in diesem Garten vorgesehen. Dies zeigt ein prächtiges Werbeplakat, das 1723 weitere Spenden einbringen sollte. Nach der Grundsteinlegung 1723 wurde das Exerzitiengebäude, die heutige Alte Anatomie mit Medizinhistorischem Museum, aber erst 1735/36 fertiggestellt. Die Gründe waren finanzielle Engpässe und zeitgleiche Rivalitäten zwischen den wechselweisen Dekanen Morasch und Johann Jakob Treyling (1680–1758). Schon 1724 aber umfasste der Garten die gebräuchlichen Kräuter und 1738 waren nach Aufzeichnungen des Administrators Johann Jakob Treyling schon etwa 380 Arten vorhanden; vgl. Schötz (2005), S. 58–85. – Ingolstadt, an der Donau gelegen, wurde wahrscheinlich Mitte des 13. Jahrhunderts das Stadtrecht verliehen, wobei bei diesem zeitlichen Ansatz der Stadterhebung nur der bayerische Herzog als frühester Stadtherr in Frage kommt. 1312 bestätigte Ludwig der Bayer das in weiten Teilen vom Münchner Stadtrecht abhängige Ingolstädter Stadtrecht. Im Hinblick auf die Landesherrschaft unterstand Ingolstadt zumindest seit dem 13. Jh. den Herzögen von Bayern. In der Folge der Teilung von 1392 wurde Ingolstadt Hauptstadt des Teilherzogtums Bayern-Ingolstadt. 1447 kam es nach dem Aussterben dieser Linie an die Landshuter Linie der Wittelsbacher. Ab 1504 gehörte Ingolstadt dann wieder zum vereinigten Herzogtum Bayern. 1472 wurde die Universität in Ingolstadt als erste bayerische Universität durch Herzog Ludwig den Reichen von Bayern-Landshut gegründet. Während der Universitätszeit (1472–1800) war Ingolstadt bedeutend als süddeutsches Zentrum des Humanismus, der Gegenreformation und der bayerischen Aufklärung. 1776 wurde in Ingolstadt ferner der freimaurerähnliche Geheimorden der Illuminaten gegründet. Ein zeitgenössischer Eintrag aus der ersten Hälfte des 18. Jh.

stellt das Schloss, die Hauptkirche „zur Lieben Frauen“ mit Marienbild, das Kloster „Gnaden-Thal“, die hohe Schule und die Bibliothek des Jesuiten-Kollegiums als besonders sehenswert vor; vgl. Zedler (1732–1754), Bd. 14, Sp. 700 f.; Deutsches Städtebuch, Bd. 5.2 (Bayern T. 2), S. 271–279.

12 Eine „Auction“ wird in Zedlers Universallexikon in der ersten Hälfte des 18. Jh. als eine öffentliche Versteigerung von Dingen an den Meistbietenden beschrieben. Dass zu dieser Zeit gerade auch Bücher häufig Gegenstand von Versteigerungen waren, zeigt sich daran, dass gerade diesbezüglich auf zahlreiche Formen des Betrugs hingewiesen wird, so etwa bei Versteigerung von unvollständigen oder mit Mängeln behafteten Büchern; vgl. Zedler (1732–1754), Suppl. s2, Sp. 717 f. – „Bibliothec“ hat nach Zedlers Universallexikon eine mehrfache Wortbedeutung: Es steht für eine Sammlung von Büchern, den Ort ihrer Aufbewahrung wie auch für Kataloge zu den Werken der bedeutendsten Autoren; vgl. Zedler (1732–1754), Bd. 4, Sp. 1803. – Ein „Antiquarius“ ist nach Zedlers Universallexikon unter anderem ein mit alten oder eingebundenen Büchern Handel Treibender; vgl. Zedler (1732–1754), Suppl. s1, Sp. 1616. – Wagner zeigt hier mit seiner Aufzählung also verschiedene Wege auf, wie zu Beginn des 18. Jh. ein Büchererwerb stattfinden konnte.

13 „Roh“ steht hier für eine „mangelnde bearbeitung“; vgl. Grimm (1854–1960), Bd. 14, Sp. 1116. Wagner meint hier also wohl im Gegensatz zu gebundenen Büchern noch ungebundene und somit unbearbeitete Bücher.

14 Wagner gibt hier eine Aufzählung der von ihm gewünschten Bücher: Mit den „Ephemerides Naturae Curiosorum“ (IX. und X. Cent.) ist das Veröffentlichungsorgan der Römisch Kaiserlichen Akademie der Naturforscher Leopoldina gemeint, das ab 1670 unter dem vollständigen Titel „Miscellanea curiosa medico-physica academiae naturae Curiosorum sive Ephemeridum medico-physicarum germanicarum curiosarum (annus ...)“ erschien. In den folgenden Jahren wurde der Titel und mit ihm die Bandzählung immer wieder verändert und es gab auch wiederholt Unterbrechungen im Erscheinen: nach einer Pause wurde von 1712–1722 der Titel „Ephemerides“ gebraucht, ab 1727 „Acta physico medica“, ab 1757 auch „Nova Acta“. Trew war von 1744 bis zu seinem Tod 1769 „Director Ephemeridum“ d.h. Schriftleiter der Ephemeriden; vgl. Rau (2006), S. 12 f. und Schnalke (2002). Der Verlagsort der Ephemeriden wechselte mehrfach. Zur Kaiserlichen Akademie der Naturforscher Leopoldina vgl. Brief Nr. 84, Endnote 7. – Zu Caspar Bauhin (Bauhinus) (1560–1624) und seinem Werk „Pinax Theatri Botanici“ siehe Brief Nr. 4, Endnote 16 und 17. – Es folgt ein weiteres Buch des Caspar Bauhin (hier lat. „eiusdem“ = desselben): Bauhin, Caspar: Prodromos Theatri Botanici: In Quo Plantae Supra Sexcentae ab ipso primum descriptae cum plurimis figuris proponuntur. Francofurti ad Moenum [Treudel; Jacobi] 1620. Eine weitere Ausgabe erschien 1671 in Basel. – Der Autor des folgenden von Wagner aufgezählten Werkes ist Johann Georg Volkamer (Volkammerus, Volckamer), der 1662 in Nürnberg geboren wurde und ebenda 1744 verstarb. Er studierte in Jena und Altdorf Medizin, promovierte 1684 in Altdorf. Ab 1685 war er in Nürnberg als Arzt tätig. Er unternahm im Laufe seines Lebens ausgedehnte Reisen nach Italien, in die Schweiz und nach Holland, wobei er sich v.a. der Medizin wie aber auch der Naturgeschichte, insbesondere der Pflanzenwelt, widmete. Johann Georg Volkamer zählte zu den bedeutendsten Botanikern seiner Zeit. Er war ab 1685 Mitglied des Collegium Medicum Norimbergense und auch der Kaiserlichen Akademie der Naturforscher Leopoldina, deren Präsident sein Vater Johann Georg Volkamer d. Ä. (1616–1693) ab 1686 war. In der UBE Briefsammlung Trew sind Briefe von und an Johann Georg Volkamer d. J. erhalten, u.a. an seinen Vater bzw. von Christoph Jacob Trew; vgl. Schmidt-Herrling (1940), S. 672 f.; Hirsch (1962), Bd. 5, S. 796; Stadtlexikon Nürnberg, S. 1145 (Ruisinger). Weitere Einträge zu Johann Georg Volkamer d.J. finden sich in: DBA 1315, Bl. 252–259 (Will; Baader: Verstorb.); DBE, Bd. 10, S. 295. – Volkamer, Johann Georg: Flora Noribergensis: sive catalogus plantarum in agro Noribergensi tam sponte nascentium, quam exoticarum, & in philobotànōn viridariis, ac medico praecipue horto aliquot ab hinc annis enutritarum; cum denominatione locorum in genere, ubi proveniunt, ac mensium, quibus vigent, florentque...Noribergae [Monath] 1718. Eine Ausgabe erschien bereits 1700. – Der Autor des folgenden von Wagner aufgezählten Werkes ist (wohl) Johann Moritz Hoffmann (Hoffmannus), der 1653 in Altdorf geboren wurde und 1727 in Ansbach verstarb. Hoffmann studierte Medizin in Altdorf und Frankfurt/Oder. Von 1672–1674 weilte er in Padua, anschließend wurde er 1675 in Altdorf promoviert, wo er 1677 eine außerordentliche Professur für Anatomie und Chemie erhielt, die 1681 in ein Ordinariat verwandelt wurde. Hoffmann war im Weiteren mehrfach Rektor der Universität Altdorf. 1713 schließlich legte Hoffmann alle akademischen Ämter nieder und begab sich als Hofrat an den Ansbacher Markgrafenhof, wo er seit 1695 Leibarzt war. Johann Moritz Hoffmann war seit 1684 Mitglied der Leopoldina und seit 1698 des Collegium Medicum Norimbergense. In der UBE Briefsammlung Trew sind zahlreiche Briefe von und an Hoffmann erhalten, u.a. an Johann Georg Volkamer d.J. und von Christoph Jacob Trew; vgl. Schmidt- Herrling (1940), S. 290 f.; Hirsch (1962), Bd. 3, S. 267 f.; Stadtlexikon Nürnberg, S. 455 (Ruisinger). Weitere Einträge zu Johann Moritz Hoffmann finden sich in: DBA 556, Bl. 111 f. u. 120–134 (Jöcher; ADB; Will; Vocke); ADB, Bd. 12, S. 631; DBE, Bd. 5, S. 74. – Hoffmann, Johann Moritz: Florae Altdorfinae deliciae hortenses locupletiores factae: sive appendix catalogi horti medici Altdorffini plantarum novarum accessione aucta. (Altdorf) [Meyerus] 1703. Evtl. könnte mit den knappen Angaben Wagners hier aber auch das länger zurückliegende entsprechend vorausgehende Werk des Vaters von Johann Moritz Hoffmann gemeint sein: Hoffmann, Moritz: Florae Altdorfinae deliciae hortenses. Altdorfum 1677. – Der Autor der letzten beiden von Wagner aufgezählten Werke ist Georg Andreas Helwing (Helwingius), der 1666 in Angerburg (Preußen) geboren wurde und ebenda 1748 verstarb. Er war lutherischer Gottesgelehrter und ein berühmter Kräuterkenner. Nach dem Beginn seiner Ausbildung in seiner Vaterstadt und in Königsberg reiste er 1687 nach Wittenberg, Leipzig und dann nach Jena, wo er 1688 die 1686 in Königsberg noch von ihm selbst ausgeschlagene Magisterwürde annahm und enge Bekanntschaft mit Dr. Wedel (wohl Georg Wolfgang Wedel 1645–1721) schloss, der sein Interesse an der Kräuterkenntnis weiter verstärkte. Sein Vater aber wünschte, dass der Sohn ihm als Seelsorger nachfolgte und so konnte er nicht die Gottesgelehrtheit gegen die Arzneikunde eintauschen. Nach weiteren Reisen durch Deutschland und Italien hielt er kurzzeitig Vorlesungen in Jena, musste dann aber als Gehilfe seines Vaters nach Angerburg zurückkehren. 1691 trat er in Angerburg das Predigtamt an, 1705 kam er nach dem Tod des Vaters in den vollen Besitz der Pfarre, 1725 wurde er Probst und Erzpriester. Helwing unterhielt u.a. eine vielbeachtete Naturaliensammlung und fertigte verschiedene Herbaria viva an. Aufgrund seiner Verdienste in der Naturgeschichte, insbesondere der Kräuterwissenschaft, wurde er auch der „Preussische Plinius" oder „Preussische Tournefort" genannt und 1709 in die Königliche Akademie der Wissenschaften in Berlin aufgenommen; vgl. DBA 509, Bl. 387–391 (Dunkel). – Helwing, Georg Andreas: Flora quasimodogenita, sive enumeratio aliquot plantarum indigenarum in Prussia, quarum in herbariis hectenus editis Borussicis aut nulla, aut superficiaria facta est mentio, additis nonnullis iconibus descriptionibus et observationibus nec non annexo florilegio ad clima Prussiae accomodato, in gratiam botanophilorum adornata. Gedani [Joannes Daniel Stollius] 1712. – Helwing, Georg Andreas: Lithographia Angerburgica: sive lapidum et fossilium, in districtu Angerburgensi & ejus vicinia, ad trium vel quatuor miliarum spatium, in montibus, agris, arenofodinis & in primis circa lacuum littora & fluviorum ripas collectorum brevis & succincta consideratio. Regiomonti [Stelter] 1717. Ein zweiter Teil erschien 1720: Helwing, Georg Andreas: Lithographia Angerburgica Pars II, in qua de lapidibus figuratis ad triplex regnum minerale, vegetabile et animale redactis aliisque fossilibus, in districtu Angerburgensi ejusque vicinia noviter detectis et in specie de origine lapidum literas exprimentium occasione lapidis cujusdam resaviensis, literas latinas L. V. R. repraesentantis succincte disseritur. Additis iconibus rariorum ... Lipsiae [Immanuelis Titii] 1720.

15 Vgl. Brief Nr. 1, Endnote 14, zu derartigen Monatsangaben.

16 Die hier von Wagner an Trew übermittelte Aufstellung umfasst jene von den im Frühjahr 1730 von Trew an Wagner übersandten Samen, die bei Wagner nicht aufgegangen oder nicht zur Frucht gelangt sind, verbunden mit der Bitte an Trew um erneute Übersendung entsprechender weiterer Samenproben, vgl. Brief Nr. 4, Z. 8–15, und Brief Nr. 6, Z. 36–39.

8* **<ohne Datum>**
Christoph Jacob Trew, <Nürnberg>, an Peter Christian Wagner, <Pappenheim>

Der Inhalt dieses erschlossenen Schreibens Trews an Wagner lässt sich auf Basis der erhaltenen Korrespondenz nicht sicher rekonstruieren. Trew ließ Wagner aber wohl mit Brief Nr. 8 oder 9* (Preis-)Informationen zu von diesem gewünschten Büchern zukommen (vgl. Brief Nr. 10, Z. 24–29).*

Erschlossen nach Brief Nr. 10, Z. 8–11; aus den überlieferten Schreiben der Korrespondenz geht die genaue Datierung der erschlossenen Briefe Nr. 8 und 9* Trews an Wagner nicht hervor, die zeitliche Abfolge der erhaltenen Korrespondenz erlaubt jedoch eine wahrscheinliche Eingrenzung auf den Zeitraum zwischen dem 14. Oktober 1730 und dem 5. Februar 1731, d.h. zwischen den beiden überlieferten Briefen Wagners aus jener Zeit, wobei der frühere erschlossene Brief Nr. 8* eher zu Beginn dieses Zeitraums anzusiedeln sein dürfte, zumal Wagner die verzögerte Beantwortung entschuldigt (vgl. Brief Nr. 10, Z. 10 f.); als Beilage zu den erschlossenen Briefen Nr. 8* und/oder 9*: Bögen des Commercium Litterarium (vgl. Brief Nr. 10, Z. 8 f.), evtl. auch die zweite Consultatio zum Commercium Litterarium (vgl. Brief Nr. 10, Z. 12).*

9* **<ohne Datum>**
Christoph Jacob Trew, <Nürnberg>, an Peter Christian Wagner, <Pappenheim>

Der Inhalt dieses erschlossenen Schreibens Trews an Wagner lässt sich auf Basis der erhaltenen Korrespondenz nicht sicher rekonstruieren. Trew ließ Wagner aber wohl mit Brief Nr. 8 oder 9* (Preis-)Informationen zu von diesem gewünschten Büchern zukommen (vgl. Brief Nr. 10, Z. 24–29).*

Erschlossen nach Brief Nr. 10, Z. 8–11; aus den überlieferten Schreiben der Korrespondenz geht die genaue Datierung der erschlossenen Briefe Nr. 8 und 9* Trews an Wagner nicht hervor, die zeitliche Abfolge der erhaltenen Korrespondenz erlaubt jedoch eine wahrscheinliche Eingrenzung auf den Zeitraum zwischen dem 14. Oktober 1730 und dem 5. Februar 1731, d.h. zwischen den beiden überlieferten Briefen Wagners aus jener Zeit, wobei der spätere erschlossene Brief Nr. 9* eher gegen Ende dieses Zeitraums anzusiedeln sein dürfte, zumal Wagner nur explizit die verzögerte Beantwortung des früheren Briefes Trews entschuldigt (vgl. Brief Nr. 10, Z. 10 f.); als Beilage zu den erschlossenen Briefen Nr. 8* und/oder 9*: Bögen des Commercium Litterarium (vgl. Brief Nr. 10, Z. 8 f.), evtl. auch die zweite Consultatio zum Commercium Litterarium (vgl. Brief Nr. 10, Z. 12).*

10 ***5. Februar 1731***

Peter Christian Wagner, Pappenheim, an Christoph Jacob Trew, <Nürnberg>

HochEdelgebohrner und Hochgelehrter
Insonders Hochgeehrtester Herr *Doctor*,
Hochgeneigter Gönner!

Ewer HochEdelgeb[ohrn] beÿde wertheste[1], samt denen mitgesandten Bögen des *Commercii Litter[arii] Phys[ici] Techn[ici] Medici*[2] sind mir richtig überliefert worden und habe ich um Verzeihung Zu bitten, daß ich das erstere durch Viele Geschäffte Verhindert nicht sogleich beantworten können. Mir gefället der Anfang des Wercks gar wohl, und wünsche ich nur, daß es fernern guten *Success* haben möge. Die an mich gesandte Zweÿte *Consultation*[3] habe gleich der ersteren[4] nach Regenspurg, Ingolstadt und Neuburg[5] *communiciret*, aber *dato* noch keine Antwort erhalten, ob Sie die wöchentlichen Bögen wollen bringen laßen, oder nicht. Vielleicht schreibet aber einer oder der an| 2 |dere an die *Societaet* selbsten; wenigstens hat mir solches der Herr *Dr.* Meÿer[6] in Neuburg münd[lich] Versprochen. Von der ersten *Consultation* habe ich mich dergestalt Vertheilet, daß ich nicht einen einzigen Bogen überbehalten, dahero ersuche Ewer HochEdelgeb[ohrn] mir noch einen einzigen für mich mit Zu übersenden und die *Paquete* niemahlen dem Augspurger Gutscher oder Bothen[7] sondern dem Überbringer dießes, nehm[lich] dem Pappenheimer[8] wöchend[lich] fahrenden und in der Schleÿe *logirenden* Bothen mit Zu geben, weilen ich jenem wenigstens 4 biß 5 mahl so Viel *Porto* Zahlen muß als dem hießigen. Solte dießer, welches doch selten geschiehet, manches mahl eine Woche ausbleiben, so können die Bögen in der darauffolgenden mit | 3 | einander überbracht werden. Daß Ewer HochEdelgeb[ohrn] sich die Mühe gegeben und mir berichten wollen um welchen Preiß einige ehedem *committirte* Bücher[9] Zu haben, erkenne mit besonderen Danck und übersende beÿkomend das Geld dafür nehm[lich] Vor *C[aspari] Bauhini Pinacem*[10] Gulden 1 – 30 Kreuzer[11] dießer aber scheinet mir etwas theuer und ist Zu sehen obnicht noch etwas herunter gehen möchte. 2) Vor *Eiusd[em] Phytopinacem*[12] 50 Kreuzer. 3) *Helwingii Lithographiam Angerburgicam*[13] 45 Kreuzer. Ich will aber hoffen daß Von dießen letztern Buch beÿde Theile seÿn werden, außerdeme wäre es mir nichts nutz. *Volkammeri Floram Noricam*[14], so ich auch wo mir recht ist *committiret* gehabt, Verhoffe in wenig Tagen Von Augspurg[15] Zu haben, im gegentheil aber möchte Von *Valentini Museo Museorum Partem secundam & tertiam*[16] Von einem *Antiquario*[17] im billigen Preiß roh[18] oder gebunden erhandeln. Die Bücher | 4 | können nur ebenfalls hießigem Bothen mitgegeben werden, könte ich beÿ solcher Gelegenheit die Versprochenen *Semina* nebst meinem *Catalogo* erhalten,[19] so würde es mir sehr lieb seÿn, weilen ich gerne den *Appendicem* Von denen Vergangenen Sommer neu gesammleten Verfertigen und Ewer HochEdelgeb[ohrn] Zum beliebigen *Choix* übersenden möchte. Der ich übrigens unter hertzlichen GegenWunsch aller selbstbeliebigen ferern [!] *Prosperite* [!] auch in dießem Jahre und meiner gehorsamsten Empfehlung Verharre

Ewer HochEdelgeb[ohrn]
Meines Hochgeehrtesten Herrn *Doctoris*

Pappenheim den 5. *Febr[uarii]* 1731.

gehorsamster Diener
Dr. P[eter] C[hristian] Wagner.

***H** UBE Briefsammlung Trew, Korr. Wagner, Nr. 8. 4 S. Vermerk vermutlich von Trews Hand S. 1 oben rechts: „den 5. febr[uarii] 1731"; Postweg: durch Pappenheimer Boten überbracht (Z. 20 f.); als Beilage: Geldbetrag für von Trew besorgte Bücher (Z. 26–29).*

---

1 Die diesem Brief vorausgehenden Schreiben Trews Nr. 8* und 9* an Wagner sind in der UBE Briefsammlung Trew nicht erhalten.

2 Siehe Brief Nr. 6, Endnote 2, zur Zeitschrift des Commercium Litterarium im Allgemeinen und Brief Nr. 7, Endnote 7, zu den ersten Blättern des Commercium Litterarium.

3 Zu den Consultationes des Commercium Litterarium siehe Brief Nr. 7, Endnote 4.

4 Vgl. Brief Nr. 7, Z. 10–17.

5 Zu Ingolstadt vgl. bereits Brief Nr. 7, Endnote 11. – Regensburg (Regenspurg), günstig an der Donau gelegen, war stets Verkehrsmittelpunkt der umliegenden Landschaft (Schnittpunkt von Römerstraßen, im Mittelalter großer Handelsstraßen). Der Name „Regensburg" geht zurück auf das unter Marc Aurel errichtete Römerlager „castra Regina". Vor dem Hintergrund der Auseinandersetzungen zwischen bayerischem Herzog und Bischof konnte im 13. Jh. v.a. die Bürgergemeinde im Ausbau ihrer Eigenständigkeit profitieren, 1245 gewährte der Kaiser der Stadt Reichsfreiheit. Trotzdem war auch in späteren Zeiten der Reichsstadt Regensburg der Bereich innerhalb der Stadtmauern nie ein einheitlich reichsstädtisches Territorium, vielmehr befanden sich dort neben den exterritorialen Gesandtschaften des Immerwährenden Reichstages (ab 1663) Enklaven verschiedener Reichsstände wie z.B. Hochstift Regensburg (Domimmunität mit Bischofshof), Reichsstift St. Emmeram (Kloster- und Wirtschaftsgebäude), Kurfürstentum Bayern (Herzogshof und Kornmarkt). 1803 schließlich wurde die Reichsstadt mediatisiert, 1810 erfolgte die Übergabe der Stadt an Bayern. Ein zeitgenössischer Eintrag aus der ersten Hälfte des 18. Jh. beschreibt als sehenswert v.a. den Dom, den Bischofshof, das Rathaus und das Kloster St. Emeran; vgl. Zedler (1732–1754), Bd. 30, Sp. 1760–1763; Deutsches Städtebuch, Bd. 5.2 (Bayern T.2), S. 572–597. – Neuburg a. d. Donau ist wie Regensburg eine der bayerischen Herzogsstädte, die auf Grundlage von römischen Siedlungen erstanden, wobei Neuburg seinen Ortscharakter im Zusammenhang mit einem Herzogshof des 7. Jh. weiter entfaltete. Das alte Stadtrecht wurde 1332 durch die Wittelsbacher bestätigt und erweitert. 1247 hatte Herzog Otto II. von Bayern das zuletzt an die Pappenheimer als Lehen vergebene Königsgut Neuburg (mit Amt, Burggrafschaft und Donaumoosamt) mit Gewalt an sich gebracht, seitdem wittelsbachisches, zum Herzogtum Bayern (Linie Ingolstadt, 1445–1505 Landshut) gehöriges Landvogtamt Neuburg an der Donau. 1505 wurde durch den Kölner Spruch von Kaiser Maximilian zur Beendigung des Landshuter Erbfolgekrieges ein eigenes wittelsbachisches Fürstentum, Pfalz-Neuburg genannt, begründet, woraufhin Neuburg als Regierungssitz und Residenzstadt großen Aufschwung nahm. Das Fürstentum wurde 1777 in Personalunion mit Kurbayern und Kurpfalz vereinigt, es bestand bis 1808. Als erwähnenswert galten in einem zeitgenössischen Eintrag aus der ersten Hälfte des 18. Jh. v.a. das Schloss und ein Jesuitenkolleg; vgl. Zedler (1732–1754), Bd. 24, Sp. 32 f.; Deutsches Städtebuch, Bd. 5.2 (Bayern T.2), S. 453–459. – In der UBE Briefsammlung Trew sind keine Schreiben von oder an Wagner erhalten, die einen Hinweis auf Korrespondenten in den genannten Städten geben könnten. Allein für Neuburg wird im hier vorliegenden Brief der Name eines „Dr. Meÿer“ genannt, siehe Endnote 6.

6 Die Identität des hier erwähnten „Dr. Meÿer“ aus Neuburg ließ sich im Rahmen der im Umfeld vorliegender Arbeit möglichen Recherchen nicht sicher klären. Möglicherweise könnte es sich um Johann Mayr handeln, von dem in der UBE Briefsammlung Trew Schreiben an Johann Georg Volkamer (1662–1744) aus den Jahren 1710–1714 erhalten sind, unterzeichnet als Dr. med. und Kurfürstlich Pfälzischer Rat und Leibarzt zu Neuburg a. d. Donau; vgl. Schmidt-Herrling (1940), S. 391.

7 Augsburg (Augspurg), am Lech gelegen, geht, auch bzgl. des Namens, auf die römische Siedlung Augusta Vindelicum zurück. Mit der Bestätigung der erweiterten Stadtrechtsaufzeichnung 1276 durch König Rudolf I. wurde der Aufstieg zur freien Reichsstadt eingeleitet. In der süddeutschen wirtschaftlichen Blütezeit ein paar Jahrzehnte vor und nach der Wende des 15. zum 16. Jh. ragten in Augsburg v.a. die Kaufmannsfamilien der Fugger und Welser durch Tätigkeit im Bergbau, Warenhandel und Finanzgeschäft hervor. Noch das 18. Jh. war bis zu den Revolutionskriegen, die einen deutlichen Abstieg brachten, durch eine gute Entwicklung von Handel, Wirtschaft und Industrie geprägt. Zu Beginn des 19. Jh. verlor Augsburg schließlich die Reichsstadtherrlichkeit. Als erwähnenswert galten in einem zeitgenössischen Eintrag zu Augsburg aus der ersten Hälfte des 18. Jh. besonders die Reichstage von 1530 und 1555, d.h. die Überreichung der Confessio Augustana bzw. der Augsburger Religionsfriede; vgl. Zedler (1732–1754), Bd. 2, Sp. 2172–2174; Deutsches Städtebuch, Bd. 5.2 (Bayern T.2), S. 61–78. – Pappenheim, der Wohnort Wagners zu jener Zeit, liegt auf einer gedachten Linie Augsburg–Nürnberg und war wohl daher zur Zeit Wagners Bestandteil der Route eines Augsburger Boten zwischen Augsburg und Nürnberg, dem Wohnort Trews.

8 Zu Pappenheim vgl. Brief Nr. 1, Endnote 8.

9 Zu den von Wagner gewünschten und daher von ihm in Verbindung mit einer Bitte um Besorgung bereits brieflich an Trew mitgeteilten Buchtiteln vgl. Brief Nr. 4, Z. 28–31, sowie Brief Nr. 7, Z. 27–33.

10 Zu Caspar Bauhin (Bauhinus) (1560–1624) siehe bereits Brief Nr. 4, Endnote 16. – Zu Caspar Bauhins Werk „Pinax Theatri Botanici“ siehe Brief Nr. 4, Endnote 17.

11 Siehe Brief Nr. 1, Endnote 10, zur Erklärung dieser Währungseinheiten.

12 Angaben zu diesem Werk Caspar Bauhins (hier lat. Gen. Sgl. „eiusdem“ = desselben): Bauhin, Caspar: Phytopinax seu enumeratio plantarum ab herbariis nostro seculo descriptarum, cum earum differentiis: Additis aliquot hactenus non sculptarum plantarum vivis iconibus. Basileae [Henricpetrus] 1596.

13 Zu Georg Andreas Helwing (Helwingius) (1666–1748) und seinem Werk „Lithographia Angerburgica” siehe bereits Brief Nr. 7, Endnote 14.

14 Zu Johann Georg Volkamer (Volkammerus) (1662–1744) und seinem Werk „Flora Noribergensis“ (hier synonym „Flora Norica“) siehe ebenfalls bereits Brief Nr. 7, Endnote 14.

15 Zu Augsburg (Augspurg) siehe bereits in vorliegendem Brief Endnote 7.

16 Michael Bernhard Valentini wurde 1657 in Gießen geboren und starb ebenda 1729. Er studierte ab 1675 in Gießen. Von 1680–1682 war er Garnisonsarzt in Philippsburg. Nach einer Reise durch Deutschland, Frankreich, Holland und England wurde Valentini schließlich 1686 in Gießen promoviert. Er erhielt 1687 in Gießen den Lehrstuhl der Physik, ab 1696 war er Professor der Arzneigelehrtheit. Valentini gehörte ab 1683 der Kaiserlichen Akademie der Naturforscher Leopoldina, ab 1704 der Königlichen Akademie der Wissenschaften Berlin und ab 1717 der Royal Society in London an. Valentini gebrauchte als einer der Ersten in Deutschland die Chinarinde therapeutisch und hinterließ zahlreiche u.a. gerichtlich-medizinische Schriften. In der UBE Briefsammlung Trew sind Briefe von und an Valentini erhalten u.a. aus seiner Korrespondenz mit Johann Georg Volkamer d. Ä. (1616–1693); vgl. Schmidt-Herrling (1940), S. 651 f.; ADB, Bd. 39, S. 468 f.; Hirsch (1962), Bd. 5, S. 693 f. Weitere Einträge zu Michael Bernhard Valentini finden sich in: DBA 1301, Bl. 1–25 (ADB; Jöcher; Strieder); DBE, Bd. 10, S. 216. Nach Strieder (DBA 1301, Bl. 3–24) war Valentini zudem ab 1689 Mitglied der italienischen Akademia Recuperatorum. – Wagner wünscht sich den zweiten und dritten Teil des Hauptwerkes von Valentini zur Materia medica: Valentini, Michael Bernhard: Museum Museorum, Oder Vollständige Schau-Bühne Aller Materialien und Specereÿen Nebst deren Natürlichen Beschreibung, Election, Nutzen und Gebrauch, Aus andern Material- Kunst- und Naturalien-Kammern, Oost- und West-Indischen Reißbeschreibungen, Curiosen Zeit- und Tag-Registern, Natur- und Artzney-Kündigern, wie auch selbst-eigenen Erfahrung/ Zum Vorschub Der Studirenden Jugend, Materialisten, Apothecker und deren Visitatoren, Wie auch anderer Künstler, als Jubelirer, Mahler, Färber, u.s.w. also verfasset, und Mit etlich hundert sauberen Kupfferstücken Unter Augen geleget... Theil 2–3. Franckfurt am Mayn [Zunner] 1714. Der erste Teil erschien 1704.

17 Zur damaligen Buchbeschaffung von einem „Antiquarius" siehe bereits Brief Nr. 7, Endnote 12.

18 „Roh" steht hier für eine „mangelnde bearbeitung"; vgl. Grimm (1854–1960), Bd. 14, Sp. 1116. Wagner meint hier also wohl im Gegensatz zu gebundenen Büchern noch ungebundene und somit unbearbeitete Bücher.

19 Vgl. Brief Nr. 7, Z. 17–24.

11 — *26. Februar 1731*

Peter Christian Wagner, Pappenheim, an Christoph Jacob Trew, <Nürnberg>

HochEdelgebohrner und Hochgelehrter
insonders Hochgeehrter Herr *Doctor*.

In der Hoffnung daß Ewer HochEdelgeb[ohrn] neulich gehabte *Labores Anatomici*[1] nun *absolviret* seÿn werden, erkühne mich Ewer HochEdelgeb[ohrn] Hierdurch abermahlen aufzuwarten und beÿ denen *Speciminibus Commercii litterarii phys[ici] Techn[ici] Medici*[2] die ohnmaßgebliche Errinnerung Zu thun, daß man der etwa Zu *recensirenden* Bücher[3] *Titel* in ihrer eigenen Sprache Voransetzen und soferne solches ja derer *Exterorum* halber Vor nöthig erachtet würde, Dießelbe mit etwas kleineren Druck in eine *parenthesin* geschloßen in lateinischer Sprache darunter – und nicht nur in letzterer alleine hinsetzen möchte. Es würde Dießes unter andern auch folgenden Nutzen haben, daß wenn man aus dem gegebenen Auszug ein Buch oder *Tractat* erkennet und man | 2 | solches Zu erkauffen Lust haben würde, man denen Buchführen [!][4] den eigentlichen *Titel* schreiben oder nennen könte; außer deme es Zu Mißverstand und Verwirrung Anlaß geben dürffte. Beÿfolgend übersende einige *Observationes*[5], ob sie Vielleicht Vor tauglich erachtet werden dürfften, denen *Speciminibus inseriret* Zu werden; solten sie auf ein mahl Zu weitläufftig seÿn, so kan man solche theilen und in etliche aufeinanderfolgende *Specimina* einrucken: Nechst künfftig folgen mehrere. Vor dießes mahl Verhoffe die bewusten Bücher und *Semina*[6] mitzuerhalten. Der ich unter ergebenster Empfehlung mir Vor eine Ehre halte Zu seÿn

Ewer HochEdelgebohrn

Pappenheim in gröster Eÿle

den 26. *Febr[uarii]* 1731. ergebenster D[iene]r
Dr. Wagner.| 3 |

PS^{tum}*:* Von der aller ersten *Consultatione*[7] bitte nicht Zu Vergeßen noch einen Bogen mitzusenden.

***H** UBE Briefsammlung Trew, Korr. Wagner, Nr. 9. 2¼ S. mit PS. Vermerk vermutlich von Trews Hand S. 1 oben rechts: „den 26. febr[uarii] 1731"; als Beilage: zur Veröffentlichung im Commercium Litterarium bestimmte Observationen von Wagner (Z. 17–20).*

12 in lateinischer Sprache] (1) [darunter] in lateinischer Sprache (2) in lateinischer Sprache darunter: *korr. im Textfluss*

18 denen Speciminibus] (1) [solche] (2) denen Speciminibus: *korr. im Textfluss*

---

1 Worum es sich bei den „anatomischen Arbeiten/Mühen" (lat.: „Labores Anatomici") Trews hier im Einzelnen handelte, geht aus dem vorliegenden Brieftext nicht hervor. Zu dem von Trew (v.a. in den 1720er Jahren) erteilten anatomischen Unterricht siehe bereits Brief Nr. 2, Endnote 5.

2 Zur Zeitschrift des Commercium Litterarium und ihren ersten Exemplaren (hier lat.: „Speciminibus") vgl. Brief Nr. 6, Endnote 2, und Brief Nr. 7, Endnote 7.

3 Die Rezensionen waren eine Rubrik des Commercium Litterarium. In dieser Rubrik sollten dem Leser wissenschaftliche Bücher detailliert vorgestellt und entsprechend gewürdigt werden. Man wollte damit einer Vielzahl wissenschaftlicher Meinungen eine Plattform geben und enthielt sich daher weitgehend einer kritischen Bewertung der Werke, eher wurden Inhaltsangaben der Werke erstellt. Der Titel zu einer Rezension enthielt alle Informationen, die der interessierte Leser des Commercium Litterarium für eine eventuelle Bestellung bei Buchhändlern benötigte. Bei landessprachigen Titeln folgte im Anschluss eine Übersetzung ins Lateinische; vgl. Rau (2006), S. 140 f. – Wagner machte hier im Folgenden also in der Frühphase des Commercium Litterarium noch Verbesserungsvorschläge bzgl. der Angabe der Buchtitel in den Rezensionen (tatsächlich hatte die erste Rezension im Commercium Litterarium, vgl. auch Abbildung bei Rau (2006), S. 140, zu Georg Ernst Stahls „Einleitung zur Chirurgie" den Titel des Werkes allein in lateinischer Sprache als „Introductio in Chirurgiam" dargeboten, wohingegen spätere Rezensionen noch im selben Jahrgang des Commercium Litterarium dann ggf. zuerst den landessprachigen Titel und erst danach auch den Titel in lateinischer Sprache anführten; möglicherweise führten hier die Anregungen Wagners und eventuell auch weiterer Leser also zu Veränderungen/Verbesserungen).

4 „Buchführer" ist ein „buchhändler, der die bücher im laden führt, sie im lande umführt, vertreibt"; vgl. Grimm (1854–1960), Bd. 2, Sp. 474. – Zu Wegen des Bucherwerbs in der damaligen Zeit vgl. auch Brief Nr. 7, Endnote 12.

5 Zur Rubrik der „Observationes" im Commercium Litterarium vgl. Brief Nr. 6, Endnote 7. – Wagner war gerade in der Anfangszeit des Commercium Litterarium regelmäßig als Autor von Observationen vertreten, siehe auch die vollständige Aufstellung der Schriften Wagners im Quellen- und Literaturverzeichnis dieser Arbeit. Im Jahr 1731 finden sich von ihm im Commercium Litterarium „Observationes de aquarum salubrium Heilsbronnensium effectum" (Commercium 1 (1731), S. 99–101) und eine „Obser-

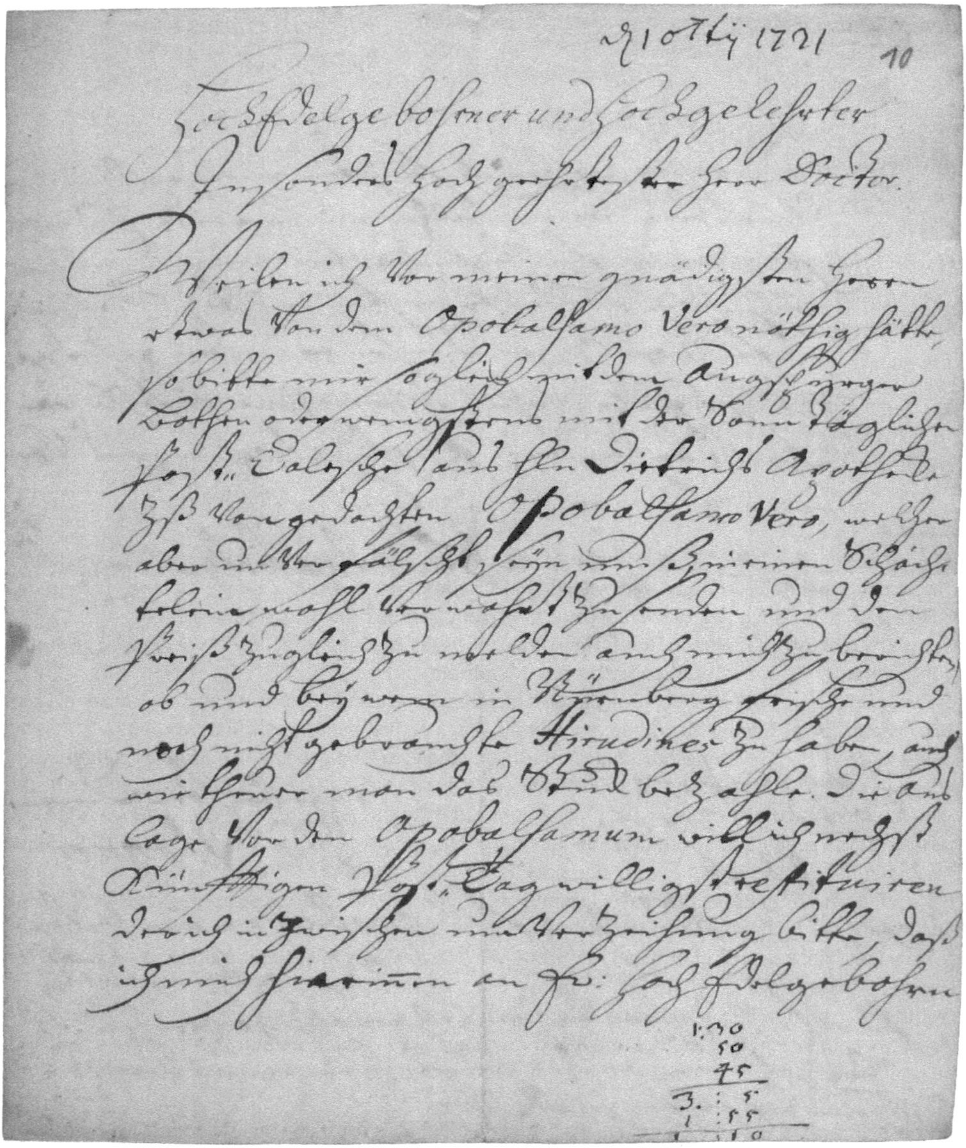

Abb. 26: Schriftprobe: Wagner an Trew (Numerus currens innerhalb der Edition: Brief Nr. 12; UBE BT, Korr. Wagner, Nr. 10), 1. März 1731, 1. Seite

vatio de carbonum exhalationibus noxiis“ (Commercium 1 (1731), S. 108). Wichtige Hinweise bzgl. der Veröffentlichungen Peter Christian Wagners im Commercium Litterarium verdanke ich Tilman Rau.

6 Zu den hier von Wagner erwarteten Büchern und Samen (hier lat.: „Semina“) vgl. Brief Nr. 10, Z. 24–38.

7 Siehe zur Bitte Wagners um weitere Exemplare der ersten Consultation des Commercium Litterarium Brief Nr. 10, Z. 16–19. Zu den Consultationen des Commercium Litterarium an sich vgl. Brief Nr. 7, Endnote 4.

12 — *1. März 1731*

Peter Christian Wagner, Pappenheim, an Christoph Jacob Trew, <Nürnberg>

HochEdelgebohrner und Hochgelehrter
Insonders Hochgeehrtester Herr *Doctor.*

Weilen ich Vor meinen gnädigsten Herrn[1] etwas Von dem *Opobalsamo Vero*[2] nöthig hätte, so bitte mir sogleich mit dem Augspurger Bothen[3] oder wenigstens mit der Sonntäglichen Post-Calesche[4] aus Herrn Dietrichs[5] Apothecke ʒβ[6] Von gedachten[7] *Opobalsamo Vero*, welcher aber unverfälscht seÿn muß, in einen Schächtelein wohl Verwahrt Zu senden und den Preiß Zugleich Zu melden auch mich Zu berichten, ob und beÿ wem in Nürnberg[8] frische und noch nicht gebrauchte *Hirudines*[9] Zu haben, auch wie theuer man das Stuck bezahle. Die Auslage Vor den *Opobalsamum* will ich nechst künfftigen Post-Tag willigst *restituiren* der ich inzwischen um Verzeihung bitte, daß ich mich hierinnen an Ewer HochEdelgebohrn | 2 | *addressire*, weilen ich sonsten niemand in Nürnberg kenne, welcher ein beßerer *Connaisseur* Von aufrichtigen *Exoticis* wäre und mir solchen Gefallen erweißen möchte. Meine aufrichtige Gegendienste erwarten jederzeit Ewer HochEdelgebohrn angenehme Befehle der ich mit besonderer *Application* mir es Vor eine Ehre achte Zu seÿn

Ewer HochEdelgebohrn

Pappenheim
den 1. *Martii*
1731.

ergebenster Diener
Dr. Wagner

PS: Die *Addresse* auf den *Opobalsamum* bitte nur alßo Zu machen. Abzugeben in Dietfurth[10] abzugeben an den Hochgräff[lichen] Pappenheim[er] OberZollner, welcher solches schleunig nach Pappenheim[11] befördern wird.

H UBE Briefsammlung Trew, Korr. Wagner, Nr. 10. 2 S. mit PS. Vermerk vermutlich von Trews Hand S. 1 oben rechts: „den 1. ♂tii 1731", sowie Vermerk vermutlich von Trews Hand S. 1 unten rechts: „1:30 | 50 | 45 || 3:5 | 1:55 || 1:10".

---

1 Gemeint ist hier Johann Friedrich Graf von Pappenheim aus dem Reichsministerialengeschlecht der Reichserbmarschälle, Grafen und Herren von und zu Pappenheim, der 1680 geboren wurde und 1731 verstarb. Nach der Erziehung u.a. im Haus des kursächsischen Kanzlers von Friesen wurde Johann Friedrich bei Regierungsübernahme seines Bruders Christian Ernst 1697 nach Pappenheim zurückgerufen. Ab 1698 unternahm er eine ausgedehnte Reise u.a. durch Frankreich, die Schweiz und Holland. 1700 erfolgte die Heirat Johann Friedrichs mit Freiin Sophia Charlotta von Wolmershausen, mit der er 10 Kinder hatte, von denen außer der Tochter Eva Juliana alle im ersten Lebensjahr verstarben. Nach dem Tod des Bruders Graf Christian Ernst wurde Johann Friedrich Senior des Hauses. In seine Senioratsperiode fielen das Pappenheimer Reformationsfest 1730 und eine rege Bautätigkeit. Graf Johann Friedrich starb 1731 nach langem Krankenlager und wurde in der Pfarrkirche zu Pappenheim beigesetzt; vgl. Schwackenhofer (2002), S. 246 f. – Wagner war seit 1728 in Pappenheim als Leibarzt sowie Stadt- und Landphysikus tätig. Eine ausführlichere Schilderung der Krankheitssymptome des Johann Friedrich Graf von Pappenheim findet sich im folgenden Brief Nr. 13, Z. 18–31.

2 Zum Opobalsamum Verum lassen sich bei Schneider (1968–75), Bd. V/1, S. 351–357, folgende zentrale Informationen entnehmen: Es handelt sich dabei um eine pflanzliche Droge aus der Gattung der Commiphora; Familie der Burseraceae; Zitatempfehlung für den Artnamen ist v.a.: C. opobalsamum (S.). Schon in antiken Werken (Dioskurides) wird ein kleiner Baum beschrieben, der nur in Indien und Ägypten wachse und aus dem bei Anlegung von Schnitten das sog. Opobalsamum als Saft ausfließe. Dieses wirke erwärmend, gegen Pupillenverdunklungen und Erkältungen der Gebärmuttergegend, befördere die Menstruation und Verdauung, treibe den Harn und helfe gegen den Biss giftiger Tiere. Es gibt Hinweise darauf, dass dann bereits im Mittelalter der echte Balsam aus dem Handel verschwunden ist und anderweitig ersetzt wurde. In der Pharmakopöe Württemberg 1741 ist aufgeführt: Balsamum Orientale verum (Opobalsamum, Balsamum de Mecha, Ägyptiacum, Balsam von Mecha); die Stammpflanze sei Carpobalsamum; der Balsam sei einst kostbar und selten gewesen, nun aber leichter zu bekommen; der berühmte Balsam werde innerlich und äußerlich als Polychrestum, Antasthmaticum und gegen Steinleiden eingesetzt. 1780 wird als Stammpflanze Amyris Opobalsamum L. angegeben. – Zeitgenössische Eintragungen finden sich bei Sommerhoff (1713), S. 265 (lat.-dt.), und bei Zedler (1732–1754), Bd. 25, Sp. 1672 (Stichwort „Opobalsamum"), sowie Bd. 3, Sp. 267–272 (Stichwort „Balsamum Judaicum").

3 Zur Stadt Augsburg (Augspurg) vgl. Brief Nr. 10, Endnote 7. – Der mögliche Transportweg über den Augsburger Boten wird bereits in Brief Nr. 10, Z. 19–22, erwähnt (dort aber wegen der hohen Kosten verworfen).

4 Eine „Calesche" ist „ein leichter, ofner wagen"; vgl. Grimm (1854–1960), Bd. 2, Sp. 602.

5 Gemeint ist hier Wolfgang Friedrich Dieterich (Dietrich), der aus Ermreuth stammte und 1745 in Nürnberg verstarb, die Beisetzung erfolgte am 3. August 1745. Sein Vater war Wolfgang Dieterich, Diakon in Lauf. Wolfgang Friedrich Dieterich war seit 1705 Besitzer der Apotheke zum goldenen Stern in Nürnberg, 1736 Senior. In der UBE Briefsammlung Trew ist u.a. ein Brief Dieterichs an Trew sowie Trews an Dieterich erhalten; vgl. Schmidt-Herrling (1940), S. 145 f.; Gossmann (1966), S. 149 und S. 154.

6 Das sog. Nürnberger Apothekergewicht wurde 1555 in Nürnberg und dann in anderen deutschen Landen eingeführt. Die bis auf geringe Unterschiede einheitliche Regelung stand in klarem Gegensatz zu den sehr unterschiedlichen Gewichtssystemen der Kaufleute (Libra civilis). Das „Medicinalpfund" (Libra medicinalis) hatte 12 Unzen und wog ca. 358 Gramm, weitere Unterteilungen waren Loth, Drachme,

Scrupel und Gran. Das erste der hier im Text angegebenen Symbole steht für die Drachme bzw. das Quentlein, umgerechnet 1/8 Unze, 1/4 Loth, 3 Scrupel bzw. 60 Gran, d.h. ca. 3,73 Gramm. Das zweite Symbol dahinter steht für „halb", d.h. Wagner bat hier Trew um eine halbe Drachme (ca. 1,87 Gramm) vom Opobalsamum Verum; vgl. Schneider (1962), S. 77 f. (zum Medizinalpfund allgemein) bzw. S. 38 und 73 (zur Drachme speziell).

7 „Gedacht" steht hier für „erwähnt"; vgl. Grimm (1854–1960), Bd. 4, Sp. 1926.

8 Siehe Brief Nr. 1, Endnote 5, zur Stadt Nürnberg.

9 Zu den „Hirudines" lassen sich bei Schneider (1968–75), Bd. I, S. 41, folgende zentrale Informationen entnehmen: Es handelt sich dabei um eine tierische Droge, d.h. Hirudo L.-Arten, Blutegel, Sanguisugo. Hirudines waren seit dem 19. Jh. bis Anfang des 20. Jh. allgemein in den Pharmakopöen üblich u.a. nach Ph. Preußen 1799 als Sanguisugo medicinalis L., Deutscher Blutegel. Im 18. Jh. und davor aber waren sie nicht apothekenüblich, d.h. diejenigen, die sie zum Blutentziehen benutzen wollten, mussten sie sich wohl selbst beschaffen. Die medizinische Verwendung der Blutegel insgesamt geht bereits auf vorchristliche Zeit zurück. Ab Anfang des 20. Jh. erschienen schließlich Spezialpräparate auf dem Markt, u.a. Hirudin, d.h. der die Blutgerinnung aufhaltende Bestandteil aus dem Extrakt der Köpfe und Schlundringe der Blutegel. – Zeitgenössische Eintragungen finden sich bei Sommerhoff (1713), S. 178 (lat.-dt.), und bei Zedler (1732–1754), Bd. 4, Sp. 238–241.

10 Es handelt sich hier um Dietfurt in Mittelfranken (Dietfurth), das heute ein Ortsteil der Stadt Treuchtlingen im Landkreis Weißenburg-Gunzenhausen im bayerischen Regierungsbezirk Mittelfranken ist. Der Historische Atlas von Bayern, Teil Franken, Reihe 1, Heft 8 (Gunzenhausen-Weißenburg), S. 114, liefert dazu Stand 1792 folgende Informationen: 1) 53 Wohngebäude, 2) Hochgericht und Dorf- und Gemeindeherrschaft: Herrschaft Pappenheim, 3) Pfarrei (evang.) Kirchenherrschaft: Herrschaft Pappenheim, 4) Herrschaft Pappenheim: Kirche, Pfarrhaus, Schulhaus, 1 Wirtshaus, 3 Höfe, 2 Hofgüter, 16 Selden, 26 Kleingüter und Häuser, Sommerkeller, 5) Klosterrichteramt St. Walburg in Eichstätt: 2 Höfe.

11 Zu Pappenheim siehe Brief Nr. 1, Endnote 8.

13 — *27. März 1731*

Peter Christian Wagner, Pappenheim, an Christoph Jacob Trew, <Nürnberg>

HochEdelgebohrner Und Hochgelehrter
Insonders Hoch Zu ehrender Herr *Doctor*.

Die nechst hin an mich gesandten Bücher[1] sowohl als den *Opobalsamum verum*[2] habe rechtens erhalten. Wie ich nun Ewer HochEdelgebohrn Vor gehabte Bemühung Höchstens *obligiret* bin; alßo bitte nur die ausgelegten Kreuzer[3] 15 Von den noch in Handen habenden Zu *decourtiren* und den *Rest* auf die *Specimina Commercii Litterarii Phys[ici] Techn[ici] Medici*[4] Zu behalten und mir dießes mahl die abgehenden Bögen, auch so ferne es seÿn kan die Versprochenen Saamen[5] Zu senden, weilen das Garten-Wetter bereits heran nahet. Wollen Sie dießen den nechst hin gemeldeten *Catalogum Librorum venalium*[6] noch beÿlegen, so will ich sehen ob etwas darunter so mir anständig; | 2 | Ich bitte mich aber Zu berichten, ob solche noch rohe[7] oder wie der Band beschaffen, denn so ferne sie nicht beßer *Conditioniret* wären als die letzt empfangenen, so dürffte wohl wenig davon kauffen. Das *Opobalsamum* war recht schön und gut, die *Hirudines*[8] aber habe seit deme Von Nerlingen[9] bekommen, weilen die Nürnberger[10] allzu lang außen geblieben. Inzwischen hat es sich mit meines gnädigsten Herrns[11] Unpäßlichkeit[12] noch wenig gebeßert; Der *Affect* ist eine *Cachexia cum Asthmate Spasmodico-hypochondriaco & insigni tumore scroti ac reliquarum partium inferiorum*[13], dahero es sehr langweilig Hergehet und Zu befürchten ist, es möchte noch Viel länger | 3 | Dauren, weswegen ich auch noch Zur Zeit Verhindert werde Ewer HochEdelgebohrn den *Catalogum* meiner neu gesammleten Saamen[14] Zu *Communiciren*. Wißen Dießelben ein gutes *Euporiston*[15] oder bewährtes *topicum*[16], so *in tali casu* Zu dem *tumore scroti*, als dem beschwehrlichsten *symptomate*[17] gebrauchet werden könte, so bitte mir *sub fide silentii* deßen gütige *Communication* aus. Ich habe Zwar bereits Verschiedene sonst bekante oder Von berühmten Männern, *ad hunc casum recommendirte appliciren* laßen, aber Zur Zeit Von allen gar wenigen *Effect* Verspühret. Es ist mir Zwar auch wohl wißend daß dießes *Symptoma* mehr *p[er] curam internam totius morbi* als durch *topica externa* müße ge| 4 |hoben Werden; alleine dem Hochgräfflichen Herrn *Patienten* will beÿ dießen *Morbo chronico* die Zeit Zu lange werden und Er wünschet nur einstweilen Von dießen Zufall befreÿet Zu seÿn. Im übrigen bitte mir Deroselben fernern *Faveur* aus und Versichere Sie meiner besondern Hochachtung als der ich mir es Vor eine Ehre halte Zu seÿn Ewer

HochEdelgeb[ohrn]
Meines Hochzuehrenden Herrn *Doctoris*
ergebenster Diener
Dr. Wagner.

Pappenheim
den 27. *Martii*
1731.

***H** UBE Briefsammlung Trew, Korr. Wagner, Nr. 11. 4 S. Vermerk vermutlich von Trews Hand S. 1 oben rechts: „den 27. ♂tii 1731“.*

17 aber] aber: *erg. zwischen den Zeilen*
22 weswegen] (1) [dahero] (2) weswegen: *korr. zwischen den Zeilen*

---

1 Zu den von Trew für Wagner besorgten Büchern vgl. Brief Nr. 7, Z. 27–33, sowie Nr. 10, Z. 24–35, und Nr. 11, Z. 20 f.
2 Zu dem von Trew für Wagner besorgten Opobalsamum verum vgl. Brief Nr. 12, Z. 7–16 und Endnote 2. – Es gibt hier keinen sicheren Hinweis darauf, ob Trew die Bücher und den Opobalsamum verum allein oder in Verbindung mit einem Brief an Wagner sandte.
3 Zu dieser Währungseinheit vgl. Brief Nr. 1, Endnote 10.
4 Zur Zeitschrift des Commercium Litterarium (hier bezieht sich Wagner auf einzelne „Specimina“, also Exemplare/Bögen) vgl. Brief Nr. 6, Endnote 2.
5 Zu den von Wagner bei Trew erbetenen Samen siehe Brief Nr. 7, Z. 17–21 und Z. 45–59, sowie Nr. 11, Z. 20 f.

6 Hier wird ein „Katalog zu verkaufender Bücher“ (lat. „Catalogus Librorum venalium“) erwähnt. Zu damaligen Möglichkeiten des Bucherwerbs vgl. auch Brief Nr. 7, Endnote 12.
7 „Roh“ steht hier für eine „mangelnde bearbeitung“; vgl. Grimm (1854–1960), Bd. 14, Sp. 1116. Wagner meint hier also wohl im Gegensatz zu gebundenen Büchern noch ungebundene und somit unbearbeitete Bücher.
8 Zu den von Trew für Wagner besorgten Hirudines vgl. Brief Nr. 12, Z. 11 f. und Endnote 9.
9 Gemeint ist hier Nördlingen (Nerlingen), gelegen in einem zwischen schwäbischem und fränkischem Jura eingesenkten Rieskessel (Meteoritenkrater), mundartlich auch „Nerling“ oder „Nerla“ genannt. Die Stadt wurde wohl vor 1200 gegründet, 1215 war sie mit Sicherheit schon Stadt. Nördlingen war 1215 bis 1802 Reichsstadt und übte in ihrem Gebiet alle landesherrlichen Rechte aus, wie höhere und niedere Gerichtsbarkeit, Steuer-, Militär-, Zoll- und Religionshoheit, Sitz und Stimme im alten Reichstag und auf Tagungen des Schwäbischen Kreises. Die Nördlinger Pfingstmesse (1219 erstmals urkundlich erwähnt) war im Mittelalter eine der bedeutendsten Messen Oberdeutschlands mit weitem Einzugsgebiet. Der allmähliche wirtschaftliche Niedergang erfolgte ab dem 16. Jh. (u.a. durch zunehmende Konkurrenz durch Nürnberg, Leipzig u.a.). Nördlingen stand im Dreißigjährigen Krieg auf protestantischer Seite, wurde belagert und musste nach der Niederlage der Protestanten bei Nördlingen kapitulieren, wobei es starke Verluste an Gut und Einwohnern erlitt. 1802 wurde Nördlingen durch Bayern annektiert, 1803 durch den Reichsdeputationshauptschluss Bayern rechtlich und endgültig zugewiesen; vgl. Zedler (1732–1754), Bd. 24, Sp. 1160–1163; Deutsches Städtebuch, Bd. 5.2 (Bayern T.2), S. 492–500.
10 Zu Nürnberg siehe bereits Brief Nr. 1, Endnote 5.
11 Zu Johann Friedrich Graf von Pappenheim (1680–1731) siehe Brief Nr. 12, Endnote 1.
12 Vgl. Brief Nr. 12, Z. 7–12. – Wagner bittet Trew dort für seinen Herrn um die Besorgung von Opobalsamum verum und Hirudines, geht aber noch nicht genauer auf die Erkrankung des Johann Friedrich Graf von Pappenheim ein.
13 Zur „Cachexia“ finden sich in Zedlers Universallexikon in der ersten Hälfte des 18. Jh. folgende Angaben: Es handele sich dabei um eine Krankheit, bei welcher schleimiger, grüner, gelber etc. Schleim und Rotz das Blut und den ganzen Leib eingenommen habe, weshalb das Gesicht der Erkrankten blass und gar bräunlich oder dunkelgrün verfärbt sei. Die Deutschen würden sie wegen der Stockung des Schleimes „eine üble Gestalt des Leibes“ oder „geschwollen, getunsen seyn“ nennen. Überhaupt werde jede üble Verfärbung des Gesichts und jede Geschwulst „Cachexie“ genannt. Patienten, die unter der Cachexia litten, würden über Appetitlosigkeit, Magendrücken und Aufblähung des Magens und der Gedärme klagen, zuweilen hätten sie einen kurzen Atem. Die schlimmste Ausprägung erreiche die Cachexia als „Anasarca“ bzw. „Tumor oedematosus oder phlegmaticus“, sodann würden die Patienten der „Wassersucht“ verfallen. Unmittelbare Ursache der Krankheit sei eine „üble Beschaffenheit des Bluts und derer davon abgesonderten Säffte“, d.h. sie bestehe in „einer wiedernatürlichen Zähigkeit derer Säffte“. Mögliche Heilmittel seien „Digestiva“, „Vomitoria“, „Purgantia“ wie auch „Alterantia“, „Resolventia“ und „Diaphoretica“; vgl. Zedler (1732–1754), Bd. 5, Sp. 34–36. Siehe daneben auch Onomatologia Medica Completa, Bd. 1, Sp. 251. – Zum hier (lat. „cum“) mit der „Cachexia“ einhergehenden „Asthma spasmodicum-hypochondriacum“ finden sich in der ersten Hälfte des 18. Jh. folgende Angaben: „Asthma“, deutsch „Keuchen, Engbrüstigkeit, kurtzer Athem, Dampf“, sei „ein oft wiederholter beschwerlicher und ängstlicher Athen [!]“. Je nach Ausprägungsgrad werde die „Dyspnoea“, bei der der „Athem nur in etwas zu kurtz“ sei, von dem eigentlichen „Asthma“ und der „Orthopnoea“ als extremster Ausprägung, bei der „die Patienten nicht anders als aufgerichts Athem schöpfen können“, unterschieden. Ferner sei Asthma in „Humidum“, d.h. mit Auswurf, „Siccum“, d.h. ohne Auswurf, und „Spasmodicum“, d.h. ebenfalls ohne Auswurf aber herrührend „von den mit Krampf beladenen Mäußlein [also Muskeln] der Brust“, zu differenzieren. Die Ursachen eines kurzen Atems seien vielseitig: „pleuritis, paraphrenitis, pleuropneumonia, peripneumonia, vomica, Lungen-Geschwüre, Brust-Geschwüre, Brust-Wassersucht,

Miltz-Beschwehrung, Mutter-Beschwerung, Nieren-Weh, Magen-Beschwerungen" und anderes mehr. Entsprechend unterschiedlich seien auch die Heilungsaussichten und die zu erwägenden Heilmittel; vgl. Zedler (1732–1754), Bd. 2, Sp. 1934–1936, und daneben auch Onomatologia Medica Completa, Bd. 1, Sp. 154 („Asthma") und 156 („Asthma spasmodicum"). Das „Asthma hypochondriacum" sei „eine Engbrüstigkeit, welche von der Hypochondrie entstehet", d.h. es sei „oft ein blosses asthma flatulentum, oft auch ein spasmodicum, das aus dem Unterleib kommt"; vgl. Onomatologia Medica Completa, Bd. 1, Sp. 155. – Außerdem geht hier mit der „Cachexia" ein „insignis tumor scroti ac reliquarum partium inferiorum" einher, d.h. eine „auffallende Geschwulst des Hodensacks und der übrigen weiter unten gelegenen Teile (des Körpers)". Nach Angaben aus der ersten Hälfte des 18. Jh. ist ein „Tumor" bzw. eine Geschwulst zunächst im Allgemeinen „jegliche wider die Natur vermehrte Grösse derer Theile, und solche sowohl in der Breite, als Tieffe und Höhe". Es gebe also nach Aussehen, Beschaffenheit und Ursachen sehr unterschiedliche Formen von „Tumoren", darunter gut- und bösartige. Dazu würden z.B. auch „Gewächs-Auswachsungen", „Aneurisma" oder „Varices" zählen, die „hitzigen Geschwülste" würden auch „Entzündungen" genannt. Am „Scrotum" entstehende Geschwülste nenne man i.d.R. „Brüche"; vgl. Zedler (1732–1754), Bd. 10, Sp. 1254 f. („Geschwulst"), und Bd. 36, Sp. 744 f. („Scroti Inflammatio et Tumor"). Siehe daneben auch Onomatologia Medica Completa, Bd. 2, Sp. 1293 („Tumor"), oder Anatomisch-chirurgisches Lexikon, Sp. 985 („Tumor"). Das Scrotum sei „das Gemächte oder der Hodensack", also „das Behältniß derer Hoden"; vgl. Anatomisch-chirurgisches Lexikon, Sp. 922 f. Siehe daneben auch Zedler (1732–1754), Bd. 10, Sp. 763–765 („Gemächt"), oder Onomatologia Medica Completa, Bd. 2, Sp. 1268.

14 Zu der Trew von Wagner angebotenen Aufstellung (hier lat.: „Catalogum") seiner neugesammelten Samen vgl. Brief Nr. 10, Z. 35–38.

15 Nach Zedler (1732–1754), Bd. 8, Sp. 2175, ist ein „Euporiston" „ein leicht zubereitendes [!], und bald anzuschaffendes Medicament". Siehe auch Sommerhoff (1713), S. 116 (lat.-dt.).

16 Zur Arzneimittelgruppe der Topica lassen sich bei Schneider (1968–75), Bd. II, S. 73, folgende Informationen entnehmen: „Topica" sind „Örtliche Mittel", d.h. sie werden äußerlich angewandt. Um die Mitte des 18. Jh. zählten dazu v.a. Salben, Öle, Pflaster und Kataplasmen. – Zeitgenössische Eintragungen finden sich bei Sommerhoff (1713), S. 387 (lat.-dt.), und Zedler (1732–1754), Bd. 44, Sp. 1274.

17 Nach Zedler (1732–1754), Bd. 41, Sp. 763–767, ist ein „Symptoma", oder „Accidens" bzw. „Zufall", „alles dasjenige, was einem schon würcklich Krancken wider die Natur zustösset, daher es auch Zufall heisset, als wenn es gleichsam nur zur Kranckheit falle". – Eine weitere zeitgenössische Eintragung findet sich in der Onomatologia Medica Completa, Bd. 1, Sp. 1256 („Symptoma"), wo es heißt: „Symptoma, Accidens, ein Zufall der Krankheit, welcher eine Wirkung derselben ist, und ganz allein darinnen seinen Grund hat". Man unterscheide diesen „Zufall" dabei aber „von denen Umständen, welche die Krankheit selbst ausmachen, wiewohl man ihn gar oft mit derselben vermisch[e]".

14 — *12. Dezember 1731*

Peter Christian Wagner, Erlangen, an Christoph Jacob Trew, Nürnberg

HochEdelgebohrner und Hochgelährter
Insonders hochgeehrtester Herr *Doctor*!

In aller Eile muß Ewer hochEdelgeb[ohrn] nur hierdurch berichten, daß ich Vergangene Woche mit meiner gesammten *Familie* hieselbsten[1] glücklich angelanget und dießem nach hinkünfftig Vor beständig allhier Verbleiben werde. Ewer hochEdelgeb[ohrn] haben alßo die hohe Güte und laßen nun mehro die Bogen des *Commercii Litterarii Medici*[2] nicht mehr nach Pappenheim[3], sondern hiehero lauffen. Es könten solche ohnmaßgeblich alle Samstage in der Goldenen Eichel am Fisch-Bach[4] abgegeben werden, da denn meine herrn Schwäger die herrn heer oder Meßmer[5] welche alle Sonnabend daßelbsten *logiren*, mir solche *franco* mit heraus nehmen könten. Ich bitte | 2 | Ewer hochEdelgebohrn wollen so gütig seyn und melden, was ich Vor dießes Jahr Vor die empfangenen Bogen noch Zu Zahlen schuldig seÿ? ich werde solches mit nechsten übersenden und ins künfftige mit mehrerer *accuratesse* die schuldige Zahlung[6] leisten, maßen ich hoffe allhier mit mehrerer *Liberté* meine Sachen besorgen Zu können. Im übrigen *flattire* mir Ewer hochEdelgeb[ohrn] werden die alte Freundschafft und Gewogenheit gegen mich auch ins künfftige Zu *continuiren* die Gütigkeit haben und mir, da ich mich nun mehro in Dero Nachtbarschafft befinde, Gelegenheit Zeigen, wodurch ich solche *excoliren* könne. Der ich mit *distinguirter* Hochachtung unausgesetzt Verharre

Ewer HochEdelgebohrn

ChristianErlang
den 12. *Xbr.*[7]
1731. | 3 |

gehorsamster Diener
Dr. Wagner

PS[tum]*:* So ferne Ewer hochEdelgeb[ohrn] Von der frembden *Buglossa*[8] und dem *Lino fl. luteo*[9] heuer reifen Saamen bekommen haben, so will ich hier durch um etliche körnchen gebeten, oder aufs Früh-Jahr um kleine Stöckgen Von einem und dem andern Gewächß angesuchet haben.

***H** UBE Briefsammlung Trew, Korr. Wagner, Nr. 12. 2½ S. mit PS. Anschrift auf Brief: „à Monsieur | Monsieur le Docteur | Trew, Medicin ordinaire | de la Ville tres [!] excellent | â [!] | Nuremberg. | Franche. | Im Cathrinen Closter abzugeben."*

---

1 Gemeint ist hier Erlangen (Erlang), gelegen an der Regnitz, als der neue Wohnort Wagners. Stadtherr im 14. Jh. war Kaiser Karl IV. und seit 1378 dann dessen Sohn König Wenzel, als König von Böhmen, der 1402 Stadt, Schloss und Amt Erlang seinem Schwager, dem Burggrafen Johann von Nürnberg, verpfändete. Dessen Nachfolger, ab 1415 als Markgrafen von Brandenburg-Kulmbach, blieben Stadtherren bis 1792 (1553–1556 Reichsstadt Nürnberg im Umfeld des Zweiten Markgräfler Krieges). Im Dreißigjährigen Krieg wurde die Stadt geplündert, niedergebrannt und zerstört. In den Jahren ab 1686 ließ Markgraf Christian Ernst von Brandenburg-Bayreuth (1644–1712) vor dem Hintergrund der Aufnahme calvinistischer Flüchtlinge aus Frankreich, der von ihren Gegnern sog. „Hugenotten" (nach Rücknahme des Edikts von Nantes durch den französischen König Ludwig XIV.), eine Neustadt nach einheitlichem französischem Plan auf bisher noch unbebautem Gebiet errichten. Diese Neustadt wurde „Christian-Erlang" genannt. Die unter den „Hugenotten" eingeführte Strumpfwirkerei bildete dann für fast zwei Jahrhunderte für die Erlanger

Bevölkerung die Haupterwerbsquelle. Die Hugenottenstadt „Christian-Erlang" war der erste Ort Frankens, an dem sich die „Manufaktur" ausbreitete. 1743 wurde die Universität in Erlangen eröffnet. Auch der Siebenjährige Krieg brachte durch das preußische Korps des Obersten Mayer 1757 viel Schaden. 1792 fiel Erlangen schließlich an den König von Preußen (schon ab 1769 Bayreuther Fürstentum in Personalunion mit Ansbach vereinigt), 1810 schließlich an das Königreich Bayern; vgl. Zedler (1732–1754), Bd. 8, Sp. 1683; Deutsches Städtebuch, Bd. 5.1 (Bayern T.1), S. 187–197. – Umfangreiche Einträge zu verschiedenen Aspekten der Geschichte Erlangens finden sich auch im Erlanger Stadtlexikon, vgl. Friederich (2002).

2 Zur Zeitschrift des Commercium Litterarium vgl. Brief Nr. 6, Endnote 2.

3 Zu Pappenheim, dem vorherigen Wohnort Wagners, vgl. Brief Nr. 1, Endnote 8.

4 „Am Fischbach" weist darauf hin, dass das Gasthaus „Goldene Eichel" in der heutigen Karolinenstraße von Nürnberg lag, die vor ihrer Umbenennung zu Ehren der Gemahlin des bayerischen Königs Maximilian I. Joseph im Jahr 1809/10 als Straße „Am Fischbach" bezeichnet wurde; vgl. Stadtlexikon Nürnberg, S. 520 (Fischer-Pache), und auch Stadtlexikon Nürnberg, S. 288 (Diefenbacher/Fichte).

5 Wagner war seit 1726 in erster Ehe mit Regina Heer verheiratet, einer Tochter des Johann Conrad Heer, der Kommerzienrat zu Brandenburg-Kulmbach, Kaufmann und Kirchenvorsteher der Deutsch-Reformierten Gemeinde in Erlangen war; vgl. Memoria P.C. Wagneri (1765) (nicht paginiert) und Wagner (1736), Leichengedicht für seinen Schwiegervater Heer (nicht paginiert). – Die „herrn Schwäger die herrn heer oder Meßmer" stammten aus diesem verwandtschaftlichen Umfeld Wagners. Da in den Kirchenbüchern der Deutsch-ref. Gemeinde Erlangen jedoch recht zahlreiche Brüder sowie weitere Verwandte der Regina Heer mit Namen Heer oder Meßmer (die Ehefrau Johann Conrad Heers namens Anna war eine geborene Meßmer!) verzeichnet sind, lassen sich (auf Basis der vorliegenden Informationen) keine konkreten bzw. zuverlässigen Aussagen darüber treffen, um welche Schwager Wagners es sich hier im Einzelnen gehandelt haben mag: in Frage kommen auf Basis der (im Folgenden nach größtmöglicher Wahrscheinlichkeit zusammengeführten) Angaben in den Kirchenbüchern wohl z.B. Lorenz Heer (bezeichnet als „Kauff- und Handelsmann"; verheiratet mit Anna Barbara, geb. Kuhn), Johannes Heer (bezeichnet als „Kauff- und Handelsmann"; verheiratet mit Anna Catharina, geb. Kuhn) und Joachim Christoph Heer (geb. ca. 1709, †1767; ebenfalls bezeichnet als „Kauff- und Handelsmann"; verheiratet ab 1736 mit Maria Eleonora, geb. Geÿßel), alle drei letztgenannten Söhne Johann Conrad Heers und damit Brüder der Regina, sowie ferner u.a. Johannes Meßmer (geb. ca. 1694, †1761; ebenfalls bezeichnet als „Kauffmann" und „Handelsmann"; verheiratet mit Anna Catharina, geb. Lang). Interessant ist aber insbesondere, dass die Kirchenbücher die (verwandtschaftliche) Verbindung zu den Familien Heer und Meßmer in Rheineck im Rheintal belegen (u.a. Johann Conrad Heer in Rheineck gebürtig; erwähnt wird ferner ein Bruder desselben namens Johannes Heer, vorgestellt genauer als „Kaufmann zu Verona"); vgl. LAELKB Kirchenbucharchiv, Erlangen-Deutsch-ref. Gemeinde; hier unter „Taufen, Trauungen, Beerdigungen, Kommunikanten 1693–1741", Sign. 235-1, sowie unter „Taufen, Trauungen, Beerdigungen 1742–1774", Sign. 235-2. Die Familie Heer war zunächst ein Beamtengeschlecht der Fürstabtei St. Gallen, später eine Kaufleute- und Handwerkerfamilie der eidgenössischen Landvogtei Rheintal. Eine Seitenlinie siedelte um 1514 von Rorschach aus nach Rheineck über, wurde 1528 reformiert. Daraus wiederum entstand die wichtigste Linie der Familie, die sog. „Löwenhof-Linie", die auf Hans Heer (†1687) zurückging, der das bedeutende Veroneser Seiden-, Woll- und Leinwandhandelshaus Giovanni Heer begründete; vgl. HLS (Müller).

6 Die Leser erhielten die Bögen des Commercium Litterarium gegen Unterschrift und Vorauskasse zu einem Preis von 2 Rheinischen Gulden bzw. 60 Sächsischen Kreuzern und 16 Groschen bzw. 2/3 Reichstalern pro Jahr, wobei die Zahlungen halbjährlich zu Ostern und zu St. Michael (29. September) eingezogen wurden; vgl. Rau (2006), S. 49.

7 Siehe Brief Nr. 1, Endnote 14, zu derartigen Monatsangaben.

8 Nach Zedlers Universallexikon ist die Buglossa (synonym Ochsenzunge, Augenzier, Liebäuglein, Sternblümlein) ein Kraut mit langen und ziemlich breiten braun-grünen Blättern. Die oben auf den Zweiglein sitzenden Blüten seien blau oder rot. Das ganze Gewächs sei voll „leimicht und schleimichten Saftes" und werde auch in Küchengärten gezogen und zu Brühen gebraucht. Ferner diene es dazu, die „Brust feuchte zu halten, die Schärfe des Geblüts zu mildern, und dasselbe zu reinigen und zu kühlen". Insbesondere werde es unter anderem auch „wider Gift, giftige Kranckheiten, Schwachheiten des Haupts und Hertzens, [...] Vertreibung der Traurigkeit und Melancholey" verwendet. In den Apotheken werde daraus ein Wasser gebrannt und aus den Blumen ein Zucker bereitet: Der Zucker sei gut für „Schwindel, Schlag und zu Stärckung des Gesichts", das Wasser helfe gegen „Flüsse und Schuppen des Haupts" und lindere die Schmerzen auf „rothen flüssenden Augen". Der Name Ochsenzunge komme daher, dass die Blätter des Krauts so rau wie eine Ochsenzunge seien; vgl. Zedler (1732–1754), Bd. 25, Sp. 381–383. – Wagner verlangt es hier explizit nach einer „frembden Buglossa".

9 Nach Zedlers Universallexikon ist Linum (synonym Flachs, Flas, Lein) ein Kraut mit einem oben in zwei Zweige geteilten Stengel. Die Blätter seien länglich, schmal und spitz, die Blüten an den Spitzen blau. Die Frucht sei dick wie eine kleine Erbse und beschließe in häutigen Kapseln die Samen. Das Kraut werde in feuchtem und fettem Boden angebaut. Wenn es Knoten bekomme, gelb und reif werde, werde geerntet und der Flachs gebunden, eingeweicht, getrocknet, gebrochen usw., um das Werg schließlich zum Spinnen zu geben. Aus dem Leinsamen werde das Leinöl gepresst. Das Kraut werde selten als Arznei gebraucht, der Samen jedoch häufig, da er u.a. die Geschwülste zerlege, die Kröpfe vertreibe, Schmerzen lindere und die Geburt erleichtere. Er werde auch zu schmerzlindernden Umschlägen verwendet. Auch das Lein-Öl sei vielfältig als Arzneimittel zu gebrauchen. Der beste Lein wachse in Polen, Litauen und Schlesien; vgl. Zedler (1732–1754), Bd. 9, Sp. 1114–1118. – Wagner verlangt es hier explizit nach „Linum fl. luteo" (also wörtlich wohl „Lein mit gelber Blüte (flore luteo)"). Er bat Trew also wohl um Samen von Gewächsen, an die er ansonsten nur schwer gelangte.

15 — *8. Februar 1732*

Peter Christian Wagner, Erlangen, an Christoph Jacob Trew, <Nürnberg>

HochEdelgebohrner und Hochgelehrter
Besonders hochgeehrtester Herr *Doctor*!

Ewer hochEdelgebohrn werden hoffend[lich] nach Dero besondern Leutseeligkeit meinen bißherigen Verzug in Bezahlung der *Speciminum Commercii Liter[arii]*[1] *Anni praeteriti* gütig Zu *excusiren* belieben, maßen ich bißhero sowohl durch *publique* als *privat* Geschäffte, worein ich eine Zeit lang Verwickelt geweßen, gehindert worden die Feder anzusetzen. Ich Verspreche hiemit ins künfftige *punctueller* darinnen Zu seÿn und übersende hier innliegend den *Rest* auf das Vorige Jahr mit Gulden1 5Kreuzer[2] weilen sich Ewer hochEdelgebohrn sonder Zweiffel errinnern werden, daß ich *Mense Martio a[nni] p[raeteriti]* bereits 55 Kreuzer bezahlet. Anbeÿ übersende Zu gleich noch Gulden1 *Praenumeration* auf das gegenwärtige Jahr und bemercke, daß in mein | 2 | Paquet, welches alle Sonnabend in die goldene Eichel[3] gegeben wird, nach der mit dem Herrn HoffRath Weißmann[4] genommenen Abrede, auch die Vor Ihn gehörige *Specimina* miteingeschloßen werden und alßo der *Societaet*[5] die *Transmission* Ihm aber die Kosten erleichtert werden können. Finden Ewer hochEdelgeb[ohrn] beÿgehende *Observation* würdig denen *Speciminibus* mit ein Zu Verleiben so kan es nach Dero Gutachten geschehen.[6] Die Beschreibung derer Von mir neu entdeckten Schwammen auf den EichenLaub will ich ehestens nebst andern *communiciren*.[7] Haben Ewer hochEdelgebohrn neue *Semina* bekommen, so bitte mir Von dießen sowohl als der *Ketmia papaiae folio*[8] und der besonders schönen *Buglossa*[9] aus Dero Garten etwas aus. Sie können nur mit denen *Speciminibus* in die Eichel gegeben werden. Ich Verbleibe übrigens nebst meiner ergebensten Empfehlung

Ewer hochEdelgebohrn

Erlang den 8. *Febr[uarii]* ergebenster Diener

1732. *Dr. Wagner.*

***H** UBE Briefsammlung Trew, Korr. Wagner, Nr. 13. 2 S. Vermerk S. 1 oben rechts vermutlich von Trews Hand: „den 8. febr[uarii] 1732"; als Beilagen: Geldbetrag für Exemplare des Commercium Litterarium des vergangenen und gegenwärtigen Jahres (Z. 11–15) und eine Observation zur eventuellen Veröffentlichung im Commercium Litterarium (Z. 18–20).*

---

1 Zur Zeitschrift des Commercium Litterarium (Wagner bezieht sich hier auf einzelne Exemplare, lat. „Specimina") vgl. Brief Nr. 6, Endnote 2; zu den diesbezüglichen Zahlungsmodalitäten vgl. Brief Nr. 14, Endnote 6.

2 Zur Erklärung der Währungseinheiten vgl. Brief Nr. 1, Endnote 10. – Addiert man zu 1 Gulden 5 Kreuzern, die Wagner hier noch für die Exemplare des Commercium Litterarium des Vorjahres übersandte, jene 55 Kreuzer, die er, wie er auch im Folgenden in vorliegendem Brief noch einmal betonte, Trew schon im März des Vorjahres bezahlt hatte (d.h. in diesem Fall, dass er Trew angewiesen hatte, den Rest von einem bereits in Händen haltenden Betrag auf das Commercium Litterarium zu verwenden, vgl. Brief Nr. 13, Z. 10 f.), so kommt man insgesamt auf 2 Gulden, was also genau dem Preis für das Commercium Litterarium pro Jahr entsprach.

3 Zur Zustellung von Wagners Exemplaren des Commercium Litterarium auf dem Wege über das Gasthaus „Goldene Eichel" in Nürnberg vgl. Brief Nr. 14, Z. 11–14 und Endnote 4.

4 Johann Friedrich Weis(s)mann (Weißmann, Weißman) wurde 1678 in Neustadt/Aisch geboren und starb 1760 in Erlangen. Nach der Vorschule in Neustadt/Aisch besuchte er 1694–1697 das Gymnasium in Rothenburg ob der Tauber. Ab dem SS 1697 studierte Weis(s)mann Medizin und Chemie in Altdorf, ab dem WS 1700/1701 in Jena, ab 1703 in Leyden und Amsterdam, ab dem SS 1704 wieder in Jena. Nach einer Studienreise 1704–1705 nach Amsterdam und Leyden erlangte er im Jahr 1705 in Jena den Grad des Dr. med. und ließ sich als Arzt in Neustadt/Aisch nieder. Noch im gleichen Jahr wurde er Stadtphysikus in Windsheim. 1725 erfolgte seine Versetzung als Stadtphysikus nach Erlangen, 1725–1727 war er zudem Leibarzt des Markgrafen Georg Wilhelm in Bayreuth. Ab 1727 war Weis(s)mann erneut Stadtphysikus in Erlangen und außerdem Leiter eines privaten Chemischen Laboratoriums. 1743 erhielt Weis(s)mann die erste Professur für Arzneikunde an der neugegründeten Universität Erlangen und wurde zugleich Vorstand des Chemischen Laboratoriums. Im SS 1747 und 1753 war er Prorektor der Universität. Weis(s)mann war seit 1717 Mitglied der Leopoldina sowie Mitglied der Botanischen Gesellschaft Florenz, seit 1759 auch

Ehrenmitglied der Teutschen Gesellschaft in Erlangen. 1725 erhielt er den Titel eines Brandenburgischen Hofrats. Das besondere Interesse des Apothekersohnes Weis(s)mann galt zeitlebens der Chemie: Er beschrieb 1740 einen Farbstoff, der als „Coeruleum Erlangense“ oder „Erlanger Blau“ bekannt wurde. In der UBE Briefsammlung Trew sind zahlreiche Briefe Weis(s)manns u.a. an und von Trew erhalten. Peter Christian Wagner heiratete in zweiter Ehe einer Tochter Weis(s)manns; vgl. Wittern-Sterzel (1999), S. 214; Erlanger Stadtlexikon, S. 740 f. (Ruisinger); Schmidt-Herrling (1940), S. 687 f. Weitere Einträge zu Johann Friedrich Weis(s)mann finden sich in: DBA 1348, Bl. 90–102 (Fikenscher 2; Meusel; Baader; Fikenscher: Erl.); Hirsch (1962), Bd. 5, S. 886.

5 Gemeint ist hier die „Societaet“ des Commercium Litterarium.

6 Zur Rubrik der „Observationes“ im Commercium Litterarium vgl. Brief Nr. 6, Endnote 7. – Wagner hatte bereits im Februar 1731 „einige Observationes“ für eine eventuelle Veröffentlichung im Commercium Litterarium an Trew übersandt und dabei weitere angekündigt, vgl. Brief Nr. 11, Z. 17–20. Im Jahr 1732 findet sich von Wagner im Commercium Litterarium eine „Observatio de mercurii sublimati efficacia in movenda salivatione“ (Commercium 2 (1732), S. 245 f.). Wichtige Hinweise bzgl. der Veröffentlichungen Peter Christian Wagners im Commercium Litterarium verdanke ich Tilman Rau.

7 Vgl. dazu den nachfolgenden Brief Nr. 16, Z. 9–41. – Eine „Observatio“ Wagners zu von ihm entdeckten „Schwammen“ auf Eichenlaub wurde im Commercium Litterarium jedoch nie veröffentlicht. Allerdings findet sich noch sehr viel später ein Beitrag Wagners in Heinrich Friedrich Delius' „Fränkischen Sammlungen von Anmerkungen aus der Naturlehre, Arzneygelahrheit, Oekonomie und den damit verwandten Wissenschaften“ (2. Bd., 11. Stück (1757), S. 334–346) unter der Überschrift „Ueber einige Gewächse an den Eichblättern und Nachricht von einer Misgeburt“, der zwar nicht speziell das Thema der „Schwammen“ auf Eichenlaub wiederaufgreift, aber doch auch auf einer intensiven Betrachtung der Eichblätter durch Wagner beruht. – Ein vollständiges Verzeichnis der Schriften Wagners findet sich im Quellen- und Literaturverzeichnis der vorliegenden Arbeit.

8 Nach Zedlers Universallexikon ist „Ketmia“ (deutsch „Syrischer Papel-Baum“) ein Gewächs mit vielen fußhohen runden Stängeln. Die Blätter seien stark zerschnitten und v.a. an der Unterseite rau, während die Blüten denen der Malvae ähnlich seien, also gelblich-grün mit etwas Purpur. Die Früchte enthielten schwarzen Samen. Die Pflanze wachse in warmen Ländern, z.B. in Italien. Sie werde aber auch in Gärten „zur Curiosität“ gezogen; vgl. Zedler (1732–1754), Bd. 15, Sp. 529. – Wagner bittet hier im Speziellen um Samen von „Ketmia papaiae folio“ (also wörtlich etwa „Ketmia mit Blatt(form) der Papaya“).

9 Zu dieser von Wagner gewünschten Pflanze siehe bereits Brief Nr. 14, Z. 28–31 und Endnote 8.

16 *<ohne Datum>*

Peter Christian Wagner, <Erlangen>, an Christoph Jacob Trew, <Nürnberg>

Viro Praeclarissimo atque Doctissimo
D[omi]no Dri. Trew.
Salutem plurimam impertit
Dr. P[eter] C[hristian] Wagner.

Promissis tandem satisfacturus, historiam fungulorum minimorum & nudo oculo vix conspicuorum in foliis quercus deciduis detectorum sequentibus communicabo, cui cogitata

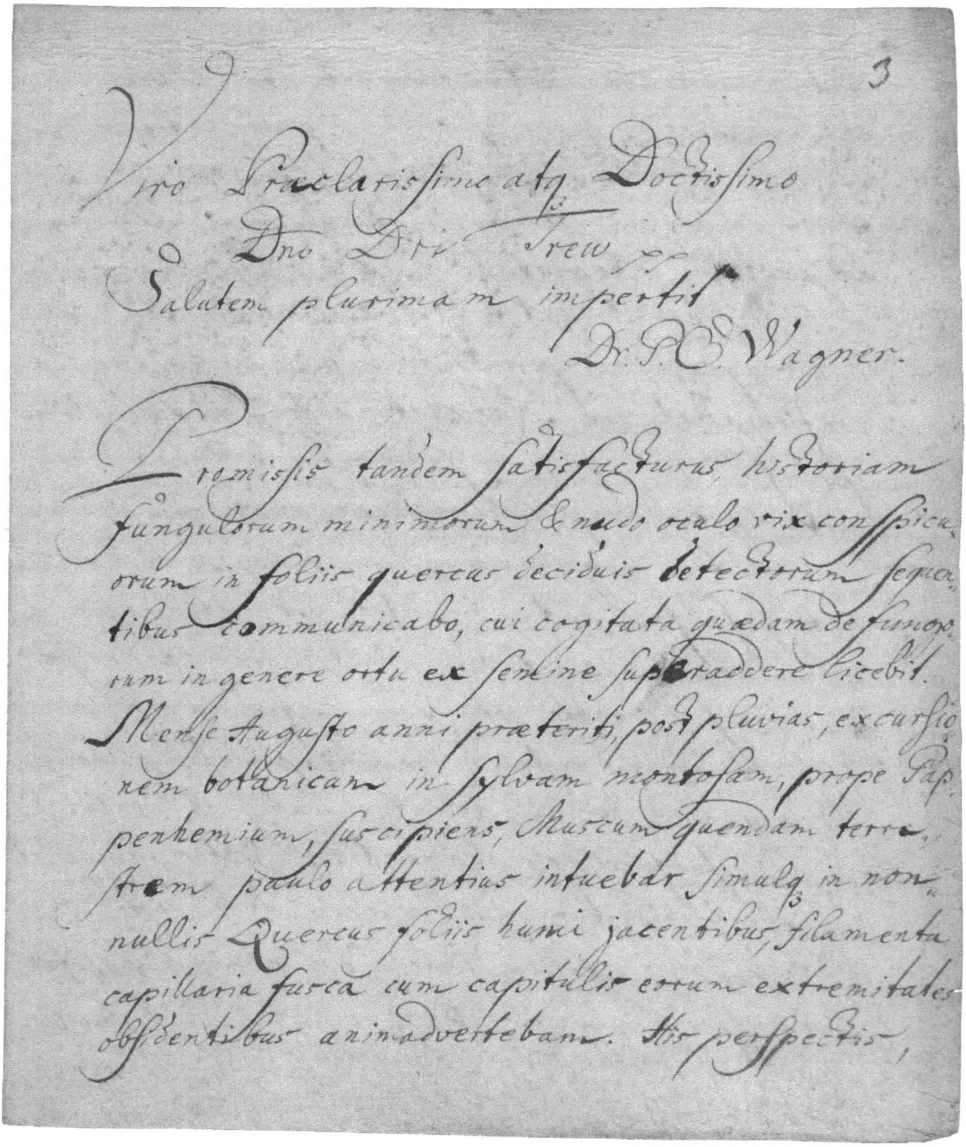

9 3

Viro Praeclarissimo atq. Doctissimo
Dno Dri Trew etc.
Salutem plurimam impertit
Dr. P. C. Wagner.

Promissis tandem satisfacturus, historiam
Fungulorum minimorum & nudo oculo vix conspicu-
orum in foliis quercus deciduis detectorum sequen-
tibus communicabo, cui cogitata quaedam de fungo-
rum in genere ortu ex semine superaddere licebit.
Mense Augusto anni praeteriti, post pluvias, excursio-
nem botanicam in sylvam montosam, prope Sap-
penhemium, suscipiens, Muscum quendam terre-
strem paulo attentius intuebar, simulq. in non-
nullis Quercus foliis humi jacentibus, filamenta
capillaria fusca cum capitulis eorum extremitates
obsidentibus animadvertebam. His perspectis,

Abb. 27: Schriftprobe: Wagner an Trew (Numerus currens innerhalb der Edition: Brief Nr. 16; UBE BT, Korr. Wagner, Nr. 3), ohne Datum, 1. Seite

quaedam de fungorum in genere ortu ex semine superaddere licebit. Mense Augusto anni praeteriti, post pluvias, excursionem botanicam in sylvam montosam, prope Pappenhemium, suscipiens, Muscum quendam terrestrem paulo attentius intuebar simulque in nonnullis Quercus foliis humi iacentibus, filamenta capillaria fusca cum capitulis eorum extremitates obsidentibus animadvertebam. His perspectis, | 2 | statim arbitrabar, sint ne filamenta ista Musci, Situs vel Fungulorum genus quoddam, quare ulterius in eadem inquirebam & aliqua tandem specimina inveniebam, in quibus structuram fungulorum minimorum, ast partium integritate maximis aequalium, nudo oculo lustrare licebat, quod denique oculus armatus in his aeque ac reliquis omnibus iucundo spectaculo confirmabat. Radicantur autem hi funguli in ipsa foliorum quercus substantia & dehinc surriguntur petioli capillares, lineam unam cum dimidia, duas vel tres longi, prope radicem fusci, parte suprema autem subfusci aut albicantes, sustinentes capitula orbiculata minima fusca, punctum magnitudine saepius vix superantia, oris versus inferiora reflexis: In maturioribus autem & magis explicatis pileoli lineae quadrantem vel trientem lati sunt & rotundi, in medio subfusci, oris albicantibus, subtus lamellati, lamellis rarioribus, membranaceis, albicantibus. Pulvisculum equidem seminale in minima hac fungorum specie nullum observare potui, certissime | 3 | tamen persuasus sum, hoc unice a sola partium tenuitate proficisci, nec ea propter hanc solam semine suo destitui. Cum nihil certius mihi videatur, quam quod omnes quotquot reperiuntur, fungorum species, ad imitationem reliquorum vegetabilium omnium, ex proprio suo semine, iuvante certo caloris humiditatis, vel putredinis gradu succrescant, quidquid alii in contrarium statuere velint. In animum enim meum inducere nequeo, quod corpus tale organicum, tam nitide et ad certas determinatasque magnitudinis, figurae, coloris, odoris, saporis temporisque crescendi &c. leges, quas rarius excedit, conformatum, ex mero fortuito mollecularum minimarum concursu oriri possit. In plerisque autem fungi speciebus nihil aliud deprehendimus, quod seminis vices subire posset, quam pulverem quendam subtilissimum, quem consecuto Certo maturitatis gradu parcius vel copiosius fundunt, qui terrae aliisque rebus variis adspersus, vel alio quo cunque modo possibili eo delatus, per plures menses, imo annos, absque virium suarum detrimento | 4 | ibidem quiescere potest; tandem vero certo caloris humiditatis vel putredinis gradu iterum resuscitatus & in actum deductus novoque appropriato nutrimento auctus, vim suam prolificam exercere, id est, novos sui generis fungos procreare valet.

Vale.

PS: En Semen Coronillae erectae maioris, quod promisi, in montibus Pappenheimensibus collectum. Tibi si quae nova ad manus sint, eorum benevolam communicationem ea qua decet humanitate expeto.

***H** UBE Briefsammlung Trew, Korr. Wagner, Nr. 3. 4 S. mit PS. Die Einordnung dieses undatierten Briefes Wagners erfolgt an dieser Stelle, da Wagner in Brief Nr. 15, Z. 20 f., „ehestens", also wohl für die unmittelbar folgende Zeit des Jahres 1732, die Übersendung einer Beschreibung der von ihm „neu entdeckten Schwammen auf den EichenLaub", bestimmt für eine Veröffentlichung im Commercium Litterarium, ankündigt, wie sie hier vorliegt; als Beilage: Samen der Coronilla erecta (Z. 45 f.).*

16 (Übersetzung) ***<ohne Datum>***

Peter Christian Wagner, <Erlangen>, an Christoph Jacob Trew, <Nürnberg>

Dem äußerst ehrenvollen und äußerst gelehrten Mann
Herrn Dr. Trew.
Es entbietet einen herzlichsten Gruß
Dr. Peter Christian Wagner.

Nachdem es versprochen worden ist,[1] will ich endlich Genüge leisten und werde im Folgenden den Bericht über die auf herabgefallenen Blättern der Eiche entdeckten äußerst kleinen & mit bloßem Auge kaum sichtbaren Schwämmchen übersenden, welchem es erlaubt sein wird, noch einige Überlegungen zur Herkunft aus dem Samen bei der Art der Pilze hinzuzufügen. Im Monat August des vergangenen Jahres, nach Regenfällen, während ich einen botanischen Streifzug in den hügeligen Wald, nahe Pappenheim[2], unternahm, betrachtete ich ein wenig aufmerksamer eine Art von Muscus terrestris[3] und dabei bemerkte ich auf einigen auf dem Boden liegenden Blättern einer Eiche haarförmige dunkle Fädchen mit endständigen Köpfchen. Nach genauer Betrachtung | 2 | erwog ich sofort, ob nicht jene Fädchen irgendeine Art von Moos, Schimmel oder auch Schwämmchen seien, weswegen ich dieselben weiter untersuchte & endlich auf einige Exemplare stieß, bei denen es mit bloßem Auge möglich war, den Bauplan kleinster Schwämmchen, aber mit der Unverdorbenheit der den größten Pilzen gleichen Bestandteile, zu betrachten, was schließlich das gerüstete Auge mit einem ergötzlichen Anblick bei diesen gleich wie bei allen übrigen bestätigte. Es wurzeln aber diese Schwämmchen eben an dem Eichenlaub & von hier aus werden die kleinen Härchen emporgestreckt, die eineinhalb, zwei oder drei Linien[4] lang und nahe an der Wurzel schwärzlich, an der Spitze aber bräunlich oder weißlich sind und die kreisrunden, sehr kleinen, schwärzlichen Köpfchen, welche hinsichtlich der Größe öfters kaum einen Punkt[5] übertreffen, tragen, wobei die äußersten in Richtung der tiefer gelegenen Teile herumgebogen sind: Bei den reiferen aber & mehr entfalteten sind die Hütchen ein Viertel oder ein Drittel einer Linie breit & rund, in der Mitte bräunlich, während die äußeren Teile weißlich sind, an der Unterseite mit Lamellen versehen, die ziemlich dünn gesät, pergamentartig, und weißlich sind. Freilich habe ich bei dieser äußerst kleinen Art von Pilzen kein Samenstäubchen beobachten können, dennoch bin ich fest | 3 | überzeugt, dass dies einzig von der außerordentlichen Zartheit der Teile herrührt, auch dass wegen dieser einzigartigen Zartheit dies mit ihrem Samen nicht aufgegeben wird. Denn mir scheint nichts sicherer, als dass alle, wie viele auch immer entdeckt werden, Arten von Pilzen, gemäß der Nachahmung aller übrigen Pflanzen, aus ihrem eigenen Samen, wobei gewiss der Grad an Wärme, Feuchtigkeit, und auch Fäulnis dies unterstützt, heranwachsen, was auch immer andere gegenteilig urteilen mögen. Denn ich bin nicht imstande zu glauben, dass ein derartiger organischer Körper[6], der so schön und gemäß sicherer und feststehender Gesetzmäßigkeiten hinsichtlich Größe, Form, Farbe, Geruch, Geschmack und Wachstumszeit &c., welche er ziemlich selten überschreitet, geformt ist, aus nichts als einem zufälligen Zusammentreffen kleinster Teile entstehen kann. Aber wir haben bei den meisten Pilzarten nichts anderes entdeckt, was die Aufgaben des Samens übernehmen könnte, als eine Art von feinstem Pulver, welches sie, nachdem ein gewisser Reifegrad erreicht ist, spärlicher oder reichlicher hervorbringen, und welches, nachdem es der Erde und verschiedenen anderen Dingen zugeführt worden, oder auch auf jede andere mögliche Weise dorthin getragen worden ist, ebendort mehrere Monate, in der Tiefe Jahre hindurch, ohne Verlust | 4 | seiner Kräfte ruhen kann; schließlich aber, nachdem es durch einen gewissen Grad an Wärme, Feuchtigkeit oder Fäulnis wiederum erweckt & in Bewegung gebracht und durch die neue aufgenommene Nahrung im Wachstum gefördert worden ist, vermag es seine neugebildete Kraft anzuwenden, das heißt neue Pilze seiner Art zu bilden.

Lebe wohl.

PS: Siehe ein Samen der Coronilla erecta major[7], welchen ich versprochen habe und der in den Pappenheimer Hügeln gesammelt worden ist. Falls du irgendwelche neuen Dinge bei der Hand hast, erbitte ich deren gütige Mitteilung gemäß der eine Person zierenden Menschenliebe.

---

1 Wagner hatte in Brief Nr. 15, Z. 20 f., vom 8. Februar 1732 in Aussicht gestellt, „ehestens" eine Beschreibung der von ihm neu entdeckten „Schwammen auf den EichenLaub" zu übersenden, bestimmt wohl für eine Veröffentlichung im Commercium Litterarium. Mit vorliegendem Brief löste er sein Versprechen ein. Allerdings kam es nie zu einer Veröffentlichung dieser Beschreibung/Observatio Wagners im Commercium Litterarium, vgl. auch Brief Nr. 15, Endnote 7.

2 Pappenheim war im August des hier vermutlich angesprochenen Jahres 1731 wohl noch der Wohnort Wagners, denn erst im Dezember 1731 unterrichtete Wagner Trew von seinem Umzug nach Erlangen, vgl. Brief Nr. 14, Z. 7–9. – Zu Pappenheim vgl. Brief Nr. 1, Endnote 8.

3 Zedlers Universallexikon verweist zu „Muscus terrestris" v.a. auf Gürtel-Kraut (synonym u.a. Cingularia, Bärlapp, Seilkraut, Wein-Kraut, Neungleich, Teufels-Klauen, Schlangen-Moß, Katzenleiterlein). Dies sei eine Gattung Moos oder ein Gewächs, „dessen Stengel sehr lang ist, kriechet auf der Erde herum, stösset auf allen Seiten viel Zweige von sich die sich in einen Hauffen kleine Sprößlein wiederum zertheilen und aus breiten". Die Pflanze wachse „in denen mitternächtigen [nördlichen] Ländern, im Holtze an sandigen und steinigen an der See gelegenen Orten". Im Juli und August sondere sie „einen falb-gelben Staub, Mehl und Pulver" ab, das „etliche vor den Saamen halten". Als Heilmittel werde die Pflanze eingesetzt u.a. „wieder des schweren Gebrechen und andere Haupt-Kranckheiten", wie auch gegen „rothe Ruhr, hitzige Fieber, Schwindsucht, Blutspeyen, Podagra, Nieren-Schmertzen, Verstopfung des Harns und Stein"; vgl. Zedler (1732–1754), Bd. 11, Sp. 1269–1271.

4 Die „Linie" war ein Längenmaß. Man maß in Elle, Fuß/Schuh, Zoll, Linie und Scrupel. Ein Zoll war 1/10 bzw. 1/12 Schuh, eine Linie wiederum 1/10 Zoll. Die genaue Länge von Maßen wie Elle, Zoll etc. konnte regional abweichen; vgl. Zedler (1732–1754), Bd. 17, Sp. 1432 („Linie") und Bd. 16, Sp. 194–198 („Längen-Maß"). – Hilfsweise lässt sich umgerechnet von ca. 25–40cm für 1 Fuß, damit ca. 2,2–3cm für 1 Zoll, d.h. von ca. 2,2–3mm für 1 Linie ausgehen; vgl. z.B. Wahrig (1970), Sp. 1374 f.

5 Nach Zedlers Universallexikon ist der „Punctum" (dt. „Punct" bzw. „Punckt") „das allerkleineste an einer Grösse, das ferner in gar keine Theile mehr einzutheilen ist", da schon nach Euclides gelte „Punctum est, cuius pars nulla est." Dieser ohne alle Teile angenommene Punkt werde auch „Punctum Mathematicum" genannt (in Abgrenzung von „Puncti Physici"); vgl. Zedler (1732–1754), Bd. 29, Sp. 1597 f.

6 Nach Zedlers Universallexikon ist ein „Organischer Cörper" (lat. „Corpus organicum") „ein solcher Cörper, welcher vermöge seiner Zusammenfügung und Structur zu einer besondern und ihm obliegenden Action geschickt ist", vgl. Zedler (1732–1754), Bd. 25, Sp. 1868.

7 Die „Coronilla" ist nach Zedlers Universallexikon „[e]ine Staude, oder ein gar kleiner Strauch, der holtzigte, harte Stengel treibet". Die Blätter seien klein und länglich, aber dick. Die Blüten an den Spitzen der Zweige seien klein und gelb. Auf die Blüten wiederum folgten „ziemlich harte Schoten, die aus vielen, schier Cylinderförmigen Stücken zusammen gesetzet, und wie voller Gelencke sind, deren jedes einen länglichten, schwartzen Saamen, von unangenehmen Geschmack beschlüsset". Der Strauch wachse an sandigen Orten, v.a. in Spanien. Die Blüten ließen sich als Heilmittel u.a. „zum erweichen, zertheilen und die Blehungen zu vertreiben" gebrauchen, aber auch „zu Clystiren und Umschlägen, wie auch zu Bähungen". Der Name „Coronilla" komme aus dem Spanischen von „kleine Crone", da die Blüten an der Spitze der Zweige wie eine kleine Krone beieinander stünden; vgl. Zedler (1732–1754), Bd. 6, Sp. 1338 f. – Wagner übersendet hier im Speziellen einen Samen der „Coronilla erecta major" aus den Pappenheimer Hügeln.

17 — *20. November 1733*

Peter Christian Wagner, Erlangen, an Christoph Jacob Trew, <Nürnberg>

HochEdelgebohrner und hochgelehrter,
Insonders hochgeehrtester Herr *Doctor*
und Vornehmer *Patron*.

Ewer hochEdelgeb[ohrn] deuten nicht ungütig, daß ich meine 2te *Praenumeration* dießes Jahrs auf die Bogen des *Commercii Litterarii Medici*[1] hiebeÿ folgend mit 1 Gulden Kreuzer[2] etwas späte einsende, Es haben mich bißhero Verschiedene Ehehafften[3] solches *Engagement* eher Zu erfüllen gehindert. Inzwischen bin ich willens Von dem neulichst *projectirten* großen *Anatomischen* Wercke[4] 2 Exemplare und Zwar eines in lateinischer und eines in teutscher Sprache Zu nehmen und werde die *Praenumeration* auf den *I. Tomum* | 2 | sogleich einsenden, wenn ich nur noch Vorhero Von dem Fortgang des Wercks durch Ewer hochEdelgebohrn eine gewiße und sichere Nachricht werde erhalten haben. So ferne Dießelben dießen Herbst einige neue Saamen *acquiriret* hätten, so würden Sie mich durch die *Communication* einiger weniger Körnlein sehr Verbindlich machen. Als der ich ohne hin schon mich einzig und alleine nach Gelegenheit sehne beÿ welcher ich *reellement* am Tage legen könte, mit was besonderer *Affection* und Hochachtung ich seÿ

Ewer HochEdelgebohrn
Meines hochgeehrtesten Herrn *Doctoris*
und Vornehmen *Patrons*

Erlang den 20. *Novembr[is]* 1733.

gantz gehorsamster
Diener
Wagner.

***H** UBE Briefsammlung Trew, Korr. Wagner, Nr. 14. 2 S. Als Beilage: Geldbetrag als zweite Vorauszahlung auf das Commercium Litterarium des Jahres 1733 (Z. 8–10).*

---

1 Zur Zeitschrift des Commercium Litterarium siehe Brief Nr. 6, Endnote 2; zu den diesbezüglichen Zahlungsmodalitäten siehe Brief Nr. 14, Endnote 6.

2 Zur Erklärung der Währungseinheiten siehe Brief Nr. 1, Endnote 10.

3 „Ehehafften" sind „legitima impedimenta", d.h. „rechtmäßige Verhinderungen, und redliche Ursachen der Entschuldigung" (oft v.a. im Zusammenhang mit dem Versäumnis eines Gerichtstermins gebraucht); vgl. Grimm (1854–1960), Bd. 3, Sp. 43, und auch bei Zedler (1732–1754), Bd. 8, Sp. 341.

4 Trew, Christoph Jacob: Osteologie oder eigentliche Fürstellung und Beschreibung aller Beine eines erwachsenen menschlichen Cörpers in und ausser ihrem Zusammenhang/ nach dem äusserlichen Ansehen so wie es die Natur selbst gezeiget abgebildet, ins Kupfer gebracht und in Druck gegeben... Nürnberg [Lichtensteger und Eisenberger] 1740. – Trew hatte bereits im Herbst 1733 den Lieferungen der Zeitschrift des Commercium Litterarium einen gedruckten Prospekt beigelegt, in dem er ein Werk ankündigte, das sein Opus magnum werden sollte: ein auf sechs bis acht Bände angelegtes anatomisches Tafelwerk. Er konnte jedoch am Ende nur ein Fragment des ersten Teils, eine Osteologie des Schädels, erscheinend erst im Jahr 1740, tatsächlich umsetzen; vgl. Schnalke (1997), S. 32, und ausführlich Schnalke (1995c).

18 ***20. November 1734***

Peter Christian Wagner, Erlangen, an Christoph Jacob Trew, <Nürnberg>

Vir Excellentissime atque Doctissime!
Fautor & Amice aestumatissime.

Quinta nunc agitur septimana ex quo Philyrarum vestrarum nihil accepimus. Quum autem Doctissimus D[omi]nus Collega meus mecum earum desiderio flagret summo, praeterea Recensio synoptica cum indice Anni praeteriti ad manus nostras nondum pervenerint, ut eorum citiorem atque accuratiorem transmissionem procures, valde rogamus. Precibus hisce addo solutionem, duos nempe florenos pro anno praesenti, cum voto, velit porro benignissimum numen utilissimis vestris laboribus benedicere, ut et materiarum frequentia & argumentorum gravitate sermonisque facundia se commendent omnibus. Tuas forsan, Vir doctissime, aliorumque Virorum Excellentissimorum, observationes, de tempore occlusionis vasorum umbilicalium & minus necessaria vel non negligenda funiculi umbilicalis deligatione quodammodo etiam illustrare potest Observatio sequens: Nascebatur sub initium mensis, quem adhuc vivimus, mercatori, natione Gallo, filiola, quoad externum adspectum | 2 | sana, deligato duos ab umbilico digitos transversos funiculo, obstetrix primis statim diebus pro educendo meconio syrupum rosat[um] solut[ivum] exhibebat, praebebat ubera nutrix sana, habebaturque cura infantis necessaria. Quarto vel quinto a partu die, post paucos clamores tumor durus & rubicundus magnitudine nucis iuglandis in pede a latere digiti maioris adparebat, cui accedens Chirurgus imponebat cataplasma emolliens, sed irrito conatu. Die octavo & nono infans convulsiones aliquot patiebatur leviores. Nono demum die funiculus umbilicalis ab umbilico sponte solutus decidebat & umbilicus ab Obstetrice more consueto cum linteo duplicato & fascia deligabatur. Die Decimo paucae in praedicto linteolo conspiciebantur guttulae purulento cruentae, undecimo autem sanguinis sinceri paulo plus effluebat. Diebus denique duodecimo & decimo tertio ad quartum & decimum sub continuo ventris motu & elevatione tanta vehementia tantaque copia scaturiebat, ut Chirurgus accersitus tentata licet nova umbilici alligatione & applicatis cum linteolis comprimentibus variis stypticis, capite mor| 3 |tuo Vitrioli, Liquore styptico &c. profluvium cohibere non potuerit, ut potius infans, neglectis remediis internis in auspicio decimi quarti diei vitam suam cum sanguine perdiderit. Culpam equidem Obstetrici imponere volunt, dicentes: illam procul dubio inter lavandum sub improvida ventris ac umbilici contrectatione cum spongia escharam post Umbilici solutionem natam abrumpendo haemorrhagiae ansam dedisse. Mihi autem, quamvis non omnem ab Obstetrice alias satis improvida culpam avertere ausim, probabilius videtur, motum istum ventris a Chirurgo annotatum tanquam extraordinarium & Convulsivum cum spasmis internarum partium ac sanguinis turgescentia primarias huius haemorrhagiae causas extitisse. Interim & hic valet dicterium tuum: Sanguinis arteriosi per angustas etiam & semiocclusas vias magnam vim esse.

Auroram istam borealem a Clarissimo Kelschio in observatorio Altorfino d[ie] 19. Septembr[is] h[uius] a[nni] visam & in Commercio Literario p[agina] 313 accurate descriptam, in itinere ab Aegra quadam extra urbem nostram vitam degente redux ab hora septima ad octavam observavi. Prima autem | 4 | claritas iam apparebat horam dimidiam post solis occasum in fine crespusculi & primae fasciae exsurgebant valde debiles magis in occidente quam septentrione ex nube valde densa, nigra non adeo lata secundum longitudinem occidenti septentrionem versus extensa, horizontem autem non penitus attingente, quare non solum supra nubem, ubi fasciae exsurgebant claritatem, sed etiam infra hanc in horizonte eandem observare licebat & quidem praecipue eo in loco, ubi maximae apparebant fasciae, signo, quod materia Luminis borealis multo maiori altitudine gaudent, quam nubes. Paulo post horam Septimam claritas multum aucta prope occidentem duobus vel tribus fasciis praelongis & admodum claris velocissime perpendiculariter ascendentibus ansam dedit, diu tamen non durabant sed mox pallescere incipientes in latitudine crescebant inque plures alias, sed minores divisae post pauca minuta disparebant, quas plures aliae septentrionem versus magis tamen pallidae & minores insequebantur. Appropinquante hora octava claritas multum imminuta fuit parcioresque fasciae & hae magis in septentrione | 5 | enatae sunt et quia tunc domum venirem ulteriori huius phaenomeni contemplationi inhiare non datum erat. Post horam autem decimam cubitum iturus, coelum prius in regione septentrionali contemplabar, quantum ob adversa aedificia licebat, et uti mihi quidem videbatur, immedio septentrione fasciam mediocrem sed pallescentem & claritatem viae lacteae non superantem videbam. Coelum de reliquo erat serenum & altero mane aura spirabat frigidior cum pruina. Hisce Vale Vir Excellentissime, et fave

Tui

studiosissimo obsequiosissimoque
Petro Christiano Wagnero
<???> Dri.

dabam Chr[istian] Erlangae d[ie] 20. Novembr[is] 1734.

***H** UBE Briefsammlung Trew, Korr. Wagner, Nr. 15. 5 S. Teilweise veröffentlicht (Z. 16–39) im Commercium Litterarium 4 (1734), S. 386 f., wohl daher an mehreren Stellen verschiedene Korrekturen, Vermerke etc. mit roter Tinte (evtl. von Trews Hand) eingefügt (im edierten Text hier sämtlich nicht berücksichtigt, da wohl keine Korrekturen etc. Wagners und damit nicht Teil der abgesandten Endfassung des Schreibens Wagners an Trew, sondern eher später in Vorbereitung des Textes für die Veröffentlichung im Commercium Litterarium vorgenommen): an mehreren Stellen Korrekturen z.B. der Orthographie und Interpunktion, Unterstreichungen (Z. 19: „syrupum rosatum solutivum“; Z. 30: „capite mortuo Vitrioli, Liquore styptico“; Z. 39: „Sanguinis arteriosi per angustas etiam & semiocclusas vias* *magnam vim esse"), Einfassung durch Klammern (Z. 16–39), links seitlich vermerkte Nummern („279" durchgestrichen auf Höhe Z. 16; „280" auf Höhe Z. 39 f.).*

46 occidenti septentrionem] (1) occidenti [<???>] septentrionem (2) occidenti septentrionem
47 attingente] (1) [add] (2) attingente: *korr. im Textfluss*
61 frigidior] frigidior: *erg. am Rand im Textfluss*

18 (Übersetzung) ***20. November 1734***
Peter Christian Wagner, Erlangen, an Christoph Jacob Trew, <Nürnberg>

Äußerst vortrefflicher und äußerst gelehrter Herr!
Gönner & wertester Freund.

Wir haben seit fünf Wochen keine eurer Bögen[1] mehr erhalten. Da aber mein äußerst gelehrter Herr Kollege[2] zusammen mit mir vor höchstem Verlangen nach diesen brennt, überdies die Recensio synoptica zusammen mit dem Index des vergangenen Jahres noch nicht in unsere Hände gelangt ist,[3] erbitten wir sehr, dass du deren raschere und sorgfältigere Übersendung besorgst. Dieser Bitte füge ich die Bezahlung bei, nämlich zwei Gulden für das gegenwärtige Jahr,[4] mit dem Wunsch, die äußerst gütige göttliche Macht möge fernerhin eure äußerst nützlichen Arbeiten segnen wollen, damit sie sich allen sowohl wegen der Menge der behandelten Gegenstände & der Gewichtigkeit der gezogenen Schlüsse als auch wegen der Gewandtheit der Sprache empfehlen. Vielleicht kann die folgende Observation[5] über den Zeitpunkt des Verschlusses der vasa umbilicalia[6] & die weniger notwendige oder aber doch nicht zu verachtende deligatio des funiculus umbilicalis[7] deine, äußerst gelehrter Herr, Observationen sowie die anderer äußerst vorzüglicher Männer gewissermaßen auch weiter erhellen: Es wurde einem Kaufmann aus der Französischen Nation gegen Anfang des Monats, in dem wir uns noch befinden, ein Töchterchen geboren,[8] das äußerlich betrachtet | 2 | gesund war, und, nachdem die Nabelschnur zwei Querfinger vom Nabel entfernt abgebunden worden war, verabreichte die Hebamme sogleich an den ersten Tagen zum Abführen des Meconiums[9] ein syrupus rosatus solutivus[10], eine gesunde Amme gab ihm die Brust und die nötige Pflege des Kindes wurde unternommen. Am vierten oder fünften Tag nach der Geburt, erschien nach ein wenig Geschrei am Fuß an der Seite des größeren Zehs ein harter & sehr roter tumor[11] von der Größe einer Walnuss, auf den der hinzukommende Chirurgus[12] ein cataplasma emolliens[13] legte, aber ohne Erfolg. Am achten & neunten Tag erlitt das Kind einige relativ leichte convulsiones[14]. Am neunten Tag schließlich fiel die Nabelschnur, die sich von selbst gelöst hatte, vom Nabel ab & der Nabel wurde von der Hebamme der üblichen Art und Weise gemäß mit einem doppelt gefalteten Leintuch & einer fascia[15] verbunden. Am zehnten Tag wurden auf dem erwähnten Tüchlein einige wenige blutige Tröpfchen mit Eiter entdeckt, am elften Tag aber floss schon etwas mehr reines Blut heraus. Am zwölften & dreizehnten im Übergang zum vierzehnten Tag schließlich quoll es unter fortwährender Unruhe & unter Erhöhung des Bauches mit so großer Heftigkeit und in so großer Menge hervor, dass ein herbeigerufener Chirurgus, obgleich ein neues Verbinden des Nabels versucht worden war & verschiedene styptica, wie caput mor| 3 |tuum Vitrioli, Liquor stypticus &c.,[16] gemeinsam mit komprimierenden Tüchlein angewandt worden waren, den Blutfluss nicht aufhalten konnte, so dass vielmehr das Kind, nachdem innerlich angewendete Heilmittel vernachlässigt worden waren, zu Beginn des vierzehnten Tages sein Leben unter Blutvergießen verlor. Allerdings wollen sie der Hebamme die Schuld auferlegen, indem sie sagen, dass jene ohne Zweifel die haemorrhagia[17] ausgelöst habe, indem sie beim Waschen unter unvorsichtiger Berührung des Bauches und des Nabels mit dem Schwamm den Grind der Wunde nach der von der Natur vorgesehenen Lösung des Nabels abgerissen habe. Mir aber, obwohl ich es nicht wagen möchte alle Schuld von der sonst hinreichend unvorsichtigen Hebamme abzukehren, scheint es wahrscheinlicher, dass diese vom Chirurgus bemerkte gleichsam außergewöhnliche & krampfende Unruhe des Bauches gemeinsam mit den spasmi der inneren Teile[18] und dem Aufwallen des Blutes als die hauptsächlichen Ursachen dieser haemorrhagia hervorgetreten sind. Zuweilen & hier passt deine Bemerkung, dass dem arteriellen Blut durch selbst enge & halbverschlossene Bahnen hindurch eine große Kraft innewohnt.

Die Aurora borealis[19], die vom sehr ruhmreichen Kelschius[20] im Altdorfer Observatorium[21] am 19. September diesen Jahres beobachtet & im Commercium Litterarium auf Seite 313 genau beschrieben worden ist,[22] habe ich auf dem Rückweg von einer Kranken, die ihr Leben außerhalb unserer Stadt[23] zubringt, von der siebten bis in die achte Stunde hinein beobachtet.[24] Aber der erste | 4 | Lichtglanz erschien bereits eine halbe Stunde nach Sonnenuntergang am Ende der Dämmerung & die ersten sehr schwachen Bänder stiegen mehr im Westen als im Norden aus einer sehr dichten, schwarzen, nicht so sehr breiten und der Länge nach von Westen gen Norden sich erstreckenden, aber den Horizont nicht völlig berührenden Wolke auf, weswegen es möglich war den Lichtglanz nicht nur oberhalb der Wolke, wo die Bänder aufstiegen, sondern denselben auch unterhalb dieser am Horizont zu beobachten & freilich besonders an diesem Ort, wo die größten Bänder erschienen, unter dem Kennzeichen, dass sie sich wegen der Materie des Nordlichts an viel größerer Höhe erfreuen, als die Wolken. Bald nach der siebten Stunde gab der Lichtglanz, der sehr zugenommen hatte, nahe dem Westen den Anlass für zwei oder drei sehr lange & völlig leuchtende sowie sehr schnell kontinuierlich aufsteigende Bänder, die dennoch nicht lange Bestand hatten, sondern, während sie bald begannen zu verblassen, an Ausdehnung zunahmen und nach wenigen Minuten in mehreren anderen, aber kleineren Anteilen aufgingen, denen wiederum nach Norden hin mehrere andere aber eher blasse & kleinere nachfolgten. Als die achte Stunde herannahte, war der Lichtglanz sehr vermindert und die Bänder waren spärlicher & sind eher im Norden | 5 | entstanden und, weil ich alsdann nach Hause kam, war es nicht möglich nach weiterer Betrachtung dieser ungewöhnlichen Lichterscheinungen zu trachten. Aber nach der zehnten Stunde, als ich zum Schlaflager gehen wollte, betrachtete ich vorher den Himmel im nördlichen Bereich, soweit es wegen der gegenüberliegenden Gebäude möglich war, und wie es mir freilich schien, sah ich im unmittelbaren Norden ein mittelgroßes aber verblassendes Band & eine nicht überhandnehmende Helligkeit der Milchstraße. Der Himmel war übrigens klar & am anderen Morgen blies bei zugleich vorhandenem Reif ein ziemlich frischer Wind. Lebe wohl äußerst vortrefflicher Herr, und bleibe gewogen

Deinem

Christian-Erlang
den 20. November
1734.

äußerst ergebenen und
äußerst gehorsamen
<???> Dr. Peter Christian Wagner

---

1 Gemeint sind hier Bögen der Zeitschrift des Commercium Litterarium, vgl. dazu Brief Nr. 6, Endnote 2.

2 Hier ist Johann Friedrich Weis(s)mann (1678–1760) gemeint, der zu der Zeit Stadtphysikus in Erlangen war; vgl. Brief Nr. 15, Endnote 4. – Weis(s)mann bekam seine Bögen des Commercium Litterarium gemeinsam mit denen Wagners übersandt, vgl. Brief Nr. 15, Z. 15–18.

3 Die starke Arbeitsbelastung der Sozietät des Commercium Litterarium führte zunehmend dazu, dass v.a. die Titel-, Übersichts- und Registerblätter nicht mehr rechtzeitig abgeliefert werden konnten, was zu vielfältigen Beschwerden seitens der Leserschaft u.a. an Trew führte. Der dritte Jahrgang von 1733 etwa, auf den auch hier Bezug genommen wird, war erst 1738 mit allen Verzeichnissen vollständig; vgl. Pirson (1953), S. 485, und Rau (2006), S. 84–87.

4 Zu den Zahlungsmodalitäten des Commercium Litterarium vgl. Brief Nr. 14, Endnote 6. – Zu der Währungseinheit „Gulden" siehe Brief Nr. 1, Endnote 10.

5 Zur Rubrik der „Observationes" im Commercium Litterarium vgl. Brief Nr. 6, Endnote 7. – Es findet sich von Wagner tatsächlich eine „Observatio de haemorrhagia letali ex umbilico decimo quarto a nativitate die" im Commercium Litterarium 4 (1734), S. 386 f., abgedruckt. Interessant sind daher die zahlreichen in den vorliegenden Brieftext mit roter Tinte eingefügten Korrekturen (v.a. der Orthographie) und Markierungen, die wohl im Rahmen einer letzten Überarbeitung vor dem Abdruck vorgenommen wurden (vgl. Handschriftenbeschreibung zum vorliegenden Brief). Die Herausgeber des Commercium Litterarium hatten schon in den Ankündigungen ihrer Zeitschrift (Consultationes) darauf hingewiesen, dass sie sich Veränderungen und Kürzungen an eingesandten Manuskripten vorbehielten; vgl. Rau (2006), S. 47.

6 Zu den „vasa umbilicalia" finden sich Mitte des 18. Jh. im Anatomisch-chirurgischen Lexikon folgende Angaben: Die „Vasa umbilicalia" oder Nabelgefäße seien „diejenige aus welchen die Nabelschnur (funiculus umbilicalis), zusammengesetzet ist, nemlich zwey Nabelpulsadern (arteriae umbilicales), eine Nabelblutader (vena umbilicalis), und die Nebenblase oder die Harn- oder Blasenschnur (urachus)"; vgl. Anatomisch-chirurgisches Lexikon, Sp. 1008 f. – Den Verschluss der nach der Geburt im Nabelschnurrest des Kindes verbliebenen Enden der Nabelgefäße beschreibt Zedlers Universallexikon in der ersten Hälfte des 18. Jh. wie folgt: Die Enden „heilen nach der Geburt zusammen, trocknen starck aus, werden dünner"; vgl. Zedler (1732–1754), Bd. 23, Sp. 25–31.

7 Eine „deligatio" oder „Verbindung" ist nach Zedlers Universallexikon in der ersten Hälfte des 18. Jh. „bey denen Chirurgis eine Arbeit, da man Geschwühre, Wunden, Bein-Brüche und Verrenckungen verbindet"; vgl. Zedler (1732–1754), Bd. 7, Sp. 456. – Das Binden der Nabelschnur nach der Geburt ist nach Zedlers Universallexikon nötig, da das Kind sonst „sich leichtlich zu tode bluten" könne. Daher solle

man „nachdem das Kind samt der Nachgeburt gebohren, einen starcken flächsernen Faden, ungefehr in der Länge einer Elle, viermal zusammen falten, selbigen an beyden Enden knüpfen, hernach zwey oder drey Finger breit vom Nabel die Nabelschnur zweymal umwickeln, und mit einem doppelten Knoten feste zubinden: solches hierauf mit einem frischen Faden einen zwerg Finger breit unter vorigem Knöpfe, nach der Nachgeburt zu, noch einmal so binden, damit man gegen das Verbluten desto sicherer sey". Erst danach solle man die Nabelschnur abschneiden. Auf den Nabelschnurrest am Leib des Kindes solle man ein leinernes Tüchlein und darauf eine Kompresse legen und dies alles mit einer Nabelbinde fixieren. Der Nabelschnurrest werde dann nach einigen Tagen von selbst ausgedorrt abfallen; vgl. Zedler (1732–1754), Bd. 23, Sp. 38 f. („Nabelschnur zu binden"), und daneben auch Bd. 23, Sp. 35–38 („Nabelschnur"), sowie Anatomisch-chirurgisches Lexikon, Sp. 380 f. („Funiculus umbilicalis"). – Zedler verweist hier aber auch auf Arbeiten u.a. Johann Heinrich Schulzes (1687–1744) aus dem Jahr 1733, in denen die Bindung der Nabelschnur als nicht unbedingt nötig angesehen wird; vgl. Zedler (1732–1754), Bd. 23, Sp. 38 f. Wagner schaltete sich mit seiner hier vorliegenden Observation also in die Diskussion der gelehrten Welt zu diesem Thema ein.

8 Die „Französische Nation" bezieht sich hier auf die protestantischen französischen Glaubensflüchtlinge, von ihren Gegnern auch als „Hugenotten" bezeichnet, die Markgraf Christian Ernst von Brandenburg-Bayreuth (1644–1712) nach dem Widerruf des Edikts von Nantes durch den französischen König Ludwig XIV. im Jahr 1685 durch ein Privileg in Erlangen aufgenommen und angesiedelt hatte; vgl. dazu Erlanger Stadtlexikon, S. 62–65 (Neuhaus). – Auf Basis der Eintragungen in die Kirchenbücher der Franz.-ref. Gemeinde Erlangen lässt sich die Vermutung äußern, dass es sich bei dem erwähnten Kaufmann und seinem früh verstorbenen Töchterchen, auf die Wagner sich hier bezieht, um Isaac Bosquet und seine Tochter Magdeleine Elisabeth Bosquet handeln könnte, notieren die Kirchenbücher doch für den 2. November 1734 die Taufe der am 29. Oktober geborenen Magdeleine Elisabeth Bosquet, Tochter des Isaac Bosquet und seiner Frau Elisabeth Moreton, sowie dann bereits für den 13. November 1734 die Beisetzung des am 12. November im Alter von nur ca. 15 Tagen verstorbenen Kindes (ferner ist in den Kirchenbüchern 1732 die Heirat des Isaac Bosquet, eines „Marchand", und der Elisabeth Moreton verzeichnet; keine weiteren passenden Eintragungen finden sich zu im November 1734 früh verstorbenen Kindern); vgl. LAELKB Kirchenbucharchiv, Erlangen-Franz.-ref. Gemeinde; hier unter „Taufen, Trauungen, Beerdigungen 1722–1735", Sign. 234-4.

9 Nach Zedlers Universallexikon ist das Meconium „der Unflath oder Koth, welcher in dem Mast-Darme der ungebohrnen Kinder gefunden wird". Dieser müsse von den Neugeborenen nach der Geburt ausgeschieden werden, wenn diese nicht zu Schaden kommen sollten. Diese Ausscheidung könne entweder durch die „erstere und wässerichte Purgier-Milch der Mutter, Colostrum genannt", oder aber durch „sanfft laxirende Mittel, als da sind Rosen-Syrup, Rhabarbar-Syrup, Violen-Syrup, Manna-Müßlein" u.a. befördert werden; vgl. Zedler (1732–1754), Bd. 20, Sp. 55 f., oder auch Anatomisch-chirurgisches Lexikon, Sp. 543.

10 Der „syrupus" war im Allgemeinen „ein flüßiggemachter und eingekochter Zuker, welcher öfters mit allerley Arzneyen versezt ist"; vgl. Onomatologia Medica Completa, Bd. 1, Sp. 1259. – Zedlers Universallexikon führt in der ersten Hälfte des 18. Jh. verschiedene Sorten eines laxierenden Rosensirup („Syrupus Rosatus solutivus") auf; vgl. Zedler (1732–1754), Bd. 32, Sp. 929–931.

11 Zum Verständnis von „tumor" im 18. Jh. vgl. Brief Nr. 13, Endnote 13.

12 Ein Chirurgus, deutsch auch „Wund-Artzt" oder „Barbier" genannt, war „ein in der Chirurgie erfahrner Mann, welcher mit Instrumenten und seinen Händen an dem menschlichen Cörper würcket". Je nach spezieller Tätigkeit wurden Wundärzte auch als „Steinschneider, Bruchschneider, Oculisten, Zahnärtzte, und so weiter" bezeichnet; vgl. Zedler (1732–1754), Bd. 59, Sp. 1490–1511. – Im 18. Jh. lassen sich also die handwerklich geschulten Wundärzte (noch) von den akademisch gebildeten Ärzten bzw. Medici abgrenzen.

13 Ein „cataplasma“ ist nach dem Anatomisch-chirurgischen Lexikon „ein Breyumschlag, [...] ein äußerliches oder topisches Mittel, welches nach Beschaffenheit der Umstände, aus allerley verschiedenen Ingredientien, weich wie ein Brey, aus Milch, Wasser, Oehlen, Mehl, Kräutern, Blumen etc. bereitet wird“; vgl. Anatomisch-chirurgisches Lexikon, Sp. 179 f. – Zedler (1732–1754), Bd. 4, Sp. 1335–1345, führt verschiedene Formen eines „Cataplasma Emolliens“ (also eines „erweichenden Cataplasma“) auf.
14 Zedlers Universallexikon beschreibt in der ersten Hälfte des 18. Jh. eine „Convulsio“ oder „Zuckung“ als „eine wiedernatürliche Bewegung, da die Nerven und Membranen, wider den Willen zusammen gezogen und nachgelassen werden“. Es gebe davon verschiedene Arten wie „Epilepsia, Spasmus, Tetanus &c.“; vgl. Zedler (1732–1754), Bd. 6, Sp. 1179. Ausführlichere Informationen finden sich auch in der Onomatologia Medica Completa, Bd. 1, Sp. 474 f.
15 Nach Zedlers Universallexikon war das sog. „Nabel-Tüchlein“ ein „kleines über einander geschlagenes Tüchlein von weicher Leinwand, so den kleinen Kinderlein auf den eingedruckten Nabel geschlagen, und bey dem Einwindeln unter die Nabel-Binde geleget wird“; vgl. Zedler (1732–1754), Bd. 23, Sp. 39. – Eine „Fascia“ im Allgemeinen war nach dem Anatomisch-chirurgischen Lexikon, Sp. 334–336, „ein Band oder Binde, [...] ein Stück Leinwand, dessen man sich zum Verbinden bedienet, welches von verschiedener Figur, Größe und Länge ist, indem es zuweilen viereckigt, als ein Schnupftuch oder Serviette, gemeiniglich aber lang und schmahl ist, um so wohl die eingerichtete Beinbrüche und Verrenkungen, als auch sonsten in allerley Wunden, Operationen und Krankheiten, die Compressen, Pflaster und Carpie nebst der übrigen Geräthschaft zu bestigen [!], und in einer Lage zu erhalten“. Ausführliche Informationen dazu auch siehe Zedler (1732–1754), Bd. 3, Sp. 317–322.
16 Nach der Onomatologia Medica Completa, Bd. 1, Sp. 834 f., sind unter „ischaema“ oder „stiptica“ blutstillende Mittel zu verstehen, „welche das Blut, so entweder vor sich, oder aus einer Wunde fließt, stillen, daß es aufhört zu fliessen, welches auf verschiedene Weise geschiehet“. Insbesondere unterscheide man innerlich und äußerlich angewandte blutstillende Mittel. Die eigentlichen „stiptica“ seien jene äußerlich angewandten Mittel, „welche das Blut schnell dik [!] und gerinnend machen“ und „unter welchen der calcinirte Vitriol, der allerbeste Brandtenwein, und das Terbenthinöl die stärkste sind“. Daneben habe man aber auch „besondere zusamengesezte Arzneyen von Stypticis“ wie z.B. den „liquor stypticus Weberi, von Vitriol, Alaun, Vitriolwasser und Oel“. Zu den blutstillenden Mitteln allgemein siehe auch Zedler (1732–1754), Bd. 4, Sp. 272; zu verschiedenen Formen eines „Liquor stypticus“ siehe Zedler (1732–1754), Bd. 17, Sp. 1602. – Unter dem „Vitriol“ verstand man in der ersten Hälfte des 18. Jh. „ein von Alters her schon sehr gebräuchliches mineralisches Stück“, unter dem „Caput mortuum“ oder „Todten-Kopff“ aber „alles was von destillirten Dingen, sonderlich von denen Mineralien und harten Theilen derer Thiere übrig bleibet, [...], gemeiniglich aber [...] Ueberbleibsel vom Vitriol [...]“; vgl. Zedler (1732–1754), Bd. 49, Sp. 121–158 („Vitriol“), und Bd. 5, Sp. 727 f. („Caput mortuum“).
17 Die „haemorrhagia“ oder „ein Blutfluß, das Bluten, oder Verbluten“ ist nach dem Anatomisch-chirurgischen Lexikon, Sp. 421–425, „eine wiedernatürliche starke Ergiessung des Blutes, wenn das Blut entweder durch den starken Antrieb und wegen Schwäche derer Gefäße austritt und sich ergießet, [...] oder wenn nach einer Abnehmung oder Amputation eines Gliedes, oder sonsten bey einer Operation, oder bey anderen verschiedenen Verwundungen, ein oder mehrere große Blutgefäße zerschnitten worden, daß also das Blut mit Gewalt herausstürzet“. Siehe ausführlich auch bei Zedler (1732–1754), Bd. 4, Sp. 220–231.
18 Nach der Onomatologia Medica Completa, Bd. 1, Sp. 1231 f., ist ein „Spasmus“ (oder auch „spasma, ein Krampf, eine Entzukung“) „eine jede gichterartige Bewegung überhaupt, eigentlich aber eine solche, dadurch die Fasern u. Gelenke schnell steif werden, und wieder nachlassen“. Dazu sei immer „ein besonderer Reiz da in denen Nerven, der aber etwas schwächer, als zu rechten Gichtern zu seyn scheinet“, nötig. Dieser Reiz könne auch „innere Theile, Höhlen, Adern, Gänge und Gefässe“ ergreifen, wodurch sie „stark zusammengezogen“ würden. Ausführliche Angaben zum „Krampf“ oder „Spasmus“ siehe auch Zedler (1732–1754), Bd. 15, Sp. 1739–1746.

19 Nach Zedlers Universallexikon in der ersten Hälfte des 18. Jh. ist die „Aurora borealis" (auch „Nordlicht" oder „Nordschein" genannt) „eine solche nächtliche Lufft-Begebenheit, da ein grosser Theil des Himmels gleichsam als von einem glüenden und bißweilen Flammen von sich gebenden Cörper, wie die ordentliche Morgenröthe oder Morgen-Dämmerung, eine Zeitlang und zwar meistens gegen Norden, (selten daß der gatze [!] Himmel) erleuchtet gesehen wird". Besonders häufig trete das Nordlicht in Grönland auf. Seit den auch in Deutschland zu beobachtenden Nordlichterscheinungen der Jahre 1716 und 1721 werde unter den Gelehrten viel über die möglichen Ursachen dieses Phänomens diskutiert; vgl. Zedler (1732–1754), Bd. 24, Sp. 1287–1294.
20 Gemeint ist hier Michael Kelsch (Kelschius), der 1693 in Nürnberg geboren wurde und 1742 in Altdorf verstarb. Er studierte ab 1713 vorwiegend an der heimischen Hochschule in Altdorf und erlangte dort 1720 die Magisterwürde. Im gleichen Jahr habilitierte er sich als Dozent der Philosophie in Altdorf. Nach wissenschaftlichen Reisen erhielt er 1731 in Altdorf die ordentliche Professur für Mathematik und Physik. Bekannt wurden seine mathematische Aufgabensammlung, vor allem jedoch die Veröffentlichungen des eifrigen Himmelsbeobachters zu optisch-meteorologischen Erscheinungen. Im Commercium Litterarium erschienen u.a. auch im Jahr 1731 (S. 353 ff.), im Jahr 1733 (S. 228 f.) und im Jahr 1736 (S. 84 f.) Observationes von Kelsch zu von ihm beobachteten Nordlichterscheinungen; vgl. ADB, Bd. 15, S. 596 f.; DBA 638, Bl. 265–272 (ADB; Will; Jöcher/Adelung).
21 Zu Altdorf (und seiner Sternwarte) vgl. Brief Nr. 1, Endnote 9.
22 Zur Zeitschrift des Commercium Litterarium vgl. Brief Nr. 6, Endnote 2. – Wagner nimmt hier also Bezug auf einen Beitrag Michael Kelschs zu am 19. September 1734 beobachteten Nordlichterscheinungen, erschienen im Commercium Litterarium 4 (1734), S. 313.
23 Gemeint ist hier Erlangen als Wohnort Wagners zu dieser Zeit, vgl. dazu Brief Nr. 14, Endnote 1.
24 Zu einer Übersicht zu den Nordlichterscheinungen über Nürnberg und Umgebung im 16. bis 18. Jahrhundert (und auch ihren zeitgenössischen Beschreibungen und Erklärungen) vgl. auch folgenden Aufsatz: Gaab (2001b) (zu Michael Kelsch und seinen Beobachtungen vgl. insbesondere ebd., S. 93).

19* ***<ohne Datum>***

Christoph Jacob Trew, <Nürnberg>, an Peter Christian Wagner, <Erlangen>

Trew erteilte Wagner in diesem Schreiben wohl Nachricht bezüglich der von ihm unterstützten Vermittlung Wagners als Arzt an den Ansbacher Markgrafenhof.

Erschlossen nach Brief Nr. 20, Z. 9–14; da Wagner auch im weiteren Verlauf des Briefes Nr. 20 den Begriff „Nachricht" unter Bezug auf eine schriftliche und nicht mündlich übermittelte Mitteilung gebraucht (vgl. Brief Nr. 20, Z. 23), darf hier wohl davon ausgegangen werden, dass es sich bei der diesem Brief Nr. 20 vorausgehenden „Nachricht" (vgl. Brief Nr. 20, Z. 9) Trews auch um eine schriftliche Nachricht handelte, so dass hier also das entsprechend erschlossene Schreiben Trews als Nr. 19 in die Korrespondenz einzufügen ist; aus den überlieferten Schreiben der Korrespondenz geht die genaue Datierung dieses erschlossenen Briefes Trews an Wagner nicht hervor, die zeitliche Abfolge der erhaltenen Korrespondenz und der direkte inhaltliche Bezug zu Brief Nr. 20, in dem Wagner zudem* *betont, er wolle „eilfertigst" (vgl. Brief Nr. 20, Z. 9) seinen Dank für die Nachricht Trews erstatten, erlauben jedoch die Annahme, dass der erschlossene Brief Trews Nr. 19* dem Schreiben Wagners Nr. 20 vom 19. Juli 1736 zeitlich unmittelbar vorausging.*

20 — ***19. Juli 1736***

Peter Christian Wagner, Erlangen, an Christoph Jacob Trew, <Nürnberg>

HochEdelgebohrner und Hochge-
lehrter Herr,
Insonders hochgeehrtester Herr HoffRath
und Leib*Medice*[1].

Vor die in bewuster Sache mir ertheilte gütigste Nachricht[2] erstatte hierdurch eilfertigst allen schuldigst und Verbindlichsten Danck und Versichere, daß ich Dero unverdiente hochgeneigte Vorsorge[3] Zeit lebens erkennen und dero dagegen mir besonders ausbittende Befehle danckbarlich | 2 | *Veneriren* und bestmöglichst befolgen werde. Ich will auch die abgeredete Reiße[4] der Vielen in der Cur[5] habenden *Patienten* ohngeachtet ohne anders antreten, jedoch hätte solche gerne noch biß künfftigen Sonnabend Verschoben weilen ich beÿ einem gefährlichen *Peripneumoniaco*[6] und Verschiedenen Blatter[7]-Kindern aus guten häußern die *Dies criticos*[8] erst gerne noch abwarten möchte und solte und weilen ich glaube daß man Vielleicht Sontags den Herrn Geheimen-Raths *Directorem*[9] am ersten und besten Zu sprechen bekommen könte. Denn länger als einen oder Zweÿ Täge drüben[10] Zu bleiben wird meine | 3 | *Praxis* nicht Verstatten; maßen ich nicht nur außer denen *Patienten* Viele Sauer-Bronnen Trincker[11]; sondern auch ein paar Vornehme *Dames*, Von deren häußer ich besoldet bin,[12] gantz nahe auf der Zeit gehend[13] habe. Solten aber Ewer hochEdelgeb[ohrn] glauben und wißen, daß durch meine längere Verweilung ein haupt-Fehler begangen würde, so wolte mir mit der heute Mittags herausgehenden Post nur mit Zweÿ Worten Nachricht ausgebeten haben, da ich denn nicht unterlaßen wolte Morgen in aller Frühe Von hier[14] ab Zu gehen. Der höchste *secundire* ferner das durch Ewer hochEdelgebohrn angefangene Werck[15] und erhalte nur | 4 | Dieselbigen und die hoch Zu Verehrende Frau Gemahlin beÿ allen höchst ersprießlichen Wohlweßen, als welcher ich mich gehorsamst empfehlend mit nur erdencklicher Hochachtung Verharre

Ewer hochEdelgeb[ohrn]

Erlang den 19. *Iulii*
1736.

gantz gehorsamster
Diener
Dr. Peter Christian
Wagner.

***H** UBE Briefsammlung Trew, Korr. Wagner, Nr. 16. 4 S. Vermerk vermutlich von Trews Hand S. 1 oben rechts: „den 19. Iu[lii]“.*

---

1 Die geänderte Anredeform verweist darauf, dass Trew im Jahr 1736 Leibarzt im Range eines Hofrats am Ansbacher Markgrafenhof geworden war; vgl. Schnalke (1997), S. 33 f.

2 Dieses Schreiben Trews Nr. 19* ist in der UBE Briefsammlung Trew nicht erhalten. – Bei der hier angesprochenen „bewuste[n] Sache“, wegen der Wagner Trew zu Dank verpflichtet war, handelt es sich um das Bemühen Trews, auch Wagner als Arzt an den Ansbacher Markgrafenhof zu vermitteln. Trew pries Wagner immer wieder u.a. in Schreiben an seinen Kollegen am Ansbacher Markgrafenhof Johann Lorenz Ludwig Loelius (1687–1756) als geeigneten Kandidaten an; vgl. u.a. UBE Briefsammlung Trew, Korr. Trew, Nr. 471 vom 3.7.1736. – Eine knappe Schilderung des Ablaufs der letztlich gescheiterten Vermittlung Wagners an den Ansbacher Markgrafenhof findet sich auch bei Schnalke (1997), S. 121–125, im Rahmen seiner Auswertung der in der UBE Briefsammlung Trew erhaltenen umfangreichen Korrespondenz zwischen Trew und Loelius. Auch in der vorliegend edierten Wagner-Trew-Korrespondenz finden sich im Folgenden weitere Hinweise/Passagen zu der versuchten Vermittlung Wagners an den Ansbacher Markgrafenhof: vgl. Brief Nr. 32, Z. 55–63 mit Endnote 45, Brief Nr. 37, v.a. Z. 13–20 und Z. 29 f., Brief Nr. 39, Z. 10–18, Brief Nr. 40, Z. 8–10, insbesondere aber Brief Nr. 41 und Brief Nr. 42, sowie schließlich Brief Nr. 47, Z. 23–28 mit Endnote 13.

3 Gemeint ist hier „fürsorge“; vgl. Grimm (1854–1960), Bd. 26, Sp. 1591.

4 Loelius war vom Ansbacher Hof zwecks eines Kennenlernens des Kandidaten beauftragt worden, Wagner über Trew zu einem Besuch in Ansbach aufzufordern; vgl. UBE Briefsammlung Trew, Korr. Johann Lorenz Ludwig Loelius, Nr. 27 vom 6.7.1736. – Trew hatte diese Aufforderung zum Zeitpunkt des vorliegenden Briefes also, evtl. im nicht erhaltenen Schreiben Nr. 19*, bereits an Wagner weitergegeben.

5 Gemeint ist hier „ärztliche behandlung“; vgl. Grimm (1854–1960), Bd. 11, Sp. 2781.

6 Nach der Onomatologia Medica Completa, Bd. 1, Sp. 1116, ist die „peripneumonia“ oder „pulmonaria“ „eine Entzündung der Lungen, welche allezeit mit einem schnell ablauffenden Entzündungsfieber verknüpft ist“. Man unterscheide zwischen einer wahren (bzw. „vera“) und falschen (bzw. „spuria“) „peripneumonia“, wobei die letztere gelinder ablaufe. In beiden Fällen bestehe „sehr Noth“ beim Atemholen, sei zudem „ein Husten da, der nirgends hin für sich will, mit einem drükenden Schmerzen in der Lunge, oft auch gar keinem, hingegen vielen Bangigkeiten“. Die Krankheit an sich sei „meistens höchstgefährlich“. Weitere Informationen zum Verständnis der „peripneumonia“ in der ersten Hälfte des 18. Jh. siehe bei Zedler (1732–1754), Bd. 18, Sp. 1181 („Lungen-Entzündung“). – „Peripneumoniacus“ (hier lat. Abl. Sgl. „Peripeumoniaco“) steht hier für den „an der Peripneumonia leidenden Patienten“ Wagners.

7 Zu den „Blattern“ siehe bereits Brief Nr. 6, Endnote 6.

8 Die „Dies critici“ (hier lat. Akk. Pl. „Dies criticos“) sind nach der Onomatologia Medica Completa, Bd. 1, Sp. 497 f., „die Entscheidungstäge, oder critische Zeiten, in welchen die Krankheit sich schnell verändert und bricht, und einen Ausschlag entweder zu dem Leben oder Tod durch diese schnelle Veränderung gibet“. Man gebrauche den Ausdruck vor allem „in schwehren, hizigen Krankheiten“.

9 Gemeint ist hier Christoph Friedrich Freiherr von Seckendorff (1679–1759). Er stammte aus der Aberdar'schen Hauptlinie zu Unternzenn und war Kaiserlicher Landrichter des Burggrafentums Nürnberg, außerdem Brandenburg-Ansbachischer Premier-Minister, Geheimer Hof- und Regierungs-Ratspräsident. Als geheimer Ratspräsident war Christoph Friedrich Freiherr von Seckendorff verantwortlich für die zunächst propreußische Politik des Markgrafen Carl Wilhelm Friedrich. Bis 1755 verlor er jedoch seinen außenpolitischen Einfluss auf den Markgrafen, der nun außenpolitisch eindeutig Stellung zugunsten Österreichs bezog, darin wiederum beeinflusst auch durch den Neffen Seckendorffs Christoph Ludwig.

Christoph Friedrich Freiherr von Seckendorff war zudem Träger des Schwarzen Adlerordens. In der UBE Briefsammlung Trew sind u.a. Briefe Seckendorffs an Trew (nur Unterschriften eigenhändig) und Trews an Seckendorff erhalten; vgl. Schuhmann (1980), S. 214 und 542 (Abb.); Schmidt-Herrling (1940), S. 561 f. – Weitere Einträge zu Christoph Friedrich Freiherr von Seckendorff finden sich in: DBA 1167, Bl. 456 (Hengst).

10 Gemeint ist hier Ansbach (Anspach), gelegen an der Fränkischen Rezat. Der fränkische Edelfreie Gumbert gründete um 748, als bereits eine kleine Siedlung bestand, am Zusammenfluss von Rezat und Onoldsbach ein Kloster. Im Jahr 1056 wurde Ansbach erstmals als Markt genannt, im Jahr 1434 wurde das allgemeine Stadtrecht für das Territorium von Kurfürst und Markgraf Friedrich I. festgelegt. Landesherren waren zunächst die Bischöfe von Würzburg, 1331 dann erwarb durch Kauf Burggraf Friedrich IV. von Nürnberg die Herrschaft, so dass 1331–1791 Ansbach burggräflich bzw. ab 1415/17 markgräflich war; 1792–1806 war Ansbach preußisch, seit 1806 schließlich bayerisch. Gerade auch zu Beginn des 18. Jh. entfaltete sich in Ansbach als Residenz der Markgrafen von Brandenburg-Ansbach eine rege Bautätigkeit: 1710 nach Brand Beginn des Neubaus des Schlosses (1738 vollendet unter teilweiser Verwendung alter Bauteile), 1726–1728 Neubau der Orangerie (Arbeiten bis 1760), 1737 Einweihung eines Gymnasiums, 1736–1738 Saalbau der Hofkirche St. Gumbertus. Als sehenswert galten in einem zeitgenössischen Eintrag aus der ersten Hälfte des 18. Jh. entsprechend besonders die Fürstliche Residenz mit der Kunst- und Naturalienkammer, das Stift St. Gumbertus und die Stadt- oder Laurentii-Kirche sowie ein Gymnasium; vgl. Zedler (1732–1754), Bd. 2, Sp. 471 f.; Deutsches Städtebuch, Bd. 5.1 (Bayern T.1), S. 47–51.

11 Nach einem zeitgenössischen Eintrag in der Onomatologia Medica Completa, Bd. 1, Sp. 15 f., sind „Sauerbronnen" (auch „Acidulae" oder „Mineralische Wasser" genannt) „nicht allein diejenige Quell-Wasser, in denen eine Säure vorschlägt, als vielmehr alle solche, welche theils etwas besonders triebiges in sich haben, theils aber auch, und besonders etwas von Eisen, oder mineralischen Salzen, Schwefel und dergleichen enthalten". Solche Wasser würden „häuffig Curweiß verschrieben von den Aerzten".

12 Trew weist in einem gemeinsam mit Loelius für den Ansbacher Hof erstellten Gutachten zu Wagner darauf hin, dass viele vornehme Häuser in Erlangen Wagner bereits mit Jahresgehältern als Hausarzt an sich gebunden hätten; vgl. UBE Briefsammlung Trew, Korr. Trew, Trew an Loelius Beilage a vom 18.8.1736; ein Hinweis darauf findet sich auch bei Schnalke (1997), S. 123.

13 Gemeint ist hier „dem ende der schwangerschaft nahe sein"; vgl. Grimm (1854–1960), Bd. 31, Sp. 524.

14 Gemeint ist hier Erlangen. Siehe dazu Brief Nr. 14, Endnote 1.

15 Damit meint Wagner wohl das begonnene Anatomische Werk Trews, vgl. dazu Brief Nr. 17, Endnote 4. – Nach Trews Ankündigung seines Projekts eines großen Anatomischen Werks in den Jahren 1733 und 1734 erstellten die Künstler Georg Lichtensteger (1700–1781) und Nicolaus Friedrich Eisenberger (1707–1771) in den beiden Folgejahren die Kupfertafeln für den ersten Teil, eine Osteologie. Doch was für die Drucklegung des Werks weiterhin fehlte, war das Manuskript Trews, so dass die Praenumeranten, darunter wohl auch Wagner (vgl. Brief Nr. 17, Z. 11–15), sich weiterhin in Geduld fassen mussten – letztlich bis 1740, was zu auch zahlreicher Kritik an Trew führte; vgl. Schnalke (1995c), S. 62.

21* **_<ohne Datum>_**

Christoph Jacob Trew, <Nürnberg>, an Peter Christian Wagner, <Erlangen>

Der Inhalt des (Begleit-)Schreibens Trews (zu einem nach Turin weiterzuvermittelnden Päckchen) lässt sich auf Basis der erhaltenen Korrespondenz nicht im Einzelnen rekonstruieren.

Erschlossen nach Brief Nr. 22, Z. 11 f.; aus den überlieferten Schreiben der Korrespondenz geht die genaue Datierung dieses erschlossenen Briefes Trews an Wagner nicht hervor, die zeitliche Abfolge der erhaltenen Korrespondenz erlaubt jedoch eine Eingrenzung auf den Zeitraum zwischen dem 19. Juli 1736 und dem 28. August 1736, d.h. zwischen den beiden überlieferten Briefen Wagners aus jener Zeit, wobei Wagners Formulierung, er wolle „in Eÿle" melden, dass er Trews „letzteres" (also letztes Schreiben) erhalten habe (vgl. Brief Nr. 22, Z. 11 f.), und auch der inhaltliche Zusammenhang nahelegen, dass der hier erschlossene Brief Trews dem Schreiben Wagners Nr. 22 vom 28. August 1736 zeitlich unmittelbar vorausging; als Beilage: Päckchen zur Weitervermittlung nach Turin (vgl. Brief Nr. 22, Z. 11–13).

22 **_28. August 1736_**

Peter Christian Wagner, Erlangen, an Christoph Jacob Trew, <Nürnberg>

HochEdelgeb[ohrner] und Hochgelehrter Herr
Insonders Hochgeehrtester Herr HoffRath,
Hochgeneigter Gönner!

Weilen S[eine] *Excellenz* der Herr *General*-Feld-Zeugmeister[1] den Herrn HalbMeÿer[2] selbsten an Ewer hochEdelgeb[ohrn] ab Zu senden beliebet, damit Er wegen Ihres Beines mündlichen Bericht erstatten könne; so will Vor dießes mahl mich auf demselbigen beziehen und in Eÿle nur so Viel melden, daß ich Deroselben letzteres[3] samt dem *Paquet* nach Turin[4] wohl erhalten, auch durch meinen gestern abgereiseten Herrn Schwager[5], welcher sich Ewer hochEdel| 2 |geb[ohrn] noch mahlen gehorsamst befiehlet, wohl bestellet. Er Versichert auch Dieselbigen daß Sie alles was so wohl Ewer hochEdelgeb[ohrn] als der Herr *Prof[essor] Bianchi*[6] an Sie nach *Verona*[7] *addressiren* würden, Sie allezeit mit dem grösten *Plaisir* bestmöglichst besorgen wolten. Ihre *addresse* ist: *Alli Signori Fratelli Heer, Mercanti in Verona*. Was Ewer hochEdelgeb[ohrn] dahin Zu schicken haben können Sie nur hiehero[8] an mich senden oder auch durch die herrn Volkamer oder Sichart[9] nach *Rovoredo*[10] bestellen welches nicht weit Von *Verona*. Den *Correctur*Bogen Voriger Woche habe auch wohl erhalten und nichts dabeÿ Zu errinnern, | 3 | als daß Ewer hochEdelgeb[ohrn] meiner und meines kleinen *suppellectilis* allzu *honorifice* gedacht.[11] Hierbeÿ übersende auch die *Salviam Pyrennaicam incanam*[12], Von welcher ich neulich gedacht, daß ich solche *in infuso*[13] Viel angenehmer und kräfftiger als unßere *Salviam hortensem* und dabeÿ als ein Vortreffliches *nervinum*[14], und *tonicum in tono nervorum labefactato & in aequali*[15] befunden. In dem blauen Papierlein ist eine gantze frische *cum floribus*, so erst gantz kurtz über *Montpeiller* aus *Catalonien*[16] gekommen. Dieße ist nicht so weiß wie die andere und scheinet fast *specie* Von der andern etwas Zu *differiren*. Die *Disput[atio] de Veget[atione] Pl[antarum] Marin[arum]*[17] werde samt dem *Catalogo* | 4 | *Waltheriano*[18] nechstens *remittiren*. Unter meiner gehorsamsten Empfehlung an die Frau Gemahlin Veharre [!][19] mit Vollkommenster hochachtung und Ergebenheit

Ewer hochEdelgeb[ohrn]

Erlang den 28. *Aug[usti]* 1736.

gehorsamster
Diener
Dr. P[eter] C[hristian] Wagner.

***H** UBE Briefsammlung Trew, Korr. Wagner, Nr. 17. 4 S. Vermerk vermutlich von Trews Hand S. 1 oben rechts: „Wagner d[ie] 28. Aug[usti] 1736", sowie Vermerk vermutlich ebenfalls von Trews Hand mit roter Tinte auf Höhe Z. 21 links: „120" durchgestrichen; als Beilage: Salvia Pyrennaica incana (Z. 21–27).*

1 Gemeint ist hier General Helmut Otto von Bassewitz (Bassewiz, Baßewitz) (1673–1736), der aus der Hohenluckower Linie der adligen und gräflichen Familie von Bassewitz stammte. Er erlangte vor allem als hoher Militär Bedeutung. Nach einer längeren Dienstzeit bei brandenburg-kulmbachischen Truppen rückte Helmut Otto von Bassewitz beim „Regiment Boyneburg" zum „Wirklichen Generalfeldzeugmeister und Chef sämtlicher Truppen des Fränkischen Kreises" auf. Nach seinem Tod am 20. Dezember 1736 wurde er in der evangelischen Pfarrkirche St. Bartholomäus im Nürnberger Stadtteil Wöhrd beigesetzt; vgl. Bassewitz (1962), S. 21. – In der Universitätsbibliothek Erlangen sind zwei Trauergedichte anlässlich des Todes des Helmut Otto von Bassewitz erhalten; vgl. Haller (1736) und Lühe (1736). – Die Erkrankung des Helmut Otto von Bassewitz wurde auch in dem in der UBE Briefsammlung Trew erhaltenen Briefwechsel zwischen Trew und seinem Kollegen am Ansbacher Hof Johann Lorenz Ludwig Loelius (1687–1756) thematisiert, den bereits Schnalke (1997), S. 132 f., auch diesbezüglich ausgewertet hat: Schon im Juli 1736 tauschten sich die beiden Ärzte über den ungewöhnlich starken Durst des Patienten aus und sahen wenig Anlass zur Hoffnung. Anfang August 1736 merkte Loelius an, der Fuß des Patienten sei zerstört, eine Amputation aber sehe er als sehr riskant an. Auch Mitte August blieb Loelius bzgl. seiner Prognosen weiter skeptisch. Schließlich kam es zur Amputation. Nach einer vorübergehenden Erholungsphase, während der der Patient sogar Reisepläne schmiedete, verstarb Bassewitz im Dezember 1736. – Die Formulierungen Wagners hier legen nahe, dass sich Helmut Otto von Bassewitz Ende August 1736 in Erlangen aufhielt und so auch als Patient Wagners in Erscheinung trat. Auch im weiteren Verlauf der Wagner-Trew-Korrespondenz finden sich immer wieder Hinweise auf Helmut Otto von Bassewitz und seine Erkrankung: vgl. Brief Nr. 23, Z. 18 f., Brief Nr. 24, Z. 63–65, Brief Nr. 32, Z. 75–77, Brief Nr. 34, Z. 52–56, Brief Nr. 35, Z. 21–23, Brief Nr. 40, Z. 24–30, und schließlich Brief Nr. 45, Z. 8 f.

2 Die Identität des „Herrn HalbMeÿer" ließ sich anhand der einschlägigen biographischen Lexika nicht klären. – In DBA 462, Bl. 404 (Fikenscher 2), findet sich lediglich ein Eintrag zu „Iacob Michael Halbmaier", der aus Erlangen stammte und dort 1765 die Doktorwürde erwarb, später erlangte er den „Character eines Anspachischen Raths" und das Physikat Langenzenn. Dies könnte ein Hinweis auf eine möglicherweise schon 1736 in Erlangen ansässige Familie Halbmaier sein.

3 Dieses vorausgehende Schreiben Trews Nr. 21* ist in der UBE Briefsammlung Trew nicht erhalten.

4 Turin, an der Mündung der Dora Riparia in den Po gelegen, war als Taurasia Hauptort der ligurischen (keltischen oder keltisierten?) Tauriner, wurde dann unter Augustus als Augusta Taurinorum eine römische Kolonie. Es war im 6. Jh. Mittelpunkt eines langobardischen Herzogtums, dann einer fränkischen Grafschaft, im 10./11. Jh. der Markgrafschaft Turin. Wichtige Machtfaktoren im 12. Jh. waren Kommunalregierung, Kaisertum, Bischöfe und v.a. die Grafen von Savoyen, die 1280 ihre Herrschaft abschließend festigten und in der Folge nach ihrem Aufstieg 1416 zu Herzögen im 15. Jh. Turin zum Regierungszentrum in Piemont, 1560 dann zur Hauptstadt des Herzogtums Savoyen machten. Im Spanischen Erbfolgekrieg wurde Turin von den Franzosen belagert, aber 1706 durch Prinz Eugen und Fürst Leopold von Anhalt-Dessau befreit (Savoyen erhielt in der Folge im Frieden von Utrecht das Königreich Sardinien). Turin war nach der napoleonischen Zeit Mittelpunkt des Risorgimento, 1861–65 war Turin Hauptstadt des Königreichs Italien. Ein zeitgenössischer Eintrag aus der ersten Hälfte des 18. Jh. berichtet zu Turin, es werde als „Lust-Garten von Italien" bezeichnet, ja es sei „eine von den schönsten Städten in Europa". Besonders sehens- bzw. erwähnenswert seien die Festungsanlagen, das Königliche Schloss, die 48 Kirchen und Klöster, die fünf Hospitäler und auch die Universität; vgl. Zedler (1732–1754), Bd. 45, Sp. 1886–1895; Brockhaus, Bd. 22, S. 486 f.

5 Gemeint ist hier wohl ein Schwager Wagners namens Heer (oder Meßmer); zu diesem verwandtschaftlichen Umfeld Wagners und dem Handelshaus der (Rheinecker) Familie Heer in Verona vgl. ausführlich bereits Brief Nr. 14, Endnote 5.

6 Giovanni Battista (Johann Baptista) Bianchi wurde 1681 in Turin geboren und starb ebenda 1761. Er lehrte seit 1715 Anatomie in Turin. 1720 wurde er als Professor der Medizin nach Bologna berufen, später war er wieder in Turin Professor der Anatomie an der Universität und Leibarzt des Königs von Sardinien. Er war Mitglied verschiedener Akademien wie der Innominati zu Bra, der Intrepidi zu Ferrara, des Institutes zu Bologna und der Gesellschaft der Naturforscher. Zudem verfasste er zahlreiche Werke. In der UBE Briefsammlung Trew ist ein Brief Bianchis an Trew (vom 26. Juli 1736) und ein Brief Trews an Bianchi (undatiert) erhalten; vgl. Schmidt-Herrling (1940), S. 53; Jöcher/Adelung (1784–1897), Bd. 1, Sp. 1828 f. – Ein weiterer Eintrag zu Giovanni Battista Bianchi findet sich bei: Hirsch (1962), Bd. 1, S. 519.

7 Verona, am Fluss Etsch gelegen, ist eine sehr alte Stadt im Gebiet der Räter und später der keltischen Cenomanen. 89 v. Chr. wurde Verona eine römische Kolonie latinischen Rechts. Später war Verona zunächst eine Residenz der Ostgoten, wurde dann 569 von den Langobarden erobert und Residenz König Alboins. In fränkischer Zeit war es Hauptort einer Grafschaft, dann der Markgrafschaft Verona. Seit Belehnung der Herzöge von Bayern mit der Mark Verona 952 bestanden enge Beziehungen zum Reich nördlich der Alpen (Handelsstraße etc.). Die Stadt Verona erlangte Anfang des 12. Jh. kommunale Selbstständigkeit, die aber durch wirtschaftliche und politische Bindungen an Venedig (Vertrag 1107) eingeschränkt wurde. Verona erlangte große Bedeutung im Handel, im 13./14. Jh. erreichte die Stadt unter der Herrschaft der Familie Della Scala den Höhepunkt ihrer Macht. 1405 schließlich gelangte Verona an die Republik Venedig. 1797 wurde Verona dann mit Venetien österreichisch, 1866 schließlich verlor Österreich mit Venetien auch Verona an das Königreich Italien. Ein zeitgenössischer Eintrag aus der ersten Hälfte des 18. Jh. merkt zu Verona an, es liege in einer „unvergleichlich schönen Gegend", sehenswert seien das Stadthaus, das Theatrum und insbesondere das Amphitheatrum. Die Stadt exportiere u.a. medizinische Kräuter, Früchte und Wein; es bestehe für Handelsgüter eine gute Verbindung auf dem Wasserweg nach Venedig; vgl. Zedler (1732–1754), Bd. 47, Sp. 1504–1522; Brockhaus, Bd. 23, S. 248 f.

8 Gemeint ist hier Erlangen als Wohnort Wagners, vgl. dazu Brief Nr. 14, Endnote 1.

9 Gemeint ist hier evtl. Johann Georg Volkamer (1662–1744) selbst, vgl. Brief Nr. 7, Endnote 14, der der Nürnberger Familie Volkamer entstammte. Schon der Großvater Johann (1576–1661) hatte sich selbstständig gemacht und in Rovereto in Italien eine Seidenfabrik begründet. Die Seidenhandlung war dann von Johann Christoph Volkamer (1644–1720) übernommen worden, einem Bruder Johann Georg Volkamers (1662–1744), welcher aber auch als Autor und Hortologe v.a. mit seinem Werk „Nürnbergische Hesperides oder gründliche Beschreibung der edlen Citronat/ Citronen/ und Pomerantzen-Früchte" Bedeutung erlangte; vgl. Stadtlexikon Nürnberg, S. 1144 f. (Diefenbacher). Es ist daher anzunehmen, dass Johann Georg Volkamer über die Handelsbeziehungen seiner Familie Sendungen nach Rovereto in Italien weitervermitteln konnte; möglicherweise ist hier mit „herrn Volkamer" auch unmittelbar ein anderes im Handel tätiges Mitglied der Familie Volkamer als Kontaktperson zur Weitervermittlung von Sendungen angesprochen (, da z.B. auch, anders als bei Johann Georg Volkamer selbst zu erwarten, kein „Dr." vorangestellt ist). – Mit Herrn Sichart ist wohl Johann Friedrich Sichart gemeint, der als Kauf- und Handelsherr in Nürnberg und Compagnon der Seidenfabrik von Sichart in Rovereto mit einem Diplom vom 4. April 1734 mit „v. Sichartshofen" in den Reichsadelsstand erhoben wurde; vgl. Kneschke (1868), S. 484.

10 Rovereto (Rovoredo), an der Etsch gelegen, entstand bei einer erstmals im 12. Jh. erwähnten Burg. Es kam 1416 zu Venedig, im Jahr 1509 dann an die Habsburger, welche es 1564 in die Grafschaft Tirol eingliederten. Prägend war lange die Seidenindustrie. Ein zeitgenössischer Eintrag aus der ersten Hälfte des 18. Jh. beschreibt „Roveredo" oder „Rovereto, Rovoredo" als „eine kleine Stadt nebst einer Vestung mit schönen Bollwercken", insbesondere verdiene Rovereto Beachtung wegen des dort stark betriebenen Seidenhandels; vgl. Zedler (1732–1754), Bd. 32, Sp. 1322; Brockhaus, Bd. 18, S. 600.

11 Diese Formulierung Wagners bezieht sich vermutlich auf einen Korrekturbogen der Zeitschrift des Commercium Litterarium; vgl. zu dieser Zeitschrift im Allgemeinen Brief Nr. 6, Endnote 2. – Konkret könnte Wagner sich hier auf das Commercium Litterarium 6 (1736), S. 279, beziehen, wo im Rahmen einer Rezension in einer Fußnote sein „physiotameum", also seine Naturaliensammlung, lobend Erwähnung findet, da Trew dort ein bestimmtes Exemplar von „corallia" habe vor kurzem betrachten können.

12 Wagner diskutiert im Folgenden die Vorzüge einer „Salvia Pyrennaica incana" gegenüber der (heimischen) „Salvia hortensis". – Zur Arzneipflanze der „Salvia hortensis" lassen sich bei Schneider (1968–75), Bd. V/3, S. 213–217, folgende zentrale Informationen entnehmen: Sie gehört zur Gattung „Salvia" aus der Familie der Labiatae; Zitatempfehlung für die hier relevante Art ist: S. officinalis (S.). Schon in antiken Werken (Dioskurides) findet sich ein Kapitel Salbei, wobei die Zuordnung zu S. officinalis L. aber nicht ganz sicher ist. Die Kräuterbuchautoren des 16. Jahrhunderts beziehen den Salbei auf das entsprechende Dioskurides-Kapitel und unterscheiden eine Art mit breiten und eine mit spitzen Blättern, die den Abbildungen nach beide S. officinalis L. sind. Indikationen seien Salbeiwein gegen Gift, Husten, Seitenstechen bzw. ein Einsatz bei Leber- und Gebärmutterleiden oder als Diureticum, Emmenagogum, Antidysentericum, Vulnerarium. In der Pharmakopöe Württemberg 1741 sind aufgeführt: Herba Salviae hortensis (Majoris et minoris, Salbey; Nervinum, Balsamicum, Uterinum; wird äußerlich und innerlich gebraucht), Flores Salviae hortensis (Salbey-Blüthe; Balsamicum und Nervinum wie das Kraut); Aqua (dest.) S., Conserva (ex floribus) S., Oleum (dest.) Salviae. 1780 wird als Stammpflanze S. officinalis angegeben. Herba bzw. Folia Salviae blieben bis zur Gegenwart pharmakopöeüblich. Zeitgenössische Eintragungen finden sich bei Sommerhoff (1713), S. 169 u. S. 334 (lat.-dt.), und bei Zedler (1732–1754), Bd. 33, Sp. 817–823 („Salbey"). – Die gegenüber der „Salvia hortensis" hier von Wagner lobend erwähnte und an Trew übersandte „Salvia Pyrennaica incana" (also gleichsam ein „grauer Salbei aus den Pyrenäen") findet sich nicht in den im Rahmen vorliegender Edition einbezogenen zeitgenössischen Lexika bzw. Lexika zur Arzneimittelgeschichte etc. Es könnte sich aber angesichts der großen begrifflichen Vielfalt im weiten Feld der Anfang des 18. Jh. noch zeitgleich gebräuchlichen unterschiedlichen Nomenklaturen um eine zeitgenössische botanische Bezeichnung für eine (aus Sicht heutiger Nomenklatur) weitere Art aus der vielfältigen Gattung „Salvia" gehandelt haben.

13 Nach Zedler (1732–1754), Bd. 14, Sp. 678 („Infusio") u. Sp. 679 („Infusum"), ist ein „infusum" „eine Formel eines flüssenden Medicaments, in welchem aus Kräutern, Wurtzeln, Bluhmen u.d.g. vermöge eines Liquoris oder Menstrui, die Kräffte dererselben extrahiret werden", d.h. es ist das Ergebnis einer „infusio" als „eine[r] Eingüssung, wenn ein Liquor aus einem Gefässe in das andere gegossen wird". Eine weitere zeitgenössische Eintragung findet sich auch bei Sommerhoff (1713), S. 188 (lat.-dt.). – Die pharmazeutischen Operationen (Arbeitsgänge) im 18. Jh. wurden eingeteilt in mechanische (z.B. Pulvern, Zerquetschen, Zerschneiden, Auspressen etc.) und in chemische. Zu den chemischen Operationen gehörten wiederum die Auflösung und die Extraktion, wobei bei der ersteren ein Körper in seinem ganzen Zusammenhang aufgelöst, bei der zweiten daraus nur ein oder mehrere Teile aufgelöst werden. Das Auflösungsmittel hieß „Menstruum" oder „Solvens", der aufzulösende Körper „Corpus solvendum". Das Aufgießen oder die Infusion („Infusio") schließlich war eine mögliche Form von Auflösung und Extraktion (neben Digestion, Kochen, Destillation etc.), an deren Ende man das „Infusum" erhielt; vgl. Schneider (1968–75), Bd. VI, S. 91–96 („Extracta").

14 Zur Arzneimittelgruppe der Nervina lassen sich bei Schneider (1968–75), Bd. II, S. 60, folgende Informationen entnehmen: „Nervina" sind „Nervenmittel". Der unspezifische Sammelbegriff wurde bis Anfang des 19. Jh. für nervenstärkende Mittel verwendet, die auch als Neurotica oder Neuritica bezeichnet wurden. Mitte des 18. Jh. unterschied man weiter zwischen innerlich und äußerlich angewandten Nervenmitteln. – Zeitgenössische Eintragungen finden sich bei Sommerhoff (1713), S. 250 (lat.-dt.), und Zedler (1732–1754), Bd. 21, Sp. 580 („Nervenstärckende Mittel").

15 Zur Arzneimittelgruppe der Tonica lassen sich bei Schneider (1968–75), Bd. II, S. 72 f., folgende Informationen entnehmen: „Tonica" sind „Stärkende Mittel", auch „Tonotica" genannt. Mitte des 18. Jh. wurde der Begriff teilweise nur für äußerlich angewandte Mittel zur Stärkung von Nerven und Fasern verwendet und innerlich stärkende Mittel mittels Begriffen wie „Roborantia" oder „Corroborantia" klar abgetrennt, teilweise aber erfolgte auch eine synonyme Verwendung von „Tonica" und „Roborantia". – Zedler (1732–1754), Bd. 44, Sp. 1203, wiederum definiert „Tonica" als „äusserlich aufzustreichende Nervenstärckungen". – Ein weiterer zeitgenössischer Eintrag findet sich bei Sommerhoff (1713), S. 387 (lat.-dt.). – Hier wird die „Salvia Pyrennaica incana" insbesondere als ein hervorragendes „tonicum" „bei geschwächtem Tonus der Nerven & dergleichem" (lat. „in tono nervorum labefactato & in aequali") gerühmt.

16 Montpellier (Montpeiller) geht zurück auf zwei verschiedene Siedlungen, die dann im frühen Mittelalter zusammenwuchsen. Im Jahr 1204 kam die Stadt an Aragonien, 1276 an das Königreich Mallorca und schließlich im Jahr 1349 durch Kauf an die französische Krone. Besonders im Spätmittelalter genoss die 1289 gestiftete Universität ebenso wie die erst 1723 mit ihr vereinigte medizinische Fakultät (Statut von 1220) großes Ansehen wegen ihrer medizinischen und juristischen Ausbildung. Im Jahr 1593 wurde ein botanischer Garten gegründet. Montpellier wurde zu einem wichtigen Stützpunkt der Hugenotten, hier wurde 1622 der Friede von Montpellier geschlossen, der den Aufstand des protestantischen Adels von 1621–1622 beendete. Nach einem zeitgenössischen Eintrag aus der ersten Hälfte des 18. Jh. seien besonders erwähnenswert u.a. ein festes Castell, die schönen Häuser der Stadt und die Universität. Bekannt sei die Stadt insbesondere wegen „des Theriacs und Grünspans, so von den Einwohnern bereitet wird, wie auch wegen ihrer Seiden-Mühlen, Puders, und so genannten Engelrosters, Wachs-Bleichens, und verschiedener anderen Manufacturen"; vgl. Zedler (1732–1754), Bd. 21, Sp. 1412–1414; Brockhaus 2, Bd. 15, S. 111 f. – Katalonien (Catalonien), mit Anteil an den Pyrenäen und am Ebrobecken, ging in historischer

Hinsicht über seine heutigen Grenzen hinaus. In der Antike unterhielten schon die Phöniker Handelsbeziehungen zu den im Gebiet um die Ebromündung siedelnden Iberern. Gegen Ende des 3. Jh. v. Chr. gewann, nachdem zuvor das Küstengebiet im Einflussbereich Karthagos gelegen hatte, Rom im Rahmen des Zweiten Punischen Krieges die Vorherrschaft, 19 n. Chr. kam das Land zur römischen Provinz Hispania Tarraconensis. Zur Völkerwanderungszeit wurde das Gebiet 415 von den Westgoten besetzt, ab 711 eroberten die Araber den Südteil Kataloniens. Karl der Große schuf ab 785 (u.a. 801 Eroberung Barcelonas) zur Abwehr der Araber eine Reihe von Grafschaften in dem Gebiet, die im 9. und 10. Jh. immer eigenständiger wurden. Im Jahr 1137 wurde die Grafschaft Barcelona durch Heirat mit dem Königreich Aragonien vereinigt. In den folgenden Jahrhunderten dehnte sich der katalanisch-aragonesische Doppelstaat stark aus, wurde 1479 und endgültig 1516 mit Kastilien vereinigt. Die Katalanen setzten im Spanischen Erbfolgekrieg auf den habsburgischen Thronprätendenten Karl, doch an die Macht kam der Bourbone Philipp V., der 1714 Barcelona eroberte und die bis dahin unabhängigen katalanischen Institutionen zugunsten eines zentralistischen Regimes abschaffte. Erst im 19. Jh. erwachte wieder ein neues kulturelles und politisches Selbstbewusstsein Kataloniens. Ein zeitgenössischer Eintrag aus der ersten Hälfte des 18. Jh. merkt zu „Catalonien" an, das Land sei voller Berge, aber sehr fruchtbar und reich „an Getraide, Wein, Oel, Hanf" und anderem mehr; vgl. Zedler (1732–1754), Bd. 5, Sp. 1413/1414 f.; Brockhaus, Bd. 11, S. 529 f.

17 Gemeint ist hier das folgende Werk: Ludwig, Christian Gottlieb: De vegetatione plantarum marinarum diss. Lipsia 1736. – Zu Christian Gottlieb Ludwig (1709–1773) vgl. Brief Nr. 76, Endnote 18.

18 Gemeint ist hier vermutlich das folgende Werk: Walther, Augustin Friedrich: Designatio Plantarum, Quas Hortus August. Friderici Waltheri Pathologiae Professoris Lipsiensis Complectitur: Accedunt Novae Plantarum Icones XXIV. Lipsiae [Gleditsch] 1735. – Augustin Friedrich Walther wurde 1688 in Wittenberg geboren und starb 1746 in Leipzig. Er studierte ab 1705 Medizin in Wittenberg und Jena. Nach einer wissenschaftlichen Reise durch Holland und England erwarb Walther 1711 die philosophische, 1712 die medizinische Doktorwürde. 1713 habilitierte er sich an der Universität Leipzig, wurde dort 1723 Professor der Anatomie und Chirurgie. Seit 1730 war er zudem Direktor des Botanischen Gartens, ab 1732 Physikus der Stadt Leipzig und Professor der Pathologie, später 1737 auch Professor der Therapie. Walther gelangen in seinen Veröffentlichungen vor allem bedeutende Leistungen auf den Gebieten der Myologie und Angiologie. In der UBE Briefsammlung Trew sind Briefe Walthers an Trew und ein Brief Trews an Walther erhalten; vgl. DBE, Bd. 10, S. 397; Schmidt-Herrling (1940), S. 680. Weitere Einträge zu Augustin Friedrich Walther finden sich in: DBA 1330, Bl. 186–188 (ADB; Jöcher); ADB, Bd. 41, S. 96; Hirsch (1962), Bd. 5, S. 837 f. – Zedler (1732–1754), Bd. 52, Sp. 1819–1827, hebt besonders auch hervor, dass Augustin Friedrich Walther als Direktor des Botanischen Gartens zweimal ein lateinisches Verzeichnis der darin befindlichen einheimischen und ausländischen Kräuter herausgegeben hat. Da Walther zudem in seinem in der UBE Briefsammlung Trew, Korr. Augustin Friedrich Walther, Nr. 2, erhaltenen Schreiben vom 23.12.1735 anmerkt, Trew ein Exemplar seines „catalogus" beilegen zu wollen, ist davon auszugehen, dass hier mit „Catalogus Waltherianus" eben das oben genannte zweite Pflanzenverzeichnis Walthers gemeint ist.

19 Gemeint ist hier wohl „Verharre". Es liegt an dieser Stelle vermutlich ein Schreibfehler vor.

23 **_28. Oktober 1736_**

Peter Christian Wagner, Erlangen, an Christoph Jacob Trew, <Nürnberg>

HochEdelgebohrner und Hochgelehrter
Insonders hochgeehrtester Herr HoffRath
hochgeneigter Gönner!

Nachdeme es mit der *Maladie* der Frauen *Residentin Buirette* Von *Ölefeld*[1] immer ernstlicher Zu werden beginnet[2] mithin mir die Gefahr Vor Augen Zu liegen scheinet, so habe mir dabeÿ die *Assistenz* Von Ewer hochEdelgeb[ohrn] ausgebeten und darauf den Befehl erhalten Dieselbigen in Nahmen der Frau *Residentin* durch gegenwärtigen *Expressen*[3] gebührend Zu ersuchen, Sie möchten sich doch gefallen laßen heute Nachmittag so| 2 |bald es seÿn kan hieher[4] Zu bemühen und Dero hoch Vernünfftigen *Consilia* mit denen meinigen Zu Vereinigen. Die Frau *Residentin* überlaßen Ewer hochEdelgeb[ohrn] selbsten entweder dero eigene Pferde und *Chaise* oder eine andere *Voiture* nach belieben Zu nehmen, laßen sich aber dabeÿ nur dießes ausbitten, daß Sie den *Reformirten* herrn Prediger hertzogenrath[5], an dem schon deswegen geschrieben worden, mit herausbringen möchten. Wie ich nun sodann die Ehre haben werde Ewer hochEdelgeb[ohrn] Von der Frau *Residentin* in dem herr General Von *Bassewiz*[6] ein mehrers | 3 | mündlich Zu hinterbringen; alßo werde beÿ dießer und anderer Gelegenheit mir alle Mühe geben Dieselbigen Zu überzeugen, daß ich mit aller möglichen Hochachtung seÿ und Verbleibe

Ewer hochEdelgeb[ohrn]

Erlang den 28. *8br.*[7]
1736.

gehorsam-ergebenster
Diener
Dr. P[eter] C[hristian] Wagner

PS[tum]*:* Der Frau Gemahlin Vermelde hierdurch meinen gehorsamsten *Respect.*

***H** UBE Briefsammlung Trew, Korr. Wagner, Nr. 18. 3 S. mit PS. Postweg: durch Boten überbracht (Z. 11).*

20 Dieselbigen] (1) [Ewer] (2) Dieselbigen: *korr. im Textfluss*

---

1 Gemeint ist hier Elisabeth Buirette von Oehlefeld (Ölefeld), geborene v. Campoing aus Frankfurt, die am 20. Februar 1737 in Erlangen starb und dort am 27. Februar 1737 beigesetzt wurde. Sie heiratete 1693 Johann Wilhelm Buirette von Oehlefeld (1668–1722) und zeugte mit ihm 13 Kinder, von denen aber 9 schon früh verstarben. Die Kaufmanns-, Bankiers- und Juristenfamilie Buirette von Oehlefeld geht auf ein 1304 erstmals erwähntes wallonisches Geschlecht zurück, das wegen seines reformierten Glaubens aus seiner Heimat in der Gegend von Mons im Hennegau fliehen musste und über Aachen und Frankfurt 1660 nach Nürnberg kam. Isaac Buirette von Oehlefeld (1638–1708) übernahm dort durch Heirat das Blommartsche Handelsunternehmen (Metallhandel, Wechselgeschäfte), betrieb daneben aber auch in Erlangen eine Brauerei und vorübergehend eine Mahl- und Papiermühle. 1679 bekam er die Stelle eines preußischen Rats und Residenten in Nürnberg, die später auch sein Sohn und Enkel ausübten. 1691 erhielten die Buirette den Reichsadel (v. Oehlefeld). Sie besaßen Güter in Wilhelmsdorf, Rathsberg und Strahlenfels. Nach der Auflösung der Handelsgesellschaft 1735 übersiedelte die Familie ganz von Nürnberg nach Erlangen, wo sie sich bereits stark an der Gründungsphase der Neustadt beteiligt, u.a. das Buirettesche Palais am Hugenottenplatz gestaltet hatte. Johann Wilhelm Buirette von Oehlefeld war ein Sohn von Isaac Buirette von Oehlefeld und dessen Nachfolger als Rat und Resident; vgl. zur Geschichte der Familie Buirette von Oehlefeld: Schmidt-Herrling (1956 a und b) sowie (1957 a und b) (jeweils nicht paginiert) (nennt abweichend zu den Angaben in den Trauergedichten den 27.2.1737 als Todesdatum der Elisabeth Buirette von Oehlefeld); Zedler (1732–1754), Bd. 25, Sp. 611–631 (nennt abweichend zu Schmidt-Herrling 1697 als Jahr der Heirat der Elisabeth Buirette von Oehlefeld); Erlanger Stadtlexikon, S. 187 (Jakob), u. ebd., S. 187 f. (Greiselmayer); Stadtlexikon Nürnberg, S. 171 (Beyerstedt/Jürgensen). In der Universitätsbibliothek Erlangen sind zudem Trauergedichte zum Tod der Elisabeth Buirette von Oehlefeld erhalten vgl. Wagner (1737c); Buirette von Oehlefeld, Jacob D. (1737); Buirette von Oehlefeld, Isaac D. (1737); Buirette von Oehlefeld, Johann N. (1737); Baumann (1737). Die Beisetzung der Elisabeth Buirette von Oehlefeld ist für den 27. Februar 1737 auch verzeichnet in den Kirchenbüchern der Deutsch-ref. Gemeinde Erlangen; vgl. LAELKB Kirchenbucharchiv, Erlangen-Deutsch-ref. Gemeinde; hier unter „Taufen, Trauungen, Beerdigungen, Kommunikanten 1693–1741“, Sign. 235-1.

2 Zu der Erkrankung der Elisabeth Buirette von Oehlefeld siehe im weiteren Verlauf die Briefe Nr. 24–40 und Nr. 42–48.

3 Gemeint ist ein „expresse[r] bote[]“; vgl. Grimm (1854–1960), Bd. 3, Sp. 1208.

4 Gemeint ist hier Erlangen, siehe dazu Brief Nr. 14, Endnote 1.

5 Die Identität des „Reformirten herrn Prediger hertzogenrath“ ließ sich anhand der einschlägigen biographischen Lexika nicht klären. – Es lässt sich jedoch eine enge Verbindung der Familie Buirette von Oehlefeld zur Nürnberger evangel.-reformierten Gemeinde nachweisen: Johann Wilhelm Buirette von Oehlefeld (1668–1722) war Ältester Vorsteher derselben, ferner ermöglichte ein weiteres Mitglied der Familie Buirette von Oehlefeld der reformierten Gemeinde Nürnberg 1703 durch eine Spende den Kauf eines Anwesens vor dem Wöhrder Tor zur Abhaltung von Gottesdiensten; vgl. Schmidt-Herrling (1957a) (nicht paginiert); Stadtlexikon Nürnberg, S. 171 (Beyerstedt/Jürgensen).

6 Zu General Helmut Otto von Bassewitz (Bassewiz) (1673–1736) siehe bereits Brief Nr. 22, Endnote 1.

7 Siehe Brief Nr. 1, Endnote 14, zu derartigen Monatsangaben.

24 ***31. Oktober 1736***

Peter Christian Wagner, Erlangen, an Christoph Jacob Trew, <Nürnberg>

HochEdelgebohrner und Hochgelehrter
Insonders hochgeehrtester Herr HoffRath
Geneigter Gönner.

Es hat der Frau *Residentin Buirette* Von *Ölefeld*[1] höchst beschwehrliches Stöcken[2] und unbeschreiblicher Kopff-Wehe Vergangenen Montag nach Ewer HochEdelgeb[ohrn] Abreiße[3] noch den gantzen Tag mit der grösten hefftigkeit fort gedauert: alßo daß ich auch das *concertirte Lavement*[4] (besonders weilen Sie Von selbsten *alvum apertam*[5] bekommen hatten) ohnmöglich geben laßen können. Weilen sich aber des Abends die Stöckung dergestalt Vermehrte, daß wir befürchten musten, Sie | 2 | würde uns Augenblicklich unter den händen ausbleiben so ließ ich eilends folgende *Tinctur*[F 6] holen und gab Ihr die helffte sogleich und die andere helffte noch auf Zweÿ mahle hernach in ein wenig *Ptisane*[7] ein, worauf nicht nur die Stöckungen grösten Theils sondern auch die Schmerzen im Kopff und auf der Brust fast gäntzlich *cessirten* und ein fast beständiges sitzendes Schlummern nach folgete. Und alßo haben Sie gestern und die heutige Nacht und Tag mehrentheils Zugebracht. Wenn Sie erwachen (welches öffters und leichtlich geschiehet) klagen Sie nichts als Bangigkeit und entsetzlich Mattigkeit, sind sich alles Vollkommen bewust, haben keinen Abgang der äußerlichen Sinnen und bezeugen dabeÿ ein sehr großes und hertzliches | 3 | Verlangen nach einem seeligen Ende, der gestalt, daß Sie sich darüber betrüben wollen, wenn man Ihnen Hoffnung Zum Leben machen will. Dabeÿ haben Sie jedoch alle Von uns Verordnete Arzeneÿen bißhero *continuiret* auch die Verschriebene *Emulsionem Camphoratam*[8] willig genommen, Von *nutrientibus* aber außer ett[lichen] Löffeln Brühe nichts hinunter bringen können. Gestern und heute habe Ihnen etwas Von der *Aqua Carbunculina*[9] mit der ∇ *Apoplect[ica] Offic[inalis]*[10] und ♌ *Castorei Londinensi*[11] Vermischt mit *Scharlach*[12] warm über die *Praecordia*[13] schlagen und das Genicke damit streichen auch die *fonticulos*[14] mit ein wenig *Digestiv*[15] und *Aegyptiaco*[16] reitzen laßen, worauf sie ein wenig mehr Zäher *Materie* gezogen und bißweilen ein klein wenig gedämpffet. Obgedachte *Tinctur*, wird Ihr noch bißweilen beÿ sich wieder mel| 4 |denden Stöcken jeder Zeit mit guten *Effect* gegeben und darzwischen das *Infusum*[17], *Decoctum*[18] und *Mixtur*[19] mit *analepticis*[20] dem ♁*io diaphoretico*[21] und der ℳ*a simpl[ice]*[22] gegeben. Der Auswurff so noch bißweilen wie wohl mit einiger Mühe geschiehet, ist sehr Zähe und mehr weiß als Vor etlichen Tagen. Das Clÿstir[23] ist dießen Abend ebenfals mit Ziemlichen *Effect* obschon nicht ohne *Difficultaet* beÿgebracht worden. *Pulsus est ut plurimum aequalis nec adeo tensus, Urina rutilans versus vesperam turbata.*[24] Wir leben alßo Zwischen Furcht und hoffnung und warten mit Verlangen auf Gottlichen Seegen und Beÿstand, welchen ich auch Zu erlangen nicht Zweiffeln wolte, wenn nur etwa der *affectus soporosus*[25] und gar entsetzliche Abkräfftung nichts *apoplectisches*[26] nach sich Ziehen. Ich weiß daß sich | 5 | Ewer

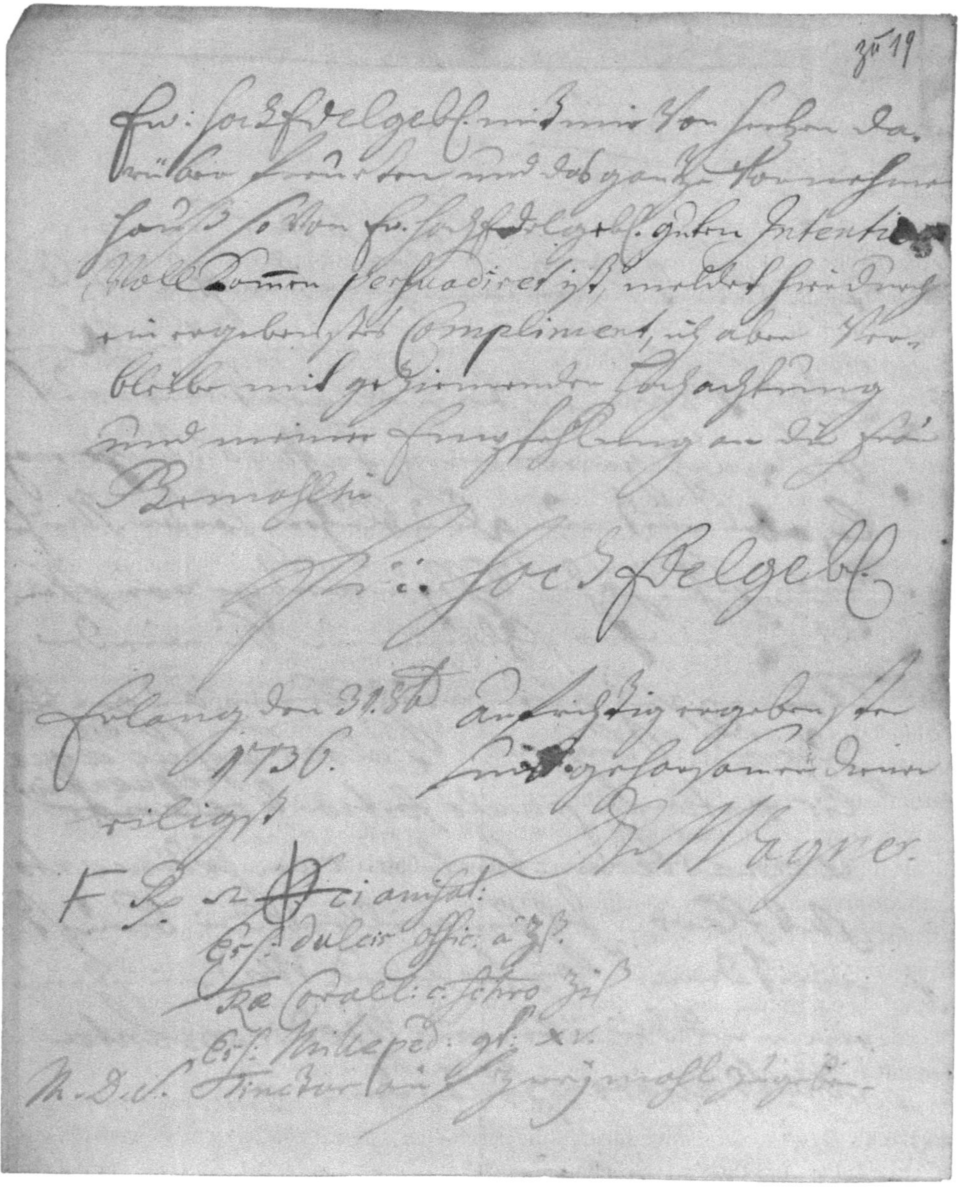
zu 19

Ew: HochEdelgeb: nebst mir von hertzen da-
rüber freüden, und das gantze Wagnerische
Hauß so von Ew. HochEdelgeb. guten Intenti-
on vollkommen persuadiret ist, meldet hierdurch
ein ergebenstes Compliment, ich aber ver-
bleibe mit gebührender Hochachtung
und meiner Empfehlung an die Frau

Ew: HochEdelgeb:

Erlang den 31. Oct. 1736.

aufrichtig ergebenster
treüer Diener
D. Wagner.

Abb. 28: Schriftprobe: Wagner an Trew (Numerus currens innerhalb der Edition: Brief Nr. 24; UBE BT, Korr. Wagner, Nr. 19); 31. Oktober 1736, 5. Seite

hochEdelgeb[ohrn] mit mir Von hertzen darüber freueten und das gantze Vornehme hauß so Von Ewer hochEdelgeb[ohrn] guten *Intention* Vollkommen *persuadiret* ist, meldet hierdurch ein ergebenstes *Compliment*, ich aber Verbleibe mit geziemender Hochachtung und meiner Empfehlung an die Frau Gemahlin

Ewer hochEdelgeb[ohrn]

Erlang den 31. *8br.*[27] — aufrichtig ergebenster
1736. — und gehorsamer Diener
eiligst — *Dr. Wagner.*

F[28] *℞ ∩ ⊕ ci anisat[us]*[29] | *Ess[entia] dulcis offic[inalis] â ʒß*[30] | *Ŧae Corall[iorum] c[um] s[ac]ch[a]ro ʒiß*[31]| *Ess[entia] Milleped[um] gt. XV*[32]
M.D.S.[33] *Tinctur* auf Zweÿ mahl Zu geben. | 6 |

PS^tum^*:* Die Vergangene Nacht haben Sie mehrentheils mit schlummern Zugebracht, dießen morgen aber über graußame Stiche und Brust-Schmertzen geklaget, worauf Sie nach genommenen *Infuso* etliche mahle, aber mit unglaublicher harter Mühe einen sehr Zähen Schleim ausgeworffen. Nun mehro schlummern Sie wieder, können sich aber noch keinen Augenblick Zurücke legen. *Pulsus adhuc est aequalis naturali paulo fortior & frequentior. Urina iterum turbida cum sedimento subflavo.*[34] Ich bin willens die Brust mit dem *&* *bezoard[icum] Wed[elii]*[35] ein schmieren und die übrigen *Medicamenta continuiren* Zu laßen. | 7 |
Beÿ dem Herrn *General*[36] gehet es noch immer gut, außer daß die höle auf der *Fibula*[37] ein wenig Zu starck *maturiret*[38], Er hat heute wohl geschlaffen und der *Catharr*[39] ist meistens weg.
Pardon dem entsetzlichen und eilfertigen Geschmiere im Finstern.
Unßere *Ess[entia] dulcis offic[inalis]*[40] ist eine *Ess[entia] S[acchari] Badian <?> cum Liquir[itia] & Cinnam[omo]*[41].

***H** UBE Briefsammlung Trew, Korr. Wagner, Nr. 19. 7 S. mit angefügter Rezeptur und PS.*

59 est] est: *erg. zwischen den Zeilen*
59 frequentior] (1) [celerior] (2) frequentior: *korr. zwischen den Zeilen*

1 Zu Elisabeth Buirette von Oehlefeld (Ölefeld) († 1737) siehe Brief Nr. 23, Endnote 1. – Zur Erkrankung der Elisabeth Buirette von Oehlefeld siehe bereits Brief Nr. 23 und im weiteren Verlauf Brief Nr. 26–40 sowie Nr. 42–48.
2 Der zeitgenössische Gebrauch des Begriffs des „Stöckens" bzw. der „Stöckung" lässt sich auf Basis

der im Rahmen vorliegender Arbeit hinzugezogenen zeitgenössischen Nachschlagewerke nur schwer fassen, da Eintragungen exakt zu „Stöcken/Stöckung" (mit Umlaut „ö") fehlen. Ein erster orientierender Blick auf den Gebrauch des Begriffs in verschiedenen zeitgenössischen medizinischen Abhandlungen legt nahe, dass er zum einen synonym zu „Stockung" bzw. „Stagnatio" verwendet wurde. Nach Zedler (1732–1754), Bd. 39, Sp. 879 („Stagnatio"), handelt es sich dabei um „jede [...] Stillestehung eines Safftes; welche geschiehet, wenn die Gefässe den Grad ihrer natürlichen Spannung verliehren, schlapp werden, und folglich auf die enthaltenen Säffte nicht würcken können, daher sich dieselben häuffiger darinnen ansammlen, die Gefässe wieder natürlich starck auftreiben, und in selbigen gantz langsam umlauffen". Zur „Stockung des Geblütes" im Besonderen vgl. Zedler (1732–1754), Bd. 40, Sp. 264. – Zum anderen aber scheint der zeitgenössische Gebrauch auch in einem noch weitergefassten Bedeutungszusammenhang möglich, hergeleitet entweder vom Verb „stocken" im Sinne von allgemein „dick, fest, steif, starr werden, so dasz bewegung oder umlauf aufhört", wobei sich dies dann auf Flüssigkeiten wie das Blut aber eben auch auf das Herz, den Atem etc. (also auch in einem eher übertragenen Sinn) beziehen konnte, vgl. Grimm (1854–1960), Bd. 19, Sp. 61–81, oder aber evtl. auch hergeleitet vom Verb „stocken/stöcken" im Sinne von „in den stock setzen, legen (ins gefängnisz) werfen", wie im freieren Gebrauch auch „quälen, foltern, in bedrängnisz bringen, allerlei schmerz bereiten", vgl. Grimm (1854–1960), Bd. 19, Sp. 81–83.

3 Wagner hatte Trew bereits in einem Schreiben am 28. Oktober 1736 wegen der Erkrankung der Elisabeth Buirette von Oehlefeld um einen Besuch in Erlangen noch am selben Tag gebeten, siehe Brief Nr. 23, Z. 8–14. Trew war der am 28. Oktober, einem Sonntag, geäußerten Bitte um einen Besuch in Erlangen dann in der Folge offenbar nachgekommen, erwähnt Wagner doch hier die „Abreiße" für Montag, also den 29. Oktober 1736 (Zeitpunkt des Eintreffens Trews in Erlangen geht aus den erhaltenen Schreiben nicht hervor).

4 Das „Lavement" ist ein Synonym für „Clystir" oder „Clysma". Nach dem Anatomisch-chirurgischen Lexikon, Sp. 229 f. („Clyster, Clysma"), aus der Mitte des 18. Jh. handelt es sich dabei um die „Formel eines gewißen flüßigen Medicaments, welches man vermöge einer Röhre oder Spritze, wieder verschiedene Zufälle des menschlichen Leibes, durch den Mastdarm (intestinum rectum) in den Leib sprützet". Es sei sehr gebräuchlich und man bediene sich dazu hierzulande „derer knöchernen oder helfenbeinernen [!] Röhren, an welche Kälber oder auch Schweinblasen angebunden werden", in Frankreich und anderen Ländern aber habe man dafür auch „große zinnerne Spritzen". Siehe dazu auch ausführlich Zedler (1732–1754), Bd. 6, Sp. 490–505/506, oder Sommerhoff (1713), S. 71 (lat.-dt.).

5 Nach dem Anatomisch-chirurgischen Lexikon, Sp. 40, heißt „alvus" der „unterste Theil des Unterleibes, durch welchen die Unreinigkeit oder excrementa natürlicher Weise ausgeführet werden". Vgl. dazu auch Zedler (1732–1754), Bd. 1, Sp. 1621. – Ein „alvus aperta" ist folglich ein „offener Unterbauch", bei dem also die Exkremente problemlos abgehen.

6 Mit dem hochgestellten Buchstaben „F" wird hier auf die genaue Rezeptur am Ende des Briefes verwiesen, siehe Z. 51–53. – Eine „Tinctur" oder „Tinctura" war nach Schneider (1962), S. 90 f., im pharmazeutischen Sinne ein gefärbter, durchsichtiger Auszug aus Drogen oder Chemikalien, der wesentliche Bestandteile derselben enthielt und der meist unter Verwendung von Alkohol bereitet wurde. Zedler (1732–1754), Bd. 44, Sp. 250–259, beschreibt die „Tinctur" entsprechend als ein „scharffes Naß, wodurch aus einem andern Cörper die Krafft, zusammt der Farbe ausgezogen, und dadurch gefärbet worden". Man unterscheide bei den medicinalischen Tincturen flüssige und trockene, meistens ziehe man sie aus den Blüten verschiedener Pflanzen. – Ein weiterer zeitgenössischer Eintrag findet sich bei Sommerhoff (1713), S. 386 (lat.-dt.).

7 Zedler (1732–1754), Bd. 44, Sp. 403 („Tisane"), beschreibt die „Ptisane" als „ein kühlendes und den Durst löschendes Geträncke, welches aus Wasser, Gerste, Kräutern und Gewürtze [...] bereitet wird". Für den medizinischen Gebrauch, von dem bereits Hippocrates geschrieben habe, menge man „etwas von

Cichorienwurtzel, Sassafraß oder Sarsaparillen“ hinein. Die Ptisane werde Kranken insbesondere „in Fiebern“ sowie dann verabreicht, „wenn Wein und Bier, als hitzige und gährende Geträncke nicht dienen, verordnet zu werden“. – Bei Schneider (1968–75) findet sich die Ptisane in verschiedenen Kapiteln erwähnt, so unter „Abstergentia“ (Bd. II, S. 13 f.), „Hordeum“ (Bd. V/2, S. 174–177) und unter „Cremor Ptisanae“ (Bd. VI, S. 82). – Ein weiterer zeitgenössischer Eintrag findet sich bei Sommerhoff (1713), S. 296 (lat.-dt.).

8 Eine „Emulsio“ ist nach Zedler (1732–1754), Bd. 8, Sp. 1122 f., „eine flüssende Artzeney gleich einer Milch, welche aus denen gestossenen Saamen und Kernen derer Früchte gleichsam gemolcken, und mit einer dazu geschickten Feuchtigkeit zugerichtet wird“. Zu einer Emulsion gehörten also drei Bestandteile: „erstlich die Materie, aus welcher, wenn sie gestossen worden, die Milch gedruckt wird; zweytens die Feuchtigkeit oder der Liquor, mit welchem die Milch aus der Materie gezogen wird; und drittens diejenigen Ingredientien, so darinne sollen zerlassen werden“. Häufig nehme man als Basis d.h. Materie Mandeln, woraus das „Amygdalatum“ entstehe. Die Emulsionen dienten vorwiegend dazu „die Brust- und Lungen-Beschwerungen zu lindern, Schlaff zu machen, zu kühlen, die Schärfe des Urins zu mäßigen, die Hitze der Nieren zu dämpffen und den Urin zu befördern“. Eine weitere zeitgenössische Eintragung dazu findet sich bei Sommerhoff (1713), S. 111 (lat.-dt.). – Zum „Campher“ oder „Camphora“ lassen sich bei Schneider (1968–75), Bd. V/1, S. 305–315, folgende zentrale Informationen entnehmen: Der Campherbaum, aus dessen Rinde bzw. Harz der Campher gewonnen wird, gehört zur Gattung Cinnamomum aus der Familie der Lauraceae; die Zitatempfehlung für den entsprechenden Artnamen ist: C. camphora (S.). Laurineencampher trat erst im 16. Jh. mit der Entdeckung des Seeweges nach Ostindien sicher im Handel nach Europa auf, im 17. Jh. war er bereits die übliche Ware, wobei besonders der Borneocampher als der beste aber auch am schwersten zu bekommende Campher galt. In der Pharmakopöe Württemberg 1741 sind aufgeführt: Camphora (Caphura, Campber, Kampfer, Kapter; von einer japanischen Laurusart; Alexipharmacum, Anodynum); Oleum Camphorae liquidum et butyraceum. 1780 wird als Stammpflanze der Campherbaum mit Laurus Camphora angegeben. Zeitgenössische Eintragungen finden sich bei Zedler (1732–1754), Bd. 5, Sp. 467–473, und bei Sommerhoff (1713), S. 51 (lat.-dt.). – Die Bezeichnung „Campher“ bzw. „Camphorata“ taucht allerdings im 18. Jh. auch bei anderen Gewächsen mit einem campherähnlichen Geruch auf z.B. aus der Gattung „Camphorosma“ bzw. „Artemisia“; vgl. Schneider (1968–75), Bd. V/1, S. 225, bzw. Bd. V/1, S. 132–141.

9 „Aqua“ meint hier ein Pflanzenwasserdestillat. Die Pflanzenwasserdestillate entstammten bereits der alchemistischen Ära und waren bereits im 15. Jh. apothekenüblich. Man unterschied einfache (Aquae destillatae simplices), d.h. aus einer Droge destillierte, und zusammengesetzte (Aquae destillatae compositae), d.h. aus mehreren Drogen hergestellte, Pflanzenwasserdestillate; vgl. Schneider (1968–75), Bd. VI, S. 48 f. („Aqua“). – Zedler (1732–1754), Bd. 2, Sp. 1009 f., nennt verschiedene „Aquae Carbunculi“, zu Deutsch „Carfunckel-Wasser“, und gibt auch Herstellungsanleitungen u.a.: „Nimm Roßmarin-Blüthen, Mäyen-Blümgen, Violen, Borragen-Blüthen, aa. Unc. iii. Lavendul-Blüthen Unc. i. Majoran, Salbey, Mußcat-Nüsse, Muscat-Blüthen, Ingber, Negelein, Zimmet, Galgand, Wacholder-Beere, Eichen-Mistel, Poeonien-Kerne aa. Unc. ß. Cardamomen Unc. i. Malvaster-Wein, Erdbeer- Rosen- und Lavendul-Wasser, aa. lb iii. Laß die Infusion 8 Tage lang an einem warmen Orte stehen, alsdenn destillire sie nach denen Gesetzen der Kunst, in das destillirte Wasser thue, demselben ein prächtiges Ansehen zu machen, etliche Blättgen geschlagen Gold“. Ferner beschreibt Zedler dabei „Aqua Carbunculi iuxta Dispensat. Brandenb.“ sowie „Aqua Carbunculi Norimbergens.“ und weist bei ersterem darauf hin, dass man es v.a. auch „äusserlich, meistentheils in Umschlägen auf das Hertz und Pulß-Adern, die Glieder zu stärcken“ gebrauche.

10 Bei „Aqua Apoplectica Officinalis“ wird hier das alchemistisch-pharmazeutische Symbol für „Aqua“ gebraucht; vgl. Schneider (1962), S. 28. – „Aqua Apoplectica“, zu Deutsch ein „Schlagwasser“, ist nach Zedler (1732–1754), Bd. 34, Sp. 1751 f. („Schlagwasser“), „ein haupt- und hertzstärckendes Wasser, welches mit Weine aus allerhand Blumen, Kräutern und Gewürtzen gezogen wird". Eine mögliche Herstellungsanleitung sei die folgende: „Man nimmt Mäyenblümlein drey Theile, Schlüsselblumen und gelben Veiel, jedes ein Theil, und weil diese letztern nicht mit den Mayenblümlein kommen, muß man solche im Vorrath dörren, die Mayenblümlein aber frisch nehmen, und untereinander mischen, in eine zinnerne Kanne thun, und guten starcken Wein darauf güssen, daß er über die Blumen gehe. Hierauf lässet man die Kanne wohl verbunden, daß kein Geruch davon gehe, neun Tage im Keller stehen, brennet es folglich kühl aus, und thut den Vorlauf oder das starcke Wasser besonders, damit man es nach Gefallen mischen könne. Man wirft auch zerpflückte Goldblättgen, und wenn es süsse werden soll, etwas weissen Zuckercand darein". Die Schlagwasser hätten u.a. „eine Krafft, das Gehirne und die Nerven zu erwärmen und zu stärcken, dem Hertzen und der Lebenskrafft eine Erquickung zu geben, und die Feuchtigkeiten zu zertheilen und dünne zu machen". Sie würden innerlich und äußerlich angewendet. – Zedler (1732–1754), Bd. 2, Sp. 1000–1003, nennt verschiedene weitere Formen von „Aquae Apoplecticae" und gibt deren Herstellungsanleitung.

11 Bei „Spiritus Castorei Londinensi" wird hier das alchemistisch-pharmazeutische Symbol für „Spiritus" („Geist") gebraucht; vgl. Schneider (1962), S. 53. – Pharmazeutisch verstand man unter „Spiritus" durch Destillation erhaltene Präparate, die Geruchs- oder Geschmacksstoffe der Ausgangssubstanzen enthielten; siehe Schneider (1962), S. 88. – Zur tierischen Droge „Castoreum" lassen sich bei Schneider (1968–75), Bd. I, S. 27 f., folgende Informationen entnehmen: Der Biber, Castor fiber L., besitzt als Sekretionsorgane die sog. „Bibergeilbeutel" oder „Castorsäcke", die von Dioskurides fälschlich für Hoden gehalten wurden. Nach dem Trocknen erhält man innen ein braunes Pulver: das sog. „Castoreum" oder „Bibergeil". Dieses war ein sehr wichtiges Arzneimittel von der Antike über die Araber bis zum 19. Jh. Die gepulverte Ganzdroge wurde, meist mit Beutel, allein oder in Rezepten, in Pillen, Trochisken sowie als Extrakt, Essenz, Öl, Spiritus oder Tinktur gebraucht. Die Verwendung war sehr vielseitig: u.a. als Nervinum, Antihystericum, Antiepilecticum, Uterinum. Zeitgenössische Eintragungen finden sich bei Zedler (1732–1754), Bd. 3, Sp. 1733–1737 („Bibergeil"), und Sommerhoff (1713), S. 56 (lat.-dt.). – Zedler (1732–1754), Bd. 39, Sp. 153, gibt eine genaue Rezeptur für „Spiritus Castorei, Pharm. Lond.", zu Deutsch „Bibergeilgeist, Londoner": Castorei recentis (vier Unzen), Flor. Lavend. recent. (eine Unze), Flor. Salviae, Flor. Rorismar. (je eine halbe Unze), Cinamom. (sechs Drachmen), Macis, Caryophyllor. (je zwei Drachmen), Spir. vin. rectif. (sechs Pfund). Die Herstellungsanleitung dazu lautet: „Füllet mit diesen eine Phiole bis ans Drittel an, und lasset es zwey Tage lang in laulichter Asche digeriren. Die Phiole muß aber mit Rindsblase wohl vermacht, und mit einem Gorckstöpssel feste zugestopffet werden: hernach destilliret den Geist aus dem Frauenbade herüber, und verwahret ihn in einem wohl zugestopfften Gefässe."

12 Zur pflanzlichen Droge „Scharlach" lassen sich bei Schneider (1968–75), Bd. V/3, S. 213–217, folgende Informationen entnehmen: Sie gehört zur Gattung „Salvia" aus der Familie der Labiatae; die Zitatempfehlung für den entsprechenden Artnamen ist: S. (s)clarea (S.). Schon im Kräuterbuch des 16. Jh. wird als der rechte Scharlach S. sclarea L., das Muskatellerkraut, abgebildet. In der Pharmakopöe Württemberg 1741 sind aufgeführt: Herba Gallitrichi (Hormini Sclarea dicti, sativi sive hortensis; Scharlachkraut; selten im Gebrauch; Siccans, Abstergens, Vulnerarium). Um 1780 heißt die Stammpflanze Saluia Sclarea (Scharley, Scharlachkraut, Muskatellerkraut) und um 1830 wird eine Anwendung der Blätter im Aufguss innerlich und äußerlich als aromatisch stärkendes und krampfstillendes Mittel beschrieben. Zeitgenössische Eintragungen finden sich bei Zedler (1732–1754), Bd. 13, Sp. 855–857 („Horminum"), und bei Sommerhoff (1713), S. 158 (lat.-dt.). – Es ist zu beachten, dass als „Wilder Scharlach" teils auch andere Arten aus der Gattung „Salvia" (v.a. S. pratensis (S.)) sowie auch Vertreter der Gattung „Stachys" (v.a. S. germanica (S.)) bezeichnet wurden; vgl. Schneider (1968–75), Bd. V/3, S. 213–217 und S. 288–291.

13 Nach dem Anatomisch-chirurgischen Lexikon, Sp. 858, wird die anatomische Bezeichnung „Praecordia" „von denen Alten in verschiedenem Verstande gebrauchet; einige verstehen hierunter die ganze

Brust, andere nennen das Zwerchfell also, noch andere die in der Brust enthaltene Eingeweide, und Celsus meinet, daß man die hypochondria füglich darunter verstehen könnte".

14 Das Anatomisch-chirurgische Lexikon, Sp. 359–361, erklärt aus Sicht des 18. Jh. „fonticulus", zu Deutsch „Fontanelle", wie folgt: Darunter verstehe man „kleine durch die Kunst gemachte Geschwühre, welche man mit Fleiß hin und wieder an verschiedenen Theilen des Körpers erreget, um denen bösen Feuchtigkeiten einen Ausfluß zu verschaffen, und diese von andern Theilen abzuführen". Es gebe verschiedene Arten, diese Geschwüre zu erzeugen. Eine Möglichkeit sei, sie „mit einer Lancette" zu machen, „da man mit derselben in die Länge und kreutzweise in die Haut schneidet". Eine andere Möglichkeit wiederum sei die Verwendung eines „cauterium actuale, das ist, sie brennen den Ort, wo die Fontanell werden soll, mit einem glüenden Eisen, sondern die gemachte Rinde oder Schorf (eschara) mit ungesalzner Butter, oder dem unguento basilico ab, und legen, wie bey andern Arten eine Erbse in die Oeffnung". Die meisten Wundärzte aber setzten zur Erzeugung des Geschwürs die „ätzenden oder caustischen Mittel" ein. Eine weitere zeitgenössische Eintragung findet sich bei Zedler (1732–1754), Bd. 9, Sp. 1450–1455 („Fontanell").

15 „Digestiv" verweist hier auf die Arzneimittelgruppe der „Digestiva". Nach Schneider (1968–75), Bd. II, S. 47 („Digerantia"), wurde der Begriff im 18. Jh. synonym zu „Digerentia" oder „Praeparantia" verwendet und man verstand darunter allgemein „Verdauungsbefördernde Mittel", in der Chirurgie speziell aber auch soviel wie „Maturantia" also „Reifende, eiterbildende Mittel". Mitte des 18. Jh. konnten zur Anregung der Eiterbildung, etwa bei einem „fonticulus", z.B. Zwiebeln, Honig, Emplastrum de Galbano, Emplastrum de Ammoniaco, Gratia Dei, Feigen oder Milch eingesetzt werden. – Zeitgenössische Eintragungen finden sich bei Zedler (1732–1754), Bd. 7, Sp. 901, und bei Sommerhoff (1713), S. 99 (lat.-dt.).

16 Mit „Aegyptiacum" ist hier wohl „Unguentum Aegyptiacum", zu Deutsch „Ägyptische Salbe", gemeint, deren Anwendung auch Zedler (1732–1754), Bd. 9, Sp. 1450–1455 („Fontanell"), für den Fall empfiehlt, dass bei einem Fontanell „beynahe kein Humidität ausfliesset". – Bei Schneider (1968–75), Bd. III, S. 39, ist „Unguentum aegyptiacum" als Ägyptische Salbe mit Essig und Kupfer(I)-oxid in Honiggrundlage genannt, die sich in antiker Tradition bereits im Deutschen Pharmakopöen-Standard I für die Zeit etwa 1546 bis 1600 wie auch in späteren Pharmakopöen nachweisen ließ. Daneben wird bei Schneider (1968–75), Bd. III, S. 74, „Unguentum aegyptiacum compositum" genannt. – Bei Zedler (1732–1754), Bd. 49, Sp. 1561–1563, und Bd. 33, Sp. 720 f., sind zahlreiche Formen von „Unguenta aegyptiaca" einschließlich Angaben zu ihrer genauen Zusammensetzung aufgelistet.

17 Zum „Infusum" im Allgemeinen siehe Brief Nr. 22, Endnote 13.

18 Die „Decoctio" oder „Coctio", zu Deutsch das Kochen, zählte wie z.B. auch die „Infusio" (das Aufgießen) zu den zu Extraktion und Auflösung gerechneten pharmazeutischen sog. chemischen Operationen im 18. Jh. Man erhielt dabei einen Absud oder ein sog. „Decoctum"; vgl. Schneider (1968–75), Bd. VI, S. 91–96 („Extracta"). – Entsprechend beschreibt Zedler (1732–1754), Bd. 7, Sp. 341, ein „Decoctum" als einen „von unterschiedenen Ingredientien abgekochte[n] Tranck, welcher denen Krancken als eine Artzeney auf gewisse Zeit und Maaß verordnet wird".

19 Eine „Mixtur" oder „Mixtura" ist nach Zedler (1732–1754), Bd. 21, Sp. 647 f., „ein Medicament, das aus vielen flüßigen Sachen bestehet, und welches, wenn man sie zusammen thut, trübe wird". Es diene zu unterschiedlichem Gebrauch.

20 Zur Arzneimittelgruppe der „analeptica" lassen sich bei Schneider (1968–75), Bd. II, S. 19 f., folgende Informationen entnehmen: Man verstand darunter im 18. Jh. „Stärkende, erquickende Mittel", Synonyme waren „Reficientia" oder „Refocillantia". Zu dieser Gruppe wurden Mitte des 18. Jh. z.B. auch Sekt und Wein, Brühe mit Amygdalae dulces, Pulveres cordiales u.a. gerechnet. – Zeitgenössische Eintragungen finden sich bei Zedler (1732–1754), Bd. 2, Sp. 32 f., und bei Sommerhoff (1713), S. 17 (lat.-dt.).

21 Bei „Antimonium diaphoreticum" wird hier das alchemistisch-pharmazeutische Symbol für „Antimonium (spagyriae praeparatum)", zu Deutsch „Spiesglas" oder „Spiesglanz", gebraucht; vgl. Schneider (1962), S. 28. – „Antimonium diaphoreticum“, zu Deutsch „Schweißtreibender Spießglanzkalk“, war ein seit Anfang des 17. Jh. geschätztes Arzneipräparat, das durch Verpuffen von Grauspießglanz (Antimonium) mit überschüssigem Salpeter bereitet wurde. Es besteht hauptsächlich aus Kaliumantimonat ($KSbO_3$) und Antimon(V)-oxid (Sb_2O_5); vgl. Schneider (1962), S. 64. Gelistet findet sich „Antimonium diaphoreticum" auch bei Schneider (1968–75), Bd. III, S. 53, sowie mit einem ausführlichen Kapitel bei Schneider (1968–75), Bd. VI, S. 47 f. – Zeitgenössische Eintragungen finden sich bei Sommerhoff (1713), S. 20 (lat.-dt.), und bei Zedler (1732–1754), Bd. 2, Sp. 568–571.

22 Gemeint ist hier die „Mixtura simplex“. In der Pharmakopöe Württemberg 1741 sind eine „Mixtura simplex alba“ und eine „Mixtura simplex ordinaria“ aufgeführt. Die „Mixtura simplex alba“ war eine „Mixtura pyrotartarica“ (so genannt in den preußischen Pharmakopöen des 19. Jh.), gemischt aus Spir. Angelicae, Spir. Tartari und Schwefelsäure. Diese Mixturen galten als Alexipharmaca, Diaphoretica, Carminativa, Anodyna; vgl. Schneider (1968–75), Bd. VI, S. 187 („Spiritus Tartari“). Ferner ist die „Mixtura simplex alba“ als nachchemiatrisches Produkt, das etwa 1670–1780 in die Pharmakopöen gelangte, in Schneider (1968–75), Bd. III, S. 124, gelistet. – Zedler (1732–1754), Bd. 21, Sp. 653, schildert die Herstellung der „Mixtura simplex“ entsprechend: „Man nehme Spirit. Theriacal. camphor. fünff Untzen, rectificirten Weinstein-Spiritum zwey Untzen, rectificirten Vitriol-Spiritum eine Untze, mische und digerire es drey Tage.“

23 Siehe Endnote 4.

24 Zu Puls und Urin der Patientin heißt es hier: „Der Puls ist wie so oft aequalis und nicht so sehr tensus (gespannt), der Urin rutilans (rötlich bzw. golden glänzend), gegen Abend turbatus (getrübt, aufgewühlt).“ – Das Anatomisch-chirurgische Lexikon, Sp. 885, beschreibt Mitte des 18. Jh. „Pulsatio“ oder „Pulsus“, zu Deutsch den „Pulsschlag“, als „die Bewegung des Bluts in denen Schlagadern, woraus man den Umlauf des Blutes, auch dessen Beschaffenheit, in Ansehung der Quantität, so wohl bey gesunden als Kranken beurtheilet“. Bei Zedler (1732–1754), Bd. 29, Sp. 1231–1241 („Puls“), und Bd. 20, Sp. 908–910 („Merckmahl des Pulßes“), finden sich zahlreiche Angaben zur Untersuchung des Pulses, womit sich schon Hippocrates beschäftigt habe: Ein „Pulsus aequalis“ etwa sei ein gleicher Puls (in Abgrenzung zum ungleichen/ „inaequalis“), der dann gegeben sei, „wenn die darauf folgenden Schläge, in Ansehung ihrer Folge, Raumes, Grösse, Stärcke und Widerstandes, einander gleich sind“. Dieser gleich schlagende Puls habe „seinen Ursprung von gleicher und guter Vermischung des Geblütes, wie auch der Lebensgeister und deren Stärcke“ und sei folglich „so wohl bei Gesunden als auch Krancken gut“. – Das Anatomisch-chirurgische Lexikon, Sp. 1084 f., beschreibt „Urina“, zu Deutsch „Harn“ oder „Urin“, als „eine durchsichtige, mehr oder weniger gelbe, strengriechende und leicht gährende Feuchtigkeit, welche aus dem Blute in denen Nieren abgesondert wird, sich daselbst ansammlet, aus diesen durch die Harngänge [...] in die Blase gebracht, und, wenn eine genugsame Menge davon hier sich angehäufet hat, aus der Blase und überhaupt aus dem Körper geführet wird“. Bei Zedler (1732–1754) finden sich u.a. in Bd. 12, Sp. 571–574 („Harn“), und Bd. 20, Sp. 910–913 („Merckmahl aus dem Urin“), zahlreiche Angaben zur Beurteilung des Urins: Man betrachte die „Beschaffenheit des Harns“, also ob er „dicke oder dünne ist, ob er mittelmäßig, klar oder trübe, ingleichen die Farbe“, und „was [er] in sich begreift“, also etwa Bodensatz, Steine etc. Weitere Informationen zu einzelnen Beschaffenheiten des Urins sind z.B. bei Zedler (1732–1754), Bd. 51, Sp. 92 f. („Urinae Color“), sowie Bd. 51, Sp. 77–80 („Urin, rother“), und Bd. 51, Sp. 87 f. („Urin, trüber“), nachzulesen.

25 Nach der Onomatologia Medica Completa, Bd. 1, Sp. 37, ist eine „affectio“ oder ein „affectus“ zunächst allgemein „eine Krankheit, ein gewisser kränklicher Zustand“. – „Sopor“ ist nach Zedler (1732–1754), Bd. 38, Sp. 898 („Sopor“), und Bd. 5, Sp. 1427/1428 f. („Cataphora“), gleichbedeutend mit „Cataphora“, worunter ein „Coma somnolentum“ zu verstehen sei, d.h. „eine Schlaf-Sucht, da die Patienten immer schlaffen, doch aber mit diesem Unterscheid daß, wenn sie vom Schlaf aufgewecket werden, rasen und zuweilen auch in ein Fieber fallen“. Häufige Ursache der „Schlaf-Sucht“ sei z.B. „eine grosse Trägheit derer Geister“, die „vom dick und zähen Schleim“ hervorgerufen werde. Zur Therapie gebrauche man u.a. Excitantia und Analeptica.

26 Die „Apoplexia exquisita (gravis, lethalis, vera)" ist nach dem Verständnis der Onomatologia Medica Completa, Bd. 1, Sp. 120 f., Mitte des 18. Jh. „ein vollkommener, ächter Schlag, oder Schlagfluß, wann der Mensch schnell dahin fällt, ohne alle Sinnen, Empfindung und Bewegung, als ob alles an ihm auf einmal gelähmt wäre, ohne alle Sprache, und Zeichen eines Bewustseyns, wie wenn er in einem tiefen Schlaf läge, mit geschlossenen oder zusammengezogenen Augliedern, kurzem und schwehren Athem, schnarchen, offenem und schaumichtem Mund, Abgang des Harns, Stuhlgangs und anderer Säfte [...]". Halte ein solcher Zustand länger als 2 Stunden an, erfolge der Tod. Es scheine, als sei die Ursache eines solchen „Schlages", dass „etwas zumal auf alle Hauptnerven [falle], die denen Sinnen, der Empfindung, und freywilligen Bewegung dienen". Am geöffneten Leichnam finde man „meistens in dem Kopf einige Adern auf oder in dem Gehirn zersprungen, und Blut ausgeschüttet, oder wenigstens alle Adern gewaltig ausgedehnt, und mit dikem, zähen Blut angefüllt, oder auch das Hirn ganz mit Wasser überschwemmt". Neben der „Apoplexia exquisita" gebe es noch eine „Apoplexia levis", also einen „geringere[n], kurz vorbeygehende[n] Schlagfluß". – Eine weitere zeitgenössische Eintragung findet sich bei Zedler (1732–1754), Bd. 2, Sp. 905–911.
27 Siehe Brief Nr. 1, Endnote 14, zu derartigen Monatsangaben.
28 Rezeptur zur Tinktur siehe Z. 14.
29 Die Rezeptur beginnt mit dem Zeichen für „Recipe" bzw. „Nimm", vgl. Schneider (1962), S. 49. Sodann folgen die einzelnen Bestandteile. – Zunächst handelt es sich wohl um „Spiritus salis ammoniaci anisatus", wobei hier neben dem alchemistisch-pharmazeutischen Symbol für „Spiritus" wohl auch jenes für „Sal ammoniacum bzw. armoniacum", zu Deutsch „Salmiack", gebraucht wird; zu den gebräuchlichen Symbolen für „Sal ammoniacum" vgl. Schneider (1962), S. 50; das von Wagner hier eingesetzte Symbol weicht von den in einschlägigen Nachschlagewerken wie bei Schneider (1962) für „sal ammoniacum" präsentierten Symbolen ab, doch weist der Zusammenhang hier auf „sal ammoniacus" hin, weshalb wohl davon ausgegangen werden darf, dass sich die Abweichung evtl. so erklärt, dass Wagner hier ein weniger gebräuchliches Symbol einsetzte. – Der Geist (Spiritus) des Sal ammoniacum war, obwohl er Alchemisten seit dem Mittelalter sicherlich bekannt war, ein neues Präparat der chemiatrischen Zeit. Die beiden wichtigsten Präparate, so auch in der Pharmakopöe Württemberg 1741 enthalten, waren „Spiritus salis ammoniaci volatilis" und „Spiritus salis ammoniaci volatilis vinosus". Daneben aber gab es weitere offizinelle Ammoniak-Zubereitungen wie „Liquor ammonii anisatus", in der Pharmakopöe Württemberg 1741 als „Spiritus salis ammoniaci anisatus" enthalten, wobei es sich um eine Mischung aus Spir. sal. amm. volatilis und Oleum anisi handelte, die als Resolvens bei Brustleiden, Roborans bei Lungenleiden und gegen Blähungen eingesetzt wurde; vgl. Schneider (1968–75), Bd. VI, S. 184–187 („Spiritus Salis ammoniaci"). – Zeitgenössische Eintragungen finden sich bei Zedler (1732–1754), Bd. 39, Sp. 216 („Spiritus Salis Ammoniaci Anisatus"), und Bd. 33, Sp. 1065 („Salmiacgeist, anisirter").
30 Eine „Essentia" war pharmazeutisch ein Präparat, das alle wesentlichen Bestandteile einer Droge enthalten sollte und das meistens durch Auszug mit einem geeigneten Lösungsmittel hergestellt wurde; vgl. Schneider (1962), S. 73. Entsprechend merkt Zedler (1732–1754), Bd. 8, Sp. 1930 f., zu „Essentia", zu Deutsch „Essentz", an, dass darunter „die Chymici denjenigen Liquorem [verstehen], welcher, vermöge eines tüchtigen Menstrui, die Kräfften und Tugenden eines Dings in sich hält". – Zur hier in der Tinktur verwendeten „Essentia dulcis officinalis" werden im Postskriptum des Briefes, Z. 67 f., noch nähere Angaben gemacht. – Von „Spiritus salis ammoniaci anisatus" und „Essentia dulcis officinalis" sollten „[j]edes gleichviel", nämlich je eine halbe Drachme, der Tinktur beigefügt werden; vgl. Schneider (1962), S. 27, zum hier verwendeten Symbol für „ana". – Zum Nürnberger Apothekergewicht, den Unterteilungen des Medizinalpfunds in Loth, Drachme, Unze und Gran sowie zu den weiteren hier verwendeten Symbolen vgl. Brief Nr. 12, Endnote 6.
31 Bei „Tinctura Coralliorum cum saccharo" wird das alchemistisch-pharmazeutische Symbol für „Tinctura", zu Deutsch eine „Tinctur", gebraucht; vgl. Schneider (1962), S. 56. – Zur tierischen Droge „Coral-

lium" lassen sich bei Schneider (1968–75), Bd. I, S. 33 f., folgende zentrale Informationen entnehmen: Korallen waren bis zum 18. Jh. in allen Pharmakopöen enthalten, ab dem 19. Jh. nur mehr selten. Die beiden wichtigsten Sorten waren Corallium album (Madrepora oculata L., Augenkoralle) und Corallium rubrum L. (Gorgonia nobilis Sol., Isis nobilis L., Lithodendron, Arbustus marinus, Edelkoralle), wobei beide gleichartig verwendet wurden, die roten Korallen jedoch bevorzugt. Korallen waren bereits in der Antike und bei den Arabern vielseitig (gepulvert oder gebrannt) eingesetzt worden, so bei Geschwüren und Augenleiden, Harn- und Milzbeschwerden bzw. als herzstärkendes Mittel. Im 18. Jh. war eine der wichtigsten Zubereitungen, so auch in der Pharmakopöe Württemberg 1741 enthalten: „Tinctura Coralliorum" mit Essig, Zimtwasser, Alkohol, Zucker; als Adstringens, Roborans, schweiß- und harntreibend wirkend. Weitere Informationen zur „Tinctura Coralliorum" siehe Schneider (1968–75), Bd. VI, S. 200 („Tinctura Coralliorum"), und auch Bd. III, S. 126. Eine zeitgenössische Eintragung findet sich bei Zedler (1732–1754), Bd. 6, Sp. 1226–1231 („Corallen-Tinctur"), wobei hier viele verschiedene Formen von Korallentinkturen einschließlich ihrer Zubereitung beschrieben werden. – Von der „Korallentinktur mit Zucker" („cum saccharo") sollten im vorliegenden Rezept eineinhalb Drachmen der Tinktur beigefügt werden.

32 Zur tierischen Droge „Millepedes" lassen sich bei Schneider (1968–75), Bd. I, S. 20 f. („Aselli"), folgende zentrale Informationen entnehmen: Asseln oder auch „Millepedes" (Centipedes, Tausendfüße) wurden um 1830 als Armadillo vulgaris Latr. (Oniscus armadillo L.), zu Deutsch „Kellerassel" oder „Kelleresel", bestimmt. Schon in der Antike kannte man (Dioskurides) die Verwendung in Wein bei Harnzwang und Gelbsucht, mit Honig bei Halsentzündung, mit Rosenöl und Granatrinde bei Ohrenschmerzen. Pharmakopöeüblich waren sie seit dem 17. Jh. Die Pharmakopöe Augsburg 1675 bzw. die Pharmakopöe Württemberg 1741 beschreiben die „Asellorum Praeparatio" als Trocknung nach mehrfacher Behandlung mit Wein und einen Gebrauch bei viertägigem Fieber, Gelbsucht, Asthma, Wassersucht, Krämpfen, Harnverhaltung. Eine zeitgenössische Eintragung findet sich bei Zedler (1732–1754), Bd. 8, Sp. 1887–1889 („Esel-Wurm"). – Von der „Essentia Millepedum" sollten im vorliegenden Rezept 15 Tropfen („guttae") der Tinktur beigefügt werden; vgl. Schneider (1962), S. 41, zum Symbol bzw. zu Abkürzungen für „gutta" (Tropfen).

33 Steht hier für „Misce Da Signa", d.h. sinngemäß übersetzt „Mische, gib und überschreibe es"; vgl. Schneider (1962), S. 46 („Misce") und S. 37 („Da & Signa").

34 Zu Puls und Urin der Patientin am nächsten Morgen heißt es hier: „Der Puls ist bis jetzt aequalis, naturgemäß ein wenig fortior & frequentior. Der Urin ist wiederum turbidus mit einem gelblichen Bodensatz." – Zu Puls und Urin sowie ihrer Beurteilung in der damaligen Medizin vgl. Endnote 24. – Nach Zedler (1732–1754), Bd. 29, Sp. 1231–1241 („Puls"), ist der „Pulsus fortis" ein „starcker Trieb" in den Adern, entstehend aus einer „kräftige[n] Zusammenzühung" im Herz, woraus man auf „die Kräffte der Natur, einen genungsamen Umtrieb des Blutes, die Beförderung der Ab- und Aussonderungen, und mithin bey Kranckheiten einen heilsamen Ausgang" schließen könne. Ein „Pulsus frequens" sei ein „schneller Puls". – „Urina turbida" ist nach Zedler (1732–1754), Bd. 51, Sp. 87 f. („Urin, trüber"), ein trüber Urin, „durch welchen man nicht sehen kann, entstehet entweder von der äusserlichen kalten Lufft, oder von einem Geschwüre der Nieren, Harngänge oder des Blasen-Halses; oder von der Menge derjenigen Theilgen, welche durch das Geblüte ausgeworffen werden". Außerdem sei ein trüber Urin mit darauf schwimmender trüber Materie z.B. auch ein Hinweis auf „eine Krankheit um die Brust".

35 Bei „Oleum bezoardicum Wedelii" wird das alchemistisch-pharmazeutische Symbol für „Oleum", zu Deutsch „Oel", gebraucht; vgl. Schneider (1962), S. 47. Zu den „Olea" allgemein vgl. Schneider (1968–75), Bd. VI, S. 160–162. – Zur Arzneimittelgruppe der „Bezoardica" lassen sich bei Schneider (1968–75), Bd. II, S. 38, folgende zentrale Informationen entnehmen: Es handelte sich dabei um „Arzneimittel, die wie Bezoar wirken", d.h. giftaustreibend und schweißtreibend. Um 1750 rechnete man dazu u.a. Alexipharmaca, Terrea, Sudorifera, Diaphoretica sowie Bezoardica selbst wie Bezoardicum minerale oder Bezoardicum martiale. Der Sammelbegriff verschwand bald im 19. Jh. Zu den „Bezoardica“ siehe auch Schneider (1968–75), Bd. VI, S. 59 f. Ursprünglich verstand man unter „Bezoar“ kugelige Konkretionen (Lapis bezoardicus) aus dem Pansen verschiedener Tiere; vgl. Schneider (1968–75), Bd. I, S. 21 f. („Bezoar“). – Juncker (1738), S. 104, nennt „Oleum Bezoardicum Wedelii ex oleo amygdalarum dulcium camphorato & radice alkannae tincto“. Die Bezeichnung „Wedelii“ bezieht sich wahrscheinlich auf Georg Wolfgang Wedel (1645–1721), siehe zu seiner Person ausführlich Brief Nr. 35, Endnote 5.

36 Gemeint ist hier General Helmut Otto von Bassewitz (1673–1736) vgl. Brief Nr. 22, Endnote 1. – Zur Erkrankung des General von Bassewitz vgl. bereits Brief Nr. 22, Z. 8–10, und Brief Nr. 23, Z. 18 f., sowie im weiteren Verlauf Brief Nr. 32, Z. 75–77, Brief Nr. 34, Z. 52–56, Brief Nr. 35, Z. 21–23, Brief Nr. 40, Z. 24–30, und schließlich Brief Nr. 45, Z. 8 f.

37 Nach Zedler (1732–1754), Bd. 9, Sp. 797 f., ist die „Fibula“ oder „Canna minor, Focile minus, Perone, auch Sura“, zu Deutsch „Waden-Bein“, „das andere Bein des Fusses, welches mit dem Schien-Beine verbunden wird“. Eine weitere zeitgenössische Eintragung findet sich im Anatomisch-chirurgischen Lexikon, Sp. 762 („Os Fibulae“).

38 Nach dem Anatomisch-chirurgischen Lexikon, Sp. 542 f., spricht man von „Maturatio“, zu Deutsch „Reiffung“, in der Chirurgie immer dann, wenn bei einem „Absceß, Geschwühr“ und ähnlichem „der Eyter zu seiner Reiffe gelanget“. Eine weitere zeitgenössische Eintragung findet sich bei Zedler (1732–1754), Bd. 19, Sp. 2138 („Maturatio“).

39 Nach der zeitgenössischen Onomatologia Medica Completa, Bd. 1, Sp. 345, ist ein „Catarrhus“ bzw. „Catarrh“ „das Herunterfallen, z. E. von dem Kopf und der Nase in den Hals, auf die Brust“. Früher habe man es sich alles so vorgestellt, „als müßte es von dem Kopf herunterfallen“. Nun aber nehme man an, dass zwar „die Materie der Catarrhe von oben herab fallen könne, oder wenigstens, daß eine Verstekung der Schleimhaut in den Stirnhöhlen, der Nase und andern Gegenden des Kopfes sich nach und nach in den Hals, in die Luftröhre und Lungen ziehen könne“, zugleich jedoch gehe man davon aus, „daß auch ein Catarrh ursprünglich auf der Brust entstehen könne, wann sich der Schleim in den Luftröhren und Lungen durch Verkältung und andere Ursachen darinnen steket“. Es äußere sich dabei „ein beschwerliches Athemhohlen, Husten, Enge auf der Brust, Heiserkeit in der Sprache, fliegende Hizen, und Schaudern darzwischen, manchmal auch Kopfschmerzen, und Küzeln in dem Hals“. Eine weitere zeitgenössische Eintragung findet sich bei Zedler (1732–1754), Bd. 5, Sp. 1440–1453/54 („Catarr“), sowie auch Bd. 11, Sp. 637–643 („Gravedo, Coryza, Schnupffen“).

40 Siehe Rezeptur Z. 51.

41 Die vorgenommene Auflösung der Abkürzungen ist an dieser Stelle nur eine wahrscheinliche, da eine „Essentia“ in genau der beschriebenen Zusammensetzung in den hier einbezogenen Lexika nicht nachgewiesen werden konnte. – Die „Essentia Sacchari“ war ein chemiatrisches Präparat vom Anfang des 17. Jh., das bis ins 18. Jh. hinein benutzt wurde. In der Pharmakopöe Augsburg 1640 ist eine „Essentia saccharina Beguini“ genannt, hergestellt aus Saccharum album, flambiert mit Weingeist, dann Rosenwasser zugegeben; Verwendung als Corroborans, gegen Husten, Asthma, Brustleiden und zur Verdauungsförderung; vgl. Schneider (1968–75), Bd. VI, S. 90 f. Auch Schneider (1968–75), Bd. III, S. 61, führt die Beguin'sche Zuckeressenz „Essentia saccharina Beguini“ als chemiatrisches Präparat auf. – Nach Zedler (1732–1754), Bd. 2, Sp. 346 („Anisum stellatum“), entspricht „Badian“ dem „Anisum stellatum“, ist also zu Deutsch „Indianischer Anis“, „Chinesischer Anis“ oder „Stern-Anis“. Dieser werde „aus Ost-Indien, fürnehmlich aus dem Königreich Sina, [...] auch viel aus Moscau“ bezogen. Er sei wie ein Stern geformt und kräftiger als der gemeine Anis. Er „stärcke[] das Haupt und den Magen, mache[] dabey einen guten und wohlriechenden Athem, [...], zertheile[] die Winde, erleichter[e] die Brust“ u.a. – Zur pflanzlichen Droge „Liquiritia“ lassen sich bei Schneider (1968–75), Bd. V/2, S. 137–140, folgende zentrale Informationen entnehmen: Sie gehört zur Gattung „Glycyrrhiza“ aus der Familie der Leguminosae; die Zitatempfehlung für den entsprechenden Artnamen ist v.a.: G. glabra (S.). Schon in der

Antike (Dioskurides) wurden die Wirkungen des Saftes der Süßholzwurzel hervorgehoben u.a. gegen Rauheit der Luftröhre, gegen Magenbrennen, Brust- und Leberleiden. Die Kräuterbuchautoren des 16. Jh. übernahmen diese Indikationen. Die Pharmakopöe Württemberg 1741 führt u.a.: Radix Liquiritiae (Glycyrrhiza, Süßholtz, Süßholtzwurtzel; Demulcans, gegen Nierenschmerzen, Expectorans; in Pulver und Dekokten), Liquiritiae Succus (Glycyrrhizae, Süß-Holtz-Safft, Lackritzen-Safft; Demulcans, Expectorans, Nephriticum, Hustenmittel [...]). Um 1780 wird als Stammpflanze des Lakritzenholzes oder Süßholzes G. glabra genannt. Anfang des 19. Jh. wurde besonders auch auf Anbaugebiete in Deutschland, v.a. in Bamberg, hingewiesen. – Zur pflanzlichen Droge „Cinnamomum" lassen sich bei Schneider (1968–75), Bd. V/1, S. 305–315, folgende zentrale Informationen finden: Sie gehört zur Gattung „Cinnamomum" aus der Familie der Lauraceae; Zitatempfehlung für den entsprechenden Artnamen ist v.a.: C. zeylanicum (S.). Zimt gilt vielen als das älteste Gewürz, wobei das Zimtland des Altertums und Mittelalters China war mit einem fast ausschließlichen Monopol bis zum Auffinden des Gewächses in Ceylon. Der Zimt wurde sehr frühzeitig durch Handel von China nach Indien, Arabien und an die Somaliküste gebracht und von dort weiter über die Ägypter nach Nordwesten. Schon in frühester Zeit wurden zwei Sorten, nämlich „kinnamomum" („cinnamomum") und „kasia" („kassia"), unterschieden, wobei sich nicht mehr sicher feststellen lässt, was sie waren. In der Pharmakopöe Württemberg 1741 sind ebenfalls beide Sorten aufgeführt. Unter „Cinnamomum" heißt es u.a.: Canella Zeylanica, Zimmet, Canell; Calefaciens, Siccans, Roborans, Menstruation und Geburt befördernd; vor allem Cordiale.

25* ***<ohne Datum>***

Christoph Jacob Trew, <Nürnberg>, an Peter Christian Wagner, <Erlangen>

Trew bestätigte in diesem Brief die therapeutische Vorgehensweise Wagners bei der Erkrankung der Frau Residentin Buirette von Oehlefeld.

Erschlossen nach Brief Nr. 26, Z. 8–12; aus den überlieferten Schreiben der Korrespondenz geht die genaue Datierung dieses erschlossenen Briefes Trews an Wagner nicht hervor, die zeitliche Abfolge der erhaltenen Korrespondenz erlaubt jedoch eine Eingrenzung auf den Zeitraum zwischen dem 31. Oktober 1736 und dem 7. November 1736, d.h. zwischen den beiden überlieferten Briefen Wagners aus jener Zeit, wobei sich hier, da Wagner ferner in Brief Nr. 26, Z. 8 f., angibt, dass dieses Schreiben Trews bereits am „Vergangenen Sonntag", also dem 4. November 1736, „eingegangen" sei, der Zeitraum der möglichen Datierung weiter auf den 31. Oktober 1736 bis 4. November 1736 eingrenzen lässt, wahrscheinlich ist eine dem 4. November knapp vorausgehende Datierung.

26 *7. November 1736*

Peter Christian Wagner, Erlangen, an Christoph Jacob Trew, <Nürnberg>

HochEdelgebohrner und Hochgelehrter
Insonders Hochgeehrtester Herr HoffRath
hochgeschätzter Gönner!

Aus Ewer HochEdelgeb[ohrn] Vergangenen Sonntag richtig eingegangenen Antworts-Schreiben[1] habe mit besonderer *Consolation* ersehen, daß dieselben meine beÿ der Frau *Residentin Buirette* Von *Ölefeld*[2] genommene *Messures* und *adhibirte Medicamenta*[3] Vollkommen *approbiret*, welches denn auch dem gantzen Vornehmen Hauße sehr angenehm Zu Vernehmen geweßen. Es bezeuget | 2 | auch insonderheit die Frau *Residentin* hierdurch biß Zu *reeller* Erkentlichkeit Vor Dero Bemühung ihren Vielfältigen Danck und ersuchet dieselbigen mich ferner mit Dero gütigen Beÿrath Zu unterstützen. Insonderheit würde es Ihnen gar sehr lieb seÿn wenn sich Ewer hochEdelgeb[ohrn] dieser Tagen einen selbsten hiehero[4] bemühen und noch mahls über deroselben Zustand und ferneren *Tractament* mit mir *deliberiren* könten. Weswegen ich Von Denenselben Nachricht erwarte; Wenn es Ihnen am bequemsten seÿn möchte solche *Tour* hieher Zu thun? um darzu gehörige Anstalt Zu machen und eine Fuhr um die selbst Zu *denominirende* | 3 | Zeit hinein[5] Zu senden. Die neulich gemeldeten Arzeneÿen habe in gehöriger Ordnung biß hieher *continuiret*, wobeÿ die gewöhnliche Stöckung[6] auf der Brust und gar entsetzliche Mattigkeit wechßelsweiße bald weniger bald mehr sich geäußert. Wegen letzterer habe der Mixtur[7] einige *grane*[8] Von der kostbaren und *fameusen Radice Ninsi*[9] beÿgesetzet, wegen der ersteren aber das & *bezoard[icum] Wed[elii]*[10] auch einige mahle *cum vehiculo calido*[11] eingegeben. In dem *Infuso*[12] habe die *quantitaet* derer *Florum Sambuci*[13] (wegen allezeit darauf erfolgten stärckeren *Assoupissements*) Verringert, dagegen aber wegen des ausgesetzten *Decocti*[14] etwas Von der *Veronica*[15], *Capill[o] ♀ris*[16] *Farfara*[17] und *Hyssopo*[13] beÿgesetzet. Der Pulß ist noch immer gleich, doch etwas schwächer.[19] *Urina pauca turbida cum sedimento sub*| 4 |*mucido-flavescente, sputum tenax ex albo flavescens, transpiratio copiosior cum madore ferme continuo calido, respiratio difficilis suspiriosa & quandoque anxia.*[20] Und habe ich insonderheit *observiret*, daß die Stöckungen Viel stärcker sind wenn die *excretio peripherica*[21] nicht immer geschiehet oder ein wenig Verhindert wird. Dahero die Vornehme Frau *Patientin* immer in bette bleiben und Vor sich sitzen müßen, jedoch haben Sie auch gestern und heute angefangen bißweilen eine halbe oder gantze Viertel Stunde auf dem Rücken Zu liegen und Zu schlummern. Von Nahrung nehmen Sie außer guten Suppen und Brühen nichts als bißweilen ein sehr weniges Von leichten Gehäcke[22] oder sehr *subtilen* Klößgen Zu sich, | 5 | im Gegentheil sind Sie Von der Trockene des Mundes und starcken Durst fast immer *incomodiret*. Dießen Zu löschen haben Sie bißhero Ihre gewöhnliche *Ptisane*[23] und beÿm Speißen ein wenig Wein pur oder mit Waßer Vermischet getruncken. Vorgestern war die Engbrüstigkeit biß Nachmittag ungewöhnlich starck, wurde aber auf gedachte *Medicamenta* und ein *adhibirtes* Clÿstir[24] wiederum Vermindert, alßo daß Sie eine Ziemlich gute Nacht darauf *passiret*; gestern aber *remarquirten* wir daß die Füße biß an die Knie Ziemlicher maßen geschwollen, jedoch bleiben gar keine *foveae* in der Geschwulst stehen und wir Vermercken daß solche anheute[25] nichts Zugenommen. Ich habe deswegen anheute mit | 6 | dem *Infuso* Morgens und Nachmittags ein wenig *balsamo sacharum balsami Indici*[26] (den Sie sonsten bißweilen im Gebrauch gehabt) nehmen und das wenige Neckar Wein beÿ der Mahlzeit mit ein wenig Rhein-Wein, in welchen Vorhero ein frisches Eÿ geleget worden, Verwechßeln[27] laßen.[28] Äußerlich habe wegen der Stöckungen noch nicht getrauet die Beine mit einer langen *Fascia*[29] binden Zu laßen, dagegen aber solche mit Tüchern, so Vorhero mit *Succino*[30] & *Animae*[31] und ein wenig *Tacamahaccae*[32] wohl beräuchert worden ein Zu wickeln Veranstaltet; solte dießes nicht genug seÿn, so könte beÿ dero hieher kunfft ein Versuch mit der *fascia* gemachet werden. Die beeden *fonticuli*[33] fließen ohne Reitzung | 7 | sehr starck und auf ein wenig Kräuter Toback[34] haben Sie öffters genießet, wodurch etliche große Verhärtete Brocken Schleim aus der Naße gebracht und der Kopff ein wenig erleichtert worden. Die *Diuresis*[35] ist anheute etwas stärcker als gestern geweßen und glaube ich daß die mehrere und fast beständige *Excretio peripherica* auch eine *causa impeditioris diureseos* seÿe. Dieße letztere nun Zu befördern und das Geblüt in seiner *fluxilitaet* auch die *Colatoria*[36] offen Zu halten, wolte auf Ewer hochEdelgeb[ohrn] *approbation* unter die *ordinaire ptisane* Von der Frau *Resid[entin]* ein guttheil *Sarsae parillae*[37], etwas *rad[icis] Graminis*[38] und ein wenig *pimp[inellae] albae*[39] nehmen laßen, denen man auch wohl *pro tono roborando*[40] | 8 | den *Viscum Quercinum*[41] beÿ setzen könte. *Scopo diuretico & tonico*[42] aber wolte wechßelsweiße mit neulich gemeldeter Vermischter Corallen *Tinctur*[43] das *Malvaticum Iuniperinum*[44] mit etwas ⎍ *C[ornu] C[ervi] rect[ificatus]*[45] und 🜘*ae* ♁*ii* ♀*risatae*[46] Vermischt täglich ein biß 2 mahle geben. Ewer hochEdelgeb[ohrn] haben alßo die gütigkeit und *communiciren* darüber Dero Gedancken und erlauben daß ich wie bißhero mit der aller aufrichtigsten Ergebenheit und hochachtung seÿ und Verbleibe

Ewer hochEdelgeb[ohrn]

Christian Erlang
den 7. *Novembr[is]*
1736.

gehorsam ergebenster
Diener
Dr. P[eter] C[hristian] Wagner

***H** UBE Briefsammlung Trew, Korr. Wagner, Nr. 20. 8 S.*

---

1 Dieses Schreiben Trews Nr. 25* ist in der UBE Briefsammlung Trew nicht erhalten. Es war am 4. November 1736, also dem „vergangenen Sonntag", bei Wagner „eingegangen".

2 Zu Elisabeth Buirette von Oehlefeld (Ölefeld) (†1737) siehe Brief Nr. 23, Endnote 1. – Zum Verlauf ihrer Erkrankung vgl. bisher Brief Nr. 23 und 24 sowie im Weiteren Brief Nr. 28–40 und Nr. 42–48.

3 Zu den bei der Behandlung bereits eingesetzten Arzneien vgl. Brief Nr. 24, Z. 23–33, Z. 51–53 sowie Z. 60 f.
4 Gemeint ist hier Erlangen, siehe dazu bereits Brief Nr. 14, Endnote 1.
5 Gemeint sind hier die zu treffenden Vorbereitungen, um zur von Trew gewünschten Zeit „eine Fuhr" zwecks seiner Abholung nach Nürnberg hinein zu schicken. „Fuhr" steht hier für „ein zur bespannung eingerichtetes fuhrwerk"; vgl. Grimm (1854–1960), Bd. 4, Sp. 428. Zu Nürnberg vgl. Brief Nr. 1, Endnote 5. – Tatsächlich kündigte Trew in der Folge in einem nicht erhaltenen Schreiben vom 8. November 1736 (Brief Nr. 27*) an, der Bitte um eine erneute Reise nach Erlangen am Vormittag des 10. November 1736 nachzukommen, woraufhin Wagner ihm Details zu seiner Abholung in Nürnberg übermittelte; vgl. Brief Nr. 28, Z. 8–15.
6 Zur „Stöckung" vgl. bereits Brief Nr. 24, Endnote 2.
7 Siehe Brief Nr. 24, Z. 32 f. und Endnote 19–22, zur „Mixtur" im Allgemeinen sowie zu einzelnen Bestandteilen der bei der Frau Buirette von Oehlefeld im Besonderen bereits verwendeten Mixtur.
8 Zum Nürnberger Apothekergewicht sowie zu den Unterteilungen des Medizinalpfunds in Unze, Loth, Drachme und Gran vgl. Brief Nr. 12, Endnote 6.
9 Zur pflanzlichen Droge „Radix Ninsi" lassen sich bei Schneider (1968–75), Bd. V/3, S. 15–17, folgende zentrale Informationen entnehmen: Sie gehört zur Gattung „Panax" aus der Familie der Araliaceae; die Zitatempfehlung für die zugehörigen Artnamen lautet: P. ginseng (S.), P. pseudo-ginseng (S.), P. quinquefolius (S.). Die Ginsengwurzel, die wie die Alaunwurzel oft einer menschlichen Gestalt ähnelt, spielte seit alten Zeiten in der chinesischen Pharmazie eine bedeutende Rolle als Universalmittel, Aphrodisiacum bzw. aufgrund lebensverlängernder Wirkung. Anfang des 18. Jh. wurde die Ginsengwurzel in Europa bekannt und zwar sowohl chinesischer wie nordamerikanischer Herkunft, weswegen die genaue botanische Zuordnung z.T. Schwierigkeiten bereitet. In der Pharmakopöe Württemberg 1741 ist aufgeführt: Radix Ninzin (Nisii, Nindsin, Dsin, Gin-sem, Gensing, Indianisch, Japanische Krafftwurtz; sie soll von Sisarum montanum Corvense stammen; Roborans, Pinguefaciens, den Nieren dienlich, Analepticum, Aphrodisiacum). Um 1780 werden „Ninsi" bzw. die „Indianische Kraftwurzel" („Radix Ninsi") und die „Nordamerikanische Kraftwurzel" („Panax quinquefolium") getrennt gelistet. Es wird dabei zudem festgestellt, dass die heilsamen Wirkungen der „Radix Ninsi" mittlerweile zu bezweifeln seien, weswegen auch der einst sehr hohe Preis von 150 Holländischen Gulden pro Unze stark nachgelassen habe. – Eine zeitgenössische Eintragung findet sich bei Zedler (1732–1754), Bd. 10, Sp. 1487–1490 („Ginseng").
10 Siehe bereits Brief Nr. 24, Z. 60 f. und Endnote 35, zum dort nur äußerlich angewandten „Oleum bezoardicum Wedelii". – Die Bezeichnung „Wedelii" bezieht sich wahrscheinlich auf Georg Wolfgang Wedel (1645–1721), siehe zu seiner Person ausführlich Brief Nr. 35, Endnote 5.
11 Das „Oleum bezoardicum Wedelii" wurde hier „cum vehiculo calido" verabreicht, d.h. „mit einem warmen/heißen vehiculum". – Nach Zedler (1732–1754), Bd. 46, Sp. 961, ist ein „vehiculum" „bey denen Medicinern ein[] gewisse[r] nahrhaffte[r] oder artzneyische[r] Saft, oder Naß, in welchem die verordneten Medicamente eingenommen werden; dergleichen sind mancherley gebrannte Wasser, Bier, Wein, Fleisch- und andere Suppen". Eine weitere zeitgenössische Eintragung findet sich bei Sommerhoff (1713), S. 394 (lat.-dt.). – Nach Schneider (1968–75), Bd. II, S. 16 („Adjuvantia"), verstand man Mitte des 18. Jh. unter einem „vehiculum" oder „excipiens" auch das, was der Arznei die Gestalt bzw. Form gab, z.B. Wasser bei Lösungen, Fett bei Salben.
12 Das der Residentin Buirette von Oehlefeld verabreichte Infusum wurde, ohne allerdings nähere Angaben zu seiner Zusammensetzung, von Wagner bereits in Brief Nr. 24, Z. 32, erwähnt. Zur allgemeinen Erklärung eines „Infusum" vgl. Brief Nr. 22, Endnote 13.
13 Zu der pflanzlichen Droge der „Flores Sambuci" lassen sich bei Schneider (1968–75), Bd. V/3, S. 218–220, folgende zentrale Informationen entnehmen: Sie gehört zur Gattung „Sambucus" aus der Familie der Caprifoliaceae; Zitatempfehlung für den entsprechenden Artnamen ist v.a.: S. nigra (S.). In der Antike

(Dioskurides) wurden die Wirkungen des gemeinen Holunders mit denen des Zwergholunders gleichgesetzt: u.a. Blätter und zarte Stängel zum Abführen von Schleim und Galle, in Wein gekochte Wurzel für Wassersüchtige und gegen Schlangenbiss. Die Kräuterbuchautoren des 16. Jh. aber behandelten den Holunder und den sog. Attich bereits getrennt, lehnten sich jedoch bzgl. der Indikationen weiter an Dioskurides an. Die Pharmakopöe Württemberg 1741 führt: Flores Sambuci (Hollunderblüthe; Discutiens, Emolliens, Resolvens, vermehrt die Milch, mildert Schmerzen, treibt Schweiß; als Infus bei Husten), außerdem Semen S. (Hollundersaamen), Fructus S. (Hollunderbeeren), Cortex S. mediani (Hollunderrinde), sowie aus den Blüten Acetum S., Aqua S., Mel S., Spiritus S. Florum, und aus den Früchten Roob S., Spiritus S. – Ein zeitgenössischer Eintrag findet sich bei Zedler (1732–1754), Bd. 13, Sp. 643–647 („Hollunder").

14 Das der Residentin Buirette von Oehlefeld verabreichte Decoctum wurde, ebenfalls ohne nähere Angaben zu seiner Zusammensetzung, von Wagner bereits in Brief Nr. 24, Z. 32, erwähnt. Zur allgemeinen Erklärung eines „Decoctum" vgl. Brief Nr. 24, Endnote 18.

15 Zu der pflanzlichen Droge „Veronica" lassen sich bei Schneider (1968–75), Bd. V/3, S. 392–395, folgende zentrale Informationen entnehmen: Sie gehört zur Gattung „Veronica" aus der Familie der Scrophulariaceae; Zitatempfehlung für den entsprechenden Artnamen ist: V. officinalis (S.). In antiken Werken (Dioskurides) und bei arabischen Autoren finden sich keine Kapitel, die eindeutig einer Art der Gattung „Veronica" zuzuordnen wären. Bei den mittelalterlichen Autoren sind dann aber drei in der Medizin eingesetzte Arten zu unterscheiden. Der „Ehrenpreis" bei Kräuterbuchautoren des 16. Jh. schließlich ist in erster Linie mit V. officinalis L. gleichzusetzen. In der Pharmakopöe Württemberg 1741 sind aufgeführt: Herba Veronica majoris (vulgaris serpentis, Ehrenpreyß, Heyl aller Schäden, Wundkraut; ausgezeichnetes Vulnerarium; Diureticum, Sudoriferum, Pectoralium, Roborans), daneben auch Aqua (dest.) Veronica, Aqua V. cum Vino, Conserva (ex herba) V., Extractum Veronicae. Um 1780 wird die entsprechende Stammpflanze mit V. officinalis (Ehrenpreis) angegeben. – Ein zeitgenössischer Eintrag findet sich bei Zedler (1732–1754), Bd. 8, Sp. 433–436 („Ehrenpreiß").

16 Bei „Capillus Veneris" wird hier das alchemistisch-pharmazeutische Zeichen für „Venus" gebraucht; vgl. Sommerhoff (1713), S. 112 (dt. Wörterbuch). – Zu der pflanzlichen Droge „Capillus Veneris" lassen sich bei Schneider (1968–75), Bd. V/I, S. 47 f., folgende zentrale Informationen entnehmen: Sie gehört zur Gattung „Adianthum" aus der Familie der Polypodiaceae bzw. Adiantaceae; die Zitatempfehlung für den entsprechenden Artnamen ist: Adiantum capillus-veneris (S.). Das Frauenhaar ist ein in Deutschland nicht heimischer Farn, dessen Kraut eine wichtige Droge war. In der Antike (Dioskurides) war u.a. eine Verwendung in Abkochung bei Asthma, Engbrüstigkeit, Gelbsucht, Milzkrankheit, bei Harnverhaltung, Steinleiden und Durchfall bekannt. Bis ins 18. Jh. war als Bezeichnung der Droge auch „Herba Adianti nigri" üblich. In der Pharmakopöe Württemberg 1741 sind aufgeführt: Herba Adianti nigri = Capilli Veneris (Incidans, Attenuans, Pulmoniacum, Diureticum) und Syrupus Capillorum Veneris compositus. Anfang des 19. Jh. dann wusste man über die Wirkungen der Droge nicht mehr viel zu berichten. – Eine zeitgenössische Eintragung findet sich bei Zedler (1732–1754), Bd. 1, Sp. 500–502 („Adianthum").

17 Zu der pflanzlichen Droge „Farfara" lassen sich bei Schneider (1968–75), Bd. V/3, S. 362–364, folgende zentrale Informationen entnehmen: Sie gehört zur Gattung „Tussilago" aus der Familie der Compositae; die Zitatempfehlung für den entsprechenden Artnamen ist: T. farfara (S.). Der Huflattich war bereits in der Antike (z.B. bei den Hippokratikern) gut bekannt, von Dioskurides wurde er als „Bechion" beschrieben: Blätter als Umschlag bei Entzündungen, zur Räucherung bei Husten und Orthopnöe, öffnet Abszesse der Brust, Wurzel auch zur Räucherung, treibt als Trank den toten Embryo aus. Die Kräuterbuchautoren des 16. Jh. übernahmen diese Indikationen. In der Pharmakopöe Württemberg 1741 sind aufgeführt: Radix Farfarae (Tussilaginis, Bechii, Ungullae caballinae, Brand-Lattich, Huff-Lattichwurtzel; Pectoralium, gegen Schwindsucht; aus frischer Wurzel wird Looch de Farfara bereitet), Herba Farfarae (Synonyme wie eben; Pectoralium; äußerlich gegen Geschwüre), Radix Farfarae (gleiche Synonyme; Pectoralium als Dekokt, zu Syrup und Conserva); Aqua (dest.) Tussilaginis, Conserva Farfarae, Looch de F., Syrupus F. e Floribus. Um 1780 wird als Stammpflanze T. Farfara (Huflattig, Ackerlattich, Brandletschen, Roßhub, Eselsfuß, Eselshuf) genannt, wobei Kraut, Wurzel und Blüten offizinell seien. – Eine zeitgenössische Eintragung findet sich bei Zedler (1732–1754), Bd. 13, Sp. 1104–1106 („Huflattig").

18 Zu der pflanzlichen Droge „Hyssopus" lassen sich bei Schneider (1968–75), Bd. V/2, S. 190 f., folgende zentrale Informationen entnehmen: Sie gehört zur Gattung „Hyssopus" aus der Familie der Labiatae; Zitatempfehlung für den entsprechenden Artnamen ist: H. officinalis (S.). Es ist umstritten, ob im Kapitel „Hyssopos" antiker Autoren (Dioskurides) H. officinalis L. gemeint ist. In mittelalterlichen Quellen und bei Kräuterbuchautoren des 16. Jh. lässt sich die Pflanze wiederfinden. Ende des 17. Jh. wird die Anwendung von Hyssopus besonders bei „tartarischen Lungenkrankheiten" sowie „Husten und Keuchen" gelobt. Die Pharmakopöe Württemberg 1741 führt auf: Herba Hyssopi (Hyssopi officinarum, spicatae flore coeruleo, Isop, Ispen, Hyssop; Balsamicum, Incisivum, hilft gegen viele Krankheiten); Aqua (dest.) H., Oleum H., Syrupus Hyssopi. Um 1780 werden von H. officinalis Kraut und Samen als offizinell beschrieben. – Zeitgenössische Eintragungen finden sich bei Sommerhoff (1713), S. 159 (lat.-dt.), und bei Zedler (1732–1754), Bd. 13, Sp. 1506–1509.

19 Zur Beurteilung des Pulses in der damaligen Medizin vgl. Brief Nr. 24, Endnote 24 und 34. – Bereits in Brief Nr. 24, Z. 36 f. und Z. 59 f., machte Wagner detaillierte Angaben zu Puls und Urin der Residentin Buirette von Oehlefeld.

20 Der weitere Zustand der Patientin wird hier wie folgt beschrieben: „Der wenige Urin ist trüb mit gräulich-gelblichem Bodensatz, der Speichel/Auswurf ist zäh und weiß-gelblich, die unbemerkte Ausdämpfung ist reichlicher mit einer fast beständigen und warmen Feuchtigkeit, die Atmung ist mühsam und keuchend & bisweilen ängstlich." – Zur Beurteilung des Urins in der damaligen Medizin vgl. Brief Nr. 24, Endnote 24 und 34. – Nach Zedler (1732–1754), Bd. 38, Sp. 1400–1411 („Speichel"), hat der Begriff „Speichel" zweierlei Bedeutung: „Denn in gemeiner Bedeutung verstehet man dadurch einen wässrigen Unflath, so von dem Geblüte im Gehirne abgesondert, in den Speichel-Drüsen gesammlet, und durch den Mund ausgeworffen wird, welches man Sputum nennet. Im engern Sinne ist er eine weisse wässerige Feuchtigkeit, die in den Drüsen der Kinn-Backen abgesondert, durch die Speichel-Gänge an die Oeffnung des Mundes geführet, sich daselbst ergießt, und den Geschmack, das Kauen, das Niederschlucken, die Sprache, und in dem Magen die Dauung befördert, in welchem Verstande er Lateinisch Saliva [...] heisset, und nicht vor einen blossen Unrath der Natur geachtet wird." Das zähe „Sputum" sei also nicht wie der wässerige Speichel („Saliva") von vielerlei Nutzen, sondern es könne sogar, wenn es nicht ausgespuckt werde, dem Körper Schaden zufügen. – Nach Zedler (1732–1754), Bd. 44, Sp. 1224 f. („Transpiration"), ist unter „Transpiration", oder „Transpiratio" bzw. „Perspiratio", „das unvermerckte Verrauchen der überflüßigen Feuchtigkeiten in dem menschlichen Leibe" zu verstehen. Grundsätzlich hätten die Ärzte beim Schweiß drei Arten unterschieden; vgl. dazu Zedler (1732–1754), Bd. 36, Sp. 299–321 („Schweiß"): 1.) eben die „transpiratio" als unaufhörlichen „unvermerckten Abgang eines unsichtbaren Dampfes aus unserer Haut", 2.) „mador" d.h. eine „verstärckte Ausdünstung", bei der die Haut „würcklich naß" ist, und schließlich 3.) „sudor", den eigentlichen Schweiß, bei dem „die Haut würcklich naß ist, und ordentliche Wassertropfen an derselben herunter laufen". – Die „Respiration" bzw. „Respiratio" ist nach Zedler (1732–1754), Bd. 31, Sp. 752–756, das „Athemholen, Odemholung, Lufftschöpfen" d.h. „eine beständig abwechselnde Aufnehmung und Ausblasung der uns umgebenden und gelinde drückenden Lufft". Zu verschiedenen Formen der beschwerlichen Atmung nach damaligem Verständnis vgl. auch Brief Nr. 13, Endnote 13.

21 Nach Zedler (1732–1754), Bd. 8, Sp. 2326, ist die „Excretio" allgemein eine „Ausleerung", d.h. „wenn man etwas leer macht". In der Medizin aber bedeute es, dass „sich der Mensch von Urin, Koth etc. entlediget". Die „Peripherie" bzw. „Peripheria" ist nach Zedler (1732–1754), Bd. 27, Sp. 457, im Verständnis der Ärzte der „Umkreis des Leibes oder eines Eingeweides". – Eine erste kursorische Sichtung verschiedener zeitgenössischer medizinischer Abhandlungen weist darauf hin, dass der Begriff der „excretio peripherica" vorrangig im Hinblick auf eine Form der Aussonderung über Poren der Haut verwendet wurde, d.h. dass Wagner hier wohl an seine vorausgehenden Bemerkungen zur „transpiratio" anschloss.

22 Gemeint ist hier „gehacktes fleisch"; vgl. Grimm (1854–1960), Bd. 5, Sp. 2313.

23 Zur „Ptisane" vgl. bereits Brief Nr. 24, Endnote 7.

24 Zum „Clÿstir" in der damaligen Medizin vgl. Brief Nr. 24, Endnote 4.

25 Gemeint ist hier „am heutigen tage"; vgl. Grimm (1854–1960), Bd. 1, Sp. 375.

26 Zu der pflanzlichen Droge „balsamum Indicum" lassen sich bei Schneider (1968–75), Bd. V/2, S. 343–348, folgende zentrale Informationen entnehmen: Sie gehört zur Gattung „Myroxylon" aus der Familie der Leguminosae; die Zitatempfehlung für den entsprechenden Artnamen ist: M. balsamum (S.) var. pereirae. Erste Nachrichten vom Perubalsam erreichten Europa bereits Ende des 16. Jh. Sie fanden besondere Beachtung, da der echte Opobalsamum aus Ägypten (Mekkabalsam) nur mehr schwer zu bekommen war. Die Pharmakopöe Württemberg 1741 führt: Balsamum Indicum Album (Peruvianum album, weißer Indianischer, Peruvianischer Balsam; [...], besonders bei Brustleiden, Diarrhöe, Gonorrhöe, inneren Geschwüren; äußerlich ausgezeichnetes Vulnerarium), Balsamum Indicum (Peruvianum Nigrum, schwartzer Indianischer, Peruvianischer Balsam; [...]; Dissolvens, Digerans, Roborans, vor allem Vulnerarium, innerlich und äußerlich anzuwenden), Balsamum Indicum siccum (trockener Indianischer Balsam; von den gleichen Pflanzen; [...]). Um 1830 wird auch explizit auf die Verabreichung des peruvianischen Balsam auf Zucker hingewiesen. – Eine zeitgenössische Eintragung findet sich bei Zedler (1732–1754), Bd. 3, Sp. 277–280 („Balsamum de Peru"): Auch hier wird für den schwarzen Perubalsam (Balsamum Indicum oder Peruvianum nigrum) auf die Einnahme mit Zucker (vgl. im vorliegenden Brieftext „balsamo sacharum balsami Indici") hingewiesen, da er sich weder mit Wasser noch Öl vermischen lasse.

27 Gemeint ist hier in einem weiten Bedeutungsumfang „einen wechsel, eine änderung mit etwas vornehmen" bzw. „dasz etwas anderes an die stelle einer [...] sache gesetzt wird"; vgl. Grimm (1854–1960), Bd. 25, Sp. 2143–2150 (erst in neuerer Zeit schließt „verwechseln" die Vorstellung eines Irrtums in sich ein).

28 Der Weinstock (Gattung „Vitis" aus der Familie der Vitaceae; Zitatempfehlung für den Artnamen: V. vinifera (S.)) und seine Produkte wurden schon in der Antike (s. Dioskurides) aufgrund einer langen Tradition vielfältig medizinisch gebraucht. Besonders die Griechen hatten sich um die Kultur des Weins verdient gemacht, da sie den Weinbau wahrscheinlich schon im 2. Jahrtausend v. Chr. durch die Phönizier kennengelernt hatten (bei Ägyptern und Assyrern war er noch ein Jahrtausend länger bekannt). Die Römer setzten später die griechische Tradition fort und siedelten in den ersten nachchristlichen Jahrhunderten den Weinstock in Kultur nördlich der Alpen an (wo zuvor nur der wilde Weinstock bekannt war). Die Pharmakopöe Württemberg 1741 führt u.a.: Herba Vitis (folia Vitis, Wein-Laub, Weintraubenblätter; Adstringens, Refrigerans, zu Gurgelwässern); Passulae Majores (Uvae passae majores, grosse Rosinen, Zibeben; Laxans, Temperans, bei Bauch-, Brust- und Leberleiden); Passulae Minores (Passulae Corinthiacae, kleine Rosinen, Weinbeerlein, Corinthen; ähnlich den großen angewendet, meist in Dekokten). Um 1780 heißt die Stammpflanze Vitis vinifera; vgl. Schneider (1968–75), Bd. V/3, S. 408–412. – Auch der (aus Weintrauben hergestellte) Wein an sich stand als Genuss- aber auch Arzneimittel bereits in der Antike (Dioskurides) in hohem Ansehen. Auch später sind Weine in allen Pharmakopöen bis ins 20. Jh. hinein genannt; vgl. Schneider (1968–75), Bd. VI, S. 204–206. – Eine sehr umfängliche zeitgenössische Eintragung zum „Wein" findet sich bei Zedler (1732–1754), Bd. 54, Sp. 354–461: Der Wein wird dort als „alleredelste[r] Tranck" gepriesen, da Wasser zwar auch den Durst löschen könne, jedoch „nicht so gut nähren, noch die Dauung befördern, oder dem Hertzen eine so angenehme Krafft [...] geben" könne.

29 Zur „Fascia" vgl. bereits Brief Nr. 18, Endnote 15.

30 „Succinum“ oder „Bernstein“ ist ein fossiles Coniferenharz, das vor allem von Pinus succinifera (Göppert) Conventz (Gattung „Pinus“ aus der Familie der Coniferae bzw. Pinaceae) stammt. Es war bereits in der Antike und bei den Arabern bekannt und wurde in der Therapie des 17. und 18. Jh. geschätzt. Im 19. Jh. nahm das Interesse daran dann ab, aber auch im 20. Jh. war es in der Pharmazie nicht vollständig vergessen; vgl. Schneider (1968–75), Bd. V/3, S. 69–79. Eine zeitgenössische Eintragung findet sich bei Zedler (1732–1754), Bd. 3, Sp. 1394–1398 („Bernstein“), in der explizit die Verwendung von Bernstein zu „äusserlichen Räuchereyen“ erwähnt wird.

31 Bei „Gummi Animae“ wird hier das alchemistisch-pharmazeutische Symbol für „Gummi“ bzw. „Hartz“ verwendet; vgl. Schneider (1962), S. 40. – Zur pflanzlichen Droge „Gummi Animae“ lassen sich bei Schneider (1968–75), Bd. V/3, S. 120 f., folgende zentrale Informationen entnehmen: Sie gehört zur Gattung „Protium“ aus der Familie der Burseraceae; die Zitatempfehlung für den wohl entsprechenden Artnamen ist: P. icicariba (S.). Die Pharmakopöe Württemberg 1741 führt (neben dem Elemi) ein Animi (Animae; neuspanischer und brasilianischer Baum; Attenuans, Resolvens, Roborans für Nerven; äußerlich in Pflastern, gegen Kopf- und Nervenleiden). Die Droge war auch bereits in der T. Worms 1582 als Anime (Belzuinum amygdalinum, Anime oder Gummi anime) und in der T. Frankfurt/Main 1687 als Gummi Animae (ein frembd wohlriechend Indianisch Gummi) enthalten. Die eindeutige botanische Zuordnung zu einer Stammpflanze aber blieb lange, bis ins 20. Jh. hinein, unklar. – Eine zeitgenössische Eintragung findet sich bei Zedler (1732–1754), Bd. 2, Sp. 337 f. („Anime“): Das „Gummi Anime“ werde meist „äusserlich zum räuchern gebrauchet, in den schmertzenden, kalten Haupt- und Nerven-Kranckheiten, das Gehirne und die Nerven zu stärcken, in Catharren, Lähmungen, Contracturen, Verrenckungen, Zerquetschungen, Gicht und Podagra“.

32 Zur pflanzlichen Droge „Gummi Tacamahaccae“ lassen sich bei Schneider (1968–75), Bd. V/1, S. 216 f., folgende zentrale Informationen entnehmen: Sie gehört (wohl) zur Gattung „Calophyllum“ aus der Familie der Guttiferae; Zitatempfehlung für entsprechende Artnamen ist: v.a.: C. inophyllum (S.), C. tacamahaca (S.). Tacamahaca ist in Arzneitaxen und Pharmakopöen des 16.–19. Jh. zu finden, z.B. in T. Worms 1582 (Tacamahaca, ein frembd Hartz also genannt). Nach der Pharmakopöe Württemberg 1741 gibt es zwei Sorten: die eine trete freiwillig aus den Bäumen aus und werde in Kürbissen aufgefangen (kommt selten zu uns), die andere in Tränen und Klümpchen (Roborans, Resolvens, Maturans, Emolliens; vertreibt Schmerz und Blähungen; seltener innerlich genommen, äußerlich in Pflastern als Odontalgicum und Stomachicum). Um 1780 heißt es, den „wahren Takamahak“ liefere der Schwammholzbaum (Fagra octandra), den „gemeinen Takamahak“ aber die Balsamespe (Populus balsamifera). Die eindeutige botanische Zuordnung zu einer Stammpflanze blieb auch hier lange unklar (in einer Drogenkunde des 20. Jh. findet sich auch der Hinweis auf Tacamahak-Arten aus der Gattung Protium oder Bursera). – Eine zeitgenössische Eintragung findet sich bei Zedler (1732–1754), Bd. 11, Sp. 1387 f. („Gummi Tacamahaca“), wobei hier ebenfalls auch auf den Gebrauch zum Räuchern hingewiesen wird.

33 Zur Verwendung von „fonticuli“ vgl. Brief Nr. 24, Endnote 14. – Wagner erwähnte bereits in Brief Nr. 24, Z. 29, die der Patientin beigebrachten „fonticuli“.

34 Zur pflanzlichen Droge „Toback“ lassen sich bei Schneider (1968–75), Bd. V/2, S. 359–362, folgende zentrale Informationen entnehmen: Sie gehört zur Gattung „Nicotiana“ aus der Familie der Solanaceae; Zitatempfehlung für die entsprechenden Artnamen ist: N. rustica (S.), N. tabacum (S.). Man erhielt in Europa schon durch die ersten Entdeckungsreisen des Kolumbus Kunde von dem in Amerika sicher schon Jahrhunderte früher benutzten Tabak. Die ersten Samen bzw. Pflanzen, die nach Europa gelangten, waren N. rustica (L.), dann erst lernte man N. tabacum L. (als Zierpflanze) kennen. Es war v.a. Katharina von Medici in Frankreich, die das Schnupfen des Tabaks zunächst gegen Kopfweh, dann als Sitte bei Hof einführte. Das Rauchen des Tabaks bürgerte sich langsamer als seine medizinische Verwendung erst seit dem 17. Jh. ein. Die Pharmakopöe Württemberg 1741 führt: Herba Nicotianae (majoris Peti, Tabaci, Hyoscyami Peruviani, Toback; Abstergens, Incidans, Resolvens, Anodynum, Vulnerarium, Vomitorium, Sternutatorium; zum med. Gebrauch soll man getrocknete, gelbe Blätter nehmen, keine schon präparierten und gedrehten); Extractum Nicotianae, Oleum (coct.) N., Species Tabaci pro Fumo, Syrupus de N., Unguentum de Nicotiana. Um 1780 heißt die Stammpflanze N. Tabacum. Eine umfangreiche zeitgenössische Eintragung findet sich bei Zedler (1732–1754), Bd. 24, Sp. 646–681 („Nicotian"). – Hier ist mit „Kräuter Toback" aber wohl eine Kräutermischung gemeint, die geschnupft wurde. – Zedler (1732–1754), Bd. 38, Sp. 1332, nennt unter „Species zum Kräutertaback" verschiedene Rezepturen u.a.: „Herb. Scabios. Majoran. Nicotian. | Fol. Rosar. rubr. & alb. | Flor. Lavendul. Carv. Calendul. | Sem. Carv. Coriandr. Cubebar. Anis Foenicul. ana, q. i | Zerschneide solche, und machet diese Species mit genugsamen Aniesöle an."

35 Nach Zedler (1732–1754), Bd. 7, Sp. 1100, ist die „Diuresis" „die Ausleerung des Urins, welche aus Trieb der Natur durch die Harn-Gänge und Harn-Blase geschiehet".

36 Nach Zedler (1732–1754), Bd. 6, Sp. 642, ist „Colatorius" „ein zwar nicht recht gebräuchlich Wort, wird aber doch von einigen Gliedmassen gesaget, deren Nutzen ist, das überflüßige abzusondern und wegzubringen, als wie die Nieren das überflüssige Wasser vom Blute absondern". Ein „Colatorium" ist gemäß Zedler (1732–1754), Bd. 6, Sp. 641 („Colamentum"), „ein Seige-Tuch", d.h. ein „weisse[s], wöllne[s] Tuch", durch das man „feuchte Dinge" gieße, um „ihre Unsauberkeit davon zu scheiden". – Mit den „Colatoria" sind hier also wohl körpereigene Vorrichtungen zur Abscheidung überflüssiger Substanzen gemeint.

37 Zu der pflanzlichen Droge „Sarsa parilla" lassen sich bei Schneider (1968–75), Bd. V/3, S. 269–272, folgende zentrale Informationen entnehmen: Sie gehört zur Gattung „Smilax" aus der Familie der Liliaceae; Zitatempfehlung für den entsprechenden Artnamen ist v.a.: S. utilis (S.). Die Spanier fanden die Sarsaparille bei den Eingeborenen Süd- und Mittelamerikas in Gebrauch und brachten sie als Antisyphiliticum nach Europa, wo sie seit Mitte des 16. Jh. zu einer hochgeschätzten Droge wurde, die bis zum 20. Jh. offizinell blieb. Die Pharmakopöe Württemberg 1741 führt: Radix Sarsaparillae (Salsaparillae, Zarzaparillae; sunt Smilacis viticulis asperis Peruvianae; bei Lymphkrankheiten); ferner Extractum S. Um 1780 wird die Stammpflanze v.a. mit Smilax Sarsaparilla angegeben. Bezüglich der Zuordnung zu einer Stammpflanze herrschten allerdings lange Unklarheiten vor. – Zeitgenössische Eintragungen finden sich bei Zedler (1732–1754), Bd. 34, Sp. 136–139 („Sarsaparille"), und bei Sommerhoff (1713), S. 313 (lat.-dt.) („Radix Sarsaparillae").

38 Zu der pflanzlichen Droge „radix Graminis" lassen sich bei Schneider (1968–75), Bd. V/1, S. 53 f., folgende zentrale Informationen entnehmen: Sie gehört zur Gattung „Agropyron" aus der Familie der Gramineae; Zitatempfehlung für den entsprechenden Artnamen ist: A. repens (S.). Bereits um 1550 wurden als Indikationen der Quecke angegeben: Wurzel, in Wein gesotten, treibt Würmer, ist eine bewährte Kinderarznei; die Samen äußerlich bei Hauterkrankungen, Geschwüren, Hüftweh. Die Pharmakopöe Württemberg 1741 führt: Radix Graminis (graminis arvensis, loliacii, radice repente, graminis canini, Graßwurtzel, Queckenwurzel, Hundsgraß; Aperiens, Diureticum, Anthelminticum). Um 1780 wird als Stammpflanze Triticum repens angegeben. – Eine zeitgenössische Eintragung findet sich bei Zedler (1732–1754), Bd. 11, Sp. 604–606 („Gras, Rech-Gras, Quecken-Gras").

39 Zu der pflanzlichen Droge „pimpinella alba" lassen sich bei Schneider (1968–75), Bd. V/3, S. 65–68, folgende zentrale Informationen entnehmen: Sie gehört zur Gattung „Pimpinella" aus der Familie der Umbelliferae; Zitatempfehlung für den entsprechenden Artnamen ist v.a.: P. saxifraga (S.). P. Saxifraga L. lässt sich bereits Kapiteln bei antiken Autoren (Dioskurides) zuordnen (mit harntreibender Wirkung). Die T. Worms führt dann 1582: Radix Pimpinellae (Petroselini, Steinpeterlen- oder Bockspeterlenwurtz, Bibernellenwurtz), Semen Pimpinellae (Petroselini, Tragoselini, Bibinellae, Papinulae, Bibinellen- oder Bockspeterlensamen). In die Pharmakopöe Württemberg 1741 sind aufgenommen: Radix Pimpinellae albae (umbelliferae, hircinae, Saxifragae, Tragoselini, Bibernell, Steinpeterlein, Pfefferwurtz; Alexipharmacum, Lithontripticum, Uterinum, Vulnerarium, Anticatharhalicum), Herba Pimpinellae (Saxifragae majoris, Bimpinella, Biebernell, Bockspeterlein, Steinpeterlein; Aperiens, Abstergens, Diureticum, Vulnerarium); Essentia P. albae, Extractum Pimpinellae. Um 1780 wird von P. saxifraga (Weißer Bibernell, Pimpinell, Steinpeterlein; liefert Rad. Pimpinellae albae) noch P. magna (Schwarzer Bibernell; liefert Rad. Pimp. Nigrae; soll eine Abart der ersteren sein) unterschieden. – Eine zeitgenössische Eintragung findet sich bei Zedler (1732–1754), Bd. 28, Sp. 334–342 („Pimpernell").

40 Ziel ist hier die „Stärkung des Tonus" (lat.: „pro tono roborando"). – Nach Zedler (1732–1754), Bd. 44, Sp. 1252, wird „Tonus" „bey den Medicinern von den Fasern eines Cörpers, sowohl von Nervösen, als auch von den übrigen gesaget, und gemeiniglich ihre gebührende Spannung darunter verstanden". – Zur Arzneimittelgruppe der „Tonica" als „Stärkende Mittel" für Nerven und Fasern vgl. entsprechend Brief Nr. 22, Endnote 15.

41 Zu der pflanzlichen Droge „Viscus Quercinus" lassen sich bei Schneider (1968–75), Bd. V/3, S. 404–406 („Viscum"), und Bd. V/2, S. 272 („Loranthus"), folgende zentrale Informationen entnehmen: Die Zuordnung der Eichenmistel „Viscus Quercinus" zu einer Gattung ist aufgrund z.T. gleichlautender Bezeichnungen nicht völlig eindeutig: Sie gehört zur Gattung „Loranthus" aus der Familie der Loranthaceae (Zitatempfehlung für den Artnamen: L. europaeus (S.)) oder zur Gattung „Viscum" aus der Familie der Loranthaceae (Zitatempfehlung für den Artnamen: V. album (S.)). Die Gattung „Loranthus" oder alternativ „Viscum" lässt sich schon Kapiteln bei antiken Autoren (Dioskurides) zuordnen. Um 1550 wird die Mistel dann bei Kräuterbuchautoren im Zusammenhang mit der Eiche (Quercus) beschrieben, wobei V. album L. abgebildet wird. In der Pharmakopöe Württemberg 1741 sind aufgeführt: Lignum Visci (Viscus vel Viscum, Mistel; die Beschreibung aller Mistelarten, die in der Medizin gebraucht werden, stimmt überein, es gibt Viscus Betulae, Coryli vel Corylinus, Quercinus vel Quernum, Salicis, Tiliae; meist wird Eichenmistel bevorzugt, von anderen Hasel- oder Lindenmistel; Polychrestum, bei Lymphkrankheiten, Antiepilepticum, Diureticum; bei Arthritis, Katarrhen, bei Bauch- und Monatsfluss – als Pulver oder Dekokt). – Eine zeitgenössische Eintragung findet sich bei Zedler (1732–1754), Bd. 21, Sp. 513–516 („Mistel").

42 Das Ziel ist hier ein harntreibendes und nervenstärkendes (lat.: „scopo diuretico & tonico"). Zum Begriff der „Diurese" siehe bereits Endnote 35, zum Begriff des „Tonus" siehe Endnote 40. Zur Arzneimittelgruppe der „Tonica" vgl. Brief Nr. 22, Endnote 15. – Zur Arzneimittelgruppe der „Diuretica" lassen sich bei Schneider (1968–75), Bd. II, S. 48 f., u.a. folgende Informationen entnehmen: Bereits bei Galen waren die „diuretica medicamenta" („urinam moventia remedia") zahlreich. Um 1750 kannte man als „Harntreibende Arzneien" u.a. verschiedene „Salia neutra" und „Alcalia", wie auch die Wurzeln, Hölzer, Kräuter oder Samen verschiedenster Pflanzen.

43 Vgl. Brief Nr. 24, Z. 51–53, zu Rezeptur und Dosierung dieser Korallentinktur sowie Brief Nr. 24, Endnote 6, zur Erklärung der „Tinctur" im Allgemeinen.

44 Das „Malvaticum Iuniperinum" ist nach Zedler (1732–1754), Bd. 19, Sp. 811, „eine aus dem rob. Juniperi bereitete schöne Medicin, darzu R. Juniper. q. v. löse dieses mit dem Spiritu juniperi auf". Es diene „wieder Magen-Beschwehr, Catarrhen, treibe[] den Stein, [sei] wider den Scorbut und Pest gut". – Zum gemeinen Wacholder finden sich bei Schneider (1968–75), Bd. V/2, S. 214–219, folgende zentrale Informationen: Er gehört zur Gattung „Juniperus" aus der Familie der Cupressineae bzw. Cupressaceae; Zitatempfehlung für den entsprechenden Artnamen ist: J. communis (S.). Bei den alten Hochkulturen und bei den Arabern spielte der gemeine Wacholder eine untergeordnete Rolle, man meint aber ihn bei Dioskurides im Kap. Ceder als deren kleine Art identifizieren zu können. Im mittelalterlichen Abendland dann war der Wacholder eine wichtige Arzneipflanze. Die Pharmakopöe Württemberg 1741 führt: Baccae Juniperi (Resolvens, Carminativum, Diureticum, Alexipharmacum), daraus Aqua Bacc. J. destillata, Oleum destillatum (mit Wasserdampf), Roob, Spiritus (mit Alkohol destilliert); Lignum juniperinum (Sudoriferum, Diureticum; bei Lymph- und Katarrh-Erkrankungen, als Dekokt; zu Räucherungen); Herba J. (Summitates Juniperi, Wacholder Lympff, Wachholdersprossen; Balsamicum, Antiscorbuticum, Alexipharmacum, Diureticum); Gummi Juniperi (Sandaracha Arabum, Vernix sicca, Wacholderharz; Verwendung wie Mastix, zu Räucherungen, vor allem für Firnis). – Eine zeitgenössische Eintragung findet sich bei Zedler (1732–1754), Bd. 14, Sp. 1626–1631 („Iuniperus").

45 Bei „Spiritus Cornu Cervi rectificatus" wird erneut das alchemistisch-pharmazeutische Symbol für „Spiritus" gebraucht; vgl. dazu und zum „Spiritus" im Allgemeinen Brief Nr. 24, Endnote 11. – Der „Hirschhorngeist" oder „Spiritus Cornu Cervi" wurde seit der chemiatrischen Zeit (z.B. Ph. Nürnberg 1666) aus Hirschgeweih bereitet: Dazu wurden Hirschhornstücke aus einer Retorte trocken destilliert; die übergehende Flüssigkeit (Spiritus Cornu Cervi) wurde vom „Stinkenden Öl" getrennt, die sublimierten Kristalle (Sal Cornu Cervi volatile) isoliert; danach wurde „Spiritus Cornu Cervi" durch erneute Destillation bzw. Sublimation rektifiziert. Nach der Pharmakopöe Württemberg 1741 Anwendung als Antispasmodicum, Aperitivum, Diaphoreticum, Diureticum; vgl. Schneider (1968–75), Bd. VI, S. 36–39 („Ammonium carbonicum"). Auch bei Schneider (1968–75), Bd. III, S. 97, ist „Spiritus Cornu Cervi" bzw. „Hirschhorngeist" als verdünnte ammoniakalische Lösung, carbonathaltig, verunreinigt durch empyreumatische Stoffe, gelistet. Eine zeitgenössische Eintragung findet sich bei Zedler (1732–1754), Bd. 13, Sp. 248 f. („Hirsch-Horn-Spiritus"). – Zum Hirsch (Cervus elaphus L.) und dem von ihm gelieferten Arzneistoffen vgl. außerdem Schneider (1968–75), Bd. I, S. 29 f. („Cervus").

46 Bei „Tinctura Antimonii Tartarisata" werden erneut das alchemistisch-pharmazeutische Symbol für „Tinctura", vgl. Brief Nr. 24, Endnote 31, sowie das Symbol für „Antimonium (spagyriae praeparatum)", vgl. Brief Nr. 24, Endnote 21, gebraucht. Zudem wird das alchemistisch-pharmazeutische Symbol für „Tartarus", zu Deutsch „Weinstein", eingesetzt; vgl. Schneider (1962), S. 55. – Die „Tinctura Antimonii", zu Deutsch „Spießglanztinktur", ist als nachchemiatrisches Produkt, das etwa in der Zeit 1670–1780 in die Pharmakopöen gelangte und hauptsächlich eine schwache alkoholische Kalilauge war, bei Schneider (1968–75), Bd. III, S. 90, gelistet. – Der „Weinstein" oder „Tartarus" ist die natürliche Ausscheidung aus Wein in den Fässern, Hauptbestandteil ist Kaliumhydrogentartrat ($KHC_4H_4O_6$); vgl. Schneider (1962), S. 90. – Zedler (1732–1754), Bd. 38, Sp. 1854, gibt eine Herstellungsanleitung für „Tinctura Antimonii Tartarisata Brandenb.", also eine „(weinsteinisirte) Brandenburgische Spießglas-Tinctur": „Nehmet ein halb Pfund recht gutes Spießglas und ein gantz Pfund Weinstein-Saltz; Wenn ihr beydes zart pulverisiret habt, so mischet es richtig untereinander, lasset es bey einem gehörigen starcken Feuer schmeltzen, und erhaltet es ohngefehr eine Stunde lang im Flusse; [...]. Alsdenn giesset die flüßige Materie in einem warm gemachten eisernen Morsel, und stosset sie, weil sie noch warm ist, zu einen subtilen Pulver. Dieses thut alsbald, ehe es einige Feuchtigkeit aus der Luft an sich zieht, in ein bequemes Glas, und giesset eine gehörige Quantität recht wohl rectificirten Branntewein drauf, daß dieser ohngefehr vier bis fünf Finger breit darüber stehe, und digeriret es so lange, bis der Branntewein recht schön gefärbet ist."

*27** *8. November 1736*

Christoph Jacob Trew, <Nürnberg>, an Peter Christian Wagner, <Erlangen>

Trew setzte Wagner in diesem Brief davon in Kenntnis, dass er am 10. November 1736 zu einem Krankenbesuch bei der Frau Residentin Buirette von Oehlefeld kommen werde.

Erschlossen nach Brief Nr. 28, Z. 8–12.

28 ***9. November 1736***

Peter Christian Wagner, Erlangen, an Christoph Jacob Trew, <Nürnberg>

HochEdelgebohrner und Hochgelehrter
Insonders hochgeehrtester Herr HoffRath
Hochgeschätzter Gönner!

Weilen Ewer hochEdelgeb[ohrn] in dero gestern an mich erlaßenen Antworts-Schreiben[1] Versprochen Morgen Vormittag hieher[2] Zu kommen;[3] so soll nur hierdurch Dieselbigen im Nahmen der Frauen *Residentin Buirette* Von *Ölefeld*[4] nebst einen *Compliment* Versichern, daß Morgen um 8 Uhr | 2 | Ihre Pferde in Buch[5] seÿn sollen um Ewer hochEdelgeb[ohrn] nebst dem herrn Prediger hertzogenrath[6] ab Zu holen. Denn weilen Dieselbigen morgen auch wiederum Zurücke Zu gehen entschloßen, so Verhoffen Sie, daß der herr Prediger, weilen Er nichts Versaumete Denenselben *Compagnie* leisten würde, Wenn nur Ewer hochEdelgebohrn solches Ihm durch einen *Domestiquen* wißen laßen wolten. Gestern Abend haben die Frau *Residentin* einen abermahligen kleinen *horroren*[7] Verspühret darauf aber eine gantz feine | 3 | Nacht *passiret*, auf welche dießen Vormittag dennoch große Schwachheiten, Abkräfftungen, *insultus vertiginosi*[8], Spannungen und Unempfindlichkeiten derer hände erfolget welche allezeit mit einen Ziemlichen *Madore*[9] endigen. Aus welchen und andern Umständen Zusammen genomen ich es Vor eine ansetzende *febrem apoplecticam*[10], wie der Herr *Dr. Werlhoff*[11] im *Commercio Liter[ario]*[12] beschrieben, halte, obschon bißhero noch kein recht gewißer *Typus* wahrgenommen werden können. Von dießen und Andern Morgen G[eliebts] G[ott] ein | 4 | mehrers. Nebst meiner *respectuosesten* Empfehlung an die Frau Gemahlin erbitte mir Ewer hochEdelgeb[ohrn] fernere *precieuse* Freundschafft und gewogenheit und Versichere, daß ich niemahl aufhören werde Zu seÿn

Ewer hochEdelgeb[ohrn]

Christian Erlang
den 9. *Novembr[is]*
1736.

gehorsamst ergebener
Diener
Dr. P[eter] C[hristian] Wagner

***H** UBE Briefsammlung Trew, Korr. Wagner, Nr. 21. 4 S.*

---

1 Dieses Antwortschreiben Trews Nr. 27* vom 8. November 1736 ist in der UBE Briefsammlung Trew nicht erhalten.

2 Gemeint ist hier Erlangen, vgl. dazu bereits Brief Nr. 14, Endnote 1.

3 Vgl. Brief Nr. 26, Z. 14–19, zur Bitte Wagners um einen (erneuten) Besuch Trews in Erlangen wegen der Erkrankung der Frau Elisabeth Buirette von Oehlefeld.

4 Zu Elisabeth Buirette von Oehlefeld (Ölefeld) († 1737) siehe Brief Nr. 23, Endnote 1. – Zum gesamten Krankheitsverlauf der Elisabeth Buirette von Oehlefeld vgl. bisher Brief Nr. 23–26 und im weiteren Verlauf Brief Nr. 29–40 und Nr. 42–48.

5 Es handelt sich hier um Buch, das heute ein Stadtteil Nürnbergs ist. Der Historische Atlas von Bayern, Teil Franken, Reihe 1, Heft 4 (Nürnberg-Fürth), S. 104, liefert Stand 1792 folgende Informationen zu „Buch (Nürnberg)“: 1) 57 selbstständige Anwesen, 2) Hochgericht: Oberamt Baiersdorf, von Reichsstadt Nürnberg bestritten, 3) Dorf- und Gemeindeherrschaft: Amt der Vesten Nürnberg, 4) Pfarrei: Kraftshof, 5) Grundherrschaften: > Kastenamt Cadolzburg: 1 Gut, 1 Seldengut (mit Vogtei und Steuer), > Amt der Vesten: 4 Höfe, 2 Wirtshäuser, 13 Halbhöfe, 5 Güter, 12 Seldengüter, 1 Haus (mit Vogtei* und Steuer), > v. Imhoff: 4 Halbhöfe, 2 Viertelhöfe, 4 Güter, 1 Wirtshaus (mit Vogtei*, Steuer: Landsteueramt Nürnberg), > v. Holzschuher: 2 Halbhöfe, 1 Gütlein (mit Vogtei*, Steuer: Landsteueramt Nürnberg), > v. Kress: 1 Hof (mit Vogtei*, Steuer: Landsteueramt Nürnberg), > Dr. Stürmer: 1 Seldengut (mit Vogtei*, Steuer: Landsteueramt Nürnberg), > Gemeinde: 2 Hirtenhäuser, Schmiede, Wagnerei (Vogtei: Dorf- und Gemeindeherrschaft, Steuer: Landsteueramt Nürnberg).

6 Zum „herrn Prediger hertzogenrath“ vgl. Brief Nr. 23, Endnote 5.

7 Nach Zedler (1732–1754), Bd. 13, Sp. 947, ist „Horror“ ein „Schauer“, d.h. man pflege zu sagen „mir kommt ein Schauer an, oder mir schauert, und grieselt die Haut“.

8 „Insultus vertiginosi“ sind „Schwindelanfälle“. – Zedler (1732–1754), Bd. 36, Sp. 502–508, beschreibt den „Schwindel“ oder „Vertigo“ als „eine ziemlich beschwerliche Kranckheit, da die Patienten glauben, ihr Körper werde in einen Kreis herum gedrehet, ob er schon unbeweglich stehen bleibet“. Ferner seien nach dem Grad der Ausprägung, der Dauer etc. viele verschiedene Formen des Schwindels zu unterscheiden.

9 Zum „Mador“ als gleichsam einem mittleren Ausprägungsgrad des Schwitzens vgl. Brief Nr. 26, Endnote 20.

10 Zu „febris“, im Deutschen „Fieber“, insbesondere zu seinem Verständnis in der damaligen Medizin und verschiedenen Systemen der weiteren Unterteilung (z. B. nach Zeit und Dauer) vgl. ausführlich bei Zedler (1732–1754), Bd. 9, Sp. 353–363. – Zur „Apoplexia“ vgl. Brief Nr. 24, Endnote 26. – Den Begriff „febris apoplectica“ führt Wagner hier auf Paul Gottlieb Werlhof (s.u.) zurück.

11 Paul Gottlieb Werlhof (Werlhoff) wurde 1699 in Helmstedt geboren und starb 1767 in Hannover. Er studierte in Helmstedt und erhielt dort 1723 den akademischen Grad des Dr. med. Von 1721–1725 war er als Arzt in Peine bei Hildesheim tätig, ab 1725 in Hannover. Dort wurde er 1729 Hofarzt, 1740 königlich-großbritannischer Leibarzt (1760 erster Leibarzt) und Hofrat. Werlhof machte sich einen Namen als Verfasser einiger praxisorientierter medizinischer Abhandlungen v.a. über Seuchen und Fieber. Neben entsprechenden Veröffentlichungen in der Zeitschrift des Commercium Litterarium ist diesbezüglich vor allem sein Werk „Observationes de febribus, praecipue intermittentibus et ex harum genere continuis etc.“ (Hannover 1732) zu nennen. Das sog. Werlhof-Syndrom (idiopathische Thrombozytopenie) ist nach ihm benannt. Außerdem trug Paul Gottlieb Werlhof auch maßgeblich zum Aufstieg der Universität Göttingen bei und war zu seiner Zeit ein populärer Poet und Verfasser von moralischen Lehr-, Lob-, Liebes- und Trauergedichten und Fabeln. Werlhof war ein enger Freund und Korrespondent Albrecht von Hallers. Er war ab 1735 Mitglied der Royal Society London, ab 1736 der Leopoldina und ab 1751 der Gesellschaft der Wissenschaft Göttingen. In der UBE Briefsammlung Trew sind einige Briefe Werlhofs erhalten, allerdings lassen sich die an Trew gerichteten heute nicht mehr nachweisen; vgl. Boschung (2002), S. 568; Schmidt-Herrling (1940), S. 692 f.; Hirsch (1962), Bd. 5, S. 905. – Weitere Einträge zu Paul Gottlieb Werlhof finden sich in: DBA 1353, Bl. 249–283 (ADB; Götten; Börner; Richter; Hirsching; Meusel: Schriftst.); ADB, Bd. 42, S. 16 f.; DBE, Bd. 10, S. 553.

12 Zur Zeitschrift des Commercium Litterarium vgl. Brief Nr. 6, Endnote 2.

29 **14. November 1736**

Peter Christian Wagner, Erlangen, an Christoph Jacob Trew, <Nürnberg>

HochEdelgebohrner und Hochgelehrter
Hochgeehrtester Herr HoffRath
und Hochwerther Gönner!

Nachdeme es meine Schuldigkeit erfordert Ewer hochEdelgeb[ohrn] Von dem Zustand der Frau *Residentin Buirette* Von *Ölefeld*[1] ein mahl Nachricht Zu geben; so bedaure, daß ich in Gegenwärtigem Von keine Verbeßerung Meldung thun kan, wohl aber Zu meinen *chagrin* berichten muß, daß der Abgang des Urins, des täglichen Gebrauchs des *Decocti diuretici*[2], *Ꞇae tonicae*[3] *& ꝺi bezoardici*[4] ohngeachtet, sich täglich mehr Vermindert als Vermehret, wo her es denn kommet daß | 2 | die gantzen *femora*[5] und UnterLeib täglich größer aufschwellen und große Beschwehrnüßen Veruhrsachen. Ich habe auch wiederum eine *Emulsionem camphoratam*[6] *pro discutiendo sopore*[7] *adhibiret* und nach deren Endigung Sie anheute[8] mit einer andern *Potione analeptica & apperiente*[9] Verwechßelt[10]. Gestern frühe habe 15 *Millepedes*[11] mit Wein Zerquetschet und durch gezwungen nehmen laßen, worauf Sie Zwar nachmittag ein hefftiges Treiben und Zwängen im Unterleib Verspühret und dabeÿ eine Aufblähung des Leibes und *Suffocation*[12] bekommen, welche sich auf einen *Clysterem Carminativum & apperientem*[13] wiederum geleget, aber es wollen | 3 | deme ohngeachtet und ob auch gleich das Clÿstir anheute wiederholet worden, weder der Urin noch *flatus*[14] noch einige *excrementa*[15] recht fort. Ob nun beÿ solchen ansetzenden *statu hydropico*[16] und beÿ der Verhandenen großen Schwachheit Zu wagen daß man Ihr einige Von Herrn *Dr. Volkamers* Pillen[17] (welche Sie sonsten öffters Zu nehmen gewohnt waren) oder ein anderes *moderates Laxans*[18] gebe, laße Ewer hochEdelgeb[ohrn] und dem Herrn *Dr. Volkamer*[19] Zu überlegen anheim. Von Suppen und anderer gelinder Speiße nehmen Sie noch immer nach *Proportion* ihres Zustandes genugßam Zu sich. Die äußeren Sinnen sind nicht mehr | 4 | so sehr wie neulich *embarassiret*, außer, daß Sie bißweilen nach einigen Verspührten *febriblischen* Bewegungen[20] und darauf folgender Mattigkeit, einen *soporem*, der aber nicht mehr so lange, wie neulich dauret, bekommen. Ich erwarte, wenn es möglich, morgen eine Antwort[21] und empfehle mich inzwischen Zu Dero ferneren *Propension* unter meinem gehorsamsten *Compliment* an die Frau Gemahlin mit besondern *attachement* Verharrend

Ewer hochEdelgeb[ohrn]

eiligst <?>
Erlang den 14. *Nov[embris]* 1736.

gehorsamster Diener
Dr. Wagner.

***H** UBE Briefsammlung Trew, Korr. Wagner, Nr. 22. 4 S.*

10 kan] kan: *erg. am linken Rand im Textfluss*
28 außer] (1) [und <?>] (2) außer: *korr. im Textfluss*

---

1 Zu Elisabeth Buirette von Oehlefeld (Ölefeld) (†1737) siehe Brief Nr. 23, Endnote 1. – Zu ihrem Krankheitsverlauf vgl. bisher Brief Nr. 23–28 und im weiteren Verlauf Brief Nr. 32–40 und Nr. 42–48.

2 Zum „Decoctum" im Allgemeinen vgl. Brief Nr. 24, Endnote 18. – Zur Arzneimittelgruppe der „Diuretica" als „Harntreibende Arzneien" vgl. Brief Nr. 26, Endnote 42. – Es handelt sich hier also um ein Decoctum mit harntreibender Wirkung.

3 Bei „Tinctura tonica" wird erneut das alchemistisch-pharmazeutische Symbol für „Tinctura" gebraucht; vgl. bereits Brief Nr. 24, Endnote 31. – Zur „Tinctura" im Allgemeinen vgl. Brief Nr. 24, Endnote 6. – Zur Arzneimittelgruppe der „Tonica" vgl. Brief Nr. 22, Endnote 15.

4 Bei „oleum bezoardicum" wird erneut das alchemistisch-pharmazeutische Symbol für „Oleum" gebraucht; vgl. dazu sowie zu näheren Angaben zum „oleum bezoardicum" bereits Brief Nr. 24, Endnote 35. – Zur bisherigen Anwendung bei der Residentin Buirette von Oehlefeld vgl. Brief Nr. 24, Z. 60 f., und Brief Nr. 26, Z. 23 f.

5 Nach Zedler (1732–1754), Bd. 7, Sp. 789 („Dicke Bein, Femur"), und Bd. 34, Sp. 1227 f. („Schenckel"), ist „femur" (hier lat. Nom. Pl. „femora") „das dicke Bein oder de[r] Oberschenckel". – Zum „os femoris" vgl. auch Anatomisch-chirurgisches Lexikon, Sp. 761 f.

6 Zur Verwendung der „Emulsio camphorata" (hier lat. Akk. Sgl. „Emulsionem camphoratam") siehe bereits Brief Nr. 24, Z. 24 f. mit zugehöriger Endnote 8.

7 Ziel ist hier eine „Vertreibung des Sopor" (lat. „pro discutiendo sopore"). – Zum „Sopor" vgl. bereits Brief Nr. 24, Endnote 25.

8 Gemeint ist hier „am heutigen tage"; vgl. Grimm (1854–1960), Bd. 1, Sp. 375.

9 Gemeint ist hier ein Trunk (lat.: „potio") mit der Wirkung der „analeptica" und „aperientia". – Zur Arzneimittelgruppe der „analeptica" als „Stärkende, erquickende Mittel" vgl. bereits Brief Nr. 24, Endnote 20. – Zur Arzneimittelgruppe der „aperientia" lassen sich bei Schneider (1968–75), Bd. II, S. 35 f., folgende zentrale Informationen entnehmen: Schon bei Galen sind „aperientia medicamenta"(auch „anastomotica medicamenta") genannt. Im 18. Jh. verstand man unter „aperientia" „Eröffnende Mittel" (Aperitiva, Deoppilantia, Deobstruentia), d.h. ganz allgemein alle, die jeden Weg eröffnen, um Schädliches zu entfernen. Damit zählten um 1750 dazu: Purgantia, Vomitoria, Sternutatoria, Masticatoria, Diaphoretica, Sudorifera, Diluentia. Die „Quinque Radices aperientes majores" der Pharmakopöen des 18. Jh. waren Apium, Foeniculum, Asparagus, Petroselinum, Ruscus; die „Quinque Radices aperientes minores" waren Gramen, Rubia, Eryngium, Capparis, Ononis. Erst um 1900 und später wurde der Begriff „aperientia" dann auf Abführmittel verengt. Eine zeitgenössische Eintragung findet sich bei Zedler (1732–1754), Bd. 2, Sp. 792.

10 Gemeint ist hier in einem weiten Bedeutungsumfang „einen wechsel, eine änderung mit etwas vornehmen" bzw. „dasz etwas anderes an die stelle einer [...] sache gesetzt wird"; vgl. Grimm (1854–1960), Bd. 25, Sp. 2143–2150 (erst in neuerer Zeit schließt „verwechseln" die Vorstellung eines Irrtums in sich ein).

11 Zur tierischen Droge der „Millepedes" vgl. bereits Brief Nr. 24, Endnote 32.

12 Eine „Suffocatio" ist nach Zedler (1732–1754), Bd. 40, Sp. 1775–1778, eine „Erstickung", also „eine solche Beschwerung, bey welcher der Athem nicht nur schwer fället, sondern auch bisweilen gäntzlich mit Vergehung aller Sinne, bald mit Schnarchen und Schaum vor dem Munde, bald ohne diese unterbrochen und gehemmet wird". Die möglichen Ursachen seien sehr vielfältig: neben „Schleime [...] in der Lunge" gehörten dazu auch eine verhinderte Bewegung der Atemmuskeln sowie verschiedene Dämpfe etc. Kennzeichen seien v.a. „Angst um das Hertze, als wenn man ersticken will“, später auch „Schwindel und schleunige Benehmung des Athems“ bis hin zum Niederfallen auf die Erde. – Möglicherweise ist hier auch die „Suffocatio hysterica“, die sog. „Mutter-Beschwerung“, gemeint, die von „Gebär-Mutter und [...] Scheide“ ausgehe, „welcher Theile Krampff-artiger Schmertz mit unterschiedenen Zufällen begleitet, die Mutter-Beschwerung ausmache[]“, wobei auch eine Erstickung auftreten könne aber nicht müsse; vgl. dazu Zedler (1732–1754), Bd. 13, Sp. 1511–1518 („Hysterica Passio, Suffocatio Uteri“).

13 Zum „Clyster“ im Allgemeinen vgl. Brief Nr. 24, Endnote 4. Gemeint ist hier ein „Clyster“ mit der Wirkung der „carminativa“ und „aperientia“. – Zur Arzneimittelgruppe der „aperientia“ vgl. Endnote 9. – Zur Arzneimittelgruppe der „carminativa“ lassen sich bei Schneider (1968–75), Bd. II, S. 39, folgende zentrale Informationen entnehmen: „Carminativa“ sind „Blähungstreibende Mittel“, Synonyme sind „Carminantia“, „Physagoga“, „Antiphysica“. Es handelt sich dabei um einen bis zur Gegenwart gebräuchlichen Sammelbegriff. Um 1750 galt z.B. das „Tabaks-Klistier“ als nicht zu verachten. Eine zeitgenössische Eintragung findet sich bei Zedler (1732–1754), Bd. 4, Sp. 124 („Blehung-treibende Artzeneyen“).

14 Bei „flatus“ bzw. „flatulentia“ handelt es sich nach Zedler (1732–1754), Bd. 4, Sp. 123 f. („Blehungen“), um „Winde“ oder „Blehungen“, d.h. eine „Sammlung beschwerlicher Dünste, so in dem Leibe eines Menschen oder Thieres, vornehmlich in dem Magen, im Gedärm, in den Weichen, der Mutter und Blase sich setzen, darinne Schmertzen und andere Ungelegenheit verursachen“. – Eine weitere zeitgenössische Eintragung findet sich in der Onomatologia Medica Completa, Bd. 1, Sp. 660 f. („Flatus, flatulentia“).

15 Die „excrementa“ sind nach Zedler (1732–1754), Bd. 8, Sp. 2325, „dasjenige, was von der zu uns genommenen Speise nach der Dauung abgesondert wird, und als etwas unverdauliches, (in welchen kein gesunder Nahrungs-Safft vorhanden,) aus dem Leib, entweder durch den Stuhlgang und Harn, als die zwey gewöhnlichsten, und denn auch durch den Speichel, und Speyen, Gall, Rotz, Ohren-Schmaltz, und Schweiß wieder ausgeschafft und abgetrieben wird“.

16 Nach Zedler (1732–1754), Bd. 13, Sp. 1390–1407, ist „Hydrops“, zu Deutsch „die Wassersucht“, „eine von wässerigter Feuchtigkeit entstandene Geschwulst, welche entweder den gantzen Leib, oder dessen einzelne Theile besonders einnimmt“. Bei der allgemeinen Wassersucht, d.h. der „Wassersucht zwischen Haut und Fleisch“, bleibe, wenn man mit dem Finger hineindrücke, immer eine Grube stehen. Die Wassersucht könne aber auch z.B. als Wassersucht der Brust oder des Unterleibes auftreten und dann z.B. mit Atembeschwerden oder Angstzuständen einhergehen. Auch Hände und Füße könnten von einer „wässerigte[n] Geschwulst“ betroffen sein. Die Ursachen seien vielfältig. Zur Behandlung der Krankheit setze man v.a. harn- und schweißtreibende Mittel sowie Purgiermittel ein, im äußersten Fall könne man die chirurgische „Paracenthesin“ anwenden, d.h. Wasser unmittelbar aus Brust oder Bauch abführen. – Ein weiterer zeitgenössischer Eintrag findet sich in der Onomatologia Medica Completa, Bd. 1, Sp. 804 f. („Hydrops“).

17 „Pillen“ im Allgemeinen sind nach Zedler (1732–1754), Bd. 28, Sp. 185–189, „ein Heilmittel oder eine Artzney, so aus einem zugerichteten Teige in Gestalt kleiner Kügelein gebildet, und zuweilen vergoldet oder versilbert wird“. Sie würden wegen ihres oft bitteren Geschmacks „gantz eingeschluckt“. Insbesondere würden „Gummi und Hartze“ genutzt, um Pulver etc. in eine Pillenform zu bringen. – Erfinder der hier genannten Pillen ist wohl Johann Georg Volkamer (1662–1744), vgl. Brief Nr. 7, Endnote 14, erwähnen doch einschlägige Lexika auch besonders die von ihm selbsterfundenen Arzneien; vgl. hierzu v.a. DBA 1315, Bl. 252–257 (Will).

18 Zur Arzneimittelgruppe der „Laxantia“ lassen sich bei Schneider (1968–75), Bd. II, S. 63 f. („Purgantia“), folgende Informationen entnehmen: Sie gehörten zur Gruppe der „Purgantia“, d.h. den „Reinigungsmitteln“, die nach den im 18. Jh. üblichen humoralpathologischen Vorstellungen die üblen, „peccierenden“ Säfte aus den Gedärmen unten ausführen sollten, weshalb sie auch „Abführmittel“ genannt wurden. Es gab unterschiedliche Systeme der weiteren Unterteilung u.a. nach der Stärke ihrer Wirkung: so wurde um 1830 die milde Form als „Laxantia“ bezeichnet. – Auch Zedler (1732–1754), Bd. 16, Sp. 1219, beschreibt „Laxantia“ als „gantz gelinde purgirende und öffnende Mittel“ und nennt als Beispiele: „Cremor und chrystall. Tartari infus. folior. Senn., Feigen, Corinthen, Zucker, Honig, jung Bier und alle gährende Säffte“.

19 Gemeint ist wohl ebenfalls Johann Georg Volkamer (1662–1744), vgl. Brief Nr. 7, Endnote 14, der wie Trew in Nürnberg als Arzt tätig war. Erwähnt wird in den einschlägigen Lexika auch seine gutgehende Praxis; vgl. hierzu v.a. DBA 1315, Bl. 252–257 (Will).

20 Zu „febris“ bzw. zum Fieber im Allgemeinen vgl. Brief Nr. 28, Endnote 10. – Aus Sicht von Zedler (1732–1754), Bd. 9, Sp. 353–363 („Febris“), ist Mitte des 18. Jh. noch unklar, „[w]as es eigentlich mit der innerlichen Beschaffenheit eines Fiebers überhaupt vor eine wahre Bewandtniß habe“. Wahrscheinlich aber sei es „im Haupt-Wercke eine Gradu & Successu vermehrte Bewegung des Hertzens, die im natürlichen Stande nichts anders als die Bewegung, und unter der Bewegung die allgemeine Austheilung, Erschütterung, Zertheilung, Absonderung und Aussonderung, folglich die Verzehrung derer Feuchtigkeiten und Säffte, im Haupt-Wercke aber die vorgenommene Erhaltung des Cörpers zum Grunde und Augenmerck hat“. Die Hitze sei also ein Ergebnis „des stärckern Zu- und Umlauffs derer Feuchtigkeiten“ und durch diese vermehrte Bewegung werde „das Blut nebst denen übrigen Säfften erschüttert und verdünnt“.

21 Ein derartiges Antwortschreiben Trews ist in der UBE Briefsammlung Trew nicht erhalten. Allerdings lassen sich auf Basis des folgenden Schreiben Wagners Nr. 32, Z. 8, mindestens zwei nicht erhaltene Briefe Trews erschließen (siehe Brief Nr. 30* und 31*), die Wagner offenbar zwischen dem 14. und dem 21. November 1736 erhielt.

30* ***<ohne Datum>***

Christoph Jacob Trew, <Nürnberg>, an Peter Christian Wagner, <Erlangen>

Die erschlossenen Briefe Nr. 30 und 31* Trews an Wagner standen wohl in einem Zusammenhang mit der Erkrankung bzw. auch Behandlung der Frau Residentin Buirette von Oehlefeld.*

Erschlossen nach Brief Nr. 32, Z. 8–11; aus den überlieferten Schreiben der Korrespondenz geht die genaue Datierung dieses erschlossenen Briefes Trews an Wagner nicht hervor, die zeitliche Abfolge der erhaltenen Korrespondenz erlaubt jedoch eine (wahrscheinliche) Eingrenzung auf den Zeitraum zwischen dem 14. November 1736 und dem 21. November 1736, d.h. zwischen den beiden überlieferten Briefen Wagners aus jener Zeit, wobei Brief Nr. 30 als das frühere der erschlossenen Schreiben evtl. zeitlich unmittelbar auf das vorausgehende Schreiben Wagners vom 14. November 1736 folgte, da dieser ja ausdrücklich nach dem Erhalt einer Antwort schon am folgenden Tag verlangte (vgl. Brief Nr. 29, Z. 30); Wagner erwähnt in Brief Nr. 32, Z. 8, nur unbestimmt „hochwertheste Schreiben“ Trews ohne eine klare Anzahl zu nennen, hier wurde in die Edition mit Brief Nr. 30* und 31* nur die geringstmögliche Anzahl von zwei Schreiben eingefügt, zumal der geringe Abstand zwischen den erhaltenen Schreiben Wagners von nur ca. einer Woche nahelegt, dass die Zahl der Briefe Trews in dieser Zeit nicht bedeutend höher gelegen haben dürfte.*

31* **_<ohne Datum>_**

Christoph Jacob Trew, <Nürnberg>, an Peter Christian Wagner, <Erlangen>

Die erschlossenen Briefe Nr. 30 und 31* Trews an Wagner standen wohl in einem Zusammenhang mit der Erkrankung bzw. auch Behandlung der Frau Residentin Buirette von Oehlefeld.*

Erschlossen nach Brief Nr. 32, Z. 8–11; aus den überlieferten Schreiben der Korrespondenz geht die genaue Datierung dieses erschlossenen Briefes Trews an Wagner nicht hervor, die zeitliche Abfolge der erhaltenen Korrespondenz erlaubt jedoch eine (wahrscheinliche) Eingrenzung auf den Zeitraum zwischen dem 14. November 1736 und dem 21. November 1736, d.h. zwischen den beiden überlieferten Briefen Wagners aus jener Zeit, wobei Brief Nr. 31 als zweites erschlossenes Schreiben näher am Ende dieses Zeitraumes gelegen haben dürfte, der sich zudem weiter auf die Zeit bis zum 20. November 1736 eingrenzen lässt, da Wagner sich in Brief Nr. 32, Z. 9, vom 21. November 1736 entschuldigt, nicht schon am Vortag auf die Briefe Trews geantwortet zu haben; Wagner erwähnt in Brief Nr. 32, Z. 8, nur unbestimmt „hochwertheste Schreiben" Trews ohne eine klare Anzahl zu nennen, hier wurde in die Edition mit Brief Nr. 30* und 31* nur die geringstmögliche Anzahl von zwei Schreiben eingefügt, zumal der geringe Abstand zwischen den erhaltenen Schreiben Wagners von nur ca. einer Woche nahelegt, dass die Zahl der Briefe Trews in dieser Zeit nicht bedeutend höher gelegen haben dürfte.*

32 **_21. November 1736_**

Peter Christian Wagner, Erlangen, an Christoph Jacob Trew, <Nürnberg>

HochEdelgebohrner und Hochgelehrter
Hochgeehrtester Herr HoffRath
hochwerthgeschätzter Gönner!

Ewer HochEdelgebohrn werden nicht ungütig deuten, daß ich Dero hochwertheste Schreiben[1] nicht wenigstens gestern durch Herrn halbmeÿer[2] beantwortet, oder Von der Frauen *Residentin*[3] Befinden einige Nachricht ertheilet; Ich Versichere aber daß mich Viele wichtige Verhindernüße Von dießem *Devoir* abgehalten. Die Frau *Patientin* alßo betreffende, so sind Sie *à peu pres [!]* noch immer in denen nehmlichen Umständen, | 2 | außer daß das *Asthma*[4] und die *sopores*[5] nicht mehr so *frequent* und hefftig seÿn als ehemahlen, dagegen hat die Geschwulst der Beine und des Unterleibes und die daher entstehende Beschwehrnüße, als hefftiges Spannen und Aufblähen, Unbeweglichkeit, Schwachheiten mit hefftigen und kalten

Schweißen und frattwerden[6] des Unterleibes sehr *augmentiret,*[7] maßen der Urin weder auf das *Decoctum*[8], noch die *Tincturam Tonicam*[9], *Millepedes*[10], *Succum Hed[erae] 🜃estr[is] c[um] succo bellidis hort[ensis]*[11] oder ein *Infusum rad[icis] Irid[is] nostr[atis] cum Vino*[12], (welches letztere Ihnen sehr *recommendiret* und auf meine *approbation* etliche mahle genommen worden) in mehrerer *quantitaet* abgehet, | 3 | Viel mehr sich täglich Vermindert und die Öffnung des Leibes und Abgang der Blähungen fast niemahl ohne Clÿstir[13] oder die nach Ewer hochEdelgeb[ohrn] Meÿnung mit ɕ ∅*co*[14] Versetzten Volckamerischen Pillen[15] erfolget. Von dießen Pillen hatten Sie Anfangs große Erleichterung, Zumahlen wenn Sie mit *Clysteribus Carminativis*[16], in welche ich alle Zeit noch 25 Stahlische Pillen[17] mischen und *solviren* laßen, *secundiret* wurden, alleine nach etlich mahligen Gebrauch, scheinet die Würckung auch nicht mehr so *notorisch* Zu seÿn. Das *Semen Urticae*[18] habe *dato* noch nicht gegeben, auch das ɕ ∅*cum*[19] *in forma soluta* nicht eher als gestern Zu brauchen angefangen, weilen ich erst gerne den *Effect* obgedachter *Medicamenten* abwarten wollen; | 4 | Dießen Morgen haben Sie sich Ziemlich fein darauf befunden auch einen *sedem spontaneam*[20] darauf bekommen, den Nachmittag aber hat sich die Husten und Schwachheit wieder starck gemeldet. Die *Radicem Iuniperi*[21] habe ehe mahls auch schon *in casibus paralelis [!]* gebrauchet und alßo auch hier der *Ptisane*[22] sogleich beÿsetzen laßen, ich sorge aber leÿder es möchte solche hier ebenfalls Zu schwach seÿn, welche Beÿsorge ich auch Von dem Von herrn *Dr. Volkamer*[23] angerathenen *infuso*[24] habe, sindemahlen Ewer hochEdelgeb[ohrn] Vonselbsten bekant, daß die Frau *Residentin* kurtz Vor Ihrer Niederlage[25] dergleichen *infusum amarum*[26] lange Zeit gebrauchet und dürfften der Wermuth[27] die *Temulentiam Capitis*[28] und *sopores*[29] nur *revo*| 5 |*ciren*, die *Cineres* aber *cuiuscunque plantae*[30] die ohne hin schon *lixiviosen humores*[31] Vermehren und *in hoc subiecto* mehr Schaden als Nutzen bringen. Solten Ewer hochEdelgeb[ohrn] ja glauben, daß dergleichen *Infusum* etwas *praestiren* könte, so wolten Wir lieber das dem ehemahligen alten Herrn *Dr. v[on] Brunner*[32] gewöhnliche *ex Absinthio Sem[ine] Anisi* und *rad[ice] helleb[ori] n[igri]* *ââ*[33] mit BraunBier[34] angesetzt erwählen und etwas Vom *Cichorio*[35] beÿsetzen. Das *Infusum r[adicis] Irid[is] n[ostratis] cum Vino*[36] ist auch noch Verhanden und bin ich begierig Ewer hochEdelgeb[ohrn] Meinung darüber Zu Vernehmen. Sie haben es nur Zweÿ mahle Zu etlichen Löffeln Voll genommen, ich habe aber keinen *effectum* | 6 | *diureticum*[37] davon mercken können, wohl aber haben Sie über brennen und kratzen im Mund und halß nebst mehrern husten geklaget. Die beeden hauptMomenta sind *atonia partium*[38] und *dissipatio spirituum animalium*[39] welche uns noch Viel Zu schaffen machen oder Vielleicht das Gantze Spiel endigen werden ehe man sichs Vermuthet. Ewer hochEdelgeb[ohrn] haben gantz recht gethan, daß Sie nechsthin auf des Gutschers[40] Worte sich nicht hieher[41] bemühet. Denn ohngeachtet Dero hieherkunfft der Fr[au] *Residentin* und dem gantzen hauße recht Viel Vergnügen erwecket haben würde, auch wenn es Dero *Commoditaet* leÿdet, Sie bald wiederum heraus Zu kommen ersuchet werden dürfften, so ware es doch damahlen dem Gutscher | 7 | keinesweges befohlen, und würde ich auf dem Fall es Verlanget worden wäre, ohnfehlbar geschrieben haben. Sonsten habe ich Ewer hochEdelgeb[ohrn] und dem herrn HoffRath *Loelio*[42] ja die aller gröste *Obligation* Von der Welt, daß Sie beederseys [!][43] an meinem *Etablissement* und bevestigung unßerer bißherigen Freundschafft so eifrig und aufrichtig arbeiten wollen.[44] Ich wünsche dabeÿ nichts mehr, als daß ich dero beederseitigen gütigen *Intention satisfaction* leisten und dadurch sowohl als beÿ Vieler anderer Gelegenheit in stande kommen möge meine gebührende Danckbarkeit *de meliori* Zu *temoigniren*. Wie aber die geneigte Mittheilung des Schreibens Von herrn Geheimen-Raths *Praesidenten*[45] eine der deutlich| 8 |sten *Marques* Von Dero unverdienten Wohlwollen ist: alßo erstatte davor[46] auch noch besonderen Danck und *remittire* solches angebogen ohnversehrt. Herrn HoffRath *Loelio* habe in beÿliegenden selbsten geschrieben[47] und ein noch in Vorrath habendes *Paquet Vipern*-Pulver[48] *par avance* mitsenden wollen. Der Frauen Gemahlin empfehle ich mich gantz demüthig und Versichere daß Niemand mit mehrern Vergnügen und hochachtung seÿn wird als ich

Ewer hochEdelgeb[ohrn]

eiligst <?>
Erlang den 21. *Nov[embris]* 1736.

gantz gehorsamer und
treu ergebenster
Diener Wagner *Dr.*

PS: Von dem gantzen *Buirettischen* hauße[49] ein großes *Compliment*. Den Herrn *General*[50] hat man hier Vor et[lichen] Tagen gar sehr schlecht machen wollen und ist nur Zu bedauren, daß der Magen so gar *opiniatre* böß ist.

***H** UBE Briefsammlung Trew, Korr. Wagner, Nr. 23. 8 S. mit PS. Als Beilagen: (von Trew wohl einst zur Ansicht an Wagner gesandtes) Schreiben des Präsidenten des Geheimen Rats am Ansbacher Markgrafenhof Christoph Friedrich Freiherr von Seckendorff (Z. 60–63), ein Brief Wagners an Hofrat Johann Lorenz Ludwig Loelius in Ansbach (Z. 63 f.) und ein Päckchen Vipern-Pulver (Z. 64 f.).*

24 in] in: *erg. am linken Rand im Textfluss*
33 auch] (1) [ebenfals] (2) auch: *korr. zwischen den Zeilen*
37 revociren,] (1) revociren [und Vermehren], (2) revociren,

---

1 Diese Schreiben Trews an Wagner sind in der UBE Briefsammlung Trew nicht erhalten, sondern können nur noch aus dem vorliegenden Brieftext Wagners erschlossen werden, siehe Brief Nr. 30* und Nr. 31*.
2 Zur anhand der einschlägigen biographischen Lexika nicht zu klärenden Identität des „Herrn halbmeÿer" (bzw. „HalbMeÿer") siehe Brief Nr. 22, Endnote 2.

3 Zu Elisabeth Buirette von Oehlefeld (†1737) siehe Brief Nr. 23, Endnote 1. Zu ihrem Krankheitsverlauf vgl. bisher Brief Nr. 23–29 und im Weiteren Brief Nr. 34–40 und Nr. 42–48.
4 Zum Begriff des „Asthma“ vgl. bereits Brief Nr. 13, Endnote 13.
5 Zum Begriff des „sopor“ (hier lat. Nom. Pl. „sopores“) vgl. bereits Brief Nr. 24, Endnote 25.
6 Nach der Onomatologia Medica Completa, Bd. 2, Sp. 417 f. („Excoriatio“), bezieht sich „fratt seyn“ auf eine „Excoriatio“, d.h. „das Abschälen, Abgehen, Abschirfen der Haut“. Dazu könne es kommen, „wenn dieselbe, besonders das Oberhäutlein entweder durch ein starkes äusseres Reiben auf der Oberfläche zusammengerieben, und abgerieben wird, [...], oder, wenn sie durch aufgelegte scharfe, äzende Sachen, auch nur von einem scharfen Harn, oder Stuhlgang weggefressen, oder auch durch Brennen auf verschiedene Art losgemacht wird [...]“. Insbesondere spreche man von „fratt seyn“ bei Kindern infolge eines „starken öftern Reiben[s] ganz weicher Theile aneinander“, etwa an Schenkeln oder Leisten. – Weitere zeitgenössische Eintragungen finden sich in der Onomatologia Medica Completa, Bd. 1, Sp. 4 („Abrasio cutis“), und bei Zedler (1732–1754), Bd. 9, Sp. 1766 („Fratt seyn derer Kinder“).
7 Zur Zunahme der Schwellungen vgl. die entsprechenden Schilderungen in Brief Nr. 26, Z. 42–44, und Brief Nr. 29, Z. 12–14.
8 Zum „Decoctum“ im Allgemeinen vgl. Brief Nr. 24, Endnote 18. – Gemeint ist hier wohl das harntreibende Decoctum aus Brief Nr. 29, Z. 11.
9 Zur „Tinctura“ im Allgemeinen vgl. Brief Nr. 24, Endnote 6. – Zur Arzneimittelgruppe der „Tonica“ vgl. Brief Nr. 22, Endnote 15. – Die Verwendung der „Tinctura tonica“ findet bereits in Brief Nr. 29, Z. 12, Erwähnung.
10 Zur Verwendung der „Millepedes“ vgl. bereits Brief Nr. 24, Z. 52 und die zugehörige Endnote 32. – Auch in Brief Nr. 29, Z. 16 f., wird die Verabreichung von „Millepedes“ an die Patientin erwähnt.
11 Bei „Succus Hederae terrestris“ wird das alchemistisch-pharmazeutische Symbol für „Terra“, also zu Deutsch „Erde“, gebraucht; vgl. Schneider (1962), S. 55. – Zum „Succus Hederae terrestris“ lassen sich bei Schneider (1968–75), Bd. V/2, S. 133 f., folgende Informationen entnehmen: Es handelt sich dabei um den Saft („succus“) einer pflanzlichen Droge aus der Gattung der „Glechoma“; Familie der Labiatae; Zitatempfehlung für den Artnamen ist Glechoma hederacea (S.). Die Gundelrebe wird bereits in antiken (Dioskurides) und mittelalterlichen Werken erwähnt. In der Pharmakopöe Württemberg 1741 sind aufgeführt: Herba Hederae terrestris (Calaminthae humilioris, rotundiori folio Tournefort., Gundelreben, Gundermann; Pectorans, Polychrestum, Balsamicum); Aqua (dest.) H. Terrestris, Conserva (ex herbis) H. Terr., Extractum H. Terr., Syrupus H. Terrestris. Um 1780 wird als Stammpflanze G. hederacea (Udram, Gundelreben, Gundermann) angegeben. Eine zeitgenössische Eintragung findet sich bei Zedler (1732–1754), Bd. 8, Sp. 1559–1563 („Erd-Epheu“), wo auch harnfördernde Wirkungen beschrieben sind. Unter Zedler (1732–1754), Bd. 41, Sp. 1105 f., finden sich ferner verschiedene Sirupformen aus Gundermannsaft (Syrupus de Succo Hederae terrestris). – Der Saft des Gundermanns wird hier verabreicht mit „succus bellidis hortensis“. Dazu lassen sich bei Schneider (1968–75), Bd. V/1, S. 169 f., folgende Informationen entnehmen: Es handelt sich dabei ebenfalls um den Saft einer pflanzlichen Droge, nun aus der Gattung „Bellis“; Familie der Compositae; Zitatempfehlung für den Artnamen ist Bellis perennis (S.). B. perennis L. (zu Deutsch das Gänseblümchen) lässt sich bereits in mittelalterlichen Quellen erkennen. 1685 werden in einem Kapitel zu „Bellis“ die wilden (sylvestris) und die zahmen (hortensis) getrennt angeführt, wobei man in den Apotheken die wilden vorziehe. In der Pharmakopöe Württemberg 1741 sind aufgeführt: Herba Bellidis minoris (pratensis, Maßliebenkraut, Margarethenkraut, Gänßblumenkraut; Vulnerarium, Pectoralium, Refrigerans, Abstergens, Roborans), Flores Bellidis minoris (silvestris, Gänseblumen, Augenblumen; wie das Kraut; Refrigerans, Pectoralium, gut für Leber und Nieren), Aqua (dest.) B., Conserva (ex floribus) B., Syrupus B. e succo, Tinctura B. Florum. Um 1780 wird dann als Stammpflanze B. perennis (Tausendschön, Maaslieben) angegeben; die wildwachsenden liefern Flor. Bellidis minoris, die in Gärten gezogenen und beinahe ganz gefüll-

ten liefern Flor. B. hortensis. Eine zeitgenössische Eintragung findet sich bei Zedler (1732–1754), Bd. 3, Sp. 1060–1062 („Bellis, Bellis minor").

12 Zum „Infusum" im Allgemeinen vgl. Brief Nr. 22, Endnote 13. – Zum „Infusum radicis Iridis nostratis" lassen sich bei Schneider (1968–75), Bd. V/2, S. 201–206, folgende Informationen entnehmen: Es handelt sich dabei um das Infusum einer pflanzlichen Droge aus der Gattung „Iris"; Familie der Irideae bzw. Iridaceae; Zitatempfehlung für den Artnamen ist Iris germanica (S.). Der vielfache Nutzen der wohlriechenden Wurzeln der Iris wird schon in der Antike (Dioskurides) gerühmt. Man hat Irisarten seit der Antike kultiviert, v.a. auch zur Herstellung wohlriechender Salben und Öle. Durch die Benediktiner kam dann die Kultur der Iris über die Alpen und die Pflanze in hiesige Gärten. Im Mittelalter wurde der Name „Iris" teils durch „Gladiolus" verdrängt. Die Florenzer Kulturen reichen bis ins 13. Jh. zurück, größere Kulturen in Deutschland (Nürnberg) gab es seit dem 16. Jh. Bis ins 16. Jh. ist allerdings die Zuordnung zu einzelnen Irisarten bei Kräuterbuchautoren schwierig, da neben der Importware andererseits schon einheimische Arten benutzt wurden und so einige Verwirrung entstand. In der Pharmakopöe Württemberg 1741 sind aufgeführt: Radix Iridis florentina (Iridis albae florentinae C.B., Florentinische Veil- oder Violenwurtzel; Odoramentum, Resolvens, bewegt Stuhlgang und Urin, besonders bei Kindern); Radix Iridis nostratis (Iridis vulgaris germanicae sive silvestris C.B., gemeine Veilwurtz, blaue Schwertel- oder Lilienwurtzel; gegen Wassersucht und Ödeme, als Laxans, führt das Serum aus); Extractum Iridis Florent. et nostratis, Species Diaireos simplices; Bestandteil der Trochisci Bechici albi, citrini, nigri rubri (Hustenmittel). Um 1780 werden als gebräuchliche Irisarten dann Iris Florentina (Violenlilie), Iris Pseudacorus (Wasserlilie), Iris foetidissima (Stinkende Lilie) und eben Iris germanica (Blaue Lilie), von der v.a. die Wurzel (Rad. Iridis s. Ireos nostratis) gebraucht werde, genannt. Eine zeitgenössische Eintragung findet sich bei Zedler (1732–1754), Bd. 14, Sp. 1262–1264 („Iris nostras"), wobei erneut v.a. auch die positiven Wirkungen der Wurzel bei „Wassersüchtigen" betont werden. – Das Infusum wird hier mit „Vinum" (also Wein) verabreicht; zur Verwendung von Weinen in der damaligen Therapie vgl. Brief Nr. 26, Endnote 28.

13 Zur Verwendung von Einläufen (hier „Clÿstir") vgl. bereits Brief Nr. 24, Endnote 4.

14 Bei „Gummi Ammoniacum" werden die alchemistisch-pharmazeutischen Symbole für „Gummi" bzw. „Hartz", vgl. Schneider (1962), S. 40, und wohl für „ammoniacum bzw. armoniacum" gebraucht. Zu den für „sal ammoniacum bzw. armoniacum" gebräuchlichsten Symbolen vgl. Schneider (1962), S. 50; Wagner gebraucht für „sal ammoniacum" ein etwas abweichendes Symbol, vgl. dazu Brief Nr. 24, Z. 51 und Endnote 29; hier wiederum wandelt Wagner das in Brief Nr. 24, Z. 51, gebrauchte Symbol insofern ab als ein waagrechter Strich fehlt, was wohl bedeutet, dass er das Symbol hier für „ammoniacum" nicht „sal ammoniacum" einsetzt. – Zum „Gummi Ammoniacum" lassen sich bei Schneider (1968–75), Bd. V/2, S. 87–95, sowie Bd. V/2, S. 34 f., folgende Informationen entnehmen: Es handelt sich dabei um eine pflanzliche Droge aus der Gattung der „Ferula" (bzw. der „Dorema"); Familie der Umbelliferae; Zitatempfehlungen für zugehörige Artnamen sind Ferula tingitana (S.) oder Ferula communis (S.) (bzw. Dorema ammoniacum (S.)). Bereits antike Quellen (Dioskurides) kennen Ammoniakum als Saft eines libyschen Steckenkrautes. Die Pharmakopöe Württemberg 1741 führt auf: Ammoniacum Gummi (Ammoniac; kommt aus dem orientalischen Indien, auch aus Libyen; Emolliens, Resolvens, Digerans, Maturans, innerlich und äußerlich anzuwenden), Emplastrum de Ammoniaco, Oleum (dest.) A., Syrupus de A. Noch um 1780 aber galt die genaue Stammpflanze des Gummi Ammoniacum als unbekannt. Um 1900 werden dann in einschlägigen Werken zwei Möglichkeiten der Stammpflanze genannt: Ferula tingitana L. oder (wahrscheinlicher) Ferula communis L. Schon ab 1830 wurde aber auch bekannt, dass im Unterschied zum afrikanischen Ammoniacum das persische Ammoniacum wohl von Dorema-Arten stammt, wobei auf ein schon früheres Vorhandensein im Handel auch bereits die Herkunftsangabe in der Pharmakopöe Württemberg 1741 „aus dem orientalischen Indien" verweist. Eine eindeutige Zuordnung zu einer Pflanzengattung scheint hier also nicht möglich. Eine zeitgenössische Eintragung findet sich bei Zedler (1732–1754), Bd. 1, Sp. 1754–1756 („Ammoniacum, Armoniacum, Gummi Amoniacum"), wobei hier auf eine Herkunft aus Afrika („Ferula") verwiesen wird. Besonders hervorgehoben wird zudem eine Verwendung „in Verstopffungen und verhärteten Geschwulsten der Leber und Miltz", v.a. „wenn man ohne allen Zusatz, Pillen daraus machet".

15 Vgl. Brief Nr. 29, Z. 23 f. und Endnote 17, zu „Pillen" im Allgemeinen und zur Verwendung der „Volckamerischen Pillen" bei der Residentin Buirette von Oehlefeld; zum hier vermutlich gemeinten Johann Georg Volkamer (Volckamer) (1662–1744), der auch seiner selbsterfundenen Arzneien wegen bekannt war, siehe ausführlich Brief Nr. 7, Endnote 14.

16 Zur Verwendung von Einläufen (hier lat. Abl. Pl. „Clysteribus") im Allgemeinen vgl. Brief Nr. 24, Endnote 4, und zur Arzneimittelgruppe der „Carminativa" sowie der Verwendung speziell dieser Form der Einläufe bei vorliegender Patientin vgl. Brief Nr. 29, Z. 19 f. und Endnote 13.

17 Bei Zedler (1732–1754), Bd. 28, Sp. 218, Sp. 298 f., Sp. 302 f. sowie Sp. 316, finden sich „Pilulae aperientes Stahlii", „Pilulae Polychrestae Stahlii", „Pilulae Pretiosae Stahlii" sowie „Pilulae Stomachales Stahlii" beschrieben. Auf eine Verwendung in Einläufen wird dabei in keinem Fall verwiesen. Eine laxierende (abführende) Wirkung wird explizit bei den „Pilulae Polychrestae Stahlii" erwähnt, deren Rezeptur wie folgt angegeben ist: Extr. Centaurii minoris (das mit Wein gemacht worden ist), Extr. Carduibenedicti, Extr. Cochleariae, Extr. Trifolii fibrini, Extr. Rhabarbari, Extr. Hellebori nigri (je eine halbe Unze), Extr. Aloes gummosae (2 Unzen), Terebinthae venetae (eine halbe Unze), Saponis Starkeyani (2 Drachmen), Succini praeparati (eine halbe Unze), Pulveris G. Hederae (1 Unze), Pulveris G. Juniperi (eine halbe Unze), Pulveris G. Myrrhae (6 Drachmen), Pulveris Antimonii diaphor. (3 Drachmen), Pulveris Florum Sulphuris, M.F. eine Pillenmasse. Näheres könne u.a. in den Schriften Georg Ernst Stahls nachgelesen werden. – Gemeint ist hier mit Bezug auf die „Stahlischen Pillen" also wohl Georg Ernst Stahl, der 1659 in Ansbach geboren wurde (lange Zeit galt 1660 als das Geburtsjahr) und 1734 in Berlin verstarb. Er wurde 1684 Dr. med. in Jena, wo er sich auch habilitierte. Seit 1687 war er Hof- und Leibarzt des Herzogs von Weimar, von 1694–1716 Professor der Medizin an der neugegründeten Universität Halle, dann Leibarzt des Königs von Preußen in Berlin und Hofrat. Stahl galt nach Hirsch (1962) als „der dritte in dem berühmten Dreigestirn der grossen Systematiker des 18. Jahrh. neben Boerhaave und Hoffmann", der insbesondere „die Einheitlichkeit des Organismus in der Seele repräsentiert [sah]", d.h. aus seiner Sicht „[schützt] die Anima [...] den Körper vor dem Zerfall". Das Hauptwerk des von ihm aufgestellten und auch auf Basis seiner vom Pietismus geprägten Persönlichkeit mit dem Anspruch der absoluten Wahrheit vertretenen Prinzips des „Animismus" ist die „Theoria medica vera" (1708). Daneben verfasste Stahl zahlreiche weitere Schriften, bedeutsam ist er insbesondere auch als Autor der Theorie des sog. „Phlogiston" in „Zymotechnia fundamentalis seu fermentationis theoria generalis etc." aus dem Jahr 1697, wonach aus allen brennbaren Körpern bei Verbrennung der Feuerstoff „Phlogiston" entweiche (erst durch Oxidationstheorie Lavoisiers abgelöst). Stahl war Mitglied der Deutschen Akademie der Naturforscher Leopoldina (seit 1700). In der UBE Briefsammlung Trew sind drei Briefe Stahls an Johann Georg Volkamer (I) (1616–1693) erhalten; vgl. Schmidt-Herrling (1940), S. 586; Hirsch (1962), Bd. 5, S. 384 f.; DBE, Bd. 9, S. 592. Weitere Einträge zu Georg Ernst Stahl finden sich in: DBA 1209, Bl. 380–400 (ADB; Jöcher; Vocke; Hirsching); ADB, Bd. 35, S. 780–786. Bei Zedler (1732–1754), Bd. 39, Sp. 888–894, wird im entsprechenden Eintrag besonders auch auf „viele schöne Medicamente" verwiesen, die Stahl erfunden habe.

18 Zum „Semen Urticae" lassen sich bei Schneider (1968–75), Bd. V/3, S. 371–373, folgende Informationen entnehmen: Es handelt sich dabei um eine pflanzliche Droge aus der Gattung der „Urtica"; Familie der Urticaceae; Zitatempfehlung für den Artnamen ist v.a. Urtica urens (S.), evtl. auch Urtica dioica (S.). Schon in antiken Werken (Dioskurides) werden viele Anwendungsmöglichkeiten der Nesseln (sowohl der Blätter wie der Samen) beschrieben. Die Kräuterbuchautoren des 16. Jh. übernahmen die entsprechenden Indikationen. Die Pharmakopöe Württemberg 1741 führt: Radix Urticae (Urticae majoris urentis, vulgaris, Nesselwurtz, Brennesselwurtz; Diureticum, Blutreinigungsmittel; Specificum bei Bluthamen),

Herba Urticae urentis (vulgaris, racemiferae, Brennessel; Diureticum, Specificum bei Blutharnen oder gegen alle Arten von Blutflüssen), Semen Urticae (urentis, vulgaris, racemiferae; Diureticum, Subadstringens); aus frischem Kraut wird Aqua (dest.) Urticae gewonnen. Um 1780 wird unter Bezug auf die Stammpflanze auf die (einstige) Verwendung von Kraut (herba) und Samen (semen) der „Kleinen Brennessel" (Urtica urens) sowie der Wurzel (radix) der „Großen Brennessel" (Urtica dioica) verwiesen. – Eine zeitgenössische Eintragung findet sich bei Zedler (1732–1754), Bd. 51, Sp. 829 („Urticae Nostratis Semen"), sowie Bd. 23, Sp. 1930–1939 („Nessel"), wobei hier bzgl. „Urticae Nostratis Semen" darauf hingewiesen wird, er stamme „mehrentheils von den kleinen Nesseln", und bzgl. des Samens der Nesseln allgemein u.a. betont wird, er treibe „auch mächtig den Urin und Stein".

19 Vgl. Endnote 14.

20 „Sedes" ist ein Synonym für „Stuhlgang" bzw. „Leibesöffnung" vgl. Onomatologia Medica Completa, Bd. 2, Sp. 366 („Egestio"), sowie Bd. 1, Sp. 539 („Deiectiones"); „sedes spontanea" meint also einen freiwilligen bzw. spontanen Stuhlgang. Zedler (1732–1754), Bd. 40, Sp. 1272–1287 („Stuhlgang, Sedes"), betont, der natürliche Stuhlgang sei dem Menschen unentbehrlich: „Denn gleichwie dessen freyer und richtiger Fortgang zur Erhaltung der Gesundheit sehr vieles beyträget; also können auch im Gegentheil von dessen Verhaltung viele Kranckheiten theils würcklich entstehen, theils wenigstens verschlimmert werden".

21 Zu dieser pflanzlichen Droge vgl. bereits Brief Nr. 26, Endnote 44. In den dort zitierten Lexika findet sich kein direkter Verweis auf die Wurzel (radix) des Wacholders, jedoch auf „Lignum juniperinum" (aufgeführt u.a. als Diureticum in der Pharmakopöe Württemberg 1741).

22 Zur „Ptisane" im Allgemeinen vgl. bereits Brief Nr. 24, Endnote 7.

23 Gemeint ist auch hier wohl Johann Georg Volkamer (1662–1744), der wie Trew in Nürnberg als Arzt tätig war, vgl. Brief Nr. 7, Endnote 14. – Schon Brief Nr. 29, Z. 25 f., weist darauf hin, dass auch Dr. Volkamer in die Behandlung der Residentin Buirette von Oehlefeld eingebunden war.

24 Zum „infusum" im Allgemeinen vgl. bereits Brief Nr. 22, Endnote 13.

25 Gemeint ist hier „das darniederliegen in folge einer krankheit, die bettlägrigkeit"; vgl. Grimm (1854–1960), Bd. 13, Sp. 769.

26 Zur Arzneimittelgruppe der „Amara" lassen sich bei Schneider (1968–75), Bd. II, S. 18, folgende Informationen entnehmen: Schon bei Galen wird als Wirkung der „amara medicamenta" beschrieben, dass sie „abstergunt" und „expurgant". Im 19. Jh. wurde der Begriff „Amara" oder „Bittermittel" allgemein für bittere Arzneistoffe gebraucht, im 20. Jh. aber schließlich speziell für solche, deren wesentliche Eigenschaft ausschließlich der bittere Geschmack ist (mit appetitanregender und verdauungsbefördernder Wirkung). – Der für das 18. Jh. zeitgenössische entsprechende Eintrag („Bitter, Amarum") bei Zedler (1732–1754), Bd. 3, Sp. 1984, verweist ebenfalls bereits auf Galen und nennt als die „vornehmsten bittern Dinge" u.a.: „Wegwart-Wurtzel, Curcuma, Alant, Calmus, Wermuth, Carduibenedicten, Raute, Bitter-Kraut, Scordien, Reinfarn, [...]". Die Wirkungen der „Amara" werden dort wie folgt beschrieben: „Wegen ihrer alkalinischen Eigenschafft eröffnen sie, machen dünne, stärcken den Magen und Leber. Sie präcipitiren, dienen wider die Fieber, und führen die Galle ab, widerstehen der Fäulung, in dem sie die Feuchtigkeiten in sich schlucken und die Wärme vermehren. Auch treiben sie die Würmer, und bekommen den Miltzsüchtigen sehr wohl."

27 Zum „Wermuth" lassen sich bei Schneider (1968–75), Bd. V/1, S. 132–141, folgende Informationen entnehmen: Es handelt sich um eine pflanzliche Droge aus der Gattung „Artemisia"; Familie der Compositae; Zitatempfehlung für den Artnamen ist Artemisia absinthium (S.). Schon in antiken Werken (Dioskurides) wird eine vielfältige Verwendung des Absinthion beschrieben. Die Kräuterbuchautoren des 16. Jh. übernahmen entsprechende Indikationen. Die Pharmakopöe Württemberg 1741 führt: Herba Absinthii vulgaris (gemeiner Wermuth; Tugenden wie Absinthium ponticum; auch als Anodynum; äußerlich Saft oder Dekokt gegen alte Geschwüre, Fäulnis, Krätze; Otalgicum); Conserva A., Essentia A. simpl. u. comp.,

Extractum A., Oleum (dest.) u. (coct.) A., Sal A., Syrupus Absinthii. Um 1780 wird als Stammpflanze A. Absinthium (gemeiner Wermuth) genannt. Die Krautdroge blieb pharmakopöe-üblich bis in die Gegenwart (DAB 7, 1968). Um 1930 wird auf nach Einnahme großer Mengen auftretenden Kopfschmerz und Schwindel sowie auf die Gesundheitsschädigungen durch Wermutliköre hingewiesen. – In der zeitgenössischen Eintragung („Absinthium") bei Zedler (1732–1754), Bd. 1, Sp. 189–197, findet sich eine Beschreibung als „bekantes Kraut, sehr bitter und herbe vom Geschmack, jedoch aber sehr heilsam und in vielen Kranckheiten vortreflich [...]". Es sei sehr verbreitet und wachse auch an unfruchtbaren Orten. Wirkungen werden sehr vielfältige beschrieben, u.a. sei es „sehr dienlich einem kalten, schwachen und eckelhaften Magen, stärcke[] und erwärme[] denselben, beförder[e] die Dauung, erwecke[] Appetit zum Essen", zudem öffne es den verstopften Leib. Auch hier wird aber bereits darauf hingewiesen, „der Wermuth [mache] daneben schläfrig, faul und verdroßen und beschwere[] das Haupt".

28 Nach der Onomatologia Medica Completa, Bd. 1, Sp. 1273 f., ist die „Temulentia" eine „Trunkenheit, oder wenigstens eine solche Verwirrung und Betäubung in dem Kopf, da es einem ist, als ob man berauscht wäre, wie solches sowohl von gährenden Getränken, neuen, feurigen Weinen, besonders auch von dem Bier, wann es stark mit Hopfen versezt ist, als auch von denen eigentlich genannten betäubenden Arzneyen und Giften geschiehet". – Eine weitere zeitgenössische Eintragung zur „temulentia" findet sich bei Zedler (1732–1754), Bd. 45, Sp. 1293–1326 („Trunckenheit"), wobei hier der Schwerpunkt eher auf Betrachtungen zur Trunkenheit als „Laster" liegt.

29 Vgl. zu den „sopores" bereits Brief Nr. 24, Endnote 25. – Sowohl die „Temulentia capitis" als auch die „sopores" passen zu den schon zeitgenössisch beschriebenen Nebenwirkungen des Wermut, vgl. Endnote 27.

30 Bei den „Cineres cuiuscunque plantae" handelt es sich um Pflanzenaschen. Bzgl. des Herstellungsprozesses erläutert Schneider (1968–75), Bd. VI, S. 92–94 („Extracta"), dass die Kalzination oder Calcinatio, bei der „feste Körper, indem sie einiger ihrer Teile oder ihres Zusammenhanges verlustig gehen, zerreiblich werden", zu den zur Auflösung und Extraction gehörigen pharmazeutischen bzw. chemischen Operationen zählte, wobei die auf diesem Weg entstehenden veränderten Körper dann u.a. Aschen also „Cineres" hießen bzw. waren. Weitere Informationen zu den Pflanzenaschen finden sich zudem bei Schneider (1968–75), Bd. VI, S. 132–134, in dem Eintrag zu „Kalium carbonicum" (als wesentlichem Bestandteil der Aschen), da sich die Wurzeln von dessen Verwendung vor dem 19. Jh. eben u.a. auf das Aschensalz zurückführen lassen, das bei Alchemisten, in mittelalterlichen Arzneibüchern und in Apotheken des 16. Jh. auch als „Alumen catinum" oder „sal alkali" bezeichnet wurde, im 17. und der 1. Hälfte des 18. Jh. dann als „Cineres clavellati", „Sal alkali" oder „Pottasche", in der 2. Hälfte des 18. Jh. schließlich auch als „Sal alcali vegetabile". Die Pharmakopöe Württemberg 1741 führt „Sal vegetabilium fixum" in Zusammenhang mit den „Salia herbarum". Entsprechend finden sich schließlich bei Schneider (1968–75), Bd. VI, S. 176, noch in einem eigenen Eintrag zu den „Salia Herbarum" weitere Informationen zu den Pflanzenaschen: Bereits mittelalterlich-alchemistische Autoren beschrieben die Gewinnung von Pflanzenalkalis durch Veraschung, da man glaubte, die Kräfte der Pflanzen darin konzentrieren zu können. Im 16. Jh. wurden dann solche „Salia Herbarum" offizinell. In der Pharmakopöe Württemberg wird als Paradebeispiel „Sal Absinthii" geführt, aber auch darauf hingewiesen, dass alle „Salia fixa plantarum" letztlich die gleiche Wirkung hätten („sie binden Säure, wirken als Resolvens, Attenuans, Incidans, treiben Harn und Stuhlgang"). Um 1780 wird in einschlägigen Werken bereits auf eine stark gesunkene Zahl von „Sales herbarum" verwiesen. Später verschwanden die Salze aus der Therapie. – Zeitgenössische Erläuterungen zu Pflanzenaschen finden sich bei Zedler (1732–1754), Bd. 2, Sp. 1809 f. („Asche"), sowie Bd. 7, Sp. 1491–1494 („Drusen-Asche"). Hier wird noch darauf verwiesen, die Asche sei „nicht einerley, sondern nach Beschaffenheit und Unterscheid derer Sachen, welche verbrennet werden, auch unterschieden". Neben dem Nutzen der Asche in der Wirtschaft (z.B. Seifen- und Glasherstellung) wird auch auf ihren medizinischen Nutzen eingegangen.

31 Bei der von Wagner hier nach Einnahme der Pflanzenaschen befürchteten Zunahme von „lixiviosen humores" handelt es sich wohl um die Zunahme „laugichter Feuchtigkeiten/Säfte" (lat. „lixivius" = „laugicht") im Körper der Patientin.

32 Gemeint ist hier wohl Johann Conrad (v.) Brunner, der 1653 in Diessenhofen (bei Schaffhausen) geboren wurde und 1727 in Mannheim verstarb. Er studierte Medizin in Straßburg und promovierte dort 1672. Nach Studienreisen nach Paris, London, Oxford, Amsterdam und Leiden folgte er 1686 (oder 1687) einem Ruf als o. Prof. der Physiologie und Anatomie nach Heidelberg. Ab 1696 war Brunner als Leibarzt im Dienst des pfälzischen Kurfürsten Johann Wilhelm, der ihn 1711 in den Adelsstand erhob (unter dem Namen Brunn von Hammerstein). Brunner erwarb sich v.a. Verdienste auf dem Gebiet der Anatomie, wo er die nach ihm benannten Drüsen des Zwölffingerdarms beschrieb („De glandulis in intestino duodeno" 1687/88), auf dem Gebiet der Physiologie, wo er nach experimenteller Teil-Exstirpation des Pancreas eine erste Beschreibung der Symptome des Pancreasdiabetes lieferte („Experimenta nova circa pancreas" 1683), sowie auf dem Gebiet der pathologischen Anatomie, v.a. zu Missbildungen im Zentralnervensystem. In der UBE Briefsammlung Trew sind 7 Briefe Brunners, u.a. an Lorenz Heister, sowie auch umgekehrt Briefe an Brunner, u.a. von Johann Georg Volkamer (I) (1616–1693), erhalten; vgl. Schmidt-Herrling (1940), S. 77; Hirsch (1962), Bd. 1, S. 738; NDB, Bd. 2, S. 682 f.; DBE, Bd. 2, S. 135. Weitere Einträge zu Johann Conrad (v.) Brunner finden sich in: DBA 153, Bl. 189–194 (ADB; Meister), dort mit Hinweis auf Mitgliedschaft in der Kaiserlichen Akademie der Naturforscher seit 1685; ADB, Bd. 3, S. 447.

33 Hier wird nun Brunners „infusum amarum" aus „Absinthium" (zu dieser pflanzlichen Droge vgl. bereits Endnote 27) mit zu gleichen Teilen „Semen Anisi" und „radix hellebori nigri" beschrieben. Es wird das Symbol für „ana" im Sinne von „jedes gleichviel" verwendet, vgl. Schneider (1962), S. 27. – Zum „Semen Anisi" lassen sich bei Schneider (1968–75), Bd. V/3, S. 65–68, folgende Informationen entnehmen: Es handelt sich dabei um eine pflanzliche Droge aus der Gattung „Pimpinella"; Familie der Umbelliferae; Zitatempfehlung für den Artnamen ist Pimpinella anisum (S.). Schon in antiken Werken (Dioskurides) werden zwei Sorten von Anis (besserer kretischer und ägyptischer) beschrieben und zahlreiche Indikationen genannt, die sich dann auch noch in den Kräuterbüchern des 16. Jh. wiederfinden lassen. Die Pharmakopöe Württemberg 1741 führt: Semen Anisi (Anis-Saamen; Carminativum, Pneumonicum, Stomachicum), Aqua (dest.) Sem. Anisi, Aqua Zedoariae anisata, Confectio A. laxativa, Confectio sicca Anisi, Elaeosaccharum A., Oleum (dest.) A., Species Dianisi, Spiritus Anisi. Um 1780 wird als Stammpflanze P. Anisum genannt. Eine zeitgenössische Eintragung findet sich bei Zedler (1732–1754), Bd. 2, Sp. 342–345 („Anisum"), wo insbesondere auch darauf hingewiesen wird, der Anis wachse an vielen Orten u.a. im Bamberger Land und neben seiner Verwendung zum Würzen von Speisen werde er u.a. in den Apotheken unter die vier großen hitzigen Samen gerechnet („wärmet, trocknet, macht dünne und zertheilet: stärcket und erwärmet den erkälteten Magen, befördert die Dauung, [...]"). – Zur „radix hellebori nigri" lassen sich bei Schneider (1968–75), Bd. V/2, S. 160–163, folgende Informationen entnehmen: Es handelt sich dabei um eine pflanzliche Droge aus der Gattung „Helleborus"; Familie der Ranunculae; Zitatempfehlung für den Artnamen ist v.a. Helleborus niger (S.). Die schwarze Nieswurz war bereits in der Antike ein sehr wichtiges von Helleborus-Arten gesammeltes Arzneimittel. Allerdings beschreiben schon antike Werke (Dioskurides) verschiedene Lokalitäten, von denen die Droge kommt, und auch im weiteren Verlauf der Geschichte ist eine eindeutige Zuordnung der Wurzel zu einer bestimmten Stammpflanze teils schwierig. Im Mittelalter wurde z.T. gar Adonis vernalis L. für die „recht Schwartz Nießwurzel" gehalten und es wurden zudem als weitere Christwurz-Arten H. viridis L. und H. foetidus L. abgebildet. Die Pharmakopöe Württemberg 1741 führt: Radix Ellebori nigri (Hellebori nigri angustioribus foliis, flore roseo, Melampodii, Veratri, schwartze Nieswurtzel, Christwurtzel; die beste wächst in Steiermark; man hüte sich vor der Verwendung von Helleborastrum, die eine Art Helleborus albus ist; selten in Substanz genommen, meist als Infus oder Medizinalwein, zum Abführen von Säften); Extractum H. nigri, dieser Bestandteil von Tinctura Martis elleborata. Auch um 1780 wird in entsprechenden Werken noch auf die Verwendung der Wurzeln zahlreicher anderer Arten und teils gar Gattungen anstelle der „echten Nieswurzel" von Helleborus niger hingewiesen. Bereits um 1830 dann ging der Gebrauch der schwarzen Nieswurzel wegen beobachteter stark abweichender Wirkungen zurück. Eine zeitgenössische Eintragung findet sich bei Zedler (1732–1754), Bd. 8, Sp. 902–907 („Elleborus niger"), wo ebenfalls auf Schäden bei unsachgemäßem Gebrauch hingewiesen und die Verwendung nicht „in Substantia" sondern „in Decocto, oder Infuso" empfohlen wird.

34 Ein zeitgenössischer Eintrag zum „Bier" findet sich bei Zedler (1732–1754), Bd. 3, Sp. 1789–1794, wo ausführlich u.a. von den verschiedenen zur damaligen Zeit bekannten Bieren berichtet wird. Man unterscheide „weisse" und „braune" Biere, wobei das braune Bier viel mehr Hopfen enthalte und aus Gersten-Malz gemacht werde. Bzgl. des Gebrauchs in der Medizin wird zudem auf verschiedene Arten der „Kräuter-Biere" verwiesen.

35 Zum „Cichorium" lassen sich bei Schneider (1968–75), Bd. V/1, S. 290–293, folgende Informationen entnehmen: Es handelt sich dabei um eine pflanzliche Droge aus der Gattung „Cichorium"; Familie der Compositae; Zitatempfehlung für den Artnamen ist Cichorium intybus (S.). Die Wegwarte C. intybus L. war bereits eine alte germanische Zauberpflanze und in antiken Werken (Dioskurides) werden der Cichorie (wie auch der Endivie) umfangreiche Wirkungen (u.a. gut für den Magen) zugeschrieben. Derartige Indikationen übernahmen dann die späteren Kräuterbuchautoren. Die Pharmakopöe Württemberg 1741 führt: Radix Cichorii hortensis (Sativi, Seris sativae, Wegwarten-, Garten-Wegwarten-, Hindläufften-Wurtzel; gegen Leber- und Gallenleiden), Radix Cichorii (Cichoriae agrestis seu silvestris, wilde Wegwarten, Wegweiß-, Hindläufft-Wurtzel; gleiche Tugenden wie die vorige), Herba Cichorii hortensis (Wegwartenkraut, Sonnenwendkraut; Tugenden wie die Wurzel, selten in Gebrauch), Flores C. (Wegwartenblumen; Hepaticum, zur Herstellung der Conserva), Semen C. hortensis (sativi, Wegwarten-Saamen; Hepaticum, in Emulsionen); Aqua C. (aus frischem Kraut destilliert), Conditum Rad. C., Conserva e Flor. C., Syrupus de C. cum Rhabarbaro. Um 1780 wird als Stammpflanze C. Intybus genannt, wobei Kraut, Wurzel, Blumen und Samen offizinell seien. Um 1830 wird in entsprechenden Werken darauf verwiesen, die Wurzel solle nur von der wildwachsenden C. Intibus verwendet werden, üblich sei jedoch auch der Gebrauch der kultivierten Pflanze als Salat sowie der Gebrauch zur Herstellung von Kaffeesurrogaten. Die Abgrenzung zu Cichorium endivia L. (Endivie) ist insgesamt etwas problematisch, da die Wirkungen beider Arten der Gattung „Cichorium" als vergleichbar galten (schon bei Dioskurides) und sich die Endivie beispielsweise teils auch als „zahme Wegwarte" abgebildet fand. – Zeitgenössische Eintragungen finden sich bei Sommerhoff (1713), S. 305 (lat.-dt.), und bei Zedler (1732–1754), Bd. 13, Sp. 132–136 („Hindläufft"), wobei in beiden Fällen eine „Zahm-Wegwart" und „Wild-Wegwart" unterschieden werden (bei Zedler zudem eigener Eintrag zu „Endivien").

36 Vgl. dazu bereits Endnote 12.

37 Gemeint ist hier ein „harntreibender Effekt". Vgl. zu der Arzneimittelgruppe der „Diuretica" als „Harntreibende Arzneien" auch Brief Nr. 26, Endnote 42.

38 Nach der Onomatologia Medica Completa, Bd. 1, Sp. 159, ist die „Atonia" eine „Schlappigkeit der Fasern" v.a. im Hinblick auf „Häute[] und Muskeln", „wenn die Fasern derselben entweder zuvor allzustark gespannt worden, oder auch vor sich nach ihrer ganzen Zusammensezung zu schwach sind". Teilweise werde der Begriff auch in Bezug auf die Nerven gebraucht oder für „überhaupt eine Schwächlichkeit und Nachlassung der Kräften durch den ganzen Leib" verwendet. Vorwiegend aber sei der Begriff in Gebrauch „von grossen, ganzen, zusammengesezten Theilen, und nenne[] eine Atoniam vasorum, ventriculi, viscerum, eine solche Kraftlosigkeit dieser Theile". – Eine weitere zeitgenössische Eintragung findet sich bei Zedler (1732–1754), Bd. 2, Sp. 2056 („Atonia"), wo die „Schwachheit und Krafftlosigkeit derer Fasern" auf einen „Mangel derer Lebens-Geister" zurückgeführt wird, was „einigen organischen Theilen ein gemeines Übel [sei]".

39 Wagner beklagt hier eine Zerstreuung (lat. „dissipatio") der „spiritus animales". Nach dem zeitgenössischen Anatomisch-chirurgischen Lexikon, Sp. 944 f., sind „Spiritus Animales" bzw. „Fluidum Nerveum" als „Lebensgeister" oder „Nervensaft" zu verstehen, d.h. als „diejenige subtile Feuchtigkeit [...], so in denen Nerven befindlich ist, und so wohl von dem Gehirne, als auch aus dem Rückenmark abgesondert wird". Da jener Nervensaft „zur Unterhaltung des Lebens und Bewegung der Theile" diene, habe man ihm eben auch den Namen „Lebens-Geister" gegeben. Aufgrund der Unsichtbarkeit der Lebensgeister (bzw. des Nervensaftes) werde ihre Existenz aber von manchen bezweifelt. – Weitere zeitgenössische Eintragungen finden sich in der Onomatologia Medica Completa, Bd. 1, Sp. 1235 f. („Spiritus animales"), und bei Zedler (1732–1754), Bd. 16, Sp.1277–1280 („Lebens-Geister"). Bei Zedler werden die „Lebens-Geister" als „natürliche und angeborne Wärme, von welcher die vornehmste Würcklichkeit des Lebens, das Athemhohlen und der Umlauff des Blutes von dem Herzen in den Leib, und aus dem Leibe wieder zum Hertzen, herkömmt", beschrieben. Durch die Nerven würden die Lebensgeister zu den verschiedenen Teilen des Körpers geführt. Sie seien „endlich der Bewegung aller Sinne, Empfindung und aller Functionen, welche nur in denen belebten Leibern vorfallen, Urheber und die würckende Ursache".
40 Gemeint ist mit dem „Gutscher" hier ein „kutscher"; vgl. Grimm (1854–1960), Bd. 9, Sp. 1474.
41 Gemeint ist hier Erlangen, vgl. dazu Brief Nr. 14, Endnote 1.
42 Es handelt sich hierbei um Johann Lorenz Ludwig Loelius, der 1687 in Ansbach geboren wurde und ebenda 1756 verstarb. Der aus einer Ansbacher Arztfamilie stammende Loelius nahm 1705 ein Medizinstudium in Jena auf. Danach unternahm er eine Studienreise über Berlin in die Niederlande, v.a. nach Leiden zu Albinus und Boerhaave sowie nach Amsterdam zu Ruysch. Nachdem er 1713 in Leiden promoviert hatte, kehrte er nach Ansbach zurück und eröffnete zunächst eine Praxis außerhalb der Residenz. 1724 wurde er zum ansbachischen Rat erhoben, 1731 zum Hofarzt und 1734 zum Reise-Medikus bestellt. Im Jahr 1735 wurde er schließlich Leibarzt und erhielt ein Jahr später (also im Jahr des vorliegenden Briefes) auch das Prädikat eines Hofrats. In der UBE Briefsammlung Trew sind 823 Briefe von Loelius an Trew und umgekehrt 11 Briefe Trews an Loelius erhalten, daneben noch vereinzelt Briefe von bzw. an andere Personen. Die umfangreiche Korrespondenz mit Trew belegt den engen Austausch zwischen dem in Ansbach stark in seine höfischen Pflichten eingebundenen Johann Lorenz Ludwig Loelius mit seinem Leibarztkollegen am Ansbacher Hof Trew, der jedoch seine Pflichten eben v.a. von Nürnberg aus versah; vgl. Schnalke (1997), S. 114–146, v.a. S. 114–116 (Übersicht zur Trew-Loelius-Korrespondenz, biographische Angaben zu Loelius); Schmidt-Herrling (1940), S. 367–374. – Weitere Einträge zu Johann Lorenz Ludwig Loelius finden sich in: DBA 776, Bl. 193–195 (Vocke; Jöcher/Adelung), und auch bei Krauß (1941), S. 23.
43 „Beede" steht hier für „beide"; vgl. Grimm (1854–1960), Bd. 1, Sp. 1241. – Gemeint ist hier also wohl „beiderseits".
44 Diese Passage bezieht sich auf den Versuch von Trew und Loelius, auch Wagner am Ansbacher Hof als Leibarzt einzuführen; vgl. dazu bereits Brief Nr. 20, Z. 9–24 mit Endnote 2 und 4, sowie im weiteren Verlauf Brief Nr. 37–42.
45 Zu dem ansbachischen geheimen Ratspräsidenten Christoph Friedrich Freiherr von Seckendorff (1679–1759) siehe Brief Nr. 20, Endnote 9. – Bei dem erwähnten Schreiben Seckendorffs handelt es sich evtl. um seinen Brief (nur Unterschrift eigenhändig) an Trew vom 1. November 1736, in welchem Seckendorff Trew bittet „den Herrn D[r]. zu Erlang" bei seinem Fürsten „je ehender je beßer unterthänigst zu praesentiren und in Vorschlag zu bringen"; vgl. UBE Briefsammlung Trew, Korr. Christoph Friedrich Freiherr von Seckendorff, Nr. 2.
46 „Davor" steht hier für „dafür"; vgl. Grimm (1854–1960), Bd. 2, Sp. 869 f.
47 Dieses Schreiben Wagners an den Johann Lorenz Ludwig Loelius ist in der UBE Briefsammlung Trew nicht erhalten.
48 Zum „Vipern-Pulver" bzw. den „Vipera" allgemein lassen sich bei Schneider (1968–75), Bd. I, S. 67–69, folgende Informationen entnehmen: Es handelt sich dabei um eine tierische Droge. Vipernfleisch wurde

bereits in der Antike benutzt und war bis Ende des 18. Jh. in offizinellem Gebrauch, meist in Form der Trochisci Viperarum, die entweder aus Italien (Venedig) in den Handel kamen oder auch nach Pharmakopöevorschrift hergestellt werden konnten (nach der Pharmakopöe Württemberg 1741: Vipernfleisch mit Salz und Anethum kochen und mit Weißbrot zu flachen, runden Trochisken verarbeiten). Hauptsächlich wurde Vipera berus (L.) (Coluber berus L.), Kreuzotter, verwendet. Die Pharmakopöe Württemberg führt zudem als Simplicium Spina Viperarum bzw. Vipernrückgrat (Alexipharmacum, Diureticum, Restaurativum; wirkt blutreinigend bei Lues, Lepra, Krätze und Geschwüren). Zur frischen, getrockneten oder eben gepulverten Verwendung wurden die Vipern von Kopf, Schwanz und Haut befreit. Ferner war Vipernfleisch häufiger Bestandteil des Theriak. Im Gebrauch waren zudem auch Vipernfett, Vipernhaut, Vipernherz und Vipernleber (teils auch in Pulverform). Breite Verwendung finden Schlangen dann wieder in der Homöopathie und auch die Allopathie bedient sich im 20. Jh. gelegentlich der Schlangengifte (zum Stillen von Blutungen, Herabsetzung des Blutdruckes, Rheuma, Ischias, Neuralgien etc.). Seit 1900 kamen ersten Sera gegen Schlangenbiß auf. – Ein zeitgenössischer Eintrag findet sich bei Zedler (1732–1754), Bd. 23, Sp. 949 f. („Natternpulver, Pulvis Viperarum"), sowie Bd. 23, Sp. 942–945 („Natterküchelgen, Trochisci Viperini"), wo verschiedene Formen von „Pulvis Viperarum" und deren Herstellung beschrieben werden.

49 Gemeint ist hier das Haus der Frau Elisabeth Buirette von Oehlefeld (†1737), vgl. bereits Endnote 3.

50 Zu General Helmut Otto von Bassewitz (1673–1736) siehe Brief Nr. 22, Endnote 1; zu seinem bisherigen Krankheitsverlauf vgl. Brief Nr. 22, Z. 8–10, sowie Brief Nr. 24, Z. 63–65.

33* — *5. Dezember 1736*

Christoph Jacob Trew, <Nürnberg>, an Peter Christian Wagner, <Erlangen>

Trew unterrichtete Wagner in diesem Brief von seiner Rückkehr von einer Reise nach Ansbach und erkundigte sich nach dem Befinden der Frau Residentin Buirette von Oehlefeld.

Erschlossen nach Brief Nr. 34, Z. 8–13; bzgl. der Datierung bleibt anzumerken, dass Wagners Formulierung in seinem Brief Nr. 34, Z. 9, vom 6. Dezember 1736, Trew habe ihn mit einem Schreiben „gestern Zu beehren beliebet", nicht sicher verrät, ob der Brief Trews vom 5. Dezember datierte oder aber nur an diesem Tag bei Wagner einging.

34 — *6. Dezember 1736*

Peter Christian Wagner, Erlangen, an Christoph Jacob Trew, <Nürnberg>

HochEdelgebohrner und Hochgelehrter
Besonders hochgeehrtester Herr HoffRath,
Hochwerthgeschätzter Gönner.

Mit besondern Freuden habe aus Ewer hochEdelgeb[ohrn] Hochgeneigten Schreiben[1], womit Sie mich gestern Zu beehren beliebet, Deroselben glückliche Zurückkunfft Von Anspach[2] ersehen, mit noch größern aber die *Marquen* Dero mir hieher *Conservirten* Gütigen Andenckens daraus erblicket. Auch haben die Frau *Residentin* Von *Buirette*[3] und Dero gantzes hauß sich ebenfals erfreuet, daß Ewer hochEdelgeb[ohrn] nach glücklich Vollbrachter Reiße Dero Andencken an Sie erneuren und sich nach Ihnen erkundigen Wollen. Ich meines Orts bedaure gar sehr, daß ich neben den mir Zu überschreiben befohlenen höflichsten Gegen*Compliment*, Von dem Beßerbefinden der Frauen *Residentin* gar wenig berichten kan. Es haben bißhero die bekanten *Symptomata*[4] dergestalt abgewechßelt, daß | 2 | bald der graußame husten, bald die *obstructiones*[5] und entsetzliche *Flatulenz*[6], bald einige *ebullitiones* und *Congestiones sanguinis*[7], bald die darauf folgenden hefftigen Schwachheiten und starcke kalte Schweiße mehr oder weniger sich geäußert. Die *Obstructio Urinae*[8] dauret aller bißhero *continuirter diureticorum resolventium et leniter evacuantium*[9] ohngeachtet noch immer und hat deßwegen der *Tumor hydropicus*[10] gar entsetzlich Zugenommen, alßo, daß Sie biß an die Brust so starck geschwollen, daß dadurch nicht nur ein höchst beschwehrliches Spannen des Leibes derer *Femorum*[11] und Füße *causiret* wird, sondern es haben sich auch schon seither 10 Tagen an denen Füßen um die Knorn[12] und oberhalb neben und unter dem Knie Viele *Maculae rubicundae cum levi inflammatione*[13] geäußert und ausgebreitet, ja es hat Vorgestern und gestern in denen Tüchern gar ausgesehen, als wenn unter der Knie Kehlen einiges *stillicidium aquarum ex apertura cutis vix visibili*[14] erfolget wäre. Dabeÿ fließen beÿde *fontanelle*[15] aller Vorsorge[16] und Reitzungen ohngeachtet schon seither einigen Tagen gar nichts, woher es den [!] kommen mag, daß auch die lincke hand | 3 | an welchen Arm das *Fontanell* ist, *in dorso* geschwillet. Im Unter-Leib hat sich seit einigen Tagen nebst der gewöhnlichen *Flatulenz* ein besonderes Zwängen und Drängen auf den Affter und Blaße, und in letztabgewichener Nacht einige *Colique*[17] geäußert, auch auf ein dießen Morgen *applicirtes Clystir*[18] noch mit etwas Zwicken und Unruhe *continuiret*, worauf man (welches Vorhero auch schon etliche mahle geschehen) in der Bettschüßel und an denen *Excrementis*[19] etwas weniges Von hellen Geblüthe wargenommen [!]. Das § ∅ *cum solutum*[20], den *succum recentem Hederae & bellidis*[21] und das *Infusum rad[icis] Irid[is] nostrat[is]*[22] habe Zu Anfang dießer Woche *urgente tussi fortissima*[23] und weilen sonst gar keine Würckung Zu Verspühren war gantz ausgesetzet, und nur die ℞*am tonicam*[24] nebst dem *Decocto ordinario cum rad[ice] Gramin[is] Ononid[is] Sarsae parillae & Iuniperi*[25] und einer *Potione analeptica-pectorali*[26] *lento gradu continuiret*, weilen in sonderheit[27] auch die Frau *Patientin* um Nachlaßung Von *Medicamentis* selbsten gebeten. Über die Füße habe *pro avertenda inflammatione & praecavendo sphacelo*[28] warme mit *eau d'arquebusade*[29] und 🜈 *Camphorato*[30] *irrorirte Servietten*[31] *appli*| 4 |*ciren* und in die *Potiunculam*[32] wiederum einige *grane*[33] *Camphorae cum duplo* ⊖[34] mischen laßen. Man könte auch wohl nun mehro das neulich in Vorschlag gekommene *Infusum amarum ex Centaureo, r[adice] Cichorei helleb[ori] nigr[i] sem[ine] anisi*[35] und *baccis Iuniperi*[36] *probiren* und so ferne es Vor gut angesehen würde, etwas Von der *squilla ppta*[37] Zusetzen: Alleine ich sorge wir arbeiten Vergeblich denn ob man wohl siehet, daß die Natur durch die *Congestionem ad haemorrhoides*[38] gleichßam den letzten *Effort* machet, so können doch dießes auch wohl nur *effectus tussis enormis*[39] seÿn und ist Zu besorgen[40], daß auch *haemorrhoides largius fluentes propter defectum virium & toni*[41] uns wenig *soulagiren* werden. Doch bitte mir Ewer hochEdelgeb[ohrn] hochvernünfftige Gedancken darüber aus. Daß es scheinet, ob solte die mit dem Herrn *General* Von *Bassewiz*[42] gehabte Bemühung, wegen nich [!] wiederherzustellenden *Appetits* und Kräfften, ebenfalls Vergebens seÿn, *chagriniret* mich nicht wenig. Gewiß ist es daß des herrn *Patienten* Gemüths Unruhe und besondere Eigenschafften seinen Zustand jederzeit Verschlimmert und am meisten geschadet. Unter meiner *respectueusesten* Empfehlung an die Frau Gemahlin erbitte mir die *Continuation* Dero bißherigen *Amitié* und Verharre mit äußerster hochachtung

Ewer hochEdelgeb[ohrn]
Erlang den 6. *Decembr[is]* 1736.
gehorsam[er] Diener
Wagner *Dr.*

***H** UBE Briefsammlung Trew, Korr. Wagner, Nr. 24. 4 S.*

---

1 Dieses vorausgehende Schreiben Trews an Wagner Nr. 33* ist in der UBE Briefsammlung Trew nicht erhalten, sondern kann nur noch aus dem vorliegenden Brief Wagners erschlossen werden.

2 Zu Ansbach (Anspach) vgl. Brief Nr. 20, Endnote 10. – Die Reise Trews nach Ansbach erfolgte möglicherweise im Rahmen seiner Tätigkeit als Leibarzt am dortigen Markgrafenhof. Interessant ist sie aber besonders auch vor dem Hintergrund der zu dieser Zeit laufenden Bemühungen Trews und seines Kollegen Johann Lorenz Ludwig Loelius (1687–1756) um eine Vermittlung auch Wagners als Arzt an den Ansbacher Hof; vgl. dazu bereits Brief Nr. 20, Z. 9–24 und Endnote 2, sowie Brief Nr. 32, Z. 55–63, und im weiteren Verlauf auch Brief Nr. 37–42.

3 Zu Elisabeth Buirette von Oehlefeld (†1737) siehe Brief Nr. 23, Endnote 1. Zu ihrem bisherigen Krankheitsverlauf vgl. Brief Nr. 23–32 und im weiteren Verlauf Brief Nr. 35–40 und Nr. 42–48.

4 Zum Begriff der „Symptomata" vgl. Brief Nr. 13, Endnote 17.

5 Nach der Onomatologia Medica Completa, Bd. 1, Sp. 1075, ist die „Obstructio" „eine Verstopfung der Adern oder Gefässe, oder anderer natürlichen Wege und Oefnungen, wann sie mit etwas ausgefüllet werden, welches den freyen Durchgang der natürlichen Säfte oder auch der Luft hindert". – Weitere zeitgenössische Eintragungen finden sich in der Onomatologia Medica Completa, Bd. 2, Sp. 1154 („Obstructio"), und bei Zedler (1732–1754), Bd. 47, Sp. 2077–2087 („Verstopfung").

6 Zum Begriff der „Flatulenz" vgl. bereits Brief Nr. 29, Endnote 14.

7 Wagner berichtet hier von „ebullitiones" und „Congestiones" des Blutes (lat. „sanguis"). – Die „Ebullitio" meint nach der Onomatologia Medica Completa, Bd. 1, Sp. 573, das „Aufsieden" oder „Aufkochen". Es könne damit aber ebenso ein „Aufwallen" auch in Körpern beschrieben werden. In einer weiteren zeitgenössischen Eintragung bei Zedler (1732–1754), Bd. 8, Sp. 95 („Ebullitio"), wird ausdrücklich auch auf den Gebrauch im Sinne eines „Aufwallen[s] des Geblüts" hingewiesen. – Eine „Congestion" oder „Congestio" ist nach der Onomatologia Medica Completa, Bd. 1, Sp. 465 f., eine „Versammlung, wann sich in dem menschlichen Leib eine Materie besonders an einen Ort versammlet, und angehäuft hat". Zu

solchen Anhäufungen könne es bei verschiedenen Krankheiten wie z.B. „hizigen Fiebern" eben auch bzgl. des Bluts kommen, etwa wenn dieses „dik, zäh, und entzündet" sei. In einer weiteren zeitgenössischen Eintragung bei Zedler (1732–1754), Bd. 6, Sp. 968, wird die „Congestio" „bey denen Medicis" als eine „langsame Zusammenhäuffung einer überflüßigen Feuchtigkeit" beschrieben.

8 Zur „Obstructio" im Allgemeinen vgl. bereits Endnote 5. Gemeint ist hier also demgemäß eine „Verstopfung" des Urins/Harns. Entsprechendes schildert Wagner bereits in Brief Nr. 32, Z. 16–20. – Bei Zedler (1732–1754), Bd. 14, Sp. 1335–1342, findet sich unter „Ischuria" ein zeitgenössischer Eintrag zu einer „gäntzliche[n] Verstopffung des Urins".

9 Zur Arzneimittelgruppe der „Diuretica" als „Harntreibende Arzneien" vgl. bereits Brief Nr. 26, Endnote 42. Wagner berichtet hier genauer vom vergeblichen fortgesetzten Gebrauch von „auflösenden und gelinde ausführenden Diuretica" (lat. „diureticorum resolventium et leniter evacuantium"). – Zedler (1732–1754), Bd. 21, Sp. 566 f., beschreibt „Resolventia" oder „Mittel (Auflösende), zertheilende" als „solche Mittel, welche die zähen und schleimichten Materien, auch geronnen und unterlauffen Blut zertheilen, dünne machen, und in einen guten Stand bringen". „Remedia evacuantia" oder „ausführende Mittel" sind nach Zedler (1732–1754), Bd. 31, Sp. 541, „bey den Medicis so wohl die Brech- Purgir- und Laxir- als die Schweißtreibenden, Urintreibenden und Speichelmittel". – Zu den bisher bei der Patientin eingesetzten harnfördernden Medikamenten vgl. auch bereits Brief Nr. 29, Z. 11 f., und Brief Nr. 32, Z. 16–20.

10 Zum „Tumor hydropicus" vgl. bereits Brief Nr. 29, Endnote 16. Zum bisherigen Verlauf der entsprechenden Schwellungen vgl. bereits Brief Nr. 26, Z. 42–44, Brief Nr. 29, Z. 12–14, und Brief Nr. 32, Z. 13–16.

11 Zum Begriff der „Femora" vgl. bereits Brief Nr. 29, Endnote 5.

12 Nach Zedler (1732–1754), Bd. 6, Sp. 938 („Condylus"), ist „ein Knore" „ein hervorragender Fortsatz (apophysis) an gewissen Beinen, [...], welcher zur Bewegung und Befestigung derer Gelencke dienet". Und auch Grimm (1854–1960), Bd. 11, Sp. 1488, verweist auf einen „hervorstehende[n] knochen" bzw. besonders auf die „knöchel, [...], an hand und fusz" bzw. speziell den „knöchel über dem fusz, [...] enkel, talus".

13 Wagner beschreibt hier „Maculae rubicundae cum levi inflammatione" bei der Patientin, also „sehr rote Flecken mit einer leichten Entzündung". – Nach der Onomatologia Medica Completa, Bd. 2, Sp. 992–994, gebraucht man den Begriff „Macula", also „Flecken", „überhaupt von allen Flecken, und Entfärbungen einzelner Gegenden der Haut, als von den Muttermählern, Leberflecken, Sommersprossen, und einem jeden Ausschlag, und Blüher der Haut, das sie zwar entfärbt, aber doch glatt lässt". Weitere zeitgenössische Einträge finden sich im Anatomisch-chirurgischen Lexikon, Sp. 535 f. („Macula"), und bei Zedler (1732–1754), Bd. 9, Sp. 1188 („Fleck, Macula"). – Nach der Onomatologia Medica Completa, Bd. 1, Sp. 824–826, ist die „Inflammatio" oder „Entzündung" zu verstehen als „eine besondere triebige Unruhe des Geblüts in einigen Adern, die allezeit einige Stokung desselben zu dem Grund hat, welche den freyen Lauff desselben unterbricht". Eine Entzündung der äußeren Teile könne man u.a. an „eine[r] merkliche[n] Geschwulst und Röthe" erkennen. Entzündungen innerer Teile gingen „mit schwehren, hizigen Fiebern, und brennenden Schmerzen der angegriffenen Theile, auch völliger Untüchtigkeit zu ihren Verrichtungen" einher. Weitere zeitgenössische Eintragungen, die einen Eindruck vom damaligen Verständnis der „Inflammatio" vermitteln, finden sich im Anatomisch-chirurgischen Lexikon, Sp. 476–481 („Inflammatio"), und bei Zedler (1732–1754), Bd. 8, Sp. 1312–1325 („Entzündung, Inflammatio").

14 Wagner berichtet hier von „stillicidium aquarum ex apertura cutis vix visibili" in der Kniekehle, also von einem „(herabfallenden) Tropfen Wassers/ wässriger Flüssigkeiten aus einer kaum sichtbaren Öffnung/Eröffnung der Haut". – Es ist in diesem Textzusammenhang eher unwahrscheinlich, dass mit „apertura" hier im Sinne des zeitgenössischen Eintrags bei Zedler (1732–1754), Bd. 2, Sp. 795, eine künstliche „Eröffnung" der Haut, „welche von den Chirurgis mit einer Lancette oder Flieke vorgenommen wird", gemeint ist. – Zeitgenössische Eintragungen zur „Cutis" bzw. „Haut" finden sich im Anatomisch-chirurgischen Lexikon, Sp. 258 f., und bei Zedler (1732–1754), Bd. 12, Sp. 923–926, wo auch auf „sehr viele Löchergen" der Haut und auf die Funktion der Haut bzgl. einem „allgemeinen Ausguß des Geblütes, vermittelst des Schweisses und Durchdünstung", hingewiesen wird. – Ein direkter Eintrag zu der Beobachtung Wagners des „stillicidium aquarum ex apertura cutis" findet sich in diesen zeitgenössischen Lexika nicht.

15 Zu den „fontanellen" im Allgemeinen vgl. bereits Brief Nr. 24, Endnote 14; zu ihrer bisherigen Verwendung bei dieser Patientin vgl. Brief Nr. 24, Z. 29 f., und Brief Nr. 26, Z. 52 f.

16 „Vorsorge" steht hier für „fürsorge", vgl. Grimm (1854–1960), Bd. 26, Sp. 1591.

17 Nach Zedler (1732–1754), Bd. 6, Sp. 666 f. („Colic"), ist eine „Colic" (frz. „Colique") in einem weiteren Sinne „eine jegliche gewaltsame, schmertzliche Bewegung aller menschlichen Gedärme", in einem engeren Sinne aber „nur de[r]jenige[] Schmertz, welchen man in dem Grimm-Darm, sonst Colon genannt, empfindet". Ursachen dieser Krankheit seien „eine Schärffe derer Säffte, verschlossene Winde und Blehungen".

18 Zur Verwendung von Einläufen (hier „Clystir") vgl. bereits Brief Nr. 24, Endnote 4.

19 Zum Begriff der „Excrementa" vgl. bereits Brief Nr. 29, Endnote 15.

20 Zu den hier gebrauchten alchemistisch-pharmazeutischen Symbole für „Gummi" bzw. „Hartz" und wohl für „ammoniacum", sowie zum „Gummi Ammoniacum" vgl. bereits Brief Nr. 32, Endnote 14. – Eine Verwendung des „Gummi Ammoniacum" in gelöster/ungebundener Form (hier „solutum") wird bereits in Brief Nr. 32, Z. 27, erwähnt.

21 Zu „succus recens Hederae & bellidis", also dem frischen Saft aus „Hedera" und „bellis", vgl. bereits Brief Nr. 32, Z. 17 f. und Endnote 11.

22 Zum „Infusum radicis Iridis nostratis" vgl. bereits Brief Nr. 32, Z. 18–20 sowie Z. 42–44 und Endnote 12. – Zum „Infusum" im Allgemeinen vgl. Brief Nr. 22, Endnote 13.

23 Wagner begründet hier das Absetzen bestimmter Medikamente mit „urgente tussi fortissima", also einem drängenden und sehr starken Husten. – Zedler (1732–1754), Bd. 13, Sp. 1288–1294 („Huste"), beschreibt „Husten" bzw. „Tussis" als „eine gewaltsame, wiederhohlte und unwillige Ausstossung der Lufft [...], welche solchergestalt von der natürlichen Ausstossung der Lufft und dem Athemhohlen, so willkührlich und mit unserm Willen geschiehet, gar sehr unterschieden ist". Die Ursachen seien sehr vielfältig. Eine weitere zeitgenössische Eintragung findet sich in der Onomatologia Medica Completa, Bd. 1, Sp. 1298 („Tussis").

24 Bei der „Tinctura tonica" wird das alchemistisch-pharmazeutische Symbol für „Tinctura" gebraucht, vgl. Schneider (1962), S. 56. – Zur „Tinctura" im Allgemeinen vgl. Brief Nr. 24, Endnote 6. – Zur Arzneimittelgruppe der „Tonica" vgl. Brief Nr. 22, Endnote 15. – Die Verwendung der „Tinctura tonica" findet bereits in Brief Nr. 29, Z. 12, und Brief Nr. 32, Z. 17, Erwähnung.

25 Zum „Decoctum" allgemein vgl. Brief Nr. 24, Endnote 18. – Es folgen im Text („cum....") Angaben zu den einzelnen Bestandteilen des Decoctum, das evtl. einem schon früher eingesetzten (hier „ordinarius" = gewöhnlich) entspricht, vgl. etwa Brief Nr. 32, Z. 17, und Brief Nr. 29, Z. 11. – Zur „radix Graminis" vgl. Brief Nr. 26, Endnote 38. – Zur „radix Ononidis" lassen sich bei Schneider (1968–75), Bd. V/2, S. 377–379, folgende Informationen entnehmen: Es handelt sich dabei um eine pflanzliche Droge aus der Gattung „Ononis"; Familie der Leguminosae bzw. Papilionaceae; Zitatempfehlung für den Artnamen ist Ononis spinosa (S.). Schon in der Antike bei Dioskurides wird die Wurzel einer mediterranen Art der Hauhechel beschrieben (ihre Rinde treibt Harn, zertrümmert den Stein, reißt Wundschorf auf; zu Mundspülwasser bei Zahnschmerzen; gegen Hämorrhoiden). Die Kräuterbuchautoren des 16. Jh. übernahmen dann diese Indikationen für O. spinosa L. Die Pharmakopöe Württemberg 1741 führt: Radix Ononidis (Restae bovis, Remorae aratri, Hauhechel, Stallkraut, Ochsenbrech-Wurtzel, Urinaria; Diureticum, Abstergens, Attenuans; Spezifikum bei Hodenbruch). Als Stammpflanze wird um 1780 O. arvensis, um 1800 O. spinosa angegeben. Auch in einschlägigen Werken um 1930 bzw. 1958 wird noch die v.a. harntreibende Wirkung der

Wurzel beschrieben. Ein zeitgenössischer Eintrag findet sich bei Zedler (1732–1754), Bd. 12, Sp. 809–811 („Hau-Hechel"), wo „zwey Haupt-Gattungen" unterschieden werden, wobei deren eine v.a. in warmen Ländern wachse. Insgesamt wird auch hier vorwiegend die harntreibende Wirkung der Wurzel beschrieben, sie zähle zudem in den Apotheken unter die fünf Radices aperientes minores. Ferner wird auch auf den Gebrauch des Krautes verwiesen. – Zur „radix Sarsae parillae" vgl. Brief Nr. 26, Endnote 37. – Zur „radix Iuniperi" vgl. Brief Nr. 26, Endnote 44, wobei sich in den dort zitierten Lexika kein direkter Verweis auf die Wurzel („radix") des Wacholders, jedoch auf „Lignum juniperinum" findet.

26 Gemeint ist hier ein Trunk (lat.: „potio") mit der Wirkung der „analeptica" und „pectoralia". – Zu der Arzneimittelgruppe der „analeptica" als „Stärkende, erquickende Mittel" vgl. Brief Nr. 24, Endnote 20. – Zedler (1732–1754), Bd. 4, Sp. 1675 („Brust-Mittel"), beschreibt „Pectoralia" als „diejenigen Artzneyen [...], so denen Beschwerungen der Brust wiederstehen, die auf der Brust befindliche unreine Materie entweder verdünnen oder dicke machen und lindern, dergestalt, daß sie dasjenige, welches auf denen Lungen den Husten verursachet, zum Auswurff befördern [...]".

27 „In sonderheit" steht hier für „besonders, speciell, im einzelnen"; vgl. Grimm (1854–1960), Bd. 10, Sp. 2144.

28 Wagner beschreibt hier den Nutzen der von ihm angewandten Maßnahmen mit „pro avertenda inflammatione & praecavendo sphacelo", also „zur Abwendung der Entzündung und zur Verhütung des kalten Brandes". – Zur „inflammatio" bzw. „Entzündung" vgl. bereits Endnote 13. – Nach dem Anatomisch-chirurgischen Lexikon, Sp. 939–941, ist „Sphacelus" oder der „kalte Brand" zu verstehen als „eine gänzliche Ersterbung eines entzündeten Theils bis auf den Knochen, wenn nemlich derselbe anfängt kalt, schwärzlich und stinkend zu werden, und wenn zugleich die Empfindung und Bewegung desselben Theils aufhöret". Der kalte Brand sei immer sehr gefährlich und, „wenn nicht bald Hülfe gesuchet w[e]rd[e], der Todt dabey unvermeidlich". Ein weiterer zeitgenössischer Eintrag findet sich bei Zedler (1732–1754), Bd. 4, Sp. 1021–1025 („Brand (der heisse und kalte)").

29 Zu „eau d'arquebusade" lassen sich bei Schneider (1968–75), Bd. VI, S. 148 f. (als Nachtrag im Eintrag zu „Mixtura sulfurica acida"), folgende Informationen entnehmen: Die Pharmakopöe Württemberg 1741 führt: Aqua vulneraria, Gallis Eau d'arquebusade dictu, und Aqua Vulneraria descriptio Pharmacopoeae Parisiensis, beide gegen Kontusionen, Sugillationen, Luxationen, Verbrennungen, Gangräne; innerlich gegen Blähungen und Leibschmerzen. Diese beruhten auf der ursprünglichen französischen Vorschrift, die noch viel mehr Drogen als Bestandteil vorsah als später für die im 19. Jh. bekannte sog. „weiße Arkebusade" verwendet wurden (als Auszug aus sechs Drogen wie Pfefferminzblätter, Rosenblätter, Salbei, Lavendel, mit verdünntem Spiritus und destilliert). Die weiße Arquebusade ist im 19. Jh. dann ferner von der braunen Arquebusade („Mixtura vulneraria acida") zu unterscheiden. – Ein zeitgenössischer Eintrag findet sich bei Zedler (1732–1754), Bd. 2, Sp. 1626, wo die „Arquebusade" als „ein aus unterschiedlichen Wund-Kräutern abgezogener Spiritus, welcher innerlich und äusserlich als ein sonderbares Arcanum und Heil-Mittel, in allerley Verwundungen von vielen gebrauchet wird", beschrieben ist.

30 Bei „Spiritus Vini Camphoratus" wird das alchemistisch-pharmazeutische Symbol für „Spiritus vini" bzw. „Brandwein" gebraucht, vgl. Schneider (1962), S. 53. – Zum „Spiritus Vini" lassen sich bei Schneider (1968–75), Bd. VI, S. 188–190, folgende Informationen entnehmen: Weingeist war bereits eine mittelalterlich-alchemistische Erfindung (12. Jh. in Norditalien), wobei ihm Arzneikräfte (lebensverlängernde Kraft) zugeschrieben wurden und er außerdem die Fähigkeit besitzen sollte, anderen Produkten ihre spezifischen Heilkräfte zu entziehen. Daraus entstand dann eine große Zahl an weingeistigen Pflanzenwässern und Elixieren, pflanzlichen und tierischen Quintessenzen und trinkbaren Metallen. V.a. seit der chemiatrischen Ära vermehrten sich die entsprechenden Vorschriften immer mehr (auch wegen der Herstellung der beliebten Tinkturen mittels Weingeist). Bereits ab ca. 1400 war aber auch bekannt, dass der entsprechende Spiritus sich ebenso aus Getreide gewinnen ließ, so dass später Spiritus Vini nicht immer ein Produkt des Weines sein musste (im 19. Jh. u.a. aus Kartoffeln). Bei Schneider (1968–75), Bd. II, S. 74

(„Vulneraria"), lässt sich „Spiritus Vini" außerdem als Bestandteil vieler „Vulneraria" also „Wundmittel" nachweisen. – In einem zeitgenössischen Eintrag bei Zedler (1732–1754), Bd. 5, Sp. 475, ist speziell der „Campher-Spiritus" oder „Spiritus Vini camphoratus" beschrieben. Die Rezeptur wird angegeben als: Spiritus Vini rectificatissimi (ein Pfund), Camphor. (eineinhalb Unzen); „laß es zusammen in gelinder Digestion stehen, biß aller Campher zerflossen, denn destillire es über den Helm". Der so gewonnene Spiritus lindere die Schmerzen und diene bei äußerlichem Gebrauch zu vielen Dingen.

31 Mit „Serviette" ist hier nicht das „tellertuch, tuch, das man beim essen über den schosz legt oder am halse befestigt", gemeint, sondern in einer seltenen Verwendung aus dem Bereich der Chirurgie „eine art binde"; vgl. Grimm (1854–1960), Bd. 16, Sp. 629 f.

32 Nach Zedler (1732–1754), Bd. 44, Sp. 1865, ist „Potiuncula" bzw. „Potio", also ein „Tränckgen, Tränkgen, Träncklein", im Allgemeinen „eine Formel eines fliessenden Medicamentes, welches aus unterschiedlichen Wässern, Säfften, Elixiren, Geistern, Essenzen, Tincturen, Extracten, Pulvern, Syrupen und dergleichen bestehet, und zu mancherley Nutzen sehr offte verschrieben wird". Bei Patienten seien solche Tränke sehr beliebt, da gut verträglich. Es sei aber darauf zu achten, die Ingredienzien im richtigen Verhältnis zu verwenden.

33 Zum Nürnberger Apothekergewicht sowie zu den Unterteilungen des Medizinalpfunds in Unze, Loth, Drachme und Gran vgl. Brief Nr. 12, Endnote 6.

34 Zum Kampfer bzw. „Camphora" vgl. Brief Nr. 24, Endnote 8. – Zusätzlich zu einigen Granen Kampfer verabreichte Wagner hier die doppelte Menge (lat. „duplus") Salz. Zum alchemistisch-pharmazeutischen Symbol für „Sal" bzw. „Salz" vgl. Schneider (1962), S. 50 f. – Nach Zedler (1732–1754), Bd. 33, Sp. 1298–1306 („Salz"), wird „Sal" bzw. „Salz" in zweierlei Bedeutung gebraucht. Im weiteren Sinne verstehe man darunter „allerhand Arten der Materien, die sich in Wasser auflösen lassen, als das gemeine Saltz, Vitriol, Alaun, Salpeter und dergleichen, daß man also das Saltz beschreibet, es sey ein fester Cörper, der aus Wasser und Erden bestehet, und im Wasser aufgelöset und flüßig wird". Im engeren Sinne aber sei nur das gemeine Salz gemeint. – Bei Schneider (1968–75), Bd. VI, S. 154–156 („Natrium chloratum"), lassen sich zum „gemeinen Salz" oder „Sal commune" folgende Informationen entnehmen: Im 16./18. Jh. waren „Sal gemmae" (bergmännisch gewonnenes Stein- oder Bergsalz) sowie „Sal marinum" (durch Verdunsten aus Meerwasser gewonnen) pharmakopöe-üblich. In der Pharmakopöe Württemberg 1741 wird jedoch für „Sal gemmae", das bis in das 18. Jh. hinein an sich die gebräuchlichste Form des Natriumchlorids war, eher auf den Gebrauch in der Küche verwiesen, wohingegen für „Sal marinum" der medizinische Gebrauch als Incidans, Discutiens und Diureticum beschrieben wird. Ein zeitgenössischer Eintrag speziell zum „Sal commune" findet sich auch bei Zedler (1732–1754), Bd. 33, Sp. 1348–1383 („Salz (gemeines)").

35 Zum „Infusum" im Allgemeinen vgl. bereits Brief Nr. 22, Endnote 13; zur Arzneimittelgruppe der „Amara" vgl. bereits Brief Nr. 32, Endnote 26. Schon in Brief Nr. 32, Z. 35–42, wird die Verwendung eines „Infusum amarum" mit teils ähnlichen Bestandteilen (wie hier „ex....") bei vorliegender Patientin diskutiert. – Zum „Cichorium" oder „Cichoreum" (hier wird explizit auf die Verwendung der Wurzel „radix Cichorei" hingewiesen) vgl. daher bereits Brief Nr. 32, Endnote 35; zur „radix hellebori nigri" vgl. Brief Nr. 32, Endnote 33, und zum „semen anisi" ebenfalls Brief Nr. 32, Endnote 33. – Als weiterer Bestandteil wird an dieser Stelle „Centaureum" genannt. Zum „Centaureum" oder „Centaurium" lassen sich bei Schneider (1968–75), Bd. V/1, S. 262–264, folgende Informationen entnehmen: Es handelt sich dabei um eine pflanzliche Droge aus der Gattung „Centaurium"; Familie der Gentianaceae; Zitatempfehlung für den Artnamen ist Centaurium minus (S.). In der Antike wird für das Kleine Kentaurion (bei Dioskurides) eine innerliche (als Purgans, Nervinum) und äußerliche Verwendung (das Kraut als Vulnerarium, Klistier bei Ischias; Saft zu Augenmitteln; als Zäpfchen menstruationsbefördernd, den Embryo austreibend) angegeben. Die Kräuterbuchautoren des 16. Jahrhunderts übernahmen diese Indikationen. Nach der Pharmakopöe Augsburg 1640 ist bei Verwendung von „Centaurium" die Art „minus" zu nehmen. Die

Pharmakopöe Württemberg 1741 führt: Herba Centaurii minoris (Febrifugae, Fellis terrae, klein Tausend Guldenkraut, Fieberkraut, Erdgallen; gegen Krankheiten, die ihren Ursprung von der Galle haben); Aqua cent. min., Essentia c. m., Syrupus c. m. (aus frischen Blüten). Um 1780 heißt die Stammpflanze in entsprechenden Werken Gentiana Centaurium. Ein zeitgenössischer Eintrag findet sich bei Zedler (1732–1754), Bd. 3, Sp. 1985–1987, unter „Bitter-Kraut" bzw. „Tausendgülden-Kraut" oder „Klein-Tausendgülden-Kraut".

36 Die Aufzählung der Bestandteile des „Infusum amarum" wird hier mit dem lat. Abl. Pl. „baccis Iuniperi" fortgesetzt. Zur Verwendung von „Iuniperus" bzw. des „gemeinen Wacholder", hier speziell der Beeren (lat. „bacca" = Beere), vgl. Brief Nr. 26, Endnote 44.

37 Zum bei „squilla praeparata" verwendeten Symbol (bzw. Abkürzung) für „praeparatus" oder „Praeparatio" vgl. Schneider (1962), S. 48. – Lat. „squilla" kann zu der Zeit sowohl „Meerzwiebel" als auch „Meerkrebs" bedeuten. Der Zusatz „praeparata" verweist aber hier eher auf die pflanzliche Droge. – Eine „Praeparatio" ist die allgemeine Bezeichnung für eine Zubereitung, welche in der Pharmazie bei einfachen Drogen meist darin besteht, dass ein feines Pulver durch Schlemmen mit Wasser gereinigt bzw. in gröbere und feinste Teilchen getrennt wird, wobei dann letztere die Praeparatio sind. Es kann aber auch bedeuten, dass die Materialien auf einem sog. Praeparierstein zerrieben und aus der noch feuchten Masse kleine Kegel geformt werden; vgl. Schneider (1962), S. 84. Eine zeitgenössische Eintragung findet sich bei Zedler (1732–1754), Bd. 63, Sp. 776 („Zubereitung"). – Zur „squilla" lassen sich bei Schneider (1968–75), Bd. V/3, S. 369–371, folgende Informationen entnehmen: Es handelt sich dabei um eine pflanzliche Droge aus der Gattung „Urginea"; Familie der Liliaceae; Zitatempfehlung für den Artnamen ist Urginea maritima (S.). Die Meerzwiebel hielt sich von der Antike bis zum 20. Jahrhundert im Arzneischatz. In antiken Werken (Dioskurides) finden sich bereits ausführliche Anweisungen (Meerzwiebel wird auf besondere Weise geröstet, zerschnitten und getrocknet; die Schnitten gebraucht man zu Meerzwiebelwein, -öl und -essig. Gedörrte Meerzwiebel mit Salz zum Erweichen des Bauches; zu Tränken und aromatischen Mitteln, Diureticum, für Wassersüchtige und Magenleidende, bei Gelbsucht, Krämpfen, chronischem Husten, Asthma; Purgans...). Auch bei Kräuterbuchautoren des 16. Jahrhunderts findet sich dann, unter Bezug u.a. auf Dioskurides, die Pflanze abgebildet. Die T. Worms 1582 führt: Radix Squilla (Scilla, Cepa murina, Meerzwibel, Meußzwibel), Rad. Squilla praeparata (Bereyt Meerzwibel); [unter Säften] Acetum scillinum s. scilliticum (Meerzwibelessig); [unter Sirupen] Oxymel scilliticum (Saurer Honigsyrup von Meerzwibeln), Oxymel scilliticum compositum (Großer saurer Honigsyrup von Meerzwibeln). Und auch der Bestand der Pharmakopöe Württemberg 1741 verweist noch auf die Beliebtheit der Droge: Rad. Scillae (Squillae, Scillae rubrae sive Pancreatii veri, Meerzwiebel, Mauszwiebel; als Stammpflanze wird Ornithogalum maritimum Tournef. angegeben; wegen der Anwendung wird auf Scilla praeparatum verwiesen – Attenuans, Incidans, Resolvens, Pectorans; gegen Wassersucht und Cachexie); Acetum scilliticum, Looch ad Asthma sive de Scilla, Oxymel scilliticum, Pulvis Scillae compositus Stahlii, Syrupus de Scilla sive Oxysaccharum scilliticum, Trochisci de Scilla. Im 19. und 20. Jahrhundert wird in einschlägigen Werken zunehmend auch auf die Gefahren bei Verabreichung der herzwirksamen Droge verwiesen, die schon lange auch als Mäusegift bekannt war. Ein zeitgenössischer Eintrag findet sich bei Zedler (1732–1754), Bd. 20, Sp. 210–212 („Meer-Zwiebel, Mäuß-Zwiebel"), wobei hier ferner eine rote und eine weiße Meerzwiebel unterschieden werden.

38 Wagner befürchtet hier eine „Congestio ad haemorrhoides", also eine „Congestio" zu den „haemorrhoides". – Zur „Congestio" vgl. bereits Endnote 7. – Nach Zedler (1732–1754), Bd. 12, Sp. 119–137 („Haemorrhois, Haemorrhoides"), sind „Haemorrhoides" „ein[] Blut-Fluß [...], welcher Teutsch Goldene-Ader genennet wird". Der Name komme „von denen vasis haemorrhoidalibus, nemlich denen Venis haemorrhoidalibus, welche von der Pfort-Ader entspringen, sich in den Mast-Darm und den Hintern erstrecken, und gemeiniglich das Subjectum dieser Kranckheit abgeben". In einem weiteren zeitgenössischen Eintrag des 18. Jahrhunderts im Anatomisch-chirurgischen Lexikon, Sp. 425–428 („Haemorrhois,

Haemorrhoides"), wird explizit auf den unterschiedlichen Gebrauch des Begriffs „Haemorrhoides" verwiesen, „denn entweder verstehet man hierunter die Gefäße selbst, nemlich die vasa haemorrhoidalia [...]; oder es bedeutet auch den Blutfluß selbst, da das Blut aus denen itzt genannten Gefäßen würklich herausfließet, welches der güldene Aderfluß (haemorrhoides fluentes) heißet; oder wenn diese Gefäße aufschwellen, ohne, daß das Blut heraustrit, da man es die blinde güldne Ader, oder die Mastkörner (haemorrhoides caecae, s. tumentes) nennet". Sollte der Patient durch die „Haemorrhoides" stark entkräftet oder gar ohnmächtig werden, müsse man versuchen den Fluss zu stillen, d.h. bei mangelndem Erfolg von Aderlass, bestimmten Arzneimitteln und Diät auch durch Operation.

39 Wagner beschreibt die „Congestio ad haemorrhoides" hier als mögliche „effectus tussis enormis", also als „mögliche Verrichtungen bzw. das Werk des sehr starken Hustens". – Zum „Husten" bzw. „tussis" vgl. bereits Endnote 23.

40 Mit „besorgen" ist hier gemeint „sorge, angst um etwas haben"; vgl. Grimm (1854–1960), Bd. 1, Sp. 1635.

41 Wagner befürchtet, dass auch „haemorrhoides largius fluentes propter defectum virium & toni" wenig Entlastung bringen werden, dass also nur geringe Linderung durch „reichlicher fließende Haemorrhoiden wegen des Mangels an Kräften und Tonus" zu erwarten ist. – Zum Begriff des „tonus" vgl. bereits Brief Nr. 26, Endnote 40.

42 Zu General Helmut Otto von Bassewitz (Bassewiz) (1673–1736) siehe Brief Nr. 22, Endnote 1. Zu seinem bisherigen Krankheitsverlauf vgl. Brief Nr. 22, Z. 8–10, Brief Nr. 24, Z. 63–65, und Brief Nr. 32, Z. 75–77.

35 — *13. Dezember 1736*

Peter Christian Wagner, Erlangen, an Christoph Jacob Trew, <Nürnberg>

HochEdelgebohrner und Hochgelehrter
Insonders hochgeehrtester Herr HoffRath,
hochgeneigter Gönner!

Ewer hochEdelgeb[ohrn] hätte ich die Verlangten *Memoires*[1] gerne ehender gesendet, woferne[2] mir solche der Buchbinder nicht in der Meÿnung Vorenthalten hätte, ob wolte ich Ihme solche weg nehmen und beÿ einen andern binden laßen,[3] nachdeme ich aber selbsten Zu Ihm gegangen und die Sache erläutert, hat Er mir solche so, wie Sie sie hiebeÿ finden werden ausgeliefert. Sie stehen alßo solange und Viel Zu Dero Befehl, als es | 2 | Ewer hochEdelgeb[ohrn] beliebet. Dießen habe noch beÿfügen wollen die Versprochenen *Radices Dentariae bacciferae*[4], so der alte Herr *Dr. Wedel*[5] *Hypocacuanham germanicam nostratem*[6] nennet. Sie wächst um Pappenheim[7] in Wäldern, wie wohl *rarement*, und heißen es die Leute daßelbst: Weißen Sanickel[8]. Nechst dießer folget auch eine Probe Von denen *Rad. Helleb. n. Hippocratis*[9] welche ich in Thüringen[10] Zu Vielen Centnern[11] graben und denen Materialisten[12] und Apotheckern in Leipzig, Naumburg, Halle *&c.*[13] unter dem Nahmen schwarzer NießWurtz Verkauffen sehen. Finden Ewer hochEdelgeb[ohrn] in Ihren *Officinen* oder beÿ Ihren *Materialisten* eine andere Gattung, so bitte mir eine Probe dagegen, auch ein klein | 3 | wenig Von der *Veritablen Sarsaparilla*[14] aus. Ich bedaure gar sehr, daß alle

Nachrichten Von dem herrn *General*-Feld-Zeugmeister[15] schlechter und betrübter lauten und laßen freÿlich die gemeldeten Umstände eben so wenig hoffen als beÿ der Fr[au] *Residentin* Von *Buirette*[16]. Dieße Vermeldet hier durch nebst Ihrem ganzen hauße Ihr *Compliment* und dancket nebst mir Vor Dero so gründlich, als ausführlichen Beÿrath. Es hat sich bißhero nichts mit Ihrer Kranckheit geändert: Die Geschwulst *augmentiret* noch immer und das Ausrinnen der Beine will noch nicht recht *continuiren*.[17] Der husten und Auswurff ist seit einigen Tagen *enorm* und sehr beschwehrlich. *Post pastum* kommen starcke hitzen und die *Molimina haemorrhoidalia*[18] äußern sich noch bißweilen. | 4 | Vor etlichen Tagen bekomen Sie Von freÿen Stücken ein Treiben auf den Urin und schiene solcher öffter und in mehrerer *Quantitaet* abzugehen, alleine es *continuiret* nicht. Seit gestern haben wir das *Infusum*[19] angefangen und brauchen daneben nichts als einige *Analeptica*[20] und die *Mixturam Tonicam Stahlii*[21]. Gott ändere es nach seinem heiligen Wohlgefallen auf eine oder die andere Art bald. Die Frau *Patientin* seuffzet selbsten recht sehr darnach. Nebst meiner Vielmahligen und höflichsten Empfehlung an die Frau Gemahlin erbitte mir dero fernere Gunst und Gewogenheit und Versichere daß ich nie mahlen aufhören werde mit der grösten hochachtung Zu seÿn

Ewer hochEdelgeb[ohrn]

Erlang den 13. *Decembr[is]* 1736.

gehorsamster Diener
Dr. P[eter] C[hristian] Wagner.

***H** UBE Briefsammlung Trew, Korr. Wagner, Nr. 25. 4 S. Als Beilagen: ungebundenes Werk „Memoires de Monsieur de Reaumur“ (Z. 8–13) sowie die Pflanzen Radices Dentariae bacciferae (Z. 13–16) und Rad. Helleb. n. Hippocratis (Z. 16–19).*

14 germanicam] germanicam: *erg. zwischen den Zeilen*

---

1 Gemäß Brief Nr. 37, Z. 22–24, ist hier folgendes Werk gemeint: Réaumur, René Antoine de: Mémoires pour servir à l'histoire des Insectes. 6 Bde. Paris [Imprimerie Royale] 1734–1742. – Im Jahr des vorliegenden Briefes 1736 erschien der zweite Band dieses Werkes.

2 „Woferne“ steht hier für „sofern“ bzw. „falls“; vgl. Grimm (1854–1960), Bd. 30, Sp. 972.

3 Ein knapper zeitgenössischer Eintrag des 18. Jahrhunderts zum Handwerk des Buchbindens findet sich bei Zedler (1732–1754), Bd. 4, Sp. 1754 („Buchbinder-Handwerck“): Das Handwerk sei sehr angesehen, die Gesellen reisten durch ganz Europa und ihr Meisterstück sei üblicher Weise ein starker Foliant, ein Quart- oder Oktavband.

4 Zedlers Universallexikon aus der ersten Hälfte des 18. Jahrhunderts kennt Dentaria, auch genannt Zahnkraut oder Zahnwurtz. Es handele sich dabei um ein Kraut, von dem es vier Arten gebe. Eine davon heiße Dentaria heptaphyllos baccifera, C. B. Pit. Tournef.; Dentaria baccifera, Clus.; Dentaria bulbifera Ger. Park.; Dentaria Coralloides minor bulbifera J. P. Ihre Wurzel sei lang, wie eine Schlange gekrümmt, dünn und weiß und habe einen „unangenehmen, scharffen Geschmack“. Alle Arten der Dentaria seien

an schattigen Orten vorzufinden und führten „viel Oel, Sal essentiale und fixum". Ihre Wirkung wird beschrieben als: „Sie reinigen und trocknen, zerreiben die Winde und die Blähungen und sind gut zu denen Wunden". Teils sollten sie aber nur äußerlich gebraucht werden. Der Name Dentaria oder Zahnwurtz rühre vom Aussehen der Wurzel her; vgl. Zedler (1732–1754), Bd. 7, Sp. 585 f. – Ein Hinweis auf die von Wagner im vorliegenden Brief vorgenommene Gleichsetzung mit der „Hypocacuanha germanica nostras" Dr. Wedels bzw. dem um Pappenheim gebräuchlichen Namen „Weißer Sanickel" findet sich in diesem Artikel bei Zedler nicht.

5 Georg Wolfgang Wedel wurde 1645 in Golzen in der Niederlausitz geboren und starb 1721 in Jena. Er studierte an der Universität Jena Philosophie und besonders Medizin, die Promotion erfolgte 1667. Anfangs praktizierte er in Jena, Landsberg und Züllichau, dann als Stadtphysikus in Gotha. 1673 übernahm er in Jena den Lehrstuhl für Medizin, Chirurgie und Botanik. 1719 erhielt er den Lehrstuhl für Praktische Medizin und Chemie. 1685 wurde Wedel fürstlich sächsischer Leibarzt, 1694 kaiserlicher Pfalzgraf. Er war seit 1672 Mitglied der Deutschen Akademie der Naturforscher Leopoldina. Das ca. 375 Titel zählende Schriftenverzeichnis Wedels umfasst ausschließlich Dissertationen, Programme und Gelegenheitsreden, in denen er sich u.a. für die Alchemie und die Verbindung von Medizin und Chemie einsetzte, wobei sein Forschungsinteresse als Anhänger der chemiatrischen Lehren des Sylvius vorwiegend der Untersuchung der Abläufe im menschlichen Körper auf chemischer Basis galt. In der UBE Briefsammlung Trew sind einige Briefe von und an Georg Wolfgang Wedel erhalten, u.a. zwei Briefe an Johann Moritz Hoffmann (1653–1727); vgl. Schmidt-Herrling (1940), S. 684; ADB, Bd. 41, S. 403; DBE, Bd. 10, S. 457. – Weitere Einträge zu Georg Wolfgang Wedel finden sich in: DBA 1338, Bl. 318–331 (Wetzel, Jöcher, Richter, Hirsching, Günther); Hirsch (1962), Bd. 5, S. 875.

6 Ein zeitgenössischer Eintrag zu „Ipecacuanha" bzw. „Hypecacuanha" findet sich bei Zedler (1732–1754), Bd. 14, Sp. 1235–1238. Hier wird auch hingewiesen auf die Schrift: „Diss. Med. Inaugur. de Ipecacuanha Americana & Germanica Praes. Georg. Wolffg. Wedel. Jena 1705". – Eine Gleichsetzung der „Hypocacuanha germanica nostras" mit „Dentaria baccifera" oder „Weißem Sanickel" findet sich auch in diesem Eintrag nicht.

7 Zu Pappenheim vgl. Brief Nr. 1, Endnote 8.

8 Ein zeitgenössischer Eintrag zu „Sanickel" bzw. „Sanicula" findet sich bei Zedler (1732–1754), Bd. 33, Sp. 2036 f. – Weder findet sich in dem Eintrag explizit „Weißer Sanickel" noch wird eine Gleichsetzung mit „Dentaria baccifera" bzw. Wedels „Hypocacuanha germanica nostras" vollzogen.

9 Zur Verwendung von „Radix Hellebori nigri" in der damaligen Medizin vgl. Brief Nr. 32, Endnote 33. Wie dort bereits erwähnt, wird im entsprechenden Eintrag bei Schneider (1968–75), Bd. V/2, S. 160–163 („Helleborus"), immer wieder betont, dass die Zuordnung zu einer Stammpflanze mitunter schwierig ist, ja teils als „Nießwurzel" auch die Wurzeln anderer Gattungen als Helleborus gehandelt wurden. Schon in T. Worms 1582 wurde u.a. „Radix Ellebori sive Hellebori nigri Hippocratis et Theophrasti" bzw. „klein wild Christwurz" genannt, die wohl der Gattung Adonis zuzuordnen ist. In Werken Ende des 18. Jahrhunderts findet sich zudem explizit erläutert, dass neben der echten Nieswurzel auch die Wurzel der Frühlingsadonis (Adonis vernalis), v.a. in Thüringen jährlich in großen Mengen gesammelt, verschickt werde, da sie in ihren Eigenschaften etc. sehr ähnlich sei. Evtl. übersendet Wagner also mit vorliegendem Brief eben eine Probe der in Thüringen gesammelten „falschen Nießwurz" aus der Gattung Adonis an Trew. – Ein zeitgenössischer Eintrag zu „Elleborus niger" findet sich bei Zedler (1732–1754), Bd. 8, Sp. 902–907. Ferner ist bei Zedler (1732–1754), Bd. 8, Sp. 907 f., ein gesonderter Eintrag zu „Elleborus niger vulgaris", auch „Helleborus Hippocratis, Tab." oder zu Deutsch „Vermeynte schwartze Niese-Wurtz", enthalten: Diese wachse „in Teutschland an vielen Orten, sonderlich in Böhmen, Thüringen und Oesterreich". Sie sei zwar in den Apotheken nicht gebräuchlich, habe aber „fast gleiche Krafft und Würckung mit denen andern Elleboris", wobei sie nicht verwendet werden solle, da sie „noch weit hefftiger von oben und unten purgire[]". Sie sei aber „[z]u Hippocratis und Theophrasti Zeiten [...] gar sehr im

Gebrauch gewesen“. Außerdem findet sich bei Zedler (1732–1754), Bd. 4, Sp. 375, ein Eintrag zu „Böhmische Christwurtz, Helleborus niger Hippocratis Tab. Icon.“.

10 Zu Thüringen merkt Zedler (1732–1754), Bd. 43, Sp. 1861–1891, an, es handle sich um eine Landschaft im Obersächsischen Reichskreis, welche im Osten an Meißen, im Norden an das Fürstentum Anhalt, im Westen an Hessen und das Braunschweigische und im Süden an Franken angrenze. Politisch sei es in „vielerley Herrschafften“ zergliedert, doch besäßen die Herzöge zu Sachsen von der Ernestinischen Linie das meiste, daneben habe der Kurfürst von Mainz das Eisfeld und die Stadt Erfurt inne. – Eine kurze Darstellung zur thüringischen Landesgeschichte findet sich auch im Deutschen Städtebuch, Bd. 2 (Mitteldeutschland), S. 255–258: Auch hier wird betont, es handle sich um ein „klassische[s] Beispiel der dt. Kleinstaaterei“, wobei sich unter den Regentenfamilien neben den bestimmenden ernestinischen Herzogshäusern nur die Geschlechter der Schwarzburger und Reußen im Wesentlichen selbstständig halten konnten.

11 Nach Zedler (1732–1754), Bd. 5, Sp. 1830, entsprach ein Centner bzw. frz. Quintal an den meisten Orten 100 Pfund, an manchen aber auch mehr, etwa 110 oder 112 Pfund. – Das Pfund wiederum als „gemeines Kramergewicht“ war auch je nach Ort unterschiedlich; vgl. Zedler (1732–1754), Bd. 27, Sp. 1709 f.

12 Zedler (1732–1754), Bd. 19, Sp. 2026, beschreibt einen Materialisten als jemanden, „der allerhand Gewürtz, Specerey, Farben, Berg-Arten, allerhand Lebens-Mittel von gedörrten oder eingesaltzenen Fleisch, Fischen und Früchten u.d.g. zu Kauff hat“. Man nenne ihn auch „Gewürtz-Krämer, oder Würtz-Krämer, und irrig Apothecker“.

13 Leipzig, an Elster, Pleiße und Parthe gelegen, gelangte bei Teilung der wettinischen Erblande 1485 an die herzoglich albertinische Linie, welche seit 1547 auch die Kurwürde innehatte. Aus zeitgenössischer Sicht des 18. Jh. waren in der „weitberühmte[n] Stadt“, „5 Meilen von Halle, 13 von Dreßden und Erfurt in einer schönen Ebene gelegen“, als besondere Bauwerke u.a. Thomas- und Nikolaikirche, das Rathaus und die Pleißenburg zu erwähnen. Als bemerkenswert galten ferner die Ratsbibliothek mit Münzkabinett und Raritäten, die Hohe Schule und vor allem die drei Leipziger Messen (Neujahrs-, Oster- und Michaelismesse); vgl. Zedler (1732–1754), Bd. 16, Sp. 1652–1807; Deutsches Städtebuch, Bd. 2 (Mitteldeutschland), S. 120–129. – Naumburg, am Ufer der Saale gegenüber der Mündung der Unstrut gelegen, hatte zunächst dem Naumburger Bischof als Landesherrn unterstanden, der 1296 zu den Reichsfürsten gerechnet wurde. Die Wettiner aber bauten parallel zu ihrem Aufstieg im Reich das ursprüngliche Schutzvogtamt immer mehr zu einer Art Patronat über das Bistum und schließlich im Zusammenhang mit der Säkularisierung des Bistums 1542 und 1564 zur Landesherrlichkeit aus. Das Bistum bildete dann als Stift Naumburg einen Verwaltungsbezirk in Kursachen. Die Hauptstadt des Bistums wurde kursächsische Provinzstadt. Die Naumburger Peter-Pauls-Messe zählte zu den ältesten Messen Deutschlands, der über 200 Jahre andauernde Wettstreit mit Leipzig aber schwächte Naumburg wirtschaftlich (1833 Untergang der Messe). Zedlers Universallexikon aus der ersten Hälfte des 18. Jh. widmet v.a. dem Naumburger Dom eine ausführliche Schilderung; vgl. Zedler (1732–1754), Bd. 23, Sp. 1300–1305; Deutsches Städtebuch, Bd. 2 (Mitteldeutschland), S. 617–621. – Halle, gelegen an der Saale am Übergang zwischen norddeutschem Tiefland und mitteldeutschem Gebirgsland, war lange Teil des Erzbistums Magdeburg. Einen wichtigen Einschnitt bedeutete somit die Reformation. In der Folge der Regelungen des Westfälischen Friedens fiel Halle schließlich 1680 an das Kurfürstentum Brandenburg (Ende eines selbstständigen Herzogtums Magdeburg mit dem Tod des letzten erzbischöflichen Administrators). Im Siebenjährigen Krieg war die nun preußische Stadt schweren Belastungen ausgesetzt. Hervorzuheben, auch aus zeitgenössischer Sicht, sind die (1698 gegründeten) Franckeschen Stiftungen mit u.a. angegliedertem Naturalienkabinett und Bibliothek sowie die (1694 eingeweihte) Universität, die im 18. und frühen 19. Jh. meistbesuchte Hochschule Deutschlands und zugleich Landesuniversität Preußens war; vgl. Zedler (1732–1754), Bd. 12, Sp. 270–276; Deutsches Städtebuch, Bd. 2 (Mitteldeutschland), S. 529–534.

14 Zur Verwendung der Sarsaparille als pflanzliche Droge vgl. Brief Nr. 26, Endnote 37. Schon dort wurde vermerkt, dass bzgl. der Zuordnung zu einer Stammpflanze lange Unklarheiten herrschten. Zedler (1732–1754), Bd. 34, Sp. 136–139, verweist zeitgenössisch darauf, dass sich bei den Materialisten „verschiedene Sorten dieser Wurtzeln" finden ließen, insbesondere gebe es auch eine „falsche Sarsaparille", die „einige, wiewohl unrecht, die moscowitische Sarsaparille nennen, da sie vielmehr von Marignan kommet". Zedler betont den geringen Nutzen dieser „falschen Sarsaparille". Wagner verlangt hier also wohl bewusst in Abgrenzung die „Veritable[] Sarsaparilla".
15 Zu General Helmut Otto von Bassewitz (1673–1736) siehe Brief Nr. 22, Endnote 1. Zu seinem bisherigen Krankheitsverlauf vgl. Brief Nr. 22, Z. 8–10, Brief Nr. 24, Z. 63–65, Brief Nr. 32, Z. 75–77, und Brief Nr. 34, Z. 52–56.
16 Zu Elisabeth Buirette von Oehlefeld (†1737) siehe Brief Nr. 23, Endnote 1. Zu ihrem Krankheitsverlauf vgl. bisher Brief Nr. 23–34 und im weiteren Verlauf Brief Nr. 37–40 und Brief Nr. 42–48.
17 Zum bisherigen Verlauf der Schwellungen vgl. Brief Nr. 26, Z. 42–44, Brief Nr. 29, Z. 12–14, Brief Nr. 32, Z. 13–16, sowie Brief Nr. 34, Z. 21–27.
18 Zu den „hämorrhoidalen Beschwerlichkeiten/Bemühungen" (hier lat.: „Molimina haemorrhoidalia") s. Brief Nr. 34, Z. 47–51 und Endnote 38.
19 Vgl. Brief Nr. 22, Endnote 13 zum allgemeinen Begriff des „Infusum". Gemeint ist hier eventuell im Besonderen das Infusum aus Brief Nr. 34, Z. 45–47 und Endnote 35–37.
20 Vgl. Brief Nr. 24, Endnote 20 zur Arzneimittelgruppe der „Analeptica".
21 Zur „Mixtur" im Allgemeinen vgl. Brief Nr. 24, Endnote 19, und zur Arzneimittelgruppe der „Tonica" Brief Nr. 22, Endnote 15. Zurückgeführt wurde die hier genannte Mixtur wohl auf Georg Ernst Stahl (1659–1734) vgl. Brief Nr. 32, Endnote 17.

36* — *14. Dezember 1736*

Christoph Jacob Trew, <Nürnberg>, an Peter Christian Wagner, <Erlangen>

Trew forderte Wagner mit diesem Schreiben zeitnah zu einer Reise an den Ansbacher Markgrafenhof auf.

Erschlossen nach Brief Nr. 37, Z. 8–30 (im weiteren Verlauf inhaltlich auch Brief Nr. 39–41); wohl von einem Boten überbracht (vgl. Brief Nr. 37, Z. 20 f.).

37 — *14. Dezember 1736*

Peter Christian Wagner, Erlangen, an Christoph Jacob Trew, <Nürnberg>

HochEdelgeb[ohrner] Und Hochgelehrter
Insonders hochgeehrtester herr hoffRath
und Leib*Medice*.

Dero hochwerthestes heutiges Schreiben[1] hat mich mehr erschrecket als erfreuet, und solches um so Viel mehr weilen sich außer der Kranckheit der Frau *Residentin* Von *Buirette*[2] der besondere Umstand in meinem hauße ereignet, daß meine 3 jüngsten Söhne[3] heute just den 8ten Tag an denen Kinder Blattern[4] liegen. Ob nun schon die Blattern sehr gut stehen und alle hoffnung Zur *Reconvalescenz* da ist, so solte es mir | 2 | doch schwehr fallen, dieße in solchen Umständen Zu Verlaßen. Und da man beÿ der Durchlauchtigsten herrschafft[5] selbsten nicht unbillig dießen *Morbum* Verabscheuet, so trüge Bedencken den erhaltenen gnädigsten Befehl ohne Vorherige weitere *Ordre* Zu befolgen. Wenn alßo die Reiße[6] nur noch 8 oder 10 Tage hinaus gestellet werden könte, so Vermeinte sodann um so Viel sicherer solche Zu unternehmen und wolte mich gerne Vorhero et[liche] Tage meiner Kinder enthalten, als welche ohne hin gantz *aparte logiret* sind. Ich überlaße alßo die | 3 | fernere *Disposition* der Klugheit Von Ewer hochEdelgeb[ohrn] und bitte dießen Umstand nebst meinem *Comp[liment]* an Herrn hoffRath *Loelium*[7] Zu überschreiben. Der Both ist selbsten in der Kinder-Stuben geweßen und hat meine *Patienten* gesehen. An den Herrn hoffR[ath] *Loelium* ist es heute wegen Kürtze der Zeit unmöglich Zu schreiben. Ich hoffe die *Memoires de M[on]s[ieu]r de Reaumur*[8] sollen heute frühe nebst der Nachricht Von der Fr[au] Von *Buirette* wohl überkommen seÿn.[9] Beÿkommende Bogen Vom *Commercio Liter[ario]*[10] haben schon Vom Herrn *Dr.* Stock[11] empfangen. *N[ume]ro XLIX* aber haben wir[12] hierbehalten | 4 | doch bitte ich es Herrn *Dr.* Stock Zu sagen damit Er dießen Bogen samt dem Kupffer[13] nicht noch ein mahl sende. Ich erwarte Ewer hochEdelgeb[ohrn] ferneren Befehl und bin recht *chagriniret* daß ich den heutigen nicht sogleich ohne Anstand befolgen können. Ich hoffe der Herr hoffRath *Loelius* wird es durch seine Vorstellung schon dahin bringen können daß noch ein gar kleiner Aufschub gegeben werde. Übrigens Verharre mit ersinnlichster hochachtung

Ewer hochEdelgeb[ohrn]

eiligst
Erlang den 14. *Dec[embris]*
1736.

gehorsamster Diener
Dr. Wagner.

Pardoniren Sie doch das eilfertigste und elende Schreiben. | 5 |

*PS*tum*:* Hiebeÿ übersendte die Von Herrn *Dr.* Stock doppelt empfangene Bögen Vom *Commercio Liter[ario]* wiederum Zurücke. Vor das Von Anspach[14] gütigst überschriebene *Compliment* dancke ergebenst. Der Herr hoffRath Weißman[15] Vermeldet sein schuldiges Gegen*Compliment* und Verdancket die so aufrichtig bezeugte *Compassion*. Die Frau *Residentin* Von *Buirette laboriret* schon seit 14 Tagen an Ihrem *Asthmate spasmodico*[16] sehr hefftig mit starcken Auf| 6 |wallungen und greulichen KopffSchmertzen, welche letztere sonderheitlich frühe nach dem unruhigen Schlaf oder Schlummer erfolgen, wobeÿ eine starcke *flatulentia anoterica*[17] und Unruhe im Unterleib nebst graußemen Üblichkeiten[18] und Mattigkeiten sich äußern. Es wollen dabeÿ weder die *Tinctura Tonica*[19] noch Clÿstire[20], noch *nervina*[21], noch *Antispasmodica temperantia cinnabarina*[22] *& analeptica*[23] etwas Verfangen. Gestern habe Ihnen 8 biß 9 Unzen Blut auf dem Fuß gelaßen[24] und solches gantz fest und hart nebst einem saltzigen *sero*[25] befunden. Die *Vasa*[26] sind dennoch sehr Voll und fürchte ich mich sehr Vor einer *Atonia universali*[27].

***H** UBE Briefsammlung Trew, Korr. Wagner, Nr. 26. 4 S. und 2 S. PS. Postweg: eventuell von einem Boten überbracht (Z. 20 f.); als Beilagen: Bögen des Commercium Litterarium, die Wagner doppelt vorliegen (Z. 24–27 und Z. 41 f.).*

---

1 Dieses Schreiben Trews Nr. 36*, dessen Inhalt sich wohl auf eine anbefohlene Reise Wagners an den Ansbacher Hof bezog, ist in der UBE Briefsammlung Trew nicht erhalten. – Zu den Bemühungen Trews um eine Vermittlung Wagners als Arzt an den Ansbacher Hof vgl. bereits Brief Nr. 20, insbesondere auch Endnote 2 und 4, sowie Brief Nr. 32, Z. 55–63 und Endnote 45. Zur anschließenden Reise Wagners nach Ansbach vgl. im weiteren Verlauf insbesondere Brief Nr. 41 und Nr. 42.

2 Zu Elisabeth Buirette von Oehlefeld (†1737) siehe Brief Nr. 23, Endnote 1. Zu ihrem Krankheitsverlauf vgl. bisher Brief Nr. 23–35 und im weiteren Verlauf Brief Nr. 39 und 40 sowie Nr. 42–48.

3 Nach der Memoria P. C. Wagneri (1765), unpaginiert, hatte Wagner mit seiner ersten Frau Regina Wagner, geborene Heer, sieben Söhne. Seine erste Frau verstarb 1735, d.h. Wagner war zum Zeitpunkt dieses Briefes bereits verwitwet. Von den sieben Söhnen überlebten nur vier, wobei die Abfolge der geschilderten Ereignisse und die Formulierung „tres mortalitate in tenerrima aetate" zudem die Vermutung nahelegen, dass die drei sehr früh verstorbenen Söhne Wagners aus erster Ehe, zu denen weitere Angaben fehlen, ebenfalls zum Zeitpunkt vorliegenden Briefes 1736 bereits nicht mehr am Leben waren. Die im Brief erwähnten „drei jüngsten Söhne" wären dann: 1) Paul Christian Ludwig Wagner, geb. 1730 (zu seiner weiteren Laufbahn heißt es in der Memoria: „Serenissimo Principi a consiliis Aulae et Medicus aulicus, civitatis et provinciae Physicus ordinarius, Pestilentiarius et incluti medicorum Senatus Adsessor"; vgl. zu ihm auch ausführlich Brief Nr. 88, Endnote 17), 2) sein Zwillingsbruder Johann Conrad Wagner („circuli Franconici centuriae, quae viro perillustri de Seiz paret, succenturio"), und 3) Johann Heinrich Wagner, geb. 1731 („Serenissimo Principi a consiliis Regiminis de patria meritissimus"; vgl. auch zu vermutlich seiner Heirat 1760 mit der ältesten Tochter des Erlanger Justizrats Göckel Brief Nr. 96, Z. 16–18). Die Kirchenbücher der Deutsch-ref. Gemeinde Erlangen verzeichnen im Jahr 1727 die Taufe und die Beisetzung eines Sohnes Peter Christian Wagners und seiner Gemahlin Regina, geborene Heer, mit Namen Johann Conrad; weitere Angaben zu getauften oder verstorbenen Kindern Peter Christian Wagners aus erster Ehe finden sich dort nicht (die Geburt der bekannten überlebenden Söhne [s.o.] fällt in die Pappenheimer Jahre Wagners von 1728–1731, möglicherweise fallen also in diese Zeit auch Geburt und Tod der weiteren früh verstorbenen Söhne Wagners aus erster Ehe, umfassendere genealogische Recherchen auf Basis weiterer ortsbezogener Kirchenbücher könnten dazu ggf. weiteren Aufschluss bringen, gehen aber hier über den Rahmen vorliegender Arbeit hinaus); vgl. LAELKB Kirchenbucharchiv, Erlangen-Deutsch-ref. Gemeinde; hier unter „Taufen, Trauungen, Beerdigungen, Kommunikanten 1693–1741", Sign. 235-1.

4 Zur Erkrankung der „Kinder-Blattern" vgl. Brief Nr. 6, Endnote 6.

5 Gemeint ist hier wohl die markgräfliche Herrschaft zu Ansbach. – Der Markgraf von Brandenburg-Ansbach Carl Wilhelm Friedrich wurde 1712 geboren und starb 1757. Er war der Sohn des Markgrafen Wilhelm

Friedrich und seiner Gemahlin Christiane Charlotte. Nach dem frühen Tod des Vaters führte die Mutter 1723–1729 für ihn die Regentschaft, bis er selbst 1729 erst 17jährig die Regierung übernahm. Verdienste erwarb sich Carl Wilhelm Friedrich durch eine straffe Landesverwaltung, Förderung von Industrie und Gewerbe und eine rege Bautätigkeit v.a. in der Residenzstadt Ansbach. Allerdings war er bei seinen Untertanen wegen seines Jähzorns teils als „Wilder Markgraf" verschrien; vgl. NDB, Bd. 11, S. 223; Schuhmann (1980), S. 209–219; Herrmann (2002), S. 344–363. Ein weiterer Eintrag zu Markgraf Carl Wilhelm Friedrich findet sich in: ADB, Bd. 15, S. 260–263. – Die Ansbacher Markgräfin Friederike Luise wurde 1714 geboren und starb 1784. Sie war eine Tochter des preußischen Königs Friedrich Wilhelm I. und somit eine Schwester der Bayreuther Markgräfin Wilhelmine. Ihre 1729 mit Carl Wilhelm Friedrich geschlossene Ehe verlief unglücklich, weswegen sie sich schon bald nach 1736 in die Abgeschiedenheit des Schlosses Schwaningen (Unterschwaningen) zurückzog; vgl. Schuhmann (1980), S. 215; Hermann (2002), S. 347 und S. 355 f. Erwähnt findet sie sich auch im Eintrag zu Carl Wilhelm Friedrich in: NDB, Bd. 11, S. 223. – Christian Friedrich Carl Alexander, kurz Alexander, wurde am 24. Februar 1736 geboren und starb 1806. Er war der Sohn Carl Wilhelm Friedrichs und der Friederike Luise und wurde, als sein älterer Bruder 1737 verstarb, Erbprinz. 1754 erfolgte die Heirat mit der sächsisch-coburgischen Prinzessin Friederike Caroline, 1757 trat er nach dem Tod des Vaters die Regierung im Markgraftum Brandenburg-Ansbach an. Als 1769 mit dem Tod des Markgrafen Friedrich Christian die Brandenburg-Kulmbachische Linie erlosch, fiel ihm zudem das Markgraftum Brandenburg-Bayreuth zu. Markgraf Alexander dankte im Jahr 1791 ab, um sich nach dem Tod seiner ersten Ehefrau mit der Engländerin Lady Craven zu vermählen. Alexander starb 1806 auf Schloss Benham in England. Er war der letzte Markgraf in Franken, da die Markgraftümer nach seiner Abdankung gemäß dem Hausvertrag von 1752 an Preußen fielen; vgl. ADB, Bd. 15, S. 264–266; Schuhmann (1980), S. 251–263; Herrmann (2002), S. 363–391. Weitere Einträge zu Markgraf Alexander finden sich in: DBA 189, Bl. 89 f. (Hengst; König); DBE, Bd. 1, S. 111.

6 Siehe Endnote 1.

7 Zur Person des Johann Lorenz Ludwig Loelius (1687–1756) und auch seiner Rolle bei der versuchten Vermittlung Wagners an den Ansbacher Hof vgl. Brief Nr. 32, Endnote 42 und Z. 55–57.

8 Gemeint ist hier das Werk „Mémoires pour servir à l'histoire des Insectes" von René-Antoine Ferchault de Réaumur, das Wagner mit seinem Brief vom Vortag (in Teilen) an Trew übersandte; vgl. Brief Nr. 35, Z. 8–13 und Endnote 1. – Der Mathematiker, Naturforscher und Physiker René-Antoine Ferchault de Réaumur (Reaumur) wurde 1683 in La Rochelle geboren und starb 1757 in Château de la Bermondière bei Saint-Julien-du-Terroux. Er erhielt mathematischen Unterricht bei Pierre Varignon (1654–1722) in Paris und wurde v.a. durch seine Temperaturskala, die sog. „Réaumur-Skala", berühmt. Daneben befasste sich Réaumur mit Insektenkunde, insbesondere dem Bienenstaat, und lieferte beachtete Beiträge. Auch widmete er sich Fragen zur Schalenbildung bei den Mollusken, zur Perlenbildung und anderen Fragen der tierischen Physiologie. Réaumur war Mitglied einiger gelehrter Gesellschaften u.a. der Royal Society London (1738), der Akademie der Wissenschaften Berlin (1742) sowie v.a. der Académie Royale des Sciences Paris (ab 1711 ordentliches Akademiemitglied); vgl. Boschung (2002), S. 420. Weitere Einträge zu Réaumur finden sich in: Nouvelle biographie générale, Bd. 41, Sp. 794–797; Jöcher (1784–1897), Bd. 6, Sp. 1483–1489. Umfangreiche Angaben zu Réaumurs Leben und Wirken finden sich auch bei Kant (1984), v.a. S. 50–58 und S. 76–82.

9 Wagner bezieht sich hier auf seinen am Vortag verfassten Brief Nr. 35.

10 Zur medizinischen Zeitschrift des Commercium Litterarium vgl. Brief Nr. 6, Endnote 2.

11 Georg Nicolaus Stock wurde 1701 in Nürnberg geboren und starb ebenda 1753. Er studierte Medizin in Altdorf und unternahm eine Studienreise u.a. nach Basel. Nach seiner Rückkehr nach Nürnberg 1729 war er praktischer Arzt und Milizarzt im Collegium Physicum Nürnberg. Zudem war Georg Nicolaus Stock nach dem frühen Tod Johann Christoph Homanns (1703–1730) ab 1730 Mitglied der Sozietät des Commercium Litterarium (bis 1739). In der UBE Briefsammlung Trew sind Briefe u.a. von Stock an Trew und Trew an Stock überliefert; vgl. Boschung (2002), S. 504 f.; Schmidt-Herrling (1940), S. 593 f. Zu seiner Rolle im Commercium Litterarium vgl. Rau (2006), S. 39 f. – Ein weiterer Eintrag zu Georg Nicolaus Stock findet sich in: DBA 1230, Bl. 57 f. (Will).

12 Mit „wir" bezieht Wagner hier eventuell Johann Friedrich Weissmann (1678–1760) mit ein, der auf dem gleichen Weg wie Wagner das Commercium Litterarium bezog, vgl. Brief Nr. 15, Z. 15–18 und Endnote 4.

13 „Kupffer" steht hier für den „kupferstich selbst oder kupferbild, kupferblatt, kupferstück"; vgl. Grimm (1854–1960), Bd. 11, Sp. 2759.

14 Zu Ansbach (Anspach) vgl. Brief Nr. 20, Endnote 10.

15 Zu Johann Friedrich Weissmann (Weißman) (1678–1760) vgl. Brief Nr. 15, Endnote 4.

16 Zum „Asthma spasmodicum" vgl. Brief Nr. 13, Endnote 13.

17 Zur „flatulentia" vgl. Brief Nr. 29, Endnote 14.

18 Gemeint ist hier „übelkeit" bzw. „unwohlsein"; vgl. Grimm (1854–1960), Bd. 23, Sp. 697.

19 Zur „Tinctura" im Allgemeinen vgl. Brief Nr. 24, Endnote 6. Zur Arzneimittelgruppe der „Tonica" vgl. Brief Nr. 22, Endnote 15.

20 Zur Verwendung von „Clÿstiren" vgl. Brief Nr. 24, Endnote 4.

21 Zur Arzneimittelgruppe der „nervina" vgl. Brief Nr. 22, Endnote 14.

22 Zur Arzneimittelgruppe der Antispasmodica lassen sich bei Schneider (1968–75), Bd. II, S. 34 f., folgende Informationen entnehmen: „Antispasmodica" sind „Mittel gegen den Krampf". Mitte des 18. Jh. rechnete man allgemein zu den Antispasmodica: 1) Antiparalytica, 2) Roborantia, 3) Volatilia und 4) Oleosa. Im Speziellen wurden genannt Antihecticum Poterii, Cinnabaris Antimonii, Flores Sulphuris, Unicornum, Succinum album, Dens Hippopotami, Ungula Alcis und Nepenthes. Ein zeitgenössischer Eintrag findet sich bei Zedler (1732–1754), Bd. 2, Sp. 657. – Zur Arzneimittelgruppe der Temperantia lassen sich bei Schneider (1968–75), Bd. II, S. 72, folgende Informationen entnehmen: „Temperantia" sind im 18. Jh. (nach Haller) Mittel, die im Körper Schärfen oder Säuren binden wie die Absorbentia; allgemeiner sind es „innerliche kühlende Arzneien". Nach Zedler (1732–1754), Bd. 42, Sp. 774, sind „Temperantia" die „Blutreinigenden Artzneymittel". – Die Bezeichnung „cinnabarina" verweist auf die Verwendung von Zinnober bzw. Quecksilber(II)-sulfid. Älteste Form ist das mineralische Quecksilber(II)-sulfid, welches bis zum 18. Jh. als „Cinnabaris" im Gebrauch war. Die Pharmakopöe Württemberg 1741 führt: Cinnabaris nativa (Berg-Zinnober; der beste komme aus Pensylvanien, Ungarn und Japan, er werde häufig in der Medizin gebraucht, solle aber vor innerlichem Gebrauch sublimiert werden); unter Präparaten steht ferner Cinnabaris nativae rectificatio. Zinnober wurde selten oder nie allein verschrieben, dagegen meist als Zusatz u.a. von Antispasmodicis; vgl. Schneider (1968–75), Bd. III, S. 31 („Cinnabaris"), sowie Bd. VI, S. 124–127 („Hydrargyrum sulfuratum"). Zeitgenössische Einträge finden sich bei Zedler (1732–1754), Bd. 21, Sp. 322 f. („Minera, Zinnober"), sowie auch Bd. 6, Sp. 74 f. („Cinnabaris"), und Bd. 3, Sp. 1310 f. („Berg-Zinnober"). – „Antispasmodica temperantia cinnabarina" sind hier wohl als begriffliche Einheit aufzufassen.

23 Zur Arzneimittelgruppe der „analeptica" vgl. Brief Nr. 24, Endnote 20. – Aufgrund der Anbindung mit „&..." ist der Begriff „analeptica" hier evtl. noch auf die vorausgehend genannten „Antispasmodica" zu beziehen.

24 Nach dem zeitgenössischen Anatomisch-chirurgischen Lexikon, Sp. 1063–1065, handelt es sich bei dem Aderlassen bzw. „Venaesectio" um „eine chirurgische Operation, wodurch das Geblüt, durch eine geschickte Oefnung einer Blutader (vena) aus dem Körper geführet wird". Dazu bediene man sich verschiedener chirurgischer Instrumente, v.a. der Lancette und des Schneppers. Der Aderlass könne an verschiedenen Orten bzw. Körperstellen vorgenommen werden, am häufigsten aber sei solches am Fuß und am Arm. Zweck des Aderlasses sei es, die Menge des Geblüts überhaupt zu vermindern oder aber solches von einem bestimmten Ort abzuleiten bzw. den Zufluss von einem Teil wegzuziehen. Bei Menschen, die zur Vollblütigkeit neigten, könne der Aderlass, vorrangig zu bestimmten Zeiten im Jahr, auch „preservirend[]", d.h. krankheitsverhütend, eingesetzt werden. Abgelassen werden sollte „eine gehörige

Menge von sechs bis zehn Unzen Geblüt". – Ein weiterer zeitgenössischer Eintrag findet sich bei Zedler (1732–1754), Bd. 1, Sp. 493 f. – Knapp zum Aderlass als evakuierende Maßnahme im Sinne der Humoralpathologie/Säftelehre sowie zur geradezu „Hochzeit" auch als eine Art „Modetherapie" noch im 17. und 18. Jahrhundert vgl. auch Eckart (2005), S. 28 und S. 117 f.

25 Die Onomatologia Medica Completa, Bd. 1, Sp. 1220, beschreibt „Serum sanguinis" als den „gröbere[n], wässerichte[n] Theil des Bluts, welcher bey den Aderlässen sich, so bald das Blut in der Ruhe ist, selbst von dem ganz diken rothen scheidet". Das Serum sehe eigentlich wie „ein gelbes Wasser" aus, könne aber „durch eine starke Hize oder den Jäst hiziger Fieber" auch „ein ganz zähes, dikes Wesen" bekommen. – Weitere zeitgenössische Einträge finden sich in der Onomatologia Medica Completa, Bd. 2, Sp. 1271, sowie im Anatomisch-chirurgischen Lexikon, Sp. 927. – Zedler (1732–1754), Bd. 37, Sp. 565–567, betont, das Serum sei nach Meinung vieler Ärzte im Unterschied zur Lymphe „ein ungesunder und höchstschädlicher Saft", der „nebst den wässerichen, zugleich auch aus hitzigen, schwefelichten, saltzichten, schleimichten, flüchtigen und leichtjährenden Theilgen" zusammengesetzt sei und der daher „bey Zeiten und in genugsamer Menge" ausgeführt werden müsse.

26 Nach dem Anatomisch-chirurgischen Lexikon, Sp. 1006, ist „Vas" im physiologischen und anatomischen Sinne „ein jedwedes Gefäß, Kanal oder Röhre in dem menschlichen Körper, welche eine gewiße Feuchtigkeit führen, und in sich enthalten, als z. E. die Puls- und Blutadern, Wassergefäße, u.a.m." – Ein weiterer zeitgenössischer Eintrag findet sich bei Zedler (1732–1754), Bd. 10, Sp. 582.

27 Zur „Atonia" vgl. Brief Nr. 32, Endnote 38.

38* — *17. Dezember 1736*

Christoph Jacob Trew, <Nürnberg>, an Peter Christian Wagner, <Erlangen>

In diesem Schreiben teilte Trew Wagner wohl einen neuen Termin für die Reise Wagners an den Ansbacher Markgrafenhof mit.

Erschlossen nach Brief Nr. 39, Z. 8–17 (im weiteren Verlauf inhaltlich auch Brief Nr. 40 f.).

39 — *18. Dezember 1736*

Peter Christian Wagner, Erlangen, an Christoph Jacob Trew, <Nürnberg>

HochEdelgebohrner und Hochgelehrter
Besonders hochgeehrtester Herr Hoff-Rath,
Hochgeneigt- und hochwerthester Freund Und Gönner.

Ewer HochEdelgeb[ohrn] kan ich ja unmöglich alle an mir erzeigende Freundschafft Zeit Lebens genugßam Verdancken. Sie geben mir davon fast täglich und insonderheit[1] in Dero gestrigen[2] neue Proben, da Sie es durch Dero Klugheit und Herrn hoffRath *Loelium*[3], deßen

Candeur mir sattsam in die Augen leuchtet, dahin Zu *dirigiren* gewust, | 2 | daß der sich in meinem hauße ereignete Zufall[4] im Haupt-Werk[5] keine *Alteration* Veruhrsachet. Wie weit ich mich nun *engagiret* dem gestern erhaltenen Befehl[6] nach Zu Kommen, werden Ewer hochEdelgeb[ohrn] aus anschlüßiger offener Antwort[7] an Herrn Hoff-Rath *Loelium* hochgeneigt Zu ersehen belieben. Es soll mich auch wie ich hoffe nichts davon abhalten und erwarte ich nur noch Deroselben Befehle und Unterricht, worin| 3 |nen mich Zu Dero Diensten in Anspach[8] *emploiren* könne und wie ich mich in einem und dem andern Verhalten solle. Die Fr[au] *Residentin Buirette* Von *Ölefeld*[9] finden sich noch in denen nehmlichen Umständen, jedoch seit einigen Tagen mercklich schlimmer, maßen die Geschwulst *circa Praecordia*[10] sehr Zu nimmet[11] und die *Respiration*[12] sowohl als den husten schwehrer machet, wobeÿ man eine *suffocation*[13] Stündlich befürchten muß. Die *Clysmata*[14] haben bißhero bißweilen *notable* Erleichterungen ge| 4 |schaffet, bißweilen aber sind sie auch fast ohne Würckung. Von der Frau *Patientin* und dem gantzen hauße habe ein ergebenstes *Compliment* Zu überschreiben, welches auch Ich an die Frau Gemahlin Vermelde und mit Vollkommester hochachtung unabläßig Verharre

Ewer HochEdelgeb[ohrn]

Erlang den 18. *Dec[embris]*
1736.

gantz gehorsamster Diener
Peter Christian Wagner

***H** UBE Briefsammlung Trew, Korr. Wagner, Nr. 27. 4 S. Vermerk eventuell von Trews Hand S. 1 oben rechts: „V[ir] <?> I[llustris] <?> Wagner“; als Beilage: offener Brief an Johann Lorenz Ludwig Loelius in Ansbach (Z. 13–15).*

---

1 „Insonderheit“ steht hier für „besonders, speciell, im einzelnen“; vgl. Grimm (1854–1960), Bd. 10, Sp. 2144.

2 Dieses Schreiben Trews Nr. 38* vom 17.12.1736 ist in der UBE Briefsammlung Trew nicht erhalten.

3 Zur Person des Johann Lorenz Ludwig Loelius (1687–1756) und auch seiner Rolle bei der versuchten Vermittlung Wagners an den Ansbacher Hof vgl. Brief Nr. 32, Endnote 42 und Z. 55–57.

4 Gemeint ist hier die Erkrankung der drei jüngsten Söhne Wagners an den „Kinder Blattern“; vgl. Brief Nr. 37, Z. 10–13 sowie Endnote 3 und 4.

5 Gemeint ist hier die von Trew und Loelius unterstützte Vermittlung Wagners als Arzt an den Ansbacher Markgrafenhof; vgl. dazu bereits Brief Nr. 20, insbesondere auch Endnote 2 und 4, sowie Brief Nr. 32, Z. 55–63 mit Endnote 45, und Brief Nr. 37, Z. 8–22.

6 Zur anschließend im Rahmen der Vermittlungspläne doch noch stattfindenden Reise Wagners an den Ansbacher Markgrafenhof, die zunächst wegen der Erkrankung seiner Kinder verschoben werden musste, vgl. im weiteren Verlauf v.a. Brief Nr. 41 und 42.

7 Dieses Schreiben Wagners an den Johann Lorenz Ludwig Loelius ist in der UBE Briefsammlung Trew nicht erhalten.

8 Zu Ansbach (Anspach) vgl. Brief Nr. 20, Endnote 10.
9 Zu Elisabeth Buirette von Oehlefeld (Ölefeld) (†1737) siehe Brief Nr. 23, Endnote 1. Zu ihrem Krankheitsverlauf vgl. bisher Brief Nr. 23–37 und im weiteren Verlauf Brief Nr. 40 sowie Nr. 42–48.
10 Zum Begriff der „Praecordia" vgl. Brief Nr. 24, Endnote 13.
11 Zum bisherigen Verlauf der Schwellungen vgl. Brief Nr. 26, Z. 42–44, Brief Nr. 29, Z. 12–14, Brief Nr. 32, Z. 13–16, Brief Nr. 34, Z. 21–27, und Brief Nr. 35, Z. 26 f.
12 Zur „Respiration" vgl. Brief Nr. 26, Endnote 20.
13 Zur „suffocation" vgl. Brief Nr. 29, Endnote 12.
14 Zur Verwendung von „Clysmata" vgl. Brief Nr. 24, Endnote 4.

40 — *22. Dezember 1736*

Peter Christian Wagner, Erlangen, an Christoph Jacob Trew, <Nürnberg>

HochEdelgebohrner und Hochgelehrter
Insonders Hogeehrtester Herr HoffRath,
Hochwerth geschätzter Freund und Gönner!

Ich bedaure recht sehr daß Ewer hochEdelgeb[ohrn] Vor meiner Abreiße[1], welche ich künfftigen Montag Gel[iebts] Gott frühe um 4 Uhr feste gestellet, nach dero Wunsch nicht noch ein mahl aufwärtig seÿn kan. Der Frau *Residentin* Von *Buirette*[2] täglich sich Verschlimmernde Umstände und andere sehr Viele Geschäffte wollen es nicht erlauben, so sehr ich es Vormichselbsten[3] Verlanget hätte. Der Frauen *Residentin* will ohnehin meine Abreiße sehr Zu hertzen gehen, ich habe Sie | 2 | aber damit getröstet, daß Ewer hochEdelgebohrn im Nothfall auf Verlangen Sie die Feÿertage über ein mahl Zu besuchen sich gütigst würden gefallen laßen, welches Sie mich Versichert, daß Es Ihr gantz angenehm seÿn würde. Solte ich einige Täge mich Verweilen müßen, so fürchte leÿder ich dürffte Sie nicht mehr im Leben antreffen, weilen die Geschwulst der Arme und hände nebst denen Erstickungen täglich Zu nehmen.[4] Gott erbarme sich Ihrer und ändere es nach seinen heiligen Willen Zu Ihrer Linderung. Ich wünsche dem nach Ewer hochEdelgeb[ohrn] und der hoch Zu *venerirenden* Frau Gemahlin Vollkommen glücklich und Vergnügte Feÿertäge | 3 | samt einen Vergnügten Ausgang des alten Jahrs, damit ich beÿ meiner *Retour* die Ehre haben möge selbige in erwünschten Wohlstand anzutreffen und Ihnen auf Zu warten. Fällt Ewer hochEdelgeb[ohrn] ein noch etwas Zu errinnern, so bitte ich mir es heute noch oder mit der Post nach Anspach[5] hochgeneigt Zu *communiciren*. Daß beÿ des Herrn General Feld Zeugmeisters Von Baßewitz[6] Cur so sehr Viele Mühe angewendet worden und doch am Ende Vergeblich geweßen, ist freÿlich Zu bedauren.[7] Alleine es ist gewiß, daß Er gar Viel Hindernüße gemachet und durch seine besondern Einfälle und *Opiniatreté* seinen Todt gar sehr befördert. | 4 | Die Verlangten Rp[8] sollen Ewer hochEdelgebohrn nach den *Ferien*[9] alle, *in Copia* oder *Originali* bekommen, und wird es mir besonders lieb seÿn, wenn der gantze

Casus[10] Zu Papier gebracht wird. Ich erbitte mir schlüßlich Deroselben fortsetzende Freundschafft und Versichere daß ich Zeit Lebens mit Vollkommenster hochachtung seÿn und Verbleiben werde

Ewer hochEdelgeb[ohrn]

Erlang den 22. *Dec[embris]*
1736.

gehorsamst und erge-
benster Diener
Dr. P[eter] C[hristian] Wagner

***H** UBE Briefsammlung Trew, Korr. Wagner, Nr. 28. 4 S. Vermerk eventuell von Trews Hand S. 1 oben rechts: „I[ustus] <?> V[ir] <?> et consil[iarius] med[icus] <?> Wagner 22. Sept[embris][!] 36".*

24 nach] (1) [<???>] (2) nach: *korr. im Textfluss*

---

1 Gemeint ist hier eine Reise nach Ansbach, da eine Vermittlung Wagners als Leibarzt an den dortigen Hof geplant war und u.a. von Trew unterstützt wurde. Zu den Schwierigkeiten im Vorfeld der Reise vgl. Brief Nr. 37, Z. 8–22, und Brief Nr. 39, Z. 8–18, sowie im weiteren Verlauf zur Reise selbst insbesondere Brief Nr. 41 und 42.

2 Zu Elisabeth Buirette von Oehlefeld (†1737) siehe Brief Nr. 23, Endnote 1. Zu ihrem Krankheitsverlauf vgl. bisher Brief Nr. 23–39 und im weiteren Verlauf Brief Nr. 42–48.

3 Hier liegt eine Zusammenschreibung von „Vor mich selbsten" vor.

4 Zum bisherigen Verlauf der Schwellungen vgl. Brief Nr. 26, Z. 42–44, Brief Nr. 29, Z. 12–14, Brief Nr. 32, Z. 13–16, Brief Nr. 34, Z. 21–27, Brief Nr. 35, Z. 26 f., und Brief Nr. 39, Z. 18–21.

5 Zu Ansbach (Anspach) vgl. Brief Nr. 20, Endnote 10.

6 Zu General Helmut Otto von Bassewitz (Baßewitz) (1673–1736) siehe Brief Nr. 22, Endnote 1. Zu seinem Krankheitsverlauf vgl. Brief Nr. 22, Z. 8–10, Brief Nr. 24, Z. 63–65, Brief Nr. 32, Z. 75–77, Brief Nr. 34, Z. 52–56, sowie Brief Nr. 35, Z. 21–24.

7 Helmut Otto von Bassewitz war zwei Tage vor Abfassung des vorliegenden Briefes am 20. Dezember 1736 verstorben; vgl. Bassewitz (1962), S. 21.

8 „Rp." geht zurück auf „Recipe/Nimm"; es wurde als Initial auf Rezepte gesetzt; vgl. Schneider (1962), S. 49. Hier verweist Wagner damit wohl auf eine Sammlung von Verordnungen vermutlich zum Fall des Helmut Otto von Bassewitz. – Zedler (1732–1754), Bd. 9, Sp. 1500–1511 („Formula"), gibt an, ein „Recept" bzw. eine „Formula" oder „Formel" sei es, wenn die „vom Medico verordneten, und auf einen Zeddel geschriebenen Artzneyen" vom Apotheker hergestellt würden. – Eine knappe medizinhistorische Übersicht zum Rezept liefert Gerabek (2005), S. 1246 f.

9 Gemeint sind hier „feiertage"; vgl. Grimm (1854–1960), Bd. 3, Sp. 1530.

10 Nach Zedler (1732–1754), Bd. 5, Sp. 1392, heiße „Casus" bei den Ärzten „so viel als eine gantze Beschreibung und Historie einer Kranckheit".

41 **_25. Dezember 1736_**

Peter Christian Wagner, Ansbach, an Christoph Jacob Trew, <Nürnberg>

HochEdelgebohrner und Hochgelehrter
Insonders Hochgeehrtester Herr Hoff-Rath
Hochwerthgeschätzter Freund und Gönner.

Ewer HochEdelgeb[ohrn] mit wenigen Zu berichten, kan nicht unterlaßen, daß ich nicht nur gestern Abends Glücklich und gesund allhier angekommen[1], sondern auch heute morgens die Gnade gehabt Ihro Durch[laucht] den Printz Alexander[2] Zu besuchen und kurtz darauf Ihr hochfürst[lichen] Durch[laucht] dem Herrn Märggraffen[3] in der *Garderobe* den Rock Zu küßen. | 2 | Darauf führten mich unßer werthester herr hoffRath *Loelius*[4] in die Schloßkirche[5] und dießen Nachmittag habe die Gnade gehabt dem herrn Geheimbden-Raths *Praesidenten*[6] die *Reverence* Zu machen; Morgen aber soll ich beӱ Ihro König[lichen] hoheit[7] *introduciret* werden. Gleich wie ich nun Von dem heutigen Tag Vollkommen *satisfait* bin und dabeӱ des herrn hoffRath *Loelii Application* und besondere Gutheit nicht genugßam rühmen kan: alßo Verhoffe daß auch ins Künfftige alles nach Wunsch gehen solle. Wielange ich mich | 3 | allhier noch werde aufhalten müßen, kan ich noch nicht wißen, jedoch haben mir des herrn Geheimden Raths *Praesidentens Excellenz* hoffnung gemacht, daß ich übermorgen eine *Resolution* würde haben Können. Ihro hoheit und der Printz Alexander befinden sich beӱ Vollkommenen höchsten Wohlseӱn, Ihro Durch[laucht] der herr Marggraff aber haben einen Brust-Catharr[8] mit herein gebracht. Sie haben gestern Abend und heute frühe etwas EӱerDotter mit Candel-Zucker und Thee[9] genommen, Morgen aber wollen Sie sich | 4 | innen halten und etwas Von der *Ess[entia] Alexipharmaca scordiata*[10] *cum Ess[entia] Succini*[11] nehmen um eine gelinde ausdunstung Zu befördern. Der herr hoff-Rath *Loelius*, welcher hierdurch sein *Compliment* Vermeldet, wird morgen schreiben[12] und ich Verhoffe ehester Tagen Ewer hochEdelgeb[ohrn] selbsten auf Zu warten und Sie nebst mündlicher *Relation* so Dann mehrers als itzo[13] schrifftlich Zu Versichern, daß ich mit äußerster hochachtung Zeit Lebens seӱ

Ewer hochEdelgeb[ohrn]

Anspach den 25. *10b.*[14]
1736.

gehorsamster treuer
Diener
Dr. P[eter] C[hristian] Wagner.

PS^{tum}*:* Der hochwerthesten Frau Gemahlin Vermelde hier durch meinen *Respect*.

H UBE Briefsammlung Trew, Korr. Wagner, Nr. 29. 4 S. mit PS (auf S. 4 oben, auf dem Kopf stehend). Vermerk vermutlich von Trews Hand S. 1 oben rechts: „Wagner den 25. 10br. 1736".

22 heute frühe etwas] (1) heute frühe [etwas] etwas (2) heute frühe etwas

---

1 Gemeint ist hier Wagners Ankunft in Ansbach zur Vorstellung am Markgrafenhof als möglicher künftiger Leibarzt. Zum von Trew unterstützten Versuch, Wagner als Arzt an den Ansbacher Hof zu vermitteln, vgl. bisher Brief Nr. 20, insbesondere mit Endnote 2 und 4, Brief Nr. 32, Z. 55–63 mit Endnote 45, Brief Nr. 37, Z. 8–22, Brief Nr. 39, Z. 8–18, sowie Brief Nr. 40, Z. 8–12. Zum weiteren Verlauf des Aufenthalts Wagners in Ansbach vgl. folgend auch Brief Nr. 42. – Zu Ansbach (Anspach) vgl. Brief Nr. 20, Endnote 10.

2 Zu Christian Friedrich Carl Alexander (1736–1806), dem späteren Markgraf von Brandenburg zu Ansbach-Bayreuth, siehe Brief Nr. 37, Endnote 5.

3 Zu Carl Wilhelm Friedrich (1712–1757), Markgraf von Brandenburg-Ansbach, siehe ebenfalls Brief Nr. 37, Endnote 5.

4 Zur Person des Johann Lorenz Ludwig Loelius (1687–1756) und auch seiner Rolle bei der versuchten Vermittlung Wagners an den Ansbacher Hof vgl. Brief Nr. 32, Endnote 42 sowie Z. 55–57.

5 Gemeint ist hier wohl die heutige Kirche St. Gumbertus in Ansbach, die zunächst Kloster-, später Stifts- und eben Hofkirche war. Sie erfuhr im Lauf ihrer Geschichte zahlreiche Um- und Neubauten, darunter 1736–1738 bzgl. des Saalbaus, d.h. Markgraf Carl Wilhelm Friedrich ließ den alten finsteren Vorgänger abbrechen und durch einen repräsentativeren neuen Bau ersetzen, der 1738 eingeweiht wurde; vgl. Deutsches Städtebuch, Bd. 5.1 (Bayern T.1), S. 47; Schuhmann (1980), S. 213; Herrmann (2002), S. 360.

6 Zu Christoph Friedrich Freiherr von Seckendorff (1679–1759), dem Geh. Hof- und Reg.-Ratspraesident, siehe Brief Nr. 20, Endnote 9.

7 Zu Friederike Luise (1714–1784), Markgräfin von Brandenburg-Ansbach und Tochter des preußischen Königs Friedrich Wilhelm I., siehe Brief Nr. 37, Endnote 5.

8 Zum „Catharr" vgl. Brief Nr. 24, Endnote 39. – Weitergehende Hinweise auf den Katarrh des Markgrafen am Jahresende 1736, seinen Verlauf und seine Behandlung, finden sich als Austausch der Leibärzte auch in der Trew-Loelius-Korrespondenz der UBE Briefsammlung Trew; vgl. dazu in zusammenfassender Auswertung Schnalke (1997), S. 130.

9 Zedler (1732–1754), Bd. 5, Sp. 1440–1453/54 („Catarr"), nennt zur Behandlung des „Catarr" 1) „Remedia Diaetetica", 2) „Remedia Pharmacentica" und 3) „Remedia Chirurgica", wobei je nach Patient unterschiedlich vorzugehen sei. Unter 1) und 2) finden sich Empfehlungen u.a. für die Verwendung von „Ey-Dotter" („die Schärffe damit zu dämpffen und die allzuflüßigen Säffte zu verdicken") sowie für „Thée, oder KräuterThée" (als „verdünnende Mittel").

10 Zur „Essentia" allgemein vgl. Brief Nr. 24, Endnote 30. – Zur Arzneimittelgruppe der „Alexipharmaca" lassen sich bei Schneider (1968–75), Bd. II, S. 17 f., folgende Informationen entnehmen: Es handelt sich dabei um „Mittel gegen Gifte", die schon bei Galen und später „Alexiteria" genannt wurden. Im 18. Jh. verstand man dabei unter den „Giften" v.a. Krankheitsgifte (etwa bei pestartigen Fiebern, Blattern etc.), welche durch den innerlichen Gebrauch der Alexipharmaca ausgetrieben werden sollten, insbesondere über den Schweiß. Mitte des 18. Jh. wurden u.a. als Beispiele genannt: Wurzeln von Angelica, Pimpinella u.a.; Kräuter von Scordium, Cardu benedictum u.a.; Beeren von Laurus, Juniperus etc. etc. Anfang des 19. Jh. wurde diese Art von Medikamenten dann für überholt gehalten. Ein zeitgenössischer Eintrag findet sich bei Zedler (1732–1754), Bd. 1, Sp. 1176 f. – Zum „Scordium“ lassen sich bei Schneider (1968–75), Bd. V/3, S. 328–332, folgende Informationen entnehmen: Es handelt sich dabei um eine pflanzliche Droge aus der Gattung „Teucrium“; Familie der Labiatae; Zitatempfehlung für den Artnamen ist Teucrium scordium (S.). Schon antike Werke (Dioskurides) beschreiben eine innerliche und äußerliche Verwendung (u.a. mit erwärmender und harntreibender Kraft, zur Reinigung der Brust von Schleim). Die Kräuterbuchautoren des 16. Jh. übernahmen solche Indikationen. Die Pharmakopöe Württemberg 1741 führt: Herba Scordii cretici (Cretischer Lachen-Knoblauch; kommt von Creta) und Herba Scordii nostratis (Chamaedrys aquaticae, palustris, Lachen-Wasser-Knoblauch, Wasser-Bathenig; Alexipharmacum, Sudoriferum, Pectoralium, Anthelminticum; wird in der Regel anstelle des Cretischen für den Theriak genommen); Aqua (dest.) Scordii, Essentia S., Essentia de s. comp. sive Diascordium liquidum Hoffmanni, Extractum S., Syrupus Scordii. Um 1780 wird als Stammpflanze T. Scordium (Lachenknoblauch) genannt. Ein zeitgenössischer Eintrag findet sich bei Zedler (1732–1754), Bd. 36, Sp. 672–674 („Scordien“). – „Essentia Alexipharmaca scordiata“ ist hier als begriffliche Einheit aufzufassen.

11 Zur „Essentia“ allgemein vgl. Brief Nr. 24, Endnote 30. – Zum „Succinum“ bzw. „Bernstein“ lassen sich bei Schneider (1968–75), Bd. VI, S. 74 f. („Caraba“), folgende Informationen entnehmen: Schon in der Antike (bei Dioskurides) beschrieben blieb der Bernstein bis Ende des 19. Jh. pharmakopöeüblich. Nach der Pharmakopöe Württemberg 1741 ist Succinum praeparatum (fein geschlämmt) mildes Adstringens, Calefaciens; bei Kopf- und Uterusleiden, Katarrhen. Aus Bernstein wurden viele Präparate hergestellt wie Essentia Succini (Anticatarrhalicum, Balsamicum, Nervinum, Vulnerarium). Ein zeitgenössischer Eintrag findet sich in Zedler (1732–1754), Bd. 3, Sp. 1394–1398 („Bernstein“). – Zedler (1732–1754), Bd. 8, Sp. 1954, kennt eine Zubereitungsanleitung für eine „Essentia Succini“.

12 Ein Schreiben des Johann Lorenz Ludwig Loelius an Trew vom 26.12.1736, wie hier angekündigt, lässt sich in der UBE Briefsammlung Trew nicht nachweisen. Das nächste Schreiben des Loelius an Trew folgte am 28.12.1736, erhalten in der UBE Briefsammlung Trew, Korr. Loelius, Nr. 62; vgl. Schmidt-Herrling (1940), S. 368. – In diesem Schreiben vom 28.12.1736 berichtete Loelius an Trew auch von dem Besuch Wagners am Ansbacher Markgrafenhof. Schon hier deutete sich das Scheitern der Vermittlung Wagners an den Hof an, wollte doch nach Loelius „seine conduite keinen rechten applausum finden“.

13 „Itzo“ steht hier für „jetzt“; vgl. Grimm (1854–1960), Bd. 10, Sp. 2184.

14 Siehe Brief Nr. 1, Endnote 14, zu derartigen Monatsangaben.

42 — *2. Januar 1737*

Peter Christian Wagner, Erlangen, an Christoph Jacob Trew, <Nürnberg>

HochEdelgebohrner und Hochgelehrter
Insonders Hochgeehrtester Herr HoffRath
Hochwerthester Freund und Gönner!

Beÿ meiner gestern Abendigen spaten Nachhaußkunfft Von Anspach[1] wurde dergestalt mit *Patienten* und Geschäfften *obruiret*, daß ich meinen genommenen Vorsatz, Ewer hochEdelgeb[ohrn] noch gestern Abends Von meiner Zurückkunfft und gehabten Verrichtungen schrifftliche Nachricht Zu geben ohnmög[lich] ins Werck setzen konte. Wie ich nun hoffe Dieselben werden die hei[ligen] Feÿertäge nebst der Frau Gemahlin in allen |2|

Vergnügen Zugebracht und das Neue Jahr in Vollkommensten Wohlseÿn angetreten haben: alßo kan nicht Worte genug finden, Womit ich meinen deßwegen hiemit abzulegenden Glück-Wunsch *exprimiren* könte. Wenigstens Versichere, daß Niemand Ewer hochEdelgeb[ohrn] mit mehrern Eiffer und Aufrichtigkeit alle Arten der Glückseeligkeiten anwünschen könne als ich; Sindemahlen[2] durch nichts mehr meine eigene Wohlfahrt befördert werden kan als durch Dero *perennirendes* Wohlseÿn. Weßwegen ich mir auch die fernere Fortsetzung Dero hochgeneigten Wohlwollens und werthesten Freundschafft ausgebeten haben will. Meine kleine *famille*[3] habe Gott seÿ danck Vollkommen hergestellet[4] und so wohl gefunden, daß auch keiner außer denen noch habenden Flecken die geringste üble *Marque* | 3 | davon getragen. In Anspach habe die Gnade gehabt der gesamten hochfürst[lichen] herrschafft[5] die unterthänigste *Reverence* Zu machen auch dem Herrn Geheimbden Raths *Praesidenten*[6] ein mahl auf Zu warten. Nach deme aber der Herr Geh[eimbde] Raths *Praesident* mit einem starcken *Catharr*[7] befallen worden und nicht mehr haben ausgehen können, so ist dieße Zeit kein Geheimbder Rath gehalten, mir aber auf mein et[liche] mahl geschehenes Errinnern, daß ich wegen der Fr[au] *Resid[entin] Buirette* Von *Ölefeld*[8] (deren *Calamitöse* Umstände noch immer *continuiren* und sich täg[lich] Verschlimmern) und anderer Zurücke gelaßenen *Patienten* nicht länger Von hauße bleiben könte, Vergangenen Montag Abends die gnädige Bedeutung worden, daß ich nur wiederum Zurücke gehen und gewiß Versichert seÿn könte, daß beÿ erster Geheimbder Rath *Session* | 4 | wegen meiner ein Schluß[9] gefaßet und mir *communiciret* werden solte. Ich hätte aber nicht geglaubet, daß man mich in Erlang[10] so lieb hätte, als ich würk[lich] beÿ meiner Anheimkunfft gefunden, da sich nach überall erschollenen Gericht Einige über mein Weggehen beschwehret, Andere gedrohet Sie wolten mich Und alle das meinige *arrestiren* laßen, noch andere aber sich Verlauten laßen, man sehe sich gezwungen beÿ *Serenissimo*[11] Zu *suppliciren*, daß Sie mir ein hinlängliches *fixum*[12] geben möchten um mich Zu *engagiren* daß ich hier bleiben möchte. Sonsten wird der Herr hoffRath *Loelius*[13] wohl berichtet haben, daß Ihro Durch[laucht] der Printz Alexander[14] Vergangenen Montag Ihren ersten Zahn ohne einigen besondern Zufall bekommen.[15] Vielleichte habe ich ehester Tagen die Ehre Ewer hochEdelgeb[ohrn] selbst auf Zu warten und Münd[lich] mehrere *Particularien* Zu hinterbringen. Der ich inzwischen unter gehorsamster Empfehlung an die Fr[au] hoffRäthin mit ersinnlicher Hochachtung Verharre

Ewer hochEdelgeb[ohrn]

eiligst
Erlang den 2. *Ianuarii*
1737.

gehorsamster treuer Diener
Dr. P[eter] C[hristian] Wagner.

***H** UBE Briefsammlung Trew, Korr. Wagner, Nr. 30. 4 S.*

17 befördert] befördert: *erg. zwischen den Zeilen*
35 Und] Und: *erg. zwischen den Zeilen*

---

1 Zu Ansbach (Anspach) vgl. Brief Nr. 20, Endnote 10. – Wagner kehrte von einem Aufenthalt am Ansbacher Markgrafenhof zurück, der seiner Vorstellung als möglicher künftiger Leibarzt gedient hatte; vgl. Brief Nr. 41. Zum von Trew unterstützten Versuch, Wagner als Arzt an den Ansbacher Hof zu vermitteln, vgl. zudem bisher Brief Nr. 20, insbesondere mit Endnote 2 und 4, Brief Nr. 32, Z. 55–63 mit Endnote 45, Brief Nr. 37, Z. 8–22, Brief Nr. 39, Z. 8–18, sowie Brief Nr. 40, Z. 8–12.
2 „Sindemahlen" steht hier für „da, weil"; vgl. Grimm (1854–1960), Bd. 16, Sp. 1211–1215 („Sintemal").
3 Mit der Familie (hier frz. „famille") Wagners sind hier v.a. seine drei jüngsten Söhne gemeint, also wohl Paul Christian Ludwig Wagner (geb. 1730), Johann Conrad Wagner (geb. 1730) und Johann Heinrich Wagner (geb. 1731); vgl. Brief Nr. 37, Endnote 3.
4 Gemeint ist hier die Genesung seiner drei jüngsten Söhne, die an den „Kinder Blattern" erkrankt waren, vgl. dazu Brief Nr. 37, Z. 9–13.
5 Zum Markgrafen von Brandenburg-Ansbach Carl Wilhelm Friedrich (1712–1757), seiner Gemahlin Markgräfin Friederike Louise (1714–1784) und ihrem Sohn Christian Friedrich Carl Alexander (1736–1806), dem späteren Markgraf von Brandenburg zu Ansbach-Bayreuth, vgl. Brief Nr. 37, Endnote 5.
6 Zu Christoph Friedrich Freiherr von Seckendorff (1679–1759), dem Geh. Hof- und Reg.-Ratspraesidenten, siehe Brief Nr. 20, Endnote 9.
7 Zum „Catharr" vgl. Brief Nr. 24, Endnote 39.
8 Zu Elisabeth Buirette von Oehlefeld (Ölefeld) (†1737) siehe Brief Nr. 23, Endnote 1. Zu ihrem Krankheitsverlauf vgl. bisher Brief Nr. 23–40 und im weiteren Verlauf Brief Nr. 44–48.
9 Noch am 17. Februar 1737 wartete und hoffte Wagner auf „positive Antwort" aus Ansbach; vgl. Brief Nr. 47, Z. 28.
10 Zu Erlangen (Erlang) vgl. Brief Nr. 14, Endnote 1.
11 Markgraf Friedrich von Brandenburg-Bayreuth wurde 1711 in Weferlingen bei Helmstedt geboren und starb 1763 in Bayreuth. In seiner Jugend studierte er u.a. an der Universität in Genf. 1731 erfolgte in Berlin seine Vermählung mit Friederike Sophie Wilhelmine, deren Vater, der preußische König Friedrich Wilhelm I., so den preußischen Einfluss auf die hohenzollerischen Markgraftümer im Süden des Reiches stärken wollte. Friedrich trat 1735 die Nachfolge seines Vaters Georg Friedrich Karl als Markgraf an. Seine Regierungszeit war, stark beeinflusst auch von seiner Gemahlin, geprägt von reger Bautätigkeit und Liebe zur Kunst bis hin zur Prunksucht, was dem Land aber auch große Schulden einbrachte. Zudem wurde die Universität zu Bayreuth-Erlangen gegründet. Nach dem frühen Tod der Wilhelmine heiratete Friedrich 1759 die Prinzessin Sophie Karoline Marie von Braunschweig-Wolfenbüttel. Da jedoch auch dieser Ehe keine männlichen Nachkommen entsprangen, folgte Friedrich nach seinem Tod 1763 sein Onkel Friedrich Christian als Markgraf nach (bis 1769); vgl. Schmidt (2000), S. 47–64; Herrmann (2002), S. 247–304; DBE, Bd. 3, S. 536. – Weitere Einträge zu Markgraf Friedrich finden sich in: DBA 349, Bl. 33 f. (König, Hengst).
12 Tatsächlich bestätigte Markgraf Friedrich in der Folge Wagner in den schon von seinem Vater erteilten Posten als Rat und Hofmedikus und setzte ihm ein jährliches Gehalt aus; vgl. Fikenscher (1804), Bd. 10, S. 34. – Auch in der Memoria P. C. Wagneri (1765), unpaginiert, findet sich an entsprechender Stelle der Hinweis: „Cum enim divus Fridericus [...] dignitatem Consiliaris et Medici aulici Nostro a Serenissimo Parente delatam, non solum ratam habuit, sed etiam auxit annuo salario munificentissime constituto [...]".
13 Zu Johann Lorenz Ludwig Loelius (1687–1756) siehe Brief Nr. 32, Endnote 42.

14 Zu Christian Friedrich Carl Alexander (1736–1806), dem späteren Markgraf von Brandenburg zu Ansbach-Bayreuth, vgl. Brief Nr. 37, Endnote 5.
15 Zum Zahnen des Erbprinzen Alexander zu Beginn des Jahres 1737 finden sich auch weitergehende Hinweise im brieflichen Austausch der Leibärzte Trew und Loelius in der UBE Briefsammlung Trew; vgl. die zusammenfassende Auswertung bei Schnalke (1997), S. 129.

43* ***3. Januar 1737***

Christoph Jacob Trew, <Nürnberg>, an Peter Christian Wagner, <Erlangen>

Trew übersandte Wagner in diesem Schreiben u.a. seine Glückwünsche zum neuen Jahr.

Erschlossen nach Brief Nr. 44, Z. 8–12.

44 ***4. Januar 1737***

Peter Christian Wagner, Erlangen, an Christoph Jacob Trew, <Nürnberg>

HochEdelgebohrner und Hochgelehrter
Insonders hochgeehrtester Herr hoffRath
Allerwerthester Freund und Gönner!

Alles Von Ewer hochEdelgeb[ohrn] in Dero gestrigen werthesten[1] mir Zum Neuen Jahre angewunschene Gute ist ein abermahliges KennZeichen Dero mir unverdient geschenckten Güte und Freundschafft, Vor welche ich um so Viel mehrern Danck schuldig bin, jemehr Ewer hochEdelgeb[ohrn] mich durch die höflichsten Ausdrückungen Von Dero außerordentlichen Gewogenheit überzeugen. Wegen der *Maladie* der Frau *Residentin* Von Buirette[2] ist es wohl an deme daß solche Zur äußersten hefftigkeit gediehen, | 2 | und daß, obschon noch nicht alle Kräfften gantz und gar *consumiret*, ich dennoch wenig oder gar keine Hoffnung habe, daß ein Mittel in der Welt seÿ, so im Haupt*Morbo*[3] einige Beßerung und Änderung schaffen könte. Jedoch stünde gar wohl Zu Versuchen, ob das Von Ewer hochEdelgeb[ohrn] Vorgeschlagene *Electuarium euporiston*[4] noch einige gelinde *Evacuation*[5] machen und Linderung geben würde. Weilen aber die *Conserv[a] Prim[itiarum] Sambuci*[6] hier[7] nicht Zu haben, so müste solche durch Ewer hochEdelgeb[ohrn] gütige Vorsorge[8] angeschaffet und übersendet werden. Da man denn bald auf ein paar gelinde *Doses*[9] sehen würde ob davon etwas Zu hoffen, oder ob es die Kräfften Vertragen könten, solche *evacuantia*[10] Zu *continuiren*. Beÿ meiner Anheimkunfft[11] und gestern habe Zwar auch

Vermeinet, daß, obgleich die | 3 | Geschwulst und andere Zufälle Zugenommen,[12] die Kräfften dennoch nach *Proportion* noch Ziemlich nachhielten; alleine anheute sind Sie abermahls auf ein in der Nacht gehabtes hefftiges Stöcken[13] (welches nun allezeit um Mitternacht jedoch ein mahl stärcker als das andere mahl Zu kommen pfleget) recht sehr schwach und können fast keinen Von den in der Brust im Überfluß röchlenden Schleim mehr auswerffen. Weswegen ich glaube es werde des gelehrten *Baglius*[14] *Prognostion [!], in Diss[ertatione] de Tarantulae anatome, ictu & effectibus*[15]*: quod tumor manus dextrae in parte exteriore & interiore sensim totum brachium occupans cum difficultate aliqua spirandi nonsolum impedimentum aliquod circa dextrum cordis Ventriculum, aut circa illius auriculam indicet, sed etiam signum sit proxime instantis mortis,*[16] | 4 | nun bald in seine Erfüllung gehen. Die Von Ewer hochEdelgeb[ohrn] Veränderte *Mixtur*[17] hat Sie schon ein paar Tage Vor meiner Anheimkunfft wiederum ausgesetzet und wegen des hefftigen schneidens und treibens so solche Ihr auf jedes mahl einnehmen in dem Leibe Veruhrsachet nicht *continuiren* können. Es wird solches wohl der 🝉 🜔 *dulcis*[18] *causiret* haben. Denn ich habe ein gleiches schon Vorhero auch Von denen mit &♀ *f.d.*[19] Versetzten *Potionibus* und dem *vino rad[icis] Irid[is] nost[ratis]*[20] *observiret*, welche wohl *stimulos*[21] und hefftige Bewegungen *causiret*, aber *vel propter materiae immobilitatem, vel propter viarum indispositionem*[22] durch die *causirten spasmos*[23] die *excretionem diureticam*[24] mehr Vermindert als Vermehret. Gott ist hier der beste helffer. Ich befehle mich höchster Eÿl und Verbleibe mit *particulierer* hochachtung

Ewer hochEdelgeb[ohrn]

Erlang den 4. *Ianuarii* 1737.

gantz gehorsamster Diener
Wagner *Dr.*

***H** UBE Briefsammlung Trew, Korr. Wagner, Nr. 31. 4 S. Vermerk vermutlich von Trews Hand S. 1 oben rechts: „Wagner d[ie] 4. Ian[uarii] 1737".*

37 Potionibus] Potionibus: *erg. zwischen den Zeilen*
38 aber vel] vel: *erg. zwischen den Zeilen*

---

1 Dieses Schreiben Trews Nr. 43* an Wagner vom 3. Januar 1737 ist in der UBE Briefsammlung Trew nicht erhalten.

2 Zu Elisabeth Buirette von Oehlefeld (†1737) siehe Brief Nr. 23, Endnote 1. Zu ihrem Krankheitsverlauf vgl. bisher Brief Nr. 23–42 und im weiteren Verlauf Brief Nr. 45–48.

3 Die zeitgenössische Onomatologia Medica Completa, Bd. 1, Sp. 1022, umschreibt „Morbus" (hier „(Haupt)Morbo", lat. Abl. Sgl.) als „eine Krankheit", d.h. es sei „ein solcher Zustand des lebendigen Menschen, der nimmer natürlich, und wie bey andern Gesunden ist, da entweder der ganze Leib, oder wenigstens einzele Theile nimmer ohne Beschwerlichkeit, Schmerzen, und widrige Empfindungen,

wenigstens nimmer mit solchem Bestand das verrichten können, was sie bey Gesunden thun, oder wo auch sonst ungewöhnliche Empfindungen und Zufälle an dem Leib geschehen [...]". – Weitere zeitgenössische Eintragungen finden sich im Anatomisch-chirurgischen Lexikon, Sp. 569, und bei Zedler (1732–1754), Bd. 15, Sp. 1754–1756.

4 Ein „Electuarium" bzw. eine „Latwerge" ist nach der Onomatologia Medica Completa, Bd. 1, Sp. 582, „eine Arzney, die noch diker, als ein Sirop und eclegma ist, doch noch weich". Man könne darunter „Pulver, eingemachte Sachen, Conserven" u.a. nehmen, auch gebe es „schon viele zusamengesezte in denen Apotheken". Eine weitere zeitgenössische Eintragung findet sich bei Zedler (1732–1754), Bd. 8, Sp. 715. – „Euporista" sind nach der Onomatologia Medica Completa, Bd. 1, Sp. 621, „Hausmittel, welche wohlfeil, gering, und überall leicht zu haben sind". Eine weitere zeitgenössische Eintragung findet sich bei Zedler (1732–1754), Bd. 8, Sp. 2175. – „Electuarium euporiston" ist hier als begriffliche Einheit aufzufassen.

5 Die „evacuatio" bzw. „excretio" ist nach der Onomatologia Medica Completa, Bd. 1, Sp. 616, „eine Ausführung", d.h. „ein Abgang, Ausfluß von Säften und Unreinigkeiten", wobei der Ausdruck bei Gesunden und Kranken gebraucht werde. Im Einzelnen seien darunter zu rechnen „der Schweiß, der Abgang des Harns und dergleichen mehr"; einige aber verstünden darunter allein den Stuhlgang. – Eine weitere zeitgenössische Eintragung findet sich bei Zedler (1732–1754), Bd. 8, Sp. 2055, wobei hier explizit eine Ausleerung einerseits „von Natur", wie „Nasen-Bluten, weibliche Reinigung, harnen und zu Stuhl gehen", und andererseits „durch die Kunst", also im Sinne von „Aderlassen, schröpfen, purgiren, vomiren", unterschieden wird.

6 Eine denkbare sinnvolle Auflösung der vorliegenden Abkürzungen ist die zu „Conserv[a] Prim[itiarum] Sambuci", welche Wagner als zur Zubereitung des von Trew vorgeschlagenen „Electuarium euporiston" notwendig beschreibt. – Nach Zedler (1732–1754), Bd. 6, Sp. 1025/1026 f., ist eine „Conserva" zu beschreiben als „eine nicht sehr weiche Composition, welche aus Blättern, Blumen, Früchten und Wurzeln, mit Zucker vermenget, gemacht, zum Gebrauch aufgehoben, und eine Conserv genennet wird, weil die Artzeneyen also verwahret und zu erhalten sind". – „Primitiae" werden nach Zedler (1732–1754), Bd. 29, Sp. 495, „die Erstlinge der Früchte" genannt. – Zum „Sambucus" (hier lat. Gen. Sgl. „Sambuci") bzw. gemeinen Hollunder als pflanzliche Droge vgl. bereits ausführlich Brief Nr. 26, Endnote 13. Nach Schneider (1968–75), Bd. V/3, S. 218–220, führt die Pharmakopöe Württemberg 1741 u.a. Fructus S. (Baccae exsiccatae, grana Actes, Hollunderbeeren; Alexipharmacum, Sudoriferum, Diureticum, Antidiarrhoicum). Zedler (1732–1754), Bd. 13, Sp. 643–647, hebt insbesondere die Conserve der Blumen hervor, denn sie „reinige[] das Geblüt, treibe[] den Schweiß".

7 Gemeint ist damit Erlangen, vgl. dazu Brief Nr. 14, Endnote 1.

8 Gemeint ist hier „fürsorge"; vgl. Grimm (1854–1960), Bd. 26, Sp. 1591.

9 Nach Zedler (1732–1754), Bd. 7, Sp. 1345, ist eine „Dosis" (hier lat. Pl. „Doses") bei einer Arznei „so viel als man auf einmahl einnimmt".

10 Zur Arzneimittelgruppe der „Evacuantia" lassen sich bei Schneider (1968–75), Bd. II, S. 51, folgende Informationen entnehmen: Es handelt sich dabei um „ausleerende Mittel". Mitte des 18. Jh. wurde der Ausdruck „Evacuantia" gebraucht als Überbegriff für Laxantia, Sudorifera, Diaphoretica, Diuretica und Vomitoria. Erst zum 20. Jh. hin verengte sich der Gebrauch des Begriffs auf Abführmittel.

11 Gemeint ist hier die Rückkehr Wagners am Abend des 1. Januar 1737 von einer Reise an den Ansbacher Markgrafenhof, die seiner dortigen Vorstellung als möglicher Leibarzt gedient hatte; vgl. Brief Nr. 42, Z. 8–11 mit Endnote 1.

12 Zum bisherigen Verlauf der Schwellungen vgl. Brief Nr. 26, Z. 42–44, Brief Nr. 29, Z. 12–14, Brief Nr. 32, Z. 13–16, Brief Nr. 34, Z. 21–27, Brief Nr. 35, Z. 26 f., sowie Brief Nr. 39, Z. 19–21.

13 Zum „Stöcken" vgl. Brief Nr. 24, Endnote 2.

14 Giorgio Baglivi (Baglius) wurde 1668 zu Ragusa in Dalmatien (heute wohl Dubrovnik) geboren und starb 1707 im Alter von nur 38 Jahren in Rom. Baglivi besuchte u.a. die Universität Neapel und unternahm eine wissenschaftliche Reise, die ihn nach Venedig, Florenz, Pavia, Padua, Bologna sowie schließlich nach Rom führte. Ab 1696 war er Professor für Anatomie in Rom. Er hinterließ eine große Anzahl von Werken, u.a. „libris II de praxi medica“ (1696) und „De fibra motrice et morbosa“ (1700). Baglivi war ferner Mitglied einiger gelehrter Gesellschaften, darunter der Academia Natura Curiosorum und der Royal Society; vgl. Hirsch (1962), Bd. 1, S. 288; Jöcher (1750–51), Bd. 1, Sp. 709 f.

15 Baglivi, Giorgio: De tarantula: dissertatio 6, de anatome, morsu & effectibus tarantulae. 1695. – Die Dissertatio war auch enthalten in den gesammelten Schriften Baglivis u.a.: Baglivi, Giorgio: Opera omnia medico-practica, et anatomica. 9. Auflage. Lugdunum [Antonii Servant] 1733, S. 599–640. – Wagner verwendet im Titel hier „ictu“ anstelle „morsu“, beides dt. „Stich, Biss“.

16 Übersetzung der Textpassage, d.h. der Wiedergabe der Vorhersage des Baglivi in den Worten Wagners: „dass die Schwellung der rechten Hand im äußeren & inneren Teil, die allmählich den ganzen Arm einnimmt und mit etwa einem schweren Atem verbunden ist, nicht nur auf irgendein Hindernis um die rechte Herzkammer herum, oder um das Herzohr hinweise, sondern auch ein Zeichen des unmittelbar bevorstehenden Todes sei“. – Wagner übernimmt hier wohl leicht abgewandelt die folgende Passage vgl. Baglivi, Giorgio: Opera omnia medico-practica, et anatomica. 9. Auflage. Lugdunum [Antonii Servant] 1733, S. 627: „Quando igitur talem tumorem in exteriori, & mox in interiori manus parte deprehenderis, aderitque spirandi aliqua difficultas, semper praedicito impedimentum aliquod circa dextrum cordis ventriculum, aut circa illius auriculam, ut cadaveris sectio clarius manifestabit.” – Die „Auriculae” oder „Hertz-Ohren” beschreibt Zedler (1732–1754), Bd. 2, Sp. 2214 („Aures Cordis“), als „kleine membranösische Höhlen am obersten und breitesten Theile des Hertzens; auf dessen jeder Seite lieg[e] eine in Gestalt eines Ohrs“.

17 Zur „Mixtur“ im Allgemeinen vgl. Brief Nr. 24, Endnote 19.

18 Zum alchemistisch-pharmazeutischen Symbol für „Spiritus“ vgl. Brief Nr. 24, Endnote 11. Daneben wird in „Spiritus nitri dulcis“ auch das alchemistisch-pharmazeutische Symbol für „Nitrum commune“ bzw. „Salpeter“ gebraucht; vgl. dazu Schneider (1962), S. 46. – Zum „Spiritus“ im Allgemeinen vgl. ebenfalls Brief Nr. 24, Endnote 11. – In der Antike konnte Nitrum (Natron) auch Soda, Pottasche oder Borax sein. Im 18. Jh. jedoch war „Salniter“ bzw. „Salpeter“ immer ein künstlich in Salpeterplantagen durch biologische Oxydation aus stickstoffhaltigen Abfällen, v.a. Dung und Jauche, bereitetes Produkt mit Hpt. Kaliumnitrat (KNO_3); vgl. Schneider (1962), S. 81 f. – „Spiritus nitri dulcis“ oder „Versüßter Salpetergeist“, Hpt. ca. 2 proz. Lösung von Aethylnitrit $C_2H_5O_2N$ in Aethanol, war ein Präparat, das aus einer Mischung von Salpetersäure und Weingeist durch Destillation und Rektifikation mit weiterem Alkoholzusatz erhalten wurde. Die Vorschrift war, nur unter kleinen Änderungen, pharmakopöe-üblich seit dem 18. Jh. In der Pharmakopöe Württemberg 1741 findet sich: Spiritus Nitri dulcis (Anodynum, Carminativum, Diureticum). Der Hinweis auf Verwendung in Mixturen findet sich noch Mitte des 19. Jh.; vgl. Schneider (1968–75), Bd. III, S. 80, und Bd. VI, S. 183 („Spiritus Aetheris nitrosi“). Zeitgenössische Einträge zu „Spiritus nitri dulcis“, auch mit entsprechenden Zubereitungsanweisungen, finden sich bei Zedler (1732–1754), Bd. 33, Sp. 1200–1202 („Salpetergeist, süsser“).

19 Zum alchemistisch-pharmazeutischen Symbol für „Oleum“ wie zu den „Olea“ im Allgemeinen vgl. Brief Nr. 24, Endnote 35. Zum alchemistisch-pharmazeutischen Symbol für „Tartarus“ bzw. „Weinstein“ sowie auch allgemeinen Angaben zum „Weinstein“ vgl. Brief Nr. 26, Endnote 46. Ferner findet sich hier bei „Oleum tartari per deliquium“ das Zeichen/ die Abkürzung für „per deliquium“ bzw. „von selbst zerflossen“; vgl. Schneider (1962), S. 47. – „Weinsteinöl“, am gebräuchlichsten war „Oleum tartari per deliquium“, war eine Lauge von Kaliumcarbonat (K_2CO_3), gewonnen durch Glühen von Weinstein und Selbstauflösung des Rückstandes an feuchter Luft. Oleum Tartari als kaliumcarbonathaltige Lösung war pharmakopöe-üblich im 16. und 17. Jh. und diente auch zum Abwaschen und Glätten des Gesichts. Im 18. Jh. wurde nach der Pharmakopöe Württemberg 1741 als kaliumcarbonathaltige Lösung auch Liquor Nitri fixi gebraucht, gewonnen durch Glühen von Nitrum (Kaliumnitrat) mit Kohle, zerfließen lassen.

Oleum tartari entspricht dem heute noch gebräuchlichen „Liquor Kalii carbonici“; vgl. Schneider (1962), S. 82, und Schneider (1968–75), Bd. III, S. 38 und S. 57, sowie Bd. VI, S. 132–134 („Kalium carbonicum“). „Oleum tartari per deliquium“ wurde Mitte des 18. Jh. u.a. unter die Diuretica und Purgantia gerechnet; vgl. Schneider (1968–75), Bd. II, S. 48 f. und S. 63 f. Zeitgenössische Einträge finden sich bei Zedler (1732–1754), Bd. 54, Sp. 980–985 („Weinstein-Oel“ bzw. „Weinstein-Oel, geflossenes“ oder „Weinstein-Oel, geschmoltzenes“).

20 Gemeint ist hier wohl wie schon in Brief Nr. 32, Z. 18–20, Wein (hier lat. Abl. Sgl. „vino“) mit einem Infusum von „radix Iridis nostratis“; vgl. dazu ausführlich eben Brief Nr. 32, Endnote 12.

21 Nach der zeitgenössischen Onomatologia Medica Completa, Bd. 1, Sp. 1242, ist ein „stimulus“ (hier lat. Akk. Pl. „stimulos“) „ein Reiz, oder starker Trieb zu der Wollust“ bzw. passend zum hier vorliegenden Bedeutungszusammenhang auch „überhaupt ein Reiz auf die Nerven der Gedärme, oder Adern“.

22 Übersetzung der Textpassage: „entweder wegen der Unbeweglichkeit der Materie, oder der Unpässlichkeit der Wege“. – Die „Wege“ meinen hier wohl v.a. die sog. „ersten Wege“ bzw. „primae viae“, worunter man nach der Onomatologia Medica Completa, Bd. 1, Sp. 1150, hauptsächlich Magen und Gedärme verstehe.

23 Zum „spasmus“ (hier lat. Akk. Pl. „spasmos“) vgl. Brief Nr. 18, Endnote 18.

24 Zur „excretio“ (hier lat. Akk. Sgl. „excretionem (diureticam)“) bzw. „evacuatio“ vgl. Endnote 5. – Zur „Diuresis“ vgl. auch Brief Nr. 26, Endnote 35.

45 — *8. Januar 1737*

Peter Christian Wagner, Erlangen, an Christoph Jacob Trew, <Nürnberg>

HochEdelgebohrner und hochgelehrter
Insonders hochgeehrtester Herr hoffRath
allerwerthester Freund und Gönner!

In der hoffnung, daß Ewer hochEdelgeb[ohrn] Vergangenen Sonnabend[1] das gesandte Buch und ℞[2] Von Herrn *General* Von *Bassewiz*[3] richtig werden empfangen haben,[4] nehme ich gegenwärtig die Freÿheit denenselben Zu berichten, daß sich die Fr[au] *Resid[entin] Buirette* Von *Ölefeld*[5] auf ihre neuliche große Schwachheit[6] in etwas wiederum erholet. Weilen sich aber im HauptWerck nichts ändert Viel mehr die Geschwulst insonder| 2 |heit[7] des Arms und die Unbeweglichkeit und Schwere des Cörpers um ein merckliches Zunehmen,[8] so gereichet solches Zu Ihrem grösten *chagrin*, maßen Sie daraus wohl erkennen, daß durch solche unvermuthete Erholungen nur Ihre Leidens-Zeit Verlängert wird. Gott erbarme sich Ihrer und erhöre Ihr Seuffzen und Verlangen nach einem seeligen Ende. Nechst deme nehme mir die Freÿheit den Einschluß[9] nach Anspach[10] Zu *recommendiren* und weilen ich noch nicht wißen kan, wie bald es mir möglich seÿn wird Ewer hochEdelgebohrn selbsten Persöhn[lich] | 3 | auf Zu warten, so erbitte mir inzwischen Dero *continuirliche* Freundschafft und Gewogenheit und Verharre mit grösten *Estime*

Ewer hochEdelgeb[ohrn]

Erlang den 8. *Ian[uarii]*
1737.

gehorsamster und er-
gebenster Diener
P[eter] C[hristian] Wagner

***H** UBE Briefsammlung Trew, Korr. Wagner, Nr. 32. 3 S. Als Beilage: Einschluss nach Ansbach (Z. 17).*

---

1 Der vorausgehende Sonnabend war der 5. Januar 1737, also ein Tag nach dem letzten erhaltenen Schreiben Wagners an Trew.

2 Zum Zeichen bzw. der Abkürzung „Rp." als Verweis wohl auf Rezepte vgl. Brief Nr. 40, Endnote 8.

3 Zu General Helmut Otto von Bassewitz (Bassewiz) (1673–1736) siehe Brief Nr. 22, Endnote 1. – Zu seinem Krankheitsverlauf und Tod vgl. Brief Nr. 22, Z. 8–10, Brief Nr. 24, Z. 63–65, Brief Nr. 32, Z. 75–77, Brief Nr. 34, Z. 52–56, Brief Nr. 35, Z. 21–24 und schließlich Brief Nr. 40, Z. 24–30, nebst zugehöriger Endnoten.

4 Die hier erwähnte Sendung, die wohl ohne Begleitschreiben an Trew ging, ist im Rahmen der UBE Briefsammlung Trew nicht erhalten. Bei dem Inhalt der Sendung handelte es sich aber wohl um Unterlagen zum Krankheitsverlauf des Herrn General von Bassewitz, die Trew für eine rückblickende Falldarstellung benötigte und daher wohl von Wagner, der ebenfalls an der Behandlung des Patienten beteiligt gewesen war, angefordert hatte; vgl. dazu Brief Nr. 40, Z. 28–30. – Die Beschäftigung Trews mit dem Fall Bassewitz über den Tod des Patienten hinaus, auch in Form einer durchgeführten Obduktion, schlug sich auch in der Trew-Loelius-Korrespondenz der UBE Briefsammlung Trew nieder; vgl. dazu in zusammenfassender Auswertung Schnalke (1997), S. 133.

5 Zu Elisabeth Buirette von Oehlefeld (Ölefeld) (†1737) siehe Brief Nr. 23, Endnote 1. – Zu ihrem Krankheitsverlauf vgl. bisher Brief Nr. 23–44 (mit Ausnahme von Nr. 41 sowie einzelner erschlossener Briefe) und im Weiteren Brief Nr. 47 und 48.

6 Davon berichtete Wagner am 4. Januar 1737; vgl. Brief Nr. 44, Z. 24–27.

7 „Insonderheit" steht hier für „besonders, speciell, im einzelnen"; vgl. Grimm (1854–1960), Bd. 10, Sp. 2144.

8 Zum bisherigen Verlauf der Schwellungen vgl. Brief Nr. 26, Z. 42–44, Brief Nr. 29, Z. 12–14, Brief Nr. 32, Z. 13–16, Brief Nr. 34, Z. 21–27, Brief Nr. 35, Z. 26 f., Brief Nr. 39, Z. 19–21, und Brief Nr. 44, Z. 23.

9 „Einschluß" steht hier, wie „Einschlag", für den „einschlusz des briefes", d.h. den „einschlag eines briefes in den andern"; vgl. Grimm (1854–1960), Bd. 3, Sp. 272 u. Sp. 280.

10 Zu Ansbach (Anspach) vgl. Brief Nr. 20, Endnote 10. – Gemeint ist hier wohl ein in der UBE Briefsammlung Trew nicht erhaltenes Schreiben Wagners an eine Person am Ansbacher Hof, etwa an Johann Lorenz Ludwig Loelius, bezüglich seiner fraglichen Annahme als Leibarzt am dortigen Hof, vgl. dazu auch Brief Nr. 41 und 42.

46* **<ohne Datum>**

Christoph Jacob Trew, <Nürnberg>, an Peter Christian Wagner, <Erlangen>

Trew sandte Wagner die Nachricht, dass er selbst nach Ansbach reisen werde. Ferner erkundigte er sich wohl nach dem Befinden der Elisabeth Buirette von Oehlefeld und übermittelte seine Empfehlung an die Patientin.

Erschlossen nach Brief Nr. 47, Z. 21–25, wobei die dort erwähnte „gegebene Nachricht“ Trews an Wagner hier als, auch im Zusammenhang mit dem zugleich „übersandten Einschluss“, sehr wahrscheinlicher Hinweis auf ein Schreiben, d.h. eine schriftliche nicht mündliche Nachricht, gewertet wird; aus den überlieferten Schreiben der Korrespondenz geht die genaue Datierung dieser Nachricht Trews an Wagner nicht hervor, jedoch ergibt sich aus der zeitlichen Abfolge der erhaltenen Korrespondenz der Zeitraum zwischen dem 8. Januar 1737 und dem 17. Februar 1737, desweiteren lässt sich der wahrscheinliche Zeitraum der Datierung inhaltlich eher auf Anfang bis Mitte Februar eingrenzen, da Wagner in Brief Nr. 47 angesichts seiner eigenen Interessen in Ansbach wohl eher zeitnah auf eine Nachricht bzgl. einer bevorstehenden Reise Trews nach Ansbach antwortete (vgl. Brief Nr. 47, Z. 25 f.); als Beilage: ein Einschluss (vgl. Brief Nr. 47, Z. 24), möglicherweise ein Brief des Johann Lorenz Ludwig Loelius aus Ansbach an Wagner, da dieser jenem dann zusammen mit Brief Nr. 47 ein Antwortschreiben zukommen ließ (vgl. Brief Nr. 47, Z. 26–28).

47 **17. Februar 1737**

Peter Christian Wagner, Erlangen, an Christoph Jacob Trew, <Nürnberg>

HochEdelgebohrner und Hochgelehrter
Insonders hochgeehrtester Herr hoffRath
Hochwerthester Freund und Gönner.

Ewer hochEdelgebohrn entschuldigen nach Dero beÿwohnenden Gütigkeit meinen bißherigen Unfleiß in Ertheilung einiges Berichts Von der Frau *Resid[entin] Buirette* Von *Ölefeld*[1] Zustand. Ich habe, da solcher äußerst bejammernswürdig und ohne hoffnung einiger Menschlicher hülffe, bedencken getragen, Dieselbigen deßwegen in Dero wichtigen Geschäfften Zu *interrompiren*. Die Lattwerge[2] ist nun mehro ohne einige Änderung oder Beßerung Ver| 2 |brauchet auch das abgeredete Pflaster[3], nebst denen Clÿstiren[4] und andern nothwendigen fleißig *adhibiret* und besorget worden; der Arm hat Zwar einige Tage nach und nach beÿ 2 Zoll[5] in der Dicke abgenommen auch nebst dem Unterleib und Beinen etliche mahle angefangen etwas Zu rinnen, es stehet aber nun mehro beÿ 8 Tagen alles wiederum stille, der lincke Arm geschwillet auch biß über den Ellenbogen und die Größe des Leibet nimt noch täglich Zu,[6] alßo daß Sie fast nie ohne entsetzliches Stöcken[7], röcheln, husten, hitze und kalten Schweiß sind. Wenigstens werden die *Remissiones*[8] täg[lich] kürzer, die Kräfften und *Appetit* geringer, der Durst und trockener Mund aber hefftil 3 |ger. Die Frau *Patientin* beharren noch immer in Ihrer Gottseeligen *Resignation* und Gelaßenheit und Dancken Ewer hochEdelgeb[ohrn] nebst Vermeldung Ihres und des gantzen haußes gegenEmpfehlung, Vor das gütige und mitleidige Andencken. Ich aber erkenne mich Ewer hochEdelgeb[ohrn] Vor den übersandten Einschluß[9] und gegebene Nachricht[10] Von Dero Vorseÿenden[11] Reiße nach Anspach[12] höchstens Verbunden und *resignire* mein daßelbst habendes *Interesse*[13] Völlig in Dero hände und gütige Vorsorge[14]. In welcher Absicht ich auch innliegendes AntwortsSchreiben[15] an Herrn HoffRath *Loelium*[16] offen gelaßen, damit Dieselbigen meine Gründe, warum ich gerne eine *positive* Antwort hätte, daraus ersehen können. | 4 | Der entsetzliche Weiße Frießel[17] deßen ich darinnen gedacht, hat sich *sub specie Peripneumoniae*[18] angefangen, da ich aber nach etlichen Tagen sahe, daß der Auswurff nicht in gewöhnlicher und gehöriger *Quantitaet* erfolgen, gleich wohl das Drücken auf der Brust sich Vermehren und *Diarrhoea*[19] und *Deliria*[20] sich einfinden wollen, habe ich eine *Emulsionem Camphoratam cum antipleuriticis*[21] geben und etliche Tage *continuiren* laßen, worauf *Die septimo sudor & excretio pustularum Critica cum febris diminutione*[22] und endlich *ope alexipharmacorum temperatiorum [!] sanitas integra*[23] erfolget.[24] An die Frau Gemahlin ersuche meinen Vollkommensten *Respect* Zu Vermelden und mir Zu Glauben daß ich mit ewig währender hochachtung seÿ und Verbleibe

Ewer hochEdelgeb[ohrn]

Christian-Erlang
den 17. *Febr[uarii]*
1737.

gehorsamster Diener
Dr. P[eter] C[hristian] Wagner

H *UBE Briefsammlung Trew, Korr. Wagner, Nr. 33. 4 S. Vermerk vermutlich von Trews Hand S. 1 oben rechts: „Dr. Wagner Erlang den 17. febr[uarii] 1737"; als Beilage: offenes Schreiben als Einschluss an Hofrat Loelius in Ansbach (Z. 26–28).*

---

1 Zu Elisabeth Buirette von Oehlefeld (Ölefeld) (†1737) siehe Brief Nr. 23, Endnote 1. – Zu ihrem Krankheitsverlauf vgl. bisher Brief Nr. 23–45 (mit Ausnahme von Nr. 41 sowie einzelner erschlossener Schreiben) und im Weiteren Brief Nr. 48.

2 Wagner bezieht sich mit der hier genannten „Lattwerge" wohl auf das „Electuarium euporiston" in Brief Nr. 44, Z. 16–22. – Zur „Lattwerge" bzw. dem „Electuarium" im Allgemeinen vgl. Brief Nr. 44, Endnote 4.

3 Nach der zeitgenössischen Onomatologia Medica Completa, Bd. 2, Sp. 377 f., ist ein „Pflaster" oder „Emplastrum" zu beschreiben als „ein äusserliches, weiches, klebrichtes, doch ziemlich trockenes Arzneymittel, das auf Tuch, oder Leder gestrichen in allerley Vorfallenheiten auf Geschwulsten, Wunden,

Geschwäre, oder auch allein schwache, schmerzende Theile in allerley Absichten aufgelegt wird". Man verwende dabei Öle und andere „Fettigkeiten, als Schmalz, Unschlitt, Mark, Butter, oder auch [...] Schleime[], die aus Wurzeln, und Saamen ausgekocht werden". Andere stelle man aus „Wachs, Terbenthin, Harz, Pech, und Gummi" her, wobei sich auch z.B. Pulver darunter mischen ließen. In den Apotheken gebe es viele dergleichen gemachte Pflaster. – Weitere zeitgenössische Einträge finden sich in der Onomatologia Medica Completa, Bd. 1, Sp. 590, sowie bei Zedler (1732–1754), Bd. 8, Sp. 1042–1046 („Emplastrum").

4 Zur Verwendung von „Clÿstiren" im Allgemeinen vgl. Brief Nr. 24, Endnote 4.

5 Nach Zedler (1732–1754), Bd. 7, Sp. 906–909 („Digitus"), wird in „dem gemeinen Leben" eine Elle in 24 Zolle unterteilt, d.h. da in der Geometrie eine halbe Elle einen Fuß ausmache, ein Fuß in zwölf Zolle. Andererseits aber unterteile man bei der geometrischen Einteilung den Fuß in zehn Zolle. – Dies zeigt, wie auch Trapp/Wallerus (2006), S. 23 f., betont und für die Längenmaße ausführt, dass es bei den einzelnen Einheiten für dieselbe Größenart nur selten einen übersichtlichen Zusammenhang gab. Außerdem waren die Zahlenwerte der Einheiten von Ort zu Ort sehr verschieden. Als groben Anhaltspunkt zur Umrechnung in heutige Längenmaße im metrischen System liefert Trapp/Wallerus (2006), S. 249 f., in Tabellen einige Beispiele, darunter den Nürnberger Fuß im 18. Jh. zu 30,386 cm, die Nürnberger Elle zu 65,96 cm (d.h. der Zoll als altes Längenmaß schwankte zeitlich und räumlich bei ca. 2–3 cm).

6 Zum bisherigen Verlauf der Schwellungen vgl. Brief Nr. 26, Z. 42–44, Brief Nr. 29, Z. 12–14, Brief Nr. 32, Z. 13–16, Brief Nr. 34, Z. 21–27, Brief Nr. 35, Z. 26 f., Brief Nr. 39, Z. 19–21, Brief Nr. 44, Z. 23, sowie Brief Nr. 45, Z. 12 f.

7 Zum „Stöcken" vgl. Brief Nr. 24, Endnote 2.

8 Die Frau Residentin Buirette von Oehlefeld selbst betrachtete kurzzeitige Zustandsbesserungen (hier lat. „Remissiones (morbi)" = „Nachlassen der Krankheit") nur mehr als eine Verlängerung ihrer Leidenszeit; vgl. Brief Nr. 45, Z. 13–16.

9 „Einschluß" steht hier, wie „Einschlag", für den „einschlusz des briefes", d.h. den „einschlag eines briefes in den andern"; vgl. Grimm (1854–1960), Bd. 3, Sp. 272 u. Sp. 280. – Gemeint ist hier möglicherweise ein von Trew übersandter Brief des Johann Lorenz Ludwig Loelius aus Ansbach an Wagner, da Wagner jenem zusammen mit vorliegendem Schreiben, d.h. erneut als „Einschluß", eine Antwort zukommen ließ, vgl. Z. 26–28. Ein entsprechendes Schreiben des Loelius an Wagner ist in der UBE Briefsammlung Trew nicht erhalten.

10 Diese Nachricht Trews Nr. 46* an Wagner ist in der UBE Briefsammlung Trew nicht erhalten.

11 „Vorseÿend" steht hier für „bevorstehend"; vgl. Grimm (1854–1960), Bd. 26, Sp. 1555.

12 Zu Ansbach (Anspach) vgl. Brief Nr. 20, Endnote 10.

13 Gemeint ist hier wohl Wagners von Trew und Loelius unterstütztes Bemühen um eine Vermittlung als Leibarzt an den Ansbacher Markgrafenhof, vgl. dazu bisher Brief Nr. 20, insbesondere mit Endnote 2 und 4, Brief Nr. 32, Z. 55–63 mit Endnote 45, Brief Nr. 37, Z. 8–22, Brief Nr. 39, Z. 8–18, Brief Nr. 40, Z. 8–12, sowie ausführlich zu einem (weiteren) Aufenthalt Wagners am Ansbacher Hof im Dezember 1736 zum Zwecke seiner Vorstellung Brief Nr. 41 und Nr. 42. – Letztlich scheiterten sämtliche Bemühungen: die Stelle eines Leibarztes am Ansbacher Markgrafenhof blieb vorerst unbesetzt. Wie auch Schnalke (1997), S. 124–126, auf Basis der Auswertung v.a. der Trew-Loelius-Korrespondenz der UBE Briefsammlung Trew herausstellt, waren die Gründe für das Scheitern des Kandidaten Wagner vielfältig: Neben sein bei Hofe als mangelhaft empfundenes Benehmen trat die besondere Problematik des ständigen Vergleichs mit Trew, der trotz allen Werbens des Hofes in Nürnberg ansässig blieb, also nicht als Leibarzt vor Ort in Ansbach gewonnen werden konnte.

14 Gemeint ist hier „fürsorge"; vgl. Grimm (1854–1960), Bd. 26, Sp. 1591.

15 Das hier als Einschluss mitübersandte Antwortschreiben Wagners an Loelius ist in der UBE Briefsammlung Trew nicht erhalten.

16 Zu Johann Lorenz Ludwig Loelius (hier lat. Akk. Sgl. „Loelium") (1687–1756) siehe Brief Nr. 32, Endnote 42.
17 Zum „Frießel", insbesondere auch dem „Weißen Frießel", vgl. Brief Nr. 6, Endnote 6.
18 Zur „Peripneumonia" vgl. Brief Nr. 20, Endnote 6.
19 Die Onomatologia Medica Completa, Bd. 1, Sp. 553, beschreibt „Diarrhoea", bzw. „Leibweh", „Bauchfluss", „Durchfall", „Durchbruch", als eine Situation, in der der Betroffene „öfteren, dünnen Stulgang mit, oder ohne Grimmen hat". – Ein weiterer zeitgenössischer Eintrag findet sich bei Zedler (1732–1754), Bd. 32, Sp. 1637–1651 („Ruhr, weisse").
20 Nach der Onomatologia Medica Completa, Bd. 1, Sp. 541, entspricht ein „Delirium" (hier lat. Pl. „Deliria") einer „Phantasie" bzw. dem „Phantasiren" oder „verwirrte[n] Reden", d.h. „wann einer wachend verwirrt und verführt heraus schwätzt, daß er selbst nicht weißt, was er redet, wie es oft in hizigen Krankheiten, und ausser denselben geschiehet [...]". – Eine weitere zeitgenössische Eintragung findet sich bei Zedler (1732–1754), Bd. 7, Sp. 457 f.
21 Zur „Emulsio Camphorata" (hier lat. Akk. Sgl. „Emulsionem Camphoratam") vgl. Brief Nr. 24, Endnote 8. – Hier wurde eine „Emulsio Camphorata" (gemeinsam) mit (lat. „cum") „antipleuritica" (hier lat. Abl. Pl. „antipleuriticis") gegeben. Zur Arzneimittelgruppe der „Antipleuritica" lassen sich bei Schneider (1968–75), Bd. II, S. 31, folgende Informationen entnehmen: Es handelt sich dabei um „Mittel gegen Seitenstechen". Mitte des 18. Jh. wurden dazu gerechnet: 1. Diluentia, 2. Resolventia, 3. Volatilia, 4. Alcalica, 5. Aquae pleuriticae, sowie äußerlich Oleum Palmae, Ol. Chamomillae, Ol. Hyoscyami, Unguentum Dialthaeae, Ungt. populeum, Ungt. anodynum. In der Pharmakopöe Württemberg 1741 finden sich Pulvis pleuriticus (aus: Mandibuli Lucii Piscis, Dentium Apri, Lapides Percarum, Talus Leporis, Oculi Cancrorum, Semen Cardui benedicti) und Pulvis pleuriticus Mynsichti (aus: Flores Sulphuris, Dentium Apri, Mandibulae Lucii Piscis, Flores Papaveris). Anfang des 19. Jh. wurde dann darauf verwiesen, dass die Pleuritis (Brustfellentzündung) wie alle Entzündungen zu behandeln sei. – Ein zeitgenössischer Eintrag zum „Antipleuriticum" als „Artzeney wider das Seitenstechen", welches „unterschiedene Ursachen" habe, findet sich bei Zedler (1732–1754), Bd. 2, Sp. 650.
22 Übersetzung der Textpassage: „(worauf) am siebten Tag sudor & excretio pustularum Critica zusammen mit einer Minderung des Fiebers (...erfolget)". – „Sudor", der „Schweiß", ist nach der Onomatologia Medica Completa, Bd. 1, Sp. 1249 f., zu beschreiben als Zustand, „wo die Haut unter mehrerer Wärme über und durch den ganzen Leib ganz feucht und naß ist, daß sich oft ganze Tropfen darauf sammlen". Die Materie des Schweißes bestehe „sowohl aus der wässerichten Feuchtigkeit, welche sonsten durch die unmerkbare Ausdünstung immer abgeh[e], als auch aus dem Saft der Hautdrüsen, und geschmolzenen Fett, das durch die Schweißlöcher mit heraustrief[e], wenn er recht stark [sei]". Ein weiterer ausführlicher zeitgenössischer Eintrag findet sich bei Zedler (1732–1754), Bd. 36, Sp. 299–321 („Schweiß"). – Zur „excretio" bzw. „evacuatio" vgl. Brief Nr. 44, Endnote 5. – Hier ist eine „excretio pustularum Critica" beschrieben. Eine „pustula" (hier lat. Gen. Pl. „pustularum") ist nach dem Anatomisch-chirurgischen Lexikon, Sp. 888, „ein Bläsgen, welches auf der Haut ausfähret, wie bey denen Ausschlägen geschiehet". Ein weiterer zeitgenössischer Eintrag findet sich in der Onomatologia Medica Completa, Bd. 1, Sp. 1161. – „Criticae evacuationes" bzw. „Crises per excretionem" sind nach der Onomatologia Medica Completa, Bd. 1, Sp. 497, „alle und jede von selbst kommende schnelle starke Ausflusse von Feuchtigkeiten", wobei sie geschähen „durch welchen Weg sie woll[t]en", solange nur „der Kranke dabey merklich, und mit Bestand besser w[e]rd[e]".
23 Übersetzung der Textpassage: „(und endlich) mit Hilfe mildernder (?) Alexipharmaca die vollständige Gesundheit/Gesundung (erfolget)". Bei „temperatiorum" müsste es hier evtl. „temperativorum" heißen. – Zu der Arzneimittelgruppe der „Alexipharmaca" vgl. Brief Nr. 41, Endnote 10.
24 Der hier von Wagner geschilderte „Weiße Frießel" mit seinem Verlauf fand auf Basis dieses Briefes und wohl v.a. auch auf Basis der Ausführungen im nicht erhaltenen offenen Brief Wagners an Loelius

Eingang in die Zeitschrift des Commercium Litterarium 7 (1737), S. 105 (hier als Observation eingebettet in die Rubrik der „Nova“), vgl. Wagner (1737b). Auch an gleicher Stelle im Commercium Litterarium zu findende „Observationes epidemicae Erlangae habitae“ Wagners gehen evtl. auf diesen nicht erhaltenen Brief Wagners an Loelius zurück, vgl. Wagner (1737a).

48 ***1. März 1737***

Peter Christian Wagner, Erlangen, an Christoph Jacob Trew, <Nürnberg>

HochEdelgebohrner und Hochgelehrter
Insonders hochgeehrtester Herr HoffRath
und hochgeneigter Gönner!

Es sind die mir durch Ewer hochEdelgeb[ohrn] besondere Güte aus der Buchdruckereÿ *procurirte* und gesandte *Carmina*[1] nicht nur Zeitlich genug und Wohl *conditioniret* allhier[2] angelanget, sondern Sie sind auch nach Wunsch und Verlangen Zu meinem besondern Vergnügen ausgefallen. Wannenhero[3] ich Ewer hochEdelgeb[ohrn] nebst hiemit folgender Auslage *a* 7 Gulden[4] nochmahlen so wohl | 2 | Vor die hierunter gehabte große Bemühung den schuldigsten Danck erstatte, als auch den in der gantzen Cur[5] der hochseeligen Frau *Residentin*[6] überhaupt mir gegönten gütigen Beÿstand mit Vieler *obligation* erkenne und Versichere, daß das Vornehme Trauer-hauß allen schuldigen *reellen* Danck gebührend Zu erweißen nicht Vergeßen werde. Ich bin übrigens begierig Ewer hochEdelgeb[ohrn] hoch Vernünfftiges *Iudicium* über das in gröster Eÿl entworffene *Visum & Repertum*[7] Zu hören, und ob dieselbigen in der Meinung Von der *Causa Primaria Morbi & Malorum* mit mir ei| 3 |nig seÿen. Hienechst habe noch 2 Gulden Rheinisch[8] Vor das *Commercium Literarium*[9] Vorigen Jahrs beÿlegen und ersuchen wollen meine saumselige Einsendung bestens Zu Vermercken. Der ich unter Vielmahliger und hoflichster Empfehlung an die Frau Gemahlin mit immer währender hochachtung Verharre

Ewer hochEdelgeb[ohrn]

Erlang den 1. *Martii*
1737.

gehorsamster Diener
Wagner *Dr.*

***H** UBE Briefsammlung Trew, Korr. Wagner, Nr. 34. 3 S. Vermerk vermutlich von Trews Hand S. 1 oben rechts: „Wagner Erlang d[ie] 1. Martii 1737“; als Beilagen: Geldbetrag für von Trew übersandte Carmina (Z. 11 f.), wohl ein Bericht bzw. „Visum & Repertum“ betreffs der verstorbenen Residentin Buirette von Oehlefeld (Z. 16–19) sowie ein Geldbetrag für die Bögen des Commercium Litterarium des Vorjahres (Z. 19 f.).*

1 Möglicherweise handelte es sich hier um in Nürnberg bei Lorenz Bieling gedruckte Exemplare eines von Wagner aus Anlass des Todes der Elisabeth Buirette von Oehlefeld (†1737) verfassten Toten- bzw. Trauergedichts (hier lat. Pl. „Carmina"); vgl. Wagner (1737c). Die von Wagner selbst im vorliegenden Brief, Z. 12–14, unmittelbar hergestellte Verbindung zu dieser verstorbenen Patientin legt eine solche Zuordnung sehr nahe.
2 Gemeint ist hier Erlangen, vgl. dazu Brief Nr. 14, Endnote 1.
3 „Wannenhero" steht hier für „weshalb"; vgl. Grimm (1854–1960), Bd. 27, Sp. 1906.
4 Siehe Brief Nr. 1, Endnote 10 zu dieser Währungseinheit.
5 Krankheitsverlauf und Behandlung der Elisabeth Buirette von Oehlefeld finden sich in der Wagner-Trew-Korrespondenz umfänglich dokumentiert; vgl. Brief Nr. 23–47 (mit Ausnahme von Nr. 41 sowie einzelner erschlossener Schreiben).
6 Zu Elisabeth Buirette von Oehlefeld (†1737) siehe Brief Nr. 23, Endnote 1. Wie bereits dort erwähnt, war die Patientin nach langer Krankheit am 20. Februar 1737, also kurz nach dem vorausgehenden Schreiben Wagners Nr. 47, verstorben und am 27. Februar in Erlangen beigesetzt worden.
7 Nach Zedler (1732–1754), Bd. 48, Sp. 1875 („Visum & Repertum"), bzw. Bd. 3, Sp. 1489–1495 („Besichtigung der Wunden"), ist ein „Visum & Repertum" eine „augenscheinliche Besichtigung wegen eines vorgegangenen Verbrechens" bzw. eine „Besichtigung der Wunden" in dem Sinne, dass „die Beschaffenheit der Wunde von einem Medico und Chirurgo, die von der Obrigkeit gehöriger massen dazu erfordert werden, mit allem Fleiß und Sorgfalt untersuchet wird, um den Richter über die Lethalität der Wunde richtig zu informiren". – Da sich Wagner hier wahrscheinlich weiter auf den Tod der Elisabeth Buirette von Oehlefeld bezieht, ist an dieser Stelle aber wohl kein Bericht im Auftrag der Obrigkeit zu Verwundungen im Rahmen eines Verbrechens gemeint. Vielmehr ist eher davon auszugehen, dass Wagner den Begriff „Visum & Repertum" allgemeiner für einen Bericht nach genauer Inaugenscheinnahme der verstorbenen Patientin gebraucht, den er wohl mit vorliegendem Brief an Trew übersandte, um auch dessen Meinung einzuholen und so nicht einem Verbrechen, sondern der hauptsächlichen Ursache der Krankheit auf die Spur zu kommen. Da das „Visum & Repertum" im Rahmen der UBE Briefsammlung Trew nicht überliefert ist, bleibt offen, was die genaue Inaugenscheinnahme Wagners hier im Einzelnen umfasste, etwa auch eine anatomische Sektion entsprechend der Wundbesichtigungen bei Verbrechen.
8 Die Fränkische Währung nahm nach der Kipperzeit eine besondere Entwicklung. Es stand nach Zusammenbruch der Geldwirtschaft fest, dass der Speziesreichstaler, der während der gesamten Inflationszeit als Maßstab gedient hatte, auch bei Wiederherstellung geordneter Münzverhältnisse eine zentrale Rolle spielen sollte. Franken wollte aufgrund seiner Mittellage und der Entwicklung in den Nachbargebieten einen Talerkurs von 72 Kreuzern halten und verabschiedete diesen am Fränkischen Kreistag 1622. Franken fand dafür aber keine Unterstützung beim Kaiser und dem bayerischen Kurfürsten, so dass sich im Münzprobationsabschied von 1623 der Kurs des Speziesreichstalers von 90 Kreuzern in Süddeutschland durchsetzte – eine Regelung, der sich auch die Reichsstadt Nürnberg anschloss. Die übrigen fränkischen Stände blieben bei ihrem Valor des Speziesreichstalers zu 72 Kreuzern und begründeten so eine eigene fränkische Währung und ein Auseinanderdriften der Rechnungssysteme, d.h. man musste innerhalb Frankens mit zweierlei u.a. Gulden und Kreuzern rechnen: 72 Kreuzer Fränkisch waren = 1 Reichstaler, also = 1 1/5 Gulden Fränkisch, da auch 60 Kreuzer Fränkisch = 1 Gulden Fränkisch. Davon zu unterscheiden waren 90 Kreuzer Rheinisch = 1 Reichstaler, also = 1 ½ Gulden Rheinisch, da 60 Kreuzer Rheinisch ebenfalls = 1 Gulden Rheinisch; vgl. Schön (2005), S. 80–84. – Der jährliche Preis des Commercium Litterarium, der eigentlich in Vorauskasse halbjährlich zu Ostern und St. Michael eingezogen werden sollte, betrug eben 2 Rheinische Gulden; vgl. Rau (2006), S. 49.
9 Zur Zeitschrift des Commercium Litterarium im Allgemeinen vgl. Brief Nr. 6, Endnote 2.

49* **10. August 1737**

Christoph Jacob Trew, <Nürnberg>, an Peter Christian Wagner, <Erlangen>

Trew lud Wagner mit diesem Schreiben zur Betrachtung einer Blume des Cerei ein.

Erschlossen nach Brief Nr. 50, Z. 8–11.

50 **12. August 1737**

Peter Christian Wagner, Erlangen, an Christoph Jacob Trew, <Nürnberg>

HochEdelgebohrner und Hochgelehrter
Insonders Hochgeehrtester Herr HoffRath
Hochgeneigter Gönner und *Patron.*

Ewer HochEdelgeb[ohrn] muß ich mit der aller bestürzesten Feder recht sehr um Vergebung bitten, daß ich Dero sehr angenehmes Vom 10. *Augusti*[1] erst dießen Nachmittag beantworte und Vor die gütige Einladung Zu beschauung der noch in *Spiritu* Verwahrten Blume des *Cerei*[2] schuldigen Danck erstatte. Ob ich nun gleich dieße bewundernswürdige Flor[3] als ein Liebhaber der | 2 | Natur gerne mitangesehen und dabeÿ Von Ewer hochEdelgeb[ohrn] Gütigkeit und mir so *precieusen* Freundschafft *profitiret* hätte, so ist es mir doch anitzo[4] sehr angenehme, daß mich Dießelben beÿm Aufgang der letzten Blume (weilen es beÿ denen ersteren nicht mög[lich] geweßen) nicht dahin[5] beruffen,[6] weilen ich außer deme den am Freÿtag frühe beÿ Neuhauß[7] durch einen unglücklichen Schuß in einen unvermutheten *Duell*[8] tödtlich Verwundeten Herrn Rath Von Baumann[9] nicht würde haben *succuriren* können. Nur ist dabeÿ Zu beklagen, daß solcher aller genommenen *Messures* und gebrauchten Vorsicht ohngeachtet, da das *Vulnus*[10] *per* | 3 | *se* und *absolute lethal*[11] geweßen, in deme es das *Intestinum Ileum*[12] 3mahl über Zwerch[13] durchdrungen und Von dem *Osse Ischii*[14] lincker hand ein Stück Von dem obern *margine* durch die Kugel abgeschlagen worden, dennoch Vorgestern Abends um 6 Uhr, jedoch ohne große Leidenschafft[15], daran sterben müßen. Da nun die in die aller *Calamitosesten* Umstände Versetzte und im 6. Momath [!][16] schwanger gehende Frau Wittib[17] meine Gegenwart Zu Verhütung eines durch Gött[liche] Gnade und gebrauchte Vorsorge[18] biß *dato* noch unterbliebenen *Abortus*[19] unumgäng[lich] erfordert, so werde meine *curiositaet* biß auf ein ander mahl Verspahren[20] müßen. Weswegen ich hier durch an Ewer hochEdelgeb[ohrn] und wertheste Frau Gemahlin nur meinen *Respect* Vermelde und | 4 | mir die Fortsetzung der mir über alles gehenden Freundschafft gehorsam ausbitte. Die gegenwärtig aus meinen Diensten gehende Französin Elißabetha *Borlette*[21] anlangend, so kan ich nicht anders sagen, als daß selbige in die dritthalb[22] Jahr in meinen

Diensten sich treu (so Viel mir wißend) aufgeführet; Weilen sie sich aber mit meiner Schwester[23] nicht *comportiren* können noch wollen, auch Zuletzte Hochmüthig und ungehorsam gegen mich worden, dabeÿ als eine *Demoiselle* (da ich sie doch nur als Kinder Mädgen *engagiret* hatte) *salariret* und gehalten werden wollen, so habe mich gezwungen gesehen, Sie Zu entlaßen. Das Französische, so sie spricht, ist nicht das schlechteste und hoffe ich, Sie wird sich beÿ einer Herrschafft, so ihr gleich anfäng[lich] den Daumen auf dem Auge hält[24], Vernünfftiger aufführen. Womit ich in Vollkommenster hochachtung Verharre

eiligst Ewer hochEdelgeb[ohrn]
Erlang den 12. *Aug[usti]* gehorsamster Diener
1737. *Dr. Wagner.*

***H** UBE Briefsammlung Trew, Korr. Wagner, Nr. 35. 4 S. Vermerk vermutlich von Trews Hand S. 1 oben rechts: „D. Wagner Erlang d[ie] 12. aug[usti] 1737“.*

13 Gütigkeit] Gütigkeit: *erg. zwischen den Zeilen*

---

1 Gemeint ist hier ein vorangegangenes Schreiben Trews Nr. 49* an Wagner vom 10. August 1737. Dieses ist in der UBE Briefsammlung Trew nicht erhalten.

2 „Cereus“ als Vertreter der Kakteengewächse findet sich zeitgenössisch bei Zedler (1732–1754), Bd. 5, Sp. 1880 f., wie folgt beschrieben: Es handle sich dabei um „ein fremdes Gewächs“, von dem es zwei Hauptsorten gebe. Die erste heiße Cereus Peruvianus major und sei „ein Americanisches schwammichtes Gewächs oder Kertze, welches so dick als eines Mannes Hand w[e]rd[e], und fünff Ecken ha[be]“, die „durchgehends mit Stacheln“ versehen seien. Das Gewächs sei grün, sehr hoch und „prächtig anzusehen“. Insbesondere aber sei die Blüte, die an den Ecken hervorkomme und „einem grossen Kelche“ gleiche, „sehr prächtig“. Allerdings sei die schöne Blüte „eine rechte Feindin der Sonne“, d.h. sie blühe nie während des Tages, sondern immer bei Nacht, und verwelke bei Tagesanbruch wieder. Die zweite Hauptsorte heiße Cereus Americanus serpens und bringe ähnliche Blüten nach Sonnenuntergang hervor, ja sie könne „mit gutem Recht für die allerschönste unter denen Blumen geachtet werden“, verliere aber auch „[m]it angehendem Tage [...] auf einmal alle Pracht und Herrlichkeit“. – Entsprechend ihrer schnellen Vergänglichkeit bewahrte Trew hier die Blüte des Cereus (hier lat. Gen. Sgl. „Cerei“) noch in Spiritus (hier lat. Abl. Sgl. „Spiritu“) auf. – Bereits im Jahr 1730 hatte Trew eine Blüte des Cerei beschrieben und war daraufhin von Lorenz Heister (1683–1758) um weitere Erläuterungen gebeten worden (UBE Briefsammlung Trew, Korr. Heister, Nr. 55, vom 29.12.1730); vgl. Ruisinger (2004), S. 208 mit Fußnote 47.

3 „Flor“ steht hier für „blüte“; vgl. Grimm (1854–1960), Bd. 3, Sp. 1815.

4 „Anitzo“ steht hier wie „itzo“ für „jetzt“; vgl. Grimm (1854–1960), Bd. 1, Sp. 377.

5 Gemeint ist hier wohl Trews Wohnort Nürnberg. Zu Nürnberg vgl. Brief Nr. 1, Endnote 5.

6 Die zeitliche Abfolge stellt sich hier wohl wie folgt dar: Am Samstag, den 10. August 1737, lud Trew Wagner zur Besichtigung der in Spiritus konservierten Kaktusblüte ein. Keine Einladung erfolgte aber anscheinend zur direkten Beobachtung des Aufgangs der Blüte, möglicherweise in der Nacht vom 8. auf den 9. August oder vom 9. auf den 10. August, was Wagner jedoch hier nachträglich sogar begrüßte.

7 Es handelt sich hier wohl um jenes Neuhaus (Neuhauß), das heute Ortsteil von Adelsdorf im Landkreis Erlangen-Höchstadt (bayerischer Regierungsbezirk Mittelfranken) ist. Der Historische Atlas von Bayern, Teil Franken, Reihe 1, Heft 1 (Höchstadt-Herzogenaurach), S. 76, liefert Stand zum Zeitpunkt der Säkularisation folgende Informationen zu Neuhaus: 1) 64 Wohngebäude, 2) Hochgerichtsbarkeit: Adeliges Halsgericht Neuhaus (Frhr. v. Crailsheim), 3) Dorf- und Gemeindeherrschaft: Rittergut Neuhaus (Frhrn. v. Crailsheim), 4) Pfarrsprengel: ev. Pfarrei Neuhaus (Grub, Patronat: Gutsherr), 5) Grundherrschaften: Rittergut Neuhaus (u.a. mit Schloss), Rittergut Buch (Frhrn. Winkler v. Mohrenfels).
8 Zedler (1732–1754), Bd. 7, Sp. 1555, beschreibt zeitgenössisch ein „Duell" als einen „Zweykampff [...], wenn sich 2 Personen mit dem Degen, oder einem andern Gewehr vorsetzlich, und nach vorher geschehener Ausforderung schlagen".
9 Johann Friedrich Edler von Baumann (†1737), ein Kaiserlicher wirklicher Rat, war ein Schwiegersohn der Elisabeth Buirette von Oehlefeld (†1737) und vermählt seit 1734 mit deren Tochter Charlotte Eleonore. Nach Streitigkeiten betreffs des letzten Willens der im Februar 1737 verstorbenen Elisabeth Buirette von Oehlefeld kam es im August 1737 zum Zweikampf mit seinem Schwager Isaac Daniel Buirette von Oehlefeld (1696–1766), in dessen Folge er aufgrund einer Schussverletzung nach ca. 40 Stunden verstarb; vgl. Zedler (1732–1754), Bd. 25, Sp. 611–621, insbesondere Sp. 619 („Oehlefeld, Buirette von"), sowie Bd. 25, Sp. 623–631, insbesondere Sp. 630 f. („Oehlefeld, Isaac Daniel Buirette von"); Schmidt-Herrling (1956b), unpaginiert.
10 Das zeitgenössische Anatomisch-chirurgische Lexikon, Sp. 1088–1090, beschreibt „Vulnus" als „Wunde", d.h. als „eine jede Verletzung der fleischigten Theile [...], da dieselben durch scharfe, spitzige oder andere schneidende Instrumente aus ihrem natürlichen Zusammenhange gebracht werden, so daß hierauf eine Ergießung des Geblüts gemeiniglich erfolget". Bei tieferen Wunden sei es nicht immer einfach, den weiteren Verlauf der Wunde im Körper zu erkennen, wobei jedoch eine gute Kenntnis der Anatomie helfe und auch „aus der Wunde herausfließende Feuchtigkeit" Hinweise gebe, etwa bei Austritt von Exkrementen auf eine Beschädigung der Gedärme. Was die Behandlung der Wunden anbelange, „so m[üsse] man solche gleich anfangs von dem geronnenen Blut zu reinigen suchen, auch alle fremde Sachen, so etwa sich in der Wunde befinden möchten, heraus bringen, nachhero das Geblüt [...] durch bequeme und geschickte Mittel stillen, endlich durch Digestivsälbgen und kräftigen balsamischen Mitteln, wie auch gehörigen Bandagen, die völlige Heilung zu erhalten suchen". – Bei Zedler (1732–1754) finden sich ferner in Bd. 59, Sp. 1782–1837, ein ausführlicher zeitgenössischer Eintrag speziell zur „Wunden-Cur, (Allgemeine Schuß-)" sowie in Bd. 59, Sp. 1610–1649, ein Eintrag speziell zu „Wunden, (Complicirte Schuß-)", wobei darunter gerade Schusswunden mit Verletzung der Eingeweide zu rechnen seien.
11 Nach der zeitgenössischen Onomatologia Medica Completa, Bd. 1, Sp. 885 f., ist die „Lethalitas per se" eine „Tödtlichkeit an und für sich selbst", was von solchen Wunden gesagt werde, „welche nach denen allgemeinen Rechnungen der Aerzte fast nothwendig tödtlich seyn sollten, doch aber noch viele Exempel und Erfahrungen für sich h[ätt]en, wo durch geschwinde Hülfe die Kranke hier und da gerettet worden". – Dagegen ist nach der Onomatologia Medica Completa, Bd. 1, Sp. 885, die „Lethalitas absoluta" gleichbedeutend mit einer „vollkommene[n] Tödtlichkeit", was vor allem von Wunden, „die von einer äusserlichen Gewalt herkommen", gesagt werde und es meine „eine solche schlimme Beschaffenheit derselben, da man nach allen Umständen erweisen k[önne], daß sie nothwendig haben den Tod nach sich ziehen müssen, wenn auch, weder auf Seiten des Verwundeten, noch auf Seiten der Aerzte der geringste Fehler vorgegangen, und der Kranke vorher noch so gesund gewesen wäre".
12 Das „Intestinum Ileum" bzw. der „Krummdarm" hat nach dem Anatomisch-chirurgischen Lexikon, Sp. 494 f., seinen Namen von dem Darmknochen, da „er mehrentheils unter dem Nabel neben diesen Knochen liege[]". Er sei „der dritte und längste von denen dünnen Gedärmen" und nehme „mehrentheils die beyden Seitentheile der mittleren Gegend des Unterleibes (regiones iliaceae) wie auch einen Theil der unteren Gegend des Unterleibes (regio hypogastrica) ein". Er ende „nicht gar weit unter der rechten Niere,

wo sich mit dem blinden Darm die dicken Gedärme anf[i]ngen". Weitere zeitgenössische Einträge finden sich in der Onomatologia Medica Completa, Bd. 2, Sp. 876, sowie (als eine Übersicht) bei Zedler (1732–1754), Bd. 7, Sp. 193–195 („Darm, Intestinum").

13 „Zwerch" bzw. „über Zwerch" ist hier gebraucht als eine „richtungs- oder lagebeziehung" wie „quer" bzw. „eine längsrichtung kreuzend, oft im rechten winkel zu ihr"; vgl. Grimm (1854–1960), Bd. 32, Sp. 1084 f.

14 Das „Os Ischii" (hier lat. Abl. Sgl. „Osse Ischii") bzw. „Hüftbein" gehört nach dem Anatomisch-chirurgischen Lexikon, Sp. 765, zu den „ungenannten Knochen", wobei es „ganz unterwerts liege[]" und sein Körper „den unteren und grössesten Theil des Beckens ausmache[]". Auf die Erhöhung des Hüftbeins, die sog. „protuberantia ischii", stütze sich der Mensch im Sitzen. Weitere zeitgenössische Einträge finden sich in der Onomatologia Medica Completa, Bd. 2, Sp. 1185, sowie (als eine Übersicht) bei Zedler (1732–1754), Bd. 3, Sp. 871 f. („Becken").

15 „Leidenschafft" steht hier für „leiden", war doch „leidenschaft" nach Grimm (1854–1960), Bd. 12, Sp. 670, „ein im 17. jahrh., zuerst nur in den wörterbüchern neu gebildetes wort, um bei übersetzungen aus dem Französischen den begriff eines leidenden zustandes schärfer als durch bloszes leiden auszudrücken".

16 Gemeint ist hier „Monat". Es liegt wohl ein Schreibfehler vor.

17 „Wittib" steht hier für „witwe"; vgl. Grimm (1854–1960), Bd. 30, Sp. 828. – Gemeint ist hier also Charlotte Eleonore Edle von Baumann (geb. 1714), eine geborene Buirette von Oehlefeld, als Witwe des Johann Friedrich Edler von Baumann (†1737). Sie heiratete später in zweiter Ehe Friedrich Samuel von Montmartin, Geheimer Rat und Amtshauptmann zu Christian-Erlang; vgl. Zedler (1732–1754), Bd. 25, Sp. 611–621, insbesondere Sp. 619 f. („Oehlefeld, Buirette von"), und Schmidt-Herrling (1956b), unpaginiert. Die Kirchenbücher der Deutsch-ref. Gemeinde Erlangen verzeichnen im Januar 1738 die Beisetzung eines evangelisch-lutherisch getauften Söhnchens eines Herrn von Baumann und dessen Gemahlin, einer geborenen von Buirette, ferner im Oktober 1738 die Heirat des Friedrich Samuel von Montmartin mit Charlotte Eleonore, geborene von Buirette, verwitwete von Baumann, und schließlich die Taufe zweier Töchter (Friderica Wilhelmina Luise und Sophia Henriette Juliana) von Friedrich Samuel von Montmartin und seiner Gemahlin Charlotte Eleonore, geborene von Buirette, in den Jahren 1739 und 1740; vgl. LAELKB Kirchenbucharchiv, Erlangen-Deutsch-ref. Gemeinde; hier unter „Taufen, Trauungen, Beerdigungen, Kommunikanten 1693–1741", Sign. 235-1. – Zu Friedrich Samuel von Montmartin vgl. auch Brief Nr. 56, Endnote 4.

18 Gemeint ist hier „fürsorge"; vgl. Grimm (1854–1960), Bd. 26, Sp. 1591.

19 Nach dem Anatomisch-chirurgischen Lexikon, Sp. 9–11, ist ein „Abortus" gleichbedeutend mit einer „unreiffe[n], zu frühzeitige[n] Geburth". Das Wort werde in zweifacher Weise gebraucht, und zwar 1) „active, nehmlich [für] diejenige[n] innerliche[n] Bewegungen oder Geburthswehen, welche eine Frau alsdenn empfinde[] wenn dasjenige, so in der Gebährmutter (uterus) lieget unzeitig oder vor der Zeit soll ab- und fortgetrieben werden", und 2) „passive, da es denn dasjenige, so ausgetrieben worden ist, nehmlich die unzeitige Frucht selbst andeute[]". Gerade bei „vollblütige[n] Frauens-Persohnen" könne schon „eine geringe Ursache diesen Zufall [...] erregen". Wichtige „Nebenursachen" seien ferner u.a. „alle Gemüthsbewegungen, als Schrecken, Zorn, Aergernis, Freude". Weitere zeitgenössische Einträge finden sich in der Onomatologia Medica Completa, Bd. 1, Sp. 3, und Zedler (1732–1754), Bd. 1, Sp. 154 f. („Abortiren"; „Abortus"; „Abortus, Foetus abortivus").

20 „Verspahren" steht hier für „aufsparen" bzw. „aufheben"; vgl. Grimm (1854–1960), Bd. 25, Sp. 1367 f.

21 Nähere Angaben zu der offenbar eine Zeitlang als Kindermädchen in Wagners Diensten stehenden Französin Elißabetha Borlette ließen sich auch im Quellenmaterial zu Wagners Familie, soweit im Rahmen vorliegender Arbeit ausgewertet, nicht gewinnen.

22 Nach Grimm (1854–1960), Bd. 2, Sp. 1423, steht „dritthalb" hier für „zwei und ein halbes".

23 Auch zu einer Schwester Wagners fanden sich in dem im Rahmen vorliegender Arbeit ausgewerteten Quellenmaterial zur Familie Wagners keine Angaben. Möglicherweise holte Wagner seine Schwester in

sein Haus, da er seit dem Tod seiner ersten Frau Regina Wagner, geborene Heer, 1735 verwitwet war und erst 1738 wieder eine Ehe einging; vgl. Memoria P.C. Wagneri (1765), unpaginiert.
24 „Den Daumen auf dem Auge halten" meint hier jemanden „wie einen blinden völlig unterjochen, ihm aufs äuszerste zusetzen"; vgl. Grimm (1854–1960), Bd. 2, Sp. 848.

51 — *21. Oktober 1737*

Peter Christian Wagner, Erlangen, an Christoph Jacob Trew, Nürnberg

HochEdelgebohrner und hochgelehrter
Insonders hochgeehrtester Herr
Hoff-Rath!

Ewer hochEdelgebohrn ersuche hier durch in aller Eÿle und gantz ergebenst mir Zu berichten was das *Lignum sanctae Luciae*[1] seÿe, wo solches Zu bekommen und was es koste. Es wird solches Von hohen Orten Von mir Zu wißen Verlanget. Vielleicht findet sich solches in des *Bauhini*[2] *Tractatu de plantis a Sanctis nomen habentibus*[3], welchen Ewer hochEdelgeb[ohrn] ohne Zweiffel besitzen. Finden Sie etwas davon so bitte mir es Zu *communiciren* und meiner bereitwilligsten GegenDienste Versichert Zu seÿn. Der ich unter gehorsamster Empfehlung an die Frau hoffRäthin mit gröster hochachtung Verharre

Ewer hochEdelgeb[ohrn]
Erlang den 21. *Octobr[is]* 1737.
gehorsamster Diener
Dr. P[eter] C[hristian] Wagner | 2 |

PS: Ist etwas Zeitung[4] fertig so bitte mir Sie aus.

***H** UBE Briefsammlung Trew, Korr. Wagner, Nr. 36. 1¼ S. mit PS. Vermerk vermutlich von Wagners Hand S. 1 unten rechts: „verte", sowie Vermerk vermutlich von Trews Hand S. 1 oben rechts: „Wagner Erlang d[ie] 21. 8bris 1737"; Siegel und Anschrift auf Brief: „a Monsieur | Monsieur le Docteur | Treu Conseiller de la Cour & Premier | Medecin du Corps de S[on] A[ltesse] S[érénissime] Mon|seigneur le Marggrave de Bran|denb[ourg] [!] Anspac | Fr[an]co p[ar] Exprès. | à <?> | Nuremberg."*

---

1 Zedler (1732–1754), Bd. 18, Sp. 714 („St. Lucien-Holtz"), und vor allem Bd. 19, Sp. 247 f. („Mahaleb"), beschreibt zeitgenössisch das „St. Lucien-Holtz" bzw. „Bois de Sainte-Lucia" (hier bei Wagner lat. „Lignum sanctae Luciae") als Holz „von dem Stamme des Mahaleb-Baums", welcher auch Ceraso affinis, C.B., bzw. deutsch „Stein-Kirschen" bzw. „Dinten-Beere" genannt werde. Dieser sei „eine Art des wilden

Kirschbaums“ bzw. „ein kleiner Baum, dem gemeinen Kirschenbaume nicht unähnlich“. Er trage „kleine, rund und schwartze Früchte“, die wie Kirschen aussähen, aber bitter seien. Der kleine bittere Kern, wie der Baum „Mahalep“ genannt, werde „aus Auvergne und andern Orten“ herbeigebracht, „denn die Parfumirer brauch[t]en ihn zu der wohlrüchenden Seiffe“. Das Holz des Stammes aber, das „S. Lucien-Holtz“, werde „aus Lothringen [...] zugeführet“, da sich dessen „die Ebenholtzarbeiter zu allerhand sauberer Arbeit bedien[t]en“. Es sei von grauer, etwas rötlicher Farbe und mit einer dünnen braunen Rinde überzogen, vor allem aber „von lieblichen Geruch, der sich verstärcke[], je älter das Holtz wird“. Außerdem führe das Holz „viel Oel und Sal essentiale“ und „treibe[] den Schweiß und trockne[], wenn es abgesotten gebraucht wird“, doch sei es „nicht gebräuchlich“.

2 Der Arzt und Botaniker Johann (Jean, Johannes) Bauhin (Bauhinus) wurde 1541 in Basel geboren und starb 1613 in Montbéliard (Frankreich). Nach einem Medizinstudium in Basel, Tübingen (dort unter Einfluss von Leonhard Fuchs) und Montpellier wurde Johann Bauhin vermutlich in Valence promoviert. Nach kurzer ärztlicher Tätigkeit in Lyon und Genf sowie als Professor der Rhetorik in Basel ging er 1571, berufen als Leibarzt des Herzogs Friedrich I. von Württemberg, nach Montbéliard (Mömpelgard). Dort verfasste er sein großes dreibändiges botanisches Sammelwerk „Historia plantarum“, das erst posthum erschien. Johann Bauhins Erstlingsschrift „De plantis a divis sanctisve nomen habentibus“ (Basilea 1591) enthielt auch seinen gelehrten Briefwechsel mit Konrad Gesner bis zu dessen Tod 1565. In der UBE Briefsammlung Trew sind Briefe Johann Bauhins an Joachim Camerarius (1534–1598) erhalten; vgl. Schmidt-Herrling (1940), S. 30; NDB, Bd. 1, S. 649 f.; ADB, Bd. 2, S. 149–151. – Caspar Bauhin (1560–1624) war der jüngere Bruder Johann Bauhins; siehe zu ihm bereits Brief Nr. 4, Endnote 16.

3 Bauhin, Johann: De plantis a divis sanctisve nomen habentibus. Caput Ex magno volumine de Consensu & dissensu Authorum circa stirpes, desumptum. Basileae [Waldkirch] 1591. – Ein Eintrag unter „Lignum sanctae Luciae“ findet sich in diesem Werk nicht.

4 Gemeint ist hier das Commercium Litterarium, vgl. dazu Brief Nr. 6, Endnote 2.

52 — *23. Februar 1738*

Peter Christian Wagner, Erlangen, an Christoph Jacob Trew, <Nürnberg>

Viro Illustri atque doctissimo Domino
Doctori Trew, Serenissimi Marchionis
Brandenburgico-Onoldini Consiliario
Aulico & Archiatro spectatissimo,
Patrono Fautori & Amico
aestumatissimo S[alutem] P[lurimam] D[icit]
Dr. P[eter] C[hristian] Wagner

Iam dudum, Vir Excellentissime, literas ad Te Meditatus sum, quas tamen et Praxis Clinica cumulatior & domicilii mutatio retardarunt. Longius autem nunc silentium agere, meum in Te studium meaque in Te pietas non permittunt. Scire enim ex Te valde aveo, quid agas? quomodo cum Costa tua dilectissima vivas? | 2 | quidve scribas? Operis forte Anatomici parti primae, Osteologiae puto, iam iam finem imposuisti eamque typis excussam praenumerantibus distribuisti. Quod si factum sit, Te mei quoque memorem esse iubeo –

Commercii litterarii plagulae rarius advolant, Indicum plane nullae; quas tamen suspenso animo expecto Teque obsecro, velis mihi quoque tres ultimas Anni 1736 plagulas deficientes in complementum Operis una transmittere. Gratissimum quoque mihi praestares officium si Tom[um] decimum supplementorum Actorum Erud[itorum] Lipsiens[ium] ad statum legendi & perlustrandi mihi mutuo dare posses illum enim absque ulla macula remittendum curarem vel ipsemet reportarem proxime.

Clarissimus Monti Bononiensis Te quam plurima impertire salute Teque | 3 | rogare iussit, velis haud gravari schedulam hic inclusam D[omi]no Dri. Huth tradere eumque monere, ut Hesperides Norimbergenses, et si Tomus unus vel alter latinitate donatus sit, latinum, sin minus germanicum solummodo emat Ipsique modo indicato transmittat. Excellentissimus quoque Ianus Blancus (Bianchi) Arimino praesentem relationem aurorae borealis, lingua italica concinnatam, ut Commercio inseratur litterario benevole communicavit Tibique salutem plurimam adscripsit. Imposterum plura.

Vale Amice integerrime meque amare perge. Iterumque Vale.

Dabam Erlangae VII Calend[as] Martii

A[nno] O[rbis] R[edemti] 1738.

***H** UBE Briefsammlung Trew, Korr. Wagner, Nr. 37. 3 S. Als Beilagen: Zettel an Georg Leonhard Huth von Giuseppe Monti aus Bologna (Z. 25) und Bericht über das Nordlicht von Giovanni Bianchi (Plancus) zur Veröffentlichung im Commercium Litterarium (Z. 27–29).*

52 (Übersetzung) ***23. Februar 1738***

Peter Christian Wagner, Erlangen, an Christoph Jacob Trew, <Nürnberg>

Dem hochedelgeborenen und hochgelehrten Herrn
Doktor Trew, seiner Durchlaucht des Markgrafen
von Brandenburg-Ansbach Hof-
rat & äußerst angesehenen Leibarzt,
dem Patron, Gönner & hochgeschätzten
Freund wünscht das Beste
Dr. Peter Christian Wagner

Schon lange, äußerst vorzüglicher Herr, habe ich mir ein Schreiben an dich vorgenommen, welches dennoch sowohl die allzu reichliche ärztliche Tätigkeit als auch der Wechsel der Behausung[1] verhindert haben. Nun aber länger das Schweigen beizubehalten, erlauben meine Gewogenheit dir gegenüber und meine Ehrfurcht vor dir nicht. Denn ich begehre sehr danach von dir zu erfahren, was du tust? wie du mit deinem äußerst geliebten Eheweib das Leben

zubringst? | 2 | oder auch was du schreibst? Du hast vielleicht ohne Verzug den ersten Teil des Anatomischen Werks, die Osteologie glaube ich,[2] beendet und diesen nach Erscheinen denjenigen zukommen lassen, die Vorauszahlung geleistet hatten. Falls dies geschehen sein sollte, fordere ich dich auf auch meiner eingedenk zu sein – die Bögen des Commercium Litterarium treffen ziemlich selten ein, gar keine von den Registern;[3] dennoch erwarte ich diese mit ungewissem Herzen und bitte dich sehr darum, du mögest mir auch die drei letzten noch fehlenden Bögen des Jahres 1736 zur Vervollständigung des Werkes miteinander übersenden. Du würdest mir auch einen äußerst angenehmen Dienst erweisen, wenn du mir leihweise den zehnten Teil der Ergänzungen der Leipziger Acta Eruditorum[4] zum Lesen & Betrachten geben könntest, ich würde jenen gewisslich ohne irgendeinen Fleck zurückschicken lassen oder ich höchstselbst würde ihn nächstens zurückbringen.
Der sehr berühmte Monti[5] aus Bologna[6] hat mir aufgetragen, dich möglichst herzlich zu grüßen und dich | 3 | zu bitten, du mögest dich nicht weigern, den hier mit eingeschlossenen kleinen Zettel dem Herrn Dr. Huth[7] zu übergeben und diesen zu erinnern, die Hesperides Norimbergenses[8], und zwar, falls der eine oder andere Teil in lateinischer Sprache vorliegt, den lateinischen, wo aber nicht den deutschen, nur allein zu kaufen und ihm selbst in angezeigter Weise zu übersenden. Der auch äußerst vortreffliche Ianus Blancus (Bianchi)[9] aus Rimini[10] hat den beiliegenden Bericht über das Nordlicht, abgefasst in italienischer Sprache, zur Veröffentlichung im Commercium Litterarium gütig mitgeteilt[11] und hat dich herzlichst grüßen lassen. Für die Zukunft mehr.
Lebe wohl äußerst rechtschaffener Freund und bleibe mir gewogen. Ein mehrfaches Lebewohl.
Erlangen, sieben Tage vor den Kalenden des März
Im Jahr der Welterlösung 1738.

---

1 Wagners Wechsel der Behausung innerhalb Erlangens stand möglicherweise im Zusammenhang mit seiner Wiederverheiratung im Jahr 1738; vgl. Memoria P.C. Wagneri (1765), unpaginiert.

2 Zur „Osteologie" Trews vgl. Brief Nr. 17, Endnote 4. – Wie dort ausgeführt, erschien die „Osteologie" (des Schädels) als erster und einziger Teil des ursprünglich mehrbändig angelegten anatomischen Tafelwerks Trews erst 1740.

3 Zur Zeitschrift des Commercium Litterarium im Allgemeinen vgl. Brief Nr. 6, Endnote 2. – Zu den Lieferungsschwierigkeiten bzw. -verzögerungen vgl. zudem Brief Nr. 18, Endnote 3.

4 Die Zeitschrift der „Acta Eruditorum" zählte zu den ersten gelehrten Zeitschriften Deutschlands. Sie wurde von 1682 bis 1782 in Leipzig verlegt, wobei sich 1732 ein Namenswechsel zu „Nova Acta Eruditorum" vollzog. Erster Direktor bzw. Herausgeber war Otto Mencke (†1707), ihm folgte nach seinem Tod sein Sohn Johann Burckhardt Mencke (1674–1732) nach. In einer eigenen Rubrik „Medica et Physica" fand sich in dieser Monatszeitschrift auch die Medizin vertreten; vgl. Rau (2006), S. 13, sowie bei Zedler (1732–1754), Supplement 1, Sp. 386 f. – Wagner bittet hier um Band 10 der „Acta Eruditorum Supplementa" aus dem Jahr 1734.

5 Giuseppe (Joseph) Monti wurde 1682 in Bologna geboren und starb dort 1760. Er war Professor der Naturgeschichte und Pharmakologie an der Universität Bologna, ferner Direktor des botanischen

Gartens und des Marsilischen Museums. Er hinterließ verschiedene u.a. paläontologische und botanische Abhandlungen. Für die Zeitschrift des „Commercium Litterarium“ fungierte Monti als Assistent in Bologna. In der UBE Briefsammlung Trew sind Briefe Montis erhalten, u.a. einer an Peter Christian Wagner vom 25. Januar 1743 sowie einer an Georg Leonhard Huth (nach 1745 datiert); vgl. Schmidt-Herrling (1940), S. 417 f.; Rau (2006), S. 57; Poggendorff (1863–2004), Bd. 2, Sp. 195 f. u. Sp. 1429. Weitere Einträge finden sich bei Jöcher (1750–51), Bd. 3, Sp. 647; Jöcher/Adelung (1784–1897), Bd. 4, Sp. 2056 f.; Pritzel (1872), S. 223. – Das Schreiben Montis an Wagner, auf das hier wohl Bezug genommen wird, aus dem Jahr 1738 (bzw. evtl. noch 1737), ist in der UBE Briefsammlung Trew nicht erhalten.

6 Bologna (Bononia), am Nordfuß des Apennins zwischen den Flüssen Reno und Saveno gelegen, wurde 1278 durch den Verzicht Rudolfs von Habsburg auf Bologna und die Romagna zugunsten des Heiligen Stuhls sowie durch inneren Zwist dem Kirchenstaat ausgeliefert, der schon aus der Pippinidischen Schenkung einen Anspruch auf Bologna abgeleitet hatte. Zwar behaupteten eine Zeit lang noch Adelsgeschlechter die tatsächliche Macht, doch 1506 wurde Bologna dem Kirchenstaat durch Papst Julius II. endgültig einverleibt, wo es bis Ende des 18. Jh. verblieb. Als erwähnenswert galten auch zeitgenössisch schon besonders die zahlreichen Kirchenbauten wie u.a. die Basilika San Petronio und vor allem die Universität von Bologna. Diese war Ende des 11. Jh. aus privaten Schulen entstanden und war wegen ihrer Rechtsschule weltberühmt und neben Paris zur bedeutendsten Hochschule des europäischen Mittelalters geworden; vgl. Zedler (1732–1754), Bd. 4, Sp. 648–652; Brockhaus, Bd. 3, S. 510 f.

7 Georg Leonhard Huth (Hut) wurde 1705 in Nürnberg geboren und starb ebenda 1761. Er wurde 1728 in Altdorf zum Dr. med. promoviert. Nachdem er eine fünfjährige Reise zur anatomischen und chirurgischen Weiterbildung nach Straßburg, Paris und Leiden unternommen hatte, war er ab 1733 praktischer Arzt in Nürnberg, 1742–52 auch Kasernenarzt, 1752–1759 Pestarzt, 1759 Spitalarzt. Ab 1734 gehörte Huth, der selbst einst Schüler Trews am anatomischen Theater gewesen war, nach dem Tod Johann Christoph Götzes (1688–1733) und Christoph Wilhelm Preißlers (1702–1734) als Mitherausgeber der Sozietät der Zeitschrift des Commercium Litterarium an. Daneben übersetzte er englische, französische und holländische Texte botanischer und zoologischer Illustrationswerke, lieferte auch einzelne eigene Beschreibungen. Seit 1749 war Georg Leonhard Huth Mitglied der Akademie der Naturforscher Leopoldina. In der UBE Briefsammlung Trew sind Briefe von und an Huth erhalten, u.a. von und an Trew; vgl. Boschung (2002), S. 259; Schmidt-Herrling (1940), S. 301 f.; Rau (2006), S. 39 f. – Weitere Einträge finden sich in: DBA 583, Bl. 386–405 (Will; Jöcher/Adelung; Hirsching; Meusel: Schriftst.; Baader: Baiern); Hirsch (1962), Bd. 3, S. 354.

8 Das prächtige Werk der „Nürnbergischen Hesperides“ des Johann Christoph Volkamer (1644–1720), des Bruders von Johann Georg Volkamer d. J. (1662–1744), erschien erstmals 1708 in deutscher Sprache: Volkamer, Johann Christoph: Nürnbergische Hesperides, Oder Gründliche Beschreibung Der Edlen Citronat-, Citronen- und Pomeranzen-Früchte. Wie solche in selbiger und benachbarten Gegend, recht mögen eingesetzt, gewartet, erhalten und fortgebracht werden, Samt Einer ausführlichen Erzehlung der meisten Sorten, welche theils zu Nürnberg würcklich gewachsen, theils von verschiedenen fremden Orten dahin gebracht worden; auf das accurateste in Kupffer gestochen, in vier Theile eingetheilet und mit nützlichen Anmerckungen erkläret. Nürnberg [bei dem Authore] 1708 bzw. Franckfurth, Leipzig [Endter] 1708. – 1713 wurde dieses Werk ins Lateinische übersetzt: Volkamer, Johann Christoph: Hesperides Norimbergenses – Hesperidum Norimbergensium Sive De Malorum Citreorum, Limonum Aurantiorumque Cultura Et Usu Libri IIII. Bene Multis Iconibus In Aes Elegantissime Incisis Ornati ... Brevis Commentatio, Auctore J.C.V. Omnia E Lingua Germanica In Latinum Nunc Translata [Erhard Reusch]. Norimbergae [Endter] [1713]. – 1714 schließlich erschien ein weiterer Band als Fortsetzung: Volkamer, Johann Christoph: Continuation der Nürnbergischen Hesperidum, Oder: Fernere gründliche Beschreibung Der Edlen Citronat- Citronen- und Pomeranzen-Früchte: mit einem ausführlichen Bericht/ wie solche am besten zu warten und zu erhalten seyn ... in Kupffer gestochen und nachgezeichnet worden; abermals in vier Theile eingetheilet/

und mit gehörigen Anmerkungen erläutert. Nürnberg [Author] 1714 bzw. Frankfurt, Leipzig [Endter] 1714. – Weitere Informationen zu diesem prächtigen Werk der „Nürnbergischen Hesperides“ finden sich z.B. bei Settekorn (2003).

9 Giovanni Bianchi (Pseudonym Ianus Plancus) (Ianus Blancus) wurde 1693 in Rimini geboren und starb ebenda 1775. Giovanni Bianchi wurde 1719 in Bologna zum Dr. med. promoviert. Er war praktischer Arzt in Rimini ab ca. 1720 bis 1741 und erneut ab 1744, wobei er daneben privat Medizin, Naturgeschichte, Philosophie und Altphilologie unterrichtete. In den Jahren 1741–1744 war er Professor der Anatomie zu Siena. 1744 wurde er nach der Rückkehr nach Rimini erster Stadtarzt von Rimini, 1769 ehrenhalber Leibarzt des Papstes. Giovanni Bianchi fiel durch eine umfangreiche Publikationstätigkeit v.a. im Bereich der Botanik, der Zoologie, der Anatomie und der physischen Geographie auf. Außerdem erwarb er sich Verdienste als Förderer des Wissensaustauschs und der Wissensverbreitung und darf als eine wesentliche wissenschaftliche Schaltstelle im Italien seiner Zeit gelten. Er war Neugründer der Accademia dei Lincei Rimini sowie Mitglied zahlreicher italienischer Gelehrter Gesellschaften, ferner ab 1733 der Accademia delle Scienze dell' Istituto di Bologna und ab 1758 der Akademie der Wissenschaften zu Berlin. In der UBE Briefsammlung Trew sind Briefe von Giovanni Bianchi erhalten, u.a. an Trew; vgl. Boschung (2002), S. 46; Schmidt-Herrling (1940), S. 52. Weitere Einträge finden sich in: Jöcher/Adelung (1784–1897), Bd. 1, Sp. 1825–1827; Hirsch (1962), Bd. 1, S. 519 f. – Briefe Giovanni Bianchis an Peter Christian Wagner sind in der UBE Briefsammlung Trew nicht erhalten. – Nicht zu verwechseln ist Giovanni Bianchi (1693–1775) mit dem ebenfalls als Autor in Erscheinung tretenden Turiner Professor Giovanni Battista Bianchi (1681–1761).

10 Rimini (Ariminum), Hafenstadt am Adriatischen Meer, wurde einst als römische Kolonie gegründet. Im Jahr 359 wurde hier das Konzil von Rimini abgehalten. Vom 13. bis zum 16. Jh. wurde Rimini von den Malatesta beherrscht, ging aber dann Anfang des 16. Jh. endgültig an den Kirchenstaat. Zeitgenössisch wird in der ersten Hälfte des 18. Jh. ein gewisser Bedeutungsverfall der „vormahls berühmte[n], nunmehro aber geringe[n] Stadt“ hervorgehoben, auch da sie einst einen „berühmten Hafen“ gehabt habe, sich nun aber „das Meer wegen des angesetzten Sandes auf eine halbe Meile zurück gezogen [habe]“. Als erwähnenswert galten für Zeitgenossen ferner Bauwerke aus der Römerzeit wie der Augustusbogen sowie ein zerstörerisches Erdbeben Ende des 17. Jh.; vgl. Zedler (1732–1754), Bd. 31, Sp. 1616 f.; Brockhaus in einem Band, S. 743.

11 Im Index Observationum des Commercium Litterarium der Jahre 1738–1740 lässt sich keine Observatio des Giovanni Bianchi bzw. Ianus Plancus zum Thema des Nordlichts (Aurora borealis) nachweisen. – Wie die Ausführungen Wagners in einem Brief an Trew 1734 unter Bezug auch auf einen Artikel des Michael Kelsch im Commericum Litterarium zeigen, beschäftigte das Phänomen des Nordlichts immer wieder die gelehrten Kreise; vgl. Brief Nr. 18, Z. 40–61 (lateinischer Originaltext) und Endnote 19 f.

53 ***<ohne Datum>***

Peter Christian Wagner, <Erlangen>, an Christoph Jacob Trew, <Nürnberg>

Viro Excellentissimo Experientissimoque
Medico nostri Seculi Celeberrimo
D[omi]no Dri. Trew &c. &c.
Amico & Fautori inter plures
colendissimo
S[alutem] P[lurimam] D[icit]

P[eter] C[hristian] Wagner

Dr.

Non est, Vir Illustris, quod dubitem, Tibi meas praeterita septimana ad Te datas non recte perlatas esse. Responsionem quoque tranquillo animo expectavissem, priusquam gravissima tua negotia hisce iterum interpellare ausus essem nisi D[omi]nus Geiselius praesentem mihi tradidisset Fasciculum cum multa salute Tibi mittendum. Quem ut D[omi]no Dri. Huth tradas eumque roges, ne gravetur hunc una cum libris ultimo loco ab | 2 | Excellentissimo Monti desideratis Bononiam mittere, precatur & obtestatur Te. De reliquo, si precibus locum relinquis mihique Acta Lipsiensia transmittis, gratissimum sane mihi praestares officium, quodsi Mercati Metallothecam adiungere posses, brevi cuncta abque [!] damno cum multa gratiarum actione remitterem. Literae a D[omi]no Dre. Bruckmanno d[ie] 17. Ian[uarii] 1738 ad me datae & hodie demum perlatae sequentia habent:
„An herrn *Dr. Trew* mein Dienst[ergebenes] Gegen*Compliment*. Ich hätte billig große Uhrsache mit Ihm Zu Zürnen, indem nun mehro in 1½ Jahr auf keinen einzigen Brief eine Zeile Antwort erhalten; Ich erfahre nicht wie es mit der *Anatomie* (auf welche über 100 Gulden *praenumeriret*) stehet, ich bekomme Keine *Continuationes* Vom *Commercio*, und gleiche Klage führet man in | 3 | *Hannove [!], Helmstedt, Hamb[urg]* und *Rostoch*. Ich weiß nicht was davon dencken soll?"
Microscopii cuiusdam excellentissimi cupiditate flagror, occasionem tamen inveniendi tale non habeo, quod si Tu vero aliquod procurare posses, compararem, ni maximo veniret pretio. Fac quaeso resciam, num spes adsit tale impetrandi. Condonabis, Vir optime, libertati [!] qua utor. Me semper habebis ad quaevis officiorum genera promptissimum paratissimumque. Vale cum Costa dilectissima illamque meo nomine saluta. Me tandem amare perge.

H *UBE Briefsammlung Trew, Korr. Wagner, Nr. 70. 3 S. Der undatierte Brief Wagners an Trew lässt sich an dieser Stelle der Korrespondenz einordnen, da in Z. 19 ein eindeutiger inhaltlicher Bezug zu Brief Nr. 52, Z. 20–23, d.h. der von Wagner erbetenen Ausleihe der Acta Lipsiensia, besteht, wobei der Ausdruck hier in Z. 13 „Tibi meas praeterita septimana ad Te datas" sich damit wohl auch auf Brief Nr. 52 bezieht, so dass die Datierung des vorliegenden Briefes weiter auf den Zeitraum Ende Februar bis Anfang März 1738 eingegrenzt werden kann; als Beilage: Paket von „D[omi]nus Geiselius" an Georg Leonhard Huth zur weiteren Übersendung nach Bologna (Z. 15–18).*

18 Bononiam] (1) Bolognam (2) Bononiam: *korr. zwischen den Zeilen (hier ohne Streichung der ersten Textschicht, also „-noniam" einfach über „-lognam" gesetzt)*

53 (*Übersetzung mit eingefügtem deutschem Originaltext*) ***<ohne Datum>***
Peter Christian Wagner, <Erlangen>, an Christoph Jacob Trew, <Nürnberg>

Dem äußerst vorzüglichen und äußerst erfahrenen Mann
einem sehr berühmten Arzt unseres Jahrhunderts
dem Herrn Dr. Trew &c. &c.
dem Freund & Gönner, dem unter mehreren
ehrwürdigsten,
wünscht das Beste
Peter Christian Wagner
Dr.

Es ist nicht so, hochedelgeborener Herr, dass ich Bedenken trage, dass dir die von mir in der vergangenen Woche an dich gerichtete Sendung[1] nicht richtig überbracht worden ist. Auch hätte ich deine Antwort gelassen abgewartet, ehe ich es gewagt hätte, deine sehr wichtigen Geschäfte durch dies hier wiederum zu unterbrechen, wenn nicht der Herr Geisel[2] mir das beiliegende Paket übergeben hätte, um es gemeinsam mit einem herzlichen Gruß an dich zu übersenden. Er fleht dich an & beschwört dich, dass du dieses dem Herrn Dr. Huth[3] übergibst und diesen bittest, dass er sich nicht weigern möge, dieses zusammen mit den vom | 2 | äußerst vorzüglichen Monti[4] in höchstem Maße ersehnten Büchern[5] auf den Weg nach Bologna[6] zu bringen. Was das übrige anbetrifft, falls du meinen Bitten nachkommst und mir die Acta Lipsiensia[7] übersendest, würdest du mir fürwahr einen äußerst angenehmen Dienst erweisen, wenn du ferner die Metallotheca[8] des Mercatus[9] hinzufügen könntest, in Kürze würde ich alles unbeschädigt mit einer weitläufigen Danksagung zurückschicken. Der von Herrn Dr. Bruckmann[10] an mich am 17. Januar 1738 geschriebene & heute endlich eingegangene Brief enthält Folgendes:
[„An herrn *Dr. Trew* mein Dienst[ergebenes] Gegen*Compliment*. Ich hätte billig große Uhrsache mit Ihm Zu Zürnen, indem nun mehro in 1½ Jahr auf keinen einzigen Brief eine Zeile Antwort erhalten;[11] Ich erfahre nicht wie es mit der *Anatomie*[12] (auf welche über 100 Gulden[13] *praenumeriret*) stehet, ich bekomme Keine *Continuationes* Vom *Commercio*[14], und gleiche Klage führet man in | 3 | *Hannove [!], Helmstedt, Hamb[urg]* und *Rostoch*[15]. Ich weiß nicht was davon dencken soll?“]
Ich werde entflammt von der heftigen Begierde nach einem sehr vorzüglichen Vergrößerungsglas[16], jedoch habe ich keine Gelegenheit ein solches zu finden, wenn also du aber irgendeines beschaffen könntest, würde ich es kaufen, wenn es nicht allzu teuer wäre. Ich bitte dich richte es so ein, dass ich erfahre, ob wohl die Hoffnung besteht, derartiges zu erlangen. Du wirst es mir nachsehen, bester Herr, ich nehme mir diese Freiheit. Du wirst mich jederzeit als einen sehr geschwinden und bereiten Diener für alle erdenklichen Arten von Diensten zur Seite haben. Lebe wohl gemeinsam mit deinem sehr werten Eheweib und grüße jene in meinem Namen. Bleibe mir beständig gewogen.

1 Gemeint ist hier wohl das vorausgehende Schreiben Wagners an Trew Nr. 52 vom 23. Februar 1738 mitsamt seiner Beilagen.
2 Zur äußerst schwierigen Zuordnung des Herrn Geisel bzw. „Geiselius" (bzw. früher in den Briefen evtl. identisch „Geißel dem jüngern") zu einer historischen Person vgl. Brief Nr. 6, Endnote 24. – Da Daniel Christoph Geisler (1687–1737) zum Zeitpunkt des vorliegenden Briefes bereits verstorben war, könnte es sich hier nur mehr um einen Sohn bzw. Verwandten (gleichen Namens) handeln.
3 Zu Georg Leonhard Huth (1705–1761) siehe Brief Nr. 52, Endnote 7.
4 Zu Giuseppe (Joseph) Monti (1682–1760) siehe Brief Nr. 52, Endnote 5.
5 Es handelt sich hier um das von Monti erbetene Werk der „Hesperides Norimbergenses" bzw. „Nürnbergischen Hesperides" des Johann Christoph Volkamer (1644–1720); vgl. Brief Nr. 52, Z. 24–27 (des lateinischen Originaltextes) und auch Endnote 8.
6 Zu Bologna (Bononia) vgl. Brief Nr. 52, Endnote 6.
7 Zur Zeitschrift der „Acta Eruditorum (Lipsiensia)" vgl. Brief Nr. 52, Endnote 4. – Wagner hatte Trew leihweise um den zehnten Teil der Supplementa gebeten, vgl. Brief Nr. 52, Z. 20–23 (des lateinischen Originaltextes).
8 Mercati, Michele: Metallotheca opus posthumum, auctoritate & munificentia Clementis undecimi pontificis maximi e tenebris in lucem eductum; opera autem, & studio Ioannis Mariae Lancisii archiatri pontificii illustratum. Romae [Salvioni] 1717. – Dieses Hauptwerk Mercatis, das durch sein besonderes Interesse an der Mineralogie und seine eigene, unter Papst Sixtus V. ins Vatikanische Museum gekommene Sammlung angestoßen wurde, erschien erst 124 Jahre nach seinem Tod, dank der Bemühungen des Lancisi. 1719 erschien ferner ein Appendix zu diesem Werk (ebenfalls bei Salvioni in Rom); vgl. auch Hirsch (1962), Bd. 4, S. 169 f.
9 Michele Mercati (Michael Mercatus) wurde 1541 in San Miniato in der Toskana geboren und starb 1593 in Rom. Er studierte die Medizin und Philosophie in Pisa, wo er auch promoviert wurde. Ab 1567 war er Intendant des Vatikanischen Gartens in Rom. Er betrieb naturwissenschaftliche Studien und legte zahlreiche Sammlungen an, wobei sein besonderes Interesse der Mineralogie galt. Unter Papst Sixtus V. wurde Mercati zum apostolischen Protonotar ernannt und als Gesandter u.a. nach Polen geschickt. Papst Clemens VIII. ernannte ihn schließlich zum Archiater bzw. päpstlichen Leibarzt sowie zum Commendatore des Hospitals von S. Spirito in Sassia. Mercati verstarb nach einem jahrelangen Leiden wohl infolge von Nierensteinen. In der UBE Briefsammlung Trew sind Briefe Mercatis an Joachim Camerarius (1534–1598) erhalten; vgl. Schmidt-Herrling (1940), S. 399; Hirsch (1962), Bd. 4, S. 169 f.; Jöcher (1750–51), Bd. 3, Sp. 451.
10 Zu Franz Ernst Brückmann (Bruckmannus) (1697–1753) siehe Brief Nr. 1, Endnote 1. – Briefe Franz Ernst Brückmanns an Wagner sind in der UBE Briefsammlung Trew nicht erhalten.
11 Aus den dem vorliegenden Brief vorausgehenden eineinhalb Jahren ist in der UBE Briefsammlung Trew kein Brief Franz Ernst Brückmanns an Trew erhalten; der zeitlich nächste erhaltene vorausgehende Brief datiert bereits vom 16. April 1736 (UBE Briefsammlung Trew, Korr. Franz Ernst Brückmann, Nr. 52). Nachfolgend ist wieder ein Schreiben Brückmanns an Trew vom 20. März 1738 erhalten (UBE Briefsammlung Trew, Korr. Franz Ernst Brückmann, Nr. 53), in dem sich Brückmann ebenfalls eindringlich nach dem anatomischen Werk Trews und dem Commercium Litterarium erkundigt. Briefe in umgekehrter Richtung von Trew an Brückmann sind überhaupt nur zwei aus dem Jahr 1726 überliefert (UBE Briefsammlung Trew, Korr. Christoph Jacob Trew, Nr. 103 f.); vgl. Schmidt-Herrling (1940), S. 75 f. und S. 619. – Die hier von Brückmann beklagte Einseitigkeit der Korrespondenz in den zurückliegenden eineinhalb Jahren lässt sich also auf Basis der in der UBE Briefsammlung Trew erhaltenen Schreiben nicht mehr rekonstruieren.
12 Zum ursprünglich mehrbändig angelegten anatomischen Tafelwerk Trews, von dem erst 1740 eine Osteologie des Schädels als erster und einziger Teil erschien, obwohl Trew bereits im Herbst 1733 das

Projekt in einem der Zeitschrift des Commercium Litterarium beigelegten gedruckten Prospekt angekündigt hatte, vgl. Brief Nr. 17, Endnote 4. – Auch Wagner hatte in seinem vorausgehenden Brief bereits eindringlich nach diesem sich verzögernden Werk Trews gefragt; vgl. Brief Nr. 52, Z. 15–17 (des lateinischen Originaltextes).

13 Siehe Brief Nr. 1, Endnote 10 zu dieser Währungseinheit.

14 Zur Zeitschrift des Commercium Litterarium im Allgemeinen vgl. Brief Nr. 6, Endnote 2. – Zu den zunehmenden Lieferungsschwierigkeiten bzw. -verzögerungen vgl. zudem Brief Nr. 18, Endnote 3. – Da Franz Ernst Brückmann in entsprechenden veröffentlichten Aufstellungen den Lesern auch als einer der sog. Assistenten des Commercium Litterarium vorgestellt wurde, die sich um den Vertrieb der Zeitschrift zum Leser wie aber auch umgekehrt den Informationsfluss vom Leser zur Sozietät kümmern sollten, kamen ihm möglicherweise besonders viele Klagen über die Lieferungsverzögerungen der Zeitschrift zu Ohren; vgl. Rau (2006), S. 56 (Tabelle der Assistenten).

15 Hannover (Hannove), im Leinetal gelegen, unterstand seit spätestens 1241 wieder den Herzögen von Braunschweig-Lüneburg, gelangte aber bei engem Anschluss an das fürstliche Haus bereits im 14. Jh. durch den gezielten Erwerb von Rechten zunächst zu hoher Selbstständigkeit. Auch die von der Initiative der Bürgerschaft ausgehende selbstständige Einführung der Reformation unter Absetzung des konservativen Rates beeinflusste das Verhältnis zum Landesherrn nicht dauerhaft nachteilig. Die staatsrechtliche Zugehörigkeit wechselte dabei aufgrund der Teilungen des Welfenhauses mehrfach: 1409 kam Hannover von Lüneburg zu Braunschweig-Wolfenbüttel, 1495 zu Calenberg als neuem selbstständigem Fürstentum, 1584–1634 mit diesem wieder zurück an Braunschweig-Wolfenbüttel. Ab 1636 wurde es dann trotz Widerstrebens Sitz der Hofhaltung der Lüneburger Linie und somit später Ende des 17. Jh. nach Verleihung der neunten Kurwürde Hauptstadt des teils (zumindest inoffiziell) auch nach ihr benannten Kurfürstentums, verlor dabei aber einen Großteil seiner früheren Selbstständigkeit. Zeitgenössisch wird entsprechend in der ersten Hälfte des 18. Jh. vor allem auf die in der Zeit als Residenzstadt erhöhte Zahl „ansehnliche[r] Gebäude[]“ hingewiesen und überhaupt betont, die Stadt habe „an Einwohnern und Zierde sehr zugenommen“; vgl. Zedler (1732–1754), Bd. 12, Sp. 480–482; Deutsches Städtebuch, Bd. 3.1 (Niedersachsen und Bremen), S. 169–177. – Helmstedt kam als hohe Vogtei 1180 durch Belehnung an Heinrich den Löwen und verblieb seitdem bei den Welfen. Zwar waren zunächst die Äbte des Ludgeriklosters, welche zugleich die Äbte des Klosters in Werden a. d. Ruhr waren, die Stadtherren der eigentlichen Stadt, doch drängten die Welfen im Besitz der Vogtei die Äbte immer mehr zurück. 1490 schließlich übertrug der Abt im Wege der Belehnung die letzten ihm verbliebenen Rechte auf den Herzog, d.h. fortan waren die Herzöge von Braunschweig und Lüneburg, genauer seit 1635 das Haus Braunschweig-Wolfenbüttel, die Landesherren in der Stadt. Zeitgenössisch in der ersten Hälfte des 18. Jh. gilt v.a. die 1576 errichtete Academia Julia (Universität) als besonders erwähnenswert (bestand bis 1810); vgl. Zedler (1732–1754), Bd. 12, Sp. 1310–1312; Deutsches Städtebuch, Bd. 3.1 (Niedersachsen und Bremen), S. 186–189. – Hamburg, im Kern zwischen Alster, Bille und Elbe gelegen, blieb, nachdem 1225 Adolf IV. von Schauenburg als alleiniger Stadtherr anerkannt worden war, bei den holsteinischen Landesteilungen gemeinsamer Besitz aller Linien und verstand es geschickt, die verschiedenen Herren so gegeneinander auszuspielen, dass es über zahlreiche Privilegien im 13. und 14. Jh. fast völlige Selbstständigkeit erlangte und u.a. eine eigenständige Politik in der Hanse betreiben konnte. Nach Aussterben der schauenburgischen Grafen von Holstein und längerem Ringen um Reichsunmittelbarkeit in einem auch mehrere Kurswechsel beinhaltenden langdauernden Schwebezustand erklärte 1510 der Reichstag von Augsburg Hamburg zur Reichsstadt (Immedietätsprozesse zogen sich bis Ende des 18. Jh.). Mit dem Zerfall der Hanse begann Ende des 16. Jh. eine neue Epoche einer selbstständigen Wirtschaftsentwicklung mit weitreichenden Handelsbeziehungen. Zeitgenössisch wird Hamburg in der ersten Hälfte des 18. Jh. als „eine berühmte, grosse, reiche und Volckreiche Hansee- [!] Handels- und freye Reichs-Stadt“ beschrieben und insbesondere seine Bedeutung als Warenumschlagplatz aber auch als Produktionsstätte betont; vgl. Zedler (1732–1754), Bd. 12, Sp. 333–363; Deutsches Städtebuch, Bd. 1 (Nordostdeutschland), S. 387–403. – Rostock (Rostoch), an der Warnow gelegen, unterstand als erstem Stadtherrn Fürst Borwin I. (†1227). Nach dem Tod des Nikolaus 1314 wurden Land und Stadt Rostock wieder mit der Hauptlinie Mecklenburg vereinigt. Nach vorübergehenden Differenzen folgte Ende des 14. Jh. die Aussöhnung mit der Hanse, die eine große Rolle in der Stadtentwicklung spielte, da Rostocks Wirtschaft von jeher auf dem nach Skandinavien ausgerichteten Seehandel beruhte. Bis ins 18. Jh. hinein kam es immer wieder zu Kämpfen Rostocks mit den Landesherren, wobei innerer Streit zwischen Rat und Gemeinde den Widerstand der Stadt gegen die Fürsten erlahmen ließ, welche aber dennoch nur einen Teil ihrer Ziele erreichen konnten. Unter Friedrich Wilhelm, Herzog von Mecklenburg-Schwerin, war Rostock 1702–1704 Residenzstadt. Zu einem wirtschaftlichen Niedergang nach dem 30jährigen Krieg kam es infolge des Schwedenzolls in Warnemünde und auch eines großen Stadtbrands 1677. Dennoch wird Rostock zeitgenössisch in der ersten Hälfte des 18. Jh. weiter als „grosse und berühmte Handelsstadt" bezeichnet und insbesondere die 1419 gegründete Universität, die älteste Universität Norddeutschlands, hervorgehoben; vgl. Zedler (1732–1754), Bd. 32, Sp. 1057–1059; Deutsches Städtebuch, Bd. 1 (Nordostdeutschland), S. 322–326.

16 Nach Zedler (1732–1754), Bd. 47, Sp. 765 f., ist ein „Vergrösserungs-Glas", bzw. lat. „Microscopium", „ein dioptrisches Instrument, welches aus einem, oder mehr auf eine gewisse Rundung geschliffenen Gläsern bestehe[], dadurch die kleinsten Dinge, und die sonst den blossen Augen fast unsichtbar sind, groß und ordentlich vorgestellet w[ü]rden". Es gebe einfache und zusammengesetzte Arten von Vergrößerungsgläsern bzw. Mikroskopen, wobei beide erst nach den Ferngläsern erfunden worden seien. Besonders großen Nutzen hätten die Mikroskope, indem sie „ein grosses zu genauer Erkenntniß der Natur beytr[ü]gen".

54 — *5. September 1738*

Peter Christian Wagner, Erlangen, an Christoph Jacob Trew, <Nürnberg>

HochEdelgebohrner und Hochgelehrter
Hochgeehrtester herr HoffRath und Hochgeneigter Gönner!

Ich habe Zwar Verhoffet ich würde Morgen das Vergnügen haben Ewer hochEdelGebohrn nebst meinem herrn SchwiegerVater[1] selbsten meine Aufwartung Zu machen, nachdeme ich aber durch Vorgefallene gefährliche[2] *Patienten* daran Verhindert werde, so nehme nur die Freÿheit in beÿkommenden *Paquet* die mir schon Vor geraumer Zeit[3] gütigst *communicirten Acta eruditorum Lipsiensia*[4] mit aller erdencklichster Dancksagung Zu *remittiren* und Ewer hochEdelgebohrn gehorsamst Zu ersuchen, ob Sie die geneigte | 2 | Erlaubnüß geben wollen des *Mercati Metallothecam*[5] noch auf einige Zeit hier Zu behalten, weilen ich solche gantz Zu durchleßen noch nicht die Zeit gewinnen können. Werden mir Ewer hochEdelgebohrn dießen *Faveur accordiren*, so Versichere, daß ich nicht nur Vor die bestmögliche *Conservation* und *Transport* dießes Buches Sorge tragen, sondern auch dagegen in schuldigster Danckbarkeit wieder Zu dienen mich befleißigen werde. Anbeÿ habe Zu gleich Verschiedene Bogen Vom *Commercio Litterario*[6] so uns[7] überflüßig und doppelt Zugekommen sind *remittiren* und mir den habenden *Defect*, nehm[lich] Vom Jahr 1736 den *L. LI.* und *LII.* bogen, sodann die *Indices* Vom Jahr 1734–35 *seq[uentes]* und endlich die Bogen des 1738. Jahr Vom *XXVI. inclus[ive]* biß Zum Ende gehorsamst ausbitten sollen. Was Herr *Dr. Bruckmann*[8] erst kürtz[lich] wie| 3 |derum an mich wegen des *Commercii* und der *Anatomie*[9] errinnert werden Ewer hochEdelgeb[ohrn] aus deßen hiebeÿliegenden eigenen handschrifft[10] Zu ersehen belieben. Hiernechst übersende auch eine Probe Von der *Salvia Romana* oder *Salvia de Levante*[11], welche ich Von Venedig[12] bringen laßen. Dieße *distinguiret* sich an der Gestalt, Geschmack und *Couleur* des *Infusi*[13] gantz und gar Von der ehemahls *communicirten Pyrennaica*[14]. Sobalden es mir erlaubet seÿn wird, so werde die Ehre selbsten haben Ewer hochEdelgebohrn aufwärtig Zu seÿn, inzwischen aber Versichere unter Vermeldung meines *Respects* an die wertheste Frau hoffRäthin daß Niemand mit größerer hochachtung und aufrichtigerer Ergebenheit seÿn könne als ich

Ewer hochEdelgeb[ohrn]

Erlang den 5. *7br.*[15] 1738.

gehorsamster Diener
Dr. P[eter] C[hristian] Wagner | 4 |

PS: Den Einschluß[16] an Herrn *Dr. Huth*[17] bitte Zu *excusiren*, Er ist mir Von *Bologna*[18] Von Herrn *Professor Monti*[19] Zugekommen.

H *UBE Briefsammlung Trew, Korr. Wagner, Nr. 38. 3¼ S. mit PS. Als Beilagen: das (ausgeliehene) Werk „Acta Eruditorum (Lipsiensia)“ (Z. 10–12), doppelt erhaltene Bögen des Commercium Litterarium (Z. 18 f.), Brief Franz Ernst Brückmanns an Wagner zur Einsicht der Trew betreffenden Passagen (Z. 22–25), Probe der Arzneipflanze Salvia Romana bzw. Salvia de Levante (Z. 25–28) sowie ein Einschluss von Giuseppe Monti an Georg Leonhard Huth (Z. 37 f.).*

---

1 Zu Johann Friedrich Weis(s)mann (1678–1760) siehe Brief Nr. 15, Endnote 4. – Peter Christian Wagner hatte 1738 in zweiter Ehe Margaretha Wilhelmina Weis(s)mann, eine Tochter Johann Friedrich Weis(s)manns, geheiratet; vgl. Memoria P.C. Wagneri (1765), unpaginiert.

2 „Gefährlich“ meint hier „bedroht von gefahr, gefährdet“; vgl. Grimm (1854–1960), Bd. 4, Sp. 2085.

3 Wagner hatte Trew bereits in Brief Nr. 52, Z. 20–23 (des lateinischen Originaltextes), datiert vom 23. Februar 1738 um die leihweise Übersendung des zehnten Teils der Supplementa der Zeitschrift der „Acta Eruditorum (Lipsiensia)“ gebeten und diesen also wohl kurz darauf erhalten.

4 Zur Zeitschrift der „Acta Eruditorum (Lipsiensia)“ vgl. Brief Nr. 52, Endnote 4.

5 Zum Werk der „Metallotheca“ vgl. Brief Nr. 53, Endnote 8. – Zu seinem Verfasser Michele Mercati (Mercatus) (1541–1593) siehe Brief Nr. 53, Endnote 9. – Wagner hatte Trew in Brief Nr. 53, Z. 18–21 (des lateinischen Originaltextes), um leihweise Übersendung auch dieses Werks gebeten.

6 Zur Zeitschrift des Commercium Litterarium im Allgemeinen vgl. Brief Nr. 6, Endnote 2. – Zu den zunehmenden Lieferungsschwierigkeiten bzw. -verzögerungen vgl. zudem Brief Nr. 18, Endnote 3.

7 Gemeint ist hier wohl neben Wagner sein Schwiegervater Johann Friedrich Weis(s)mann, der die Bögen des Commercium Litterarium auf dem gleichen Weg wie Wagner bezog; vgl. dazu Brief Nr. 15, Z. 15–18.
8 Zu Franz Ernst Brückmann (Bruckmann) (1697–1753) siehe Brief Nr. 1, Endnote 1.
9 Zum ursprünglich mehrbändig angelegten anatomischen Tafelwerk Trews, von dem erst 1740 eine Osteologie des Schädels als erster und einziger Teil erschien, obwohl Trew bereits im Herbst 1733 das Projekt in einem der Zeitschrift des Commercium Litterarium beigelegten gedruckten Prospekt angekündigt hatte, vgl. Brief Nr. 17, Endnote 4. – Wagner hatte bereits in seinem Brief Nr. 53, Z. 23–28 (des transkribierten Originaltextes, nicht im Übersetzungstext), aus einem an ihn gerichteten Brief Franz Ernst Brückmanns zitiert, in dem dieser die Verzögerungen sowohl beim anatomischen Tafelwerk Trews wie bei der Zeitschrift des Commercium Litterarium beklagt hatte.
10 Briefe Franz Ernst Brückmanns an Wagner sind in der UBE Briefsammlung Trew nicht erhalten.
11 Zedler (1732–1754), Bd. 33, Sp. 824, verweist unter „Salbey (Römische)" sowohl 1.) auf „Horminum", auch genannt „Scharlach" (vgl. bereits Brief Nr. 24, Endnote 12: nach Schneider (1968–75), Bd. V/3, S. 213–217, Zitatempfehlung für den Artnamen Salvia sclarea (S.)), als auch 2.) auf die „Frauenmüntze", auch genannt u.a. „Frauen-Salbey", lat. „Costus hortorum" bzw. z.B. „Mentha hortensis corymbifera C.B." oder „Balsamita major Dod." (vgl. Zedler (1732–1754), Bd. 9, Sp. 1775 f.). Ein weiterer zeitgenössischer Eintrag findet sich bei Sommerhoff (1713), S. 334 (lat.-dt.), in dem unter „Salvia Romana" ebenfalls auf „Frauen Müntz" verwiesen wird. – Die hier von Wagner synonym gebrauchte Bezeichnung „Salvia de Levante" hingegen findet sich in den im Rahmen vorliegender Edition herangezogenen zeitgenössischen Lexika bzw. Lexika zur Arzneimittelgeschichte nicht. Es ist daher hier auch angesichts der Vielfalt der zeitgenössisch noch zeitgleich gebräuchlichen botanischen Nomenklaturen nicht abschließend zu klären, ob es sich bei der von Wagner übersandten Probe von „Salvia Romana" bzw. „Salvia de Levante" um eine Art der Gattung Salvia (nach heutiger Nomenklatur) wie etwa S. sclarea handelte oder z.B. in Gestalt der „Frauenmüntze" um einen Vertreter einer anderen Gattung.
12 Venedig, v.a. auf zahlreichen flachen Inseln in der Lagune von Venedig gelegen, war Hauptstadt der gleichnamigen Republik, die nach den 828 geraubten und nach Venedig überführten Reliquien des hl. Markus auch als Markusrepublik bzw. Republik von San Marco bezeichnet wurde. Noch Ende des 14. Jh. sicherte sich die Handelsmetropole Venedig nach jahrelangem Wettstreit mit Genua die Vorherrschaft im östlichen Mittelmeer (Frieden von Turin 1381) und auch in den Kriegen um die Vormacht über die italienischen Staaten nach dem Italienzug Karls VIII. von Frankreich (1494–95) konnte sich Venedig als unabhängige Macht behaupten. Seit dem Fall Konstantinopels (1453) setzte aber ein gewisser Niedergang Venedigs ein, da es in immer neuen Verträgen auf Besitzungen im östlichen Mittelmeer zugunsten der Osmanen verzichten musste. Nach dem Frieden von Passarowitz (1718) war Venedig, welches noch Anfang des 17. Jh. zweitgrößte Stadt Italiens hinter Neapel gewesen war, endgültig nicht länger eine politische Großmacht im östlichen Mittelmeer. Im 18. Jh. wurde der abnehmende Levantehandel durch eine blühende Luxusindustrie (Glas, Email, Seidenstoffe) abgelöst. Venedig blieb in Konflikten strikt neutral, spielte aber politisch keine große Rolle mehr. Zeitgenössisch werden in der ersten Hälfte des 18. Jh. die durch die besondere Lage bedingten Auffälligkeiten des Stadtbilds mit vielen Brücken und Kanälen, die zahlreichen Kirchen wie die kulturelle Vielfalt mit Karneval, Oper u.v.m. besonders hervorgehoben. Betont wird aber auch, die Stadt Venedig habe „an ihrem Commercio" einen „eben so grossen Stoß" wie bzgl. ihrer Macht erlitten und „auch die Manufacturen [seien] gar sehr in Abnahme gekommen", da Tücher und Gläser nun auch in Manufakturen anderer Länder hergestellt würden und der Export so eingebrochen sei; vgl. Zedler (1732–1754), Bd. 46, Sp. 1193–1229 („Venedig, Lat. Respublica Veneta") und Sp. 1229–1264 („Venedig, Lat. Venetia"); Brockhaus, Bd. 23, S. 101–105.
13 Zum „Infusum" (hier lat. Gen. Sgl. „Infusi") vgl. Brief Nr. 22, Endnote 13.
14 Zur „Salvia Pyrennaica incana", die Wagner bereits im August 1736 wegen ihrer Vorzüge gegenüber der „Salvia hortensis" gelobt und als Probe an Trew übersandt hatte, vgl. Brief Nr. 22, Z. 21–27 und Endnote 12.

15 Zu derartigen Monatsangaben vgl. Brief Nr. 1, Endnote 14.
16 „Einschluß" steht hier, wie „Einschlag", für den „einschlusz des briefes", d.h. den „einschlag eines briefes in den andern"; vgl. Grimm (1854–1960), Bd. 3, Sp. 272 u. Sp. 280.
17 Zu Georg Leonhard Huth (1705–1761) siehe Brief Nr. 52, Endnote 7.
18 Zu Bologna vgl. Brief Nr. 52, Endnote 6.
19 Zu Giuseppe (Joseph) Monti (1682–1760) siehe Brief Nr. 52, Endnote 5. – Bereits zu Beginn des Jahres 1738 hatte Giuseppe Monti eine schriftliche Nachricht (bzw. einen Zettel) auf dem Weg über Wagner (und Trew) an Georg Leonhard Huth übermittelt bzw. übermitteln lassen; vgl. Brief Nr. 52, Z. 24–27 (des transkribierten lateinischen Originaltextes).

55 — *18. April 1739*

Peter Christian Wagner, Erlangen, an Christoph Jacob Trew, <Nürnberg>

HochEdelgebohrner und Hochgelehrter
Insonders hochgeehrtester Herr HoffRath
Und hochgeneigter Gönner!

Nachdeme man Vor einigen Monathen beÿ des herrn Baron Wincklers Von Mohrenfelß[1] Zu Hemmhoffen[2] älteren Fräulen Tochter[3], so ohngefehr 8 Jahr alt, eine blaue wiedernatürliche Größe oder Geschwulst unter der Zungen wahrgenommen; so haben gedachter[4] Herr Baron mich Vor einigen Tagen Zu sich beruffen und mich ersuchet Ihnen deswegen ein *Iudicium* und *Consilium Medicum* Zu ertheilen. Auf eingenommenen Augenschein habe befunden auf der rechten Seite unter der Zunge auf und neben der *Glandula sublinguali*[5] etwas hinter dem *Orificio Ductus salivalis Warthoniani*[6] einen blaulechten[7] weichen *Tumorem*[8], so da nach der Länge wie eine große lange haßelNuß *versus radicem Linguae*[9] sich *extendiret*, welcher wie eine Blaße sich leichtlich nieder drucken läßet sich aber auch so gleich, jedoch ohne Geräusch oder *Pulsation*[10] wiederum erhebet. | 2 | Beÿ fernerer Untersuchung hat sich ergeben, daß die *Glandula sublingualis* nicht geschwollen oder Verhärtet, sondern natürlich beschaffen, das Zahnfleisch im Gegentheil auf derselben Seite roth und geschwollen und um den 2ten hintern gantz ausgehölten BackZahn[11] Voller *Materia purulenta*[12] seÿ. Wannenhero[13] ich gerathen: gedachten Back-Zahn, neben welchen der 3te Vorwärts schon einige Wochen Vorhero herausgenommen worden, fordersamst[14] gar heraus Zu nehmen; welches auch ohne allzu große Verblutung[15] geschehen. Weilen nun mit guten Grund Zu Vermuthen, daß gedachte faule Zähne durch ihre scharffe Spizen und faulende Wurtzeln auch Zu der neben unter der Zunge liegenden Geschwulst mit Anlaß gegeben; so habe solche Vor eine *Varicem*[16] oder *Expansionem praeternaturalem rami lateralis venae raninae*[17] *declariret* und die Von einigen angerathene *subtile* Öffnung mit der *Lancette*[18], auch den Gebrauch erweichender Kräuter in Milch gesotten und in den Mund gehalten wiederrathen, dagegen aber Verordnet *herbas vulnerarias sub*| 3 |*adstringentes, Anserinae, Millefolii, Plantaginis, Saniculae, Pyrolae,*

Hed[erae] 🜃estr[is] cum fl[oribus] rosarum, balaustiorum & rad[icibus] bistortae, Tormentillae, Scrophulariae et Liquiritiae[19] in Waßer Zu sieden und täglich et[liche] mahle warm in den Mund halten Zu laßen, auch Von der *Ess[entia] 🜃ae Catechu*[20] mit der *Ess[entia] Liquiritiae & Syr[upo] Myrtillorum*[21] *temperirt* einige mahle ein *Thée*Löfflichen Voll in den Mund unter die Zunge Zu geben und nachmahlen wieder wegspucken Zu laßen. Da sich nun aber beÿ genauer Nachsicht und Ausnehmung des Zahns beßer hinterwärts *circa radicem Linguae* noch ein dergleichen blaulichte etwas kleinere Blaße gezeiget, so sind hochgedachter herr Baron in der nicht ungegründeten Beÿsorge[22], es möchten nicht nur dieße Blutblaßen, oder *Varices* Ihrer Fräulen Tochter bleiben, sondern wohl gar größer werden und sie dermahleinsten an der Sprache oder andern *functionibus naturalibus* hindern. Weswegen Sie mich ersuchet, daß ich deswegen mit andern gelehrten Und erfahrnen *Medicis conferiren* und mir Ihren | 4 | Beÿrath ausbitten möchte. Da nun Ewer hochEdelgebohrn *profunde* Gelehrsamkeit und große Erfahrung mir und andern Zur Genüge bekant: alßo ersuche Dieselbigen daß Sie die hohe Geneigtheit haben und mir über dießen *Casum* Dero hochvernünfftiges *Iudicium* und *Consilium Medicum* gegen willigsten Abtrag der schuldigen Gebühren schrifftlich übersenden[23] *de reliquo* aber Versichert seÿn wollen daß ich mit gröster hochachtung und beständiger Ergebenheit unter mein und meiner Frauen gehorsamsten Empfehlung an die Frau Gemahlin seÿ und Verbleibe

Ewer HochEdelgeb[ohrn]
Meines <?> hochgeehrtesten und hochgeneigten
Gönners

Erlang den 18. *Apri[lis]*
1739.

gehorsamster Diener
Dr. P[eter] C[hristian] Wagner

***H** UBE Briefsammlung Trew, Korr. Wagner, Nr. 39. 4 S.*

---

1 Georg Christoph Winkler von Mohrenfels (Winckler von Mohrenfelß) (geb. 1709) stammte aus der Familie Winkler von Mohrenfels, die aufgrund ihrer Güter in Hemhofen, Buch und Zeckern in den Ritterkantonen Altmühl und Steigerwald inkorporiert und immatrikuliert war. Sein Vater Wolfgang Christoph Winkler von Mohrenfels (1659–1727) erlangte 1709 rittermäßigen Reichsadel mit „von Mohrenfels" und Wappenbesserung cum privilegio de non usu. Das Wappen von 1709 zeigt in Silber auf goldenem Dreiberg einen nackten Mohr, der mit dem Zeigefinger nach rechts weist, auf dem gekrönten Helm mit schwarz-silbernen Decken zwei von Silber und Schwarz übergeteilte Hörner. Georg Christoph Winkler von Mohrenfels verteidigte 1728 in Altdorf die „Dissertatio historica de ortu et progressu subsidii charitativi Imperatori Augustissimo ab ordine equestri S.R.I. libero". Er war zunächst Hochfürstlich Hessen-Darmstädtischer Regierungsrat und Kammerjunker, dann Hochfürstlich Brandenburg-Kulmbachischer Geheimer Rat und Oberamtmann zu Baiersdorf. Seit 1732 war Georg Christoph Winkler von Mohrenfels vermählt mit Sophia Catharina Sabina Louise von Lindenfels (geb. 1711); vgl. Biedermann (1748/ND 1987), Tafel CLI–CLV; Genealogisches Handbuch, Bd. IX, S. 460–464; DBA 1378, Bl. 344 (Jäck 1).

2 Es handelt sich hier um Hemhofen (Hemmhoffen), das heute als Gemeinde im Landkreis Erlangen-Höchstadt (bayerischer Regierungsbezirk Mittelfranken) gelegen ist. Der Historische Atlas von Bayern, Teil Franken, Reihe 1, Heft 5 (Forchheim), S. 59, liefert Stand zum Ende des alten Reichs folgende Informationen zu Hemhofen (> Rittergut Hemhofen-Zeckern, bambergisches Rittermannlehen): 1) 77 Wohngebäude, 2) Hochgerichtsbarkeit: Limitierte Cent der Winkler von Mohrenfels-Hemhofen/Zeckern (Einfangrecht in der Markung mit Auslieferung an Centamt Forchheim), 3) Dorf- und Gemeindeherrschaft: Winkler von Mohrenfels, 4) Pfarrei: Schlosskapelle, Kirchenherr: Winkler von Mohrenfels, 5) Grundherren: Winkler von Mohrenfels: 1 Schloss, 1 Amtshaus, 1 Schlosspredigerhaus, 1 Schulhaus, 1 Amtsdienerhaus, 1 Schäferhaus, 1 Brauhaus mit 2 Felsenkellern, 1 Mühle, 15 Güter, 10 Tropfgüter, 31 Wohnhäuser, 11 Tropfhäuser, 1 Fallhütte, 1 Ziegelhütte (mit Vogtei u. Steuer).

3 Zum Zeitpunkt vorliegenden Briefs waren aus der Ehe Georg Christoph Winklers von Mohrenfels zwei Töchter und zwei Söhne hervorgegangen. Die ältere, hier angesprochene Tochter, war Anna Dorothea Sophia Magdalena Juliana Winkler von Mohrenfels (geb. 1733); vgl. Biedermann (1748/ND 1987), Tafel CLV. – Zwar ist die ungefähre Altersangabe Wagners damit nicht ganz korrekt, doch ist eine Zuordnung zu Georg Christoph Winkler von Mohrenfels und seiner ältesten Tochter auch deshalb möglich, da seine Brüder (nach dem hier genutzten Geschlechtsregister) überhaupt keine Töchter im annähernd passenden Alter hatten.

4 „Gedacht“ meint hier „erwähnt“; vgl. Grimm (1854–1960), Bd. 4, Sp. 1926.

5 Das zeitgenössische Anatomisch-chirurgische Lexikon, Sp. 411 f., beschreibt die „Glandulae sublinguales“ (hier lat. Abl. Sgl. „Glandula sublinguali“) als „die unter der Zunge gelegene[n] Drüsen“. Desweiteren wird erläutert, „von diesen liege[] an jeder Seite unter dem vorderen Theil der Zunge eine, sie s[eien] klein, ein wenig länglich und platt, gehör[t]en zu denen zusammengesetzten Drüsen, und endig[t]en sich mit ihren kleinen Gängen oder Löchergens zwischen den Seiten der Zunge und des Zahnfleisches, auf jeder Seite in den Mund, wo sie die Feuchtigkeit hineinführ[t]en“. Ein weiterer zeitgenössischer Eintrag findet sich in der Onomatologia Medica Completa, Bd. 2, Sp. 715.

6 Ein „Orificium“ (hier lat. Abl. Sgl. „Orificio“) ist nach der zeitgenössischen Onomatologia Medica Completa, Bd. 2, Sp. 1173, gleichbedeutend mit einer „Mündung, Oeffnung, ein[em] Loch“, d.h. man nenne so „jede Oeffnung eines Gefässes, oder andern Theils in dem menschlichen Leib, dergleichen unzähliche vork[ä]men“. Ein weiterer zeitgenössischer Eintrag findet sich im Anatomisch-chirurgischen Lexikon, Sp. 748. – Wagner bezieht sich hier auf die Öffnung des „Ductus salivalis Warthonianus“. Das Anatomisch-chirurgische Lexikon, Sp. 289 f., beschreibt den „Ductus Warthonianus“ bzw. „Salivalis Inferior“ als „untere[n] Speichelgang, [...] der [...] aus vielen Zweigen, der Kinnbackendrüse (glandula maxillaris), allmählich entstehe[], längst der ganzen inneren Fläche, der unter der Zunge gelegenen Speicheldrüse, nicht weit von ihrem oberen Rande hingehe[], bis an den Rand des Zungenbandes (frenulum linguae), und sich daselbst bey den Schneidezähnen, mit einer kleinen, bisweilen zwey, auch wohl gar dreyfachen Oefnung endige[]“. Weitere zeitgenössische Einträge finden sich in der Onomatologia Medica Completa, Bd. 2, Sp. 349, und bei Zedler (1732–1754), Bd. 7, Sp. 1541. – Thomas Wharton, geboren 1614 in Winston-on-Tees und gestorben 1673, studierte in Cambridge, Oxford und London. 1647 promovierte er in Oxford und ließ sich als Arzt in London nieder. Er wurde 1650 in das Royal College of Physicians aufgenommen, ferner war er seit 1649 Arzt am St. Thomas Hospital, außerdem Lehrer der Medizin am Gresham College. Bekannt wurde Wharton v.a. als Anatom aufgrund seiner Arbeiten zum Bau der Drüsen und des Nabelstranges (Whartonsche Sulze). Insbesondere gilt er als Wiederentdecker des nach ihm benannten Ausführungsganges der Unterkieferdrüse, wie beschrieben in seiner Untersuchung „Adenographia sive glandularum totius corporis descriptio“ (London 1656); vgl. Hirsch (1962), Bd. 5, S. 918; Jöcher (1750–51), Bd. 4, Sp. 1925.

7 „Blaulicht“ (bzw. hier „blaulecht“) steht hier für etwas, „was blaulich“ (also „bläulich“); vgl. Grimm (1854–1960), Bd. 2, Sp. 84.
8 Zum „Tumor“ (hier lat. Akk. Sgl. „Tumorem“), also einer Geschwulst oder Aufschwellung, vgl. Brief Nr. 13, Endnote 13.
9 Wagner beschreibt hier die Ausdehnung der Schwellung im Mund der Patientin als „versum radicem Linguae“, also „in Richtung der Wurzel der Zunge“. Das zeitgenössische Anatomisch-chirurgische Lexikon, Sp. 520–522, beschreibt die „Lingua“ bzw. „Zunge“ als „de[n]jenige[n] bewegliche[n] muskulöse[n] Theil, welcher fast die ganze Höhle des Mundes einn[ehme], eine fast dreyeckigte oder konische Figur ha[be], und mit dem Zungenbeine, dem unteren Kinnbacken, dem griffelförmigen Fortsatze, der Speiseröhre, dem Luftröhrenkopf und denen übrigen Theilen des Mundes zusammenhänge[]“. Die Zunge lasse sich einteilen „in die Spitze (apex) als den vordersten spitzigen Theil, in den Körper (corpus) als den mittleren, und in den Grund (basis, s. radix) als den hintersten Theil, so an das Zungenbein befestiget [sei]“. Weitere zeitgenössische Einträge finden sich in der Onomatologia Medica Completa, Bd. 2, Sp. 916–919 („Lingua“), und bei Zedler (1732–1754), Bd. 64, Sp. 211–252 („Zunge“).
10 Zur „Pulsation“ bzw. „pulsatio“, also der Bewegung des Bluts in den Schlagadern, vgl. Brief Nr. 24, Endnote 24.
11 Nach dem Anatomisch-chirurgischen Lexikon, Sp. 264–266 („Dens“), lassen sich die Zähne in drei Arten aufteilen: 1) die „Schneide-Zähne (incisores)“, 2) die „Hunds-Zähne (canini)“, und 3) die „Backenzähne (molares)“. Die „Backzähne“ hätten schon viel breitere Kronen „und da die vorhergehende nur eine Wurzel h[ätt]en, so s[eien] diese mit zwey auch wohl mit drey Wurzeln versehen“. Weitere zeitgenössische Einträge finden sich in der Onomatologia Medica Completa, Bd. 2, Sp. 298–307 („Dens“), und bei Zedler (1732–1754), Bd. 7, Sp. 574 f. („Dens“).
12 „Pus“ bzw. „purulenta materia“, also „Eiter“ bzw. „eiterichte Materie“, ist nach der zeitgenössischen Onomatologia Medica Completa, Bd. 1, Sp. 1161 („Pus“), „eine weisse, klebrichte, süßlichte, durchaus gleiche, besondere Materie, welche von dem Blut und andern Säften, auch verdorbenen festen Theilen, nicht nur in Wunden und Geschwüren von der Natur ausgekocht, sondern auch bey innerlichen Geschwüren, die ohne solche gewaltsame Verlezungen geschehen, von der Natur zubereitet w[e]rd[e]“. Weitere zeitgenössische Einträge finden sich im Anatomisch-chirurgischen Lexikon, Sp. 887 f. („Pus“), und bei Zedler (1732–1754), Bd. 8, Sp. 2433 f. („Eyter“).
13 „Wannenhero“ steht hier für „weshalb“; vgl. Grimm (1854–1960), Bd. 27, Sp. 1906.
14 „Fordersamst“ meint hier „unaufschieblich“ bzw. „was zu fördern, alsbald vorzunehmen ist“; vgl. Grimm (1854–1960), Bd. 3, Sp. 1895.
15 „Verblutung“ meint hier einen „verlust des blutes bis zur erschöpfung oder dem tode“; vgl. Grimm (1854–1960), Bd. 25, Sp. 148.
16 Das zeitgenössische Anatomisch-chirurgische Lexikon, Sp. 1004–1006, beschreibt eine „Varix“ (hier lat. Akk. Sgl. „Varicem“), also eine „Krampfader“ bzw. einen „Aderkropf“, als eine „schwärzliche knotigte Geschwulst [...], so von einer wiedernatürlichen Ausdehnung derer Blutadern entstehe[]“. Derartige Geschwülste seien häufig am Fußknöchel, kämen aber auch an Waden, Hüften, Bauch sowie auch am Kopf vor. Sie hätten „ein allzudickes und zähes Blut zur Ursache“, würden manchmal „ziemlich groß, verursach[t]en heftige Schmerzen, br[ä]chen auch wohl auf, und verursach[t]en einen starken Blutfluß, oder g[ing]en gar in üble bösartige Geschwühre über“. Seien sie klein und schmerzlos, „pflege[] man sie nicht zu achten, und könn[t]en [sie] ohne viele Umstände durch Umwickelung einer Binde weggeschaffet werden“. Wenn derartige Geschwülste aber wüchsen, so sei es ratsam, „ein Aderlaß anzustellen, und eine Expulsivbinde zu umwickeln“, welche man gegebenenfalls „vorher in warmen rothen Wein, oder in anderen verschiedenen zusammenziehenden flüßigen Arzeneymitteln einweiche[], auch wenn die Krampfader schon groß [sei], ein Bleyplättgen drüber binde[]“. Befürchte man aber gar ein Aufplatzen der Geschwulst, so müsse man „ohne Anstand zur Operation schreiten“,

d.h. man pflege in der Regel „die aufgetriebene Knoten der Länge nach mit einer Lancette aufzuritzen, und wenn man vorhero [...] acht, zehen, zwölff oder mehr Unzen Blut herausgelassen, auf die Wunde ein Bäuschgen in Eßig oder anderen adstringirenden Mitteln geweichet, und drüber ein Bleyplättgen zu legen, und solche mit einer dazu dienlichen Binde zu befestigen". Weitere zeitgenössische Einträge finden sich in der Onomatologia Medica Completa, Bd. 2, Sp. 1297, und bei Zedler (1732–1754), Bd. 15, Sp. 1746–1748 („Krampf-Ader").

17 Wagner verweist hier auf die Möglichkeit einer „Expansio praeternaturalis rami lateralis venae raninae" (hier lat. Akk. Sgl. „Expansionem praeternaturalem"), also eine „widernatürliche Ausdehnung des seitlichen Astes der Vena ranina". Das zeitgenössische Anatomisch-chirurgische Lexikon, Sp. 1049, beschreibt die „Vena Ranina" als „Blutader der Zunge", welche „ein Ast von der inneren Drosselblutader (vena jugularis interna) [sei], so in der Gegend des Zungenbeins [...] Zweige von sich w[e]rf[e], welche nach den Muskeln der Zunge hinl[ie]fen". Weitere zeitgenössische Einträge finden sich in der Onomatologia Medica Completa, Bd. 2, Sp. 1306, und bei Zedler (1732–1754), Bd. 30, Sp. 817 („Raninae Venae").

18 Eine „Lanceola" bzw. „Lancette" ist nach dem zeitgenössischen Anatomisch-chirurgischen Lexikon, Sp. 507 f., „ein sehr bekanntes chirurgisches Instrument, nemlich ein kleines zweyschneidiges Meßergen, welches keinen Rücken ha[be], sondern auf beyden Seiten geschliffen [sei]". Es werde u.a. „zum Aderlassen, Scarificiren, Eröfnung der Absceße und Geschwühre" eingesetzt. Weitere zeitgenössische Einträge finden sich in der Onomatologia Medica Completa, Bd. 2, Sp. 896 („Lanceola"), und bei Zedler (1732–1754), Bd. 16, Sp. 369 („Lancetta").

19 Nach Zedler (1732–1754), Bd. 15, Sp. 1789–1792 („Kraut"), ist ein „Kraut", bzw. lat. „herba", „unter allen Pflantzen oder Gewächsen die schwächste Gattung/ so mit keinen holtzigen Stengel oder Stamme versehen [sei]". Ferner würden unter diesem Begriff „offt die gantze Pflantze mit Blumen oder Blüthen/ Blättern und Wurtzeln/ offt aber zum Unterschiede derer Wurtzeln nur dasjenige Theil/ so über der Erden zu sehen ist/ auch offt nur die blossen Blätter verstanden". – Wagner empfiehlt hier die Verwendung von „herbae vulnerariae subadstringentes" (hier lat. Akk. Pl. „herbas vulnerarias subadstringentes"), also „leicht zusammenziehenden Wundkräutern", was auf die Arzneimittelgruppen der „Vulneraria" und „Adstringentia" verweist. – Zur Arzneimittelgruppe der Vulneraria lassen sich bei Schneider (1968–75), Bd. II, S. 74, folgende Informationen entnehmen: „Vulneraria" sind äußerlich und innerlich anzuwendende „Wundmittel" oder „Traumatica". Der Begriff wurde im 19. Jh. aufgegeben. Mitte des 18. Jh. aber rechnete man dazu u.a. Kräuter von Pyrola, Consolida major, Virga aurea, Plantago, Millefolium, Tormentilla; Samen von Anisum, Foeniculum u.v.m. Ein zeitgenössischer Eintrag findet sich z.B. in der Onomatologia Medica Completa, Bd. 1, Sp. 1292 („Traumatica"). – Zur Arzneimittelgruppe der Adstringentia lassen sich bei Schneider (1968–75), Bd. II, S. 16 f., folgende Informationen entnehmen: „Adstringentia" sind „Zusammenziehende Mittel". Mit geringen Unterschieden wurden als Synonyme im 18. Jh. „Adstrictoria", „Apocrustica", „Catastaltica", „Constringentia" oder „Styptica" verwendet, wobei nur der letzte Begriff auch im 20. Jh. erhalten blieb, verengt aber auf Mittel zur Zusammenziehung von Blutgefäßen. Mitte des 18. Jh. rechnete man zu den „Adstringentia" nach damaligem weiter gefassten Verständnis u.a. Wurzeln von Tormentilla, Bistorta, Acorus palustris; Kräuter von Plantago, Bursa pastoris, Pyrola; Blätter von Quercus; Blüten von Rosa, Malva arborea; Samen von Plantago u.v.m. Ein zeitgenössischer Eintrag findet sich bei Zedler (1732–1754), Bd. 1, Sp. 582 („Adstringens"), der „Adstringentia" als „Artzeney-Mittel, welche alle widernatürlich fliessende, oder aus denen Gefässen getretene Feuchtigkeiten, oder Säffte, hemmen, stopffen und anhalten, und wegen ihres herben und irdischen Geschmacks zusammenziehen", beschreibt. – Es folgt eine Aufzählung einzelner zusammenziehender Wundkräuter (jeweils im lat. Gen.). – Zur „Anserina" lassen sich bei Schneider (1968–75), Bd. V/3, S. 113–117, folgende Informationen entnehmen: Es ist eine pflanzliche Droge aus der Gattung „Potentilla"; Familie der Rosaceae; Zitatempfehlung für den Artnamen ist v.a. Potentilla anserina (S.). Kräuterbuchautoren des 16. Jh. bilden im Kap. Genserich P. anserina L. ab und beziehen sich dabei bezüglich der Indikationen dann auf das Myriophyllon des

Dioskurides. Die Pharmakopöe Württemberg 1741 führt: Herba Anserinae (Argentinae, Argentariae, Potentillae, Genserich, Gänßkraut, Silberkraut; Refrigerans, Adstringens, Vulnerarium); Aqua (dest.) Argentina (sive Anserina). Um 1780 wird als Stammpflanze P. Anserina genannt und darauf verwiesen, dass Kraut und Wurzel (Hb. Rad. Anserinae, Argentinae) nur mehr selten gebraucht würden. Ein zeitgenössischer Eintrag findet sich bei Zedler (1732–1754), Bd. 2, Sp. 464–466 („Anserina"). – „Millefolium" ist nach Schneider (1968–75), Bd. V/1, S. 36–39, eine pflanzliche Droge aus der Gattung „Achillea"; Familie der Compositae; Zitatempfehlung für den Artnamen ist Achillea millefolium (S.). Kräuterbuchautoren des 16. Jh. bilden A. millefolium L. ab und deuten dieses als Tausendblättrigen Stratiotes, wie er sich schon bei Dioskurides findet. Die Pharmakopöe Württemberg 1741 führt: Herba Millefolii (Achilleae vulgaris, albi, Garbenkraut, Schafgarben, Tausendblatt; bei Blutflüssen, Hämorrhoiden; Alexipharmacum, Vulnerarium, Lithontripticum); Aqua (dest.) Millefolii, Essentia M., Oleum (dest.) Millefolii. Um 1780 heißt die Stammpflanze A. Millefolium (Schaafgarbe, Tausendblatt, Garbenkraut). Die pflanzliche Droge blieb auch im 19. Jh. pharmakopöe-üblich. In der Homöopathie ist „Millefolium-Schafgarbe" ein wichtiges Mittel. Ein zeitgenössischer Eintrag findet sich bei Zedler (1732–1754), Bd. 21, Sp. 216–218 („Millefolium"). – „Plantago" ist nach Schneider (1968–75), Bd. V/3, S. 88–91, eine pflanzliche Droge aus der Gattung „Plantago"; Familie der Plantaginaceae; Zitatempfehlung für den Artnamen ist v.a. Plantago major (S.). Der antike Autor Dioskurides beschreibt 2 Wegericharten mit vielseitiger Anwendung, von denen man eine als P. lagopus L. und die andere als P. asiatica L. identifiziert hat. Kräuterbuchautoren des 16. Jh. übertrugen die entsprechenden Indikationen auf die bei ihnen abgebildeten Wegerich-Arten P. major, P. media und P. lanceolata. Die Pharmakopöe Württemberg 1741 führt: Herba Plantaginis (majoris, latifoliae, Arnoglossi, Septinerviae, breiter Wegerich), Refrigerans, Siccans, Adstringens, als Dekokt Vulnerarium und Gurgelmittel; Herba Plantaginis angustifoliae (quinquenerviae minoris, spitziger Wegerich), wie vorige Droge, Saft bei Wechselfieber; Radix Plantaginis latifoliae (Plantaginis majoris), Dekokt bei Wechselfieber, Zusatz zu Wundtränken und Gurgelmitteln; Semen Plantaginis (Wegerich-Samen), Adstringens, Refrigerans, gegen Steinleiden, Bruchschäden, bei Blut- und Bauchflüssen; Präparate Aqua P., Extractum P., Syrupus P. majoris. In der Homöopathie ist „Plantago major-Wegerich" ein wichtiges Mittel. Ein zeitgenössischer Eintrag findet sich bei Zedler (1732–1754), Bd. 53, Sp. 1869–1877 („Wegebreit"). – „Sanicula" ist nach Schneider (1968–75), Bd. V/3, S. 223 f., eine pflanzliche Droge aus der Gattung „Sanicula"; Familie der Umbelliferae; Zitatempfehlung für den Artnamen ist Sanicula europaea (S.). Kräuterbuchautoren des 16. Jh. bilden S. europaea L. im Kapitel Sanickel ab und geben dabei Indikationen nach einem Dioskurides-Kapitel, in dem jedoch eine andere Pflanze gemeint ist. Die Pharmakopöe Württemberg 1741 führt: Radix Saniculae (S. officinarum, vulgaris, Diapensiae, Sanickelwurtzel, Bruchkrautwurtz; Adstringens, Zusatz zu Wunddekokten, gegen Brüche), Herba Saniculae (S. quinquefoliae, Diapensiae, Sanickel, Bruchkraut; Refrigerans, Adstringens, Vulnerarium, dies meist in Dekokten). Um 1780 wird die Stammpflanze mit S. Europaea (Sanickel, Saunickel, Schernäckel) angegeben. S. europaea findet sich auch noch in Handbüchern des 19. und 20. Jh. Ein zeitgenössischer Eintrag findet sich bei Zedler (1732–1754), Bd. 33, Sp. 2036 f. („Sanickel"). – „Pyrola" ist nach Schneider (1968–75), Bd. V/3, S. 145, eine pflanzliche Droge aus der Gattung „Pyrola"; Familie der Pyrolaceae; Zitatempfehlung für den Artnamen ist v.a. Pyrola rotundifolia (S.). In mittelalterlichen Quellen kommen Pirola rotundifolia L. und P. secunda L. als das „groß wintergrün weiblin" bzw. „wintergrün menlein" vor. Kräuterbuchautoren des 16. Jh. bilden im Kapitel „Wynter gruen" Pirola rotundifolia Fern. ab, wobei sie sich bzgl. der Indikationen an das Dioskurides-Kapitel Limoneion anlehnen, auch wenn dort keine Pyrola-Art gemeint ist. Die Pharmakopöe Württemberg 1741 führt: Herba Pyrolae rotundifoliae (Limonii Cordi, Wintergrün, Holtz- oder WaldMangold; Refrigerans, Adstringens, Consolidans, Vulnerarium). Um 1830 heißt die Stammpflanze P. rotundifolia, wobei betont wird, die Pflanze verdiene es, nicht vergessen zu werden. Ein zeitgenössischer Eintrag findet sich bei Zedler (1732–1754), Bd. 57, Sp. 985–987 („Wintergrün"). – Zu „Hedera terrestris" und dem alchemistisch-pharmazeutischen Symbol für „Terra" siehe Brief Nr. 32, Endnote 11. – Es folgt eine

Aufzählung hier durch Wagner zusammen mit den Kräutern empfohlener Blüten (lat. „cum floribus“ mit nachfolgenden Genitiven). – Zur „rosa“ lassen sich bei Schneider (1968–75), Bd. V/3, S. 181–187, folgende Informationen entnehmen: Es handelt sich dabei um eine pflanzliche Droge aus der Gattung „Rosa“; Familie der Rosaceae; Zitatempfehlung für den Artnamen ist hier v.a. Rosa gallica (S.) und R. centifolia (S.). Die Rose war dem semitischen Kulturkreise fremd, vielmehr ist vielleicht ein indogermanisches Volk in Persien für die erste Kultur verantwortlich zu machen. Schon Theophrast (um 300 v. Chr.) schilderte ausführlich die wilde und die Gartenrose und ihre Kultur, es gab bereits gefüllte Spielarten. Die orientalische Gartenrose kam früh mit den griechischen Kolonisten (etwa 7. Jh. v. Chr.) nach Italien, wilde Rosen standen auch an den Opferstätten der alten Germanen. Die größten Rosengärten gab es im Orient, von woher dann die Araber und Türken die Damascener-Rose, die Moschusrose von Schiras, die Zentifolie u.a. nach Europa brachten, wo es Rosengärten zunächst in Spanien und Italien, seit dem 16. Jh. auch diesseits der Alpen gab. Schon antike Autoren beschrieben eine kühlende und adstringierende Wirkung von (Garten-)Rosen. Kräuterbuchautoren des 16. Jh. übernahmen dann die vielseitigen Indikationen aus den entsprechenden Dioskurides-Kapiteln von den Gartenrosen bzw. wilden Rosen und übertrugen sie auf die Gartenrosen ihrer Zeit (im frühen Mittelalter zunächst v.a. R. gallica L., die Zentifolie kam erst gegen Beginn der Neuzeit in nördliche Gärten) bzw. die einheimischen Wildrosen (u.a. R. canina L.). Die Pharmakopöe Württemberg 1741 führt: Flores Rosarum albarum (Rosae albae vulgaris majoris, weisse Rosen; gegen Augenentzündungen, Specificum bei Fluor albus), Flores R. pallidarum (bleiche Rosen, Ulmer-Rosen; Laxans, bei Gallenleiden und Wassersucht), Flores R. rubrarum (vulgarum, Zucker-Rosen, rothe Rosen; Adstringens, Roborans, Analepticum, Cordiale), Flores R. finarum (intense rubrarum, flore simplici sericeo, Knopff-Rosen, feine Rosen, Eßig-Rosen; Adstringens; für Bereitung von Tinktur und des Rosenessigs), Cynosbata (Huefften, Hagenbutten; Diureticum, Aperitivum, gegen Sodbrennen), Semen Cynosbati (Rosarum silvestrium, Haegen-Huefften-Hagenbutten-Saamen; gegen Steinleiden); Acetum rosatum, Aqua R. (aus frischen Blüten), Conserva R. rubrarum, pallidarum, vitriolata, Diacrydium rosatum u.v.m. Ein zeitgenössischer Eintrag findet sich bei Zedler (1732–1754), Bd. 32, Sp. 835–854 („Rose“). – Zu „balaustia“ bzw. den „flores balaustiorum“ lassen sich bei Schneider (1968–75), Bd. V/3, S. 142–145, folgende Informationen entnehmen: Es handelt sich um eine pflanzliche Droge aus der Gattung „Punica“; Familie der Punicaceae; Zitatempfehlung für den Artnamen ist Punica granatum (S.). Schon antike Autoren (Dioskurides) nennen drei Drogen von P. granatum L.: den Granatapfel, die Granatblüte (adstringierend, austrocknend, stopfend, zum Verkleben blutiger Wunden; zu Mundwasser, gegen Darmbrüche; von kultivierten Pflanzen gewonnen Kytinoi genannt, von wilden Balaustion) und die Granatrinde. Die Kräuterbuchautoren des 16. Jh. übernahmen im Wesentlichen diese Indikationen. Die Pharmakopöe Württemberg 1741 führt: Cortex Granatorum (Cortices Mali Punici, Malicorium, Granaten-Schalen; selten im innerlichen Gebrauch, häufiger für Gurgelmittel, Bäder, adstringierende Bähungen), Flores Balaustiorum (Balaustiae, Mali punicae silvestris, Granatenblüthe; Adstringens, Refrigerans, für Gurgelmittel, Niespulver); Syrupus Granatorum (aus Saft bereitet), Vinum Granatorum. Um 1780 heißt der Granatenbaum P. Granatum. Im 19. Jh. verschwanden die obigen Drogen aus den Pharmakopöen, dafür wurde die Rinde der Wurzel als Bandwurmmittel eingesetzt. Zeitgenössische Einträge finden sich bei Zedler (1732–1754), Bd. 3, Sp. 181 f. („Balaustia“), und Bd. 11, Sp. 568–572 („Granaten-Baum“). – Es folgt eine weitere Aufzählung hier von Wagner zusammen mit den Kräutern und Blüten empfohlener Wurzeln (lat. „cum radicibus“ mit nachfolgenden Genitiven). – Bei „bistorta“ handelt es sich nach Schneider (1968–75), Bd. V/3, S. 100–104, um eine pflanzliche Droge aus der Gattung „Polygonum“; Familie der Polygonaceae; Zitatempfehlung für den Artnamen ist Polygonum bistorta (S.). Der Schlangenknöterich, P. bistorta L., wird bei Kräuterbuchautoren des 16. Jh. abgebildet und beschrieben, wobei sich die Beschreibung der Indikationen an die des Ampfer (Rumex) bei Dioskurides anlehnt. Die Pharmakopöe Württemberg 1741 führt: Radix Bistortae (Serpentariae vulgaris rubrae, Colubrinae, Schlangen- oder Natterwurtz, Wurmwurtzel; Adstringens, Vulnerarium, Alexipharmacum). Die pflanzliche Droge fand sich auch noch in einigen Länderpharmakopöen des 19. Jh. Ein zeitgenössischer Eintrag findet sich bei Zedler (1732–1754), Bd. 1, Sp. 1473 f. („Alpina maxima & minima"). – Zur „Tormentilla" lassen sich bei Schneider (1968–75), Bd. V/3, S. 113–117, folgende Informationen entnehmen: Es handelt sich um eine pflanzliche Droge aus der Gattung „Potentilla"; Familie der Rosaceae; Zitatempfehlung für den Artnamen ist v.a. Potentilla erecta (S.). Kräuterbuchautoren des 16. Jh. lehnen sich bzgl. der Indikationen der Tormentill (Blutwurzel) im Wesentlichen an das Dioskurides-Kapitel für das Fünffingerkraut an. Die Pharmakopöe Württemberg 1741 führt: Radix Tormentillae (Heptaphylli, Tormentillae sylvestris, Tormentill, Rothwurtz, Bluth- und Ruhrwurtz; Adstringens, Vulnerarium, Alexiterium); Herba Tormentillae (Septifolii, Tormentill, Bluthwurtz-Kraut, Siebenfinger-Kraut; Vulnerarium als Dekokt, selten im Gebrauch); Extractum Tormentillae. Um 1780 heißt die Stammpflanze Tormentilla erecta. Noch im 20. Jh. zu adstringierenden Zahnpulvern und Gurgelwässern verwendet. Ein zeitgenössischer Eintrag findet sich bei Zedler (1732–1754), Bd. 44, Sp. 1341–1344 („Tormentille"). – Zur „Scrophularia" lassen sich bei Schneider (1968–75), Bd. V/3, S. 241–243, folgende Informationen entnehmen: Es handelt sich dabei um eine pflanzliche Droge der Gattung „Scrophularia"; Familie der Scrophulariaceae; Zitatempfehlung für den Artnamen ist v.a. Scrophularia nodosa (S.). Kräuterbuchautoren des 16. Jh. übernahmen für die kleine (S. nodosa L.) und große (S. aquatica L.) Braunwurz Indikationen aus Dioskurides-Kapiteln, in denen gar keine S.-Arten gemeint waren. Die Pharmakopöe Württemberg 1741 führt: Radix Scrophulariae (nodosae foetidae, vulgaris et majoris, Ficariae, Ferrariae, Castrangulae, Braunwurtz, Saukrautwurtz, Feigwartzwurtz; Vulnerarium, Incisivum, Amarum). Um 1780 werden zwei S.-Arten benannt: Braunwurz oder S. nodosa und Wasserbraunwurz oder S. aquatica. Beide finden bis ins 20. Jh. Verwendung. Ein zeitgenössischer Eintrag findet sich bei Zedler (1732–1754), Bd. 4, Sp. 1167–1171 („Braun-Wurtz"). – Zu „Liquiritia" siehe Brief Nr. 24, Endnote 41.

20 Zur „Essentia" im Allgemeinen vgl. Brief Nr. 24, Endnote 30, sowie zum alchemistisch-pharmazeutischen Symbol für „Terra" Brief Nr. 32, Endnote 11. – Bei „Terra Catechu" handelt es sich nach Schneider (1968–75), Bd. V/1, S. 31–34, um eine pflanzliche Droge aus der Gattung „Acacia"; Familie der Leguminosae; Zitatempfehlung für den Artnamen ist Acacia catechu (S.). Wichtigste medizinisch genutzte Produkte der Akazienarten waren Saft, Gummi arabicum und eben Catechu. Bei Catechu, das schon eine altindische Droge war, handelt es sich um ein Extrakt aus dem Holz von v.a. A. catechu (L.f.) Willd., welches im 17. Jh. in Deutschland apothekenüblich wurde. Die Pharmakopöe Württemberg 1741 führt: Terra japonica (Terra catechu, Japonische Erde; Adstringens, bei Durchfall und Blutfluss); man bereitet daraus Trochisci de Terra Catechu ad Sputum cruentum (mit Süßholzsaft und Species Diatragacanthae) und Trochisci Catechu sive Muscerdae (mit Zucker, Ambra, Moschus und Traganth). Auch Autoren Anfang des 19. Jh. erwähnen eine Verwendung von Catechu innerlich als Adstringens und Tonicum sowie äußerlich – auch als Tinktur – fürs Zahnfleisch und gegen Mundgeruch. In der Homöopathie ist „Catechu" ein weniger wichtiges Mittel. Ein zeitgenössischer Eintrag findet sich bei Zedler (1732–1754), Bd. 5, Sp. 1461/62 f. („Catechu"), in dem noch viele Unklarheiten vorzuherrschen scheinen und verschiedene Überlegungen zur möglichen Herkunft und Gewinnung von Catechu angestellt werden. – Zedler (1732–1754), Bd. 5, Sp. 1463/64 f., gibt zudem mehrere Anweisungen zur Herstellung einer „Catechu-Essentz" (also einer „Essentia Terrae Catechu"), u.a. wie folgt: „{Recipe} Pulverisirte Catechu zwey Quentgen, laß sie bey gelinder Wärme in einer Untze Quitten-Spiritus zergehen und seige sie hernach durch".

21 Zur „Liquiritia" siehe Brief Nr. 24, Endnote 41, sowie zur „Essentia" im Allgemeinen Brief Nr. 24, Endnote 30. Der zeitgenössische Eintrag zu „Liquiritia" bei Zedler (1732–1754), Bd. 10, Sp. 1709–1713 („Glycyrrhisa"), erläutert, man habe in den Apotheken „von dieser Wurtzel den inspissirten Leckritzen-Safft, vulgo Bären-Dreck, den Syrup, die Essentz und Extractum". Auch hier wird auf die häufige Herkunft der pflanzlichen Droge aus Anbaugebieten bei Bamberg hingewiesen. – Zum „Syrup" bzw. „Syrupus" merkt Zedler (1732–1754), Bd. 41, Sp. 1081 f., an, es gebe in den Apotheken davon sehr viele, „welche aus Säfften und destillirten Wassern mit Honige oder Zucker zur rechten Dicke gekochet w[ü]rden". – Zu „Myrtillus" lassen sich bei Schneider (1968–75), Bd. V/3, S. 376–379, folgende Informationen entnehmen: Es handelt sich dabei um eine pflanzliche Droge aus der Gattung „Vaccinium“; Familie der Ericaceae; Zitatempfehlung für den Artnamen ist Vaccinium myrtillus (S.). Kräuterbuchautoren des 16. Jh. können die Heidelbeere bei antiken Autoren nicht bestimmen, geben aber Indikationen für den Sirup aus ihren Früchten an (gegen Husten, Lungen- und Magenleiden). Sirupe mit Heidelbeeren waren offizinell, so schon in der Pharmakopöe Nürnberg 1546. Die Pharmakopöe Württemberg 1741 führt: Fructus Myrtilli exsiccati (Heidelbeer; Adstringens, mildern Fieberhitze; als Dekokt); Syrupus Myrtillorum (aus Saft bereitet). Um 1780 heißt die Stammpflanze für den Heidelbeerstrauch V. Myrtillus. Die Drogen und Präparate verschwanden zu Anfang des 19. Jh. aus den deutschen Pharmakopöen, tauchten aber später wieder auf. Ein zeitgenössischer Eintrag zur „Heidelbeer“ findet sich bei Zedler (1732–1754), Bd. 12, Sp. 1129–1131, auch hier unter Erwähnung der Verwendung des Sirups.

22 „Beÿsorge“ meint hier „besorgnis“; vgl. Grimm (1854–1960), Bd. 1, Sp. 1394.

23 Eine entsprechende Antwort Trews auf diese Bitte um konsiliarische Beratung ist in der UBE Briefsammlung Trew nicht erhalten. – Es sind jedoch z.T. umfangreiche Konsiliarkorrespondenzen von Ärzten des 18. Jh. überliefert, so z.B. in der UBE Briefsammlung Trew jene von Lorenz Heister (1683–1758), die von Ruisinger (2008b) v.a. unter dem Blickwinkel der Patientengeschichte analysiert wurde, d.h. es stand der dort stattfindende unmittelbare briefliche Austausch zwischen Arzt und Patient im Zentrum der Betrachtung. Im hier vorliegenden Fall nimmt das schriftliche Konsilgesuch einen anderen Weg: Georg Christoph Winkler von Mohrenfels als Vater der Patientin bittet Wagner als Arzt vor Ort bzw. persönlich angereisten Arzt um die Einholung weiterer schriftlicher Stellungnahmen von renommierten Kollegen.

56 — *15. Juni 1742*

Peter Christian Wagner, Erlangen, an Christoph Jacob Trew, <Nürnberg>

HochEdelgebohrner und Hochgelehrter
Insonders Hochgeehrtester Herr Hoff-Rath
Hochgeschätzter Gönner!

Beÿ meiner gestrigen Anweßenheit in Nürmberg[1] hatte ich Ewer hochEdelgeb[ohrn] ein Stündgen gewiedmet, um Ihnen meine längst schuldige Aufwartung Zu machen und Ihnen Vor die mit so ungemeiner Gedult und so gar lange Vergönnte Darleÿhung der raren und kostbaren *Metallothecae Vaticanae*[2] den allerverbündlichsten und schuldigsten Danck Zu sagen; alleine der Herr Hoff-Rath Göckel[3] wird mir das Zeugnüß geben können, daß mich so wohl das späte Aufstehen Vom Tische beÿ dem Herrn Von *Montmartin*[4], als der mitgehabte *Chirurgus*[5], welcher gleich mir Zeitlich wiederum nach hauße Zu kommen sehr *pressiret* war, Zu meiner großen | 2 | Bedauernüß daran Verhindert. Ich habe mich auch würcklich deswegen gezwungen gesehen, mit des Herrn Hoff-Rath Göckels gütigen Erlaubnüß die beeden Bücher nur in deßen nahegelegenes Hauß Zu senden, und dagegen Von Ihme die gewiße Versicherung erhalten, daß Er solche Ewer hochEdelgebohrn Zusenden wolle. Gleich wie ich nun nicht Zweiffle, daß solches geschehen seÿn werde; alßo will hoffen, daß Sie solche ohnbeschädigt gefunden haben werden maßen ich mir alle mögliche Mühe gegeben solche rein und sauber Zu halten und erstatte nur hierdurch Vor Dero ausnehmende Gedult und Gütigkeit noch mahlen unendlichen Danck, wünschende, daß etwas dagegen in meinen geringen Vermögen und Kräfften stehen möchte, womit ich Ewer hochEdelgeb[ohrn] Zu Dienen das Vergnügen haben könte. Meine nun mehro seit 1½ Jahr öfftere und lange Abweßenheit Von hier[6] ist grösten Theils Uhrsache daß ich dero Gedult und Gütigkeit so lange gemißbrauchet und eben dahero rühret es auch daß ich in Bezahlung des | 3 | *Commercii Litterarii*[7] Zu meiner Schande Zurücke geblieben. Ich übersende aber anschlüßig die schuldigen 4 Gulden[8] mit gebührenden Danck und ersuche Ewer hochEdelgeb[ohrn] mir den Zettel *quittirter*[9] mit Zu rücke, auch die auf beÿliegenden *Billet* angemerkte *defecte* so bald es seÿn kan Zu senden,[10] weilen ich das gantze Werck gerne wolte binden laßen. Vermuthlich habe ich alle dieße Bögen so mir fehlen nie mahlen bekommen, weilen ich die übrigen ordentlich in ein Fach Zusammen geleget. Im übrigen werden Ewer hochEdelgebohrn aus beÿliegenden Brief des Herrn *Dr.* Mohr[11] aus Giengen[12] gütigst Zu ersehen belieben, was Derselbe durch mich gerne wißen möchte, ob nehmlich Ewer hochEdelgebohrn nicht auch Zu einer *Collection* Von *petrefactis* und *lapidibus figuratis*[13], so Er in denen Gegenden Vorbenanter <?> ReichsStadt gesammlet, und wo Von ich Ihme eine *Collection* Vor 50 Gulden Rheinisch[14] abgekauffet habe, Lust hätten. Sie bestunde in mehr als 100 *Sorten* klein und großer *figuratorum* und waren darunter insonderheit[15] einge *Matrices* mit *Coralliis, echinis, Echinorum aculeis, Trochitis* und anderen *articulis* | 4 | *Stellarum Marinarum petrefactis*[16], allerleÿ *Modioli* und *articuli Stellarum separati*, sodann Eine Menge der schönsten *Ostracitarum*[17], deren gröster 6 biß 7 ℔ der kleinste aber kaum ℥i gewogen[18] sehr merckwürdig und meines Bedünckens das Geld wohl werth. Der gute Mann mag *in Praxi* schlechten Verdienst und eine *nombreuse Famille* haben, so suchet Er sich Zu helffen wie Er kan und liefert alles wohl gepackt *franco* Nürnberg. Ewer hochEdelgebohrn seÿen so gütig und schreiben mir nebst Zurückesendung des Briefs dero Gedancken[19] und würdigen denjenigen ferner dero Vornehmen *Patrocinii* der sich Vor eine *Gloire* und Schuldigkeit achtet mit gröster *Veneration* Zu Verbleiben

Ewer HochEdelgeb[ohrn]

eiligst
Erlang den 15. *Iunii*
1742.

gantz gehorsamster
Diener
P[eter] C[hristian] Wagner *Dr.*

PS: taußend *Complimente* Von meinem Herrn Schwieger Papa[20].

***H** UBE Briefsammlung Trew, Korr. Wagner, Nr. 40. 4 S. mit PS. Als Beilagen: Geldbetrag für das Commercium Litterarium (Z. 26–28) sowie dazu eine zur Bestätigung durch Trew vorbereitete Quittung (Z. 28 f.), ein Zettel mit aufgelisteten Wagner fehlenden Exemplaren des*

Commercium Litterarium (Z. 29 f.) und ein Brief Georg Friedrich Mohrs an Wagner mit Trew betreffenden Passagen (Z. 32–37)(! erhalten in UBE Briefsammlung Trew, Korr. Georg Friedrich Mohr, Nr. 8).

---

1 Zu Nürnberg (Nürmberg) siehe Brief Nr. 1, Endnote 5.
2 Zur „Metallotheca (Vaticana)" (hier lat. Gen. Sgl. „Metallothecae Vaticanae") als Werk des Michele Mercati (1541–1593) vgl. Brief Nr. 53, Endnote 8 (und 9). – Wagner hatte Trew bereits Anfang 1738 leihweise um dieses Werk gebeten und es auch bald darauf erhalten; vgl. Brief Nr. 53, Z. 18–21 (des transkribierten lateinischen Originaltextes), sowie Brief Nr. 54, Z. 12–15.
3 Christoph Ludwig Göckel wurde 1689 in Hersbruck geboren und starb 1759. Er studierte in Tübingen und Jena, 1710 wurde er in Jena mit einer Disp. de serpentaria Virginiana promoviert. Nach Reisen durch Deutschland, Frankreich, England und Holland kam er 1715 nach Nürnberg, wo er schon 1710 einen Platz im Collegium Physicum erhalten hatte. Er praktizierte in Nürnberg, wurde dort auch Spitalarzt und Primarius des Collegium. Daneben war Christoph Ludwig Göckel Hochfürstlich Baden-Badenscher, Hochgräflich Wolfsteinischer und Hochfürstlich Hildburghäuser Hofrat und Leibarzt. Er besaß eine ansehnliche, vorwiegend von seinem Schwiegervater Michael Friedrich Lochner von Hummelstein ererbte Bibliothek. Seit 1715 war Christoph Ludwig Göckel Mitglied der kaiserlichen Akademie der Naturforscher Leopoldina. In der UBE Briefsammlung Trew sind Briefe Christoph Ludwig Göckels an Trew und umgekehrt erhalten; vgl. Schmidt-Herrling (1940), S. 223; DBA 400, Bl. 264–267 (Will; Jöcher/Adelung; Hirsching). – Christian Friedrich Göckel (1717–1781), der älteste Sohn Christoph Ludwig Göckels, heiratete eine Tochter Johann Friedrich Weissmanns (1678–1760) und wurde so wie Wagner dessen Schwiegersohn; vgl. DBA 400, Bl. 258 f. (Will).
4 Hier dürfte es sich um Friedrich Samuel Graf von Montmartin handeln, der 1712 in Zeitz geboren wurde und 1778 in Dinkelsbühl verstarb. Dieser wiederum ist wohl identisch mit dem zweiten Ehemann der Charlotte Eleonore Edle von Baumann (geb. 1714), geborene Buirette von Oehlefeld, den sie geheiratet hatte, nachdem ihr erster Mann Johann Friedrich Edler von Baumann (†1737) im August 1737 bei einem Duell umgekommen war, da auch der herbeigerufene Wagner nicht mehr hatte helfen können; vgl. Brief Nr. 50, Z. 15–26 sowie Endnote 9 und insbesondere Endnote 17. Zwar geben die einschlägigen biographischen Lexika etc. die wiederum erste Ehefrau des Friedrich Samuel von Montmartin als unbekannt an, doch weisen die Namensgleichheit und vor allem die bei Schmidt-Herrling (1956b) wie in den Kirchenbüchern übereinstimmenden Angaben zu den ausgeübten Ämtern des zweiten Gatten der Charlotte Eleonore eindeutig auf diese Verbindung hin und schaffen zugleich auch einen Bezug des „Herrn von Montmartin" zu Wagner als Arzt der Buirette von Oehlefelds. Friedrich Samuel von Montmartin zog mit seiner Familie, einst 1686 nach Kurbrandenburg emigrierten Hugenotten, 1718 an den Bayreuther Hof. Dem Rechtsstudium an den Universitäten Leipzig und Leiden sowie einem Aufenthalt am Reichskammergericht in Wetzlar folgte ein rascher Aufstieg, zunächst in bayreuthischen Diensten: 1738 Regierungsrat, 1739 Präsident des Justizrates und Amtshauptmann in Erlangen, 1740 Geh. Regierungsrat und Kreisgesandter, 1741 schließlich wirklicher Geh. Rat. Dann setzte sich der Aufstieg auf Reichsebene in Verbindung mit dem wittelsbachischen Kaisertum Karls VII. als Reichshofrat 1742 fort. 1756 führte er als gothaischer Reichstagsgesandter den Beschluss zum Reichskrieg gegen Preußen herbei, 1758 wurde Friedrich Samuel von Montmartin in den Grafenstand erhoben und von Herzog Karl Eugen von Württemberg zum leitenden Minister, 1763 zum Geheimratspräsidenten ernannt. Seine Rolle beim harten Vorgehen des Herzogs gegen die Landstände wird sehr unterschiedlich bewertet. 1773 zog er sich endgültig aus der württembergischen Politik zurück. Friedrich Samuel von Montmartin starb 1778 als Ritterhauptmann des Kantons Altmühl, nachdem er die letzten Jahre auf seinem 1763 erworbenen Gut Thürnhofen verbracht hatte; vgl. ADB, Bd. 22, S. 204; NDB, Bd. 18, S. 64 f.; DBE, Bd. 7, S. 182 f.

5 Zur Bezeichnung des „Chirurgus“ im Allgemeinen vgl. Brief Nr. 18, Endnote 12.
6 Gemeint ist hier Erlangen als Wohnort Wagners, vgl. dazu Brief Nr. 14, Endnote 1. – Die hier von Wagner angeführten häufigen Abwesenheiten von Erlangen dürften auf seine immer enger werdende Bindung an den Bayreuther Markgrafenhof zurückzuführen sein. Diese mündete schließlich nach Fikenscher (1801–1805), Bd. 10, S. 34 f., darin, dass Wagner am 15. Juni 1742, also am Tag des vorliegenden Briefs, zum ersten Stadtphysikus von Bayreuth berufen und als solcher dann am 1. September 1742 durch Markgraf Friedrich bestätigt wurde. Wagner selbst konnte am 7. September 1742 dann an Trew nicht nur von der Übertragung des Bayreuther Stadtphysikats berichten, sondern auch von seiner Ernennung zum Leibarzt des Markgrafen; vgl. Brief Nr. 57, Z. 28–31.
7 Zur Zeitschrift des Commercium Litterarium (hier lat. Gen. Sgl. „Commercii Litterarii“) im Allgemeinen vgl. Brief Nr. 6, Endnote 2. – Der jährliche Preis des Commercium Litterarium, der eigentlich in Vorauskasse halbjährlich zu Ostern und St. Michael eingezogen werden sollte, betrug 2 Rheinische Gulden (ggf. mit geringen Abweichungen je nach Papierqualität); vgl. Rau (2006), S. 49.
8 Siehe Brief Nr. 1, Endnote 10 zu dieser Währungseinheit.
9 Nach Zedler (1732–1754), Bd. 30, Sp. 390, ist eine „Quittantz“, bzw. „Quittung“ oder „Loszehlung“, ein „Empfang-Schein oder ein schrifftliches Bekänntniß, daß man von jemanden bezahlet worden, und die schuldige Summe Geldes empfangen habe“.
10 Zu den zunehmenden Lieferungsschwierigkeiten bzw. -verzögerungen des Commercium Litterarium vgl. Brief Nr. 18, Endnote 3.
11 Georg Friedrich Mohr wurde 1692 in Freudenstadt im Schwarzwald geboren und starb 1774 in Giengen an der Brenz. Er wurde 1725 in Tübingen mit der Dissertation „De Machinae humanae vitiis“ promoviert. Georg Friedrich Mohr war Physikus in Böblingen, ab 1729 Stadtphysikus in Giengen an der Brenz. Seit 1738 war er Mitglied der kaiserlichen Akademie der Naturforscher Leopoldina. Von Georg Friedrich Mohr ist v.a. die Schrift „Die gebährende Frau sampt ihrer Leibesfrucht in Lebens-Grösse sowohl durch Kunst abgebildet, als auch von einem Toten-Gerippe genommen ...“ (Frankfurt/Leipzig 1750) überliefert. Ferner erfand er eine „Entbindungsmaschine“ (Phantom) und forderte unbedingte Reinlichkeit der Hände von Hebammen und Wundärzten. In der UBE Briefsammlung Trew sind Briefe Georg Friedrich Mohrs v.a. an Trew erhalten; vgl. Schmidt-Herrling (1940), S. 413; Hirsch (1962), Bd. 4, S. 229; DBA 853, Bl. 220 (Jöcher/Adelung). – Die Überlieferungssituation von Schreiben zwischen Mohr, Wagner und Trew, die aus dem zeitlichen Umfeld des vorliegenden Briefes stammen und vorwiegend den Erwerb einer Sammlung von Versteinerungen von Mohr durch Trew zum Inhalt haben, gestaltet sich in der UBE Briefsammlung Trew zunächst etwas unübersichtlich. Doch lässt sich das im Katalog zur UBE Briefsammlung Trew von Schmidt-Herrling (1940), S. 413, in der Korr. Georg Friedrich Mohr, Nr. 8, bislang als an einen Ungenannten klassifizierte Schreiben ohne Ort und Datum inhaltlich eindeutig als derjenige Brief Mohrs an Wagner wohl aus der ersten Jahreshälfte 1742 identifizieren, der hier beiliegend von Wagner an Trew übersandt wurde (wohl Schmidt-Herrling hielt diese Vermutung ebenfalls bereits zumindest mit einem Bleistiftvermerk auf dem Originalbrief fest). Offenkundig gelangte hier also ein Brief dauerhaft in die Briefsammlung Trew, indem Trew ein ihm zur Einsichtnahme übersandtes Schreiben einbehielt. In dem Brief Mohrs an Wagner, erhalten in Korr. Georg Friedrich Mohr, Nr. 8, bat Mohr eben darum, bei Trew in Nürnberg wegen des Erwerbs einer Sammlung von Fossilien aus der Umgebung von Giengen anzufragen, wobei Mohr betonte, dass in dieser Angelegenheit „am füglichsten ein Versuch zu thun“ sei, der sich auf die „procuration“ seines Briefpartners, also hier Wagners, stütze, da jener ohne Zweifel in Kontakt zu Trew stehe. Mohr schilderte in dem Schreiben zudem eindringlich, wofür er die zu erwartende Bezahlung gebrauchen könne (etwa zur „fourage auf eigen DinstPferdt“, das weitere Entdeckungen und Sammlungen in der Giengener Umgebung erleichtern solle), wies aber ebenso darauf hin, dass er neben Bargeld auch anderes im Tausch akzeptiere (etwa ein „noch wohl conditionirtes Sceleton“ für seinen Sohn oder die „Oryctographia“ Johann Jacob

Baiers). Wagner gab Mohrs Angebot dann (verknappt) im hier vorliegenden Schreiben an Trew weiter. Ferner wird im weiteren Verlauf als „Beilage" zum ersten in der UBE Briefsammlung Trew erhaltenen Brief Mohrs an Trew im Katalog der UBE Briefsammlung Trew nach Schmidt-Herrling (1940), S. 413, die Kopie einer Antwort Mohrs auf ein Schreiben Wagners gelistet, die in der Schlusszeile auf das Datum des 6. Januar 1743 verweist. In dieser überlieferten Antwortkopie übermittelte Mohr an Wagner dann nicht nur seine Glückwünsche zur mittlerweile erfolgten Ernennung zum Leibarzt, sondern auch die Zusicherung, er werde Trew „mit [...] Verlangter Speciebus Petrefactorum bäldest auf warten" (außerdem schilderte Mohr ausführlich die ihm auferlegten Hindernisse, z.B. schwieriger Zugang zu gutem Kartenmaterial, bei seinem Bemühen um Katalogisierung und topographische Verortung aller „petrefacta Agri Giengensis"); vgl. UBE Briefsammlung Trew, Korr. Georg Friedrich Mohr, Nr. 1 (Beilage!). Der im Katalog zur UBE Briefsammlung Trew bei Schmidt-Herrling (1940), S. 413, in der Korr. Georg Friedrich Mohr, Nr. 1, unter dem Datum des 10. Januar 1742 gelistete erste erhaltene Brief Mohrs an Trew freilich stammte, wie inhaltlich eindeutig nachzuweisen, tatsächlich erst vom 10. Januar 1743, so dass dann auch die Beilage der vom 6. Januar 1743 datierten Antwortkopie Mohrs an Wagner wieder stimmig ist. Mohr selbst unterlief hier offenkundig kurz nach dem Jahreswechsel eine Fehldatierung noch auf das Vorjahr. Mohrs Brief an Trew begleitete die Übersendung eben eines „Sortiment[s] Ostrearum gaideropodarum und anderer petrefactorum Giengensis", da Wagner Anfang Dezember in einem Schreiben an Mohr schließlich die mündliche Zustimmung Trews zum Erwerb einer solchen Sammlung übermittelt habe, welche dieser, „weil kein überiges Sceleton vorhanden", gegen „ein aequivalent" anzunehmen bereit sei. Der im Katalog zur UBE Briefsammlung Trew in Korr. Georg Friedrich Mohr, Nr. 2, dann eigenständig gelistete Brief Mohrs an Trew vom 10. Januar 1743 schließlich ist nur als Beilage zu dem Schreiben in Korr. Georg Friedrich Mohr, Nr. 1, zu werten, in Gestalt einer Liste der übersandten Fossilien.

12 Giengen wird zeitgenössisch in der ersten Hälfte des 18. Jh. als „eine kleine Reichs-Stadt in Schwaben an der Brentz, nicht weit von der Donau im Rieß gelegen" beschrieben. Giengen kam nach dem Untergang der Staufer ans Reich, wurde aber v.a. im 14. Jh. mehrfach verpfändet und musste seine Reichsfreiheit wiederholt gegen wechselnde Ansprüche durchsetzen. Die kleine Reichsstadt nahm dann, auch durch die günstige Lage an der Brenz, einen wirtschaftlichen Aufschwung (u.a. alte Leinwandindustrie mit allen verwandten Gewerben, damit verbundener reger Handelsverkehr mit Ulmer, Augsburger und Günzburger Kaufleuten). Eine deutliche Zäsur aber bildete der Dreißigjährige Krieg, als u.a. unmittelbar nach der Schlacht bei Nördlingen Spanier die Stadt plünderten und niederbrannten. Im Rahmen von Reichsdeputationshauptschluss und Mediatisierung fiel Giengen schließlich zu Beginn des 19. Jh. an Württemberg; vgl. Zedler (1732–1754), Bd. 10, Sp. 1448 f.; Deutsches Städtebuch, Bd. 4.2 (Teilbd. Württemberg/ Württembergisches Städtebuch), S. 94–99.

13 „Petrefacta" (hier lat. Abl. Pl. „petrefactis") sind „Petrificirte Sachen" also „Versteinerte Sachen", so Zedler (1732–1754), Bd. 47, Sp. 2039–2054 („Versteinerte Sachen"). Oft wurden diese auch unter die „Bilder-Steine" bzw. „Figurensteine", also „lapides figurati" (hier lat. Abl. Pl. „lapidibus figuratis"), gerechnet und als solche bezeichnet; vgl. daher auch Zedler (1732–1754), Bd. 3, Sp. 1828–1830 („Bilder-Steine"), und Zedler (1732–1754), Bd. 39, Sp. 1495–1510 („Stein"). In den Ausführungen bei Zedler in der ersten Hälfte des 18. Jh. spiegelt sich die noch im 18. Jh. lebhafte Diskussion über den Ursprung der Versteinerungen bzw. Fossilien wider, wobei die auch von Johann Jakob Scheuchzer (1672–1733) vertretene Theorie favorisiert wird, „solche versteinerte Dinge für die kräfftigen Zeugen einer allgemeinen Sündfluth zu halten". Ferner wird auf die an vielen Orten angefertigten „Catalogi Fossilium", also ortsspezifische Aufstellungen vorgefundener Versteinerungen bzw. Fossilien (in einem damaligen weitergefassten Verständnis), hingewiesen, wobei in diesem Sinne u.a. auch die „Oryktographia Norica" Johann Jacob Baiers (1677–1735) sowie die „Lithographia Angerburgica" Georg Andreas Helwings (1666–1748) angeführt werden. Georg Friedrich Mohrs Bemühungen um Erfassung aller „petrefacta Agri Giengensis“ gewannen sicher aus diesem Umfeld ihre Motivation, auch wenn von ihm am Ende, soweit hier feststellbar, kein entsprechendes Werk überliefert ist, vgl. Endnote 11. Auch Wagner nennt als Bestandteil seiner Sammlungen bereits 1729 u.a. „Lapid[es] figurat[i]“; vgl. Brief Nr. 1, Z. 17–20.

14 Zur Währungsbezeichnung „Gulden Rheinisch“ vgl. Brief Nr. 48, Endnote 8.

15 „Insonderheit“ steht hier für „besonders, speciell, im einzelnen“; vgl. Grimm (1854–1960), Bd. 10, Sp. 2144.

16 Wagner gibt hier eine kurze Aufzählung einiger Bestandteile der von Georg Friedrich Mohr zu erstehenden Sammlung von Versteinerungen (u.Ä.). Er nennt Matrices, also Stücke einer Art von (Gesteins-) Grundmasse, zunächst mit „Coralliis“ (lat. Abl. Pl.; weitere Ablative in der Aufzählung folgen). Nach Zedler (1732–1754), Bd. 6, Sp. 1210–1214 („Corallen“), sind „Corallen“ zu beschreiben als „steinigte, harte Zweige, von unterschiedlichen Farben, welche im Grunde des Meers, wie kleine Bäumlein, offt etliche Schuhe hoch in die Höhe w[ü]chsen“. Insbesondere sei zu diskutieren, ob es sich dabei um Pflanzen handele. Zedler (1732–1754), Bd. 47, Sp. 2039–2054 („Versteinerte Sachen“), verweist zudem auf „eine grosse Menge von Corallen“ in den vorhandenen Registern versteinerter Sachen, was daher zu erklären sei, dass es sich ohnehin um „halbsteinerne Pflantzen“ handele, da doch versteinerte Sachen vor allem von solchen Dingen zu erwarten seien, „die schon vorher in natürlichem Zustande einer harten Eigenschaft gewesen“. – Einen „Echinus“ bzw. „Echinus marinus“ beschreibt Zedler (1732–1754), Bd. 20, Sp. 181 f. („Meer-Igel“), allgemein als einen „See-Igel“, d.h. „ein[en] Fisch, mit einer Haut überzogen, die so harte ist wie Pergament, und über und über voll harter spitziger Stacheln, die ihm zu seiner Vertheidigung dienen müssen“. Wagner zählt hier sowohl Matrices mit Seeigeln („echinis“) als auch mit Stacheln von Seeigeln („Echinorum aculeis“) auf. – Zedler (1732–1754), Bd. 45, Sp. 1026 f., beschreibt „Trochites“, deutsch auch „Spangensteine“ oder „Rädersteine“, als „gewisse Steine, die mit unter die Judensteine gerechnet w[ü]rden“. Sie seien „als runde Cylinder oder Seulen gestaltet, selten dicker als ein Finger, und allzumahl mit Verwunderung anzusehen, weil sie aus vielen Stücken also zusammen gesetzet sind, als wenn sie vorsetzlich durch eines Künstlers Hand verfertiget wären“. Sie seien teilweise „an der Seite gantz glatt, theils als wenn sie mit Ringen oder Reifen umleget wären“. Die Trochites ließen sich finden „in dem Hildesheimischen bey Spangenberg“ und auch „an verschiedenen Orten in Italien“. In der Medizin werde „das Pulver davon wider den Nierenstein für ein bewährtes Mittel gehalten“. Der Ursprung dieser auffällig geformten Steine sei sehr unklar, hielten es doch die einen für „Rückwürbel eines Meer-Thieres“ oder „Glieder eines Meer-Sternes“ und andere wüssten gar nicht, „was sie daraus machen sollen“. – „Stella marina“ ist nach Zedler (1732–1754), Bd. 20, Sp. 207 („Meerstern“), ein „Seestern“ oder „Meerstern“, d.h. „ein Gewürm in der See, so groß wie eine Faust, auch wohl noch grösser, ha[be] eine Gestalt wie ein Stern, und s[ehe] grau oder schwärtzlicht aus“. Der Seestern habe „fünff ziemlich breite Ecken, die vorne spitzig zul[ie]ffen. Umgeben sei er „mit einer harten, rauhen Haut [...], die diene[] ihm an statt der Schuppen“. Wagner nennt hier insbesondere andere versteinerte Gelenke/Glieder („articulis petrefactis“) der Seesterne, wobei die Formulierung „andere“ darauf verweist, dass er ebenfalls von der zeitgenössischen Deutung auch der „Trochites“ als „Glieder eines Meer-Sternes“ ausging.

17 Wagner setzt die Aufzählung einiger Bestandteile der von Georg Friedrich Mohr zu erwerbenden Sammlung von Versteinerungen nach „Matrices cum...“ dann mit (jeweils im Nominativ) „Modioli“, „articuli Stellarum separati“ und „Menge der schönsten Ostracitarum“ weiter fort. – Zu „Modioli“ findet sich bei Zedler (1732–1754) kein passender Eintrag. – Es folgen die „articuli Stellarum separati“ also „abgesonderte/separate Glieder der (See-)Sterne“, wobei „separat“ hier wohl in Gegenüberstellung zu den weiter oben genannten Gliedern von Seesternen meint „nicht in eine Matrix eingebunden“. – „Ostracitae“ sind nach Zedler (1732–1754), Bd. 22, Sp. 1321–1326 (Muschel-Steine“), „figurirte[] Steine[] [...], welche denen See-Muscheln und Schnecken-Häuslein gantz ähnlich sind, und derowegen von denen Lateinern Conchitae, Ostracitae, Ostracomorphii lapides, das ist, Muschel- und Schnecken-Steine genannt w[ü]rden“. Zedler zitiert in diesem Eintrag vollständig wörtlich aus Michael Bernhard Valentinis (1657–1729) Werk

„Museum Museorum“ und greift mit diesem auch hier die zeitgenössisch strittige Frage nach der Herkunft derartiger muschel- und schneckenartiger Steine (bzw. Versteinerungen) auf.

18 Wagner gibt hier das Gewicht der schwersten bzw. größten Stücke mit sechs bis sieben Pfund und das der leichtesten bzw. kleinsten Stücke mit nicht einmal einer Drachme an (unter Verwendung entsprechender Gewichtssymbole/-zeichen). – Nach Zedler (1732–1754), Bd. 27, Sp. 1709 f., ist ein „Pfund“ oder „Libra“ ein „gemeines Kramergewicht, welches aber nach dem Unterscheide der Orte unterschiedlich“. Es werde unterteilt „in sechzehen Untzen, die Untze in zwey Loth, das Loth in zwey [sic!] Quentgen“. In Italien aber werde das Pfund durchgehend in zwölf Unzen geteilt. Ferner gebe es Abweichungen zwischen dem Fleischer- und Kramergewicht. Vor allem aber sei hiervon wiederum das Apothekergewicht zu unterscheiden, auf das wohl auch Wagner hier Bezug nimmt, indem er als kleinere Einheit die Drachme wählt. Ein Pfund Apothekergewicht sind nach Zedler „zwölf [...] Untzen, die Untze acht [...] Drachmen oder Quentgen, die Drachme drey [...] Scrupel, der Scrupel zwanzig [...] Gran“. Vgl. auch Zedler (1732–1754), Bd. 7, Sp. 1387 („Drachma“), und Bd. 30, Sp. 359 („Quintlein“) (hier Quintlein als „das vierdte Theil von einem Loth“, im Apothekergewicht „Drachma genennet“). – Das Pfund im verbreiteten Nürnberger Apothekergewicht lässt sich mit ca. 357,854 g angeben; vgl. auch Trapp/Wallerus (2006), S. 260.

19 Ein derartiger Brief Trews an Wagner ist in der UBE Briefsammlung Trew nicht erhalten. Doch ist u.a. aus Brief Nr. 64, Z. 47–52, zu entnehmen, dass in der weiteren Folge tatsächlich eine Sammlung von Steinen bzw. „petrefacta“ von Georg Friedrich Mohr auch an Trew gesandt wurde.

20 Zu Johann Friedrich Weis(s)mann (1678–1760) siehe Brief Nr. 15, Endnote 4.

57 — *7. September 1742*

Peter Christian Wagner, Erlangen, an Christoph Jacob Trew, <Nürnberg>

HochEdelgebohrner und Hochgelehrter
Insonders Hochgeehrtester Herr Hoff-Rath
und hochgeneigter *Patron.*

Beÿ kommendes *Paquet* habe ich heute Von der Post durch Herrn *Dr.* Brückmann[1] an mich beÿgeschloßen erhalten, welches ich mir die Ehre gebe Ewer hochEdelgeb[ohrn] hiemit Zu überreichen und Sie Zu bitten daß Sie mir durch Überbringern dießes die Bögen Vom *Commercio litterrario [!]* [2] mitübersenden wollen. Bereits Vor 2 Monathen hat Herr Klein[3] aus Danzig[4] angebogenen *Defect*Zettel[5] an mich beÿgeschloßen und mich ersuchet, daß ich Ihme solchen Abgang Von Ewer hochEdelgeb[ohrn] *procuriren* möchte, Weilen ich aber an dem nehmlichen Tag, als ich solchen empfangen, nacher Baÿreuth[6] Verreißen und daßelbst wieder mein Vermuthen 9 Wochen Verbleiben müßen, auch des Herrn *Kleins* | 2 | Brief nicht beÿ mir hatte, so ist solcher biß hieher liegen blieben. Könten nun Ewer hochEdelgeb[ohrn] *per occasion* der Leipziger Michaelis-Meße[7] dem Herrn Klein solchen *defect* Zum theil oder gantz übersenden so würden Sie Ihn ungemein erfreuen, denn Von hier aus habe ich keine andere Gelegenheit als die Post, welches Zu theuer kommen dürffte. Sonsten meldet Er noch in seinem an mich erlaßenen Schreiben folgendes: „Mich wundert ungemein sehr, daß da

1733 den 23. *Decembr[is]* an Herrn *Dr. Kulmus*[8] auf des Herrn *Dr. Trew I. Partem Anatomiae*[9] 5 Kaÿßer Gulden[10] *praenumeriret*, jedennoch biß *dato* nichts davon Zum Vorschein gekommen, weiß auch nicht woran es liege."
Ich habe nechst hin die an mich gesandten *Anatomischen* Platten, so die *Osteologie* des Kopffes[11] in sich faßen wohl erhalten und werde mit nechsten den Verlangten Nach-Schuß selbsten überbringen, weilen ich gesinnet bin Ewer hochEdelgeb[ohrn] bald selbsten noch ein mahl | 3 | Persöhnlich auf Zu warten, maßen es mir ins künfftige nicht so leichte oder so öffters dürffte Vergönnet seÿn, da es S[e[iner]] Hochfürst[lichen] Durch[laucht] unßern gnädigsten Herrn Marggraffen[12] gefallen mich Zu Dero Leib-*Medicum*[13] Zu ernennen und mir das durch des Herrn Rath Donauers[14] Todt *vacant* gewordene Stadt-*Physicat*[15] Zu Baÿreuth Zu *conferiren*. Ich werde alßo *pressiret* meinen Aufzug[16] noch Vor Winters dahin Zu beschleunigen und betaure recht sehr, daß ich dadurch Von Ewer hochEdelgeb[ohrn] etwas weiter enfernet [!] werde. Ich *flattire* mich aber dennoch damit, daß Dieselbigen die bißhero mir gegönnete Freundschafft und Gewogenheit fortsetzen und mir noch weiters erlauben werden mich Zu nennen und Zu seÿn

Ewer hochEdelgebohrn

Erlang den 7. *Septembr[is]*
1742

gehorsamster und ergebenster Diener
Dr. P[eter] C[hristian] Wagner | 4 |

PS[tum]: Von meinem Herrn Schwieger Vater[17] und meiner Frauen ergehet an Ewer hochEdelgeb[ohrn] und Dero hochgeschätzte Frau Gemahlin auch Von mir ein gehorsamstes *Compliment*.

H *UBE Briefsammlung Trew, Korr. Wagner, Nr. 41. 3½ S. mit PS. Postweg: ein nicht näher bestimmter „Überbringer" (Z. 10); als Beilagen: Päckchen als Einschluss von Franz Ernst Brückmann über Wagner an Trew (Z. 8–10) und Zettel von Jacob Theodor Klein aus Danzig mit einer Auflistung ihm fehlender Bögen des Commercium Litterarium (Z. 11–13).*

---

1 Zu Franz Ernst Brückmann (1697–1753) siehe Brief Nr. 1, Endnote 1. – Briefe Franz Ernst Brückmanns an Wagner sind in der UBE Briefsammlung Trew nicht erhalten.

2 Zur Zeitschrift des Commercium Litterarium (hier lat. Abl. Sgl. „Commercio litterrario") im Allgemeinen vgl. Brief Nr. 6, Endnote 2. – Zu den zunehmenden Lieferungsverzögerungen bzw. -schwierigkeiten vgl. zudem Brief Nr. 18, Endnote 3.

3 Jacob Theodor Klein wurde 1685 in Königsberg in Preußen geboren und starb 1759 in Danzig. Nach dem Besuch der Königsberger Universität mit juristischen, aber auch naturkundlichen, historischen und musischen Studien, unternahm Jacob Theodor Klein 1706–1712 eine Bildungsreise u.a. durch England, Holland, Deutschland und Österreich. Ab 1713 übernahm Klein das Amt des Stadtsekretärs in Danzig.

Er fungierte zeitweise als Begleiter des Zaren Peter des Großen, im Rahmen politischer Missionen kam er u.a. nach Dresden, Warschau, Stettin, Berlin und Hannover. Neben der Tätigkeit als Stadtsekretär befasste sich Klein ab 1713 mit naturwissenschaftlichen Forschungen, wobei sein besonderes Interesse zunächst der Botanik, später auch der systematisch-beschreibenden Zoologie (nach äußeren Merkmalen, in teils scharfer Abgrenzung von Linné) und der Paläontologie galt. Jacob Theodor Klein legte ab 1718 einen Botanischen Garten an und baute eine äußerst umfangreiche Naturaliensammlung auf, die er durch Kontakte zu vielen Forschern und Sammlern sowie die Beschäftigung von Bernsteinsammlern und u.a. den Erwerb der Conchyliensammlung des Amsterdamer Bürgermeisters Nicolaus Witsen immer mehr zu einem Museum erweiterte. Dieses „Museum Kleinianum" verkaufte er schließlich (in weiten Teilen) 1740 an Markgraf Friedrich von Brandenburg-Kulmbach. Klein hinterließ zahlreiche, oft prachtvoll ausgestaltete naturwissenschaftliche Schriften und war Mitbegründer der Danziger naturforschenden Gesellschaft sowie u.a. Mitglied der Royal Society zu London (1729), der Deutschen Gesellschaft in Jena (1748) und der Akademie zu Petersburg (1756) (sowie desweiteren des Instituts der Wissenschaften zu Bologna). In der UBE Briefsammlung Trew ist ein Brief Jacob Theodor Kleins an Trew (vom 21.8.1745) erhalten; vgl. Schmidt-Herrling (1940), S. 328; NDB, Bd. 11, S. 740 f.; DBE, Bd. 5, S. 678. Weitere Einträge zu Jacob Theodor Klein finden sich in: ADB, Bd. 16, S. 92–94; DBA 658, Bl. 136–155 (ADB; Hirsching; Meusel; Jöcher/Adelung). – Zur Kleinschen Naturaliensammlung und ihrem Weg ins Markgräfliche Naturalienkabinett in Bayreuth (welches wiederum später die Sammlungen der Universität Erlangen-Nürnberg mitbegründete) vgl. ausführlich auch Wittern-Sterzel (2007). – Wann ein erster Kontakt zwischen Wagner, der später auch das Markgräfliche Naturalienkabinett in Bayreuth betreute, und Jacob Theodor Klein zustande kam, etwa schon vor dem Verkauf des Museum Kleinianum an den Markgrafen 1740 oder erst später, ließ sich auf Basis der im Rahmen vorliegender Arbeit ausgewerteten Quellen/Korrespondenzen nicht mehr sicher feststellen. Briefe zwischen Wagner und Klein sind in der UBE Briefsammlung Trew nicht erhalten.

4 Danzig, westlich der Weichselmündung in die Ostsee gelegen, erhielt um 1224 dt. Stadtrecht von Fürst Swantopolk (1220–1266) (Lübisches Recht sicher seit 1263, evtl. Magdeburger Recht seit 1295). Danzig unterstand zunächst den Fürsten von Danzig, die sich seit 1234 Herzöge von Pommerellen nannten, wobei es in der Folge oft bei Kämpfen zwischen diesen, den Prußen, dem Deutschen Orden, den Herzögen von Polen und den Markgrafen von Brandenburg in Mitleidenschaft gezogen wurde, auch kam es zu Wechseln in der Landesherrschaft. 1301 und endgültig 1308 besetzte dann der Deutsche Orden Danzig. Danzig war zudem bedeutendes Mitglied der Hanse: es beschickte seit 1361 die Hansetage und nahm an von den Hansestädten geführten Kriegen u.a. gegen Dänemark teil. 1454 fiel Danzig vom Deutschen Orden ab und König Kasimir von Polen sicherte sich und seinen Nachfolgern (nicht dem Polnischen Reich) in mehreren Staatsverträgen begrenzte Hoheitsrechte und Abgaben, wobei er aber andererseits der Stadt Danzig volle politische und wirtschaftliche Unabhängigkeit einräumte. In den schwedisch-polnischen Kriegen geriet Danzig ab 1626 in kriegerische Verwicklungen mit Gustav Adolf. 1704 erklärten sich im Krieg Karls XII. von Schweden gegen Peter den Großen und August den Starken Preußen und die Seemächte zum Schutz Danzigs bereit, das Landgebiet Danzigs wurde nach 1709 mehrfach von den Russen geplündert. 1793 schließlich kam Danzig zum Königreich Preußen und verlor seinen eingeschränkten Autonomiestatus. Unter Napoleon war Danzig eine nur dem Namen nach Freie Stadt, 1814 kehrte es in den preußischen Staat zurück und wurde in der Folge phasenweise Hauptstadt der Provinz Westpreußen. Zeitgenössisch wird Danzig in der ersten Hälfte des 18. Jh. als „die wichtigste Stadt in dem Polnischen Preussen, und eine von denen 4 vornehmsten Hansee [!]-Städten" bezeichnet. Danzig sei „auch unter die besten Handels-Städte zu rechnen", es sei „groß, feste und reich"; vgl. Zedler (1732–1754), Bd. 7, Sp. 158–161; Deutsches Städtebuch, Bd. 1 (Nordostdeutschland), S. 34–39. – Teile der Korrespondenz Wagners mit Johann Philipp Breyne (1680–1764), einem weiteren Briefpartner in Danzig, sind erhalten; vgl. Forschungsbibliothek Gotha, Mikrofilm Chart. B 789, Bl. 632–664, und Chart. A 873, Bl. 1r, 9v.

5 Gemeint ist hier ein Zettel Kleins, auf dem ihm fehlende Bogen wohl des Commercium Litterarium notiert waren.

6 Bayreuth, in einem im Wesentlichen vom Roten Main gebildeten Talkessel zwischen dem östlichen Vorland der Fränkischen Alb und dem westlichen Fichtelgebirgs-Vorland gelegen, sah als Stadtherren seit Gründung im letzten Drittel des 12. Jh. bis 1248 zunächst die Herzöge von Meranien, nach deren Aussterben im Mannesstamm dann endgültig ab 1260 die zollerischen Burggrafen von Nürnberg (Vertrag von Langenstadt 1260), so auch Übergang an die Markgrafen von Brandenburg (bis 1791). Territorial gehörte Bayreuth in der Folge zum Markgraftum Kulmbach-Bayreuth. 1542 wurde die markgräfliche Kanzlei von der Plassenburg in Kulmbach nach Bayreuth verlegt, 1603 wurde Bayreuth dann Residenzstadt des Markgraftums Bayreuth, was seine weitere Entwicklung prägte. Einen Höhepunkt der Bautätigkeit und des Theater- und Konzertwesens erlebte Bayreuth unter Markgraf Friedrich (1735–1763) und Markgräfin Wilhelmine. Die Markgraftümer Bayreuth und Ansbach wurden mehrfach vereinigt von einem Markgrafen regiert, letztmals 1769–1791 von Markgraf Carl Alexander. Von 1792–1806 gehörte Bayreuth zu Preußen, 1810 fiel es schließlich an die Krone Bayern; vgl. Zedler (1732–1754), Bd. 3, Sp. 457; Deutsches Städtebuch, Bd. 5.1 (Bayern T.1), S. 116–122. – Wagners Reise zu dieser Zeit nach Bayreuth stand wohl in Zusammenhang mit seiner Ernennung zum Leibarzt des Markgrafen und dem Erhalt des Stadtphysikats Bayreuth, wovon er im weiteren Verlauf des Briefes auch an Trew berichtet.

7 Zu Leipzig vgl. Brief Nr. 35, Endnote 13. – Leipzig verdankte bereits seine Gründung und dann seine wirtschaftliche Bedeutung vorwiegend seiner Stellung als Fernhandelsplatz an der Kreuzung wichtiger Handelsstraßen. Die Jahrmärkte (Ostermarkt, richtiger Jubilatemarkt, und Michaelismarkt; seit 1459 auch Neujahrsmarkt) dauerten bereits im 15. Jh. eine Woche (mit Vorwoche und Nach- oder Zahlwoche). Die drei Jahrmärkte wurden erstmals mit dem kaiserlichen Privileg von 1507, ständig aber erst seit dem 17. Jh. Messen genannt. Ein zeitgenössischer Eintrag in der ersten Hälfte des 18. Jh. erläutert zur Michaelismesse, sie „f[a]nge[] sich den folgenden Sonntag nach diesem Feste an, währe[] gleich Falls 14 Tage, die Zahl-Woche mit gerechnet, in welcher letztern eben Falls alle Wechsel-Briefe des Donnerstags bezahlt seyn müss[t]en"; vgl. Zedler (1732–1754), Bd. 16, Sp. 1652–1807 (v.a. Sp. 1803); Deutsches Städtebuch, Bd. 2 (Mitteldeutschland), S. 120–129 (v.a. S. 124).

8 Johann Adam Kulmus wurde 1689 in Breslau geboren und starb 1745 in Danzig. Er studierte ab 1711 an den Universitäten zu Halle, Leipzig, Straßburg und Basel Medizin und Naturwissenschaften, 1719 wurde er in Basel mit der „Diss. de harmonia morum et morborum" promoviert. Nach einer Bildungsreise durch Holland ging er nach Danzig und ließ sich als praktischer Arzt nieder (Stadtphysikus). 1725 erhielt er eine Stellung als Professor der Medizin und der Naturwissenschaften am Danziger Gymnasium. Johann Adam Kulmus veröffentlichte v.a. Arbeiten zur Anatomie, insbesondere seine „Anatomischen Tabellen" (1722) erfuhren zahlreiche Auflagen. Kulmus war (seit 1721) Mitglied der kaiserlichen Akademie der Naturforscher Leopoldina sowie zudem Mitglied der Berliner Akademie der Wissenschaften. Für die Zeitschrift des Commercium Litterarium fungierte Johann Adam Kulmus in Danzig als Assistent. In der UBE Briefsammlung Trew sind Briefe von Johann Adam Kulmus an Trew und umgekehrt erhalten; vgl. Schmidt-Herrling (1940), S. 338; Hirsch (1962), Bd. 3, S. 632; ADB, Bd. 17, S. 364; DBE, Bd. 6, S. 151; Rau (2006), S. 57. – Weitere Einträge zu Johann Adam Kulmus finden sich in: DBA 723, Bl. 275–280 (ADB; Jöcher; Hirsching; Jöcher/Adelung).

9 Gemeint ist hier der erste Teil des ursprünglich auf sechs bis acht Bände angelegten anatomischen Tafelwerkes (hier lat. „I. Partem Anatomiae") Trews, welches er bereits 1733 in einem dem Commercium Litterarium beigelegten Prospekt angekündigt hatte. Vor allem auch hinsichtlich seines verzögerten und nur inkompletten Erscheinens (nur eine Osteologie des Schädels erschien 1740) vgl. auch Brief Nr. 17, Endnote 4. – Wie dem hier zitierten Ausschnitt aus einem Brief Jacob Theodor Kleins an Wagner zu entnehmen ist, verzögerte sich offenbar nach dem späten Erscheinen des ersten Teils des Tafelwerks 1740 auch dessen Versendung an die Praenumeranten recht erheblich.

10 „Kaÿßer Gulden“ wurde synonym gebraucht für rheinische Gulden oder Reichsgulden (als 2/3-Taler); vgl. Zedler (1732–1754), Bd. 11, Sp. 1364. – Zum Gulden Rheinisch (auch in Abgrenzung zum Gulden Fränkisch) vgl. auch Brief Nr. 48, Endnote 8.
11 Gemeint ist auch hier der erste (und einzige) Teil des anatomischen Tafelwerks Trews, eine Osteologie des Kopfes; vgl. auch hier Brief Nr. 17, Endnote 4.
12 Zu Friedrich, Markgraf von Brandenburg-Bayreuth (1711–1763), vgl. Brief Nr. 42, Endnote 11.
13 Wagner wurde dann auch im Amtskalender des Fürstentums Bayreuth ab dem Jahr 1743 als Teil des Hochfürstlichen Hofstaates unter der Rubrik der „Leib- und Hof-Medici“ mit dem Eintrag „Herr Doctor Peter Christian Wagner, Hofrath und Leib-Medicus“ geführt; vgl. Amtskalender Bayreuth (1743), S. 92 f. – Die Ernennung Wagners zum „Leib-Medicus“ (hier lat. Akk. Sgl. „Medicum“) könnte 1742 in Zusammenhang stehen mit den wohl immer häufigeren Abwesenheiten des Daniel von Superville (1696–1773), der im Rahmen seiner federführenden Rolle in den Anfangsjahren der Universität Erlangen seine leibärztliche Tätigkeit in Bayreuth immer mehr dürfte haben zurückstellen müssen.
14 Johann Erhard Donauer, geboren 1697 als Sohn eines Pfarrers zu Weiden, starb 1742 in Bayreuth. Donauer studierte in Coburg und Jena, ab 1719 war er Licenziat in Jena, später Stadtphysikus zu Münchberg. Ab 1730 war Johann Erhard Donauer fürstlicher Rath sowie Hof- und Stadtmedikus in Bayreuth, ab 1735 dann war er erster Stadtphysikus. In der UBE Briefsammlung Trew sind drei Briefe Johann Erhard Donauers erhalten, davon einer an Trew (aus dem Jahr 1740); vgl. Schmidt-Herrling (1940), S. 151; Andräas (1882), v.a. S. 123.
15 Wagner war am 15. Juni 1742 zum ersten Stadtphysikus von Bayreuth berufen worden, am 1. September 1742 folgte die Bestätigung durch Markgraf Friedrich; vgl. Fikenscher (1801–1805), Bd. 10, S. 34 f. Die Vereidigung Wagners zum Stadtphysikus erfolgte schließlich am 15. Juli 1743; vgl. Stadtarchiv Bayreuth, Aktennummer 25731 (Schriftstück zur Vereidigung Peter Christian Wagners als Stadtphysikus).
16 „Aufzug“ bzw. „aufziehen“ meint hier den „gegensatz zu abziehen“, auch „sein amt antreten“ (also hier letztlich den Umzug Wagners von Erlangen nach Bayreuth); vgl. Grimm (1854–1960), Bd. 1, Sp. 785. – Erst in Brief Nr. 59, Z. 15–17, vom 9. April 1743 dann konnte Wagner aber an Trew berichten, dass seine Familie nach einigen Verzögerungen drei Wochen zuvor nach Bayreuth umgezogen war.
17 Zu Johann Friedrich Weis(s)mann (1678–1760) siehe Brief Nr. 15, Endnote 4.

58 — *8. März 1743*

Peter Christian Wagner, Erlangen, an Christoph Jacob Trew, <Nürnberg>

HochEdelgebohrner Hochgelehrter
und HochErfahrner Herr,
Sonders hochgeehrtester Herr HoffRath und
werthgeschätzter Gönner.

Frühe gesattelt und späte geritten, trifft beÿ mir redlich ein![1] Alleine unßer noch hier[2] seÿender und bißhero sehr unruhig geweßener Hoff[3] hat mir nicht so Viele Zeit gelaßen, daß ich biß *dato* meinen Abzug bewerckstelligen können. Nach deme aber nun mehro solcher aller nächstens Vor sich gehen soll, so kan ich nicht umhin Ewer hochEdelgeb[ohrn] hierdurch nochmahls mein schuldiges und wehmüthiges *Vale* Zu sagen und mir auch in der weitern Entfernung Dero schätzbare Gewogenheit und Freundschafft Zu erbitten. Das neulich an mich gesandte *Paquet* nach *Bologna*[4] habe darum noch nicht mit dahin senden können weilen mein Herr *Oncle*[5] bereits alle Waaren damahlen Versendet hatte und sein Bedienter wegen des weiten Umwegs über die Schweitzer Gebürge und Meÿland[6], um die | 2 | unvermuthet angeordnete *Contumacia*[7] Zu Vermeiden, die Reiße nur Zu Pferd thun müßen. Ich hatte es aber an Herrn *Prof[essor] Monti*[8] nebst andern mir *committirten* geschrieben[9] daß das *Paquet* beÿ mir läge und künfftig mit Waaren Versendet werden solte. In Beÿliegender Antwort[10] befiehlet Er mir solches An Ewer hochEdelgebohrn nebst dem Einschluß[11] an Herrn *Dr.* Huth[12] Zurücke Zu senden, welches ich denn auch hiemit bewerckstellige und Ewer hochEdelgeb[ohrn] ersuche gedachtem[13] Herrn *Dr.* Huth nebst meinem großen *Comp[liment]* den Einschluß Zu behändigen[14]. Die in des Herrn *Monti* Schreiben gedachte Bücher[15] sind noch unter Wegs und werde ich so balden Sie erhalte die Vor Ewer hochEdelgeb[ohrn] gehörigen übersenden. Übrigens sende ich Zu gleich hierbeÿ die Vor das *Commercium*[16] schuldige 2 Gulden[17] und bitte mir nebst dem Zurücke erwartenden Brief des Herrn *Prof[essor] Monti* eine kleine Quittung darüber aus auch in Rück-Antwort Zu melden, ob Ewer hochEdelgeb[ohrn] Von Herrn *Dr.* Mohr[18] aus Giengen[19] einige *petrefacta* erhalten[20] und ob selbige *content* davon seÿen. Schlüßlich bitte ich noch mahls recht inständig, Ewer hochEdelgeb[ohrn] wollen ja nicht Vergeßen, mir des *Dillenii*[21] *Historiam Muscorum*[22] wo möglich noch Zu Verschaffen. Ich | 3 | Zahle die Auslage sogleich wiederum davor. Ich Empfehle mich noch mahls aufs allerbeste und ersuche gelegentlich Herrn HoffRath Thomas[23] und Herrn HoffRath Göckel[24] mein gehorsamstes *Compliment* Zu sagen und mich durch Dero gütige Vorsprache[25] in Deroselben Gewogenheit und Freundschafft Zu erhalten Der ich unter meiner und meiner Frauen Vollkommensten *Respects*Versicherung an die Frau Gemahlin lebe und ersterbe

Ewer HochEdelgeb[ohrn]
Meines Hochgeehrtesten Herrn HoffRaths
und werthesten Freundes und Gönners

eilfertigst
Erlang den 8. *Martii*
1743.

gantz gehorsamster Diener
Dr. P[eter] C[hristian] Wagner.

***H** UBE Briefsammlung Trew, Korr. Wagner, Nr. 42. 3 S. Als Beilagen: an Wagner gerichteter Brief Giuseppe Montis mit Trew betreffenden Passagen zur Kenntnisnahme (Z. 20–22, Z. 24 f.) (! erhalten in der UBE Briefsammlung Trew, Korr. Joseph Monti, Nr. 3), einst von Trew an Wagner gesandtes und zum Transport zu Giuseppe Monti bestimmtes Päckchen als Rücksendung wegen Weitervermittlungsproblemen (Z. 14–22), Einschluss von Giuseppe Monti an Georg Leonhard Huth (Z. 20–24) und Geldbetrag für das Commercium Litterarium (Z. 26–28).*

21 befiehlet] (1) [ordiniret] (2) befiehlet: *korr. im Textfluss*

---

1 Wagner bezieht sich mit dieser sprichwörtlichen Wendung auf seinen im Gefolge seiner Ernennung zum markgräflichen Leibarzt und zum Bayreuther Stadtphysikus bereits vor Winteranbruch geplanten Umzug von Erlangen nach Bayreuth; vgl. dazu Brief Nr. 57, Z. 31 f. Tatsächlich konnte Wagner dann erst im folgenden Brief Nr. 59, Z. 15–17, vom 9. April 1743 an Trew berichten, dass nach einigen Verzögerungen zumindest seine Familie drei Wochen zuvor endlich umgezogen sei.

2 Gemeint ist hier Erlangen, siehe dazu Brief Nr. 14, Endnote 1.

3 Gemeint ist hier der Bayreuther Markgrafenhof bzw. Hofstaat.

4 Zu Bologna siehe Brief Nr. 52, Endnote 6.

5 Wagner, in Hof geboren, stammte aus einer Familie, in der einige Kaufleute vertreten waren. Sein Vater Adam Daniel Wagner wird in der Memoria P. C. Wagneri (1765), unpaginiert, ebenso als „negotiator" bezeichnet wie sein Großvater Johann Wagner, der einen Schleierhandel betrieb, vgl. auch Longolius (1759), S. 290. Der hier erwähnte, jedoch nicht namentlich vorgestellte „Oncle" Wagners dürfte also aus diesem familiären Umfeld stammen und ebenfalls als Kaufmann tätig gewesen sein. – Wagner nutzte hier also wie schon in Brief Nr. 22, Z. 11–19 (dort über die angeheiratete Familie seiner ersten Ehefrau), Handelsverbindungen seines familiären Umfelds als Transportwege für verschiedene Sendungen (v.a. Richtung bzw. innerhalb von Italien). Diese Nutzbarmachung von Handelsbeziehungen der Familie erschöpfte sich dabei nicht im persönlichen Gebrauch für eigene Sendungen, sondern Wagner machte die vorhandenen Transportwege, wie im vorliegenden Beispiel, im Rahmen des gelehrten Austauschs durchaus auch seinen Briefpartnern für deren Sendungen (an Dritte) zugänglich.

6 In einem zeitgenössischen Eintrag aus der ersten Hälfte des 18. Jh. bei Zedler (1732–1754), Bd. 36, Sp. 351–353, werden die „Schweitzer Gebürge" beschrieben als „hohe Gebürge, durch welche Italien von der Schweitz unterschieden w[e]rd[e]", genannt „mit einem allgemeinen Nahmen Alpes". Zu unterteilen seien sie weiter in die „Alpes Grajae, Alpes Penninae, Alpes Summae und Alpes Rhaeticae", die zwei höchsten Berge seien „der grosse St. Bernhard" und „der St. Gotthardsberg". Es gebe vier mögliche Reiserouten von der Schweiz über die Alpen nach Italien, die alle „sehr beschwehrlich und auch sehr gefährlich s[eien]": 1) „jenseit Geneve über den Berg Cenis, und da komm[e] man in Savoyen", 2) „aus dem Walliser-Lande über den grossen St. Bernhard, und da komm[e] man in das Thal Aosta", 3) „aus dem Walliser-Lande über den Simpel-Berg, [...], da [sei] ein Weg nach dem Hertzogthum Mayland", 4) „von dem St. Gotthards-Berge durch die Italiänischen Land-Vogteyen, und da komm[e] man auch ins Mayländische". Immer wieder wird in dem zeitgenössischen Eintrag auf die Gefahren der Reise durch die hohen Gebirge hingewiesen, die daher „dem Commercio sehr hinderlich" seien. – Wagner deutet hier eine Reiseroute des „Bedienten" seines Onkels über die Schweizer Gebirge nach Mailand an, also wohl nach oben zeitgenössisch beschriebener Route 3) oder 4). – Mailand (Meÿland), in der nördlichen Poebene gelegen, war schon in der Antike seit der frühen Kaiserzeit bedeutender Verkehrsknotenpunkt sowie auch Kultur- und Bildungszentrum, Diokletian machte es zu einer der Residenzstädte des Reiches. Nachdem im Frühmittelalter Hunnen, Ostgoten und Langobarden Mailand erobert hatten, kam es 774 an das Fränkische Reich, seit 961 wurde Mailand von kaiserlichen Statthaltern, später von Erzbischöfen verwaltet. Mit der Auflehnung der Valvassoren und der revolutionären Bewegung der Pataria begann Mitte des 11. Jh. das kommunale Zeitalter Mailands. Die Opfer der im 12. Jh. einsetzenden Expansion Mailands riefen auch Kaiser Friedrich I. Barbarossa zu Hilfe, doch trotz Zerstörung 1161 gelangte Mailand schon wenige Jahre später an die Führung des Lombardischen Städtebundes. Nach heftigen Kämpfen insbesondere zwischen Guelfen und Ghibellinen folgte der Übergang von der Kommune zur Signoria. Unter den Visconti (ab 1277 bzw. 1310) setzte eine neue Expansionswelle ein, die im 15. Jh. zum Konflikt mit Venedig führte. Nach Aussterben der Visconti bemächtigten sich 1450 die Sforza des Herzogtums Mailand, unter ihnen erreichte Mailand den Höhepunkt der Renaissancekultur. Nach dem Tod des letzten Sforza 1535 kam das Herzogtum Mailand zunächst an die spanischen, ab 1714 an die österreichischen Habsburger. Seitdem war Mailand Hauptstadt der Lombardei, 1797–1815 des napoleonischen Italien und 1815–1859 des österreichischen Königreichs Lombardo-Venetien. Hervorzuheben ist auch die zentrale Rolle Mailands während des Risorgimento („Aufstand der fünf Tage" etc.). Zeitgenössisch in der ersten Hälfte des 18. Jh. wird Mailand als „eine der größten Städte in Italien" beschrieben, hervorgehoben werden insbesondere die Universität, die Domkirche, „sehr prächtige Pälläste", aber auch die „ansehnliche Handelschafft", die Ambrosianische Bibliothek und die Kunst- und Raritätenkammer des Manfredo Settala; vgl. Zedler (1732–1754), Bd. 20, Sp. 303–306 (> Stadt Mailand) sowie Sp. 300–303 (> Herzogtum Mailand); Brockhaus, Bd. 14, S. 53–58 (v.a. S. 53).

7 Nach Zedler (1732–1754), Bd. 30, Sp. 75 f. („Quarantaine"), werden „Quarantaine" bzw. „Contumace", italienisch „Quarantana" oder „Contumacia", „diejenigen 40 Tage genennet, binnen welcher jemand, der aus einer wegen der ansteckenden Seuchen verdächtigen Gegend kommt, in einem darzu bestimmten Lazareth von allen Menschen abgesondert, damit man s[]eh[e], ob sich eine Kranckheit an ihm äussere oder nicht, bleiben m[üsse], bis er an den verlangten Ort eingelassen w[e]rd[e]". Die Dauer der Maßnahme könne dabei auch einmal weniger als 40 Tage sein. – Offenkundig verhinderte hier also ein Seuchengeschehen mit entsprechenden Quarantänemaßnahmen eine direktere Reiseroute des „Bedienten" von Wagners Onkel in Richtung Bologna (etwa über den Brennerpass und Verona), weswegen der westliche Umweg über die Schweiz und Mailand nötig wurde.

8 Zu Giuseppe (Joseph) Monti (1682–1760) siehe Brief Nr. 52, Endnote 5. – Das Päckchen, das Wagner von Trew zur weiteren Übersendung nach Bologna erhalten hatte und dessen Weitertransport über die Handelsbeziehungen seiner Familie aber verhindert worden war, war also für Giuseppe Monti in Bologna bestimmt.

9 In der UBE Briefsammlung Trew sind keine Briefe Wagners an Giuseppe Monti erhalten.

10 Dieses Schreiben Giuseppe Montis an Wagner ist in der UBE Briefsammlung Trew, Korr. Joseph (Giuseppe) Monti, Nr. 3, datiert vom 25. Januar 1743, erhalten. – Wagner bat Trew in der Folge wiederholt um Rücksendung des an ihn gerichteten Briefes Montis, was aber anscheinend unterblieb. Auch aufgrund derartiger Versäumnisse Trews konnten also Briefe dauerhaft in die Briefsammlung Trew gelangen; vgl. Brief Nr. 60, Z. 48; Brief Nr. 62, Z. 40; Brief Nr. 64, Z. 15 f. – Die den Auftrag Wagners zu Rücksendung des hängengebliebenen Päckchens an Trew und zu Übermittlung eines Einschlusses für Georg Leonhard Huth betreffende Passage des erhaltenen lateinsprachigen Briefes Montis an Wagner lautet: „Ad fasciculum plagularum Commercii Litterarii ad me transuehendum [...] rogo ut denuo statimque ad manus remittas [...] Sociorum Trew et Huth, ut ipsum cum mercibus [...] mittant, de qua re et ipse eos rogavi hisce occlusis litteris [...]." – Das bei Wagner hängengebliebene Päckchen an Monti enthielt also Bögen des Commercium Litterarium und sollte nun auf Geheiß Montis durch Trew und Huth auf anderem Weg übersandt werden.

11 „Einschluß" steht hier, wie „Einschlag", für den „einschlusz des briefes", d.h. den „einschlag eines briefes in den andern"; vgl. Grimm (1854–1960), Bd. 3, Sp. 272 und Sp. 280.

12 Zu Georg Leonhard Huth (1705–1761) siehe Brief Nr. 52, Endnote 7. – Es ist nur ein Brief Giuseppe Montis an Georg Leonhard Huth in der UBE Briefsammlung Trew, Korr. Joseph (Giuseppe) Monti, Nr. 1, datiert erst nach 1745, erhalten; vgl. Schmidt-Herrling (1940), S. 417 f. Schon Brief Nr. 52, Z. 24–27 (transkribierter lateinischer Originaltext), aus dem Jahr 1738 weist aber auf einen häufigeren Kontakt zwischen Monti und Huth hin.

13 „Gedacht" meint hier „erwähnt"; vgl. Grimm (1854–1960), Bd. 4, Sp. 1926.

14 „Behändigen" meint hier „in die hand geben"; vgl. Grimm (1854–1960), Bd. 1, Sp. 1326.

15 Folgende Passage in dem in der UBE Briefsammlung Trew, Korr. Joseph (Giuseppe) Monti, Nr. 3, erhaltenen Schreiben Montis an Wagner gibt nähere Hinweise zu den hier erwähnten Büchern: „Clariss[imo] huic Viro [gemeint ist hier Trew] in Botanicis [...] versato verbis meis plurimam salutem nunciabis ipsi exiguum munus opusculorum meorum exhibendo, quae et Tibi et illi petenti [...] mitto." – Monti ließ also seine eigenen Schriften Wagner und Trew als Geschenk zukommen. – Wagner übersandte Trew die hier angekündigten Schriften Montis dann tatsächlich ca. einen Monat später; vgl. Brief Nr. 59, Z. 9–11.

16 Zur Zeitschrift des Commercium Litterarium im Allgemeinen vgl. Brief Nr. 6, Endnote 2. – Der jährliche Preis des Commercium Litterarium, der eigentlich in Vorauskasse halbjährlich zu Ostern und St. Michael eingezogen werden sollte, betrug 2 Rheinische Gulden (ggf. mit geringen Abweichungen je nach Papierqualität); vgl. Rau (2006), S. 49.

17 Zu dieser Währungseinheit vgl. auch Brief Nr. 1, Endnote 10, sowie Brief Nr. 48, Endnote 8.

18 Zu Georg Friedrich Mohr (1692–1774) siehe Brief Nr. 56, Endnote 11.

19 Zur Stadt Giengen (an der Brenz) vgl. Brief Nr. 56, Endnote 12.

20 Wagner hatte Trew in Brief Nr. 56, Z. 32–44, im Juni 1742 ein Angebot Georg Friedrich Mohrs zum Erwerb einer von diesem zusammengestellten Sammlung von Versteinerungen (hier „petrefacta") aus der Umgebung von Giengen vermittelt. In der in der UBE Briefsammlung Trew, Korr. Georg Friedrich Mohr, Nr. 1 (Beilage!), erhaltenen Kopie eines Antwortschreibens Mohrs an Wagner, datiert in der Schlusszeile auf den 6. Januar 1743, hatte Mohr dann angekündigt, er werde „bäldest" die Kollektion von Versteinerungen an Trew senden, was mit beiliegender Aufstellung der übersandten Fossilien dann auch am 10. Januar 1743 geschehen war, vgl. auch UBE Briefsammlung Trew, Korr. Georg Friedrich Mohr, Nr. 2.

21 Johann Jacob Dillenius wurde 1684 in Darmstadt geboren und starb 1747 in Oxford. Dillenius erwarb 1710 an der Universität Gießen den Grad eines Lizentiaten der Medizin, 1719 wurde er dort zum Dr. med. promoviert. Er wirkte als Stadtarzt und später auch Amtsarzt in Gießen. Im Jahr 1721 folgte Dillenius einer Einladung William Sherards (1659–1728) nach London, wo er als praktischer Arzt wirkte, v.a. aber als botanischer Mitarbeiter von William Sherard und James Sherard (1666–1738) in London und Eltham tätig war. 1734 erhielt Dillenius den als Stiftung William Sherards fortbestehenden Lehrstuhl für Botanik der Universität Oxford, die ihm 1735 auch die medizinische Doktorwürde verlieh. Johann Jacob Dillenius gilt als bedeutender Erforscher der Kryptogamen und Begründer der wissenschaftlichen Mooskunde, seine „Historia Muscorum" (siehe Endnote 22) mit exakten Beschreibungen und selbst gezeichneten und gestochenen Abbildungen wurde lange zum Standardwerk. Dillenius war Anhänger des botanischen Systems des John Ray (1628–1705). Die Gattung Dillenia wurde durch Carl von Linné nach ihm benannt. Johann Jacob Dillenius war Mitglied der kaiserlichen Akademie der Naturforscher Leopoldina (1713) und der Royal Society London (1724), deren Sekretär für das Auswärtige er zudem ab 1728 war. In der UBE Briefsammlung Trew sind Briefe des Dillenius an Trew und umgekehrt erhalten; vgl. Boschung (2002), S. 120 f.; Schmidt-Herrling (1940), S. 147 (dort noch teils zu jüngeren Lexikoneinträgen abweichende Angaben, u.a. Geburtsjahr 1687); NDB, Bd. 3, S. 718 f.; DBE, Bd. 2, S. 631. – Weitere Einträge zu Johann Jacob Dillenius finden sich in (mit in älteren Einträgen in einigen Punkten teils deutlich abweichenden Jahresangaben): ADB, Bd. 5, S. 226; DBA 239, Bl. 131–135 (ADB; Dunkel; Jöcher/Adelung; Hirsching); Hirsch (1962), Bd. 2, S. 271.

22 Dillenius, Johann Jacob: Historia muscorum, in qua circiter sexcentae species veteres et novae ad sua genera relatae describuntur et iconibus genuinis illustrantur; cum appendice et indice synonymorum. Oxonii [E Theatro Sheldoniano] 1741.

23 Gottfried Thomasius (von Troschenreuth und Wiedersberg) (Thomas) wurde 1660 in Leipzig geboren und starb 1746 in Nürnberg. Er war der Sohn des Leipziger Professors Jacob Thomasius und der Bruder des in Halle als Philosoph und Aufklärer wirkenden Christian Thomasius (1655–1728). Gottfried Thomasius studierte in Leipzig, ab 1684 unternahm er Reisen u.a. nach Halle, Hamburg, Utrecht sowie weiter durch Holland und England. Im Jahr 1689 wurde er in Wittenberg zum Dr. med. promoviert. Gottfried Thomasius übersiedelte nach Nürnberg, wo er ab 1690 als Arzt wirkte. Er war verheiratet mit einer Tochter von Johann Georg Volkamer (dem Älteren). Gottfried Thomasius machte sich einen Namen als Sprachkenner und Münzforscher. Er selbst verfügte über eine umfangreiche Bibliothek und ein Medaillenkabinett. Sein Haus galt als Sammelplatz einheimischer wie reisender Gelehrter, kurz vor seinem Tod empfing er auch den Bayreuther Markgrafenhof. Ferner war Gottfried Thomasius Hofrath und Leibmedicus u.a. beim Fürst von Eichstätt. Gottfried Thomasius war Mitglied der kaiserlichen Akademie der Naturforscher Leopoldina, in der UBE Briefsammlung Trew sind Briefe des Gottfried Thomasius u.a. an Johann Moritz Hoffmann (1653–1727) wie auch ein Brief Trews an Thomasius erhalten; vgl. Schmidt-Herrling (1940), S. 610; DBA 1268, Bl. 265 und Bl. 380–403 (Will; Wetzel; Hirsching).

24 Zu Christoph Ludwig Göckel (1689–1759) siehe Brief Nr. 56, Endnote 3.

25 „Vorsprache“ meint hier „fürsprache, mündliche oder schriftliche empfehlung für einen andern“; vgl. Grimm (1854–1960), Bd. 26, Sp. 1620.

59 *9. April 1743*

Peter Christian Wagner, Erlangen, an Christoph Jacob Trew, <Nürnberg>

HochEdelgebohrner und Hochgelehrter,
sonders Hochgeehrtester Herr HoffRath,
Vornehmer Gönner!

In der Hoffnung, daß Ewer hochEdelgeb[ohrn] mein letzteres[1] nebst der Bezahlung des *Commercii litterarii*[2] richtig werden erhalten haben, übersende ich denenselbigen beÿkommend die in dem damahls beÿgelegten Brief[3] des Herrn *Professor Monti* Zu *Bologna*[4] gemeldeten Bücher[5], so da inzwischen glück[lich] aus *Italien*[6] angekommen sind. Wollen Ewer hochEdelgeb[ohrn] die Gütigkeit haben und mir des Herrn *Monti* Schreiben nebst denen neuern Bögen des *Commercii litterarii* balde Zurückesenden und ins künfftige meine Bögen nebst des Herrn Geh[eimen] Raths Von *Superville*[7] seinen nur durch den Herrn *Agenten* Scheel[8] be| 2 |stellen, so werden Sie mich sehr *obligiren* denn ich gehe so Gott will Morgen ohnfehlbar nacher Baÿreuth[9] ab, als woselbst mich ein Theil meiner *famille* schon seither 3 Wochen erwartet. Übrigens habe ich gar sehr betauret, als ich Vor ohngefehr 14 Tägen durch Bamberg[10] *passirte* und auf der Post erfuhr, daß Ewer hochEdelgeb[ohrn] in Bamberg wären, daß ich keine Zeit und Gelegenheit hatte Dieselbigen Zu sprechen und Gegenwärtig erlaubet mir die Eilfertigkeit auch mehrers nicht Zu sagen, als daß ich unter meiner *respectuößester* Empfehlung an die Frau HoffRäthin[11] mit Vollkommenster Hochachtung seÿ und Verbleibe

eilfertigst Ewer HochEdelgeb[ohrn]
Erlang den 9. *Apri[lis]* gehorsamster Diener
1743. *Dr.* P[eter] C[hristian] Wagner

***H** UBE Briefsammlung Trew, Korr. Wagner, Nr. 43. 2 S. Als Beilage: Bücher von Giuseppe Monti aus Italien (Z. 9–11).*

1 Gemeint ist hier der vorausgehende Brief Nr. 58 Wagners an Trew vom 8. März 1743.
2 Zur Zeitschrift des Commercium Litterarium vgl. Brief Nr. 6, Endnote 2, sowie zu ihrem Preis und den Zahlungsmodalitäten Brief Nr. 14, Endnote 6. – Wagner hatte seinem letzten Brief vom 8. März 1743 Geld zur Bezahlung des Commercium Litterarium beigelegt, vgl. Brief Nr. 58, Z. 26–28.
3 Wagner hatte mit seinem letzten Brief an Trew auch ein an ihn selbst gerichtetes Schreiben Giuseppe Montis mit Trew betreffenden Passagen zur Einsichtnahme übersandt, vgl. Brief Nr. 58, Z. 20–22 und Z. 24 f. – Dieses Schreiben Giuseppe Montis an Wagner vom 25. Januar 1743 ist in der UBE Briefsammlung Trew, Korr. Joseph (Giuseppe) Monti, Nr. 3, erhalten, d.h. es wurde wohl niemals den Wünschen Wagners entsprechend von Trew an ihn zurückgesandt.
4 Zu Giuseppe (Joseph) Monti (1682–1760) siehe Brief Nr. 52, Endnote 5. – Zu Montis Wohnort Bologna siehe Brief Nr. 52, Endnote 6.
5 Monti hatte in dem Schreiben an Wagner vom 25. Januar 1743 die Übersendung seiner eigenen Schriften als Geschenk an Wagner und Trew angekündigt, vgl. UBE Briefsammlung Trew, Korr. Joseph (Giuseppe) Monti, Nr. 3. Allerdings waren diese Bücher zum Zeitpunkt des letzten Briefes Wagners an Trew am 8. März 1743 noch nicht bei Wagner eingetroffen, so dass dieser Trew noch hatte vertrösten müssen, vgl. Brief Nr. 58, Z. 24–26.
6 Zu Italien vgl. Brief Nr. 4, Endnote 7.
7 Daniel von Superville wurde 1696 in Rotterdam geboren und starb ebenda 1773. Der Kaufmannssohn französischer Abstammung studierte zunächst Jurisprudenz, später Medizin an verschiedenen niederländischen Universitäten, u.a. in Utrecht, wo er 1718 promoviert wurde. In den Jahren 1719–1722 hielt er sich in Leiden auf. Danach ging er nach Deutschland und wurde Hof- und französischer Koloniemedikus in Stettin, dort 1726 auch Professor der Anatomie, Chirurgie und Pädagogik am Gymnasium, ferner war er Landphysikus von Hinterpommern. Superville unterhielt enge Beziehungen zum Hof in Berlin und kam so in Kontakt zur Bayreuther Markgräfin Wilhelmine. 1738 ging Superville nach Bayreuth, wo er Markgräflich Bayreuthischer Leibarzt, Geheimer Rat und Direktor der Bergwerke wurde. Daniel von Superville spielte eine zentrale Rolle bei Gründung der Universität Bayreuth, die 1743 nach Erlangen verlegt wurde. Er wurde ihr Direktor und seit 1746 Cancellarius perpetuus. Im Jahr 1748 trat Superville nach unklaren Querelen von allen Ämtern zurück und hielt sich ab 1749 bei Herzog Karl in Braunschweig auf. Seit dem Siebenjährigen Krieg lebte Daniel de Superville wieder in den Niederlanden. Daniel de Superville galt als Polyhistor und Organisationstalent. Er veröffentlichte einige medizinische Schriften und war Mitglied einiger gelehrter Gesellschaften, so (seit 1739) der kaiserlichen Akademie der Naturforscher Leopoldina und wohl auch der Sozietät der Wissenschaften zu Berlin. In der UBE Briefsammlung Trew sind Briefe Supervilles an Johann Ambrosius Beurer (1716–1754) sowie ein Brief Trews an Superville erhalten; vgl. Schmidt-Herrling (1940), S. 606; Hirsch (1962), Bd. 5, S. 477; DBE, Bd. 9, S. 839; ADB, Bd. 54, S. 634–637. – Weitere Einträge zu Daniel von Superville finden sich in: DBA 1250, Bl. 335–340 (ADB; Götten; Meusel). Zur Frühzeit der Erlanger Universität und der Rolle Supervilles vgl. auch Wittern (1993a) und Ruisinger (2002).
8 Zum „Agenten Scheel“, der offenbar den Transport der Bögen des Commercium Litterarium von Nürnberg nach Bayreuth für Daniel von Superville und dann auch Wagner besorgte, finden sich keine passenden Einträge in den einschlägigen, im Rahmen vorliegender Arbeit herangezogenen Lexika. – In der UBE Briefsammlung Trew ist als Beilage zu einem Schreiben des Nürnberger Geistlichen Christoph Birkmann (1703–1771) vom 14. Oktober 1758 an Trew eine gereimte Danksagung eines „Dr. Scheel“ erhalten, wobei aber eine Zuordnung zum hier genannten „Agenten Scheel“ sehr fraglich ist (zumal auch das Dankschreiben keinerlei weitere Informationen zu „Dr. Scheel“ enthält); vgl. Schmidt-Herrling (1940), S. 56. – Scheel war auch, soweit feststellbar, nicht Teil des (organisatorisch) für den Vertrieb zuständigen Assistentensystems des Commercium Litterarium; vgl. die entsprechende Aufstellung der Assistenten bei Rau (2006), S. 56 f.

9 Zu Bayreuth siehe Brief Nr. 57, Endnote 6. – Wagner spielt hier auf seinen nach erfolgter Ernennung zum Leibarzt des Bayreuther Markgrafen und Stadtphysikus von Bayreuth mehrfach verzögerten Umzug von Erlangen nach Bayreuth an, vgl. dazu auch Brief Nr. 57, Z. 28–33, und Brief Nr. 58, Z. 9–11.
10 Bamberg, zum Teil an zahlreichen Haupt- und Nebenarmen der Regnitz in einem weiten Talgrund und zum Teil in Gestalt der „Sieben Hügel" auf Ausläufern des Steigerwaldes gelegen, durchlief die Stadtwerdung in einem allmählichen Prozess. Bamberg entwickelte sich aus einem königlichen und deswegen nie mit einem Freibrief versehenen Markt, in enger Verbindung vor allem mit der Bistumsgründung 1007 und der Bevorzugung durch Heinrich II. Die Anlage der Inselstadt erfolgte unter Bischof Otto dem Heiligen. Stadtherr war der Bischof, der „plenam iurisdictionem et potestatem" über die Bewohner hatte und diese durch seinen Schultheißen ausüben ließ. Die Stadtrechtskodifizierung datiert von 1306, im Jahr 1320 gaben sich die Bürger dann eine Stadtordnung. Bambergs Verflechtung mit Reich und Kirche war stets eng. Seit dem 17. Jh. musste Bamberg, mit Reichsschulden belastet, öfters die Rolle einer geistlichen Landeshauptstadt mit Würzburg teilen, auch wenn jeweils eine eigene Behördenorganisation bestand. Im 18. Jh. entfaltete sich noch einmal unter den Fürstbischöfen Lothar Franz und Friedrich Carl von Schönborn, die mit einer Art abgemildertem Absolutismus herrschten, ein glanzvoller barocker Hof. Der Reichsdeputationshauptschluss und die bayerische Besitzergreifung des beginnenden 19. Jh. brachten schließlich das Ende der Eigenstaatlichkeit und der Hauptstadtfunktion. V.a. zahlreiche kirchliche Baudenkmäler sind hervorzuheben wie der Dom oder der Michelsberg mit der Kirche St. Michael u.v.m. In einem zeitgenössischen Eintrag aus der ersten Hälfte des 18. Jh. wird Bamberg als „eine berühmte Stadt in Francken" bezeichnet; vgl. Zedler (1732–1754), Bd. 3, Sp. 297–301; Deutsches Städtebuch, Bd. 5.1 (Bayern T.1), S. 94–113.
11 Gemeint ist hier die Ehefrau Trews.

60 *<<12. Mai 1743[!]>>*

Peter Christian Wagner, Bayreuth, an Christoph Jacob Trew, <Nürnberg>

HochEdelgebohrner und Hochgelehrter
sonders Hochgeehrtester Herr Hoff-Rath,
Hochgeschätzter Gönner.

Es hat der Herr Geheime Rath Von *Superville*[1] beÿ seiner Vor 14 Tagen nacher Holland[2] angetretenen Reiße mich ersuchet, daß beÿ Ewer HochEdelgebohrn ich mich in seinem Nahmen und unter Vermeldung seines großen *Compliments* erkundigen möchte, ob Sie Ihme nicht den auf beÿliegenden Blätchen angemerckten *Defect* nebst der *Continuation* des *Commercii Litterarii*[3] Zukommen laßen könten, Zu gleich aber auch mir hochgeneigt berichten wolten, wie Viel der herr Geheime Rath Vor solches nach Zu Zahlen schuldig seÿ, maßen Er sich wohl errinnert, daß Er mit der Bezahlung solcher Bögen[4] einige Zeit Zu rücke geblieben. Er hat mir auch Vollmacht ertheilet Ewer hochEdelgeb[ohrn] gedachte[5] Schuld, sobald ich deßen | 2 | benachrichtet seÿn würde Zu bezahlen, und Ihme gemeldete Bögen in seiner Abweßenheit binden Zu laßen, wenn ich den Abgang[6] erhielte.[7] Weswegen ich Ewer hochEdelgebohrn durch gegenwärtiges[8] inständig ersuche, daß Sie mir nicht nur hierüber in Zeiten eine gütige Antwort ertheilen, sondern auch hochgeneigt an Zu mercken nicht

Vergeßen wollen, ob Sie die Vor einigen Monathen an Sie gesandte Zahlung meines *Commercii litterarii* so wohl,[9] als die *Indices Plantarum Bononienses*[10] wohl und richtig erhalten und ob Von Deroselben *Osteologie*[11] bißhero weiter nichts mehr fertig worden seÿe? Weilen Ihro Hochfürst[liche] Durch[laucht] mein gnädigster Herr[12] theils Zum Behuf meines *Studii botanici*, Zum theil aber Auch Zum Nutzen und Gebrauch der neu errichteten Schloß-Apothecke[13] uns einen am Hochfürstlichen Schloß[14] gelegenen und ehemahls Zur *Academie*[15] gewidmeten Garten mit einem neu erbauten | 3 | kleinen Treib- und Glaßhäußgen gnädigst überlaßen und angewießen haben, so würden Ewer hochEdelgeb[ohrn] mich unendlich *obligiren*, woferne[16] Sie mir nebst Vorgedachten Bögen Vom *Commercio*[17] einige überflüßige Zweiglein und Pfläntzlein Von allerleÿ *Plantis exoticis*, als *Aloe-ficoidibus* oder *Mesembrianthemis, Sedis, frittillariis crassis, Bryoniis &c. &c. &c.*[18] in einer Schachel [!] übersenden und nur auf die Fahrende Post geben wolten. Denn weilen in solchen Garten gar noch nichts Als einige *plantae perennes vulgatiores* Verhanden, so wird mir alles angenehm seÿn, womit mich Ewer hochEdelgeb[ohrn] aus Ihrem Überfluß und ohne Dero *incomoditaet* Zu beschencken die *generositaet* haben wollen. Es sollen solche Zu Dero Ruhm und beständigen Andencken *cultiviret* und bestens gewartet werden.[19] Darf ich mir noch eine Freundschafft und Gefälligkeit ausbitten, so ist es dieße daß Ewer hochEdelgeb[ohrn] belieben wollen den Beÿschluß | 4 | an Herrn Rößel[20] *Authorem* der schönen *Insecten*belustigung[21] richtig behändigen[22] Zu laßen und die Von Ihme dagegen Zu rücke erhaltende Blätter mit dem *Commerc[io] Lit[erario]* an mich ein Zu schließen. Ich stehe davor gantz und gar Zu Ewer hochEdelgebohrn Befehlen *recommendire* mich Zu beständiger Freundschafft und Verharre mit unendlicher Hochachtung

Ewer hochEdelgeb[ohrn]

eiligst
Baÿreuth den 12. *Maii*
1743

gehorsamster Diener
Dr. P[eter] C[hristian] Wagner

PS: des Herrn *Prof[essor] Monti*[23] Brief bitte ich mir wiederum mit Zu rücke Zu senden[24] und gelegendlich Herrn HoffRath Göckel[25] mein *Compliment* Zu melden.

***H** UBE Briefsammlung Trew, Korr. Wagner, Nr. 45. 4 S. mit PS. Wagner unterlief hier eine Fehldatierung auf den 12. Mai 1743 (möglicherweise wurde auch im Rahmen einer vorgenommenen Verbesserung vom 1. auf den 2. Mai die Ziffer „1" zu streichen vergessen bzw. die Streichung ist in der Handschrift nicht als solche klar genug erkennbar geworden), denn inhaltlich geht das vorliegende Schreiben eindeutig dem Brief Nr. 62 vom 10. Mai 1743 voraus, z.B. da in diesem bereits der Dank Wagners für eine Zusendung Trews (in Verbindung mit dem erschlossenen Brief Nr. 61* vom 5. Mai 1743) zum Ausdruck kommt (vgl. Brief Nr. 62, Z. 8–11), mit der dieser klar im vorliegenden Brief formulierten Bitten*

Wagners nachkam (vgl. Z. 8–12 sowie Z. 23–31); als Beilagen: Zettel mit Auflistung der Daniel von Superville fehlenden Teile des Commercium Litterarium (Z. 8–12) sowie Beischluss an August Johann Rösel von Rosenhof (Z. 35–38).

16 Zu bezahlen] Zu bezahlen: *erg. zwischen den Zeilen*
23 Herr] Herr: *erg. zwischen den Zeilen*

---

1 Zu Daniel von Superville (1696–1773) siehe Brief Nr. 59, Endnote 7.

2 Ein zeitgenössischer Eintrag aus der ersten Hälfte des 18. Jh. beschreibt „Holland" als „die vornehmste von denen vereinigten Niederländischen Provintzien, unter dem Titel einer Grafschafft". Die Provinz sei „eine Halb-Insel [und] ha[be] die See gegen Abend, Morgen und Mitternacht, die Maas aber nebst der Provintz Brabant und dem Bißthume Utrecht gegen Mittag"; vgl. Zedler (1732–1754), Bd. 13, Sp. 618–624 („Holland"). – 1581 sagten sich die sieben nördlichen Provinzen der Niederlande unter der Führung Wilhelms von Oranien von Spanien und den Habsburgern los und bildeten die Republik der Vereinigten Niederlande, 1648 bestätigte dann der Frieden von Münster die Unabhängigkeit der nördlichen Niederlande und ihre Loslösung vom Heiligen Römischen Reich. Im 17. Jh. entwickelten sich die Niederlande zu einer bedeutenden See- und Handelsmacht, die mithilfe der Ost- und Westindischen Handelskompanie ein Kolonialreich aufbaute, jedoch nach dem Zweiten Seekrieg gegen England (1664–1667) ihre Seeherrschaft einbüßte; vgl. Brockhaus in einem Band, S. 628.

3 Zur Zeitschrift des Commercium Litterarium im Allgemeinen vgl. Brief Nr. 6, Endnote 2.

4 Zu den Zahlungsmodalitäten des Commercium Litterarium vgl. Brief Nr. 14, Endnote 6.

5 „Gedacht" meint hier „erwähnt"; vgl. Grimm (1854–1960), Bd. 4, Sp. 1926.

6 Zu den auch zunehmenden Lieferungsverzögerungen bzw. -schwierigkeiten des Commercium Litterarium vgl. Brief Nr. 18, Endnote 3.

7 Wagner hatte Trew bereits in Brief Nr. 59, Z. 13–16, angesichts seines unmittelbar bevorstehenden Umzugs nach Bayreuth gebeten, seine Bögen des Commercium Litterarium gemeinsam mit denen Daniel von Supervilles bestellen zu lassen. Hier nun kümmerte sich Wagner in Abwesenheit Supervilles auch um dessen Belange bzgl. Beschaffung und Bezahlung der Zeitschrift. Trew ging offenbar im folgenden nur zu erschließenden Schreiben Nr. 61* auf die Bitten Wagners ein: Er übersandte fehlende Teile des Commercium Litterarium für Superville, deren Empfang Wagner in Brief Nr. 62, Z. 8–12, dankbar bestätigte, und teilte offenkundig auch die Höhe der ausstehenden Zahlungen Supervilles mit, so dass Wagner die Schuld begleichen konnte, vgl. Brief Nr. 62, Z. 12–14.

8 Gemeint ist hier das vorliegende Schreiben Wagners.

9 Wagner bezieht sich hier wohl auf den im März 1743 für das Commercium Litterarium übersandten Geldbetrag, für den er auch um eine Quittung gebeten hatte, vgl. Brief Nr. 58, Z. 26–28. Den Wunsch nach einer Bestätigung des Erhalts der Zahlung seitens Trews hatte Wagner dann auch in Brief Nr. 59, Z. 8 f., wiederholt, doch offenkundig bis zum vorliegenden erneuten Schreiben an Trew noch immer keine Antwort erhalten.

10 Gemeint ist hier wohl das folgende Werk: Monti, Giuseppe: Plantarum varii indices ad usum demonstrationum, quae in Bononiensis Archigymnasii publico horto quotannis habentur. Bononiae [Pisarri] 1724. – Wagner hatte Trew, vgl. Brief Nr. 59, Z. 9–11, Anfang April 1743 Bücher übersandt, die kurz zuvor aus Italien bei ihm eingetroffen waren, nachdem Giuseppe Monti (1682–1760) bereits in einem erhaltenen Schreiben an Wagner vom 25. Januar 1743 die Übersendung eigener Schriften an Wagner und Trew angekündigt hatte, vgl. auch UBE Briefsammlung Trew, Korr. Joseph (Giuseppe) Monti, Nr. 3. Bei den übersandten Schriften Montis handelte es sich offensichtlich konkret auch um das hier genannte Werk, wobei aber offen bleibt, ob ausschließlich dieses Werk übersandt wurde oder ob es Teil einer größeren Auswahl von Schriften Montis war.

11 Zur „Osteologie" Trews siehe ausführlich mit bibliographischen Angaben Brief Nr. 17, Endnote 4. – Nachdem Wagner die 1740 erschienene Osteologie des Kopfes erhalten hatte, vgl. Brief Nr. 57, Z. 24 f., äußerte er hier seine Hoffnung, bald weitere Teile der Osteologie zu erhalten, war doch selbst die nach vielen Verzögerungen 1740 endlich als erster Teil des einst mehrbändig angekündigten anatomischen Tafelwerks Trews erschienene sog. „Osteologie", anders als ihr Titel vermuten lässt, letztlich nicht mehr als, so Schnalke (1995c), S. 63, ein „osteologische[r] Torso", umfasste sie doch neben einer summarischen Abhandlung der Knochen des menschlichen Skeletts nur eine Erläuterung eben allein des Schädelskeletts in Text und Bild. Die Künstler und Verleger Nicolaus Friedrich Eisenberger (1707–1771) und Georg Lichtensteger (1700–1781) bemühten sich im weiteren Verlauf über Jahre vergebens zumindest die Osteologie gemeinsam mit Trew zu einem Ende zu bringen, wozu es aber niemals kam. 1767 erschien zwar auf alleinige Initiative der Verleger dann noch eine in Text und Bild komplette Osteologie, von deren Drucklegung aber Trew nichts gewusst hatte, weswegen er das Werk auch nicht autorisierte; vgl. dazu auch Schnalke (1995c), S. 63–65.

12 Zu Markgraf Friedrich von Brandenburg-Bayreuth (1711–1763) siehe Brief Nr. 42, Endnote 11.

13 1740 wurde die Schlossapotheke in einem Annex des markgräflichen Schlosses in Bayreuth eingerichtet und zunächst auf markgräfliche, später ab 1791 auf Rechnung der königlich preußischen Kasse administriert. Die Bestallung als Schlossapotheker erhielt 1740 der aus Braunschweig stammende Rudolph Gottlieb Hentze, der vor 1793 wohl in Bayreuth verstarb. Die Schlossapotheke wurde 1797 versteigert. Sie war später unter dem Namen „Löwenapotheke" bekannt, wechselte mehrfach den Besitzer wie auch den Standort (in die Nähe des Bahnhofs verlegt); vgl. Andräas (1882), S. 131 f.; Schmidt-Herrling (1940), S. 274 f. – Wagner erwähnt den „Herrn Schloß-Apothecker Hentze" auch in seinem ersten Brief an den Nürnberger Apotheker Johann Ambrosius Beurer (1716–1754) vom 13. Januar 1745, da er von eben diesem auf die Naturaliensammlung Beurers aufmerksam gemacht worden war; vgl. UBE Briefsammlung Trew, Korr. Peter Christian Wagner, Nr. 1. In der UBE Briefsammlung Trew sind ferner 42 Briefe Hentzes an Johann Ambrosius Beurer erhalten; vgl. Schmidt-Herrling (1940), S. 274 f.

14 Gemeint ist hier noch das nach heutigem Verständnis Alte Schloss Bayreuth. Erst der Brand vom 26. Januar 1753, der das Alte Schloss weitgehend zerstörte, führte in der Folge zum Bau des Neuen Schlosses Bayreuth; vgl. Krückmann (1998), S. 107 f.

15 Am 14. März 1742 erließ der Bayreuther Markgraf Friedrich (1711–1763) das „Patent wegen der neuerrichteten Friedrichs-Academie" zu Bayreuth, wobei Charakter und Zielsetzung der neuen Einrichtung so beschrieben wurden, dass sie alle Wissenschaften und ritterlichen Exerzitien anbieten sollte, auch damit junge Leute, adeligen und unadeligen Standes, nicht mehr so oft an ferne Universitäten ziehen müssten. Bereits einen Tag später wurden die 11 Professoren der Akademie ernannt, am 21. März 1742 folgte die feierliche Einweihung, weitere zwei Wochen später startete der Lehrbetrieb. Mit der Akademie erreichte das Bildungswesen des Markgraftums fraglos „eine Stufe neuer Qualität", und dennoch war sie andererseits „nur eine Übergangslösung, ein Zwischenstadium auf dem Weg zu einer Universität, wobei heute nicht mehr eindeutig zu klären ist, ob dies [...] von vornherein geplant war oder sich erst allmählich entwickelte". Die aus der Akademie hervorgehende Universität wurde schließlich Anfang November 1743 eingeweiht – jedoch nicht in Bayreuth, sondern in Erlangen. Der Ortswechsel war vollzogen worden, nachdem sich Bayreuth als Standort der Akademie nicht bewährt hatte, da es immer wieder zu studentischen Tumulten und Auseinandersetzungen zwischen Studenten, Bürgern und Garnisonsangehörigen gekommen war; vgl. Wittern (1993a), S. 11–15.

16 „Woferne" steht hier für „falls, wenn etwa"; vgl. Grimm (1854–1960), Bd. 30, Sp. 972.

17 Gemeint sind hier „oben erwähnte" Bögen des Commercium Litterarium.

18 Es folgt hier eine Aufzählung der von Wagner insbesondere erwünschten „plantae exoticae“ (jeweils im lat. Abl. Pl.). Zu den einzelnen Bestandteilen der Aufzählung lassen sich zeitgenössisch bei Zedler (1732–1754) einige Anhaltspunkte gewinnen: Nach Zedler (1732–1754), Bd. 1, Sp. 1306–1314, ist die „Aloe“ oder „Aloes“, zu Deutsch „gemeine Aloe, Griechische Aloe, Bittere Aloe, Meer-Hauß-Lob, Immergrün“ u.a., „erstlich aus Ost-Indien, Arabien, und Asien, in Portugall, Spanien, und von dannen nach Italien, und zu uns gekommen, und w[e]rd[e] nunmehro in vielen Gärten von den Liebhabern fremder Gewächse unterhalten“. Die Blätter seien „den Blättern der grossen Hauß-Wurtz oder Meer-Zwiebeln fast gleich, und [...] lang, breit, dicke, fleischig, [...], u. mit zähen Schleim angefüllet“. Zwischen den Blättern schieße ein glatter runder Stängel „ohngefehr einen Fuß hoch“ mit einigen Nebenästen empor, der an der Spitze viele weiße oder gelbe becherförmige Blumen trage. Der aus den Blättern gepresste Saft sei in den Apotheken erhältlich. Ferner führt Zedler (1732–1754), Bd. 1, Sp. 1314 f., separat die „Aloe Americana“ auf. Zudem findet sich in Zedler (1732–1754), Bd. 9, Sp. 808–810, ein Eintrag zu „Ficoides Africana“. – Unter „Sedum“ führt Zedler (1732–1754), Bd. 36, Sp. 1001 f., eine ganze Reihe zusammengesetzter botanischer Bezeichnungen auf, die sich auf unterschiedliche Pflanzen beziehen, z.B. „Sedum Aquatile, Dod.“. – Zu „Fritillaria“ beinhaltet Zedler (1732–1754), Bd. 9, Sp. 2143, einen Eintrag zu „Fritillaria vulgaris, Park. Raji Hist.“ bzw. „Fritillaria praecox purpurea variegata, J.B. Pit. Tournefort.“ oder auch „Meleagris sive Fritillaria dilatior & saturatior, J.B.“, zu Deutsch „Schach-Blume, Kybitz-Blume, Kybitz-Ey“. Die zusammengesetzte Bezeichnung „fritillaria crassa“ findet sich nicht. – Auch unter „Bryonia“ führt Zedler (1732–1754), Bd. 4, Sp. 1705 f., eine ganze Reihe zusammengesetzter botanischer Bezeichnungen auf, darunter in Abgrenzung „mit der unsrigen Bryonia“ auch fremdländische Gewächse wie „Bryonia alba vulgaris, Park.“, zu Deutsch „Americanische Winde“.

19 Trew übersandte Wagner in der Folge gemeinsam mit seinem nicht erhaltenen Schreiben Nr. 61* vom 5. Mai 1743 dann tatsächlich eine kleine Kiste mit „plantae exoticae“, wofür sich Wagner in Brief Nr. 62, Z. 8–11, auch entsprechend bedankte. Zudem bat er dort auch um künftige Mitteilung der Namen der übersandten Pflanzen von Seiten Trews, vgl. Brief Nr. 62, Z. 35 f. Eine solche genauere Beschreibung bzw. Aufstellung der tatsächlich übersandten Pflanzen ist in den erhaltenen Briefen der UBE Briefsammlung Trew jedoch nicht überliefert.

20 Der Miniaturmaler, Zeichner, Kupferstecher und Naturforscher August Johann Rösel von Rosenhof (Rößel) wurde 1705 auf Schloss Augustenburg bei Arnstadt (Thüringen) geboren und starb 1759 in Nürnberg. Er absolvierte ab 1720 zunächst eine Malerlehre bei seinem Onkel Wilhelm Rösel, einem Tier- und Freskomaler, der in Merseburg als Hofmaler arbeitete. Um 1724/1725 zog August Johann Rösel von Rosenhof zu seiner verwitweten Mutter nach Nürnberg und besuchte dort die Malerakademie, wobei unter seinen Lehrern Johann Daniel Preißler, Martin Schuster und Paul Decker d. J. waren. August Johann Rösel von Rosenhof wandte sich v.a. dem Kupferstich und der Miniaturmalerei zu. Nach Reisen nach Dänemark und Hamburg kehrte er nach Nürnberg zurück und wurde dort 1734 Bürger. Sein Hauptinteresse galt neben seiner Arbeit als Kupferstecher und Miniaturmaler der Erforschung der Insekten, weswegen er 1740/1741 mit der monatlich herausgegebenen „Insekten-Belustigung“ begann, wobei er eigene Beobachtungen wiedergab, da er selbst die Insekten aufzog, um die verschiedenen Entwicklungsstufen abzubilden. Der große Erfolg der „Insektenbelustigung“ verschaffte Rösel von Rosenhof auch Kontakt zu reichen Bürgern und Adeligen, die seine Leidenschaft teilten und unterstützten. Um 1750 begann August Rösel von Rosenhof ferner eine illustrierte Naturgeschichte der Frösche, deren ersten Teil er fertigstellte, deren geplante Fortsetzung er jedoch nicht mehr beenden konnte. Kurz vor seinem Tod 1759 nahm ihn die Deutsche Gesellschaft in Altdorf als Ehrenmitglied auf. In der UBE Briefsammlung Trew sind einige Briefe August Johann Rösels von Rosenhof u.a. an Johann Ambrosius Beurer (1716–1754) erhalten; vgl. Grieb (2007), Bd. 3, S. 1249 f.; Stadtlexikon Nürnberg, S. 907 (von Hagen); Schmidt-Herrling (1940), S. 502; Boschung (2002), S. 431; DBE, Bd. 8, S. 488; NDB, Bd. 21, S. 738 f.; ADB, Bd. 29, S. 188 f.; DBA 1048, Bl. 237–260 (ADB; Will; Hirsching; Lipowsky: Künstler; Meusel: Schriftst.; Nagler; Jöcher/Adelung).

21 Rösel von Rosenhof, August Johann: Der monatlich-herausgegebenen Insecten-Belustigung. 3 Teile. Nürnberg [Selbstverlag] 1746, 1749, 1755. – Das Werk erschien zusammengefasst in drei Teilen 1746, 1749 und 1755; ein vierter Teil wurde erst nach Rösel von Rosenhofs Tod 1761 nebst einer Fortsetzung von Kleemann herausgegeben.
22 „Behändigen“ meint hier „in die hand geben“; vgl. Grimm (1854–1960), Bd. 1, Sp. 1326.
23 Zu Giuseppe (Joseph) Monti (1682–1760) siehe Brief Nr. 52, Endnote 5.
24 Wagner hatte den an ihn gerichteten Brief Montis vom 25. Januar 1743 (erhalten in der UBE Briefsammlung Trew, Korr. Joseph (Giuseppe) Monti, Nr. 3) an Trew zur Einsichtnahme überschickt und auch bereits um Rücksendung gebeten; vgl. Brief Nr. 58, Z. 20–22 und Z. 24 f., sowie Brief Nr. 59, Z. 12 f.
25 Zu Christoph Ludwig Göckel (1689–1759) siehe Brief Nr. 56, Endnote 3.

61* **5. Mai 1743**

Christoph Jacob Trew, <Nürnberg>, an Peter Christian Wagner, <Bayreuth>

Trew übersandte Wagner hier neben einer kleinen Kiste mit Pflanzen und Bögen des Commercium Litterarium auch ein Begleitschreiben weitgehend unklaren Inhalts, u.a. dürfte Trew gemäß der Anfrage Wagners die Höhe der ausstehenden Zahlungen Daniel von Supervilles für das Commercium Litterarium mitgeteilt und nachgefragt haben, ob das Commercium Litterarium weiter an die Hinterbliebenen Johann Erhard Donauers gesandt werden solle.

Erschlossen nach Brief Nr. 62, Z. 8–13 sowie auch Z. 51–54; als Beilagen: kleine Kiste mit plantae exoticae (vgl. Brief Nr. 62, Z. 8 f.) und fehlenden Bögen der Zeitschrift des Commercium Litterarium für Daniel von Superville (vgl. Brief Nr. 62, Z. 9 f.).

62 **10. Mai 1743**

Peter Christian Wagner, Bayreuth, an Christoph Jacob Trew, <Nürnberg>

HochEdelgebohrner und Hochgelehrter
Insonders Hochgeehrtester Herr HoffRath
und Hochgeneigter Gönner!

Ewer HochEdelgeb[ohrn] Hochwerthestes Von 5. dießes[1] nebst dem Küstlein mit *plantis exoticis* und dem *Defect* des *Commercii Litter[arii]*[2] Vor herrn Geh[eimen] R[ath] Von *Superville*[3] habe ich Vorgestern Abends bestens erhalten und mich über das schöne *Praesent* Von *Exoticis* recht sehr erfreuet. Wie ich davor aber auch hier durch wie wohl eilfertigst meinen gehorsamsten danck erstatte: alßo übersende ich beÿschlüßig die Von herrn Geheimen Rath Von *Superville* bißhero im Rest gebliebene[4] 10 Gulden 7½ Kreuzer Rheinisch[5] und bitte mir darüber eine kleine Quittung solcher Gestalt aus, daß darinen angemercket werde, daß der herr Geh[eime] Rath biß Ostern lauffenden Jahrs bezahlet habe. Dießen füge ich noch beÿ 1 Gulden Rheinisch für mich womit ich ebenfalls biß heurige Ostern bezahlet hätte, und bitte Zu sorgen, daß die ruckständigen *Titel* und *Indices* bald gar fertigwerden möchten[6]. Übrigens habe ich noch 3 Gulden 50 Kreuzer hinzu gethan, welches ich denen herrn Verlegern[7] Von Dero schönen *Osteologie*[8] noch nach Zu Zahlen schuldig wäre, wie Sie solches in dem schon Vor 2 Jahren *publicirten Avertissement*[9] Verlanget haben, hoffe aber auch Zugleich Ewer hochEdelgeb[ohrn] werden mir den Überrest | 2 | so wohl der doppelten und *illuminirten* ♀ Taffeln[10] als auch des gedruckten *Textes* bald möglichst schicken.[11] Von Herrn *Klein*[12] aus Danzig[13] habe ich die Nachricht erhalten,[14] daß Er Von Herrn *Kulmo*[15] wegen Vieler Geschäffte die Ihm fehlenden bögen Vom *Commercio Litter[ario]*[16] noch nicht habe bekommen können. Er giebt mir aber *commission* Ihme die beÿkommende Zeichnungen[17] bald möglichst in Nürberg[18] aufs sauberste und *accurateste* auf eine Platte in ♀ stechen[19] und davon 310 Abdrücke auf sauber weiß und starck Papier Verfertigen Zu laßen. Ich nehme mir dahero die Freÿheit solche Ewer hochEdelgebohrn Zu Zu senden und Zu bitten, daß Sie dießer wegen mit herrn Preißler, Stör[20] oder einem andern berühmten ♀ Stecher Zu sprechen die Mühe auf sich nehmen möchten. Der Künstler so solche Platte aufs baldeste und sauberste Zu stechen und abzudrucken auf sich nehmen wolte könte etwa selbsten an mich schreiben und mir den genauesten Preiß seiner Arbeit melden, so wolte ich denn darüber eine *resolution* ertheilen, um Ewer hochEdelgebohrn ferner nicht mehrere Mühe damit Zu machen.[21] Zu denen Zeichnungen habe ich noch 2 bögen Vom *Commercio Litter[ario]* hinein gewickelt, so mir Zu Viel oder doppelt gesandt worden. Die Nahmen Von denen gesandten *Plantis exoticis* erwarte | 3 | ich mit Freuden und Ungedult[22] und werde davor so wohl, als alles was Ewer hochEdelgebohrn noch künfftig hin Vor mich Zu senden belieben werden alle möglichste *Obligation* haben. Das *Arum palustre*[23] und den *Helleborum nigrum, it[em] Calceolum Mariae, Hepat. fl. albo pleno*[24] Vor Herrn *Prof[essor] Monti*[25] bitte ich heuer nicht Zu Vergeßen, auch mir des Herrn *Monti* Brief[26] wieder mit Zu *remittiren*. Ewer hochEdelgeb[ohrn] und Dero Frauen Gemahlin empfehlen übrigens ich und meine Frau uns gehorsamst und ich Verharre mit äußerster Hochachtung

Ewer HochEdelgeb[ohrn]

Baÿreuth den 10. *Maii*
1743.

gantz gehorsamster
Diener
Wagner *Dr.*

Calamo plus quam volante. | 4 |

PS: Von Herrn *Dr. Donauers*[27] *relicten* ist Niemand mehr hier[28], maßen seine Frau Wittib[29] schon längstens nach Culmbach[30] gezogen ist, und Zweiffle ich daß Sie das *Commercium litter[arium] continuiren* werde, maßen Ihr Sohn erst 2 Jahr alt und Ihr ein guter Trunck lieber als alles andere seÿn soll.

Die noch beÿliegenden 1 Gulden 48 Kreuzer Rheinisch Vor Herrn Rößel[31] bitte Ihme durch einen *domestiquen* Zu Zu senden und Ihn Vertrösten Zu laßen, daß meine schrifftliche Antwort[32] ehestens nachfolgen werde.

H *UBE Briefsammlung Trew, Korr. Wagner, Nr. 44. 3½ S. mit PS. Als Beilagen: Geldbetrag für das Commercium Litterarium von Daniel von Superville (Z. 12–15) sowie von Wagner selbst (Z. 15 f.), Geldbetrag an die Verleger von Trews „Osteologie" (Z. 17–20), Zeichnungen von Jacob Theodor Klein aus Danzig zur möglichen Erstellung von Kupferstichen in Nürnberg (Z. 25–33), doppelt erhaltene Bögen des Commercium Litterarium (Z. 33–35) und Geldbetrag an August Johann Rösel von Rosenhof (Z. 55 f.).*

29 Zu] Zu: *erg. zwischen den Zeilen*
53 und] (1) [<???>] (2) und: *korr. im Textfluss*

---

1 Dieses Schreiben Trews Nr. 61* an Wagner vom 5. Mai 1743 ist in der UBE Briefsammlung Trew nicht erhalten. – Trew reagierte mit diesem Schreiben aber offenkundig auf Wagners Brief Nr. 60, da er beikommend entsprechend der von Wagner vorgetragenen Bitten sowohl exotische Pflanzen (vgl. Bitte in Brief Nr. 60, Z. 23–31) als auch Daniel von Superville fehlende Teile des Commercium Litterarium (vgl. Bitte in Brief Nr. 60, Z. 8–12) übersandte.

2 Zur Zeitschrift des Commercium Litterarium im Allgemeinen vgl. Brief Nr. 6, Endnote 2.

3 Zu Daniel von Superville (1696–1773) siehe Brief Nr. 59, Endnote 7.

4 Der Ausdruck „im Rest bleiben", welcher der „kaufmännischen geschäftssprache entnommen" ist, meint hier „mit der zahlung zurück bleiben"; vgl. Grimm (1854–1960), Bd. 14, Sp. 823. – Wagner hatte sich in Brief Nr. 60, Z. 8–15, im Namen Daniel von Supervilles auch nach der Höhe der versäumten und daher noch ausstehenden Zahlungen für das Commercium Litterarium erkundigt und offenkundig von Trew im nur zu erschließenden Schreiben Nr. 61* eine entsprechende Antwort erhalten, so dass er die Außenstände hier im Auftrag Supervilles begleichen konnte.

5 Zu den Währungseinheiten vgl. Brief Nr. 1, Endnote 10, und Brief Nr. 48, Endnote 8. – Zu den Zahlungsmodalitäten des Commercium Litterarium vgl. zudem Brief Nr. 14, Endnote 6.

6 Zu den zunehmenden Lieferungsverzögerungen und -schwierigkeiten des Commercium Litterarium vgl. Brief Nr. 18, Endnote 3.

7 Die Verleger von Trews „Osteologie" waren die Nürnberger Künstler Nicolaus Friedrich Eisenberger (1707–1771) und Georg Lichtensteger (1700–1781). – Der Maler, Zeichner und Kupferstecher Nicolaus Friedrich Eisenberger wurde 1707 in Nürnberg geboren und starb ebenda 1771. Er war Schüler von Paul Decker d. J. und der Nürnberger Malerakademie. Unter Trew betrieb er anatomische Studien am „Theatrum Anatomicum". Nachdem Eisenberger um 1735/1736 als Portraitmaler in Hannover, Braunschweig und Wolfenbüttel tätig gewesen war und 1737–1739 in Regensburg gelebt und gewirkt hatte, kehrte er ab 1739 dauerhaft

nach Nürnberg zurück. Bereits ab ca. 1733 hatte er an den Zeichnungen für Trews „Osteologie“ gearbeitet, welche er schließlich 1740 gemeinsam mit Georg Lichtensteger herausgab. Die Zusammenarbeit mit Trew war eine dauerhafte, indem er zahlreiche Vorlagen für dessen Werke anfertigte. Als große Werke sind desweiteren zu erwähnen: 1) auf Anregung Trews die Herausgabe des „Blackwellschen Kräuter-Buchs“ aus dem Englischen übersetzt (stach Kupferplatten dazu selbst, bei seinem Tod noch teils unvollendet), 2) die Herausgabe in Deutsch und Lateinisch von Mark Catesbys „Natural History of Carolina, Florida and the Bahama Islands“ erneut gemeinsam mit Georg Lichtensteger. Im Jahr 1749 wurde Eisenberger ferner zum Sachsen-Hildburghausischen Hofmaler ernannt, zudem war er Mitglied der Nürnberger Malerakademie. In seinen letzten Lebensjahren war Eisenberger jedoch durch Krankheit und Bedürftigkeit wohl stark in seiner Tätigkeit eingeschränkt. In der UBE Briefsammlung Trew sind u.a. Briefe Eisenbergers an Trew und umgekehrt erhalten; vgl. Schmidt-Herrling (1940), S. 160; Grieb (2007), Bd. 1, S. 331; DBA 274, Bl. 367–370 (Will; Jöcher/Adelung; Nagler). – Der Kupferstecher, Verleger und Kunsthändler Georg Lichtensteger wurde 1700 in Wöhrd bei Nürnberg geboren und starb 1781 in Nürnberg. Lichtensteger absolvierte zunächst eine Lehre als Kupferstecher bei Johann Joachim Wolff und nach dessen Tod bei dessen Bruder Johann Jonas Wolff. Dann besuchte er die Malerakademie Nürnberg, wobei er die Ausbildung im Zeichnen bei Paul Decker d. J. erhielt. Auch Lichtensteger nahm an Vorlesungen Trews am Nürnberger „Theatrum Anatomicum“ teil, die sich auch an Künstler richteten, um ihnen anatomische Kenntnisse zu vermitteln. Ab ca. 1734 arbeitete Lichtensteger an Trews anatomischem Werk, von dem er 1740 mit Nicolaus Friedrich Eisenberger die „Osteologie“ herausgab (Lichtensteger stach die Kupferplatten nach Eisenbergers Vorlagen). Ebenfalls mit Eisenberger edierte er eine deutsche Ausgabe von Mark Catesbys „The Natural History of Florida“. Die großen Werke führten zeitweise zu einer Verschuldung Lichtenstegers, der desweiteren spezialisiert war auf das Stechen von Portraits, Figuren, naturhistorischen und ornamentalen Sujets, daneben v.a. auch kunsttheoretische und mathematische Werke verlegte. Lichtensteger war seit 1762 Mitglied der Nürnberger Malerakademie. Sein Verlag wurde durch seinen Neffen Johann Georg Trautner fortgeführt. In der UBE Briefsammlung Trew sind u.a. Briefe Lichtenstegers an Trew und umgekehrt erhalten; vgl. Schmidt-Herrling (1940), S. 360; Boschung (2002), S. 307; Grieb (2007), Bd. 2, S. 919; DBA 761, Bl. 408–415 (Will; Hirsching; Jöcher/Adelung; Lipowsky: Künstler). – In den in der UBE Briefsammlung Trew erhaltenen Briefen und Briefentwürfen der Korrespondenz zwischen Trew, Eisenberger und Lichtensteger spiegelt sich die Geschichte des anatomischen Tafelwerks Trews eindrücklich wider. Schnalke (1995c), S. 62, beschreibt die Briefe daher als „erschütternde Dokumente einer schier endlosen Leidensgeschichte“, mussten die Künstler und Verleger Eisenberger und Lichtensteger doch jahrelang den vielbeschäftigten Trew bedrängen, bis dieser die Betextung wenigstens der schließlich 1740 erscheinenden Osteologie des Kopfes des einst mehrbändig angelegten Tafelwerks fertigstellte, wobei die Künstler in dieser Zeit nicht nur um ihren Ruf fürchten mussten, sondern, da sie viel Geld in das Projekt gesteckt hatten, auch hohe Schulden zu beklagen hatten.

8 Zur „Osteologie“ Trews siehe ausführlich mit bibliographischen Angaben auch Brief Nr. 17, Endnote 4.

9 Ein „Avertissement“ war im 18. Jh. „eine Nachricht von einer Sache oder Buche“ (hier also unter Bezug auf eine nötige Nachzahlung an die Praenumeranten); vgl. Zedler (1732–1754), Bd. 2, Sp. 2152. – Die nötige Nachzahlung auf die „Osteologie“ Trews und seine Absicht, diese bald zu überbringen, hatte Wagner bereits 1742 in Brief Nr. 57, Z. 24–26, erwähnt.

10 Verwendet wird hier das Symbol für „Kupfer“ (also „illuminirte Kupfer Taffeln“); vgl. auch Zedler (1732–1754), Bd. 15, Sp. 2148 [Druckfehler 1248]–2151 („Kupfer“).

11 Da Wagner nach Brief Nr. 57, Z. 24 f., die 1740 erschienene Osteologie des Kopfes bereits erhalten hatte, spiegelt sich in den hier vorliegenden Äußerungen wohl erneut wie schon im vorausgehenden Schreiben Wagners die Hoffnung auf weitere Teile der „Osteologie“ wider, vgl. Brief Nr. 60, Z. 22 mit Endnote 11.

12 Zu Jacob Theodor Klein (1685–1759) siehe Brief Nr. 57, Endnote 3.

13 Zu Danzig siehe Brief Nr. 57, Endnote 4.

14 In der UBE Briefsammlung Trew sind keine Schreiben Jacob Theodor Kleins an Wagner erhalten.
15 Zu Johann Adam Kulmus (1689–1745) (hier lat. Abl. Sgl. „Kulmo") siehe Brief Nr. 57, Endnote 8. – Johann Adam Kulmus fungierte für die Zeitschrift des Commercium Litterarium in Danzig als Assistent, d.h. er war dort u.a. verantwortlich für die Verteilung der Zeitschrift; vgl. Rau (2006), S. 52–62, insbesondere Tabelle auf S. 57. – Die Klagen Jacob Theodor Kleins über die von Seiten des Johann Adam Kulmus ausbleibende Hilfe zum Erhalt fehlender Bögen bzw. Teile des Commercium Litterarium setzten sich fort, vgl. auch Brief Nr. 65, Z. 23–25 (Zitat aus Brief Kleins).
16 Bereits mit Brief Nr. 57, Z. 11–19, hatte Wagner eine Bitte Jacob Theodor Kleins um Übersendung fehlender Bögen des Commercium Litterarium an Trew weitergegeben.
17 Die Zeichnungen, die Jacob Theodor Klein hier in Kupfer stechen lassen wollte, waren vorgesehen für sein Werk „Summa dubiorum circa classes quadrupedum et amphibiorum in celebris Domini Caroli Linnaei systemate naturae", vgl., auch zu weiteren bibliographischen Informationen, Brief Nr. 64, Z. 23 f. mit Endnote 14, sowie Brief Nr. 65, Z. 9–11. Vgl. ferner im weiteren Verlauf zu dem nach einigen Verzögerungen sehr zur Unzufriedenheit Kleins erst nach Erscheinen des Werkes fertiggestellten Kupferstich (nach Zeichnung zweier „Cercopitheci") Brief Nr. 66, Z. 9–13, Brief Nr. 67, Z. 7–19, Brief Nr. 69, Z. 7–11, und Brief Nr. 71, Z. 8–12 sowie Z. 15–21.
18 Zu Nürnberg (Nürberg) siehe Brief Nr. 1, Endnote 5.
19 Zum Kupferstechergewerbe im Allgemeinen vgl. auch den zeitgenössischen Eintrag bei Zedler (1732–1754), Bd. 15, Sp. 2159 f. („Kupferstecher"), in dem verschiedene Verfahren etc. beschrieben werden.
20 Die Preißler waren eine bedeutende Nürnberger Maler- und Verlegerfamilie, die auch mehrere Leiter der Nürnberger Kunstakademie stellte. Vier der Söhne des Malers und Akademiedirektors Johann Daniel Preißler (1666–1737) wurden Schüler ihres Vaters: Johann Justin Preißler (1698–1771), Georg Martin Preißler (1700–1754), Johann Martin Preißler (1715–1794) und Valentin Daniel Preißler (1717–1765). Im Ausschlussverfahren nach den Anwesenheitszeiten in Nürnberg und den Schwerpunkten ihres künstlerischen Wirkens lässt sich mit hoher Wahrscheinlichkeit davon ausgehen, dass Wagner (im Auftrag Kleins) hier Georg Martin Preißler (1700–1754) als berühmten Kupferstecher ansprach. Der Bildnismaler und Kupferstecher Georg Martin Preißler wurde 1700 in Nürnberg geboren und starb ebenda 1754. Seine Ausbildung erfuhr Georg Martin Preißler durch den Vater. Er war seit 1737 bis zu seinem Tod Direktor der Zeichenschule in Nürnberg, 1726–1754 war er als Kupferstecher im Ämterbüchlein eingetragen (irrtümlich mit Namen Johann Martin). Bekannt wurde Georg Martin Preißler v.a. durch gestochene Bildnisse Nürnberger Standespersonen oft nach Vorlagen seines Vaters oder seines Bruders Johann Justin Preißler; vgl. Stadtlexikon Nürnberg, S. 840 (von Hagen/Tacke); Grieb (2007), Bd. 3, S. 1171–1174, insbesondere S. 1172 („Preißler, Georg Martin"); DBE, Bd. 8, S. 64 („Preißler, Georg Martin"); NDB, Bd. 20, S. 689 f. („Preis(s)ler, Nürnberger Maler- und Verlegerfamilie"); ADB, Bd. 26, S. 551 („Georg Martin Preisler"); DBA 979, Bl. 76–83 (Lipowsky: Künstler; ADB; Will; Hirsching; Jöcher/ Adelung; Nagler) („Georg Martin Preisler"); auch Parsche (1977), v.a. S. 53 f. – Der Kupferstecher und Zeichner Johann Wilhelm Stör (Stoer) lebte ca. 1705 bis 1765 (getauft 6.1.1705 in Nürnberg, begraben 23.4.1765 in Nürnberg). Er war 1726–1764 als Kupferstecher im Nürnberger Ämterbüchlein eingetragen (1732–1734 mit dem Vermerk „in Dresden"). Johann Wilhelm Stör hinterließ ein vielfältiges Werk u.a. Bildnisse und Illustrationen zu Endter-Bibeln. Insbesondere galt Johann Wilhelm Stör, der u.a. für seinen Schwiegervater, den Buchdrucker Adam Jonathan Felsecker, arbeitete, als herausragender Notenstecher; vgl. Grieb (2007), Bd. 3, S. 1496 f.; DBA 1232, Bl. 135 (Nagler).
21 Es kam schließlich auf Vorschlag Trews nicht zur Verpflichtung eines Nürnberger Kupferstechers, sondern eines Kupferstechers aus Rothenburg; vgl. Brief Nr. 63, Z. 13–17, und Brief Nr. 64, Z. 20–29.
22 In den erhaltenen Briefen der Korrespondenz findet sich keine weitere Beschreibung der hier von Trew an Wagner übersandten exotischen Pflanzen.

23 Es findet sich ein zeitgenössischer Eintrag in Zedler (1732–1754), Bd. 7, Sp. 1394 („Dracunculus Aquaticus"), der für zu Deutsch „Wasser-Schlangen-Kraut" oder „Wasser-Natter-Wurtz" eine Reihe von Synonymen gibt, darunter „Arum palustre, Gesn.", aber auch „Dracunculus Aquaticus, Matth. Dod. Cam. Eyst.", „Dracunculus palustris, Dracunculus arundinacea radice Plinii, C.B." u.a.

24 Wagner gibt in Brief Nr. 64, Z. 41, die von Monti hier desweiteren erwünschte Pflanze genauer mit „Helleborus niger Hip." (also Helleborus niger Hippocratis) an. Zu dieser Pflanze vgl. Brief Nr. 35, Endnote 9. – Die Aufzählung wird fortgesetzt (lat. „item...") mit „Calceolus Mariae", wozu ein zeitgenössischer Eintrag bei Zedler (1732–1754), Bd. 5, Sp. 171 f. („Calceolus, Calceolus Mariae"), als dt. Synonyme „Pfaffen-Schuh, Marien-Schuh, Unser Frauen-Schuh" liefert. Als weitere Namen werden genannt u.a. „Calceolus marianus, Dod." oder „Helleborine flore rotundo, sive calceolus, C.B.". Das Gewächs habe auf der Spitze „nur eine eintzige Blume [...], die aus sechs ungleichen Blättern bestehe[], von denen viere übers Creutz gestellet s[eien], die übrigen zweye aber in der Mitten st[ünd]en". Die letzteren beiden „s[ä]hen einigermassen wie ein Holtz-Schuh aus, von Farbe gelb und Rosen-farben, oder dunckel Purpur-röthlicht". Die Pflanze wachse „auf denen Bergen, in Höltzern und Wäldern". – Die Aufzählung endet mit „Hepat. fl. albo pleno". Zedler (1732–1754), Bd. 12, Sp. 1578, erläutert in einem zeitgenössischen Eintrag zu „Hepatica flore pleno caeruleo, purpureo & albo", dass „[g]leich wie die Hepatica mit rothen und weißen einfachen Blumen, in denen Höltzern, wo sonst die Hepatica mit blauen einfachen Blumen häuffig wächset bisweilen von ungefähr angetroffen w[e]rd[e][,] also auch die mit gefüllten Blumen, von dannen sie in die Lust-Gärten verpflanzet, und darinne immer schöner w[e]rd[e], auch durch Zertheilung der Pflantze genugsam vermehret werden k[ö]nn[e]". Die weiße gefüllte Hepatica aber sei „noch zur Zeit sehr seltsam, und in denen wenigsten Gärten zu finden". Vgl. auch Zedler (1732–1754), Bd. 12, Sp. 1579 f. („Hepatica nobilis"), zu den „blaue[n] Leber-Blümlein" (wohl den im obigen Eintrag angesprochenen „Hepatica mit blauen einfachen Blumen"); Synonym ist hier z.B. „Trifolium hepaticum flore simplici, C.B.".

25 Zu Giuseppe (Joseph) Monti (1682–1760) siehe Brief Nr. 52, Endnote 5. – Giuseppe Monti hatte bereits in einem Brief an Wagner vom 25. Januar 1743, der in der UBE Briefsammlung Trew, Korr. Joseph (Giuseppe) Monti, Nr. 3, erhalten ist, seine frohe Erwartung geäußert, „[s]equenti anno" von Trew „Hellebori radices aliaque [...] promissa" zu erhalten.

26 Wagner hatte den an ihn gerichteten Brief Montis vom 25. Januar 1743 an Trew zur Einsichtnahme überschickt und auch bereits um Rücksendung gebeten; vgl. Brief Nr. 58, Z. 20–22 und Z. 24 f., sowie Brief Nr. 59, Z. 12 f., und Brief Nr. 60, Z. 48. Da der entsprechende Brief aber in der UBE Briefsammlung Trew, Korr. Joseph (Giuseppe) Monti, Nr. 3, erhalten geblieben ist, ist davon auszugehen, dass Trew den Bitten Wagners um Rücksendung nie nachkam.

27 Zu Johann Erhard Donauer (1697–1742) siehe Brief Nr. 57, Endnote 14.

28 Gemeint ist hier Bayreuth, vgl. dazu Brief Nr. 57, Endnote 6. – Johann Erhard Donauer war bis zu seinem Tod Vorgänger Wagners als Bayreuther Stadtphysikus.

29 „Wittib" steht hier für „witwe"; vgl. Grimm (1854–1960), Bd. 30, Sp. 828. – Zur Witwe Johann Erhard Donauers und ihrem hier zweijährigen Sohn sind in den herangezogenen einschlägigen Lexika keine genaueren Informationen enthalten.

30 Kulmbach (Culmbach), zwischen Frankenwald, Fichtelgebirge und Franken-Alb nahe des Zusammenflusses von Weißem und Rotem Main gelegen, befand sich zunächst in der Grafschaft des ostfränkischen Radenzgaues, mit der von den Bischöfen von Bamberg im 11. und 12. Jh. die Grafen von Abenberg wie auch die Grafen von Schweinfurt, seit 1143 die Grafen von Andechs belehnt waren, welche letztere als Allodialerben der 1057 erloschenen Markgrafen von Schweinfurt Grund- und später Stadtherren von Kulmbach sowie Erbauer der Veste Plassenberg waren. Auf die Andechs-Meranier folgten nach deren Erlöschen 1248 die Grafen von Orlamünde als Allodialerben und Gerichtsherren, ab 1340 dann auf Grund eines Erbvertrages die fränkischen Hohenzollern, welche Burggrafen von Nürnberg und seit 1417 Markgrafen von Brandenburg waren. Kulmbach wurde unter den Hohenzollern zunächst Amtssitz und die Plassenburg bevorzugte

Residenz im „obergebirgischen Fürstentum“ oder „Oberland“, welches seit dem 16. Jh. „Markgrafschaft Brandenburg-Kulmbach“, seit dem 17. Jh. aber „Brandenburg-Bayreuth“ genannt wurde. 1604 (endgültig 1648) nämlich wurden die Hofhaltung und die Collegien nach Bayreuth verlegt, so dass Kulmbach als einer der fünf bzw. sechs Landeshauptstädte nur noch die Außenämter und das Archiv auf der Plassenburg blieben. 1769 ging das Markgraftum Bayreuth an die Ansbacher Linie über, 1791/92 durch Abtretung des letzten Markgrafen an die Krone Preußen, 1810 schließlich an das Königreich Bayern. Kriegerische Ereignisse, die Kulmbach bedrohten, waren u.a. der Hussiteneinfall 1430 und der Krieg der fränkischen Bundstände gegen Markgraf Albrecht-Alcibiades, als Stadt (1553) und Burg (1554) abbrannten. In einem zeitgenössischen Eintrag aus der ersten Hälfte des 18. Jh. wird insbesondere die „Blassenburg oder Plassenburg“ als „ein festes Schloß“ hervorgehoben, „welches eines derer considerablesten im Fränckischen Creisse, so mit einem gedoppelten Wall und Mauern umgeben und dermassen starck fortificiret [sei], daß es sich lange Zeit halten k[ö]nn[e]“; vgl. Zedler (1732–1754), Bd. 6, Sp. 1821 f. („Culmbach“); Deutsches Städtebuch, Bd. 5.1 (Bayern T.1), S. 315–321.

31 Zu August Johann Rösel von Rosenhof (Rößel) (1705–1759) siehe Brief Nr. 60, Endnote 20.

32 In der UBE Briefsammlung Trew sind keine Briefe Wagners an August Johann Rösel von Rosenhof erhalten.

63 ***8. August 1743***

Peter Christian Wagner, Eremitage bei Bayreuth, an Christoph Jacob Trew, <Nürnberg>

HochEdelgebohrner und Hochgelehrter
sonders Hochgeehrtester Herr HoffRath
und hochgeschätzter Herr *Collega*!

Wenn beÿ kommendes *Paquet* außer Zweiffel so alt ist, als mein Brief in welchen es eingeschloßen geweßen,[1] so werden sich Ewer hochEdelgeb[ohrn] nicht wenig Verwundern, wo solches so lange geblieben seÿ? Alleine ich selbsten kan davon keine Rechenschafft geben; maßen mir solches erst Vorgestern durch Herrn *Dr. Albrecht*[2] Von Coburg[3] Zugesandt worden. Die *Defecte* Vor Herrn Geheimen Rath Von *Superville*[4] habe ich biß auf 2 Bögen richtig erhalten[5] und was mir Ewer hochEdelgeb[ohrn] wegen der ♀ Platte[6] Vor Herrn *Klein*[7] wißen laßen[8] habe ich an Denselben überschrieben und erwarte nun seine *Resolution* ob Er Sie beÿ dem Vorgeschlagenen Kupffer-Stecher[9] will Verfertigen | 2 | laßen, woran ich fast nicht Zweiffle, weilen Er sehr *pressiret* und bereits geglaubet hat die Platte und Abdrücke würden schon fertig seÿn. Ewer hochEdelgeb[ohrn] erweißen mir die besondere Freundschafft und beehren mich bald mit der *Nomenclatura plantarum exoticarum* womit Sie mich dießes Früh-Jahr beschencket haben[10] und senden mir das Von der *Osteologie*[11] noch ferner herausgekommene oder sonst einige *nova* mit. Das *Semen Dracunculi aquatici & Calceoli Mariae*[12] Vor Herrn *Prof[essor] Monti*[13] bitte ich ebenfalls nicht Zu Vergeßen und Zu glauben daß ich mit fortwähriger Hochachtung unter meiner gehorsamsten Empfehlung an die Frau Gemahlin seÿ

Ewer HochEdelgeb[ohrn]

Hermitage[14] beÿ Baÿreuth
den 8. *Aug[usti]* 1743.

gehorsamster Diener
Wagner *Dr.*

***H** UBE Briefsammlung Trew, Korr. Wagner, Nr. 46. 2 S. Als Beilage: Päckchen älteren Datums unbekannter Herkunft für Trew (Z. 8–12).*

---

1 Gemeint ist hier wohl ein bei Wagner (über Johann Sebastian Albrecht) eingegangener an ihn selbst gerichteter Brief unbekannter Herkunft mit eingeschlossenem/ gemeinsam übersandtem für Trew bestimmten Päckchen.

2 Zu Johann Sebastian Albrecht (1695–1774) siehe Brief Nr. 6, Endnote 23.

3 Zeitgenössisch wird Coburg in der ersten Hälfte des 18. Jh. beschrieben als „die Haupt-Stadt des Fürstenthums dieses Namens", die „an der Itz in Francken" gelegen und „von mittelmäßiger Grösse, aber fein gebauet [sei], und lieg[e] 4 Meilen von Schleusingen, drey von Hildburghausen, zwey von Heldburg, sechs von Bamberg, drey von Cronach". Im 12. und beginnenden 13. Jh. hatten im Coburger Raum zunächst die Grafen von Andechs die weltliche Macht inne, denen dann ab 1248 die Grafen von Henneberg folgten (ab 1291 vorübergehend auch die askanischen Markgrafen von Brandenburg). 1331/33 verlieh Kaiser Ludwig der Bayer Coburg das Stadtrecht, 1353 folgten die Wettiner als Stadtherrn den Grafen von Henneberg. Zur Ausbildung einer Landesherrschaft war es seit der Zeit nach 1248 gekommen, die wettinische Landesherrschaft hielt dann bis 1918 an, wobei Coburg 1485 an die Ernestinische Linie fiel. Das Herzogtum Coburg war mehrfach Nebenland eines der ernestinischen Häuser, aber selbstständiges Herzogtum nur 1596–1633, 1680–1699 und wieder eben ab 1735 (dabei bis 1826 Hauptresidenz im Herzogtum Sachsen-Coburg-Saalfeld); vgl. Zedler (1732–1754), Bd. 6, Sp. 527–530; Deutsches Städtebuch, Bd. 5.1 (Bayern T.1), S. 135–141.

4 Zu Daniel von Superville (1696–1773) siehe Brief Nr. 59, Endnote 7.

5 Schon im Mai 1743, vgl. Brief Nr. 62, Z. 9 f., hatte Wagner bei Trew im Auftrag Daniel von Supervilles die Übersendung von Teilen des Commercium Litterarium erwirkt, die diesem noch gefehlt hatten. – Zur Zeitschrift des Commercium Litterarium im Allgemeinen vgl. Brief Nr. 6, Endnote 2.

6 Zum hier verwendeten Symbol für Kupfer (also „Kupfer Platte") vgl. Zedler (1732–1754), Bd. 15, Sp. 2148 [Druckfehler 1248]–2151 („Kupfer"). – Wagner hatte Trew im Mai 1743 Zeichnungen übersandt, die Jacob Theodor Klein in Nürnberg in Kupfer stechen lassen wollte, vgl. Brief Nr. 62, Z. 25–33. Die Anfertigung des Kupferstichs nach Vorlage der Zeichnungen, bestimmt für Kleins Werk „Summa dubiorum circa classes quadrupedum et amphibiorum in celebris Domini Caroli Linnaei systemate naturae" (vgl. auch zu weiteren bibliographischen Informationen Brief Nr. 64, Z. 23 f. mit Endnote 14, sowie Brief Nr. 65, Z. 9–11), gelang in der Folge unter Vermittlung Wagners und Trews aufgrund einiger Verzögerungen sehr zur Unzufriedenheit Kleins erst, nachdem dessen zugehöriges Werk bereits erschienen war; vgl. Brief Nr. 66, Z. 9–13, Brief Nr. 67, Z. 7–19, Brief Nr. 69, Z. 7–11, und Brief Nr. 71, Z. 8–12 sowie Z. 15–21.

7 Zu Jacob Theodor Klein (1685–1759) siehe Brief Nr. 57, Endnote 3.

8 Der Ausdruck „wißen laßen" erlaubt hier keinen Rückschluss auf die Art und Weise der diesbezüglichen Mitteilung Trews an Wagner, d.h. es ergibt sich daraus kein eindeutiger Hinweis auf einen vorausgehenden Brief Trews an Wagner.

9 Ein Schreiben Wagners an Jacob Theodor Klein oder umgekehrt Kleins an Wagner ist in der UBE Briefsammlung Trew nicht erhalten. – Ein in Brief Nr. 64, Z. 24–27, der vorliegenden Trew-Wagner-Korrespondenz überliefertes Zitat aus einem folgenden Brief Kleins an Wagner verdeutlicht jedoch, dass Trew hier wohl anstatt eines Nürnberger Kupferstechers einen Rothenburger Künstler in Vorschlag gebracht hatte, wobei Klein in der Folge auf jenen hier von Wagner vermittelten Vorschlag Trews dann tatsächlich einging. – Da die Abbildung zweier affenartiger Wesen mit langem Schwanz, also wohl „Cercopitheci", in Kleins Werk „Summa dubiorum circa classes quadrupedum ..." (Lipsiae 1743) unterzeichnet ist mit „J. F. Schmidt sculpsit", handelt es sich bei dem hier in Vorschlag gebrachten und dann auch beauftragten Rothenburger Kupferstecher wohl um Johann Friedrich Schmidt, der 1730–1785 wirkte, u.a. um 1750 in Nürnberg auch am Knorrischen Naturwerke arbeitete; vgl. zu ihm Füssli (1779), S. 593; Lipowsky:Künstler, Bd. 2, S. 75.

10 Wagner hatte Trew im Mai 1743 um Übersendung fremder Pflanzen gebeten und diese in der Folge auch erhalten, wobei er schon bei Erhalt den Wunsch nach einem Verzeichnis der übersandten Pflanzen (hier also „Nomenclatura plantarum exoticarum") geäußert hatte; vgl. Brief Nr. 60, Z. 23–35, und Brief Nr. 62, Z. 8 f. sowie Z. 35 f. In den erhaltenen Briefen der Korrespondenz findet sich jedoch auch in der Folge nirgends eine solche Auflistung der übersandten Pflanzen.

11 Zur „Osteologie" Trews siehe Brief Nr. 17, Endnote 4. – Wagner hatte bei Trew schon mehrfach nach einer Fortsetzung der unvollständig gebliebenen „Osteologie" gefragt, vgl. Brief Nr. 60, Z. 22, und Brief Nr. 62, Z. 21 f. (auch jeweils mit zugehörigen Endnoten).

12 Bereits im Mai 1743 hatte Wagner Trew gebeten, „[d]as Arum palustre und den Helleborum nigrum, it[em] Calceolum Mariae, Hepat. fl. albo pleno Vor Herrn Prof[essor] Monti [...] heuer nicht Zu Vergeßen"; vgl. Brief Nr. 62, Z. 38–40. Hier nun erneuert er die Bitte um Samen (lat. „Semen") von „Dracunculus aquaticus" (wohl identisch zu „Arum palustre") und von „Calceolus Mariae". Zu den genannten Pflanzen vgl. Brief Nr. 62, Endnote 23 und 24.

13 Zu Giuseppe (Joseph) Monti (1682–1760) siehe Brief Nr. 52, Endnote 5.

14 Die markgräfliche Eremitage (hier „Hermitage") liegt etwa acht Kilometer östlich des alten Stadtkerns von Bayreuth und präsentiert sich heute als ein barocker Garten mit zwei Schlössern und mehreren anderen Gebäuden – „ein Ensemble, das in ungewöhnlicher Dichte die gedankliche Welt Bayreuths im 18. Jahrhundert verkörpert", so Krückmann (1998), S. 25. Markgraf Georg Wilhelm, ein Onkel Markgraf Friedrichs (1711–1763), begann 1715 mit dem Ausbau der Anlage. Das heute sog. „Alte Schloss" wurde bis 1726 errichtet. Nach dem Regierungsantritt Markgraf Friedrichs 1735 war es aber v.a. dessen Gemahlin, die Markgräfin Wilhelmine (1709–1758), die das Aussehen der Eremitage prägte: Sie veranlasste umfangreiche Umbauten am „Alten Schloss", ab ca. 1750 folgte die Errichtung des „Neuen Schlosses" mit Parkanlagen. Zur Eremitage vgl. ausführlich Krückmann (1998), S. 25–67.

64 — *18. Oktober 1743*

Peter Christian Wagner, Himmelkron bei Bayreuth, an Christoph Jacob Trew, <Nürnberg>

HochEdelgebohrner und Hochgelehrter
sonders Hochgeehrtester Herr Hoff-Rath!
Hochgeschätzter Freund und Gönner.

Ob ich gleich immer Bedencken trage Ewer HochEdelgeb[ohrn] durch mein öffteres unnützes Schreiben beschwehr[lich] Zu fallen; so fallen doch immer ein und die andern Dinge Vor, die mich endlich dazu nöthigen. Beÿkommender Brief und *Paquet*, welche mir erst Vor ein paar

Tagen durch Einschlag[1] mit der Coburger[2]-Post Zugekommen, und wie ich aus meinen Brief ersehe beÿ nahe ein Jahr Gott weiß in welchen Winckel der Welt Verborgen gelegen, geben Zu dem Gegenwärtigen[3] die erste und gröste Gelegenheit. Nechst dießen muß ich Ewer HochEdelgebohrn melden, daß der Herr *Professor Monti*[4] Zu *Bologna*[5], deßen im Früh-Jahr übersandten Brief[6] ich mir noch mahls wiederum Zurück ausbitte, weilen ich mich nicht mehr errinnern kan, was darinnen Zu beantworten seÿn möchte, | 2 | wegen des Rückstandts Vom *Commercio Litterario*[7] beÿ mir eine Errinnerung gethan und die Uhrsachen Zu wißen Verlanget, warum Er noch biß *dato* keines bekommen? Was ich Ihme nun darauf antworten soll, bitte mir nechstens Zu melden. Herr *Secret[arius]* Klein[8] aus Danzig[9] meldet in einem unter dem 28. *Septembr[is]* aus Danzig an mich erlaßenen Schreiben[10] folgendes: „Alangend [!] Die Kupffer-Platte[11], so wünschte gar sehr, falls Sie gegen Weÿnachten oder die Neue-Jahrs-Meße[12] fertig werden könte, derselben Habhafft Zu werden, immaßen[13] die *Piece*[14] der sie gewiedmet ist, eben unter der Preße ist, und ließe mirs gar wohl gefallen wenn der Herr HoffRath Treu der Güte seÿn, und die Arbeit gegen *civilen* Preiß durch seine geneigte Vorsorge[15] beÿ dem Rothenburgischen Künstler[16] ins Werck Zu stellen belieben wolte. Ewer HochEdelgeb[ohrn] haben die Güte und ertheilen mir etwan in Zeiten Nachricht, ob die Platte nebst den Abdrücken gegen NeuJahr fertig werden Könne, so könte noch auf das *Titul*Blatt, welches Zuletzt abdrucken laßen will, setzen: *cum Figuris*.[17] Falls der Herr Hoff-Rath Treu meine *Brochu*| 3 |*res*, so Viel derer ergangen, entweder gantz, oder Zum theil nicht hat, stehen Ihme auf seinen Befehl alle Zu diensten, Ewer hochEdelgebohrn ersuchend mich deßen beliebentlich Zu belehren."

Ewer HochEdelgebohrn will ich alßo hierdurch noch mahls gebeten haben daß Sie dießes nützliche Vorhaben befördern Helffen und die Stechung der in Handen habenden *Figuren* durch dero Rothenburgischen Kupffer Stecher beschleunigen und mir die Platte nebst denen Verlangten Abdrücken auf weiß *Regal*-Papier[18] so bald sie fertig Zusenden inzwischen aber mir melden wollen, wie bald Er sich solcher Zu getrösten haben solle und was Ewer HochEdelgeb[ohrn] Von des Herrn Kleins Schrifften noch abgehe. Wollen Sie beÿ solcher Gelegenheit die Geneigtheit haben und mir den *Catalogum* derer im Früh-Jahr gesandten Pflanzen[19] mit beÿlegen, so werde es mit allen Danck erkennen. Sind einige *Semina* Von dem *Aro palustri radice arundinacea*, dem *Helleboro nigro Hip. &c.*[20] Vor Herrn *Monti* gesammlet worden, so erwarte ich solche ebenfalls. Letzt Verwichenen *August* habe ich eine *Excursionem botanicam* in die FichtelBergischen Gebürge auf den Ochßenkopff[21] und biß nach Eger[22] hin unternommen und bin 7 Tage lang | 4 | in denen Wäldern und Berg-Wercken herumgekrochen, welches mir Zum grösten Vergnügen gereichet und ich Versichere, daß ich mit Steinen, Kräutern, Saamen und *Insecten* wohl beladen wiederum nach haußе gekommen. Schlüßlich muß ich noch melden, daß der Herr *Dr. Mohr*[23] aus Giengen[24] mir geschrieben,[25] daß Er Zwar auf Ewer HochEdelgeb[ohrn] durch mich gegebene *ordre* eine *partie* Steine an Sie gesandt habe, Er wiße aber nicht ob solche *aggreiret* worden weilen Er auf keine Weiße eine Antwort darauf erhalten können.[26] Nachdeme Er nun sehr Darnach Verlanget, so hoffe Ewer hochEdelgeb[ohrn] werden Ihn ehestens damit erfreuen und Ihn dadurch Zu fernerer fleißiger Untersuchung der Natur aufmuntern. Haben wir noch nicht bald Hoffnung die schöne *Osteologie*[27] *complet* Zu überkommen? Ich empfehle mich Zu fortwieriger Freundschafft und Gewogenheit und Verharre mit allen Eiffer und Hochachtung

Ewer HochEdelgebohrn

HimmelCron[28] beÿ Baÿreuth
den 18. *Octobr[is]* 1743.

gehorsamster Diener
Dr. P[eter] C[hristian] Wagner

***H** UBE Briefsammlung Trew, Korr. Wagner, Nr. 47. 4 S. Als Beilage: Brief und Päckchen älteren Datums unbekannter Herkunft für Trew (Z. 11–14).*

---

1 „Einschlag“ steht hier, wie „Einschluß“, für den „einschlusz des briefes“, d.h. den „einschlag eines briefes in den andern“; vgl. Grimm (1854–1960), Bd. 3, Sp. 272 u. Sp. 280. – Gemeint sind hier also wohl ein Brief und ein Päckchen an Trew, die in einen Brief unbekannter Herkunft an Wagner mit eingeschlossen waren.

2 Zu Coburg siehe Brief Nr. 63, Endnote 3.

3 Gemeint ist hier das vorliegende Schreiben Wagners.

4 Zu Giuseppe (Joseph) Monti (1682–1760) siehe Brief Nr. 52, Endnote 5.

5 Zu Bologna siehe Brief Nr. 52, Endnote 6.

6 Wagner hatte Trew den Brief Montis im März 1743 zur Einsichtnahme übersandt und später bereits mehrfach um Rücksendung gebeten, vgl. Brief Nr. 58, Z. 20–28, Brief Nr. 59, Z. 12 f., Brief Nr. 60, Z. 48, und Brief Nr. 62, Z. 39 f. Da gerade dieses Schreiben Giuseppe Montis an Wagner vom 25. Januar 1743 in der UBE Briefsammlung Trew, Korr. Joseph (Giuseppe) Monti, Nr. 3, erhalten geblieben ist, wurde es wohl nie von Trew an Wagner zurückgesandt – trotz beharrlicher Bitten dessen.

7 Zur Zeitschrift des Commercium Litterarium im Allgemeinen vgl. Brief Nr. 6, Endnote 2. – Zu den zunehmenden Lieferungsverzögerungen und -schwierigkeiten des Commercium Litterarium vgl. im Besonderen Brief Nr. 18, Endnote 3.

8 Zu Jacob Theodor Klein (1685–1759) siehe Brief Nr. 57, Endnote 3.

9 Zu Danzig siehe Brief Nr. 57, Endnote 4.

10 In der UBE Briefsammlung Trew sind keine Schreiben Jacob Theodor Kleins an Wagner erhalten.

11 Gemeint ist hier eine Kupferplatte, die Jacob Theodor Klein zu Zeichnungen, die er an Wagner übersandt hatte, bei einem Nürnberger Kupferstecher angefertigt haben wollte. Wagner hatte nach Erhalt der Zeichnungen von Klein Trew um dessen Vermittlung in Nürnberg gebeten und in seinem letzten Brief an Trew schließlich angekündigt, Klein die vorläufige Antwort Trews mitzuteilen, d.h. im vorliegenden Zitat aus einem Brief Kleins an Wagner liegt nun wiederum dessen Erwiderung darauf vor; vgl. bisher Brief Nr. 62, Z. 25–33, und Brief Nr. 63, Z. 13–17.

12 Hier ist wohl der Neujahrsmarkt in Leipzig gemeint. Zu den Leipziger Messen vgl. auch Brief Nr. 57, Endnote 7. – In einem zeitgenössischen Eintrag aus der ersten Hälfte des 18. Jh. wird der „Neu-Jahrs-Marckt, oder Neu-Jahres-Messe zu Leipzig“, beschrieben als „der erste von denen drey berühmten und grossen Märckten und [...] Messen, welche jährlich [zu Leipzig] gehalten w[ü]rden“. Er „n[ehme] allezeit mit dem ersten Tage des Neuen Jahres seinen Anfang, als woher derselbe auch seinen Namen bekommen“; wenn selbiger Tag aber auf einen Sonntag falle, dann am darauffolgenden Montag. Der Neujahrsmarkt daure wie die Leipziger Oster- und Michaelismesse 14 Tage; vgl. Zedler (1732–1754), Bd. 24, Sp. 213–215.

13 „Immaßen“ steht hier wie „inmaszen“ für „weil, wie denn“; vgl. Grimm (1854–1960), Bd. 10, Sp. 2123.

14 In Brief Nr. 65, Z. 9, wird von Wagner der Kurztitel des Werkes (hier „Piece“), für das die von Jacob Theodor Klein gewünschten Kupferstiche bestimmt waren, angegeben als „Prodromus Hist[oriae] Nat[uralis] Quadruped[um]“. – Die vollständigen zugehörigen bibliographischen Angaben dieses Werkes Kleins lauten also: Klein, Jacob Theodor: Summa dubiorum circa classes quadrupedum et amphibiorum in celebris Domini Caroli Linnaei systemate naturae sive naturalis quadrupedum historiae promovendae prodromus cum praeludio de crustatis; adjecti discursus: I. de ruminantibus, II. de periodo vitae humanae collata cum brutis. Lipsiae [Gleditsch] 1743.

15 Gemeint ist hier „fürsorge“; vgl. Grimm (1854–1960), Bd. 26, Sp. 1591.

16 Anstelle des ursprünglich von Jacob Theodor Klein gewünschten Nürnberger Kupferstechers, vgl. Brief Nr. 62, Z. 25–27, hatte Trew in seiner über Wagner an Klein übermittelten Antwort, vgl. Brief Nr. 63, Z. 13–15, diesem dann wohl einen Rothenburger Künstler empfohlen. Bei dem Rothenburger Kupferstecher dürfte es sich um Johann Friedrich Schmidt <1730–1785> gehandelt haben, siehe Brief Nr. 63, Endnote 9. – Rothenburg, ob der Tauber gelegen, entwickelte sich als Stadt schrittweise aus der staufischen Reichsburg und zugehöriger Burgsiedlung. Als staufische Stadtgründung war es bis 1250 im Hausbesitz der Stauferkaiser, dann 1273–1802 beim Reich. 1274 erfolgte ein erstes umfassendes Freiheitsprivileg, 1331 dann ein kaiserliches Privileg zur Selbstgesetzgebung, kurz darauf Stadtrechtsaufzeichnungen. Im 15. Jh. war Rothenburg mehrfach in Bündnissen mit anderen fränkischen Reichsstädten, v.a. Nürnberg. Seit der Kreisverfassung Ende des 15. Jh. war Rothenburg beim Fränkischen Kreis. 1803 schließlich verlor Rothenburg die Reichsstandschaft durch den Friedensschluss von Lunéville und den Reichsdeputationshauptschluss. Ein zeitgenössischer Eintrag aus der ersten Hälfte des 18. Jh. beschreibt „Rotenburg, oder Rothenburg an der Tauber“ als „eine ansehnliche Reichs-Stadt in Franckenland“; vgl. Zedler (1732–1754), Bd. 32, Sp. 1088–1098; Deutsches Städtebuch, Bd. 5.1 (Bayern T.1), S. 460–473.

17 Tatsächlich wurde die Kupferplatte im weiteren Verlauf nach einigen Verzögerungen und sehr zur Unzufriedenheit Jacob Theodor Kleins erst nach Erscheinen seines Werkes, für das sie bestimmt war, fertiggestellt; vgl. im Folgenden Brief Nr. 65, Z. 7–21, Brief Nr. 66, Z. 9–13, Brief Nr. 67, Z. 7–19, Brief Nr. 69, Z. 7–11, und Brief Nr. 71, Z. 8–12 sowie Z. 15–21. – Auf dem Titelblatt von Kleins 1743 bei Gleditsch in Leipzig erschienenen (und dann wohl auch Anfang 1744 auf der dortigen Neujahrsmesse verkauften) Werk „Summa dubiorum circa classes quadrupedum et amphibiorum in celebris Domini Caroli Linnaei systemate naturae“ ist dennoch der Zusatz „cum figuris“ zu lesen, d.h. es gelang Klein, sein Werk mit Abbildungen zu versehen; die Abbildungen nach den verspätet fertiggestellten Stichen des Rothenburger Künstlers Johann Friedrich Schmidt wurden wohl ebenfalls noch nachträglich eingefügt.

18 Nach einem zeitgenössischen Eintrag aus der ersten Hälfte des 18. Jh. wird das Papier u.a. nach der Größe unterschieden. Dabei sei das sog. „Regalpapier“ das größte und bestehe „aus gar grossen Bogen“. Es werde u.a. verwendet „zu Landkarten, grossen Geometrischen, Architectonischen und Fortificationsrissen“. Kleinere Papiere seien dann das sog. „Medianpapier“ sowie das sog. „gemeine“ Papier; vgl. Zedler (1732–1754), Bd. 26, Sp. 638–642 („Papier“).

19 Trew hatte Wagner auf dessen Bitten hin im Mai 1743 exotische Pflanzen übersandt, vgl. Brief Nr. 60, Z. 23–35, und Brief Nr. 62, Z. 8 f. In der Folge hatte Wagner Trew bereits mehrfach um ein Namensverzeichnis dieser Pflanzen gebeten, vgl. Brief Nr. 62, Z. 35 f., und Brief Nr. 63, Z. 17–19. Eine entsprechende Namensliste ist im Rahmen der erhaltenen Briefe vorliegender Korrespondenz jedoch auch im Weiteren nicht überliefert.

20 Wagner hatte Trew bereits in Brief Nr. 62, Z. 38–40, im Mai 1743 an „[d]as Arum palustre und Helleborum nigrum, it[em] Calceolum Mariae, Hepat. fl. albo pleno Vor Herrn Prof[essor] Monti“ erinnert und diese Erinnerung dann auch in Brief Nr. 63, Z. 20 f., wiederholt. Zu den hier genannten Pflanzen vgl. Brief Nr. 35, Endnote 9, und Brief Nr. 62, Endnote 23 sowie auch 24.

21 In einem zeitgenössischen Eintrag aus der ersten Hälfte des 18. Jh. wird „Fichtelberg" oder lat. „Mons Piniferus" als „eines von denen grösten und ungeheuersten Gebürgen in Teutschland" beschrieben, welches „im Norgau" liege, „gegen Morgen an Böhmen, gegen Abend an Francken, gegen Mittag an die Ober-Pfaltz, und gegen Mitternacht an Voigtland und Thüringen" stoße und „theils zu Bayern, theils zu dem Burggrafthum Nürnberg oberhalb Gebürges" gehöre. Das Gebirge bestehe „aus einer grossen Menge Berge", wobei besonders bekannt u.a. „Kleeblat, der OchsenKopff, Schneeberg und Mittelfels" seien. Einst seien „sehr reiche Silber- und Gold-Bergwercke hier anzutreffen gewesen". Zudem weist der Eintrag auf die außergewöhnliche Fauna in „denen ungeheuern Wäldern" hin, mit u.a. „Hirschen, wilden Schweinen, auch Wölffen und Bären"; vgl. Zedler (1732–1754), Bd. 9, Sp. 804 f. („Fichtelberg"). – Zum „Ochsenkopf" heißt es in einem zeitgenössischen Eintrag, es sei „der Name eines entsetzlich hohen Berges im Nordgau". Er „liege[] über Bischoffsgrün zur rechten Hand gegen Süden" und werde „für das Haupt und Hertz des gantzen Fichtelberges" gehalten. Der Aufstieg aber sei „ziemlich beschwerlich wegen vieler Klippen, Gesträuche und Wildnisse"; vgl. Zedler (1732–1754), Bd. 25, Sp. 372–374 („Ochsenkopf").

22 Zu Eger vgl. Brief Nr. 4, Endnote 9.

23 Zu Georg Friedrich Mohr (1692–1774) siehe Brief Nr. 56, Endnote 11.

24 Zu Giengen vgl. Brief Nr. 56, Endnote 12.

25 Dieses Schreiben Georg Friedrich Mohrs an Wagner ist in der UBE Briefsammlung Trew nicht erhalten.

26 Wagner hatte Trew in Brief Nr. 56, Z. 32–44, im Juni 1742 ein Angebot Georg Friedrich Mohrs zum Erwerb einer von diesem zusammengestellten Sammlung von Versteinerungen aus der Umgebung von Giengen übermittelt und auch bereits in Brief Nr. 58, Z. 28–30, im März 1743 selbst nachgefragt, ob Trew die Versteinerungen von Mohr erhalten habe und damit zufrieden sei. Aus weiteren in der UBE Briefsammlung Trew erhaltenen Schreiben zwischen Wagner, Trew und Mohr lässt sich entnehmen, dass Mohr tatsächlich im Januar 1743 Versteinerungen an Trew übersandte, der dann aber wohl nach Empfang weder Mohr noch Wagner eine diesbezügliche Nachricht zukommen ließ; zu den im zeitlichen Umfeld 1742/1743 erhaltenen Schreiben von Mohr an Wagner und von Mohr an Trew in der UBE Briefsammlung Trew vgl. ausführlich Brief Nr. 56, Endnote 11. Briefe Trews umgekehrt an Georg Friedrich Mohr sind in der UBE Briefsammlung Trew nicht erhalten.

27 Zur „Osteologie" Trews siehe Brief Nr. 17, Endnote 4. – Wagner hatte bei Trew schon in den vorausgehenden Briefen kontinuierlich nach einer Fortsetzung der unvollständig gebliebenen „Osteologie" gefragt, vgl. Brief Nr. 60, Z. 22, Brief Nr. 62, Z. 21 f. (jeweils mit zugehörigen Endnoten), sowie Brief Nr. 63, Z. 19 f.

28 Neben der Eremitage Bayreuth diente auch Schloss Himmelkron (hier „HimmelCron") bei Kulmbach, ein ehemaliges Kloster der Zisterzienserinnen, dem markgräflichen Hof Bayreuth als Sommerresidenz. So lässt sich Himmelkron mehrfach als Schreibort von Briefen der Markgräfin Wilhelmine (1709–1758) an ihren Bruder König Friedrich II. von Preußen nachweisen, z.B. auch bei einem Brief vom 15. Oktober 1743; vgl. Meißner (1998a). Ausführliche Informationen zu Himmelkron finden sich auch bei Meißner (1998b). – Wagner zog also, darauf verweist dieser wie der vorausgehende Brief an Trew, gerade im Sommerhalbjahr und bis in den Herbst hinein mit dem Bayreuther Hof zu den jeweiligen Sommerresidenzen.

65 **5. *Januar 1744***

Peter Christian Wagner, Bayreuth, an Christoph Jacob Trew, <Nürnberg>

HochEdelgebohrner und Hochgelehrter
sonders Hochgeehrtester Herr Hoff-Rath

Nachdeme ich Herrn *Secretario* Klein[1] in Danzig[2] den Von dem Rothenburgischen Kupffer Stecher[3] mir *communicirten* Brief[4] Zugesandt, so *rescribiret* Er mir unter dem 21. *Xbr. a[nni] p[raeteriti]*[5] daß weilen sein *Prodromus Hist[oriae] Nat[uralis] Quadruped[um]*[6] in der Vor der Thür seÿenden Neuen-Jahrs Meße[7] beÿ Herrn Gliditsch[8] in Leipzig[9] bereits Verkauffet werden würde, die dazu bestimt geweßene ♀ Taffel[10] aber Vor der Zeit nicht fertig worden und der Künstler in Rothenburg weit mehr Vor deren Ausfertigung Verlanget habe als Er noch Vor eine in allen seinen *opusculis* gegeben habe, sindemahlen[11] keine in dem *Missu I II & III de piscibus*[12], auch nicht in dem unter der | 2 | Preße seÿenden *Missu IV*[13] deren Doch *XVI* seÿn werden und alle sehr sauber (Zum theil auch in Nürnberg[14] beÿ *Stoer*[15]) gestochen Ihme über 15 Reichstaler[16] Zu stehen gekommen, Ich Ihme nur seine Zeichnung ohne Verzug mit der Post wiederum Zu rücke senden möchte, weilen Er nun mehro Gelegenheit gefunden habe solche in Warschau[17] stechen Zu laßen.[18] Weswegen ich Ewer hochEdelgeb[ohrn] hierdurch inständig ersuche, daß Sie obgedachte[19] Zeichnung schleunigst an mich Zu rücke senden und solche nur in Erlang[20] an meinen Herrn Schwieger-Vater Herrn *Dr.* Weißmann[21] *addressiren* wollen, weilen ich unßerer bereits Zum Voraus gegangenen Gnädigsten Herrschafft[22] dahin folgen muß und künfftigen Donnerstag längstens daßelbst einzutreffen gedencke. Sonsten meldet herr Klein noch ferner: | 3 | „Mit Herrn *Dr. Kulmus*[23] ist wegen des *Commercii*[24] nichts anzufangen; wolte alßo bitten, daß jenes was laut übersandter Rechnung mir fehlet, mir unbeschwehrt anzuschaffen, und nur Zu melden, was alles koste[25], so werde die Bezahlung unverzöglich befördern. Ich mag nicht unrichtige Sachen in *Museo* Vor Augen haben, und was ich nicht *completiren* Kan gebe ich lieber Vor nichts unter *crudas materias* in den Auswurff." Wollen nun Ewer hochEdelgebohrn mir Zugleich melden was ich Ihme hierauf in Antwort sagen soll, so will ich es bestens besorgen. Der ich übrigens Zu dem bereits angetretenen Neuen Jahre Von Hertzen *gratulire* und nebst dauerhaffter Gesundheit alle Menschmögliche Glückseeligkeit, Vergnügen und WohlErgehen in dießen | 4 | und einer Menge folgender Jahr grundmüthig[26] anwünsche, mich Zu unveränderlichen Freundschafft und Gewogenheit bestens *recommendire* und mit Vollkomenster Hochachtung Verharre

Ewer HochEdelgeb[ohrn]
Meines Hochgeehrtesten Herrn HoffRaths und
Leib*Medici*

Baÿreuth den 5. *Ianuar[ii]* 1744.

gehorsamster Diener
Dr. P[eter] C[hristian] Wagner

PS: Dem *Rest* derer *Anatomischen ♀ Tabellen*[27] sehe ich mit äußersten Verlangen entgegen, wie auch einigen neuen *Registern* und Vorreden Zum *Commercio Litterario*[28], denn weilen man außer solchen nichts kan binden laßen, so wird es einem immer wiederun [!] *defect.*

***H** UBE Briefsammlung Trew, Korr. Wagner, Nr. 48. 4 S. mit PS.*

---

1 Zu Jacob Theodor Klein (1685–1759) siehe Brief Nr. 57, Endnote 3.
2 Zu Danzig siehe Brief Nr. 57, Endnote 4.
3 Jacob Theodor Klein wollte zu Zeichnungen, die er an Wagner übersandt hatte, eine Kupferplatte in Nürnberg anfertigen lassen, weshalb Wagner dann auch Trew um dessen Vermittlung in Nürnberg gebeten hatte, vgl. Brief Nr. 62, Z. 25–33. Trew hatte dann in der Folge aber in seiner über Wagner an Klein übermittelten Antwort wohl anstelle eines Nürnberger Kupferstechers einen Rothenburger Künstler empfohlen, womit Klein sich in einer Antwort an Wagner einverstanden erklärte – allerdings mit dem dringlichen Wunsch, die Kupferplatte nebst Abdrucken solle bis gegen Neujahr 1744 fertig werden, also vor dem Erscheinen des Werkes Kleins, für das sie bestimmt war, vgl. Brief Nr. 63, Z. 13–17, und Brief Nr. 64, Z. 20–36. – Bei dem Rothenburger Künstler dürfte es sich um Johann Friedrich Schmidt <1730–1785> gehandelt haben, siehe Brief Nr. 63, Endnote 9. – Zu Rothenburg siehe Brief Nr. 64, Endnote 16.
4 Ein solcher Brief ist in der UBE Briefsammlung Trew nicht erhalten. – Offenkundig nahm der Rothenburger Künstler nach der übermittelten Einverständniserklärung Kleins also die Arbeit an der Kupferplatte nicht unmittelbar auf, sondern es kam zu weiterem brieflichen Austausch/Verhandlungen – und damit zu weiteren Verzögerungen.
5 Ein Brief Jacob Theodor Kleins an Wagner vom 21. Dezember des vergangenen Jahres 1743 (hier lat.: „21. Xbr. a[nni] p[raeteriti]") ist in der UBE Briefsammlung Trew nicht erhalten.
6 Ausführliche bibliographische Angaben zu diesem Werk Kleins, für das die Kupferstiche vorgesehen waren, finden sich in Brief Nr. 64, Endnote 14.
7 Zum Neujahrsmarkt bzw. der Neujahrsmesse in Leipzig vgl. Brief Nr. 64, Endnote 12.
8 Johann Friedrich (III) Gleditsch (Gliditsch) wurde 1717 als Sohn des Leipziger Buchhändlers Johann Gottlieb Gleditsch (1688–1738) geboren und starb 1744. Die Familie Gleditsch gilt als die bedeutendste deutsche Buchhändlerfamilie der ersten Hälfte des 18. Jh. Der Großvater Johann Friedrich (I) Gleditsch (1653–1716) heiratete 1681 zunächst in die Fritschsche Buchhandlung ein und gründete später, nachdem er 1693 dieses Geschäft seinem Stiefsohn überlassen hatte, seine eigene Sortiments- und Verlagsbuchhandlung, die schnell führend in Deutschland wurde. Nach dem Tod von Johann Friedrich (I) Gleditsch im Jahr 1716 führte sein Sohn Johann Gottlieb Gleditsch die Handlung fort und nach dessen Tod 1738 wiederum eben der einzige Sohn Johann Friedrich (III) Gleditsch. 1741 kaufte Johann Friedrich (III) Gleditsch die Buchhandlung von Fritschs Erben und vereinigte so die Unternehmenszweige wieder. Schon 1744 aber verstarb Johann Friedrich (III) Gleditsch und seine Witwe Christiane Henriette (geb. Leich, 1720–1791) führte das Unternehmen weiter, wobei das Verlagsgeschäft nach 1760 zunehmend von der Weidmannschen Buchhandlung überflügelt wurde, in die wiederum 1694 Johann Ludwig Gleditsch (1663–1741), ein Bruder von Johann Friedrich (I) Gleditsch, eingeheiratet hatte; vgl. NDB, Bd. 6, S. 439–442 (Einträge zu „Gleditsch, Johann Friedrich (1653–1716)", zu „Gleditsch, Johann Gottlieb (1688–1738)" auch mit Informationen zu seinem Sohn Johann Friedrich III Gleditsch (1717–1744), sowie zu „Gleditsch, Johann Ludwig (1663–1741)"). – Weitere Einträge zu den genannten Vertretern der Buchhändlerfamilie Gleditsch finden sich in: ADB, Bd. 9, S. 222–224; DBE, Bd. 3, S. 851 f.

9 Zu Leipzig siehe Brief Nr. 35, Endnote 13.
10 Zum hier verwendeten Symbol für Kupfer (also „Kupfer Taffel") vgl. Zedler (1732–1754), Bd. 15, Sp. 2148 [Druckfehler 1248]–2151 („Kupfer").
11 „Sindemahlen" steht hier wohl wie „sintemal" für „da, weil" bzw. „dieweil"; vgl. Grimm (1854–1960), Bd. 16, Sp. 1211.
12 Gemeint ist hier das folgende Werk Jacob Theodor Kleins: Klein, Jacob Theodor: Historiae Piscium Naturalis Promovendae. Missus I–V. Gedani [Schreiber] 1740–1749. – Missus I des Werkes erschien 1740 unter dem Titel „De lapillis eorumque numero in craniis piscium..." (Gedani [Schreiber] 1740), Missus II 1741 unter dem Titel „De Piscibus Per Pulmones Spirantibus Ad Iustum Numerum Et Ordinem Redigendis..." (Gedani [Schreiber] 1741), Missus III 1742 unter dem Titel „De Piscibus Per Branchias Occultas Spirantibus Ad Justum Numerum Et Ordinem Redigendis..." (Gedani [Schreiber] 1742).
13 Vgl. auch Endnote 12. – Missus IV erschien 1744 unter dem Titel „De Piscibus Per Branchias Apertas Spirantibus Ad Justum Numerum Et Ordinem Redigendis..." (Lipsiae [Gleditsch] 1744). – Schließlich folgte 1749 noch Missus V unter dem Titel „De Piscibus Per Branchias Apertas Spirantibus: Horum Series Secunda..." (Gedani [Schreiber] 1749).
14 Zu Nürnberg siehe Brief Nr. 1, Endnote 5.
15 Zu Johann Wilhelm Stör (Stoer) (ca. 1705–1765) siehe Brief Nr. 62, Endnote 20.
16 Zu dieser Währungseinheit vgl. Brief Nr. 6, Endnote 13.
17 Ein zeitgenössischer Eintrag aus der ersten Hälfte des 18. Jh. beschreibt Warschau als die „anietzige Königliche Polnische Residentz, mithin die vornehmste Stadt in Pohlen", gelegen in einer Ebene an der Weichsel, wobei als besonders sehenswert u.a. das Königliche Schloss und einige Paläste genannt werden. Warschau entstand im 13. Jh. neben einer Burg an der Stelle des Fischerdorfes Warszowa, 1339 erhielt es dt. Recht. Warschau war erstmals 1529, dann ab 1570 ständig Versammlungsort des polnischen Reichstages (Sejm). Im Jahr 1596 verlegten die polnischen Könige ihre Residenz von Krakau nach Warschau. Im 18. Jh. erlebte die Stadt nach einem vorübergehenden Niedergang Ende des 17. Jh. (schwedische Belagerungen) eine kulturelle Blüte unter den Sachsenkönigen August II. und August III. wie auch unter Stanislaus II. August. Seine kulturelle Bedeutung behielt Warschau auch nach 1795, nachdem es durch die Dritte Polnische Teilung an Preußen gefallen und zur Provinzhauptstadt abgesunken war; vgl. Zedler (1732–1754), Bd. 52, Sp. 2172–2178; Brockhaus, Bd. 23, S. 597–600.
18 Tatsächlich erstellte im weiteren Verlauf der Rothenburger Künstler doch noch die Kupferplatte nach den Zeichnungen Jacob Theodor Kleins und die Abbildungen fanden wohl auch noch (nachträglich) Aufnahme in Kleins Werk. Inwieweit der über die Verzögerungen verärgerte Klein aber mit der Arbeit des Künstlers am Ende zufrieden war, bleibt auf Basis des vorliegenden Briefwechsels offen; siehe im weiteren Verlauf Brief Nr. 66, Z. 9–13, Brief Nr. 67, Z. 7–19, Brief Nr. 69, Z. 7–11, und Brief Nr. 71, Z. 8–12 sowie Z. 15–21.
19 „Gedacht" meint hier „erwähnt"; vgl. Grimm (1854–1960), Bd. 4, Sp. 1926.
20 Zu Erlangen (Erlang) siehe Brief Nr. 14, Endnote 1.
21 Zu Johann Friedrich Weis(s)mann (Weißmann) (1678–1760) siehe Brief Nr. 15, Endnote 4.
22 Gemeint ist hier die markgräfliche Herrschaft Bayreuth. – Zu Markgraf Friedrich von Brandenburg-Bayreuth (1711–1763) siehe Brief Nr. 42, Endnote 11. – Markgräfin Friederike Wilhelmine Sophie von Brandenburg-Bayreuth wurde als Tochter des späteren preußischen Königs Friedrich Wilhelm I. 1709 in Berlin geboren und verstarb (am 14. Oktober) 1758 in Bayreuth. Sie verband zeitlebens eine enge Beziehung zu ihrem jüngeren Bruder, dem späteren preußischen König Friedrich II. Wilhelmine wurde 1731 nach dem Scheitern von Plänen einer ehelichen Verbindung zum englischen Hof mit dem Bayreuther Erbprinzen Friedrich vermählt und gebar diesem 1732 die einzige Tochter. Als Bayreuther Markgräfin trug die kunstsinnige Wilhelmine wesentlich zur Blüte des Bayreuther Rokoko bei und auch bei der Gründung der Universität Erlangen spielte sie eine wichtige Rolle; vgl. ADB, Bd. 8, S. 69–72; DBA 348, Bl. 167 f.

(ADB; Eitner); DBE, Bd. 10, S. 641 f.; Schmidt (2000), S. 47–64; Herrmann (2002), S. 249–251. – Die einzige Tochter des Markgrafenpaares Prinzessin Elisabeth Friederike Sophie von Brandenburg-Bayreuth wurde 1732 (bei Schmidt wohl fehlerhaft 1733) in Bayreuth geboren und starb ebenda 1780. 1748 erfolgte die Vermählung mit dem Württemberger Herzog Karl Eugen. Die Ehe verlief jedoch unglücklich und Elisabeth Friederike Sophie kehrte nach Bayreuth zu ihren Eltern zurück. Nach ihrem Tod 1780 wurde sie an der Seite ihrer Eltern beigesetzt; vgl. Schmidt (2000), S. 55.

23 Zu Johann Adam Kulmus (1689–1745) siehe Brief Nr. 57, Endnote 8. – Schon in Brief Nr. 62, Z. 22–25, im Mai 1743 hatte Wagner an Trew von Klagen Jacob Theodor Kleins berichtet, über Kulmus die Bögen des Commercium Litterarium nicht bekommen zu können.

24 Zur Zeitschrift des Commercium Litterarium im Allgemeinen vgl. Brief Nr. 6, Endnote 2.

25 Zu den Zahlungsmodalitäten des Commercium Litterarium vgl. Brief Nr. 14, Endnote 6.

26 „Grundmüthig" meint hier „vom grunde des herzens, aufrichtig"; vgl. Grimm (1854–1960), Bd. 9, Sp. 876.

27 Gemeint ist hier wohl wieder eine Fortsetzung der „Osteologie" Trews, vgl. zu diesem Werk Brief Nr. 17, Endnote 4. – Wagner hatte bei Trew schon in den vorausgehenden Briefen ständig nach einer Fortsetzung der unvollständig gebliebenen „Osteologie" gefragt, vgl. Brief Nr. 60, Z. 22, Brief Nr. 62, Z. 21 f. (jeweils mit zugehörigen Endnoten), sowie Brief Nr. 63, Z. 19 f., und Brief Nr. 64, Z. 52 f.

28 Zu den zunehmenden Lieferungsverzögerungen und -schwierigkeiten des Commercium Litterarium vgl. Brief Nr. 18, Endnote 3.

66 — *17. Januar 1744*

Peter Christian Wagner, Erlangen, an Christoph Jacob Trew, <Nürnberg>

HochEdelgebohrner und Hochgelehrter,
sonders Hochgeehrtester Herr HoffRath, Und
Hochgeschätzter Gönner!

Ewer HochEdelgeb[ohrn] werden sonder Zweiffel mein Vor 14 Tagen Von Baÿreuth[1] aus an Sie erlaßenes Schreiben[2] wohl erhalten und daraus des Herrn *Secretarii* Kleins[3] Meÿnung, wegen seiner in Handen habenden Zeichnung Zweÿer *Cercopithecorum*[4] Verstanden haben. Wie ich nun der täglichen Hoffnung lebe, dieße Zeichnung Von Ewer HochEdelgebohrn Zu erhalten, um solche dem Herrn Klein Zurücke senden Zu können; alßo kan ich nicht umhin Ewer hochEdelgeb[ohrn] hierdurch noch mahls darum Zu bitten | 2 | und Ihnen da ich mich seith einigen Tagen in Dero Nachtbarschafft befinde Hierdurch meine ergebenste Aufwartung Zu machen. Und dießes um so mehr, da ich beÿ meiner Ankunfft allhier[5] Vernommen, daß Ewer hochEdelgeb[ohrn] bißanhero Ihr Gn[aden] der Fräulen Von Bobenhaußen[6] mit Dero *Consiliis* beÿgestanden und Verschiedene *Medicamenta* Verordnet haben. Da nun dieße *Patientin* noch Von alten Zeiten Her einiges Vertrauen Zu mir hat und ich mich Vebunden [!] erachtet habe, solche Zu besuchen; so kan ich nicht bergen, daß ich über Ihren gar elenden Zustand und noch Verhandene sehr wenigen Kräffte mich sehr erschröcket, befürchtende, es möchten die *Medicamenta* hier wenige Würckung mehr haben Können, weilen alle bißhero mit so Vieler Einsicht und Behutsamkeit angewandte Hülffs-Mittel | 3 | wenig oder nichts gefruchtet haben, alßo, daß ich gar auf die Gedancken gerathen bin, ob seÿe Vielleicht eine uns allen noch unbekante *causa circa praecordia*[7] Vorhanden, so die fast beständig daurenden Schwachheiten und Unvermögen besonders beÿ leeren Magen Zu sprechen, oder sich Zu bewegen Veruhrsachet. Im übrigen siehet man wohl, daß *Ventriculus, Duodenum et reliquae digestioni, elaborationi et distributioni Chyli dicatae partes*[8] ihre *function* nicht gehörig, sondern allzu schwach, langsam und mit Vieler Beängstigung der *Patientin* Verrichten, folglich Selbige keinen genugßamen Zufluß *spirituoeser* und Nahrhaffter Theile ins Geblüt hat, obgleich der scharffe *Liquor gastricus*[9] die *membranas ventriculi et Oesophagi*[10] *velliciret* und Alßo öfftere Speiß und Tranck fordert. Ich habe alßo seith denen 6 Tagen, als ich mich hier befinde, Ihr nicht nur Ihr Verhandenes | 4 | Bitteres Elixir[11] und stärckende Tropffen des Abends Zu nehmen *continuiren* laßen, sonder ich habe auch noch den Versuch gemachet und Ihr alle Mittag ¼ Stunde Vor Tisch ein Pülverlein Von ♀ *Stomach[ico] Birkm[anni]* ℈ß ⊖ *Absinthii Arcan[o] 2plicat[o] & flaved[ine] C[orticum]* ⊙*rum* â gr.iiii[12] in *Bouillon* nehmen laßen, alleine Sie hat keinen Lust, solche fortzusetzen, weilen Sie behauptet, Sie machten Ihr den Magen noch Viel schwächer, und weilen Sie seith deme bißweilen einen *Sedem* wie *Laxirt*[13] mit Abgang einer schleimigten, gelben und übelriechenden *materie* bekommen, welches Sie Zu matt machete. Ein über den Magen Zu legen Verordnetes trockenes Küßlein aus *Speciebus aromaticis & carminativis*[14] will Sie wegen des Geruchs nicht Vertragen. Ewer HochEdelgeb[ohrn] urtheilen alßo selbsten was beÿ so Verwirrten Umständen mit einer so *delicaten* und äußerst schwachen *Patientin* | 5 | anzufangen seÿ. Ich bin der Meÿnung geweßen, Ich wolte Ihr eine Zeitlang des Morgens (weilen Sie die *Vipern-bouillon*[15] mit denen Von Ewer hochEdelgeb[ohrn] dazu Verordneten Wurtzeln ebenfalls unter dem Vorwandt, daß es Ihr den Magen allzu starck angreiffe, nicht mehr *continuiren* will) den *Pulverem Viperarum*[16] mit *sacharo Lactis*[17] und ♀*re e chelis Cancrorum Lond.*[18], so wie ich Ihr selbigen ehemahls Cur weiße gegeben, nehmen und das bittere *Extract-Elixir* Vor Tische in etwas reichlicher *dosi* Vor der MittagsmahlZeit brauchen laßen und erwarte darzu Ewer hochEdelgeb[ohrn] gütigen Beÿrath. Der ich übrigens nebst Versicherung meines gehorsamsten *Respects* an Dero hoch Zu *venerirende* Frau Gemahlin mit aller *distinction* Verharre

Ewer hochEdelgeb[ohrn]

Erlang den 17. *Ianuar[ii]* gehorsamster Diener
1744. Wagner.

H *UBE Briefsammlung Trew, Korr. Wagner, Nr. 49. 5 S.*

20 mich] mich: *erg. zwischen den Zeilen*

1 Zu Bayreuth siehe Brief Nr. 57, Endnote 6.

2 Gemeint ist hier das vorausgehende Schreiben Wagners Nr. 65 an Trew vom 5. Januar 1744, vgl. UBE Briefsammlung Trew, Korr. Wagner, Nr. 48.

3 Zu Jacob Theodor Klein (1685–1759) siehe Brief Nr. 57, Endnote 3.

4 Zedler (1732–1754), Bd. 5, Sp. 1765 („Cebus"), beschreibt zeitgenössisch in der ersten Hälfte des 18. Jh. „Cebus" oder „Cercopithecus" (hier lat. Gen. Pl. „Cercopithecorum") als „eine Gattung Affen mit einem Schwantze". – Die hier erwähnte „Zeichnung Zweÿer Cercopithecorum" hatte Jacob Theodor Klein an Wagner übersandt, um sie in Nürnberg in Kupfer stechen zu lassen. Der von Wagner um Vermittlung gebetene Trew hatte in der Folge anstelle eines Nürnberger Kupferstechers einen Rothenburger Künstler empfohlen, womit sich Klein zunächst auch einverstanden erklärt hatte. Nachdem aber der Rothenburger Künstler, wohl Johann Friedrich Schmidt <1730–1785>, die Platte nicht vor dem Erscheinen des Werkes Kleins „Summa dubiorum circa classes quadrupedum ...", für das sie bestimmt war, geliefert und zudem einen zu hohen Preis für seine Arbeit verlangt hatte, hatte Klein zuletzt über Wagner um Rücksendung seiner Zeichnung gebeten, um sie stattdessen in Warschau stechen zu lassen; vgl. bisher Brief Nr. 62, Z. 25–33, Brief Nr. 63, Z. 13–17, Brief Nr. 64, Z. 20–36, und Brief Nr. 65, Z. 7–21. Im weiteren Verlauf erstellte der Rothenburger Künstler doch noch die Kupferplatte nach den Zeichnungen Kleins und die zugehörigen Abbildungen wurden wohl auch noch (nachträglich) in Kleins Werk eingefügt, auf Basis des vorliegenden Briefwechsels bleibt aber unklar, inwieweit der über die Verzögerungen verärgerte Klein am Ende mit der Arbeit des Künstlers zufrieden war; vgl. im Weiteren Brief Nr. 67, Z. 7–19, Brief Nr. 69, Z. 7–11, und Brief Nr. 71, Z. 8–12 sowie Z. 15–21. – In Kleins Werk „Summa dubiorum circa classes quadrupedum..." (zu ausführlichen bibliographischen Informationen vgl. Brief Nr. 64, Endnote 14) finden sich Ausführungen/Erläuterungen zu den „Cercopitheci" v.a. auf S. 10–12.

5 Gemeint ist hier Erlangen, siehe dazu Brief Nr. 14, Endnote 1.

6 Die Zuordnung des hier als Patientin genannten „Fräulen Von Bobenhaußen" zu einer historischen Person ist auf Basis der wenigen in den Briefen zur Person enthaltenen Informationen äußerst schwierig und im Rahmen der hier betriebenen Recherchen nicht eindeutig. Wie schon Schmidt-Herrling (1940), S. 59, bemerkte, könnte es sich zunächst um Elisabeth Charlotte von Bobenhausen (Bobenhaußen) (geb. 1692) oder auch um Sophie Charlotte von Bobenhausen (geb. 1689) handeln. Elisabeth Charlotte von Bobenhausen war die Tochter von Georg Ludewig von Bobenhausen zu Oppach, Rupertshain und Obernhofen (gestorben 1707, begraben in der Kirche zu Oppach [heute Obbach im Kreis Schweinfurt]), einem Hochfürstlich Würzburgischen Hauptmann, der die ältere Hauptlinie der Familie fortsetzte, und seiner Gemahlin Sophia Amalia von Rothenhan (1664–1730); Sophie Charlotte von Bobenhausen dagegen war die Tochter von Georg Ludwig von Bobenhausen (1657–1710), einem Hochfürstlich Hessisch-Darmstädtischen Oberhofmeister aus der jüngeren Hauptlinie der Familie, und seiner ersten Gemahlin Catharina Riedeselin Freyin von Eisenbach; vgl. dazu Biedermann (1749/ND 1989), Tafel XIIIB und XV. – Im Rahmen der hier edierten Wagner-Trew-Korrespondenz äußert sich Wagner im weiteren Verlauf auch in Brief Nr. 71, Z. 26–44, im März 1744 noch einmal zu Krankheitsverlauf und Behandlung des „Fräulen Von Bobenhaußen". Desweiteren lässt sich ein Schreiben Wagners, erhalten in der UBE Briefsammlung Trew, Korr. Peter Christian Wagner, Nr. 72, an ein ungenanntes „Fräulen Gevatterin" vom 13. Mai 1744 inhaltlich klar dem erkrankten Fräulein von Bobenhausen als Adressatin zuweisen. Ferner sind in der UBE Briefsammlung Trew, Korr. Joh. Friedr. I Weismann, Nr. 23, zu einem Brief Johann Friedrich Weis(s)manns (1678–1760) an Trew vom 7. November 1743, der ebenfalls bereits die offenkundig gemeinsame Behandlung des erkrankten Fräulein von Bobenhausen thematisiert, 2 Seiten Nachschrift einer „Charlotte von Bobenhausen" erhalten. – Zur fraglichen Zuordnung des erkrankten Fräulein von Bobenhausen sei hier abschließend noch bemerkt: Einerseits weist Schmidt-Herrling (1940), S. 59, darauf hin, dass in den Erlanger Sterberegistern der Neustadt allein eine „Sophie", gestorben am 6. März 1750 (nur unter

Vermerk „etliche 40 Jahre"), verzeichnet sei, was eher auf Sophie Charlotte von Bobenhausen hindeuten könnte, andererseits aber lässt sich ein in UBE Briefsammlung Trew, Korr. Peter Christian Wagner, Nr. 72, als Kontaktperson zu Wagner genanntes „Fräulen Von Rotenhan" als vager Hinweis evtl. eher in Richtung Elisabeth Charlotte von Bobenhausen werten (enge Verwandtschaft zu den Rothenhans über die Mutter). Ein weiterer Ansatz, der die bisher teils vorhandenen Widersprüche evtl. ein Stück weit aufzulösen vermag, ergibt sich bei Auswertung der leider nur schwer lesbaren Nachschrift der „Charlotte von Bobenhausen" in UBE Briefsammlung Trew, Korr. Joh. Friedr. I Weismann, Nr. 23: Es scheint sich dabei eher um den angefügten Bericht einer „Charlotte von Bobenhausen" über ihre erkrankte Schwester zu handeln, d.h. unter Berücksichtigung dieses Aspekts, könnte es sich bei der Berichterstatterin (die dann eben nicht, wie offenbar von Schmidt-Herrling angenommen, zugleich Patientin wäre) um die oben schon genannte Elisabeth Charlotte von Bobenhausen (geb. 1692) handeln, bei dem in den vorliegenden Brieftexten erwähnten erkrankten Fräulein von Bobenhausen aber dann wiederum um deren Schwester Anna Sophia von Bobenhausen (geb. 1697) (was wiederum zum Eintrag in den Erlanger Sterberegistern passen könnte, auch eine enge verwandtschaftliche Beziehung zu den Rothenhans wäre gegeben).

7 Wagner stellt hier Mutmaßungen über eine Ursache im Bereich der Praecordia an (hier lat. „causa circa praecordia"). – Zum Begriff der „praecordia" vgl. Brief Nr. 24, Endnote 13.

8 Wagner vermerkt hier eine seiner Ansicht nach unzureichende Funktion von Ventriculus, Duodenum und von den übrigen der Digestion, der Elaboration (also gleichsam Verfertigung) und der Distribution (also gleichsam Verteilung) des Chylus gewidmeten Teilen (lat. „Ventriculus, Duodenum et reliquae digestioni, elaborationi et distributioni Chyli dicatae partes"). – Das zeitgenössische Anatomisch-chirurgische Lexikon, Sp. 1067 f., beschreibt „Ventriculus", bzw. „Stomachus" oder den „Magen", als den „im Unterleibe, unter dem Zwerchfell (diaphragma) zwischen der Leber und Milz gelegene[n] membranöse[n] Sack, wohin die Speisen und Getränke durch den Mund und Magenschlund (oesophagus) gebracht werden". Weitere zeitgenössische Einträge finden sich in der Onomatologia Medica Completa, Bd. 2, Sp. 1310, und bei Zedler (1732–1754), Bd. 19, Sp. 262–265 („Magen"). – Das „Intestinum Duodenum", bzw. der „Zwölffingerdarm", hat nach dem zeitgenössischen Anatomisch-chirurgischen Lexikon, Sp. 493, „den Namen von seiner Länge, weil er nur zwölf Queerfinger lang [sei]". Er sei das erste und kürzeste der dünnen Gedärme und „n[ehme] seinen Anfang von der unteren Magenöfnung (pylorus), mache[] unter Wegens drey verschiedene Krümmungen oder Wendungen, endige[] sich in der Gegend des zweyten Lendenwirbelbeins, woselbst aus ihm der leere Darm (jejunum) entstehe[]". Weitere zeitgenössische Einträge finden sich in der Onomatologia Medica Completa, Bd. 2, Sp. 875, und bei Zedler (1732–1754), Bd. 7, Sp. 193–195 („Darm"). – Unter der „Digestio" versteht man gemäß einem zeitgenössischen Eintrag in der Onomatologia Medica Completa, Bd. 1, Sp. 555, „die Verdauung der Speisen in dem Magen, oder auch die Zubereitung roher, zäher, in dem Magen ligender Säfte zu dem Ausführen". Ein weiterer zeitgenössischer Eintrag findet sich bei Zedler (1732–1754), Bd. 7, Sp. 900 f. – Nach dem zeitgenössischen Anatomisch-chirurgischen Lexikon, Sp. 221 („Chylus, Chymus"), ist zwischen „Chylus" und „Chymus" zu unterscheiden. Im Chymus „oder demjenigen groben Nahrungssaft, so zuerst aus denen genoßenen Speisen zubereitet w[e]rd[e], s[eien] die nahrhaften Theile noch einigermaßen mit anderen nicht nahrhaften Theilen (partes excrementitiae) vermischet". Erst wenn dieser Chymus „vermöge der zweyten Kochung oder Verdauung (concoctio secunda) in dem Zwölffingerdarm in einen weißen, milchhaften Saft dermassen verwandelt w[e]rd[e], daß dieser die Mischung unseres Körpers völlig an sich ha[be], so w[e]rd[e] dieses der rechte Nahrungs- oder Milchsaft chylus genennet". Ein ähnlicher Eintrag findet sich in der Onomatologia Medica Completa, Bd. 2, Sp. 218 f., wohingegen in den zeitgenössischen zugehörigen Einträgen bei Zedler (1732–1754), Bd. 5, Sp. 2309 („Chylus") und 2310 f. („Chymus"), sowie Bd. 7, Sp. 283 („Dauung, Verdauung"), die Begrifflichkeiten teils auch abweichend verwendet werden.

9 Der „Liquor gastricus" bzw. „Gastricus Liquor" ist nach einem zeitgenössischen Eintrag im Anatomisch-chirurgischen Lexikon, Sp. 391 f. („Gastricus Liquor"), „diejenige Feuchtigkeit im Magen, welche zum Theil ein wahrer Speichel, zum Theil eine aus den Drüsen der Speiseröhre (oesophagus) und des Magens abgesonderte Feuchtigkeit [sei], und zur Verdauung derer Speisen nothwendig [sei]". Weitere Einträge finden sich in der Onomatologia Medica Completa, Bd. 2, Sp. 666 („Gastricus liquor, oder succus, der Magensaft"), und bei Zedler (1732–1754), Bd. 19, Sp. 273 („Magen-Safft").

10 Eine „membrana" (hier lat. Akk. Pl. „membranas"), bzw. „Tunica, eine Haut, oder Fell", ist nach einem zeitgenössischen Eintrag im Anatomisch-chirurgischen Lexikon „ein mehr oder weniger dichter, wie Papier oder Leinwand ausgebreiteter Theil, so aus vielen durch einanderlauffenden Fibern oder Fasern (fibrae) von einerley Dicke gleichsam gewebet und zusammengesetzt [sei]". Es gebe dünnere und dickere Häute sowie solche aus einer oder solche aus mehreren Schichten, überhaupt seien im Körper sehr viele verschiedene Häute vorhanden. Weitere zeitgenössische Einträge finden sich in der Onomatologia Medica Completa, Bd. 2, Sp. 1016 f., und bei Zedler (1732–1754), Bd. 12, Sp. 923–926 („Haut"). – Zu den „membranae ventriculi", also den „Häute[n] des Magens", im Besonderen bemerkt das Anatomisch-chirurgische Lexikon, Sp. 553 f., in einem zeitgenössischen Eintrag, dass der Magen „überhaupt von einer membranösen Substanz" sei und aus fünf Häuten zusammengesetzt werde. Die erste sei „eine membranöse Haut, membranacea, so ihren Ursprung von dem Darmfell n[ehme], und auch die gemeinschaftliche Haut, communis, genennet w[e]rd[e]"; die zweite Haut sei „die zellulöse, cellulosa, welche einige Anatomisten in der Beschreibung dieser Häute wegl[ießen], weil sie dieselbe für keine eigentliche Haut, sondern ein dünnes zellulöses Gewebe h[ie]lten"; die dritte Haut heiße „die muskulose oder fleischerne, musculosa, s. carnea, deren Fibern sehr verschieden, und wunderbahr unter einander l[ie]ffen"; die vierte Haut wiederum sei „die nervigte, nervea, sie s[e]he[] weiß aus, und [sei] ein Gewebe von verschiedenen kreutzweise in einander lauffenden sehnigten und nervigten Fibern" und sei zudem „mit vielen kleinen Drüsen versehen, welche den Magensaft (liquor gastricus) absondern [würden]"; die fünfte Haut schließlich sei „die wolligte Haut, villosa, welche am weitesten, sehr dünne und voller kleinen Löcher (pori) [sei]". Ein weiterer zeitgenössischer Eintrag findet sich in der Onomatologia Medica Completa, Bd. 2, Sp. 1021. – Ferner verweist Wagner hier auf die angegriffenen „membranae Oesophagi", also Häute der Speiseröhre. Das Anatomisch-chirurgische Lexikon, Sp. 729–731, beschreibt zeitgenössisch den „Oesophagus", auch „Gula s. Laemus, der Schlund, die Speiseröhre oder die Gurgel", als „ein[en] häutige[n] oder membranöse[n] Kanal, welcher hinten im Gaumen seinen Anfang n[ehme], und bis an den Magen gehe[], wodurch die Speisen und das Getränke aus dem Munde in den Magen gebracht w[ü]rden". Die Speiseröhre sei „[d]er Substanz nach [...] membranös oder aus Häuten zusammengesetzet, und bestehe[] eben wie der Magen aus fünf (oder nach einiger Meinung nur aus vier) Häuten, die eben so h[ie]ßen, wie diejenige, so den Magen ausmach[t]en, nemlich die häutigte (membranacea), die fleischigte (musculosa), die zellulöse, die nervigte, und die wolligte (villosa)". Ein weiterer zeitgenössischer Eintrag findet sich in der Onomatologia Medica Completa, Bd. 2, Sp. 1163 („Oesophagus").

11 Ein zeitgenössischer Eintrag bei Zedler (1732–1754), Bd. 8, Sp. 867 f., beschreibt ein „Elixir" als „eine aus vielen einfachen Sachen mit einem tüchtigen Menstruo aufgelöste, flüssende und an Farbe dunckele Artzeney". Von den Elixieren gebe es „in denen Apothecken verschiedene Arten". In den Apotheken werde „unter dem Wort Elixir eine Essentz oder flüssender Extract verstanden, welcher mit unterschiedenen Schwefel- und Oel-Theilgen sattsam angefüllet [sei]", d.h. es sei daher „von der Natur derer Tincturen wenig unterschieden, ausser daß es mehr wesentliche Oel-Theilgen besitze[]". Die Grundlage bzw. „der vornehmste Theil derer Elixire bestehe[] in einem geistigen Menstruo, welches geschickt ist, das Wesen und die Essentz aus denen Sachen zu ziehen, worüber es gegossen worden"; dazu diene v.a. Spiritus Vini. Zudem sei zu beachten, dass „[d]as Menstruum [...] bey denen Elixiren nicht über etliche Quer-Finger hoch auf die Species gegossen werden [dürfe]; darnach l[a]sse[] man es in einer [...] Digestion stehen". – Schneider (1968–75), Bd. VI, S. 89, erklärt zu den „Elixira", dass sie seit 1565 in den Pharmakopöen vertreten waren, ihre Höchstzahl aber im 18. Jh. erreichten (z.B. in der Pharmakopöe Württemberg 1798 mit 28 Vorschriften). Im 19. Jh. verminderten sich die entsprechenden Vorschriften stark. Meist waren die Elixiere Composita, d.h. einfache Elixiere waren nur vereinzelt vertreten. Ursprünglich wurden die Elixiere zudem als „chemische“ Präparate aufgefasst, erst im 19. Jh. wandelte sich das Verständnis hin zu „galenischen“ Präparaten.

12 Wagner gibt hier die Zusammensetzung des von ihm mittags verabreichten Pulvers an. – Zunächst nennt er als Bestandteil „Pulvis Stomachicus Birkmanni“. Zum hier gebrauchten alchemistisch-pharmazeutischen Symbol für „Pulvis“ vgl. Schneider (1962), S. 48. In einem zeitgenössischen Eintrag bei Zedler (1732–1754), Bd. 29, Sp. 1577 f., zu „Pulvis Stomachicus D. D. Birckmanni“ findet sich eine Rezeptur wie folgt angegeben: „{Recipe} Pulv. Rad. Ari praeparatarum, {2 Unzen} | Pulv. Acori vulgaris, | Pulv. Pimpinellae, ana {1 Unze} | Oculorum Cancri, {halbe Unze} | Cinnamomi, {3 Drachmen} | Salis Absinthii, | Juniperi, ana {1 Drachme} | Sacch. rosati, ad pondus omnium“. Ferner wird erläutert, dieses wohlschmeckende Pulver sei „nicht nur gut, den Magen zu stärcken, [...], sondern nutze[] auch dem Haupte, und [sei] gut vor Kopff-Wehe, Schwindel, Miltz-Beschwerung, zur Cachexie, und zum Steine, wie auch vor das viertägige Fieber“. Die Dosis sei „ein halb Quentgen bis zwey Scrupel“. Wagner verwendet hier einen halben Skrupel des „Pulvis Stomachicus Birkmanni“; vgl. zu den verwendeten alchemistisch-pharmazeutischen Symbolen Schneider (1962), S. 52. – Theodor Birckmann (Birkmann) wurde um 1531/33 geboren und starb 1586. Er stammte aus einer berühmten Kölner Buchhändler- und Verlegerfamilie (zunächst führten Vater Arnold Birckmann (gestorben 1542) und Onkel Franz Birckmann (gestorben 1529) das Unternehmen, später Theodors Bruder Johann Birckmann (gestorben 1572)). Theodor Birckmann studierte Medizin und erwarb sich einen Ruf als bekannter Arzt. Ferner beschäftigte er sich u.a. mit chemischen Experimenten. Das von ihm angegebene Pulvis Stomachicus Birckmanni blieb bis ins 19. Jh. erhalten; vgl. NDB, Bd. 2, S. 254 f. (v.a. S. 254 im Eintrag zu Johann Birckmann); ADB, Bd. 2, S. 663 f. (v.a. S. 664 mit eigenem Eintrag zu Theodor Birkmann); auch DBE, Bd. 1, S. 673 (zur Familie Birckmann). – Als weiteren Bestandteil des mittags von ihm verabreichten Pulvers nennt Wagner dann „Sal Absinthii“. Zum hier verwendeten alchemistisch-pharmazeutischen Symbol für „Sal“ vgl. Schneider (1962), S. 50 f. Zur pflanzlichen Droge Wermuth bzw. Absinthium vgl. bereits Brief Nr. 32, Endnote 27. Zu einer kurzen Übersicht zur Verwendung von Pflanzenaschen bzw. Pflanzensalzen, insbesondere auch des „Sal Absinthii“ vgl. bereits Brief Nr. 32, Endnote 30. Ein ausführlicher zeitgenössischer Eintrag zu „Sal Absinthii“, seiner Herstellung, Verwendung (u.a. stärke es „sonderlich den Magen und die Leber“) und Dosierung (u.a. zur „Oeffnung des Leibes [...] von 4 bis zu 10 und mehr Granen“) findet sich bei Zedler (1732–1754), Bd. 55, Sp. 401–415 („Wermuthsalz“). – Als dritten Bestandteil des mittags von ihm verabreichten Pulvers führt Wagner sodann „Arcanum 2plicatum“ (also „Arcanum duplicatum“) an (wie alle Glieder der hier nicht durch Kommata abgegrenzten Aufzählung im lat. Abl.). Zedler (1732–1754), Bd. 2, Sp. 1184, beschreibt in einem zeitgenössischen Eintrag „Arcanum duplicatum“, oder „Nitrum vitriolatum“, als „ein chymisches, weiß und bittres Saltz, dem Tartaro vitriolato nicht ungleich, welches durch Vermischung des Salpeters und Vitriols vermittelst der Calcination bereitet w[e]rd[e]“, wobei seine Kräfte denen des Tartarus vitriolatus gleichkämen. Schneider (1968–75), Bd. III, S. 152, verweist entsprechend als Synonym für den medizinischen Gebrauch von „Kali sulphuricum“ bzw. „schwefelsaurem Kali“ auch auf „Arcanum duplicatum“, wie auch u.a. „Sal de duobus“ oder „Tartarus vitriolatus“. Aus Schneider (1968–75), Bd. VI, S. 141, lassen sich unter dem Eintrag „Kalium sulfuricum“ weitere Informationen zur Verwendungsgeschichte des Kaliumsulfats gewinnen, das von der chemiatrischen Zeit bis zum 20. Jh. unter verschiedentlichen Herstellungsverfahren und Bezeichnungen (darunter eben auch „Arcanum duplicatum“) pharmakopöe-üblich war. Das „Arcanum duplicatum“ wurde um 1750 u.a. unter die Diaphoretica (also schweißtreibenden Mittel) und die Digerentia (verdauungsbefördernde Mittel) gezählt; vgl. Schneider (1968–75), Bd. II, S. 46 f. – Als vierten und letzten Bestandteil des mittags von ihm verabreichten Pulvers nennt Wagner schließlich „flavedo Corticum Aurantiorum“ (auch hier im lat. Abl.). Zum hier verwendeten alchemistisch-pharmazeutischen Symbol für „Aurum“ vgl. Schneider (1962), S. 32. Bei Schneider (1968–75), Bd. V/1, S. 322–332, lassen sich folgende Informationen zu dieser pflanzlichen Droge entnehmen: Sie gehört zur Gattung „Citrus“ aus der Familie der Rutaceae; Zitatempfehlung für die hier relevante Art ist v.a.: Citrus aurantium ssp. aurantium (S.) (wie üblich wird die Zitatempfehlung nach Schneider gegeben; neuere wissenschaftliche Erkenntnisse zur Systematik in der Gattung der Zitrusfrüchte können hier daher nicht berücksichtigt werden). Die bittere Pomeranze war den Indern bekannt und kam im 9./10. Jh. nach Arabien, um 1000 nach Sizilien, sodann nach Nordafrika, Spanien und Italien, wobei bald Kulturen entstanden. Schon bei mittelalterlichen Kräuterbuchautoren findet sich im Kapitel „Pomerantzen“ der Hinweis auf eine Verwendung der Schalen gegen Magenerkrankungen. In der Pharmakopöe Württemberg 1741 sind aufgeführt: Flores Aurantiorum (Pomerantzenblüth; Alexipharmacum, Cordiale), Semen Aurantiorum (Pomerantzenkern, Pomerantzen-Saamen; Alexipharmacum, Diaphoreticum, Anthelminticum), Cortex Aurantiorum (Arantiorum, Pomorum Aurantiorum, Pomerantzen-Schaalen; Tonicum, Carminativum, Antiscorbuticum), Flavedo Corticum Arantiorum, Aqua (dest.) Flores A., Aqua (dest.) Cort. Fruct. A., Aqua Cort. A. cum Vino, Conditum Cort. A., Elaeosaccharum A., Essentia Cort. A. spirituosa, Essentia Cort. A. cum Vino Malvatico, Oleum Cort. A., Spiritus Cort. A., Syrupus Cort. A., Tinctura Martis cum Vino Malvatico et Pomis Aurantis. Auch um 1780 wird noch auf den Gebrauch getrockneter Pomeranzenschalen hingewiesen, wobei man, wenn man das weiße, schwammige und unangenehm schmeckende Mark (Albedo Aurant.) entferne, übrigbleibend das Gelbe der Pomeranzenschale, nämlich wie hier in den Angaben Wagners, Flavedo Aurant. erhalte. Ein zeitgenössischer Eintrag aus der ersten Hälfte des 18. Jh. zur „Pomeranze“ findet sich ferner bei Zedler (1732–1754), Bd. 28, Sp. 1354–1363, wobei auch hier auf die Verwendung insbesondere der bitteren Pomeranze in Arzneien verwiesen wird, speziell auch der Schale „zur Stärckung und Erfrischung des Magens“. – Von den letztgenannten drei Bestandteilen soll laut Wagner hier für das Pulver jedes gleichviel zu vier Gran beigefügt werden. Zum alchemistisch-pharmazeutischen Symbol für „Ana“ also „jedes gleichviel“ vgl. Schneider (1962), S. 27; zum alchemistisch-pharmazeutischen Symbol bzw. der Abkürzung für „Granum“, also ein Gran als der sechzigste Teil eines Quentleins und der zwanzigste Teil eines Skrupel, vgl. Schneider (1962), S. 40.

13 Gemeint ist hier ein Stuhlgang wie nach Einnahme von Laxantia. – Zu „Sedes“ (hier lat. Akk. Sgl. „Sedem“) als Synonym für „Stuhlgang“ vgl. auch Brief Nr. 32, Endnote 20. Zur Arzneimittelgruppe der „Laxantia“ vgl. Brief Nr. 29, Endnote 18.

14 Wagner verordnet hier ein kleines Kissen (hier „Küßlein“) mit „Species aromaticae & carminativae“ (hier lat. Abl. Pl. „Speciebus aromaticis & carminativis“). – Zur Arzneimittelgruppe der „Aromatica“ lassen sich bei Schneider (1968–75), Bd. II, S. 37, folgende zentrale Informationen entnehmen: „Aromatica“ sind „wohlriechende Arzneimittel“ wie etwa Gewürze, aber auch ätherische Öle, Harze, Balsame. Um 1750 werden als „Aromata“ u.a. genannt: Caryophylli, Radix Ninsing, Piper u.v.m. Ein zeitgenössischer Eintrag aus der ersten Hälfte des 18. Jh. findet sich bei Zedler (1732–1754), Bd. 2, Sp. 1617 („Aromatica Medicamenta“). – Zur Arzneimittelgruppe der „Carminativa“ vgl. bereits Brief Nr. 29, Endnote 13.

15 Zur therapeutischen Verwendung von Vipern vgl. Brief Nr. 32, Endnote 48.

16 Vgl. auch zum „Pulvis Viperarum“ (hier lat. Akk. Sgl. „Pulverem Viperarum“) Brief Nr. 32, Endnote 48. – Die als Beilage zu dem wohl an das Fräulein von Bobenhausen gerichteten Brief Wagners aus der UBE Briefsammlung Trew, Korr. Peter Christian Wagner, Nr. 72, erhaltene Abschrift eines Rezepts könnte (soweit die hier im Folgenden von Wagner gemachten Angaben eine solche Zuordnung zulassen) dem hier von Wagner nur in groben Zügen in seiner Zusammensetzung beschriebenen Pulver („Pulverem Viperarum cum ...“) zuzuordnen sein.

17 Wagner will hier also ein Vipernpulver zusammen mit „sacharum Lactis“ (hier lat. Abl. Sgl. „sacharo Lactis“) zum Einsatz bringen. – Schneider (1968–75), Bd. VI, S. 211 f. („Zucker“), liefert zur Verwendung von „Saccharum Lactis“ bzw. Lactose oder Milchzucker folgende Informationen: Saccharum Lactis war in die Pharmakopöen seit dem 18. Jh. aufgenommen, so auch in die Pharmakopöe Württemberg 1741, wo als Verwendung genannt sind: Antispasmodicum, Demulcans, Anodynum, Arthriticum, Antiscorbuticum, Antinephriticum, Antihecticum. Dabei lieferten die ersten Pharmakopöevorschriften Molkenpulver-ähnliche Präparate. Im 19. Jh. wurde dann auf Apothekenherstellung verzichtet, als recht reiner Milchzucker in den Handel kam. Weitere Informationen zu „Saccharum Lactis" finden sich auch bei Schneider (1968–75), Bd. I, S. 44 („Lac"), sowie bei Schneider (1968–75), Bd. III, S. 101.

18 Neben „sacharum Lactis" will Wagner hier gemeinsam mit dem Vipernpulver ein „pulvis e chelis Cancrorum Lond." (hier ebenfalls im lat. Abl. Sgl.; zum alchemistisch-pharmazeutischen Symbol für „Pulvis" vgl. bereits Endnote 12) zum Einsatz bringen. Bei Zedler (1732–1754), Bd. 29, Sp. 1470 f., findet sich zeitgenössisch eine Rezeptur für ein „Pulvis E Chelis Cancrorum, Lond. Deckeri" wie folgt angegeben: „{Recipe} Margarit. | Lapid. Cancror. | Corall. rubr. | Succin. alb. | C.C. philosoph. ppt. | Lapid. bezoard. {ana} {halbe Unze} | Pulv. ex Apicib. Chelar. Cancr. {drei Unzen} | Mischet es zu einem Pulver, und machet mit Nattern-Gallerte Küglein daraus." – Nach Schneider (1968–75), Bd. I, S. 25 („Cancer"), waren Krebsscheren bzw. „Chelae Cancrorum", insbesondere vom Taschenkrebs Cancer pagurus L., durchaus gebräuchlich. So finden sie sich auch in der Pharmakopöe Württemberg 1741 als Nephriticum und Absorbens genannt.

67 — *19. Januar 1744*

Peter Christian Wagner, Erlangen, an Christoph Jacob Trew, <Nürnberg>

HochEdelgebohrner und Hochgelehrter
sonders Hochgeehrtester Herr Hoff-Rath.

Weilen sich Ewer HochEdelgebohrn Vor den Kupffer Stecher Zu Rothenburg[1], welcher aus eigenen Trieb die KupfferPlatte bereits die Helffte Verfertiget und die Arbeit gerne nicht umsonst gethan haben will, *interressiren,*[2] so will ich es wagen und wenn Er Sie binen 14 Tagen recht sauber gestochen nebst denen Verlangten 250 Abdrucken auf sauber großes Schreib-Papier liefert, davor die Verlangten 25 Gulden Rheinisch[3] Zahlen, ob ich gleich Von Herrn Klein[4] keine weitere *ordre*, als nur die Zeichnung Zurücke Zu senden habe und ohngeachtet Er mir geschrie| 2 |ben[5], daß Ihm keine Von allen Zu seinen Wercken gestochenen Platten, deren doch einige Viel größer und recht künst[lerisch] *graviret* sind, mehr als 15 Reichstaler[6] gekostet habe.[7] Die Zeichnung muß nebst der Platte und Abdrucken mit Zurücke gesandt werden, weilen solche in meines gnädigsten Herrn[8] *Cabinet*[9] gehöret und Vor mich selbst wolte ich noch 5 Abdrucke besonders ausgebeten haben, da gegen aber den Künstler Versichern, daß Wenn Er es recht sauber und gut machet, Er gewiß mehr Zu thun bekommen und sich nicht wenig dadurch *recommendiren* soll. Was ich übrigens Herrn *Secretario* Klein wegen des *Commercii Litterarii*[10] und was Ewer hochEdelgeb[ohrn] Von seinen *opuscu*| 3 |*lis* noch fehle,[11] antworten soll, will ich mir gütigst Zu melden Zu gleicher Zeit ausgebeten haben. Der Herr Geheime Rath *Superville*[12] deme ich das Muster Von der *Sarsapilla*[13] nebst dem *Compliment* überbracht, und mein Herr Schwieger Vater[14] empfehlen sich Hinwiederum und ich Verharre mit Vollkomenster Hochachtung

Ewer HochEdelgeb[ohrn]

eiligst
Christian Erlang
den 19. *Ianuarii* gehorsamster Diener
1744. P[eter] C[hristian] Wagner *Dr.*

***H** UBE Briefsammlung Trew, Korr. Wagner, Nr. 50. 3 S.*

8 Verfertiget und] (1) Verfertiget [haben] und (2) Verfertiget und

---

1 Der hier erwähnte Rothenburger Kupferstecher, bei dem es sich um Johann Friedrich Schmidt <1730–1785> gehandelt haben dürfte, sollte eine Kupferplatte zu Zeichnungen Jacob Theodor Kleins anfertigen. Klein hatte die Zeichnungen an Wagner zunächst übersandt, um sie in Nürnberg in Kupfer stechen zu lassen. Der von Wagner um Vermittlung gebetene Trew hatte dann aber in der Folge anstelle eines Nürnberger Kupferstechers den Rothenburger Künstler empfohlen, womit sich Klein auch einverstanden erklärte hatte. Nachdem aber der Rothenburger Künstler die Platte nicht vor dem Erscheinen des Werkes Kleins „Summa dubiorum circa classes quadrupedum...", für das sie bestimmt war, geliefert hatte, hatte Klein zuletzt über Wagner um Rücksendung seiner Zeichnung gebeten, um sie stattdessen in Warschau stechen zu lassen; vgl. dazu bisher Brief Nr. 62, Z. 25–33, Brief Nr. 63, Z. 13–17, Brief Nr. 64, Z. 20–36, Brief Nr. 65, Z. 7–21, und Brief Nr. 66, Z. 8–12. Wie aus vorliegendem Brief Wagners zu entnehmen, hatte sich nun aber offenkundig Trew noch einmal für den Rothenburger Künstler eingesetzt, so dass die Erstellung der Kupferplatte doch in dessen Händen verblieb (und wohl die zugehörigen Abbildungen dann auch noch in Kleins Werk eingefügt wurden). Auf Basis des vorliegenden Briefwechsels bleibt aber unklar, inwieweit der über die Verzögerungen verärgerte Klein am Ende mit der Arbeit des Künstlers zufrieden war; vgl. im Weiteren Brief Nr. 69, Z. 7–11, und Brief Nr. 71, Z. 8–12 sowie Z. 15–21. – Zum Rothenburger Kupferstecher Johann Friedrich Schmidt <1730–1785> siehe Brief Nr. 63, Endnote 9. – Zu Rothenburg siehe Brief Nr. 64, Endnote 16.
2 Wagner hatte im Vorfeld des vorliegenden Briefes offenbar Nachricht von Trew wohl in Gestalt einer Bitte um Weiterbeschäftigung des Rothenburger Kupferstechers erhalten (zugleich waren, s.u., wohl auch Grüße und ein Muster von „Sarsapilla" an Daniel von Superville übermittelt worden). Allerdings lässt sich auf Basis der erhaltenen Korrespondenz nicht sicher entscheiden, auf welchem Weg die Nachricht übermittelt wurde, d.h. ob in Form eines Briefes oder doch möglicherweise mündlich z.B. über eine dritte Person.
3 Zu dieser Währungseinheit vgl. Brief Nr. 1, Endnote 10, und Brief Nr. 48, Endnote 8.
4 Zu Jacob Theodor Klein (1685–1759) siehe Brief Nr. 57, Endnote 3.
5 In der UBE Briefsammlung Trew sind keine Briefe Kleins an Wagner erhalten.
6 Zu dieser Währungseinheit vgl. Brief Nr. 6, Endnote 13.
7 Bereits in Brief Nr. 65, Z. 12–16, hatte Wagner Trew informiert, dass Klein in einem nicht erhaltenen Brief vom 21. Dezember 1743 ihn um Rücksendung seiner Zeichnungen gebeten hatte, einerseits aufgrund der aufgetretenen Verzögerungen, andererseits aber auch insbesondere da der vom Rothenburger Künstler geforderte Preis für die Erstellung einer Kupferplatte viel höher sei als Klein ihn jemals für andere Platten gezahlt habe.
8 Gemeint ist hier der Markgraf Friedrich von Brandenburg-Bayreuth (1711–1763), vgl. zu seiner Person Brief Nr. 42, Endnote 11.

9 Die Zeichnung Jacob Theodor Kleins (eine Abbildung „Zweÿer Cercopithecorum", vgl. Brief Nr. 66, Z. 10) sollte also offenkundig nach Fertigstellung der Kupferplatte in das Kabinett des Bayreuther Markgrafen übergehen. – Wesentlicher Grundstock des Kabinetts des Bayreuther Markgrafen Friedrich war die bereits im Jahr 1740 käuflich erworbene Privatsammlung eben des Danziger Naturforschers Jacob Theodor Klein, die v.a. eine große Zahl zoologischer, botanischer und geologischer Objekte umfasste. Insgesamt aber waren die im Alten Schloss in Bayreuth eingerichteten markgräflichen Sammlungen, eben als ein „Kunst- und Naturalienkabinett", in sich noch sehr heterogen, d.h. sie umfassten neben den Naturalien u.a. auch Geschirr, Urnen, Antiquitäten und Waffen. Anlässlich der Gründung der Erlanger Universität im Jahr 1743 verfügte der Markgraf, dass sein Kabinett nach seinem Tod in das Eigentum der Universität übergehen solle, wie es später mit Verzögerungen auch geschah. Aufgrund seiner Bedeutung für die Frühgeschichte der Erlanger Universitätssammlungen war das Kunst- und Naturalienkabinett des Bayreuther Markgrafen Friedrich in den letzten Jahrzehnten immer wieder Gegenstand wissenschaftlicher Aufsätze; vgl. Friederich (1993); Seelig (1993); Dippold (2002); und zuletzt Wittern-Sterzel (2007). – Peter Christian Wagner wurde im Gefolge seines Umzugs nach Bayreuth 1743 auch mit der „Aufsicht über das prächtige Naturalien Cabinet" des Markgrafen betraut; siehe Delius (1766) (insbesondere S. 186).
10 Zur Zeitschrift des Commercium Litterarium im Allgemeinen vgl. Brief Nr. 6, Endnote 2. – Jacob Theodor Klein hatte bereits mehrfach versucht, über Wagner Erkundigungen wegen des Ausbleibens seines Commercium Litterarium einzuziehen, vgl. Brief Nr. 62, Z. 22–25, und Brief Nr. 65, Z. 23–29. Offenbar hatte Wagner aber bislang auf seine diesbezüglichen Fragen noch immer keine Antwort von Trew erhalten. – Zu den zunehmenden Lieferungsverzögerungen und -schwierigkeiten gerade in den späten Jahren des Commercium Litterarium vgl. auch Brief Nr. 18, Endnote 3.
11 Klein hatte Trew über Wagner die Zusendung seiner Werke angeboten, wenn ihm davon welche fehlen sollten, vgl. bereits Brief Nr. 64, Z. 29–32.
12 Zu Daniel von Superville (1696–1773) siehe Brief Nr. 59, Endnote 7.
13 Gemeint ist hier evtl. die „Sarsaparilla" (ein Eintrag zu „Sarsapilla" konnte im Rahmen der hier vorgenommenen Recherchen in einschlägigen Lexika etc. nicht nachgewiesen werden). – Zur „Sarsaparilla", auch ihrer damaligen medizinischen Verwendung, vgl. Brief Nr. 26, Endnote 37.
14 Zu Johann Friedrich Weis(s)mann (1678–1760), dem Schwiegervater Wagners, siehe Brief Nr. 15, Endnote 4.

68* — *<ca. 15. Februar 1744>*

Peter Christian Wagner, <Erlangen>, an Christoph Jacob Trew, <Nürnberg>

Wagner teilte Trew in diesem Schreiben mit, was ihm selbst und seinem Schwiegervater Johann Friedrich Weis(s)mann von der Zeitschrift des Commercium Litterarium fehlte.

Erschlossen nach Brief Nr. 69, Z. 11–14; als Beilage: Exemplar des Werkes Jacob Theodor Kleins „Summa dubiorum circa classes quadrupedum..." (vgl. Brief Nr. 69, Z. 12).

69 ***29. Februar 1744***

Peter Christian Wagner, Erlangen, an Christoph Jacob Trew, <Nürnberg>

HochEdelgebohrner Und Hochgelehrter
Hochgeehrtester Herr Hoff-Rath.

Mit dem Rothenburgischen Künstler[1] bin ich gar nicht wohl Zufrieden, daß Er mich mit der ♀ Platte[2] so sehr lange aufhält und er wird sich durch dießen Verzug schwehrlich *recommendiren*, daß man Ihme mehrers Zu thun gäbe. Inzwischen *pressiret* mich herr Klein[3] schon wiederum in einen neuen Schreiben[4], weilen der *Tractat*[5] schon längstens heraus ist und bereits Viele Exemplare *distribuiret* und Versandt worden sind. Ich hoffe, Ewer HochEdelgeb[ohrn] werden Vor 14 Tagen das an Sie gesandte Exemplar richtig erhalten und Zugleich aus meinem | 2 | Schreiben[6] ersehen haben was Meinem Herrn Schwieger Vater[7] und mir am *Commercio litterario Medico*[8] mangle. Ich nehme demnach hierdurch die Freÿheit mir dieße und die neuern Bögen nebst einer kurtzen Antwort auf meine Vorige Briefe aus Zu bitten. Der ich unter einem großen *Comp[liment]* Von meinen Herrn Schwieger Vater mit aller Hochachtung eiligst Verharre

Ewer hochEdelgeb[ohrn]

Erlang den 29. *Febr[uarii]* 1744.

gehorsamster Diener
Wagner *Dr.*

PS: In wenig Tagen werden wir wiederum Von hier[9] nach Baÿreuth[10] abgehen.

***H** UBE Briefsammlung Trew, Korr. Wagner, Nr. 51. 2 S. mit PS.*

---

1 Der hier erwähnte Rothenburgische Künstler, bei dem es sich um Johann Friedrich Schmidt <1730–1785> gehandelt haben dürfte, sollte eine Kupferplatte zu Zeichnungen Jacob Theodor Kleins anfertigen. Nachdem der Künstler aber die Platte nach einigen Verzögerungen nicht vor Erscheinen des Werkes Kleins „Summa dubiorum circa classes quadrupedum…“, für das sie bestimmt war, fertiggestellt hatte und zudem einen nach Meinung Kleins allzu hohen Preis verlangt hatte, hatte Klein Wagner um Rücksendung seiner Zeichnungen gebeten, um sie stattdessen in Warschau stechen zu lassen. Die Fürsprache des ebenfalls vermittelnd tätigen Trew für den Rothenburger Kupferstecher aber hatte wiederum zuletzt etwa Mitte Januar 1744 Wagner bewogen, die Arbeit doch zunächst bei dem Rothenburger Künstler zu belassen – nicht ohne eine Fertigstellung binnen 14 Tagen einzufordern, was nun offenkundig wieder nicht geschehen war; vgl. bisher Brief Nr. 62, Z. 25–33, Brief Nr. 63, Z. 13–17, Brief Nr. 64, Z. 20–36, Brief Nr. 65, Z. 7–21, Brief Nr. 66, Z. 8–12, und Brief Nr. 67, Z. 7–19. Schließlich kam es im Folgenden doch noch zur Fertigstellung der Platte (und damit wohl auch Einfügung der zugehörigen Abbildungen in das Werk Kleins), doch lässt der vorliegende Briefwechsel offen, inwieweit Klein am Ende mit der Arbeit des Rothenburger Künstlers zufrieden war; vgl. im Weiteren Brief Nr. 71, Z. 8–12 sowie Z. 15–21. – Zum Rothen-

burger Kupferstecher Johann Friedrich Schmidt <1730–1785> siehe Brief Nr. 63, Endnote 9. – Zu Rothenburg siehe Brief Nr. 64, Endnote 16.
2 Zum hier verwendeten Symbol für Kupfer (also „Kupfer Platte") vgl. Zedler (1732–1754), Bd. 15, Sp. 2148 [Druckfehler 1248]–2151 („Kupfer").
3 Zu Jacob Theodor Klein (1685–1759) siehe Brief Nr. 57, Endnote 3.
4 In der UBE Briefsammlung Trew sind keine Briefe Jacob Theodor Kleins an Wagner erhalten.
5 Gemeint ist hier das Werk Jacob Theodor Kleins „Summa dubiorum circa classes quadrupedum…", für das die Abdrucke der Kupferplatte nach Zeichnungen Kleins bestimmt waren. Zu ausführlichen bibliographischen Angaben siehe Brief Nr. 64, Endnote 14.
6 Dieses nicht erhaltene Schreiben Wagners an Trew wurde als erschlossener Brief Nr. 68* in die vorliegende Edition der Wagner-Trew-Korrespondenz eingefügt.
7 Zu Johann Friedrich Weis(s)mann (1678–1760), dem Schwiegervater Wagners, siehe Brief Nr. 15, Endnote 4.
8 Zur Zeitschrift des Commercium Litterarium im Allgemeinen vgl. Brief Nr. 6, Endnote 2. – Zu den zunehmenden Lieferungsverzögerungen und -schwierigkeiten gerade in den späten Jahren vgl. auch Brief Nr. 18, Endnote 3.
9 Gemeint ist hier Erlangen, vgl. dazu Brief Nr. 14, Endnote 1.
10 Zu Bayreuth siehe Brief Nr. 57, Endnote 6.

70* ***<ohne Datum>***

Christoph Jacob Trew, <Nürnberg>, an Peter Christian Wagner, <Erlangen>

Einzelne konkrete Inhalte des Schreibens Trews an Wagner, das die Übersendung der Kupferstiche für Jacob Theodor Klein begleitete, lassen sich aus der erhaltenen Korrespondenz nicht mehr sicher rekonstruieren, thematisiert wurden möglicherweise die Beschaffung eines Buches für Wagner und die Erkrankung des Fräulein von Bobenhausen.

Erschlossen nach Brief Nr. 71, Z. 8 f.; aus den überlieferten Schreiben der Korrespondenz geht die genaue Datierung dieses Briefes Trews an Wagner nicht hervor, jedoch ergibt sich aus der zeitlichen Abfolge der erhaltenen Korrespondenz der Zeitraum zwischen dem 29. Februar 1744 und dem 21. März 1744, desweiteren lässt sich der wahrscheinliche Zeitraum der Datierung weiter eher auf die erste Hälfte dieser Zeitspanne eingrenzen, erwähnt Wagner doch in Brief Nr. 71, dass ihn der Brief Trews nicht mehr in Erlangen, wohin er offenkundig zunächst adressiert war, erreicht habe und ihm erst nach Bayreuth nachgesandt werden musste; als Beilage: Päckchen mit Kupferstichen v.a. für Jacob Theodor Klein (vgl. Brief Nr. 71, Z. 8).

71 ***21. März 1744***

Peter Christian Wagner, Bayreuth, an Christoph Jacob Trew, <Nürnberg>

HochEdelgebohrner und Hochgelehrter
Insonders Hochgeehrtester Herr Hoff-Rath,
Hochgeneigter Gönner!

Nachdeme mich Ewer hochEdelgebohrn Hochgeschätztes[1] und das *Paquet* Kupffer-Stiche[2] nicht mehr in Erlang[3] angetroffen, und mir erst Hieher[4] nachgesandt werden müßen, so habe ich auch die Bezahlung dafür nicht sogleich übermachen können, damit solche den Kupffer-Stecher[5] noch in Nürnberg[6] angetroffen hätte. Ich übersende alßo beÿkommend die dafür bedungene 25 Gulden Rheinisch[7] welchen ich noch 11 Gulden 30 Kreuzer[8] Zu Erkauffung der *Historiae Muscorum Dillenii*[9] und noch 2 Gulden Rheinisch Vor das letzte halbe Jahr Von dem Verfloßenen und das erste halbe Jahr des Gegenwärtigen Jahr-Ganges Vom *Commercio Litterario Med[ico]*[10] beÿlege, annebst auch Ewer hochEdelgeb[ohrn] Vor die mit der Kupffer-Platte gehabte große Bemühung im Nahmen des Herrn Kleins[11] allen Verbindlichsten Danck sage, nicht Zweiffelnde, daß selbiger solchen werckthätig erweißen und mit seinen sämtlichen *opusculis* dagegen aufwarten werde.[12] Mich dünckt die Platte seÿe noch so Ziemlich gestochen, aber mit denen Abdrucken wird herr | 2 | Klein wohl nicht allerdings Zufrieden seÿn, weilen solche auf so grobes und unsauberes Papier gemachet worden.[13] Weilen die *Historia Muscorum* nicht anderst Zu bekommen ist, so kan solche nur mit denen Bögen Vom *Commercio litterario* Vor obiges Geld mit an meinen Herrn Schwieger-Vater[14] nach Erlang gesandt werden. Haben Ewer hochEdelgeb[ohrn] etwas Von frischen Saamen oder noch ein und anderes Pfläntzlein Vor mein hießiges Gärtlein[15] übrig, so würde sich [!] solche nebst der *Designation* der mir Voriges Jahr Verehrten *exoticorum*[16] mit gröster Danckbarkeit annehmen. Die Fräulen Von Bobenhaußen[17] hat freÿlich Von dem Vipern-Pulver[18] und *Bouillon* die angehoffte gäntzliche Hülffe auch nicht erhalten, jedoch hat man an Ihr nachdeme Sie es 12 biß 14 Tage gebrauchet hatte eine mehrere Munterkeit, beßeres Aussehen und ein klein wenig Zunahme an Fleisch und Kräfften deutlich wahrnehmen können, obgleich Sie es niemahlen hat wollen dazukommen laßen, da es doch nicht alleine ich, sondern alle im Hauße und andere Die Sie besuchet, angemercket hatten. Alleine die darauf erfolgte Veränderung des Wetters und einige Beunruhigungen haben Ihr wiederum etwas Zugesetzet, da Sie denn gleich alle Hoffnung und Trost Verliehret, sich nicht getrauet etwas, wenn es auch das unschuldigste wäre, Zu *continuiren*, und alle nur | 3 | immer habende Empfindungen der Arzeneÿ Schuld giebet. Weilen Sie dabeÿ immer Verstopffet ware und sich mit *suppositoriis*[19] öffters sehr plagen muste um Öffnung Zu erhalten, so habe ich ihr ein paar mahle 9 Stücke Von denen Balßamischen Becherischen Pillen[20] nehmen laßen, welcher Ihr einen starcken *sedem*[21] gewürcket. Wenn die Gnädige Fräulen nicht so sehr am Gemüthe litte, folglich ein wenig *traitabler* wäre[22] und sich gefallen ließe das *Vipern* Pulver und die Pillen nebst dem Magen Elixir[23], so beede fast aus puren *extractis*[24] bestehen, einige Monathe lang Zu *continuiren* und dießes FrühJahr *Bouillons* mit krebßen[25] und einen oder den andern Kräuter Safft Zu nehmen; so hoffte ich dennoch, daß Sie sich noch ein wenig mehr erholen und noch eine Zeitlang beßer fort *trainiren* würde. Alleine so ist und insonderheit[26] abweßend wenig mit Ihr Zu thun und aus Zu richten. Meine Frau und ich empfehlen uns der Frau Gemahlin und denenselbigen bestens und ich habe die Ehre mit Vollkommenster Hochachtung Zu Verbleiben

Ewer HochEdelgeb[ohrn]
Baÿreuth den 21. *Martii* gehorsamster Diener
1744. *Dr.* P[eter] C[hristian] Wagner

***H** UBE Briefsammlung Trew, Korr. Wagner, Nr. 52. 3 S. Postweg: Zustellung/Übermittlung (insbesondere der Beilagen) unter Mitwirkung von Wagners Schwiegervater Johann Friedrich Weis(s)mann (vgl. Brief Nr. 72, Z. 7–10); als Beilagen: Geld für die in Kleins Auftrag durch einen Rothenburger Kupferstecher angefertigte Arbeit (Z. 11 f.), Geld zur Beschaffung des Werkes „Historia Muscorum" von Johann Jacob Dillenius (Z. 12 f.) sowie Geld für das Commercium Litterarium (Z. 13–15).*

37 laßen] laßen: *erg. zwischen den Zeilen*

---

1 Dieses nicht erhaltene Schreiben Trews an Wagner wurde als erschlossener Brief Nr. 70* in die vorliegende Edition der Wagner-Trew-Korrespondenz eingefügt.

2 Die hier erwähnten Kupferstiche waren für Jacob Theodor Klein bestimmt. Klein hatte mit Wagners Hilfe zunächst auf Basis einer an Wagner übersandten Zeichnung eine Kupferplatte bei einem Nürnberger Künstler stechen lassen wollen. Der von Wagner in die weitere Vermittlung eingeschaltete Trew hatte dann aber offenbar stattdessen einen Rothenburger Kupferstecher empfohlen, bei dem es sich um Johann Friedrich Schmidt <1730–1785> gehandelt haben dürfte. Aufgrund von im Weiteren auftretenden Verzögerungen bei Fertigstellung der Kupferplatte, die bei Erscheinen des Werkes Kleins „Summa dubiorum circa classes quadrupedum…", für das die zugehörigen Abbildungen bestimmt waren, daher noch nicht zur Verfügung gestanden hatte, und aufgrund des nach Kleins Meinung allzu hohen von dem beauftragten Rothenburger Künstler geforderten Preises war es daraufhin zu Unstimmigkeiten gekommen und Klein hatte gar um Rücksendung seiner Zeichnung gebeten, um sie stattdessen in Warschau stechen zu lassen. Eine Fürsprache Trews für den Rothenburger Kupferstecher hatte Wagner aber sodann letztlich bewogen, die Arbeit doch in Rothenburg zu belassen, allerdings hatte er in der Folge erneut mit Unmut weitere Verzögerungen bei Fertigstellung der Platte durch den Künstler beklagen müssen. Erst nun im März 1744 also war endlich die für Klein bestimmte Kupferplatte nebst Abdrucken bei Wagner angelangt. Zu dem regen Austausch über die Kupferplatte für Jacob Theodor Klein vgl. Brief Nr. 62, Z. 25–33, Brief Nr. 63, Z. 13–17, Brief Nr. 64, Z. 20–36, Brief Nr. 65, Z. 7–21, Brief Nr. 66, Z. 8–12, Brief Nr. 67, Z. 7–19, und Brief Nr. 69, Z. 7–11.

3 Zu Erlangen (Erlang) vgl. Brief Nr. 14, Endnote 1. – Wagner hatte sich im Januar/Februar (bis Anfang März) 1744 mit dem Bayreuther Hof in Erlangen aufgehalten; vgl. Brief Nr. 65, Z. 20–23, sowie den Schreibort von Brief Nr. 66, Nr. 67, und Nr. 69 (mit Z. 23).

4 Gemeint ist hier Bayreuth, vgl. dazu Brief Nr. 57, Endnote 6.
5 Zum Rothenburger Kupferstecher Johann Friedrich Schmidt <1730–1785> siehe Brief Nr. 63, Endnote 9.
6 Zu Nürnberg siehe Brief Nr. 1, Endnote 5. – Der Rothenburger Kupferstecher hatte sich also offenkundig in Nürnberg aufgehalten, um die Platte nebst Abdrucken bei Trew abzuliefern.
7 Zu dieser Währungseinheit vgl. Brief Nr. 1, Endnote 10, und Brief Nr. 48, Endnote 8.
8 Zu diesen Währungseinheiten siehe ebenfalls Brief Nr. 1, Endnote 10.
9 Wagner hatte Trew bereits im März 1743 um die Besorgung des Werks „Historia Muscorum" (hier lat. Gen. Sgl.: „Historiae Muscorum") von Johann Jacob Dillenius (hier lat. Gen. Sgl.: „Dillenii") gebeten, vgl. Brief Nr. 58, Z. 30–32. – Zu ausführlichen bibliographischen Angaben zu dem Werk „Historia Muscorum" siehe Brief Nr. 58, Endnote 22. – Zu Johann Jacob Dillenius (1684–1747) siehe Brief Nr. 58, Endnote 21.
10 Zur Zeitschrift des Commercium Litterarium im Allgemeinen vgl. Brief Nr. 6, Endnote 2. – Zu den Zahlungsmodalitäten des Commercium Litterarium vgl. zudem Brief Nr. 14, Endnote 6.
11 Zu Jacob Theodor Klein (1685–1759) siehe Brief Nr. 57, Endnote 3.
12 Klein hatte Trew über Wagner die Zusendung seiner Werke (hier lat. Abl. Pl.: „opusculis") angeboten, wenn ihm davon welche fehlen sollten, vgl. Brief Nr. 64, Z. 29–32.
13 Wagner hatte in der Vergangenheit gegenüber Trew ausdrücklich betont, dass die Abdrucke der Kupferplatte „auf weiß Regal-Papier" gemacht werden sollten; vgl. Brief Nr. 64, Z. 36.
14 Zu Johann Friedrich Weis(s)mann (1678–1760), dem Schwiegervater Wagners, siehe Brief Nr. 15, Endnote 4.
15 Bei dem hier von Wagner erwähnten Garten in Bayreuth könnte es sich erneut um jenen handeln, den der Bayreuther Markgraf Friedrich in der Nähe des Alten Schlosses für botanische Studien Wagners und zum Nutzen der Schlossapotheke zur Verfügung gestellt hatte. Wagner hatte Trew schon im Frühjahr 1743 um Pflanzen für diesen Garten gebeten und in der Folge auch erhalten; vgl. dazu Brief Nr. 60, Z. 23–35, und Brief Nr. 62, Z. 8 f.
16 Wagner hatte Trew bereits mehrfach um ein Verzeichnis der ihm im letzten Frühjahr übersandten Pflanzen gebeten; vgl. Brief Nr. 62, Z. 35 f., Brief Nr. 63, Z. 17–19, und Brief Nr. 64, Z. 38–40. Eine entsprechende Liste ist im Rahmen der erhaltenen Briefe vorliegender Korrespondenz jedoch nicht überliefert.
17 Bereits in Brief Nr. 66, Z. 15–49, im Januar 1744 hatte sich Wagner gegenüber Trew zur Erkrankung des „Fräulen Von Bobenhaußen" geäußert, nachdem er sich während seines Aufenthaltes in Erlangen mit dem Bayreuther Hof wieder (wohl im Anschluss an seine früheren Erlanger Jahre) in deren Behandlung eingeschaltet hatte. Nach seiner Rückkehr nach Bayreuth erstattete Wagner hier nun Trew wohl abschließenden Bericht über die während seiner Anwesenheit in Erlangen eingeleiteten Behandlungsschritte und deren Erfolg bzw. Misserfolg. In der UBE Briefsammlung Trew, Korr. Peter Christian Wagner, Nr. 72, ist zudem ein Brief Wagners vom 13. Mai 1744 an ein ungenanntes „Fräulen Gevatterin" erhalten, der sich klar dem erkrankten Fräulein von Bobenhausen als Adressatin zuordnen lässt, d.h. dort wandte sich Wagner dann per Brief noch einmal direkt an die Patientin. – Zur schwierigen Zuordnung des hier als Patientin genannten „Fräulen Von Bobenhaußen" zu einer historischen Person vgl. ausführlich Brief Nr. 66, Endnote 6; auf Basis der im Rahmen vorliegender Arbeit vorgenommenen Recherchen könnte es sich sowohl um Elisabeth Charlotte von Bobenhausen (geb. 1692) wie um Sophie Charlotte von Bobenhausen (geb. 1689) oder aber auch um Anna Sophia von Bobenhausen (geb. 1697) handeln.
18 Wagner bezieht sich hier wohl auf das Vipernpulver, das er in Brief Nr. 66, Z. 46 f., zur Behandlung in Vorschlag gebracht hatte („Pulv[is] Viperarum mit sacharo Lactis und {Pulve}re e chelis Cancrorum Lond.") und dem wohl auch eine als Beilage zu UBE Briefsammlung Trew, Korr. Peter Christian Wagner, Nr. 72, erhaltene Rezeptur zugeordnet werden kann. – Zur therapeutischen Verwendung von Vipern vgl. Brief Nr. 32, Endnote 48.
19 Ein zeitgenössischer Eintrag aus der ersten Hälfte des 18. Jh. bei Zedler (1732–1754), Bd. 40, Sp. 1290 f. („Stuhlzäpfgen"), beschreibt ein „Suppositorium" (hier lat. Abl. Pl. „suppositoriis") oder „Stuhlzäpf-

gen“ als „ein hartes Wesen von Honig und Saltz, rund und länglich gestaltet, ohngefehr in der Grösse eines kleinen Fingers, worunter zuweilen purgirende Pulver, [...] gemischet, alsdenn mit Oele oder Butter bestrichen, und in den Hintern gesteckt werden“. Der Eintrag liefert beispielhaft auch Rezepturen für derartige „Stuhlzäpfgen“.

20 In einem zeitgenössischen Eintrag zur „Pille“ bzw. „Pilula“ im Allgemeinen bei Zedler (1732–1754), Bd. 28, Sp. 185–189, findet sich umfangreich ein Artikel aus den „Breßlauer Naturgeschichten“ von 1720 (Mens. Decembr. Class. IV, Artic. 9, p. 652 ff.) zitiert, in dem deutliche Kritik an der Mode des Pillenschluckens geübt wird. Insbesondere finden sich die „so genannten Becherischen Pillen“ hervorgehoben, nach deren Rezeptur ein jeder strebe und die er, wenn er sie denn bekomme, „für ein Heiligthum, und als ein summum Arcanum, sine quo non“ halte. Becher selbst werde als „Pillengott oder das Oraculum catapotiarum“ angesehen, obwohl er sich doch „in seinem Leben [...] wenig um Praxin Medicam bekümmert [habe], sondern vielmehr um andere weitaussehende Dinge“, weshalb er wohl auch die Rezepturen seiner Pillen „an unterschiedlichen Orten aus gewissen Absichten selbst auf verschiedene Art in die Feder gesaget“, so dass nun so verschiedene Beschreibungen vorlägen. Der Autor dieses Artikels betont, es bleibe „doch immer die alte materia medica, womit diese Pillen angemachet seyn“, spricht aber insbesondere „dessen [also Bechers] balsamische[n] Pillen“ einen gewissen Nutzen nicht ab. – Johann Joachim Becher wurde 1635 in Speyer geboren und starb 1682 in London. Durch eine harte Jugend wurde Becher, ein Pastorensohn, zunächst v.a. zum Selbststudium gezwungen. Nach Wanderjahren in Deutschland, Schweden, Italien und Holland konvertierte er in Mainz und entwickelte dort ab 1660 als kurfürstlicher Leibarzt und Vertreter seines Schwiegervaters in einer medizinischen Professur die Grundlagen seiner Naturlehre sowie seiner technischen, philologischen und pädagogischen Projekte. 1664 ging er als Leibarzt in bayerische Dienste und schrieb dann in München, nachdem 1666 ein Versuch, eine einflussreichere Stellung als Kommerzienrat am Kaiserhof zu erlangen, gescheitert war, 1667–1669 seine Hauptwerke: die Physica subterranea, die Methodus didactica, den Politischen Discurs und den Moral Discurs. 1670 dann gelang Johann Joachim Becher die Rückkehr nach Wien und er nahm als alchemistischer und wirtschaftlicher Berater Leopolds I. sowie als politischer Publizist eine herausgehobene aber auch angefeindete Stellung am Wiener Hof ein. 1677 scheiterte Becher an der schwierigen Durchführung des Reichsediktes gegen die Einführung französischer Waren in den süddeutschen Reichsstädten, seine letzten Jahre wurden so von einem unruhigen Wanderleben in Holland und England geprägt. Johann Joachim Becher entwickelte in seinen letzten Jahren seine Naturlehre, die im Wesentlichen aristotelischer Physik und Renaissancephilosophie und damit auch der Alchemie verpflichtet blieb, nicht mehr weiter; es überdauerten von ihr v.a. jene mechanistisch umgedeuteten Elemente, aus denen später Georg Ernst Stahls Phlogistontheorie erwuchs. Eine herausragende Bedeutung erlangte Becher v.a. als der führende deutsche Merkantilist in der Vorgeschichte der Nationalökonomie. Viele Angaben zu Johann Joachim Bechers Leben basieren auf seinen eigenen Schriften und wurden immer wieder, z.B. auch bzgl. seines Geburtsjahres, auch in Zweifel gezogen; vgl. NDB, Bd. 1, S. 689 f.; DBE, Bd. 1, S. 456; Hirsch (1962), Bd. 1, S. 407. Weitere Einträge zu Johann Joachim Becher finden sich in: ADB, Bd. 2, S. 201–203; DBA 68, Bl. 251–256, und 512, Bl. 63–72 (ADB; Jöcher; Schrader; Stepf; Stumpf: Bayern).

21 Zu „sedes“ (hier lat. Akk. Sgl. „sedem“) als Synonym für „Stuhlgang“ vgl. auch Brief Nr. 32, Endnote 20.

22 Auch in UBE Briefsammlung Trew, Korr. Peter Christian Wagner, Nr. 72, beklagte Wagner im Mai 1744 gegenüber der Patientin selbst noch einmal ihre Weigerung, die verordneten Arzneien anhaltend einzunehmen. Wagner betonte dort gar, es sei unter derartigen Umständen dann „schwehr ja fast ohn möglich eine schwehre und eingewurzelte Kranckheit Zu Curiren“.

23 Wagner bezieht sich hier evtl. auf das bereits in Brief Nr. 66, Z. 32 und Z. 48, erwähnte „Bittere Elixir“ bzw. „bittere Extract-Elixir“. – Zum Begriff des „Elixirs“ im Allgemeinen vgl. Brief Nr. 66, Endnote 11.

24 Nach einem zeitgenössischen Eintrag bei Zedler (1732–1754), Bd. 8, Sp. 2361–2364, ist ein „extractum" (hier lat. Abl. Pl. „extractis") „bey denen Medicis und Apotheckern nichts anders als eine Essentz, so in eine stärckere und dickere Consistenz gebracht worden, und von einer eigentlichen Essentz in nichts weiter unterschieden, als daß jenes starck und gantz, diese aber dünn und flüssend sey". In den Extracten „finde[] man die flüchtigsten und zärtesten Theile, oder wie man gemeiniglich sage[], die Essentz eines Dinges, welche mittelst eines darzu geschickten Menstrui, aus dem Concreto medicamentoso abgesondert, und hernach in ein dickes Wesen gebracht worden [sei]". Extracta ziehe man v.a. „aus denen Vegetabilibus, welche hartzigte, gummichte und schweflichte Theilgen in sich halten", daher ergäben u.a. „die bittern Gewächse, als Wermuth, Alant, Tausendgülden-Kraut und dergleichen, die besten Extracta". Zur Bereitung der Extracta würden zwei „Chymische Verrichtungen" erfordert, nämlich „Extractio und Evaporatio". – Zur „Extractio" vgl. auch einen separaten Eintrag unter Zedler (1732–1754), Bd. 8, Sp. 2360 f. Dort wird abgeleitet vom Herstellungsprozess ein weitergefasstes Verständnis der „Extracta" erläutert, da diese sich „in fusa, oder wässerichte, flüssige, und concentrata" einteilen ließen, wobei die flüssigen dann oft „den Namen der Essenzen" trügen, die dickeren aber „Extracta chymica" hießen (auf letztere zielt wohl v.a. der obige Eintrag zu „extractum" bei Zedler). – Der Verwendung bei Wagner liegt hier wohl eher ein weitergefasstes Verständnis von „extractum" zugrunde (u.a. wegen des wiederholten Bezugs auf ein Elixier).

25 Zur Verwendung von Krebsen als tierische Droge lassen sich bei Schneider (1968–75), Bd. I, S. 25 („Cancer"), folgende Informationen entnehmen: Der Flußkrebs, Astacus fluviatilis R. (Cancer fluviatilis), wurde bereits in antiker und arabischer Medizin, meist verascht, benutzt, u.a. gegen Tollwut, Schwindsucht, Blasensteine, Krebs. Sehr selten kam er in Pharmakopöen bis zum 18. Jh. vor, seit dem 19. Jh. war er wichtiges Arzneimittel der Homöopathie. Eher gebräuchlich als Krebse und ihre Asche aber waren die Krebsscheren, Chelae Cancrorum, v.a. vom Taschenkrebs (Cancer pagurus L.) (siehe dazu bereits Brief Nr. 66, Endnote 18). Daneben wurden in Pharmakopöen auch Oculi Cancrorum (Lapis Cancrorum, Lapilli), Krebsaugen (Krebssteine), also Konkretionen aus dem Magen der Flußkrebse geführt, häufig als Bestandteil von Pulvermischungen als Resolvens, Abstergens, Absorbens, harn- und schweißtreibend.

26 „Insonderheit" steht hier für „besonders, speciell"; vgl. Grimm (1854–1960), Bd. 10, Sp. 2144.

72 — *7. Juni 1744*

Peter Christian Wagner, Eremitage bei Bayreuth, an Christoph Jacob Trew, Nürnberg

HochEdelgeb[ohrner] Und Hochgelehrter
sonders Hochgeehrtester Herr HoffRath.

Ich habe immer gehoffet Ewer hochEdelgeb[ohrn] würden mich so glücklich machen und mir eine kleine Nachricht geben, daß Sie die Bezahlung der Kleinischen ♀ Platte[1] nebst dem Geld Vor *Dillenii Historiam Muscorum*[2] und das *Commercium litterarium*[3] durch meinen Herrn Schwieger Vatter[4] richtig erhalten.[5] Nachdeme ich aber biß *dato* weder dieße noch die *Histor[iam] Muscorum* selbsten erhalten, so nehme ich die Freÿheit Ewer hochEdelgebohrn hierdurch daran Zu errinnern und Sie Zu ersuchen, daß Sie die gute Gelegen| 2 |heit, da herr *Prof[essor]* Doppelmeier[6] oder Herr Puschner[7] dieße Woche ein paar *Globos*[8] an mich senden werden, nicht Verabsäumen wollen, mir so wohl dießes Buch, als die *Continuation* der

Osteologie[9] und *Commercii Litterarii* mit Zu schicken.[10] Ich werde da gegen Zu allen angenehmen Gegen Diensten bereit seÿn und habe die Ehre unter meinem *respectuösesten Compliment* an die Frau hoffRäthin[11] mit aller Hochachtung Zu seÿn

Ewer HochEdelgeb[ohrn]

eÿlfertigst
Hermitage[12] beÿ Baÿreuth
den 7. *Iunii* 1744.

gehorsamster Diener
Dr. P[eter] C[hristian] Wagner

***H** UBE Briefsammlung Trew, Korr. Wagner, Nr. 53. 2 S. Anschrift nebst Siegel auf Brief: „a Monsieur | Monsieur le Docteur Trew, | Conseiller de la Cour & Mede|cin du Corps de S[on] A[ltesse] S[érénissime] Mon|s[ei]g[neu]r le Margrave de Branden|bourg-Onolzbach | sous Couv[ert] à <?> | Nuremberg.“*

9 und das Commercium litterarium] und das Commercium litterarium: *erg. zwischen den Zeilen*

1 Wagner hatte Trew mit seinem vorausgehenden Brief als Beilage die Bezahlung für eine für Jacob Theodor Klein bei einem Rothenburger Kupferstecher angefertigte Kupferplatte übersandt, vgl. Brief Nr. 71, Z. 8–12. Zur Vorgeschichte des umfangreichen Austauschs zwischen Wagner und Trew betreffend die Fertigung der Kupferplatte für Klein vgl. zudem Brief Nr. 62, Z. 25–33, Brief Nr. 63, Z. 13–17, Brief Nr. 64, Z. 20–36, Brief Nr. 65, Z. 7–21, Brief Nr. 66, Z. 8–12, Brief Nr. 67, Z. 7–19, und Brief Nr. 69, Z. 7–11. – Zu Jacob Theodor Klein (1685–1759) siehe Brief Nr. 57, Endnote 3. – Zum hier verwendeten Symbol für Kupfer (also „Kupfer Platte“) vgl. Zedler (1732–1754), Bd. 15, Sp. 2148 [Druckfehler 1248]–2151 („Kupfer“).

2 Wagner hatte Trew mit seinem vorausgehenden Brief als Beilage außerdem Geld zur Beschaffung des Werkes „Historia Muscorum“ von Johann Jacob Dillenius übersandt, um das er schon ca. ein Jahr zuvor einmal gebeten hatte; vgl. Brief Nr. 71, Z. 12 f., und zuvor schon Brief Nr. 58, Z. 30–32. – Zu Johann Jacob Dillenius (hier lat. Gen. Sgl. „Dillenii“) (1684–1747) siehe Brief Nr. 58, Endnote 21. – Zu ausführlichen bibliographischen Angaben zu dem Werk „Historia Muscorum“ (hier lat. Akk. Sgl. „Historiam Muscorum“) siehe Brief Nr. 58, Endnote 22.

3 Als dritte Beilage hatte Wagner Trew mit seinem vorausgehenden Brief Geld für die Zeitschrift des Commercium Litterarium übersandt, vgl. Brief Nr. 71, Z. 13–15. – Zur Zeitschrift des Commercium Litterarium im Allgemeinen vgl. Brief Nr. 6, Endnote 2. – Zu den Zahlungsmodalitäten des Commercium Litterarium vgl. zudem Brief Nr. 14, Endnote 6.

4 Zu Johann Friedrich Weis(s)mann (1678–1760), dem Schwiegervater Wagners, siehe Brief Nr. 15, Endnote 4.

5 Da offenkundig die Beilagen zu Brief Nr. 71 Wagners an Trew über Wagners Schwiegervater Johann Friedrich Weis(s)mann (in Erlangen) zugestellt worden waren, ist wohl davon auszugehen, dass auch der Brief Nr. 71 selbst diesen Weg genommen hatte, d.h. als Einschluss zunächst an Weissmann. – Wagner hatte allerdings bislang offenbar keine Bestätigung Trews über den Erhalt des Geldes bekommen, was ihn zu dieser Rückfrage veranlasste.

6 Johann Gabriel Doppelmayr (Doppelmayer, Doppelmeier) wurde 1677 in Nürnberg geboren und starb 1750 ebenda. Nach dem Besuch des Egidiengymnasiums und des Auditoriums am Egidiengymnasium 1689–1696 studierte Doppelmayr die Rechtswissenschaft, dann auch Mathematik und Physik an den Universitäten Altdorf 1696–1699 und Halle 1699–1700. In den Jahren 1700–1702 bereiste Doppelmayr Norddeutschland, die Niederlande und England, bevor er nach Nürnberg zurückkehrte. Dort übernahm er 1704 die Professur für Mathematik am Egidiengymnasium (bis 1750), ab 1710 auch die Aufsicht über die Sternwarte auf der Nürnberger Burg. Spätestens 1706 begann die Zusammenarbeit mit Johann Baptist Homann, für dessen Verlag er u.a. Druckvorlagen für astronomische Karten entwarf. Zudem entstanden unter Doppelmayrs Anleitung viele Erd- und Himmelsgloben, die der Kupferstecher Johann Georg Puschner anfertigte und vertrieb (s.u.). Johann Gabriel Doppelmayr veröffentlichte zahlreiche naturwissenschaftliche Werke, v.a. über astronomische Themen und neue Experimente zur Elektrizität. Hervorzuheben ist ferner sein Werk „Historische Nachricht von Nürnbergischen Mathematicis und Künstlern" (1730), das eine Zusammenstellung technikgeschichtlicher Kurzbiographien liefert. Doppelmayr starb 1750 an den Folgen eines elektrischen Experiments mit einer Batterie aus Leydener Flaschen. Er war Mitglied einiger Akademien und Gelehrtengesellschaften, so der Royal Society in London (1713), der Kaiserlichen Akademie der Naturforscher Leopoldina (1715), der Preußischen Akademie der Wissenschaften in Berlin und der Kaiserlichen Akademie der Wissenschaften in St. Petersburg (1741). In der UBE Briefsammlung Trew sind Briefe Johann Gabriel Doppelmayrs an Johann Ambrosius Beurer und Christoph Jacob Trew erhalten; vgl. Schmidt-Herrling (1940), S. 153; Stadtlexikon Nürnberg, S. 220 f. (Beyerstedt); Grieb (2007), Bd. 1, S. 279; auch Gaab (2001a). – Weitere Einträge zu Johann Gabriel Doppelmayr finden sich in: DBA 248, Bl. 255–278 (Dunkel; ADB; Will; Jöcher/Adelung; Hirsching; Meusel: Schriftst.; Gerber 2; Baader: Verstorb.); ADB, Bd. 5, S. 344 f.; NDB, Bd. 4, S. 76; DBE, Bd. 2, S. 700.

7 Die handwerkliche Ausführung der Globen Doppelmayrs (s.u.) bzw. den Stich der zugehörigen Kupferplatten übernahm Johann Georg Puschner. Dabei ist nach Gaab (2001a), S. 78, aber im Einzelfall nicht immer völlig klar, ob der Vater Puschner (1680–1749) oder der gleichnamige Sohn (1706–1754) gemeint war. – Johann Georg Puschner d.Ä., ein Zeichner, Kupferstecher und Mechaniker, wurde 1680 in Nürnberg getauft und 1749 ebenda begraben. Er war 1705–1750 als Kupferstecher im Ämterbüchlein eingetragen (gestrichen 1751). Bereits im Jahr 1740 wurde im Ämterbüchlein vermerkt „treibts nicht", d.h. möglicherweise setzte er sich bereits in diesem Jahr zur Ruhe und die folgenden Einträge bezogen sich dann auf seinen Sohn Johann Georg d.J. Einen Namen als Kupferstecher erwarb sich Johann Georg Puschner d.Ä. v.a. durch seine Ansichten der Stadt Altdorf und der dortigen Universität sowie die Illustration einiger Werke. Als sein Hauptwerk gelten 101 Foliotafeln zu Lambranzis „Neue und curiöse Theatralische Tantz-Schul" (1716 bei Wolrab). Puschners Werkstatt befand sich in der Lodergasse (heutige Ottostraße). Er und seine Nachfolger betrieben 1728 bis Ende des 18. Jh. eine bedeutende Produktion von Erd- und Himmelsgloben, d.h. Doppelmayr entwarf die Globenbilder und Puschner stach danach dann die Segmente, fertigte die Globen und verkaufte diese schließlich selbst durch seinen Verlag. Zudem ist auch die Herstellung von Vermessungsinstrumenten durch Puschner belegt, ferner stach er die Portraits aller Markgrafen und Kurfürsten von Brandenburg; vgl. Grieb (2007), Bd. 3, S. 1184 f. Weitere Einträge zu Johann Georg Puschner finden sich in: DBA 987, Bl. 241 f. (Nagler; Lipowsky: Künstler). – Johann Georg Puschner d.J., ein Kupferstecher und Mechaniker, wurde 1706 in Nürnberg getauft und ebenda 1754 begraben. Vermutlich arbeitete er vorwiegend mit oder für seinen Vater. Nach dem Tod des Vaters führte er dessen Werkstatt weiter, welche er in die Kreuzgasse verlegt hatte. Ferner ist bekannt, dass Johann Georg Puschner d.J. für die Universität Bamberg ein 84 cm hohes Planetarium anfertigte; vgl. Grieb (2007), Bd. 3, S. 1185.

8 Nürnberg war bis ca. 1800 das Zentrum der Globenherstellung, erst im 19. Jh. verlagerte sich dann der Schwerpunkt der Produktion in den sächsischen Raum sowie nach Berlin und Wien. Johann Gabriel Doppelmayr wiederum gilt als der produktivste Nürnberger Hersteller von Globen (hier lat. Akk. Pl. „Globos") im 18. Jh. Globen dienten schon seit Mitte des 16. Jh. nicht mehr vorrangig wissenschaftlichen Zwecken. So dominierten auch bei den Doppelmayr-Puschner-Globen Repräsentationszwecke, benutzt wurden sie zudem wohl viel in Schulen. Trotz einiger Mängel waren die Erdgloben Doppelmayrs die genauesten ihrer Zeit. Auf Erd- wie Himmelsgloben waren 12 Kartensegmente aufgeklebt. Noch heute sind größere Stückzahlen von Doppelmayr-Puschner-Globen in Größen von 32, 20 oder 10 cm Durchmesser nachweisbar; vgl. dazu ausführlich Gaab (2001a), v.a. S. 77–83.

9 Gemeint ist hier eine Fortsetzung der „Osteologie" Trews (zu der es in von ihm selbst autorisierter Form nie kommen sollte); vgl. zu diesem Werk Brief Nr. 17, Endnote 4. – Wagner hatte bei Trew schon in einigen vorausgehenden Briefen immer wieder nach einer Fortsetzung der unvollständig gebliebenen Osteologie gefragt, vgl. Brief Nr. 60, Z. 22, Brief Nr. 62, Z. 21 f. (jeweils auch mit Endnoten), Brief Nr. 63, Z. 19 f., sowie Brief Nr. 64, Z. 52 f., und Brief Nr. 65, Z. 41.

10 Ursprünglich hatte Wagner angeregt, ihm das Werk des Dillenius und die Bögen des Commercium Litterarium über seinen Schwiegervater Johann Friedrich Weis(s)mann zukommen zu lassen, vgl. Brief Nr. 71, Z. 21–23. Offenkundig sah er nun in der bevorstehenden Übersendung von Globen die Möglichkeit, einen noch günstigeren Postweg zu nutzen.

11 Gemeint ist hier die Gemahlin Trews.

12 Zur markgräflichen Eremitage (hier „Hermitage") bei Bayreuth vgl. Brief Nr. 63, Endnote 14.

73 — *14. November 1744*

Peter Christian Wagner, Bayreuth, an Christoph Jacob Trew, <Nürnberg>

HochEdelgebohrner Herr
Hochgeehrtester Herr Hoff-Rath und Hochgeschätzter Gönner!

Es ist mir kürtzlich ein Packet mit Kleinischen *impressis*[1] Von Danzig[2] an Ewer hochEdelgeb[ohrn] eingeschlossen worden, welches ich beÿ Gelegenheit des hießigen[3] *Martini* Marckts[4] durch herrn Flinßner[5] überschicke und mir Zugleich in Gegenwärtigen[6] die Freÿheit nehme, beÿ Ewer hochEdelgeb[ohrn] an Zu fragen, ob noch nichts Von der *Osteologie*[7] oder einem Titel und *Indice* Zum *Commercio litterario*[8] weiter fertig worden seÿ? Im Fall nun entweder hievon oder sonst etwas Von neuen Saamen und kleinen *pieçen in re litte*| 2 |*raria*, so da *communicable* wäre, Vorhanden seÿn solte, so könte es nur ohne Verzug an Johann Peter Wolffs see[lig] Erben[9] übergeben werden, als welche sich nicht weigern werden, solches in ein nechstens an mich Zu sendendes *Paquet* mit einzuschließen. Inzwischen bitte ich gegenwärtigen Einschluß[10] an gedachte Handlung nicht übel Zu deuten, solchen durch Dero *domestiquen* bestellen Zu laßen und mich ferner in geneigten Andencken Zu erhalten. Vom *Commercio litterario* habe ich biß Zur *XXIX*. Woche *inclusive*, weiß aber nicht ob Von denen folgenden schon einige beÿ meinem Herrn Schwieger Vater[11] in Erlang[12] liegen oder nicht? Drs. *Dillenii Historiam Muscorum*[13] habe ich wohl erhalten und dancke noch mahls Vor die damit ge| 3 |habte Bemühung. Vor ohngefehr 2 Monaten habe ich an Herrn *Dr.* Hut[14] einen Von Herrn *Prof[essor] Monti*[15] aus *Bologna*[16] erhaltenen *Tractat de Phosphoris quam plurimis noviter detectis*[17] durch meinen Herrn Schwieger Vater gesandt und will hoffen, daß Er solchen richtig werde erhalten haben. Um Ewer hochEdelgeb[ohrn] nicht allezeit mit einer langen *Epistel* beschwehrlich Zu fallen, so schließe ich und Verharre unter meiner und meiner Frauen gehorsamsten Empfehlung an die hoch Zu *venerirende* Frau HoffRäthin[18] mit Vollkommenster Hochachtung

Ewer HochEdelgeb[ohrn]

Baÿreuth
den 14. *Novembr[is]*
1744.

gehorsamster Diener
Wagner *Dr.* | 4 |

PS: Ob Ewer HochEdelgeb[ohrn] eine Wurtzel bekant seÿ, welche die Heutigen Griechen *Ambalocladorissa* oder *Ambalodadorissa*[19] heißen, und die ein *Specificum contra pestem*[20] seÿn solle, möchte ich wohl wißen. Ist Sie bekant, so bitte ich mir den eigendlichen *Lateinischen* Nahmen der Pflantze aus und wer etwas davon geschrieben.
Dießen Augen-Blick erhalte ich Von Herrn *Dr. Breyn*[21] ein Vom 4. *Sept[embris] h[uius] a[nni] datirtes*[22] worinnen folgendes Ewer HochEdelgeb[ohrn] angehendes: „An Herrn *Dr. Treu* in Nürnberg[23] bitte beÿ Gelegenheit mein ergebenes *Compliment*. Ich habe | 5 | Verwichenes Jahr an Ihn geschrieben[24] und inständigst um die *Continuation* des *Commercii litterarii*[25] gebeten, aber keine Antwort erhalten. Es ist ja eine Wunderliche Sache, daß da ich gemeldetes Buch[26] so gerne *regulair* Von Meße Zu Meße haben möchte, man solches beÿ keinen Buchführer[27] haben kan. Können Ewer HochEdelgeb[ohrn] hiezu etwas in meinen *faveur* beÿm Herrn *Dr. Treu* ausrichten, werden Sie mir einen großen Gefallen erzeigen. Ich Verlange es nicht umsonst, sondern will es gerne bezahlen."
Je Vous demande mille pardons, de ce que j'adjoute <?> ce petit billet, mais le Couvert étoit deja fait.[28]

***H** UBE Briefsammlung Trew, Korr. Wagner, Nr. 54. 3 S. und 2 S. PS. Vermerk vermutlich von Wagners Hand auf der ersten Seite des PS unten rechts: „verte"; Postweg: evtl. gemeinsam mit dem Paket aus Danzig über den vom Bayreuther Martinimarkt nach/über Nürnberg zurückkehrenden „herrn Flinßner" übersandt (Z. 8–11); als Beilagen: wohl Paket aus Danzig für Trew mit Werken Jacob Theodor Kleins (Z. 8–10), Einschluss Wagners an die Handlung „Johann Peter Wolffs seel. Erben" (Z. 17 f.).*

1 Jacob Theodor Klein hatte Trew über Wagner die Zusendung seiner Werke angeboten, wenn ihm davon welche fehlen sollten; vgl. Brief Nr. 64, Z. 29–32, und Brief Nr. 71, Z. 17 f. Nun hatte Wagner offenbar ein

Paket mit (gedruckten) Werken (hier lat. Abl. Pl. „impressis“) von Klein aus Danzig zur Weitervermittlung an Trew erhalten. – Zu Jacob Theodor Klein (1685–1759) siehe Brief Nr. 57, Endnote 3.
2 Zu Danzig siehe Brief Nr. 57, Endnote 4.
3 Gemeint ist hier Bayreuth, siehe dazu Brief Nr. 57, Endnote 6.
4 Der Martinimarkt war einer der Bayreuther Jahrmärkte (neben u.a. Lichtmess, Pfingsten); vgl. Deutsches Städtebuch, Bd. 5.1 (Bayern T.1), S. 116–122 (v.a. S. 119).
5 Die Identität des „herrn Flinßner“, der hier wohl nach dem Martinimarkt in Bayreuth den Weg zurück nach/über Nürnberg nahm, lässt sich auf Basis einschlägiger biographischer Lexika nicht klären, auch bieten die im Text zur Person gegebenen Informationen kaum eine ausreichende Grundlage für entsprechende zielgerichtete archivalische Recherchen.
6 Gemeint ist hier der vorliegende Brief Wagners an Trew. – Die Formulierung „Zugleich ... die Freÿheit nehme“ legt nahe, dass Wagner den Brief an Trew zusammen mit dem Paket aus Danzig mittels des wohl vom Bayreuther Martinimarkt über/nach Nürnberg zurückkehrenden „herrn Flinßner“ übersandte, hatte er so doch auch einen anscheinend günstigen Postweg aufgetan.
7 Gemeint ist hier erneut eine Fortsetzung der „Osteologie“ Trews (zu der es in von ihm selbst autorisierter Form nie kommen sollte); vgl. zu diesem Werk Brief Nr. 17, Endnote 4. – Wagner hatte bei Trew schon in zahlreichen vorausgehenden Briefen hartnäckig immer wieder nach einer Fortsetzung der unvollständig gebliebenen Osteologie gefragt, vgl. Brief Nr. 60, Z. 22, Brief Nr. 62, Z. 21 f. (jeweils auch mit Endnoten), Brief Nr. 63, Z. 19 f., Brief Nr. 64, Z. 52 f., Brief Nr. 65, Z. 41, sowie Brief Nr. 72, Z. 14 f.
8 Zur Zeitschrift des Commercium Litterarium im Allgemeinen vgl. Brief Nr. 6, Endnote 2. – Zu den zunehmenden Lieferungsverzögerungen und -schwierigkeiten, insbesondere hinsichtlich der Titel-, Übersichts- und Registerblätter (hier lat. Abl. Sgl. „Indice“), gerade in den späten Jahren des Commercium Litterarium vgl. auch Brief Nr. 18, Endnote 3.
9 Johann Peter Wolff, ein Kunsthändler und Kupferdrucker, wurde 1655 in Nürnberg getauft und starb 1711. Er begründete eine Werkstatt, die seine Söhne Johann Joachim Wolff (ca. 1686–1711/1712), Johann Jonas Wolff (ca. 1694–1750), Johann Sigmund Wolff (ca. 1696–1742) und wohl auch Christoph Wolff (geb. ca. 1698) unter dem Namen „Johann Peter Wolff seel. Erben“ weiterführten. 1680 wurde über Johann Peter Wolff wegen des Druckens anstößiger Verse auf Spielkarten ein Tag Turmhaft verhängt. Zum Zeitpunkt des vorliegenden Briefes 1744 waren von den Erben Johann Peter Wolffs wohl noch Christoph Wolff und Johann Jonas Wolff am Leben. Zu Christoph Wolff, Kunsthändler, getauft 1698 in Nürnberg, ist kaum etwas bekannt. Johann Jonas Wolff, Kupferstecher, Buch- und Kunsthändler, wurde 1694 in Nürnberg getauft und ebenda 1750 begraben. Er wurde vor 1715 Meister als Kupferstecher, 1731–1750 war er Genannter. Im Ämterbüchlein war Johann Jonas Wolff 1712–1749 als Kunstführer, 1712–1756 (!) als Kupferstecher verzeichnet. In der UBE Briefsammlung Trew sind Briefe an „Wolff seel. Erben“ erhalten (von Bartholomaeus Seuter, Kupferstecher in Augsburg, aus den Jahren 1734/1736); vgl. Schmidt-Herrling (1940), S. 706 und S. 566; Grieb (2007), Bd. 3, S. 1700 f. („Wolff, Johann Peter“), S. 1697 („Wolff, Christoph“), und S. 1700 („Wolff, Johann Jonas“; auf dieser Seite auch „Wolff, Johann Joachim“), sowie auch S. 1701 („Wolff, Johann Sigmund“).
10 „Einschluß“ steht hier, wie „Einschlag“, für den „einschlusz des briefes“, d.h. den „einschlag eines briefes in den andern“; vgl. Grimm (1854–1960), Bd. 3, Sp. 272 und Sp. 280. – Wagner bemühte sich also auch hier in zweifacher Hinsicht um die Nutzung günstiger Postwege: Zum einen ließ er der Handlung „Johann Peter Wolffs seel. Erben“ einen Einschluss, bei dem es sich hier wohl am ehesten tatsächlich um eine schriftliche Nachricht gehandelt haben dürfte, zukommen, indem er diesen in vorliegendem Brief an Trew sandte und von dessen Diener weiter besorgen, gleichsam austragen, ließ, zum anderen legte er Trew nahe, eine bevorstehende Sendung der Handlung an ihn nach Bayreuth zur Übermittlung ggf. von Büchern, Samen etc. zu nutzen.
11 Zu Johann Friedrich Weis(s)mann (1678–1760), dem Schwiegervater Wagners, siehe Brief Nr. 15, Endnote 4.

12 Zu Erlangen (Erlang) vgl. Brief Nr. 14, Endnote 1.
13 Wagner hatte Trew bereits im Jahr 1743 um Besorgung des Werkes „Historia Muscorum" (hier lat. Akk. Sgl. „Historiam Muscorum") von Johann Jacob Dillenius (hier lat. Gen. Sgl. „Dillenii") gebeten und dann im Frühjahr/Frühsommer 1744 Geld für dessen Beschaffung an Trew übermittelt und als Postweg eine ohnehin bevorstehende Sendung von Doppelmayr-Puschner-Globen vorgeschlagen; vgl. bisher Brief Nr. 58, Z. 30–32, Brief Nr. 71, Z. 12 f., und Brief Nr. 72, Z. 12–15. Ob das Werk des Dillenius, das nun offenbar bei Wagner eingetroffen war, nun tatsächlich Wagner gemeinsam mit den Globen überstellt worden war, bleibt auf Basis der vorliegenden Korrespondenz aber offen. – Zu Johann Jacob Dillenius (1684–1747) siehe Brief Nr. 58, Endnote 21. – Zu ausführlichen bibliographischen Angaben zu dem Werk „Historia Muscorum" siehe Brief Nr. 58, Endnote 22.
14 Zu Georg Leonhard Huth (Hut) (1705–1761) siehe Brief Nr. 52, Endnote 7. – Schon Brief Nr. 52, Z. 24–27 (lat. Brieftext), Brief Nr. 54, Z. 37 f., und Brief Nr. 58, Z. 20–24, belegen den regen Kontakt zwischen Georg Leonhard Huth und Giuseppe Monti (oft unter Weitervermittlung entsprechender Einschlüsse durch Wagner und Trew), auch wenn ein Brief Montis an Huth in der UBE Briefsammlung Trew nur aus dem Jahr 1745 erhalten ist, vgl. Schmidt-Herrling (1940), S. 417 f.
15 Zu Giuseppe (Joseph) Monti (1682–1760) siehe Brief Nr. 52, Endnote 5.
16 Zu Bologna vgl. Brief Nr. 52, Endnote 6.
17 Hier handelt es sich um folgendes Werk: Beccari, Jacopo Bartolomeo: De quamplurimis phosphoris nunc primum detectis commentarius. Bononiae [a Vulpe] 1744.
18 Gemeint ist hier die Gemahlin Trews.
19 Eine unter dem Namen „Amabalocladorissa" oder „Ambalodadorissa" und als Spezifikum gegen die Pest geführte Wurzel konnte im Rahmen der zu vorliegender Arbeit betriebenen Recherchen nicht nachgewiesen werden (u.a. weder im Lexikon zur Arzneimittelgeschichte bei Schneider (1968–75), noch zeitgenössisch im Universallexikon von Zedler (1732–1754)). Eine Antwort Trews auf diese Anfrage Wagners, die weitere Informationen liefern könnte, ist im Rahmen vorliegender Korrespondenz zudem nicht erhalten.
20 Die von Wagner gesuchte Wurzel soll also ein Spezifikum gegen die Pest (hier lat. „Specificum contra pestem") sein. – Zum Begriff der „Specifica" lassen sich bei Schneider (1968–75), Bd. II, S. 69, folgende Informationen entnehmen: Während der Begriff des „Universalmittels" im 18. Jh. verschwand, blieb der des „Specificum" erhalten. Um 1750 werden „Specifica" beschrieben als „[z]uverlässige, untrügliche, eigene Arzneien, welche nämlich für gewisse Krankheiten etwas eigenes haben, das auf eine besondere und meistens noch unbekannte Weise, wo nicht alle Zeit, doch sehr oft gewisse Hilfe schafft, ohne in dem ganzen Leib eine beträchtliche Veränderung zu machen". Ein zeitgenössischer Eintrag findet sich bei Zedler (1732–1754), Bd. 38, Sp. 1351 („Specificum"). – Die „Pest", bzw. „Pestilentz" oder „Pestis", wird in einem zeitgenössischen Eintrag aus der ersten Hälfte des 18. Jh. bei Zedler (1732–1754), Bd. 27, Sp. 757–773, beschrieben als eine „allgemeine, durchaus böse, anfällige und leicht ansteckende Kranckheit, mit mancherley schweren Zufällen begleitet, und mehrentheils tödtlich". Soweit seien die Ärzte einig, „daß die Pest unter allen hitzigen, bösartigen und ansteckenden Fiebern und Kranckheiten die allerärgste, gifftigste und gefährlichste sey, weil sie nicht nur mit so viel schlimmen und besonderen Zufällen verbunden, sondern auch in kurtzer Zeit eine unzähliche Menge Leute um das Leben zu bringen pflege[]". Dagegen bestehe in vielen anderen Fragen noch bei weitem keine Einigkeit unter den Ärzten. Die Therapie betreffend sei bekannt, „daß man zur Zeit noch kein gewisses Mittel wider die Pest erfunden ha[be], auf welches man sich sicher verlassen könnte". Zur Pest, sowohl der zweiten großen Pestwelle 1347–1352 in Europa sowie auch den nach dem Ende dieser Pandemie auch weiterhin Europa heimsuchenden lokal begrenzten Endemien, vgl. zudem in einer knappen Übersicht Eckart (2005), S. 67 f.
21 Johann Philipp Breyne (Breyn) wurde 1680 in Danzig geboren und starb 1764 ebenda. Er war der Sohn des Danziger Kaufmanns und Botanikers Jakob Breyne (1637–1697), der mit bedeutenden zeit-

genössischen Botanikern korrespondierte und selbst mit Kupferstichen versehene botanische Werke hervorbrachte. Von einigen dieser Werke besorgte sein Sohn Johann Philipp Breyne später die zweite Auflage. Johann Philipp Breyne studierte in Leiden und wurde dort 1702 (?) zum Dr. med. promoviert. Nach dem Studium unternahm er zunächst ausgedehnte Reisen durch Holland, Italien, Frankreich und Spanien, bevor er sich in Danzig als Arzt und Stadtarzt niederließ. Neben einigen kleineren medizinischen Schriften verfasste er v.a. Abhandlungen zur Botanik, insbesondere Heilpflanzen betreffend. Die Gattung „Breynia" (heute Linnaeobreynia) wurde von Carl von Linné nach ihm benannt. Johann Philipp Breyne war Mitglied der Royal Society London (1703) und der Kaiserlichen Akademie der Naturforscher Leopoldina (1715). In der UBE Briefsammlung Trew sind 29 Briefe Johann Philipp Breynes an Christoph Jacob Trew (Zeitraum 1731–1755) und umgekehrt sieben (bzw. acht) Briefe Trews an Breyne (ca. 1730–1750) erhalten; vgl. Schmidt-Herrling (1940), S. 72 f. und S. 619; Boschung (2002), S. 73 f.; DBE, Bd. 2, S. 76 (Eintrag zu „Breyne, Johann Philipp" und „Breyne, Jakob"; hier als Jahr der Promotion 1699 genannt). Weitere Einträge zu Johann Philipp Breyne finden sich in: DBA 145, Bl. 136–139 (Börner, Jöcher/Adelung; Hennicke); Hirsch (1962), Bd. 1, S. 695 f. (v.a. zu Vater Jakob Breyn). – Hingewiesen sei hier auch ausdrücklich auf in der Forschungsbibliothek Gotha erhaltene Briefe zwischen Johann Philipp Breyne und Peter Christian Wagner, die auch im Rahmen vorliegender Arbeit als Quellenmaterial gesichtet wurden: Forschungsbibliothek Gotha, Mikrofilm Chart. B 789, Bl. 632–664 und Chart. A 873, Bl. 1r, 9v. Dabei handelt es sich um 16 Schreiben Wagners an Breyne aus dem Zeitraum 1741–1753 sowie um das Exzerpt eines Briefes und eine Antwortnotiz von Breyne an Wagner aus den Jahren 1747 bzw. 1750.

22 Ein Brief vom 4. September diesen Jahres 1744 (hier lat.: „4. Sept[embris] h[uius] a[nni]") Breynes an Wagner ist auch im Rahmen der in der Forschungsbibliothek Gotha (vgl. Endnote 21) erhaltenen Korrespondenz zwischen Breyne und Wagner nicht überliefert.

23 Zu Nürnberg vgl. Brief Nr. 1, Endnote 5.

24 Ein Schreiben Breynes an Trew aus dem Jahr 1743 ist in der UBE Briefsammlung Trew nicht erhalten, überliefert ist in der UBE Briefsammlung Trew, Korr. Johann Philipp Breyn, Nr. 12, dagegen ein Brief Breynes an Trew unter dem Datum des 3. September 1744, also einen Tag vor dem hier zitierten Brief an Wagner, d.h. Breyne sicherte sich, nachdem er in der Vergangenheit keine Antwort Trews erhalten hatte, hier wohl doppelt ab, indem er an Trew selbst schrieb und zugleich Wagner um Vermittlung gegenüber Trew bat; vgl. zu den Beständen der UBE Briefsammlung Trew Schmidt-Herrling (1940), S. 72. Weitergehende Nachforschungen, inwieweit ein solches Schreiben Breynes an Trew aus dem Jahr 1743 (bzw. dessen Entwurf) anderswo, z.B. in der Forschungsbibliothek Gotha, erhalten ist, konnten im Rahmen vorliegender Arbeit nicht unternommen werden.

25 Im Rahmen der in der Forschungsbibliothek Gotha erhaltenen Breyne-Wagner-Korrespondenz spiegelt sich die Problematik des zunehmenden Ausbleibens der Zeitschrift des Commercium Litterarium bereits in früher datierten Briefen wider. So versicherte Wagner schon in einem Brief an Breyne vom 21. November 1743, er habe Trew im Auftrag Breynes wegen der ihm fehlenden Exemplare des Commercium Litterarium geschrieben; vgl. Forschungsbibliothek Gotha, Mikrofilm Chart. B 789, Bl. 636 f. (hier v.a. Bl. 637).

26 Es ist unklar, ob Breyne mit dem „gemeldete[n] Buch" hier weiterhin die Zeitschrift des Commercium Litterarium meint (die ja vorwiegend über das System der Assistenten vertrieben wurde), oder eher ein anderes Werk, dessen Titel dann aber, evtl. aufgrund eines Versehens Wagners bei Einfügung des Zitats aus dem an ihn gerichteten Brief Breynes in das vorliegende Schreiben, ungenannt bleibt, möglicherweise etwa die vielfach erwartete Fortsetzung der „Osteologie" Trews (die in der Forschungsbibliothek Gotha erhaltene Breyne-Wagner-Korrespondenz gibt diesbzgl. keine Hinweise).

27 Ein zeitgenössischer Eintrag aus der ersten Hälfte des 18. Jh. in Zedler (1732–1754), Bd. 4, Sp. 1766, beschreibt einen „Buchhändler" oder „Buchführer" als denjenigen, „welcher gedruckte Bücher zum Verkauff hat, und dieselben entweder selbst verlegt, oder von andern sich handelt".

28 Die Übersetzung dieser Textpassage lautet: „Ich bitte tausendfach um Entschuldigung, dass ich diesen kleinen Zettel hinzufüge, aber der (äußerste) Umschlag (des Briefes) war bereits gemacht." – Wagner meint hier wohl, dass er den Zettel mit den 2 Seiten PS dem sonstigen Brief extra hinzufügte, da dieser bereits umgeschlagen/umgefaltet und wohl auch verschlossen war. Nach Zedler (1732–1754), Bd. 6, Sp. 1507, ist „Couverto" oder „Couvert" „der äusserste Umschlag bey den Briefen"; daher setze man auch, wenn ein Brief in den anderen eingeschlagen/eingeschlossen sei, darauf „par Couvert".

74* **<*ohne Datum*>**

Christoph Jacob Trew, <Nürnberg>, an Peter Christian Wagner, <Bayreuth>

Der Inhalt der beiden erschlossenen Briefe Trews an Wagner Nr. 74 und Nr. 75* lässt sich aus der erhaltenen Korrespondenz kaum mehr ermitteln; in einem der beiden Briefe dürfte Trew aber Wagner darum gebeten haben, Johann Wilhelm Widmann (1721–1766) bei seiner Durchreise die Sehenswürdigkeiten Bayreuths zu zeigen.*

Erschlossen nach Brief Nr. 76, Z. 16–25; aus den überlieferten Schreiben der Korrespondenz geht die genaue Datierung dieses erschlossenen Briefes Trews an Wagner (wie auch des nachfolgenden Briefes Nr. 75) nicht hervor, jedoch ergibt sich aus der zeitlichen Abfolge der erhaltenen Korrespondenz der Zeitraum zwischen dem 14. November 1744 und dem 24. April 1746, d.h. zwischen den beiden überlieferten Briefen Wagners aus jener Zeit, wobei jener Brief Trews an Wagner, der vermutlich den Besuch Johann Wilhelm Widmanns ankündigte, wohl ins Jahr 1745 zu datieren ist; als Beilage zu diesem Brief oder dem Brief Nr. 75*: Päckchen aus Danzig wohl von Johann Philipp Breyne für Wagner (vgl. Brief Nr. 76, Z. 18).*

75* **<*ohne Datum*>**

Christoph Jacob Trew, <Nürnberg>, an Peter Christian Wagner, <Bayreuth>

Der Inhalt der beiden erschlossenen Briefe Trews an Wagner Nr. 74 und Nr. 75* lässt sich aus der erhaltenen Korrespondenz kaum mehr ermitteln; in einem der beiden Briefe dürfte Trew aber Wagner darum gebeten haben, Johann Wilhelm Widmann (1721–1766) bei seiner Durchreise die Sehenswürdigkeiten Bayreuths zu zeigen.*

Erschlossen nach Brief Nr. 76, Z. 16–25; aus den überlieferten Schreiben der Korrespondenz geht die genaue Datierung dieses erschlossenen Briefes Trews an Wagner (wie auch des vorausgehenden Briefes Nr. 74) nicht hervor, jedoch ergibt sich aus der zeitlichen Abfolge* *der erhaltenen Korrespondenz der Zeitraum zwischen dem 14. November 1744 und dem 24. April 1746, d.h. zwischen den beiden überlieferten Briefen Wagners aus jener Zeit, wobei jener Brief Trews an Wagner, der vermutlich den Besuch Johann Wilhelm Widmanns ankündigte, wohl ins Jahr 1745 zu datieren ist; als Beilage zu diesem Brief oder dem Brief Nr. 74*: Päckchen aus Danzig wohl von Johann Philipp Breyne für Wagner (vgl. Brief Nr. 76, Z. 18).*

76 **24. April 1746**
Peter Christian Wagner, Bayreuth, an Christoph Jacob Trew, <Nürnberg>

HochEdelgebohrner und Hochgelehrter
Insonders Hochgeehrtester Herr Hoff-Rath,
Hochgeschätzter Gönner!

Ich habe gegen Ewer hochEdelgeb[ohrn] im Verwichenen Jahr einen doppelten unverantwortlichen Fehler obschon theils wieder meinen Willen, theils aber auch gar wieder mein Wißen begangen; und ob ich gleich mich einiger maßen damit entschuldigen und Zeugen aufbringen könte daß ich mit allzu Vieler Arbeit und Zerstreuung überhäuffet bin, so will ich mich doch lieber in allen schuldig geben und höchstens um Vergebung bitten, hoffende daß Ewer hochEdelgeb[ohrn] nach dero bekanten Leutseeligkeit aus Mitleiden wegen aller bißhero auf mich alleine gefallenen Arbeit und Plagen[1] mir die begange| 2 |ne Fehler nicht Zurechnen und Dero mir alle Zeit sehr hoch- und werthgeschätzte Freundschafft nicht entziehen werden. Der Erste Fehler bestehet darinnen, daß ich Ewer hochEdelgeb[ohrn] beede an mich erlaßene wertheste Schreiben[2] weder beantwortet, noch Vor dero gütiges Andencken und Zugesandtes Danziger[3] *Paquet* schuldigster maßen bedancket habe. Ich hoffe aber, es werde der Herr *Dr.* Wiedmann[4] Ewer hochEdelgeb[ohrn] berichtet haben, daß ich so Viel als meine AmtsVerrichtungen Zugelaßen Ihme das hießige[5] Fürstliche Cabinet[6], Schloß[7] und andere sehenswürdige Dinge gezeiget und Vielmahls gewünschet habe, daß wir so glücklich seÿn könten Dieselben gleichfals einmahl allhier Zu bedienen. Unßerem gemeinschafftlichen werthen Freund und Gönner Herrn *Dr.* Breÿn[8] in Danzig habe ich Vor einigen Wochen auch geantwortet[9] und etwas dagegen gesandt, so Ihme Zweiffelsohne nicht unangenehme seÿn wird. Der andere große Fehler, | 3 | den ich auch so gar wieder mein Wißen gemachet, ist folgender: Ich habe schon im Verwichenen herbst aus Danzig einen *sub sigillo volante*[10] an mich eingeschloßenen Brief[11] Vor Ewer hochEdelgebohrn erhalten und weilen ich um solche Zeit mit dem hoff[12] auf denen Landt- und Jagd-häußern biß in die spate JahrsZeit herumgezogen, so bin ich beständig in der Meÿnung gestanden, ich hätte solchen *per* Einschlag[13] über Erlang[14] ablauffen laßen. Nachdeme ich aber Vor kurzen eine kleine Musterung meiner Briefschafften gehalten, fande ich solchen noch Zu meinem grösten

Schrecken unter denenselben so wie Sie ihn beÿgehend finden werden. Ich habe alßo solchen lieber Zu spate als gar nicht überschicken und dabeÿ unzählige mahle um Vergebung bitten wollen. Vielleichte Können Ewer hochEdelgeb[ohrn] dem Herrn *Secretario* Klein[15] das Verlangte[16] noch mit der gegenwärtigen OsterMeße[17] senden, und wird alles was an Ihn gehet nur gleich nach Danzig oder an Herrn *Profess[or]* | 4 | Ludwig[18] in Leipzig[19] *addressiret*. Ich weiß nicht ob Ewer hochEdelgeb[ohrn] die neue *Edition* des *Phytobasani Fabii Columnae*[20], so Herr *Ianus Plancus*[21] mit Vielen Zusätzen und Anmerckungen besorget hat, schon gesehen haben. Ich habe ein Exemplar davon an Herrn *Prof[essor]* Doppelmaÿer[22] gesandt, welcher es Zur Einsicht gerne mittheilen wird. Herr *Plancus* wird nach und nach alle *opera Columnae* alßo herausgeben und läßet schon an denen ♀ Taffeln[23] Zu ersten *Ecphrasi*[24] stechen. Er wünschet Von *Phytobasano* so wohl als denen Zukünfftigen Theilen einige *Exemplarien* in Teutschland[25] Vor Geld oder nützliche Bücher, die Von der *Historia naturali*, *Physica experimentali*, *re antiquaria* und *numismatibus* handeln[26] anzubringen.[27] Ich glaube daß Er gerne einige Exemplarien Vor et[liche] Jahr-Gänge Von *Commercio litterario*[28] gäbete. Ich erwarte auch hievon wiederum einige *Indices*[29] und Verbleibe mit Vollkommenster Hochachtung

Ewer hochEdelgeb[ohrn]

eÿligst
Baÿreuth
den 24. *Apri[lis]*
1746.

gehorsamster Diener
P[eter] C[hristian] Wagner *Dr.*

***H** UBE Briefsammlung Trew, Korr. Wagner, Nr. 55. 4 S. Postweg: Zustellung unter Mitwirkung von Johann Gabriel Doppelmayr (vgl. Brief Nr. 77, Z. 8–10); als Beilage: an Wagner aus Danzig beigeschlossener Brief Jacob Theodor Kleins an Trew (Z. 25–36) (erhalten in der UBE Briefsammlung Trew, Korr. Jacob Theodor Klein).*

---

1 Gemeint ist hier wohl die starke Beanspruchung Wagners durch den Bayreuther Markgrafenhof, insbesondere bei vermutlich häufiger Abwesenheit seines Kollegen Daniel von Superville (1696–1773), der durch weitere Funktionen, vor allem auch an der 1743 gegründeten Universität Erlangen, gebunden war. Zur Biographie Daniel von Supervilles einschließlich seiner Ämter vgl. Brief Nr. 59, Endnote 7. – Auch in einem nahezu zeitgleichen Brief an Johann Philipp Breyne (1680–1764) vom 14. April 1746 entschuldigte Wagner sich dafür, eine Zuschrift Breynes nicht eher beantwortet zu haben. Wagner bemerkt in diesem Brief an Breyne, dieser „könne[] sich die unordentliche Lebens-Art Vom Hoffe unmöglich Vorstellen“, und versichert, „daß [er] dießen gantzen Winter wegen Vorgefallener schlimmer und langwieriger Patienten fast wie ein Gefangener leben müßen, dem aller BriefWechßel gäntzlich untersaget ist“; siehe Forschungsbibliothek Gotha, Mikrofilm Chart. B 789, Bl. 641 f. (hier Bl. 641).

2 Diese Schreiben Trews Nr. 74* und Nr. 75* an Wagner sind in der UBE Briefsammlung Trew nicht erhalten und wurden daher als erschlossene Schreiben in die Edition eingefügt.
3 Zu Danzig siehe Brief Nr. 57, Endnote 4. – Das von Trew vermutlich gemeinsam mit einem seiner beiden nicht erhaltenen Schreiben an Wagner übersandte Päckchen aus Danzig kam wohl von Johann Philipp Breyne, da Wagner im weiteren Verlauf vorliegenden Briefes, vgl. Z. 23–25, betont, diesem etwas „dagegen gesandt" zu haben.
4 Johann Wilhelm Widmann (Wiedmann) (d.J./II) wurde 1721 in Nürnberg geboren und starb 1766 ebenda. Er war der Sohn von Johann Wilhelm Widmann (d.Ä./I) (1690–1743), der Arzt in Nürnberg und ab 1735 Director Ephemeridum der Kaiserlichen Akademie der Naturforscher Leopoldina war. Johann Wilhelm Widmann d. J. studierte die Arzneiwissenschaft, ab 1742 in Helmstedt, wo er im Hause Lorenz Heisters (1683–1758) lebte. 1744 erhielt er die Doktorwürde und kehrte zu Anfang 1745 zunächst nach Nürnberg zurück. Nach nur kurzem Aufenthalt in Nürnberg aber ging Johann Wilhelm Widmann d. J. wieder auf Reisen: über Bayreuth, Karlsbad, Dresden, Wittenberg, Berlin, Lüneburg, Lübeck, Hamburg und Bremen bis nach Holland, wo er sich im Winter 1745/1746 in Leiden aufhielt. Im Frühsommer 1746 reiste er u.a. über Düsseldorf, Köln, Mainz und Frankfurt nach Straßburg, wo er weitere acht Monate zubrachte, bevor er im Januar 1747 schließlich über München und Regensburg nach Nürnberg zurückkehrte. Im Jahr 1748 heiratete er Margaretha Katharina Justina, die Tochter Lorenz Heisters, und wurde ins Nürnberger Collegium medicum aufgenommen. Johann Wilhelm Widmann d. J. war Mitglied der Kaiserlichen Akademie der Naturforscher Leopoldina (seit 1746). In der UBE Briefsammlung Trew sind u.a. ein Brief Johann Wilhelm Widmanns (II) an Lorenz Heister, sowie Briefe zwischen Widmann (II) und Trew erhalten; vgl. Schmidt-Herrling (1940), S. 695 f.; DBA 1364, Bl. 22–25 (Will). Zum brieflichen Austausch zwischen Trew, Heister und Widmann (II), betreffend v.a. Widmanns Verlobung mit der Heister-Tochter und eine Erbschaftangelegenheit in den Jahren 1747/1748, vgl. auch auf Basis der Auswertung der in der UBE Briefsammlung Trew erhaltenen Briefe Ruisinger/Schnalke (2004), v.a. S. 214–220. – Der im vorliegenden Brief von Wagner beschriebene zurückliegende Aufenthalt Widmanns in Bayreuth stand also wohl in Zusammenhang mit dem Beginn von dessen Reise durch Deutschland und Holland 1745.
5 Gemeint ist hier Bayreuth, vgl. dazu Brief Nr. 57, Endnote 6.
6 Zum Kunst- und Naturalienkabinett (hier „Cabinet") des Bayreuther Markgrafen Friedrich vgl. Brief Nr. 67, Endnote 9. – Da Wagner nach seinem Umzug nach Bayreuth 1743 mit der „Aufsicht über das prächtige Naturalien Cabinet" des Markgrafen betraut war, vgl. Delius (1766) (v.a. S. 186), hatte er sich dort wohl für Johann Wilhelm Widmann als besonders wertvoller gleichsam „Fremdenführer" erwiesen.
7 Zum markgräflichen Schloss in Bayreuth (das heute so genannte „Alte Schloss") vgl. Brief Nr. 60, Endnote 14.
8 Zu Johann Philipp Breyne (Breyn) (1680–1764) siehe Brief Nr. 73, Endnote 21.
9 Gemeint ist hier der in der Forschungsbibliothek Gotha erhaltene Brief Wagners an Johann Philipp Breyne vom 14. April 1746, siehe Forschungsbibliothek Gotha, Mikrofilm Chart. B 789, Bl. 641 f. Wagner bedankt sich darin für eine „geneigteste Zuschrifft" Breynes, vor allem aber auch für „das [ihm] gemachte schöne praesent von Büchern und Bernstein-Mustern". Bei letzterem Geschenk dürfte es sich also um den Inhalt des von Trew an Wagner übersandten Danziger Päckchens gehandelt haben. Im Gegenzug übersandte Wagner dann wiederum als Beilagen zu seinem Schreiben an Breyne vom 14. April 1746 die „Acta inaugurationis" der neuerrichteten Universität Erlangen, „24 Stück mineralia und fossilia figurata", „einige unreiffe Perlen und eine Muschel mit feste sitzender Perle aus unßern Land [also aus Bayreuther Umland]" sowie ein „Tractaetlein von Herrn Dr. Erhardt aus Memmingen".
10 Nach einem zeitgenössischen Eintrag bei Zedler (1732–1754), Bd. 40, Sp. 1607, bedeutet „subvolante sigillo", bzw. hier „sub sigillo volante", „unter offenem Siegel, wie man einander bisweilen die Briefe zuzuschicken pflege[]".

11 Wie im Weiteren auch aus Z. 34–36 des vorliegenden Briefes Wagners an Trew hervorgeht, handelte es sich bei dem hier von Wagner erwähnten an ihn beigeschlossenen Brief um ein für Trew bestimmtes Schreiben Jacob Theodor Kleins (1685–1759) aus Danzig, das Wagner nach eigenem hier vorliegenden Eingeständnis also bereits im Herbst 1745 erreichte, dessen Weitervermittlung er dann aber vergaß. Dieses Schreiben Kleins an Trew ist in der UBE Briefsammlung Trew, Korr. Jacob Theodor Klein, erhalten geblieben: Es datiert vom 21. August 1745, die erhaltene Adressierung an „Monsieur Trew [...] à Nurnberg" verweist durch den Zusatz „p[ar] Couuert" noch auf die Übersendung auf dem Wege des Einschlusses in ein anderes Schreiben. Ferner findet sich auf S. 1 unten des Schreibens Kleins an Trew vom 21. August 1745 der Vermerk wohl von Trews Hand, dass dieser Brief „ganz Jahr" bei Hofrat Wagner in Bayreuth liegen geblieben sei. – Ein Schreiben Kleins an Wagner, in das der für Trew bestimmte Brief eingeschlossen gewesen sein könnte, ist in der UBE Briefsammlung Trew nicht erhalten.
12 Gemeint ist hier der Bayreuther Markgrafenhof.
13 „Einschlag" steht hier wie „Einschluß" für den „einschlusz des briefes", d.h. den „einschlag eines briefes in den andern"; vgl. Grimm (1854–1960), Bd. 3, Sp. 272 u. Sp. 280.
14 Zu Erlangen (Erlang) siehe Brief Nr. 14, Endnote 1. – In Erlangen wohnte z.B. der Schwiegervater Wagners Johann Friedrich Weis(s)mann (1678–1760).
15 Zu Jacob Theodor Klein (1685–1759) (hier lat. Dat. Sgl. „Secretario Klein") siehe Brief Nr. 57, Endnote 3.
16 Bei dem in dem Brief Kleins an Trew vom 21. August 1745 „Verlangten" handelte es sich um Klein fehlende Teile der Zeitschrift des Commercium Litterarium, die er dort auch detailliert auflistet; vgl. UBE Briefsammlung Trew, Korr. Jacob Theodor Klein. Klein betont zudem besonders, dass nach dem Tod des Assistenten des Commercium Litterarium Johann Adam Kulmus (1689–1745) sich dessen „Vetter" als Nachfolger sehr bemühe, ihm jedoch auch noch nicht alle Mängel habe beschaffen können. – Wagner hatte in der Vergangenheit bereits mehrfach Klagen Kleins über ausbleibende Teile des Commercium Litterarium und insbesondere dabei auch Beschwerden über die Tätigkeit des Johann Adam Kulmus als Assistent der Zeitschrift an Trew übermittelt, vgl. Brief Nr. 62, Z. 22–25, und Brief Nr. 65, Z. 23–28.
17 Gemeint ist hier wohl die Ostermesse in Leipzig. Zu den Leipziger Messen vgl. auch Brief Nr. 57, Endnote 7.
18 Christian Gottlieb Ludwig wurde 1709 in Brieg (Schlesien) geboren und starb 1773 in Leipzig. Er studierte die Naturwissenschaften und Medizin in Brieg und ab 1728 in Leipzig. 1731–1733 nahm er als Begleiter von Johann Ernst Hebenstreit (1702–1757) an einer Afrikaexpedition teil, bevor er 1737 in Leipzig die medizinische Doktorwürde erhielt. Im Jahr 1740 wurde Ludwig dort zum außerordentlichen Professor der Medizin ernannt. Es folgten weitere Ernennungen in Leipzig, u.a. 1747 zum ordentlichen Professor für Anatomie und Chirurgie, 1755 für Pathologie, 1758 für Therapie. Im Jahr 1758 erhielt er außerdem das Dekanat der medizinischen Fakultät. Christian Gottlieb Ludwig war Verfasser lange benutzter Lehrbücher aus dem Bereich der Chirurgie (1744), der Physiologie (1752), der Pathologie (1754), der klinischen Medizin (1758) und der Gerichtsmedizin (1765). Daneben schrieb er viele akademische Gelegenheitsschriften mit medizinischem und botanischem Inhalt. Seit 1752 gab er mit anderen Leipziger Gelehrten die „Commentarii de Rebus in Scientia Naturali et Medicina Gestis" heraus. Ludwig war Mitglied der Akademie der Wissenschaften Berlin (1753). Carl von Linné benannte nach ihm die Gattung Ludwigia. In der UBE Briefsammlung Trew sind Schreiben zwischen Christian Gottlieb Ludwig und Trew erhalten, aber auch z.B. von und an den Nürnberger Apotheker Johann Ambrosius Beurer (1716–1754); vgl. Boschung (2002), S. 316–319; Schmidt-Herrling (1940), S. 377–379; Hirsch (1962), Bd. 3, S. 859; DBE, Bd. 6, S. 596. – Weitere Einträge zu Christian Gottlieb Ludwig finden sich in: DBA 787, Bl. 36–87 u. 90 (ADB; Hirsching; Meusel: Schriftst.; Jöcher/Adelung; Berner; Eitner); ADB, Bd. 19, S. 600.
19 Zu Leipzig siehe Brief Nr. 35, Endnote 13.
20 Gemeint ist hier das Werk „Phytobasanos" des Fabio Colonna (Columna), das erstmals 1592 erschien: Colonna, Fabio: Phytobasanos sive plantarum aliquot historia. Neapoli [Carlini u.a.] 1592. – 1744 erschien

dann eine neue Ausgabe (hier „Edition“) des Werkes mit einem Lebenslauf Colonnas und weiteren Anmerkungen durch Giovanni Bianchi (Ianus Plancus) unter dem Titel: Phytobasanos. Phytobasanos Fabii Columnae Phytobasanos. Vita Fabii et Lynceorum notitia. Florentia [Viviani] 1744. – Fabio Colonna (Columna) wurde um 1567 in Neapel geboren und starb ca. 1650. Als Rechtsgelehrter ausgebildet, trieb ihn die Epilepsie, an der er selbst litt, auf der Suche nach einem Heilmittel hin zu botanischen Studien. Seinen „Phytobasanos“ verfasste er bereits im 24. Lebensjahr. Zudem war Colonna eines der ersten Mitglieder und später Präses der Academia Lynceorum, weshalb er sich auch meist in Neapel aufhielt; vgl. Hirsch (1962), Bd. 2, S. 84; Jöcher (1750/1751), Bd. 1, Sp. 2023.

21 Zu Giovanni Bianchi (Ianus Plancus) (1693–1775) siehe Brief Nr. 52, Endnote 9.

22 Zu Johann Gabriel Doppelmayr (Doppelmayer) (1677–1750), wohnhaft in Nürnberg, siehe Brief Nr. 72, Endnote 6.

23 Zum hier verwendeten Symbol für Kupfer (also „Kupfer Taffeln“) vgl. Brief Nr. 62, Endnote 10.

24 Wagner meint hier mit den „ersten Ecphrasi“ wohl das folgende Werk des Fabio Colonna: Colonna, Fabio: Minus cognitarum stirpium aliquot ac etiam rariorum nostro coelo orientium ecphrasis. Romae [G. Facciottus] 1606. – Das 1606 erschienene Werk lässt sich auch als erster Teil (gleichsam „erste Ecphrasi“) eines dann 1616 vollständig veröffentlichten Werkes verstehen. – Eine neue Ausgabe dieses Werkes des Colonna durch Giovanni Bianchi (Ianus Plancus) konnte im Rahmen der Recherchen zu vorliegender Arbeit weder in Bibliothekskatalogen noch in den Werkverzeichnissen Bianchis im Rahmen der biographischen Lexika nachgewiesen werden, sehr wahrscheinlich ist es dazu also nie gekommen.

25 Ein zeitgenössischer Eintrag aus der ersten Hälfte des 18. Jh. bei Zedler (1732–1754), Bd. 43, Sp. 273–295, beschreibt „Teutschland“, auch „Deutschland“ oder „Teutsches-Reich“, als „ein großes Land in Europa, welches in der Zona temparata seine Lage hat“, zugleich aber weist der Artikel ausdrücklich darauf hin, dass „bey dessen Grentzen, Eintheilung, Regiments-Form und andern Beschaffenheiten, man beständig auf die alten und neuern Zeiten sein Absehen richten m[üsse]“. Die folgenden umfangreichen Ausführungen des Artikels vermitteln dann Einblick v.a. auch in den „Deutschland“-Begriff der ersten Hälfte des 18. Jh.

26 Wagner gibt hier also das Anliegen Giovanni Bianchis (Ianus Plancus) an Trew weiter, einige Exemplare seiner (teils geplanten, teils schon umgesetzten) neuen Ausgabe der Werke des Fabio Colonna im Tausch gegen Geld oder aber andere Bücher aus bestimmten Bereichen abzusetzen. – Die „Historia naturalis“ (hier lat. Abl. Sgl. „Historia naturali“) oder „Natur-Geschichte“ wird in einem zeitgenössischen Eintrag bei Zedler (1732–1754), Bd. 23, Sp. 1063–1086 („Natur-Geschichte“), beschrieben als „eine historische Erzehlung, was in natürlichen Dingen ordentlicher oder zufälliger Weise sich zugetragen, oder von der Natur hervorgebracht worden ist“. In diesem Sinne könne man sie auch erklären als „eine Nachricht von dem Ursprung, Fortgang, Veränderungen, besondern Zufällen und Begebenheiten, die im Reiche der Natur bey sichtbaren und unsichtbaren Dingen von Zeit zu Zeit sich zugetragen“. Damit sei die „Natur-Geschichte“ an sich klar unterscheidbar von der „Natur-Lehre“, „welche die Natur, Kräffte, Würckungen und Eigenschafften erforsche[], und Schlüsse und Lehren daraus ziehe[]“. Allerdings seien doch „beyde dermassen nahe mit einander verwandt, daß sie fast immer untermischet sich zu erkennen g[ä]ben“. – Zur „Natur-Lehre“ oder lat. „Physica“ vgl. auch den ausführlichen zeitgenössischen Eintrag bei Zedler (1732–1754), Bd. 23, Sp. 1147–1167. Die „Physica experimentalis“ (hier lat. Abl. Sgl. „Physica experimentali“) oder „Versuch-Kunst der Natur“ bzw. „Experimental-Physic“ wird in Zedler (1732–1754), Bd. 47, Sp. 2187–2189 („Versuch-Kunst der Natur“), beschrieben als „diejenige Art die Physick zu tractiren, da man sich der Versuche von eintzeln Dingen oder Experimenten bedienet, und dadurch gewisse Lehr-Sätze beweisen will“. – Wagner setzt die Aufzählung der Bereiche, zu denen Bianchi im Tausch Bücher zu bekommen wünschte, fort mit „res antiquaria“ (hier weiter im lat. Abl. Sgl. „re antiquaria“). Nach Zedler (1732–1754), Bd. 1, Sp. 1566–1568, sind „Alterthümer“ zunächst „solche Sachen, welche wegen Länge der Zeit viele Umstände entdecken, die damahls, da sie durch Kunst verfertiget worden, sind in Gebrauch gewesen", die Lehre davon aber heiße dann „Antiquaria", ein Begriff, der wiederum enger und weiter gebraucht werde. Nach engerem Verständnis umfasse er „nur die Gebräuche der Alten in sich", nach weiterem „aber weit mehrers". Die „Antiquaria" werde zudem verschiedentlich weiter unterteilt, u.a. auch in die „Numismatographia". – Wagner schließt die Aufzählung der von Bianchi gewünschten Themenbereiche mit den Münzen an sich (hier lat. Abl. Pl. „numismatibus"). Zur „Müntz-Wissenschafft" als solche vgl. auch Zedler (1732–1754), Bd. 22, Sp. 654–659.

27 Wagner betätigte sich auch gegenüber Johann Philipp Breyne in Danzig als eine Art „Agent" für die Neuausgabe der Werke des Fabio Colonna durch Giovanni Bianchi. Schon mit seinem Brief vom 14. April 1746 übersandte Wagner auch das Werk „Phytobasanos" an Breyne; vgl. Forschungsbibliothek Gotha, Mikrofilm Chart. B 789, Bl. 641 f. (hier v.a. Bl. 641). Einem weiteren Brief Wagners an Breyne vom 30. März 1748 ist dann ferner ausdrücklich zu entnehmen, dass Wagner Exemplare des Werkes „Phytobasanos" „zum Verkauff und Vertausch in Commission" hatte, bzgl. der neuen Ausgabe der „Ecphrasi" aber musste Wagner auch zu diesem späteren Zeitpunkt noch einräumen, er wisse nicht, wann sie erscheinen werde; vgl. Forschungsbibliothek Gotha, Mikrofilm Chart. B 789, Bl. 645–647 (hier v.a. Bl. 646).

28 Zur Zeitschrift des Commercium Litterarium (hier lat. Abl. Sgl. „Commercio litterario") im Allgemeinen vgl. Brief Nr. 6, Endnote 2.

29 Zu den zunehmenden Lieferungsverzögerungen und -schwierigkeiten, insbesondere hinsichtlich der Titel-, Übersichts- und Registerblätter (hier lat. Akk. Pl. „Indices"), gerade in den späten Jahren des Commercium Litterarium vgl. auch Brief Nr. 18, Endnote 3.

77 — *4. Mai 1746*

Peter Christian Wagner, Bayreuth, an Christoph Jacob Trew, <Nürnberg>

Wohlgebohrner und Hochgelehrter Herr
Hochgeehrtester Herr HoffRath und Leib*Medice*
Hochgeneigter Gönner!

Zweiffelsohne werden Ewer Wohlgebohrn mein letzteres[1] nebst dem wieder mein Wißen und Vermuthen sich Verspateten Einschluß[2] Von Danzig[3] durch Herrn *Professor* Doppelmaÿer[4] wohl erhalten haben. Mit gegenwärtigen[5] aber muß ich mir die Freÿheit nehmen Ewer Wohlgeb[ohrn] Vorläuffig Zu berichten, daß Ihro Hochwürden und Gnaden die Frau OberhoffMeistern[6] beÿ S[eine]r [!] König[lichen] Hoheit unßerer Frau Marggräffin[7] allhier[8] sich schon seit 9 biß 10 Monathen sehr unpäßlich | 2 | befinden und Zwahr anfänglich an einen *Mictu cruento ex anomalia haemorrhoidali*[9] und darauf erfolgten oder Vielmehr mitverknüpfften *Dysuria*[10] und endlich an einer *mictione dolorifica ex spasmo vesicae*[11], *cum concurrentibus excoriatione vel vesicae ipsius vel colli vesicae*[12], *flatulentia*[13] *et sensu maxime dolorifico in regione hypogastrica*[14] *aliisque symptomatibus gravioribus*[15] *laboriret* haben und Zum theil noch Vieles ausstehen. Da nun aber dießer *Morbus* auf die hier wieder gebrauchten Verschiedener Arter *Medicamenten* nicht nur nicht weichen und sich Zur würcklichen Beßerung nicht anlaßen will, Vielmehr der seit einiger Zeit sich dabeÿ hervorgethanene *calor hecticus* und würckliche Anfälle einer *febris hecticae*[16] einen üblen

Ausgang befürchten läßet, dem gantzen Hoff[17] aber an der weitern *Conservation* dießer Vornehmen *Patientin* | 3 | sehr Viel gelegen ist, so haben sich die Frau OberhoffMeisterin und Ihrer Fräulen Schwester Der Fraulen HoffMeisterin Von Sonsfeld Hochw[ürden] und Gnaden[18] auf mein Verlangen und Vorstellen entschloßen deswegen ein *Consilium Medicum* halten Zu laßen. Nachdeme denn Ewer Wohlgeb[ohrn] weitläufftige Gelehrßamkeit und große Erfahrung Hochdenenselben Verschiedentlich angerühmet worden, so haben Sie mich beordret Ewer Wohlgeb[ohrn] in Ihren Nahmen hierdurch Zu ersuchen, ob Sie nicht so bald als immer möglich, die Mühe auf sich nehmen und sich mittelst der Post hieher Verfügen einem *Consilio Medico* beÿ wohnen und nach Dero bekanten *dexteritaet* ein Mittel Zur Linderung und herstellung gedachter[19] Vornehmer Frau *Patientin* ausfündig machen helffen wolten. Ich *acquittire* mich alßo | 4 | Hierdurch meiner aufhaben [!] *Commission* um so Viel lieber, jemehr ich wünsche das *plaisir* nechster Tagen Zu haben Ewer Wohlgebohrn hießelbsten Zu bedienen und Sie mündlich beßer als itzo[20] schrifftlich Von derjenigen besondern Hochachtung und Freundschafft Zu Versichern in welcher ich allstets dermahlen aber eÿlfertigst Verharre

Ewer Wohlgeb[ohrn]

Baÿreuth
den 4. *Maii*
1746.

gehorsamst ergebenster
Diener
Dr. P[eter] C[hristian] Wagner. | 5 |

PS: Meine Frau[21], welche Ewer Wohlgeb[ohrn] sich gehorsamst empfiehlet und an Dero Frau Gemahlin Wohlgeb[ohrn] nebst mir ein großes *Compliment* Vermeldet auch Vielleichte beÿ Dero Ruck-Reiße eine ReißGefahrtin biß Erlang[22] abgiebet, nimt sich die Freÿheit hierdurch gehorsamst Zu bitten, daß Sie durch eine Magd aus Herrn Funckens Laden[23] 2 Loth[24] Von rothen Schmeltz[25], wie beÿliegendes Muster holen laßen und ihr mit bringen möchten. Solten Sie noch eine *Sorte* etwas dunckelröthern und doch durchsichtigen dergleichen Schmeltz haben so wolte sie sich auch davon noch 2 Loth ausgebeten haben und beÿ Ewer Wohlgebohrn Ankunfft allhier die deswegen gethanene Auslage sogleich ersetzen. Beÿ Ewer Wohlgebohrn Ankunfft allhier könten Sie nur im Golde| 6 |nen Adler absteigen, im Fall aber wieder Verhoffen Ewer Wohlgebohrn nicht solten ab und hieher kommen können, so erwarte ich künfftigen Sonnabend frühe mit der Post eine geneigte Antwort[26], welcher Vorgemeldeter Schmeltz beÿgeleget werden könte.

***H** UBE Briefsammlung Trew, Korr. Wagner, Nr. 56. 5½ S. mit PS. Als Beilage: Muster eines roten „Schmeltzes" (Z. 48).*

26 halten Zu laßen] (1) [halten] halten Zu laßen (2) halten Zu laßen

1 Wagner bezieht sich hier auf sein vorausgehendes Schreiben Nr. 76 vom 24. April 1746.
2 „Einschluß“ steht hier wie „Einschlag“ für den „einschlusz des briefes“, d.h. den „einschlag eines briefes in den andern“; vgl. Grimm (1854–1960), Bd. 3, Sp. 272 u. Sp. 280. – Gemeint ist hier ein an Wagner aus Danzig beigeschlossenes Schreiben Jacob Theodor Kleins (1685–1759) für Trew, das Wagner bereits im Herbst 1745 erhalten, aber erst mit dem Brief vom 24. April 1746 an Trew weitergeleitet hatte, vgl. Brief Nr. 76, Z. 25–36. Der entsprechende Brief Jacob Theodor Kleins an Trew vom 21. August 1745 ist in der UBE Briefsammlung Trew, Korr. Jacob Theodor Klein, erhalten.
3 Zu Danzig siehe Brief Nr. 57, Endnote 4.
4 Zu Johann Gabriel Doppelmayr (Doppelmayer) (1677–1750) siehe Brief Nr. 72, Endnote 6.
5 Gemeint ist hier der vorliegende Brief Wagners.
6 Dorothea Louise Freiin von Wittenhorst-Sonsfeld wurde 1681 in Berlin als Tochter des Friedrich Wilhelm (I) Freiherr von Wittenhorst-Sonsfeld (1650–1711) und seiner Gemahlin Amalie Henriette Freiin von Schwerin (1658–1699) geboren, sie verstarb am 29. Juli 1746 in Bayreuth. Im Jahr 1701 wurde Dorothea Louise Freiin von Wittenhorst-Sonsfeld in Berlin als Hofdame der Königin in Preußen Sophie Charlotte (1668–1705) aufgenommen, dieselbe Ehrenstelle bekleidete sie dann auch bei Königin Sophie Dorothea (1687–1757) und wurde so 1721 bzw. 1723 in Berlin Erzieherin bzw. Hofmeisterin der Prinzessin, also der späteren Bayreuther Markgräfin Wilhelmine (1709–1758). 1731 bei Vermählung Wilhelmines mit dem Bayreuther Erbprinzen Friedrich (1711–1763) folgte sie dieser von Berlin nach Bayreuth und war bis zu ihrem Tod 1746 deren Oberhofmeisterin. Dorothea Louise Freiin von Wittenhorst-Sonsfeld wurde ferner der persönliche Titel Gräfin gewährt. Informationen zu Dorothea Louise Freiin von Wittenhorst-Sonsfeld finden sich bei Schüttpelz (1999), v.a. S. 2–4, S. 8 u. S. 39 f.; außerdem ist eine Leichenpredigt erhalten siehe Rücker (1746), darin insbesondere auch eigener Abschnitt „Personalia“ S. 41–52. – Zur Erkrankung der Oberhofmeisterin Dorothea Louise Freiin von Wittenhorst-Sonsfeld vgl. im weiteren Verlauf der Korrespondenz auch Brief Nr. 78, Z. 9–26, Brief Nr. 79, Z. 8–21, mit als Beilage einer ausführlichen Krankengeschichte in Z. 36–200, desweiteren auch Brief Nr. 80, Z. 7–46, sowie Brief Nr. 81, Z. 4–41.
7 Zu Markgräfin Friederike Wilhelmine Sophie von Brandenburg-Bayreuth (1709–1758) siehe Brief Nr. 65, Endnote 22.
8 Gemeint ist hier Bayreuth, siehe dazu Brief Nr. 57, Endnote 6.
9 Die Onomatologia Medica Completa, Bd. 1, Sp. 1011, beschreibt zeitgenössisch „Mictus cruentus" (hier lat. Abl. Sgl. „Mictu cruento“) bzw. „das Blutharnen“ als „blutige[n] Harn, da derselbe nicht nur blutig gefärbt [sei], sondern, wo auch wahres Blut durch eben denselben Weg abgehe[], wie es von Blasen- und Nierensteinen, von starken, scharfen, hizigen, harntreibenden Mitteln, Spanischen Fliegen, Terbinthinöl, von der Blasengoldader, [...], innerlichen Verwundungen, und andern Ursachen gesch[]ehe[]“. Meist sei damit auch ein heftiger Schmerz verbunden. Ein weiterer ausführlicher zeitgenössischer Eintrag findet sich bei Zedler (1732–1754), Bd. 4, Sp. 233–238 („Blutharnen“). – Wagner bewertete hier das Blutharnen als Folge (lat. „ex“) einer „anomalia haemorrhoidalis“ (hier lat. Abl. Sgl. „anomalia haemorrhoidali“). Die Onomatologia Medica Completa, Bd. 1, Sp. 97, beschreibt eine „Anomalia“ als „eine Unordnung, Unrichtigkeit, Abweichung von dem Gewöhnlichen“. Mit der „anomalia haemorrhoidalis“ verwies Wagner hier also wohl z.B. auf die auch in obigem Artikel zum „Blutharnen“ als mögliche Ursache genannte Blasengoldader, die „Haemorrhoides vesicae“, vgl. dazu auch Onomatologia Medica Completa, Bd. 1, Sp. 745 f.
10 Eine „Dysuria“ bzw. „Harnstrenge“ oder „Harnwinde“ ist nach der Onomatologia Medica Completa, Bd. 1, Sp. 573, gegeben, „wenn man sehr wenig, und schwehr harne[], gemeiniglich auch mit einem Brennen des Harns, Schmerzen und Geschwulst der Schaam und Lenden, welches aus verschiedenen Ursachen geschehen k[ö]n[ne]“. Teilweise werde der Begriff unterschiedlich gebraucht, d.h. die einen gebrauchten „das Wort überhaupt vor ein jedes schwehr hergehendes Harnen“, andere aber machten

„eine besondere Art daraus" mit sorgfältiger Abgrenzung dann „von der Stranguria und Ischuria". Ein weiterer zeitgenössischer Eintrag findet sich bei Zedler (1732–1754), Bd. 7, Sp. 1691.

11 Wagner schließt die Aufzählung, woran die Frau Oberhofmeisterin „laboriret haben", nach „Mictus cruentus" und „Dysuria" hier zunächst mit einer „mictio dolorifica ex spasmo vesicae" (hier ebenfalls lat. Abl. Sgl. „mictione dolorifica..."), also einem „schmerzhaften Harnen infolge spasmus vesicae". – Ein „Spasmus Vesicae" bzw. „Blasen-Krampff" ist nach einem zeitgenössischen Eintrag bei Zedler (1732–1754), Bd. 4, Sp. 63 („Blasen-Krampff"), eine „Kranckheit der Harn-Blase, welche sowol in Ansehung ihrer Historie, Ursachen, Diagnosis und Prognosis als Cur, mit dem Krampff übereink[o]mm[e], ausser daß noch einige andere Ursachen diese Maladie erwecken könn[t]en, welche in andern Theilen den Krampff zu erregen nicht vermögend s[eien]". Zum „Spasmus" oder „Krampf" im Allgemeinen vgl. auch Brief Nr. 18, Endnote 18.

12 Wagner erweitert im Folgenden dann die Aufzählung um einige weitere hier zusammentreffende Beschwerden etc. („cum concurrentibus..."). – Zunächst führt Wagner dabei eine „excoriatio vel vesicae ipsius vel colli vesicae" (hier lat. Abl. Sgl. „excoriatione...") an, also eine „excoriatio entweder der Harnblase selbst oder des Blasenhalses". Die Onomatologia Medica Completa, Bd. 2, Sp. 417 f., beschreibt die „Excoriatio" als „das Abschälen, Abgehen, Abschirfen der Haut; wenn dieselbe, besonders das Oberhäutlein entweder durch ein starkes äusseres Reiben auf der Oberfläche zusammengerieben, und abgerieben wird, welches man eigentlich eine geschirfte Haut heiss[e], oder, wenn sie durch aufgelegte scharfe, äzende Sachen, auch nur von einem scharfen Harn, oder Stuhlgang weggefressen, oder auch durch Brennen auf verschiedene Art losgemacht wird, wie es auch öfters durch eine Schärfe von innen heraus durch allerley Krankheiten gesch[]ehe[] [...]". Weitere zeitgenössische Einträge zur „Excoriatio" finden sich in der Onomatologia Medica Completa, Bd. 1, Sp. 623, und auch bei Zedler (1732–1754), Bd. 8, Sp. 2325. – Das Anatomisch-chirurgische Lexikon, Sp. 1074 f., beschreibt zeitgenössisch die „Vesica" oder „Vesica Urinaria", also die „Urinblase", als einen „aus verschiedenen Häuten zusammengesetzte[n] Sack, welcher im Becken (pelvis), ausserhalb dem Sack der inwendigen Haut des Unterleibes saccus peritonaei in der Gegend, wo die beyden Schaamknochen (symphysis ossium pubis) zusammenstossen, liege[], sein oberer Theil, der etwas gewölbt, w[e]rd[e] der Grund (fundus), hingegen der untere Theil, welcher schon weit enger, der Hals der Blase (collum vesicae) genennet". Ein weiterer zeitgenössischer Eintrag findet sich bei Zedler (1732–1754), Bd. 4, Sp. 52–55 („Blase"; hier v.a. Sp. 52 f.).

13 Zur „flatulentia" vgl. Brief Nr. 29, Endnote 14.

14 Wagner setzt die Aufzählung der weiteren zusammentreffenden Beschwerden etc. nach „excoriatio..." und „flatulentia..." hier (lat. „et...") mit „sensus maxime dolorificus in regione hypogastrica" (ebenfalls lat. Abl. Sgl. „sensu maxime dolorifico...") fort, also einer „überaus schmerzhaften Empfindung in der regio hypogastrica". – Nach einem zeitgenössischen Eintrag bei Zedler (1732–1754), Bd. 30, Sp. 1860, liegt die „Regio Hypogastrica", oder der „Unterschmerbauch", „unter dem Nabel".

15 Wagner beendet schließlich hier auch die Aufzählung der weiteren zusammentreffenden Beschwerden etc. mit „aliaque symptomata graviora" (im lat. Abl. Pl. „aliisque symptomatibus gravioribus"), also „anderen ziemlich schweren symptomata". – Zum zeitgenössischen Begriff der „symptomata" vgl. Brief Nr. 13, Endnote 17.

16 Der hier von Wagner in Abgrenzung zu den „würckliche[n] Anfälle[n] einer febris hecticae" genannte „calor hecticus" (sinngemäß eine „hektische Wärme") konnte in den im Rahmen vorliegender Arbeit genutzten Nachschlagewerken nicht als Stichwort nachgewiesen werden. – „Febris hectica" (hier lat. Gen. Sgl. „febris hecticae") aber, oder „Hectica" bzw. „Abzehrend Fieber/ Schwindsüchtig Fieber/ Lungen-Fieber, Hectisch Fieber/ Darr-Fieber/ verzehrend Fieber", ist nach einem umfänglichen zeitgenössischen Eintrag bei Zedler (1732–1754), Bd. 12, Sp. 1051–1057 („Hectica"), „ein langwieriges, beständig anhaltendes und schleichendes Fieber, welches von der wiedernatürlichen Bewegung des Blutes und derer Geister seinen Ursprung ha[be]". Zwar könne diese Krankheit „zu denen schleichenden Fiebern [...]

gezehlet werden, weil sie nach und nach und langsam fortgehet", doch sei trotzdem klar zu unterscheiden „zwischen dieser Krankheit selbst und einem schleichenden Fieber". Die „Hectica" werde „in drey Grade eingetheilet", wobei der erste Grad noch „wenig von einem schleichenden Fieber unterschieden [sei], sintemahl sich dieses offtmahls, ja gemeiniglich in die Hectica verwandel[e]". Zu den „Gelegenheit gebenden Ursachen" der „febris hectica" seien zu rechnen: „unterschiedene Geschwüre derer innern und äußern Theile", „die üble Beschaffenheit des Geblütes" sowie die „Verstopffung derer Eingeweide". Dabei gelte, dass umso mehr „die Organa und Eingeweide beschädiget s[eien][,] desto schwerer w[e]rd[e] auch die Cur". Das Wort „Hectica" werde abgeleitet aus dem Griechischen von „Gestallt", „weil diese Kranckheit den Cörper gantz und gar auszehre[] und ihm eine andere Gestallt zuzühe[]". Ein weiterer zeitgenössischer Eintrag findet sich in der Onomatologia Medica Completa, Bd. 1, Sp. 747 f. („Hectica").

17 Gemeint ist hier der Bayreuther Markgrafenhof.

18 Gemeint ist hier Flora von Wittenhorst-Sonsfeld <1746>. Die Schwester der Oberhofmeisterin Dorothea Louise Freiin von Wittenhorst-Sonsfeld findet nach deren Tod auch in jenem Teil der Leichenpredigt Erwähnung, der den schmerzlichen Verlust, den der Tod der Oberhofmeisterin für viele bedeute, beschreibt, siehe Rücker (1746), S. 7 f. Dort heißt es u.a.: „Was soll ich erst von den hohen Anverwandten [...] besonders Dero Fräulein Schwester sagen, der Hochwürdigen Fräulein Hof-Meisterin der Durchlauchtigsten unserer gnädigsten Princeßin? Ist nicht die Helfte Ihres Hertzens mit gestorben?"

19 „Gedacht" meint hier „erwähnt"; vgl. Grimm (1854–1960), Bd. 4, Sp. 1926.

20 „Itzo" steht hier für „jetzt"; vgl. Grimm (1854–1960), Bd. 10, Sp. 2184.

21 Wagner hatte 1738 in zweiter Ehe Margaretha Wilhelmina Wagner <1738–1764> geheiratet, eine Tochter des Johann Friedrich Weis(s)mann (1678–1760). In der UBE Briefsammlung Trew, Korr. M. W. Wagner, ist ein Brief Margaretha Wilhelmina Wagners an Trew vom 9. Oktober 1764 erhalten, in dem sie Trew vom Tod ihres Ehemannes am 8. Oktober 1764 in Kenntnis setzte; vgl. Schmidt-Herrling (1940), S. 677; und auch Memoria P.C. Wagneri (1765), unpaginiert.

22 Zu Erlangen (Erlang) siehe Brief Nr. 14, Endnote 1. – In Erlangen wohnte u.a. Johann Friedrich Weis(s)mann (1678–1760), also der Vater von Wagners zweiter Gemahlin.

23 Gemeint ist hier möglicherweise die Kunsthandlung von Jonas Paulus Funck. – Jonas Paulus Funck, ein Zeichner, Radierer, Kupferstecher und Kunsthändler, wurde 1709 in Nürnberg getauft und 1770 ebenda begraben. Er war ein Enkel des Kartographen, Buch- und Kunsthändlers sowie Verlegers David Funck (1642–1709) und ein Sohn des Johann Sigmund Funck (ca. 1680–1722). Im Jahr 1734 erbte Jonas Paulus Funck nach dem Tod der Großmutter die Buch- und Kunsthandlung seines Großvaters David Funck und führte diese weiter. Er war 1745–1771 als Kunsthändler, 1755–1772 auch als Kupferstecher im Ämterbüchlein eingetragen. Die Handlung wurde nach seinem Tod von seiner Witwe weitergeführt; vgl. Grieb (2007), Bd. 1, S. 440 („Funck, Jonas Paulus") (auch Einträge zu „Funck, David" auf S. 439 f. und zu „Funck, Johann Sigmund" auf S. 440).

24 Nach einem zeitgenössischen Eintrag bei Zedler (1732–1754), Bd. 18, Sp. 497, ist das „Loth", bzw. „Semiuncia, Semuncia, Uncia semis", „ein kleines Gewichte, und der zwey und dreißigste Theil eines gemeinen Pfundes". Außerdem gilt, dass „zwey Loth [...] eine Untze [machen], und vier und zwantzig Loth ein Pfund nach Apothecker-Gewichte".

25 „Schmeltz" oder „Schmalt", französisch „Email", wird in einem zeitgenössischen Eintrag bei Zedler (1732–1754), Bd. 35, Sp. 281–283 („Schmalt"), beschrieben als „eine Art gefärbten Glases, das meistens von Venedig komm[e], und von Zinn- oder Bley-Asche mit einigem Zusatz gemacht, denn mit gewissen Materialisten-Farben, weiß, grün, blau, gelb, roth und schwartz gefärbet w[e]rd[e]". Von Goldschmieden werde es „zum amuliren auf Gold, Silber und Kupffer" gebraucht. Der „Schmeltz" „komm[e] in kleinen bezeichneten Kuchen", außerdem aber „führe[] man in der Handlung den Schmeltz in kleinen runden durchlöcherten Körnern oder Corallen, wovon das Frauenzimmer allerhand künstl[erisch] geschnürte Arbeit mache[]".

26 Tatsächlich antwortete Trew Wagner in Brief Nr. 78 (als Entwurf in der UBE Briefsammlung Trew überliefert), der auf den 6. Mai 1746 datiert, also einen Freitag, so dass Wagner die gewünschte schriftliche Antwort wohl tatsächlich „Sonnabend frühe mit der Post" erhalten haben dürfte.

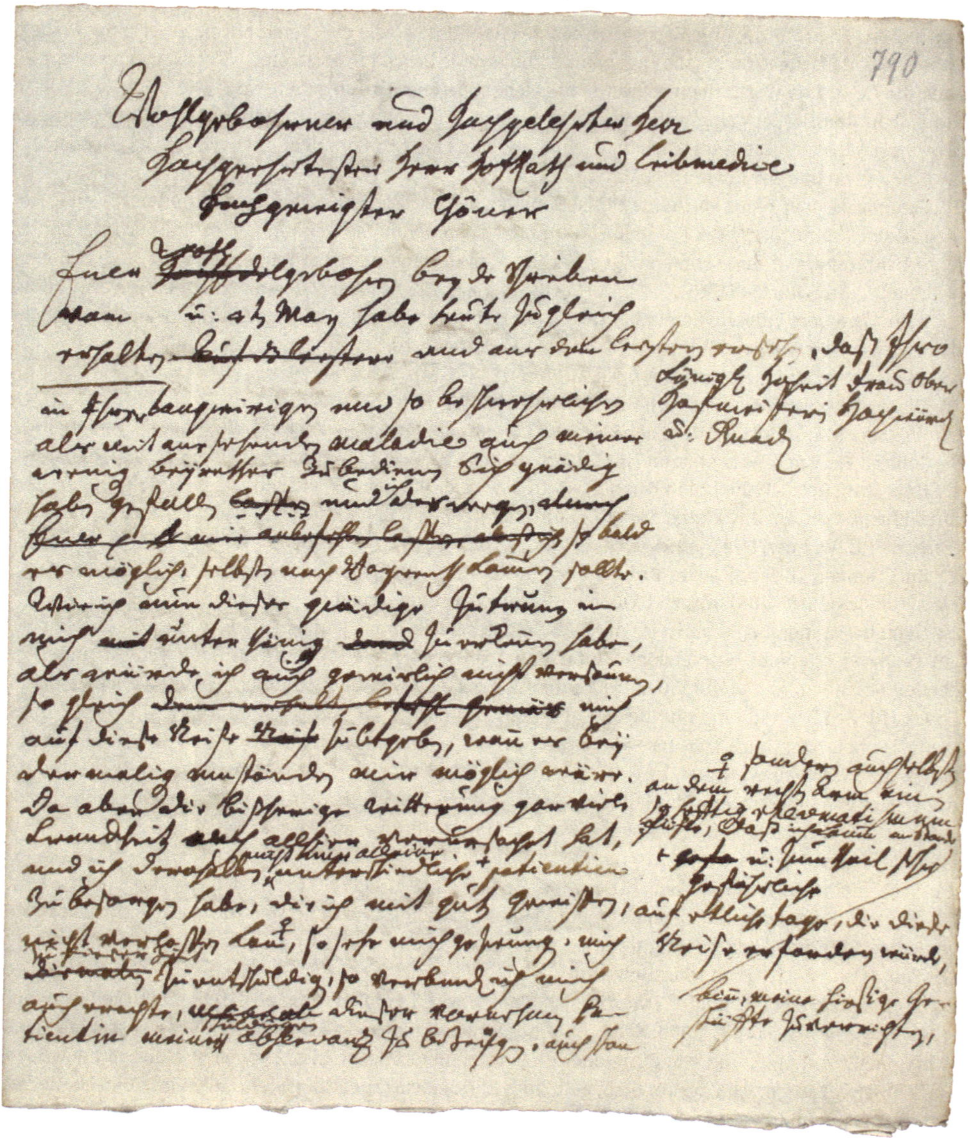

Abb. 29: Schriftprobe: Trew an Wagner (Numerus currens innerhalb der Edition: Brief Nr. 78; UBE BT, Korr. Trew, Nr. 790), 6. Mai 1746, 1. Seite

78 **6. Mai 1746**

Christoph Jacob Trew, Nürnberg, an Peter Christian Wagner, <Bayreuth>, <Entwurf>

Wohlgebohrner und Hochgelehrter Herr
Hochgeehrtester Herr HofRath und Leib*medice*
Hochgeneigter Göner [!]

Euer Wohlgebohren beyde Schreiben vom [24ten April] und 4ten May[1] habe heute Zugleich erhalten und aus dem lezteren ersehen, daß Ihro König[lichen] Hoheit[2] Frau OberHofmeisterin Hochwürden und Gnaden[3] in Ihrer langwirigen und so beschwehrlichen als <???> aussehenden <?> *maladie* auch meines wenigen Beÿrathes Zu bedienen Sich gnädig haben gefallen lassen und ich deswegen, so bald es möglich, selbsten nach Bayreuth[4] kommen sollte. Wie ich nun dieses gnädige Zutrauen in mich unter thänig Zu erkennen habe, als würde ich auch <?> gewislich nicht versaumen, so gleich mich auf diese Reise Zu begeben, wann es beÿ dermaligen umständen mir möglich wäre. Da aber die bißherige Witterung gar viele Kranckheiten auch allhier[5] verursachet hat, und ich derohalben nicht nur alleine unterschiedliche und Zum theil sehr gefährliche[6] *patientien [!]* Zu besorgen habe, die ich mit gutem Gewissen, auf etliche tage, die diese Reise erfordern würde, nicht verlassen kan, sondern auch selbsten an dem rechten Arm einen so hefftigen *rheumatismum*[7] fühle, daß ich kaum an Stande binn, meine hiesige Geschäffte Zu verrichten, so sehe mich gezwungen, mich Zu dieser Zeit Zu entschuldigen, so verbunden ich mich auch erachte, dieser vornehmen *Patientin* meine schuldigen *observanz* Zu bezeÿgen, auch schon | 2 | längstens die Gelegenheit gewunschen habe, an denen *memorabilibus Baruthinis* mich ergözen Zu können. Euer Wohlgebohren bitte also ganz gehorsamst, durch Hochgeneigte *intercession* es Zu vermitteln, daß diese vornehme *dame* nicht ungnädig nehmen möge, daß ich wegen pflichtmäsiger Beobachtung meines hiesigen Amtes dermalen nicht dienen kan. Der verlangte Schmelz[8] wird hiebeÿ folgen und wird meine Frau[9], die sich gehorsamst ferner empfiehlet, besorget seyn, daß sie dergleichen etwas <?> dunckleren auch möge verschaffen können. Herrn *secretario Klein*[10] werde diese Woche noch das Verlangte[11] schicken, indeme ein Kauffmann Von hier *recta* nach Danzig[12] gehet. *Fab[ii] Columnae* <Phytobasanos>[13] habe nebst *Guilandini thesauro Conchyliorum*[14] schon vor einem 4tel Jahr aus *Florenz*[15] erhalten. Lezteres ist ein herrliches Werck, kommt mich aber über 30 Gulden[16] nebst der Fracht Zu stehen. *Columnae*[17] nachgemachte figuren sind so gar fein nicht, als im *original*, die *additamen*| 3 |*ta* des Herrn *Planci*[18] aber sind hochzuschuzen und Zu wünschen, daß er dieses so rare und nüzliche Wercke in balden möge Zum allgemenen Nuzen *absolviren* können[19]. So viel dismalen in höchster Eil. Empfehle mich Zu fernerem Wohlwollen und verharre mit schuldiger Hochachtung

E[uer HochEdelgebohren
meines Hochgeehrten Herrn *Dris.*

gehorsamster diener
Christoph Jacob Trew]
N[ürn]b[erg] den 6ten Maÿ 1746

***h** UBE Briefsammlung Trew, Korr. Trew, Nr. 790. 2½ S. Textlücken in vorliegendem Entwurf bzgl. Datum des vorletzten Briefes Wagners an Trew (Z. 8) (ergänzt gemäß Datierung von Brief Nr. 76) und Schlussformel (Z. 39–42) (ergänzt gemäß einer für Trew üblichen an Wagner gerichteten Schlussformel nach Brief Nr. 2, Z. 31–34). Als Beilage: „Schmelz" für Wagners Gemahlin (Z. 26 f.).*

8 Wohlgebohren] (1) [HochEdel]gebohren (2) Wohlgebohren: *korr. zwischen den Zeilen*
9 und aus dem lezteren] (1) [. Auf das leztere] (2) und aus dem lezteren: *korr. im Textfluss*
9 lezteren] lezteren *bis* Gnaden: *erg. am Rand im Textfluss*
12 lassen] (1) [lassen] (2) lassen: *Streichung zurückgenommen*
12 ich deswegen, so bald es möglich,] (1) deswegen [, durch Euer <???> mir anbefehlen lassen, daß ich], so bald es möglich, (2) ich deswegen, so bald es möglich,: *„ich" erg. zwischen den Zeilen*
13 unter thänig Zu erkennen] (1) [mit] unter thänig[em danck] Zu erkennen (2) unter thänig Zu erkennen
14 so gleich mich] (1) so gleich [dem erhalten <?> Befehl gemäs] mich (2) so gleich mich
14 Reise] (1) Reise [Reise] (2) Reise
16 allhier] (1) [auch <?>] allhier (2) allhier
16 nicht nur alleine] nicht nur alleine: *erg. zwischen den Zeilen*
17 und Zum theil sehr gefährliche] (1) [gefa]: *erg. am Rand* (2) und Zum theil sehr gefährliche: *erg. am Rand, korr. im Textfluss*
18 auf] auf *bis* würde,: *erg. am Rand im Textfluss*
19 sondern] sondern *bis* verrichten,: *erg. am Rand*
21 Zu dieser Zeit] (1) [dismalen] (2) Zu dieser Zeit: *korr. zwischen den Zeilen*
21 dieser vornehmen Patientin] (1) [<???>] (2) dieser vornehmen Patientin: *korr. im Textfluss*
22 schuldigen] schuldigen: *erg. zwischen den Zeilen*
22 die Gelegenheit] die Gelegenheit: *erg. zwischen den Zeilen*
23 an] (1) [<???>] (2) an: *korr. zwischen den Zeilen*
25 pflichtmäsiger Beobachtung] (1) [beoba] (2) pflichtmäsiger Beobachtung: *korr. im Textfluss*
26 hiesigen] hiesigen: *erg. zwischen den Zeilen*
26 nicht] (1) [<???>] (2) nicht: *korr. im Textfluss*
27 gehorsamst] (1) [nebst mir Euer Wohlgebohren und Dero Fr] (2) gehorsamst: *korr. im Textfluss*

27 ferner] ferner: *erg. am Rand im Textfluss*
33 nachgemachte] (1) [<???>] (2) nachgemachte: *korr. im Textfluss*
34 und nüzliche] und nüzliche: *erg. am Rand im Textfluss*

---

1 Gemeint sind hier die beiden vorausgehenden Briefe Wagners an Trew Nr. 76 und Nr. 77 vom 24. April bzw. 4. Mai 1746. Wagner hatte zum Zeitpunkt des Briefes vom 4. Mai 1746 von Trew noch keine Antwort auf sein vorausgehendes Schreiben erhalten (vgl. Brief Nr. 77, Z. 8–10), was offenkundig auch darauf zurückzuführen war, dass bei Trew, wie er hier anführt, beide Schreiben Wagners überhaupt erst zeitgleich am 6. Mai ankamen. Im vorliegenden Brief nimmt Trew dann auch inhaltlich Bezug auf die beiden vorausgehenden Schreiben Wagners Nr. 76 und Nr. 77.
2 Gemeint ist hier die Bayreuther Markgräfin Friederike Wilhelmine Sophie (1709–1758), eine Schwester Friedrichs des Großen. Siehe zu ihrer Person Brief Nr. 65, Endnote 22.
3 Zur Oberhofmeisterin Dorothea Louise Freiin von Wittenhorst-Sonsfeld (1681–1746) siehe Brief Nr. 77, Endnote 6. – Wagner hatte in Brief Nr. 77, Z. 10–32 und Z. 51–54, ausführlich die Beschwerden der erkrankten Oberhofmeisterin geschildert und um den Rat Trews und Teilnahme an einem Consilium Medicum gebeten, wenn möglich durch persönliche Anreise nach Bayreuth. – Zur Erkrankung der Oberhofmeisterin Dorothea Louise Freiin von Wittenhorst-Sonsfeld vgl. im weiteren Verlauf der Korrespondenz auch Brief Nr. 79, Z. 8–21, mit als Beilage einer ausführlichen Krankengeschichte in Z. 36–200, desweiteren auch Brief Nr. 80, Z. 7–46, sowie Brief Nr. 81, Z. 4–41.
4 Zu Bayreuth siehe Brief Nr. 57, Endnote 6.
5 Gemeint ist hier Nürnberg, siehe dazu Brief Nr. 1, Endnote 5.
6 „Gefährlich" steht hier für „bedroht von gefahr, gefährdet"; vgl. Grimm (1854–1960), Bd. 4, Sp. 2085.
7 Ein zeitgenössischer Eintrag in der Onomatologia Medica Completa, Bd. 1, Sp. 1178 f., beschreibt „rheumatismus" oder „rheuma" als einen „Fluß", d.h. „ein[en] heftige[n], stechende[n] und spannende[n] Schmerz, welcher schnell den Menschen überf[a]lle[], und sich an einem Ort fest seze[], doch auch leichtlich von demselben wieder anderwärts hinziehe[]". An jenem Teil, das er befalle, mache er „eine Steifigkeit und Unbeweglichkeit". Ein weiterer zeitgenössischer Eintrag findet sich bei Zedler (1732–1754), Bd. 31, Sp. 1140.
8 Zum „Schmelz" vgl. Brief Nr. 77, Endnote 25. – Wagner hatte Trew in seinem letzten Brief die Bitte seiner Frau übermittelt, „2 Loth Von rothen Schmeltz" nach einem beiliegenden Muster in „Herrn Funckens Laden" besorgen zu lassen und bei einer möglichen Reise nach Bayreuth mitzubringen oder einem Antwortschreiben beizufügen, desgleichen auch, sofern zu bekommen, „noch 2 Loth" von „etwas dunckelröthern und doch durchsichtigen [...] Schmeltz"; siehe Brief Nr. 77, Z. 46–51 u. Z. 54 f.
9 Magdalena Apollonia Trew, geborene Bohner, wurde um 1685 in „Summerhausen" (evtl. Sommerhausen a. M.) geboren und starb 1773 in Nürnberg. Sie war in erster Ehe mit dem Nürnberger Spezereihändler Johann Jacob Trew (1658–1721), einem Vetter von Christoph Jacob Trews Vater, verheiratet, ab 1723 dann in zweiter Ehe mit Christoph Jacob Trew. In der UBE Briefsammlung Trew sind auch verschiedentliche an Magdalena Apollonia Trew gerichtete Schreiben (oder Beilagen) überliefert; vgl. Schmidt-Herrling (1940), S. 646 (u. S. 645 zu „Trew, Johann Jacob"); Boschung (2002), S. 541.
10 Zu Jacob Theodor Klein (1685–1759) (hier lat. Dat. Sgl. „secretario Klein") siehe Brief Nr. 57, Endnote 3.
11 Wagner hatte Trew mit Brief Nr. 76 vom 24. April 1746 ein für Trew bestimmtes Schreiben Jacob Theodor Kleins übersandt, das er bereits im Herbst 1745 als Einschluss aus Danzig erhalten, dessen Weiterleitung er dann aber vergessen hatte; vgl. Brief Nr. 76, Z. 25–36. Dieses Schreiben Jacob Theodor Kleins an Trew vom 21. August 1745 ist in der UBE Briefsammlung Trew, Korr. Jacob Theodor Klein, erhalten.

Daraus ist zu ersehen, dass es sich bei dem darin „Verlangten" v.a. um Klein fehlende Teile der Zeitschrift des Commercium Litterarium handelte.

12 Zu Danzig siehe Brief Nr. 57, Endnote 4.

13 Gemeint ist hier das Werk „Phytobasanos" des Fabio Colonna (Columna). – Zu Fabio Colonna (Columna) (ca. 1567–1650) (hier lat. Gen. Sgl. „Fabii Columnae") siehe Brief Nr. 76, Endnote 20. – Zu seinem Werk „Phytobasanos" (im handschriftlichen Brieftext in Buchstaben des griechischen Alphabets) mit vollständigen bibliographischen Angaben siehe ebenfalls Brief Nr. 76, Endnote 20. Dort finden sich ferner Angaben zur Neuausgabe des Werkes 1744 durch Giovanni Bianchi (Ianus Plancus) (1693–1775). – Wagner hatte Trew in seinem vorletzten Brief auf die Neuausgabe des „Phytobasanos" des Fabio Colonna durch Giovanni Bianchi aufmerksam gemacht und im Namen Bianchis eine Art Tauschgeschäft diesbezüglich vorgeschlagen; vgl. Brief Nr. 76, Z. 36–45.

14 Ein Werk unter dem Titel „thesaurus Conchyliorum" eines Guilandinus (etwa Melchior Guilandinus, † 1589) lässt sich nicht nachweisen. Nimmt man aber die Hinweise, die sich aus dem von Trew angegebenen Titel und dem Erscheinungszeitraum vor 1746 ergeben, zusammen, so ist hier sehr wahrscheinlich das Werk „Index testarum conchyliorum" des Niccolo Gualtieri gemeint, d.h. Trew unterlief hier wohl (in Eile) eine Verwechslung von „Guilandinus" und „Gualtieri". Auch „Florenz" als Absendeort des genannten Werkes an Trew stützt diese Annahme weiter, war es doch die Stadt, in der Niccolo Gualtieri wirkte und auch starb sowie der Erscheinungsort seines Werkes. – Die vollständigen bibliographischen Angaben lauten: Gualtieri, Niccolo: Index testarum conchyliorum quae adservantur in museo Nicolai Gualtieri ... et methodice distributae exhibentur tabulis CX. Florentiae [Albizzini] 1742. – Niccolo Gualtieri wurde 1688 im Großherzogtum Toskana geboren und starb 1744 in Florenz. Er war im Laufe seines Lebens u.a. ab 1735 Leibarzt des toskanischen Großherzogs und Professor der Medizin in Pisa. Niccolo Gualtieri befasste sich mit der Conchyliologie und besaß auch eine viel gerühmte Muschelsammlung; vgl. Hirsch (1962), Bd. 2, S. 878; Jöcher (1750/1751), Bd. 2, Sp. 1235.

15 Florenz, am Fluss Arno am südöstlichen Ende der Ebene zwischen den Ketten des Apennin und dem toskanischen Hügelland gelegen, wurde an der Stelle einer vorgeschichtlichen Siedlung ca. im 2. Jh. v. Chr. von den Römern als Florentia neu gegründet. Im späten 10. und 11. Jh. begann der Aufstieg der Stadt, u.a. indem die Bischöfe von den ottonischen Kaisern die Immunität erhielten und die Markgrafen von Tuszien (v.a. aus dem Haus Canossa) durch Schenkungen als Förderer der Stadt auftraten. Den Abschluss der ersten Aufstiegsperiode bildete die in den 1170er Jahren begonnene Stadtbefestigung. Im 13. und 14. Jh. stieg Florenz dann zur führenden Macht in Mittelitalien auf und dies trotz u.a. innerer Kämpfe und Heimsuchung durch die Pest 1348. Es setzte sich die Oligarchie reicher Kaufleute durch, wobei zunächst für ein halbes Jahrhundert die Familie Albizzi bestimmend war, dann ab 1434 die Medici. Unter der Herrschaft der ersten Medici erlebte Florenz seinen Höhepunkt als Zentrum der italienischen Renaissance und des Humanismus. Im Jahr 1569 dann wurde Cosimo I. Großherzog von Toskana, Florenz damit Hauptstadt des Großherzogtums. 1737 endete die Herrschaft der Medici, Florenz fiel mit dem Großherzogtum an das Haus Habsburg-Lothringen, das mit Ausnahme der Napoleonischen Zeit bis 1859 herrschte. Danach kam Florenz zum neuen Königreich Italien, war für kurze Zeit 1865–1871 auch dessen Hauptstadt. Ein zeitgenössischer Lexikoneintrag aus der ersten Hälfte des 18. Jh. beschreibt Florenz als eine der „grösten Städte in gantz Italien", wobei die „Strassen [...] mit breiten Steinen gepflastert [seien], die Paläste [...] kostbar, die Kirchen prächtig, und alle Häuser so schön, daß sie mit Recht Fiorenza la bella, Florentz die Schöne genennet w[e]rd[e]". Hervorgehoben werden ferner verschiedene Sammlungen und neben der „gute[n] Kauffmannschafft" insbesondere auch die Bedeutung von Florenz für die Wissenschaften; vgl. Zedler (1732–1754), Bd. 9, Sp. 1292–1295; Brockhaus, Bd. 7, S. 389–393.

16 Zu dieser Währungseinheit vgl. Brief Nr. 1, Endnote 10.

17 Gemeint ist hier Fabio Colonna (Columna) als Verfasser des „Phytobasanos" vgl. bereits Endnote 13 („Columnae" hier lat. Dat. Sgl.).

18 Zu Giovanni Bianchi (Ianus Plancus; hier lat. Gen. Sgl. „Planci“) (1693–1775), der 1744 eine Neuausgabe des „Phytobasanos“ des Colonna herausbrachte, siehe Brief Nr. 52, Endnote 9.
19 Gemeint ist hier wohl, wie bereits von Wagner in Brief Nr. 76, Z. 40–44 (siehe auch zugehörige Endnote 24) thematisiert, die geplante allmähliche Neuausgabe aller Werke des Fabio Colonna durch Giovanni Bianchi.

79 — *8. Mai 1746*

Peter Christian Wagner, Bayreuth, an Christoph Jacob Trew, <Nürnberg>

Wohlgebohrner und Hochgelehrter Herr,
Hochgeehrtester Herr HoffRath und
hochgeschätzter Gönner!

Ihro hochwürden und Gnaden die Frau OberhoffMeisterin Von Wittenhorst-Sonsfeld[1], noch mehr aber ich betauren gar sehr, daß Ewer Wohlgebohrn durch wichtige AmtsGeschäffte und Zum theil selbst eigene Unpäßlichkeit abgehalten werden die Reiße hieher[2] Zu unternehmen, um einem *Consilio Medico* wegen der schon so lange und hefftig anhaltenden Kranckheit Von Ihro Hochwürden beÿzuwohnen. Nachdeme aber so wohl die Hochgedachte[3] Frau OberhoffMeisterin als ich das ein mahl in Ewer Wohlgebohrn große Gelehrsamkeit und offenbahre Geschicklichkeit *in praxi* | 2 | *Medica* gestellte Vertrauen fortsetzen, so nehme ich mir die Freÿheit angebogene Ziemlich weitläufftig entworffene Erzehlung Von der gedachten[4] langwierigen Kranckheit und ihren Uhrsprung denenselben zuzufertigen[5] und gehorsamst Zu bitten, daß Sie sich Von Ihren wichtigen Geschäfften soviel abmüßigen[6], solche durchleßen und dero Meÿnung und Gedancken besonders über die angehängten Fragen nur kürtzlich[7] und so bald es wegen Dero übrigen nothwendigen Geschäfften seÿn kan, überschreiben wollen.[8] Die Frau OberhoffMeistern und Ihrer Fräulen Schwester Hochw[ürden] Und Gnaden[9] werden Vor solche große Bemühung in alle Wege erkentlich[10] und ich bemühet seÿn beÿ aller Gelegenheit Ewer Wohlgebohrn Proben meiner | 3 | aufrichtigen Freundschafft und hochachtung Zu geben mit allen *attachement* Verharrend

Ewer Wohlgeb[ohrn]

Baÿreuth
den 8. *Maii*
1746

gehorsamster Diener
Dr. P[eter] C[hristian] Wagner. | 4 |

PS: An die Hoch Zu Verehrende Frau Gemahlin Vermelden ich und meine Frau unßern *Respect* und dancken Vor den übersandten Schmeltz[11] Vor welchen beÿliegend die Zahlung folget. Solte Er mehr kosten so will ich es nachsenden.

Beilage: Krankengeschichte der Oberhofmeisterin Dorothea Louise Freiin von Wittenhorst-Sonsfeld, abgeschrieben von einem Bediensteten mit PS von Wagners Hand:[12]

Casus.

Toemina [!][13] *Illustris, Sexaginta et quinque annos nata, temperamenti Sanguineo cholerici, nunquam nupta, nunc per annos qvadraginta Sex Vitae aulicae addicta, a teneris caephalalgia [!] oculorumque doloribus plurimum vexata, anno aetatis trigesimo Sexto a terrore et moerore <?> mensium Suppressionem qvin imo plenariam cessationem passa est. Ab eo tempore catarrhis, tussi, Vomitu copiosae pituitae, Flatulentia, alvique Segnitie Frequentius vexata, enematum usui multum assuevit, venam Singulo vere, rarius auctumno in pede Secare curavit, in diaeta autem Carnes Salitas, pinguia, cibosque aceto et pipere conditos et horis matutinis infusum Thée Vel Coffée <?> lacte pernixtum [!], in deliciis habuit animique pathemata graviora praecipue moerorem <?> per longum Satis tempus constanti tamen Semper animo Sustinuit. Ante quinque et quod excurrit annos, ab aliqvo iam iam [!] tempore colicis et coxendicum doloribus Frequentius excruciata aliqvando post diaeteticum errorem Vomitu gravissimo cum colica corripiebatur, quibus, Sumtis [!] Sine effectu pilulis Stahlianis, pulveribus temperantibus, essentia Cort[icis] aurantiorum et duobus clysteribus, accedebat febris, Ventris intumescentia et dolor, Sitis Valde urgens, agrypnia et mentis tantum non alienatio cum excretione urinae nigerrimae, atramenti instar, per plures dies continuante. Medicus accersitus Sanguinem in vasis mesaraicis et haemorrhoidalibus Stagnare ibique Spasmos et inflammationem periculosam excitare cognoscens, remediis temperantibus, discutientibus, clysmatibus, emulsionibus et pulveribus nitroso camphoratis morbum qvidem cum periculo feliciter profligavit, Sed aliqvot elupsis [!]*[14] *mensibus, Illustris Domina patiens novo errore diaetetico commisso, eundem in morbum eademque Symptomata graviora cum coniuncto et insecuto pedum oedemate incidit. Qvibus <?> iterum Sopitis, Medicus potum Coffée et Thée lacte dilutum, nec non acria et flatulenta quaecunque interdixit, | 2 | vires analepticis temperatis, iusculis praecipue nutrientibus et massam Sanguinis ad stases pronam diluentibus potui Thée et Coffée Substitutis, tonum autem ventriculi et intestinorum <?> labefactatum Elixirio ex extractis amaris antiscorbuticis et carninativis [!]*[15] *vino vel Hungarico vel Gallico rubro, quem Pontac vocant, Solutis, restaurare allaboravit, nec malo qvidem cum Successu. Annum enim integrum vegeta et Sana vixit, haemorrhoidumque Fluxum antea nunqvam experta iusto ordine et quantitate Sensit. Hoc vero vix Superato ex esu malorum persicorum in atrocem colicam Spasmodico flatulentam illapsa non Sine <?> vitae discrimine decubuit. Recurrente vero haemorrhoidali Fluxu, Sanitati iterum restituta ab omni morbo libera vitam egit usqve Sub finem Augusti Anni 1734 [!]*[16]. *Quo tempore annum aetatis Sexagintesimum [!]*[17] *quartum ingressa post diuturna animi pathemata ex Febri tertiana continua in intermittentem conversa periculose Satis aegrotavit. Adhibitis tamen methodo et Medicamentis convenientibus Sanitatem recuperavit, et octo, vel novem menses integram Seravit [!]*[18], *Sorbillando horis matutinis uricas [!]*[19] *praeter propter Sex vel Septem iusculi carnis et Sumendo ante prandium elixirium Suum amarum viscerale. Haemorrhoides interim moderate et in parca qvantitate continue et* *qvoties alvum vel Sua Sponte vel mediante clysmate deponebat, Fluxerunt, mensibus Iunio et Iulio anni praecedentis aegra tribus vel quatuor vicibus Rheda dimidiam horam in planitie vecta urinam cruore tinctam absque ullo doloris Sensu reddidit, mense Augusto autem mictus cruentus etiam absque praevia corporis commotione Frequentius et in maiori copia cum grumis Sanguinis, Sensum pressorium maxime anxium in regione pubis excitantibus recrudescere cepit [!]*[20]*; adhibitis tamen remediis| 3 | temperantibus nitroso-terreis, cum interposita essentia milleFolii, liquori minerali anodino Hoffm[anni] nupta, Fluentibus more consueto haemorrhoidibus, per aliqvot menses iterum disparuit, vel ad minimum toto hoc tempore unicum tantum vel alterum diem parca copia aegram afflixit. Domina patiens vero ab eo tempore viribus et appetitu languescere et cum pulsu debili et parvo noctes inqvietas vel in insomnes agere incepit. Mensibus Decembri et Ianuario, haemorrhoidum fluxu Sponte Sua cessante, post levissimam animi vel corporis commotionem aut refrigerationem dolor in regione pubis pressorius cum anxio mingendi conatu et tandem excretio Sanguinis vel fluxilis et urina permixti vel congrumati Soepius [!]*[21] *et singulis fere ternis quaternisve diebus recurrebant, reliqvo tempore urina vel clara et naturali vel instar loturae carnis et Subturbita [!]*[22] *existente, qvibus accedebant borborigmi [!]*[23] *et Flatuum incarcerationes valde molestae, nonsolum praedicta Symptomata exacerbantes Sed etiam inqvietudines et dolores in femoribus et pedibus producentes. Hisce circumstantiis medicus ordinarius vinum Rhenanum generosum, quod cum decocto cort[icis] Citri potare consueverat, cum Vino Neckerano commutare non Sine notabili levamine iussit; interne vero Liquorem mineralem anodinum, Spiritum nitri dulcem, Tincturam fl[orum] <?> Papav[eris] v[ide] <?> Myns[ichto] ʒam Corallorum cum <?> Sacharo [!], essentiam milleFolii, pulveres etiam ex pulvere antispasmodico Halensi, epileptico marchionis, dente Hypopotami [!]*[24] *et nonunqvam [!]*[25] *Floribus boracis aut Theriacae coelestis grano semis <?> remixtos exhibuit, et externe balsamis et linimentis discutientibus lenientibus et carminativis abdomen inun| 4 |gere curavit. Increbescente [!]*[26] *autem Sub Finem Ianuarii mictu cruento excrementa alvina colore naturali non tincta Sed cinerea vel albida observabantur, quare pilulas ex extractis gentianae, Carcarillae [!] milleFolii, Fl[orum] bellidis et Papaveris v[el] pulveribus analepticis, antispasmodicis et temperantibus interponendas praescripsit et regioni infralumbari emplastrum de Spermate ranarum camphoratum et Sacharo Saturni permixtum applicandum ordinavit. Qvo factum, ut mictus cruentus per aliqvod [!]*[27] *dies parcior qvidem Fieret, imo cum reliqvis Symptomatis molestis penitus remittere videretur: ast circa qvintum, vel Sextum Februarii non Solum revertebat, verum etiam absqve ulla Causa externa et occasionali adeo augebatur, ut aegra Sexto Februarii versus vesperam Spatio Sesqvi horae ultra quinque libras Sanguinis puri et in matula statim in grunos [!]*[28] *coalescentis excerneret et cum purpureo liqvore Spiritum reddere videretur. Quo viso, vini usus interdictus, emplastrum deminio camphoratum cum Sexta Stietici Crollii parte permixtum regioni infralumbari, bufo exsiccatus cum rad[ice] plantaginis in Sacculo, vel lintea calida aqva Sclopetaria madefacta pubi imposita, lapis Prassius ex collo appensus, sangvini excreto pulvis Sympatheticus Dygbaeanus inspersus et remediis internis ex urgente necessitate*

Successive adstringentia veluti Species de Hyacintho, lapis carneolus pptus, Spec[ies] de gemmis Frig[idae] os Sepiae, Sangvis draconis, Aqva Sclopetaria cum aqva Simpl[ice] s[ine] V[ino] facta, essentia terrae Catechu et laudanum cydoniatum in refracta tamen dosi admixta et remittente haemorrhagia iterum remota fuerunt <?>. Hisce imptuosus [!][29] qvidem fluxus paucorum dierum Spatio cohibitus fuit per aliqvot tamen Septimanas | 5 | in dies grumi digitum minimum plus minus crassi et longi quandoqve palma longiores maximis Sub cruciatibus excernebantur cum urina. Qvibus tandem cessantibus, vel multo rarius apparentibus, Successit dysuria cum dolore obtuso valde tamen molesto et interlancinnante [!][30] in regione hypogastrica et umbilicali mox mitius mox gravius affligens. Et licet Aegra nunc lecto penitus affixa ex variis medicamentis temperantibus antispasmodicis et demulcentibus, Sero lactis, emulsionibus, infusis radicum altheae, liquiritiae, florum milleFolii, Cyani, consolidae regalis, malvae, nympheae, linariae, herbarum consolidae Saracenicae, eqviseti Capil[li] Veneris, clysmatibus, fomentis et Sacculis paregoricis Siccis et lacte vel vino decoctis ex meliloto, linaria, mercuriali, floribus croci, chamomillae et rad[icibus] telephii pubi et muliebribus applicatis Soepius [!][31] levamen Sentiret, appetitum Satis bonum, colorem naturalem et virium partem recuperaret, nec pro morbi gravitate contabesceret, affectus tamen rebellis curam perfectam nunqvam adnisit [!]. Circa aeqvinoctium vernale Aegra praeter ante dicta Symptomata Sangvinis ebullitiones notabiles, dolores lancinnantes [!][32] et anxietates in femoribus et pedibus magis molestas cum Stillicidio Sanguinis ex naribus Sensit; qvibus motibus et annua consuetudine commotus Medicus ordinarius ex Vena in pede tusa qvinque cruoris uncias detraxit. Primis post venae Sectionem diebus Symptomata potiora mitigata et Aegra nova valetudinis Spe aucta videbantur, verumtamen tertio et qvarto die nova colica haemorrhoidali aborta cum doloribus atrocissimis circa os Sacrum, in regione pubis, femo| 6 |ribus et muliebribus omnia in peius ruebant et tandem haemorrhoides coecae tumentes et valde dolentes accedebant. Quae cum Sero lactis reliqvisque Supra nominatis internis remediis temperantibus et ungvento de linaria et radici telephii externe applicatis cedere recusarent, diebus Sexto, Septimo et Octavo Aprilis hyrudines [!][33] et qvidem primis diebus Solum unica, qvia plures Sugere nolebant, ultimo vero duo [!] ad haemorrhoidalia vasa adplicabantur. Tumor et dolor intestini recti quidem ex his Sublatus et reliqvi cruciatus primis horis et diebus mitigati fuerunt, Somnusque magis quietus redire cepit [!][34], constans autem levamen aegra non habuit. Dolores Siqvidem acuti et anxii in intestinis tenuibus et femoribus, cum ventris inflatione, Somno vel pauco, vel plane nullo mox redibant, ut etiam medicus applicatis ad tempora Somniferis et pilula ex Theriacae coelestis grano unico facta desperabundo <?> Succurrere coactus fuerit. Quum itaque in casu rebelli et Fere desperato anceps etiam Consilium capiendum esset et plures medicos consulere aegra recusaret, praeterea constans fere fecum [!] alvinarum decoloratio, digestionis et excretionis difficultas, incompescibilis flatuum generatio et incarceratio, vesicae et femorum Spasmi ac grumulorum Sangvinis frequens per urinam excretio, de Sangvinis motu progressivo per omnia infini [!][35] ventris viscera impeditius Succedente et tono plurimorum viscerum labefactato abunde Satis testarent [!], Sub continuo infusorum

Superius nominatorum et remediorum temperantium analepticorum usu, balmea [!][36] ex aqva dulci cum incoctis herbis emollientibus, resolventibus, | 7 | discutientibus, carminativis et nervinis, ac paratis exinde Sacculis abdomini calide in balneo applicandis in usum vocavit medicus. His Aegra horis antemeridianis tepide ingressa et per duos, tresve horae quadrantes insidens in ipso balneo et qvinque vel Sex horas post nullos omnino vel paucos Sensit dolores, urinam Sine incommodo vel cum pauco dolore Solum reddit [!][37], et ita per quatuordecim dies, quarto Semper libero manente, continuavit. Postquam autem vires et incipiens Sangvinis turgescentia balneorum usum ulteriorem non permitterent doloresque iterum augeri inciperent, infimo ventri vel emplastrum de baccis lauri, carminativum et de Tacamahaca, vel lintea et Sacculos paregoricos aqua Selopetaria [!][38] Spirituosa conspersos applicare curavit. Interne Elixirium viscerale ex extractis chamemeli, Gentianae, mille Folii Cichorei, bellidis C[orticis] Peruviani, cum ∇ Selopetaria [!][39] S[ine] V[ino] Cichorei et C[orticis] Cascarillae Solutis, versus vesperam ℥am Fl[orum] papaveris et noctu pulverem temperantem adhibuit. Dolores qvidem illi continui, atroces et intollerabiles [!] in hypogastrio multum remiserunt, inter mingendum autem, qvod alternis diebus, noctu et abdomine flatibus parum distento frequentius urget, Semper dolor acutus et lancinnans [!][40] Sentitur, nec nisi applicatis intra pudenda Succulis [!][41] ex lacte decoctis vel linteolis oleo liliorum alborum, momordicae vel amygdalarum dulcium imbutis mitigatur. Interim aliqvoties iam partium genitalium inflamatio [!] periculosa contigit, quae Semper applicatis Sacculis vel linteis in aqua Calcis vivae camphorata & cum aceto Lithargyrii temperata coctis et expressis iterum extincta et discussa fuit. Tandem ultimis mensis aprilis diebus accessit febris continua et hectica, quae per qvatuor | 8 | vel qvinque dies consecutivos circa vel post meridiem, cum naso, pedibus et digitis per dimidiam horam frigidis invasit, insecuto calore versus et post mediam noctem valde aucto et horis matutinis Sine Sudore iterum remittente. Quo factum, ut non Solum vires corporis et animi collabascant, verum etiam appetitus plenaria prostratio, vigiliae molestissimae et partium musculosarum notabilis contabescentia producantur. Medicus quidem febri huic mox a principio clysmatibus ex pulvere C[orticis] Peruviani cum nitro antimoniato et olei Chamomillae destill[ati] aliqvot guttis <?> et iusculo carnis compositis obicem ponere tentavit et post haeo [!][42] Singulo mane Ʒi pilularum ex extractis Gentianae, Cascarillae C[orticis] peruviani admixtis regulo antimonii medicinali et Sapone veneta compositarum, versus noctem autem unam vel alterum [!][43] dosin pulveris ex Conchis Citratis, matre perlarum, antihectico Poterii, nitro regenerato, Sale polychresto Saignetae <?> et cinnabari antimonii Compositi dedit, et insultus febriles adeo temperavit, ut frigus amplius nullum et calor Saltem mediocris post mediam noctem Sentiantur, excrementa praeterea naturali fere colore tincta et multo muco viscido contaminata excernantur. Nihilo minus dolor continuus quamvis mitior et Surdus in regione hypogastrica, mictio dolorifica, urina vel Sangvine atro tincta vel grumulis Sangvinis aut Sedimento mucoso albido referta, rarius clara et naturali accedens et reliqva Soepius [!][44] nominata Symptomata, cum accedente crebrius vomitu muci viscidi et tenacis, nonsolum turbatam et destructam partium infimi ventris oeconomiam, verum etiam

excoriationem Vesicae, vel alius | 9 | visceris corruptionem Subesse indicant.
Quaeritur itaque:
num rebus Sic stantibus aliqua reconvalescentiae Spes adhuc Supersit, cui methodo qvibusve remediis praecipue inhaerendum et num haemorrhoidibus coecis denuo apparentibus hyrudines [!][45] *cum fructu adhuc Sint applicandae <?>?*
Dabam Byruthi sexto Maii A[nn]o 1746

Dr. P[eter] C[hristian] Wagner

PS: Ich bitte höchlich um Vergebung daß ich mein *Concept* durch einen der *lateinischen* Sprache unkundigen Bedienten *copiren* laßen müßen welcher Viele Fehler darein gemachet die ich aus Eÿlfertigkeit schwehrlich alle gehörig Verbeßern können.

***H** UBE Briefsammlung Trew, Korr. Wagner, Nr. 57. 3½ S. mit PS und 9 S. Krankengeschichte in lateinischer Sprache teils fehlerhaft abgeschrieben von einem Bediensteten mit deswegen zahlreichen Verbesserungen von Wagners Hand sowie mit einem zugehörigen PS ebenfalls von Wagners Hand (Wagners Korrekturen sind stillschweigend in die vorliegende Transkription der Krankengeschichte einbezogen, da die auf mangelnden Lateinkenntnissen beruhenden Fehler des Bediensteten hier keine ältere Textschicht des Briefautors selbst darstellen, die einen entsprechenden Kommentar zur Textgestaltung erfordern würde). Postweg: „durch die Post"(vgl. Brief Nr. 80, Z. 9); als Beilage: Bezahlung für zuvor übersandten „Schmeltz" (Z. 31 f.).*

16 denenselben] (1) [Zu] (2) denenselben: *korr. im Textfluss*
21 Hochwürden Und] Hochwürden Und: *erg. am Rand im Textfluss*

---

1 Zur Oberhofmeisterin Dorothea Louise Freiin von Wittenhorst-Sonsfeld (1681–1746) siehe Brief Nr. 77, Endnote 6. – Wagner hatte in Brief Nr. 77, Z. 10–32 und Z. 51–54, ausführlich die Beschwerden der erkrankten Oberhofmeisterin geschildert und um den Rat Trews und Teilnahme an einem Consilium Medicum gebeten, wenn möglich durch persönliche Anreise nach Bayreuth. In seinem Antwortschreiben Nr. 78, Z. 9–26, dann hatte Trew aber unter wortreichem Bedauern erklärt, aus verschiedenen Gründen derzeit nicht nach Bayreuth reisen zu können. Der vorliegende Brief Wagners ist nun als Bemühen zu werten, in der Folge die fachliche Meinung und den Rat Trews zumindest auf schriftlichem Wege einzuholen. Zur Erkrankung der Oberhofmeisterin von Wittenhorst-Sonsfeld vgl. im weiteren Verlauf der Korrespondenz auch Brief Nr. 80, Z. 7–46, sowie Brief Nr. 81, Z. 4–41 (Antwortentwurf Trews auf die von Wagner im Zusammenhang mit der hier als Beilage übersandten Krankengeschichte formulierten Fragen).

2 Gemeint ist hier Bayreuth, siehe dazu Brief Nr. 57, Endnote 6.

3 „Hochgedacht" wird hier gebraucht im Sinne einer „schon erwähnten hohen person[]"; vgl. Grimm (1854–1960), Bd. 10, Sp. 1616.

4 „Gedacht" meint hier „erwähnt"; vgl. Grimm (1854–1960), Bd. 4, Sp. 1926.

5 Die hier von Wagner angesprochene ausführliche Krankengeschichte der Oberhofmeisterin von Wittenhorst-Sonsfeld ist in der UBE Briefsammlung Trew erhalten und folglich als Beilage zum vorliegenden Brief transkribiert (und übersetzt), siehe Z. 34–200.
6 „Abmüßigen“ (bzw. „abmüszigen“) steht hier für „von etwas auf kurze zeit frei, los, müszig machen“; vgl. Grimm (1854–1960), Bd. 1, Sp. 79.
7 „Kürtzlich“ (bzw. „kürzlich“) steht hier für „kurz“ (schreiben etc.); vgl. Grimm (1854–1960), Bd. 11, Sp. 2850 f.
8 Tatsächlich musste Wagner in seinem Brief Nr. 80 vom 15. Mai 1746 zunächst noch einmal nachfragen, bevor er von Trew dann in der Endfassung des Briefentwurfs Nr. 81 (dort fehlende Datierung) Antwort erhielt.
9 Zu Flora von Wittenhorst-Sonsfeld <1746>, der Schwester der Oberhofmeisterin Dorothea Louise Freiin von Wittenhorst-Sonsfeld, siehe Brief Nr. 77, Endnote 18.
10 Flora von Wittenhorst-Sonsfeld zeigte sich gegenüber Trew einige Zeit nach dem Tod ihrer Schwester dann tatsächlich „erkentlich“, vgl. dazu Brief Nr. 82, Z. 23–30.
11 Zum „Schmeltz“ vgl. Brief Nr. 77, Endnote 25. – Wagner hatte Trew die Bitte seiner Frau übermittelt, nach einem übersandten Muster „2 Loth Von rothen Schmeltz“ besorgen zu lassen und bei einer möglichen Reise nach Bayreuth mitzubringen oder einem Antwortschreiben beizulegen; vgl. Brief Nr. 77, Z. 46–51 u. Z. 54 f. Trew war der Bitte nachgekommen und hatte seinem letzten Schreiben den gewünschten „Schmeltz“ beigelegt; vgl. Brief Nr. 78, Z. 26–28.
12 Da es Wagner in der Eile nicht gelang, die Abschrift seines Bediensteten sorgfältig zu korrigieren (vgl. Z. 204), enthält die Krankengeschichte nach wie vor zahlreiche Fehler. Das in der Transkription an vielen Stellen eingestellte „[!]“ (also „sic“) verweist daher wohl häufig auf in der Trew zugesandten Fassung ebenverbliebene Fehler des Kopisten. Gegebenenfalls wird dem im Folgenden eine Endnote beigestellt, um zu verdeutlichen, von welcher Form für die angefügte Übersetzung ausgegangen wurde.
13 Gemeint ist hier wohl „Femina“ bzw. „Foemina“.
14 Gemeint ist hier wohl „elapsis“.
15 Gemeint ist hier wohl „carminativis“.
16 Gemeint ist hier wohl „1744“. „1734“ passt nicht in die chronologische Abfolge der Krankengeschichte, außerdem weist auch der kurz darauf erwähnte Eintritt der Oberhofmeisterin in das 64. Lebensjahr eindeutig auf den August des Jahres 1744 hin.
17 Gemeint ist hier wohl „Sexagesimum“.
18 Gemeint ist hier wohl „Servavit“.
19 Gemeint ist hier wohl „urnas“.
20 Gemeint ist hier wohl „coepit“.
21 Gemeint ist hier wohl „Saepius“.
22 Gemeint ist hier wohl „Subturbida“.
23 Gemeint ist hier wohl „borborygmi“.
24 Gemeint ist hier wohl „Hippopotami“.
25 Gemeint ist hier wohl „nonnunquam“.
26 Gemeint ist hier wohl „Increbrescente“.
27 Gemeint ist hier wohl „aliquot“.
28 Gemeint ist hier wohl „in grumos“.
29 Gemeint ist hier wohl „impetuosus“.
30 Gemeint ist hier wohl „interlancinante“.
31 Gemeint ist hier wohl „Saepius“.
32 Gemeint ist hier wohl „lancinantes“.
33 Gemeint ist hier wohl „hirudines“.

34 Gemeint ist hier wohl „coepit".
35 Gemeint ist hier wohl „infimi".
36 Gemeint ist hier wohl „balnea".
37 Gemeint ist hier wohl „rediddit".
38 Gemeint ist hier wohl „Sclopetaria".
39 Gemeint ist hier wohl ebenfalls „Sclopetaria".
40 Gemeint ist hier wohl „lancinans".
41 Gemeint ist hier wohl „Sacculis".
42 Gemeint ist hier wohl „haec".
43 Gemeint ist hier wohl „alteram".
44 Gemeint ist hier wohl „Saepius".
45 Gemeint ist hier wohl „hirudines".

79 (Übersetzung der beigefügten Krankengeschichte) — *8. Mai 1746*
Peter Christian Wagner, Bayreuth, an Christoph Jacob Trew, <Nürnberg>

Beilage: Krankengeschichte der Oberhofmeisterin Dorothea Louise Freiin von Wittenhorst-Sonsfeld[1]

Krankengeschichte

Die vornehme 65jährige Frau von sanguinisch-cholerischem Temperament, niemals verheiratet, nun 46 Jahre hindurch dem Hofleben ausgesetzt und von klein auf von Kopfschmerz und Schmerzen der Augen sehr stark gequält, hat in ihrem 36sten Lebensjahr vor Angst und Betrübnis eine Verstopfung ja sogar ein vollständiges Ausbleiben der Monatsblutungen erlitten. Seit dieser Zeit durch Katarrhe, Husten, Erbrechen reichlichen Schleimes, Blähungen und Hartleibigkeit ziemlich häufig gequält, hat sie sich sehr an den Gebrauch von Klistieren gewöhnt, in jedem Frühjahr, seltener im Herbst, hat sie eine Ader am Fuß öffnen lassen, hinsichtlich Essen und Trinken aber hat sie großes Wohlgefallen an eingesalzenem Fleisch, an fetten Dingen und an mit Essig und Pfeffer gewürzten Speisen sowie in den Morgenstunden an Tee oder Kaffee mit Milch gefunden, und sie hat die ziemlich schweren Gemütsbewegungen besonders die Betrübnis eine recht lange Zeit hindurch in dennoch immer standhafter Art ertragen. Vor fünf Jahren und darüber, seit schon gewisser Zeit ziemlich häufig durch Koliken und Schmerzen der Hüften gequält, wurde sie dermaleinst nach einem Fehler in der Lebensführung von äußerst schwerem Erbrechen in Verbindung mit einer Kolik befallen, wozu, da die Stahlschen Pillen, die pulveres temperantes, die essentia Corticis aurantiorum und zwei Klistiere ohne Erfolg angewandt worden waren, Fieber kam, eine Geschwulst und Schmerz des Bauches, ein sehr drängendes Durstgefühl, Schlaflosigkeit und beinahe Raserei, in Verbindung mit einer mehrere Tage andauernden Ausscheidung eines sehr schwarzen Harns, gerade wie Tinte. Ein herbeigerufener Arzt, der bemerkte, dass das Blut in den Gefäßen des Gekröses und in den Mastdarmgefäßen stillstand und dort Krämpfe und eine gefährliche Entzündung hervorrief, hat durch mildernde (bzw. kühlende) Mittel, sowie durch auflösende und zerteilende Mittel, durch Klistiere, Emulsionen und pulveres nitroso camphorates die Krankheit glücklich, freilich mit einem Wagnis, besiegt, aber nach etlichen Monaten ist die geduldige vornehme Frau, da ein erneuter Fehler in der Lebensführung begangen worden war, derselben Krankheit und denselben ziemlich schweren Zufällen gemeinsam mit einer wässrigen Geschwulst der Füße, die damit in Verbindung stand und unmittelbar nachgefolgt war, anheimgefallen. Nachdem diese (Zufälle) wiederum gemildert worden waren, hat der Arzt Kaffee und Tee mit Milch, auch alles Scharfe und Blähende verboten, | 2 | er hat stark daran gearbeitet, die Kräfte mittels gemäßigter stärkender und erquickender Mittel, mittels besonders nährender Brühen und das zu Stockungen neigende Geblüt mittels verdünnender Mittel anstelle Tee und Kaffee, den geschwächten Spannungszustand aber des Magens und der Gedärme mittels eines Elixiers aus extracta amara antiscorbutica und mittels blähungstreibender Mittel, aufgelöst in entweder ungarischem oder französischem roten Wein, den sie „Pontac" nennen, wiederherzustellen, und freilich mit nicht geringem Erfolg. Denn sie hat ein volles Jahr lang rüstig und gesund gelebt, und sie hat den Blutfluss von der goldenen Ader, nachdem sie dies früher niemals kennengelernt hatte, in rechtmäßiger Ordnung und Menge verspürt. Aber kaum dass dies erreicht worden war, hat sie, infolge des Verzehrs von Pfirsichen in eine schreckliche krampfhaft blähende Kolik geraten, nicht ohne Gefahr für das Leben darniedergelegen. Da aber der Blutfluss von der goldenen Ader zurückkehrte, hat sie wiederum genesen und von aller Krankheit befreit bis gegen Ende August des Jahres 1744 (im Original fehlerhaft 1734) gelebt. Zu dieser Zeit nach Eintritt in das 64. Lebensjahr ist sie nach langdauernden Gemütsbewegungen aufgrund eines fortdauernden dreitägigen Fiebers (mit jeweils einem relativ guten Tag dazwischen), dann verwandelt in ein Wechselfieber, ziemlich gefährlich krank gewesen. Nachdem gleichwohl eine dienliche Methode und dienliche Arzneimittel angewendet worden waren, hat sie die Gesundheit wiedererlangt, und hat sie sich acht oder neun Monate hindurch vollständig erhalten, indem sie in den Morgenstunden ungefähr sechs oder sieben Krüge Fleischbrühe schlürfte und indem sie vor dem Mittagessen ihr bitteres Eingeweideelixier einnahm. Die goldene Ader ist unterdessen mäßig und in geringer Menge beständig geflossen, sowie auch sooft sie den Leib entweder aus eigener Kraft oder vermittelst eines Klistiers entleerte, in den Monaten Juni und Juli des letzten Jahres (also 1745) hat die Kranke, nachdem sie drei- oder viermal in einer Kutsche für eine halbe Stunde in der Ebene ausgefahren worden war, blutigen Urin ohne irgendein Schmerzgefühl ausgeschieden, im Monat August aber hat das Blutharnen auch ohne vorausgehende Bewegung des Körpers häufiger und in größerer Menge zusammen mit Blutklumpen, die ein sehr ängstigendes Druckgefühl in der Scham(haar)gegend hervorriefen, begonnen von neuem aufzutreten; nachdem gleichwohl remedia | 3 | temperantia nitroso-terrea, cum interposita essentia milleFolii, liquori minerali anodino Hoffmanni nupta, angewandt worden waren, und da die goldene Ader in gewohnter Weise floss, ist es im Verlauf einiger Monate wiederum verschwunden, auch hat zum wenigsten, nur für die Dauer eines einzigen oder eines zweiten Tages, die geringe Menge die Kranke niedergestreckt. Die geduldige Frau hat aber seit dieser

Zeit begonnen an Kräften und Appetit schwach zu werden und in Verbindung mit einem schwachen und kleinen Puls unruhige, auch bis hin zu schlaflose, Nächte zu verbringen. In den Monaten Dezember und Januar, da der Fluss der goldenen Ader aus eigenem Antrieb nachließ, kehrten nach der geringsten Bewegung des Geistes oder des Körpers oder nach einer Abkühlung der Druckschmerz in der Scham(haar)gegend in Verbindung mit dem ängstigenden Drang des Wasserlassens und schließlich die Ausscheidung von entweder flüssigem und mit dem Harn vermischten oder geronnenem Blut ziemlich oft und eintägig meist aber drei- oder viertägig zurück, während in der übrigen Zeit ein entweder klarer und naturgemäßer oder wie Fleischwasser beschaffener und etwas trüber Harn hervortrat, dazu kamen ein Rumpeln und Knurren der Gedärme und sehr beschwerliche Einklemmungen der Winde, die nicht nur die beschriebenen Zufälle verschärften, sondern auch Beunruhigungen und Schmerzen an Oberschenkeln und Füßen hervorriefen. Unter diesen Umständen hat ein ordentlicher Arzt nicht ohne merkliche Linderung angeordnet, den edlen Rheinwein, den sie gewohnt war mit einem decoctum corticis Citri zu trinken, gegen einen Neckarwein auszutauschen; innerlich aber hat er Liquor mineralis anodinus, Spiritus nitri dulcis, Tinctura florum Papaveris siehe bei Mynsicht, Tinctura Corallorum cum Sacharo, essentia milleFolii, außerdem Pulver, aus pulvis antispasmodicus Halensis, aus pulvis epilepticus marchionis, aus dens Hypopotami und bisweilen aus Flores boracis oder aus den Blumen des himmlischen Theriak zu einem halben Gran gemischt, verabreicht, und äußerlich hat er den Unterleib mit Balsamen und linimenta discutientia lenientia et carminativa | 4 | bestreichen lassen. Während aber gegen Ende des Monats Januar das Blutharnen zunahm, wurde Darmkot, der nicht naturgemäß gefärbt sondern aschenfarbig oder weißlich war, beobachtet, weswegen er bestimmt hat, dazwischen Pillen aus extracta gentianae, Carcarillae, milleFolii, Florum bellidis et Papaveris oder aus pulveres analeptici, antispamodici et temperantes zu gebrauchen, und weswegen er in der regio infralumbaris ein emplastrum de Spermate ranarum camphoratum et Sacharo Saturni permixtum auflegen hat lassen. Dadurch kam es, dass einige Tage lang sich nämlich ein nur ziemlich geringes Blutharnen ereignete, ja es schien sogar zusammen mit allen übrigen beschwerlichen Zufällen völlig zu verschwinden: aber gegen den fünften oder sechsten Februar kehrte es nicht nur zurück, sondern es steigerte sich auch ohne irgendeine äußere Ursache und Gelegenheitsursache so sehr, dass die Kranke am sechsten Februar gegen Abend in einem Zeitraum von anderthalb Stunden mehr als fünf Pfund reinen und im Nachttopf sofort zu Klumpen werdenden Blutes ausschied und zusammen mit der roten Flüssigkeit das Leben abzugeben schien. Nachdem dies erkannt worden war, ist der Gebrauch des Weines verboten worden, sind ein emplastrum deminio camphoratum cum Sexta Stietici Crollii parte permixtum in der regio infralumbaris, bufo exsiccatus cum radice plantaginis in einem Säckchen, oder auch warme mit aqua Sclopetaria besprengte Tücher in der Scham(haar)gegend aufgelegt worden, ist ein lapis Prassius vom Hals herab gehängt, ist das pulvis Sympatheticus Dygbaeanus dem ausgeschiedenen Blut eingemischt worden und sind an innerlichen Heilmitteln wegen der drängenden Notlage nach und nach den Blutfluss hemmende und zusammenziehende Mittel wie Species de Hyacintho, lapis carneolus praeparatus, Species de gemmis Frigidae, os Sepiae, Sanguis draconis, Aqua Sclopetaria cum aqua Simplice sine Vino facta, essentia terrae Catechu und laudanum cydoniatum in gleichwohl kleiner geteilter Gabe beigegeben und, als der Blutfluss nachließ, wieder entfernt worden. Durch dies alles ist freilich der heftige Fluss innerhalb weniger Tage gezügelt gewesen, aber durch einige Wochen hindurch | 5 | wurden von Tag zu Tag Klumpen, die ungefähr kleinfingerdick und -lang, bisweilen (gar) länger als eine Hand waren, unter sehr großen Qualen mit dem Harn ausgeschieden. Als diese endlich aufhörten, oder um vieles seltener auftraten, ist ein schweres Harnen in Verbindung mit einem schwachen aber doch sehr beschwerlichen und zerreißenden Schmerz im Bereich unterhalb des Nabels und in der Nabelgegend nachgefolgt, das sie bald milder bald schwerer heimsuchte. Und obgleich die nun völlig an das Bett gefesselte Kranke infolge verschiedener medicamenta temperantia antispasmodica et demulcentia, durch Serum lactis, durch Emulsionen, durch infusa der Wurzeln von althea, liquiritia, der Blüten von milleFolium, Cyanus, consolida regalis, malva, nymphea, linaria, sowie der Kräuter von consolida Saracenica, equisetum und Capillus Veneris, durch Klistiere, durch Wärmungen/wärmende Tücher und schmerzstillende Säcklein, trocken und mit Milch oder Wein gekocht aus melilotus, linaria, mercurialis, aus den Blüten von crocus und chamomilla sowie aus den Wurzeln von telephium und aufgelegt auf die Scham(haar)gegend und die weibliche Scham, öfters Linderung verspürte, obgleich sie auch einen hinreichend guten Appetit, eine natürliche (Haut-)Farbe und einen Teil der Kräfte wiedererlangte und obgleich sie auch nicht im Verhältnis zur Schwere der Krankheit auszehrte, so hat die widerspenstige Krankheit sich dennoch niemals zur vollständigen Heilung bestrebt. Um die Zeit der Tag- und Nachtgleiche im Frühling hat die Kranke über die bereits genannten Zufälle hinaus merkliche Aufwallungen des Blutes, reißende Schmerzen (in den Gliedern) und in höherem Grad beschwerliche Beängstigungen in Oberschenkeln und Füßen in Verbindung mit einem Tropfen des Blutes aus den Nasenlöchern verspürt; der wegen dieser Regungen und aus alljährlicher Gewohnheit herbeigerufene ordentliche Arzt hat aus der Vena tusa am Fuß 5 Unzen Blut gelassen. An den ersten Tagen nach dem Aderlass schienen die ziemlich mächtigen Zufälle gelindert und die Kranke überhäuft mit neuer Hoffnung auf Gesundheit, aber am dritten und vierten Tag wurde doch alles durch eine neuerliche colica hämorrhoidalis, die unter äußerst schrecklichen Schmerzen um das os sacrum herum, in der Scham(haar)gegend, an den Ober| 6 |schenkeln und der weiblichen Scham ablief, immer ärger und schließlich stellten sich haemorrhoides coecae tumentes et valde dolentes ein. Weil diese sich sträubten durch Serum lactis und durch die übrigen obengenannten mildernden innerlichen Heilmittel sowie äußerlich angewandt unguentum de linaria und radix telephii zu weichen, wurden am sechsten, siebten und achten April Blutegel und zwar freilich an den ersten Tagen nur ein einziges, weil mehrere nicht saugen wollten, zuletzt aber zwei an die Mastdarmgefäße angesetzt. Die Schwellung und der freilich infolge (all) dieser Dinge ausgehaltene Schmerz des Mastdarms sowie alle übrigen Qualen sind in den ersten Stunden und Tagen gemildert gewesen, und der ruhigere Schlaf hat begonnen zurückzukehren, aber die Kranke hat keine anhaltende Linderung erhalten. Denn die heftigen und ängstigenden Schmerzen in den dünnen Gedärmen und in den Oberschenkeln kehrten, zusammen mit einer Aufblähung des Bauches und dem entweder wenigen oder völlig fehlenden Schlaf bald zurück, so dass auch der Arzt gezwungen gewesen ist, voller Verzweiflung durch zu den geeigneten Zeitpunkten angewandte schlafbringende Mittel und eine aus einem einzigen Gran des himmlischen Theriak gefertigte Pille zu helfen. Weil deshalb in dem widerspenstigen und fast hoffnungslosen Fall (endgültig) ein Entschluss, der noch immer wankte, gefasst werden musste und die Kranke es ablehnte, mehrere Ärzte zu Rate zu ziehen, überdies die fast beständige Entfärbung des Kots, die Beschwerlichkeit der Verdauung und Ausscheidung, die unbezwingbare Entstehung und Einklemmung der Winde, die Krämpfe der Blase und der Oberschenkel und dazu die häufige Ausscheidung von Blutklümpchen durch den Harn völlig hinreichend Zeugnis über die ziemlich eingeschränkt vonstattengehende Vorwärtsbewegung des Blutes durch alle Eingeweide des unteren (Schmer-)Bauches und über eine abgeschwächte Spannung der meisten Eingeweide ablegten, hat der Arzt, unter fortwährender Verwendung der weiter oben genannten infusa und mildernden stärkenden Heilmittel, Bäder aus aqua dulcis mit darin gekochten Kräutern aus den (Wirk-)Gruppen der emollientia, resolventia, | 7 | discutientia, carminativa et nervina, und zwar gemeinsam mit daraufhin bereiteten dem Bauch im Bad warm aufzulegenden Säckchen in Gebrauch gebracht. Die Kranke hat, da sie in den Vormittagsstunden in diese (Bäder) bei lauer Temperatur gestiegen war und für zwei oder drei Viertelstunden darinsaß, in dem Bad selbst und fünf oder sechs Stunden lang danach gänzlich keine oder wenige Schmerzen verspürt, sie hat das Wasser ohne Beschwerlichkeit oder mit nur wenigem Schmerz abgeschlagen, und so hat sie es für vierzehn Tage, wobei der vierte immer frei (von Bädern) blieb, fortgesetzt. Als aber die Kräfte und die beginnende Aufwallung des Geblüts den weiteren Gebrauch der Bäder nicht erlaubten und die Schmerzen wiederum begannen zuzunehmen, hat sie sich angelegen sein lassen, dem unteren (Schmer-)Bauch entweder ein emplastrum de baccis lauri, ein (emplastrum) carminativum und (emplastrum) de Tacamahaca, oder Tüchlein und schmerzstillende mit aqua Sclopetaria Spirituosa besprengte Säckchen aufzulegen. Innerlich hat sie ein Elixirium viscerale aus Extrakten von chamemelum, Gentiana, milleFolium, Cichoreum, bellis und Cortex Peruvianus, gelöst mit Aqua Sclopetaria Sine Vino, (Aqua) Cichorei und (Aqua) Corticis Cascarillae, gegen Abend eine Tinctura Florum papaveris sowie nachts ein pulvis temperans angewandt. Jene fortwährenden, schrecklichen und unerträglichen Schmerzen im unteren (Schmer-)Bauch haben zwar sehr nachgelassen, aber beim Wasserlassen, das ziemlich stetig alle zwei Tage, nachts und zwar im durch Blähungen ein wenig gespannten Unterbauch herandrängt, wird immer ein heftiger und reißender Schmerz verspürt, und er wird nur durch innerhalb der Schamglieder angewandte von Milch gekochte Säckchen oder mit dem Öl von Lilia alba, von momordica oder amygdalae dulces angefeuchtete Tüchlein gemildert. Unterdessen hat sich bereits mehrmals eine gefährliche Entzündung der Geburtsglieder ereignet, die (aber dann) durch aufgelegte Säckchen oder Tüchlein, in aqua Calcis vivae camphorata & cum aceto Lithargyrii temperata gekocht und ausgepresst, immer wieder unterdrückt und beseitigt gewesen ist. Schließlich ist an den letzten Tagen des Monats April ein stetswährendes und verzehrendes Fieber aufgetreten, das sie während vier | 8 | oder fünf aufeinanderfolgenden Tagen (immer) gegen oder auch nach der Mittagszeit in Verbindung mit einer für eine halbe Stunde kalten Nase, sowie kalten Füßen und Fingern befallen hat, wobei die nachfolgende und gegen sowie nach Mitternacht sehr angewachsene Hitze in den Morgenstunden ohne (das Auftreten von) Schweiß wiederum nachließ. So ist es gekommen, dass nicht nur die Kräfte des Körpers und Geistes nachzulassen beginnen, sondern auch eine völlige Niederschlagung des Appetits, äußerst beschwerliche (nächtliche) Wachen und ein merkliches Schwinden der fleischigen Teile hervorgerufen werden. Der Arzt freilich hat versucht, dieses Fieber bald darauf anfangs durch Klistiere, zusammengesetzt aus Pulver von Cortex Peruvianus mit nitrum antimoniatum und einigen Tropfen von oleum Chamomillae destillatum sowie Fleischbrühe, einzudämmen, und er hat nach diesen an jedem Morgen ein Skrupel der aus beigemischten Extrakten von Gentiana, Cascarilla und Cortex peruvianus, aus regulus antimonii medicinalis und Venedischer Seife zusammengesetzten Pillen, zur Nacht hin aber die eine oder andere Dosis eines aus Conchae Citratae, mater perlarum, antihecticum Poterii, nitrum regeneratum, Sal polychrestum Saignetae (?) und aus cinnabaris antimonii zusammengesetzten Pulvers verabreicht, und er hat die Fieberanfälle so sehr gemildert, dass keine Kälte mehr und eine wenigstens gemäßigte Hitze nach Mitternacht verspürt werden, dass überdies fast natürlich gefärbte und mit viel zähem Schleim versehene Ausscheidungen ausgesondert werden. Nichtsdestoweniger verweisen der fortwährende wenn auch ziemlich milde und dumpfe Schmerz im Bereich unterhalb des Nabels, das schmerzhafte Wasserlassen, das sich gemeinsam mit einem entweder durch dunkles Blut verfärbten oder mit einem mit Blutklümpchen oder auch mit schleimigem weißlichen Bodensatz angereicherten und (daher) ziemlich selten klaren und naturgemäßen Harn einstellt, sowie die übrigen ziemlich oft genannten Zufälle, in Verbindung mit dem ziemlich häufig hinzutretenden Erbrechen eines zähen und klebrigen Schleims, darauf, dass nicht nur eine durcheinandergebrachte und vernichtete Ordnung der Teile des unteren (Schmer-)Bauches, sondern auch eine Abschälung (der Haut) der (Harn-)Blase, und auch eine Verderbung anderen | 9 | Eingeweides zugrunde liegen.

Deshalb wird zu ergründen gesucht:

ob, da die Dinge so stehen, noch irgendeine Hoffnung auf Genesung bleibt, an welcher (Heil-)Methode oder welchen Arzneimitteln besonders festzuhalten ist und ob, da die haemorrhoides coecae von neuem auftreten, die Blutegel noch mit (Aussicht auf) Erfolg anzuwenden sind?

Bayreuth, den sechsten Mai 1746

Dr. Peter Christian Wagner

---

1 Da es sich bei der Krankengeschichte um eine Beilage handelt, werden ihr gemäß den Festlegungen in den Editionsrichtlinien keine Sachkommentare in Endnoten beigestellt. Bei der Übersetzung wurde

daher vermehrt versucht, auch medizinische Termini in deutsche Begriffe zu überführen, um einen gut lesbaren und verständlichen Übersetzungstext zu erzeugen. Dabei gilt es zu beachten, dass stets nach zeitgenössischen Wörterbüchern gearbeitet wurde, d.h. auch die deutschsprachigen Begriffe immer in ihrem zeitgenössischen Kontext zu sehen sind und keinesfalls mit moderner Terminologie gleichgesetzt werden dürfen. Ihr genaues Verständnis kann sich zudem stets erst durch ggf. anzuschließende eingehendere Recherchen in Zusammenschau dann auch immer mit dem lateinischen Begriff des Originaltextes erschließen. Ferner ist darauf hinzuweisen, dass bei Wiedergabe von Arzneimitteln etc. im Übersetzungstext Abkürzungen nach bestem Wissen aufgelöst und mutmaßlich fehlende Kommata ergänzt wurden, was aber im Einzelfall ebenfalls nicht auf Basis so fundierter Recherche und auch nicht entsprechend erläutert geschehen kann wie in Texten mit zugehörigen auf umfassenden Recherchen beruhenden Sachkommentaren. Die Beigabe einer Übersetzung ohne weitere Sachkommentare, wie sie im Rahmen vorliegender Edition geleistet werden konnte, bleibt also in gewisser Weise ein Hilfskonstrukt, das zwar für eine genauere Erschließung aller Inhalte erst noch weitere Recherchen voraussetzt, aber dem Leser doch einen ersten Zugang und Überblick zu der übersandten Krankengeschichte bieten sollte.

80 — *15. Mai 1746*

Peter Christian Wagner, Bayreuth, an Christoph Jacob Trew, <Nürnberg>

Wohlgebohrner Herr
Hochgeehrtester Herr HoffRath!

Ich kan nicht Zweiffeln, daß Ewer Wohlgebohrn die Vor 8 Tagen an Dieselbe gesandte *Historiam Morbi* Von Ihro Hochwürden und Gnaden der Frau OberhoffMeisterin Von Wittenhorst-Sonsfeld[1] durch die Post nicht solten richtig erhalten haben. Daß ich aber weder mit Voriger Dienstags, noch gestriger oder heutiger Post Von Denenselben ein paar Zeilen Antwort erhalten, machet mich sorgen Dießelbigen möchten etwa gar kranck[2] oder die Antwort Verlohren worden seÿn. Wannenhero[3] ich, da nach dero Antwort Von Seiten der Frau *Patientin* sehr Verlanget wird gegenwärtigen *Husaren* absende und Ewer Wohlgeb[ohrn] noch mahls ge| 2 |ziemend ersuche, daß Sie mir durch solchen Dero Meÿnung ungesäumt nur *brevissimis* über die der *Historiae Morbi* angehängten Fragen überschreiben[4] und Versichert seÿn wollen, daß Dero hierunter habende Bemühung gebührend *renumeriret* <?> werden solle[5]. Die *Historia Morbi* ist Zu meinem Verdruß durch einen der *lateinischen* Sprache unkundigen Bedienten sehr *vitios copiret* worden und ich hatte wegen abeÿlender Post nicht so Viel Zeit mehr Dieselbe mit gehöriger *attention* Zu *corrigiren*, wannenhero ich die Fehler nicht mir sondern dem *Copisten* und der Übereilung Zu Zu schreiben bitte. Sonsten muß ich noch berichten, daß Herr hoffRath Seitz[6] und Herr Rath haag[7] so hier mit *in Consilium* gerufen worden sind, beÿ der *in vesica*[8] und Zweiffelsohne auch *in intestinis*[9] Verhandenen Beschädigung der innern Theile, der Meÿnung geweßen | 3 | man müste die *Pulveres temperantes* und *absorbentes*[10], deren ich am Ende meiner *Historiae Morbi* gedacht[11], und Zwar ohne Beÿsetzung des *nitri*[12] oder eines andern *salis*[13] in etwas öffter wiederholten *dosi* nebst dem *Sero lactis*[14] täg[lich] 2 mahle Zu 3 *Thée* Schalen Voll getruncken und denen *Clysmatibus lenientibus et abstergentibus*[15] *continuiren*, welches auch seit einigen Tagen geschehen ist, aber ohne einige Linderung davon Zu haben. Weilen sich auch Von neuem eine starcke *Inflammation in partibus genitalibus externis*[16] geäußert und uns eine *Gangraenam*[17] oder *mortificationem partium internarum*[18] befürchten ließe, so haben wir Ihr Vor gestern und gestern alle 6 Stunden Ʒii ♀ *Corticis Peruviani subtilissimi*[19] *cum* ∇ *Veronicae*[20] *et Syr[upo] fl[orum] Tunicarum*[21] *in potionis formam redacti*[22] nehmen laßen. Die *Inflammation* ist Zwar dadurch und die | 4 | äußerlichen Überschläge[23] meistens wiederum gedämpffet worden und das Fieber ist nun schon beÿ 10 Tagen nicht mehr so hefftig wie Vorhero, alleine die übrigen *symptomata*[24] *continuiren* mit gleicher hefftigkeit. Die *Clysmata* so nur aus in Waßer gekochter Kleÿen[25] bestanden haben Viele Blähungen und täglich eine große *quantitaet* Zähen Schleim Wie Rotz und Froschlaich abgeführet. Die Vergangene Nacht aber ist besonders Schmertzhafft geweßen und sind dießen Morgen mit Vorgedachtem[26] *Clysmate* 6 biß 7 Stücker Haut Fingers lang oder *veritable Membranen*[27], so Von denen *intestinis* loßgegangen mit abgeführet worden. Wannenhero wir Ihr bald darauf ein *Clysma* & *sum ex* & *Liliorum alb[orum] Hyperici* und *Momordicae*[28] nehmen laßen und fette Mandel Milchen[29] nebst obigen *Medicamentis* Verordnet haben, weilen Sie das & *Amygd[alarum] d[ulcium]*[30] selbsten nicht nehmen kan noch Will. Die *Dysuria*[31] oder *Mictio crebrior dolorifica cum parca urina cruda et pallida*[32] *continuiret* noch und läßet sich besonders heute in den auf 10 mahl gelaßenen kaum 3 Unzen[33] betragenden Urin ein *sedimentum faeculentum et quasi purulentum ex albo subflavescens*[34], so bißhero weiß geweßen sehen. | 5 | Ich empfehle mich übrigens eilfertigst und Verharre mit gewöhnlicher Hochachtung

Ewer Wohlgeb[ohrn]

Baÿreuth
den 15. *Maii*
1746.

gehorsamster Diener
Dr. P[eter] C[hristian] Wagner

***H** UBE Briefsammlung Trew, Korr. Wagner, Nr. 58. 5 S. Postweg: wohl durch „Husaren" überbracht (Z. 13).*

26 2 mahle] (1) [2 biß] (2) 2 mahle: *korr. im Textfluss*
26 und] (1) [nebst] (2) und: *korr. zwischen den Zeilen*
45 den] den: *erg. zwischen den Zeilen*

---

1 Zur Oberhofmeisterin Dorothea Louise Freiin von Wittenhorst-Sonsfeld (1681–1746) siehe Brief Nr. 77, Endnote 6. – Wagner hatte Trew bereits in Brief Nr. 77, Z. 10–32 und Z. 51–54, die Beschwerden der erkrankten Oberhofmeisterin geschildert und den Rat Trews und insbesondere die Teilnahme an einem

Consilium Medicum erbeten. Trew aber hatte in seinem Antwortschreiben Nr. 78, Z. 9–26, daraufhin unter Bedauern erklärt, aus verschiedenen Gründen derzeit nicht nach Bayreuth reisen zu können, weswegen Wagner dann in Brief Nr. 79, Z. 8–23, die Bitte vorgetragen hatte, Trew möge seinen Rat zumindest in schriftlicher Form beisteuern und sich dabei auf eine als Beilage mitübersandte ausführliche Krankengeschichte der Oberhofmeisterin sowie die dort angehängten Fragen, vgl. Brief Nr. 79, Z. 34–204, beziehen. Da Wagner hier eine Woche nach seinem letzten Brief erneut Trew um eine entsprechende Antwort ersuchen musste, hatte er offenbar bislang noch kein diesbezügliches Schreiben Trews erhalten. Dieses traf dann aber in der Folge wohl noch ein, vgl. den undatierten Brief(entwurf) Nr. 81, Z. 4–41.

2 Trew hatte in Brief Nr. 78, Z. 19, auch eigene Unpässlichkeit als Grund dafür angeführt, warum er derzeit nicht nach Bayreuth reisen könne, genauer einen „hefftigen rheumatismum" am rechten Arm.

3 „Wannenhero" steht hier für „weshalb"; vgl. Grimm (1854–1960), Bd. 27, Sp. 1906.

4 Wagner weist hier noch einmal ausdrücklich auf die Fragen am Ende der dem vorausgehenden Brief an Trew beigegebenen Krankengeschichte hin; vgl. Brief Nr. 79, Z. 195–198. Trew ging dann in dem Briefentwurf Nr. 81 tatsächlich explizit auf die meisten dieser Fragen ein. Da der überlieferte Briefentwurf Nr. 81 undatiert ist, lässt sich allerdings nicht mehr sagen, ob die zugehörige Endfassung von Trew, wie hier wohl von Wagner angeregt, unmittelbar nach Erhalt des vorliegenden Briefes Wagners sogleich mittels des diesen vorliegenden Brief wohl überbringenden Husaren zurück nach Bayreuth gesandt wurde, oder ob sie erst später auf anderem Weg bei Wagner eintraf.

5 Tatsächlich zeigte sich die Schwester der im weiteren Verlauf verstorbenen Oberhofmeisterin später Trew gegenüber erkenntlich; vgl. Brief Nr. 82, Z. 23–30.

6 Johann Friedrich Seiz (Seitz), Sohn des Amtsverwalters in Himmelkron bei Bayreuth Johann Matthäus Seiz, wurde 1691 geboren und starb 1758. Nach dem Besuch des Gymnasiums zu Bayreuth ging er 1709 an die Universität nach Altdorf, wo er 1714 eine Abhandlung „de apoplexia familiari et fatali eruditorum morbo" zur Erlangung der Doktorwürde vorlegte. 1716 wurde er Landphysikus in Kulmbach, 1724 dann erster Stadtphysikus zu Bayreuth. Im Jahr 1735 wurde Johann Friedrich Seiz zum Hofrat und zweiten Leibarzt ernannt und legte daher das Stadtphysikat nieder. Im Jahr 1743 wurde er schließlich erster Leibarzt; vgl. DBA 1174, Bl. 18–19 (Fikenscher 2). – Im Amtskalender Bayreuth (1746), S. 87 f. und S. 97, findet sich Johann Friedrich Seiz entsprechend sowohl unter den Mitgliedern des Collegium medicum wie des Hochfürstlichen Hofstaates als „Hofrath und Leib-Medicus" gelistet.

7 Johann Wolfgang Haag, Sohn des Predigers Johann Haag aus Gesees bei Bayreuth, ging 1724 an das Gymnasium nach Bayreuth, später zum Studium nach Jena, wo er 1733 die medizinische Doktorwürde erlangte. Danach kehrte er nach Bayreuth zurück, wurde dort fürstlicher Rat, verstarb aber frühzeitig; vgl. DBA 444, Bl. 124–125 (Fikenscher 2). – Dieser Johann Wolfgang Haag bei Fikenscher ist wohl identisch mit „Herr[n] Doctor Johann Wolfgang Haag, Medicinae Practicus", der sich erstmals im Amtskalender Bayreuth (1742), S. 24, unter den „Räthen" des Collegium medicum gelistet findet (in den Vorjahren bereits unter den „Medici" in Bayreuth genannt). Auch im Amtskalender Bayreuth (1746), S. 87 f., ist Haag weiterhin unter den Räten des Collegium medicum geführt. Letztmalig erscheint sein Name dann im Amtskalender (1747), S. 88, als Mitglied des Collegium medicum, möglicherweise ist er also dann kurz darauf, wie Fikenscher andeutet „frühzeitig", verstorben.

8 Zur „vesica" (hier „in vesica", also „in der Urinblase") vgl. Brief Nr. 77, Endnote 12.

9 Die „intestina", also „Gedärme" (hier „in intestinis" = „in den Gedärmen"), werden zeitgenössisch bei Zedler (1732–1754), Bd. 7, Sp. 193–195 („Darm"), beschrieben als „die langen, hin und wieder gekrümmete[n], häutige[n] Röhren, welche sich von der hintern Magen-Pforte biß zum Gesässe oder den Hintern erstrecken und den Nahrungs-Safft weiter – was aber hierzu undienlich ist, durch die Stuhl-Gänge wegführen". Weitere zeitgenössische Einträge finden sich in der Onomatologia Medica Completa, Bd. 2, Sp. 868–872 („Intestina"; hier wird abweichend der Beginn des Darmes „von dem Untersten der Tiefe des Halses" beschrieben), und im Anatomisch-chirurgischen Lexikon, Sp. 489–491 („Intestinum").

10 Gemeint sind Pulver, die den Arzneimittelgruppen der „temperantia" und „absorbentia" zugehören (lat. Akk. Pl. „Pulveres temperantes und absorbentes"). – Zur Arzneimittelgruppe der „temperantia" vgl. Brief Nr. 37, Endnote 22. – Zur Arzneimittelgruppe der „absorbentia" lassen sich bei Schneider (1968–75), Bd. II, S. 13, folgende Informationen entnehmen: „Absorbentia" sind „Aufsaugende Mittel", auch Imbibentia, die nach Meinung der Iatrochemiker bei innerlichem Gebrauch Säuren im Körper schwächen oder beseitigen. Im 18. Jh. wurden dazu v.a. Coralli, Cornu Cervi ustum, Lapis Cancrorum, Mater Perlarum, Oleum Tartari per Deliquum, Sal Tartari, Tartarus vitriolatus und Metalle wie feingepulvertes Eisen, Blei und Zinn verwendet. Synonyme im 18. Jh. waren ferner Antacida, Concentrantia und Saturantia. Erst Anfang des 19. Jh. wurde der Begriff dann auch auf äußerliche, trocknende Substanzen erweitert, zu Beginn des 20. Jh. beschrieb er schließlich Mittel, die flüssige und gasförmige Stoffe aufsaugen, wie auch weiter Säure neutralisierende Mittel.

11 Wagner bezieht sich hier u.a. wohl insbesondere auf ein gegen Ende der Krankengeschichte, vgl. Brief Nr. 79, Z. 184–186, beschriebenes zur Nacht hin eingesetztes Pulver, das u.a., als typischen Bestandteil eines „Absorbens" (s.o.), Mater Perlarum enthielt, ferner aber auch „nitrum regeneratum", auf das nun im Folgenden anscheinend jedoch verzichtet werden sollte (vgl. auch die folgende Endnote).

12 Das „Nitrum" (Natron) der Antike konnte Soda, Pottasche oder auch Borax sein, dagegen ist die Bekanntschaft antiker Autoren mit Kaliumnitrat unwahrscheinlich, da erst durch die Araber Natursalpeter aus Indien ins Abendland gebracht wurde, wo er dann auch Bedeutung für die Herstellung von Schießpulver erlangte. Zunächst ging aber weiter die Verwendung von Bezeichnungen wie „Sal nitri", „Sal petrae", „Nitrum" u.a. stark durcheinander. So konnte noch im 16. Jh. „Nitrum" sowohl Borax als auch Kalisalpeter (Natursalpeter aus Indien oder Ungarn importiert, oder erzeugt als Rohsalpeter in Plantagen) wie auch Mauersalpeter oder Aschensalze meinen. Im Gegensatz zu dieser lange vorherrschenden Begriffsvielfalt und -unklarheit war jedoch dann im 18. Jh. „Salniter", „Salpeter" oder „Sal Nitri" in der Regel Kalisalpeter, also Kaliumnitrat (KNO_3). Die Pharmakopöe Württemberg 1741 führt Nitrum (Sal petrae, Saliter, Salpeter; Polychrestum, Refrigerans, Temperans, Diureticum). Der Kalisalpeter blieb bis ins 20. Jh. apotheken- bzw. pharmakopöe-üblich. Das „nitrum regeneratum", das als Bestandteil des gegen Ende der Krankengeschichte angegebenen Pulvers genannt wird und auf das sich Wagner hier wohl bezieht, zählt unter die Präparate, die man im 17./18. Jh. in Apotheken noch herstellte, die aber dann aus der Therapie verschwanden, da klar wurde, dass sie weitestgehend mit Salpeter identisch sind. In der Pharmakopöe Brandenburg 1731 ist noch geführt Tartarus nitratus (seu potius Nitrum regeneratum; aus Oleum Tartari –Kaliumcarbonatlösung– und Salpetersäure); vgl. Schneider (1962), S. 81 f. („Nitrum commune"), und Schneider (1968–75), Bd. VI, S. 138 f. („Kalium nitricum"). Zeitgenössische Einträge finden sich bei Zedler (1732–1754), Bd. 33, Sp. 1128–1170 („Salpeter"), und im Besonderen auch Zedler (1732–1754), Bd. 24, Sp. 1029 („Nitrum Regeneratum").

13 Zum enger- und, wie hier, weitergefassten zeitgenössischen Gebrauch des Begriffes „sal" (hier lat. Gen. Sgl. „salis"), also „Salz", vgl. Brief Nr. 34, Endnote 34.

14 Bereits die dem vorausgehenden Brief Wagners beigefügte Krankengeschichte beschreibt die Verwendung von „Serum lactis" bei der Patientin, vgl. Brief Nr. 79, Z. 124. – „Serum lactis" (hier lat. Abl. Sgl. „Sero lactis") ist Molke, also Milch, der Fett und Casein weitgehend entzogen sind. Die Milch selbst ist Arzneimittel der Ur- und Volksmedizin. Sie wurde schon im alten Ägypten in Form von Menschenmilch und Eselsmilch verwendet, in der Antike dann außerdem Milch von Hund, Pferd, Schwein, Ziege, Schaf und Kuh. Die Araber übernahmen dies außer Schweinemilch, dazu kam bei ihnen Kamelmilch. Die Milch wurde als Hilfsmittel bei Herstellung von Präparaten (Waschen, Einweichen von Drogen), aber auch als Medikament bei Fieber, Asthma, Husten, Entzündungen und Geschwüren eingesetzt. Allerdings ist Milch seit dem 16. Jh. in Pharmakopöen und Arzneitaxen kaum zu finden, da sie wie auch Butter und Käse im täglichen Leben in der Regel stets zur Verfügung stand. Selbiges gilt auch für die Molke bzw. „Serum lactis", die bereits in der Antike als Abführmittel genutzt wurde. Später zu Beginn des 19. Jh. wurden Molkenkuren sehr beliebt; vgl. Schneider (1968–75), Bd. I, S. 44 („Lac"), und auch Schneider (1968–75), Bd. III, v.a. S. 46, S. 67, S. 102 und S. 174. Ein zeitgenössischer Eintrag bei Zedler (1732–1754), Bd. 37, Sp. 567 f., beschreibt „Serum Lactis" oder „Molken" als „das wässerichte Theil der Milch, so von derselben überbleibet, wenn sie zu Käse zusammen geronnen", weswegen es auch „Schotten- oder Käsewasser" genannt werde. Es sei im Sommer „eine angenehme Erfrischung", aber auch „ein heilsames Mittel wider die Lungensucht, und eine trefliche Artzney, das aufwallende Geblüte in allerhand Fiebern, Glieder Kranckheiten und dergleichen zu kühlen", v.a. auch bei Zusatz von bestimmten Kräutern. Die „Käsemolcken" werde außerdem insbesondere gebraucht, um „den Bauch damit zu erweichen", da sie zudem „alle innerliche Versehrungen der Därme, der Mutter und Blase reinige[] und heile[]". Deswegen werde sie auch „zu den Clystieren genommen".

15 Neben den (leicht veränderten) „Pulveres temperantes und absorbentes" und dem „Serum lactis" sollten also (nach Meinung von Seiz und Haag) auch die „Clysmata lenientia et abstergentia" (hier lat. Abl. Pl. „Clysmatibus lenientibus et abstergentibus") fortgesetzt werden. Die Verwendung von Klistieren wird an vielen Stellen der übersandten Krankengeschichte beschrieben, vgl. Brief Nr. 79, u.a. Z. 126 und zuletzt in Z. 180–182. – Zur Verwendung von Clysmata im Allgemeinen vgl. Brief Nr. 24, Endnote 4. – Die hier beschriebenen „Clysmata" zählen zu den Arzneimittelgruppen der „lenientia" und „abstergentia". – Zur Arzneimittelgruppe der „lenientia" lassen sich bei Schneider (1968–75), Bd. II, S. 57, folgende Informationen entnehmen: „Lenientia" oder „Lenitiva" sind „Lindernde Mittel". Um 1750 wurde der Begriff teils gleichbedeutend zu „Laxantia" als gelinde eröffnende und purgierende Mittel gebraucht, teils aber auch für schmerz- und krampfstillende Arzneien. Die Pharmakopöe Württemberg 1741 bezeichnet alle Fette als „Lenientia". Auch noch in späterer Zeit wurde der Begriff der „Lenientia" dann wechselweise für erweichende und temperierende Heilmittel wie für milde Abführmittel gebraucht. – Zur Arzneimittelgruppe der „abstergentia" lassen sich bei Schneider (1968–75), Bd. II, S. 13 f., folgende Informationen entnehmen: „Abstergentia" sind „Reinigende Mittel". Synonyme im 18. Jh. waren „Detergentia" und „Extergentia". Um 1750 wurde desweiteren (von Haller) unterschieden zwischen äußerlichen Abstergentia und innerlichen Abstergentia sowie bei letzteren dann noch weiter zwischen einerseits Mitteln, die Schleim durch Verdünnen ausführen (auch „Abluentia"), und andererseits Mitteln, die dem Schleim und den Säften die Schärfe nehmen und so Adern, Drüsen, Gänge und Höhlen des Leibes reinigen (auch „Abstersiva", „Detergentia", „Detersiva"). Klar abzugrenzen ist der heutige Gebrauch des Begriffs „Detergentien" für seifenfreie, synthetische, organische, oberflächenaktive Reinigungsmittel. Zedler (1732–1754), Bd. 1, Sp. 202 f. („Abstergir-Mittel"), setzt in einem zeitgenössischen Eintrag „Abstergentia" gleich mit „Abluentia".

16 Zur „Inflammatio" oder „Entzündung" vgl. Brief Nr. 34, Endnote 13. – Hier wird genauer eine „Inflammation in partibus genitalibus externis" beschrieben, also eine „Entzündung an den äußeren Geburtsgliedern". Die Onomatologia Medica Completa, Bd. 2, Sp. 673 f., beschreibt zeitgenössisch die „Genitalia" oder „Geburtsglieder" bzw. „Geburtstheile" als „die besondere[n] Theile, welche allein, und hauptsächlich zu der Fortpflanzung des Geschlechts, und Zeugung neuer Menschen bestimmt sind". Man unterscheide die männlichen Geburtsglieder („genitalia virilia") und die weiblichen Geburtsglieder („genitalia feminina"), wobei bei beiden dann weiter in äußerliche und innerliche Geburtsteile untergliedert werde. Die äußerlichen Geburtsglieder seien diejenigen, „welche aussen an dem Leib liegen, da man auch bey Lebendigen leicht zukommen k[ö]n[ne]", d.h. die ohne anatomische Öffnung vor Augen liegen, also bei der Frau u.a. „die haarichte Scham mit dem Venusberg von oben, [...], die Lefzen der Scham, der äussere Muttermund, [...], die weibliche Ruthe, [...] die innere, oder kleinere Lippen der Scham, [...] die Jungferhaut, [...]". Weitere zeitgenössische Einträge finden sich im Anatomisch-chirurgischen Lexikon, Sp. 396 f. („Genitalia"), und bei Zedler (1732–1754), Bd. 26, Sp. 1037 („Partes Genitales Mulierum").

17 Das Anatomisch-chirurgische Lexikon, Sp. 386–391, beschreibt in einem zeitgenössischen Eintrag eine „Gangraena" (hier lat. Akk. Sgl. „Gangraenam") bzw. den „Brand" oder genauer „heißen Brand" ausgehend von einer Entzündung wie folgt: Eine Inflammation könne „auf vielerley Arten" enden, d.h. „entweder l[a]sse[] sie sich zertheilen, oder sie gehe[] in eine Suppuration über, oder sie gehe[] in den heißen und kalten Brand über, oder endlich, wenn die Drüsen entzündet s[eien], entst[ünd]en gänzlich verhärtete Geschwülste [...], und aus diesen der Krebs [...]". Der Brand sei also „der dritte Grad der Entzündung", wobei der heiße Brand aus dieser eben dann entstehe, „wenn, so wohl die stillstehende und stockende, als auch die übrige noch cirkulirende Säfte in dem Körper bösartig und zur Fäulung geneigt s[eien], welches bey vergifteten Wunden und bösartigen Fibern zu geschehen pflege[]". Außerdem entstehe er Brand auch dann, „wenn die Verstopfung sehr groß und tief, das Fieber mit andern Zufällen sehr heftig, und die Ursache, woraus die Entzündung entstanden, nicht zu heben [sei]", ferner auch „wenn eine starke Entzündung sehr empfindliche Theile eingenommen ha[be], und daher viel Schmerzen verursache[] [...]". Der heiße Brand sei dann eingetreten, „[w]enn eine solche heftige Entzündung auf einmahl jähling nachl[a]ße[], die Geschwulst sich verliehre[], und weich w[e]rd[e], der Schmerz aufhöre[], die Röthe sich in eine blaße oder in eine aschgraue, bleyartige oder braune Farbe veränder[e], und Brandblasen aufl[ie]ffen [...]". Der heiße Brand sei „allezeit gefährlich" und zwar noch kurierbar, jedoch „hiebey doch nicht die geringste Zeit zu versäumen, weil aus diesem der kalte Brand (sphacelus) bald zu entstehen pflege[], welcher ohne Abnehmung des verletzten Theils gar nicht zu heilen [sei] [...]". Weitere zeitgenössische Einträge finden sich in der Onomatologia Medica Completa, Bd. 2, Sp. 638–665, und bei Zedler (1732–1754), Bd. 4, Sp. 1021–1025 („Brand").

18 Über die „Gangraena" hinaus wird hier eine „mortificatio partium internarum" (hier ebenfalls lat. Akk. Sgl. „mortificationem"), also eine „mortificatio der inneren Teile" befürchtet. Das Anatomisch-chirurgische Lexikon, Sp. 570, beschreibt die „mortificatio" bzw. das „Absterben" als die Veränderung an denjenigen Teilen, „welche vom kalten Brande angegriffen, und braun oder schwärzlich geworden sind, da denn die Bewegung und Empfindung eines solchen Theils aufhöre[]". Weitere zeitgenössische Einträge finden sich in der Onomatologia Medica Completa, Bd. 2, Sp. 1039 f., und bei Zedler (1732–1754), Bd. 21, Sp. 1780.

19 Verabreicht werden hier zwei Skrupel eines „Pulveris Corticis Peruviani subtilissimi". – Zum entsprechenden Symbol für „Skrupel" vgl. Schneider (1962), S. 52, sowie zu einer knappen Übersicht zum Nürnberger Apothekergewicht und seinen Umrechnungen Brief Nr. 12, Endnote 6. – Zum alchemistisch-pharmazeutischen Symbol für „Pulvis" vgl. Schneider (1962), S. 48. Zedler (1732–1754), Bd. 29, Sp. 1294–1297, beschreibt „Pulver" oder „Pulvis" zeitgenössisch als „in der Apothecke ein trocknes, klein gestossenes Heilmittel", wobei weiter zwischen „gantz fein[en]" Pulvern, „daß sie zwischen den Fingern nicht empfunden werden", oder „gröblich[en]" Pulvern unterschieden wird. – Zur pflanzlichen Droge „Cortex Peruvianus" lassen sich bei Schneider (1968–75), Bd. V/1, S. 295–305, folgende zentrale Informationen entnehmen: Sie gehört zur Gattung „Cinchona" aus der Familie der Rubiaceae; Zitatempfehlung für den entsprechenden Artnamen ist u.a.: Cinchona officinalis (S.). Inwieweit die Eingeborenen von Peru die Chinarinde vor Eintreffen der Europäer (1513) allgemein arzneilich einsetzten, ist fraglich. Sie scheint nur in bestimmten Gegenden als Fiebermittel bekannt und dort geheim gehalten gewesen zu sein. An der Bekanntmachung des Mittels in der ersten Hälfte des 17. Jh. waren die Jesuiten beteiligt (daher auch „Jesuitenpulver"), ab der zweiten Hälfte des 17. Jh. wurde die Droge in Arzneitaxen gelistet, auch kamen Geheimmittel wie Chinaweine, Chinaelixiere etc. auf. Die Rinde wurde Anfang des 18. Jh. in mehreren Sorten gehandelt, die sich in der Zartheit und Farbgebung unterschieden. Die Pharmakopöe Württemberg 1741 führt: Cortex Chinae Chinae (Kinkina, Quinquina, Cortex Peruvianus s. Antifebrilis s. Antiquartius s. Febrifugus, China-Fieber-Rinde; die Wirkung gegen Fieber ist allen bekannt; Tonicum, Roborans; das Mittel verdient es als göttlich bezeichnet zu werden); als Präparate Extractum Corticum Chinae Chinae, Syrupus Kinae Kinae (ein Fieber-, Stärkungs-, Magenmittel). Noch im 19. Jh. wurden die Chinarinden in Lehrbüchern und Lexika sehr umfangreich besprochen, insbesondere die Diskussion der verschiedenen (neben Cinchona officinalis) verwendeten Arten der Gattung Cinchona wie auch der teils unter dem gleichen Namen in den Handel gebrachten Rinden ganz anderer Gattungen nahm viel Raum ein. Ein zeitgenössischer Eintrag findet sich bei Zedler (1732–1754), Bd. 15, Sp. 636–639 („Kina-Kina"), der auch auf die Verwendung in Klistieren hinweist – ein Gebrauch, der sich auch in der ausführlichen Krankengeschichte zur Oberhofmeisterin wiederfindet, vgl. Brief Nr. 79, Z. 180–182.

20 Zusammen mit dem Pulver der Chinarinde in Gebrauch waren hier (lat. „cum…") „Aqua Veronicae" und außerdem („et…") „Syrupus florum Tunicarum". – Zum alchemistisch-pharmazeutischen Symbol für „Aqua" vgl. Schneider (1962), S. 28. – Zur pflanzlichen Droge „Veronica" vgl. Brief Nr. 26, Endnote 15.

21 In einem zeitgenössischen Eintrag bei Zedler (1732–1754), Bd. 41, Sp. 1081 f. („Syrup"), wird „Syrup" oder „Syrupus" beschrieben als „der Safft, so bey Verfertigung des Moscovadezuckers in kleine Töpflein gesammlet, und nachgehends in Tonnen gebracht wird", allerdings gebe es daneben in den Apotheken „auch sehr viele Syrupe [...], welche aus Säfften und destillirten Wassern mit Honige oder Zucker zur rechten Dicke gekochet w[ü]rden". – Zur pflanzlichen Droge der „flores Tunicarum" lassen sich bei Schneider (1968–75), Bd. V/2, S. 22, folgende zentrale Informationen entnehmen: Sie gehört zur Gattung „Dianthus" aus der Familie der Caryophyllaceae; Zitatempfehlung für den Artnamen ist v.a. Dianthus caryophyllus (S.). Um 1550 wurden die Gartennelke (D. caryophyllus L.) und die Prachtnelke (D. superbus L.) v.a. als Zierpflanzen geführt (bei der ersteren aber auch: mit Zucker zubereitete Blüten gegen Herzschwäche, bei Fieber; Essigauszug als Riechmittel und Einreibung bei Kopfschmerzen). Die Pharmakopöe Württemberg 1741 dann führt: Flores Tunicae hortensis (rubri, Nägelblumen, Gartennägellin, Grasblumen; Cephalicum, Cordialium); Acetum T., Conserva T. (ex Floribus), Syrupus T. Florum. Um 1780 wurde als Stammpflanze D. Caryophyllus genannt. Anfang des 19. Jh. wurden noch die Blumen im Teeaufguss erwähnt, sie würden aber kaum mehr gebraucht. – In Zedler (1732–1754), Bd. 41, Sp. 1134, finden sich u.a. ein „Syrup, (Nägeleinsblumen-) Brandenburgischer, Syrupus Tunicae Florum, Brandenb.", wie auch ein „Syrup, (Nägleinblumen-) Augspurger, Syrupus Florum Tunicae, P.A.R." beschrieben.

22 Das Pulver der Chinarinde gemeinsam mit „Aqua Veronicae" und „Syrupus florum Tunicarum" wurde hier zu einem Tränklein, „Potio", verarbeitet (hier lat. „in potionis formam redacti"). – Zedler (1732–1754), Bd. 44, Sp. 1865, beschreibt ein „Tränckgen, Tränkgen, Träncklein, Potio, Potiuncula" als „eine Formel eines fliessenden Medicamentes, welches aus unterschiedlichen Wässern, Säfften, Elixiren, Geistern, Essenzen, Tincturen, Extracten, Pulvern, Syrupen und dergleichen bestehet, und zu mancherley Nutzen sehr offte verschrieben w[e]rd[e]". Es sei dabei „eine sehr schöne und den Patienten gantz bequeme Formel, die sie nicht leichtlich scheu[t]en und fast jeder vertragen k[ö]n[ne]". Aufgrund der großen Zahl an Ingredienzien sei aber ganz besonders auf deren Verhältnis zueinander zu achten.

23 „Überschlag" meint hier „umschlag, fomentum"; vgl. Grimm (1854–1960), Bd. 23, Sp. 502. – Zedler (1732–1754), Bd. 9, Sp. 1573, beschreibt „Fotus", „Fomentum" oder „Bähung" auch als „eine Formel eines äusserlichen Medicaments, wovon der warme Dampf auf die krancken Glieder gehe[]".

24 Zum Begriff „symptoma" in seinem zeitgenössischen Verständnis vgl. Brief Nr. 13, Endnote 17.

25 Zedler (1732–1754), Bd. 15, Sp. 930 f., beschreibt „Kleyen", lat. „Furfur", als „die kleingemahlenen und vermittelst des Beutels von dem Mehl abgesonderten Bälge des Getraides, als Waitzen, Korn [...]". Hervorgehoben wird der Nutzen in der Viehhaltung als Futter zur Wachstumsförderung. Betont wird aber auch, sie „führ[t]en Sal essentiale und Oel", ferner würden sie „reinigen und lindern, w[ü]rden zu den Beschwerungen der Brust, und zu den Flüssen, welche lange angehalten, angewendet". Man bereite davon „eine Ptisana und Tranck". Desweiteren würden sie auch „zu denen Clystiren genommen, desgleichen auch Umschläge daraus gemacht mit Bier, und mit Urin, wider die Schmertzen des Zipperleins". Auch im Lexikon zur Arzneimittelgeschichte bei Schneider (1968–75), Bd. V/3, S. 357–360 („Triticum"), und Bd. V/2, S. 174–177 („Hordeum"), finden sich unter den Eintragungen zu den jeweiligen Getreidegattungen einzelne Hinweise auf die Verwendung von Getreidekleien.

26 „Vorgedacht" steht hier für „im vorhergehenden gedacht, erwähnt"; vgl. Grimm (1854–1960), Bd. 26, Sp. 1080.

27 Zum zeitgenössischen Begriff der „membrana" vgl. Brief Nr. 66, Endnote 10.
28 Beschrieben ist hier ein „Clysma oleosum" aus (lat. „ex") „Oleum Liliorum alborum", „Oleum Hyperici" (Komma in Aufzählung hier fehlend) und „Oleum Momordicae". Zum alchemistisch-pharmazeutischen Symbol für „Oleum", deutsch „Oel", vgl. Schneider (1962), S. 47. Zu einer Übersicht zu den „Olea" vgl. auch Schneider (1968–75), Bd. VI, S. 160–162. – Zur pflanzlichen Droge als Basis von „Oleum Liliorum alborum" lassen sich bei Schneider (1968–75), Bd. V/2, S. 252–254, folgende zentrale Informationen entnehmen: Sie gehört zur Gattung „Lilium" aus der Familie der Liliaceae; Zitatempfehlung für den Artnamen ist Lilium candidum (S.). Schon in der Antike wusste Dioskurides für die weiße Lilie viele Indikationen zu nennen (u.a. Salböl aus der Blüte zur Erweichung von Sehnen und Verhärtungen der Gebärmutter, Blätter als Umschlag bei Schlangenbiss, Saft gegen alte Geschwüre und frische Wunden, geröstete Wurzel gegen Brandwunden). In den Kräuterbüchern des 16. Jh. findet sich entsprechend ebenfalls eine ausführliche Indikationsliste, bereichert teils durch Ergänzungen aus der Volksmedizin. Die Pharmakopöe Württemberg 1741 führt: Radix Liliorum alborum (Lilium candidorum, weiße Lilienwurtzel; innerlicher Gebrauch ist selten; häufig zu erweichenden Klistieren und Kataplasmen), Flores Liliorum alborum (Anodynum, Digerans, Humectans, Maturans; die Antheren treiben Menstruation und Foetus); Aqua dest. aus frischen Blüten, Oleum Liliorum alborum (mit Olivenöl ausgezogen). Um 1820 standen Flores und Radix Lilii albi (L. candidum L.) noch in Pharmakopöen, verschwanden dann aber bald aus den offiziellen Quellen. Zedler (1732–1754), Bd. 25, Sp. 694, beschreibt zeitgenössisch die Herstellung von „Oel (Lilien-) weiß Lilienöl, Oleum Liliorum alborum" „nach der gemeinsten Art" wie folgt: „Nehmet gutes frisches Baumöl sechzehen Loth, weisse Lilienblätter vier Loth, thut alles zusammen in ein gläsernes Geschirr, vermachet es wohl, und stellet es an die Sonne [...]". Dieses Öl werde dann „zu vielerley Schäden gebrauchet", u.a. „heile[] [es] alle gifftige Schmertzen vom Brande, Feuer- und Pestblattern, erweiche[] die harten Nerven und Spannadern, und die harte geschwollene Gebärmutter", daneben werde es aber auch „in Clystieren zu Erweichung des harten Stuhlganges gebrauchet". Ferner finden sich in Zedler (1732–1754), Bd. 25, Sp. 1250–1252, ein „Oleum Liliorum Alborum, Agricolae", ein „Oleum Liliorum Alborum Compositum, Mesuae Ph. A. Ren." und andere mehr beschrieben. – Zur pflanzlichen Droge als Basis von „Oleum Hyperici" lassen sich bei Schneider (1968–75), Bd. V/2, S. 187–189, folgende zentrale Informationen entnehmen: Sie gehört zur Gattung „Hypericum" aus der Familie der Guttiferae; Zitatempfehlung für den Artnamen ist Hypericum perforatum (S.). In der Antike bei Dioskurides finden sich bereits mehrere Kapitel, die als Hypericum-Arten zu deuten sind, u.a. das Kapitel Gemeines Hartheu (Askyron), in dem H. perforatum L. gemeint ist (Frucht gegen Ischias; zu Umschlägen gegen Brandwunden). Um 1550 werden weiterhin verschiedene Hypericum-Arten, als gewöhnlichste H. perforatum L., abgebildet, die Indikationen weitgehend von Dioskurides übernommen. Die Pharmakopöe Württemberg 1741 führt: Herba Hyperici (Perforatae caule rotundo, St. Johanneskraut; Vulnerarium, Diureticum, Anthelminticum, ist vorzüglich; Antimagicum), Flores Hyperici (Perforatae, Johannes-Blumen, Hartheu-Blumen; Vulnerarium, Anthelminticum), Semen Hyperici (Johanneskraut-Saamen; Vulnerarium, Diureticum, Antinephriticum, Anthelminticum); Essentia H.; Oleum H.; Syrupus H. [alle aus Blüten bereitet]. Um 1780 wurde als Stammpflanze H. perforatum (Johannskraut, Schernekel) angegeben. Zedler (1732–1754), Bd. 14, Sp. 1061, beschreibt zeitgenössisch die Herstellung von „Johannis-Oel", „Oleum Hyperici", wie folgt: „nehmet Johannis-Kraut-Bluhmen drey Untzen, weichet solche drey Tage in weissem Wein, hernach lasset es einen Wall <?> aussieden, drucket es aus und thut zu dem ausgedruckten abermahls drey Untzen Bluhmen, machet es wie das erstemahle, kochet es, bis der Wein verflogen, und giesset zugleich 6 Untzen Baum-Oel warm dazu. So der Wein abgerauchet, so wird Terpentin und Saffran, des ersten drey Untzen, und des andern ein Scrupel darunter gemischet." Ferner finden sich in Zedler (1732–1754), Bd. 25, Sp. 1241–1243, „Oleum Hyperici Compositum", „Oleum Hyperici Ph. Nor." und andere mehr beschrieben. In Schneider (1968–75), Bd. II, S. 50, findet sich zudem der Hinweis, dass unter die „Emollientia", also „Erweichenden Mittel", die v.a. auch in Kataplasmen und Klistieren angewandt wurden, um

1750 gerade auch gekochte Öle u.a. von Lilium album und Hypericum gerechnet wurden. – Zur pflanzlichen Droge als Basis von „Oleum Momordicae" lassen sich bei Schneider (1968–75), Bd. V/2, S. 327 f., folgende zentrale Informationen entnehmen: Sie gehört zur Gattung „Momordica" aus der Familie der Cucurbitaceae; Zitatempfehlung für den Artnamen ist Momordica balsamina (S.). Um 1550 wird in einem Kräuterbuch im Kapitel „Balsamöpffel" oder „Mamortica" M. Balsamina L. abgebildet und die wundenheilende Eigenschaft gerühmt. Um 1685 wird zu „Momordica (Balsam Aepffel)" angemerkt, sie würden hier in Gärten angepflanzt, in den Apotheken habe man Blätter und Früchte, bereitet werde v.a. das Öl, wozu man nach vorheriger Entfernung des Samens die Früchte in süßem Mandelöl infundiere und koche und welches ebenfalls wundheilend wirke. Auch in der Pharmakopöe Württemberg 1741 steht das Oleum Momordicae (aus reifen Momordica-Früchten und Leinöl). Um 1780 wurde als Stammpflanze der Frucht M. Balsamina (Balsamapfel) angegeben. Bei Zedler (1732–1754), Bd. 3, Sp. 248–250, findet sich ein zeitgenössischer Eintrag zu „Balsamina mas, Balsamina seu Momordica und Mamortica Offic.", zu Deutsch Balsam-Kraut-Männlein, Balsam-Aepffel", so genannt, da es „trefflich gut zu Wunden [sei], nicht anders als ein Balsam, sonderlich das Oel, darinne die Aepffel erheitzet". Das Gewächs werde „jährlich in [den] Gärten aus dem Saamen gezielet", als Arznei würden „Blätter sammt der Frucht (Wunder-Aepffel genannt)" verwendet, wobei das Kraut „ein herrliches Wund-Kraut" sei. In den Apotheken habe man „das oleum momordicae, welches aus den zeitigen Aepffeln, wenn man allbereit die Kernen heraus genommen, gemacht, u. zu vielen Sachen, als ein heilsamer Balsam mit Nutzen gebrauchet w[e]rd[e]", da es frische Wunden heile, Entzündung verhüte, Schmerzen stille u.v.m., insbesondere tue es auch gut „den verletzten Därmen und Nieren[,] stille[] die schmertzhafte güldene Ader". Es werde auch „mit unter die Clystiere genommen".

29 Zedler (1732–1754), Bd. 19, Sp. 895, beschreibt die „Mandel-Milch" als „eine Lactade", die wie folgt bereitet werde: „Man nimmt süsse Mandeln, putzet oder ziehet solche ab, stösset sie mit frischem Wasser zu einen dünnen Brey, seiget es durch, und thut an die davon lauffende Milch nach Belieben, Rosen-Wasser, Zimmet oder Pfersich-Laub-Wasser, auch ein wenig Zucker". Diese Mandel-Milch gebe „eine gute Nahrung, kühle[] und erfrische[], und ha[be] die Krafft den Leib anzuhalten, dahero sie denen Gesunden wohl verträglich [sei], wiewohl sie auch bey denen Krancken gebraucht werden k[ö]n[ne]". – Es ist aber zu beachten, dass sich zeitgenössisch auch eine „Emulsio Amygdalarum", vgl. Zedler (1732–1754), Bd. 8, Sp. 1123 f., als „Mandel-Milch" bezeichnet findet, ferner auch mitunter „Lac Lunae" oder „Mondmilch" so genannt wird, vgl. Schneider (1968–75), Bd. III, S. 76 (als Hpt. Calciumcarbonat $CaCO_3$ angegeben), und Zedler (1732–1754), Bd. 21, Sp. 1096 f. (beschrieben als „weisse, leichte, brüchige und im Wasser leicht zergehende Erde") (letztere hier mit „fetten Mandel Milchen" aber wohl eher nicht gemeint). – Zur zugehörigen pflanzlichen Droge der „Mandel-Milch" vgl. ausführlich die folgende Endnote.

30 Zur pflanzlichen Droge als Basis von „Oleum Amygdalarum dulcium" (und auch zuvor „fetten Mandel Milchen") lassen sich bei Schneider (1968–75), Bd. V/3, S. 122–134, folgende zentrale Informationen entnehmen: Sie gehört zur Gattung „Prunus" aus der Familie der Rosaceae; Zitatempfehlung für den Artnamen ist Prunus dulcis (S.). Schon seit prähistorischen Zeiten dienten eine ganze Reihe von Prunus-Arten dem Menschen als Obstlieferanten und lieferten daneben auch zahlreiche Arzneimittel. Bei Dioskurides findet sich diesbezüglich in der Antike auch der Mandelbaum beschrieben (u.a. sowohl bittere wie süße Mandel, wobei die süße Mandel schwächer, aber auch verdünnend und harntreibend wirke; auch Mandelöl aus bitteren Mandeln). Derartige Indikationen wurden dann in die Kräuterbücher des Mittelalters übernommen. Die Pharmakopöe Württemberg 1741 führt: Amygdalae amarae (bittere Mandeln, zum Ölauspressen benutzt; giftig für Tiere), Amygdalae dulcis (süsse Mandeln; man bevorzugt die großen, die Ambrosinas genannt werden, zu Emulsionen und zur Ölbereitung); Oleum A. amarorum expressum (Resolvens, Discutans, wird nicht innerlich verordnet), Ol. A. Dulcium (innerlich bei Pleuritis, Nephritis, Koliken, als Relaxans; erleichtert die Geburt; gegen Husten; in Klistieren). Um 1780 hieß die Stammpflanze Amygdalus communis. – Nach Schneider (1968–75), Bd. III, S. 46, S. 66, S. 102, ist das „Oleum

Amygdalarum dulcium, Mandelöl“ unter die „Olea expressa [simplicia]“ zu rechnen, d.h. die einfachen ausgepressten Öle. Zedler (1732–1754), Bd. 19, Sp. 896, beschreibt „Mandel-Oehl“ entsprechend als dasjenige Öl, „so aus Mandeln gepresset wird“, wobei für eine gute Qualität, „die Kerne nicht alt und ranzig seyn [dürften], auch [müsse] die Zubereitung ohne Feuer geschehen“. Das „süsse Mandel-Oel“ werde „äusserlich in Pflastern und erweichenden Umschlägen, innerlich aber bey neugebohrnen Kindern, bey erwachsenen zu Linderung der Stein Schmertzen, schneidenden Wassers, Hustens und Bauchgrimmens nützlich gebraucht“.

31 Zur „Dysuria“ vgl. Brief Nr. 77, Endnote 10.

32 Hier wird ferner eine „Mictio crebrior dolorifica cum parca urina cruda et pallida“ beschrieben, d.h. wörtlich übersetzt ein „häufigeres schmerzhaftes Harnen mit wenigem rohen und bleichen Harn“. – Zedler (1732–1754), Bd. 51, Sp. 66 f. („Urin (bleicher)“), führt zeitgenössisch zu „urina pallida“, also dem „bleichen“ oder „blassen“ Urin, aus, dass er „viel Unreinigkeiten in dem Magen, und eine schwache Dauung“ anzeige. Je nach weiterer Beschaffenheit des Urins ließen sich weitere Rückschlüsse ziehen, die Zedler auch im Detail auflistet.

33 Nach Zedler (1732–1754), Bd. 49, Sp. 2329 („Untze“), ist bei der „Unze“, lat. „Uncia“, als „ein Gewicht“ zu unterscheiden zwischen dem Gebrauch im Rahmen des „Apothecker-Gewicht[s]“, wo eine Unze „zwey Loth [mache]“, und an Unzen „nur 12 auf ein Pfund [gingen]“, und dem Gebrauch im Rahmen des „gemeinen Gewicht[s]“, wo eine Unze zwar auch zwei Lot habe, jedoch „deren 16 ein Pfund aus[machten]“.

34 Nach der Onomatologia Medica Completa, Bd. 1, Sp. 801 („Hypostasis“), ist ein „sedimentum“, auch „hypostasis“ oder „hypostema“, „der Saz in dem Harn, das, was sich auf dem Boden gesezt hat“. – Hier wird das „sedimentum“ näher umschrieben als „sedimentum faeculentum et quasi purulentum ex albo subflavescens“, also in wörtlicher Übersetzung ein „vom Weißen ins Gelbliche gehender hefiger/trüber und gleichsam eitriger Bodensatz“.

81 *<ohne Datum>*

Christoph Jacob Trew, <Nürnberg>, an Peter Christian Wagner, <Bayreuth>, <Entwurf>

Die allzu frühezeitig *cessirte Uteri purgationem menstruam*[1] halte vor das *fundament* des ganzen Übels. Ob nun wohl die *natur* bemühet gewesen *per haemorrhoides*[2] sich Zu erleichtern, so sind doch solche auch öffters *turbiret* und die <?> *motus salutares*[3] in unordnung gebracht worden. Da beÿ wachsenden iahren insgemein die *humores, praecipue per vias urinarias excernendi, acriores*[4] werden mit hin einen gröseren *stimulum* verursachen, so hat dadurch leichtlich *sanguis ex vasis haemorrhoidalibus ad vesicam, et renes*[5] können gezogen werden. Es ist meiner Einsicht nach bisher der natur durch die *adhibirte medicamenta* alle mögliche beyhielfe geschehen. | 2 | Wann ich aber auf die vorgelegte Fragen[6] meine meinung anzeigen soll, so bestehet sie darinnen 1) Ob nach den gegenwärtigen Umständen auf <?> die *reconvalescenz* Zu hoffen? *resp[onsum] prognosis*[7] *est anceps, tum p[ro]pter ipsam morbi naturam, tum propter vires ex senio iam exhaustas.*[8] Weil aber gleich wohl die Natur schon so viele harte Anfälle erlitten hat, so könte sie auch noch mehrers *praestiren.* 2) *cui methodo quibusve remediis inhaerendum?*[9] *repondeo [!]*[10] *tum laboranti naturae succurrendum, tum symptomatibus urgentibus prospiciendum:* [11] Zu linderung der Schmerzen werden wohl die *clysteres*[12] das meiste beÿtragen müssen. | 3 | Dazu ich *decoctum h[er]bae veronicae cum liquiritia et hordeo, admixto oleo amygdalar[um] dulc[ium]*[13] *recommendiren* wolte. *Pubis regioni applicari posset [!] emp[lastrum] de hyosciamo ludovici vel, hoc deficiente, emp[lastrum] de spermat[e] ceti cum p[arte] aeq[uali] vng[uenti] <?> populei <?> mixtum.*[14] Mit den innerlichen *medicamenten* ist meines erachtens Zu sehen daß theils die *acrimonia humorum*[15] *corrigiret* und die daraus entstehende *commotiones et erosiones*[16] *mitigiret*, theils der *tonus partium, viscerum praecipue infimi ventris,*[17] *roboriret* werde. In ansehung des ersten könnte es beÿ den *pulveribus absorbentibus cum sero lactis propinandis*[18] verbleiben doch denselben vielleicht auch *Gummi arabicum <???>*[19] *admisciret* werden; in ansehung der anderen Absicht, hielte ein *Elexir ex amaricantibus praecipue ex cortice Peruuiano*[20] vor das beste: ich pflege dergleichen ohngefehr auf diese weise *praepariren* Zu lassen: ℞ *cort[icis] rec[entis]* ☉ *ior[um] & citri <?>* â ℥ii *Peruviani dec[oc]t[i]* ℥ß *<?>* ♀*ri* ⊕ *lat[i]* ʒii *concisa infundantur c[um] s[ufficiente]<?> q[uantitate]* ▽*[ae] f[luvialis] <?> ferventis, stent in loco tepido per noctem, mane exprimantur et colaturae* ℥iiii *add. sir[empse] c[orticis]* ☉ *ior[um]* ℥ii *confect[ionis] alk[ermes] inc[ompletae]* ℥i *Misc[e] dosis cochl[eare] <???>.*[21] *3 num haemorrhoidibus &c.*[22] Hierauf | 4 | *Resp[ondeo] utique <?>.*[23] *plethora*[24] hat sich beÿ aller gelegenheit geäusert, der *tonus vasorum labefactatus*[25] aber ist dermalen nicht im Stande sich von dem *superfluo* auf eine ersprüßliche weise Zu lieberiren [!]. Überdas, könnten sie[26], in ansehung des *mictus cruenti*[27], Zu gleich *revulsorium <?> effectum*[28] *praestiren*. Alles dieses überlasse ich aber Euer Wohlgeb[ohren] und übrigen Herren *medicorum praesentium*[29] weiteren Einsicht und wünsche nicht mehrers, als daß Ihro Hochwürden und Gnaden[30] in balden auf das nachdrücklichste mögen *soulagiret* werden. Womit mich Zu gleich Zu ferneren Wohlwollen empfehle und mit schuldiger Hochachtung verharre.

h *UBE Briefsammlung Trew, Korr. Trew, Nr. 795. 4 S. als Antwortentwurf zu der von Wagner mit Brief Nr. 79 übersandten Krankengeschichte, insbesondere zu den dort am Ende gestellten Fragen; die in der UBE Briefsammlung Trew vorgefundenen Blätter des Antwortentwurfs wurden hier von der Editorin so angeordnet, dass sich ein fortlaufender Text mit schrittweiser Beantwortung der Fragen Wagners gemäß ihrer Nummerierung ergibt. In der UBE Briefsammlung Trew liegt bei den Blättern dieses Entwurfs ferner eine wohl von Trew erstellte zweiseitige Zusammenfassung bzw. Übersicht zu der umfänglichen von Wagner übersandten Krankengeschichte, wobei diese Zusammenfassung evtl. als Teil eines Praxisjournals Trews gedacht gewesen bzw. erstellt worden sein könnte; da Trew diese Übersicht zwar zur Erstellung seines vorliegenden Antwortentwurfs genutzt haben, sie jedoch kaum gemeinsam mit der Endfassung des Antwortentwurfs an Wagner übersandt haben dürfte, wird diese Übersicht hier im Rahmen der Edition auch nicht als Briefbeilage transkribiert und vorgestellt. Die Formeln am Anfang und Ende des Briefentwurfs fehlen,* *auch scheint der Beginn sehr unvermittelt, so dass evtl. auch der Anfang des Brieftextes fehlt. Der undatierte Entwurf ist an dieser Stelle der Korrespondenz einzuordnen, da Trew sich auf die mit Brief Nr. 79, Z. 34–200, von Wagner übersandte Krankengeschichte bezieht und damit die in Brief Nr. 80, Z. 7–16, noch einmal eindringlich von Wagner erbetene schriftliche Antwort liefert, wobei er im vorliegenden Briefentwurf, vgl. insbesondere Z. 25 f. und Z. 38, dabei aber wohl durchaus zugleich auch auf einzelne Inhalte von Brief Nr. 80 Bezug nimmt, weswegen angenommen werden kann, dass zum Zeitpunkt der erneuten Bitte Wagners um Antwort in Brief Nr. 80 vom 15. Mai 1746 diese Antwort Trews in ihrer Endfassung nicht bereits unterwegs war; aufgrund der fehlenden Datierung ist allerdings nicht mehr festzustellen, ob Trew die zum Entwurf gehörige Endfassung, wie von Wagner in Brief Nr. 80, Z. 13–15, vorgeschlagen, nach Erhalt des letzten Briefes Wagners Nr. 80 vom 15. Mai 1746 sogleich mittels des Postweges des diesen letzten Brief überbringenden Husaren übersandte oder ob sein Brief erst (dann wohl wenig) später anderweitig zugestellt wurde.*

4 cessirte] (1) [in <?> intercipirte <?>] (2) cessirte: *korr. zwischen den Zeilen*
4 Uteri purgationem menstruam halte] (1) [<???>] halte (2) Uteri purgationem menstruam halte: *eingefügt aus der nachfolgenden Zeile, dabei „-nem" erg. zwischen den Zeilen*
4 fundament] (1) [minus <?> praecosius <?>] (2) fundament: *korr. im Textfluss*
6 öffters] öffters: *erg. am Rand*
6 die <?>] die <?>: *erg. zwischen den Zeilen*
6 in] (1) [<???>] (2) in: *korr. im Textfluss*
7 praecipue] (1) [<???>] (2) praecipue: *korr. im Textfluss*
8 per vias] (1) [<???>] (2) per vias: *korr. im Textfluss*
9 sanguis ex] (1) [<???> congestio ad] (2) sanguis [<???>]: *korr. zwischen den Zeilen* (3) sanguis ex: *korr. im Textfluss zwischen den Zeilen*
9 ad vesicam] (1) [<???> congestus <?> <???> aus <?> internis] ad vesicam (2) ad vesicam
9 et renes] (1) [und ex externis ad <???>] (2) et renes: *korr. im Textfluss*
11 geschehen.] (1) geschehen und diesselbe <?> tun hat auch solche [je] (2) geschehen [und diesselbe <?> tun hat auch solche nachdrücklich secundiret, und jed]: *korr. im Textfluss* (3) geschehen.
11 aber] (1) [aber] (2) [<???>]: *korr. zwischen den Zeilen* (3) aber: *Streichung zurückgenommen*
13 reconvalescenz] (1) convalescenz (2) reconvalescenz: *„re" erg. zwischen den Zeilen*
16 quibusve] (1) [<???>] (2) quibusve: *korr. im Textfluss*
17 Zu] (1) [<???>] (2) Zu: *korr. im Textfluss*
19 amygdalarum] (1) [iam] (2) amygdalarum: *korr. im Textfluss*
21 hoc deficiente] hoc deficiente: *erg. am Rand im Textfluss*
22 mixtum. Mit den innerlichen medicamenten] (1) mixtum[, 2) ad acrimoniam humorum tempandam <?> <???> Natur <?> <???> Zu kommen <?>]: *dabei „humorum" erg. zwischen den Zeilen* (2) mixtum. Mit den innerlichen Medikamenten...: *korr. im Textfluss*
22 Zu sehen] (1) [theil] (2) Zu sehen: *korr. am Rand im Textfluss*

22 daß theils] (1) [theils auf] (2) daß theils: *korr. im Textfluss*
23 et erosiones] et erosiones: *erg. am Rand*
26 Gummi arabicum] (1) [<???>] (2) Gummi arabicum: *korr. im Textfluss*
32 ʒii] (1) [ʒß] (2) ʒii: *korr. im Textfluss*
33 cochleare <???>] (1) cochleare [bis ter <?> vel] (2) cochleare <???>: *korr. im Textfluss*
35 labefactatus] labefactatus: *erg. am Rand*
35 auf] (1) [<???>] (2) auf: *korr. im Textfluss*
37 revulsorium <?> effectum] (1) [aber in] (2) revulsorium <?> effectum: *korr. im Textfluss*
37 Alles dieses überlasse] (1) [So viel] dieses [mal in Eile] (2) Alles dieses überlasse...: *„Alles“ korr. zwischen den Zeilen, „überlasse...“ korr. im Textfluss*
39 Ihro Hochwürden und Gnaden] (1) [<???>] (2) Ihro Hochwürden und Gnaden: *korr. im Textfluss*
39 in balden] (1) [dabey <?>] (2) in balden: *korr. im Textfluss*

---

1 Trew übersendet Wagner hier ärztliche Meinung und Rat in Antwort auf die von Wagner beiliegend zu Brief Nr. 79, Z. 34–200, übersandte umfängliche Krankengeschichte der Bayreuther Oberhofmeisterin Dorothea Louise Freiin von Wittenhorst-Sonsfeld. Wagner hatte Trew bereits in Brief Nr. 77, Z. 10–32 und Z. 51–54, die Beschwerden der erkrankten Oberhofmeisterin geschildert und die Teilnahme vor Ort an einem Consilium Medicum erbeten. Nachdem aber Trew in Brief Nr. 78, Z. 9–26, aus verschiedenen Gründen bedauernd erklärt hatte, dass er derzeit nicht nach Bayreuth reisen könne, hatte Wagner in Brief Nr. 79, Z. 8–23, unter Beifügung der Krankengeschichte zumindest um den schriftlichen Rat Trews ersucht und, nach vorläufigem Ausbleiben einer Antwort Trews, in Brief Nr. 80, Z. 7–46, dieses Ersuchen auch noch einmal in Erinnerung gebracht. – Trew bemerkt hier zunächst einleitend, dass er das auch in der Krankengeschichte, vgl. Brief Nr. 79, Z. 39 f., ausdrücklich vermerkte frühzeitige Ausbleiben der monatlichen Reinigung der Gebärmutter (hier lat. Akk. Sgl. „cessirte Uteri purgationem menstruam“) für „das fundament des ganzen Übels“ halte. – Das Anatomisch-chirurgische Lexikon, Sp. 556 f. („Menses“) und Sp. 887 („Purgatio Menstrua“), beschreibt zeitgenössisch „menses“ bzw. „purgatio menstrua“ oder „menstruatio“ als „die monathliche Reinigung derer Weibspersonen“. Dies sei „eine Aussonderung [...] des Blutes aus der Gebärmutter, welche natürlicher Weise bey dem weiblichen Geschlecht zwischen dem dreyzehenten und funfzehenten Jahre anf[a]ng[e], so denn alle vier oder fünf Wochen sich wieder einstelle[]“. Die Aussonderung des Blutes „gehöre[] unter die natürliche Excretionen, und erfolge[] nach einer Ausdehnung derer Wassergefäße in der Gebährmutter, so von einer starken Anhäuffung des Blutes in der Gebährmutter entstehe[]“. Ein weiterer zeitgenössischer Eintrag findet sich in der Onomatologia Medica Completa, Bd. 1, Sp. 992 f. („Menses“). Ein zeitgenössischer Eintrag zu „Uterus, die Mutter oder Gebährmutter“ findet sich ferner im Anatomisch-chirurgischen Lexikon, Sp. 1086 f. – „Menses cessantes, emanentes“ oder „Mensium cessatio oder emansio“ bezeichnet nach der Onomatologia Medica Completa, Bd. 1, Sp. 993 f., „das Aufhören des Monatlichen“. Zedler (1732–1754), Bd. 20, Sp. 818–825 („Menses“), betont, es handle sich bei der monatlichen Reinigung der Frauen um die Aussonderung von „überflüßige[m] Blut“. Die Frauen brauchten mehr Blut als die Männer, um im Fall einer Schwangerschaft das Kind mitversorgen zu können, „weil aber das weibliche Geschlecht nicht in einem fort schwanger gehe[], und also mehr Geblüt, als ihnen nöthig, in sich führe[], würde solches durch seine Abundantz ihrem Leibe viel zu schaffen geben, wo es nicht durch gelegene Oerter dann und wann ausgelassen würde“, d.h., so sei auch bei Stahl und

Hoffmann zu lesen, solange es die monatliche Aussonderung gebe, seien „die Weiber frisch und wohl", sobald dies aber „in Unordnung ger[a]th[e] oder gar aussenbleibe[]", erkrankten sie. Allerdings wird im Eintrag bei Zedler auch eingeräumt, es gebe auch einige Ärzte, die die monatliche Reinigung nicht auf überflüssiges Blut zurückführten.

2 Zum Begriff der „haemorrhoides", durch die (hier lat. „per..."), so Trew, die Natur Erleichterung nach Ausbleiben der Monatsblutung hatte erreichen wollen, vgl. Brief Nr. 34, Endnote 38.

3 „Motus salutares" sind hier wörtlich „heilsame Bewegungen". Nach Zedler (1732–1754), Bd. 21, Sp. 1917, werden „Motus Haemorrhoidales" „diejenigen Zufälle genennet, welche sich gemeiniglich beym Anfang der schwellenden goldenen Ader und des goldenen Ader-Flusses zu ereignen pflegen".

4 Trew verweist hier darauf, dass mit zunehmendem Alter die „Säfte, insbesondere die durch die Harnwege auszusondernden, schärfer" (hier lat. „humores, praecipue per vias urinarias excernendi, acriores") würden. – Zedler (1732–1754), Bd. 9, Sp. 684 („Feuchtigkeit, (flüssende)"), vermerkt zu „Humor" bzw. „Feuchtigkeit, (flüssende)", es gebe „bey denen Menschen unterschiedene Feuchtigkeiten, welche in laudabiles oder taugliche, als das Blut, Serum, Milch, Same, Milch-Safft; oder non-laudabiles, undienliche, wie Urin, Schweiß etc. eingetheilet w[ü]rden", wobei die Gesundheit dadurch erhalten werde, dass „diese natürlich beschaffen und wohl mit einander vermischet [seien]". Folglich entstehen nach Zedler (1732–1754), Bd. 21, Sp. 1560, „Morbi Humorum" bzw. „Kranckheiten derer Säfte", „allwo ein Uberfluß oder Mangel, Wäßrigkeit, Zäheit, Schärffe oder Unreinigkeit bemercket w[e]rd[e]".

5 Nach Trew hatte also infolge des Reizes durch die zunehmende Schärfe der über die Harnwege abzuführenden Säfte „das Blut aus den Hämorrhoidalgefäßen zur Harnblase, und den Nieren" (hier lat. „sanguis ex vasis haemorrhoidalibus ad vesicam, et renes") gezogen werden können. Ähnliche Formulierungen/Vorstellungen finden sich bei Wagner, der in Brief Nr. 77, Z. 14, einen „Mictus cruentus ex anomalia haemorrhoidali" beschreibt. – Zu den „vasa haemorrhoidalia" vgl. Brief Nr. 34, Endnote 38. Zur „vesica" bzw. „vesica urinaria" vgl. Brief Nr. 77, Endnote 12. Zu den „renes" bzw. „Nieren" vermerkt das Anatomisch-chirurgische Lexikon, Sp. 896 f. („Ren"), es handle sich dabei um „zwey feste, dichte und rothe Eingeweide des Unterleibes, auf jeder Seite eines, welche der Gestalt nach eine Bohne vorstell[t]en, die ohngefehr fünf oder sechs Queerfinger lang, und drey bis vier Queerfinger breit s[eien]". Ihr Nutzen sei, „den Urin aus dem Blute in den Becken (pelvis) abzusondern, und durch die Harngänge nach der Blase zu bringen". Weitere zeitgenössische Einträge zu „Ren, Renes" finden sich in der Onomatologia Medica Completa, Bd. 2, Sp. 1257, und bei Zedler (1732–1754), Bd. 24, Sp. 772–781 („Niere").

6 Trew beantwortet im Folgenden der Reihe nach die von Wagner am Ende der übersandten Krankengeschichte formulierten Fragen, vgl. Brief Nr. 79, Z. 195–198.

7 „Prognosis" ist nach Zedler (1732–1754), Bd. 29, Sp. 777 f., „das Vorsagen" bzw. „Vorhersagen". Die „vorhersagenden Kennzeichen" seien „diejenigen, aus welchen das Zukünftige, so dem Patienten begegnen wird, gemuthmasset werden k[ö]n[ne]". Dabei würden in derartige Erwägungen u.a. miteinbezogen: 1) „d[ie]jenigen Beobachtungen, welche in dergleichen Krankheit, als die gegenwärtige ist, angemercket worden", 2) die „gegenwärtigen Kräfte[] des Lebens", 3) die „vorhergegangene[] Lebensart des Patienten, [die] starcke[] oder schwache[] Beschaffenheit des Cörpers", und vieles mehr. Ein weiterer zeitgenössischer Eintrag findet sich in der Onomatologia Medica Completa, Bd. 1, Sp. 1151 („Prognosis").

8 Trew erteilt hier (in Übersetzung) auf Wagners Frage nach der Hoffnung auf Genesung folgende Antwort/Prognose: „Antwort: Die Prognose ist ungewiss, bald wegen der Natur an sich der Krankheit, bald wegen der bereits infolge Alters erschöpften Kräfte".

9 Trew greift hier wörtlich die zweite Frage Wagners auf, also in Übersetzung: „ An welcher (Heil-) Methode oder welchen Arzneimitteln ist festzuhalten?".

10 Gemeint ist wohl „respondeo"; es liegt wohl ein Schreibfehler in Form eines vergessenen Buchstabens vor.

11 Trew beantwortet hier (in Übersetzung) die Frage Wagners nach Heilmethode bzw. Arzneimitteln wie folgt: „Ich antworte: bald ist der sich mühenden Natur zu Hilfe zu kommen, bald ist bedrängenden Zufällen vorzubeugen".

12 Zur Verwendung von „clysteres" in der damaligen Medizin vgl. Brief Nr. 24, Endnote 4.

13 Trew empfiehlt hier für die Bereitung der „clysteres" ein „Dekokt von herbae veronicae mit liquiritia und hordeum, sowie mit beigemischtem oleum amygdalarum dulcium" (lat. „decoctum herbae veronicae cum liquiritia et hordeo, admixto oleo amygdalarum dulcium"). – Zur Zubereitungsform des „decoctum" vgl. Brief Nr. 24, Endnote 18. Zur pflanzlichen Droge der „herbae veronicae" vgl. Brief Nr. 26, Endnote 15. Zur pflanzlichen Droge „liquiritia" vgl. Brief Nr. 24, Endnote 41. Zum „oleum amygdalarum dulcium" vgl. Brief Nr. 80, Endnote 30. – Zur pflanzlichen Droge „hordeum" lassen sich bei Schneider (1968–75), Bd. V/2, S. 174–177, folgende zentrale Informationen entnehmen: Sie gehört zur Gattung „Hordeum" aus der Familie der Gramineae; Zitatempfehlung für den Artnamen ist Hordeum vulgare (S.). Schon frühzeitig wurden viele Kulturformen der Gerste entwickelt, um die Mitte des vierten Jahrtausends v. Chr. waren alle Hauptformen ausgebildet. Im Spät-Neolithikum waren sie auch in Mitteleuropa zahlreich vorhanden. In der Antike wurde Gerste von Dioskurides als Ptisane (=Schleim; gegen Schärfe, Rauheit und Geschwüre der Luftröhre; mit Fenchel genommen zur Beförderung der Milchabsonderung, harntreibend, gegen Blähungen, reift Ödeme) wie auch als Mehl und Graupen verwendet. Die Kräuterbücher des 16. Jh. übernahmen derartige Indikationen. Die Pharmakopöe Württemberg 1741 führt: Semen Hordei (Winter- oder Sommergerste; Demulcans, Anodynum, Refrigerans; meist geschält (excorticatus) im Gebrauch; als Dekokt, Ptisane, äußerlich zu Kataplasmen). In den Arzneitaxen ist bis zum 19. Jh. regelmäßig Farina Hordei, Gerstenmehl, zu finden. Ein zeitgenössischer Eintrag zur „Gerste" findet sich bei Zedler (1732–1754), Bd. 10, Sp. 1182–1189. – In Brief Nr. 80, Z. 27, Z. 35 f. und Z. 40 f., hatte Wagner bereits verschiedene bei der Patientin angewandte „clysteres" beschrieben.

14 In Übersetzung empfiehlt Trew hier ferner: "In der Schamgegend könnte ein emplastrum de hyosciamo ludovici oder, falls dieses ausgeht/die Kräfte verliert, ein emplastrum de spermate ceti angelegt werden, gemischt mit dem gleichen Teil von unguentum populeum." – Nach dem zeitgenössischen Anatomisch-chirurgischen Lexikon, Sp. 882, werden „Pubes" oder „Schaam" „von einigen blos die Haare auf der Schaam genennet", eigentlich aber heiße so „diejenige Gegend, welche auswendig zwischen den beyden Weichen [...] gelegen, etwas erhaben, und bey erwachsenen mit Haaren versehen [sei]". Entsprechend führt auch die Onomatologia Medica Completa, Bd. 2, Sp. 1252, „Pubes" als „Scham, die Schamgegend, Schamhaare". Ein weiterer zeitgenössischer Eintrag findet sich bei Zedler (1732–1754), Bd. 29, Sp. 1126 f. – Ein „emplastrum" oder „Pflaster" ist nach der Onomatologia Medica Completa, Bd. 1, Sp. 590, „eine äusserliche, weiche, sehr klebrichte Arzney, dergleichen man auf Tuch oder Leder gestrichen, auf Wunden, Geschwüre und Geschwulsten, ja auch in andern Fällen aufleget". Ein weiterer zeitgenössischer Eintrag findet sich bei Zedler (1732–1754), Bd. 8, Sp. 1042–1046. – Zedler (1732–1754), Bd. 8, Sp. 1071, beschreibt zeitgenössisch die Herstellung eines „Emplastrum de Hyoscyamo Ludovici" wie folgt: „{Recipe} Ol. Sem. hyosciam. expr. Succ. hyoscyam. {ana} so viel beliebt, koche es, bis der Safft verrauchet, alsdenn thue darzu Cerae und Terebinth. so viel, als genug ist. Mache nach der Kunst daraus ein Pflaster." Zur pflanzlichen Droge „Hyoscyamus" lassen sich bei Schneider (1968–75), Bd. V/2, S. 184–187, folgende zentrale Informationen entnehmen: Sie gehört zur Gattung „Hyoscyamus" aus der Familie der Solanaceae; Zitatempfehlung für den Artnamen ist: Hyoscyamus niger (S.) bzw. Hyoscyamus albus (S.). Das Bilsenkraut war bereits im Altertum (hier v.a. H. albus L.) ein berühmtes Zauber- und Heilkraut, auch zählte es zu den ältesten Heilpflanzen der europäischen Indogermanen (im Norden v.a. H. niger L.). Dioskurides unterschied drei Arten von Hyoskyamos: eine mit roten, eine mit gelben und eine mit weißen Blüten, wobei die dritte Art zum medizinischen Gebrauch empfohlen wurde (Saft aus Frucht, Blättern und Stengeln, wird getrocknet, zu schmerzstillenden Kollyrien u.a.; Same leistet dasselbe; auch Blätter zu schmerzstillenden Arzneien; auch Wurzel verwendet). Kräuterbuchautoren des 16. Jh. übernahmen Indikationen von Dioskurides. Die Pharmakopöe Württemberg 1741 führt: Radix Hyoscyami (Jusquiami, Fabae suillae vel porcinae, Hyoscyami albi majoris, Bilsenkraut-Wurtzel, Toll- oder Schlaffkraut-Wurtzel; selten in Gebrauch, gelegentlich zu schlafbringenden Fußbädern), Herba Hyoscyami (Synonyme wie bei der Wurzel; selten in Gebrauch), Semen Hyoscyami albi (weißer Bilsen-Saamen; soll Specificum bei Blutspeien sein; Bestandteil der pilulas de Cynoglossa et Philonium persicum); Oleum Hyoscyami aus Samen gepresst, Bestandteil des Emplastrum de Hyoscyamo; Unguentum de Hyoscyamo (aus frischen Blättern). Um 1780 wurde noch sowohl die Verwendung des Schwarzen Bilsenkrautes (H. niger) wie auch des Weißen Bilsenkrautes (H. albus) beschrieben. Offizinell bis Mitte des 20. Jh. blieb dann v.a. das Schwarze Bilsenkraut. Ein zeitgenössischer Eintrag findet sich bei Zedler (1732–1754), Bd. 1, Sp. 1559–1564 („Alterchangenum"). Dort wird auch ausdrücklich noch einmal darauf hingewiesen, man mache „ein Pflaster, aus des Krauts ausgeprestem Safft und Oel, mit Terbenthin und Wachs vermischt, so viel, als zum Pflaster nöthig ist, welches allerhand Schmertzen stille[]". Die Beifügung „Ludovici" in der Bezeichnung des Pflasters bezieht sich auf Daniel Ludwig (Ludovici), der 1625 in Weimar als Sohn eines Gewürzhändlers geboren wurde und 1680 in Gotha starb. Er studierte in Weimar und Jena, wo er nach Reisen nach Wittenberg und Hamburg 1647 auch disputierte (de angina). 1650 begab er sich nach Königsberg in Franken und praktizierte dort. 1658 wurde er Stadt- und Land-Physikus in Salzungen, 1662 Land-Medikus zu Gotha, 1666 schließlich dort Leib-Medikus und Präses des Collegium medicum. Von ihm sind einige Werke überliefert; vgl. Jöcher (1750–51), Bd. 2, Sp. 2584 [Druckfehler, eigentlich Sp. 2585]. Zum Beispiel wird in Ludwig (1698), S. 44 f., das „Emplastrum de Hyoscyamo" im Wesentlichen so angegeben wie es sich auch bei Zedler noch beschrieben findet. – Zedler (1732–1754), Bd. 8, Sp. 1097 f., führt ein „Emplastrum de Spermate Ceti Minsichtii" (dessen Anwendung aber vorwiegend Frauen im Kindbett zur Schmerzstillung der Brüste empfohlen wird): „{Recipe} Cerae alb. {Unzen} iiii. Sperm. ceti {Unzen} ii. Gumm. galban. in aceto dissolut. {Unze} i. Mische alles unter einander, und mache daraus ein Pflaster." Zur tierischen Droge „Sperma Ceti" lassen sich bei Schneider (1968–75), Bd. I, S. 30 f., folgende zentrale Informationen entnehmen: „Sperma Ceti" oder „Cetaceum" ist Walrat (desweiteren auch „Ambra candicans", „Flos Maris" oder „Adipocera cetosa" genannt). Dabei handelt es sich um den gereinigten, festen Anteil des Inhalts besonderer Höhlen im Körper der Pottwale, v.a. des Physeter macrocephalus Lac. Derartige Höhlen befinden sich im Kopf des Wals, weswegen bis zum 18. Jh. auch ein Zusammenhang zum Gehirn gesehen wurde, wobei noch verbreiteter bis dahin die Annahme war, es handele sich um die Samenmasse des Wals (daher auch „Sperma Ceti"). Ob Walrat in der Antike bekannt war, ist unsicher (? Flos Salis, Halosanthos). Im 15. Jh. war der Walrat in deutschen Apotheken vorhanden und blieb vom 16. Jh. an bis in die Gegenwart in allen Pharmakopöen. Die Pharmakopöe Württemberg 1741 beschreibt seine Wirkung als Resorbens, Demulcans, Anodynum und Cosmeticum. Ein zeitgenössischer Eintrag zu „Wallrath" findet sich bei Zedler (1732–1754), Bd. 52, Sp. 1709 [Druckfehler, eigentlich 1706]–1709: Der Walrat werde „von der grönländischen Gesellschafft meistens roh, mit aus Grönland von dem Wallfischfange gebracht, und alsdenn in Holland geläutert und recht zugerichtet". Diskutiert wird auch hier umfänglich die Herkunft des Walrats (Samen des Wals, weißer Amber, Gehirn). Erwähnt werden die „Wallraths-Pflaster" und insbesondere auch die „Schmertzstillende Krafft" des Walrats. – Zedler (1732–1754), Bd. 33, Sp. 690 f. („Salbe"), beschreibt „Unguentum" bzw. „Salbe, Schmiere" als „ein Artzneymittel zum äusserlichen Gebrauche, dicker als ein Oel, flüssender aber als ein Pflaster". – Zedler (1732–1754), Bd. 26, Sp. 689–691, beschreibt die Herstellung von „Pappelsalbe" bzw. „Unguentum Populeum" wie folgt (wobei hier aber v.a. eine Anwendung bei „grindige[n] Köpfe[n]" der Kinder empfohlen wird): „Diese machet man also: Nachdem man zu einem Pfunde Pappelknospen, Magsamenblätter, Hauswurtzblätter, Knabenkraut, Nachtschatten, Bilsenblätter, und Lattichblätter von jedem ein Loth genommen, und alles zusammen fein klar geschnitten, und unter einander gemenget, lässet man es in Weine halb einkochen, seiget es durch ein reines Tuch, und mischet endlich an dem Feuer ungesaltzene frische Butter oder Speck darunter." Daneben gibt Zedler noch einige weitere Rezepturen für die Pappelsalbe an, wobei auch schmerzstillende Wirkung beschrieben ist. Zur pflanzlichen Droge „Populus" lassen sich bei Schneider (1968–75), Bd. V/3, S. 109–111, folgende zentrale Informationen entnehmen: Sie gehört zur Gattung „Populus" aus der Familie der Salicaceae; Zitatempfehlung für den Artnamen ist v.a.: Populus nigra (S.). In der Antike unterschied Dioskurides eine Weißpappel (Rinde gegen Ischias und Harnzwang; Blattsaft gegen Ohrenschmerzen; Knospen mit Honig als Salbe gegen Schwachsichtigkeit) und eine Schwarzpappel (Blätter mit Essig aufgelegt gegen Podagraschmerzen; das Harz kommt in Salben hinein; Frucht mit Essig gegen Epilepsie). Um 1550 wurden als Pappelbaum sowohl P. nigra L. als auch P. alba L. beschrieben und beiden die Indikationen der Weißpappel bei Dioskurides zugewiesen. Schon in die Pharmakopöe Nürnberg 1546 war die beliebte Pappelsalbe aufgenommen (Unguentum Populeon Nicolai; enthält außer frischen Oculi Populi arboris, die mit Schweineschmalz ausgezogen werden, u.a. Blätter von Mandragora, Hyoscyamus, Lactuca, Bardana). Nach der Pharmakopöe Württemberg 1741 wurden aus den frischen Oculi sive Gemmae Populi eine Salbe (Paregorgicum, Refrigerans, Emolliens; bei Hämorrhoidalschmerzen, Verbrennungen; zerteilt geronnene Milch in der Brust) und auch eine Essentia Populi vulneraria hergestellt. Um 1780 wurde insbesondere die Verwendung der Augen oder Knöpfe (Pappelknöpfe, Oculi Populi) des Schwarzen Pappelbaums (P. nigra) beschrieben. Ein zeitgenössischer Eintrag zum „Pappelbaum" findet sich bei Zedler (1732–1754), Bd. 26, Sp. 685–688 (auch hier Oculi Populi für Unguentum populeum von „schwarzem Pappelbaum" genommen).

15 Zur (zu korrigierenden) „acrimonia humorum", also „Schärfe der Säfte", vgl. bereits Endnote 4. Das Anatomisch-chirurgische Lexikon, Sp. 24, beschreibt zeitgenössisch ferner „Acrimonia" in der Medizin und Chirurgie als „die Schärfe in denen Säften, welche bey Heilung der Wunden und Schädens schlechterdings durch gute innerliche Mittel m[üsse] gedämpfet werden, weil man sonsten wenig oder nichts ausrichte[]". Ein weiterer zeitgenössischer Eintrag findet sich in der Onomatologia Medica Completa, Bd. 2, Sp. 20.

16 Trew beschreibt hier (zu lindernde) „commotiones et erosiones" infolge der Schärfe der Säfte, also wörtlich durch die Schärfe ausgelöste „Bewegungen und Zernagungen". Zur „Erosio" findet sich zeitgenössisch ein Eintrag in der Onomatologia Medica Completa, Bd. 2, Sp. 404.

17 Trew führt hier ferner den (zu stärkenden) „Tonus der Teile, der viscera insbesondere des infimus venter" an. – Zum Begriff des „tonus" vgl. Brief Nr. 26, Endnote 40. – Nach dem zeitgenössischen Anatomisch-chirurgischen Lexikon, Sp. 1079, werden „viscera" oder „Eingeweide" all die Teile des Körpers genannt, „welche in denen drey Haupthöhlen dem Kopf, der Brust und dem Unterleibe befindlich". Allerdings würden „von einigen Anatomisten, nur besonders die Theile, welche im Unterleibe liegen, mit dem Namen derer viscerum beleget". Weitere zeitgenössische Einträge finden sich in der Onomatologia Medica Completa, Bd. 2, Sp. 1311 („Viscera"), und bei Zedler (1732–1754), Bd. 8, Sp. 552 („Eingeweide"). – Nach dem Anatomisch-chirurgischen Lexikon wird „Venter" „überhaupt diejenige Cavität in der Anatomie genennet, darinnen verschiedene und merkliche Theile des menschlichen Körpers liegen und enthalten sind", wobei es nach Einteilung der Alten drei solche Cavitäten gebe, also Kopf, Brust und Unterleib. Diese letztgenannte dritte Cavität, also der Unterleib, werde „auch besonders und zwar zum Unterscheid venter infimus benennet". Weitere zeitgenössische Einträge finden sich in der Onomatologia Medica Completa, Bd. 2, Sp. 1309 f. („Venter"), und bei Zedler (1732–1754), Bd. 3, Sp. 706 („Bauch").

18 Trew kommt hier auf die „(gemeinsam) mit serum lactis zum Trinken zu verabreichenden pulveres absorbentes" (lat. Abl. Pl. „pulveribus absorbentibus cum sero lactis propinandis") zurück, deren Verabreichung genau so Wagner im vorausgehenden Brief Nr. 80, Z. 23–26, geschildert hatte. Vgl. dazu entsprechend auch die in Brief Nr. 80 zugehörigen Endnoten 10, 11, 14.

19 Zur pflanzlichen Droge „Gummi arabicum" lassen sich bei Schneider (1968–75), Bd. V/1, S. 31–34, folgende zentrale Informationen entnehmen: Die das Harz liefernden Pflanzen gehören zur Gattung „Acacia" aus der Familie der Leguminosae; Zitatempfehlung für den Artnamen ist v.a.: Acacia senegal (S.) (bzw. auch Acacia nilotica (S.)). Das Gummi war schon bei den Ägyptern um 1500 v. Chr. in Gebrauch.

Bereits in der Antike hieß es Gummi arabicum und blieb seitdem offizinell (in mittelalterlichen Quellen ebenso vertreten wie in Pharmakopöen bis in die Gegenwart). Die Pharmakopöe Württemberg 1741 beschreibt Arabicum Officinale (Gummi Senegal, Senica; Arabisch Gummi, Dintengummi) als Temperans, für scharfe Lymphe, und Adstringens. Um 1780 wurde als Hauptstammpflanze für Arabisch Gummi Mimosa nilotica angegeben, für Gummi Senegal oder Senica dagegen die Hauptstammpflanze Mimosa Senegal. Um 1830 dann wurde betont, A. nilotica habe v.a. in früheren Zeiten arabisches Gummi geliefert, wichtigste Stammpflanze aber sei A. Senegal W. Ein zeitgenössischer Eintrag findet sich bei Zedler (1732–1754), Bd. 11, Sp. 1372–1374 („Gummi Arabicum"): Es wird die Gewinnung durch Ritzen der Rinde beschrieben, aber auch ausführlich auf verschiedene Sorten und ihre (teils unklare) Herkunft von verschiedenen Bäumen/Arten hingewiesen. – Die Textpassage (ca. zwei Wörter) hinter „Gummi arabicum" ist im Entwurf nicht annähernd sicher lesbar, es könnte sich daher z.B. sowohl um eine Mengenangabe wie eine genauere Spezifizierung des Gummi arabicum handeln.

20 Zur Stärkung des Tonus empfiehlt Trew hier also ein „Elixier aus amaricantia besonders aus cortex Peruvianus" („Elexir ex amaricantibus praecipue ex cortice Peruuiano"). – Zum Begriff des „Elixiers" (bzw. „Elixir", hier „Elexir") vgl. Brief Nr. 66, Endnote 11. – Neben der Arzneimittelgruppe der „amaricantia" an sich (von lat. „amaricare" = „verbittern, bitter machen") nennt Trew als Bestandteil bereits hier (die genaue Rezeptur folgt) insbesondere „cortex Peruvianus", vgl. zu dieser pflanzlichen Droge Brief Nr. 80, Endnote 19.

21 Trew gibt hier eine Rezeptur für das von ihm empfohlene Elixier an, wobei im vorliegenden Briefentwurf einige Lesungen unsicher bleiben. Im Wesentlichen lässt sich die Rezeptur wie folgt erschließen. – „Rp." leitet als Initial im Sinne von „Recipe/Nimm" die Rezeptur ein, vgl. Brief Nr. 40, Endnote 8. – Als erste Bestandteile des Elixiers werden angeführt: „cortex recens aurantiorum" und „cortex recens citri" jeweils zu zwei Drachmen. Zum alchemistisch-pharmazeutischen Symbol für „Aurum" (hier in „aurantiorum") vgl. Schneider (1962), S. 32; zum alchemistisch-pharmazeutischen Symbol für „Ana" also „jedes gleichviel" vgl. Schneider (1962), S. 27; zum alchemistisch-pharmazeutischen Symbol für die „Drachme" und den Umrechnungen des Nürnberger Apothekergewichts vgl. bereits Brief Nr. 12, Endnote 6. Zur pflanzlichen Droge „cortex recens aurantiorum" (also „frische Pomeranzenschale") vgl. Brief Nr. 66, Endnote 12. Zur pflanzlichen Droge „cortex recens citri" (also „frische Zitronenschale") lassen sich bei Schneider (1968–75), Bd. V/1, S. 322–332, folgende zentrale Informationen entnehmen: Sie gehört zur Gattung „Citrus" aus der Familie der Rutaceae; Zitatempfehlung für den Artnamen ist: Citrus medica (S.) bzw. Citrus limon (S.) (wie bei den Erläuterungen zur Pomeranze gilt auch hier, dass auf die durch zahlreiche Hybride komplexe Systematik der Gattung Citrus hier nicht eingegangen werden kann; die Kommentierung erfolgt allein auf Basis und nach Stand von Schneider (1968–75)). Bis Anfang des 18. Jh. entsprach „Citrus" in der Regel der Zitronatszitrone (C. medica L.). Im 18. Jh. dann verdrängte jedoch in Deutschland und wohl auch anderen mitteleuropäischen Ländern die vorher weniger gebräuchliche Limone zunehmend die Zitronatszitrone. Mitte des 18. Jh. wurde kaum noch klar zwischen Limonen und Zitronen unterschieden, wobei die Verwendung von Limonen in der Pharmazie überwog und die Produkte (dennoch) die Bezeichnung „Citrus" erhielten. Auch im 19. Jh. ging der medizinische Gebrauch der eigentlichen C. medica L. immer weiter zurück. Die Pharmakopöe Württemberg 1741 führt: Semen Citri (Mali Citri, Citronen-Saamen; Calefaciens, Attenuans, tötet Würmer); Cortex Citri (Citronen-Schalen; von diversen Citrusarten; Calefaciens, Alexipharmacum; Cardiacum, Carminativum), Flavedo Corticum Citri; Aqua (dest.) Cort. Fruct. C., Aqua Cornu Cervi citrata, Conchae citratae, Conserva C. ex pulpa, Elaeosaccharum C., Oleum Corticum C., Spiritus Cort. C., Succus C., Syrupus Acetositatis C., Syrupus C. e toto, Syrupus Corticum Citri. Ein zeitgenössischer Eintrag findet sich bei Zedler (1732–1754), Bd. 17, Sp. 1270–1277 („Limone" und „Limonen-Baum"), sowie Bd. 6, Sp. 174–180 („Citronen-Baum"). – Als weiterer Bestandteil des Elixiers wird angeführt: „(cortex) Peruvianus decoctus" (also „abgekochte Chinarinde") zu einer halben Unze. Zum alchemistisch-pharmazeutischen Symbol für „halbe Unze" vgl.

Schneider (1962), S. 56. – Sodann wird als weiterer Bestandteil des Elixiers zudem angeführt: „tartarus vitriolatus" zu zwei Skrupeln. Zum alchemistisch-pharmazeutischen Symbol für „tartarus", zu Deutsch „Weinstein", vgl. Schneider (1962), S. 55. Zum alchemistisch-pharmazeutischen Symbol für „vitriolum" vgl. Schneider (1962), S. 58. Zum Symbol für „Skrupel" vgl. Schneider (1962), S. 52. Zur Verwendungsgeschichte des Kaliumsulfats (hier „Tartarus vitriolatus", auch „Arcanum duplicatum") vgl. Brief Nr. 66, Endnote 12. – Es folgen Anweisungen zur weiteren Verarbeitung der Bestandteile: „Die zerkleinerten Bestandteile mögen aufgegossen werden mit einer ausreichenden Menge von sehr heißem Flusswasser, sie mögen die Nacht hindurch an einem lauen Ort stehen, am Morgen mögen sie ausgedrückt werden und man füge zu vier Unzen des Durchgeseihten Folgendes hinzu ...". Zum alchemistisch-pharmazeutischen Symbol für „aqua" vgl. Schneider (1962), S. 28. Zu „add." für „adde" also „thue hinzu" vgl. Schneider (1962), S. 25. – Es folgen Angaben darüber, was dem Durchgeseihten zuzufügen ist, nämlich: „ebenso zwei Drachmen von cortex aurantiorum" und „eine Drachme von confectio alkermes incompleta". Zur tierischen Droge „alkermes" lassen sich bei Schneider (1968–75), Bd. I, S. 43, folgende zentrale Informationen entnehmen: Die trächtigen Weibchen der Kermesschildlaus (Kermes vermilio Pl., Coccus ilicis L.) wurden mit Essig besprengt und getrocknet. Da sie dann wie Beerenfrüchte aussahen, wurden sie auch lange dafür gehalten. Die Pharmakopöe Württemberg 1785 z.B. führt sie unter den Früchten als „Grana Kermes" oder „Scharlachbeeren". Ihr tierischer Ursprung wurde erst im Verlauf des 18. Jh. durch französische Forscher klargestellt. Die arabische Bezeichnung war „Alkermes", das auch in verschiedenen großen Kompositionen zu einem wichtigen Arzneimittel wurde und so Eingang in verschiedene Pharmakopöen vom Ausgang des 16. Jh. bis ins 18. Jh. fand. Die Pharmakopöe Württemberg 1741 kennt eine Grundvorschrift für „Confectio Alkermes", und zwar einmal „completa" mit Moschus und Ambra, und einmal „incompleta" ohne derartige Zusätze. Zeitgenössische Einträge finden sich bei Zedler (1732–1754), Bd. 1, Sp. 1231 f. („Alkermes"; hier ebenfalls noch pflanzlicher Ursprung beschrieben), sowie Bd. 6, Sp. 943 f. (dort z.B. Anleitung zu „Confectio Alkermes Zwelfferi"; auch Eintrag zu „Confectio Alkermes completa bzw. incompleta", wobei erstere mit Zusatz von „Mosch und Amber", letztere dagegen nicht). – Die Rezeptur endet mit „Misce dosis cochleare...", also „mische es, Dosis ein Löffel voll..."; die weiteren, wohl noch präziseren Angaben zur Dosierung sind im Entwurf nicht lesbar.

22 Nach umfänglicher Beantwortung der Frage zu den geeigneten Arzneimitteln greift Trew hier abschließend in verknappter Form die dritte und letzte („3" ist hier also wohl im Sinne von „3)" als Fortsetzung der oben im Text begonnenen Nummerierung „1), 2)..." gedacht) der von Wagner am Ende der übersandten Krankengeschichte vorgebrachten Fragen, vgl. Brief Nr. 79, Z. 197 f., wieder auf: „num haemorrhoidibus &c.", also „ob, da die haemorrhoides &c." (Wagner formulierte die Frage vollständig wie folgt: „num haemorrhoidibus coecis denuo apparentibus hyrudines cum fructu adhuc Sint applicandae?", also „ob, da die haemorrhoides coecae von neuem auftreten, die Blutegel noch mit Aussicht auf Erfolg anzuwenden sind?").

23 Mit der Formulierung „Respondeo utique" leitet Trew hier zur Beantwortung der aufgegriffenen Frage über.

24 Die Onomatologia Medica Completa, Bd. 1, Sp. 1138, beschreibt zeitgenössisch die „Plethora" oder „Vollblütigkeit" als „ein[en] allzugrosse[n] Ueberfluß und Vorrath von Geblüt, wo mehr da ist, als zu Erhaltung des Lebens, und der Gesundheit nöthig wäre, daß die geringste stärkere Bewegung, welche auch die Gesundheit erforder[e], leicht diesen Ueberfluß zu einer Krankheit machen k[ö]n[ne]". Weitere zeitgenössische Einträge finden sich im Anatomisch-chirurgischen Lexikon, Sp. 844 („Plethora"), und umfänglich bei Zedler (1732–1754), Bd. 50, Sp. 428–464 („Vollblütigkeit").

25 Trew argumentiert hier mit dem „tonus vasorum labefactatus", also wörtlich dem „geschwächten Tonus der Gefäße", der dem Überfluss an Blut nicht entsprechend abhelfen könne, d.h. Trew sieht daher wohl, in Antwort auf die an ihn gerichtete Frage, durchaus einen möglichen Nutzen der Blutegel.

26 Gemeint sind mit „sie" hier wohl unter Bezug auf die beantwortete Frage erneut die Blutegel, denen Trew also weiteren möglichen Nutzen zugesteht.

27 Zum Begriff des „mictus cruentus" (hier lat. Gen. Sgl. „mictus cruenti") vgl. Brief Nr. 77, Endnote 9.
28 Der Begriff „revulsorius effectus" (hier lat. Akk. Sgl. „revulsorium effectum") meint hier wohl eine Art (von den Blutegeln zu erhoffende) „ableitende Wirkung". Nach Zedler (1732–1754), Bd. 31, Sp. 1002, beschreibt die „Revulsion" „[i]n der Artzney [] Mittel, die eine böse Feuchtigkeit, so sich an einem Orte zu sammlen geneigt, anders wohin, und entweder von oben unterwärts, von einer Seite nach der andern, von forne hinterwärts, oder von innen auswärts zu wenden und zu lencken, angewendet werden", z.B. durch Aderlass, Schröpfen und ähnliches (hier also wohl durch die Blutegel).
29 Dass Trew hier auch die anderen „medici praesentes" (hier lat. Gen. Pl. „medicorum praesentium"), also „anwesenden Ärzte", anspricht, legt zumindest nahe, dass er Wagners letzten Brief Nr. 80 zum Zeitpunkt der Erstellung des vorliegenden Entwurfs bereits vorliegen hatte, in dem Wagner namentlich auf die anwesenden Kollegen Johann Friedrich Seiz (1691–1758) und Johann Wolfgang Haag <1724–1733 bzw. 1747> verweist, vgl. Brief Nr. 80, Z. 21 f. und zugehörige Endnoten 6 und 7.
30 Gemeint ist hier die Bayreuther Oberhofmeisterin Dorothea Louise Freiin von Wittenhorst-Sonsfeld (1681–1746), zu deren Erkrankung Trew in vorliegendem Brief(entwurf) schriftlichen Rat erteilt. Zu ihrer Person vgl. ausführlich Brief Nr. 77, Endnote 6.

82 — *9. Februar 1748*

Peter Christian Wagner, Bayreuth, an Christoph Jacob Trew, <Nürnberg>

Wohlgebohrner und Hochgelehrter Herr,
Insonders Hochgeehrtester Herr HoffRath,
Vielgeneigter Gönner und *Patron*.

Ewer Wohlgebohrn werden mich und andere Baÿreuther[1] nicht ohne Schein der Wahrheit Vor unerkentliche und unhöfliche Leute ansehen, weilen ich eines theils so sehr lange Zeit unterlaßen habe mich nach Dero und Dero Hochgeschätzten Frauen Gemahlin, welcher ich und meine Frau uns gehorsamst empfehlen, Wohlergehen Zu erkundigen, andern theils aber nach Absterben Ihro Hochwürden und Gnaden der Hochseeligen Frau OberhoffMeisterin Von Wittenhorst-Sonsfeld[2] unterlaßen worden Ewer Wohlgebohrn Vor dero schrifftlich ertheiltes *Consilium* den gebührenden Danck Zu erstatten. Ich muß es gestehen daß ich an beeden Fehlern Vielen Theil und Schuld habe, doch fehlet es mir auch an trifftigen und gültigen Entschuldigungen nicht, welche alle hier anzuführen Ewer Wohlgebohrn mehr ungedultig und Verdrüßlich machen als mir Dero Gewogenheit aufs neue Versichern dürffte. Nur so Viel bitte ich mir Zu Vergönnen daß ich melden und Versichern dürffte daß so wohl unßeren sämtlichen gnädigsten Herrschafften[3] in abgewichenen Jahre als auch mir selbsten | 2 | Zugestoßene Kranckheiten[4] und ein paar außer dießen auf gnädigsten Befehl nach Leipzig[5] und Dreßden[6] gethanene Reißen[7] mir so Viel Arbeit, Versäumnüß und Verhinderungen Zugezogen, daß ich meinen meisten Brief-Wechßel unterbrechen und einige haupt-Fehler wieder meinen Willen begehen müßen. Hierzu kame noch, daß der Fräulen HoffMeisterin Von Wittenhorst-Sonsfeld Hochwürden und Gnaden[8] Ihren *reellen* Danck Vor das Ihrer hochsee[ligen] Frauen Schwester ertheilte *Consilium* nochsolange ausgesetzet wißen wolten, biß Sie eine gedruckte Leichen Predigt[9] Zum Andencken mitsenden könten. Da nun aber solche nun mehro und erst kürtzlich fertig und ausgetheilet worden sind, so hat Sie mich befehliget Ewer Wohlgebohrn beÿkommendes Exemplar nebst einen gantzen *Charl d'or*[10] Zum Andencken Ihrer Frauen Schwester und Zu etwelcher Bezeugung Ihrer Danckbarkeit Vor Ewer Wohlgeb[ohrn] sich Ihrentwegen gegebenen Mühe Zu übersenden. Ich komme hiemit solchen Befehl nach und erstatte dabeÿ Vor mich insbesondere höflichsten Danck, daß Ewer Wohlgeb[ohrn] auf mein damahliges Schreiben mir Dero guten Beÿrath ertheilen und so lange borgen wollen.

Dießer Leichen-Predigt füge ich noch ein in Wachß-Tuch genehets und Vor herrn *Monti*[11] in *Bologna*[12] gehöriges durch Herrn *Professor* Ludwig[13] in Leipzig mir Von Herrn Klein[14] in Danzig[15] Zugesandtes *Paquet* beÿ und ersuche Ewer Wohlgebohrn im Nah| 3 |men Vorgedachter guten Freunde, solches mit erster Gelegenheit mit nach *Bologna* Zu befördern, weilen Herr *Professor Monti* selbsten darum gebeten, daß man dießes Paquet nur an Ewer Wohlgeb[ohrn] *addressiren* und *recommendiren* möchte. Herr *Professor* Ludwig in Leipzig möchte gerne frische *Semina* Von Ihme haben, könten Ewer Wohlgeb[ohrn] durch Dero Vorwort einige Von Ihme Verschaffen, so würden Sie sich gedachten[16] herrn *Professor* sehr Verbindlich machen. Ewer Wohlgebohrn werden sich noch gütig errinnern, daß Sie mir im Verwichenen Jahr auf dem Antrag[17], ob Sie mir nicht einige Exemplare Von der durch Herrn *Plancum*[18] besorgten neuen *Edition* des *Phytobasani Fabii Columnae*[19] Vor Geld oder gegen andere gute Bücher in Nürnberg[20] Verstellen[21] könten, geantwortet[22]: daß Sie wohl gegen die im Druck erschienene *volumina Comercii literarii Medici*[23] einige *exemplaria* an nehmen wolten. Nach deme ich nun Von gemeldeten *Authore* würcklich 30 Bücher Zu Versilbern oder Zu Vertauschen und dabeÿ deßen ausdrückliche *ordre* empfangen habe, Ihme unter andern auch das Nürnbergische *Commercium literarium* ein Zu tauschen; so erwarte ich Dero schleunigste Befehle, wie Viel ich Exemplare dagegen übersenden solle und wie Viel Sie Vom *Commercio Lit[erario]* dagegen Zu geben gesonnen. Vom *Phytobasano* komt das Stück hieher *franco* 1 Reichstaler 19 Groschen[24] Zu stehen und ich werde beÿ deßen Übersendung melden an weme das *Convolut* Vom *Commercio Lit[erario]* Zur Besorgung nach *Italien*[25] Zu übergeben seÿe. Ich erbitte mir aber | 4 | Hierüber Dero baldige Antwort aus weilen ich des nechsten an Herrn *Plancum* schreibe.

Es hat mir auch die Naturforschende Gesellschafft in Danzig[26] Von dem *I. Tomo* Ihrer Untersuchungen[27] 20 Exemplare *in Commission* gesandt um solche an Liebhaber Zu Verkauffen und komt ein Stück wie in Danzig 2 Reichstaler und 1 Groschen *porto* biß hieher, wüsten nun Ewer Wohlgebohrn in Nürnberg oder anderwärts Liebhaber dazu, so würden Sie mir durch die *recommendation* dießes Wercks einen Gefallen erweißen. Ich höre die Nürnberg[ischen] Herrn Buchführer[28] haben es *pro* 4 Gulden[29] in ihren Zeitungen feilgeboten. Haben Ewer Wohlgebohrn im abgewichenen Jahr einige neue *semina* erbauet oder geschickt bekommen, so werden Sie an mir einen armen Bettler mit denen abfallenden Broßamen erquicken können. Ich habe Verschiedene neue *syberische* Pflanzen[30] Zur Reiffe gebracht und bin bereit derer *semina* dagegen Zu *communiciren* woferne[31] Ewer Wohlgeb[ohrn] solche nicht schon im Uberfluß haben. Unßer Fürst[liches] *Naturalien* Cabinet[32] hat in Vorigen Jahr durch ein Von mir in Leipzig *pro* 3000 Reichstaler erhandelte Samlung Von Muscheln, Thieren und *Mineralien*[33] eine ansehnliche Vermehrung erhalten und ich habe Viel mit deren Einlegung und Eintragung Zu thun werde auch dießes Früh-Jahr und Sommer noch mehr Zu thun bekommen, weilen das gantze *Cabinet* aus der Höhe herunter in andere Zimmer soll gebracht werden. Ich bitte meine Weitläufftigkeit Zu entschuldigen und mir Dero schätzbarste Gewogenheit und Freundschafft noch ferner beÿ Zu behalten, als der ich mit möglichster Hochachtung und Ehrfurcht Verharre

Ewer Wohlgebohrn

Baÿreuth
den 9. *Februarii*
1748.

gehorsamster Diener
Dr. P[eter] C[hristian] Wagner.

***H** UBE Briefsammlung Trew, Korr. Wagner, Nr. 59. 4 S. Als Beilagen: Leichenpredigt zusammen mit einem ganzen Charl d'or von der Schwester der 1746 verstorbenen Oberhofmeisterin Dorothea Louise Freiin von Wittenhorst-Sonsfeld (Z. 26–30) und ein über Christian Gottlieb Ludwig aus Leipzig eingegangenes Päckchen unbekannten Inhalts von Jacob Theodor Klein aus Danzig zur Weitervermittlung an Giuseppe Monti in Bologna (Z. 34–39).*

---

1 Zu Bayreuth siehe Brief Nr. 57, Endnote 6.

2 Zur Bayreuther Oberhofmeisterin Dorothea Louise Freiin von Wittenhorst-Sonsfeld (1681–1746) vgl. Brief Nr. 77, Endnote 6. – Wagner hatte Trew bereits in Brief Nr. 77, Z. 10–32 und Z. 51–54, vom 4. Mai 1746 die Beschwerden der erkrankten Oberhofmeisterin geschildert und den Rat Trews und insbesondere die Teilnahme an einem Consilium Medicum erbeten. Trew aber hatte in seinem Antwortschreiben Nr. 78, Z. 9–26, darauf unter Bedauern erklärt, aus verschiedenen Gründen nicht selbst nach Bayreuth reisen zu können, weshalb Wagner sodann in Brief Nr. 79, Z. 8–23, darum gebeten hatte, Trew möge seinen Rat zumindest in schriftlicher Form beisteuern. In Brief Nr. 80, Z. 7–46, vom 15. Mai 1746 hatte Wagner die Bitte nach dem vorläufigen Ausbleiben der erhofften Antwort Trews gar noch einmal wiederholt. Im Brief(entwurf) Nr. 81 liegt dann doch noch (als Entwurf) der schriftliche medizinische Rat Trews zur Erkrankung der Oberhofmeisterin vor, wobei Trews Antwort stark an der von Wagner mit Brief Nr. 79 übersandten Krankengeschichte und den dort angehängten Fragen ausrichtet ist. – Die Oberhofmeisterin Dorothea Louise Freiin von Wittenhorst-Sonsfeld war schließlich am 29. Juli 1746 in Bayreuth verstorben. Aus der zweiten Jahreshälfte 1746 und dem Jahr 1747 liegen in der UBE Briefsammlung Trew keine Briefe oder Briefentwürfe der Wagner-Trew-Korrespondenz vor, wobei Wagner selbst im Folgenden eine Unterbrechung der Korrespondenz (zumindest) von seiner Seite aus bestätigt und wortreich entschuldigt.

3 Gemeint ist hier die markgräfliche Herrschaft Bayreuth. – Zu Markgraf Friedrich von Brandenburg-Bayreuth (1711–1763) siehe Brief Nr. 42, Endnote 11. Zu Markgräfin Friederike Wilhelmine Sophie von Brandenburg-Bayreuth (1709–1758) siehe Brief Nr. 65, Endnote 22. Zur einzigen Tochter des Markgrafenpaares Prinzessin Elisabeth Friederike Sophie von Brandenburg-Bayreuth (1732–1780) siehe ebenfalls Brief Nr. 65, Endnote 22.

4 Wagner berichtet z.B. in einem Brief an Johann Philipp Breyne (1680–1764) vom 18. April 1747, er sei von einer wenige Wochen zuvor unternommenen Reise nach Leipzig „unvermuthet durch eine nachgesandte Estaffetta wiederum schleunigst Zurücke beruffen [worden], weilen [die] durchlauchtigste einzige Prinzeßin unvermuthet die Blattern bekame“; siehe Forschungsbibliothek Gotha, Chart. B 789, Bl. 643 f., hier insbesondere Bl. 643 f. – Erkrankungen Wagners selbst betreffend, findet sich in der Memoria P. C. Wagneri (1765), unpaginiert, eine achtmonatige schwere Krankheit Wagners im Jahr 1748 („Anno MDCCXLVIII in gravem morbem incidit, per octo mensium spatium lecto adfixus“) beschrieben, aber es sind dort auch Hinweise zu entnehmen, dass Wagners Gesundheit bereits zuvor unter seiner hohen Arbeitsbelastung gelitten habe („non sine suae ipsius sanitatis detrimento“; „minuit corporis robur“; „imbecilliori corporis valetudine uti coepisset“).

5 Zu Leipzig siehe Brief Nr. 35, Endnote 13.

6 Dresden (Dreßden), in einem Elbtalkessel gelegen, erfuhr seine Gründung als Stadt um 1212 im Anschluss an eine schon vor 1200 vorhandene Burg, wobei wohl Flurteile der nächsten wendischen Dörfer in das Stadtgebiet einbezogen wurden. Bzgl. der Landesherrschaft war Dresden zunächst in der Hand der Markgrafen von Meißen (Wettiner). 1423 ging die Markgrafschaft Meißen dann im Kurfürstentum Sachsen auf. Nachdem Dresden bereits 1274–1283 meist Residenz gewesen war, war es von 1485 an über Jahrhunderte bis 1918 Residenz der Wettiner. Die sog. albertinische Linie der Wettiner wählte 1485 Dresden als Residenz, 1547 erhielten die albertinischen Fürsten die Kurwürde. Die Blüte Dresdens als Barockstadt (v.a. unter Kurfürst Friedrich August I., in Personalunion als August II. König von Polen, sowie unter Kurfürst Friedrich August II., in Personalunion als August III. König von Polen) spiegelt sich auch in einem zeitgenössischen Lexikoneintrag aus der ersten Hälfte des 18. Jh. wider, in dem Dresden als „eine derer berühmtesten Städte in gantz Teutschland“ beschrieben wird und zahlreiche weltliche wie kirchliche Bauten hervorgehoben werden; vgl. Zedler (1732–1754), Bd. 7, Sp. 1425–1433; Deutsches Städtebuch, Bd. 2 (Mitteldeutschland), S. 47–61.

7 Zumindest die Reise nach Leipzig stand in Zusammenhang mit dem Erwerb weiterer Bestände für das fürstliche Naturalienkabinett wie Wagner selbst noch ausführlich im vorliegenden Brief berichtet, vgl. Z. 66–71.

8 Zu Flora von Wittenhorst-Sonsfeld <1746>, der Schwester der Oberhofmeisterin Dorothea Louise Freiin von Wittenhorst-Sonsfeld, siehe Brief Nr. 77, Endnote 18.

9 Rücker, Johann Christoph: Die allerseligsten Folgen eines seligen Todes wurden Bey Christlich und Standesmäßigen Exequien Der Weyland Hochwürdigen und Hochwohlgebornen Frauen Frauen Dorotheen Henrietten Luisen Freyin von Wittenhorst Sonsfeld Ihro Königlichen Hoheit, der regierenden Frau Marggräfin zu Brandenburg-Culmbach Hochbeliebt gewesenen Ober-Hof-Meisterin ... den 7 August 1746 ... erklährt und vorgestellt...Bayreuth [Friedrich Elias Dietzel] 1746. – Die Signatur des in der Unibibliothek Erlangen vorhandenen Exemplars dieser Leichenpredigt verweist noch auf die Provenienz aus der Trewsammlung („TREW“), d.h. es könnte sich dabei durchaus eben um jenes Exemplar handeln, das hier von Wagner an Trew übersandt wurde.

10 Es handelt sich hierbei um eine auch „Karolin“ genannte bayerische Goldmünze, die 1726 unter Kurfürst Karl Albert (dem späteren Kaiser Karl VII.) nach Vorbild des französischen Louis d'or eingeführt wurde.

11 Zu Giuseppe (Joseph) Monti (1682–1760) siehe Brief Nr. 52, Endnote 5.

12 Zu Bologna siehe Brief Nr. 52, Endnote 6.

13 Zu Christian Gottlieb Ludwig (1709–1773) siehe Brief Nr. 76, Endnote 18.

14 Zu Jacob Theodor Klein (1685–1759) siehe Brief Nr. 57, Endnote 3.

15 Zu Danzig siehe Brief Nr. 57, Endnote 4.
16 „Gedacht" meint hier „erwähnt"; vgl. Grimm (1854–1960), Bd. 4, Sp. 1926.
17 Wagner hatte Trew bereits am 24. April 1746 in Brief Nr. 76, Z. 36–45, gleichsam im Namen Giovanni Bianchis vorgeschlagen, einen Tausch von Exemplaren der Zeitschrift des Commercium Litterarium gegen Exemplare der von Giovanni Bianchi (Ianus Plancus) herausgebrachten neuen Edition von Werken des Fabio Colonna (Columna) einzugehen. In seinem, in Eile verfassten, Schreiben Nr. 78, Z. 30–35, hatte Trew dann zwar am 6. Mai 1746 auch die Edition des Giovanni Bianchi thematisiert (und mit einigen kritischen Bemerkungen versehen), war aber zunächst nicht auf das von Wagner vorgetragene Tauschangebot eingegangen. – Auch in einem in der UBE Briefsammlung Trew, Korr. Wagner, Nr. 71, erhaltenen Extrakt Trew betreffender Passagen aus einem Schreiben Wagners an einen unbekannten Adressaten vom 2. Februar 1749 wurde später der geplante Austausch von Exemplaren des Commercium Litterarium gegen die neue Edition des Giovanni Bianchi noch einmal thematisiert, d.h. der tatsächliche Austausch verzögerte sich wohl auch im Weiteren immer wieder.
18 Zu Giovanni Bianchi (Pseudonym Ianus Plancus; hier lat. Akk. Sgl. „Plancum") (1693–1775) siehe Brief Nr. 52, Endnote 9.
19 Zum Werk „Phytobasanos" (hier lat. Gen. Sgl. „Phytobasani") des Fabio Colonna und seiner neuen Edition durch Giovanni Bianchi (Ianus Plancus) vgl. Brief Nr. 76, Endnote 20. – Zu Fabio Colonna (Columna; hier lat. Gen. Sgl. „Fabii Columnae") (ca. 1567–1650) siehe ebenfalls Brief Nr. 76, Endnote 20.
20 Zu Nürnberg siehe Brief Nr. 1, Endnote 5.
21 „Verstellen" steht hier wohl für „vertheilen"; vgl. Grimm (1854–1960), Bd. 25, Sp. 1735.
22 Die Formulierung „im Verwichenen Jahr ... geantwortet" lässt hier keine sichere Aussage darüber zu, auf welchem Wege, wie von Wagner hier angeführt, Trew im Jahr 1747 dann (doch noch) mitgeteilt hatte, auf den von Wagner vorgeschlagenen Tausch eingehen zu wollen. Ein eindeutiger Hinweis auf ein diesbezüglich sicher zu erschließendes Schreiben Trews an Wagner ergibt sich also hieraus nicht, da die Mitteilung auch z.B. mündlich oder über Dritte vermittelt worden sein könnte.
23 Zur Zeitschrift des Commercium Litterarium (hier lat. Gen. Sgl. „Comercii literarii Medici") vgl. Brief Nr. 6, Endnote 2.
24 Zu diesen Währungseinheiten vgl. Brief Nr. 6, Endnote 13.
25 Zu Italien vgl. Brief Nr. 4, Endnote 7.
26 Die „Naturforschende Gesellschafft in Danzig", lat. auch „Societas Physicae Experimentalis", wurde 1743 in Danzig v.a. vom Privatgelehrten Daniel Gralath (1708–1767) wie auch dessen Schwiegervater Jacob Theodor Klein (1685–1759) (s.o.) ins Leben gerufen (Vorbereitungen schon 1742, erste konstituierende Sitzung 1743). Ihr Ziel war es vorwiegend, wissenschaftliche Versuche, deren Finanzierung die Möglichkeiten des Einzelnen überstieg, in einer größeren Gemeinschaft durchzuführen. Ab 1747 wurden auch die eigenen wissenschaftlichen Arbeiten publiziert. Zur Geschichte der Naturforschenden Gesellschaft zu Danzig vgl. ausführlich Letkemann (1997) und Schumann (1893).
27 Die „Naturforschende Gesellschafft in Danzig" publizierte eigene wissenschaftliche Arbeiten unter dem Titel „Versuche und Abhandlungen der naturforschenden Gesellschaft in Dantzig". Der erste Teil, auf den hier Bezug genommen wird (hier lat. „I. Tomo"), erschien 1747 in Danzig.
28 Zedler (1732–1754), Bd. 4, Sp. 1766 („Buchhändler"), gibt zeitgenössisch an, „Buchhändler" oder „Buchführer" werde derjenige genannt, „welcher gedruckte Bücher zum Verkauff hat, und dieselben entweder selbst verlegt, oder von andern sich handelt".
29 Zu dieser Währungseinheit vgl. Brief Nr. 1, Endnote 10. – Wagner konnte hier also damit werben, dass das Werk über ihn günstiger zu beziehen war als über die Nürnberger Buchhändler.
30 Gemeint sind hier „sibirische Pflanzen" bzw. also wohl „Pflanzen aus Sibirien". – Bei Zedler (1732–1754), Bd. 37, Sp. 852–860 („Siberien"), findet sich zeitgenössisch „Siberien" oder „Sibirien" beschrieben als „eine überaus grosse Landschafft zwischen Moscau und China". Längere Passagen des zeitgenös-

sischen Eintrags befassen sich auch mit den vielfältigen Pflanzen Sibiriens, wobei besonders betont wird, dass es angesichts des reichen Wachstums im Frühjahr/Sommer „vielen wunderbar scheine[], wie solches in einem so kalten Lande möglich seyn könne".

31 „Woferne" steht hier für „sofern" bzw. „falls"; vgl. Grimm (1854–1960), Bd. 30, Sp. 972.

32 Zum Naturalienkabinett (hier frz.: „Cabinet") des Markgrafen von Bayreuth vgl. Brief Nr. 67, Endnote 9.

33 Wagner berichtete auch bereits in einem Brief an Johann Philipp Breyne (1680–1764) vom 18. April 1747 in folgenden Worten von seiner 1747 kurz zuvor nach Leipzig unternommenen Reise zur Erweiterung des fürstlichen Naturalienkabinetts, siehe Forschungsbibliothek Gotha, Chart. B 789, Bl. 643 f., hier insbesondere Bl. 643: „Ich bin Vor wenig Wochen in Leipzig geweßen um ein daßelbst Vor meinen <?> gnädigsten Fürsten und Herrn erkaufftes naturalien Cabinet, in welchen sich alleine <?> über 3500 Stück Muscheln befinden ab Zu holen [...]".

83 — *13. März 1748*

Peter Christian Wagner, Bayreuth, an Christoph Jacob Trew, <Nürnberg>

Wohlgebohrner und Hochgelehrter
Insonders Hochgeehrtester Herr HoffRath
und Hochgeneigter Gönner!

Unßere Frau Kreÿßgesandtin die Frau Geheime *Legations*-Räthin Ellrodtin[1] hat sich ohnlängst gefallen laßen ein großes Packet an Ewer Wohlgebohrn Von mir mit Zu nehmen und ich Zweiffle keineswegs daß solches nicht richtig behändiget[2] worden seÿn solte. Ich sehe darauf der geneigten Antwort[3] mit Vielen Verlangen entgegen und habe inzwischen die | 2 | Ehre Ewer Wohlgeb[ohrn] beÿgehendes aus *Italien*[4] empfangenes an Sie Zu überreichen mit gehorsamster Bitte, daß Sie mir die ehemahlige unverdient gegönte Freundschafft und Gewogenheit noch ferner beÿbehalten und glauben wollen daß ich mir es Vor eine besondere Ehre schätze mit möglichster Hochachtung Zu seÿn

Ewer Wohlgeb[ohrn]

Baÿreuth eÿligst
den 13. *Martii*
1748.

gantz gehorsamster
Diener
Dr. P[eter] C[hristian] Wagner

***H** UBE Briefsammlung Trew, Korr. Wagner, Nr. 60. 2 S. Als Beilage: Sendung unbekannter Art aus Italien (Z. 11 f.).*

---

1 Gemeint ist hier Anna Maria Sophie (von) Ellrod (†1788) (Ellrodt). Geboren als Tochter des Majors der Grenadiergarde des Markgrafen von Ansbach Daniel Mandel und seiner Ehefrau Anna Catharina wurde sie 1736 die Ehefrau von Philipp Andreas Ellrod (1707–1767), wobei sie selbst zu der Zeit im Dienst der Markgräfin stand. Ihr Mann stieg am Bayreuther Hof rasch zu höchsten Regierungsämtern auf und gewann größten Einfluss. Bereits 1745 wurde Philipp Andreas Ellrod ordentlicher Gesandter beim Kreis, im August 1745 erschien er in Schweinfurt auch als Wirklicher Geheimer Legationssekretär. Nach der Erhebung in den Adelsstand 1750 änderte er die Schreibweise seines Namens von „Ellrod“ zu „Ellrodt“. 1759 wurde Philipp Andreas Ellrodt vom Kaiser in den Freiherrnstand erhoben (Freiherr auf Neudrossenfeld), 1763 folgte die Erhebung zum Reichsgrafen. Nach der Enthebung von den meisten seiner Ämter 1765 und dem frühen Tod beider Söhne lebte Philipp Andreas Ellrodt die letzten Jahre sehr zurückgezogen. Als Philipp Andreas Ellrodt 1767 starb, hinterließ er seiner Witwe zudem eine immense Schuldenlast. Anna Maria Sophie Ellrodt überlebte ihren Ehemann um 21 Jahre und starb 1788 vereinsamt in Bayreuth. Vgl. ausführlich zu Aufstieg und Niedergang des Reichsgrafen von Ellrodt: Riedelbauch (1959), hier v.a. S. 293–297. Zu Philipp Andreas Ellrod vgl. zudem DBA 278, Bl. 211–214 (Fikenscher 2; Stepf); auch Schmidt-Herrling (1940), S. 162, und Herrmann (2002), S. 289. Im DBA (Fikenscher 2) findet sich die Angabe, dass Philipp Andreas Ellrod beim fortwährenden Fränkischen Kreiskonvent 1746 bevollmächtigter Gesandter und geheimer Legationsrat wurde.

2 „Behändigen“ steht hier für „in die hand geben“ (also im Sinne von übergeben); vgl. Grimm (1854–1960), Bd. 1, Sp. 1326.

3 Ein derartiges Antwortschreiben Trews ist in der UBE Briefsammlung Trew nicht erhalten.

4 Zu Italien vgl. Brief Nr. 4, Endnote 7. – Wagner macht hier keinerlei Angaben, die verraten, um was es sich bei dem „beÿgehend[]“ an Trew Übersandten handelte, oder auch wer der Absender in Italien war. In einem Brief an Johann Philipp Breyne (1680–1764) vom 30. März 1748 berichtet Wagner von einem „Vor wenig Tagen [...] aus Italien erhaltenen großen Pack Bücher“, siehe Forschungsbibliothek Gotha, Chart. B 789, Bl. 645–647, hier insbesondere Bl. 645; es ist also angesichts der vagen Zeitangabe „Vor wenig Tagen“ durchaus möglich, dass ein Zusammenhang zu vorliegendem Schreiben besteht, d.h. die Büchersendung aus Italien schon vor dem 13. März eingegangen war und Wagner mit vorliegendem Schreiben für Trew bestimmte Bücher oder aber eine zeitgleich mit dem Bücherpaket bei ihm eingegangene zur Weitervermittlung an Trew bestimmte anderweitige Sendung übermittelte.

84 — *29. März 1749*

Peter Christian Wagner, Bayreuth, an Christoph Jacob Trew, <Nürnberg>

Wohlgebohrner und Hochgelehrter
Herr HoffRath,
Hochgeschätzter Gönner!

Ewer Wohlgebohrn übersende ich nach meinem in Nürnberg[1] gegebenen Versprechen etliche frische Von herrn *Prof[essor] Monti*[2] erst kürtzlich erhaltene Saamenkörner Vom *Stramonio feroce Bocconis*[3], denen ich in beÿgehender Rolle Verschiedene Bögen und ♀ Taffeln[4] Vom *Commercio Litterario*[5] beÿgeselle, die ich ehemahls doppelt und Zu Viel erhalten habe. Dagegen wolte ich mir unten benanten *Defect* und die nach und nach herauskomende

TittelBlätter und *Register*[6] Zur Ergäntzung meines Exemplars gehorsamst | 2 | ausbitten und wäre mir lieb, wenn ich nur inzwischen den Tittel und *Dedication* Zu *Anno* 1740 nebst denen *defect* Bogen aufs Jahr 1744 und 45 bekommen könte damit ich einstweilen wiederum einen Band machen laßen kan.

Es haben mir schon *Anno* 1740 der noch lebende Herr *Praeses Academiae Naturae Curiosorum*[7] die Ehre angethan und mir durch Herrn *Dr.* Wiedmann[8] ein *Diploma* übersendet Krafft deßen Sie mich Zu einen unwürdigen Mitglied dießer hochansehnlichen *Academie* ernennet haben.[9] Weilen aber Von derselben Zeit an ich beständig mit nach hoffe gezogen worden und etliche Jahre mit beständigen hin und herreißen Zubringen auch daneben meine Ziemlich weitläufftige *Praxin* Versehen und endlich gar die beschwehrliche Veränderung hieher unternehmen[10] auch mit dem hoff immer Von einem Ort Zum andern wandern müßen[11], so daß ich manches Jahr kaum etliche wenige Wochen Zu hauße seÿn können; so habe ich dadurch so wohl, als durch etliche inzwischen ausgestandene Kranckheiten[12] Verhindert, biß hiehero | 3 | dasjenige Zu thun unterlaßen müßen was die *Leges* Von einem jeden Mittglied dießer Gelehrten Gesellschafft erfordern. Ich Zweiffle nicht, daß der Herr *Praeses* deswegen über mich sehr böße seÿn werden und Vielleichte nicht gesinnet sind mich ferner unter die *Membra* solcher *Academie* Zu Zehlen.[13] Solte ich aber durch Ewer Wohlgebohrn gütige Vorsprache[14], als denen meine Vielen Verhindrungen am besten bekant sind, Von des herrn *Praesidis* Wohlgeb[ohrn] *pardon* erlangen können, so daß ich in meinen damahligen Platz und Ordnung fernerhin bliebe, so wolte ich nicht nur ohne Verzug durch Einsendung einer *Epistolae eucharisticae* und meines kurtzen *curriculi Vitae praestanda praestiren*, sondern auch ein Von einem jeden *Membro* erfordertes *Specimen*, nehmlich *Prodromum Historiae naturalis Principatus Baruthini s[ive] Historiam Conchyliorum tam terrestrium, quam aquatilium indicto Principatu viventium*[15] *ad normam Academiae elaboriren*, worauf sodann wenn Gott leben und Ge| 4 |sundheit Verleÿhet, andere *partes historiae naturalis* folgen sollen, als wozu ich auf meinen beständigen herumreißen im Lande Viele *observationes* gesammlet habe. Auch wolte ich um die Gnade und Gewogenheit des herrn *Praesidis* umso eher wiederum Zu Verdienen eine Ziemliche Zahlreiche Samlung Von *Mineralien* und *Fossilien* auch andern *naturalien* hießigen Landes Zu Vermehrung des neuangelegten *Musaei*[16] einsenden, wenn ich nur Von der geneigten Wiederaufnahme *in gremium Academiae* Versichert bin. Ich Verlaße mich auch hierinnen auf Ewer Wohlgeb[ohrn] allezeit mir angediehenes *Patrocinium* und Verharre mit Vollkommenster Ehrerbietung

Ewer Wohlgebohrn

Baÿreuth
den 29. Mertz
1749.

gantz gehorsamster Diener
Dr. P[eter] C[hristian] Wagner.

PS: den Einschluß[17] nach Anspach[18] bitte ich Zu *pardonniren.*

H UBE Briefsammlung Trew, Korr. Wagner, Nr. 61. 4 S. mit PS. Als Beilagen: von Giuseppe Monti eingetroffene Samen von Stramonium ferox Bocconis (Z. 8–10), doppelt erhaltene Bögen und Kupferstiche des Commercium Litterarium (Z. 10 f.), vermutlich Zettel oder Ähnliches mit dem Verzeichnis der Wagner fehlenden Teile des Commercium Litterarium (Z. 12) sowie „Einschluß" nach Ansbach (Z. 52).

---

1 Zu Nürnberg siehe Brief Nr. 1, Endnote 5. – Es ging hier also offenbar ein Treffen Trews und Wagners in Trews Heimatstadt Nürnberg voraus.

2 Zu Giuseppe (Joseph) Monti (1682–1760) siehe Brief Nr. 52, Endnote 5. – Briefe Montis an Wagner aus dieser Zeit sind in der UBE Briefsammlung Trew nicht erhalten.

3 Wagner hatte hier Samen der Pflanze „Stramonium ferox" erhalten, wie sie sich von dem Botaniker Paolo (Silvio) Boccone (1633–1704) in dessen Werk von 1674 „Icones et descriptiones rariorum plantarum Siciliae, Melitae, Galliae, et Italiae", S. 50–52, beschrieben findet. – In Zedler (1732–1754), Bd. 30, Sp. 1072 („Rauchäpfel"), findet sich ein Eintrag zu „Stramonium" als „Rauchäpfel, Stechäpfel, Dornäpfel" mit Synonymen wie „Stramonium peregrinum, Ger." oder „Stramonium fructu spinoso rotundo, semine nigricante, Pit. Tournefort.", nicht aber geführt ist dabei „Stramonium ferox Bocconis". Ausdrücklich warnt Zedler, das Gewächs „mache[] dumm und betäube", weshalb auch völlig von innerlichem Gebrauch abzusehen sei, da sonst auch der Tod drohe.

4 Zum hier verwendeten Symbol für Kupfer (also „Kupfer Taffel") vgl. Zedler (1732–1754), Bd. 15, Sp. 2148 [Druckfehler 1248]–2151 („Kupfer"). – Zum Kupferstechergewerbe und den verschiedenen Verfahren des Kupferstichs vgl. zeitgenössisch auch Zedler (1732–1754), Bd. 15, Sp. 2159 f. („Kupferstecher").

5 Zur Zeitschrift des Commercium Litterarium (hier lat. Abl. Sgl. „Commercio Litterario") vgl. Brief Nr. 6, Endnote 2.

6 Zu den zunehmenden Lieferungsverzögerungen bzw. -schwierigkeiten in den späten Jahren des Commercium Litterarium, betreffend besonders auch die zugehörigen Titel-, Übersichts- und Registerblätter, vgl. Brief Nr. 18, Endnote 3.

7 Der hier erwähnte Präsident der Academia Naturae Curiosorum (lat. „Praeses Academiae Naturae Curiosorum") war Andreas Elias Büchner, der 1701 in Erfurt geboren wurde und 1769 in Halle a.d. Saale verstarb. Büchner studierte in Halle und Leipzig und erlangte den Dr. med. 1722 in Erfurt, wo er sich auch habilitierte. 1726 wurde er Physikus in Rudolstadt. Büchner war Professor med. in Erfurt von 1729 bis 1744, dann ab 1745 Professor med. in Halle. Andreas Elias Büchner war ein Anhänger Friedrich Hoffmanns (1660–1742), ein produktiver medizinischer Schriftsteller, aber auch ein Lehrer und Praktiker. Besondere Bedeutung erlangte er für die kaiserliche Akademie der Naturforscher (Leopoldina), da er 1733 deren Director Ephemeridum und 1735 deren Präsident wurde. Büchner war Mitglied der Leopoldina ab 1726, ferner war er ab 1738 Mitglied in der Akademie der Wissenschaften in Berlin und ab 1763 in der Royal Society London. In der UBE Briefsammlung Trew sind zahlreiche Briefe von und an Andreas Elias Büchner erhalten, darunter insbesondere im brieflichen Austausch mit Trew; vgl. Boschung (2002), S. 78; Schmidt-Herrling (1940), S. 81 f.; Hirsch (1962), Bd. 1, S. 756. Weitere Einträge zu Andreas Elias Büchner finden sich in: DBA 159, Bl. 4–127 (ADB; Apell: Kupferst.; Börner; Hirsching; Jöcher/Adelung; Meusel: Schriftst.); ADB, Bd. 3, S. 488; DBE, Bd. 2, S. 172. – Die „Academia naturae curiosorum" wurde 1652 in Schweinfurt von vier Ärzten gegründet: dem Stadtphysikus Johann Laurentius Bausch (1605–1665) sowie den Ärzten Johann Michael Fehr (1610–1688), Georg Balthasar Wohlfarth (1607–1674) und Georg Balthasar Metzger (1623–1687). Erster Präsident der Vereinigung wurde Johann Laurentius Bausch. Die Akademie nahm ihren Sitz (bis 1878) am Wohnort des jeweiligen Präsidenten, also im 17. und beginnenden 18. Jh. in Schweinfurt (Bausch und nach ihm ab 1666 Johann Michael Fehr), in Nürnberg (ab 1686

Johann Georg Volckamer I. (1616–1693)), in Augsburg (ab 1693 Lucas Schroeck II. (1646–1730)) und in Altdorf (ab 1730 Johann Jacob Baier (1677–1735)). Die Statuten bzw. Leges der Akademie wurden in den ersten Jahren immer wieder weiterentwickelt. Vorrangiger Zweck der Akademie war die Förderung der Naturkunde; sie wurde dabei unter das Motto „nunquam otiosus" (also „niemals müßig") gestellt. 1670 erschien unter dem Titel „Miscellanea curiosa sive Ephemeridum medico-physicarum" der erste Band des Periodikums der Akademie, das bald in der Kurzform „Ephemerides A.N.C." zitiert wurde (im Lauf der Jahre wurde der Titel des Periodikums dann mehrfach abgeändert) – es handelt sich dabei um die weltweit erste ausschließlich naturwissenschaftlich-medizinische Zeitschrift. 1683 wurde der Druckort der Zeitschrift von Breslau nach Nürnberg (Drucklegung bei Wolfgang Moritz Endter (1653–1723)) verlegt und das Amt des Director Ephemeridum eingeführt, der sich als Schriftleiter vor Ort um die Herstellung des Periodikums kümmern sollte. Im Jahre 1677 wurde die Akademie erstmals kaiserlich bestätigt, 1687 wurde sie durch Kaiser Leopold I. förmlich zur Reichsakademie erhoben und mit Privilegien ausgestattet, weshalb sie seitdem die Bezeichnung „Sacri Romani Imperii Academia Caesareo-Leopoldina Naturae Curiosorum" (daher auch die heutige Kurzform „Leopoldina") trug. Heute ist die Leopoldina (mit seit 1878 ständigem Sitz in Halle a.d. Saale) Nationale Akademie der Wissenschaften (Ernennung 2008 durch die Gemeinsame Wissenschaftskonferenz von Bund und Ländern). Zu Geschichte und Struktur der „Academia naturae curiosorum" (Leopoldina) insbesondere in den ersten hundert Jahren ihres Bestehens vgl. die entsprechenden Kapitel bei Mücke/Schnalke (2009), v.a. S. 9–38, die unter dem Titel „Briefnetz Leopoldina" zudem eine Edition v.a. der Trew-Büchner-Korrespondenz bieten; eine zusammenfassende Auswertung dieser Korrespondenz unter dem Aspekt von Organisation und Entwicklung der Leopoldina um 1750 liefert auch Schnalke (2002). Zu Geschichte und Struktur der Leopoldina in der Übersicht vgl. zudem Ter Meulen (2009).

8 Johann Wilhelm Widmann (d.Ä.) (Wiedmann) wurde 1690 in Nürnberg geboren und starb ebenda 1743. Er studierte ab 1708 in Altdorf Mathematik, Naturwissenschaften und Medizin, 1712 wurde er dort promoviert. Nach einer Reise durch verschiedene deutsche Städte bis nach Frankreich (Straßburg, Paris) kehrte er 1714 über Holland zurück nach Nürnberg, wo er in das Collegium Medicum aufgenommen wurde und fortan als Arzt tätig war. Seit 1717 war Johann Wilhelm Widmann Mitglied der kaiserlichen Akademie der Naturforscher (Leopoldina), ab 1735 war er ihr Director Ephemeridum (verbunden mit der Position eines Kaiserlichen Rates, Leibarztes und Hof- und Pfalzgrafen). In der UBE Briefsammlung Trew sind Briefe von und an Johann Wilhelm Widmann (d.Ä.) erhalten, darunter auch vier Briefe an Trew; vgl. Schmidt-Herrling (1940), S. 695; DBE, Bd. 10, S. 597; DBA 1364, Bl. 1 und Bl. 16–20 (Jöcher; Will). – Zu Johann Wilhelm Widmann (d.J.) (1721–1766), dem Sohn von Johann Wilhelm Widmann (d.Ä.), vgl. bereits Brief Nr. 76, Endnote 4. – Johann Wilhelm Widmann (d.Ä.) übersandte Wagner nicht nur, wie hier von Wagner berichtet, 1740 das Diplom, das die Aufnahme in die Leopoldina bestätigte, sondern von „Dr. D. Widmann", also wohl Johann Wilhelm Widmann (d.Ä.), kam auch der Vorschlag zur Wahl Wagners (mein Dank für diese Auskunft geht an Erna Laemmel, Leopoldina Archiv). Die Zusammenarbeit zwischen Andreas Elias Büchner als Präsident und Johann Wilhelm Widmann (d.Ä.) als Director Ephemeridum der Leopoldina bzgl. der Aufnahme neuer Mitglieder gestaltete sich also wohl bereits ähnlich wie dann später (ab 1744) die Zusammenarbeit von Büchner mit dem Director Ephemeridum Trew, für die Schnalke (2002), S. 105, auf Basis der Auswertung der Trew-Büchner-Korrespondenz folgendes Grundschema beschreibt: Über direkt an ihn herangetragene Mitgliedswünsche und -empfehlungen entschied Büchner allein, doch auch Trew vermittelte Mitgliedswünsche an Büchner. In Fällen, in denen sein Director Ephemeridum den Beitritt befürwortete, entschied der Präsident in der Regel positiv über die Aufnahme und verlieh in der Folge, sobald er über einen Lebenslauf des Kandidaten verfügte, ein Agnomen und stellte ein Diplom als Aufnahmeurkunde aus, wobei in den Fällen, in denen Trew als Director Ephemeridum durch seine Vermittlung das Aufnahmeverfahren eingeleitet hatte, Büchner ihn dann auch damit beauftragte, den Kandidaten von der erfolgten Aufnahme zu unterrichten und ihm die Aufnahmeunterlagen zukommen zu lassen.

9 Nach Auskunft des Leopoldina Archivs auf Basis der Eintragungen in Protocollum oder Matrikelbuch wurde Peter Christian Wagner am 18.12.1739 unter der Matrikelnummer 496 und mit dem Cognomen Plinius Iunior in die Akademie aufgenommen. Schriftliche Unterlagen zu Wagner in seiner Personalakte sind nicht vorhanden, auch in den Altakten finden sich keine weiteren Informationen. Mein Dank für diese Auskünfte geht an Erna Laemmel.
10 Wagner verweist hier auf seinen Umzug von Erlangen nach Bayreuth im Jahr 1743, wie auch auf jene Jahre, die dem Umzug vorausgingen und in denen er einerseits immer mehr an den markgräflichen Hof Bayreuth gezogen wurde, andererseits aber auch noch seine ärztliche Tätigkeit in seinem Wohnort Erlangen zu versehen hatte. – Zu Bayreuth vgl. Brief Nr. 57, Endnote 6.
11 Wagner berichtet in seinen Briefen immer wieder von seinen Reisen mit dem Bayreuther Hof, v.a. im Lauf der Jahreszeiten über die verschiedenen Jagd- und Landhäuser, vgl. z.B. Brief Nr. 76, Z. 28 f.
12 Zu Erkrankungen Wagners in den Jahren 1747/1748 vgl. Brief Nr. 82, Z. 19 f. mit der zugehörigen Endnote 4.
13 Von neuen Mitgliedern der Leopoldina wurde Mitte des 18. Jh. grundsätzlich vor allem Folgendes erwartet: 1.) wissenschaftliche Beiträge für das Periodikum der Akademie (damals unter dem Titel der „Acta physico-medica“ erscheinend), 2.) Sachspenden zugunsten der Bibliothek und des Naturalienkabinetts der Leopoldina, sowie 3.) ein finanzieller Obolus je nach den eigenen finanziellen Möglichkeiten; vgl. Schnalke (2002), S. 105. – Wagner allerdings trat nach seiner Aufnahme 1739 nicht nur nicht mit „Observationes“ in den „Acta physico-medica“ in Erscheinung, sondern er war auch anderweitig, wie er selbst im Folgenden einräumt, einiges schuldig geblieben, so z.B. hinsichtlich der Einreichung des eigenen Lebenslaufs. Nach den erweiterten Leges bzw. Statuten von 1671 hatte der Präsident der Akademie ein besonderes Buch, die „Matricula Academicorum“, zu führen, in das er den Namen jedes Mitglieds mit Vaterland, Geburtstag, Wohnort, aktueller und früherer Stellung eintragen sollte, weshalb der Präsident dann von jedem Aufnahmekandidaten ein „Curriculum vitae“, also einen Lebenslauf, einforderte; vgl. Mücke/Schnalke (2009), S. 14.
14 „Vorsprache“ steht hier für „fürsprache, mündliche oder schriftliche empfehlung für einen andern“; vgl. Grimm (1854–1960), Bd. 26, Sp. 1620. – Wagner hoffte also bezüglich seiner Versäumnisse auf die Fürsprache Trews, der seit 1744 Director Ephemeridum der Leopoldina war.
15 Eine solche Schrift Wagners unter dem Titel „Prodromus Historiae naturalis Principatus Baruthini sive Historia Conchyliorum tam terrestrium, quam aquatilium indicto Principatu viventium“ (also „Prodromus/Vorrede zu einer Naturgeschichte des Fürstentums Bayreuth oder eine Geschichte der sowohl zu Lande wie zu Wasser in genanntem Fürstentum lebenden Conchylia“) konnte im Druck nicht nachgewiesen werden. Sie ist wohl Teil jener Veröffentlichungsprojekte, die Wagner plante und teilweise auch begann, jedoch wohl aufgrund seiner hohen Arbeitsbelastung bei Hofe nie bis zur Drucklegung voranbrachte. Im Eintrag zu Wagner in Fikenscher (1801–1805), Bd. 10, S. 32–37, hier insbesondere S. 37, findet sich der Vermerk, dass seine „flora principatus Baruthini“ sowie eine „historia naturalis Franconiae“ nicht erschienen seien. Delius (1766), hier insbesondere S. 188, merkt im Nachruf auf Wagner an, „[u]nter [dessen] Handschriften befinde[] sich die Flora Principatus Baruthini, nebst vielen Anmerkungen zur Naturgeschichte von Franken“. Der Verbleib dieser Handschriften Wagners konnte im Rahmen vorliegender Arbeit nicht geklärt werden.
16 Eine Bibliothek und ein Naturalienkabinett (hier „Musaeum“) waren um die Mitte des 18. Jh. die einzigen von der Leopoldina unterhaltenen stationären Wissenschaftseinrichtungen. Sie wurden vom Präsidenten der Leopoldina Johann Jacob Baier (1677–1735) 1731 nach vergeblichen diesbezüglichen Anstrengungen seiner Vorgänger begründet. Andreas Elias Büchner gelang es 1735, vom Erfurter Magistrat kostenfrei eine geeignete Räumlichkeit, nämlich das untere Stockwerk des evangelischen Ratsgymnasiums, zu bekommen, woraufhin 1736 der Umzug der Bücher und musealen Objekte dorthin erfolgte. Die Realiensammlung bestand v.a. aus anatomischen Präparaten, Mineralien und Versteinerungen, natur-

kundlichen Illustrationen wie auch aus Münzen und Medaillen. Als Büchner 1745 nach Halle wechselte, verblieben Bibliothek und Naturaliensammlung an dem Standort in Erfurt; vgl. Schnalke (2002), S. 109, ausführlich zu Bibliothek und Naturaliensammlung als Gegenstand der Büchner-Trew-Korrespondenz auch S. 109–112.

17 „Einschluß" steht hier, wie „Einschlag", für den „einschlusz des briefes", d.h. den „einschlag eines briefes in den andern"; vgl. Grimm (1854–1960), Bd. 3, Sp. 272 u. Sp. 280.

18 Zu Ansbach (Anspach) siehe Brief Nr. 20, Endnote 10.

85 *20. Januar 1757*

Peter Christian Wagner, Erlangen, an Christoph Jacob Trew, <Nürnberg>

Wohlgebohrner und Hochgelehrter Herr
Hochgeehrtester Herr Hoff-Rath,
Hochgeneigter Gönner!

Da ich mich schon etliche Monathe allhier[1] in Ewer Wohlgeb[ohrn] Nachtbarschafft befinde so habe immer die Hoffnung gehabt ich würde ein mahl selbsten die Ehre haben und Ewer Wohlgeb[ohrn] in Nürnberg[2] besuchen können. Es haben mir aber biß *dato* so wohl Ihro König[licher] Hoheit[3] als anderer Persohnen beÿ Hoffe öfftere Unpäßlichkeiten solche hindernüße gemachet, daß ich solches Vergnügens nicht theilhafftig werden können, und dahero mich | 2 | Verbunden sehe meine Aufwartung schrifft[lich] Zu machen und mich nach Ewer Wohlgeb[ohrn] wohlbefinden Zu erkundigen. Jedennoch schmeichle mich mit der Hoffnung, daß ich Vor unßeren Rückgang nach Baÿreuth[4] noch das Vergnügen haben möchte mich Denenselben Persöhnlich Vorzustellen. Weilen ich aber inzwischen *Linnaei Species plantarum*[5] nur auf 2 oder 3 Tage nöthig hätte und solche, da Sie hier nicht Zu haben sind, beÿ Ewer Wohlgebohrn um so Viel gewißer Vermuthe, als dero Vortrefflicher Bücher Vorrath[6] einer der Vollkommensten in der Natur-Geschichte ist; so bin ich so küh| 3 |ne mir solches Buch nur auf 2 oder 3 Tage Zum nachsuchen aus Zu bitten mit der gewißen Versicherung daß ich es nächst künfftige Woche ohne allen Schaden wiederum übersenden oder selbsten überbringen und Zu gleich meine schuldigste Dancksagung für solche besondere Freundschafft erstatten will.

Wolten Ewer Wohlgebohrn mich dagegen einiger Befehle würdigen, so würde ich solche als Zeichen Dero fortsetzenden mir so schätzbaren Freundschafft ansehen und dagegen mit Vollkommenster Ehrfurcht Verharren

Ewer Wohlgebohrn

Erlang
den 20. *Ianuarii*
1757.

gehorsamster Diener
Dr. P[eter] C[hristian] Wagner.

***H** UBE Briefsammlung Trew, Korr. Wagner, Nr. 62. 3 S. Vermerk vermutlich von Trews Hand S. 1 oben rechts: „Herr HofR[ath] Wagner“, sowie Vermerk ebenfalls vermutlich von Trews Hand S. 3 unten links: „resp[ondi] und das Buch übersandt den 24. Ian[uarii]“.*

---

1 Gemeint ist hier Erlangen. Zu Erlangen siehe Brief Nr. 14, Endnote 1.
2 Zu Nürnberg siehe Brief Nr. 1, Endnote 5.
3 Gemeint ist hier die Markgräfin von Brandenburg-Bayreuth Friederike Wilhelmine Sophie (1709–1758), eine Tochter des preußischen Königs Friedrich Wilhelm I.; siehe zu ihrer Person Brief Nr. 65, Endnote 22.
4 Zu Bayreuth siehe Brief Nr. 57, Endnote 6.
5 Wagner bittet Trew hier um das zweibändige Werk „Species plantarum“ von Carl von Linné. Die vollständigen bibliographischen Angaben lauten: Linné, Carl von: Species Plantarum. Exhibentes Plantas Rite Cognitas, Ad Genera Relatas; Cum Differentiis Specificis, Nominibus Trivialibus, Synonymis Selectis, Locis Natalibus, Secundum Systema Sexuale Digestas. 2 Bde. Holmiae [Salvi] 1753. – Der Arzt, Botaniker und Naturforscher Carl von Linné (Linnaeus) wurde 1707 in Södra Råshult bei Stenbrohult (Schweden) geboren und starb 1778 in Uppsala (Schweden). Carl von Linné studierte in Lund und Uppsala, ging dann zu einem dreijährigen Aufenthalt nach Holland, wo er 1735 in Harderwijk zum Dr. med. promoviert wurde. Schon während wie auch nach seinem Studium unternahm Linné ausgedehnte Reisen durch ganz Mittel- und Nordeuropa. Im Jahr 1738 ließ er sich als praktischer Arzt in Stockholm nieder, 1739 wurde er Militärarzt der schwedischen Admiralität. 1741 wurde Carl von Linné zum Professor der theoretischen und praktischen Medizin in Uppsala ernannt, ab 1742 las er auch Botanik, materia medica und Diätetik, führte zudem die Aufsicht über den Botanischen Garten (1767 wurde er von den Lehrverpflichtungen entbunden). Carl von Linné war ab 1747 königlicher Leibarzt, außerdem mehrmals Rektor der Universität. Die von ihm entwickelte Systematik der Lebewesen mit konsequenter binärer Bezeichnung und Festlegung des Artenbegriffs sowie seine an den Geschlechtsorganen der Pflanzen orientierte botanische Klassifikation setzten sich schnell durch. Carl von Linné gilt daher als bedeutendster Botaniker des 18. Jh. Als die Hauptwerke Linnés können gelten: „Systema naturae“ (1735), „Genera plantarum“ (1737) und eben „Species plantarum“ (1753). Carl von Linné war Mitglied der Leopoldina (1736), der Académie des Sciences Paris (1738), der Akademie der Wissenschaften Stockholm (1739; Linné war ihr Mitbegründer und auch Präsident), der Akademie der Wissenschaften Berlin (1746), der Royal Society London (1753) und der Oekonomischen Gesellschaft Bern (1763); vgl. Boschung (2002), S. 309 f.; Hirsch (1962), Bd. 3, S. 796 f. Ein weiterer Eintrag zu Carl von Linné findet sich in: Jöcher/Adelung (1784–1897), Bd. 3, Sp. 1899–1911. Im umfangreichen erhaltenen Briefwechsel Carl von Linnés finden sich auch drei Briefe Peter Christian Wagners an Linné aus den Jahren 1744–1746, in denen Wagner vorrangig um den Austausch von Naturalien bat; vgl. The Linnaean Correspondence, letter L0531, L0553, L0677. In der UBE Briefsammlung Trew sind ebenfalls Briefe von und an Carl von Linné erhalten, darunter ein Schreiben Linnés an die „Societas Commerciorum Lit. Norimbergicorum“ sowie zwei Schreiben Linnés an Trew; vgl. Schmidt-Herrling (1940), S. 363 f.
6 Die Bibliothek Trews umfasste zum Zeitpunkt seines Todes rund 34.000 Schriften und spiegelt insgesamt die vielfältigen Interessen und Bestrebungen Trews wider, d.h. sie umfasste Werke zur Heilkunde, wie aber auch zu Zoologie, Botanik, Physik, Chemie und Astronomie. Trew übergab seine Bibliothek zusammen mit seinen Naturaliensammlungen vor seinem Tod der Universität Altdorf, später ging sie in den Besitz der Universitätsbibliothek Erlangen über; vgl. Schmidt-Herrling (1937), hier insbesondere S. 88 f. Nach Schmidt-Herrling (1937), S. 88, ist die Bibliothek Trews „das Musterbeispiel einer von einem Sammler, einem anerkannten Gelehrten, planmäßig beschafften Fachbibliothek des 18. Jahrhunderts“. Zu Bibliothek und Naturaliensammlungen Trews vgl. auch bereits Brief Nr. 1, Endnote 6.

86 ***29. Januar 1757***

Peter Christian Wagner, Erlangen, an Christoph Jacob Trew, <Nürnberg>

Wohlgebohrner Hochgelehrter Herr,
Hochgeehrtester Herr HoffRath,
Hochgeschätzter Gönner!

Ewer Wohlgebohrn hätten mir gegenwärtig keine werckthätigere[1] Probe Dero mir beÿbehaltenen unschätzbaren Freundschafft und Gewogenheit geben können, als die so gütige <?> als willige Darleÿhung derer beeden mir aus dero kostbaren Bücher Vorrath[2] ausgebetenen Bücher[3]. Ich erkenne solche Vorzügliche Dienstfertigkeit mit dem Verbindlichst-gehorsamsten Danck und werde mir alle Gelegenheit schätzbar seÿn laßen beÿ | 2 | welcher ich Ewer Wohlgebohrn Proben meiner Hochachtung und Dienstbegierde geben kan. Damit ich aber auch dießes mahl Ewer Wohlgebohrn gütigkeit nicht mißbrauche und Ihnen ein HandBuch, so man nicht lange entbehren kan, nach meinem Versprechen aufs baldeste wiederum Zu handen liefere, so übersende ich beÿgehend beede Bücher mit noch mahliger Dancksagung wiederum Zurücke und wünsche Ewer Wohlgebohrn alles mögliche Vergnügen und WohlErgehen. Solte ich während unßerem noch kurtzen Auffenthalt allhier[4] | 3 | noch Zeit und Uhrlaub bekommen und nach Nürnberg[5] kommen können, so würde ich mir gewiß die gegebene Erlaubnüß Ewer Wohlgebohrn besuchen und aufwarten Zu dürffen Zu Nutzen machen und Sie sodann mehrers mündlich Von derjenigen Hochachtung und Ehrfurcht Versichern mit welcher ich bin und Verbleibe

Ewer Wohlgebohrn

Erlang
den 29. *Ianuarii*
1757.

gehorsamst ergebenster
Diener
Dr. Peter Christian Wagner

***H** UBE Briefsammlung Trew, Korr. Wagner, Nr. 63. 3 S. Vermerk vermutlich von Trews Hand S. 1 oben rechts: „Herr HofR[ath] Wagner“; als Beilage: zweibändiges von Trew entliehenes Werk Carl von Linnés „Species plantarum“ (Z. 16 f.).*

1 „Werkthätig“ steht hier für „tatkräftig wirkend, praktisch, aktiv“; vgl. Grimm (1854–1960), Bd. 29, Sp. 413.
2 Zur Bibliothek Trews siehe Brief Nr. 85, Endnote 6.
3 Es handelt sich dabei um das zweibändige Werk „Species plantarum“ Carl von Linnés, um das Wagner in Brief Nr. 85, Z. 16–23, leihweise gebeten und das er also in der Folge von Trew erhalten hatte. – Zu den bibliographischen Angaben des Werks „Species plantarum“ siehe Brief Nr. 85, Endnote 5.
4 Gemeint ist hier Erlangen. Zu Erlangen siehe Brief Nr. 14, Endnote 1.
5 Zu Nürnberg siehe Brief Nr. 1, Endnote 5.

87 ***17. März 1757***

Peter Christian Wagner, Erlangen, an Christoph Jacob Trew, <Nürnberg>

Wohlgebohrner und Hochgelehrter Herr,
Hochgeehrtester Herr Hoff-Rath,
werthester Freund und Gönner!

Unter nochmahliger Dancksagung für alle mir beÿ meiner Anweßenheit in Nürnberg[1] erwießene Höflichkeiten und Gutthaten, besonders aber auch für den noch Vor meiner Abreiße überschickten *Vin d'Avignon*[2], entledige ich mich meines Versprechens in Ansehung[3] des *Catalogi* derer Zu *Verauctionirenden* Günzischen | 2 | *praeparatorum anatomicorum*[4] in Dreßden[5] und weilen unßere Rückreiße der üblen Witterung ohngeachtet dennoch morgen noch angetreten werden soll, so empfehle ich mich Zu ferneren Wohlwollen und Freundschafft nochmahls. Der Prinzeßin Von Weÿmar Durch[laucht][6] und Ihro hochfürst[liche] Durch[laucht] der Herr Marggraff[7] auch der Frau Herzogin Von Würtenberg Durch[laucht][8] haben schon gestern und heute Ihro König[liche] Hoheit[9] *devanciret*. Höchst | 3 | Dieselben haben an Dienstag und Mittwochen abermahls KopffWehe und einige Nächte her wiederum mehrere Beängstigungen und Krämpffungen im Unterleib Verspühret, woran die gar üble Witterung Vermuthlich den meisten Antheil haben mag. An der Frauen Gemahlin Wohlgeb[ohrn] und Herrn *Dr.* Schröck[10] empfehle ich mich gehorsamst und Verbleibe mit schuldigster Ehrfurcht

Ewer Wohlgebohrn

Erlang
den 17. Mertz
1757.

gehorsamster und Verbundenster Diener
Dr. Peter Christian Wagner

***H** UBE Briefsammlung Trew, Korr. Wagner, Nr. 64. 3 S. Als Beilage: vermutlich der Katalog der in Dresden zu versteigernden anatomischen Präparate von Justus Gottfried Günz (Z. 10–12).*

1 Zu Nürnberg siehe Brief Nr. 1, Endnote 5. – Hier ging also wohl ein Besuch Wagners bei Trew in Nürnberg voraus.

2 Der „Vin d'Avignon" war ein Rotwein aus dem Anbaugebiet Châteauneuf-du-Pape unweit Avignon. Er war ein Vorgänger des heutigen „Châteauneuf-du-Pape". Die Bezeichnung als „Châteauneuf-du-Pape" kam erst im 19. Jh. auf, zuvor im 18. Jh. war der Wein unter dem Namen „Vin d'Avignon" bekannt. – Zedler (1732–1754), Bd. 54, Sp. 500 f., führt zeitgenössisch einen Eintrag zu „Wein (Frantzösischer)" und beschreibt darin die „berühmtesten" Weine aus Frankreich, nicht aber den „Vin d'Avignon".

3 Die Formulierung „in Ansehung (des)“ steht hier für „in hinsicht, bezug auf, oder hinsichtlich, bezüglich“; vgl. Grimm (1854–1960), Bd. 1, Sp. 459.
4 Bei den „Zu Verauctionirenden Günzischen praeparatorum anatomicorum“, also den „zu versteigernden Günzischen anatomischen Präparaten“, handelt es sich um anatomische Präparate aus dem Nachlass von Justus Gottfried Günz (1714–1754). – Der Arzt und Anatom Justus Gottfried Günz wurde 1714 in Königstein geboren und starb 1754 in Dresden. Günz studierte ab 1732 in Leipzig Medizin und wurde dort 1738 promoviert. Nach der Promotion unternahm Günz eine wissenschaftliche Reise. Im Jahr 1747 wurde Justus Gottfried Günz in Leipzig zum Professor der Physiologie berufen, bald darauf auch der Anatomie und Chirurgie. Im Jahr 1751 wurde er von Kurfürst Friedrich August II. von Sachsen zum Leibarzt ernannt. Justus Gottfried Günz hinterließ Arbeiten zu Themen wie Star, Geburtshilfe und Steinbehandlung u.a. Er war Mitglied der Académie des Sciences Paris (1744) und der Akademie der Wissenschaften Stockholm (1750); vgl. Boschung (2002), S. 210; DBE, Bd. 4, S. 248 f. Weitere Einträge zu Justus Gottfried Günz finden sich in: DBA 436, Bl. 371–399 (Börner; Dunkel; Jöcher/Adelung; Eckstein; Meusel: Schriftst.); ADB, Bd. 10, S. 181; Hirsch (1962), Bd. 2, S. 891 f. Bei Hirsch (1962) und in der DBE wird als Todesjahr 1751, nicht 1754, angegeben. – Wagner bekundet hier, sein Versprechen bezüglich des Katalogs der zu versteigernden Günzischen anatomischen Präparate zu erfüllen, d.h. er übersandte mutmaßlich mit dem vorliegenden Brief den folgenden Katalog an Trew: Praeparata anatomica in liquore, sicca, sceleta et ossa Gunziana publica auctione Dresdae die lunae sqq. post Dom. Invocavit anno MDCCLVII venduntur in platea Scheffelgasse dicta in aedibus Teschnerianis olim Sommerianis horis a tertia pomeridianis ubi et ante meridiem perlustranda exhibentur. (Dresden) [Harpeter] 1757. In dem Auktionskatalog sind die in Dresden zu versteigernden Präparate in drei Abteilungen gelistet: Die „Praeparata Anatomica In Liquore“ (also „Feuchtpräparate“) umfassen 281 Posten (bzw. Präparate), die „Praeparata Anatomica Sicca“ (also „Trockenpräparate“) 437 Posten und die „Sceleta Et Ossa“ (also „Skelette und Knochen“) 218 Posten.
5 Zu Dresden (Dreßden) siehe Brief Nr. 82, Endnote 6.
6 Hier handelt es sich um Ernestine Auguste Sophie, Prinzessin von Sachsen-Weimar-Eisenach, die 1740 in Weimar als Tochter von Herzog Ernst August I. (1688–1748) und seiner zweiten Gemahlin Prinzessin Sophie Charlotte Albertine von Brandenburg-Bayreuth (1713–1747) geboren wurde und 1786 in Hildburghausen verstarb. Zu Herzog Ernst August I. von Sachsen-Weimar-Eisenach (1688–1748) vgl. ADB, Bd. 6, S. 317 f. Ernestine Auguste Sophie wurde am Bayreuther Hof erzogen und 1758 mit Herzog Ernst Friedrich III. Carl von Sachsen-Hildburghausen (1727–1780) vermählt; dies findet u.a. Erwähnung bei Fikenscher (1801–1805), Bd. 2, S. 54–65, hier insbesondere S. 57, im Artikel zum Oberhofprediger und Generalsuperintendenten Germann August Ellrod (1709–1760), der das Paar 1758 in Bayreuth traute.
7 Zu Markgraf Friedrich von Brandenburg-Bayreuth (1711–1763) siehe Brief Nr. 42, Endnote 11.
8 Prinzessin Elisabeth Friederike Sophie von Brandenburg-Bayreuth (1732–1780), die Tochter des Bayreuther Markgrafen Friedrich, hatte 1748 Herzog Karl Eugen von Württemberg (1728–1793) geheiratet, war also Herzogin von Württemberg. Da die Ehe unglücklich verlief, war sie zu ihren Eltern nach Bayreuth zurückgekehrt. Vgl. zu ihrer Person Brief Nr. 65, Endnote 22.
9 Zu Markgräfin Friederike Wilhelmine Sophie von Brandenburg-Bayreuth (1709–1758), einer Tochter des preußischen Königs Friedrich Wilhelm I., siehe Brief Nr. 65, Endnote 22.
10 Hier handelt es sich wahrscheinlich um Friedrich Theodor Schreck (Schröck), der 1701 in Magdeburg geboren wurde und 1768 in Lauf a.d. Pegnitz verstarb. Friedrich Theodor Schreck studierte zunächst in Halle Medizin, später in Altdorf, wo er auch promoviert wurde. 1728 erhielt er das Physikat in Lauf. Ab 1743 war er für drei Jahre Garnisons-Medikus der Festung Rothenberg. Friedrich Theodor Schreck war Mitarbeiter der in Nürnberg herauskommenden Zeitschrift des Commercium Litterarium, u.a. erstellte er die Register der letzten 12 Jahrgänge. In der UBE Briefsammlung Trew sind Briefe von und an Friedrich Theodor Schreck erhalten, u.a. auch 99 Briefe an Trew; vgl. Schmidt-Herrling (1940), S. 544 f.; DBA 1138, Bl. 7–9 (Will). Im DBA (bei Will) wird als Todesjahr 1771 genannt, Schmidt-Herrling (1940) berichtigt

jedoch auf Basis eines Sterberegisters (nach Auskunft des Stadtarchivs Lauf) zu 1768. – Wagner könnte die Grüße hier jedoch auch an den zwar jüngeren aber wie Trew in Nürnberg wirkenden Sohn Friedrich Theodor Schrecks, also an Christoph Jacob Schreck übermitteln. Christoph Jacob Schreck wurde 1729 in Lauf a.d. Pegnitz geboren und starb 1759 in Nürnberg. Er studierte in Altdorf Medizin und wurde dort 1753 promoviert. Danach unternahm er eine Reise nach Frankreich, von der er 1755 zurückkehrte. Ab 1756 war er Physikus in Nürnberg. In der UBE Briefsammlung Trew sind Briefe von und an Christoph Jacob Schreck erhalten, u.a. von und an Trew, dessen Patenkind Christoph Jacob Schreck war; vgl. Schmidt-Herrling (1940), S. 544; DBA 1138, Bl. 2–4 (Will).

88 — *30. Juli 1757*

Peter Christian Wagner, Bayreuth, an Christoph Jacob Trew, <Nürnberg>

Wohlgebohrner und Hochgelehrter
Hochgeehrtester Herr HoffRath und
werthester Freund!

Die gantz besonderen Freundschafftszeichen deren mich Ewer Wohlgebohrn seith langen Jahren gewürdiget, laßen mich hoffen Dieselben werden das in gegenwärtigen in Sie setzende Vertrauen eben so geneigt aufnehmen und daraus erkennen, daß ich Sie nicht nur als einen wahren Freund sondern als einen Versorger und Vater Verehre. Es ist mir nehmlich das HoffLeben, so ich nun in die 14 Jahre allhier[1] und wie bekant schon Verschiedene Jahre anderwärts[2] mit angesehen habe seith einigen Jahren sehr Verleidet und Zu wieder gemachet worden, so daß ich schon mehr | 2 | als ein mahl auf eine *honorable retirade* und Veränderung dencken müßen. Es hätte mir auch im Verwichenen Jahre an einer Gelegenheit dazu nicht gefehlet,[3] wenn nicht die in Sachßen[4] entstandtenen Unruhen[5] mir bedencklich Vorgekommen wären und mich Von einer Veränderung des *domicilii* abgehalten hätten. Nachdeme sich aber in Dero Nachtbarschafft eine *formidable* ReichsArmee *formiret*[6] und beÿ solcher Vermuthlich ein *General*-Stabs-*Medicus*[7] angenommen werden dürffte, ich aber mich gantz wohl getraue solche Stelle mit *honneur* und Zufriedenheit derer mir anvertraueten Zu Verwalten und einige Feldzüge mit Zu thun, so habe beÿ Ewer Wohlgebohrn mich deswegen erkundigen und anfragen wollen ob Sie mich beÿ habender Gelegenheit nicht darzu in Vorschlag bringen oder Rathgeben möchten an wen ich mich deswegen *addressiren* solle. Die in denen Verwichenen Jahren Von meinem Hoff in die entlegensten *Provinzen* Von Franckreich und Italien[8] mit einem | 3 | Zahlreichen Gefolg unter nommene Reiße[9], ware einer kleinen *Campagne* oder *Caravane* nicht unähnlich, wobeÿ ich mich auf allerleÿ Zufälle gefast halten müßen, es hat uns auch weder an würcklichen Kranckheiten noch an Gelegenheit darzu gemangelt und ich bin dennoch durch Göttliche Gnade und Beÿstandt so glücklich geweßen alle und jede ohne eine einzige Seele in 10 Monathen Zu Verliehren gesund und wohl wiederum nach hauße Zu bringen. Dießer Umstandt alleine solte Vor mich eine kleine *recommendation* seÿn, solte solche aber auch schrifftlich Von meinem Durchlauchtigsten Fürsten und Herrn[10] erfordert werden, so weiß ich gewiß, daß meine Aufführung[11] und allhier in Vielen Kranckheiten geleistete Dienste so beschaffen geweßen sind, daß Sie mir solche nebst der Erlaubnüß dieße Stelle an Zu nehmen nicht Versagen werden.[12] Solte des Herrn Geheimen *Ministers* Von Ellrodt *Excel[lenz]*[13] hier beÿ etwas *cooperiren* können, so Zweiffle nicht daß Sie auf mein deswegen | 4 | an Sie Zu erlaßendes Schreiben[14] Ihren Beÿstandt Verwilligen[15] und ein gutes Zeugnüß geben würden. Dieße *Emploi* wäre mir um so Viel anständtiger, weilen ich mein *domicilium* nicht Verändern dürffte, mein allhießiges *Physicat*[16] beÿbehalten und durch meinen Sohn[17] der mir ohnehin *adjunxiret* [!] ist einstweilen Versehen laßen und in dem hießigen *nexu* bleiben könte. Ein geschickter *Medicus* für den Hoff würde sich auch leichtlich wiederum ausfündig machen laßen, welchem das hoffLeben wie allen Anfängern süßer und lieblicher als mir Vorkommen möchte. Auch wäre allenfals der Herr hoffRath Gebauer[18] noch da welcher ohnehin als Leib*Medicus* eben so gut und beßer als ich besoldet ist und nun seith 8 Jahren nicht die mindeste Arbeit gethan oder mich nur eine Woche *subleviret* hat. Ewer Wohlgebohrn empfehle mich alßo Zu gütiger Vorsorge[19] und geneigten Wohlwollen und Verbleibe mit Vollkommenster Ehrfurcht und Hochachtung

Baÿreuth
den 30. Julÿ
1757.

Ewer Wohlgebohrn

gehorsamster Diener und
treuer Freund
Dr. P[eter] C[hristian] Wagner.

***H** UBE Briefsammlung Trew, Korr. Wagner, Nr. 65. 4 S. Vermerk vermutlich von Trews Hand auf S. 1 oben rechts: „Herr HofRath Wagner", sowie Vermerk vermutlich ebenfalls von Trews Hand auf S. 4 unten links: „resp[ondi] den 20. Aug[usti] 1757".*

1 Gemeint ist hier Bayreuth, wohin Wagner im Jahr 1743, also 14 Jahre zuvor, nach seiner Ernennung zum Leibarzt des Bayreuther Markgrafen umgezogen war. Zu Bayreuth vgl. Brief Nr. 57, Endnote 6.

2 Gemeint ist hier v.a. Pappenheim, wo Wagner 1728–1731 als Leibarzt des Johann Friedrich Graf von Pappenheim (1680–1731) gewirkt hatte. Zu Pappenheim vgl. Brief Nr. 1, Endnote 8.

3 In den im Rahmen vorliegender Arbeit gesichteten Quellen/Literatur fand sich kein Hinweis auf die hier von Wagner angeführte Gelegenheit zur (beruflichen) Veränderung im Jahr 1756.

4 Zum zeitgenössischen Gebrauch des Begriffs „Sachsen" (Sachßen) zum einen unter Bezug auf die sächsischen Reichskreise, d.h. den Niedersächsischen und den Obersächsischen Reichskreis, zum anderen aber v.a. wie auch hier unter Bezug auf das Herzogtum bzw. Kurfürstentum Sachsen vgl. Zedler (1732–1754), Bd. 33, Sp. 236–238 („Sachsen, Lat. Saxonia") und Sp. 238 f. („Sachsen, lat. Ducatus Saxoniae"). – Eine kurze Darstellung zur Geschichte Kursachsens findet sich auch im Deutschen Städtebuch, Bd. 2 (Mitteldeutschland), v.a. S. 403 f.: Die sächsische Kurwürde verblieb seit der Goldenen Bulle (1356) beim Herzogtum Sachsen-Wittenberg. Nachdem das Haus der Askanier 1422 ausgestorben war, fiel sein später im sog. Kurkreis zusammengefasster Besitz wie auch die Kurwürde an die Wettiner. 1485 kam es zur Teilung der wettinischen Gebiete und zur Begründung der Albertinischen und Ernestinischen Linie, wobei Kurwürde und Herzogtum Sachsen zunächst an die Ernestiner gingen. Nach der Niederlage im Schmalkaldischen Krieg (1547) aber verloren die Ernestiner den gesamten Nordostteil ihrer Besitzungen und die Kurwürde an die Albertinische Linie, im Folgenden gingen aus der Ernestinischen Linie dann die thüringisch-sächsischen Teilfürstentümer hervor. Bei der Albertinischen Linie verblieb der Großteil der sächsischen Gebiete, 1697 erwarb sie zudem das Königreich Polen. – Zur Zeit des vorliegenden Briefes regierte (seit 1733) der Albertiner Friedrich August II. (1696–1763) als Kurfürst von Sachsen (sowie in Personalunion als August III. als König von Polen und Großherzog von Litauen).

5 Nach einem Umsturz der bisherigen Bündnissysteme, dem sog. „renversement des alliances", hatte in der Besetzung Kursachsens ab dem 29. August 1756 im Sinne eines Präventivschlages durch den preußischen König Friedrich II. (1712–1786) der sog. Dritte Schlesische Krieg bzw. Siebenjährige Krieg (1756–1763) einen Anfang gefunden (am 17. Januar 1757 folgte dann die Reichsexekution gegen Preußen). Der Siebenjährige Krieg präsentierte sich jedoch nicht nur als ein Krieg Österreichs im Bündnis mit den meisten europäischen Mächten gegen Preußen um Schlesien (3. Schlesischer Krieg), sondern zugleich als See- und Kolonialkrieg zwischen Großbritannien und Frankreich. Als Literatur zum Siebenjährigen Krieg in seinen verschiedenen Facetten sei hier nur beispielhaft erwähnt: Kunisch (1978); Schumann/Schweizer (2008).

6 Im Juli 1757 sammelte sich die Reichsarmee nahe Fürth (zuvor im Mai und Juni 1757 war es zu einem ersten preußischen Vorstoß nach Franken durch das Freikorps Mayr gekommen). Die dann gemeinsam mit einem französischen Korps vorrückenden Reichstruppen unter dem Prinzen von Sachsen-Hildburghausen wurden am 5. November 1757 vom preußischen König Friedrich II. in der Schlacht bei Roßbach (im Bezirk Halle) vernichtend geschlagen. Zu insbesondere den Truppen des fränkischen Kreises in der Reichsarmee, ihrer zögerlichen Versammlung und ihrer Teilnahme an der Schlacht bei Roßbach vgl. Helmes (1907); zum Einfall des Freikorps Mayr in Franken vgl. ausführlich Baader (1868), v.a. S. 1–42. Eine Übersicht zu Franken während der Schlesischen Kriege und des Siebenjährigen Krieges bietet Endres (1971).

7 Nach Zedler (1732–1754), Bd. 10, Sp. 848g, besteht der „General-Stab" im Allgemeinen „aus der gantzen Generalität, dem Commissariat, der Geistlichkeit, denen Gerichts-Bedienten, und allen anderen Stabs-Personen, bis auf die würcklichen Officiers, so zu denen Regimentern gehören". – Trew musste Wagner in seiner Antwort dann allerdings mitteilen, dass bei der Reichsarmee kein gleichsam übergeordneter „General-Stabs-Medicus" vorgesehen sei, da ein jeder Kreis seinen eigenen Arzt habe; vgl. Brief Nr. 89, Z. 13–19.

8 Zu Frankreich (Franckreich) siehe Brief Nr. 2, Endnote 14. – Zu Italien siehe Brief Nr. 4, Endnote 7.

9 Wagner meint hier die von dem markgräflichen Paar in den Jahren 1754/1755 unternommene und von ihm als Arzt begleitete ausgedehnte zehnmonatige Reise durch Frankreich und Italien, die u.a. nach Avignon, Marseille, Florenz, Rom und Neapel führte; vgl. Fikenscher (1801–1805), Bd. 10, S. 35. Zu der Reise ist auch ein von der Markgräfin selbst verfasster Reisebericht in Tagebuchform überliefert; vgl. Wilhelmine Friederike Sophie (Markgräfin von Bayreuth) (2002). – Sowohl bei Fikenscher (1801–1805), Bd. 10, S. 35 (im Eintrag zu Wagner: „denn von der ganzen Begleitung starb während dieser 10 monatlichen Reise Niemand!"), als auch in der Memoria P. C. Wagneri (1765), unpaginiert („Ex septuaginta hominum comitatu ne unus quidem desiderabatur, ne unus quidem est relictus sive mortuus sive aegrotus [...]: tantum valuit Wagneri ars [...]"), wird explizit betont, dass bei einem Gefolge von ca. 70 Personen alle Reiseteilnehmer wohlbehalten zurückkehrten, nicht zuletzt dank der ärztlichen Kunst Wagners.

10 Zu Markgraf Friedrich von Brandenburg-Bayreuth (1711–1763) siehe Brief Nr. 42, Endnote 11.

11 „Aufführung" steht hier für „betragen, frz. conduite"; vgl. Grimm (1854–1960), Bd. 1, Sp. 649.

12 Dass Wagner hier damit rechnete, zumindest in Form eines Empfehlungsschreibens beim Bayreuther Markgrafen Unterstützung für sein Vorhaben, eine Stelle bei der Reichsarmee anzutreten, zu finden, erscheint insofern bemerkenswert, als das kleine aber strategisch nicht unbedeutende Markgraftum Brandenburg-Bayreuth (nach der stattgefundenen Wiederannäherung u.a. im Hausvertrag von 1752) in der Konstellation von 1757 im Rahmen seiner Möglichkeiten eher Preußen unter König Friedrich II., also dem Bruder der Bayreuther Markgräfin, zu unterstützen suchte, etwa indem der Markgraf die Stellung seines Kontingents für die sich im Juli 1757 bei Fürth sammelnde Reichsarmee trotz zunehmenden Drucks von Seiten des Reiches unter Ausflüchten letztlich bis Ende 1757 immer wieder verzögerte, auch wenn aufgrund der begrenzten militärischen und finanziellen Ressourcen des Markgraftums eine offene Unterstützung Preußens zu keinem Zeitpunkt in Betracht kam. Zur strategischen Bedeutung Brandenburg-Bayreuths im Siebenjährigen Krieg vgl. Herrmann (1986), insbesondere S. 109 f.; zur Politik des Bayreuther Hofs im Siebenjährigen Krieg vgl. ausführlich Rüthnick (1905); vgl. auch hier zudem Endres (1971), insbesondere S. 242 f.

13 Philipp Andreas (von) Ellrod (Ellrodt) wurde 1707 in Bayreuth als Sohn von Johann Michael Ellrod (geb. 1672) und seiner Ehefrau Magdalene Rosine geboren und starb 1767. Philipp Andreas Ellrod studierte die Rechte an der Universität Jena. Danach wirkte er als Gerichtsadvokat. Vom Bayreuther Markgrafen Georg Friedrich Carl (1688–1735; Reg. 1726–1735) wurde er zum Pagenhofmeister berufen. Markgraf Friedrich von Brandenburg-Bayreuth (1711–1763) ernannte ihn dann nach seinem Regierungsantritt 1735 zum Geheimen Sekretär. 1736 heiratete Philipp Andreas Ellrod die Tochter des Majors der Grenadiergarde des Markgrafen von Ansbach Anna Maria Sophie Mandel. Er stieg im Folgenden in Bayreuth in kurzer Zeit zum 2. und schließlich zum 1. Geheimen Kabinetts- und Ratssekretär auf. Nach einer kurzen dienstlosen Zeit wurde er 1742 u.a. Regierungsrat. Im Jahr 1745 wurde Philipp Andreas Ellrod dann ordentlicher Gesandter beim „Kreis“, in Schweinfurt erschien er im August 1745 als Wirklicher Geheimer Legationssekretär. Im selben Jahr kaufte Ellrod, der durch seine Mutter, eine geborene Ortt, schon Mitbesitzer des Rittergutes Neudrossenfeld war, das Schloss Lausnitz. 1749 war er auch Kammerpräsident, Minister, Geheimer Rat und Schatulldirektor. Im Jahr 1750 wurde Philipp Andreas Ellrod in den Adelsstand erhoben und schrieb seinen Namen seitdem „Ellrodt“. Gerade in den Jahren 1753–1763 verfügte Ellrodt über höchsten Einfluss im Markgraftum, 1759 wurde er vom Kaiser in den Freiherrnstand erhoben (Freiherr auf Neudrossenfeld). Insbesondere erwarb er sich auch Anerkennung für seine Leistungen als Gesandter in der Fränkischen Kreisversammlung während des Siebenjährigen Krieges. 1763 erfolgte die Erhebung zum Reichsgrafen. 1763/1764 hatte Philipp Andreas von Ellrodt damit den Höhepunkt seiner Laufbahn erreicht – was folgte, war ein Absturz. 1765 wurde er unter dem Bayreuther Markgrafen Friedrich Christian (1708–1769) aller seiner Ämter enthoben. Zwar war er bald danach wieder u.a. Erbkämmerer des Burggrafentums Nürnberg, vorderster Minister und Landschaftspräsident, doch lebte er nach dem frühzeitigen Tod beider Söhne sehr zurückgezogen. Bei seinem Tod 1767 hinterließ er seiner Witwe eine hohe Schuldenlast. In der UBE Briefsammlung Trew sind Briefe zwischen Philipp Andreas Ellrod und Trew erhalten; vgl. Schmidt-Herrling (1940), S. 162; ausführlich zu Aufstieg und Niedergang des Reichsgrafen von Ellrodt und allen Hintergründen vgl. Riedelbauch (1959), v.a. S. 293–297. Zu Philipp Andreas Ellrod vgl. zudem DBA 278, Bl. 211–214 (Fikenscher 2; Stepf); Hermann (2002), S. 289. Im DBA (Fikenscher 2) finden sich kleinere Abweichungen in der Abfolge der von Ellrod erlangten Positionen/Ämter. – Zu Anna Maria Sophie (von) Ellrod (†1788), der Gemahlin des Philipp Andreas (von) Ellrod, vgl. bereits Brief Nr. 83, Endnote 1.

14 Ein solches Schreiben ist im Rahmen der UBE Briefsammlung Trew nicht erhalten.

15 „Verwilligen“ steht hier für „bewilligen“; vgl. Grimm (1854–1960), Bd. 25, Sp. 2277.

16 Gemeint ist hier das Stadtphysikat Bayreuth, das Wagner neben seiner Stellung als Leibarzt seit 1742/1743 innehatte; vgl. dazu bereits ausführlicher Brief Nr. 57, Endnote 15.

17 Paul Christian Ludwig Wagner wurde 1730 als Sohn Peter Christian Wagners und seiner ersten Gemahlin Regina, geborene Heer, gemeinsam mit seinem Zwillingsbruder Johann Conrad Wagner in Pappenheim geboren und starb 1783 in Bayreuth. Er wurde 1753 in Erlangen promoviert, noch im selben Jahr wurde er Hofmedikus, 1755 Rat. 1764 folgte er seinem Vater nach dessen Tod als Stadtphysikus.

1772 war er Oberbergdepartementsrat, auch Waisenhausdeputatus. In der UBE Briefsammlung Trew ist ein Brief Paul Christian Ludwig Wagners an Trew aus dem Jahr 1764 (zum Tod des Vaters) erhalten; vgl. Schmidt-Herrling (1940), S. 677 (dort findet sich Paul Christian Ludwig Wagner ferner als Hofrat, Leibarzt, Landphysikus und Pestilentiarius beschrieben); Andräas (1882), hier S. 123 f.; zu den Angaben zu Paul Christian Ludwig Wagner als Sohn Peter Christian Wagners in der Memoria P.C. Wagneri (1765), unpaginiert, vgl. bereits Brief Nr. 37, Endnote 3. – Entsprechende Eintragungen zu Paul Christian Ludwig Wagner finden sich auch im Amtskalender Bayreuth: 1754 und 1755 jeweils unter den „Leib- und Hof-Medici" als „Hof-Medicus- und erster Stadt-Physicats-Adjunctus", vgl. Amtskalender Bayreuth (1754), S. 101, und Amtskalender Bayreuth (1755), S. 103; 1756 unter den Räten des Collegium medicum und unter den „Leib- und Hof-Medici", dort nun als „Rath und Hof-Medicus auch des ersten Stadt-Physicats-Adjunctus", vgl. Amtskalender Bayreuth (1756), S. 92 und S. 103; 1757 und 1758 unter den Räten des Collegium medicum, unter den „Medici in den Städten und auf dem Lande" in Bayreuth und unter den „Leib- und Hof-Medici", dort nun als „Rath und Hof-Medicus, auch Land-Physicus und Pestilentiarius", vgl. Amtskalender Bayreuth (1757), S. 92, S. 182 f. und S. 103 f., sowie Amtskalender Bayreuth (1758), S. 92, S. 182 f. und S. 103; in den Jahren 1759–1764 jeweils unter den Räten des Collegium medicum, unter den „Leib- und Hof-Medici" und unter den „Medici in den Städten und auf dem Lande" in Bayreuth vollständig als „Hofrath und Hof-Medicus, auch Land-Physicus und Pestilentiarius", vgl. Amtkalender Bayreuth (1759), S. 92, S. 103, S. 182 f., Amtskalender Bayreuth (1760), S. 93, S. 103, S. 182 f., Amtskalender (1761), S. 21, S. 31, S. 108 f., Amtskalender Bayreuth (1762), S. 22, S. 32 f., S. 110, Amtskalender Bayreuth (1763), S. 22 f., S. 34, S. 113 f., Amtskalender Bayreuth (1764), S. 21 f., S. 109; schließlich ab 1765 nach dem Tod des Vaters unter dem Collegium medicum, als Teil des Hochfürstlichen Hofstaats und unter den „Medici in den Städten und auf dem Lande" in Bayreuth als „Hofrath und Hof-Medicus, Stadt-Physicus und Pestilentiarius", vgl. Amtskalender Bayreuth (1765), S. 20, S. 33, S. 109.

18 Christian Samuel Gebauer wurde 1716 in Goldberg (Schlesien) geboren und starb 1764 in Bayreuth. Er studierte ab 1736 Medizin sowie Philosophie und Mathematik in Halle/Saale und wurde dort 1739 zum Dr. med. promoviert. Er war ab 1739 Kreisphysikus in Liegnitz, folgte sodann einem Ruf als Professor an die neugegründete Universität Erlangen (1743 ordentlicher vierter Professor der Arzneikunde, 1744 Aufnahme in die Fakultät). Im Jahr 1748 wurde er Leibarzt des Markgrafen in Bayreuth unter Beibehaltung seiner Professur bei Befreiung von der Vorlesungspflicht. An Ehrungen wurden ihm zuteil: 1745 Brandenburgischer Hofrat, 1746 Magister artium an der philosophischen Fakultät (honoris causa) in Erlangen, 1749 Verleihung Pfalzgrafenwürde durch den Fürsten von Schwarzenburg; vgl. Wittern-Sterzel (1999), S. 51. Weitere Einträge zu Christian Samuel Gebauer finden sich in: Hirsch (1962), Bd. 2, S. 703; DBE, Bd. 3, S. 702 (dort auch Hinweis auf in den „Erlanger Gelehrten Anzeigen" veröffentlichte Arbeiten Gebauers u.a. zu Wochenbetterkrankungen, Uterusblutung und anderen Themen der inneren Medizin); DBA 372, Bl. 233–237 (Fikenscher: Erl.). – Entsprechende Eintragungen zu Christian Samuel Gebauer finden sich auch im Amtskalender Bayreuth, wo er ab 1750 unter den „Leib- und Hof-Medici" als „Herr Doctor und Professor Christian Samuel Gebauer, Hof-Rath und Leib-Medicus" geführt wurde, vgl. z.B. Amtskalender Bayreuth (1750), S. 99, Amtskalender Bayreuth (1757), S. 103 f.

19 „Vorsorge" steht hier für „fürsorge"; vgl. Grimm (1854–1960), Bd. 26, Sp. 1591.

89 **_20. August 1757_**

Christoph Jacob Trew, Nürnberg, an Peter Christian Wagner, <Bayreuth>, <Entwurf>

Wohlgeb[ohrner] und Hochgelehrter
Hochgeehrtester Herr HofRath
Hochschäzbahrer Freund!

Daß auf Ewer Wohlgeb[ohren] werthestes Schreiben vom 30. *Iulii*[1] ich nicht eher die schuldige Antwort ertheilet, bitte ia nicht dahin Zu deuten, als ob ich meine Schuldigkeit Zu dienen vergessen hätte oder solche <?> Zu bezeugen nachläßig gewesen wäre. Gedachtes[2] Schreiben lief Zwar in meiner Abwesenheit ein; so bald ich aber Zu ruck kame unterliese ich nicht, beÿ einigen Hiesigen Herrn Creißgesandten[3] auch ihren *secretariis* mich Zu erkundigen, ob es bisher <?> in Vorschlag gekommen wäre, daß ein *General*-Staabs *medicus*[4] für die ReichsArmee[5] solte erwählet werden, ohne Zu melden, aus welcher Absicht ich darnach fragte. Alle bezeugten, daß solches nicht geschehen, auch kein Vermuthen daher wäre, weil ein jeder Creiß mit seinem eigenen *medico* versehen wäre und solcher auch alleine von Ihme *dependirte*, mit hin diese einem einigen[6] nicht füglich könnten *subordiniret* werden, auch deswegen nicht einmal an einem Staabs *Chirurgum*[7] wäre gedacht <?> worden: doch Versprachen Sie, mir also balden nachricht davon Zu geben, wenn dergleichen *proposieret* [!] würde. Weil <?> nun <?>, dem Ver| 2 |nehmen nach, künftige Woche G[eliebts] G[ott] die *armee* hier aufbrechen und weiters fortrücken soll, so habe nicht unterlassen sollen, von deme, was ich bisher in Erfahrung gebracht habe, Nachricht Zu geben, und Zu gleich die Versicherung Zu geben, daß ich beÿ aller Gelegenheit nach allen Vermögen Zu dienen mir werde angelegen seyn lassen. Indessen empfehle mich Zu ferneren hochschäzbaren Gewogenheit und Freundschafft allzeit <?> mit aller Ergenheit [!][8] Verharrend

Ewer
gehorsamst verbundenster
Diener und treuer Freund
Chr[istoph] Jac[ob] Trew

Nürnb[erg]
den 20. *Aug[usti]* 1757.

Haben Ihre König[liche] Hoheit[9] Sich bisher beÿ Höchst erwünschtem wohlseyn befunden, würde solches Zu Vernehmen mich herzlich erfreuen.

***h** UBE Briefsammlung Trew, Korr. Trew, Nr. 791. 2 S.*

6 Freund!] (1) [Gönner! <?>] (2) Freund!: *korr. im Textfluss*
8 vom] (1) [<???>] (2) vom: *korr. im Textfluss*
8 ich] ich: *erg. zwischen den Zeilen*

10 oder] (1) [<???>] (2) oder: *korr. im Textfluss*
11 unterliese] (1) [<???>] (2) unterliese: *korr. im Textfluss*
14 erwählet] (1) [<???>] (2) erwählet: *korr. im Textfluss*
16 mit seinem eigenen medico versehen wäre] (1) seinen eigenen medic[um] [hätte] (2) mit seinem eigenen medico versehen wäre: *„mit" erg. zwischen den Zeilen, „versehen wäre" korr. zwischen den Zeilen*
17 diese] diese: *erg. zwischen den Zeilen*
19 dergleichen proposieret würde] (1) dergleichen [in <?>] proposi[o] <?> [hier solte gebracht <?>] w[e]rde[n] (2) dergleichen proposieret würde
21 hier] (1) [<???>] (2) hier: *korr. im Textfluss*
22 Nachricht Zu geben,] (1) [Zu berichten]: *erg. am Rand* (2) Nachricht Zu geben,: *erg. am Rand, dort korr.*
23 beÿ aller Gelegenheit] (1) [ebendann <?>] (2) beÿ aller Gelegenheit: *erg. am Rand*
24 hochschäzbaren Gewogenheit] (1) [Wohlwollen] (2) hochschäzbaren Gewogenheit: *erg. am Rand im Textfluss und zwischen den Zeilen*
25 Freundschafft] (1) [Hochschäzbaren <?>] Freundschafft (2) Freundschafft
33 solches] (1) [<???>] (2) solches: *korr. im Textfluss*
33 mich] mich: *erg. zwischen den Zeilen*

---

1 Gemeint ist hier der vorausgehende Brief Wagners Nr. 88 vom 30. Juli 1757.

2 „Gedacht" meint hier „erwähnt"; vgl. Grimm (1854–1960), Bd. 4, Sp. 1926.

3 Gemeint sind hier wohl Kreisgesandte aus dem Nürnberger Umfeld Trews. – Zu Nürnberg siehe Brief Nr. 1, Endnote 5.

4 Wagner hatte in seinem letzten Brief Trew um Unterstützung bei seinem Ansinnen gebeten, dem ihm verleideten Hofleben auf dem Wege einer Stellung als „General-Staabs medicus" bei der Reichsarmee zu entkommen; vgl. Brief Nr. 88, Z. 11–23 und Endnote 7.

5 Zur im Rahmen des Siebenjährigen Krieges bei Fürth sich im Sommer 1757 sammelnden Reichsarmee (einschließlich der zögerlich eintreffenden Kontingente des fränkischen Reichskreises) vgl. bereits Brief Nr. 88, Endnote 6.

6 „Einig" steht hier für „einzig"; vgl. Grimm (1854–1960), Bd. 3, Sp. 207.

7 Zedler (1732–1754), Bd. 9, Sp. 463, beschreibt zeitgenössisch einen „Feld-Chirurgus" (hier lat. Akk. Sgl. „Chirurgum") als einen „Feldscherer, Wund-Artzt, so zu Felde bey der Armée, oder bey einem Regiment dienet", somit sei es dann der „Genéral-Stabs-Chirurgus, so den General-Stab bediene[], und die Ober-Aufsicht nebst dem Feld-Medico über alle die andern ha[be]".

8 Gemeint ist hier wohl „Ergebenheit". Es liegt wohl ein Schreibfehler vor.

9 Zu Markgräfin Friederike Wilhelmine Sophie von Brandenburg-Bayreuth (1709–1758), einer Tochter des preußischen Königs Friedrich Wilhelm I., siehe Brief Nr. 65, Endnote 22.

90 **_6. April 1758_**

Christoph Jacob Trew, Nürnberg, an Peter Christian Wagner, <Bayreuth>, <Entwurf>

Wohlgebohrner Herr
Hochgeehrtester Herr HofRath
Hochschäzbarer Gönner!

Ewer Wohlgeb[ohren] und Dero Herrn Sohn[1] dancke ich vordersammst[2] noch mals auf das Verbindlichste für die hochgeneigte Aufnahme und viele bezeugte Ehre und Freundschafft,[3] besonders auch für das Verehrte schöne *specimen Keratophyti et spongiae ramosae <?> seminiferae*[4]: ich wünsche angenehme Gelegenheit Zu haben, mich dafür erkäntlich bezeugen Zu können. Heute übersende ich durch die Land Kutsche ein päcklen, darinn enthalten *Matthioli Epitome*[5] und *Bohadsch diss[ertatio] de sepiarum ovis*[6] und bitte solches geneigt aufzunehmen.[7] Diesen habe ich beÿ geleget von Herrn Seligmanns[8] Erzstuffen[9] so Viel dermalen *publiciret* ist, nehmlich *tab[ulas] I-XIV* davon jede mit 24 Kreuzern mithin Zusammen 5 Gulden 36 Kreuzer[10] bezahlet habe. Wenn Herr Tremmler, *collector terrar[um] sigill[atarum] Byruth[inarum] <?>*,[11] auf Abrechnung für die bereits empfangene 50 *specimna [!]*[12] derselben annehmen und mir noch mehrere davon Zuschicken <?> will, werde ich das übrige an Geld übermachen, weil die Erzstuffen langsam Zum Vorschein kommen[13]; doch will ich auch solche auf Verlangen künftig G[eliebts] G[ott] für ihn sammlen.
Befinden Ewer Wohlgeb[ohren] Sich wieder vollkommen *restituiret*, wird mir solches Zu vernehmen sehr erfreuen:[14] Gott wende ins künftige alle gefährliche und beschwehrliche Zufälle[15] auf viele Jahre in Gnaden ab.
Wie <?> Ihro König[liche] Hoheit[16] Sich befinden, bitte um eine Geneigte Nachricht: ich wünsche *devotest*, daß die beschwehrliche Zufälle indessen sich Völlig mögen geleget haben und die Genesung bald vollkommen werden | 2 | möge und bitte höchstdenen selben mich unterthänigst Zu Füsen Zu legen. Mich hat herzlich betrübet, daß ich nicht länger mich habe aufhalten können; aber nicht nur die hinterlassene hiesige[17] gefährliche[18] *patienten*, sondern auch die beÿ dieser JahresZeit häufig vorfallende Aderläsen[19], haben es unmöglich gemachet. Ewer Wohlgebohren können Versichert seyn, daß, wann ich mit gutem Gewissen mich länger hätte Verweilen können, solches gewiß würde geschehen seyn, um meine *curiosität* in genauerer betrachtung der Hochfürst[lichen] hochschäzbaren *naturalien* Kammer[20] so wohl als der *marmor-* und *porcellan fabrique*[21] (welches ich mir so lange schon gewunschen habe) ein genügen Zu leisten, wann mich auch schon meine unterthänigste *devotion* gegen die Hochfürst[liche] Herrschafft[22] dazu nicht angehalten hätte.
In Erwartung einer baldigen geneigten mir höchst erfreulichen Nachricht[23] verharre in schuldiger Hochachtung mit aller Ergebenheit

Ewer

gehorsamst Verbundenster
Diener

C[hristoph] J[acob] Trew

Nürnberg
d[ie] 6. *Apri[lis]* 1758.

An die Frau Gemahlin und Herrn Sohn bitte mein gehorsamstes *compliment* Zu machen.

***h** UBE Briefsammlung Trew, Korr. Trew, Nr. 792. 2 S. Vermerk von Trews Hand S. 1 oben rechts: „Herrn HofRath Wagner"; Postweg hier wohl allein der Beilagen (der Brief selbst hier wohl eher auf unbekanntem separaten Postweg): Bücherpäckchen „durch die Land Kutsche"(Z. 12–14); als Beilagen (hier wohl am selben Tag aber eher getrennt vom Brief auf eigenem Postweg durch Landkutsche übersandt): Bücher, im Einzelnen Pietro Andrea Mattiolis „De plantis epitome utilissima" (Z. 13), Johann Baptist Bohadschs „Dissertatio de veris sepiarum ovis" (Z. 13), sowie Johann Michael Seligmanns „Erz Stuffen und Berg Arten mit Farbe genau abgebildet" (davon die ersten 14 Tafeln bestimmt für Bergmeister Christian Ernst Trommler) (Z. 14–18).*

8 Ewer Wohlgebohren] (1) [Vordersamst dancke ich] (2) Ewer Wohlgebohren *bis* vordersammst: *erg. am Rand*
10 das] das: *erg. zwischen den Zeilen*
11 angenehme] angenehme: *erg. am Rand*
13 Matthioli] (1) [<???>] (2) Matthioli: *korr. im Textfluss*
13 sepiarum] (1) [<???>] (2) sepiarum: *korr. im Textfluss*
14 Diesen] (1) [<???>] (2) Diesen: *korr. im Textfluss*
14 von] von: *erg. zwischen den Zeilen*
14 so Viel] so Viel *bis* nehmlich: *erg. am Rand*
15 mithin] mithin *bis* 36 Kreuzer: *erg. am Rand*
17 die] (1) [seine] (2) die: *korr. im Textfluss*
18 noch mehrere davon] (1) [auch die übrigen] (2) noch mehrere davon: *korr. zwischen den Zeilen*
20 Verlangen] (1) [<???>] (2) Verlangen: *korr. im Textfluss*
23 auf viele Jahre] auf viele Jahre: *erg. am Rand*
25 indessen sich] (1) [sich] (2) indessen sich: *korr. im Textfluss*
26 und die Genesung] (1) [<???>] (2) und die Genesung: *korr. im Textfluss*
28 gefährliche] gefährliche: *erg. zwischen den Zeilen*
29 die beÿ dieser JahresZeit häufig vorfallende Aderläsen,] (1) vorfallende Aderläsen [Zu dieser Zeit], (2) die beÿ dieser JahresZeit häufig vorfallende Aderläsen,: *„die" erg. zwischen den Zeilen, „beÿ dieser JahresZeit" erg. am Rand*
32 betrachtung] (1) [best <?>] (2) betrachtung: *korr. im Textfluss*
32 Hochfürstlichen] (1) [naturalien <???>] (2) Hochfürstlichen: *korr. im Textfluss*

32 hochschäzbaren] hochschäzbaren: *erg. am Rand*
34 meine] (1) [die] (2) meine: *korr. im Textfluss*

---

1 Gemeint ist hier wahrscheinlich Paul Christian Ludwig Wagner (1730–1783), der wie sein Vater als Arzt in Bayreuth tätig war. Siehe zu seiner Person ausführlich Brief Nr. 88, Endnote 17, sowie auch Brief Nr. 37, Endnote 3 (dort Hinweise aus der Memoria P.C. Wagneri (1765) auf die Söhne Wagners aus erster Ehe).
2 „Vordersamst" (bzw. hier „vordersammst") steht für „vor andern dingen (nützlicherweise vorzunehmen)"; vgl. Grimm (1854–1960), Bd. 26, Sp. 980.
3 Vorausgegangen war offenbar ein Aufenthalt Trews in Bayreuth, vgl. auch im Weiteren Z. 27–35.
4 Bei dem Trew vermutlich während seines Aufenthalts in Bayreuth durch Wagner gemachten Geschenk, für das er sich hier nochmals bedankt, handelte es sich um ein Probestück bzw. Muster (hier lat. „specimen") aus dem Bereich wohl der Korallen bzw. Schwämme (hier lat. „Keratophyti et spongiae ramosae <?> seminiferae"). Einen Eindruck vom zeitgenössischen Stand der Forschung zu Korallen und Schwämmen liefert z.B. Ellis (1755), vgl. insbesondere Kapitel 5 „Of the Keratophyta", S. 56–68, und Kapitel 8 „Of Sponges", S. 78–81. Auch Zedler (1732–1754) führt einen Eintrag zu „Corallen" in Bd. 6, Sp. 1210–1214, und zum „Meer-Schwamm, ...Lat. Spongia" in Bd. 20, Sp. 204 f.
5 Der Arzt und Botaniker Pier Andrea Mattioli (Matthiolus) wurde 1501 in Siena geboren und starb 1578 in Trient. Er studierte Medizin in Padua, wo er 1523 promoviert wurde. Er wirkte zunächst in Siena, Perugia, Rom, Trient und Görz, bevor er um 1554 kaiserlicher Leibarzt wurde. 1562 wurde er geadelt. Vor seinem Tod lebte er zuletzt wieder in Trient. Der Renaissance-Humanist Pier Andrea Mattioli erlangte v.a. auch Bedeutung durch seine Übertragung (und Kommentierung) antiker Texte in die Volkssprache. Bekannt wurde v.a. sein Kommentar zu Dioskurides' „De materia medica", wobei er weitere Pflanzen hinzufügte, so dass letztlich ein eigenständiges Werk entstand. In der UBE Briefsammlung Trew sind Briefe des Mattioli u.a. an Joachim Camerarius d.Ä. (1500–1574) und Joachim Camerarius d.J. (1534–1598) erhalten; vgl. Schmidt-Herrling (1940), S. 388 (dort werden als Lebensdaten noch 1500–1577 angegeben); Hirsch (1962), Bd. 4, S. 119 (auch dort Lebensdaten noch 1500–1577); vgl. zudem Ferri (1997), ein Sammelband in italienischer Sprache ausführlich zu Leben und Werk des Pietro Andrea Mattioli, 1501–1578. Weitere Einträge zu Matthiolus finden sich in: Jöcher (1750–51), Bd. 3, Sp. 297; Jöcher/Adelung (1784–1897), Bd. 4, Sp. 1006 f. – Mattioli, Pietro Andrea: De plantis epitome utilissima. Novis iconibus et descriptionibus aucta a Joach. Camerario. Francofurtum [Feyerabend] 1586. Hierbei handelt es sich um eine Dioskurides-Ausgabe des Mattioli in Bearbeitung von Joachim Camerarius d.J. (1534–1598) wie sie 1586 erstmals erschien, im selben Jahr außerdem als Ausgabe in deutscher Sprache. Welche Ausgabe, also ob die lateinische oder die deutsche (von 1586 oder eine der zahlreichen folgenden Auflagen aus dem 17./18. Jh.), Trew hier übersandte, lässt sich den Angaben im Brieftext hier nicht sicher entnehmen. Zu Joachim Camerarius und dem Mattioli'schen Kräuterbuch vgl. ausführlich Wickert (1995).
6 Der Arzt, Naturforscher und Zoologe Johann Baptist Bohadsch (Bohatsch) wurde 1724 in Zinkovy geboren und starb 1768 in Prag. Bohadsch studierte in Prag an der Carolina Medizin und wurde dort, nach Reisen 1746–1750 u.a. nach Padua, Montpellier und Paris, im Jahr 1751 zum Dr. med. promoviert. 1752 wurde er außerordentlicher Professor für Naturgeschichte in Prag. Während der Kriegswirren des Siebenjährigen Krieges weilte er 1757–1759 in Italien. Nach seiner Rückkehr nach Prag wurde er 1762 auch Professor der Botanik und Arzneimittellehre. Als Hauptwerk des Johann Baptist Bohadsch gilt „De quibusdam animalibus marinis" (Dresden 1761), das in Abgrenzung auch zu Carl von Linné als Ziel der Zoologie vorrangig die genaue Beschreibung der Anatomie, Lebensweise etc. der einzelnen Tiere betonte. Eine geplante ausführliche Naturgeschichte von Böhmen gelangte nur bis zum Manuskript. Bohadsch war Mitglied der Bayerischen Akademie der Wissenschaften München (1761) sowie der Royal Society

London (1762). In der UBE Briefsammlung Trew ist ein Brief des Bohadsch an Trew aus dem Jahr 1752 erhalten; vgl. Boschung (2002), S. 51 f.; Schmidt-Herrling (1940), S. 66; ADB, Bd. 3, S. 59. Weitere Informationen zu Johann Baptist Bohadsch finden sich in: Hirsch (1962), Bd. 1, S. 606 (dort noch als Todesjahr 1772 angegeben); Pelzel (1777), S. 163–171; DBA 121, Bl. 331–338 (Jöcher/Adelung; Meusel: Schriftst.; Hennicke; Wurzbach; ADB); DBE, Bd. 1, S. 800. Zu Johann Baptist Bohadsch und seiner naturwissenschaftlichen Erforschung des Salzkammergutes (Forschungsreise 1762) vgl. u.a. Haas (2008), Lobitzer/Pošmourný (2010). – Bohadsch, Johann Baptist: Dissertatio de veris sepiarum ovis. Praga [Sophiae Viduae Rosenmüllerianae] 1752.

7 Wagner bedankte sich umgehend für die hier von Trew offenkundig gemäß eines schon bei seinem Besuch in Bayreuth getätigten Versprechens übersandten Bücher und erkundigte sich zudem nach dem zu zahlenden Betrag; vgl. im Folgenden Brief Nr. 91, Z. 8–13. Trew aber überließ Wagner diese Bücher offenbar als Geschenk; vgl. im Weiteren Trews Brief Nr. 92, Z. 50 f. – Unklar bleibt hier ausgehend vom vorliegenden Text des Briefentwurfs (und auch in Wagners Antwort in Brief Nr. 91, Z. 8 f.), ob Trew die Endfassung zu vorliegendem Entwurf gemeinsam mit den am selben Tag übersandten Büchern (also eingeschlossen in ein Paket o.Ä.) auf dem Postweg über die Landkutsche an Wagner schickte oder separat von der Bücherfracht auf einem anderen Weg, wobei die Formulierungen insgesamt eher Letzteres nahelegen.

8 Der Kupferstecher, Kunsthändler und Verleger Johann Michael Seligmann wurde 1720 in Nürnberg geboren und starb ebenda 1762. Nach dem Besuch der Sebalder Lateinschule absolvierte er 1735–1740 eine Lehre als Kupferstecher in der Homannschen Offizin unter deren Mitinhaber Johann Georg Ebersberger (1695–1760), seinem späteren Schwiegervater. Ab dem Jahr 1739 besuchte er zudem die Nürnberger Malerakademie und erhielt dort zehn Jahre lang Unterricht u.a. bei Georg Martin Preißler (1700–1754) und Johann Justin Preißler (1698–1771). Johann Michael Seligmann erlangte Bekanntheit v.a. durch seine prachtvollen Illustrationen zu botanischen, zoologischen und anatomischen Werken, wobei er diese anfangs im Auftrag herstellte, später aber zunehmend selbst herausgab. Immer wieder arbeitete er dabei mit Trew zusammen. Als Beispiel sei hier das Tafelwerk „Die Nahrungsgefäße in den Blättern der Bäume" genannt, das 1748 den Anfang machte. Insgesamt kann Seligmann als einer der wichtigsten Verleger naturgeschichtlicher Werke um die Mitte des 18. Jh. in Nürnberg gelten. Er war 1756–1762 als Kupferstecher im Ämterbüchlein verzeichnet, 1759 auch als Kunstführer. Der Verlag wurde nach dem Tod Johann Michael Seligmanns zunächst von seinen Erben weitergeführt, doch ging es bergab und 1805 schließlich kaufte Friedrich Campe (1777–1846) die tote Seligmannsche Kunsthandelsgerechtsame. In der UBE Briefsammlung Trew sind ein Brief (Rechnung) Seligmanns an Trew von 1733 sowie auch Briefe an Seligmann erhalten; vgl. Grieb (2007), Bd. 3, S. 1427; Schmidt-Herrling (1940), S. 564 f.; Boschung (2002), S. 469 (dort wird zudem ein Abschluss an der Malerakademie Nürnberg 1740 erwähnt). Weitere Einträge zu Johann Michael Seligmann finden sich in: ADB, Bd. 33, S. 679 f.; DBA 1174, Bl. 266–274 (ADB; Will; Hirsching).

9 Schmidel, Casimir Christoph u. Johann Michael Seligmann: Erz Stuffen und Berg Arten mit Farbe genau abgebildet. Fossilium metalla et res metallicas concernentium glebae suis coloribus expressae. Nürnberg [Seligmann] 1753. – Casimir Christoph Schmidel (1718–1792) lieferte hier die Beschreibungen, Herausgeber und Verleger war Johann Michael Seligmann. Die einzelnen (Abbildungs-)Tafeln erschienen, wie auch hier im Brieftext erwähnt, über die Jahre.

10 Zu den Währungseinheiten vgl. Brief Nr. 1, Endnote 10.

11 Hier handelt es sich wahrscheinlich um Christian Ernst Trommler (Tremmler, Tremler), der 1719 geboren wurde und 1788 verstarb. Christian Ernst Trommler, vermutlich der Sohn von Christian Friedrich Trommler, welcher als Bergmeister aus Schneeberg im Jahr 1717 in das Bergrevier Goldkronach geholt wurde, war zunächst in Sachsen-Weimarischen Diensten, davor wahrscheinlich auch in Norwegen, Russland und anderen Ländern. Ab 1748 war Christian Ernst Trommler Bergmeister im Bergrevier Naila im Markgraftum Bayreuth. Ab 1766 war er Bergrat, 1762–1772 leitete er das Nailaer und das Wunsiedler Bergamt. Immer wieder schrieb Christian Ernst Trommler in den „Fränkischen Sammlungen" über die Bergwerke. Eine von Trommler angelegte Mineraliensammlung war mit acht Schränken wohl umfangreich und umfasste wohl Stücke aus seiner Bayreuther Umgebung wie auch aus anderen Gegenden und Ländern. Zu Christian Ernst Trommler auch als Sammler (im vorliegenden Brieftext bezeichnet als „collector terrarum sigillatarum Byruthinarum", also als „Sammler der Bayreuther Siegelerden") vgl. folgenden Aufsatz: Frobel (2005), insbesondere S. 142 f. Auch im Amtskalender Bayreuth finden sich entsprechende Eintragungen zu Christian Ernst Trommler: So wird er im Amtskalender Bayreuth (1749), S. 90, z.B. unter „Bergamt Nayla" geführt als: „Herr Christian Ernst Trommler, Bergmeister[] und Zehendner[]"; im Amtskalender Bayreuth (1758), S. 93, ebenfalls als: „Herr Christian Ernst Trommler, Bergmeister und Zehendner"; oder z.B. im Amtskalender Bayreuth (1767), S. 23, dann als: „Herr Bergrath Christian Ernst Trommler, Zehendner und Bergmeister". – Zedler (1732–1754), Bd. 37, Sp. 1074–1076 („Siegelerde"), beschreibt in einem zeitgenössischen Eintrag „Terra sigillata" oder „Siegelerde" als „ein[en] fette[n] und schwere[n] Thon, der gemeiniglich in runde Küchlein gebildet, und mit gewissen Siegeln und Bildern bezeichnet wird; eines anhaltenden Geschmacks, erdigten Geruchs, und bald roth, bald gelb, braun, weiß, oder von anderer Farbe". Die Siegelerde werde „theils in Deutschland, theils in andern Ländern gegraben und heraus gebracht", wobei die Herkunft über den jeweiligen Beinamen erkennbar sei. Es gebe viele verschiedene Arten von Siegelerde, am berühmtesten sei die sog. „Terra Lemnia" von der Insel Lemnos. Erwähnt wird auch eine „gemeine graue" Siegelerde, die bei Velden nahe Nürnberg gegraben werde. Ausführlich widmet sich der Eintrag bei Zedler ferner dem medizinischen Nutzen der Siegelerden. Zur Geschichte der medizinischen Siegelerden aus Franken (insbesondere auch aus der Umgebung von Velden) vgl. auch folgenden Aufsatz: Heller (1960). Insbesondere weist Heller (1960), S. 101, auch darauf hin, dass im 18. Jh. ein starkes sammlerisches Interesse an den Siegelerden bestand; besonders interessant ist der Hinweis bei Heller (1960), S. 106, (auf Basis der Angaben bei Wolfgang Ludwig Gräfenhahn: Entwurf einer Oryctographie des Burggrafthums Nürnbergs ... 1766, S. 93) auf eine Sammlung von etwa 40 verschiedenen „Erdarten" (zu technischen und medizinischen Zwecken) aus dem oberfränkisch-oberpfälzischen Raum, die von dem Hofer Arzt und Bergrat Johann Wilhelm Kretschmann (1702–1758) zusammengestellt und dann dem Bergamt Naila überlassen wurde (ob hier ein Zusammenhang zu den von Trommler an Trew 1758 abgegebenen terrae sigillatae bestand oder ob Trommler die Stücke aus eigenen Sammlungsbeständen etc. an Trew weitergab, muss hier offenbleiben). – Zu Bayreuth (hier adj. „Byruthinus") siehe Brief Nr. 57, Endnote 6. Gemeint sind hier wohl Siegelerden aus dem Markgraftum Bayreuth bzw. der Bayreuther Umgebung.

12 Gemeint sind hier wohl „specimina", also „Probestücke". – Es handelte sich hier also vermutlich um ein Tauschgeschäft zwischen Trew und Christian Ernst Trommler der Art, dass Trew von Trommler bereits Probestücke wohl von Siegelerden (evtl. während seines vorausgegangenen Aufenthaltes in Bayreuth) erhalten hatte und als Gegenleistung dafür nun die ersten 14 Tafeln des Werkes „Erz Stuffen" von Seligmann (auf dem Weg über Wagner) übersandte.

13 Trew hoffte hier also wohl auf weitere Probestücke (an Siegelerden) von Trommler und schlug dann deren Bezahlung in Geld vor, da ein Tausch mit den Abbildungstafeln von Seligmanns „Erz Stuffen" vorerst nicht weiter in Frage kam, da diese nur nach und nach erschienen.

14 Wagner selbst beklagte in seinem Antwortschreiben noch einmal den „üble[n] Zustandt [s]einer Gesundheit" bei Trews vorausgegangenem Aufenthalt in Bayreuth, weshalb er ihm auch nicht in ausreichender Form habe aufwarten können; vgl. Brief Nr. 91, Z. 13–15.

15 „Zufall" steht hier für „krankhafte störung"; vgl. Grimm (1854–1960), Bd. 32, Sp. 343.

16 Zu Markgräfin Friederike Wilhelmine Sophie von Brandenburg-Bayreuth (1709–1758), einer Tochter des preußischen Königs Friedrich Wilhelm I., siehe Brief Nr. 65, Endnote 22. – Zur Erkrankung und schließlich dem Tod der Bayreuther Markgräfin vgl. im weiteren Verlauf Brief Nr. 91, Z. 24–40, Brief Nr. 92,

Z. 8–32, Brief Nr. 93, Z. 8–13, und schließlich Brief Nr. 94, Z. 8–46. Trew wurde auch im Folgenden immer wieder hinzugezogen.

17 Zu Nürnberg, dem Wohnort Trews, siehe Brief Nr. 1, Endnote 5.

18 „Gefährlich“ steht hier für „bedroht von gefahr, gefährdet“; vgl. Grimm (1854–1960), Bd. 4, Sp. 2085.

19 Zu Aderlass bzw. „Venaesectio“ vgl. bereits Brief Nr. 37, Endnote 24. Als bevorzugte Zeit für den Aderlass nennt z.B. Zedler (1732–1754), Bd. 1, Sp. 493 f., (unter Berufung auch auf Stahl) „de[n] Herbst und das Früh-Jahr [...], wenn Tag und Nacht einander gleich sind“, also die Zeit der Tag-und-Nacht-Gleiche (Aequinoktium).

20 Zum Fürstlichen (Kunst- und Naturalien-)Kabinett Bayreuth vgl. bereits Brief Nr. 67, Endnote 9.

21 Trew bezieht sich hier auf die „Porzellanfabrik“ und die „Marmorfabrik“ in St. Georgen am See, das ab 1701/1702 als Planstadt nahe Bayreuth von dem Erbprinzen Georg Wilhelm (1678–1726; Markgraf 1712–1726) angelegt wurde (u.a. mit Schloss und Ordenskirche). 1724 wurde ein Zuchthaus, ein Vierflügelbau um einen Hof mit Anbauten, gebaut und auch diesbezüglich griffen die merkantilistischen Ideen der Barockzeit, d.h. neben der Edukationsfunktion der Anstalt gab es durchaus auch eine ökonomische Dimension des Strafvollzugs, indem dort dann in einer angeschlossenen „Marmorfabrik“ einheimischer Marmor (auch mit zusätzlichen freien Arbeitern) bearbeitet wurde. Überhaupt war ein Ziel der Stadtgründung von Beginn an die Privilegierung und Ansiedlung von Gewerbe in Form der Manufaktur. Schon 1716 wurde so eine Fayence-Manufaktur errichtet. Über ihre Frühzeit ist wenig bekannt, doch ging sie 1724 für kurze Zeit in markgräfliche Regie über, im selben Jahr wurde der Grundstein der „Porcellain-Fabrique“ weit im Westen von St. Georgen (nahe dem Zuchthaus) gelegt. Später war die „Porcellain-Fabrique“ wieder in Privathand, bestimmend blieb die Fayenceproduktion. Zur Planstadt St. Georgen am See des Markgrafen Georg Wilhelm vgl. Rupprecht (1993), hier zu Marmor- und Porzellanfabrik v.a. S. 152 f. Zur Geschichte der Bayreuther Fayencefabrik St. Georgen am See vgl. auch Hofmann (1928). Einige Informationen zur Porzellanfabrik bzw. Fayencemanufaktur in St. Georgen im 18. Jh. enthält auch der Eintrag zu dem Manufakturunternehmer Johann Georg Knöller (1678–1739) in der NDB, der die Porzellanfabrik 1728–1739 als Alleinunternehmer führte, vgl. NDB, Bd.12, S. 203 f. Ein zeitgenössisches Bild von der „Porcellan-Fabrique“ in St. Georgen („eine Fabrique von braunen und weissen Porcellan, welches häuffig in die benachbarte Provinzen verkauffet wird“; insbesondere „Erfindung, das Silber und Gold in das braune Porcellan [...] einzubrennen“) und der Marmorbearbeitung in St. Georgen (u.a. mit einer „Mühle vor Marmor“ zur „Polirung des Marmors“) vermittelt auch Keyssler (1741), S. 1146 f., in seiner „Fortsetzung Neuester Reisen, durch Teutschland...“.

22 Neben Markgräfin Wilhelmine (1709–1758) (siehe bereits Endnote 16) sind hier v.a. ihr Gemahl Markgraf Friedrich von Brandenburg-Bayreuth (1711–1763) und auch ihre (nach Bayreuth zurückgekehrte) Tochter Herzogin Elisabeth Friederike Sophie von Württemberg (1732–1780) gemeint, zu den beiden letztgenannten vgl. Brief Nr. 42, Endnote 11, und Brief Nr. 65, Endnote 22.

23 Wagner antwortete bereits am 12. April 1758, vgl. Brief Nr. 91.

91 ***12. April 1758***

Peter Christian Wagner, Bayreuth, an Christoph Jacob Trew, <Nürnberg>

Wohlgebohrner und Hochgelehrter Herr
Hochgeehrtester Herr HoffRath
Vornehmer Gönner!

Ewer Wohlgebohrn haben Dero gütiges Versprechen nur allzu gut erfüllet und mich so wohl mit Dero schätzbaren Zuschrifft beehret als auch die Versprochenen Bücher wohl übersandt[1] dabeÿ aber die Auslage für des *Camerarii Epitome*[2] Zu melden Vergeßen. Wannenhero[3] ich gehorsamst bitte mir davon Nachricht Zu geben damit ich mich ohnverzüglich meiner Schuld entledigen könne.[4] Für die damit gehabte Bemühung aber und des Herrn *Bohatsch* artige *dissertation*[5] sage ich allen Verbindlichsten Danck und bitte noch mahls um Verzeihung, daß der üble Zustandt meiner Gesundheit nicht erlaubet hat Ewer Wohlgebohrn beÿ Dero hier seÿn[6] nach Würden und Schuldigkeit auf Zu warten. Da aber im Sommer die Wege weit beßer seÿn und ich Hoffnung habe, daß biß dahin meine Gesundheit sich meistens wiederum beßern möchte, so solte es mir ein ausnehmendes Vergnügen seÿn wenn ich in solcher Zeit ein mahl so glücklich seÿn kön| 2 |te,[7] Ewer Wohlgebohn [!][8] allhier Zu bedienen und Ihnen beÿ guter Muße das übrige Von unßern NaturalienSammlungen und anderen Anstalten[9] Zu Zeigen. Meine GesundheitsUmständte bessern sich Zwar in etwas aber sehr langßam und die *organa digestini [!] & sanguificationi vel depurationi dicata*[10] wollen Ihre *functiones* noch nicht recht Verrichten. Doch trincke ich itzo[11] ein *Infusum amarum vinosum laxans*[12], so mir wohl an Zu schlagen scheinet, und ich habe mich bißhero meist alle Tage ein mahl Zu Ihro König[lichen] Hoheit[13] ins Schloß tragen laßen. Es ware auch dießes um so nothwendiger weilen Höchst dieselben ohngeachtet sich die Schmertzen und der Husten sehr gemildert hatten doch noch immer Viele Schwachheiten und Großen Eckel Vor denen Speißen haben. Die Schmertzen in der Seite haben sich nicht nur wiederum eingefunden und biß ins Creutz und die rechte Seite Verbreitet, sondern es hat sich auch eine beschwehrliche *Colic*[14] im kleinen Gedärm dar Zu gesellet, welche alle Abend stärcker *recrudesciret* ist und die Nächte sehr beschwehrlich und unruhig gemachet hat. Ich habe am rechten Waden Zur *revulsion*[15] eine kleine Blaße Ziehen laßen[16] und innerlich und äußerlich die besten *antispasmodica, lenientia, topica*[17] und auch so gar einige mahle mit et[lichen] *Granen*[18] Von der *Massa pilularum de Cynoglosso*[19] Verordnet, weilen *clysmata*[20] und *alvum solventia*[21] fast alle mahle mehren | 3 | Schmertzen Veruhrsachet haben, alleine wir haben nichts als einige *remissiones* dadurch erhalten und es gehet einem schier die *Materie* und die Erfindung aus weilen Ihro König[liche] Hoheit sich gar leichte und fast alle Tage Von der genommenen Arzeneÿ solcher Gestalt *degouttiren* [!] daß Sie solche nicht mehr nehmen können. Heute habe ich Ihnen da wir schon 3 Tage damit ausgesetzet haben ein *Clysma* Von Milch mit etwas *Venetianischer* Seiffe und Mandel Oel[22] beÿbringen laßen. Worauf Sie mir dießen Nachmittag sagen laßen, daß Sie sehr erträglich wären. Inzwischen sind so wohl Ihro hochfürst[liche] Durch[laucht][23], als Ihro König[liche] so genädig und mit meinen schwachen Diensten Dergestalt Zufrieden, daß Sie mich gestern Nachmittag Zu einem außerordentlichen Besuch einladen laßen und mir das *Decret* als Geheimer Rath[24] selbsten mit denen Worten Zugestellet haben, das wäre ein *Recept* so Sie mir hätten Verschreiben laßen. Ich würde gewiß dießen *Character* wenn ich es Voraus gewust hätte oder nicht als ein außerordentliches Zeichen der Gnade und Zufriedenheit meiner Gnädigsten Herrschafft ansehen müste um Vielerleÿ Uhrsachen Verbethen haben[25] alleine so habe ich Ihn annehmen müßen. Ich bitte mir nur dabeÿ Ewer Wohlgebohrn fernere Freundschafft gütige *assistenz* und ferneren BeÿRath aus, damit ich mich immer im Standte finden möchte dem Vertrauen meiner Gnädigsten Herrschafft so Viel möglich ein Genüge Zu thun.

Die schönen StuffenAbbildungen[26] werde ich ehester Tagen Herrn BergMeister Tremmler[27] Zusenden und Ihme aufge| 4 |ben Ewer Wohlgebohrn bald möglichst mit dem *supplemento terrarum sigillatarum*[28] auf Zu warten. Meine Frau und Sohn[29] empfehlen sich Ewer Wohlgebohrn Vielmahls und wir insgesamt Vermelden unßern *Respect* an die Frau Gemahlin der ich mit schuldigster Ehrerbiethung Verharre

Ewer Wohlgebohrn

Baÿreuth
den 12. *April*
1758.

Gehorsamster Diener und
treuer Freund
Dr. P[eter] C[hristian] Wagner.

***H** UBE Briefsammlung Trew, Korr. Wagner, Nr. 66. 4 S. Vermerk vermutlich von Trews Hand auf S. 4 unten links: „praes[entatum] den 15.", sowie Vermerk vermutlich ebenfalls von Trews Hand auf S. 4 unten rechts seitlich „Herr HofRath Wagner".*

18 Ewer Wohlgebohn [!]] (1) [wenn ich] (2) Ewer Wohlgebohn [!]: *korr. im Textfluss*
38 und] (1) [bey] (2) und: *korr. im Textfluss*
40 Durchlaucht, als Ihro] (1) Durchlaucht [so wohl] als Ihro (2) Durchlaucht, als Ihro

1 Gemeint ist hier der vorausgehende Brief Trews Nr. 90 vom 6. April 1758. Am selben Tag hatte Trew ein Bücherpäckchen an Wagner übersandt, darin Pietro Andrea Mattiolis „De plantis epitome utilissima", Johann Baptist Bohadschs „Dissertatio de veris sepiarum ovis" sowie (bestimmt für Christian Ernst Trommler) Johann Michael Seligmanns „Erz Stuffen und Berg Arten mit Farbe genau abgebildet" (Tafel I–XIV), vgl. Brief Nr. 90, Z. 12–18.

2 Gemeint ist hier die Dioskurides-Ausgabe des Pietro Andrea Mattioli (1501–1578) in Bearbeitung von Joachim Camerarius d.J. (1534–1598), wie sie erstmals 1586 unter dem Titel „De plantis epitome utilissima" erschien. Ausführliche bibliographische Informationen zu diesem Werk und weitere Informationen finden sich bereits in Brief Nr. 90, Endnote 5. – Joachim Camerarius (d.J./II) wurde 1534 in Nürnberg geboren und starb ebenda 1598. Er war der Sohn des Humanisten und Polyhistors Joachim Camerarius (d.Ä./I) (1500–1574). Er studierte Medizin in Wittenberg, wo er zum engsten Kreis um Philipp Melanchthon zählte. Nach einem Aufenthalt bei Johannes Crato in Breslau beendete er seine Studien bei einem Italienaufenthalt in Padua und Bologna, wo er 1562 promoviert wurde. Im Jahr 1564 wurde er ordentlicher Stadtarzt in Nürnberg, 1592 richtete er dort das Collegium Medicum Norimbergense ein und blieb bis zu seinem Tod dessen erster Dekan. Ferner war er Leibarzt des Bamberger Fürstbischofs Veit von Würtzburg. Bedeutung erlangte Joachim Camerarius (d.J.) zum einen durch seine botanischen Editionen und Forschungen (daneben u.a. auch Neugestaltung des Kasseler Schlossparks), zum anderen durch Edition nachgelassener Schriften seines Vaters, wie auch insbesondere als Verfasser eines bedeutenden vierbändigen Emblembuches, womit er zu den bekanntesten Vertretern der Nürnberg-Altdorfer Emblematik zu zählen ist. Joachim Camerarius (d.J.) war mit weitgespannten Korrespondenzen in die zeitgenössische Gelehrtenrepublik eingebunden. Auch in der UBE Briefsammlung Trew sind Briefe von und an Joachim Camerarius (d.J./II) erhalten; vgl. Stadtlexikon Nürnberg, S. 179 (Ebneth) (dort als Todesjahr 1599 angegeben!); DBE, Bd. 2, S. 269; Schmidt-Herrling (1940), S. 92–95. Weitere Einträge zu Joachim Camerarius (d.J./II) (1534–1598) finden sich in: Hirsch (1962), Bd. 1, S. 808 f.; DBA 175, Bl. 292–301 (Jöcher; Will; Jäck I; Schrader).

3 „Wannenhero“ steht hier für „weshalb“; vgl. Grimm (1854–1960), Bd. 27, Sp. 1906.

4 Trew verzichtete im Folgenden auf eine Bezahlung, vgl. Brief Nr. 92, Z. 50 f.

5 Zu Johann Baptist Bohadsch (Bohatsch) (1724–1768) und seinem Werk „Dissertatio de veris sepiarum ovis“ siehe Brief Nr. 90, Endnote 6.

6 Gemeint ist hier ein Aufenthalt Trews in Bayreuth wohl im Frühjahr 1758, auf den auch Trew in seinem letzten Schreiben an Wagner bereits Bezug genommen hatte, vgl. Brief Nr. 90, Z. 8 f. und Z. 27–35. – Zu Bayreuth siehe Brief Nr. 57, Endnote 6.

7 Trew hielt sich wohl im Spätsommer/Frühherbst 1758 tatsächlich erneut in Bayreuth auf, allerdings vermutlich eher im Zusammenhang mit der Erkrankung der Bayreuther Markgräfin (s.u.), vgl. Brief Nr. 94, Z. 11. Von einer weiteren Besichtigung der Naturaliensammlungen etc. berichten die erhaltenen Briefe dagegen nichts.

8 Gemeint ist hier „Wohlgebohrn“. Es liegt wohl ein Schreibfehler vor.

9 Wagner stellte Trew hier wohl eine eingehendere Besichtigung des fürstlichen Naturalienkabinetts (wie auch evtl. seiner eigenen Sammlungen) und wohl auch der Marmor- und Porzellanfabrik in St. Georgen in Aussicht, hatte sich Trew doch gerade dies in Brief Nr. 90, Z. 31–34, ausdrücklich gewünscht. – Zum Fürstlichen (Kunst- und Naturalien-)Kabinett Bayreuth vgl. bereits Brief Nr. 67, Endnote 9. Zur Marmor- und Porzellanfabrik in der Planstadt St. Georgen am See bei Bayreuth vgl. Brief Nr. 90, Endnote 21.

10 Die „organa digestini [!] & sanguificationi vel depurationi dicata“ sind „die der Verdauung & Blutmachung und auch Reinigung gewidmeten Teile des Körpers“. – Zedler (1732–1754), Bd. 25, Sp. 1869, beschreibt zeitgenössisch ein „organum“ als „ein[en] solche[n] Theil des menschlichen Leibes, welcher zu Vollführung der ihm obliegenden Verrichtungen einen besondern Bau und Zusammenfügung erfordert“. Im deutschen könne man es daher „Werckzeug“ oder „Instrument“ nennen. Ein weiterer zeitgenössischer Eintrag zu „Organon, Organum“ findet sich in der Onomatologia Medica Completa, Bd. 2, Sp. 1173. – Die „digestio“ ist nach einem zeitgenössischen Eintrag in der Onomatologia Medica Completa, Bd. 1, Sp. 555, „die Verdauung der Speisen in dem Magen, oder auch die Zubereitung roher, zäher, in dem Magen ligender [!] Säfte zu dem Ausführen“. Ein weiterer zeitgenössischer Eintrag findet sich bei Zedler (1732–1754), Bd. 7, Sp. 900 f. („Digestio“). – Zedler (1732–1754), Bd. 4, Sp. 242–245 („Blut-Machung“), beschreibt die „Sanguificatio“ bzw. „Blut-Machung“ oder „Haematosis“ als „eine natürliche Verrichtung in lebendigen Cörpern, da aus dem Milch-Safft das Blut bereitet wird“. Dieser „Milch-Safft“ werde im Magen aus Speis und Trank gewonnen, dann „gehe[] er durch die Milch-Gefässe zu denen Drüsen des Mesenterii, und wenn er von der daraufkommenden Lympha verdünnet, gehe[] er durch die Milch-Gefässe der andern Art, die zwar weniger, aber weiter sind, zu dem allgemeinen Behalter, Receptaculum commune genannt". Desweiteren „w[e]rd[e] er zugleich mit dem zufliessenden Sero durch Hülffe des Zwerg-Fells im Ausathmen durch den Ductum thoracicum fortgetrieben, da er sich denn endlich in die Venam subclaviam sinistram ausleere[]". Schließlich, „[w]enn denn nun der Chylus auf solche Art mit dem Blute vermischet ist, verliere[] er seine Farbe, veränder[e] die weisse in eine rothe, nachdem er nehmlich im Umlauffen, da die unreinen Theilgen abgesondert worden, nach und nach in Blut verwandelt w[e]rd[e]". Weitere zeitgenössische Einträge finden sich in der Onomatologia Medica Completa, Bd. 2, Sp. 1263 („Sanguificatio, haematopoiesis"), und im Anatomisch-chirurgischen Lexikon, Sp. 906 („Sanguificatio").

11 „Itzo" steht hier für „jetzt"; vgl. Grimm (1854–1960), Bd. 10, Sp. 2184.

12 Wagner beschreibt hier die Einnahme eines „infusum amarum vinosum laxans", also eines „infusum", das er durch Beistellung von Adjektiven (bzw. einem Partizip) näher beschreibt bzw. auch bestimmten Arzneimittelgruppen zuordnet als ein „bitteres weinartiges laxierendes Infusum". – Zum „infusum" im Allgemeinen vgl. Brief Nr. 22, Endnote 13. – Zur Arzneimittelgruppe der „Amara" oder „Bitter(mittel)" vgl. Brief Nr. 32, Endnote 26. – Zur Arzneimittelgruppe der „Laxantia" vgl. Brief Nr. 29, Endnote 18.

13 Zu Markgräfin Friederike Wilhelmine Sophie von Brandenburg-Bayreuth (1709–1758), einer Tochter des preußischen Königs Friedrich Wilhelm I., siehe Brief Nr. 65, Endnote 22. – Schon Trews letztes Schreiben liefert Hinweise auf „beschwehrliche Zufälle", unter denen die Bayreuther Markgräfin während Trews vorausgegangenem Aufenthalt in Bayreuth gelitten hatte, vgl. Brief Nr. 90, Z. 25. Zur Erkrankung und schließlich dem Tod der Bayreuther Markgräfin vgl. im Weiteren auch Brief Nr. 92, Z. 8–32, Brief Nr. 93, Z. 8–13, und schließlich Brief Nr. 94, Z. 8–46, wobei immer wieder auch die Einbindung Trews in die Behandlung beschrieben ist.

14 Zum Begriff der „Colic" vgl. bereits Brief Nr. 34, Endnote 17.

15 Zedler (1732–1754), Bd. 31, Sp. 1002, beschreibt die „Revulsion" als „[i]n der Artzney, Mittel, die eine böse Feuchtigkeit, so sich an einem Orte zu sammlen geneigt, anders wohin, und entweder von oben unterwärts, von einer Seite nach der andern, von forne [!] hinterwärts, oder von innen auswärts zu wenden und zu lencken, angewendet werden". Solches geschehe z.B. „durch Aderlassen, Schröpffen, Reiben, und Zugpflaster". Die Onomatologia Medica Completa, Bd. 1, Sp. 545 („Derivatio"), grenzt zeitgenössisch die Begriffe „derivatio" und „revulsio" voneinander ab: Die „derivatio" sei „die Ableitung der Säfte; wo man nemlich den Trieb, und Zufluß der Säfte an dem nächsten bequemen Ort abzuleiten suche[]". Dagegen sei die „revulsio" „auch eine Ableitung [...], aber mit diesem Unterscheid, daß sie an einem weit mehr entfernten Ort gesch[]ehe[]".

16 Die Onomatologia Medica Completa, Bd. 1, Sp. 1321, beschreibt „Vesicatoria" oder „Blasenziehende Mittel" als „solche äusserliche Arzneyen, welche, wenn man sie auf die Haut leget, unter vielem Schmerzen, Spannen und Brennen, so groß, als sie sind, eine Blase oder Blatter machen, die aus einer dünnen hochaufgetriebenen Haut bestehet, worinnen viel helles, meistens gelblichtes oft sulzichtes Wasser ist". In den Apotheken führe man hierzu „hauptsächlich das emplastrum vesicatorium officinale, oder de cantharidibus, wo die Spanische Fliegen das meiste thun". Weitere zeitgenössische Einträge finden sich im Anatomisch-chirurgischen Lexikon, Sp. 1072–1074 („Vesicatoria"), und bei Zedler (1732–1754), Bd. 4, Sp. 77 f. („Blasen-ziehendes Mittel"). Zur Arzneimittelgruppe der „Vesicantia" oder „Blasenziehenden Mittel" und ihrer Verwendung im Lauf der Geschichte vgl. ferner Schneider (1968–75), Bd. II, S. 73.

17 Wagner nennt hier einige ferner verordnete Arzneimittelgruppen. – Zur Arzneimittelgruppe der „antispasmodica" vgl. bereits Brief Nr. 37, Endnote 22. – Zur Arzneimittelgruppe der „topica" vgl. bereits Brief Nr. 13, Endnote 16. – Zur Arzneimittelgruppe der „lenientia" lassen sich bei Schneider (1968–75), Bd. II, S. 57, folgende Informationen entnehmen: „Lenitiva" oder „Lenientia" sind „Lindernde Mittel". Mitte des 18. Jh. bedeutete dies v.a. soviel wie Laxantia, also gelinde eröffnende und purgierende Mittel (das Electuarium lenitivum z.B. enthielt Senna, Tamarindus, Mercurialis annua), Haller gebrauchte den Begriff ferner für schmerz- und krampfstillende Arzneien. Die Pharmakopöe Württemberg 1741 zählte alle Fette unter die Lenentia. Anfang des 19. Jh. dann verstand man unter den Lenitiva erweichende und temperierende Heilmittel (kein Synonym mehr für Laxantia), Anfang des 20. Jh. tauchten sie aber wieder als „milde Abführmittel" auf.

18 Zum Nürnberger Apothekergewicht sowie zu den Unterteilungen des Medizinalpfunds in Unze, Loth, Drachme und eben (als kleinste Einheit) Gran vgl. Brief Nr. 12, Endnote 6.

19 Unter „Massa" versteht man nach dem zeitgenössischen Eintrag in der Onomatologia Medica Completa, Bd. 1, Sp. 965, im Allgemeinen „ein[en] Taig, etwas weiches, das man druken, und bilden kan, wie man will". Zu den aus diesem hier genauer als „Massa pilularum" bezeichneten Teig gefertigten Pillen vgl. im Allgemeinen Brief Nr. 29, Endnote 17. – Im zeitgenössischen Eintrag in der Onomatologia Medica Completa, Bd. 1, Sp. 526 f., zur pflanzlichen Droge der „Cynoglossa major" oder „Hundszunge" werden zwei Arten von Pillen beschrieben, die die pflanzliche Droge enthalten: zum einen die „pil. de cynogloss., oder massa pilul. de cynoglosso", zum anderen die „pil. de cynoglosso c. castor.", wobei der Unterschied allein darin bestehe, dass letztere „noch etwas Safran und Bibergail haben". Explizit weist der Eintrag im Zusammenhang mit dieser pflanzlichen Droge darauf hin, dass dieser wegen „ihrer betäubenden Kraft [...] nicht alle Aerzte [trauen], und [...] sie deswegen sehr selten [verordnen]". – Zedler (1732–1754) listet zeitgenössisch in Bd. 28, Sp. 235–238, verschiedene Arten von „pilulae de Cynoglosso", darunter „pilulae de Cynoglosso Nicolai Praepositi P. A. R.", „pilulae de Cynoglosso anodynae, Zwelf." oder auch „pilulae de Cynoglosso cum Castoreo, P.A.R.". Die Rezeptur z.B. für die „pilulae de Cynoglosso Nicolai Praepositi P.A.R." lautet wie folgt: „Rec. Rad. cynoglossi siccarum, | Sem. Hyosciami albi, | Opii depurati, ana {halbe Unze} | Myrrhae, {6 Drachmen} | Thuris, {5 Drachmen} | Caryophyll. | Cinamomi, | Styracis Calamitae, ana {2 Drachmen}. | Machet, nach der Kunst, mit Syrupe aus Veilgen und Hundszungensaffte, Pillen daraus." – Zur „Hundszunge" als pflanzliche Droge und wesentlicher Bestandteil der „pilulae de Cynoglosso" lassen sich bei Schneider (1968–75), Bd. V/1, S. 415 f., folgende Informationen entnehmen: Sie gehört zur Gattung „Cynoglossum"; Familie der Borraginaceae; Zitatempfehlung für den Artnamen ist Cynoglossum officinale (S.). In der Antike wurden nach Dioskurides vom Kynoglosson Blätter (mit Schweinefett zerstoßen zur Heilung von Hundsbissen, Fuchskrankheit und Verbrennungen) und Kraut (gekocht, mit Wein eingenommen, erweicht den Bauch) verwendet. Die Kräuterbuchautoren des 16. Jh. übernahmen diese Indikationen, um 1550 wurde dann hinzugefügt: Wurzel, gebranntes Wasser, Saft oder Pulver gegen Hämorrhoiden, Destillat als Vulnerarium, Saft gegen Geschwüre. Die Pharmakopöe Württemberg 1741 führt: Radix Cynoglossae majoris vulgaris (Cynoglossi sive Linguae caninae, Hundszungenwurtzel; Refrigerans, Adstringens, Vulnerarium); Pilulae de C., Pil. de C. cum Castoreo. Um 1780 wurde als Stammpflanze C. officinale genannt. Noch zu Anfang des 19. Jh. wurde die „massa pillularum de Cynoglosso" als gebräuchlich bezeichnet.

20 Zur Verwendung von „clysmata" in der Medizin des 18. Jh. vgl. bereits Brief Nr. 24, Endnote 4.

21 „Alvum solventia" sind „den Leib/Unterleib öffnende/lösende Mittel", also wohl den Stuhlgang befördernde Mittel.

22 Wagner beschreibt hier die Anwendung eines „Clysma Von Milch mit etwas Venetianischer Seiffe und Mandel Oel". – Die Onomatologia Medica Completa, Bd. 1, Sp. 1204, betont in einem zeitgenössischen Eintrag zu „Sapo venetus" oder „Venedischer Seife", man nehme sie, da „sie reiner als andere [sei], sowohl zu Bädern und in Clystiere, als auch zu innerlichem Gebrauch, vornemlich in Pillen, dann alle Seifen h[ätt]en eine starke, eröfnende, erweichende und reinigende Kraft wider die hartnäkigste, langwierige Krankheiten, von Verstopfungen, und Verhärtungen der Eingeweide und Drüsen". Ein weiterer zeitgenössischer Eintrag zu „Seife (Venedische)" findet sich bei Zedler (1732–1754), Bd. 36, Sp. 1486. Bei Schneider (1968–75), Bd. VI, S. 178 f., finden sich folgende Informationen zur grundsätzlichen Nutzung von „Sapo" bzw. „Seife" im Laufe der (Arzneimittel-)Geschichte: Die Herstellung von Seife (d.h. Alkalisalze höherer Fettsäuren) gilt als Erfindung der Germanen (zunächst aus Talg und Asche oder Pottasche), vgl. die Berichte von Plinius und Galen. Der Nutzen der Seife auch in der Medizin wurde im Folgenden immer wieder beschrieben, so besonders zur Wundreinigung, aber auch desweiteren die Nutzung zu

Umschlägen auf Entzündungen und zur Herstellung von Suppositorien. Apothekenüblich war und blieb lange Zeit die „Sapo venetus“ oder „Seife aus Venedig“, eine (feste) Olivenölnatronseife. Entsprechend findet sich „Sapo venetus“ auch in Schneider (1968–75), Bd. III, gelistet: auf S. 101 (DP [Deutscher Pharmakopöen-Standard] III [d.h. hier ca. 1670–1750]), wie auch zuvor auf S. 45 (DP I) und S. 65 (DP II), sowie später auf S. 171 (DP IV) und S. 212 (DP V). – Zu „Mandel Oel“, seiner Verwendung in Klistieren wie auch der der Ölgewinnung dienenden pflanzlichen Droge an sich vgl. bereits Brief Nr. 80, Endnote 30.

23 Zu Markgraf Friedrich von Brandenburg-Bayreuth (1711–1763) siehe Brief Nr. 42, Endnote 11.

24 Entsprechend findet sich Wagner dann im Amtskalender Bayreuth (1759), z.B. S. 92, unter „Collegium medicum/ Directorium“ bezeichnet als „S.T. Herr geheimer Rath, D. Peter Christian Wagner, vorderster Leib-Medicus und Physicus ordinarius primarius“. – Wagner wurde im Jahr 1758 auch zum ersten Leibarzt und Direktor des Medizinalkollegiums ernannt.

25 Dieser Äußerung Wagners lag wohl auch sein Verdruss am höfischen Leben zugrunde, wie er ihn schon im Vorjahr im Zusammenhang mit seiner Bitte an Trew um Vermittlung als Arzt zur Reichsarmee artikuliert hatte, vgl. Brief Nr. 88, Z. 11–14, ohne allerdings dort wie auch hier („um Vielerleÿ Uhrsachen“) konkreter zu werden, wohl da er davon ausgehen konnte, dass Trew wusste, was im Einzelnen gemeint war.

26 Gemeint sind hier die Abbildungstafeln I–XIV des Werkes „Erz Stuffen und Berg Arten mit Farbe genau abgebildet“, herausgegeben und verlegt durch Johann Michael Seligmann (1720–1762), Beschreibungen durch Casimir Christoph Schmidel (1718–1792); vgl. zu diesem Werk Brief Nr. 90, Endnote 9. – Trew hatte die 14 Abbildungstafeln zusammen mit seinem letzten Brief an Wagner übersandt, bestimmt für den Bergmeister Christian Ernst Trommler im Tausch für bereits erhaltene Probestücke an „terrae sigillatae“, von denen Trew ferner mehr zu erhalten sich ausdrücklich gewünscht hatte; vgl. Brief Nr. 90, Z. 14–20.

27 Zu Christian Ernst Trommler (Tremmler) (1719–1788) siehe Brief Nr. 90, Endnote 11.

28 Wagner stellte Trew hier also einen Zusatz an Siegelerden (hier lat. Abl. Sgl. „supplemento terrarum sigillatarum“), d.h. weitere Siegelerden, von Christian Ernst Trommler in Aussicht. – Zu den „terrae sigillatae“ bzw. „Siegelerden“ vgl. bereits Brief Nr. 90, Endnote 11.

29 Gemeint ist hier wahrscheinlich Wagners Sohn Paul Christian Ludwig Wagner (1730–1783), der auch in Bayreuth als Arzt tätig war. Siehe zu seiner Person ausführlich Brief Nr. 88, Endnote 17, sowie auch Brief Nr. 37, Endnote 3.

92 — *17. April 1758*

Christoph Jacob Trew, Nürnberg, an Peter Christian Wagner, <Bayreuth>, <Entwurf>

HochWohlgebohrner Herr
Hochzuehrender Herr Geheimer Rath
Hochschäzbarer Gönner!

Ewer Hochwohlgeb[ohren] geneigte Zuschrifft vom 12ten dieses[1] habe erst den 15. erhalten und ungerne daraus ersehen, daß beÿ Ihro König[lichen] Hoheit[2], ohngeachtet die Schmerzen und der Husten sich sehr gemildert hatten, gleichwohl nicht nur alleine noch immer viele Schwachheiten und groser Eckel vor den Speisen anhalten, sondern auch die Schmerzen in der Seite sich wieder eingefunden, bis in das Creiz und die rechte Seite verbeitet [!][3] auch überdieses eine beschwehrliche und alle abend stärcker *recrudescirende colic*[4] in den kleinen Gedärmen sich dazu gesellet und die nächte sehr beschwehrlich gemachet hat. Obwohlen nun Zu vermuthen, daß diese *colic* keine andere Ursache habe, als eben diejenige, welche die *dolores rheumaticos in partibus externis*[5] erregete, und diese durch ein *regimen*[6] und *medicamenta leniter diapnoica*[7] am sichersten könnte *excerniret* werden (wie auch denn eine *mixtura ex aqu[is] fl[orum] samb[uci] scord[ii] mixt[ura] s[implice] <?> rectif[icata] <?> ♁io <?> diaph[oretico] <?> et conchis <?> <???> et <???>*[8] nebst dem *ol[eo] bez[oardico] wed[elii] <?>* Zu <???> 20 tr[opfen] *cum vehic[ulo] <?> <???>*[9] die erwünschte dienste geleistet hat): so wird doch dieser *methodus* nicht *applicable* seyn, weil eines theils Ihro Königliche Hoheit *usum medicamentorum continuum degouttiren [!]*,[10] andern theils die Schwäche des magens solches nicht vertragen würde. Es fällt mir beÿ,[11] ob nicht durch einige *extracta*[12], *e[xempli] gr[atia] Sarsaeparill[ae] scorzon[erae] cichorii Castorei <?> c[orticum] cascar[illae] <?> ∇s[a] <?> ⌿ <?> ad grana vii vel ix vel in forma pilularum vel cum aqua grati saporis <?> soluta bis vel ter de die <???>*[13] eben die absicht erreichen könnten; welches und ob nicht auch Zuweilen die <?> *magnesia nitri aut anima vel pulvis rhabarb[ari] pro abstergendis primarum viarum cruditatibus*[14] nöthig seyn mögte überlasse welches[15] ich Ewer *approbation*. Da Ihro ⌿ [16] | 2 | Sich *resolvirten* ein *vesicatorium*[17] *adpliciren* Zu lassen, hätte ich davon die nachdrücklichste hilfe gehoffet, Zumalen wann die gezogene blase einige Tage im fliesen ehalten [!][18] worden: Vielleicht hat sich auch der gute *effect* davon noch gezeiget, welches und eine baldige vollkommene *restitution* ich *devotest* wünsche.

Zu dem vom *Serenissimo*[19] gnädigst erhaltenen hoch ansehnlichen *character* eines Geheimen Raths[20] *gratulire* ich von Herzen und wünsche, daß ich noch viele Gelegenheit haben möge, beÿ mehreren Glückseeligkeiten meine aufrichtige Freude darüber bezeugen Zu können: Gott seegne noch ferner alle Dero Sorge für das wohlseyn des Hochfürst[lichen] Hauses und laße auch Dero eigene schezbare Gesundheit und seegen <?> stetig reichlich Zunehmen und erhalte solche biß in das spateste Alter, wobeÿ ich mich Zu gleich Zu Dero hochschäzbaren Freundschafft und Gewogenheit ferner bestens empfehle, und Versichere, daß ich keine Gelegenheit mit willen Versäumen werde, meine Verbindlichkeit Zu beweisen. Ist es dem Herrn Bergmeister Tremler[21] gefällig, mit guter Gelegenheit mir auch die übrigen Arten der *terrae sigillatae*[22] nebst einer gleichmäsigen beschreibung Zukommen Zu lassen, will ich den schuldigen Betrag dafür alsobalden übermachen. Schon vor einigen Jahren habe ich von dem see[ligen] Herrn Beurer[23] allhier[24] 11 unterschiedliche *Sorten* von Bayreutischem marmor[25] erhalten: da ich nun nicht Zweifle, daß derselben noch mehr sind, wünsche ich auch die übrigen Zu erhalten. Hätte ich nun die Erlaubnus [!] Ewer <?> H[ochwohlgebohren] <?> solche Zuzuschicken um sehen Zu können, welche mir noch fehlen, und, wann ich nicht Zu viel wage, Zu bitten, mir die übrigen und von allen eine Anzeige von den nahmen und lagen, wo sie gefunden werden, Zu *procuriren*, würde ich nicht alleine auch dieses mit danck bezahlen sondern auch Ihnen mich äuserst verbindlich bekennen.[26] *Camerarii epitomen*[27] bitte so, wie *Bohatsch dissertation*[28], geneigt aufzunehmen: mir genüget, wann Sie einigen gefallen

daran bezeugen.[29] Kommt mir sonst noch einer von den ausgezeichneten *botanicis* Zuhanden, werde mit solchem eben falls aufzuwarten nicht ermangeln. Womit unter gehorsamster Empfehlung auch an dero Fr[au] Gemahlin und Herrn Sohn[30] von mir und meiner Fr[au] mit schuldiger Verehrung Verharre
Ewer

gehorsamst ver-
bundenster diener und
aufrichtiger Freund
C[hristoph] J[acob] Trew Dr.
N[ürn]b[erg] den 17. *Apri[lis]* 1758.

***h** UBE Briefsammlung Trew, Korr. Trew, Nr. 793. 2 S.*

8 geneigte] (1) [hoch]geneigte (2) geneigte
9 und] und *bis* ersehen,: *erg. am Rand*
12 bis] (1) [und] bis (2) bis
12 auch] (1) [auch] (2) auch: *zurückgenommene Streichung*
13 und] und *bis* recrudescirende: *erg. am Rand*
13 den] den: *erg. zwischen den Zeilen*
14 Obwohlen] (1) Da nun Ihro Königlichen Hoheit die medicamenta eckelhafft werden, auch [die] Schwäche des Magens [nicht] viele [<???>] (2) [Da nun Ihro Königlichen Hoheit die medicamenta eckelhafft werden, auch wegen Schwäche des Magens viele nicht applicable sind]: *„wegen" erg. am Rand, „nicht applicable sind" korr. im Textfluss* (3) Obwohlen...: *korr. im Textfluss*
16 erregete] (1) erregete [<???>] (2) erregete
17 leniter diapnoica] (1) [diapn] (2) leniter diapnoica: *korr. im Textfluss*
17 (wie] (wie *bis* hat:): *erg. am Rand*
21 wird doch] (1) [werden <???>] (2) wird doch: *korr. im Textfluss*
21 weil eines theils] (1) [theils] (2) weil eines theils: *korr. im Textfluss*
23 andern] andern: *erg. am Rand im Textfluss*
23 die Schwäche] (1) [auch] die Schwäche (2) die Schwäche
23 solches] (1) [eine <?>] (2) solches: *korr. im Textfluss*
25 corticum cascarillae <?> ∇sa <?>] corticum cascarillae <?> ∇sa <?>: *erg. am Rand*
26 bis] (1) [<???>] (2) bis: *korr. im Textfluss*
27 welches] (1) [<???>] (2) welches: *korr. im Textfluss*
27 welches und ob nicht auch] welches und ob nicht auch: *erg. am Rand im Textfluss*
27 ob nicht auch] ob nicht auch *bis* nöthig seyn mögte überlasse: *erg. am Rand; „ob nicht auch" wird also doppelt in zwei Randergänzungen verwendet (wohl entsprechende*

Streichung der ersten Ergänzung vergessen), erscheint im Editionstext gemäß den Editionsrichtlinien zu Wortdoppelungen aber nur einfach

27 die <?> magnesia nitri aut] die <?> magnesia nitri aut: *erg. zwischen den Zeilen der (zweiten) Randergänzung, wobei die beabsichtigte genaue Platzierung der Einfügung hier gemäß der Korrekturzeichen unsicher ist (für den Editionstext wurde die im Textzusammenhang sinnvollste Platzierung gewählt)*

28 nöthig seyn mögte überlasse] (1) nöthig seyn mögte [(weil <???> andere medicamenta alvum solventia <?> <???> stimulantia <?> bisher <?> nicht dienlich befunden wurden)] überlasse (2) nöthig seyn mögte überlasse: *neben Ergänzung zwischen den Zeilen (s.o.) also auch Streichung innerhalb des umfangreichen Textes der (zweiten) Randergänzung*

29 welches ich] (1) welches ich (2) welches [<???>] ich: *„[<???>]" erg. zwischen den Zeilen* (3) welches ich: *Streichung der Ergänzung zwischen den Zeilen; „welches" erscheint hier, da auch Bestandteil der Ergänzung am Rand im Textfluss („welches und ob nicht" s.o.) überflüssig (auch hier wohl im Rahmen der in dieser Textpassage sehr zahlreichen Korrekturschritte entsprechende Streichung nach Ergänzung vergessen), wobei „welches" hier im Editionstext doppelt stehen bleibt und nicht im Sinne der Editionsrichtlinien bei Wortdoppelungen ausgeschieden wird, da die Doppelung in der jüngsten Textstufe nicht direkt hintereinander folgt*

29 approbation] (1) approbation [überlasse] (2) approbation

31 die] (1) [<???>] (2) die: *korr. im Textfluss*

31 gezogene blase] (1) [blase] (2) gezogene blase: *korr. im Textfluss*

32 und eine] (1) [ich <???>] (2) und eine...: *korr. im Textfluss*

34 hoch ansehnlichen character] (1) [character] (2) ansehnlichen character: *korr. im Textfluss* (3) hoch ansehnlichen character: *„hoch" erg. am Rand im Textfluss*

36 beÿ] (1) [Zu] (2) beÿ: *korr. zwischen den Zeilen*

37 seegne] seegne *bis* und: *erg. am Rand, „wohlseyn des" dabei zusätzlich erg. im Randtext*

38 und seegen <?> stetig reichlich Zunehmen] (1) [<???> bald vollkommen werden] (2) und seegen <?> stetig reichlich Zunehmen: *korr. zwischen den Zeilen*

40 bestens empfehle] (1) empfehle (2) bestens [<???>] empfehle: *„bestens [<???>]" erg. zwischen den Zeilen* (3) bestens empfehle

41 mit willen] mit willen: *erg. am Rand*

41 dem] dem: *erg. zwischen den Zeilen*

42 Tremler] Tremler: *erg. am Rand im Textfluss*

43 nebst] nebst *bis* beschreibung: *erg. am Rand*

44 alsobalden] (1) [ehe] (2) alsobalden: *korr. im Textfluss*

45 Sorten] (1) [Arten] (2) Sorten: *korr. zwischen den Zeilen*

49 die] (1) [die] die (2) die: *Streichung im Text, da „die" erneut in Randergänzung*

49 die übrigen] die übrigen *bis* den: *erg. am Rand*

49 den] (1) [ihren] (2) den: *korr. zwischen den Zeilen der Randergänzung*

49 und] (1) [und] (2) [<???>]: *korr. zwischen den Zeilen* (3) und: *Streichung zurückgenommen*
51 mich] mich: *erg. zwischen den Zeilen*
54 mit] (1) [ich] (2) mit: *korr./erg. am Rand im Textfluss*
54 unter gehorsamster] (1) [mich Zu ferneren Wohlwollen] (2) unter gehorsamster...: *korr. im Textfluss*
55 Empfehlung] Empfehlung *bis* 1758.: *erg. am Rand*
55 von mir und meiner Frau] von mir und meiner Frau: *erg. zwischen den Zeilen des Randtextes*

---

1 Gemeint ist hier Wagners vorausgehender Brief Nr. 91 vom 12. „dieses" Monats April 1758.

2 Zu Markgräfin Friederike Wilhelmine Sophie von Brandenburg-Bayreuth (1709–1758), einer Tochter des preußischen Königs Friedrich Wilhelm I., siehe Brief Nr. 65, Endnote 22. – Schon Trews Schreiben vom 6. April 1758 liefert Hinweise auf „beschwehrliche Zufälle", unter denen die Bayreuther Markgräfin während Trews vorausgegangenem Aufenthalt in Bayreuth wohl im Frühjahr 1758 gelitten hatte, vgl. Brief Nr. 90, Z. 25. Wagner hatte in seinem letzten Brief vom 12. April 1758 dann Trew ausführlich den aktuellen Zustand und die weitere Behandlung der Markgräfin geschildert, vgl. Brief Nr. 91, Z. 23–40 (Trew nimmt im Folgenden, vgl. Z. 9–14, sehr stark darauf Bezug, d.h. er rekapituliert noch einmal die Mitteilungen Wagners). Zu Erkrankung und am Ende im Oktober 1758 dem Tod der Bayreuther Markgräfin vgl. zudem im Weiteren auch Brief Nr. 93, Z. 8–13, und schließlich Brief Nr. 94, Z. 8–46, wobei sich auch weiter die Einbindung Trews in die Behandlung beschrieben findet.

3 Gemeint ist hier „verbreitet". Es liegt wohl ein Schreibfehler vor.

4 Zum Begriff der „colic" vgl. bereits Brief Nr. 34, Endnote 17.

5 Trew beschreibt hier „dolores rheumatici an den äußeren/äußerlichen (Körper-)Teilen" (lat. Akk. Pl. „dolores rheumaticos"). – Nach einem zeitgenössischen Eintrag in der Onomatologia Medica Completa, Bd. 1, Sp. 562, ist ein „dolor rheumaticus" „ein Schmerz, der einen Fluß zu seinem Grund hat". – Zum „rheumatismus" (oder „Fluß") vgl. bereits Brief Nr. 78, Endnote 7.

6 Nach einem zeitgenössischen Eintrag im Anatomisch-chirurgischen Lexikon, Sp. 895, ist „regimen", bzw. „das Regiment", „die Fürschrift und Verordnung, welche ein Arzt oder Wundarzt einem Patienten in Ansehung seines Verhaltens in der Diät, als Eßen, Trinken, Bewegung, Wärme, Gebrauch der Medicin [...] ertheilet". Weitere zeitgenössische Einträge finden sich in der Onomatologia Medica Completa, Bd. 1, Sp. 549 f. („Diaeta"), und bei Zedler (1732–1754), Bd. 30, Sp. 1821 („regimen").

7 Trew empfiehlt hier „gelinde schweißtreibende Arzneien" (lat. „medicamenta leniter diapnoica"). – Nach einem zeitgenössischen Eintrag in der Onomatologia Medica Completa, Bd. 1, Sp. 552 („diaphoretica"), sind „diaphoretica", „diapnoica" oder „sudorifera" zu verstehen als „[s]chweißtreibende Arzneyen, oder auch nur solche, welche der gelinden Ausdunstung forthelfen". Insbesondere die Begriffe „diaphoretica" und „diapnoica" würden oft im Gegensatz zu „sudorifera" eher im Sinne der Förderung einer nur leichten Ausdunstung gebraucht. Ein weiterer zeitgenössischer Eintrag findet sich bei Zedler (1732–1754), Bd. 36, Sp. 335 („Schweißtreibende Mittel"). Bei Schneider (1968–75), Bd. II, S. 46, finden sich zur Arzneimittelgruppe der „diaphoretica" folgenden Informationen: „Diaphoretica" sind „Schweißtreibende Mittel". Schon Galen erwähnte „diaphoretica medicamenta". Um 1830 wurden noch wie früher „Diaphoretica" von „Sudorifera" unterschieden, wobei den „Diaphoretica" eine mildere Wirkung zugeschrieben wurde. Um 1750 war das Schweißtreiben eine der wichtigsten therapeutischen Maßnahmen überhaupt, entsprechend zahlreich waren die bekannten Mittel dazu: u.a. Salia alcalina fixa (z.B. Sal Absinthii), Salia salsa fixa (z.B. Arcanum duplicatum, Tartarus vitriolatus), Salia volatilia (z.B. Sal Cornu cervi, Tinctura bezoardica, Essentia Scordii), Terrea (z.B. Lapis Cancrorum), Antimonalia (z.B. Antimonium diaphoreticum simplex, martiale und joviale). Später im 20. Jh. werden die Bezeichnungen „Diaphoretica“ und „Sudorifera“ synonym gebraucht.

8 Die Textpassage ist hier im vorliegenden Briefentwurf sehr schwer lesbar. Doch handelte es sich wohl im Kern um eine Mixtur aus (lat. „mixtura ex ...“): 1) „aqua florum sambuci“ und „aqua scordii“ (hier lat. Abl. Pl. „aquis...“), 2) „mixtura simplex rectificata“ (im Abl. Sgl. „mixtura simplice rectificata“), 3) „antimonium diaphoreticum“ (im Abl. Sgl. „antimonio diaphoretico“), und (lat. „et“) 4) „conchae“ (lat. Abl. Pl. „conchis“). – Zum Begriff der „mixtura“ im Allgemeinen vgl. bereits Brief Nr. 24, Endnote 19. – Zur pflanzlichen Droge der „flores sambuci“ („Hollunderblüthe“), ihrer schweißtreibenden Kraft und ihrer Verwendung zur Herstellung von „aqua florum sambuci“ vgl. bereits Brief Nr. 26, Endnote 13. Zedler (1732–1754), Bd. 33, Sp. 1652, gibt zeitgenössisch eine Anweisung zur Herstellung von „Sambuci Florum Aqua, Hollunderblüt-Wasser“ wie folgt: „Rec. Flor. Samb. lb iii. | Salis comm. M. ii. | Güsset laulichtes Wasser darauf, daß es recht drüber stehe, lasset es 3 oder 4 Tage weichen, hernach destilliret es in einer küpfernen Blase; [...]“. – Zur pflanzlichen Droge „scordium“ („Lachen-Knoblauch“), ihrer Wirkung als Sudoriferum und ihrer Verwendung zur Herstellung von „aqua scordii“ vgl. bereits Brief Nr. 41, Endnote 10. Zedler (1732–1754), Bd. 2, Sp. 1036 f., gibt zeitgenössisch eine Anweisung zur Herstellung eines „Aqua Scordii composita Pharm. Nor. & Lond.“ (deutsch „das aus unterschiedenen Speciebus zubereitete Scordien-Wasser, nach der Londner und Nürnb. Pharm.“) wie folgt: „Nimm der Säffte von Scordien-Kraut, Geiß-Raute, Sauerampffer und Citronen {ana} lb. i. Theriac {Unze} i. Mische alles unter einander, macerire mit lauem Wasser in einem gedoppelten Gefässe, hernach destillire es.“ – Zur „Mixtura simplex“, auch als ein Diaphoreticum, vgl. bereits Brief Nr. 24, Endnote 22. Zedler (1732–1754) gibt zeitgenössisch Anweisungen u.a. für eine „Mixtura Simplex“ in Bd. 21, Sp. 653 (hier mit rektifiziertem Weinstein-Spiritus), für eine „Mixtura Simplex Ludovici“ in Bd. 21, Sp. 653 (hier mit nicht rektifiziertem Weinstein-Spiritus), sowie auch für „Spiritus Diatrion, vel Mixtura simplex P.A.R.“ in Bd. 39, Sp. 159–161 (hier wieder mit rektifiziertem Weinstein-Spiritus). Die Bezeichnung als „Mixtura simplex rectificata“ findet sich so weder bei Schneider (1968–75) noch zeitgenössisch bei Zedler (1732–1754). Zur „Rectificatio“ als „eine wiederholte Destillation“ vgl. ferner zeitgenössisch Zedler (1732–1754), Bd. 30, Sp. 1570–1575 („Rectification“), sowie auch bei Schneider (1968–75), Bd. VI, S. 93 (im Kapitel „Extracta“). – Zum alchemistisch-pharmazeutischen Symbol für „Antimonium“ sowie zum „Antimonium diaphoreticum“, deutsch „Schweißtreibender Spießglanzkalk“, vgl. bereits Brief Nr. 24, Endnote 21. – Zur tierischen Droge der „conchae“ finden sich bei Schneider (1968–75), Bd. I, S. 32 f., folgende Informationen: „Conchae“ bzw. „Testae“, deutsch „Muschelschalen“, dienten bereits in der Antike (bei Dioskurides und Galen) gebrannt zum Trocknen nasser Geschwüre und zur Zahnpflege. Im 17. und 18. Jh. wurden sie offiziell benutzt: zum Binden von Säuren, in Pulverform (sog. „präparirt“), in Rezepturen für Pillen und Latwergen, auch in Mixturen. Die Pharmakopöe Württemberg 1741 beschreibt die Concharum Praeparatio. Das erhaltene feine Pulver von Muschelschalen galt als absorbierend, fiebervertreibend, schweiß- und harntreibend. Bekannt waren auch Conchae citratae, die mit Zitronensaft hergestellt wurden. Meist war dabei allgemein ohne nähere Bestimmung von „Conchae marinae“, also „Meeresmuscheln“, die Rede. Auch gebräuchlich waren Austernschalen, „Conchae Ostreae“ (Ostrea edulis L.). Bei Zedler (1732–1754) findet sich ein zeitgenössischer Eintrag zu „Muschel, Concha“ in Bd. 22, Sp. 1310–1315 (auch zu ihrem medizinischen Gebrauch), sowie zu „Conchae praeparatae“ in Bd. 6, Sp. 892 (hier Verwendung von „Muschel-Schalen aus denen Fisch-Teichen“). Die im vorliegenden Briefentwurf nicht sicher lesbaren Passagen im Anschluss an „conchae“ beinhalten möglicherweise genauere Angaben wie „praeparatae“, „citratae“ oder Ähnliches. – Trew beschreibt hier also insgesamt eine Mixtur mit Bestandteilen, die allesamt den Schweiß bzw. die Ausdunstung befördern. Zedler (1732–1754), Bd. 21, Sp. 651 („Mixtur (Schweiß-)“), beschreibt in einem zeitgenössischen Eintrag eine „Schweiß-Mixtur“ mit (teils) ähnlichen Bestandteilen: „Man nehme Holunder-Blüth, Scordien-Wasser, von jedem eine Untze, Cordial-Wasser Herc. Sax. Hirsch-Horn-Gallerte von jedem eine halbe Untze, Specific. Cephalic. Ant. diaphoret. von jedem zwey Scrupel, Erdrauch-Syrup so viel als es gnung ist.“ (hier v.a. bei Fleckfieber und Petechien empfohlen).

9 Auch diese Textpassage ist im vorliegenden Briefentwurf sehr schlecht lesbar. Trew berichtet ferner den Gebrauch des „oleum bezoardicum wedelii“ (hier lat. Abl. Sgl. „oleo bezoardico wedelii“). Zum „oleum bezoardicum wedelii“ vgl. bereits Brief Nr. 24, Endnote 35. Die Bezeichnung „wedelii“ bezieht sich wahrscheinlich auf Georg Wolfgang Wedel (1645–1721), siehe zu seiner Person ausführlich Brief Nr. 35, Endnote 5. – Was folgt, ist eine schwer lesbare Dosierungsangabe („Zu <???> 20 tropfen“), sowie der Hinweis „cum vehiculo“, also „mit einem vehiculum“. Zum Begriff des „vehiculum“ vgl. bereits Brief Nr. 26, Endnote 11. Die im vorliegenden Briefentwurf nicht sicher lesbaren Passagen im Anschluss an „vehiculo“ beschreiben dieses evtl. noch genauer (z.B. als „vehiculum calidum“ etc.).

10 Wagner erwähnt bereits im vorausgehenden Brief Nr. 91, Z. 35–37, den Ekel/die Ablehnung der Markgräfin gegenüber den Arzneien, was deren fortgesetzten Gebrauch unmöglich mache.

11 „Beÿfallen“ (bzw. „beifallen“) steht hier für „einfallen“; vgl. Grimm (1854–1960), Bd. 1, Sp. 1369 f.

12 Ausführliche Informationen zum Begriff der „extracta“ im 18. Jh. finden sich bei Schneider (1968–75), Bd. VI, S. 91–96, v.a. S. 91–94: Obwohl das Extrahieren, d.h. die Gewinnung von Auszügen von Arzneirohstoffen z.B. durch Destillation, in den Anfängen sehr alt war und im Mittelalter durch alchemistische Arbeiten entscheidende weitere Impulse erhielt, existierte lange keine besondere Arzneimittelgruppe von Extrakten im Bewusstsein der Apotheker, auch Ärzte zu Beginn der Neuzeit kannten sie nicht bei ihren Verordnungen. Im Lauf des 16. Jh. begann sich dies dann zu ändern, im 18. Jh. waren Extrakte in großer Zahl pharmakopöe-üblich (und blieben dies auch ferner). Im 18. Jh. wurden die pharmazeutischen Operationen/Arbeitsgänge entsprechend in „mechanische“ (z.B. Pulvern, Auspressen usw.) und sog. „chemische“ unterteilt, wobei zu letzteren eben auch Auflösung (d.h. Auflösung eines Körpers in seinem ganzen Zusammenhang) und Extraktion (nur ein oder mehrere Teile daraus werden aufgelöst) mittels eines Auflösungsmittels, dem sog. Menstruum/Solvens, zählten. Im Einzelnen gehörten zur Auflösung/Extraktion z.B. folgende Operationen: Aufgießen/Infusio (man erhält ein > Infusum), Digestion/Digestio (> Essenzen, Tinkturen, Elixiere), Kochen/Coctio (> Decoctum), Destillation/Destillatio u.v.m. Infuse, Dekokte, Tinkturen usw. waren also nichts anderes als flüssige Extrakte. In einem engeren Sinn als eigentliche Extrakte bezeichnet wurden aber insbesondere Arzneimittel, die aus den flüssigen Extrakten entstanden, indem diese bis zur Honigdicke abrauchten (Evaporation) (je nach Beschaffenheit der Substanzen mit Weingeist, Wein oder Wasser bereitet und entsprechend als Extracta spirituosa, vinosa, aquosa bezeichnet). Auch bei Zedler (1732–1754) finden sich zeitgenössisch die „extracta“ in ihrem enger- und weitergefassten Verständnis umfangreich erläutert, vgl. Bd. 8, Sp. 2361–2364 („Extractum“), und Bd. 8, Sp. 2360 f. („Extractio“).

13 Auch diese Textpassage im vorliegenden Briefentwurf ist sehr schlecht lesbar. Es folgen zunächst einige Beispiele von Extrakten einzelner (v.a. pflanzlicher) Drogen (lat. „exempli gratia…“, mit nachfolgenden Genitiven). – Zur pflanzlichen Droge der „Sarsaeparilla“ (hier Gen. Sgl. „Sarsaeparillae“) vgl. bereits Brief Nr. 26, Endnote 37. – Zur pflanzlichen Droge „scorzonera“ (hier Gen. Sgl. „scorzonerae“) lassen sich bei Schneider (1968–75), Bd. V/3, S. 240 f., folgende Informationen entnehmen: Sie gehört zur Gattung „Scorzonera“; Familie der Compositae; Zitatempfehlung für den Artnamen ist Scorzonera hispanica (S.) bzw. auch Scorzonera humilis (S.). Ende des 17. Jh. wurden in einem Kapitel zu „Scorzonera“ mehrere Arten beschrieben, wobei gebräuchlich die spanische sei, wovon man in Apotheken die Wurzel habe (wärme und feuchte, diene gegen das Gift, eingesetzt bei Schlangenbissen u.a.). Die Pharmakopöe Württemberg 1741 führt: Radix Scorzonerae (Latifoliae, Sinuatae, Serpentariae, Scorzonerawurtzel, Schlangenwurtzel; sowohl Nahrungsmittel als auch Medikament: Diaphoreticum, Alexipharmacum); Aqua (dest.) S., Conditum Rad. Scorzonerae. Um 1780 heißt die Stammpflanze S. Hispanica (Spanische Skorzonere), daneben findet sich aber auch eine S. humilis bzw. niedrige Skorzonere erwähnt, welche letztere wohl in der Pharmakopöe Württemberg 1741 gemeint ist. Um 1830 wurden in einem Kapitel „Scorzonera“ als pharmakopöe-üblich beschrieben: 1) S. humilis L. (Waldscorzonere, Nattermilch), wovon man die Wurzel (radix Scorzonerae latifoliae sinuatae seu Serpentariae) anwende, 2) S. Hispanica L. (Gartenscorzonere, Schlangengras, Schwarzwurz, Nattergras), wovon man ebenfalls die Wurzel anwende. Zeitgleich wurden als ehedem bekannte Präparate Wasser und eingemachte Wurzel wie auch der Extrakt erwähnt. Ein zeitgenössischer Eintrag findet sich bei Zedler (1732–1754), Bd. 36, Sp. 693–696 („Scorzoner“) (auch dort wird der Extrakt in den Apotheken erwähnt). In Zedler (1732–1754), Bd. 8, Sp. 2407, findet sich zudem ein „Extractum Scorzonerae Ducis Hetruriae“ beschrieben. – Zur pflanzlichen Droge „cichorium“ (hier Gen. Sgl. „cichorii“) vgl. bereits Brief Nr. 32, Endnote 35. Im zeitgenössischen Eintrag bei Zedler (1732–1754), Bd. 13, Sp. 132–136 („Hindläufft“), findet sich auch ein Extrakt erwähnt. – Der Name der folgenden Droge ist sehr schlecht lesbar: denkbar wäre auch der eine Arzneimittelgruppe beschreibende Begriff „Caustici“ („Ätzmittel“), was hier aber wenig sinnvoll erscheint, daher evtl. eher „Castorei“. Zur tierischen Droge „castoreum“ (hier Gen. Sgl. „castorei“) vgl. bereits Brief Nr. 24, Endnote 11. Zedler (1732–1754), Bd. 8, Sp. 2371, beschreibt in einem zeitgenössischen Eintrag ein „Extractum Castorei“. – Bei der letzten, im Briefentwurf am Rand ergänzten pflanzlichen Droge handelt es sich wohl um „cortices cascarillae“ (hier Gen. Pl. „corticum cascarillae“). Zur pflanzlichen Droge „(cortex) cascarilla(e)“ lassen sich bei Schneider (1968–75), Bd. V/I, S. 388–391, folgende Informationen entnehmen: Sie gehört zur Gattung „Croton“; Familie der Euphorbiaceae; Zitatempfehlung für den Artnamen ist Croton eluteria (S.). Die westindische Droge wurde erst in der zweiten Hälfte des 17. Jh. in Europa bekannt. Die Pharmakopöe Württemberg 1741 führt: Cortex Cascarillae (Chacarillae, Chagrillen-Rinde; Sedativum, Balsamicum, Tonicum, Diapnoicum, Discutiens); Aqua (dest.), Essentia, Extractum Corticum Cascarillae, Syrupus Cascarillae. Um 1780 heißt die Stammpflanze Croton Cascarilla, später um 1830 wird die Rinde v.a. von C. eluteria beschrieben (weiter als Präparat auch Extrakt genannt) (Cascarillrinde aber daneben auch noch von anderen Croton-Arten abgeleitet). – Hinter „Corticum cascarillae“ folgt am Rand des Briefentwurfs ein schwer lesbares Zeichen, das wohl das alchemistisch-pharmazeutische Symbol für „aqua“ darstellt, also hier evtl. im Sinne von „extracta corticum cascarillae aquosa“. Zum alchemistisch-pharmazeutischen Symbol für „aqua“ vgl. Schneider (1962), S. 28. – Am Ende der Aufzählung der Extrakte verschiedener Drogen steht ein schwer lesbares Zeichen, das aber wohl am ehesten als „etc.“ gemeint ist. – Die Passage setzt sich mit einer Dosierungsangabe „(bis) zu/ ungefähr sieben oder neun Gran“ (lat. „ad grana vii vel ix“) fort. Zum Nürnberger Apothekergewicht sowie zu den Unterteilungen des Medizinalpfundes in Unze, Loth, Drachme und eben (als kleinste Einheit) Gran vgl. bereits Brief Nr. 12, Endnote 6. – Die Passage schließt mit dem Hinweis „entweder in Form von Pillen oder mit einem Wasser/ aqua angenehmen Geschmacks gelöst zweimal oder dreimal des Tages“ (lat. „vel in forma pilularum vel cum aqua grati saporis <?> soluta bis vel ter de die <???>“), wobei das Ende nicht sicher zu lesen ist. Zu Pillen im Allgemeinen vgl. bereits Brief Nr. 29, Endnote 17.

14 Die Textpassage ist im vorliegenden Briefentwurf schwer lesbar, zudem nahm Trew hier so zahlreiche Streichungen und Ergänzungen vor, dass die Ermittlung der letztgültigen Textstufe (d.h. jenes mutmaßlich dem abgesandten Brieftext entsprechenden Textes) nicht ohne einige Schwierigkeiten möglich ist (vgl. dazu den Kommentar zur Textgestaltung). – Trew schlägt hier wohl als Arzneimittel desweiteren „magnesia nitri“ oder (lat. „aut“) „anima (rhabarbari)“ oder auch (lat. „vel“) „pulvis rhabarbari“ vor, die „zur Ausführung der cruditates der primae viae“ (lat. „pro abstergendis primarum viarum cruditatibus“) dienen sollen. – Zur Arzneimittelgruppe der „abstergentia“ (hier als „Reinigende Mittel“ innerlich zur Ausführung der „cruditates“ der „primae viae“) vgl. bereits Brief Nr. 80, Endnote 15. Auch ein zeitgenössischer Eintrag in der Onomatologia Medica Completa, Bd. 1, Sp. 7 f., betont die innerliche Verwendung der „abstergentia“ zur Reinigung der Gänge und Höhlen des Leibes. – Nach einem zeitgenössischen Eintrag in der Onomatologia Medica Completa, Bd. 1, Sp. 1150, versteht man unter den „primae viae“

oder „erste[n] Wege[n]" v.a. „den Magen und die Gedärme". Ein weiterer zeitgenössischer Eintrag findet sich bei Zedler (1732–1754), Bd. 8, Sp. 1761 („Erste Wege"). – „Cruditates" sind nach einem zeitgenössischen Eintrag in der Onomatologia Medica Completa, Bd. 1, Sp. 506 f. („Cruditas"), in diesem Zusammenhang „Unreinigkeiten des Magens und der Gedärme, (cruditates ventriculi & intestinorum, oder primarum viarum,) die von denen Speisen, als unverdaut und unverändert zurükbleiben [!], und von der menschlichen Natur nimmer verändert und in gute Säfte verwandelt werden können". Ein weiterer zeitgenössischer Eintrag findet sich bei Zedler (1732–1754), Bd. 6, Sp. 1760 („Cruditas"). – Zu „magnesia nitri" lassen sich bei Schneider (1968–75), Bd. VI, S. 145 f. („Magnesium carbonicum"), folgende Informationen entnehmen: Als ein weißes und alle Krankheiten heilendes Pulver wurde Anfang des 18. Jh. die sog. „Magnesia alba" von einem Domherrn in Rom in den Handel gebracht. Die Herstellung erfolgte aus Salpetermutterlauge, 1707 fand Slevogt dann, dass die Magnesia daraus durch Pottasche fällbar ist. Die Pharmakopöe Württemberg 1741 führt: Magnesia alba (aus der „mater Nitri", d.h. der Lauge von der Salpeterkristallisation; Fällung mit Sal Alcali oder Cineres clavellati; kam erst zu uns als Polychrestum, Universale gegen alle Krankheiten, Panacee gerühmt; Anwendung als Absorbens, zuweilen als Diureticum, Diaphoreticum; in großen Dosen wirkt es laxierend). Auch im Weiteren blieb es pharmakopöe-üblich, die Pharmakopöe Preußen 1799 z.B. ließ Magnesia carbonica aus Magnesiumsulfat und Natriumcarbonat herstellen. Noch Mitte des 19. Jh. wurde auch explizit auf die Wirkung von Magnesia alba „in den ersten Wegen" (gegen Säure) hingewiesen. Entsprechend ist „Magnesia alba" auch in Schneider (1968–75), Bd. III, S. 86 (DP III, also Deutscher Pharmakopöen-Standard ca. 1670–1750, nachchemiatrisch), gelistet als „Weiße Magnesia" mit zahlreichen Synonymen wie eben „Magnesia Nitri" aber auch „Benedictum solutivum, Bittersalzerde, Carbonas Magnesiae, Magnesia Muriae, Magnesia Salis amari, Magnesia Salis cathartici, Panacea anglica…", es handelt sich um basisches Magnesiumcarbonat, etwa 4 $MgCO_3 \cdot Mg(OH)_2 \cdot 4HO$, evtl. auch Magnesiumoxid, MgO. Weiterhin gelistet findet sich in Schneider (1968–75), Bd. III, „Magnesia carbonica" auf S. 155 f. (DP IV) sowie „Magnesium carbonicum" auf S. 208 (DP V). Ein zeitgenössischer Eintrag zur „Magnesia alba" oder „Magnesia nitri" findet sich bei Zedler (1732–1754), Bd. 19, Sp. 378 f. („Magnesia Alba") (die Wirkung wird dort ebenfalls beschrieben als: „Dahero sie auch die gallichten und sauern Cruditäten nach Wunsche verbessert, und den Leib ohne Grimmen öffnet."). – Zur pflanzlichen Droge „rhabarbarum" lassen sich bei Schneider (1968–75), Bd. V/3, S. 165–170, folgende Informationen entnehmen: Sie gehört zur Gattung „Rheum"; Familie der Polygonaceae; Zitatempfehlung für den Artnamen ist: Rheum officinale (S.) oder auch Rheum palmatum (S.) (! die Zuordnung zu einzelnen Arten der Gattung Rheum ist bzgl. der frühen medizinischen Verwendung des Rhabarbers mitunter schwierig). Der chinesische Rhabarber, der dort schon Jahrtausende vor Christus in Gebrauch war, war vermutlich im antiken Kulturkreis unbekannt und wurde erst durch die Araber etwa im 6. Jh. n. Chr. eingeführt. Er zählte zunächst zu den sehr teuren Drogen. Ende des 16. Jh. war der Preis nach wie vor hoch, allerdings nicht mehr ganz so ungewöhnlich wie im Mittelalter. Die Droge fehlte bis zur Gegenwart in keiner Taxe oder Pharmakopöe mehr (z.B. in Braunschweig 1666, dort auch Pulvis r. vorrätig) und wurde auch in vielen Präparaten verarbeitet. Die Pharmakopöe Württemberg 1741 führt: Radix Rhabarbari veri (Rhab. Lanuginosi sive Lapathi Chinensis longifolii, edle oder wahre Rhabarbar; Polychrestum, über das Tilingius eine Rhabarbarologia geschrieben hat); Elixir Proprietatis cum R., Extractum R., Species Diathurbith cum R., Syrupus de Cichorio cum R., Syrupus de R., Tinctura R. sive Anima Rhabarbari. Auch in Werken zur Arzneimittelkunde der folgenden Zeit wurde noch lange die Herkunft des medizinisch verwendeten Rhabarbers von verschiedenen Arten diskutiert. Ein zeitgenössischer Eintrag findet sich bei Zedler (1732–1754), Bd. 31, Sp. 1028–1048 („Rhabarber") (umfangreiche Erläuterungen zur aus der Ferne herbeigebrachten Stammpflanze und den bzgl. dieser Pflanze noch bestehenden vielen Unklarheiten; Beschreibung des weitläufigen Nutzens, u.a. auch ausdrücklich zur Reinigung und Stärkung des Magens; Hinweis auch auf Artikel zur medizinischen Verwendung des Rhabarbers in der Zeitschrift des Commercium Litterarium, u.a. auch wohl Beitrag von Trew selbst). Zudem führt Zedler (1732–1754) in Bd. 31,

Sp. 1054 f., eine „Rhabarbertinctur, Tinctura Rhabarbari, sonst auch Anima Rhabarbari, Sanguis Rhabarbari" sowie in Bd. 8, Sp. 1951, eine „Essentia sive anima Rhabarbari" („Nehmet den besten Rhabarbar 1 Untze, Weinstein-Saltz 1 Loth, pulverisiret es und giesset rein Wasser darauf, kochet es bey gelindem Kohl-Feuer, daß es eine Bluth-rote Tinctur werde, seihet es durch ein Tuch, und lasset es sich setzen, filtriret es, und misciret es mit der Essentia Antimon. tartarisat. daß sie sich halte. Sie reiniget das Geblüth, eröffnet, laxiret, vertreibet die Gelbsucht, ist gut in drey-tägigen Fiebern, Verstopffung des Leibes, [...].").

15 „Welches" erscheint an dieser Stelle des Textes überflüssig, was hier auf die in dieser Textpassage sehr zahlreichen Verbesserungen Trews im Entwurf zurückzuführen ist, d.h. noch in der mutmaßlich letzten Textstufe stand „welches" im Entwurf (wohl versehentlich) doppelt (was hier im Editionstext beibehalten wurde, da auch Wortdoppelungen, sofern sie in einem Entwurf durch verschiedene Korrekturschritte entstanden, im Sinne der Editionsrichtlinien nur dann stillschweigend ausgeschieden wurden, wenn die Doppelung der Worte unmittelbar hintereinander erfolgte; vgl. auch Abschnitt Kommentar zur Textgestaltung).

16 Gemeint ist hier erneut „Ihro Königliche Hoheit", also die Bayreuther Markgräfin Wilhelmine.

17 Zu den „vesicatoria" als „Blasenziehende Mittel" vgl. bereits Brief Nr. 91, Endnote 16. – Wagner hatte in Brief Nr. 91, Z. 30–34, von der Anwendung eines „vesicatorium" an der rechten Wade der Patientin an Trew berichtet, dabei aber keinen weitreichenden Erfolg vermelden können.

18 Es liegt hier wohl ein Schreibfehler vor. Gemeint ist wohl „erhalten" oder „gehalten".

19 Zu Markgraf Friedrich von Brandenburg-Bayreuth (1711–1763) siehe Brief Nr. 42, Endnote 11.

20 Wagner hatte Trew in seinem vorausgehenden Brief ausführlich über die genauen Umstände seiner Ernennung zum Geheimen Rat informiert; vgl. Brief Nr. 91, Z. 40–50 mit den zugehörigen Endnoten 24 und 25.

21 Zu Christian Ernst Trommler (Tremler) (1719–1788) siehe Brief Nr. 90, Endnote 11.

22 Zu den „terrae sigillatae", also Siegelerden, vgl. ebenfalls bereits Brief Nr. 90, Endnote 11. – Trew hatte Wagner bereits zeitgleich mit Brief Nr. 90 Tafeln von Johann Michael Seligmanns Werk „Erz Stuffen und Berg Arten mit Farbe genau abgebildet" zur Weitervermittlung an Christian Ernst Trommler in Abrechnung für von diesem schon an ihn gegangene Siegelerden (der Bayreuther Gegend) übersandt und dabei um weitere Siegelerden von Trommler gebeten, für die er dann mit Geld zahlen werde, da die einzelnen Tafeln von Seligmanns Werk zu langsam erschienen; vgl. Brief Nr. 90, Z. 14–20. Wagner hatte daraufhin in Brief Nr. 91, Z. 51–53, Trew die Vermittlung weiterer Siegelerden von Trommler in Aussicht gestellt.

23 Der Apotheker und Naturforscher Johann Ambrosius Beurer wurde 1716 in Nürnberg geboren und starb ebenda 1754. Beurer, der einer Nürnberger Apothekerfamilie entstammte, besuchte zunächst Lehrveranstaltungen Trews im Nürnberger Anatomischen Theater und Medizinergarten mit dem Ziel eines Medizinstudiums. Dann aber absolvierte er (nach väterlichem Wunsch) eine Apothekerlehre 1731–1734 in Regensburg und 1734–1735 in Nürnberg. Eine Weiterbildung in Chemie erfolgte in Berlin 1735–1738, wo er 1736 auch Offiziant der königlichen Hofapotheke wurde. Nach einer Reise 1738/1739 durch Deutschland, Holland, England, Frankreich und die Schweiz übernahm er 1739 die väterliche Spitalapotheke in Nürnberg. Johann Ambrosius Beurer unternahm selbst chemische und botanische Untersuchungen, veröffentlichte auch einige Beiträge in Zeitschriften. Er besaß eine umfangreiche Bibliothek und ein großes Herbar, war zudem Mineralien- und Kupferstichsammler. Ab 1750 war Beurer Mitglied der Deutschen Akademie der Naturforscher Leopoldina. Er stand in Korrespondenz mit zahlreichen Wissenschaftlern seiner Zeit. In der UBE Briefsammlung Trew sind zahlreiche Briefe Trews an Beurer wie Beurers an Trew erhalten, daneben aber auch zwei Briefe Wagners an Beurer aus den Jahren 1745 und 1746, in denen Wagner auch mit Beurer in einen Austausch von Naturalien zu treten suchte, vgl. UBE Briefsammlung Trew, Korr. Wagner, Nr. 1 und 2. Außerdem finden sich zahlreiche weitere Briefe von/an verschiedene(n) Korrespondenten, darunter viele Briefe Albrecht von Hallers (1708–1777) an Johann Ambrosius Beurer;

vgl. Schmidt-Herrling (1940), S. 46–49; Boschung (2002), S. 41; DBE, Bd. 1, S. 626; DBA 96, Bl. 152–162 (Dunkel; Hirsching; Jöcher/Adelung; Meusel: Schriftst.; Vocke; Will).
24 Gemeint ist hier Nürnberg. Zu Nürnberg siehe Brief Nr. 1, Endnote 5.
25 Gemeint ist hier Marmor der Bayreuther Gegend. Zu Bayreuth siehe Brief Nr. 57, Endnote 6. – Zedler (1732–1754), Bd. 19, Sp. 1611–1617, beschreibt zeitgenössisch „Marmor, Marmel, Marmor-Stein, Marbel-Stein" grundsätzlich als „eine Art von einem ungemeinen harten und dichten Stein, welcher sich schön poliren und glatt machen lässet, aber schwehr zu schneiden und zu arbeiten ist". Verwendet werde er v.a. zu „allerhand Zierrathen", wie Altären, Säulen, Statuen usw. Es gebe „sehr viele Arten von Marmor, welche theils denen mancherley Farben, theils denen Ländern nach, wo man sie bricht, von einander unterschieden w[ü]rden". Der Marmor sei „mehrentheils mannichfarbig mit Adern oder Tipffeln und Flecken". Die vorkommenden Hauptfarben seien: weiß, schwarz, rot, blau. Erläutert werden verschiedenste Arten von Marmor aus Italien, Frankreich, Polen und Deutschland, dort u.a. aus den „Saltzburgischen Marmor-Gebürgen", vom Gebiet des Tegernsees aus Bayern, aus der Gegend von Regensburg. Explizit erwähnt wird auch aus dem „Voigtlande bey Wonsiedel" „ein weisser Marmor, von gnugsamer Härte, Grösse und Schönheit, welcher sich sehr wohl nach der Kunst arbeiten und poliren l[a]sse[]". – Johann Wilhelm Kretschmann (1702–1758) listet in seiner „Sammlung zu einer Berg-Historia des Markgraftums Brandenburg-Bayreuth" von 1741 insgesamt 38 „Marmorarten" (aufgeteilt nach „Rau und ohne zugerichtet" sowie „Geschliffene und Polirte Marmor"), wobei er jeweils die Farbgebung beschreibt und den genauen Herkunftsort angibt; vgl. Kretschmann (1741/ Faksimileausgabe 1992), Teil III, S. 301–306. – Zur „Marmorfabrik" in St. Georgen am See nahe Bayreuth vgl. bereits Brief Nr. 90, Endnote 21.
26 Trew übersandte in der Folge anscheinend seine Marmorproben Wagner zur Begutachtung, teilte doch Wagner in Brief Nr. 95 vom 13. Januar 1759 mit, dass seiner Ansicht nach darunter kein einziger Bayreuther Marmor sei, sondern dass es sich eher um Salzburgische oder Bayrische Marmorarten handele, vgl. Brief Nr. 95, Z. 19–24. Bezüglich der von Trew gewünschten Übersendung aller ihm fehlenden Bayreuther Marmorarten aber musste Wagner wegen Überlastung der Bayreuther „Marmorfabrik" um Geduld bitten, vgl. Brief Nr. 95, Z. 8–19; erst gemeinsam mit Brief Nr. 96 vom 19. August 1760 konnte Wagner dann die Bayreuther Marmorproben an Trew übersenden, einschließlich der Beilage eines erhaltenen entsprechenden Verzeichnisses, das alle übersandten Marmorarten listet und beschreibt sowie die zugehörigen Lagen/Fundorte nennt, vgl. Brief Nr. 96, Z. 8–15 sowie Z. 40–84.
27 Gemeint ist hier die Dioskurides-Ausgabe des Pietro Andrea Mattioli (1501–1578) in Bearbeitung von Joachim Camerarius d.J. (1534–1598), wie sie erstmals 1586 unter dem Titel „De plantis epitome utilissima" erschien. Vgl. zu diesem Werk bereits Brief Nr. 90, Endnote 5. Zu Joachim Camerarius d.J. (1534–1598) siehe Brief Nr. 91, Endnote 2.
28 Zu Johann Baptist Bohadsch (Bohatsch) (1724–1768) und seinem Werk „Dissertatio de veris sepiarum ovis" siehe Brief Nr. 90, Endnote 6.
29 Trew hatte Wagner die genannten Bücher zeitgleich mit Brief Nr. 90 vom 6. April 1758 übersandt; vgl. Brief Nr. 90, Z. 12–14. Wagner hatte daraufhin in Brief Nr. 91, Z. 9–13, nach dem zu zahlenden Geldbetrag insbesondere für „De plantis epitome utilissima" gefragt.
30 Gemeint ist hier wahrscheinlich Wagners Sohn Paul Christian Ludwig Wagner (1730–1783), der auch in Bayreuth als Arzt tätig war. Siehe zu seiner Person ausführlich Brief Nr. 88, Endnote 17, sowie auch Brief Nr. 37, Endnote 3.

93 ***13. Oktober 1758***

Christoph Jacob Trew, Nürnberg, an Peter Christian Wagner, <Bayreuth>, <Entwurf>

Hochwohlgebohrner Herr
Hochzuehrender Herr Geheimer Rath
Hochschäzbarer Gönner.

Von Ihro *Excell[enz]* dem Herrn Geheimen minister von Ellrodt[1] erhilte [!] heute die Nachricht,[2] daß der Herr Geh[eime] Rath *Cotenius*[3] gestern schon angelanget seyn und demnach *Serenissimus*[4] befohlen, daß ich nun wieder nach Bayreuth[5] abreißen solle.[6] Ob ich nun wohl aus unterthänigster *devotion* so schuldig als willig war, diesem gnädigsten Befehl so gleich die unterthänigste Folge Zu leisten, so ist mir doch solches vor Anfang der künftigen Woche G[eliebts] G[ott] nicht möglich: 1) weil durch den bösen[7] weg mein Reiß-Wagen so *ruiniret* worden, daß ich solchen durch den Schmidt und Wagner[8] mus [!] *repariren* lassen, wann er die Reise wieder aushalten soll; 2) weil ich selbst mich noch so *alteriret* befinde, als ob ich wäre geprügelt worden, und daraus erkenne, daß ich nicht mehr, wie vorhin, die *fatiguen* ertragen kan, über dieses heute ein Ziemlichen Schmerzen *in carpo laevae manus*[9] verspühre, und, wenn ich jemals von einem *chiragra* oder *podagra*[10] einen anfall gehabt hätte, ich deßwegen in Sorgen seyn müste. 3) und vornehmlich sind seit meiner Zuruckkunft etliche Persohnen, welche ich allzeit Zu besorgen gehabt habe, gefährlich kranck worden, die ich ohne verlegung meines Gewissens und Pflichten in den ersten Tagen nicht Verlassen kan. Nachdeme ich aber Vermuthen kan, daß alle diese Umstände mit Gott[licher] [!] Hilfe in ein paar Tagen sich ändern werden, und hochgedachter[11] Herr Geheime Rath (deme mein gehorsamstes *compliment* Zu machen und meines schuldigen *Respects* Zu versichern bitte) Sich noch einige Tage aufhalten werden, so hoffe auch <?>, daß die gnädigste Herrschafft[12], | 2 | (der ich mich unterthänigst Zu Füsen [!] Zu legen bitte) wegen dieser ursachen meine Verzögerung nicht ungnädig aufnehmen werden, und wünsche nur *devotest* daß Ihro König[liche] Hoheit[13] indessen mehr und mehr in beßere Umstände mogen [!] gesezet werden. Womit Zu ferneren Wohlwollen mich bestens empfehle und mit schuldiger Hochachtung allzeit verharre

Ewer Hochwohlgeb[ohren]
Nürnberg den 13. *oct[obris]* 1758

gehorsamst verbundenster
diener *C[hristoph] J[acob] Trew Dr.*

***h** UBE Briefsammlung Trew, Korr. Trew, Nr. 794. 1½ S. Vermerk wohl von Trews Hand S. 1 oben rechts: „Herrn Geh[eimem] Rath Wagner in <???> den 13. oct[obris] 58“.*

10 befohlen] (1) [gnädigst] befohlen (2) befohlen

11 diesem] (1) [solch] (2) diesem: *korr. im Textfluss*
12 der künftigen] (1) [dieser <?>] (2) der künftigen: *korr. im Textfluss*
15 er] er: *erg. zwischen den Zeilen*
15 2)] 2): *erg. zwischen den Zeilen*
16 ich nicht mehr] (1) [immer weniger] (2) ich nicht mehr: *korr. im Textfluss*
18 wenn] (1) [<???>] (2) wenn: *korr. im Textfluss*
18 gehabt] (1) [verspühret] (2) gehabt: *korr. zwischen den Zeilen*
19 sind] (1) [hab <?>] (2) sind: *korr. zwischen den Zeilen*
20 Persohnen] (1) [gefährliche patienten] (2) Persohnen: *korr. zwischen den Zeilen*
20 welche] (1) [die] (2) welche: *korr. zwischen den Zeilen*
21 ohne] (1) [<???> den ersten Tagen] (2) ohne...: *korr. im Textfluss*
22 Vermuthen kan,] (1) [hoffe] (2) Vermuthen kan,: *erg. am Rand*
23 (deme] (deme *bis* bitte): *erg. am Rand*
25 Sich noch] (1) [<???> so bald nicht] (2) Sich noch...: *korr. im Textfluss*
26 wegen] (1) [<???>] (2) wegen: *korr. zwischen den Zeilen*
27 devotest] devotest: *erg. am Rand*
28 mehr und mehr] (1) [<???>] (2) mehr und mehr: *korr. im Textfluss*
29 Zu ferneren Wohlwollen mich] (1) [mich] (2) Zu ferneren Wohlwollen mich: *korr. im Textfluss*

---

1 Zu Philipp Andreas (von) Ellrod (Ellrodt) (1707–1767) siehe bereits Brief Nr. 88, Endnote 13.

2 Ein Schreiben derartigen Inhalts von Ellrod an Trew aus dem Oktober 1758 ist in der UBE Briefsammlung Trew nicht erhalten.

3 Christian Andreas (von) Cothenius (Cotenius) wurde 1708 in Anklam geboren und starb 1789 in Berlin. Der Sohn eines schwedischen Chirurgen und Regiments-Feldschers studierte ab 1728 in Halle (bei Friedrich Hoffmann und Georg Ernst Stahl) Medizin, wurde dort 1732 promoviert und legte seine Staatsprüfung in Berlin ab. Seit 1735 war Cothenius Stadtphysikus in Havelberg, 1740 erhielt er zudem das Physikat der Prignitz. Immer wieder erbaten im Lauf der Zeit Fürstenhäuser seinen medizinischen Rat, im Jahr 1748 dann wurde Cothenius Hofmedikus und Stadtphysikus in Potsdam, 1750/1751 schließlich Leibarzt des preußischen Königs Friedrich II. (also des Bruders der Bayreuther Markgräfin Wilhelmine), in der Folge außerdem 2. Dekan (1768 Dekan) des Obercollegium medicum (also der obersten Medizinalbehörde), 2. Direktor (1768 Direktor) des Collegium medico-chirurgicum (Ausbildungsstätte und Prüfungsbehörde) sowie Mitglied des Collegium sanitatis (Behörde für Seuchenabwehr). Christian Andreas Cothenius übernahm also immer mehr wichtige Funktionen im preußischen Gesundheitswesen. In der Zeit des Siebenjährigen Krieges leitete er als Generalfeldstabsmedikus das gesamte Heeressanitätswesen, wegen seiner Verdienste wurde er vom König zum Geheimen Rat ernannt. Noch im Alter nahm er führende Ämter im Medizinalwesen ein, u.a. 1784 auch den Vorsitz des Obercollegium medicum, wohingegen sich König Friedrich II. zur Behandlung jüngere Ärzte heranzog. Daneben betrieb Christian Andreas Cothenius auch nach seiner Erblindung 1783 noch mit Hilfe von Assistenzärzten eine Privatpraxis. Christian Andreas Cothenius war Mitglied der Kaiserlichen Akademie der Naturforscher Leopoldina (seit 1743) und der Akademie der Wissenschaften in Berlin. Ab 1770 war Cothenius Direktor der Ephemeriden der Leopoldina, zudem begründete er durch eine testamentarische Stiftung die Verleihung der Cothenius-Medaille durch

die Leopoldina. In der UBE Briefsammlung Trew sind einige Briefe zwischen Christian Andreas Cothenius und Lorenz Heister (1683–1758) sowie auch ein Brief des Cothenius an Trew (aus dem Jahr 1765) erhalten; vgl. Schmidt-Herrling (1940), S. 117; NDB, Bd. 3, S. 375 f.; DBE, Bd. 2, S. 420. – Weitere Einträge zu Christian Andreas Cothenius finden sich in: Hirsch (1962), Bd. 2, S. 123 f. (dort 1757 als Jahr der Ernennung zum Geheimen Rat geführt); ADB, Bd. 4, S. 517 f. (erwähnt bereits 1750 die Behandlung der Lieblingsschwester Friedrichs II., also der Bayreuther Markgräfin Wilhelmine, während eines Besuchs in Berlin); DBA 204, Bl. 9–17 (ADB; Nicolai 1; Denina; Hirsching; Meusel: Schriftst.; Schrader) (dort teils noch 1709 als Geburtsjahr genannt).

4 Zu Markgraf Friedrich von Brandenburg-Bayreuth (1711–1763) siehe Brief Nr. 42, Endnote 11.

5 Zu Bayreuth siehe bereits Brief Nr. 57, Endnote 6.

6 Schon Trews Schreiben vom 6. April 1758 liefert Hinweise auf „beschwehrliche Zufälle", unter denen die Bayreuther Markgräfin Wilhelmine während eines vorausgegangenen Aufenthalts Trews in Bayreuth im wohl Frühjahr 1758 gelitten hatte; vgl. Brief Nr. 90, Z. 25. Daraufhin hatte Wagner in seinem Brief vom 12. April 1758 Trew dann ausführlich den aktuellen Zustand und die weitere Behandlung der Markgräfin geschildert; vgl. Brief Nr. 91, Z. 23–40. Trew wiederum hatte den Brief Wagners am 17. April 1758 detailliert beantwortet und seine Meinung zur weiteren Behandlung unterbreitet; vgl. Brief Nr. 92, Z. 8–33. Wie vorliegendem Brief Nr. 93, Z. 10 („wieder"), v.a. aber der zeitlichen Abfolge der Angaben in Brief Nr. 94, Z. 11–31, zu entnehmen ist, war dem vorliegenden Brief unmittelbar ein erneuter Aufenthalt Trews in Bayreuth wegen Erkrankung der Markgräfin vorausgegangen, wobei die Abreise Trews aus Bayreuth sich auf Basis der zeitlichen Angaben auf den 10. Oktober rückrechnen lässt. Nun sollte er also, da der Leibarzt Cothenius von Friedrich II., dem Bruder der Markgräfin, eingetroffen war, umgehend von Neuem nach Bayreuth aufbrechen. – Die Bayreuther Markgräfin Wilhelmine verstarb am 14. Oktober 1758. Zu den Umständen ihres Todes vgl. ausführlich Wagners folgenden Brief Nr. 94, Z. 8–46, vom 15. Oktober 1758.

7 „Böse" steht hier für „schlecht"; vgl. Grimm (1854–1960), Bd. 2, Sp. 251.

8 Gemeint ist hier das Handwerk von „Schmied" (hier „Schmidt"), als „verfertiger von [...] eisenarbeiten", sowie von „Wagner", als „wagenverfertiger" bzw. „wagenmacher"; vgl. Grimm (1854–1960), Bd. 27, Sp. 493, bzw. Bd. 15, Sp. 1055.

9 Trew berichtet hier von Schmerzen „am carpus der linken Hand" (lat. „in carpo laevae manus"). – Ein zeitgenössischer Eintrag im Anatomisch-chirurgischen Lexikon, Sp. 173–175, beschreibt „carpus" oder „brachiale", also „die Handwurzel, oder die Vorderhand", als „de[n] erste[n] Theil der Hand". Dieser bestehe „aus acht kleinen, ganz unebenen und unordentlich gestalteten Knochen, deren Zusammenfügung ein unordentliches Viereck vorstelle[]". Dabei ordneten sich diese Knochen in zwei Reihen zu je vier Knochen, „die erste lieg[e] am Vorderarm, die zweyte an der Mittelhand". Weitere zeitgenössische Einträge finden sich in der Onomatologia Medica Completa, Bd. 2, Sp. 161 f. („Carpus"), und bei Zedler (1732–1754), Bd. 4, Sp. 966 („Brachiale").

10 „Chiragra" ist nach einem zeitgenössischen Eintrag bei Zedler (1732–1754), Bd. 5, Sp. 2150, „die Gicht in denen Händen". Ein weiterer zeitgenössischer Eintrag findet sich in der Onomatologia Medica Completa, Bd. 1, Sp. 395. – „Podagra" dagegen ist nach einem zeitgenössischen Eintrag bei Zedler (1732–1754), Bd. 28, Sp. 920, „das Zipperlein an den Füssen, welches diejenige Gattung der Gicht [sei], so sich in den untern Fuß, gemeiniglich in die Zehen und vornemlich in die grosse Zehe zu setzen pflege[]". Ein weiterer zeitgenössischer Eintrag findet sich in der Onomatologia Medica Completa, Bd. 1, Sp. 1141 f. – Zedler (1732–1754), Bd. 2, Sp. 1707–1717 („Arthritis"), bietet ferner umfangreiche zeitgenössische Erläuterungen zur „Arthritis" bzw. „Gicht" oder auch „Gliederweh, Zipperlein, Reißen der Glieder, die Herren-Kranckheit". Es handele sich dabei um „eine schmertzhaffte Kranckheit der Gelencke welche von Unreinigkeit des Geblüts entstehe[], und den Menschen mit unterschiedenen Zufällen überf[a]lle[]". Je nach von Schmerz befallenem Körperteil spreche man entsprechend von „Chiragra", „Podagra" usw.

11 „Gedacht“ steht hier für „erwähnt“ ; vgl. Grimm (1854–1960), Bd. 4, Sp. 1926. „Hochgedacht“ steht also für eine „schon erwähnte[] hohe[] person[]“; vgl. Grimm (1854–1960), Bd. 10, Sp. 1616.
12 Gemeint sind hier v.a. der Bayreuther Markgraf Friedrich (1711–1763), vgl. bereits Endnote 4, und seine erkrankte Gemahlin Markgräfin Friederike Wilhelmine Sophie von Brandenburg-Bayreuth (1709–1758), siehe zu ihrer Person bereits Brief Nr. 65, Endnote 22. Zu erwähnen ist ferner die an den Hof ihrer Eltern zurückgekehrte Tochter, die Herzogin Elisabeth Friederike Sophie von Württemberg (1732–1780), siehe zu ihrer Person ebenfalls bereits Brief Nr. 65, Endnote 22.
13 Gemeint ist die Bayreuther Markgräfin Wilhelmine (1709–1758), eine Tochter des preußischen Königs Friedrich Wilhelm I.

94 — *15. Oktober 1758*

Peter Christian Wagner, Bayreuth, an Christoph Jacob Trew, <Nürnberg>

Hochwohlgebohrner Herr,
Hochgeehrtester Herr HoffRath und *Director*[1]
werthester Freund und Gönner!

In was Vor betrübte Umständte uns der nur allzu frühe erfolgte Hintritt[2] Ihro König[lichen] Hoheit unßerer Durchlauchtigsten Fürstin und Frauen[3] Versetzet habe, werden Ewer hochwohlgeb[ohrn] Zweiffelsohne durch den Herrn Geheimen *Ministre* Von Ellrodt[4] wieder Vermuthen allbereits erfahren haben.[5] Gleich Tages nach Dero Abreiße[6] überfielen Ihro König[liche] Hoheit des Abends um 8 Uhr die Von uns beeden Zum Voraus gesehenen und befürchteten Stöckungen[7] mit solcher Gewalt, daß wir die gantze Nacht durch in Gefahr stunden das kostbare Leben Zu Verliehren. Durch abwechßlenden und öffteren Gebrauch einiger schon Vorräthig Verordneter Pulver aus *Arcan[o] 2p[licato]* und ⚴ *re* ♁*ii* ☉*rato 4*^{tae}*ꝟ=tionis*[8] mit der *Tinctura tonica nervina Stahlii*[9] denen *Iulapiis pectoralibus*[10] etlicher *analeptico Cordia*| 2 |*lium*[11] und derer *fomentationum* ♌*osarum* <?>[12] wurde Zwar das Unglück damahls noch Verhindert und Sie befanden sich Tages darauf Zwar schwach aber doch erträglich und ohne große Schmertzen. Gegen den Mittag kame mein werthester Freund der Herr Geheime Rath *Cothenius*[13] Zur grösten Freude des gantzen Hoffes glücklich allhier[14] an und gabe aus den sehr ordentlich und kräfftig gehenden Pulß sehr guten Trost, billigte unßern *Methodum* und Vorgeschriebene Arzeneÿen gäntzlich und setzte noch einige Kleinigkeiten hinzu. Man ließe Ihro König[liche] Hoheit nach einer unruhigen Nacht die *solutionem* ⊖*is polychresti ad* ʒiii[15] noch mahls nehmen, alleine der Kurtze Othem[16] fienge des Abends Zeitlich wiederum an, die Schwachheit nahme Zu und weilen ich die Nacht Wache hatte sahe ich mich um halb 1 Uhr in der Nacht gezwungen Ihro hochfürst[liche] Durch[laucht][17] und sämtliche *Dames* auch Herrn Geh[eimen] R[ath] *Cothenius* Von dem schlechten Zustandt der Sachen und meiner betrübten nur allzu bald eingetroffenen *Prognosi* Nachricht Zu geben, da Sie denn gleich nach 1 Uhr in aller Beÿseÿn Ihren edlen Geist sanfft und ohne die mindeste Verzuckung oder | 3 | Ungeberde aufgaben und uns nichts als heulen und Schreÿen Zu rücke ließen. Da Sie nun in einer schon einige Wochen Vorhero eigenhändig aufgesetzten Verordnung, die Sie mir und der ersten CammerFrau[18] anvertrauet hatten, befohlen, daß beÿ und nach Ihren Todt Sie Von MannsPersohnen niemand als ihr *medicus*, Ihre *Dames* und CammerFrauen sehen und anrühren solte, so habe ich erst gestern die schmertzhaffte bemühung über mich nehmen müßen Höchst Dieselben in den Sarg legen Zu helffen, solchen Zu Verschlüßen und Sie ins alte Schloß[19] in der Nacht mit Zu bringen wo Sie biß Zur Beÿsetzung[20] Vermuthlich aus *Tendresse* Vor Ihren Herrn und Frau Tochter[21] aufbehalten und bewachet aber nicht gesehen seÿn wollen. Ich bin dahero heute Nacht und dießen Morgen recht sehr kranck und Elend davon geweßen, befinde mich aber nunmehro etwas beßer. Unßer werther Herr *Cothenius* wird Morgen frühe wiederum Von hier abgehen und bedauert nichts mehr, als daß Er dießes mahl Ewer hochwohlgeb[ohrn] sich sosehr gewünschte Persöhnliche Bekantschafft nicht machen können. Er hat mir inzwischen Viele *Complimente* Zu überschreiben anbefohlen und empfiehlet sich so wie ich mich Zur beharrlichen Freundschafft. So betrübt und schmertzhafft uns | 4 | auch dießer Fall ist, so ist mir doch dabeÿ, weilen er unvermeÿdlich ware, lieb daß Dero hieherReiße und große *fatigue* beÿ denen mir überschriebenen Umständten noch Verhindert worden. Ich wünsche demnach Vollkomene Beßerung und daß Sie ja in den PeinigungsOrden nicht treten mögen,[22] so Viele Vortheile man Ihnen in Ihren Jahren daher Versprechen möchte.

Der Tisch, Schaalen und Saamen sollen nächstens durch den LandtKutscher folgen[23] und Vor Die gehabte große Bemühung wird mein Gnädigster Herr, so ferne es noch nicht geschehen ist, gewiß auch erkentlich seÿn.

Ich bin und Verbleibe in gröster Eÿlfertigkeit mit schuldigster Verehrung

Ewer hochwohlgebohrn
Meines werthesten Freund und Gönners

Baÿreuth
den 15. *octobr[is]*
1758

gehorsamster Diener
Wagner.

Mein Sohn[24] empfiehlet sich gantz gehorsamst.

***H** UBE Briefsammlung Trew, Korr. Wagner, Nr. 67. 4 S. Vermerk vermutlich von Trews Hand auf S. 1 oben rechts: „Herr Geh[eimer] Rath Wagner den 15. Oct[obris] 58“, sowie Vermerke vermutlich ebenfalls von Trews Hand auf S. 4 unten links: „resp[ondi] d[ie] 8. nov[embris]“ sowie durchgestrichen „<???>“.*

14 Gebrauch] (1) [Gebrauch] Gebrauch (2) Gebrauch
47 den] (1) [<???>] (2) den: *korr. im Textfluss*

---

1 Mit der Anrede als „Director" spielt Wagner hier wohl auf das Amt des „Director Ephemeridum" der Kaiserlichen Akademie der Naturforscher Leopoldina an, das Trew seit 1744 innehatte.

2 „Hintritt" steht hier für „tod"; vgl. Grimm (1854–1960), Bd. 10, Sp. 1527.

3 Gemeint ist hier die Markgräfin Friederike Wilhelmine Sophie von Brandenburg-Bayreuth (1709–1758), eine Tochter des preußischen Königs Friedrich Wilhelm I. Sie war tags zuvor am 14. Oktober 1758 nach längerer Erkrankung verstorben. Zu ihrer Person siehe bereits Brief Nr. 65, Endnote 22. – Eine Erkrankung der Bayreuther Markgräfin Wilhelmine war bereits in einigen vorausgehenden Briefen zwischen Wagner und Trew, der in ihre Behandlung eingebunden war, thematisiert worden: Schon Trews Schreiben vom 6. April 1758 liefert Hinweise auf „beschwehrliche Zufälle", unter denen die Bayreuther Markgräfin Wilhelmine während eines vorausgegangenen Aufenthalts Trews in Bayreuth wohl im Frühjahr 1758 gelitten hatte; vgl. Brief Nr. 90, Z. 25. Wagner hatte daraufhin in seinem Brief vom 12. April 1758 dann Trew ausführlich den aktuellen Zustand und die weitere Behandlung der Markgräfin geschildert; vgl. Brief Nr. 91, Z. 23–40. Trew wiederum hatte sodann diesen Brief Wagners am 17. April 1758 detailliert beantwortet und seine Meinung zur weiteren Behandlung unterbreitet; vgl. Brief Nr. 92, Z. 8–33. Nach einer Phase von ca. einem halben Jahr, aus der keinerlei Briefe zwischen Wagner und Trew erhalten sind, lässt sich aus dem Brief Trews Nr. 93, Z. 8–29, vom 13. Oktober 1758 entnehmen, dass er, obwohl erst kurz zuvor von einem der Erkrankung der Markgräfin geschuldeten erneuten Aufenthalt in Bayreuth zurückgekehrt, aufgefordert worden war, umgehend wiederum dorthin aufzubrechen, da der Leibarzt Friedrichs II. Christian Andreas Cothenius (1708–1789) in Bayreuth eingetroffen sei – eine Aufforderung, der Trew jedoch aus verschiedenen wortreich vorgetragenen Gründen nicht (mehr) hatte nachkommen können.

4 Zum „Geheimen Ministre/Minister" Philipp Andreas (von) Ellrod (Ellrodt) (1707–1767) siehe bereits Brief Nr. 88, Endnote 13.

5 Eine derartige schriftliche Nachricht Ellrods an Trew ist in der UBE Briefsammlung Trew nicht erhalten.

6 Die Abreise Trews aus Bayreuth bei seinem letzten der Erkrankung der Markgräfin geschuldeten Aufenthalt lässt sich anhand der im vorliegenden Brief im Folgenden in Z. 11–31 geschilderten Abfolge der Ereignisse für den 10. Oktober 1758 rekonstruieren.

7 Zum Begriff der „Stöckungen" vgl. Brief Nr. 24, Endnote 2.

8 Wagner beschreibt hier den Gebrauch von Pulvern aus „Arcanum duplicatum" (hier lat. Abl. Sgl. „Arcano duplicato") und „Sulphur antimonii auratum quartae praecipitationis" (hier lat. Abl. Sgl. „Sulphure antimonii aurato quartae praecipitationis"). – Zum „Arcanum duplicatum" vgl. bereits Brief Nr. 66, Endnote 12. – Zum hier verwendeten alchemistisch-pharmazeutischen Symbol für „Sulphur" vgl. Sommerhoff (1713), S. 111 (dt.-lat.); zum alchemistisch-pharmazeutischen Symbol für „Antimonium" vgl. Schneider (1962), S. 28; zum alchemistisch-pharmazeutischen Symbol für „Aurum" vgl. Schneider (1962), S. 32; und zum alchemistisch-pharmazeutischen Symbol für „Praecipitatio" (also „Niedergeschlagen, gefällt") vgl. Schneider (1962), S. 48. – Bei Schneider (1968–75), Bd. VI, S. 112 f., lassen sich zu „Goldschwefel" bzw. „Sulphur antimonii auratum" folgende Informationen entnehmen: Es handelt sich dabei um ein wichtiges Präparat der nachchemiatrischen Zeit. Die Herstellung aus den Schlacken des mit Weinstein gerösteten Schwefelantimons durch Auslaugen mit Wasser und Zersetzen durch Essig hatte bereits Glauber (um 1650) gekannt (Panacea antimonialis, Sulphur purgans universalis). Die Vorschrift wurde dann vielfach variiert. Das Präparat findet sich in deutschen Pharmakopöen ab 1698. Die Pharmakopöe Württemberg 1741 führt: Sulphur auratum Antimonii; es wird fraktioniert gefällt, die dritte Fraktion verwendet; gegen hartnäckige und chronische Affektionen, wirkt blutreinigend; bei Asthma,

Katarrhen, Kopfschmerzen, intermittierenden Fiebern, Scabies, Lues. Das Antimon(V)-sulfid blieb bis 1926 pharmakopöe-üblich (unter Bezeichnungen wie Sulphur stibiatum aurantiacum, Stibium sulphuratum aurantiacum). Schneider (1968–75), Bd. III, listet entsprechend auf S. 89 „Sulphur auratum Antimonii", Hpt. Antimon(V)-sulfid, Sb_2S_5 (Deutscher Pharmakopöenstandard III, ca. 1670–1750), auf S. 158 f. „Stibium sulphuratum aurantiacum" (DP IV), und auf S. 209 „Stibium sulfuratum aurantiacum" (DP V). Verschiedentliche zeitgenössische Vorschriften finden sich auch bei Zedler (1732–1754), z.B. in Bd. 38, Sp. 1834 („Spießglas-Schwefel, (goldener) S. Cloß. Sulphur Antimonii Auratum, S. Closs"). – Der Zusatz „quartae praecipitationis" verweist hier wohl auf die Verwendung erst der „vierten Niederschlagung/ Fällung".

9 Zum Begriff der „Tinctura" im Allgemeinen vgl. bereits Brief Nr. 24, Endnote 6. – Juncker (1718) empfiehlt verschiedentlich den Gebrauch einer „Tinctura Tonico-Nervina Stahlii" z.B. auf S. 121 einer „Tinctura Tonico-Nervina Stahlii, e Spiritu C. C. & Tinct. Antimon. vel Salis Tartar. parata [...]". – Die hier von Wagner als in Gebrauch befindlich beschriebene „Tinctura tonica nervina Stahlii" wurde also wohl auf Georg Ernst Stahl (1659–1734) zurückgeführt, vgl. zu seiner Person bereits Brief Nr. 32, Endnote 17.

10 Ein zeitgenössischer Eintrag bei Zedler (1732–1754), Bd. 14, Sp. 1547 f., beschreibt „Julepus, Julapium, [...] Julep" im Allgemeinen als einen „Kühl-Tranck", der „ordentlich aus destillirten Wassern und einem Syrup bereitet [wird]". Er werde „zum kühlen in hitzigen Fiebern gebrauchet". Es würden „denn auch Säffte, Tincturen und saure Spiritus dazu genommen". – Hier erwähnt Wagner den Gebrauch von „Iulapia pectoralia" (hier lat. Dat./Abl. Pl. „Iulapiis pectoralibus"), also „Brust-Juleps". In Zedler (1732–1754), Bd. 4, Sp. 1671, findet sich z.B. auch eine Vorschrift für einen „Brust-Julep", dort „Julepus Pectoralis Lemery".

11 Zum Begriff bzw. der Arzneimittelgruppe der „analeptica" vgl. bereits Brief Nr. 24, Endnote 20. – Gleichsam eng benachbart ist die Arzneimittelgruppe der „Cordialia", zu der sich bei Schneider (1968–75), Bd. II, S. 43, folgende zentrale Informationen finden lassen: Es handelt sich dabei um „Herzstärkende Mittel". Gebraucht wurde der Begriff „Cordialia", ebenso wie „Cardiaca", um 1750 auch als eine Art Überbegriff für Analeptica, Refrigerantia, Restaurantia, Confortantia; dazu gerechnet wurden auch Brühe und Wein. Als die „Quatuor Flores cordiales" galten in den Pharmakopöen des 18. Jh.: Borrago, Buglossa, Rosa und Viola. Auch Zedler (1732–1754), Bd. 6, Sp. 1259, verweist zeitgenössisch unter dem Schlagwort der „Cordialia" weiter auf die „Analeptica". – Wagner vermerkt hier gegenüber Trew also den Gebrauch verschiedener Arzneien aus dem Bereich der Arzneimittelgruppen der „analeptico Cordialia" (hier lat. Gen. Pl. „Cordialium").

12 Eine „fomentatio" (hier lat. Gen. Pl. „fomentationum") ist eine „Wärmung, Bähung". – Zedler (1732–1754), Bd. 9, Sp. 1573, beschreibt „Fotus, Fomentum, eine Bähung" als „eine Formel eines äusserlichen Medicaments, wovon der warme Dampf auf die kranken Glieder gehe[]". In einem weiteren Eintrag in Bd. 9, Sp. 1438, beschreibt Zedler (1732–1754) „Fomentum, eine Wärmung" ferner als „Decocta aus unterschiedenen Kräutern, nachdem es die Umstände der Kranckheit haben wollen", in die dann i.d.R. „Tücher getuncket, und auf das kalte Glied geleget [würden]", bisweilen würden aber auch die Kräuter in Säcklein eingenäht und dann in Wasser oder Wein gesotten und den jeweiligen Gliedern aufgelegt. – Wagner beendet hier also die Aufzählung der verwendeten Arzneien mit dem Hinweis auf den äußerlichen Gebrauch von „fomentationes spirituosae". Zum alchemistisch-pharmazeutischen Symbol für „Spiritus" vgl. bereits Brief Nr. 24, Endnote 11.

13 Zu Christian Andreas (von) Cothenius (1708–1789) siehe Brief Nr. 93, Endnote 3. – Der Leibarzt von Friedrich II. war also am 12. Oktober 1758 in Bayreuth angekommen.

14 Gemeint ist hier Bayreuth, siehe dazu bereits Brief Nr. 57, Endnote 6.

15 Wagner vermerkt hier für den Morgen des 13. Oktober 1758 die Einnahme einer „solutio salis polychresti" (hier lat. Akk. Sgl. „solutionem"), also einer „(Auf-)Lösung von Polychrestsalz", und zwar bis zu/ gegen (lat. „ad") drei Drachmen. – Zum alchemistisch-pharmazeutischen Symbol für „Sal" bzw. „Salz" vgl. Brief Nr. 34, Endnote 34. Zum alchemistisch-pharmazeutischen Symbol für die „Drachme" und zu den Umrechnungen des Nürnberger Apothekergewichts vgl. bereits Brief Nr. 12, Endnote 6. – Schneider (1968–75), Bd. II, S. 62, liefert zum „Polychrestum" im Allgemeinen folgende Informationen: Nach Galen handelt es sich dabei um ein „Mittel, das gegen viele Krankheiten hilft" (Panchrestum). Im 18. Jh. gab es v.a. mehrere Polychrestsalze, darunter Glasers Polychrestsalz und Rocheller Polychrestsalz. Im 19. Jh. dann verschwand der Ausdruck. Schneider (1968–75), Bd. III, S. 80 (DP III, also Deutscher Pharmakopöenstandard III, ca. 1670–1750), listet „Sal polychrestum de Seignette, Seignettesalz" auch „Salz von Rochelle" mit Hpt. Kalium-Natriumtartrat, $C_4H_4O_6NaK \cdot 4H_2O$; entsprechend in Bd. III, S. 138 (dann DP IV), „Tartarus natronatus, Natronweinstein, [...], Seignettesalz, [...]". Ferner listet Schneider (1968–75), Bd. III, S. 152 (DP IV), unter „Kali sulphuricum, Schwefelsaures Kali" auch „Sal polychrestum Glaseri s. Lemeryanum s. parisiense". Wagner macht hier keine näheren Angaben zum verwendeten „sal polychrestum". Zedler (1732–1754), Bd. 28, Sp. 1283, beschreibt zeitgenössisch ein „Polychrest, Polychrestum" als „ein Medicament, so viel Tugenden in sich hat, und wider viele Kranckheiten dienet". Zu „Polychrestsaltz, Sal Polychrestum" vermerkt Zedler (1732–1754), Bd. 28, Sp. 1287, es handele sich dabei um „ein dem Geschmacke nach bitteres Saltz, von Farbe weiß und crystallinisch, dem vitriolisirten Weinstein gleich, welches von Schwefel und Salpeter durch die Verpuffung bereitet w[e]rd[e]". Sein Zuname komme „von seinem mannichfaltigen Nutzen, den es in allerhand Kranckheiten, vermittelst seiner erweichenden, eröfnenden [!] und harntreibenden Kraft erweise[]". Zedler (1732–1754) führt u.a. Vorschriften für ein „Polychrestsaltz des Lemery, Sal Polychrestum Lemery" in Bd. 28, Sp. 1287 f., oder auch ein „Saltz (Frantzösisches Polychrest-) Sal Polychrestum Gallorum" in Bd. 33, Sp. 1347.

16 „Othem" steht hier als Nebenform zu „athem"; vgl. Grimm (1854–1960), Bd. 13, Sp. 1147. – Mit dem hier beschriebenen „kurzen Atem" hatte sich also am Abend des 13. Oktober 1758 der Zustand der Markgräfin begonnen zusehends immer weiter zu verschlechtern.

17 Zu Markgraf Friedrich von Brandenburg-Bayreuth (1711–1763) siehe Brief Nr. 42, Endnote 11.

18 Im Amtskalender Bayreuth (1758), S. 120, werden unter „Ihro Königlichen Hoheit der Frau Marggräfin Hofstaat" als „Cammerfrau" (ohne weitere explizite Abstufungen) geführt: „Madem. Mariana Hümbert | Madem. Sophia Carolina Frissin | Madem. Charlotte Eleonora Erkertin | Madem. Elisabetha Laval."

19 Zu knappen Informationen zum Alten und Neuen Schloss Bayreuth vgl. Brief Nr. 60, Endnote 14.

20 Die Bayreuther Markgräfin Wilhelmine (1709–1758) wurde in der beim Alten Schloss gelegenen evangelischen Schlosskirche (heute röm. katholische Pfarrei Unsere Liebe Frau) beigesetzt.

21 Zur einzigen Tochter der Markgräfin Wilhelmine (1709–1758), der an den Hof der Eltern zurückgekehrten Herzogin Elisabeth Friederike Sophie von Württemberg (1732–1780), siehe Brief Nr. 65, Endnote 22.

22 Wagner bezieht sich hier wohl auf Trews in Brief Nr. 93, Z. 17–19, geäußerte Befürchtungen an „einem chiragra oder podagra" zu leiden, zumal Wagner selbst, wie er in Brief Nr. 95, Z. 11–13, beklagt, vom „leidige[n] Podagra" betroffen war.

23 Erst am 13. Januar 1759 übersandte Wagner unter wortreichen Entschuldigungen schließlich die hier erwähnten Samen sowie einen Marmortisch und Teeschalen an Trew, vgl. Brief Nr. 95, Z. 8–28.

24 Gemeint ist hier wahrscheinlich Wagners Sohn Paul Christian Ludwig Wagner (1730–1783), der auch in Bayreuth als Arzt tätig war. Siehe zu seiner Person ausführlich Brief Nr. 88, Endnote 17, sowie auch Brief Nr. 37, Endnote 3.

95 ***13. Januar 1759***

Peter Christian Wagner, Bayreuth, an Christoph Jacob Trew, <Nürnberg>

Wohlgebohrner Herr,
Hochgeehrtester Herr HoffRath,
Vornehmer Gönner und Freund!

Ich bin Vor Schaamblut feuerroth, daß ich Ewer Wohlgebohrn Dero Marmor-Tischlein, Schaalen, Marmor-Proben und Saamen nicht eher übersenden können.[1] Alleine eines theils hat man mich bißhero in unßern Zuchthauß[2] mit der Lieferung der Marmor-Proben alles Errinnerns ohngeachtet so lange aufgehalten, andern Theils hat das leidige *Podagra*[3] mich Verschiedene Wochen dergestalt gefoldert [!], daß ich keine Feder oder sonst was anrühren können. Ich kan auch würcklich dermahlen die MarmorProben noch nicht mitsenden weilen solche in dem Zuchthauß noch nicht *complet* Verfertiget werden können. Sie entschuldigen sich mit dem dermahlen in der Arbeit seÿenden Marmornen Sarg für die Höchstsee[ligen] Hoheiten[4] so wohl als damit daß Sie dermahlen wenig kleine Jungen hätten die eigentlich solche Arbeiten machen müßen. Ich werde aber gewiß dafür sorgen, daß solche bald möglichst so Viel mög| 2 |lich *complet* geliefert und Ewer Wohlgeb[ohrn] übersandt werden möchten.[5] Inzwischen überschicke ich beÿ kommend den *Marmor* Tisch und die Thee-Schalen in einer mit ⊛ bezeichneten Schachtel, in welcher Ewer Wohlgebohrn auch die an mich gesandten *Marmor* Proben[6] wiederfinden werden. Es ist keine einzige davon Von hießigen *Marmor*[7], sondern wie ich davor halte, so sind es lauter Saltzburgische oder Baÿrische Marmor[8], eine einzige aber siehet demjenigen gleich den man *Cotonella* <?>[9] nennet. Damit aber die Schachtel Voll werden und ich Ewer Wohlgeb[ohrn] eine kleine Probe meiner Danckbarkeit für die an mich gesandten schönen Gewächße und *impressa* geben möchte, so habe ich 15 Gattungen *Serpentin*-Stein[10], so in unßern Landt beÿ Röhrenhoff[11] gegraben werden aus meiner eigenen Sammlung nebst denen Verlangten Saamen hinzu gethan, wünschende daß solche geneigt aufgenommen werden möchten. Ewer Wohlgebohrn befehlen übrigens womit ich meine so Vielfältige Schuld noch ferner abtragen könne und nehmen ja nicht ungütig, daß ich mit meiner schuldigsten Dancksagung wie wohl wieder meinen Willen so lange Zu rücke bleiben | 3 | müßen.

Den Auftrag wegen der Höhe der Föhren, Fichten und Tannen habe nicht unterlaßen Zu besorgen und mich deswegen beÿ unterschiedenen oberForstMeistern auch Förstern erkundiget und Von allen die Antwort erhalten; es komme die Höhe dießer Bäume auf den guten oder schlechten Boden an, und obgleich die Fohren [!] und Fichten oder rothTannen auch öffters und in guten Boden eine ansehnliche Höhe kriegten, so wären doch die eigentlichen oder Weiß-Tannen diejenigen so die andern an Höhe überträfen und fände man einige davon die Von der Wurzel biß Zum äußersten Gipffel 160 *à* 170 Schuhe[12] hätten, ja ein OberForstMeister wolte behaupten, er habe schon in seiner am FichtelBerg[13] gelegenen *Refir [!]* einige fällen laßen, die 2 Männer nicht Vollig [!] umClafftern[14] können und die nicht

Viel weniger als 200 Schuhe Von der Wurzel biß Zum äußersten Gipffel gehabt hätten, welches aber die andern OberForstMeister als etwas sehr rares angesehen haben. | 4 | Übrigens ersuche ich Ewer Wohlgebohrn mir Zu der *Continuation* Dero *Osteologischen* Wercks[15] geneigt Zu Verhelffen, oder mir wenigstens Zu melden an wem ich mich deswegen wenden soll, Ich habe davon noch nicht mehr als die 5 ersten Platten und die *Explication* darzu auf 3 Blättern erhalten. Ich gestehe es, ich möchte dießes schöne Werck Vor meinem Ende noch gerne Völlig sehen und haben. Wenn von Herrn Beurers[16] Büchern oder *naturalien* noch etwas Verkaufft werden solte, so bitte ich um geneigte Nachricht, und um ein geschriebenes oder gedrucktes Verzeichnüß davon. Nebst meiner Frauen und meines Sohnes[17] gehorsamster Empfehlung erbitte ich mir die Ehre Dero fortwierigen Freundschafft und Gewogenheit und Verbleibe mit ersinnlichster Hochachtung

Ewer Wohlgebohrn

Baÿreuth
den 13. *Ianuarii*
1759.

gehorsamster Diener
Dr. P[eter] C[hristian] Wagner.

PS: Ihro König[liche] Hoheit Höchstsee[ligen] Gedächtnüßes[18] haben mich in dero *Testament* mit einem *Legat* Von 1000 Gulden Fränkisch[19] bedacht.

***H** UBE Briefsammlung Trew, Korr. Wagner, Nr. 68. 4 S. Vermerk vermutlich von Trews Hand S. 1 oben rechts: „Herr Geh[eimer] Rath Wagner den 13. Ian[uarii] 59“, sowie Vermerk vermutlich ebenfalls von Trews Hand auf S. 4 unten links: „praes[entatum] den 20. Ian[uarii]“; als Beilagen: ein Marmortisch (Z. 19) und Teeschalen (Z. 19 f.), sowie einst von Trew zur Begutachtung erhaltene Marmorproben (Z. 20 f.), 15 Gattungen Serpentin-Stein (Z. 26) und Samen (Z. 27) in einer Schachtel.*

---

1 Wagner hatte bereits in Brief Nr. 94 vom 15. Oktober 1758 angekündigt, dass „nächstens durch den LandtKutscher“ ein „Tisch, Schaalen und Saamen“ an Trew übersandt werden würden; vgl. Brief Nr. 94, Z. 49. – Die „Marmor-Proben“ betreffend, bezieht sich Wagner hier wohl auf die von Trew schon in Brief Nr. 92 vom 17. April 1758 vorgetragene Bitte, ihm Proben der ihm noch fehlenden Arten von Bayreuther Marmor zu besorgen; vgl. Brief Nr. 92, Z. 44–51.

2 Gemeint ist hier das Zuchthaus mit angeschlossener „Marmorfabrik“ in der nahe Bayreuth gelegenen Planstadt St. Georgen am See. Vgl. dazu bereits Brief Nr. 90, Endnote 21. – Trew hatte nach einem Aufenthalt in Bayreuth wohl im Frühjahr 1758 ausdrücklich hervorgehoben, wie sehr er sich eine noch „genauere[] betrachtung“ u.a. „der marmor- und porcellan fabrique“ wünsche; vgl. Brief Nr. 90, Z. 31–34. Inwiefern es dazu im Rahmen seiner späteren, v.a. in Zusammenhang zur Erkrankung der Bayreuther Markgräfin stehenden Besuche in Bayreuth noch gekommen war, lässt sich der vorliegenden Wagner-Trew-Korrespondenz nicht entnehmen. Es dürften aber nicht nur die von Trew gewünschten Bayreuther

Marmorproben, sondern auch der erwähnte Marmortisch und Teeschalen aus der „Marmorfabrik" (bzw. evtl. auch „Porzellanfabrik") von St. Georgen gestammt haben.

3 Zum „Podagra" vgl. bereits Brief Nr. 93, Endnote 10.

4 Im Rahmen der im Umfeld vorliegender Edition möglichen Recherchen ließ sich nicht klären, wen Wagner hier mit „Höchstseeligen Hoheiten" meinte, d.h. für wen der 1758/1759 im Zuchthaus St. Georgen gefertigte Marmorsarg bestimmt war. Ein Bezug auf die im Oktober 1758 verstorbene Bayreuther Markgräfin Wilhelmine (1709–1758) scheint eher unwahrscheinlich, da Wagner diese in seinen Briefen konsequent als „Königliche Hoheit" ansprach (vgl. auch in vorliegendem Brief in Z. 58). Möglicherweise besteht ein Zusammenhang zur Herstellung noch des Marmorsarges für den in der Ritterkapelle in Himmelkron beigesetzten Markgraf Georg Friedrich Karl (1688–1735).

5 Tatsächlich musste Trew noch etwa eineinhalb Jahre warten, bis Wagner ihm schließlich mit Brief Nr. 96 vom 19. August 1760 die im Zuchthaus St. Georgen gefertigten Bayreuther Marmorproben übersenden konnte; vgl. Brief Nr. 96, Z. 8–15 (beigefügt auch ein umfassendes Verzeichnis aller übersandten Bayreuther Marmorarten in Z. 40–84).

6 Trew hatte Wagner am 17. April 1758 in Brief Nr. 92, Z. 44–48, angekündigt, ihm Marmorproben von seiner Einschätzung nach Bayreuther Marmor, die er bereits von Johann Ambrosius Beurer (1716–1754) erhalten habe, zukommen zu lassen, damit Wagner diese ansehen und die Trew fehlenden Arten von Bayreuther Marmor besorgen könnte. Da Wagner diese Proben nun zurücksandte, hatte Trew seine Ankündigung also offenbar umgesetzt und Wagner die Proben auf irgendeine Weise zukommen lassen.

7 Gemeint ist hier also der Marmor der Bayreuther Gegend. Zu Bayreuth siehe Brief Nr. 57, Endnote 6. – Zu zeitgenössischen Einträgen zu Marmor im Allgemeinen und zu zeitgenössischen Darstellungen zum Bayreuther Marmor im Besonderen vgl. bereits Brief Nr. 92, Endnote 25.

8 Zedler (1732–1754), Bd. 19, Sp. 1611–1617, erwähnt in seinem ausführlichen zeitgenössischen Eintrag zum „Marmor" ausdrücklich u.a. den Marmor aus den „Saltzburgischen Marmor-Gebürgen" und auch z.B. Marmor aus Bayern aus dem Gebiet des Tegernsees. In den „Saltzburgischen Marmor-Gebürgen" sei „Marmor von allerley Farben, sonderlich schwartze[r] Marmor von weissen gläntzenden Adern und rothe[r], der gar annehmlich gesprenget ist, in grosser Menge" zu finden, daneben werde „auch weisser Marmor gebrochen", aus dem in Salzburg „die beyden Gallerien an der Dom-Kirche" wie auch „der ungemein schöne und grosse Hof-Brunnen" zu bestaunen seien. Am Tegernsee im Herzogtum Bayern werde v.a. „[b]laulichter Marmor" angetroffen. – Salzburg (Saltzburg) unterhielt schon in römischer Zeit, als Municipium Iuvavum zur römischen Provinz Noricum gehörend, einen regen Handel (Salz, Marmor) mit Aquileja. 739 wurde durch Bonifatius das Bistum Salzburg neu organisiert, nach der Erhebung zum Erzbistum unter Karl dem Großen 798 erlebte es einen wirtschaftlichen und politischen Aufschwung. Im 10. und 11. Jh. v.a. wurden die Voraussetzungen für die Bildung einer geschlossenen Herrschaft als Kern des späteren geistlichen Territoriums geschaffen. Im 13. und 14. Jh. weitete das Bistum seine Landeshoheit in einem immer größeren Raum aus und bildete ein eigenes Landrecht heraus. Ab dem 15. Jh. aber geriet Salzburg immer mehr in Abhängigkeit von den Habsburgern, die u.a. als Kaiser Einfluss auf die Besetzung des Erzbischofsstuhls zu nehmen suchten. Im 16. Jh. führten die Säkularisation des Domkapitels, die Reformation und die Bauernaufstände zu einer Krise. Zwar konnte die Gegenreformation die Protestanten in der zweiten Hälfte des 16. Jh. zurückdrängen, noch 1731/1732 aber kam es zu Ausweisungen (Exulanten). Zu Beginn des 19. Jh. schließlich wurde Salzburg zunächst Kurfürstentum als habsburgische Sekundogenitur, fiel dann in der weiteren Entwicklung an das Kaiserreich Österreich; vgl. Brockhaus, Bd. 19, S. 120. Ein zeitgenössischer Eintrag zu Salzburg findet sich bei Zedler (1732–1754), Bd. 33, Sp. 1442–1445 („Salzburg oder Saltzburg"). – Ein zeitgenössischer Eintrag zu Bayern findet sich in Zedler (1732–1754), Bd. 3, Sp. 797–810. Einen Überblick zur Landesgeschichte Bayerns, auch im Besonderen des Herzog- bzw. Kurfürstentums Bayern, bietet das Deutsche Städtebuch, Bd. 5.1 (Bayern T.1), S. 20–26.

9 Zu der hier als „Cotonella <?>“ bezeichneten Art von Marmor ließen sich in den im Rahmen vorliegender Edition genutzten allgemeinen zeitgenössischen Nachschlagewerken keine Informationen gewinnen; so führt z.B. Zedler (1732–1754), Bd. 19, Sp. 1611–1617, in dem durchaus umfänglichen Eintrag zu „Marmor“, in dem sehr viele Marmorarten unterschiedlichster Herkunft und Bezeichnung genannt und beschrieben werden, „Cotonella“ nicht an.
10 Zedler (1732–1754), Bd. 37, Sp. 410 f., beschreibt „Serpentinstein, Serpentinmarmor, lateinisch Ophites, Lapis serpentinus“ als „eine Gattung bunten Marmels, grün, bleich und voller Flecken“. Es gebe davon „allerhand Gattungen, welche nach ihrer Härte und den verschiedenen Farben ihrer Flecke von einander unterschieden w[ü]rden“. Die besten kämen aus den Marmorbrüchen Italiens und Deutschlands. Insbesondere kämen viele Sorten aus „den Brüchen unweit Meissen bey Zeblitz“, wobei dieser weiche Serpentinstein v.a. „zu allerley Gefässen, Krügen, Bechern, Theezeug, Flaschen, Schalen, Mörsern, Schreibezeugen“ und Ähnlichem verarbeitet werde. Grundsätzlich lasse sich dieser Stein im Bauwesen „zu zierlichen Auslegen und Verkleidungen“ nutzen. Das Wort „Serpentinstein“ bzw. „Ophites“ komme von „Schlange“, „weil seine Flecken und Marbrirung sehr oftmahls mit den Flecken einer Schlange sich vergleichen“, weswegen ihm, allerdings fälschlicherweise, auch große Kraft gegen den Schlangenbiss nachgesagt werde. Auch solle sich in Trinkgeschirren aus Serpentin das Wasser länger halten. – Johann Wilhelm Kretschmann (1702–1758) listet in seiner „Sammlung zu einer Berg-Historia des Markgraftums Brandenburg-Bayreuth“ von 1741 insgesamt 11 verschiedene „Serpentin Steine“; vgl. Kretschmann (1741/ Faksimileausgabe 1992), Teil III, S. 313 f.
11 Kretschmann (1741/Faksimileausgabe 1992), Teil III, S. 314, listet zwei verschiedene „Serpentin Steine“ aus „Röhren Hof“: „75. Grünlicher Serpentin Stein, wie solcher beÿ Röhren Hof, über Gold Cronach gebrochen werden etwas zugerichtet. 76. Dergleichen dunkeler, eben da her.“ – Dürrschmidt (1800), S. 35, liefert in seiner „Beschreibung des Königlich Preussischen, im Fürstenthum Baireuth liegenden, Kirchspieles Goldkronach …“ zu Röhrenhof (Röhrenhoff), das heute ein Ortsteil von Bad Berneck im Fichtelgebirge ist, für die Zeit um 1800 folgende Informationen: „ein Ort welcher 7 Häuser und 59 Einwohner, 3 Bauern 2 Eisenhämmer, 6 Hammerschmiede und 1 Schichtmeister hat, und eine gute halbe Stunde nach Goldkronach, am rechten Ufer des weissen Mains liegt“. Es sei zum ehemaligen Stadtvogteiamt Berneck gerechnet worden. Insbesondere weist Dürrschmidt (1800), S. 36, aber auch auf den Serpentinsteinbruch hin: „Bei Röhrenhof oder bei dem ehemaligen Forsthaus ist ein Serpentinsteinbruch, wo gegen 12 verschiedene Serpentinarten in streichenden Flötzen brechen. Die vorzüglichsten sind schwärzlich, grünlich, bläulich und röthlich, wovon die letzte Art am seltensten ist. Zuweilen findet sich dabei etwas Asbest, der aber sehr kurz, faserig und ziemlich grau ist.“ – Der Historische Atlas von Bayern, Teil Franken, Reihe 1, Heft 30 (Bayreuth Stadt und Altlandkreis), S. 385, liefert entsprechend zu „Röhrenhof (oberer, mittlerer, unterer)“ Stand zum Ende des Alten Reichs (Stichjahr 1792) folgende Informationen: 1) 7 Anwesen, 2) Hochgericht: Stadtvogteiamt Berneck, 3) Dorf- und Gemeindeherrschaft: Stadtvogteiamt Berneck/ Kastenamt Gefrees, 4) Pfarrei: Goldkronach, 5) Kastenamt Gefrees: 1 Forsthaus (Oberforstmeisterei), 1 Hammerwerk mit Wohnhaus, 1 Gut, 2 Gütlein, 1 Schmelz- und Hammerwerk, 1 Drahthammer (Steuer und Vogtei: Stadtvogteiamt Berneck).
12 Zedler (1732–1754), Bd. 9, Sp. 2362–2367, beschreibt den „Fuß oder Schuh, Lat. Pes“ als „eine Linie, so bey nahe der Länge eines Fusses gleichet, und zum Masse derer Längen in der Geometrie, Baukunst, Fortification und andern Theilen der practischen Mathematic gebraucht wird“. Zedler betont dabei aber auch, dass „heute zu Tage […] solcher [Fuß] nicht nur bey verschiedenen Nationen, sondern fast in allen kleinen Städten verschieden [sei], welches eine nicht geringe Unbequemlichkeit und Confusion […] verursache[]“. Zudem habe man z.B. in Nürnberg „zweyerley Arten Schuhe“, nämlich einen sog. „Werck-Schuh“ und einen sog. „Stadt-Schuh“. – Trapp/Wallerus (2006), S. 249, gibt in einer Tabelle „Einheiten von überregionaler Bedeutung – Bezugseinheiten“ z.B. für das 18. Jh. den Nürnberger Fuß mit 30,386 cm, den Bayerischen Fuß mit 28,874 cm. Zur historischen Entwicklung der Längenmaße in Europa

und dem Mittelmeerraum im Mittelalter und in der Neuzeit bis zum Ende des 18. Jahrhunderts vgl. auch Trapp/Wallerus (2006), S. 22–24.
13 Zum Fichtelgebirge, hier zeitgenössisch „FichtelBerg", vgl. bereits Brief Nr. 64, Endnote 21. In dem zeitgenössischen Eintrag bei Zedler (1732–1754), Bd. 9, Sp. 804 f. („Fichtelberg"), wird explizit auch auf dort wachsende „ungeheure Bäume" hingewiesen.
14 „Umklaftern" (bzw. hier „umClafftern") steht für „mit ausgespannten armen messend umfassen"; vgl. Grimm (1854–1960), Bd. 23, Sp. 975.
15 Zu Trews „Osteologie" bzw. dem einst mehrbändig geplanten anatomischen Tafelwerk vgl. bereits Brief Nr. 17, Endnote 4. – Wagner hatte beharrlich immer wieder nach der Fortsetzung des einst mehrbändig angekündigten Werkes (zu der es in einer von Trew autorisierten Form nie mehr kommen sollte) gefragt, etwa auch in der erhaltenen Korrespondenz zuletzt im Jahr 1744 in Brief Nr. 73, Z. 11 f.
16 Zu Johann Ambrosius Beurer (1716–1754) siehe bereits Brief Nr. 92, Endnote 23.
17 Gemeint ist hier wahrscheinlich Wagners Sohn Paul Christian Ludwig Wagner (1730–1783), der auch in Bayreuth als Arzt tätig war. Siehe zu seiner Person ausführlich Brief Nr. 88, Endnote 17, sowie auch Brief Nr. 37, Endnote 3.
18 Gemeint ist hier Markgräfin Friederike Wilhelmine Sophie von Brandenburg-Bayreuth (1709–1758), eine Tochter des preußischen Königs Friedrich Wilhelm I., die am 14. Oktober 1758 nach längerer Erkrankung verstorben war. Zu ihrer Person siehe bereits Brief Nr. 65, Endnote 22.
19 Zu dieser Währungseinheit vgl. bereits Brief Nr. 48, Endnote 8.

96 — *19. August 1760*

Peter Christian Wagner, Erlangen, an Christoph Jacob Trew, <Nürnberg>

Wohlgebohrner und Hochgelehrter,
sonders Hochgeehrtester Herr HoffRath,
Werthester Freund!

Lange geborgt ist nicht geschenckt muß ich Zu meiner Entschuldigung beÿ Überreichung beÿkommender Baÿreuthischer Marmor Proben[1] sagen. An meinen guten Willen und öfftern Errinnerungen in unßerer Marmor-Fabric[2] hat es nicht gefehlet, daß dießes Versprechen gehalten worden; alleine außer deme daß es schon seith einem Jahr unßerem Zuchthauß an tüchtigen Arbeitern gefehlet, so haben mir Frembde und Reißende ein paar mahle die schon fertige Sammlung ausgekauffet und weggenommen. Ich wunsche [!] nur daß Ewer Wohlgebohrn noch jetzo daran einiges Vergnügen finden und sich dabeÿ manches mahl un| 2 |ßerer Freundschafft errinnern mögen.
Ich hatte mir Zwar Vorgenommen nach Vollbrachter Hochzeit meines Sohnes des RegierungsRaths[3] welche anheute[4] noch mit des Hießigen[5] herrn hoff- und *Justiz*Raths Göckels[6] ältesten J[un]gf[e]r Tochter[7] Vollzogen werden soll, beÿ Ewer Wohlgebohrn selbsten meine Aufwartung Zu machen, alleine meines Herrn Schwieger Vatters des Herrn hoffRath Weißmanns[8] tödtliche Niederlage[9] und eine eigene etwelche Unpäßlichkeit behindern mich dießes mahl an einer Pflicht, die ich mit grösten Vergnügen beobachtet hätte.

Solten Ewer Wohlgebohrn die Ihnen Verwichenes Jahr *communicirte siliquam falcatam Phaseoli cochleati*[10] nicht mehr brauchen und nach dero gütigen Versprechen einige seltene Ihnen überflüßige *fructus exoticos* Und *semina* Vor mein *seminarium*[11] und Garten Zusammen geleget haben, so würde ich solche mit der gebührenden | 3 | Erkentlichkeit empfangen und dagegen mit der ohnehin schuldigen Verehrung und Hochachtung Verharren

Ewer Wohlgebohrn
Meines werthesten Freund und Gönners

Erlang
den 19. *Aug[usti]*
1760.

treu ergebenster und gehorsamster Diener.
Dr. Peter Christian Wagner

PS: Unßer gesamter Durch[lauchtigster] hoff[12] befindet sich dermahlen in Kaÿßer Hammer 4 Stunden Von Eger[13] in aller Höchsten Wohlseÿn und ich werde gantz ungezweiffelt nach meiner Anheimkunfft auch dahin abgehen müßen.

Beilage: Verzeichnis aller wesentlichen im Bayreuther Fürstentum vorkommenden Marmorarten[14]

Verzeichnüß aller Haupt *Sorten* derer im Baÿreuthischen Fürstenthum befindlichen *Marmor*.
~~No~~

1.) Weißer etwas flitschigter Marmor, mit gelben Streiffen, Von Wunsiedel.
2.) Ein Dunckelgrüner *Marmor*, mit Kleinen Silbertalckigten Flecken, Von Unfriedsdorff, beÿ Mönchberg.
3.) Ein grauer *Marmor* mit schwarzen Adern, Von hoff an der steinernen Brücken.
4.) Dreÿ Wildgraue Marmor mit weißen Dippeln eben daher.
5.)
6.)
7.) Ein röthlich grauer, mit braunen Flecken und silberfarben Adern, Von der Geigen ohnweit Hoff.
8.) Eine etwas andere Gattung davon eben daher.
9.) Ein lichtbrauner mit schwarzen- und SchwefelAdern daher.
10.) Ein Dunckelbrauner, mit rothen Flecken und Schwefel-Adern, eben daher.
11.) Ein Hechtgrauer mit weißen und schwarzen Adern, so öffters allerleÿ Figuren machen, auch daher. | 2 |
12.) Ein hellbrauner Marmor, mit Zarten etwas Dunckeln Aderlein, Von Oßeck ohnweit Hoff.
13.) Ein Zartgrauer Marmor mit rothen Tropffen und blaulichen Adern eben daher aus einem andern Bruch.
14.) Ein Zartgrauer Marmor mit weißen Flecklein und BlutsTropffen Vom EichelBerg beÿ hoff.

15.) Ein schöner röthlichbrauner Marmor mit hellen Flecken, Von Gattendorff, ohnweit hoff.
16.) Ein kohlschwartzer Marmor mit weißen Adern Von Dreßendorff ohnweit hoff.
17.) Ein weißgrauer schön wolckigt und fleckigter Marmor Von der hohen Straße beÿ hoff.
18.) Ein schöner bundfleckigter Marmor, Von der Wiederkehr, im Baÿreuthischen.
19.) Ein grauer Marmor mit blaulichen Adern Von hoff, an der Straße nach Plauen.
20.) Ein schöner brauner Marmor, mit blaulichen Adern, Von hoff, bricht oberhalb der Ziegel Hütten.
21.) Ein schöner schwartzfleckigter Marmor, mit *Marcasitten* Vom Lemnitz-Berg, im Baÿreuthischen. | 3 |
22.) Ein dunckel- und ein hellgelber Marmor, beede Vom Streitberg im Baÿreuthischen.
23.)
24.) Ein weißgelblicher Marmor Von Caßendorff, im Baÿreuthischen.
25.) Ein gelbfleckigter Muschel-Marmor Von Leuchau im Baÿreuthischen.
26.) Ein grauer Marmor mit grünlichen, bräunlichen und röthlichen Wolcken, Von Schertlaß im Baÿreuthischen.
27.) Ein schöner rother Marmor mit weißen und grünen Adern, Von Hurtig Wagen oder Horwagen, aus dem Amt Dürrbach im B[aÿreuthischen].
28.) Ein dunckelrothstreiffigter mit weißen Adern eben daher.
29.) Ein schwartzgrauer Marmor mit weißen und rothen Flecken, Von der Dürren Weid im Baÿreuthischen.
30.) Wolckigter Alabaster oder Gipß-Stein, Von Dola ohnweit Baÿreuth.
31.) Fleißfarber Marmor mit grünen Adern Von Dürrbach im Baÿreuthischen. | 4 |
32.) Ein Leberfarb gewölckter *Marmor*, Von Trogen ohnweit Hoff.

***H** UBE Briefsammlung Trew, Korr. Wagner, Nr. 69. 3 S. nebst 3¼ S. Verzeichnis aller wesentlichen im Bayreuther Fürstentum vorkommenden Marmorarten. Vermerk vermutlich von Trews Hand S. 1 oben rechts: „HofR[ath] Wagner"; als Beilage: Marmorproben aus der Bayreuther Gegend (Z. 8 f.).*

---

1 Es handelt sich hier also um Marmor aus der Bayreuther Umgebung. Zu Bayreuth vgl. bereits Brief Nr. 57, Endnote 6. Zu zeitgenössischen Einträgen zu Marmor im Allgemeinen und zu zeitgenössischen Darstellungen zum Bayreuther Marmor im Besonderen vgl. bereits Brief Nr. 92, Endnote 25. – Trew hatte Wagner in Brief Nr. 92, Z. 44–51, vom 17. April 1758 gebeten, ihm Proben der ihm noch fehlenden Arten von Bayreuther Marmor zu besorgen und diesen auch eine entsprechende Beschreibung ihrer „nahmen und lagen" beizulegen. In Brief Nr. 95, Z. 13–19, vom 13. Januar 1759 aber hatte Wagner Trew bezüglich der Übersendung der Marmorproben weiter vertrösten müssen, da das Zuchthaus mit angeschlossener „Marmorfabrik" in St. Georgen am See nahe Bayreuth, das die Marmorproben hatte liefern sollen, wegen aus verschiedenen Gründen gegebener Arbeitsüberlastung diese noch nicht habe fertigstellen können. Erst nun also im August 1760, und damit noch einmal ca. eineinhalb Jahre später, konnte Wagner die gewünschten Proben einschließlich des gewünschten Verzeichnisses, vgl. Z. 40–84 des vorliegenden Briefes, endlich übersenden.

2 Zum Zuchthaus mit angeschlossener „Marmorfabrik" in der nahe Bayreuth gelegenen Planstadt St. Georgen am See vgl. bereits Brief Nr. 90, Endnote 21.

3 Gemeint ist hier wohl Wagners Sohn Johann Heinrich Wagner (geb. 1731), zu dessen Laufbahn die Memoria P. C. Wagneri (1765), unpaginiert, vermerkt: „Serenissimo Principi a consiliis Regiminis de patria meritissimus". Zu den überlebenden vier Söhnen Wagners aus seiner ersten Ehe mit Regina Wagner, geb. Heer, die 1735 verstarb, vgl. auch bereits Brief Nr. 37, Endnote 3 (es folgten dann noch zwei weitere Söhne aus Wagners zweiter Ehe mit Margaretha Wilhelmina Wagner, geb. Weissmann).

4 „Anheute" steht hier für „am heutigen tage, heut am tage"; vgl. Grimm (1854–1960), Bd. 1, Sp. 375.

5 Gemeint ist hier Erlangen. Siehe dazu bereits Brief Nr. 14, Endnote 1.

6 Hier könnte es sich wohl um den Justizrat August Göckel, einen Sohn Christian Ludwig Göckels (1662–1736) und Bruder Christoph Ludwig Göckels (1689–1759) handeln. – In dem Eintrag zu Christian Ludwig Göckel (1662–1736) in DBA 400, Bl. 260–263 (Will; Hirsching; Jöcher/Adelung), wird, hier insbesondere in DBA 400, Bl. 260 f. (Will), unter dessen Kindern auch „Hr. August" genannt und zu diesem Sohn vermerkt: „lebt als wirklicher Bayreuthischer Justiz-Rath zu Erlangen, und hat sich mit Fr. Catharina Regina, einer gebohrnen Schmidin, von Nürnberg, verheyrathet". Als weiterer Sohn Christian Ludwig Göckels (1662–1736) findet sich dort Christoph Ludwig Göckel (1689–1759) genannt, der also ein Bruder des August Göckel war; vgl. zu Christoph Ludwig Göckel bereits ausführlich Brief Nr. 56, Endnote 3.

7 Die künftige Schwiegertochter Wagners konnte im Rahmen der im Umfeld vorliegender Arbeit möglichen Recherchen nicht näher identifiziert werden.

8 Zu Johann Friedrich Weis(s)mann (Weißmann) (1678–1760) siehe bereits Brief Nr. 15, Endnote 4.

9 Johann Friedrich Weis(s)mann starb (noch) am Tag des vorliegenden Briefes, also am 19. August 1760; vgl. Schmidt-Herrling (1940), S. 687.

10 Wagner bezieht sich hier auf eine von ihm offenbar im vorausgehenden Jahr an Trew übersandte/übermittelte „siliqua falcata Phaseoli cochleati" (hier lat. Akk. Sgl. „siliquam falcatam Phaseoli cochleati"), also wohl eine krumme/sichelförmige Schote („siliqua falcata") von „Phaseolus cochleatus". Zedler (1732–1754), Bd. 27, Sp. 1766, verweist zeitgenössisch unter „Phaseolus" auf den Eintrag zu „Bohne" in Bd. 4, Sp. 436–442, wo sich aber nicht im Speziellen „Phaseolus cochleatus" aufgeführt findet.

11 Zedler (1732–1754), Bd. 36, Sp. 1753, verweist unter „Seminarium" auf den Eintrag zu „Baum-Schule" in Bd. 3, Sp. 767 f. Es handelt sich hier also wohl um eine Art „Baumschule" bzw. allgemeiner „Pflanzschule/Pflanzgarten" Wagners.

12 Gemeint ist hier der Bayreuther Markgrafenhof.

13 In Kaiserhammer (Kaÿßer Hammer), gelegen im heutigen Landkreis Wunsiedel im Fichtelgebirge zwischen Markt Thierstein und Marktleuthen, ließ Markgraf Friedrich von Brandenburg-Bayreuth (1711–1763) in der zweiten Hälfte der 1750er Jahre ein neues Jagdschloss errichten, da die umliegenden Wälder ein beliebtes Jagdrevier der Bayreuther Markgrafen waren (das Jagdschloss wurde wenig später v.a. unter preußischer Verwaltung wieder weitestgehend abgerissen, so dass heute nur mehr zwei Flügelbauten stehen). Zu Kaiserhammer und auch dem Jagdschloss vgl. folgenden Aufsatz: Müssel (1961). – Zu Eger siehe bereits Brief Nr. 4, Endnote 9.

14 Das Verzeichnis bezog sich wohl auf die beiliegend von Wagner an Trew übersandten Marmorproben. – Zum Vergleich siehe auch Kretschmann (1741/Faksimileausgabe 1992), Teil III, S. 301–306, der in seiner „Sammlung zu einer Berg-Historia des Markgraftums Brandenburg-Bayreuth" von 1741 insgesamt 38 „Marmorarten" listet. Es lassen sich zwar inhaltlich bezüglich der angegebenen Lagen und der Beschreibung der Marmorarten teils, wie zu erwarten, gewisse Parallelen zu vorliegendem Verzeichnis finden, allerdings keinerlei engere sprachliche Parallelen etc., die darauf hinweisen würden, dass Wagner die genannte Schrift unmittelbar als Vorlage für sein eigenes Verzeichnis nutzte.

7 Anhang (Beilagen mit Nummerierung im Text)

7.1 Beilage 1: Tabellarische Übersicht zum Lebenslauf Peter Christian Wagners

(Zusammenstellung der wichtigsten Eckdaten und Ereignisse im Lebenslauf Peter Christian Wagners; die Quellen- bzw. Literaturbasis ergibt sich aus Kapitel 2.1 der vorliegenden Untersuchung)

10.8.1703	Geburt in Hof als Sohn der Barbara Margaretha Wagner, geb. Schilling, und des Kaufmannes Adam Daniel Wagner
vor 1714	Besuch der Hofer Stadtschule, daneben Privatunterricht
1714–1719	Schüler des Gymnasiums Hof
1719	Aufenthalt bei seinem Bruder Johann Matthäus Wagner (Pfarrer in Weißenschirmbach und Grockstädt), dann nach Halle
5.12.1721	Eintragung in die Matrikel der Universität Halle für Medizin
ab 1721	Studium der Medizin in Halle u.a. bei Georg Daniel Coschwitz, später auch Aufenthalt an der Universität Leipzig bei Augustin Friedrich Walther
Dezember 1724	Doktorhut in Halle, Inauguraldissertation *De lapidibus iudaicis*
1725–1728	von Halle Rückkehr in Geburtsstadt Hof mit Zwischenaufenthalt in Jena, bald darauf für kurze Zeit nach Bayreuth; erste längere Station als Arzt in der „französischen Kolonie" Erlangens; 1726 Heirat mit Regina Heer
1728	als Leibarzt und Rat sowie Stadt- und Landphysikus in die Grafschaft **Pappenheim**
1730	Hofrat des gräflichen Hauses in Pappenheim
Dezember 1731	nach dem Tod des Johann Friedrich Graf von Pappenheim Rückkehr nach **Erlangen**; dort in der Folge Ernennung zum Hofmedikus und Rat des Bayreuther Markgrafen Georg Friedrich Karl, zunächst weiterhin v.a. ärztliche Tätigkeit im städtischen Umfeld Erlangens
1735	Tod der ersten Ehefrau Regina Wagner, geb. Heer
1736/1737	gescheiterter Vermittlungsversuch als Leibarzt an den Ansbacher Markgrafenhof
ca. 1737	Bestätigung der Posten als Hofmedikus und Rat durch den neuen Bayreuther Markgrafen Friedrich, zudem jährliches Gehalt
1738	Heirat mit Margaretha Wilhelmina Weismann
1739	Beteiligung an erfolgreicher Behandlung des Markgrafen Friedrich bei schwerer Erkrankung in Erlangen, in der Folge Ernennung zum Hofrat sowie Physikats-Adjunktus in Erlangen; Aufnahme in die kaiserliche Akademie der Naturforscher (Leopoldina); stetig enger werdende Bindung an den markgräflichen Hof in Bayreuth

1741	Aufnahme in die botanische Gesellschaft Florenz
15.6.1742	Berufung zum ersten Stadtphysikus von Bayreuth in Nachfolge des verstorbenen Johann Erhard Donauer
1.9.1742	Bestätigung als Stadtphysikus durch Markgraf Friedrich, etwa zeitgleich auch Ernennung zu dessen Leibarzt
April 1743	endgültiger Umzug von Erlangen nach **Bayreuth**
15.7.1743	Vereidigung zum Stadtphysikus von Bayreuth
ab 1743	Leben als Mitglied des Bayreuther Hofstaates nach dem Rhythmus des Hofes, „Hoftour" im Jahresverlauf über verschiedene Land- und Jagdhäuser des Bayreuther Umlandes
1747	Reisen im markgräflichen Auftrag nach Leipzig und Dresden (im Zusammenhang mit dem fürstlichen Naturalienkabinett); Aufnahme in die Akademie der Wissenschaften in Stockholm
1748 ff.	eigene Erkrankung und im Anschluss Reise zur in Berlin schwer erkrankten Bayreuther Markgräfin Wilhelmine
1749	Aufnahme in die Akademie der Wissenschaften zu Bologna
1754/1755	Begleitung des Bayreuther Markgrafenpaares auf einer ausgedehnten Reise durch Frankreich und Italien
1755	Aufnahme in die Gesellschaft der Altertümer zu Florenz; Aufnahme in die Akademie der Wissenschaften zu Montpellier
1757	vergebliches Bemühen um eine Stelle als Arzt bei der im Rahmen des Siebenjährigen Krieges nahe Fürth stehenden Reichsarmee; Aufnahme in die Akademie der Kräuterwissenschaft und Untersuchung natürlicher Dinge zu Cortona
1758	Ernennung zum Geheimen Rat, ersten Leibarzt und Direktor des Medizinalkollegiums durch den Bayreuther Markgrafen; schwere Erkrankung und Tod der Bayreuther Markgräfin Wilhelmine
1762	Aufnahme in die Bayerische Akademie der Wissenschaften in München
1763	Tod des Bayreuther Markgrafen Friedrich
vor 1764	zunehmende Einschränkungen durch sich verschlechternden eigenen Gesundheitszustand, teils Entlastung in den ärztlichen Pflichten auch durch den eigenen Sohn Paul Christian Ludwig Wagner
8.10.1764	Tod in Bayreuth

7.2 Beilage 2: Vereinfachte genealogische Übersicht zur Familie Peter Christian Wagners

(Zusammenstellung der Informationen zur Familie Wagners aus Kapitel 2.1; siehe dort auch zur zugrunde liegenden Basis an Quellen bzw. Literatur)

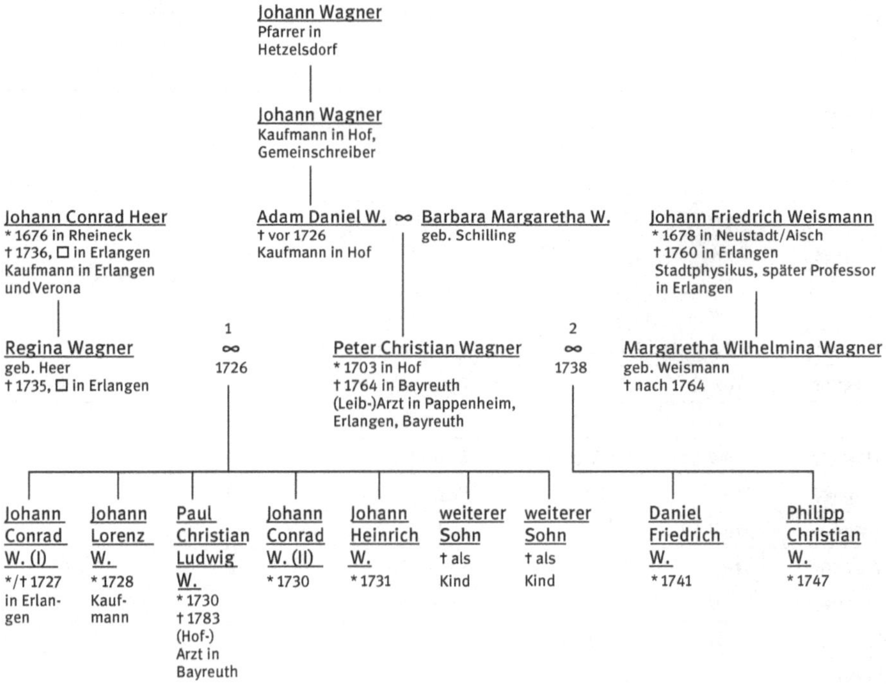

7.3 Beilage 3: Tabellarische Übersicht zur erhaltenen Korrespondenz Peter Christian Wagners (soweit recherchiert)

Der Briefwechsel zwischen Peter Christian Wagner und Christoph Jacob Trew (in chronologischer Zusammenstellung)[1]

Von	An	Datum	Schreibort	Signaturziffer (UBE BT [Korr. Wagner, Nr. 3–71; Korr. Trew, Nr. 789–795])	
Wagner	Trew	4.10.1729	Pappenheim	4	*(3½ S.)*
Trew	Wagner	4.1.1730	Nürnberg	789	*(2 S.)*
Wagner	Trew	23.4.1730	Pappenheim	5	*(4 S.)*
Wagner	Trew	30.9.1730	Pappenheim	6	*(4 S.)*
Wagner	Trew	14.10.1730	Pappenheim	7	*(4 S. u. 2 S. Samenverzeichnis)*
Wagner	Trew	5.2.1731	Pappenheim	8	*(4 S.)*
Wagner	Trew	26.2.1731	Pappenheim	9	*(2¼ S.)*
Wagner	Trew	1.3.1731	Pappenheim	10	*(2 S.)*
Wagner	Trew	27.3.1731	Pappenheim	11	*(4 S.)*
Wagner	Trew	12.12.1731	Erlangen	12	*(2½ S. u. Anschrift)*
Wagner	Trew	8.2.1732	Erlangen	13	*(2 S.)*
Wagner	Trew	–	–	3	*(4 S.; Lat.)*
Wagner	Trew	20.11.1733	Erlangen	14	*(2 S.)*
Wagner	Trew	20.11.1734	Erlangen	15	*(5 S.; Lat.)*
Wagner	Trew	19.7.1736	Erlangen	16	*(4 S.)*
Wagner	Trew	28.8.1736	Erlangen	17	*(4 S.)*
Wagner	Trew	28.10.1736	Erlangen	18	*(3 S.)*
Wagner	Trew	31.10.1736	Erlangen	19	*(7 S.)*
Wagner	Trew	7.11.1736	Erlangen	20	*(8 S.)*
Wagner	Trew	9.11.1736	Erlangen	21	*(4 S.)*

1 Die Signaturziffern der Briefe Peter Christian Wagners an Christoph Jacob Trew und der Briefentwürfe Trews an Wagner folgen der Verzeichnung der Schriftstücke in Schmidt-Herrling (1940), S. 677 f. sowie S. 636. – Zum selbst vergebenen Numerus currens innerhalb der in vorliegender Arbeit erstellten Edition siehe die gesonderte Aufstellung (einschließlich der erschlossenen Briefe) in Kapitel 6.2. – Undatierte Briefe wurden gemäß der inhaltlichen Zusammenhänge in die Chronologie eingefügt.

Von	An	Datum	Schreibort	Signaturziffer (UBE BT [Korr. Wagner, Nr. 3–71; Korr. Trew, Nr. 789–795])
Wagner	Trew	14.11.1736	Erlangen	22 *(4 S.)*
Wagner	Trew	21.11.1736	Erlangen	23 *(8 S.)*
Wagner	Trew	6.12.1736	Erlangen	24 *(4 S.)*
Wagner	Trew	13.12.1736	Erlangen	25 *(4 S.)*
Wagner	Trew	14.12.1736	Erlangen	26 *(4 S. u. 2 S. PS^{tum})*
Wagner	Trew	18.12.1736	Erlangen	27 *(4 S.)*
Wagner	Trew	22.12.1736	Erlangen	28 *(4 S.)*
Wagner	Trew	25.12.1736	Ansbach	29 *(4 S.)*
Wagner	Trew	2.1.1737	Erlangen	30 *(4 S.)*
Wagner	Trew	4.1.1737	Erlangen	31 *(4 S.)*
Wagner	Trew	8.1.1737	Erlangen	32 *(3 S.)*
Wagner	Trew	17.2.1737	Erlangen	33 *(4 S.)*
Wagner	Trew	1.3.1737	Erlangen	34 *(3 S.)*
Wagner	Trew	12.8.1737	Erlangen	35 *(4 S.)*
Wagner	Trew	21.10.1737	Erlangen	36 *(1¼ S. u. Anschrift)*
Wagner	Trew	23.2.1738	Erlangen	37 *(3 S.; Lat.)*
Wagner	Trew	–	–	70 *(3 S.; Lat.)*
Wagner	Trew	5.9.1738	Erlangen	38 *(3¼ S.)*
Wagner	Trew	18.4.1739	Erlangen	39 *(4 S.)*
Wagner	Trew	15.6.1742	Erlangen	40 *(4 S.)*
Wagner	Trew	7.9.1742	Erlangen	41 *(3½ S.)*
Wagner	Trew	8.3.1743	Erlangen	42 *(3 S.)*
Wagner	Trew	9.4.1743	Erlangen	43 *(2 S.)*
Wagner	Trew	<12.5.1743> (hier wohl Fehldatierung Wagners)	Bayreuth	45 *(4 S.)*
Wagner	Trew	10.5.1743	Bayreuth	44 *(3½ S.)*
Wagner	Trew	8.8.1743	Bayreuth (Eremitage)	46 *(2 S.)*
Wagner	Trew	18.10.1743	Bayreuth (Himmelkron)	47 *(4 S.)*
Wagner	Trew	5.1.1744	Bayreuth	48 *(4 S.)*
Wagner	Trew	17.1.1744	Erlangen	49 *(5 S.)*
Wagner	Trew	19.1.1744	Erlangen	50 *(3 S.)*
Wagner	Trew	29.2.1744	Erlangen	51 *(2 S.)*
Wagner	Trew	21.3.1744	Bayreuth	52 *(3 S.)*
Wagner	Trew	7.6.1744	Bayreuth (Eremitage)	53 *(2 S. u. Anschrift)*

Von	An	Datum	Schreibort	Signaturziffer (UBE BT [Korr. Wagner, Nr. 3–71; Korr. Trew, Nr. 789–795])	
Wagner	Trew	14.11.1744	Bayreuth	54	*(3 S. u. 2 S. PS^tum)*
Wagner	Trew	24.4.1746	Bayreuth	55	*(4 S.)*
Wagner	Trew	4.5.1746	Bayreuth	56	*(5½ S.)*
Trew	Wagner	6.5.1746	Nürnberg	790	*(2½ S.)*
Wagner	Trew	8.5.1746	Bayreuth	57	*(3½ S. u. 9 S. Krankengeschichte von anderer Hand mit Nachschrift von Wagner; Lat.)*
Wagner	Trew	15.5.1746	Bayreuth	58	*(5 S.)*
Trew	Wagner	–	–	795	*(4 S.)*
Wagner	Trew	9.2.1748	Bayreuth	59	*(4 S.)*
Wagner	Trew	13.3.1748	Bayreuth	60	*(2 S.)*
Wagner[2]	–	*2.2.1749*	*Bayreuth*	*71*	*(1 S.; Extrakt aus einem Schreiben Wagners mit für Trew bestimmten Mitteilungen)*
Wagner	Trew	29.3.1749	Bayreuth	61	*(4 S.)*
Wagner	Trew	20.1.1757	Erlangen	62	*(3 S.)*
Wagner	Trew	29.1.1757	Erlangen	63	*(3 S.)*
Wagner	Trew	17.3.1757	Erlangen	64	*(3 S.)*
Wagner	Trew	30.7.1757	Bayreuth	65	*(4 S.)*
Trew	Wagner	20.8.1757	Nürnberg	791	*(2 S.)*
Trew	Wagner	6.4.1758	Nürnberg	792	*(2 S.)*
Wagner	Trew	12.4.1758	Bayreuth	66	*(4 S.)*
Trew	Wagner	17.4.1758	Nürnberg	793	*(2 S.)*
Trew	Wagner	13.10.1758	Nürnberg	794	*(1½ S.)*
Wagner	Trew	15.10.1758	Bayreuth	67	*(4 S.)*
Wagner	Trew	13.1.1759	Bayreuth	68	*(4 S.)*
Wagner	Trew	19.8.1760	Erlangen	69	*(3 S. u. 3¼ S. Marmorverzeichnis)*

2 Dieses Extrakt aus einem Schreiben Wagners an eine unbekannte Person mit Trew betreffenden Passagen wurde in der vorgelegten Edition der Wagner-Trew-Korrespondenz nicht berücksichtigt.

Der Briefwechsel zwischen Peter Christian Wagner und Johann Philipp Breyne (in chronologischer Zusammenstellung)

Von	An	Datum	Schreibort	Forschungsbibliothek Gotha, Mikrofilm
Wagner	Breyne	20.6.1741	Erlangen	Chart. B 789, Bl. 632 f. *(4 S.)*
Wagner	Breyne	8.10.1742	Erlangen	Chart. B 789, Bl. 634 f. *(4 S.)*
Wagner	Breyne	21.11.1743	Bayreuth	Chart. B 789, Bl. 636 f. *(4 S.)*
Wagner	Breyne	24.4.1745	Bayreuth	Chart. B 789, Bl. 638–640 *(6 S., einschließlich 2 S. Pflanzenverzeichnis)*
Wagner	Breyne	14.4.1746	Bayreuth	Chart. B 789, Bl. 641 f. *(4 S.)*
Breyne	*Wagner*	*4.3.1747*	–	*Chart. A 873, Bl. 1r* *(Exzerpt eines Briefes Breynes an Wagner)*
Wagner	Breyne	18.4.1747	Bayreuth	Chart. B 789, Bl. 643 f. *(4 S.)*
Wagner	Breyne	30.3.1748	Bayreuth	Chart. B 789, Bl. 645–647 *(6 S., einschließlich 2 S. PS)*
Wagner	Breyne	18.4.1749	Bayreuth	Chart. B 789, Bl. 648 f. *(4 S.)*
Wagner	Breyne	27.9.1749	Bayreuth	Chart. B 789, Bl. 650 f. *(4 S.)*
Wagner	Breyne	9.12.1749	Bayreuth	Chart. B 789, Bl. 652 f. *(3 S.)*
Wagner	Breyne	10.4.1750	Bayreuth	Chart. B 789, Bl. 654 f. *(4 S.)*
Breyne	–	*13.12.1750*	–	*Chart. A 873, Bl. 9v* *(Antwortnotiz u.a. Wagner betreffend)*
Wagner	Breyne	8.5.1751	Bayreuth	Chart. B 789, Bl. 656 f. *(4 S.)*
Wagner	Breyne	5.8.1751	Bayreuth	Chart. B 789, Bl. 660 f. *(4 S.)*
Wagner	Breyne	18.9.1751	Bayreuth	Chart. B 789, Bl. 658 f. *(3 S.)*
Wagner	Breyne	15.4.1752	Bayreuth	Chart. B 789, Bl. 662 *(2 S.)*
Wagner	Breyne	28.9.1753	Bayreuth	Chart. B 789, Bl. 663 f. *(4 S.)*

Weitere erhaltene Schreiben von oder an Peter Christian Wagner (außerhalb in größerem Umfang überlieferter Briefwechsel)

Von	An	Datum	Schreibort	Signaturziffer[3] (UBE BT [Korr. Wagner, Nr. 1, 2, 72; Korr. Georg Friedrich Mohr, Nr. 1, 8; Korr. Joseph Monti, Nr. 3])
Wagner	ungenanntes „Fräulen Gevatterin" (evtl. Fräulein von Bobenhausen)	13.5.1744	Bayreuth	72 *(4 S. u. Abschrift eines Rezepts)*
Wagner	Johann Ambrosius Beurer	13.1.1745	Bayreuth	1 *(4 S.)*
Wagner	Johann Ambrosius Beurer	26.9.1746	Bayreuth	2 *(3 S. u. Anschrift Wagners)*
Georg Friedrich Mohr	„Ungenannte, die Briefe Trew gaben" > Auf Basis der Wagner-Trew-Korrespondenz lässt sich Wagner hier als Adressat dieses Briefs Mohrs nachweisen!	„ohne Datum" > Auf Basis der Angaben in der Wagner-Trew-Korrespondenz lässt sich dieser Brief Mohrs an Wagner ca. auf die erste Jahreshälfte 1742 eingrenzen!	„ohne Ort"	8 *(4 S.; Schluss fehlt)*
Georg Friedrich Mohr	*Wagner*	*6.1.1743*	–	*1* *(6 S. Kopie eines Antwortschreibens Mohrs an Wagner; erhalten hier als Beilage zu Brief Mohrs an Trew vom 10.1.1743 [fehldatiert von Mohr noch auf 1742; daher ist auch UBE BT, Korr. Mohr, Nr. 2, tatsächlich nicht als eigenständiges Schreiben, sondern als Beilage zu diesem Brief Mohrs an Trew vom 10.1.1743 zu werten])*
Joseph Monti	Wagner	25.1.1743	Bologna	3 *(2 S.; Lat.)*

3 Die Signaturziffern der Briefe folgen der Verzeichnung der Schriftstücke in Schmidt-Herrling (1940), S. 413, S. 417 f. und S. 677 f.

Von	An	Datum	Schreibort	The Linnean Correspondence
Wagner	Carl von Linné	31.1.1744	Bayreuth	letter L0531 *(12 S.; Lat.)*
Wagner	Carl von Linné	4.4.1744	Bayreuth	letter L0553 *(4 S.; Lat.)*
Wagner	Carl von Linné	14.1.1746	Bayreuth	letter L0677 *(3 S.; Lat.)*

Von	An	Datum	Schreibort	Bibliothèque Municipale Avignon (BMA)[4]
Wagner	Esprit-Claude-François Calvet	29.4.1763	–	MS 2359, fos. 1–2

Von	An	Datum	Schreibort	Zentralbibliothek Zürich[5]
Wagner	? (Herr...)	8.4.1752	Bayreuth	Handschriften-abteilung Hss., Magazin

4 Der Brief Wagners an Calvet wurde im Rahmen vorliegender Arbeit nur zitiert nach Brockliss (2002), siehe v.a. S. 247 und S. 252.

5 Dieser Brief Wagners an einen Unbekannten wurde im Rahmen vorliegender Arbeit nicht eingesehen, ist hier aber in die Übersicht der Vollständigkeit halber aufgenommen.

7.4 Beilage 4: Tabellarische Übersicht zur Rekonstruktion des Ego-Netzwerkes Peter Christian Wagners auf Basis der inhaltlichen Auswertung seiner erhaltenen Korrespondenz

Rekonstruktion des Ego-Netzwerkes Wagners auf Basis der inhaltlichen Auswertung seiner erhaltenen Korrespondenz mit Christoph Jacob Trew

Korrespondent Wagners	Ort	erschlossen	Nachweis	Brief	Pakete mit Realien etc./ Sendungen von/an Dritte(n)	Inhalt
(vollständiger Name und Lebensdaten soweit Personenangaben in Brieftexten sicher oder zumindest wahrscheinlich einer historischen Person zuzuordnen sind; bei nur sehr fraglicher möglicher Zuordnung zu historischer Person werden hier die Personenangaben aus den Brieftexten als Zitat übernommen) (Institutionen werden in spitzen Klammern angegeben)	(unterstrichen: in Brieftexten explizit als Absende-/Zielort genannt; nicht unterstrichen: als Wohnort eines genannten Korrespondenten nach dessen biographischen Daten ergänzt)	(•• : sicher, also bereits verfasstes/ abgesandtes bzw. eingegangenes Schreiben/Paket erwähnt; • : wahrscheinlich, also nur Absicht zu Sendung bzw. Erwartung einer Sendung erwähnt)	(zunächst Nachweis nach Signatur in UBE Briefsammlung Trew, dann in Klammern Ausstellungsdatum des als Nachweis dienenden Brieftextes, sodann in Klammern Angabe des Numerus currens innerhalb der vorgelegten Edition, mit Zeilenangabe und dem relevanten Zitat)	(ggf. mit Beilagen, d.h. evtl. beigehendes Paket mit Realien) (! über Dritte übersandte Einschlüsse werden, soweit gegenteilige genauere Angaben fehlen, als Briefe gewertet) X Hinweis auf Brief vorhanden 0 ...nicht vorhanden (>) Brief von Korrespondent an Wagner (<) Brief von Wagner an Korrespondent	(ohne konkreten Hinweis auf Brief/ Begleitschreiben) X Hinweis auf Paket vorhanden XX Hinweis auf Sendung von/an Dritte(n) vorhanden 0 ...nicht vorhanden (>) Paket bzw. Sendung von/ an Dritte(n) von Korrespondent an Wagner (<) Paket bzw. Sendung von/an Dritte(n) von Wagner an Korrespondent	(des erschlossenen Briefs oder Pakets etc., soweit rekonstruierbar)

Korres-pondent Wagners	Ort	er-schlos-sen	Nachweis	Brief	Pakete mit Realien etc./ Sendungen von/an Dritte(n)	Inhalt
---	Ansbach	••	UBE Briefsammlung Trew (BT), Korr. Wagner, Nr. 32 *(8. Januar 1737)* (Nr. 45, Z. 16 f.: „Nechst deme nehme mir die Freÿheit den Einschluß nach Anspach Zu recommendiren [...].“)	X (<) (übersandt als Einschluss über Trew)	0	--- (Zum Inhalt sind keine Angaben überliefert. Möglicherweise richtete sich das Schreiben Wagners aber an Johann Lorenz Ludwig Loelius oder eine andere Person am Ansbacher Markgrafenhof und stand im Zusammenhang zur zu dieser Zeit beabsichtigten Vermittlung Wagners als Leibarzt nach Ansbach.)
---	Ansbach	••	UBE BT, Korr. Wagner, Nr. 61 *(29. März 1749)* (Nr. 84, Z. 52: „PS: den Einschluß nach Anspach bitte ich Zu pardonniren.“)	X (<) (übersandt als Einschluss über Trew)	0	--- (Zum Inhalt sind hier keinerlei Angaben überliefert. Es bleibt also auch unklar, ob dieses Schreiben Wagners nach Ansbach evtl. an Loelius gerichtet war.)
---	Augsburg	•	UBE BT, Korr. Wagner, Nr. 8 *(5. Februar 1731)* (Nr. 10, Z. 31 f.: „Volkammeri Floram Noricam, so ich auch wo mir recht ist committiret gehabt, Verhoffe in wenig Tagen Von Augspurg Zu haben, [...].“)	0	X (>)	Werk *Flora Noribergensis* von Johann Georg Volkamer

Korrespondent Wagners	Ort	erschlossen	Nachweis	Brief	Pakete mit Realien etc./ Sendungen von/an Dritte(n)	Inhalt
<Naturforschende Gesellschafft in Danzig>	Danzig	••	UBE BT, Korr. Wagner, Nr. 59 *(9. Februar 1748)* (Nr. 82, Z. 56–61: „Es hat mir auch die Naturforschende Gesellschafft in Danzig Von dem I. Tomo Ihrer Untersuchungen 20 Exemplare in Commission gesandt um solche an Liebhaber Zu Verkauffen und komt ein Stück wie in Danzig 2 Reichstaler und 1 Groschen porto biß hieher, wüsten nun Ewer Wohlgebohrn in Nürnberg oder anderwärts Liebhaber dazu, so würden Sie mir durch die recommendation dießes Wercks einen Gefallen erweißen. […].“)	0	X (>)	Wagner erhielt von der „Naturforschenden Gesellschafft in Danzig“ deren veröffentlichte Untersuchungen zum Weiterverkauf (in Kommission).
<Hortus Medicus Ingolstadiensis>	<u>Ingolstadt</u>	•	UBE BT, Korr. Wagner, Nr. 7 *(14. Oktober 1730)* (Nr. 7, Z. 25–27: „Ich habe Hoffnung mit aller nechsten aus dem Horto Medico Ingolstadiensi, den ich kürtz[lich] besuchet, und wohl eingerichtet befunden, eine neue Collection Von allerleÿ Exoticis Zu empfangen.“)	0	X (>)	Exotica, also ausländische Gewächse/ Samen
---	<u>Ingolstadt</u>	••	UBE BT, Korr. Wagner, Nr. 8 *(5. Februar 1731)* (Nr. 10, Z. 12–14: „Die an mich gesandte Zweÿte Consultation habe gleich der ersteren nach Regenspurg, Ingolstadt und Neuburg communiciret, aber dato noch keine Antwort erhalten, ob Sie die wöchentlichen Bögen wollen bringen laßen, oder nicht.“)	X (<) (unter Beilage der von Trew erhaltenen zweiten Consultatio des *Commercium Litterarium*)	0	--- (Wagner dürfte die Consultatio nicht ohne erläuternden Brief an seine Korrespondenten versandt haben, zu dessen genauem Inhalt sich aber keine Hinweise finden lassen.)

Korres-pondent Wagners	Ort	er-schlos-sen	Nachweis	Brief	Pakete mit Realien etc./ Sendungen von/an Dritte(n)	Inhalt
---	<u>Italien</u>	••	UBE BT, Korr. Wagner, Nr. 5 *(23. April 1730)* (Nr. 4, Z. 17–19: „Die noch hin Zu gefüg-te wenige andere Saamen habe erst Vor wenig Tagen aus Italien erhalten, sollte es Zu spate seÿn die Melonen und Angurien Zu setzen, [...].“)	0	X (>)	Samen, u.a. von Melonen und Angurien
---	<u>Italien</u>	••	UBE BT, Korr. Wagner, Nr. 60 *(13. März 1748)* (Nr. 83, Z. 11 f.: „[...] und habe inzwi-schen die Ehre Ewer Wohlgeb[ohrn] beÿgehendes aus Italien empfangenes an Sie Zu überreichen [...].“)	0	XX (>)	Wagner erhielt Sendung unklaren Inhalts aus Italien zur Weitervermittlung an Trew.
---	<u>Katalonien</u>	••	UBE BT, Korr. Wagner, Nr. 17 *(28. August 1736)* (Nr. 22, Z. 21–26: „Hierbeÿ übersende auch die Salviam Pyrennaicam inca-nam, [...]. In dem blauen Papierlein ist eine gant-ze frische cum floribus, so erst gantz kurtz über Montpeiller aus Catalonien gekommen.“)	0	X (>) (Übersendung aus Katalonien über Montpellier)	Pflanze Salvia Pyrennaica incana
---	<u>Montpellier</u>	••	UBE BT, Korr. Wagner, Nr. 17 *(28. August 1736)* (Nr. 22, Z. 21–26: „Hierbeÿ übersende auch die Salviam Pyrennaicam inca-nam, [...]. In dem blauen Papierlein ist eine gant-ze frische cum floribus, so erst gantz kurtz über Montpeiller aus Catalonien gekommen.“)	0	XX (>) (Übersendung aus Katalonien über Montpellier)	Pflanze Salvia Pyrennaica incana

Korrespondent Wagners	Ort	erschlossen	Nachweis	Brief	Pakete mit Realien etc./ Sendungen von/an Dritte(n)	Inhalt
---	Nördlingen	••	UBE BT, Korr. Wagner, Nr. 11 *(27. März 1731)* (Nr. 13, Z. 17 f.: „[…], die Hirudines aber habe seit deme Von Nerlingen bekommen, weilen die Nürnberger allzu lang außen geblieben.“)	0	X (>)	Hirudines/Blutegel (wohl zur Behandlung des Johann Friedrich Graf von Pappenheim)
---	Regensburg	••	UBE BT, Korr. Wagner, Nr. 8 *(5. Februar 1731)* (Nr. 10, Z. 12–14: „Die an mich gesandte Zweÿte Consultation habe gleich der ersteren nach Regenspurg, Ingolstadt und Neuburg communiciret, aber dato noch keine Antwort erhalten, ob Sie die wöchentlichen Bögen wollen bringen laßen, oder nicht.“)	X (<) (unter Beilage der von Trew erhaltenen zweiten Consultatio des *Commercium Litterarium*)	0	--- (Wagner dürfte die Consultatio nicht ohne erläuternden Brief an seine Korrespondenten versandt haben, zu dessen genauem Inhalt sich aber keine Hinweise finden lassen.)
Albrecht, Johann Sebastian (1695–1774)	Coburg	••	UBE BT, Korr. Wagner, Nr. 6 *(30. September 1730)* (Nr. 6, Z. 50 f.: „Einschluß an Herrn Dr. Albrecht und Herrn Geißel den jüngern bitte Zu excusiren und Gelegent[lich] bestellen Zu laßen.“)	X (<) (übersandt als Einschluss über Trew)	0	---

Korrespondent Wagners	Ort	erschlossen	Nachweis	Brief	Pakete mit Realien etc./ Sendungen von/an Dritte(n)	Inhalt
	<u>Coburg</u>	••	UBE BT, Korr. Wagner, Nr. 46 *(8. August 1743)* (Nr. 63, Z. 8–12: „Wenn beÿ kommendes Paquet außer Zweiffel so alt ist, als mein Brief in welchen es eingeschloßen geweßen, so werden sich Ewer hochEdelgeb[ohrn] nicht wenig Verwundern, wo solches so lange geblieben seÿ? Alleine ich selbsten kan davon keine Rechenschafft geben; maßen mir solches erst Vorgestern durch Herrn Dr. Albrecht Von Coburg Zugesandt worden.“)	0	XX (>) (Brief von unbekannter dritter Person ging Wagner am 6. August 1743 von Johann Sebastian Albrecht aus Coburg zu, wurde also offenkundig über diesen übersandt; zugleich auch Paket von unbekannter Person an Trew von Albrecht zur ferneren Weiterleitung an Wagner)	--- (Genauere Angaben zu Inhalt und Absender des über Albrecht an Wagner übersandten Briefs bzw. auch für Trew bestimmten Pakets fehlen.)
Bianchi, Giovanni (Pseudonym Ianus Plancus) (1693–1775)	<u>Rimini</u>	••	UBE BT, Korr. Wagner, Nr. 37 *(23. Februar 1738)* (Nr. 52, Z. 27–30: „Excellentissimus quoque Ianus Blancus (Bianchi) Arimino praesentem relationem aurorae borealis, lingua italica concinnatam, ut Commercio inseratur litterario benevole communicavit Tibique salutem plurimam adscripsit.“)	X (>) (unter Beilage eines Berichts über das Nordlicht, bestimmt für das *Commercium Litterarium*)	0	weitgehend unbekannter Inhalt des Schreibens Bianchis an Wagner, Bianchi legte dem Schreiben aber einen Bericht über das Nordlicht zur Veröffentlichung im *Commercium Litterarium* bei und übermittelte Grüße an Trew
	Rimini	••/•	UBE BT, Korr. Wagner, Nr. 59 *(9. Februar 1748)* (Nr. 82, Z. 42–55: „Ewer Wohlgebohrn werden sich noch gütig errinnern, daß Sie mir im Verwichenen Jahr auf dem Antrag, ob Sie mir nicht einige Exemplare Von der durch Herrn Plancum besorgten neuen Edition des Phytobasani Fabii Columnae Vor Geld oder	X (<) (Wagner kündigte hier an, bald an Plancus schreiben zu wollen.)	X (>) (Wagner hatte von Plancus Exemplare des *Phytobasanos* zum Weiterverkauf/-vertausch erhalten, gemeinsam mit Anweisungen, wobei konkrete Hinweise fehlen, ob es sich dabei um einen vollständigen Brief des Plancus an Wagner oder eher nur	Plancus sandte an Wagner Exemplare des *Phytobasanos* zum Weiterverkauf bzw. -vertausch, begleitend auch Anweisungen bzgl. des von ihm im Tausch besonders erwünschten *Commercium Litterarium* (ob nun als kurze Notiz oder im Rahmen eines vollständigen Briefs). Wagner bekundete gegenüber Trew zudem seine Absicht, Plancus

Korrespondent Wagners	Ort	erschlossen	Nachweis	Brief	Pakete mit Realien etc./ Sendungen von/an Dritte(n)	Inhalt
			gegen andere gute Bücher in Nürnberg Verstellen könten, geantwortet: […]. Nach deme ich nun Von gemeldeten Authore würcklich 30 Bücher Zu Versilbern oder Zu Vertauschen und dabeÿ deßen ausdrückliche ordre empfangen habe, Ihme unter andern auch das Nürnbergische Commercium literarium ein Zu tauschen; so erwarte ich Dero schleunigste Befehle, […]. Ich erbitte mir aber Hierüber Dero baldige Antwort aus weilen ich des nechsten an Herrn Plancum schreibe.“)		kurze Begleitnotizen zur Büchersendung handelte.)	seinerseits bald zu schreiben, um ihn über den Erfolg des von ihm angestrebten Tauschgeschäfts zu unterrichten.
Brückmann, Franz Ernst (1697–1753)	Wolfenbüttel	••	UBE BT, Korr. Wagner, Nr. 4 *(4. Oktober 1729)* (Nr. 1, Z. 8–10: „Nachdeme ich aus Herrn Dr. Bruckmanns Zuschrifft und beÿgelegten Avertissement ersehe, daß Ewer HochEdelgeb[ohrn] die Commission haben, auf obgedachten Herrn Doctors II. Theil seiner Unterirrdischen Schatz-Kammer Praenumeration an Zu nehmen, […].“)	X (>) (unter Beilage eines Avertissements)	0	Informationen zum zweiten Teil von Brückmanns Werk *Magnalia Dei in Locis Subterraneis Oder Unterirdische Schatz-Cammer Aller Koenigreiche und Laender*, u.a. zu der an Trew zu entrichtenden Praenumeration; dazu auch beigelegtes Avertissement
	<u>Wolfenbüttel</u>	••	UBE BT, Korr. Wagner, Nr. 5 *(23. April 1730)* (Nr. 4, Z. 8–10: „Ewer HochEdelgeb[ohrn] Hochwerthestes Vom 8. dießes habe Vergangenen 19ten samt beÿgefügten schönen und raren Saamen und Einschluß Von Herrn Dr. Brückmann aus Wolffenbüttel wohl und mit Vielen Vergnügen erhalten.“)	X (>) (übersandt als Einschluss über Trew)	0	---

Korrespondent Wagners	Ort	erschlossen	Nachweis	Brief	Pakete mit Realien etc./ Sendungen von/an Dritte(n)	Inhalt
	Wolfenbüttel	••	UBE BT, Korr. Wagner, Nr. 70 *(ohne Datum, ca. Ende Februar/ Anfang März 1738)* (Nr. 53, Z. 21–28: „Literae a D[omi]no Dre. Bruckmanno d[ie] 17. Ian[uarii] 1738 ad me datae & hodie demum perlatae sequentia habent: ‚An herrn Dr. Trew mein Dienst[ergebenes] GegenCompliment. Ich hätte billig große Uhrsache mit Ihm Zu Zürnen, indem nun mehro in 1 ½ Jahr auf keinen einzigen Brief eine Zeile Antwort erhalten; Ich erfahre nicht wie es mit der Anatomie (auf welche über 100 Gulden praenumeriret) stehet, ich bekomme Keine Continuationes Vom Commercio, und gleiche Klage führet man in Hannove [!], Helmstedt, Hamb[urg] und Rostoch. Ich weiß nicht was davon dencken soll?'“)	X (>) (hier ist das Ausstellungsdatum des Briefes Brückmanns an Wagner bekannt: 17. Januar 1738; ebenso der ungefähre Zeitraum des Eingangs bei Wagner: Ende Februar/ Anfang März 1738)	0	! Hier sind Trew betreffende Passagen aus dem Brief Brückmanns an Wagner wörtlich überliefert: Brückmann beschwerte sich darüber, von Trew schon lange keine briefliche Antwort mehr erhalten zu haben und nicht zu wissen, wie es mit Trews Osteologie vorangehe; ferner beklagte er, keine Fortsetzungen des *Commercium Litterarium* mehr zu erhalten.
	Wolfenbüttel	••	UBE BT, Korr. Wagner, Nr. 38 *(5. September 1738)* (Nr. 54, Z. 22–25: „Was Herr Dr. Bruckmann erst kürtz[lich] wiederum an mich wegen des Commercii und der Anatomie errinnert werden Ewer hochEdelgeb[ohrn] aus deßen hiebeÿliegenden eigenen handschrifft Zu ersehen belieben.“)	X (>) (Wagner sandte den an ihn gerichteten Brief Brückmanns weiter an Trew zur Einsicht.)	0	Brückmann erkundigte sich in dem an Wagner gerichteten Brief erneut nach der Osteologie Trews und dem Fortgang des *Commercium Litterarium* – also nach Belangen Trews, weswegen Wagner den an ihn gerichteten Brief auch an Trew zur Einsicht weiterleitete.

Korrespondent Wagners	Ort	erschlossen	Nachweis	Brief	Pakete mit Realien etc./ Sendungen von/an Dritte(n)	Inhalt
	Wolfenbüttel	••	UBE BT, Korr. Wagner, Nr. 41 *(7. September 1742)* (Nr. 57, Z. 8–10: „Beÿ kommendes Paquet habe ich heute Von der Post durch Herrn Dr. Brückmann an mich beÿgeschloßen erhalten, welches ich mir die Ehre gebe Ewer hochEdelgeb[ohrn] hiemit Zu überreichen [...].“)	0	X (>) (Hier fehlt ein Hinweis darauf, was die Sendung Brückmanns an Wagner, der ein dann von Wagner an Trew weitergeleitetes Päckchen für Trew beigeschlossen war, im Einzelnen umfasste; es könnte sich hier auch um einen Brief gehandelt haben, was aber nicht explizit erwähnt wird.)	---
Doppelmayr, Johann Gabriel (1677–1750)	Nürnberg	••	UBE BT, Korr. Wagner, Nr. 55 *(24. April 1746)* (Nr. 76, Z. 36–40: „Ich weiß nicht ob Ewer hochEdelgeb[ohrn] die neue Edition des Phytobasani Fabii Columnae, so Herr Ianus Plancus mit Vielen Zusätzen und Anmerckungen besorget hat, schon gesehen haben. Ich habe ein Exemplar davon an Herrn Prof[essor] Doppelmaÿer gesandt, welcher es Zur Einsicht gerne mittheilen wird.“)	0	X (<)	Wagner übersandte hier an Doppelmayr (ob nun aus eigenem Antrieb oder im Auftrag des Ianus Plancus) ein Exemplar des von Ianus Plancus neu herausgegebenen Werkes *Phytobasanos* des Fabio Colonna.
	Nürnberg	••	UBE BT, Korr. Wagner, Nr. 56 *(4. Mai 1746)* (Nr. 77, Z. 8–10: „Zweiffelsohne werden Ewer Wohlgebohrn mein letzteres nebst dem wieder mein Wißen und Vermuthen sich Verspateten Einschluß Von Danzig durch Herrn Professor Doppelmaÿer wohl erhalten haben.“)	0	XX (<) (Möglicherweise übersandte Wagner hier den für Trew bestimmten Einschluss aus Danzig zeitgleich mit den Exemplaren des *Phytobasanos* (s.o.) an Doppelmayr. Konkrete Hinweise zu einem beiliegenden Brief Wagners an Doppelmayr finden sich hier nicht.)	Wagner sandte hier einen für Trew bestimmten Einschluss/Brief aus Danzig an Doppelmayr in Nürnberg, der diesen an Trew weiterleiten sollte.

Korres-pondent Wagners	Ort	er-schlos-sen	Nachweis	Brief	Pakete mit Realien etc./ Sendungen von/an Dritte(n)	Inhalt
Klein, Jacob Theodor (1685–1759)	Danzig	••	UBE BT, Korr. Wagner, Nr. 41 *(7. September 1742)* (Nr. 57, v.a. Z. 11–16 und Z. 19–23: „Bereits Vor 2 Monathen hat Herr Klein aus Danzig angebogenen DefectZettel an mich beÿgeschloßen und mich ersuchet, daß ich Ihme solchen Abgang Von Ewer hochEdelgeb[ohrn] procuriren möchte, Weilen ich aber an dem nehmlichen Tag, als ich solchen empfangen, nacher Baÿreuth Verreißen und daßelbst wieder mein Vermuthen 9 Wochen Verbleiben müßen, auch des Herrn Kleins Brief nicht beÿ mir hatte, so ist solcher biß hieher liegen blieben [...]. Sonsten meldet Er noch in seinem an mich erlaßenen Schreiben folgendes: ‚Mich wundert ungemein sehr, daß da 1733 den 23. Decembr[is] an Herrn Dr. Kulmus auf des Herrn Dr. Trew I. Partem Anatomiae 5 Kaÿßer Gulden praenumeriret, jedennoch biß dato nichts davon Zum Vorschein gekommen, weiß auch nicht woran es liege.'")	X (>) (hier Hinweis, dass der Brief Kleins an Wagner, dem ein für Trew bestimmter und daher dann von Wagner weitergelei-teter Defektzettel zum *Commercium Litterarium* beigefügt war, bereits ca. Anfang Juli 1742 bei Wag-ner eintraf)	0	! Hier sind Trew betreffende Passagen aus dem Brief Kleins an Wagner wörtlich überliefert: Klein brachte seine Verwunderung darüber zum Ausdruck, nach einer Praenumeration bereits im Jahr 1733 nichts mehr über den Fortgang des anatomischen Werks Trews gehört zu haben.

Korrespondent Wagners	Ort	erschlossen	Nachweis	Brief	Pakete mit Realien etc./ Sendungen von/an Dritte(n)	Inhalt
	Danzig	••	UBE BT, Korr. Wagner, Nr. 44 *(10. Mai 1743)* (Nr. 62, Z. 22–30: „Von Herrn Klein aus Danzig habe ich die Nachricht erhalten, daß Er Von Herrn Kulmo wegen Vieler Geschäffte die Ihm fehlenden bögen Vom Commercio Litter[ario] noch nicht habe bekommen können. Er giebt mir aber commission Ihme die beÿkommende Zeichnungen bald möglichst in Nürberg aufs sauberste und accurateste auf eine Platte in {Kupfer} stechen und davon 310 Abdrücke auf sauber weiß und starck Papier Verfertigen Zu laßen. Ich nehme mir dahero die Freÿheit solche Ewer hochEdelgebohrn Zu Zu senden und Zu bitten, daß Sie dießer wegen mit herrn Preißler, Stör oder einem andern berühmten {Kupfer} Stecher Zu sprechen die Mühe auf sich nehmen möchten [...].“)	X (>) (als Beilage wohl Zeichnungen, die Klein in Nürnberg durch Vermittlung Wagners in Kupfer stechen lassen wollte)	0	Die Nachricht Kleins an Wagner beinhaltete eine Mitteilung über Probleme bei Beschaffung Klein fehlender Exemplare des *Commercium Litterarium* sowie die Bitte um Vermittlung eines Nürnberger Kupferstechers, wobei die betreffenden Zeichnungen wohl gleich mitübersandt wurden.
	Danzig	••	UBE BT, Korr. Wagner, Nr. 46 *(8. August 1743)* (Nr. 63, Z. 13–15: „[...] und was mir Ewer hochEdelgeb[ohrn] wegen der {Kupfer} Platte Vor Herrn Klein wißen laßen habe ich an Denselben überschrieben und erwarte nun seine Resolution ob Er Sie beÿ dem Vorgeschlagenen Kupffer-Stecher will Verfertigen laßen, [...].“)	X (<)	0	Wagner übermittelte Klein in diesem Schreiben die ihm von Trew zugedachten Vorschläge bzgl. des von Klein gesuchten Kupferstechers.

Korrespondent Wagners	Ort	erschlossen	Nachweis	Brief	Pakete mit Realien etc./ Sendungen von/an Dritte(n)	Inhalt
	Danzig	••	UBE BT, Korr. Wagner, Nr. 47 *(18. Oktober 1743)* (Nr. 64, Z. 20–32: „Herr Secret[arius] Klein aus Danzig meldet in einem unter dem 28. Septembr[is] aus Danzig an mich erlaßenen Schreiben folgendes: ‚Alangend [!] Die Kupffer-Platte, so wünschte gar sehr, falls Sie gegen Weÿnachten oder die Neue-Jahrs-Meße fertig werden wollte, derselben Habhafft Zu werden, immaßen die Piece der sie gewiedmet ist, eben unter der Preße ist, und ließe mirs gar wohl gefallen wenn der Herr HoffRath Treu der Güte seÿn, und die Arbeit gegen civilen Preiß durch seine geneigte Vorsorge beÿ dem Rothenburgischen Künstler ins Werck Zu stellen belieben wollte. Ewer HochEdelgeb[ohrn] haben die Güte und ertheilen mir etwan in Zeiten Nachricht, [...]. [...].'")	X (>) (Das Ausstellungsdatum des von Klein an Wagner gerichteten Schreibens war der 28. September 1743.)	0	! Hier sind Trew betreffende Passagen aus dem Brief Kleins an Wagner wörtlich überliefert: Klein wünschte zeitnah die Anfertigung der Kupferplatte bei dem von Trew vorgeschlagenen Rothenburger Kupferstecher. Ferner bot er Trew über Wagner die Übersendung von diesem fehlenden Schriften Kleins an.
	Danzig	••	UBE BT, Korr. Wagner, Nr. 48 *(5. Januar 1744)* (Nr. 65, Z. 7–18: „Nachdeme ich Herrn Secretario Klein in Danzig den Von dem Rothenburgischen Kupffer Stecher mir communicirten Brief Zugesandt, so rescribiret Er mir unter dem 21. Xbr. A[nni] p[raeteriti] daß weilen sein Prodromus Hist[oriae] Nat[uralis] Quadruped[um] in der Vor der Thür seÿenden Neuen-Jahrs Meße	X (>) (Das Ausstellungsdatum dieses (Antwort-) Schreibens Kleins an Wagner war der 21. Dezember 1743.)	XX (<) (Wagner übersandte im Vorfeld des (Antwort-) Schreibens Kleins an ihn vom 21. Dezember 1743 einen Brief des Rothenburger Kupferstechers an Klein.)	Nachdem Wagner an Klein einen Brief des Rothenburger Kupferstechers weitervermittelt hatte, der offenbar auch Preisvorstellungen des Künstlers enthielt, verfügte Klein in seinem Antwortschreiben an Wagner, dass er wegen der hohen Kosten und der Zeitverzögerung die Kupferplatte zu seinen Zeichnungen nun doch nicht in Rothenburg fertigen lassen wolle.

Korres-pondent Wagners	Ort	er-schlos-sen	Nachweis	Brief	Pakete mit Realien etc./ Sendungen von/an Dritte(n)	Inhalt
			beÿ Herrn Gliditsch in Leipzig bereits Verkauffet werden würde, die dazu bestimt geweßene {Kupfer} Taffel aber Vor der Zeit nicht fertig worden und der Künstler in Rothenburg weit mehr Vor deren Ausfertigung Verlanget habe als Er noch Vor eine in allen seinen opusculis gegeben habe, […], Ich Ihme nur seine Zeichnung ohne Verzug mit der Post wiederum Zu rücke senden möchte, […].“ Und Nr. 65, Z. 23–29: „Sonsten meldet herr Klein noch ferner: ‚Mit Herrn Dr. Kulmus ist wegen des Commercii nichts anzufangen; wollte alßo bitten, daß je-nes was laut übersandter Rechnung mir fehlet, mir unbeschwehrt anzuschaffen, und nur Zu melden, was alles koste, so werde die Bezahlung unverzüglich befördern. […].‘ Wollen nun Ewer hoch-Edelgebohrn mir Zugleich melden was ich Ihme hierauf in Antwort sagen soll, so will ich es bestens besorgen.“)			! Ferner beklagte Klein in ebenjenem Antwortschreiben in von Wagner gegen-über Trew wörtlich zitierten Passagen erneut Lieferungsverzögerungen bei der Zeitschrift des *Commercium Litterarium*.
	Danzig	••	UBE BT, Korr. Wagner, Nr. 51 *(29. Februar 1744)* (Nr. 69, Z. 9–11: „Inzwischen pressiret mich herr Klein schon wiederum in einen neuen Schreiben, weilen der Tractat schon längstens heraus ist und bereits Viele Exemplare distribuiret und Versandt worden sind.“)	X (>) (Dieses Schrei-ben Kleins an Wagner ging vor dem 29. Februar 1744 bei Wagner ein, datiert al-so wohl in den Jahresanfang 1744.)	0	Klein äußerte in diesem erneuten Schreiben an Wagner zum wiederholten Male seinen Unmut über die Verzö-gerungen bei Erstellung der für eines seiner Werke bestimmten Kupferplatte durch einen Rothenburger Künstler.

Korres-pondent Wagners	Ort	er-schlos-sen	Nachweis	Brief	Pakete mit Realien etc./ Sendungen von/an Dritte(n)	Inhalt
	<u>Danzig</u>	••	UBE BT, Korr. Wagner, Nr. 55 *(24. April 1746)* (Nr. 76, Z. 26–36: „Ich habe schon im Verwichenen herbst aus Danzig einen sub sigillo volante an mich eingeschloßenen Brief Vor Ewer hochEdelgebohrn erhalten […]. […]. Vielleichte Können Ewer hochEdelgeb[ohrn] dem Herrn Secretario Klein das Verlangte noch mit der gegenwärtigen OsterMeße senden, […].“)	X (>) (Diesem Schreiben Kleins an Wagner, das im Herbst 1745 bei Wagner einging, lag als Einschluss unter offenem Siegel ein an Trew gerichteter Brief Kleins zur weiteren Übersendung durch Wagner bei.)	0	--- (Der Inhalt des an Wagner gerichteten Schreiben Kleins lässt sich nicht erschließen, da Wagner in seinem Brief an Trew allein auf den darin beigeschlossenen für Trew bestimmten Brief Kleins Bezug nimmt.)
Loelius, Johann Lorenz Ludwig (1687–1756)	Ansbach	••	UBE BT, Korr. Wagner, Nr. 23 *(21. November 1736)* (Nr. 32, Z. 63 f.: „Herrn HoffRath Loelio habe in beÿliegenden selbsten geschrieben […].“)	X (<) (übersandt als Einschluss über Trew)	0	--- (Schreiben Wagners an Loelius steht hier im weiteren Kontext der versuchten Vermittlung Wagners als Leibarzt an den Ansbacher Markgrafenhof.)

Korrespondent Wagners	Ort	erschlossen	Nachweis	Brief	Pakete mit Realien etc./ Sendungen von/an Dritte(n)	Inhalt
	Ansbach	••	UBE BT, Korr. Wagner, Nr. 27 *(18. Dezember 1736)* (Nr. 39, Z. 12–15: „Wie weit ich mich nun engagiret dem gestern erhaltenen Befehl nach Zu Kommen, werden Ewer hochEdelgeb[ohrn] aus anschlüßiger offener Antwort an Herrn Hoff-Rath Loelium hochgeneigt Zu ersehen belieben.“)	X (<) (übersandt als Einschluss über Trew, hier in Gestalt einer offenen Antwort)	0	Wagner schilderte hier die von ihm unternommenen Anstrengungen, um eine bevorstehende Reise nach Ansbach im Zusammenhang mit seiner geplanten Vermittlung als Leibarzt an den Ansbacher Markgrafenhof möglich zu machen.
	Ansbach	••	UBE BT, Korr. Wagner, Nr. 33 *(17. Februar 1737)* (Nr. 47, Z. 26–35: „In welcher Absicht ich auch innliegendes AntwortsSchreiben an Herrn HoffRath Loelium offen gelaßen, damit Dieselbigen meine Gründe, warum ich gerne eine positive Antwort hätte, daraus ersehen können. Der entsetzliche Weiße Frießel deßen ich darinnen gedacht, […].“)	X (<) (übersandt als Einschluss über Trew, hier in Gestalt einer offenen Antwort) X (>) (Da Wagner hier seinen Einschluss an Loelius als Antwortschreiben bezeichnet, war dem also wohl ein Schreiben des Loelius an Wagner vorausgegangen.)	0	Wagner betonte in seinem Brief an Loelius wohl noch einmal, warum er gerne als Leibarzt am Ansbacher Markgrafenhof angenommen würde, ferner schilderte er Loelius in seiner Praxis auftretenden „Weißen Frießel“ (diese Schilderung fand auch ihren Weg ins *Commercium Litterarium*, vgl. Wagner (1737b)).

Korrespondent Wagners	Ort	erschlossen	Nachweis	Brief	Pakete mit Realien etc./ Sendungen von/an Dritte(n)	Inhalt
Ludwig, Christian Gottlieb (1709–1773)	<u>Leipzig</u>	••	UBE BT, Korr. Wagner, Nr. 59 *(9. Februar 1748)* (Nr. 82, Z. 34–42: „Dießer Leichen-Predigt füge ich noch ein in Wachß-Tuch genehets und Vor herrn Monti in Bologna gehöriges durch Herrn Professor Ludwig in Leipzig mir Von Herrn Klein in Danzig Zugesandtes Paquet beÿ und ersuche Ewer Wohlgebohrn im Nahmen Vorgedachter guten Freunde, solches mit erster Gelegenheit mit nach Bologna Zu befördern, [...]. Herr Professor Ludwig in Leipzig möchte gerne frische Semina Von Ihme haben, könten Ewer Wohlgeb[ohrn] durch Dero Vorwort einige Von Ihme Verschaffen, so würden Sie sich gedachten herrn Professor sehr Verbindlich machen.“)	0	XX (>) (Zwar findet sich hier kein konkreter Hinweis auf einen beiliegend zu dem für Monti bestimmten Paket übersandten Brief Ludwigs an Wagner, doch legt die Bemerkung Wagners gegenüber Trew, dass Ludwig gerne Samen von Monti erhalten würde, nahe, dass Wagner von Ludwig zumindest eine kurze Begleitnotiz erhielt.)	Ludwig sandte hier ein für Monti in Bologna bestimmtes Paket Kleins aus Danzig weiter an Wagner. Wagner wiederum sollte es zur weiteren Beförderung Richtung Bologna an Trew schicken, so dass hier eine lange Transportkette des Pakets entstand. Es finden sich Hinweise darauf, dass Ludwig zugleich zumindest eine kurze Begleitnotiz an Wagner sandte, betreffend seines Wunsches Samen von Monti zu erhalten.
Rösel von Rosenhof, August Johann (1705–1759)	Nürnberg	•• /•	UBE BT, Korr. Wagner, Nr. 45 *(Fehldatierung Wagners auf 12. Mai 1743, wohl eher 1. oder 2. Mai 1743)* (Nr. 60, Z. 35–39: „Darf ich mir noch eine Freundschafft und Gefälligkeit ausbitten, so ist es dieße daß Ewer hochEdelgeb[ohrn] belieben wollen den Beÿschluß an Herrn Rößel Authorem der schönen Insectenbelustigung richtig behändigen Zu laßen und die Von Ihme dagegen Zu rücke erhaltende Blätter mit dem Commerc[io] Lit[erario] an mich ein Zu schließen.“)	X (<) (übersandt als Beischluss über Trew)	X (>) (Die „Blätter“, die Wagner von Rösel von Rosenhof zurückerwartete, sollten über Trew mit dem *Commercium Litterarium* an Wagner versandt werden.)	Genaue Angaben zum „Beÿschluß“ Wagners an Rösel von Rosenhof fehlen, doch erwartete er offenkundig im Gegenzug „Blätter“ zurück, so dass es beim Kontakt zwischen Wagner und Rösel hier wohl um den Erwerb von Blättern der *Insektenbelustigung* Rösels durch Wagner gegangen sein dürfte.

Korrespondent Wagners	Ort	erschlossen	Nachweis	Brief	Pakete mit Realien etc./ Sendungen von/an Dritte(n)	Inhalt
	Nürnberg	•	UBE BT, Korr. Wagner, Nr. 44 *(10. Mai 1743)* (Nr. 62, Z. 55–57: „Die noch beÿliegenden 1 Gulden 48 Kreuzer Rheinisch Vor Herrn Rößel bitte Ihme durch einen domestiquen Zu Zu senden und Ihn Vertrösten Zu laßen, daß meine schrifftliche Antwort ehestens nachfolgen werde.“)	X (<)	0	--- (Wagner kündigte hier nur eine schriftliche Antwort an Rösel von Rosenhof für die Zukunft an, übersandte einstweilen über Trew Geld, evtl. ging es dabei weiter um den Erwerb von Blättern der *Insektenbelustigung* Rösels durch Wagner.)
Schmidt, Johann Friedrich <1730–1785>	<u>Rothenburg</u>	••	UBE BT, Korr. Wagner, Nr. 48 *(5. Januar 1744)* (Nr. 65, Z. 7 f.: „Nachdeme ich Herrn Secretario Klein in Danzig den Von dem Rothenburgischen Kupffer Stecher mir communicirten Brief Zugesandt, [...].“)	0	XX (>) (Der von dem Rothenburger Kupferstecher, wahrscheinlich Johann Friedrich Schmidt, an Wagner gesandte Brief war wohl für Klein in Danzig bestimmt.)	--- (Genauere Angaben zum Inhalt des Schreibens des Rothenburger Kupferstechers an Klein in Danzig fehlen, doch lässt sich aus der Antwort Kleins an Wagner indirekt darauf schließen, dass u.a. der Preis für die Erstellung der Kupferplatte Thema war.)
„Herr[] Geißel de[r] jünger[e]“	---	••	UBE BT, Korr. Wagner, Nr. 6 *(30. September 1730)* (Nr. 6, Z. 50 f.: „Einschluß an Herrn Dr. Albrecht und Herrn Geißel den jüngern bitte Zu excusiren und Gelegent[lich] bestellen Zu laßen.“)	X (<) (übersandt als Einschluss über Trew)	0	---

Korrespondent Wagners	Ort	erschlossen	Nachweis	Brief	Pakete mit Realien etc./ Sendungen von/an Dritte(n)	Inhalt
„Dr. Meÿer“	Neuburg a.d. Donau	••	UBE BT, Korr. Wagner, Nr. 8 *(5. Februar 1731)* (Nr. 10, Z. 12–16: „Die an mich gesandte Zweÿte Consultation habe gleich der ersteren nach Regenspurg, Ingolstadt und Neuburg communiciret, aber dato noch keine Antwort erhalten, ob Sie die wöchentlichen Bögen wollen bringen laßen, oder nicht. Vielleicht schreibet aber einer oder der andere an die Societaet selbsten; wenigstens hat mir solches der Herr Dr. Meÿer in Neuburg münd[lich] Versprochen.“)	X (<) (unter Beilage der von Trew erhaltenen zweiten Consultatio des *Commercium Litterarium*)	0	--- (Wagner dürfte die Consultatio nicht ohne erläuternden Brief an seine Korrespondenten versandt haben, zu dessen genauem Inhalt sich aber keine Hinweise finden lassen.)

Rekonstruktion des Ego-Netzwerkes Wagners auf Basis der inhaltlichen Auswertung seiner erhaltenen Korrespondenz mit Johann Philipp Breyne

Korrespondent Wagners	Ort	erschlossen	Nachweis	Brief	Pakete mit Realien etc./ Sendungen von/an Dritte(n)	Inhalt
(vollständiger Name und Lebensdaten soweit Personenangaben in Brieftexten sicher oder zumindest wahrscheinlich einer historischen Person zuzuordnen sind; bei nur sehr fraglicher möglicher Zuordnung zu historischer Person werden hier die Personenangaben aus den Brieftexten als Zitat übernommen) (Institutionen werden in spitzen Klammern angegeben)	(unterstrichen: in Brieftexten explizit als Absende-/ Zielort genannt; nicht unterstrichen: als Wohnort eines genannten Korrespondenten nach dessen biographischen Daten ergänzt)	(•• : sicher, also bereits verfasstes/ abgesandtes bzw. eingegangenes Schreiben/Paket erwähnt; • : wahrscheinlich, also nur Absicht zu Sendung bzw. Erwartung einer Sendung erwähnt)	(zunächst Nachweis in der Forschungsbibliothek Gotha, dann in Klammern Ausstellungsdatum des als Nachweis dienenden Brieftextes, sodann in Klammern relevantes Zitat)	(ggf. mit Beilagen, d.h. evtl. beigehendes Paket mit Realien) (! über Dritte übersandte Einschlüsse werden, soweit gegenteilige genauere Angaben fehlen, als Briefe gewertet) X Hinweis auf Brief vorhanden 0 …nicht vorhanden (>) Brief von Korrespondent an Wagner (<) Brief von Wagner an Korrespondent	(ohne konkreten Hinweis auf Brief/ Begleitschreiben) X Hinweis auf Paket vorhanden XX Hinweis auf Sendung von/an Dritte(n) vorhanden 0 …nicht vorhanden (>) Paket bzw. Sendung von/an Dritte(n) von Korrespondent an Wagner (<) Paket bzw. Sendung von/an Dritte(n) von Wagner an Korrespondent	(des erschlossenen Briefs oder Pakets etc., soweit rekonstruierbar)

Korrespondent Wagners	Ort	erschlossen	Nachweis	Brief	Pakete mit Realien etc./ Sendungen von/an Dritte(n)	Inhalt
Baillou, Jean de (1684–1758)	Florenz	•	Forschungsbibliothek Gotha, Mikrofilm Chart. B 789, Bl. 636 f. *(21. November 1743; Wagner an Breyne)* („Das Paquet an Herrn Dr. Gualthieri in Florentz habe Zu gleicher Zeit bestens erhalten, wegen manglender Gelegenheit aber noch nicht dahin absenden können. Jedoch kan ich gewiß Versichern, daß solches im nechst künfftigen Monath mit nach Siena an Herrn Bianchi oder immediate nach Florentz an Herrn de Baillou Oberaufseher über das Großhertzogliche Cabinet abgehen wird.“)	0	XX (<) (Wagner kündigt hier an, ein wohl im September 1743 gemeinsam mit einem Brief Breynes bei ihm zur Weitervermittlung an „Dr. Gualthieri“ in Florenz (wohl der Leibarzt des Großherzogs der Toskana Niccolò Gualtieri, 1688–1744) eingegangenes Paket in Kürze im Dezember 1743 weiter Richtung Florenz auf den Weg zu bringen und zwar möglicherweise über Bianchi in Siena oder aber über Jean de Baillou, den Oberaufseher der Uffizien, direkt in Florenz. Inwieweit Wagner dabei zeitgleich auch im brieflichen Kontakt zu Baillou stand, ist hier nicht konkret belegt.)	Angedacht wird hier von Wagner, ein wohl von Breyne für Dr. Gualtieri in Florenz bestimmtes Paket unbekannten Inhalts auf dem Weg über de Baillou zu vermitteln.

Korrespondent Wagners	Ort	er-schlos-sen	Nachweis	Brief	Pakete mit Realien etc./ Sendungen von/an Dritte(n)	Inhalt
	Florenz	••	Forschungsbibliothek Gotha, Mikrofilm Chart. B 789, Bl. 638–640 (hier insbesondere Bl. 639) *(24. April 1745; Wagner an Breyne)* („Mons[ieu]r de Baillou ist in Florentz, aber sehr nachläßig und wie mich bedünckt eigennützig in seinen Brief Wechßel, wie ich sowohl von Herrn Blanco als aus eigener Erfahrung habe, da Er mir gegen an Ihn gesandte theils Bücher, theils Sächßische Gemmas, theils naturalien schon seit 1 ¾ Jahren, weder Antwort noch sonst etwas sendet. Vielleichte aber hindern Ihn auch die KriegsLäuffte und die im Venetianischen fast beständig daurende contumacia und Eröffnung aller Paquete.“)	X (<) (Aus dem Brief Wagners an Breyne geht sicher hervor, dass Wagner an de Baillou u.a. Bücher und Naturalien übersandt hatte und dies, da Wagner hier ausdrücklich über einen nachlässigen Briefwechsel Baillous klagt, wohl auch in Verbindung mit Briefen. De Baillou aber hatte, zumindest seit 1 ¾ Jahren, zum Leidwesen Wagners nicht mehr geantwortet.)	0	--- (Einzelne Inhalte des Briefwechsels zwischen Wagner und Baillou lassen sich hier nicht erschließen. Fest steht, dass Wagner an Baillou auch u.a. Bücher und Naturalien übersandte, aber selbst seit längerer Zeit vergebens auf Antwort Baillous warten musste.)

Korrespondent Wagners	Ort	er-schlos-sen	Nachweis	Brief	Pakete mit Realien etc./ Sendungen von/an Dritte(n)	Inhalt
Bianchi, Giovanni (Pseudonym Ianus Plancus) (1693–1775)	<u>Rimini</u>	••	Forschungsbibliothek Gotha, Mikrofilm Chart. B 789, Bl. 632 f. *(20. Juni 1741; Wagner an Breyne)* („Es hat Vor einiger Zeit der gelehrte Herr Ianus Blancus in Rimini, gegen welchen ich in unßerer schon Viele Jahre daurenden Correspondenz etwas Von dero gelehrten Dissertation de Polythalamiis &c. gedacht hatte, mich ersuchet, daß ich Ewer hochEdelgeb[ohrn] um die gütige Communication dießer raren Schrifft Vor Ihn bitten und dagegen an Dieselbigen eines Von seinen Vor ein paar Jahren edirten Tractaetlein de Conchis minus notis &c. senden möge. [...]. Ewer HochEdelgeb[ohrn] haben auch [...] dießer Bitte gewähret, alßo daß ich durch den gütigen Vorschub gedachten Herrn Secretarii Kleins solche gelehrte Piece bereits wohl erhalten und Vor wenigen Tagen nach Italien Versendet habe. Ich erachte es demnach	X (</>) (Es findet sich ein gesonderter Hinweis auf einen Brief Wagners an Bianchi schon „einige[] Zeit“ vor dem 20. Juni 1741. Außerdem verweist Wagner grundsätzlich auf seine „schon Viele Jahre daurende[] Correspondenz“ mit Bianchi.)	XX (</>) (Wagner übersandte an Bianchi eine Dissertation Breynes und umgekehrt ein Traktat Bianchis an Breyne.)	Wagner erwähnt hier eine schon viele Jahre andauernde Korrespondenz mit Giovanni Bianchi! Nach einem entsprechenden Hinweis Wagners in einem Brief an Bianchi hatte ihn dieser vor einiger Zeit gebeten, für ihn eine Art Schriftentausch mit Breyne einzuleiten. Wagner kam dieser Bitte (unter Mithilfe des Secretarius Klein) nach. (!!! Die Mithilfe Jacob Theodor Kleins bei der Abwicklung des Schriftentauschs zwischen Bianchi und Breyne fand wohl auch über einen brieflichen Austausch Kleins mit Wagner statt, ohne dass dies hier aber explizit erwähnt wird.)

Korrespondent Wagners	Ort	erschlossen	Nachweis	Brief	Pakete mit Realien etc./ Sendungen von/an Dritte(n)	Inhalt
			meiner Schuldigkeit gemäß Zu seÿn, […] beÿliegendes Exemplar Von des Herrn Bianchi obgedachten Tractat Zu übersenden.“)			
	Siena (Siena war 1741–1744 der Wohn- bzw. Arbeitsort Bianchis als Professor der Anatomie, bevor er 1744 wieder nach Rimini zurückkehrte!)	••/•	Forschungsbibliothek Gotha, Mikrofilm Chart. B 789, Bl. 634 f. (hier insbesondere Bl. 634) *(8. Oktober 1742; Wagner an Breyne)* („Ich habe nicht Uhrsache Zu Zweifeln, daß Ewer hochEdelgeb[ohrn] ein Von Herrn Bianchi aus Siena an mich beÿgeschloßenes Schreiben nebst einem Schächtelein mit Meer- und Berg-Sand, welche beede ich ohngefehr Vor 2 Monathen an Herrn Secretarium Klein addressiret, nicht richtig solten erhalten haben […]. Nachdeme aber […] Von Herrn Blanco ich abermahlen einen Brief an Ewer hochEdelgebohrn an mich addressiret finde, wobeÿ Er mir meldet, daß Er aus Eilfertigkeit und Irrthum den ersten <?> Theil seines Briefs nicht an Ewer hochEdelgeb[ohrn] sondern an Jemand anders gesandt habe, […], so kan ich nicht umhin solchen durch gegenwärtiges Zu begleiten und denenselbigen meine wenigen Dienste in Bestellung der Antwort an Herrn Blancum Zu offeriren.“)	X (>) (Wagner hatte mehr als zwei Monate vor dem 8. Oktober 1742 einen Brief von Bianchi mit einem beigeschlossenen Schreiben und Proben von Sand für Breyne erhalten und auch (über Klein) entsprechend weitergeleitet. Kurz vor dem 8. Oktober 1742 nun hatte Wagner erneut einen Brief Bianchis mit einem eingeschlossenen Schreiben an Breyne erhalten, welches er daher begleitend zu seinem Brief an Breyne vom 8. Oktober 1742 weiterleitete, nicht ohne einige Erläuterungen beizufügen, welche er dem an ihn gerichteten Brief Bianchis entnommen hatte.)	XX (<) (Wagner bietet Breyne hier zudem für die Zukunft an, seine Antwort(schreiben) an Bianchi zu vermitteln.)	Zu den Inhalten der Briefe Bianchis an Wagner ist hier nur bekannt, dass er dem Schreiben kurz vor dem 8. Oktober 1742 die Information beifügte, er habe einen früheren an Breyne gerichteten Brief an den falschen Adressaten gesandt und müsse diesem daher nun noch einmal schreiben. (! Auch hier betätigte sich Wagner mehrfach als Vermittler von Schreiben zwischen Bianchi und Breyne, teils unter Mitwirkung auch wieder von Jacob Theodor Klein.)

Korrespondent Wagners	Ort	er-schlos-sen	Nachweis	Brief	Pakete mit Realien etc./ Sendungen von/an Dritte(n)	Inhalt
	<u>Siena</u>	•	Forschungsbibliothek Gotha, Mikrofilm Chart. B 789, Bl. 636 f. *(21. November 1743; Wagner an Breyne)* („Das Paquet an Herrn Dr. Gualthieri in Florentz habe Zu gleicher Zeit bestens erhalten, wegen manglender Gelegenheit aber noch nicht dahin absenden können. Jedoch kan ich gewiß Versichern, daß solches im nechst künfftigen Monath mit nach Siena an Herrn Bianchi oder immediate nach Florentz an Herrn de Baillou Oberaufseher über das Großhertzogliche Cabinet abgehen wird.“)	0	XX (<) (Wagner kündigt hier an, ein wohl im September 1743 gemeinsam mit einem Brief Breynes bei ihm zur Weitervermittlung an „Dr. Gualthieri“ in Florenz (wohl der Leibarzt des Großherzogs der Toskana Niccolò Gualtieri, 1688–1744) eingegangenes Paket in Kürze weiter Richtung Florenz auf den Weg zu bringen und zwar möglicherweise über Bianchi in Siena.)	Angedacht wird hier von Wagner, ein wohl von Breyne für Dr. Gualtieri in Florenz bestimmtes Paket unbekannten Inhalts auf dem Weg über Bianchi in Siena zu vermitteln. (! Am Ende wurde von Wagner wohl doch der Vermittlungsweg über de Baillou in Florenz gewählt, s.u.)
	<u>Siena</u>	••	Forschungsbibliothek Gotha, Mikrofilm Chart. B 789, Bl. 638–640 (hier insbesondere Bl. 638 f.) *(24. April 1745; Wagner an Breyne)* („Den Herrrn Dr. Gualthieri hat das Von Ewer hochEdelgeb[ohrn] gesandte Paquet Vermuth[lich] nicht mehr am Leben angetroffen, weilen solcher schon Anfang Martii Verstorben. Jedoch weiß ich daher, daß solches gantz gewiß in Florentz	X (>) (Wagner erwähnt hier eine an ihn gerichtete Antwort des Bianchi aus dem Juni 1744.)	X (<) (Wagner übersandte ca. im Frühjahr 1744 die *Acta eruditorum Lipsiensia* an Bianchi, und zwar über Florenz, wohl über de Baillou [s. dort]. Ein begleitendes Schreiben Wagners an Bianchi ist nicht konkret erwähnt.)	Der Brief Bianchis an Wagner aus dem Juni 1744 informierte Wagner, dass bei Bianchi die ihm von Wagner zuvor übersandten *Acta eruditorum Lipsiensia* auf dem Weg über Florenz korrekt eingegangen waren, woraus Wagner schloss, dass auch das für Gualtieri bestimmte Paket Breynes so seinen Bestimmungsort Florenz korrekt erreicht hatte, wenn auch Gualtieri wohl bereits

Korrespondent Wagners	Ort	erschlossen	Nachweis	Brief	Pakete mit Realien etc./ Sendungen von/an Dritte(n)	Inhalt
			angelanget, weilen ich Zu gleicher Zeit an Herrn Plancum die Acta eruditorum Lipsiensia abgehen laßen, welcher mir schon im Iunio geantwortet, daß Sie Ihme Von Florentz wären Zugesandt worden. Dießer befindet sich nicht mehr in Rimini sondern ist Professor Anatomiae in Siena und hat Verwichenes Jahr des Fab[ii] Columnae Phytobasanos <?> mit einigen Zusätzen nach beÿliegenden TitulBlatt neu auflegen laßen, Von welchen Er gerne einige in Teutschland [...] Verschloßen haben möchte, [...].“)			verstorben war. Ferner unterrichtete Bianchi Wagner wohl in diesem Brief darüber, dass er gerne einige Exemplare seiner neuen Ausgabe des *Phytobasanos* in Deutschland verkaufen wollte, was Wagner daher hier auch an Breyne weitergab.
	Rimini	••	Forschungsbibliothek Gotha, Mikrofilm Chart. B 789, Bl. 641 f. (hier insbesondere Bl. 641) *(14. April 1746; Wagner an Breyne)* („[...]; so nehme ich mir die Freÿheit Ewer hochEdelgeb[ohrn] in beÿgehendem Paquet nebst dem Von Herrn Planco Vor Dießelben erhaltenen exemplar vom Phytobasano <?> die Acta inaugurationis unßerer neuerrichteten FridrichsUniversitaet Zu Erlang <?> [...] dagegen Zu schicken [...].“)	0	XX (>) (Wagner hatte von Bianchi dessen Neuauflage des *Phytobasanos* zur Weitervermittlung an Breyne erhalten. Hinweise auf einen begleitenden Brief Bianchis an Wagner finden sich hier nicht.)	Wagner vermittelte hier ein von Bianchi erhaltenes Exemplar von dessen *Phytobasanos* an Breyne weiter.

Korrespondent Wagners	Ort	er-schlos-sen	Nachweis	Brief	Pakete mit Realien etc./ Sendungen von/an Dritte(n)	Inhalt
	Rimini	••	Forschungsbibliothek Gotha, Mikrofilm Chart. B 789, Bl. 643 f. (hier insbesondere Bl. 643) *(18. April 1747; Wagner an Breyne)* („Gegenwärtig übersende ich nur eine Dissertation de Vesicatoriis so ich von Herrn Planco bekommen […].“)	0	X(X) (>) (Ob Wagner die Dissertation von Bianchi ursprünglich zum Eigengebrauch oder ausdrücklich bestimmt zur Weiterübersendung an Breyne erhalten hatte, bleibt hier unklar. Hinweise auf einen begleitenden Brief Bianchis an Wagner fehlen.)	Wagner erhielt von Bianchi eine *Dissertation de Vesicatoriis*.
Klein, Jacob Theodor (1685–1759)	Danzig	••	Forschungsbibliothek Gotha, Mikrofilm Chart. B 789, Bl. 634 f. *(8. Oktober 1742; Wagner an Breyne)* („Ich habe nicht Uhrsache Zu Zweifeln, daß Ewer hochEdelgeb[ohrn] ein Von Herrn Bianchi aus Siena an mich beÿgeschloßenes Schreiben nebst einem Schächtelein mit Meer- und Berg-Sand, welche beede ich ohngefehr Vor 2 Monathen an Herrn Secretarium Klein addressiret, nicht richtig sollten erhalten haben […]. […]. […] und bitte den Einschluß an Herrn Secretarium Klein Zu excusiren, […].“)	X (<) (Wagner übersandte mit dem Brief an Breyne vom 8. Oktober 1742 einen Einschluss an Klein.)	XX (<) (Wagner hatte etwa zwei Monate vor dem 8. Oktober 1742 einen Brief und eine Probe von Sand von Bianchi in Siena über Klein an Breyne weitergeleitet. Inwiefern er zu diesem Zeitpunkt auch an Klein einen eigenen Brief richtete, lässt sich hier nicht konkret erschließen.)	Die Sendung Wagners an Klein ca. Anfang August 1742 umfasste hier sicher einen Brief und eine Schachtel mit Sandproben, die von Bianchi für Breyne bestimmt waren, so dass Wagner und Klein hier also als Vermittler auftraten. Der Inhalt des Einschlusses Wagners an Klein, der mit dem Brief an Breyne vom Oktober 1742 übersandt wurde, bleibt unbekannt.

Korrespondent Wagners	Ort	erschlossen	Nachweis	Brief	Pakete mit Realien etc./ Sendungen von/an Dritte(n)	Inhalt
	Danzig	••	Forschungsbibliothek Gotha, Mikrofilm Chart. B 789, Bl. 648 f. (hier insbesondere Bl. 648) *(18. April 1749; Wagner an Breyne)* („Gegenwärtig sende ich durch Beÿschluß an Herrn Secretarius Klein die Von Ewer hochEdelgeb[ohrn] verlangten KupfferPlatten und Text von des Herrn Prof[essor] Schmidels Botanischen Wercke.“)	X(<) (Wagner übersandte im April 1749 Teile von Schmidels botanischem Werk [sowie auch einen eigenen Brief und einen Brief Séguiers] durch „Beÿschluß“ über Klein an Breyne, d.h. er richtete wohl zu dieser Zeit selbst auch einen Brief eben an Klein.)	0	--- (Über den Inhalt des Schreibens Wagners an Klein ist hier nichts bekannt.)
	Danzig	••	Forschungsbibliothek Gotha, Mikrofilm Chart. B 789, Bl. 658 f. (hier insbesondere Bl. 659) *(18. September 1751; Wagner an Breyne)* („PS: Den Einschluß an Herrn Secretarium Klein bitte ich geneigt Zu entschuldigen.“)	X (<) (Wagner übersandte mit seinem Brief an Breyne vom 18. September 1751 auch einen Einschluss an Klein.)	0	--- (Zum Inhalt des Einschlusses Wagners an Klein ist hier nichts überliefert.)

Korrespondent Wagners	Ort	erschlossen	Nachweis	Brief	Pakete mit Realien etc./ Sendungen von/an Dritte(n)	Inhalt
Ludwig, Christian Gottlieb (1709–1773)	Leipzig	••/•	Forschungsbibliothek Gotha, Mikrofilm Chart. B 789, Bl. 645–647 (hier insbesondere Bl. 645 f.) *(30. März 1748; Wagner an Breyne)* („[...], wenn ich nicht beständig gehoffet hätte Von Mons[ieu]r Seguier aus Verona die Versprochenen plantas Veronenses cum Supplemento Bibliothecae botanicae Vor Sie Zu erhalten. Nachdeme nun solche Vor wenig Tagen in einen aus Italien [...] angekommen sind, so habe ich die Ehre solche beÿgehend Zu überreichen und in Ermangelung anderer Gelegenheit dießes Paquet franco Leipzig an Herrn Professor Ludwig Zu senden, welcher Vor deßen weitere Beförderung sorgen wird. Mons[ieu]r Seguier, [...] hat mich sehr ersuchet an Ewer hochEdelgeb[ohrn] seine <?> Dancksagung [...] Zu machen. Er bittet mich Ihme Rzaczynski Hist[oriam] <?> Naturalem Poloniae Zu verschaffen [...]. Könten nun Ewer HochEdelgeb[ohrn] [...] mir dießes Buch mit nach Leipzig an Herrn Prof[essor] Ludwig schicken, so würden Sie mich und Herrn Seguier Zu Vielen Danck Verpflichten [...].“)	0	XX (<)/ XX (>) (Wagner übersandte an Ludwig das Werk Séguiers *Catalogum plantarum Veronensium* zur Weitervermittlung an Breyne in Danzig. Angedacht war auch umgekehrt die Übersendung des für Séguier bestimmten Werkes Rzaczynskis *Historia Naturalis Poloniae* von Breyne über Ludwig in Leipzig zu Wagner.)	Wagner sandte an Ludwig ein Buch Séguiers aus Italien zur Weitervermittlung an Breyne in Danzig.

Korrespondent Wagners	Ort	erschlossen	Nachweis	Brief	Pakete mit Realien etc./ Sendungen von/an Dritte(n)	Inhalt
	Leipzig	••	Forschungsbibliothek Gotha, Mikrofilm Chart. B 789, Bl. 652 f. (hier insbesondere Bl. 652) *(9. Dezember 1749; Wagner an Breyne)* („[..] und mich erkundigen könnte ob das in der <?> Michaelis Meße per Adresse des Herrn Prof[essor] Ludwig gesandte Küstlein mit petrefactis von Herrn Seguier wohl überkommen seÿe.“)	0	XX (<)	Wagner sandte hier über Ludwig die von Séguier für Breyne bestimmten Petrefakta [und evtl. auch seinen letzten Brief an Breyne] zu.
	<u>Leipzig</u>	•	Forschungsbibliothek Gotha, Mikrofilm Chart. B 789, Bl. 660 f. (hier insbesondere Bl. 660) *(5. August 1751; Wagner an Breyne)* („Den Verlangten Tausch des Horti Florentini <?> gegen ein Exemplar Prodromorum Illustrissimi <?> Parentis habe bewürcket und das Exemplar <?> Vom Horto Florentino bereits erhalten, welches ich mit künfftiger Michaëlis Meße per Adresse <?> des Herrn Professor Ludwigs in Leipzig übersenden werde.“)	0	XX (<)	Wagner kündigt hier an, zur Zeit der Michaelismesse das für Breyne im Rahmen eines Büchertauschs bestimmte Werk *Hortus Florentinus* an die Adresse Ludwigs in Leipzig zu senden.

Korrespondent Wagners	Ort	erschlossen	Nachweis	Brief	Pakete mit Realien etc./ Sendungen von/an Dritte(n)	Inhalt
Manetti, Saverio (1723–1785)	Florenz	•	Forschungsbibliothek Gotha, Mikrofilm Chart. B 789, Bl. 658 f. (hier insbesondere Bl. 658) *(18. September 1751; Wagner an Breyne)* („Aus Zeit Mangel beziehe ich mich nur auf mein Voriges und übersende beÿgehend den Hortum und das Viridarium Florentinum, in der Hoffnung, daß ich mit dießer Meße die opuscula beati Parentis Vor Herrn Professor Manetti dagegen erhalten werde.“)	0	XX (<) (Wagner trat hier als künftiger Vermittler einer Sendung an Manetti auf. Da es aber um einen Büchertausch mit Breyne ging, den Wagner selbst, wie er in einem vorausgehenden Brief an Breyne betont, bewirkt hatte, ist es zumindest naheliegend anzunehmen, dass Wagner auch im brieflichen Austausch mit Manetti stand, wenn auch hinreichend konkrete Hinweise auf einzelne Briefe fehlen.)	Wagner bittet hier um die *Prodromi* des Vaters Breynes, um sie im Rahmen eines Büchertauschs an Manetti weitervermitteln zu können.
---	<u>Florenz</u>	••	Forschungsbibliothek Gotha, Mikrofilm Chart. B 789, Bl. 662 *(15. April 1752; Wagner an Breyne)* („[..], ob ich gleich biß dato Von Denenselben keine Antwort noch auch das dagegen Versprochene Exemplar Von denen Prodromis Zu erhalten die Ehre gehabt habe. Ich habe inzwischen mein eigenes Exemplar nach Florentz geschicket und Hoffe Vielleichte in dießer Meße oder nechstens Von Ewer hochEdelgeb[ohrn] ein anders davon Zu erhalten.“)	0	X (<) (Wagner sandte hier sein eigenes Exemplar der *Prodromi* Jakob Breynes nach Florenz, also [wie aus den vorausgehenden Briefen Wagners an Breyne zu entnehmen] an Manetti, da Breyne selbst seinen Pflichten im Büchertausch mit Manetti offenbar nicht genügend nachkam.)	Wagner übersandte hier sein Exemplar der *Prodromi*.

Korrespondent Wagners	Ort	er-schlos-sen	Nachweis	Brief	Pakete mit Realien etc./ Sendungen von/an Dritte(n)	Inhalt
Scheuchzer, Johann Jakob (1672–1733)	Zürich	••	Forschungsbibliothek Gotha, Mikrofilm Chart. B 789, Bl. 636 f. (hier insbesondere Bl. 636) *(21. November 1743; Wagner an Breyne)* („[…]; Sindemahlen die Ewer hochEdelgeb[ohrn] Zugestoßene wiedrige Schicksaale, nehmlich der schmertzliche Verlust eines in der besten Blüthe und grösten Hoffnung gestandenen einzigen Herrn Sohnes […] mich […] Zu einem aufrichtigen Mitleÿden bewogen. Zumahlen mir dabeÿ gleich die […] Exempel meines ehemahligen geliebtesten Freundes <?> und Briefwechßlers des Hochgelehrten Herrn Johann <?> Jacob Scheuchzers Zu Zürch und […] eingefallen welche <?> gleiches Unglück an ihren beeden Herrn Söhnen […] erlebet, […].“)	X (</>) (Wagner erwähnt gegenüber Breyne seinen „ehemahligen geliebtesten Freund[] und Briefwechßler[]“ Johan Jacob Scheuchzer in Zürich, so dass davon auszugehen ist, dass es vor dem Tod Scheuchzers 1733 zu einem brieflichen Austausch mit Wagner in beiden Richtungen gekommen war.)	0	--- (Auf den Inhalt des einstigen Briefwechsels zwischen Wagner und Scheuchzer kann hier nicht geschlossen werden.)
Séguier, Jean-François (1703–1784)	Verona	••	Forschungsbibliothek Gotha, Chart. B 789, Bl. 643 f. (hier insbesondere Bl. 644) *(18. April 1747; Wagner an Breyne)* („In Verona ist ein gelehrter und	X (>) (Die Menge der von Wagner hier gegenüber Breyne wiedergegebenen Wünsche und Projekte Séguiers lässt vermuten, dass Wagner schon	0	Séguier wünschte das *Tractat de polythalamiis* Breynes im Tausch gegen sein Werk *Catalogum plantarum Veronensium*.

Korrespondent Wagners	Ort	erschlossen	Nachweis	Brief	Pakete mit Realien etc./ Sendungen von/an Dritte(n)	Inhalt
			curieuser Medicus und Botanicus Nahmens <?> Seguier, dießer möchte gerne Ewer hochEdelgeb[ohrn] Tractat de polythalamiis haben. Ich weiß Ihme aber solchen nicht Zu schaffen. Er gebete gerne seinen Catalogum plantarum Veronensium [...] dagegen. [...].“)	hier [wie später s.u.] in direktem brieflichem Austausch mit Séguier stand, den er aber noch für einen „Medicus“ hielt.)		
	<u>Verona</u>	••	Forschungsbibliothek Gotha, Mikrofilm Chart. B 789, Bl. 645–647 (hier insbesondere Bl. 645 f.) *(30. März 1748; Wagner an Breyne)* („Ich würde nicht so lange Verweilet haben Ewer HochEdelgebohrn werthestes Schreiben Vom Verwichenen Jahr Zu beantworten, wenn ich nicht beständig gehoffet hätte Von Mons[ieu]r Seguier aus Verona die Versprochenen plantas Veronenses cum Supplemento Bibliothecae botanicae Vor Sie Zu erhalten. Nachdeme nun solche Vor wenig Tagen in einen aus Italien erhaltenen großen Pack Bücher mit angekommen sind, so habe ich die Ehre solche beÿgehend Zu überreichen und in Ermangelung anderer Gelegenheit dießes Paquet franco Leipzig an Herrn Professor	X (>) (Auch hier spricht die Menge der im Detail an Breyne weitergegebenen Wünsche Séguiers dafür, dass Wagner von diesem einen Brief erhalten hatte. Außerdem war bei Wagner mit einem Pack Bücher aus Italien auch von Séguier dessen Werk *Catalogum plantarum Veronensium* zur Weitervermittlung [hier über Professor Ludwig in Leipzig , s. dort] an Breyne eingegangen.)	0	Séguier wünschte nun Rzaczynskis *Historia Naturalis Poloniae* (ebenfalls im Tausch gegen eigene Werke oder gegen Geld) zu erhalten.

Korrespondent Wagners	Ort	erschlossen	Nachweis	Brief	Pakete mit Realien etc./ Sendungen von/an Dritte(n)	Inhalt
			Ludwig Zu senden, welcher Vor deßen weitere Beförderung sorgen wird. Mons[ieu]r Seguier, der kein Medicus ist, […] hat mich sehr ersuchet an Ewer hochEdelgeb[ohrn] seine <?> Dancksagung nochmahls Vor Dero schönes Praesent <?> Zu machen. Er bittet mich Ihme Rzaczynski Hist[oriam] <?> Naturalem Poloniae Zu verschaffen […]. Könten nun Ewer HochEdelgeb[ohrn] mir auf eine oder die andere Art darzu behülfflich <?> seÿn und mir dießes Buch mit nach Leipzig an Herrn Prof[essor] Ludwig schicken, so würden Sie mich und Herrn Seguier Zu Vielen Danck Verpflichten […].“)			
	Verona	••/•	Forschungsbibliothek Gotha, Mikrofilm Chart. B 789, Bl. 648 f. (hier insbesondere Bl. 648) *(18. April 1749; Wagner an Breyne)* („Inzwischen habe ich nicht unterlaßen die gesandte Histor[iam] Nat[uralem] Poloniae Zu Zu schicken. Wie Er denn solche auch würcklich erhalten und mir aufgetragen hat Ewer hochEdelgeb[ohrn] davor den verbindlich-	X (>) (Die Menge der Wagner von Séguier zugegangenen Informationen spricht auch hier dafür, dass Séguier ein eigenes Schreiben an Wagner gerichtet hatte [s. unten; Zitat aus diesem Brief im folgenden Brief Wagners an Breyne nachgereicht], dem er wohl auch ein gesondertes Antwort-	XX (<), XX (>) (Wagner hatte im Vorfeld die *Historia Naturalis Poloniae*, die ihm von Breyne für Séguier zugegangen war, an diesen übersandt [gemeinsam mit einem Brief wie aus dem nächsten Brief Wagners an Breyne zu ersehen; s. unten]. Ferner kündigt Wagner hier an, umgekehrt eine noch von Séguier zu erwartende und für Breyne	Séguier betonte auch gegenüber Wagner seinen Dank an Breyne für Übersendung der *Historia Naturalis Poloniae* (fügte aber auch ein eigens an Breyne gerichtetes und dann von Wagner weitervermitteltes Schreiben bei).

Korrespondent Wagners	Ort	er-schlos-sen	Nachweis	Brief	Pakete mit Realien etc./ Sendungen von/an Dritte(n)	Inhalt
			sten Danck Zu erstatten und Sie zu Versichern, daß Er dagegen, so bald seine Arbeit Von petrefactis Veronensibus Zum Vorschein kommen wird, damit auf zu warten nicht unterlaßen werde. Ich Zweiffle auch nicht, Er selbst werde solches in beÿgeschloßener Antwort an Ewer hochEdelgebohrn wiederholet haben. Die darinen Vielleichte auch gemeldete kleine Schachtel aber mit Petrefactis Veronensibus ist noch nicht angekommen, weilen der gleichen schwehre Waaren auf der Axe hieher kommen, [...].“)	schreiben an Breyne zur Weitervermittlung beigeschlossen hatte.)	bestimmte Schachtel mit Petrefacta bei Eintreffen weiterzuvermitteln [mit dem nächsten Brief Wagners an Breyne umgesetzt; s. unten].)	
	Verona	••	Forschungsbibliothek Gotha, Mikrofilm Chart. B 789, Bl. 650 f. (hier insbesondere Bl. 650) *(27. September 1749; Wagner an Breyne)* („Mons[ieu]r Seguier antwortet mir Vor einigen Monathen folgendes: ‚J'ai reçu avec votre lettre l'Histoire naturelle <?> de Pologne, que Vous m'avez procuré [...] de M[onsieu]r Braÿne. [...].‘ Ewer hochEdelgeb[ohrn] werden alßo beÿkommend dießes Kistlein <?> mit petrefactis Zu erhalten haben [...].“)	X (<), X (>) (Wagner zitiert hier aus einem vor einigen Monaten an ihn gerichteten Brief Séguiers, in dem dieser sich für die übersandte *Historia Naturalis Poloniae* und einen zeitgleich erhaltenen Brief Wagners bedankt und seinerseits die Übersendung einer Schachtel mit Petrefakten für Breyne verkündet. Dieser hier	XX (>) (Wagner konnte nun die mittlerweile [seit seinem letzten Brief an Breyne] eingetroffene Kiste mit Versteinerungen von Séguier an Breyne weitervermitteln.)	! Wagner zitiert hier aus dem wohl schon im Frühjahr 1749 bei ihm eingegangenen Brief Séguiers [s. oben]: u.a. Dank an Breyne für übersandte *Historia Naturalis Poloniae*, Ankündigung der Übersendung von Petrefacta für Breyne.

Korrespondent Wagners	Ort	erschlossen	Nachweis	Brief	Pakete mit Realien etc./ Sendungen von/an Dritte(n)	Inhalt
				zitierte Brief Séguiers an Wagner war wohl schon im Frühjahr 1749 bei Wagner eingegangen und dieser hatte schon in seinem vorausgehenden Brief an Breyne darauf Bezug genommen [s. oben], lieferte aber nun aus gegebenem Anlass [Eintreffen der Versteinerungen für Breyne] noch einmal Zitate aus diesem Brief nach.)		

8 Fremdwörterverzeichnis zu den edierten Brieftexten

Einige kurze Hinweise zum Aufbau des vorliegenden Verzeichnisses:

- Es sei noch einmal darauf hingewiesen, dass das vorliegende Verzeichnis konzipiert ist als eine *möglichst gezielte und knappe Verständnishilfe für den Leser* der Edition.
- Aufgenommen sind daher, um den Endnotenapparat der Edition zu entlasten, *alle Fremdwörter bzw. einzelnen fremdsprachigen Wörter und kurzen Wendungen, die nicht bereits (etwa im Rahmen einer breiter angelegten Sacherläuterung) in einer Endnote für den Leser erschlossen wurden und deren Verständnis nicht ohne Weiteres vorausgesetzt werden kann* (wie etwa bei „gratuliren“, „Interesse“ u.Ä.), d.h. Ziel/Anspruch kann und soll es nicht sein, alle Fremdwörter der Edition in diesem Verzeichnis zu erfassen.
- Bereitgestellt wird für den Leser hier, auf Grundlage v.a. auch zeitgenössischer Wörterbücher wie z.B. Gladov (1727) oder Kirsch (1774), i.d.R. *ein im jeweiligen Textzusammenhang der Edition passendes Synonym (ggf. Synonyme) bzw. eine entsprechende Übersetzung*, d.h. Ziel/Anspruch kann und soll es ausdrücklich nicht sein, darüber hinaus dem Leser Informationen zu Etymologie und Bedeutungsgeschichte zu liefern oder jeweils das gesamte Bedeutungsspektrum abzubilden.
- Das Verzeichnis übernimmt die Fremdwörter/fremdsprachigen Wörter *aus der Edition genau in der dort vorgefundenen Schreibweise* (einschließlich Groß-/Kleinschreibung, Akzentsetzung etc.), um den Sprachgebrauch der Briefe wie schon in der Edition auch hier im Verzeichnis möglichst nah am Original abzubilden. Eine Entscheidung in jedem Einzelfall, ob eine ungewöhnliche Schreibweise eine zeitgenössisch zulässige Variante oder aber ein tatsächlicher Schreibfehler des Briefautors war, kann und soll hier nicht getroffen werden. „[!]“ kennzeichnet auch hier also ohne weitere Wertung im Sinne eines „sic“ allein eine, auch nach Maßgabe zeitgenössischer Wörterbücher, eher ungewöhnliche Schreibweise. Nur in Fällen, in denen die im Brief/in der Edition vorliegende Schreibweise völlig verfremdet erscheint, also etwa im Sinne sehr wahrscheinlich vergessener Buchstaben (z.B. „Cu[r]iositaeten“), wird zur besseren Orientierung des Lesers im Verzeichnis eine Korrektur vorgenommen, wobei diese aber durch [] eindeutig kenntlich gemacht und die originale Schreibweise in () zudem noch nachgestellt wird.
- Aufgenommen wird *i.d.R. die Grundform*, z.B. bei Verben der Infinitiv, bei Substantiven (je nach Gebrauch im Text) der Nominativ Singular und/oder Plural. Substantive mit beigeordneten Attributen (Adjektive, Genitivattribute) erscheinen im Verzeichnis unter dem jeweiligen Substantiv und Präpositionalgefüge unter dem auf die Präposition folgenden Substantiv.

A

a; à (... Gulden)	bis (zu), zu/für (... Gulden) [kaufmännisch]
absolviren	zu Ende bringen
accordiren	bewilligen
accurat	sorgfältig, genau, richtig
accuratesse	Sorgfalt, Fleiß, Richtigkeit
acquiriren	erlangen, erwerben
(sich) acquittiren	(sich) losmachen, ein Genüge tun, (einen Dienst/eine Aufgabe etc.) erfüllen
additamenta	Zusätze, Zugaben
A/addresse	Aufschrift (auf Brief etc.), Anschrift
(sich) addressiren	(sich) an jmd. wenden/richten
adhibiren	anwenden, gebrauchen
adjungiren	zuordnen (z.B. als Amtsgenosse)
(*hier Partizip:* „adjunxiret" [!])	
admisciren	beimischen
adpliciren	*siehe appliciren*
Affect	*hier:* Krankheit
Affection	Gewogenheit, Zuneigung
aggreiren	billigen, gutheißen
Alteration	Veränderung
alteriren	verändern, erschüttern, *hier „alteriret":* (körperlich) angegriffen, durchgeschüttelt
Amitié	Freundschaft
Annus	Jahr
Anno (...)	im Jahr (...)
Annus praeteritus	das vergangene Jahr
Antiquarii	Personen, die mit alten Büchern handeln
aparte	gesondert, getrennt
à peu pres [!]	beinahe, ungefähr
Appendix	Anhang, Zusatz
applicable	anwendbar
Application	Zuneigung, Hinwendung, Emsigkeit
appliciren; adpliciren	anwenden, verabreichen
approbation	Billigung, Bewilligung
approbiren	gutheißen, billigen
armee	Kriegsheer
arrestiren	gefangen setzen, aufhalten
A/assistenz	Hilfe, Beistand

Assoupissement	Betäubung
A/attachement	Ergebenheit, Anhänglichkeit
attention	Aufmerksamkeit
augmentiren	zunehmen
Author	Urheber (eines Werkes), Verfasser
avanciren	fortschreiten/-rücken, höher steigen, zunehmen

B

Billet	Zettel
botanici	Kenner der „Kräuter“/Pflanzen (Pl.), Pflanzenkundige, *hier v.a.:* Verfasser botanischer/pflanzenkundlicher Werke (Pl.)
Bouillon	(auf bestimmte Art bereitete) (Fleisch-)Brühe/Suppe
brevissimis	in sehr kurzen Worten, in aller Kürze
Brochures	Schriftwerke (von geringerem Umfang und ohne Einband)

C

Calamitos; Calamitös	elend, trübselig
calamus	Schreibfeder
calamo plus quam volante	„mit mehr als fliegender Feder“, eiligst
Campagne	Feldzug
Candeur	Redlichkeit, Aufrichtigkeit
Caravane	(großer) Zug/Gesellschaft von Reisenden (v.a. von Kaufleuten im Osten zum gegenseitigen Schutz)
C/casus (Sgl.); >> C/casus (Pl.)	Fall (Sgl.); >> Fälle (Pl.)
ad hunc casum	in Bezug auf/für diesen Fall
in casibus paralelis [!]	in gleichen/ähnlichen Fällen
in tali casu	in einem derartigen Fall
C/catalogus	Verzeichnis, Register
C/causa	Ursache
causa impeditioris diureseos	Ursache einer ziemlich eingeschränkten Diurese/Harnausscheidung

Causa Primaria Morbi & Malorum	hauptsächliche Ursache der Krankheit und (aller) Übel
causiren	verursachen
cessiren	aufhören
chagrin	Kummer
chagriniren	bekümmern
Chaise	(eine Art von) Kutsche
C/character	Titel, Ansehen, Würde
Choix	(Aus-)Wahl
circa	um...herum
civil	(bzgl. Preis) billig
collectio; C/collection	Sammlung
collectio ex Regno minerali	Sammlung aus dem „Reich der Mineralien“
Collega	Kollege, Berufs-/Amtsgenosse
colligiren	sammeln
C/commercium	Handel, Austausch
C/commission	Befehl, Auftrag (zur Verwaltung/Verkauf etc. fremder Waren), aufgetragene Verrichtung
(in) Commission	(bei Waren etc.:) zum Verkauf u.Ä. im Auftrag eines anderen
committiren	(einem etwas) auftragen
Commoditaet	Bequemlichkeit
communicable	mitteilbar, *hier:* übersendbar
Communication	Mitteilung, Überlassung/-sendung
C/communiciren	mitteilen, zukommen lassen, übersenden
Compagnie	Gesellschaft
Compassion	Mitleid
complet	vollständig, vollkommen
completiren	vervollständigen
C/compliment; >> Complimente	Gruß, Empfehlung, erzeigte Höflichkeit; >> Grüße, Empfehlungen
(Gegen)Compliment	(Gegen-)Gruß
comportiren	(sich mit einem) wohl vertragen
Concept	aufgesetzte/noch nicht ins Reine gebrachte Schrift
concertiren	verabreden, beschließen
C/conditioniret	beschaffen
conferiren	(wegen einer Sache) eine Unterredung/Besprechung pflegen/durchführen, (ein Amt etc.) verleihen

Connaisseur	Kenner
Conservation	Erhaltung, Bewahrung
Conserviren	erhalten, bewahren
Consilium; >> Consilia	Rat(-schlag) (Sgl.), Beratung, beratende Versammlung; >> Rat(-schläge) (Pl.), Beratungen, beratende Versammlungen
Consilium Medicum	medizinischer/ärztlicher Rat/Beratung, beratende Versammlung von Ärzten
in Consilium	zur Beratung/beratenden Versammlung
Consolation	Trost, Ermutigung
consumiren	verbrauchen, verzehren
content	zufrieden
Continuatio; Continuation; >> Continuationes	Fortsetzung; >> Fortsetzungen
continuiren	(sich) fortsetzen
continuirlich	fortdauernd, stetig, beständig
Convolut	zusammengebundenes Päckchen/Bündel an Schriften etc.
cooperiren	helfen, mitwirken
Copia	Abschrift
in Copia	in/als Abschrift
copiren	abschreiben, eine Abschrift erstellen
Copist	Person, die eine Abschrift erstellt
C/correspondenz	Briefwechsel
corrigiren	verbessern
Couleur	Farbe
cultiviren	anbauen, ziehen (bzgl. Pflanzen)
cum	mit
cura	Behandlung, Pflege
per curam internam totius morbi	durch innerliche Behandlung der ganzen Krankheit
curiositaet; curiosität	Wissbegierde, Neugier, Begierde nach neuen Sachen
Cu[r]iositaeten (Cuiositaeten [!])	Seltenheiten; Dinge, die es wert sind, dass man sie sieht etc.
curriculum	Lauf
curriculum Vitae	Lebenslauf

D

D/dame; >> D/dames	Frau von hohem bzw. vornehmem Stand; >> Frauen von hohem bzw. vornehmem Stand, *auch:* Hofdamen etc.
dato	(bis) am/zum heutigen Tage, *auch*: bis jetzt
declariren	auslegen, erklären
decourtiren	abziehen (von einer Summe)
Decret	(obrigkeitliche) Entscheidung, Beschluss, Verfügung/Erlass (an eine Person bzgl. Einsetzung in bestimmte Funktion etc.)
Dedication	Widmung, Zueignung (einer Schrift)
D/defect, >> D/defecte	Mangel, Abgang (bestimmter Bögen einer Zeitschrift etc.), >> Mängel, Abgänge
defect	mangelhaft
(sich) degout[]iren (degouttiren [!])	*hier:* sich ekeln, (etwas) widerwärtig finden, ablehnen
deliberiren	beratschlagen
delicat	zart, empfindlich, schwierig
de meliori	aufs beste
Demoiselle	(adeliges) Fräulein (in Stellung bei vornehmer Dame)
denominiren	benennen
dependiren	(von jemandem) abhängen, unterworfen sein
de reliquo	im Übrigen, was das Übrige anbetrifft
Designation	Verzeichnis, Benennung
devanciren	(jemandem) vorangehen, *hier wohl:* (jemandem) vorausreisen
Devoir	Pflicht, Schuldigkeit
devot	ergeben, untertänig
devotion	Ergebenheit, Untertänigkeit
dexteritaet	Geschicklichkeit, Fertigkeit, Fleiß, Redlichkeit
differiren	ungleich/verschieden sein
Difficultaet	Schwierigkeit, Mühseligkeit, Beschwerlichkeit
Diploma	*hier:* Aufnahmeurkunde/-diplom (in Akademie)
dirigiren	leiten, führen
Disposition	Ordnung, ordentliche Einteilung, Planung
distinction	Unterschied, Unterscheidung, *hier:* Wertschätzung

(sich) distinguiren	sich unterscheiden, sich hervortun
distribuiren	aus-/verteilen
D/domestique	Bedienter, Diener
domicilium	Behausung, Wohnung
dorsum	Rücken
in dorso	auf dem Rücken
dosis	zugemessene Menge/Maß der (verordneten) Arznei
Doubletten	zweimal/doppelt vorhandene Gegenstände (v.a. in Sammlungen)

E

E/effect	Wirkung
Effort	Bemühung, Anstrengung
elaboriren	ausarbeiten
embarassiren	verwirren
Emploi	Verrichtung, Amt, Anstellung
emploiren; employren	gebrauchen, (zu etwas) anwenden
Engagement	Schuldigkeit, Pflicht
(sich) engagiren	(sich) verpflichten/verbürgen, (sich) einlassen
enorm	sehr groß/stark, übermäßig
Epistel; Epistola	Brief, Schreiben
Epistola eucharistica	Danksagungsschreiben
Estime	Achtung, Hochachtung
Etablissement	Einrichtung (an einem Ort, auch beruflich/bzgl. eines zu verrichtenden Dienstes)
excerniren	aussondern, ausstoßen
excoliren	bauen, *hier:* ausbauen
Excursio	Streifzug
Excursio botanica	botanischer/pflanzenkundlicher Streifzug
excusiren	entschuldigen
Exemplar; exemplarium;	(Einzel-)Stück (eines Schriftwerkes);
>> Exemplare; Exemplarien; exemplaria	>> (Einzel-)Stücke (eines Schriftwerkes)
E/exotica	fremde/ausländische Dinge/Waren (auch Pflanzen etc.)

Explication	Erklärung
exprimiren	ausdrücken, erklären
(sich) extendiren	(sich) ausbreiten/ausdehnen
Exteri	Fremde, Ausländer
externus	äußerlich

F

fameus	berühmt
F/famille	Familie (oft auch einschließlich Hausgesinde)
nombreuse Famille	zahlreiche/vielköpfige Familie
fatigue; >> fatiguen	Strapaze, Mühe; >> Strapazen, Mühen
F/faveur	Gunst, Gewogenheit
(in meinen) faveur	zu meinen Gunsten
fides	Treue, Vertrauen
sub fide silentii	im Vertrauen, unter dem Siegel der Verschwiegenheit
Figur; Figura; >> Figuren; Figurae	Gestalt, Form, (figürliche) Abbildung/ Zeichnung; >> Formen, (figürliche) Abbildungen/ Zeichnungen
cum Figuris	mit Abbildungen
figurata	„gebildete/gestaltete Dinge" (wohl auch im Unterschied zu „naturalia")
fixum	etwas Bestimmtes, *hier:* ein festgelegtes Gehalt
(sich) flattiren	(sich) schmeicheln
flores	Blüten, Blumen
cum floribus	mit Blüten
fluxilitaet	*hier wohl:* flüssiger Zustand, Fähigkeit zu fließen
forma	Form, Art
in forma soluta	in (auf-)gelöster Form
formidabel	furcht-/schreckenerregend
(sich) formiren	(sich) bilden
Fossilia; Fossilien	„aus der Erde gegrabene Dinge"
foveae	Gruben, *hier:* Dellen, Vertiefungen
franco	frei (v.a. bei Briefen etc., wenn für Empfänger keine Kosten anfallen)

frequent	häufig
fructus	Früchte
fructus exotici	fremde/ausländische Früchte
functio; function; >> functiones	Verrichtung, Funktion; >> Verrichtungen, Funktionen
functiones naturales	natürliche Verrichtungen/Funktionen
fundament	Grund, Grundlage

G

generositaet	Freigebigkeit
Gloire	Ehre, Ruhm
gradus	Schritt
lento gradu	mit langsamem Schritt, *hier wohl:* langsam, bedächtig, geduldig
grassiren	sehr wüten, herumstreichen
graviren	*hier:* (in Kupfer etc.) stechen
gremium	Schoß, Mitte
in gremium (Academiae)	in den Schoß/die Mitte (der Akademie)

H

Historia	Geschichte, Erzählung
Historia Morbi	Krankengeschichte
honneur	Ehre, Ruhm
honorifice	sehr rühmlich, in allen Ehren
Husar	(Ungarischer) Reiter, Angehöriger der Reiterei

I

illuminiren	mit Farbe versehen, ausmalen
impressa	Gedrucktes (Pl.)
inclusive	mit gerechnet, mit eingeschlossen
incommodiren; incomodiren	belästigen, Unannehmlichkeiten bereiten
incomoditaet	Ungelegenheit, Beschwerlichkeit
Index; >> Indices	Register (Sgl.), Verzeichnis; >> Register (Pl.), Verzeichnisse

inseriren	hineintun, einfügen
Intention	Absicht
intercession	Vermittlung, Dazwischentreten
interrompiren	unterbrechen, stören
introduciren	einführen
irroriren	befeuchten, besprengen
Iudicium	Meinung, Gutachten
Iudicium Medicum	medizinisches/ärztliches Gutachten

L

laboriren (an)	leiden (an), erkrankt sein (an)
Legat	Vermächtnis (d.h. was jemandem von einem Verstorbenen vermacht wird und was von dessen Erben entrichtet werden muss)
Leges	Regeln, Statuten
(sich) li[]beriren (lieberiren [!])	(sich) befreien
Liberté	Freiheit
logiren	(vorübergehend) wohnen, untergebracht sein

M

M/maladie	Krankheit, Unpässlichkeit
margo	Rand
marmorirt	marmorähnlich aussehen
Marque; >> Marquen; Marques	(Kenn-)Zeichen (Sgl./Pl.)
materia; M/materie; >> materiae	Zeug, Stoff (aus dem man etwas macht/mit dem man umgeht) (Sgl./Pl.)
crudae materiae	rohe/unfertige Dinge
M/medicamenta; M/medicamente	Arzneien
M/medicus; >> M/medici	Arzt; >> Ärzte
(Leib)M/medicus	(Leib-)Arzt
Membrum; >> Membra	Mitglied; >> Mitglieder
memorabilia	denkwürdige Dinge, Denkwürdigkeiten
memorabilia Baruthina	Bayreuther Denkwürdigkeiten
Mensis	Monat
Mense Martio (anni praeteriti)	im (Monat) März (des vergangenen Jahres)

Messures	Absehen, Ziel, Richtschnur, *hier „(genommene) Messures“:* (ergriffene) Maßnahmen
M/methodus	Methode, nach gewissen Regeln geordnetes Verfahren
M/mineralia; Mineralien	„Sachen, die aus der Erde gegraben werden und weder zu den Tieren noch Pflanzen gezählt werden können“
mitigiren	lindern, mildern
moderat	mäßig
(haupt)Momenta	(Haupt-/Kern-)Punkte/Teile
M/morbus	Krankheit
Morbus chronicus	langwierige Krankheit
Musaeum; Museum	Studierstube, der Gelehrsamkeit/ Wissenschaft/Kunst gewidmeter Ort, *auch:* (Kunst-/Naturalien-)Sammlung

N

N/naturalia; N/naturalien	allerlei von der Natur hervorgebrachte Dinge, alles Natürliche
nexus	Verbindung, Zusammenhang
Nomenclatura	Namensverzeichnis
Nomenclatura plantarum exoticarum	Verzeichnis der fremden/ausländischen Pflanzen
norma	Regel, Ordnung
ad normam (Academiae)	gemäß der Regel/dem Regelwerk (der Akademie)
notabel	bemerkenswert, beträchtlich
notorisch	offenkundig
nova	neue Dinge, *vor allem/hier:* neue Zeitschriften, Neuerscheinungen
Numero (XLIX)	Nummer (49)
numerus	Zahl, Anzahl
numerus seminum collectorum	Zahl/Anzahl der gesammelten Samen
nutrientia	nährende (Heil-)Mittel, Nahrung

O

O/obligation	(persönliche) Verpflichtung, Schuld-Verbindung
obligiren	(sich) (zu Dank) verpflichten
obruiren	überhäufen
observanz	Ehrerbietung, Gehorsam
observatio; Observation; >> observationes	Beobachtung, *hier auch:* schriftlich festgehaltene Beobachtung(en) (etwa als Fallbericht etc.); >> Beobachtungen
observiren	beobachten, wahrnehmen
occasio; occasion	Gelegenheit
data occasione	bei (gegebener) Gelegenheit
per occasion	bei Gelegenheit
offeriren	antragen, darbieten
Officinen	Werkstätten, Läden, *insbesondere hier auch:* Apotheken
Oncle	Onkel
opera (z.B. Columnae)	Werke (z.B. des Columna)
opiniatre	hartnäckig
Opiniatreté	Hartnäckigkeit, Halsstarrigkeit, Eigensinn
opuscula	kleine Werke/Bücher
ordinair; ordinarie	ordentlich, gewöhnlich
O/ordre	Befehl
original; Originale	Original (im Gegensatz zur Copia/Abschrift)
in Originali	im Original

P

Paquet; >>Paquete	Päckchen, Päcklein, Bündel (Sgl./Pl.)
par avance	im Voraus
P/pardon	Verzeihung, Vergebung
pardoniren; pardonniren	verzeihen, vergeben
parenthesis	Einschluss (in Text), *hier:* Klammern
partes	Teile
partes historiae naturalis	Teile einer/der Naturgeschichte
Particularien	genauere Nachrichten, nähere Umstände, Besonderheiten
particulier	besonders

partie	mehrere Individuen/Stücke einer Art ohne Bestimmung von Menge/Anzahl (z.B. bei Waren) [kaufmännisch], *hier also:* (Waren-) Posten/Sendung
passiren	durchreisen/-queren, *hier auch:* verbringen
pastus	Nahrung
post pastum	nach der Nahrung(saufnahme), nach dem Essen
Patrocinium	Hilfe, Beistand, Schutz
Patron	Förderer, Gönner, Schutzherr
per	durch, mittels
perenniren	aus-/fortdauern
persuadiren	überzeugen, überreden
Piece; pieçe; >> pieçen	Stück, *hier auch:* Werk, Schrift; >> Stücke
pieçen in re litteraria	„anspruchsvoll geschriebene"/ wissenschaftliche Stücke/Werke/ Schriften
P/plaisir	Vergnügen, Lust
plantae	Pflanzen
plantae exoticae	fremde/ausländische Pflanzen
plantae perennes vulgatiores	ausdauernde/mehrjährige gewöhnliche/ gemeine Pflanzen
P/porto	„Postgeld", Briefporto
Potiones	Tränke, Tränkchen (Pl.)
Praenumeration	Vorauszahlung
praenumeriren	im Voraus bezahlen
praepariren	herstellen, zubereiten
Praesent	Geschenk, Gabe
praestiren	leisten, verrichten
praestanda praestiren	leisten/tun, was zu tun/zu leisten ist
P/praxis	Ausübung (einer Sache/gelernten Tätigkeit), *hier:* ärztliche Tätigkeit
in P/praxi (Medica)	*hier:* in der/im Rahmen der ärztlichen Tätigkeit
precieus	kostbar
pressiren	treiben, forttreiben, drängen
pro	für
procuriren	verschaffen, erwerben
profitiren	gewinnen, Nutzen haben
profund	gründlich, tief, tiefsinnig

Prognosis	Vorhersage (zum Verlauf einer Krankheit etc.)
Prognosti[c]on (Prognostion [!])	Vorhersage
projectiren	etwas entwerfen
Propension	Wohlwollen, Zuneigung
proponieren (*hier Partizip:* „proposieret“ [!])	vorschlagen
Proportion	Verhältnis
(nach) Proportion	(im) Verhältnis
Prosperite [!]	Gesundheit und Wohlstand
Provinzen	Landschaften, Landstriche
publiciren	veröffentlichen
publique	öffentlich
punctuell	pünktlich

Q

Q/quantitaet	Menge

R

rarement	selten
Recept	Vorschrift einer Arznei (, welche vom Arzt dem Patienten zum Gebrauch verordnet, dann nach Vorschrift bereitet in Apotheke)
recommendation	Empfehlung
(sich) recommendiren	(sich) empfehlen, anbefehlen, anpreisen
R/reconvalescenz	(Wieder-)Genesung
recrudesciren	wieder schlimmer werden, wieder aufbrechen (bei Krankheiten etc.)
recta	geradewegs, direkt, ohne Umweg
reell	wirklich, real
reellement	tatsächlich
Refir [!]	Bezirk, Gegend, *insbesondere wie auch hier:* Forstbezirk
Regnum	Reich
Regnum Minerale	„Reich der Mineralien“ (als eines der drei Reiche der Natur bzw. der Materia

	medica neben dem „Animalischen“ und „Vegetabilischen“)
regulair	der Regel gemäß
Relation	Bericht, Erzählung
relicten	Hinterbliebene
remarquiren	bemerken
remissiones	Abschwächungen, Nachlass (der Krankheit etc.)
remittiren	zurückschicken, zurücksenden
renumeriren	zurückzahlen
rescribiren	(schriftlich) antworten, zurückschreiben
Resignation	Ergebenheit
resigniren	(ab-)legen, abtreten
R/resolution	Antwort, Bescheid
(sich) resolviren	(sich) entschließen
Respect	Hochachtung, Ehrerbietung
respectueus; respectuos; respectuös; respectuöß	ehrerbietig
respiriren	sich erholen, verschnaufen, Atem holen
restituiren	wieder-/zurückerstatten, wieder in den vorigen Stand setzen, wiederherstellen
restitution	*hier:* Wiederherstellung
retirade	Ab-/Rückzug
honorable retirade	rühmlicher/ehrbarer Rückzug
Retour	Rückkehr
Reverence	Ehrerbietung, Aufwartung
revociren	zurückrufen
roboriren	stärken, kräftigen
ruiniren	verderben, verwüsten, zerstören

S

salariren	besolden, belohnen, den Lohn geben
satisfaction	Genugtuung, Befriedigung
satisfait	zufrieden (gestellt)
Schedula	ein kleiner Zettel, *hier wohl:* Quittung
secretarii	(geheime) Schreiber, Bediente in Kanzleien etc., Sekretäre
secundiren	segnen, unterstützen

S/semina	Samen (Pl.)
sequens	(der oder die) folgende
Session	Zusammenkunft, Sitzung
Sincerité	Aufrichtigkeit
solviren	(auf-)lösen
soulagiren	zufrieden stellen, erleichtern, aufrichten, trösten
species	Art oder Gattung (einer Sache), Gestalt, Erscheinung
specie	nach Art/Gestalt
sub specie	unter der Gestalt/Erscheinung
specificiren	verzeichnen, benennen
S/specimen; >> S/specimina (*auch:* specimna [!])	Exemplar, Probestück; >> Exemplare, Probestücke
spirituoes	„voller Geister“, „von geistigem Wesen“
stimulus	Anreizung, Antrieb, Reiz
Studium	(intensive) Beschäftigung (mit etwas), das Studieren
Studium botanicum	(intensive) Beschäftigung mit der „Kräuterwissenschaft“/Pflanzenkunde
subiectum	das/die Person, von dem/der man redet
in hoc subiecto	bei dieser Person, in diesem/vorliegendem Fall
subleviren	unterstützen, zu Hilfe kommen
subordiniren	unterordnen
subtil	zart, fein, klein
Success	Erfolg, Fortgang (einer Sache)
succuriren	zu Hilfe kommen, Beistand leisten
superfluum	eine überflüssige Sache, Überfluss
suppellex	Hausrat (beweglicher), Ausstattung, Schatz *(hier wohl in Bezug auf die Naturaliensammlung Wagners gebraucht)*
suppliciren	demütig bitten, untertänig anrufen, flehen

T

tabulae	(Abbildungs-)Tafeln
temoigniren	bezeugen
temperiren	mildern, *hier:* vermischen, vermengen

Tendresse	Zärtlichkeit, zärtliche Liebe
Thée	Tee
Titul(Blatt)	Titel(-blatt)
Tomus	Teil eines Buches/großen Werkes
Tour	Reise, Fahrt
Tractament	Behandlung
Tractat	Abhandlung, gedruckte Schrift, kleines Buch
trainiren	aufhalten, aufschieben
traitabel	umgänglich, leicht zu behandeln
Transmission	Übersendung
turbiren	stören, verhindern
Typus	Gestalt, Entwurf, Modell

U

usus	Gebrauch
usus medicamentorum continuus	anhaltender Gebrauch der Arzneien

V

vacant	frei, unbesetzt, offen
Vale	Lebewohl, Gott befohlen (u.Ä.) (am Briefende)
velliciren	zupfen, rupfen, *hier:* (die Häute) angreifen
Veneration	Hochachtung, Ehrerbietung
V/veneriren	verehren, in Ehren halten
V/veritabel	echt, wahrhaftig
vitios	fehlerhaft, mangelhaft
Voiture	Fuhre, *hier:* Transport(-mittel)
volumina	Bände

9 Abkürzungsverzeichnisse

9.1 Verzeichnisse zu allen stillschweigend aufgelösten und allen belassenen Abkürzungen innerhalb der edierten Brieftexte sowie separate Liste der in der Edition belassenen pharmazeutisch-alchemistischen Symbole und Abkürzungen

Liste der stillschweigend aufgelösten Abkürzungen (dabei „Verbindungen von Buchstaben und besonderen Zeichen“ separat zu Beginn der Aufstellung gelistet)

Verbindungen von Buchstaben und (besonderen) Zeichen:	*stillschweigend aufgelöst zu:*	*Stellennachweise (Briefnummer/Zeile)*
-aꝝ	-arum	18/12; 47/34; 55/30; 56/39; 63/18; 91/32
atꝫ	atque	52/4
dʒ	das	2/19; 78/29; 81/4,18,39; 90/8,10,19; 92/12,37,39
d7	den	2/17,33; 78/43; 81/12; 89/30; 92/8,13,53,63; 93/33
d'	der	37/23; 42/27; 47/9
Freundʒ	Freundes	58/41
Hochgelehrt^7	Hochgelehrter	58/4
-ibꝰ	-ibus	15/19,24; 32/24; 77/16; 78/23; 79/91; 81/9,17,25,33
-iꝰ	-ius	44/31
-ntꝛ	-ntur	81/30
-oꝝ	-orum	26/25; 47/35; 52/21; 53/32; 55/33; 72/9,11; 73/21; 80/41

Verbindungen von Buchstaben und (besonderen) Zeichen:	*stillschweigend aufgelöst zu:*	*Stellennachweise (Briefnummer/Zeile)*
(-)qꝫ	(-)que	7/58; 15/9; 16/4,13,32,33,34,37,38,40; 18/4,10,13,14,20,28,53,55,65; 26/30; 28/15; 32/37; 52/14,16,17,19,20,22,24,25, 27,28,29,31; 53/4,14,17,19,20,32,33; 79/39,43,45,53,56,64,76,77,139, 143,158,161
-tꝝ	-tur	18/36
-tꝯ	-tus	50/25
-ū	-um	35/28; 52/17,21

Sonstige stillschweigend aufgelöste Abkürzungen:	*stillschweigend aufgelöst zu:*	*Stellennachweise (Briefnummer/Zeile)*
Ew., ***auch*** **Ewr.**	Ewer	1/9,11,13,21,25,29,36; 4/8,26,33; 6/8,12,35,45; 7/8,15,17,22,27,34,38; 10/8,18,24,37,42; 11/7,8,24; 12/14,17,20; 13/8,22,33; 14/7,9,14,18,23,28; 15/7,12,18,22,27; 17/8,14,21; 20/21,25,30; 22/9,12,14,17,20,32; 23/10,14,18,23; 24/9,40,42,46; 26/8,15,58,64,69; 28/8,11,14,24,27; 29/8,25,34; 32/8,22,34,39,43,49,55,69; 34/8,12,51,59; 35/8,12,19,39; 37/19,27,33; 39/8,13,27; 40/8,13,19,22,28,34; 41/8,27,31;

Sonstige stillschweigend aufgelöste Abkürzungen:	*stillschweigend aufgelöst zu:*	*Stellennachweise (Briefnummer/Zeile)*
Ew., ***auch*** **Ewr.**	Ewer	42/9,15,40,44; 44/8,11,16,19,33,43; 45/8,18,22; 47/8,21,23,39; 48/8,11,16,24; 50/8,12,27,39; 51/8,11,16; 54/8,12,15,24,28,33; 55/41,49; 56/8,18,23,28,32,34,44,49; 57/9,13,16,26,32,37,42; 58/12,21,23,25,29,30,39; 59/8,12,18,23; 60/9,15,17,27,33,36,40,43; 62/8,20,28,33,36,40,44; 63/9,13,17,25; 64/9,14,27,31,33,37,48,51,56; 65/18,28,35; 66/8,11,13,16,41,44,49,53; 67/7,20,26; 69/11,19; 71/8,15,23,48; 72/7,11,19; 73/8,11,25,30,35,40,45; 76/8,13,16,19,27,34,37,49; 77/8,10,26,28,33,38,44,50,51,53; 79/9,13,22,25; 80/7,13,49; 82/8,13,16,28,30,32,36,38,40,42, 59,62,65,75; 83/9,12,17; 84/8,29,43,47; 85/8,9,14,18,24,28; 86/8,13,14,17,20,24; 87/23; 88/8,21,44,48; 89/8; 90/8,21,30,39; 91/8,14,18,47,52,53,57; 92/8,29,47,57; 93/32; 94/9,41,54; 95/18,20,24,28,43; 95/53; 96/13,18,22,28
f. (ƒ.), ***auch*** **fl.**	Gulden („Floren“)	1/27; 2/9; 10/27; 15/12,14; 17/9; 48/12,19; 53/26; 56/28,37; 57/22; 58/27; 62/13,16,18,55; 67/11; 71/12,13; 78/32; 82/61; 90/16; 95/59
Fr. (bei Währungs- angaben)	Fränkisch	95/59
g.	Groschen	82/52,58

Sonstige stillschweigend aufgelöste Abkürzungen:	*stillschweigend aufgelöst zu:*	*Stellennachweise (Briefnummer/Zeile)*
H./h., *auch* Hr./hr.	Herr	2/9,15; 6/32; 10/16; 22/14; 28/20; 35/14; 37/29,43; 42/24,37; 48/5; 54/22; 57/11; 58/16; 76/19,38; 80/21; 82/38; 87/15; 88/42; 90/16; 93/5,9; 94/20,40
Hn./hn. (), *auch* H./h.	Herrn	1/8,9,30; 4/9,23; 6/35,50; 7/9,39; 10/43; 12/9; 13/30,36; 15/16; 17/22; 20/17; 22/8; 24/63; 29/23,25; 32/40,75; 34/52; 37/20,21,25,26,41; 39/10; 40/24; 42/23; 45/9; 54/37,38; 56/33,55; 57/8,15,17,21,30,42; 58/22,23,28,29,33,34,40; 59/10,14; 60/48,49; 62/23,39,40,51,55; 63/11,21; 64/38,41; 65/10,23,36; 67/12; 69/13,16; 71/22; 73/20,23,24,40; 76/23,34,36,39; 77/9,47; 78/33; 82/35,43,55,61; 84/18; 87/20; 88/34; 89/12; 90/14,45; 91/12,51; 92/42,45; 93/8; 94/10,27; 95/47; 96/19
r., *auch* rd.	Reichstaler („reichsdahler“)	65/16; 67/15; 82/52,58,67
R., *auch* Rh. (bei Währungsangaben)	Rheinisch	48/19; 56/37; 62/13,16,55; 67/11; 71/12,13
thl. ()	Taler („thaler“)	6/32
U./u.	U/und	2/8,12,16,18,20,26,27; 6/4; 37/4; 39/6; 55/6,40; 66/5; 69/4; 72/4; 78/8,10,17,34; 79/21; 92/55; 96/24
Xr., *auch* Kr.	Kreuzer	1/28; 2/9; 10/27,29; 13/9; 15/12,14; 17/9; 62/13,18,55; 71/12; 90/15,16

Liste belassener Abkürzungen (dabei in oberer Hälfte belassene Abkürzungen in alphabetischer Reihenfolge und mit zugehöriger möglicher Auflösung in Klammern, separat in unterer Hälfte [v.a.] botanische Abkürzungen in der Reihenfolge ihres Vorkommens in den Briefen)

Belassene Abkürzungen (in Klammern ggf. > mögliche Auflösung)	*Stellennachweise (Briefnummer/Zeile)*
Cent. (>„Centuria")	7/31
10b., ***auch*** **Xbr. (>„Decembris")**	14/25; 41/32; 65/8
Dr. (>„Doctor/Doktor")	1/8,39; 2/9,15; 4/9,24,37; 6/32,35,47,50; 7/9,41; 10/16,45; 11/27; 12/23; 13/38; 14/25; 15/29; 16/7; 20/33; 22/35; 23/27; 24/49; 26/72; 28/20,30; 29/23,25,37; 32/34,40,73; 34/61; 35/14,41; 37/25,26,37,41; 40/38; 41/34; 42/47; 44/45; 47/42; 48/27; 50/41; 51/18; 52/10; 53/11,23; 54/22,35,37; 55/54; 56/33,53; 57/8,21,40; 58/22,23,29,44; 59/25; 60/46; 62/48,51; 63/11,27; 64/47,59; 65/20,23,39; 67/30; 69/21; 71/50; 72/23; 73/23,33,39,40,46; 76/19,23,53; 77/42; 79/28,200; 80/51; 82/78; 83/20; 84/18,50; 85/30; 86/27; 87/20,26; 88/51; 91/60; 92/62; 93/34; 95/56; 96/32
Dre. (>„Doctore")	53/21
Dri. (>„Doctori")	16/5; 18/67; 52/25; 53/6,16
Dris. (>„Doctoris")	2/32
Drs. (>„Doktors")	73/21
& (>„et")	1/19,20,40; 7/31,47,52; 10/33; 13/20; 16/9,16,20,23,24,39; 18/5,12,15,21,23,24,25,27,28,29,36,38,39,41,44,48, 51,54,55,59,60; 22/24; 24/59,68; 26/30,62; 29/12,16,20; 34/36,39,41,50; 37/50; 44/29; 47/34; 48/17,18; 52/7,8,13,22; 53/7,18,22; 55/30,33; 63/20; 65/14; 66/35,40; 79/173; 81/29; 91/21
&c. (>„etc."/„et cetera")	6/33; 7/9; 16/33; 18/30; 35/18; 53/6; 60/30; 64/41; 81/33

Belassene Abkürzungen (in Klammern ggf. > mögliche Auflösung)	*Stellennachweise (Briefnummer/Zeile)*
⁊ (?) (>„etc."/ „et cetera", „...") [als Platzhalter für spätere Ergänzungen, z.B. der vollständigen Anrede, in Briefentwürfen]	92/25,29
~~No~~ (>„Numero", „Nummer")	96/41
8br. (>„Octobris")	1/38; 7/41; 23/24; 24/47
PS(:) (P.S., P.S:), ***auch*** **PS**[tum]**(:) (>„Postscriptum")**	1/44; 6/50; 11/29; 12/25; 14/28; 16/45; 23/29; 24/55; 32/75; 37/41; 41/36; 51/20; 54/37; 56/55; 57/42; 60/48; 62/51; 65/41; 69/23; 73/35; 77/44; 79/30,202; 84/52; 95/58; 96/34
7br. (>„Septembris")	6/47; 54/34
(Keyri) fl. (luteo siliqua strictissima) Tourn.; Asteroid. Alpin. (solicis folio) Eiusd. *(fl.> „flos,floris"/„Blüte"; Tourn.>„Tournefort" [botanisches Autorenkürzel]; Eiusd.>„Eiusdem"/ „desselben")*	6/40
Liste von Samen (als Briefbeilage) *(mit zahlreichen botanischen Abkürzungen, s. dort)*	7/46 (ff.)
(Lino) fl. (luteo)	14/28
Rad. Helleb. n. (Hippocratis) *(Rad.> „Radix, Radicis"/„Wurzel"; Helleb. n.>„Helleborus niger" [s.u.])*	35/16
Hepat. fl. (albo pleno)	62/39
(Helleboro nigro) Hip. *(Hip.> „Hippocrates" [s.o.])*	64/41
(pulvere e chelis Cancrorum) Lond. *(Lond.> „Londinensis")*	66/47

Liste der in der Edition belassenen pharmazeutisch-alchemistischen Symbole und Abkürzungen (u.Ä.)

Symbol oder Abkürzung	*steht für:* *(alphabetisch gelistet)*	*Stellennachweise* *(Briefnummer/Zeile)*
add.	adde („thue hinzu“)	81/32
ø	ammoniacum (?)	32/22,27; 34/35
â;ââ	ana („jedes gleichviel“)	24/51; 32/41; 66/36; 81/29
♁	Antimonium (spagyriae praeparatum)	24/33; 26/64; 92/19; 94/15
▽	Aqua	24/27; 79/165; 80/31; 81/31; 92/25
☉	Aurum	66/36; 81/29,32; 94/15
♀	Cuprum („Kupfer“)	62/22,26,29; 63/13; 65/11,41; 69/8; 72/8; 76/41; 84/10
ʒ; ʒ	Drachme	
ʒß	halbe Drachme	12/9; 24/51
ʒi	eine Drachme	56/41; 81/33
ʒiß	eineinhalb Drachmen	24/52
ʒii	zwei Drachmen	81/29,32
ʒiii	drei Drachmen	94/24
gr.	Gran („granum“)	
gr.iiii	vier Gran	66/36
₲	Gummi	26/50; 32/22,27; 34/35
gt.	gutta(e) („Tropfen“ Sgl./Pl.)	
gt.xv	15 Tropfen	24/52
℔	libra („Pfund“)	56/41
M.D.S.	Misce Da Signa („Mische, gib und überschreibe es“)	24/53
Mx	Mixtura	24/33
⦶	Nitrum commune, Salpeter	44/36
Œ	Oleum	24/60; 26/23; 29/12; 44/37; 80/41,42
p.d.	per deliquium („von selbst zerflossen“)	44/37

Symbol oder Abkürzung	*steht für: (alphabetisch gelistet)*	*Stellennachweise (Briefnummer/Zeile)*
⏛	Praecipitatio	94/16
ꝑꝑt	praeparatus, Praeparatio	34/47; 79/114
🝫	Pulvis	66/35,46; 80/31
℞; ℞; ℞	Recipe („Nimm"); > Rezept(e)	24/51; 40/28; 45/9; 81/29
⊖	Sal	34/44; 66/35; 94/24
🜹	Sal ammoniacum (?)	24/51
℈; ℈	Skrupel	
℈ß	halber Skrupel	66/35
℈i	ein Skrupel	79/183
℈ii	zwei Skrupel	80/31; 81/30
⎍	Spiritus	24/27,51; 26/63; 44/36; 94/17
🜅	Spiritus vini	34/42
🜍	Sulphur	94/15
🜿	Tartarus	26/64; 44/37; 81/30
🜨	Terra	32/17; 55/30,32
🝎	Tinctura	24/51; 26/64; 29/12; 34/38; 79/95,166
℥	Unze	
℥ß	halbe Unze	81/30
℥iiii	vier Unzen	81/32
♀	Venus	26/27
🜖	Vitriolum	81/30

9.2 Abkürzungsverzeichnis zur Gesamtarbeit

a.a.O.	am angegebenen Ort
a.d.	an der (in amtlichen Ortsbezeichnungen)
Abb.	Abbildung
Abl.	Ablativ
ADB	Allgemeine Deutsche Biographie
adj.	adjektivisch
AHF	Arbeitsgemeinschaft außeruniversitärer historischer Forschungseinrichtungen
Akk.	Akkusativ
Art.	Artikel
b.	bei (in amtlichen Ortsbezeichnungen)
Bd./Bde.	Band/Bände
Bearb.	Bearbeiter
Bl.	Blatt
Bsp.	Beispiel
BT	Briefsammlung Trew
bzgl.	bezüglich
bzw.	beziehungsweise
ca.	circa
coct.	coctus,-a,-um (z.B. Oleum coct. = Oleum coctum)
Commercium (Litterarium)	Commercium Litterarium ad rei medicae et scientiae naturalis incrementum institutum quo quicquid novissime observatum agitatum scriptum vel peractum est succincte dilucide-que exponitur *(vollständiger Titel der Zeitschrift)*
comp.	compositus,-a,-um (z.B. Essentia comp. = Essentia composita)
d.Ä.	der Ältere
d.h.	das heißt
d.J.	der Jüngere
DAB	Deutsches Arzneibuch
Dat.	Dativ
DBA	Deutsches Biographisches Archiv
DBE	Deutsche Biographische Enzyklopädie
ders.	derselbe

dest.	destillatus, -a, -um (z.B. Oleum dest. = Oleum destillatum)
dies.	dieselbe(n)
Diss.	Dissertatio
Dr.	Doktor
dt.	deutsch
ebd.	ebenda
EDV	Elektronische Datenverarbeitung
erg.	ergänzt
etc.	et cetera
ev(ang)(el).	evangelisch
evtl.	eventuell
f.	folgend
ff.	fortfolgend
franz.	französisch
Frhr(n).	Freiherr(n)
frz.	französisch
geb.	geboren
G/geh.	G/geheim (z.B. Geh. Rat = Geheimer Rat)
Gen.	Genitiv
ggf.	gegebenenfalls
hl.	heilig
HLS	Historisches Lexikon der Schweiz
Hpt.	Haupt(bestand)teil
Hg./Hgg.	Herausgeber (Sgl./Pl.)
hg. (v.)	herausgegeben (von)
i.	in (in amtlichen Ortsbezeichnungen)
i.d.R.	in der Regel
Jh(d).	Jahrhundert
jmd.	jemand(en)
Kap.	Kapitel
Korr.	Korrespondenz
korr.	korrigiert

L.	Linné/Linnaeus ([botanisches] Autorenkürzel)
LAELKB	Landeskirchliches Archiv der Evangelisch-Lutherischen Kirche in Bayern
lat.	lateinisch
Leopoldina	Römisch Kaiserliche Akademie der Naturforscher Leopoldina
mdl.	mündlich
med.	medicina(e), medizinisch
MFr.	Mittelfranken (in amtlichen Ortsbezeichnungen)
Ms.	Manuskript
n. Chr.	nach Christus
ND	Nachdruck
NDB	Neue Deutsche Biographie
Nom.	Nominativ
Nr.	Nummer
o.	ordentlich (z.B. o. Prof. = ordentlicher Professor)
o.Ä.	oder Ähnliche(s)
Ph.	Pharmakopöe
phil.	philosophia(e)
Pl.	Plural
Prof.	Professor
proz.	prozentig(e)
ref.	reformiert
Reg.	Regierung(szeit)
S.	Seite(n)
S. (im Italienischen)	Santo (im Italienischen, z.B. S. Spirito = Santo Spirito)
(S.)	Schneider (bei botanischer Nomenklatur Hinweis auf Wiedergabe nach Schneider (1968–75))
s.	siehe

s. (in lat. Texten)	seu/sive (also „oder“)
s.o.	siehe oben
s.u.	siehe unten
Sgl.	Singular
Sign.	Signatur
simpl.	simplex (z.B. Essentia simpl. = Essentia simplex)
sog.	sogenannt(e)
Sp.	Spalte
SS	Sommersemester
St.	Sankt
StAB	Staatsarchiv Bamberg
StadtABay	Stadtarchiv Bayreuth
StadtAE	Stadtarchiv Erlangen
StAN	Staatsarchiv Nürnberg
Suppl.	Supplement
T.	(Apotheken-)Taxe
T. (bei bibliographischen Angaben)	Teil (z.B. T.1 = Teil 1)
u.	und
Ü	Übersetzung
u.Ä.	und Ähnliche(s)
u.a.	unter anderem, und andere(s)
u.v.a.	und viele(s) andere
u.v.m.	und viele(s) mehr
UB	Universitätsbibliothek
UBE	Universitätsbibliothek Erlangen-Nürnberg
usw.	und so weiter
v.	von (z.B. v. Crailsheim = von Crailsheim)
v.a.	vor allem
v. Chr.	vor Christus
vgl.	vergleiche
WS	Wintersemester
Z.	Zeile
z.B.	zum Beispiel
z.T.	zum Teil

10 Register (zu den edierten Briefen wie zur Gesamtarbeit)

10.1 Personenregister

Einige kurze Hinweise zum Aufbau des vorliegenden Registers:

– In der *ersten Spalte* werden die *Personen in alphabetischer Reihenfolge ihrer Nachnamen* gelistet. Dabei wird auf die Namensvariante zurückgegriffen, unter der jeweils (auch) die Haupteintragung in den einschlägigen biographischen Lexika erfolgt ist. Es werden jeweils der Nachname, alle Vornamen sowie (soweit bekannt) die Lebensdaten genannt. Berücksichtigt werden hier nur Personen, die vor dem oder im zeitlichen Umfeld Wagners und Trews lebten, d.h. etwa im Rahmen des aktuellen Forschungsstandes in einzelnen Kapiteln der Untersuchung genannte Personen sind nicht erfasst. Ebenfalls nicht in das Register aufgenommen sind die Briefpartner Peter Christian Wagner und Christoph Jacob Trew selbst, deren Korrespondenz im Zentrum der gesamten vorliegenden Arbeit steht.

– In der *zweiten Spalte* werden die *in dem edierten Briefkorpus vorkommenden Varianten des Nachnamens* aufgeführt.

– In der *dritten Spalte* werden die *Stellen aufgelistet, an denen die einzelnen Personen in den einzelnen Kapiteln der vorliegenden Untersuchung (Fließtext und Fußnoten; ausgenommen sind Personennennungen innerhalb von Kurzbiographien in den Fußnoten) und insbesondere in der edierten Korrespondenz (ausgenommen sind die Ehefrauen Wagners und Trews, sofern ihnen nur formelhaft Grüße übermittelt werden) vorkommen.* Der Stellennachweis erfolgt im Allgemeinen für die einzelnen Kapitel der Untersuchung jeweils über die Seitenzahl der Untersuchung; der Stellennachweis innerhalb des edierten Briefkorpus aber erfolgt zur schnelleren Orientierung für den Leser über die Angabe von Briefnummer (innerhalb der Edition) x/ Zeile y, wobei pro Brief jeweils nur die (ggf. vorrangig direkte) Erstnennung berücksichtigt wird. Um dem Leser die Übersicht zu erleichtern, wird ferner der Stellennachweis innerhalb des edierten Briefkorpus (gestrichelt) unterstrichen.
> Ferner beinhaltet die *Formatierung der Stellennachweise innerhalb des edierten Briefkorpus* für den Leser folgende weitere Informationen: 1.) **gefettet**: direkte Nennung der (recht) sicher zuordenbaren Person im Briefkorpus; 2.) ***gefettet/kursiviert***: indirekte (d.h. nicht namentliche) Nennung der Person, die aber aus dem Kontext eindeutig zugeordnet werden kann (z.B. „Schwiegervater", „Kollege" etc.); 3.) nicht gefettet: auf Basis der im Brief vorhandenen Informationen kann nur eine wahrscheinliche Zuordnung zu der genannten konkreten historischen Person getroffen werden; 4.) *nicht gefettet/kursiviert:* auf Basis der vorhandenen Informationen kann nur eine eher fragliche Zuordnung zu der genannten konkreten historischen Person getroffen werden.
> *Biographische Informationen* finden sich i.d.R. zu allen in der Edition vorkommenden Personen bei Erstnennung in einer zugehörigen Endnote sowie zu den im Fließtext der übrigen Kapitel der Untersuchung vorkommenden Personen, sofern es sich hier um Zeitgenossen Wagners und Trews handelt, bei Erstnennung in einer zugehörigen Fußnote. Um Doppelungen innerhalb der Arbeit zu vermeiden, wird in Fällen, in denen eine Person sowohl im Fließtext der übrigen Kapitel der Untersuchung wie in der Edition auftritt, über eine dem Kapitelfließtext zugeordnete Fußnote auf die entsprechende biographische Endnote in der Edition verwiesen. Ist die Endnote mit den ausführlichen biographischen Informationen

zu einer Person im Briefkorpus in einigen wenigen begründeten Fällen (s.u.) nicht der im Register gelisteten Textstelle bei Erstnennung in der Edition d.h. bei (ggf. direkter) Erstnennung im jeweiligen Brief zugeordnet, sondern weicht davon ab, so wird die Textstelle, über die zur entsprechenden biographischen Endnote verwiesen wird, gesondert im Register durch * gekennzeichnet bzw. vermerkt. Dies ist der Fall: 1.) bei lateinischen Brieftexten, bei denen der Stellennachweis sich auf den lateinischen Brieftext bezieht, die Endnoten aber der Übersetzung (Ü) zugeordnet sind; 2.) bei Personen, die z.B. zunächst nur (fraglich) als Teil einer Gruppe bzw. nur (eher randständig) als Kind u.Ä. im edierten Briefkorpus auftreten, die später aber noch gezielter (in ihrer beruflichen Funktion etc.) erneut im Briefkorpus Erwähnung finden, so dass es sinnvoller schien, die umfassenden biographischen Angaben im Sinne eines möglichst engen Bezugs zum zu erläuternden vorliegenden Briefinhalt erst unmittelbar dort dem Leser zum schnellen Zugriff über eine zugeordnete Endnote zur Verfügung zu stellen. Innerhalb des edierten Briefkorpus selbst stellen zudem jeweils Querverweise den schnellen Zugriff auf die entsprechende Endnote mit den ausführlichen biographischen Informationen sicher.

– *Personen, die im edierten Briefkorpus vorkommen, aber im Rahmen der Recherchen zu vorliegender Arbeit nicht näher (d.h. mit vollständigem Namen und soweit möglich den Lebensdaten) identifiziert werden konnten, finden sich separat in einer eigenen Aufstellung am Ende des Registers in der Reihenfolge ihres Auftretens in den Brieftexten gelistet.*

Person	Namensvarianten	Stellennachweise
Erasmus von Rotterdam (1466/69–1536)		6;101
Ernestine Auguste Sophie, Prinzessin von Sachsen-Weimar-Eisenach und (spätere) Herzogin von Sachsen-Hildburghausen (1740–1786)		*87/14*
Friederike Luise, Markgräfin von Brandenburg-Ansbach (1714–1784)		28 *37/13*; *41/14*; *42/22*
Friederike Wilhelmine Sophie, Markgräfin von Brandenburg-Bayreuth (1709–1758)		31;33;35–38;40;41;45;77;78;90; 91;118;120;170;214;610 *65/22*; *77/12*; *78/9*; *82/19*; *85/11*; *87/16*; *89/32*; *90/24*; *91/24*; *92/9*; *93/25*; *94/9*; *95/58*
Friedrich, Markgraf von Brandenburg-Bayreuth (1711–1763)		26;30–35;38–41;43–46;48;77; 90;91;118;131;211;212;610 *42/36*; *57/29*; *60/23*; *65/22*; *67/16*; *82/19*; *87/15*; *88/31*; *90/35*; *91/40*; *92/34*; *93/10*; *94/27*
Fugger, Hans (1531–1598)		152
Funck, Jonas Paulus (ca. 1709–1770)		*77/47*
Gebauer, Christian Samuel (1716–1764)		**88/42**
Geisler, Daniel Christoph (1687–1737) (?) *bzw.* ein Sohn/Verwandter desselben (?)	Geißel (der jüngere), Geiselius	622;634 *6/50*; *53/15*
Georg Friedrich Karl, Markgraf von Brandenburg-Bayreuth (1688–1735)		23;26;609

Person	Namensvarianten	Stellennachweise
Gleditsch, Johann Friedrich (1717–1744)	Gliditsch	**65/10**
Göckel, August (Justizrat in Erlangen, Bruder von Christoph Ludwig Göckel)		*96/18*
Göckel, Christoph Ludwig (1689–1759)		181 **56/12; 58/34; 60/49**
Götz, Johann Christoph (1688–1733)		55;57
Grotius, Hugo (1583–1645)		6
Gruner, Christian Albrecht Gotthold (1724–1758)		63
Gualtieri, Niccolo (1688–1744)		140;141;637;641 78/30[x] [x] Trew gab hier im Brieftext als Autor eines Werkes irrtümlich „Guilandinus“ an, meinte aber wohl vielmehr Gualtieri!
Günz, Justus Gottfried (1714–1754)		222 **87/11**
Haag, Johann Wolfgang <1724–1733 bzw. 1747>		**80/21; *81/38***
Haller, Albrecht von (1708–1777)		7–9;58;64;68;82;99–103;115–117;119;120;129;131;133;150;166;218;229;233;259
Heer, Anna (geborene Meßmer) (1679–1755) (Ehefrau Johann Conrad Heers d.Ä., Schwiegermutter Peter Christian Wagners)		146
Heer, Hans (1635–1687) (Vater von Johann Conrad Heer d.Ä.)		144;145

Person	Namensvarianten	Stellennachweise
Heer, Regina (geborene Indermaur) (1653–1735) (Mutter von Johann Conrad Heer d.Ä.; in zweiter Ehe verheiratet mit Conrad Meßmer)		144
Heister, Lorenz (1683–1758)		3;51;52;165
Helwing, Georg Andreas (1666–1748)	Helwingius	174–177;187 **7/32; 10/29**
Hoffmann, Friedrich (1660–1742)		16
Hoffmann, Johann Moritz (1653–1727)	Hoffmannus	51;174;187 7/32
Homann, Johann Christoph (1703–1730)		55
Huth, Georg Leonhard (1705–1761)	Hut	140;178;179;185;189 **52/25 (*Ü 52/30); 53/16; 54/37; 58/22; 73/23**
Johann Friedrich, Graf von Pappenheim (1680–1731)		20;22;126;152–154;609;622 ***12/7; 13/19***
Kelsch, Michael (1693–1742)	Kelschius	**18/40 (*Ü 18/51)**
Klein, Jacob Theodor (1685–1759)		39;40;47;48;111;114;116–118;130;132;138;139;141;194;195;197;199;200;202;203;219;230;627–631;633;634;639;640;643;644 **57/11; 62/22; 63/13; 64/20; 65/7; 66/9; 67/12; 69/9; 71/16; 72/8; 73/8; 76/34; 78/29; 82/35**
Kulmus, Johann Adam (1689–1745)		195;196;199;627;630 **57/21; 62/23; 65/23**
Ledermüller, Martin Frobenius (1719–1769)		43;44

Person	Namensvarianten	Stellennachweise
Thomasius, Gottfried (von Troschenreuth und Wiedersberg) (1660–1746)	Thomas	**58/34**
Trew, Abdias (1597–1669) (Großvater Christoph Jacob Trews)		51
Trew, Christoph (1641–1717) (Vater Christoph Jacob Trews)		50;51
Trew, Magdalena Apollonia (geborene Bohner) (1685–1773) (Ehefrau Christoph Jacob Trews)		53;94 ***78/27***
Trew, Sibylle Regina (geborene Prünsterer) (1660–1748) (Mutter Christoph Jacob Trews)		50
Trommler, Christian Ernst (1719–1788)	Tremler, Tremmler	185;189 90/16; 91/51; 92/42
Valentini, Michael Bernhard (1657–1729)		176;187 **10/32**
Volkamer, Johann Christoph (1644–1720)		179
Volkamer, Johann Georg (d.Ä.) (1616–1693)		51
Volkamer, Johann Georg (d.J.) (1662–1744)	Volckamer, Volkammerus	51;143;174;176;187;619 **7/32**; **10/31**; *22/18*; 29/23; 32/22

Person	Namensvarianten	Stellennachweise
Widmann, Johann Wilhelm (d.Ä.) (1690–1743)	Wiedmann	48 84/18
Widmann, Johann Wilhelm (d.J.) (1721–1766)	Wiedmann	76/19
Winkler von Mohrenfels, Anna Dorothea Sophia Magdalena Juliana (geb. 1733)	Winckler von Mohrenfelß	25;164;165 *55/9*
Winkler von Mohrenfels, Georg Christoph (geb. 1709)	Winckler von Mohrenfelß	25;164;165 55/8
Wittenhorst-Sonsfeld, Dorothea Louise Freiin von (1681–1746)		37;38;77;91;127;131;170 *77/12*; ***78/10***; 79/8; 80/9; ***81/39***; 82/13
Wittenhorst-Sonsfeld, Flora von <1746>		*77/24*; ***79/21***; 82/24
Wolff, Christian (1679–1754)		15;16
Wolff, Christoph (geb. ca. 1698)		133 *73/15*
Wolff, Johann Jonas (ca. 1694–1750)		133 *73/15*
Wolff, Johann Peter (ca. 1655–1711)		133 73/15

Nicht näher identifizierte Personen:
(in der Reihenfolge ihres Auftretens in den Brieftexten)

Person (Zitat)	Stellennachweise
„herrn Schwäger die herrn heer oder Meßmer"; „Herr[] Schwager" (Schwager Wagners)	130;142;146;147 14/12; 22/12 (Im obenstehenden Personenregister finden sich einige Personen aus dem verwandtschaftlichen Umfeld der ersten Frau Wagners gekennzeichnet, die als in den Briefen hier nicht näher bezeichnete „Schwager" in Frage kommen!)
„obstetrix" (eine Hebamme, in Fallbeispiel)	18/18 (*Ü 18/22)
„nutrix" (eine Amme, in Fallbeispiel)	18/19 (*Ü 18/23)
„Chirurgus" (ein Chirurg, in Fallbeispiel)	18/22 (* Ü 18/27)
„Herr[] HalbMeÿer"; „Herr[] halbmeÿer" (fungierte als Bote für Helmut Otto von Bassewitz)	22/8; 32/9
„Reformirte[r] herr[] Prediger hertzogenrath" (teilte Kutsche mit Trew bei Fahrt von Nürnberg nach Erlangen zu Elisabeth Buirette von Oehlefeld)	23/16; 28/12
„Gutscher[]" (ein Kutscher)	32/50
„Buchbinder" (ein Buchbinder)	35/9
„Both" (ein Bote)	37/20
„Elißabetha Borlette" (Französin, „Kinder Mädgen" bei Wagner)	50/29
„Schwester" (Schwester Wagners)	50/32
„der mitgehabte Chirurgus" (reiste wohl mit Wagner von Erlangen aus nach Nürnberg)	181 56/13
„Überbringer[] dießes" (Überbringer eines Briefes mit Päckchen von Wagner in Erlangen zu Trew in Nürnberg)	57/10
„mein Herr Oncle" (Onkel Wagners, mit Handelsbeziehungen nach Italien)	147;148 58/16
„Agent Scheel" (besorgte den Transport der Bögen des Commercium Litterarium für Wagner und Daniel von Superville von Nürnberg nach Bayreuth)	59/14

Person (Zitat)	Stellennachweise
„Dr. Donauers relicten" („Frau Wittib...Ihr Sohn"; also Frau und Sohn von Johann Erhard Donauer)	62/51
„herrn Flinßner" (Überbringer eines Pakets von Bayreuth nach Nürnberg zu Trew bei Gelegenheit des Bayreuther Martinimarkts)	73/10
„Bediente[r]" (Wagners) (kopierte Krankengeschichte fehlerhaft)	127 79/203; 80/18
„Husar[]" (als Überbringer eines dringenden Schreibens Wagners aus Bayreuth zu Trew, die Erkrankung der Oberhofmeisterin betreffend)	131 80/13
„erste[] CammerFrau" (von Friederike Wilhelmine Sophie, Markgräfin von Brandenburg-Bayreuth)	45 94/32
„OberForstMeister" (mit Revier „am FichtelBerg")	95/39
„älteste[] [...] Tochter" (des „hoff- und JustizRaths Göckel[]") (also evtl. Tochter des August Göckel und Nichte des Christoph Ludwig Göckel; 1760 Heirat mit Sohn Wagners, vermutlich Johann Heinrich Wagner)	96/18

10.2 Ortsregister

Einige kurze Hinweise zum Aufbau des vorliegenden Registers:

- In der ersten Spalte werden *die Orte (Städte, Länder, Regionen etc.) in alphabetischer Reihenfolge* in der heute üblichen Orthographie gelistet (ggf. in Klammern amtliche Bezeichnung bzw. andere Zusätze, die eine eindeutige Zuordnung zu heutigen Orten erlauben). Berücksichtigt sind hier nur Orte, die im zeitlichen Kontext zu Wagner und Trew stehen, d.h. etwa im Rahmen des aktuellen Forschungsstandes in einzelnen Kapiteln der Untersuchung genannte Orte werden nicht erfasst.
- In der zweiten Spalte werden *die in dem edierten Briefkorpus vorkommenden Varianten des Ortsnamens* aufgeführt.
- In der dritten Spalte werden die *Stellen aufgelistet, an denen die einzelnen Orte in den einzelnen Kapiteln der vorliegenden Untersuchung (Fließtext und Fußnoten; ausgenommen sind im Rahmen von Quellenangaben oder Kurzbiographien in den Fußnoten genannte Orte) und in der edierten Korrespondenz (ausgenommen sind die Schreiborte in der Schlusszeile der Briefe) vorkommen*. Der Stellennachweis erfolgt im Allgemeinen für die einzelnen Kapitel der Untersuchung jeweils über die Seitenzahl der Untersuchung; der Stellennachweis

innerhalb des edierten Briefkorpus aber erfolgt zur schnelleren Orientierung für den Leser über die Angabe von Briefnummer (innerhalb der Edition) x/ Zeile y, wobei in jedem Brief jeweils nur die (ggf. vorrangig direkte) Erstnennung berücksichtigt wird. Um dem Leser die Übersicht zu erleichtern, wird der Stellennachweis innerhalb des edierten Briefkorpus (gestrichelt) unterstrichen.

> Ferner beinhaltet die *Formatierung der Stellennachweise innerhalb des edierten Briefkorpus* für den Leser folgende weitere Informationen: 1.) **gefettet:** direkte Nennung des entsprechenden Ortes unter seinem vollständigen Namen; 2.) ***gefettet/kursiviert:*** indirekter Verweis auf den entsprechenden Ort („hier“ etc.; auch adjektivischer Gebrauch sowie substantivischer Gebrauch zur Bezeichnung einer Person und ihrer Herkunft); 3.) nicht gefettet: auf Basis der vorhandenen Textinformationen kann nur eine wahrscheinliche Zuordnung zu dem konkreten Ort getroffen werden; 4.) *nicht gefettet/kursiviert:* auf Basis der vorhandenen Textinformationen kann nur eine fragliche Zuordnung zu dem genannten konkreten Ort getroffen werden.

> *Informationen zu allen innerhalb der edierten Briefe vorkommenden Orten* finden sich jeweils bei Erstnennung in der Edition in einer zugehörigen Endnote. Ist die Endnote mit den ausführlichen Informationen zu einem Ort im Briefkorpus in einigen wenigen begründeten Fällen (s.u.) nicht der im Register gelisteten Textstelle bei Erstnennung in der Edition d.h. bei (ggf. direkter) Erstnennung im jeweiligen Brief zugeordnet, sondern weicht davon ab, so wird die Textstelle, über die zur entsprechenden Endnote verwiesen wird, gesondert im Register durch * gekennzeichnet bzw. vermerkt. Dies ist insbesondere der Fall bei lateinischen Brieftexten, bei denen der Stellennachweis sich auf den lateinischen Brieftext bezieht, die Endnoten aber der Übersetzung (Ü) zugeordnet sind.

Ort	Namensvarianten	Stellennachweise
Altdorf (b. Nürnberg)	Altdorff, Altorfinus (adj.)	2;50–53;55;84;208;209 ***1/23; 4/25; 18/40***
Amsterdam		52
Ansbach	Anspach	1;23;25–30;58;59;61;63;68; 75; 90;91;111;114;115;117;135;136; 155;156;609;619;631;632 ***20/18***; **34/9; 37/42; 39/17; 40/24;** ***41/9***; **42/8; 45/17; 47/25; 84/52**
Antwerpen		121
Augsburg	Augspurg	125–127;176;619 **10/32 (* *10/19*); *12/8***
Avignon		107;114;116;118;239
Baiersdorf (heute Stadt im mittelfränkischen Landkreis Erlangen-Höchstadt)		14

Ort	Namensvarianten	Stellennachweise
Grockstädt (heute Stadtteil von Querfurt in Sachsen-Anhalt)		15;609
Halle (Saale)		15–17;57;609 **35/18**
Hamburg		**53/27 (*Ü 53/31)**
Hannover	Hannove [!]	**53/27 (*Ü 53/31)**
Helmstedt		**53/27 (*Ü 53/31)**
Hemhofen (heute Ortsteil gleichnamiger Gemeinde im mittelfränkischen Landkreis Erlangen-Höchstadt)	Hemmhoffen	25;164 **55/9**
Hetzelsdorf (heute Ortsteil von Markt Pretzfeld im oberfränkischen Landkreis Forchheim)		14
Hildburghausen		49
Hof (Saale)		14;15;17;18;148;609
Holland		**60/8**
Ingolstadt	Ingolstadiensis (adj.)	194;197;620;622;635 *7/25*; **10/13**
Italien		18;31;41;77;116;117;139;140; 142–144;147–149;184;185; 204–206;209;215;230;239;610; 621;639;645;649 **4/18; 59/11; 82/53; 83/12; 88/24**
Jena		17;609
Kaiserhammer (heute Ort im Landkreis Wunsiedel im Fichtelgebirge)	Kayßer Hammer	**96/34**

Ort	Namensvarianten	Stellennachweise
Warschau		**65/18**
Weißenschirmbach (heute Stadtteil von Querfurt in Sachsen-Anhalt)		15;609
Wolfenbüttel	Wolffenbüttel	110;114;122;196;197;202; 624–626 **4/10**
Würzburg		52
Zürich		52;112;114;648

10.3 Werkregister (alphabetisch gelistet nach den Autoren)

Einige kurze Hinweise zum Aufbau des vorliegenden Registers:

- In der *ersten Spalte* werden in alphabetischer Reihenfolge ihrer Nachnamen *die Autoren (bzw. Herausgeber, Bearbeiter) von Werken,* die aus der Zeit Wagners und Trews stammen oder älter sind, aufgelistet.
- In der *zweiten Spalte* werden *die Werke des entsprechenden Autors (bzw. Herausgebers, Bearbeiters)* ihrem (Kurz-)Titel nach (alphabetisch) aufgelistet.
  ! Erscheinen in einschlägigen Bibliothekskatalogen in der Zeile „Autor/Person" mehrere Namen, z.B. der des Autors und der eines späteren Bearbeiters oder bei Tafelwerken der Name des Verfassers der Beschreibungen/Betextungen und der Name des Herausgebers, so werden i.d.R. die Werke im vorliegenden Register entsprechend auch mehrfach, d.h. unter beiden Namen, aufgenommen (und ein Querverweis eingefügt).
- In der *dritten Spalte* werden die *Stellen aufgelistet, an denen die einzelnen Werke in den einzelnen Kapiteln der vorliegenden Untersuchung (Fließtext und Fußnoten) und insbesondere in der edierten Korrespondenz vorkommen.* Der Stellennachweis erfolgt im Allgemeinen für die einzelnen Kapitel der Untersuchung jeweils über die Seitenzahl der Untersuchung; der Stellennachweis innerhalb des edierten Briefkorpus aber erfolgt zur schnelleren Orientierung für den Leser über die Angabe von Briefnummer (innerhalb der Edition) x/ Zeile y, wobei pro Brief jeweils nur die (ggf. vorrangig direkte) Erstnennung berücksichtigt wird. Um dem Leser die Übersicht zu erleichtern, wird ferner der Stellennachweis innerhalb des edierten Briefkorpus (gestrichelt) unterstrichen.
  > Ferner beinhaltet die *Formatierung der Stellennachweise innerhalb des edierten Briefkorpus* für den Leser folgende weitere Informationen: Dabei gilt: 1.) **gefettet:** direkte Nennung des entsprechenden Werkes unter seinem (mehr oder minder) vollständigen Titel; 2.) ***gefettet/kursiviert:*** indirekter Verweis auf das entsprechende Werk; 3.) nicht gefettet: auf Basis der vorhandenen Textinformationen kann nur eine wahrscheinliche Zuordnung zu dem genannten konkreten Werk getroffen werden.
  > *Vollständige bibliographische Informationen zu dem jeweiligen Werk* finden sich jeweils bei Erstnennung im Fließtext der Untersuchung und auch unabhängig davon bei Erstnennung

in der Edition, jeweils in einer zugehörigen Fuß- bzw. Endnote. Ist die Endnote mit den ausführlichen bibliographischen Informationen zu einem Werk im Briefkorpus in einigen wenigen begründeten Fällen (s.u.) nicht der im Register gelisteten Textstelle bei Erstnennung in der Edition d.h. bei (ggf. direkter) Erstnennung im jeweiligen Brief zugeordnet, sondern weicht davon ab, so wird die Textstelle, über die zur entsprechenden bibliographischen Endnote verwiesen wird, gesondert im Register durch * gekennzeichnet bzw. vermerkt. Dies ist der Fall insbesondere bei lateinischen Brieftexten, bei denen der Stellennachweis sich auf den lateinischen Brieftext bezieht, die Endnoten aber der Übersetzung (Ü) zugeordnet sind.

– *Im edierten Briefkorpus oder den sonstigen Kapiteln der Untersuchung genannte Zeitschriften, die aus der Zeit Wagners und Trews stammen oder älter sind, werden in einer eigenen Aufstellung am Ende des Registers in alphabetischer Reihenfolge ihrer (Kurz-)Titel separat gelistet.* Für die Formatierung der Stellennachweise und das Auffinden weiterer Informationen gilt dort innerhalb der Edition dasselbe wie im übrigen Register. Einzelne Zeitschriftenbeiträge werden nicht erfasst.

Autor (bzw. Herausgeber oder Bearbeiter)	Werktitel (Kurzform)	Stellennachweise
Baglivi, Giorgio (1668–1707)	• „De tarantula“	44/28
Baier, Johann Jacob (1677–1735)	• „Oryktographia Norica“	4/24
Bauhin, Caspar (1560–1624)	• „Phytopinax seu enumeratio plantarum ab herbariis nostro seculo descriptarum“	175–177;187 10/28
	• „Pinax Theatri Botanici“	174–177;187 4/28; 7/31; 10/27
	• „Prodromos Theatri Botanici“	174;175;187 7/31
Bauhin, Johann (1541–1613)	• „De plantis a divis sanctisve nomen habentibus"	182 51/11
Beccari, Jacopo Bartolomeo (1682–1766)	• „De quamplurimis phosphoris ... commentarius"	185 73/23

Autor (bzw. Herausgeber oder Bearbeiter)	Werktitel (Kurzform)	Stellennachweise
Eisenberger, Nicolaus Friedrich (1707–1771)	• „Natural History of Carolina, Florida and the Bahama Islands" (als Nachdruck bearbeitetes Werk Catesbys, s. dort)	205;206
Gualtieri, Niccolo (1688–1744)	• „Index testarum conchyliorum"	78/31[x] [x] Trew nannte hier im Brieftext irrtümlich „Guilandinus" als Autor eines Werkes „thesaurus Conchyliorum", meinte aber wohl vielmehr „Gualtieri" und dessen „Index testarum conchyliorum"!
Helwing, Georg Andreas (1666–1748)	• „Flora quasimodogenita, sive enumeratio aliquot plantarum indigenarum in Prussia"	174;175;187 **7/32**
	• „Lithographia Angerburgica"	175–177;187 **7/33; 10/29**
Hoffmann, Johann Moritz (1653–1727)	• „Florae Altdorfinae deliciae hortenses locupletiores factae"	174;175;187 7/32
Klein, Jacob Theodor (1685–1759)	• „Historiae Piscium Naturalis Promovendae"	**65/13**
	• „Summa dubiorum circa classes quadrupedum et amphibiorum in celebris Domini Caroli Linnaei systemate naturae"	202 ***64/24*; 65/9; *69/10***
Lichtensteger, Georg (1700–1781)	• „Natural History of Carolina, Florida and the Bahama Islands" (als Nachdruck bearbeitetes Werk von Catesby, s. dort)	205;206
Linné, Carl von (1707–1778)	• „Species plantarum"	181;182;187 **85/16; *86/11***

Autor (bzw. Herausgeber oder Bearbeiter)	Werktitel (Kurzform)	Stellennachweise
Ludwig, Christian Gottlieb (1709–1773)	• „De vegetatione plantarum marinarum“	180;187 22/27
Manetti, Saverio (Xaverius) (1723–1785)	• „Viridarium Florentinum“	112;647
Mattioli, Pier Andrea (Pietro Andrea) (1501–1578)	• „De plantis epitome utilissima“ (Bearb.: Joachim Camerarius, s. dort)	183;184;187 90/13; 91/10; 92/51
Mercati, Michele (1541–1593)	• „Metallotheca”	180;181;187 53/20 (*Ü 53/23); 54/14; 56/11
Monti, Giuseppe (Joseph) (1682–1760)	• „Plantarum varii indices”	185 60/21
Réaumur, René-Antoine Ferchault de (1683–1757)	• „Mémoires pour servir à l'histoire des Insectes”	182;187 35/8; 37/22
Rösel von Rosenhof, August Johann (1705–1759)	• „Monatlich-herausgegebene Insecten-Belustigung“	179 60/38
Schmidel, Casimir Christoph (1718–1792)	• „Conradi Gesneri Opera Botanica“	59;60
	• „Erz Stuffen und Berg Arten mit Farbe genau abgebildet“ (herausgegeben von Johann Michael Seligmann, s. dort)	185 90/14; *91/51*
Seligmann, Johann Michael (1720–1762)	• „Die Nahrungs-Gefäse in den Blättern der Bäume“	59;60
	• „Erz Stuffen und Berg Arten mit Farbe genau abgebildet“ (Beschreibungen von Casimir Christoph Schmidel, s. dort)	185 90/14; *91/51*

Autor (bzw. Herausgeber oder Bearbeiter)	Werktitel (Kurzform)	Stellennachweise
Volkamer, Johann Christoph (1644–1720)	• „Nürnbergische Hesperides" *bzw.* „Hesperides Norimbergenses"	179 **52/26 (*Ü 52/30);** ***53/17***
Volkamer, Johann Georg (1662–1744)	• „Flora Noribergensis"	174–176;187;619 7/32; **10/31**
Wagner, Peter Christian (1703–1764)	• „Abbildungen der seltensten und schönsten Stücke des Hochfürstlichen Naturalienkabinets in Bayreuth"	47;48
	• „Dissertatio inauguralis physico-medica de lapidibus iudaicis"	17;609
	• „Epistola de acidulis Sichersreuthensibus"	40;46
Walther, Augustin Friedrich (1688–1746)	• „Designatio Plantarum"	180;187 22/28

Zeitschriften
(in alphabetischer Reihenfolge ihrer Kurztitel)

Kurztitel	Stellennachweise
„Acta Eruditorum (Lipsiensia)"	180;187;641;642 **52/21 (*Ü 52/25); 53/19; 54/12**
„Commercium Litterarium ad rei medicae et scientiae naturalis incrementum institutum"	2;24;25;32;55–58;74;75;88;123;125–127; 130;132;135;190–198;203;204;241;620; 622–625;627;628;630;632;633;635 ***6/13***; ***7/11***; **10/8; 11/9; 13/10; 14/10; 15/8; 17/9; 18/41;** ***22/19***; **28/21; 37/24; 48/19;** ***51/20***; **52/18; 53/26; 54/19; 56/26; 57/11; 58/27; 59/9; 60/12; 62/9;** ***63/12***; **64/18; 65/24; 67/20; 69/14; 71/14; 72/9; 73/12; 76/45;** ***78/29***; **82/46; 84/11**

11 Quellen- und Literaturverzeichnis

11.1 Quellen

11.1.1 Ungedruckte Quellen

- Forschungsbibliothek Gotha, Mikrofilm Chart. B 789, Bl. 632–664 und Chart. A 873, Bl. 1r, 9v.
  > 16 Schreiben Peter Christian Wagners an Johann Philipp Breyne
  > Exzerpt eines Briefes sowie Antwortnotiz von Johann Philipp Breyne an Peter Christian Wagner
- Landeskirchliches Archiv der Evangelisch-Lutherischen Kirche in Bayern (LAELKB), Kirchenbucharchiv
  - Kirchenbücher Erlangen-Deutsch-ref. Gemeinde (6 Bde., 1693–1921; Sign. 235,00; als Mikrofiche vorliegend)
  - Kirchenbücher Erlangen Franz.-ref. Gemeinde (13 Bde., 1686–1921; Sign. 234,00; als Mikrofiche vorliegend)
- Stadtarchiv Bayreuth (StadtABay), Aktennummer 25 731
  > Schriftstück zur Vereidigung Peter Christian Wagners als Stadtphysikus am 15.7.1743
- Stadtarchiv Erlangen (StadtAE), Signatur StadtAE II.3.N.1
  > Sammelmappe zum Anwesen Nürnberger Str. 9 (u.a. unter Hinweis auf StAN, Bestand Amtsgericht Erlangen, Grundakte für Anwesen 260–262)
- The Linnean Correspondence (electronic edition prepared by the Swedish Linnaeus Society, Uppsala, and published by the Centre international d'étude du XVIIIe siècle, Ferney-Voltaire), letter L0531, L0553, L0677 (Brieftexte im Original abrufbar über http://linnaeus.c18.net/Letters/letter_list.php; zuletzt abgerufen am 10.12.2009)
  > drei Briefe Peter Christian Wagners an Carl von Linné
- Universitätsbibliothek Erlangen (UBE), Briefsammlung Trew (BT)
  - Korrespondenz (Korr.) Peter Christian Wagner, Nr. 3–70 (an Christoph Jacob Trew)
  - Korrespondenz Christoph Jacob Trew, Nr. 789–795 (an Peter Christian Wagner)
  - Korrespondenz Peter Christian Wagner, Nr. 1 und 2 (an Johann Ambrosius Beurer)
  - Korrespondenz Peter Christian Wagner, Nr. 71 (Extrakt aus einem Schreiben Wagners an eine unbekannte Person, mit Trew betreffenden Passagen)
  - Korrespondenz Peter Christian Wagner, Nr. 72 (an ungenanntes „Fräulen Gevatterin")
  - Korrespondenz Christoph Jacob Trew, Nr. 448–450 (an Martin Frobenius Ledermüller)
  - Korrespondenz Christoph Jacob Trew, Nr. 470–473 und Beilage a (an Johann Lorenz Ludwig Loelius)
  - Korrespondenz Christoph Jacob Trew, Nr. 715 (an Christoph Friedrich Freiherr von Seckendorff)
  - Korrespondenz Franz Ernst Brückmann, Nr. 53 (an Christoph Jacob Trew)
  - Korrespondenz Jacob Theodor Klein (ein Schreiben an Christoph Jacob Trew)
  - Korrespondenz Martin Frobenius Ledermüller, Nr. 3–5 (an Christoph Jacob Trew)
  - Korrespondenz Johann Lorenz Ludwig Loelius, Nr. 19, 20, 26, 27, 30, 37, 60–64, 66, 68 und 69 (an Christoph Jacob Trew)
  - Korrespondenz Georg Friedrich Mohr, Nr. 1 und 2 (an Christoph Jacob Trew, als Beilage zu Nr. 1 Kopie eines Antwortschreibens Mohrs an Peter Christian Wagner vom 6.1.1743)

(! nach eigenen Recherchen ergeben sich Abweichungen zu den bisherigen Angaben bei Schmidt-Herrling (1940): Nr. 1 und Nr. 2 datieren beide vom 10.1.1743, Mohr notierte auf Nr. 1 irrtümlich das Datum des 10.1.1742, ferner ist Nr. 2 in Gestalt einer Liste übersandter Fossilien letztlich nur als Beilage zu Nr. 1 zu werten und nicht als eigenständiger Brief)

- Korrespondenz Georg Friedrich Mohr, Nr. 8 (nach bisherigen Angaben bei Schmidt-Herrling (1940) an Ungenannten, der Brief Trew gab; aufgrund des inhaltlichen Zusammenhangs eindeutig als Schreiben Mohrs an Peter Christian Wagner zu identifizieren)
- Korrespondenz Joseph (Giuseppe) Monti, Nr. 3 (an Peter Christian Wagner)
- Korrespondenz Christoph Friedrich Frhr. von Seckendorff, Nr. 1 und 2 (an Christoph Jacob Trew)
- Korrespondenz M. W. Wagner (geb. Weismann) (ein Schreiben der Witwe Peter Christian Wagners an Christoph Jacob Trew)
- Korrespondenz Paul Christian Ludwig Wagner (ein Schreiben des Sohnes Peter Christian Wagners an Christoph Jacob Trew)
- Korrespondenz Augustin Friedrich Walther, Nr. 2 (an Christoph Jacob Trew)
- Korrespondenz Joh. Friedr. Weismann I, Nr. 23 (an Christoph Jacob Trew, mit zwei Seiten Nachschrift von Charlotte von Bobenhausen)

– Universitätsbibliothek Erlangen (UBE), Handschriftensammlung, Ms. 1471, Blatt 30
  > Eintrag Peter Christian Wagners in das Stammbuch Christoph Jacob Trews

11.1.2 Schriften Peter Christian Wagners

(hier gelistet in Orientierung an der chronologischen Abfolge)

1. Dissertatio inauguralis physico-medica de lapidibus iudaicis (praes. Georg Daniel Coschwiz). Halle 1724.
2. Beiträge in der Zeitschrift „Fränckische Acta erudita et curiosa. Die Geschichte der Gelehrten in Francken, auch andere in diesem Crayß vorgefallene Curiosa und Merckwürdigkeiten in sich haltend“
   - Observationes quaedam meteorologico-physicae Annorum 1728 &1729. In: Fränckische Acta erudita et curiosa 19. Sammlung, 3. Stück (1730), S. 554–577. (1730a)
   - Continuation seiner Observationum Meteorologico-Physicarum, Anni 1729. In: Fränckische Acta erudita et curiosa 20. Sammlung, 7. Stück (1730), S. 711–716. (1730b)
3. Beiträge in der Zeitschrift „Commercium Litterarium ad rei medicae et scientiae naturalis incrementum institutum“
   - Observationes de aquarum salubrium Heilsbronensium effectu. In: Commercium 1 (1731), S. 99–101. (1731a)
     In deutscher Sprache in der „Auswahl medicinischer Aufsäze“ (Halle 1787) Bd. I, S. 33 f. („Von den Kräften des Wassers zu Heilsbronn“).
   - Observatio de carbonum exhalationibus noxiis. In: Commercium 1 (1731), S. 108. (1731b)

In deutscher Sprache in der „Auswahl medicinischer Aufsäze" (Halle 1787) Bd. I, S. 36 f. („Von der Schädlichkeit des Kohlendampfs").

- Observatio de mercurii sublimati efficacia in movenda salivatione. In: Commercium 2 (1732), S. 245 f.
  In deutscher Sprache in der „Auswahl medicinischer Aufsäze" (Halle 1787) Bd. I, S. 131 f. („Von den Kräften des ätzenden Quecksilbersublimats, den Speichelfluß zu erregen").
- Observatio de psittaco ova pariente, nec non de gallina ante ovorum exclusionem cantum gallinacei canente, et de lapide felleo in sue reperto. In: Commercium 3 (1733), S. 125 f.
- Observatio de haemorrhagia letali ex umbilico, decimo quarto a nativitate die. In: Commercium 4 (1734), S. 386 f.
- Observatio de botryos Mexicanae usu in cura mali venerei minus efficaci. In: Commercium 5 (1735), S. 363. (1735a)
- Observatio de atretis. In: Commercium 5 (1735), S. 363 f. (1735b)
  In deutscher Sprache in der „Auswahl medicinischer Aufsäze"(Halle 1787) Bd. II, S. 149 („Von einer fehlerhaften Bildung des Mastdarms").
- Observationes epidemicae Erlangae habitae. In: Commercium 7 (1737), S. 105. (1737a)
- Observatio de purpura alba cum pustulis lentium magnitudine. In: Commercium 7 (1737), S. 105. (1737b)

4. Bittere Klagen und kindliche Zähren eines getreuen Schwieger-Sohns über den Verlust eines innigst-geliebtesten Schwieger-Vaters; als der Wohl-Edle und Wohl-Fürnehme Herr, Herr Johann Conrad Heer, Sr. Hoch-Fürstlichen Durchlaucht zu Brandenburg-Culmbach bestmeritirter Commercien-Rath ... am 2. Maji 1736 Abends gegen 6 Uhr ... sanfft und seelig verschieden ... ausgeschüttet von D. Petro Christiano Wagner, Curia-Varisco, ... Christian-Erlang [Schmatz] 1736.
   (> zum Tode des Schwiegervaters Johann Conrad Heer)
5. Gerechte Klage, uber den Verlust, einer durch Frömmigkeit und Tugend, zur höchsten Stuffe menschlicher Vollkommenheit gelangten Persohn, so bey dem in Christian-Erlang, am 20. Februarii 1737 geschehenen seeligen Abscheiden ... der Wohlgebohrnen Frauen, Frauen Elisabethe Buirete von Oehlefeld, gebohrnen von Campoing ..., geführt, und mit innigsten Leidwesen entworffen wurde von Dr. Petro Christiano Wagner. Nürnberg [Bieling] 1737. (1737c)
   (> zum Tod der Elisabeth Buirette von Oehlefeld)
6. Epistola de acidulis Sichersreuthensibus ad filium Paulum Christianum Ludovicum Wagnerum. Erlangen [Camerarius] 1753.
7. Beiträge in der Zeitschrift „Fränkische Sammlungen von Anmerkungen aus der Naturlehre, Arzneygelahrheit, Oekonomie und den damit verwandten Wissenschaften" (hg. von Heinrich Friedrich Delius)
   - Betrachtung der Würkung der Insekten, in Absicht auf das Vieh-Sterben. In: Fränkische Sammlungen von Anmerkungen aus der Naturlehre, Arzneygelahrheit, Oekonomie und den damit verwandten Wissenschaften 2. Bd., 8. Stück (1757), S. 118–124. (1757a)
   - Ueber einige Gewächse an den Eichblättern und Nachricht von einer Misgeburt. In: Fränkische Sammlungen von Anmerkungen aus der Naturlehre, Arzneygelahrheit, Oekonomie und den damit verwandten Wissenschaften 2. Bd., 11. Stück (1757), S. 334–346. (1757b)

- Zergliederung einer Misgeburt. In: Fränkische Sammlungen von Anmerkungen aus der Naturlehre, Arzneygelahrheit, Oekonomie und den damit verwandten Wissenschaften 5. Bd., 27. Stück (1760), S. 195–200. (1760a)
- Anmerkungen über den mineralischen Bezoar. In: Fränkische Sammlungen von Anmerkungen aus der Naturlehre, Arzneygelahrheit, Oekonomie und den damit verwandten Wissenschaften 5. Bd., 28. Stück (1760), S. 309–314. (1760b)
- Zugaben zu einigen botanischen Bemerkungen. In: Fränkische Sammlungen von Anmerkungen aus der Naturlehre, Arzneygelahrheit, Oekonomie und den damit verwandten Wissenschaften 5. Bd., 28. Stück (1760), S. 315–323. (1760c)

8. Abbildungen der seltensten und schönsten Stücke des Hochfürstlichen Naturalienkabinets in Bayreuth. Erschien in 4 Ausgaben zu je 4 Tafeln mit Erläuterungen durch Peter Christian Wagner zu Tafel I–XII. Nürnberg u.a. 1762–ca.1764.

11.1.3 Sonstige gedruckte Quellen

- Amtskalender der fränkischen Fürstentümer Ansbach und Bayreuth (1737–1801). Als Mikrofiche-Edition hg. von Rainer-Maria Kiel. Erlangen [Fischer] 2000. (Amtskalender Bayreuth) (! die angegebene Seitenzahl bezieht sich stets auf den Adressteil des jeweiligen Amtskalenders)
- Baumann, Johann Friedrich von: Schmertzliche Klage, mit welcher, bey der Grufft der Wohl-Gebohrnen Frau, Frau Elisabetha Buirette von Oehlefeld, gebohrner von Campoing ..., als derselben erblaßter Leichnam den Febr. des Jahrs 1737 allhier in Christian-Erlang Standes-mäßig beygesetzt wurde, seine und der seinigen Pflicht bezeigen wollte, der Wohlseelig-Verstorbenen höchst-verbundener Eydam, Johann Friederich, Edler von Baumann ... Christian-Erlang [Schmatz] 1737.
  (> zum Tod der Elisabeth Buirette von Oehlefeld)
- Biedermann, Johann Gottfried: Geschlechtsregister Der Reichsfrey unmittelbaren Ritterschaft Landes zu Franken Löblichen Orts an der Altmühl Welches aus denen bewährtesten Urkunden, Kauf-Lehen- und Heyrathsbriefen gesamleten Grabschriften und eingeholten genauen Nachrichten von innen beschriebenen Gräflich-Freyherrlich- und Edlen Häusern in gegenwärtige Ordnung verfasset und richtig zusammen getragen worden. Bayreuth [Friedrich Elias Dietzel] 1748. ND Neustadt an der Aisch [Verlag für Kunstreproduktionen Christoph Schmidt] 1987.
- Biedermann, Johann Gottfried: Geschlechtsregister der reichsfrey unmittelbaren Ritterschaft Landes zu Franken löblichen Orts Rhön und Werra welches aus den bewährtesten Urkunden, ... und eingeholten genauen Nachrichten von innen beschriebenen gräflich- freyherrlich- und edlen Häusern in gegenwärtige Ordnung verfasset und richtig zusammengetragen worden. Bayreuth [Friedrich Elias Dietzel] 1749. ND Neustadt an der Aisch [Verlag für Kunstreproduktionen Christoph Schmidt] 1989.
- Boccone, Paolo (Silvio): Icones et descriptiones rariorum plantarum Siciliae, Melitae, Galliae, et Italiae. Oxford [e theatro Scheldoniano] 1674.
- Brückmann, Franz Ernst: Centuria epistolarum itinerarium. Bd. 3. Wolffenbuttelae 1756.
- Buirette von Oehlefeld, Isaac D.: Bey dem Grab-Mahl der Tugend, hatte seine besondere Probe der kindlichen Hochachtung und Ergebenheit, der weyland Wohlgebohrnen Frauen,

Frauen Elisabetha Buirette von Oehlefeld, gebohrner de Campoing ..., am Tag deren kläglichen Beerdigung, schuldigst abstatten sollen, der wohlseeligen Frauen Residentin gehorsamst-verbundener Schwieger-Sohn, Isaac Daniel Buirette von Oehlefeld, auf und zu Wilhelmsdorf. S.l. 1737.
(> zum Tod der Elisabeth Buirette von Oehlefeld)
- Buirette von Oehlefeld, Jacob D.: Die aller-gerechtesten Thränen welche bey dem tödlichen Hintritt der Wohl-Gebohrnen Frau, Frau Elisabetha Buirette von Oehlefeld gebohrner von Campoing ..., welche zu Christian-Erlang den 20. Febr. 1737 nachts um 12 Uhr das Zeitliche mit dem Ewigen verwechselte ... vergiessen sollen der Hochseelig-Verschiedenen jüngster Sohn Jacob Daniel Buirette von Oehlefeld. Christian-Erlang [Schmatz] 1737.
(> zum Tod der Elisabeth Buirette von Oehlefeld)
- Buirette von Oehlefeld, Johann N.: Kindliche Pflicht, bey dem schmertzlichen Hintritt der S.T. Frauen Elisabetha Buirette von Oehlefeld, gebohrner von Campoing ..., wehmüthig zu erkennen gegeben von der Wohlseelig-Verstorbenen älterem Sohn Johann Noah Buirette von Oehlefeld. Christian-Erlang [Schmatz] 1737.
(> zum Tod der Elisabeth Buirette von Oehlefeld)
- Bundschuh, Johann Kaspar: Geographisches Statistisch-Topographisches Lexikon von Franken oder vollständige alphabetische Beschreibung aller im ganzen Fränkischen Kreis liegenden Städte, Klöster... Bd. 5. Ulm 1802.
- Delius, Heinrich Friedrich von: Ehrengedächtniß des sel. Herrn Geheimen Raths D. Wagner. In: Ders. (Hg.): Fränkische Sammlungen von Anmerkungen aus der Naturlehre, Arzneygelahrheit, Oekonomie und den damit verwandten Wissenschaften. Stück XLIV. Nürnberg [George Peter Monath] 1766, S. 183–191.
- Dürrschmidt, Johann Georg: Beschreibung des Königlich Preussischen, im Fürstenthum Baireuth liegenden, Kirchspieles Goldkronach in statistischer, topographischer, historischer, oryktologischer und literarischer Hinsicht. Baireuth [Lübeckische Buchhandlung] 1800.
- Ellis, John: An essay towards a natural history of the corallines, and the other marine productions of the like kind, commonly found on the coasts of Great Britain and Ireland; to which is added the description of a large marine polype taken near the North Pole, by the whale-fishers, in the summer 1753. London [Millar u.a.] 1755.
- (Günz, Justus Gottfried): Praeparata anatomica in liquore, sicca, sceleta et ossa Gunziana publica auctione Dresdae die lunae sqq. post Dom. Invocavit anno MDCCLVII venduntur in platea Scheffelgasse dicta in aedibus Teschnerianis olim Sommerianis horis a tertia pomeridianis ubi et ante meridiem perlustranda exhibentur. (Dresden) [Harpeter] 1757.
(> Auktionskatalog zu anatomischen Präparaten des Justus Gottfried Günz, 1714–1754)
- Haller, Johann S.: Der Sterblichkeit sehr geringen Antheil an einem christlichen Helden sollte bey Stands-mäßiger Beerdigung des Hoch-Wohlgebornen Herrn Herrn Hellmuth Otto von Basseviz ..., Freytags den 28. Decembr. 1736 in Gott-geheiligte Betrachtung ziehen ... J. S. H. v. H. Nürnberg [Lochner] 1736.
(> zum Tod des Helmut Otto von Bassewitz)
- Hirsching, Friedrich Karl Gottlob: Nachrichten von sehenswürdigen Gemälde- und Kupferstichsammlungen, Münz-, Gemmen-, Kunst- und Naturalienkabineten [...] in Teutschland. Bd. 3/4. Erlangen [Palm] 1789.
- Juncker, Johann u. Georg Ernst Stahl: Conspectus medicinae theoretico-practicae, Tabulis CXVI omnes primarios morbos, methodo Stahliana tractandos, exhibens. Halae [Orphanotropheum] 1718.

- Juncker, Johann: Conspectvs Chemiae Theoretico-Practicae Tomvs Alter In Forma Tabvlarum Repraesentatvs, In Qviebvs Physica, Praesertim Svbterranea, Et Corporvm Natvralivm Principia, Habitvs Inter Se, Proprietates, Vires Et Vsvs, Itemqve Praecipva Chemiae Pharmacevticae Fvndamenta E Dogmatibvs Beccheri Et Stahlii Potissimvm Explicantvr, Eorvmdemqve Et Aliorvm Celebrivm Chemicorvm Experimentis Stabilivntvr (Verfasserangabe: Avctore D. Ioanne Ivnckero Prof. Pvblic. Ordinar.). Halae Magd. [Orphanotropheum] 1738.
- Keil, Christian Heinrich: Nachricht von dem Sichersreuther Sauerbrunnen. Wunsiedel 1734.
- Keyssler, Johann Georg: Neueste Reise durch Teutschland, Böhmen, Ungarn, die Schweitz, Italien, und Lothringen. Worin der Zustand und das merckwürdigste dieser Länder beschrieben und vermittelst der Natürl. Gelehrten, und Politischen Geschichte, der Mechanick, Mahler- Bau- und Bildhauer- Kunst, Müntzen, und Alterthümer erläutert wird, mit Kupffern. Bd. 2. Hannover [Nicolai Förster] 1741.
- Kretschmann, Johann Wilhelm: Sammlung zu einer Berg-Historia des Markgraftums Brandenburg-Bayreuth. Faksimile-Ausgabe in verkleinerter Form (der Handschrift Hof 1741). Hof [Mulzer] 1992.
- Longolius, Paul Daniel: Sichere Nachrichten von Brandenburg-Culmbach oder dem Fürstenthume des Burggrafthums Nürnberg oberhalb des Gebirges. Theil VIII. Hof [Johann Gottlieb Vierling] 1759.
- Ludwig, Daniel: Materiae medicae Compendium. Francofurtum [Hermanni] 1698.
- Lühe, Andreas von der: Unverwesliches Ehren-Mahl, welches dem Hoch-Wohlgebornen Herrn, Herrn Hellmuth Otto von Bassewiz ..., bey seiner, Freytags den 28. December 1736 in der Kirche der Nürnbergischen Vorstadt Wöhrd erfolgten, Stands-mäßige Beysezung, mit vielen Danck und Threnen aufrichten sollen ... Andreas von der Lühe ... Nürnberg [Bieling] 1736.
  (> zum Tod des Helmut Otto von Bassewitz)
- Manetti, Xavier: Viridarium Florentinum sive Conspectus Plantarum quae floruerunt, & Semina dederunt hoc Anno 1750 in Horto Caesareo Florentino... Florentiae [Bernardi Paperini] 1751.
- Memoria P.C. Wagneri, auct. L.I.I. Lang. Baruthi 1765. (Memoria P.C. Wagneri)
  (als solche aufgeführt in: Agnes Stählin: Gelegenheitsgedichte, Leichenpredigten und Nachrufe im Besitz der Universitätsbibliothek Erlangen. 2. Auflage. Erlangen 1986.)
- Prinz von Preußen, Friedrich Wilhelm u. Kirsten Heckmann-Janz u. Sibylle Kretschmer (Hgg.): „...solange wir zu zweit sind". Friedrich der Große und Wilhelmine Markgräfin von Bayreuth in Briefen. München [Langen Müller] 2003.
- Proekl, Vinzenz: Eger und das Egerland. Historisch, statistisch und topographisch dargestellt. 2 Bde. Prag [Kobrtsch&Gschihay] 1845.
- Rücker, Johann Christoph: Die allerseligsten Folgen eines seligen Todes wurden Bey Christlich und Standesmäßigen Exequien Der Weyland Hochwürdigen und Hochwohlgebornen Frauen Frauen Dorotheen Henrietten Luisen Freyin von Wittenhorst Sonsfeld Ihro Königlichen Hoheit, der regierenden Frau Marggräfin zu Brandenburg-Culmbach Hochbeliebt gewesenen Ober-Hof-Meisterin ... den 7 August 1746 ... erklährt und vorgestellt ... Bayreuth [Friedrich Elias Dietzel] 1746.
  (> zum Tod der Dorothea Louise Freiin von Wittenhorst-Sonsfeld)
- Rüster, Detlef (Hg.): Dort bin ich ohne Sorgen. Krankheit und Sterben Friedrichs des Großen, aufgeschrieben von seinem Leibarzt Christian Gottlieb Selle. Berlin [Aufbau-Taschenbuch-Verlag] 1993.

- Schmidel, Casimir C.: Conradi Gesneri Opera Botanica [...]. 2 Bde. Nürnberg [Fleischmann und Seligmann] 1751–1753 u. 1759–1770.
- Seligmann, Johann M.: Die Nahrungs-Gefäse in den Blättern der Bäume. Nürnberg [Fleischmann] 1748.
- Starckmann, Johann G.: Des weit berühmten Eger-Sauer-Brunnens gründliche Untersuchung, neue und ausführliche Beschreibung. Eger [Orwansky] 1750.
- Trew, Christoph Jacob: De chylosi foetus in utero. Diss. med. Altdorf 1715.
- Trew, Christoph Jacob: Gründliche Nachricht dessen was bey einer raren Haupt-Wunden [...] sowohl währender [!] Cur als auch erfolgter Section observirt worden. Nürnberg [Wohlrab] 1724.
- Trew, Christoph Jacob: Beschreibung der großen americanischen Aloe. Nürnberg [Endter] 1727.
- Trew, Christoph Jacob: Vertheidigung der Anatomie. Nürnberg [Endter und Engelbrecht] 1729.
- Trew, Christoph Jacob: Wohlmeinender Vorschlag, Wie eine vollständige, zuverläßige und deutliche Abbildung und Erklärung aller Theile deß Menschlichen Cörpers kann ausgefertiget, und denen Liebhabern um einen erträglichen Preiß erlassen werden. Nürnberg 1733.
- Trew, Christoph Jacob: Osteologie oder eigentliche Fürstellung und Beschreibung aller Beine eines erwachsenen menschlichen Cörpers in und ausser ihrem Zusammenhang/ nach dem äusserlichen Ansehen so wie es die Natur selbst gezeiget abgebildet, ins Kupfer gebracht und in Druck gegeben... Nürnberg [Lichtensteger und Eisenberger] 1740.
- Trew, Christoph Jacob: Plantae selectae quarum imagines ad exemplaria naturalia Londini in hortis curiosorum nutrita manu artificiosa doctaque pinxit Georgius Dionysius Ehret. Augsburg [Haid] 1750–1773. (1750–1773a)
- Trew, Christoph Jacob: Herbarium Blackwellianum emendatum et auctum id est Elisabethae Blackwell collectio stirpium. Nürnberg [Eisenberger] 1750–1773. (1750–1773b)
- Trew, Christoph Jacob: Hortus nitidissimus, omnem per annum superbiens floribus, sive amoenissimarum florum imagines. 3 Bde. Nürnberg [Seligmann, später Wirsing] 1750–1786.
- Trew, Christoph Jacob: Plantae rariores. Decas I–III. Nürnberg [Keller und Wirsing] 1763–1784.
- Volz, Gustav Berthold (Hg.): Friedrich der Große und Wilhelmine von Baireuth. Bd. II: Briefe der Königszeit 1740–1758. Berlin, Leipzig [K.F. Koehler] 1926.
- Weissmann, Karl (bearbeitet in Registerform): Die Matrikel des Gymnasiums Hof. Würzburg [Königl. Universitätsdruckerei H. Stürtz A.G.] 1914.
- Wider, Daniel Christoph: Beschreibung des Eger-Sauer-Brunnens. Darinnen kürtzl. gehandelt wird 1. von d. Situation, Mineralien u. Kranckheiten, 2. nothwendiger Vorbereitung, 3. Gebrauch ... S.l. ca. 1730.
- Wilhelmine Friederike Sophie (Markgräfin von Bayreuth): Tagebuch der Italienischen Reise (1754–1755). Hg. von Helke Kammerer-Grothaus. Bayreuth [C. u. C. Rabenstein] 2002.
- Wilhelmine Friederike Sophie (Markgräfin von Bayreuth): Memoiren einer preußischen Königstochter. Übersetzung, Anmerkungen und Nachwort von Günter Berger. Bayreuth [Ellwanger] 2007.
- Wilhelmine Friederike Sophie (Markgräfin von Bayreuth): Nichts Neues aus Bayreuth. Briefe der Markgräfin Wilhelmine an Friedrich II. und Voltaire. Bayreuth [Ellwanger] 2008.

11.2 Separate Aufstellung vorrangig genutzter Nachschlagewerke

(umfänglich im Editionsteil wie aber auch in anderen Teilen der vorliegenden Untersuchung genutzte Lexika, Wörterbücher, Handbücher etc.; einschließlich ggf. einzeln aufgeführter Lexikonartikel)

- Allgemeine Deutsche Biographie (ADB), hg. auf Veranlassung seiner Majestät des Königs von Bayern von der Historischen Commission bei der königl. Akademie der Wissenschaften. 56 Bde. 1875–1912. Neudruck (2. unveränderte Auflage) Berlin [Duncker & Humblot] 1967–1971. (ADB)
- Anatomisch-Chirurgisches Lexicon oder Wörterbuch, Darinnen alle und jedwede zur Zergliederungskunst und Wundarzeney gehörige Sachen und Kunstwörter gehörig angezeiget, kürzlich doch deutlich erkläret, auch diejenige Schriftsteller, so von denen mehresten darinn vorkommenden Sachen am besten und verständlichsten gehandelt haben, angeführte werden, Zum Besten angehender Aerzte und Wundärzte mit Fleiß zusammengetragen nebst einem doppelten Register auch mit einer Vorrede des Herrn D. Laurentius Heister. Berlin [Christian Friedrich Voß] 1753. (Anatomisch-chirurgisches Lexikon)
- Boschung, Urs u.a. (Hgg.): Repertorium zu Albrecht von Hallers Korrespondenz 1724–1777. Bd. 1. Basel [Schwabe & CO AG] 2002 (Studia Halleriana VII/1).
- Brockhaus Enzyklopädie. 24 Bde. 19. Auflage. Mannheim [F.A. Brockhaus] 1986–1994. (Brockhaus)
- Brockhaus – die Enzyklopädie. 24 Bde. 20. Auflage. Leipzig u.a. [Brockhaus] 1996–1999. (Brockhaus 2)
- Brucker, Jacob: Bilder-sal heutiges Tages lebender und durch Gelahrtheit berühmter Schrifftsteller. Zehentes und leztes Zehend. Augsburg [Haid] 1755.
- Demandt, Karl E.: Laterculus Notarum. Lateinisch-deutsche Interpretationshilfen für spätmittelalterliche und frühneuzeitliche Archivalien. 3. Auflage. Marburg [Institut für Archivwissenschaft] 1979 (Veröffentlichungen der Archivschule Marburg/Institut für Archivwissenschaft 7).
- Der Brockhaus in einem Band. Jubiläumsedition 2005. 11. Auflage. Leipzig, Mannheim [F.A. Brockhaus] 2005. (Brockhaus in einem Band)
- Deutsche Biographische Enzyklopädie (DBE), hg. von Rudolf Vierhaus. 12 Bde. 2. Auflage. München [Saur] 2005–2008. (DBE)
- Deutscher biographischer Index, hg./bearb. von Willi Gorzny u. Hans-Albrecht Koch. 4 Bde. München u.a. [Saur] 1986.
  (> Register zu Deutschem biographischem Archiv)
- Deutsches biographisches Archiv (DBA), hg./bearb. von Bernhard Fabian u. Willi Gorzny. Eine Kumulation aus 254 der wichtigsten biographischen Nachschlagewerke für den deutschen Bereich bis zum Ausgang des 19. Jahrhunderts. Mikroficheausgabe. München u.a. [Saur] 1982. (DBA)

  Liste der einzelnen im DBA kumulierten Lexika (soweit in den in vorliegender Arbeit genutzten DBA-Einträgen vorkommend):

  - ADB — Allgemeine Deutsche Biographie. Nur Verweisungen aus Band 56: Generalregister 1912.
  - Apell: Kupferst. — Apell, Aloys: Handbuch für Kupferstichsammler oder Lexicon der vorzüglichsten Kupferstecher des 19. Jahrhunderts. 1880.
  - Baader: Baiern — Baader, Klement Alois: Das gelehrte Baiern. Bd. 1. A–K. 1804. (Mehr nicht erschienen.)

- Baader: Verstorb. — Baader, Clemens Alois: Lexikon verstorbener baierischer Schriftsteller des 18. und 19. Jahrhunderts. 2 Bände. 1824–25.
- Berner — Berner, Karl Gustav Heinrich: Schlesische Landsleute. Ein Gedenkbuch hervorragender, in Schlesien geborener Männer und Frauen aus der Zeit von 1180 bis zur Gegenwart. 1901.
- Börner — Börner, Friedrich: Nachrichten von den vornehmsten Lebensumständen und Schriften jetztlebender Ärzte und Naturforscher in und um Deutschland. 3 Bände. 1749–64. Ergänzung von Ernst Gottfried Baldinger. 1773.
- Denina — Denina, Carlo: La Prusse littéraire sous Frédéric II. 3 Bände. 1790–91.
- Doppelmayr — Doppelmayr, Johann Gabriel: Historische Nachricht von den Nürnbergischen Mathematicis und Künstlern. 2 Bände. 1730.
- Dunkel — Dunkel, Johann Gottlob Wilhelm: Historisch-Kritische Nachrichten von verstorbenen Gelehrten und deren Schriften. 3 Bände in 12 Teilen. 1753–60.
- Eckstein — Eckstein, Friedrich August: Nomenclator philologorum. 1871.
- Eitner — Eitner, Robert: Biographisch-bibliographisches Quellenlexikon der Musiker und Musikgelehrten der christlichen Zeitrechnung bis zur Mitte des 19. Jahrhunderts. 10 Bände. 1900–04.
- Fikenscher 1 — Fikenscher, Georg Wolfgang Augustin: Beytrag zur Gelehrtengeschichte oder Nachrichten von Zöglingen des illustren Christian Ernestinischen Gymnasiums zu Bayreuth. 1793.
- Fikenscher 2 — Fikenscher, Georg Wolfgang Augustin: Gelehrtes Fürstentum Baireut. 12 Bände. 1801–05. Bd. 1.2 = 2. Aufl.
- Fikenscher: Erl. — Fikenscher, Georg Wolfgang Augustin: Vollständige akademische Gelehrten-Geschichte der Kgl.-pr. Friedrich-Alexanders Universität zu Erlangen. Abt. 1–3. 1806.
- Gerber 1 — Gerber, Ernst Ludwig: Historisch-biographisches Lexicon der Tonkünstler. 2 Teile. 1790–92.
- Gerber 2 — Gerber, Ernst Ludwig: Neues historisch-biographisches Lexikon der Tonkünstler. 4 Bände. 1812–14.
- Götten — Götten, Gabriel Wilhelm: Das jetzt lebende gelehrte Europa. 2. Aufl. 3 Bände. 1735–40.
- Günther — Günther, Johannes: Lebensskizzen der Professoren der Universität Jena seit 1558 bis 1858. 1858.
- Hengst — Hengst, Herrmann: Die Ritter des Schwarzen Adlerordens. Biographisches Verzeichnis sämtlicher Ritter des Hohen Ordens vom Schwarzen Adler von 1701 bis 1900. 1901.
- Hennicke — Hennicke, Karl August: Beiträge zur Ergänzung und Berichtigung des Jöcher'schen Allgemeinen Gelehrten-Lexikons und des Meusel'schen Lexikons der von 1750 bis 1800 verstorbenen teutschen Schriftsteller. 3 Stücke. 1811–12.
- Hirsching — Hirsching, Friedrich Carl Gottlob (Hg.): Historisch-literarisches Handbuch berühmter und denkwürdiger Personen, welche in dem 18. Jahrhunderte gestorben sind. 17 Bände. 1794–1815.
- Jäck 1 — Jäck, Joachim Heinrich: Pantheon der Literaten und Künstler Bambergs. 7 Bände. 1812–15. Forts. 2 Bände. 1821–25.
- Jöcher — Jöcher, Christian Gottlieb: Allgemeines Gelehrten-Lexikon. 4 Bände. 1750–51.
- Jöcher/Adelung — Jöcher, Christian Gottlieb: Allgemeines Gelehrten-Lexicon. Fortsetzungen und Ergänzungen von Johann Christoph Adelung (Ab Bd. 3: Heinrich Wilhelm Rotermund). 7 Bände. 1784–1897.
- König — König, Anton Balthasar: Biographisches Lexikon aller Helden und Militairpersonen, welche sich in preußischen Diensten berühmt gemacht haben. 4 Bände. 1788–91.
- Lipowsky:Künstler — Lipowsky, Felix Joseph: Baierisches Künstler-Lexicon. 2 Bände. 1810.
- Meister — Meister, Leonhard: Helvetiens berühmte Männer. Mit Bildnissen von Heinrich Pfenninger. 2. Aufl. 2 Bände. 1799.
- Meusel: Schriftst. — Meusel, Johann Georg: Lexikon der vom Jahr 1750 bis 1800 verstorbenen teutschen Schriftsteller. 15 Bände. 1802–15.
- Nagler — Nagler, Georg Kaspar: Neues allgemeines Künstler-Lexikon. 22 Bände. 1835–52.
- Nicolai 1 — Nicolai, Friedrich: Anzeige der vornehmsten, jetzt in Berlin, Potsdam und der umliegenden Gegend lebenden Gelehrten, Künstler und Musiker. In: Nicolai: Beschreibung der kgl. Residenz-Städte Berlin und Potsdam. Bd. 3, 3. Aufl., 1786. 3. Anhang.
- Richter — Richter, Gottlieb Lebrecht: Allgemeines biographisches Lexikon alter und neuer geistlicher Liederdichter. 1804.
- Schrader — Schrader, Georg Wilhelm: Biographisch-literarisches Lexikon der Thierärzte aller Zeiten und Länder sowie der Naturforscher, Ärzte, Landwirthe, Stallmeister usw., welche sich um die Thierheilkunde verdient gemacht haben. Vervollständigt und herausgegeben von Eduard Hering. 1863.
- Stepf — Stepf, Johann Heinrich: Gallerie aller juridischen Autoren von der ältesten bis auf die jetzige Zeit. 4 Bände. 1820–25.
- Strieder — Strieder, Friedrich Wilhelm: Grundlage zu einer hessischen Gelehrten- und Schriftstellergeschichte. 20 Bände. 1781–1863.
- Stumpf:Bayern — Stumpf, Pleickhard: Denkwürdige Bayern. 1865.
- Vocke — Vocke, Johann August: Geburts- und Todten-Almanach Ansbachischer Gelehrten, Schriftsteller und Künstler. 2 Bände. 1796–97.

- Wetzel — Wetzel, Johann Caspar: Lebensbeschreibung der berühmtesten Liederdichter. 4 Bände. 1719–28.
- Will — Will, Georg Andreas: Nürnbergisches Gelehrten-Lexicon. 5 Bände und Suppl. 1755–1802.
- Wolf, R. — Wolf, Rudolf: Biographien zur Kulturgeschichte der Schweiz. 4 Bände. 1858–62.
- Wurzbach — Wurzbach, Constant von: Biographisches Lexikon des Kaiserthums Österreich. 60 Bände. 1856–91.

– Deutsches Städtebuch, hg. von Erich Keyser u. Heinz Stoob. 11 Regionenbände. Stuttgart [Kohlhammer] 1939–1974. (Deutsches Städtebuch)

– Eckart, Wolfgang Uwe: Geschichte der Medizin. 5. Auflage. Heidelberg [Springer] 2005.

– Eckart, Wolfgang Uwe u. Robert Jütte: Medizingeschichte. Eine Einführung. Köln, Weimar u.a. [Böhlau] 2007.

– Erlanger Stadtlexikon, hg. von Christoph Friederich, Bertold Frhr. von Haller u. Andreas Jakob. Nürnberg [Tümmels] 2002. (Erlanger Stadtlexikon)
Einzelne daraus genutzte Artikel:
(im Rahmen der Kurzangaben in Fuß- oder Endnoten wird der Verfasser des einzelnen Lexikonartikels nach der entsprechenden Seitenangabe im Stadtlexikon in Klammern genannt)
  - Greiselmayer, Volkmar: Buirettesches Palais. In: Ebd., S. 187 f.
  - Jakob, Andreas u. Tanja Greschat: Loewenichsches Palais. In: Ebd., S. 467.
  - Jakob, Reinhard: Isaak Buirette von Oehlefeld. In: Ebd., S. 187.
  - Neuhaus, Helmut: Die Hugenottenstadt. In: Ebd., S. 62–65.
  - Ruisinger, Marion Maria: Johann Friedrich Weis(s)mann. In: Ebd., S. 740 f.

– Fikenscher, Georg Wolfgang Augustin: Gelehrtes Fürstenthum Baireut oder Biographische und Literarische Nachrichten von allen Schriftstellern, welche in dem Fürstenthum Baireut geboren sind und in oder ausser demselben gelebet haben und noch leben in alphabetischer Ordnung. 12 Bde. Nürnberg [Joh. Leonh. Sixt. Lechner'sche Buchhandlung] 1801–1805.
(! auch Lexikon des DBA, siehe dort als „Fikenscher 2")

– Füssli, Johann Rudolf: Allgemeines Künstlerlexicon, oder: Kurze Nachricht von dem Leben und den Werken der Mahler, Bildhauer, Baumeister, Kupferstecher, Kunstgiesser, Stahlschneider ... nebst angehängten Verzeichnissen der Lehrmeister und Schüler; auch der Bildnisse, der in diesem Lexicon enthaltenen Künstler. Zürich [Orell u.a.] 1779.

– Genealogisches Handbuch des in Bayern immatrikulierten Adels, hg. von der Vereinigung des Adels in Bayern (E.V.) München. Band IX. Neustadt an der Aisch/Mittelfranken [Degener & Co] 1967. (Genealogisches Handbuch)

– Gerabek, Werner E. u. Bernhard D. Haage u.a. (Hgg.): Enzyklopädie Medizingeschichte. Berlin [de Gruyter] 2005.

– Gladov, Friedrich (Sperander): A la Mode-Sprach der Teutschen, oder Compendieuses Hand-Lexicon, in welchem die meisten aus fremden Sprachen entlehnten Wörter und gewöhnliche Redens-Arten, so in denen Zeitungen, Briefen und täglichen Conversationen vorkommen, klar und deutlich erkläret werden. Nürnberg [Buggel&Seitz] 1727.

– Gossmann, Heinz: Das Collegium Pharmaceuticum Norimbergense und sein Einfluss auf das nürnbergische Medizinalwesen. Frankfurt am Main [Govi] 1966 (Quellen und Studien zur Geschichte der Pharmazie 9).

– Grieb, Manfred H. (Hg.): Nürnberger Künstlerlexikon. Bildende Künstler, Kunsthandwerker, Gelehrte, Sammler, Kulturschaffende und Mäzene vom 12. bis zur Mitte des 20. Jahrhunderts. 4 Bde. München [Saur] 2007.

– Grimm, Jacob und Wilhelm: Deutsches Wörterbuch. 16 Bde. (32 Teilbände). Leipzig [S. Hirzel] 1854–1960. „Das deutsche Wörterbuch von Jacob und Wilhelm Grimm im Internet" abrufbar über: http://woerterbuchnetz.de/DWB, zuletzt abgerufen am 5.6.2012.

- Grun, Paul Arnold: Schlüssel zu alten und neuen Abkürzungen. Wörterbuch lateinischer und deutscher Abkürzungen des späten Mittelalters und der Neuzeit mit historischer und systematischer Einführung für Archivbenutzer, Studierende, Heimat- und Familienforscher u.a. Nachbildungen der Originale. Limburg/Lahn [C.A. Starke] 1966 (Grundriß der Genealogie 6).
- Hirsch, August u.a.(Hgg.): Biographisches Lexikon der hervorragenden Ärzte aller Zeiten und Völker. 6 Bde. 3. Auflage. München u.a. [Urban & Schwarzenberg] 1962.
- Historischer Atlas von Bayern, hg. von der Kommission für Bayerische Landesgeschichte bei der Bayerischen Akademie der Wissenschaften (in Verbindung mit der Bayerischen Archivverwaltung und dem Bayerischen Landesvermessungsamt). 118 Bde. (Stand 2010). München u./od. Kallmünz 1950–2010. (Historischer Atlas von Bayern)
- Historisches Lexikon der Schweiz (HLS)
  Einzelne daraus genutzte Artikel:
  (im Rahmen der Kurzangaben in Fuß- oder Endnoten wird der Verfasser des einzelnen Lexikonartikels in Klammern genannt)
  - Müller, Peter: Heer (SG). In: Ebd., Version vom 29.11.2007. Abrufbar über: http://www.hls-dhs-dss.ch/textes/d/D22831.php, zuletzt abgerufen am 30.5.2012.
  - Müller, Peter: Heer, Johannes. In: Ebd., Version vom 29.7.2010. Abrufbar über: http://www.hls-dhs-dss.ch/textes/d/D31177.php, zuletzt abgerufen am 30.5.2012.
- Jöcher, Christian Gottlieb (Hg.): Allgemeines Gelehrten-Lexicon. 4 Bde. Leipzig [Gleditsch] 1750–51.
  (! auch Lexikon des DBA, siehe dort als „Jöcher")
- Jöcher, Christian Gottlieb (Hg.): Allgemeines Gelehrten-Lexicon. Fortsetzungen und Ergänzungen von Johann Christoph Adelung und ab Bd. 3 Heinrich Wilhelm Rotermund. 7 Bde. Leipzig [Gleditsch] 1784–1897.
  (! auch Lexikon des DBA, siehe dort als „Jöcher/Adelung")
- Jordan, Stefan (Hg.): Lexikon Geschichtswissenschaft. Hundert Grundbegriffe. Stuttgart [Reclam] 2002.
  Einzelne daraus genutzte Artikel:
  (im Rahmen der Kurzangaben in Fuß- oder Endnoten wird der Verfasser des einzelnen Lexikonartikels nach der entsprechenden Seitenangabe in Klammern genannt)
  - Szöllösi-Janze, Margit: Biographie. In: Ebd., S. 44–48.
- Jourdan, Antoine Jacques Louis: Dictionaire Des Sciences Médicales – Biographie Médicale. 7 Bde. Paris [Panckoucke] 1820–1825.
- Kirsch, Adam Friedrich: Abundantissimum Cornu Copiae Linguae Latinae Et Germanicae Selectum. Lipsiae [Sumtu Engelharti Beniaminis Svikertii] 1774.
- Kneschke, Ernst Heinrich (Hg.): Neues allgemeines Deutsches Adels-Lexicon. Achter Band. Leipzig [Friedrich Voigt's Buchhandlung] 1868.
- Krauß, Hans: Die Leibärzte der Ansbacher Markgrafen. Neustadt a.d. Aisch [Schmidt] 1941.
- Layritz, Friedrich Wilhelm Anton: Von der Entstehung und den Fortgang des Stadtphysikats und der Medizinal Apothecken in der Stadt Baireuth. Culmbach [Spindler] 1802.
- Lipowsky, Felix Joseph: Baierisches Künstler-Lexicon. 2 Bde. München [Fleischmann] 1810. (Lipowsky: Künstler)
  (! auch Lexikon des DBA, auch dort als „Lipowsky: Künstler")
- Ludwig, Heidrun: Nürnberger naturgeschichtliche Malerei im 17. und 18. Jahrhundert. Marburg an der Lahn [Basilisken-Presse] 1998 (Acta biohistorica 2).

- Michaud, Louis Gabriel: Biographie universelle ancienne et moderne. Bd. 44. 2. Auflage. Paris [Desplaces] 1865.
- Neue deutsche Biographie (NDB), hg. von der Historischen Kommission bei der Bayerischen Akademie der Wissenschaften. Bisher 24 Bde. Berlin [Duncker & Humblot] 1953–2010. (NDB)
- Nouvelle biographie générale, hg. von Johann Cyriacus Höfer. Depuis les temps les plus reculés jusqu'à nos jours. 46 Bde. Paris [Didot] 1855–1866. (Nouvelle biographie générale)
- Onomatologia Medica Completa Oder Medicinisches Lexikon ..., hg. von der Gesellschaft gelehrter Ärzte, mit einer Vorrede Albrecht von Hallers. 2 Bde. Ulm, Frankfurt u.a. 1755/1756. Als Mikroficheedition hg. und mit einer Einleitung versehen von Michael Stolberg. Erlangen [Harald Fischer] 1993. (Onomatologia Medica Completa)
- Pelzel, Franz Martin: Abbildungen Böhmischer Und Mährischer Gelehrten Und Künstler, Nebst Kurzen Nachrichten Von Ihren Leben Und Werken. Dritter Theil. Prag [Iohann Karl Hraba] 1777.
- Poggendorff, Johann C. u.a. (Hgg.): Biographisch-literarisches Handwörterbuch zur Geschichte der exacten Wissenschaften. Enthaltend Nachweisungen über Lebensverhältnisse und Leistungen von Mathematikern, Astronomen, Physikern, Chemikern, Mineralogen, Geologen usw. aller Völker und Zeiten. 9 Bde. Leipzig [Barth] 1863–2004.
- Pritzel, Georg A.: Thesaurus literaturae botanicae omnium gentium. Inde a rerum botanicarum initiis ad nostra usque tempora. Quindecim millia operum recensens. Lipsiae [Brockhaus] 1872.
- Schmidt-Herrling, Eleonore: Die Briefsammlung des Nürnberger Arztes Christoph Jacob Trew (1695–1769) in der Universitätsbibliothek Erlangen. Erlangen [Universitätsbibliothek] 1940 (Katalog der Handschriften der Universitätsbibliothek Erlangen 5).
- Schneider, Wolfgang: Lexikon alchemistisch-pharmazeutischer Symbole. Weinheim/ Bergstr. [Verlag Chemie GMBH] 1962.
- Schneider, Wolfgang: Lexikon zur Arzneimittelgeschichte. Sachwörterbuch zur Geschichte der pharmazeutischen Botanik, Chemie, Mineralogie, Pharmakologie, Zoologie. Band I–VII. Frankfurt a. M. [Govi] 1968–1975.
  (! Bd. I: Tierische Drogen; Bd. II: Pharmakologische Arzneimittelgruppen; Bd. III: Pharmazeutische Chemikalien und Mineralien; Bd. IV: Geheimmittel und Spezialitäten; Bd. V: Pflanzliche Drogen; Bd. VI: Pharmazeutische Chemikalien und Mineralien, Ergänzungen)
- Schneiders, Werner (Hg.): Lexikon der Aufklärung. Deutschland und Europa. München [C.H. Beck] 1995.
  Einzelne daraus genutzte Artikel:
  (im Rahmen der Kurzangaben in Fuß- oder Endnoten wird der Verfasser des einzelnen Lexikonartikels nach der entsprechenden Seitenangabe in Klammern genannt)
  - Grimm, Gunter E.: Gelehrter. In: Ebd., S. 146 f.
  - Maurer, Michael: Briefe/Korrespondenz. In: Ebd., S. 69 f.
- Sommerhoff, Johann Christoph: Lexicon pharmaceutico-chymicum latino-germanicum et germanico-latinum. Nürnberg 1713. ND Hildesheim, New York [Georg Olms] 1977.
- Stadtlexikon Nürnberg, hg. von Michael Diefenbacher u. Rudolf Endres. 2. Auflage. Nürnberg [W. Tümmels] 2000. (Stadtlexikon Nürnberg)
  Einzelne daraus genutzte Artikel:
  (im Rahmen der Kurzangaben in Fuß- oder Endnoten wird der Verfasser des einzelnen Lexikonartikels nach der entsprechenden Seitenangabe im Stadtlexikon in Klammern genannt)

- Beyerstedt, Horst-Dieter u. Werner Jürgensen: Buirette von Oehlefeld, Kaufmanns-, Bankiers- und Juristenfamilie. In: Ebd., S. 171.
- Beyerstedt, Horst-Dieter: Johann Gabriel Doppelmayr. In: Ebd., S. 220 f.
- Diefenbacher, Michael u. Thomas Fichte: Fischbach (Gewässer). In: Ebd., S. 288.
- Diefenbacher, Michael: Johann Christoph Volkamer. In: Ebd., S. 1144 f.
- Ebneth, Bernhard: Joachim Camerarius (Kammermeister) II. In: Ebd., S. 179.
- Fischer-Pache, Wiltrud: Karolinenstraße. In: Ebd., S. 520.
- Hagen, Friedrich von u. Andreas Tacke: Preißler, Maler- und Verlegerfamilie. In: Ebd., S. 840.
- Hagen, Friedrich von: August Johann Rösel von Rosenhof. In: Ebd., S. 907.
- Jakob, Andreas: Abdias Trew. In: Ebd., S. 1086.
- Ruisinger, Marion Maria: Johann Jakob Baier. In: Ebd., S. 98.
- Ruisinger, Marion Maria: Johann Moritz Hoffmann. In: Ebd., S. 455.
- Ruisinger, Marion Maria: Johann Georg Volkamer der Ältere. In: Ebd., S. 1145.
- Ruisinger, Marion Maria: Johann Georg Volkamer der Jüngere. In: Ebd., S. 1145.
- Schnalke, Thomas: Christoph Jacob Trew. In: Ebd., S. 1086.

– Trapp, Wolfgang u. Torsten Fried: Handbuch der Münzkunde und des Geldwesens in Deutschland. 2. Auflage. Stuttgart [Philipp Reclam jun.] 2006. (Trapp/Fried 2006)
– Trapp, Wolfgang u. Heinz Wallerus: Handbuch der Maße, Zahlen, Gewichte und der Zeitrechnung. 5. Auflage. Stuttgart [Philipp Reclam jun.] 2006. (Trapp/Wallerus 2006)
– Wahrig, Gerhard: Deutsches Wörterbuch. Gütersloh [Bertelsmann] 1970.
– Will, Georg Andreas: Nürnbergisches Gelehrten-Lexicon oder Beschreibung aller Nürnbergischen Gelehrten beyderley Geschlechtes nach ihrem Leben, Verdiensten und Schrifften zur Erweiterung der gelehrten Geschichtskunde und Verbesserung vieler darinnen vorgefallenen Fehler. Fortgesetzt von Christian Conrad Nopitsch. 8 Bde. Nürnberg, Altdorf [Schüpfel] 1755–1758 und 1802–1808.
(! auch Lexikon des DBA, dort als „Will")
– Wittern-Sterzel, Renate (Hg.): Die Professoren und Dozenten der Friedrich-Alexander-Universität Erlangen 1743–1960. Bd. 2 (Bearb.: Astrid Ley): Medizinische Fakultät. Erlangen [Univ.-Bund Erlangen-Nürnberg] 1999 (Erlanger Forschungen/Sonderreihe).
– Zedler, Johann Heinrich (Hg.): Grosses vollständiges Universal-Lexicon aller Wissenschafften und Künste, Welche bißhero durch menschlichen Verstand und Witz erfunden und verbessert worden. 64 Bde. und 4 Suppl. Halle, Leipzig [Zedler] 1732–1754.

11.3 Literatur

– Ackerknecht, Erwin H.: Medizin und Aufklärung. In: Schweizer medizinische Wochenschrift 89 (1959), S. 20–22.
– Ammermann, Monika: Gelehrten-Briefe des 17. und frühen 18. Jahrhunderts. In: Bernhard Fabian, Paul Raabe (Hgg.): Gelehrte Bücher vom Humanismus bis zur Gegenwart. Referate des 5. Jahrestreffens des Wolfenbütteler Arbeitskreises für Geschichte des Buchwesens vom 6. bis 9. Mai 1981 in der Herzog August Bibliothek. Wiesbaden [Harrassowitz] 1983 (Wolffenbütteler Schriften zur Geschichte des Buchwesens 9), S. 81–96.
– Andräas, Conrad: Beiträge zu einer Geschichte des Gesundheits- und Medicinalwesens der Stadt und des Fürstenthums Bayreuth. In: Archiv für Geschichte und Alterthumskunde von Oberfranken Bd. 15, Heft 2 (1882), S. 1–132.

- Arbeitsgemeinschaft außeruniversitärer historischer Forschungseinrichtungen (AHF): Empfehlungen zur Edition frühneuzeitlicher Texte. Abrufbar über: http://www.ahf-muenchen.de/Arbeitskreise/empfehlungen.shtml, zuletzt abgerufen am 18.03.2011. (AHF-Empfehlungen)
- Baader, Joseph: Die Preußen in Nürnberg und den benachbarten Gebieten in den Jahren 1757, 1758 und 1762. Ein kleiner Beitrag zur Geschichte des siebenjährigen Krieges, nach archivalischen Quellen bearbeitet. Bamberg [Reindl] 1868.
- Balsiger, Philipp W.: Schubladendenken. Zum Verhältnis von Sammeln und Ordnen. In: Udo Andraschke, Marion Maria Ruisinger (Hgg.): Die Sammlungen der Universität Erlangen-Nürnberg. Begleitband zur Ausstellung „Ausgepackt. Die Sammlungen der Universität Erlangen-Nürnberg" 20. Mai – 29. Juli 2007 Stadtmuseum Erlangen. Erlangen [Friedrich-Alexander-Universität Erlangen-Nürnberg] 2007, S. 32–44.
- Bassewitz, Hans Joachim von: Beiträge zur Familiengeschichte der adligen und gräflichen Familie von Bassewitz. 1962.
- Bauer, Volker: Die höfische Gesellschaft in Deutschland von der Mitte des 17. bis zum Ausgang des 18. Jahrhunderts. Versuch einer Typologie. Tübingen [Max Niemeyer] 1993 (Frühe Neuzeit 12).
- Behringer, Wolfgang: Thurn und Taxis. Die Geschichte ihrer Post und ihrer Unternehmen. München u.a. [Piper] 1990.
- Behringer, Wolfgang: Im Zeichen des Merkur. Reichspost und Kommunikationsrevolution in der Frühen Neuzeit. Göttingen [Vandenhoeck & Ruprecht] 2003 (Veröffentlichungen des Max-Planck-Instituts für Geschichte 189).
- Berger, Günther (Hg.): Wilhelmine von Bayreuth heute. Das kulturelle Erbe der Markgräfin. Referate zum gleichnamigen Symposium vom 26. bis 28. Juni 2008. Bayreuth [Historischer Verein für Oberfranken] 2009.
- Biagioli, Mario: Galileo's system of patronage. In: History of science 28 (1990), S. 1–62.
- Blöchlinger vom Bannholz, Carl Friedrich: Chevalier Jean de Baillou, erster Director des k. k. Hof-Naturalien-Cabinets zu Wien und Oberstlieutenant in der Artillerie. Ein Beitrag zur Geschichte der Gelehrten, der Kunst und der Erfindungen. Wien [Schlieper] 1868.
- Bödeker, Hans Erich u. Peter Hanns Reill, Jürgen Schlumbohm (Hgg.): Wissenschaft als kulturelle Praxis, 1750–1900. Göttingen [Vandenhoeck & Ruprecht] 1999 (Veröffentlichungen des Max-Planck-Instituts für Geschichte 154).
- Bosse, Heinrich: Die gelehrte Republik. In: Hans-Wolf Jäger (Hg.): „Öffentlichkeit" im 18. Jahrhundert. Göttingen [Wallstein] 1997 (Das achtzehnte Jahrhundert Supplementa 4), S. 51–76.
- Bots, Hans u. Françoise Waquet (Hgg.): Commercium Litterarium 1600–1750. La communication dans la République des Lettres. Forms of communication in the Republic of Letters. Amsterdam, Maarssen [APA-Holland University Press] 1994.
- Bots, Hans u. Françoise Waquet: La République des Lettres. Paris [Belin] 1997.
- Bots, Hans: Exchange of Letters and Channels of Communication. The Epistolary Networks in the European Republic of Letters. In: Regina Dauser, Stefan Hächler u.a. (Hgg.): Wissen im Netz. Botanik und Pflanzentransfer in europäischen Korrespondenznetzen des 18. Jahrhunderts. Berlin [Akademie] 2008 (Colloquia Augustana 24), S. 31–45.
- Bourdieu, Pierre: Ökonomisches Kapital, kulturelles Kapital, soziales Kapital. In: Reinhard Kreckel (Hg.): Soziale Ungleichheiten. Göttingen [Schwartz] 1983, S. 183–198.
- Bourdieu, Pierre: Die feinen Unterschiede. Kritik der gesellschaftlichen Urteilskraft. Frankfurt am Main [Suhrkamp] 1987. (1987a)

- Bourdieu, Pierre: Sozialer Sinn. Kritik der theoretischen Vernunft. Frankfurt am Main [Suhrkamp] 1987. (1987b)
- Brandt, Ahasver von: Werkzeug des Historikers. Eine Einführung in die Historischen Hilfswissenschaften. 14. Auflage. Stuttgart [Kohlhammer] 1996.
- Brennecke, Hanns Christof u. Dirk Niefanger u.a: Akademie und Universität Altdorf. Studien zur Hochschulgeschichte Nürnbergs. Köln [Böhlau] 2011.
- Brinkmann, Bernd: Der Mineralwasserversand in Steinzeugflaschen. II. Eger-Franzensbad. In: Der Mineralbrunnen Heft 5 (1984), S. 170–180.
- Brockliss, Laurence: The Literary Image of the Médecins du Roi in the Literature of the Grand Siècle. In: Vivian Nutton (Hg.): Medicine at the courts of Europe, 1500–1837. London, New York [Routledge] 1990, S. 117–154.
- Brockliss, Laurence W. B.: Calvet's Web. Enlightenment and the Republic of Letters in Eighteenth-Century France. New York [Oxford University Press] 2002.
- Butz, Reinhardt u. Lars-Arne Dannenberg: Überlegungen zu Theoriebildungen des Hofes. In: Reinhardt Butz, Jan Hirschbiegel u.a. (Hgg.): Hof und Theorie. Annäherungen an ein historisches Phänomen. Köln, Weimar u.a. [Böhlau] 2004 (Norm und Struktur 22), S. 1–42.
- Castells, Manuel: The Rise of the Network Society. 2. Auflage. Oxford [Blackwell] 2000 (The Information Age: Economy, Society and Culture 1).
- Collet, Dominik: Die Welt in der Stube. Begegnungen mit Außereuropa in Kunstkammern der Frühen Neuzeit. Göttingen [Vandenhoeck&Ruprecht] 2007 (Veröffentlichungen des Max-Planck-Instituts für Geschichte 232).
- Cooper, Alix: Inventing the Indigenous. Local Knowledge and Natural History in Early Modern Europe. Cambridge, New York u.a. [Cambridge University Press] 2007.
- Dainat, Holger: Der Siebenjährige Krieg in den Medien. In: Wolfgang Adam, Holger Dainat (Hgg.): „Krieg ist mein Lied". Der Siebenjährige Krieg in den zeitgenössischen Medien. Göttingen [Wallstein] 2007 (Schriften des Gleimhauses Halberstadt 5), S. 9–26.
- Daston, Lorraine: The Ideal and Reality of the Republic of Letters in the Enlightenment. In: Science in Context 4, 2 (1991), S. 367–386.
- Daston, Lorraine: Early Modern History Meets the History of the Scientific Revolution. Thoughts towards a Rapprochement. In: Helmut Puff, Christopher Wild (Hgg.): Zwischen den Disziplinen? Perspektiven der Frühneuzeitforschung. Göttingen [Wallstein] 2003, S. 37–54.
- Dauser, Regina u. Stefan Hächler u.a. (Hgg.): Wissen im Netz. Botanik und Pflanzentransfer in europäischen Korrespondenznetzen des 18. Jahrhunderts. Berlin [Akademie] 2008 (Colloquia Augustana 24). (Dauser/Hächler 2008)
- Dauser, Regina u. Stefan Hächler, Michael Kempe, Franz Mauelshagen, Martin Stuber: Einleitung. In: Regina Dauser, Stefan Hächler u.a. (Hgg.): Wissen im Netz. Botanik und Pflanzentransfer in europäischen Korrespondenznetzen des 18. Jahrhunderts. Berlin [Akademie] 2008 (Colloquia Augustana 24), S. 9–28. (Dauser/Hächler/Kempe/Mauelshagen/Stuber 2008)
- Dauser, Regina: Qualitative und quantitative Analyse eines Ego-Netzwerks – am Beispiel der Korrespondenz Hans Fuggers (1531–1598). In: Regina Dauser, Stefan Hächler u.a. (Hgg.): Wissen im Netz. Botanik und Pflanzentransfer in europäischen Korrespondenznetzen des 18. Jahrhunderts. Berlin [Akademie] 2008 (Colloquia Augustana 24), S. 329–346. (Dauser 2008)
- Diefenbacher, Michael u. Markus Heinz, Ruth Bach-Damaskinos (Hgg.): „auserlesene und allerneueste Landkarten". Der Verlag Homann in Nürnberg 1702–1848. Nürnberg [Tümmels] 2002 (Ausstellungskatalog des Stadtarchivs Nürnberg 14).

- Dippold, Günter: Museen in Oberfranken. Teil 1: Von Raritätenkammern, Bildergalerien, Naturalienkabinetten und verpassten Chancen (Anfang des 18. bis Mitte des 19. Jahrhunderts). Bayreuth 2002 (Heimatbeilage zum Oberfränkischen Schulanzeiger 291).
- Duindam, Jeroen: Norbert Elias and the history of the court: old questions, new perspectives. In: Reinhardt Butz, Jan Hirschbiegel u.a. (Hgg.): Hof und Theorie. Annäherungen an ein historisches Phänomen. Köln, Weimar u.a. [Böhlau] 2004 (Norm und Struktur 22), S. 91–104.
- Dülmen, Richard van u. Sina Rauschenbach (Hgg.): Macht des Wissens. Die Entstehung der modernen Wissensgesellschaft. Köln, Weimar u.a. [Böhlau] 2004.
- Elias, Norbert: Die höfische Gesellschaft. Untersuchungen zur Soziologie des Königtums und der höfischen Aristokratie. Neuwied, Berlin [Luchterhand] 1969 (Soziologische Texte 54).
- Endres, Rudolf: Franken während der Schlesischen Kriege und des Siebenjährigen Krieges. In: Max Spindler (Hg.): Handbuch der Bayerischen Geschichte. Dritter Band. Franken, Schwaben, Oberpfalz bis zum Ausgang des 18. Jahrhunderts. München [C.H. Beck] 1971, S. 241–245.
- Endres, Rudolf: Nürnberg im 18. Jahrhundert. In: Mitteilungen des Vereins für Geschichte der Stadt Nürnberg 75 (1988), S. 133–153.
- Engelhardt, Wolf von u.a. (Hgg.): Zur Edition naturwissenschaftlicher Texte der Goethezeit. Leopoldina-Meeting vom 22. bis 23. Mai 1992 in Halle (Saale). Leipzig [Barth] 1992 (Acta historica Leopoldina 20).
- Ferri, Sara (Hg.): Pietro Andrea Mattioli, Siena 1501–Trento 1578, la vita, le opera. Perugia [Quattroemme] 1997.
- Fikenscher, Georg Wolfgang Augustin: Lehrbuch der Landesgeschichte des Fürstenthums Bayreuth. Nürnberg [Raspe] 1807.
- Fikenscher, Georg Wolfgang Augustin u. Wilhelm Holle u. Christoph Schmidt: Die Markgrafen von Brandenburg-Kulmbach-Bayreuth. Eine Text- und Bilddokumentation zur Hohenzollern-Herrschaft im Gebiet zwischen Hof, Erlangen und Aischgrund. Neustadt an der Aisch [Verlag für Kunstreproduktionen] 2005.
- Freeman, Linton C.: Visualizing Social Networks. In: Journal of Social Structure (JoSS) 1/1 (2000). Abrufbar über: http://www.cmu.edu/joss/content/articles/volume1/Freeman.html, zuletzt abgerufen am 5.6.2012.
- Friederich, Christoph: Das verborgene Universitätsmuseum. Zur Geschichte der Sammlungen an der Universität Erlangen. In: Stadtmuseum Erlangen (Hg.): Die Friedrich-Alexander-Universität Erlangen-Nürnberg 1743–1993. Geschichte einer deutschen Hochschule. Ausstellung im Stadtmuseum Erlangen 24.10.1993–27.2.1994. Nürnberg [W. Tümmels] 1993 (Veröffentlichungen des Stadtmuseums Erlangen 43), S. 557–562.
- Frobel, Bruno: Kretschmann, Trommler und Longolius, drei große Mineraliensammler in Nordostbayern. In: Geologische Blätter für Nordostbayern 55 (2005), Heft 1-4, S. 139–146.
- Gaab, Hans: Johann Gabriel Doppelmayr (1677–1750). In: Wolfgang R. Dick, Jürgen Hamel (Hgg.): Beiträge zur Astronomiegeschichte. Bd. 4. Frankfurt a. Main [Harri Deutsch] 2001 (Acta Historica Astronomiae 13), S. 46–99. (2001a)
- Gaab, Hans: Himmlische Monstren, Feuersbrünste und Kometen. Nordlichterscheinungen über Nürnberg und Umgebung im 16. bis 18. Jahrhundert. In: Wilfried Schröder (Hg.): Historical Case Studies in Physics and Geophysics. Bremen-Römebeck u.a. [Science Ed.] 2001 (Beiträge zur Geschichte der Geophysik und kosmischen Physik 2,1), S. 82–98. (2001b)

- Gebhardt, Walter: Nürnberg macht Druck! Von der Medienhochburg zum Printzentrum. In: Marion Voigt (Hg.): Lust auf Bücher. Nürnberg für Leser. Mit einem Beitrag zur Nürnberger Druck- und Verlagsgeschichte. Nürnberg [Tom Deuerlein] 2005, S. 11–43.
- Geyer-Kordesch, Johanna: Court physicians and State Regulation in Eighteenth-century Prussia: The emergence of medical science and the demystification of the body. In: Vivian Nutton (Hg.): Medicine at the courts of Europe, 1500–1837. London, New York [Routledge] 1990, S. 155–181.
- Gierl, Martin: Kompilation und die Produktion von Wissen im 18. Jahrhundert. In: Helmut Zedelmaier, Martin Mulsow (Hgg.): Die Praktiken der Gelehrsamkeit in der Frühen Neuzeit. Tübingen [Max Niemeyer] 2001 (Frühe Neuzeit 64), S. 63–94.
- Gierl, Martin: Korrespondenzen, Disputationen, Zeitschriften. Wissensorganisation und die Entwicklung der gelehrten Medienrepublik zwischen 1670 und 1730. In: Richard van Dülmen, Sina Rauschenbach (Hgg.): Macht des Wissens. Die Entstehung der modernen Wissensgesellschaft. Köln, Weimar u.a. [Böhlau] 2004, S. 417–438.
- Goethes Werke. Hg. im Auftrag der Großherzogin Sophie von Sachsen (Sophien-Ausgabe). Bd. 29. Weimar [Böhlau] 1891.
- Grafton, Anthony: Worlds made by words. Scholarship and community in the modern West. Cambridge, Massachusetts u.a. [Harvard University Press] 2009.
- Grosser, Susanne: Ein höfischer Arzt des 18. Jahrhunderts im Spiegel seiner Korrespondenz – Stationen seines Lebens, seine Ziele, sein Selbstverständnis. Der Bayreuther Leibarzt Peter Christian Wagner (1703–1764) als „Gefangener" zwischen höfischen Pflichten und gelehrten Ambitionen. Magisterarbeit Erlangen 2010.
- Grote, Andreas: Macrocosmos in Microcosmo. Die Welt in der Stube. Zur Geschichte des Sammelns 1450 bis 1800. Opladen [Leske+Budrich] 1994.
- Gruber, Bernhard: Fossilien im Volksglauben (als Heilmittel). In: Linzer Biol. Beiträge 12/1 (1980), S. 239–242.
- Haas, Felicitas: Johann Baptist Bohadsch und die naturgeschichtlichen Ergebnisse seiner Forschungsreise ins Salzkammergut im Jahre 1762. Diss. Hist.-Kulturwiss. Fak. Univ. Wien 2008.
- Habermann, Sylvia: Markgräfin Wilhelmine von Bayreuth. Eine preußische Prinzessin als Markgräfin in Franken. Ein Lebensbild. Leipzig [Buchverl. für die Frau] 2008.
- Hächler, Stefan: Arzt aus Distanz. Fernkonsultationen bei Albrecht von Haller. In: Martin Stuber, Stefan Hächler, Luc Lienhard (Hgg.): Hallers Netz. Ein europäischer Gelehrtenbriefwechsel zur Zeit der Aufklärung. Basel [Schwabe] 2005 (Studia Halleriana IX), S. 317–349.
- Hächler, Stefan: Avec une grosse boete de plantes vertes – Pflanzentranfer in der Korrespondenz Albrecht von Hallers (1798–1777). In: Regina Dauser, Stefan Hächler u.a. (Hgg.): Wissen im Netz. Botanik und Pflanzentransfer in europäischen Korrespondenznetzen des 18. Jahrhunderts. Berlin [Akademie] 2008 (Colloquia Augustana 24), S. 201–218.
- Hatch, Robert A.: Correspondence Networks. In: Wilbur Applebaum (Hg.): Encyclopedia of the Scientific Revolution from Copernicus to Newton. New York, London [Garland] 2000, S. 168–170.
- Heesen, Anke te u. Emma C. Spary (Hgg.): Sammeln als Wissen. Das Sammeln und seine wissenschaftsgeschichtliche Bedeutung. 2. Auflage. Göttingen [Wallstein] 2002. (2002a)
- Heesen, Anke te u. Emma C. Spary: Sammeln als Wissen. In: Dies. (Hgg.): Sammeln als Wissen. Das Sammeln und seine wissenschaftsgeschichtliche Bedeutung. 2. Auflage. Göttingen [Wallstein] 2002, S. 7–21. (2002b)

- Heesen, Anke te: Geordnete Leidenschaft. Das Naturalienkabinett und sein Behältnis im 18. Jahrhundert. In: Udo Andraschke, Marion Maria Ruisinger (Hgg.): Die Sammlungen der Universität Erlangen-Nürnberg. Begleitband zur Ausstellung „Ausgepackt. Die Sammlungen der Universität Erlangen-Nürnberg" 20. Mai – 29. Juli 2007 Stadtmuseum Erlangen. Erlangen [Friedrich-Alexander-Universität Erlangen-Nürnberg] 2007, S. 24–31.
- Heinz, Markus: Die Geschichte des Homännischen Verlages. In: Michael Diefenbacher, Markus Heinz, Ruth Bach-Damaskinos (Hgg.): „auserlesene und allerneueste Landkarten". Der Verlag Homann in Nürnberg 1702–1848. Nürnberg [Tümmels] 2002 (Ausstellungskatalog des Stadtarchivs Nürnberg 14), S. 34–47.
- Heinzelmann, Ruth: Johann Balthasar Ehrhart (1700–1756) und seine Korrespondenz mit Christoph Jacob Trew. Diss. med. Erlangen 2011.
- Helbig, Joachim: Postvermerke auf Briefen 15.–18. Jahrhundert. Neue Ansichten zur Postgeschichte der frühen Neuzeit und der Stadt Nürnberg. München [Herbert Utz Verlag] 2010.
- Heller, Florian: Zur Geschichte der medizinischen Siegelerden aus Franken unter besonderer Berücksichtigung der Vorkommen im Geisloch bei Velden (Mfr.). In: Geologische Blätter für Nordostbayern 10 (1960), S. 98–118.
- Helmes, Hermann: Kurze Geschichte der fränkischen Kreistruppen 1714–1756 und ihre Teilnahme am Feldzuge von Roßbach 1757. München [Lindauersche Buchhandlung] 1907 (Einzel-Abdruck aus Darstellungen aus der Bayerischen Kriegs- und Heeresgeschichte, Heft 16).
- Henglein, Dominik Klaus Michael: Casimir Christoph Schmidel (1718–1792) und seine Korrespondenz mit Johann Ambrosius Beurer (1716–1754). Diss. med. Erlangen 2010.
- Herrmann, Erwin: Friedrich der Grosse und Bayreuth. In: Heinz Duchhardt (Hg.): Friedrich der Große, Franken und das Reich. Köln, Wien [Böhlau] 1986 (Bayreuther Historische Kolloquien 1), S. 109–119.
- Herrmann, Franz: Fränkische Geschichte: Die Markgrafen von Ansbach-Bayreuth und ihre Vorfahren, die Burggrafen von Nürnberg. Entstehungsgeschichte des Hauses Hohenzollern. Eine überarbeitete Neufassung von Franz Herrmanns Markgrafen-Büchlein von 1902, hg. von Manfred Mayer u. Hubert Holzmann. Erlangen u.a. [Mayer] 2002.
- Herz, Andreas: Erhebung und Analyse egozentrierter Netzwerke. In: Sabrina Kulin, Keno Frank, Detlef Fickermann, Knut Schwippert (Hgg.): Soziale Netzwerkanalyse. Theorie, Methoden, Praxis. Münster [Waxmann] 2012 (Netzwerke im Bildungsbereich 5), S. 133–150.
- Hofmann, Friedrich H.: Geschichte der Bayreuther Fayencefabrik St. Georgen am See. Augsburg [Filser] 1928.
- Hurtienne, René: Ein Gelehrter und sein Text. Zur Gesamtedition des Reiseberichts von Dr. Hieronymus Münzer, 1494/95 (Clm 431). In: Helmut Neuhaus (Hg.): Erlanger Editionen. Grundlagenforschung durch Quelleneditionen: Berichte und Studien. Erlangen, Jena [Palm&Enke] 2009 (Erlanger Studien zur Geschichte 8), S. 255–272.
- Jansen, Dorothea: Einführung in die Netzwerkanalyse. Grundlagen, Methoden, Forschungsbeispiele. 3. Auflage. Wiesbaden [VS Verlag] 2006.
- Jewson, Nicholas D.: Medical knowledge and the patronage system in 18th century England. In: Sociology 8 (1974), S. 369–385.
- Joost, Ulrich: Der Lichtenberg-Briefwechsel und seine Genese. In: Wolf von Engelhardt u.a. (Hgg.): Zur Edition naturwissenschaftlicher Texte der Goethezeit. Leopoldina-Meeting vom 22. bis 23. Mai 1992 in Halle (Saale). Leipzig [Barth] 1992 (Acta historica Leopoldina 20), S. 83–92.

- Kant, Horst: Gabriel Daniel Fahrenheit, René-Antoine Ferchault de Réaumur, Anders Celsius. Leipzig [Teubner] 1984.
- Kempe, Michael: Gelehrte Korrespondenzen. Frühneuzeitliche Wissenschaftskultur im Medium postalischer Kommunikationen. In: Fabio Crivellari u.a. (Hgg.): Die Medien der Geschichte. Historizität und Medialität in interdisziplinärer Perspektive. Konstanz [UVK Verl.-Ges.] 2004, S. 407–429.
- Kempe, Michael: Zwischen den Maschen. Die andere Seite der Korrespondenznetze. In: Regina Dauser, Stefan Hächler u.a. (Hgg.): Wissen im Netz. Botanik und Pflanzentransfer in europäischen Korrespondenznetzen des 18. Jahrhunderts. Berlin [Akademie] 2008 (Colloquia Augustana 24), S. 301–314.
- Keunecke, Hans-Otto: Die Trewschen Sammlungen in Erlangen. In: Thomas Schnalke (Hg.): Natur im Bild. Anatomie und Botanik in der Sammlung des Nürnberger Arztes Christoph Jacob Trew. Ausstellungskatalog. Erlangen [Universitätsbibliothek Erlangen-Nürnberg] 1995 (Schriften der Universitätsbibliothek Erlangen-Nürnberg 27), S. 131–164.
- Kränler, Joseph: Die Augsburger Botenanstalt. In: Zeitschrift des Historischen Vereins für Schwaben Bd. 3 (1876), S. 297–307.
- Krempel, Lothar: The Language of Networks. In: Gerfried Stocker, Christine Schöpf (Hgg.): Ars Electronica 2004: Timeshift – Die Welt in 25 Jahren. 25 Jahre Festival für Kunst, Technologie und Gesellschaft. Ostfildern [Ruit] 2004, S. 234–243.
- Krempel, Lothar: Visualisierung komplexer Strukturen. Grundlagen der Darstellung mehrdimensionaler Netzwerke. Frankfurt am Main, New York [Campus] 2005 (Schriften des Max-Planck-Instituts für Gesellschaftsforschung, Sonderband).
- Krückmann, Peter O.: Das Bayreuth der Markgräfin Wilhelmine. Paradies des Rokoko. München, London u.a. [Prestel] 1998.
- Kümmel, Werner Friedrich: De Morbis Aulicis: On Diseases Found at Court. In: Vivian Nutton (Hg.): Medicine at the courts of Europe, 1500–1837. London, New York [Routledge] 1990, S. 15–48.
- Kunisch, Johannes: Das Mirakel des Hauses Brandenburg. Studien zum Verhältnis von Kabinettspolitik und Kriegsführung im Zeitalter des Siebenjährigen Krieges. München, Wien [Oldenbourg] 1978.
- Kunisch, Johannes: Hofkultur und höfische Gesellschaft in Brandenburg-Preußen im Zeitalter des Absolutismus. In: August Buck, Georg Kauffmann u.a. (Hgg.): Europäische Hofkultur im 16. und 17. Jahrhundert. Vorträge und Referate gehalten anläßlich des Kongresses des Wolfenbütteler Arbeitskreises für Renaissanceforschung und des Internationalen Arbeitskreises für Barockliteratur in der Herzog August Bibliothek Wolfenbüttel vom 4. bis 8. September 1979. Bd. III (Referate der Sektionen 6 bis 10). Hamburg [Hauswedell&Co.] 1981 (Wolfenbütteler Arbeiten zur Barockforschung 10), S. 735–744.
- Lachmund, Jens u. Gunnar Stollberg: The doctor, his audience, and the meaning of illness: The drama of medical practice in the late 18th and early 19th centuries. In: Dies. (Hgg.): The social construction of illness. Illness and medical knowledge in past and present. Stuttgart [Steiner] 1992 (Medizin, Gesellschaft und Geschichte, Beiheft 1), S. 53–66.
- Langeheine, Volker: Bemerkungen zur Briefforschung. In: Inger Rosengren (Hg.): Sprache und Pragmatik. Lunder Symposium 1982. Stockholm [Almqvist & Wiksell International] 1983 (Lunder germanistische Forschungen 52), S. 299–316.
- Lesky, Erna: Medizin im Zeitalter der Aufklärung. In: Lessing und die Zeit der Aufklärung. Vorträge gehalten auf der Tagung der Joachim Jungius-Gesellschaft der Wissenschaften Hamburg am 10. und 11. Oktober 1967. Göttingen [Vandenhoeck & Ruprecht] 1968

(Veröffentlichungen der Joachim Jungius-Gesellschaft der Wissenschaften Hamburg 10), S. 77–99.

- Letkemann, Peter: Die Naturforschende Gesellschaft zu Danzig – Geschichtliche Entwicklung. In: Gilbert H. Gornig (Hg.): Deutsch-polnische Begegnung zu Wissenschaft und Forschung im zusammenwachsenden Europa. Lübeck [Danziger Naturforschende Gesellschaft] 1997 (Schriftenreihe der Danziger Naturforschenden Gesellschaft 1), S. 19–25.
- Lobitzer, Harald u. Karel Pošmourný: Johann Baptist Bohadsch – Ein Pionier der naturwissenschaftlichen Erforschung des Salzkammergutes. In: Jahrbuch der Geologischen Bundesanstalt 150 (2010), S. 473–490.
- Lunel, Alexandre: La maison médicale du roi: XVIe – XVIIIe siècles. Le pouvoir royal et les professions de santé (médecins, chirurgiens, apothicaires). Seyssel [Champ Vallon] 2008.
- Mandrou, Robert: Des humanistes aux hommes de science (XVIe et XVIIe siècles). Paris [Du Seuil] 1973 (Histoire de la pensée européenne 3).
- Mann, Gunter: Medizinisch-naturwissenschaftliche Buchillustration im 18. Jahrhundert in Deutschland. In: Sitzungsberichte der Gesellschaft zur Beförderung der gesamten Naturwissenschaften zu Marburg 84 (1964), S. 3–48.
- Mann, Gunter: Medizin der Aufklärung: Begriff und Abgrenzung. In: Medizinhistorisches Journal 1 (1966), S. 63–74.
- Mann, Gunter: Wissenschaftsgeschichte und das achtzehnte Jahrhundert: Probleme der Periodisierung und Historiographie. In: Bernhard Fabian, Wilhelm Schmidt-Biggemann (Hgg.): Das achtzehnte Jahrhundert als Epoche. Nendeln [KTO Press] 1978 (Studien zum achtzehnten Jahrhundert 1), S. 105–125.
- Martens, Wolfgang: Der patriotische Minister. Fürstendiener in der Literatur der Aufklärungszeit. Weimar, Köln u.a. [Böhlau] 1996 (Studien zur Literatur- und Kunstgeschichte der Neuzeit 1).
- Marti, Hanspeter: Ausbildung, Schule und Universität. In: Richard van Dülmen, Sina Rauschenbach (Hgg.): Macht des Wissens. Die Entstehung der modernen Wissensgesellschaft. Köln, Weimar u.a. [Böhlau] 2004, S. 391–416.
- McNeill, John Robert u. William Hardy: The Human Web. A Bird's-Eye View of World History. New York, London [Norton] 2003.
- Meißner, Helmuth: Auch in Himmelkron war Wilhelmine gern. In: Fränkische Heimat, Beilage der Bayerischen Rundschau Nr. 7/1998. Abrufbar über: http://www.die-lindenallee.de/histor002.htm, zuletzt abgerufen am 22.9.2011. (1998a)
- Meißner, Helmuth: Stiftskirche, ehemaliges Kloster und Schloss Himmelkron. 5. Auflage. München, Berlin [Deutscher Kunstverlag] 1998 (Große Baudenkmäler 245). (1998b)
- Meyer-Habrich, Christa: Untersuchungen zur pietistischen Medizin und ihrer Ausprägung bei Johann Samuel Carl (1677–1757) und seinem Kreis. Habil.-Schr. München 1981.
- Mitzel-Kaoukhov, Heidrun Karin: Die Briefe Johann Heinrich Schulzes (1687–1744) an Christoph Jacob Trew. Diss. med. Erlangen 2011.
- Moreno, Jacob L.: Application of the Group Method to Classification. New York [National Commission on Prison and Prison Labor] 1932.
- Mücke, Marion u. Thomas Schnalke: Briefnetz Leopoldina. Die Korrespondenz der Deutschen Akademie der Naturforscher um 1750. Berlin [de Gruyter] 2009.
- Müller, Gerhard H.: Martin Frobenius Ledermüllers Beziehungen zum Bayreuther Hof unter Markgraf Friedrich. In: Jahrbuch für Fränkische Landesforschung (JfL) 38 (1978), S. 171–180.

- Müller, Rainer A.: Der Fürstenhof in der Frühen Neuzeit. München [Oldenbourg] 1995 (Enzyklopädie Deutscher Geschichte 33).
- Müssel, Karl: Bauten, Jagden und Feste der Bayreuther Markgrafen in Kaiserhammer. In: Archiv für Geschichte von Oberfranken 41 (1961), S. 271–344.
- Naumann, Carl W.: Ledermüller. Erzählung. Leipzig [Scholtze] 1921.
- Naumann, Carl W.: Ledermüller und v. Gleichen-Rußworm. Zwei deutsche Mikroskopisten der Zopfzeit. Leipzig [Scholtze] 1926.
- Neuhaus, Helmut (Hg.): Aufbruch aus dem Ancien régime. Beiträge zur Geschichte des 18. Jahrhunderts. Köln, Weimar u.a. [Böhlau] 1993.
- Neuhaus, Helmut (Hg.): Erlanger Editionen. Grundlagenforschung durch Quelleneditionen: Berichte und Studien. Erlangen, Jena [Palm&Enke] 2009 (Erlanger Studien zur Geschichte 8).
- Neumeister, Sebastian u. Conrad Wiedemann (Hgg.): Res Publica Litteraria. Die Institutionen der Gelehrsamkeit in der frühen Neuzeit. Teil I und II. Wiesbaden [Harrassowitz] 1987 (Wolfenbütteler Arbeiten zur Barockforschung 14).
- Nickisch, Reinhard M. G.: Brief. Stuttgart [J. B. Metzler] 1991 (Sammlung Metzler 260).
- North, Michael: Kommunikation, Handel, Geld und Banken in der frühen Neuzeit. München [Oldenbourg] 2000 (Enzyklopädie deutscher Geschichte 59).
- Nutton, Vivian (Hg.): Medicine at the courts of Europe, 1500–1837. London, New York [Routledge] 1990. (1990a)
- Nutton, Vivian: Introduction. In: Dies. (Hg.): Medicine at the courts of Europe, 1500–1837. London, New York [Routledge] 1990, S. 1–14. (1990b)
- Parsche, Friedrich: Das Glasherrengeschlecht Preisler in Böhmen, Bayern und Schlesien. München [Robert Lerche] 1977 (Wissenschaftliche Materialien und Beiträge zur Geschichte und Landeskunde der böhmischen Länder 23).
- Pieper, Renate: Die Vermittlung einer neuen Welt. Amerika im Nachrichtennetz des Habsburgischen Imperiums 1493–1598. Mainz [Philipp von Zabern] 2000 (Veröffentlichungen des Instituts für Europäische Geschichte Mainz, Abteilung für Universalgeschichte 163).
- Pirson, Julius: Der Nürnberger Arzt und Naturforscher Christoph Jacob Trew (1695–1769). In: Mitteilungen des Vereins für Geschichte der Stadt Nürnberg 44 (1953), S. 448–576.
- Pross, Wolfgang: Einführung in die Diskussion. In: Wolf von Engelhardt u.a. (Hgg.): Zur Edition naturwissenschaftlicher Texte der Goethezeit. Leopoldina-Meeting vom 22. bis 23. Mai 1992 in Halle (Saale). Leipzig [Barth] 1992 (Acta historica Leopoldina 20), S. 121–131.
- Rau, Tilman: Das Nürnberger Commercium litterarium ad rei medicae et scientiae naturalis incrementum institutum (1731–1745). Ein Beitrag zur Frühgeschichte des medizinischen Journalismus. Diss. med. Erlangen 2006.
- Rau, Tilman: Das Commercium Litterarium. Die erste medizinische Wochenschrift in Deutschland und die Anfänge des medizinischen Journalismus. Bremen [edition lumière] 2009 (Presse und Geschichte – Neue Beiträge 42).
- Reicke, Emil (Hg.): Neues aus der Zopfzeit. Gottscheds Briefwechsel mit dem Nürnberger Naturforscher Martin Frobenius Ledermüller und dessen seltsame Lebensschicksale. Leipzig [Scholtze] 1923.
- Reinhard, Wolfgang: Freunde und Kreaturen. „Verflechtung“ als Konzept zur Erforschung historischer Führungsgruppen. In: Ders.: Ausgewählte Abhandlungen. Berlin [Duncker&Humblot] 1997 (Historische Forschungen 60), S. 289–310.
- Reinhard, Wolfgang: Freunde und Kreaturen. Historische Anthropologie von Patronage-Klientel-Beziehungen. In: Freiburger Universitätsblätter 37, Heft 139 (1998), S. 127–141.

- Riedelbauch, Martin: Aufstieg, Wirken und Niedergang der Reichsgrafen von Ellrodt. In: Archiv für die Geschichte von Oberfranken Bd. 39 (1959), S. 292–302.
- Roche, Daniel: Les primitifs du Rousseauisme: une analyse sociologique et quantitative de la correspondance de J.J. Rousseau. In: Annales 26 (1971), S. 151–172.
- Rohmer, Ernst: „Der Vater seines Landes [...] ist nicht geringer, als der Held“. Johann Peter Uz und die Haltung zum Krieg im Markgraftum Brandenburg-Ansbach. In: Wolfgang Adam, Holger Dainat (Hgg.): „Krieg ist mein Lied“. Der Siebenjährige Krieg in den zeitgenössischen Medien. Göttingen [Wallstein] 2007 (Schriften des Gleimhauses Halberstadt 5), S. 177–192.
- Ruisinger, Marion Maria: Markgräfin Wilhelmine von Bayreuth und die Academia Fridericiana Erlangensis. Eine Geschichte zwischen den Zeilen. In: Nadja Bennewitz, Gaby Franger (Hgg.): „Die Erlangischen Mädchen sind recht schön und artig...“. Ein Erlanger Frauengeschichtsbuch. Cadolzburg [ars vivendi] 2002, S. 31–40.
- Ruisinger, Marion Maria u. Thomas Schnalke: Der Lehrer und sein Schüler. Die Korrespondenz zwischen Lorenz Heister und Christoph Jacob Trew. In: Gesnerus 61 (2004), S. 198–231.
- Ruisinger, Marion Maria: Lorenz Heister und die Braunschweig-Blume. Eine Zwiebel vom Kap der Guten Hoffnung als Instrument der gelehrten und höfischen Selbst-Präsentation. In: Regina Dauser, Stefan Hächler u.a. (Hgg.): Wissen im Netz. Botanik und Pflanzentransfer in europäischen Korrespondenznetzen des 18. Jahrhunderts. Berlin [Akademie] 2008 (Colloquia Augustana 24), S. 151–169. (2008a)
- Ruisinger, Marion Maria: Patientenwege. Die Konsiliarkorrespondenz Lorenz Heisters (1683–1758) in der Trew-Sammlung Erlangen. Stuttgart [Steiner] 2008 (Medizin, Gesellschaft und Geschichte, Beiheft 28). (2008b)
- Rupprecht, Bernhard: „Gedächtnuß der von Uns angefangenen Neuen Stadt zu St. Georgen am See“. Die Planstadt des Markgrafen Georg Wilhelm. In: Helmut Neuhaus (Hg.): Aufbruch aus dem Ancien régime. Beiträge zur Geschichte des 18. Jahrhunderts. Köln, Weimar u.a. [Böhlau] 1993, S. 135–156.
- Rüthnick, Richard: Die Politik des Bayreuther Hofes im siebenjährigen Kriege vornehmlich nach archivalischen Quellen dargestellt. In: Archiv für Geschichte und Altertumskunde von Oberfranken 22, H. 3 (1905), S. 118–234.
- Schmid, Irmtraut: Der Brief als historische Quelle. In: Christoph König, Siegfried Seifert (Hgg.): Literaturarchiv und Literaturforschung. Aspekte neuer Zusammenarbeit. München [Saur] 1996, S. 105–116.
- Schmidt, Gustav: Die Bayreuther Markgrafen. Eine Zusammenschau. Bayreuth [Regierung von Oberfranken] 2000 (Heimatbeilage zum Oberfränkischen Schulanzeiger 273).
- Schmidt, Roderich (Hg.): Bayreuth und die Hohenzollern vom ausgehenden Mittelalter bis zum Ende des Alten Reiches. Jahrestagung des Wissenschaftlichen Arbeitskreises für Mitteldeutschland 10.–12. Mai 1989 in Bayreuth. Ebsdorfer Grund [Stahringer] 1992.
- Schmidt-Herrling, Eleonore: Die Bibliothek des Arztes Christoph Jacob Trew. In: Gunda Werner, Eleonore Schmidt-Herrling: Die Bibliotheken der Universität Altdorf. Leipzig [Harrassowitz] 1937 (Zentralblatt für Bibliothekswesen, Beiheft 69), S. 88–138.
- Schmidt-Herrling, Eleonore: Christoph Jacob Trew, 1695–1769. In: Medizinische Monatsschrift 7 (1953), S. 382–385.
- Schmidt-Herrling, El[eonore]: Die Buirette von Oehlefeldt. In: Erlanger Heimatblätter 39 (1956), Nr. 11 vom 14. November 1956, nicht paginiert. (1956a)
- Schmidt-Herrling, El[eonore]: Die Buirette von Oehlefeldt (1. Fortsetzung). In: Erlanger Heimatblätter 39 (1956), Nr. 12 vom 12. Dezember 1956, nicht paginiert. (1956b)

- Schmidt-Herrling, El[eonore]: Die Buirette von Oehlenfeldt (2. Fortsetzung). In: Erlanger Heimatblätter 40 (1957), Nr. 1 vom 16. Januar 1957, nicht paginiert. (1957a)
- Schmidt-Herrling, El[eonore]: Die Buirette von Oehlenfeldt (Schluß). In: Erlanger Heimatblätter 40 (1957), Nr. 2 vom 13. Februar 1957, nicht paginiert. (1957b)
- Schnalke, Thomas: Arzt und Sammler im Dienste der Aufklärung. Zum 300. Geburtstag von Christoph Jacob Trew (1695–1769). In: Deutsche Medizinische Wochenschrift 120 (1995), S. 580–584. (1995a)
- Schnalke, Thomas (Hg.): Natur im Bild. Anatomie und Botanik in der Sammlung des Nürnberger Arztes Christoph Jacob Trew. Ausstellungskatalog. Erlangen [Universitätsbibliothek Erlangen-Nürnberg] 1995 (Schriften der Universitätsbibliothek Erlangen-Nürnberg 27). (1995b)
- Schnalke, Thomas: Anatomie für alle! Trew und sein Projekt eines anatomischen Tafelwerks. In: Ders. (Hg.): Natur im Bild. Anatomie und Botanik in der Sammlung des Nürnberger Arztes Christoph Jacob Trew. Ausstellungskatalog. Erlangen [Universitätsbibliothek Erlangen-Nürnberg] 1995 (Schriften der Universitätsbibliothek Erlangen-Nürnberg 27), S. 53–72. (1995c)
- Schnalke, Thomas: Das genaue Bild. Das schöne Bild. Trew und die botanische Illustration. In: Ders. (Hg.): Natur im Bild. Anatomie und Botanik in der Sammlung des Nürnberger Arztes Christoph Jacob Trew. Ausstellungskatalog. Erlangen [Universitätsbibliothek Erlangen-Nürnberg] 1995 (Schriften der Universitätsbibliothek Erlangen-Nürnberg 27), S. 99–129. (1995d)
- Schnalke, Thomas: Einleitung: „Dem publico zu dienen“. In: Ders. (Hg.): Natur im Bild. Anatomie und Botanik in der Sammlung des Nürnberger Arztes Christoph Jacob Trew. Ausstellungskatalog. Erlangen [Universitätsbibliothek Erlangen-Nürnberg] 1995 (Schriften der Universitätsbibliothek Erlangen-Nürnberg 27), S. 9–19. (1995e)
- Schnalke, Thomas: Medizin im Brief. Der städtische Arzt des 18. Jahrhunderts im Spiegel seiner Korrespondenz. Stuttgart [Franz Steiner] 1997 (Sudhoffs Archiv, Beiheft 37).
- Schnalke, Thomas: Die korrespondierende Akademie – Organisation und Entwicklung der Leopoldina um 1750. In: Benno Parthier, Dietrich von Engelhardt (Hgg.): 350 Jahre Leopoldina – Anspruch und Wirklichkeit. Festschrift der Deutschen Akademie der Naturforscher Leopoldina 1652–2002. Halle [Druck-Zuck] 2002, S. 95–117.
- Schnalke, Thomas: Sammeln und Vernetzen. Christoph Jacob Trew (1695–1769) in seiner botanischen Matrix. In: Regina Dauser, Stefan Hächler u.a. (Hgg.): Wissen im Netz. Botanik und Pflanzentransfer in europäischen Korrespondenznetzen des 18. Jahrhunderts. Berlin [Akademie] 2008 (Colloquia Augustana 24), S. 171–200.
- Schneider, Ulrich Johannes (Hg.): Kultur der Kommunikation. Die europäische Gelehrtenrepublik im Zeitalter von Leibniz und Lessing. Wiesbaden [Harrassowitz] 2005 (Wolfenbütteler Forschungen 109). (2005a)
- Schneider, Ulrich Johannes: Leibniz und Lessing als Bürger der Gelehrtenrepublik. In: Ders. (Hg.): Kultur der Kommunikation. Die europäische Gelehrtenrepublik im Zeitalter von Leibniz und Lessing. Wiesbaden [Harrassowitz] 2005 (Wolfenbütteler Forschungen 109), S. 345–356. (2005b)
- Schneider, Ute: Die Funktion wissenschaftlicher Rezensionszeitschriften im Kommunikationsprozeß der Gelehrten. In: Ulrich Johannes Schneider (Hg.): Kultur der Kommunikation. Die europäische Gelehrtenrepublik im Zeitalter von Leibniz und Lessing. Wiesbaden [Harrassowitz] 2005 (Wolfenbütteler Forschungen 109), S. 279–291. (2005c)
- Schön, Gerhard: Münz- und Geldgeschichte der Fürstentümer Ansbach und Bayreuth im 17. und 18. Jahrhundert. Diss. München 2005.

- Schötz, Franz Josef: Zur Geschichte der Botanik an der Universität Ingolstadt 1472–1800 der heutigen Ludwig-Maximilians-Universität München. Die Botanik als Teil der Medizin. München [Verlag der Bayerischen Akademie Der Wissenschaften] 2005 (Bayerische Akademie der Wissenschaften, Mathematisch-naturwissenschaftliche Klasse, Abhandlungen Neue Folge, Heft 173).
- Schröter, Marianne: Theoria cum praxi – praxis cum theoria. Theorie mit Praxis – Praxis mit Theorie. In: Gunnar Berg u.a. (Hgg.): Emporium. 500 Jahre Universität Halle-Wittenberg. Halle (Saale) [fliegenkopf] 2002, S. 69–93.
- Schug, Dieter: Christoph Jakob Trew. In: Fränkische Lebensbilder 8 (1978), S. 130–146.
- Schuhmann, Günther: Die Markgrafen von Brandenburg-Ansbach. Eine Bilddokumentation zur Geschichte der Hohenzollern in Franken. Ansbach [Selbstverlag des Historischen Vereins für Mittelfranken] 1980 (Jahrbuch des Historischen Vereins für Mittelfranken, 90. Bd.).
- Schultze, Johannes: Richtlinien für die äußere Textgestaltung bei Herausgabe von Quellen zur neueren deutschen Geschichte. In: Blätter für deutsche Landesgeschichte 98 (1962), S. 1–11.
- Schumann, Eduard: Geschichte der Naturforschenden Gesellschaft in Danzig 1743–1892. Danzig u.a. [Engelmann] 1893.
- Schumann, Matt u. Karl Schweizer: The Seven Years War. A transatlantic history. London u.a. [Routledge] 2008.
- Schüttpelz, Erich: Adelsfamilie von Wittenhorst-Sonsfeld in Haldern (1145–1845). Haldern [Selbstverlag Heimatverein Haldern e.V.] 1999.
- Schwackenhofer, Hans: Die Reichserbmarschälle, Grafen und Herren von und zu Pappenheim. Zur Geschichte eines Reichsministerialengeschlechtes. Treuchtlingen, Berlin [Walter E. Keller] 2002.
- Schwan, Werner: Die Entwicklung des Erlanger Geologischen Museums aus dem Naturalienkabinett von 1743 bis heute. In: Stadtmuseum Erlangen (Hg.): Die Friedrich-Alexander-Universität Erlangen-Nürnberg 1743–1993. Geschichte einer deutschen Hochschule. Ausstellung im Stadtmuseum Erlangen 24.10.1993–27.2.1994. Nürnberg [W. Tümmels] 1993 (Veröffentlichungen des Stadtmuseums Erlangen 43), S. 613–618.
- Seelig, Lorenz: Das Kunst- und Raritätenkabinett im Besitz der Friedrich-Alexander-Universität. In: Stadtmuseum Erlangen (Hg.): Die Friedrich-Alexander-Universität Erlangen-Nürnberg 1743–1993. Geschichte einer deutschen Hochschule. Ausstellung im Stadtmuseum Erlangen 24.10.1993–27.2.1994. Nürnberg [W. Tümmels] 1993 (Veröffentlichungen des Stadtmuseums Erlangen 43), S. 563–574.
- Seiderer, Georg: Formen der Aufklärung in fränkischen Städten. Ansbach, Bamberg und Nürnberg im Vergleich. München [C. H. Beck] 1997 (Schriftenreihe zur bayerischen Landesgeschichte 114).
- Seiderer, Georg: Aufklärung in Nürnberg. In: Michael Diefenbacher, Gerhard Rechter (Hgg.): Vom Adler zum Löwen. Die Region Nürnberg wird bayerisch 1775–1835. Nürnberg [Stadt Nürnberg] 2006 (Ausstellungskataloge des Stadtarchivs Nürnberg 17), S. 77–89.
- Sessler, Hans: Das Botenwesen der Reichsstadt Nürnberg. Diss. masch. Erlangen 1946.
- Settekorn, Wolfgang: Wie der Süden im Norden hinter Glas gedeiht. Beobachtungen zu den Nürnbergischen Hesperides des Johann Christoph Volkamer. In: Jürgen Landwehr (Hg.): Natur hinter Glas. Zur Kulturgeschichte von Orangerien und Gewächshäusern. St. Ingbert [Röhrig] 2003, S. 71–127.
- Shapin, Steven: A Social History of Truth. Civility and Science in Seventeenth-century England. Chicago [Univ. of Chicago Press] 1994.

- Sicken, Bernhard: Die preussische Werbung in Franken. In: Heinz Duchhardt (Hg.): Friedrich der Große, Franken und das Reich. Köln, Wien [Böhlau] 1986 (Bayreuther Historische Kolloquien 1), S. 121–156.
- Spary, Emma C.: Botanical Networks revisited. In: Regina Dauser, Stefan Hächler u.a. (Hgg.): Wissen im Netz. Botanik und Pflanzentransfer in europäischen Korrespondenznetzen des 18. Jahrhunderts. Berlin [Akademie] 2008 (Colloquia Augustana 24), S. 47–64.
- Splinter, Susan: „Der Aufrichtige Medicus", eine Zeitschrift des Nürnberger Arztes Johann Christoph Götz (1688–1733) als Vorläufer des „Commercium Litterarium". In: Jahrbuch für Kommunikationsgeschichte 13 (2011), S. 5–15.
- Stählin, Agnes: Gelegenheitsgedichte, Leichenpredigten und Nachrufe im Besitz der Universitätsbibliothek Erlangen. 2. Auflage. Erlangen 1986.
- Steinhausen, Georg: Geschichte des deutschen Briefes. Zur Kulturgeschichte des deutschen Volkes. 2 Bde. Berlin [Gaertner] 1889–1891.
- Steinke, Hubert (Hg.): Der nützliche Brief. Die Korrespondenz zwischen Albrecht von Haller und Christoph Jakob Trew 1733–1763. Basel [Schwabe&CO AG] 1999 (Studia Halleriana V).
- Steinke, Hubert u. Martin Stuber: Medical Correspondence in Early Modern Europe. An Introduction. In: Gesnerus 61 (2004), S. 139–160.
- Steinke, Hubert: Gelehrte–Liebhaber–Ökonomen. Typen botanischer Briefwechsel im 18. Jahrhundert. In: Regina Dauser, Stefan Hächler u.a. (Hgg.): Wissen im Netz. Botanik und Pflanzentransfer in europäischen Korrespondenznetzen des 18. Jahrhunderts. Berlin [Akademie] 2008 (Colloquia Augustana 24), S. 135–147. (Steinke 2008)
- Steinke, Hubert u. Urs Boschung, Wolfgang Proß (Hgg.): Albrecht von Haller. Leben–Werk–Epoche. Göttingen [Wallstein] 2008. (Steinke/Boschung/Proß 2008)
- Steinke, Hubert u. Martin Stuber: Haller und die Gelehrtenrepublik. In: Hubert Steinke, Urs Boschung, Wolfgang Proß (Hgg.): Albrecht von Haller. Leben–Werk–Epoche. Göttingen [Wallstein] 2008, S. 381–414. (Steinke/Stuber 2008)
- Steinlin, Uli W.: Die Vorfahren der Familie Steinlin von St. Gallen. Textband. Basel [Krebs] 2008. (2008a)
- Steinlin, Uli W.: Die Vorfahren der Familie Steinlin von St. Gallen. Ahnentafel Steinlin-Herzog. Teil 1. Tafeln 1–200. Basel [Krebs] 2008. (2008b)
- Steudel, Johannes: Wesenszüge der Medizin des 18. Jahrhunderts. In: Deutsches medizinisches Journal 5 (1954), S. 81–86.
- Stolberg, Michael: Homo patiens. Krankheits- und Körpererfahrung in der Frühen Neuzeit. Köln, Weimar u.a. [Böhlau] 2003.
- Stuber, Martin u. Stefan Hächler, Luc Lienhard (Hgg.): Hallers Netz. Ein europäischer Gelehrtenbriefwechsel zur Zeit der Aufklärung. Basel [Schwabe] 2005 (Studia Halleriana IX). (Stuber/Hächler/Lienhard 2005)
- Stuber, Martin u. Stefan Hächler, Hubert Steinke: Albrecht von Hallers Korrespondenznetz. Eine Gesamtanalyse. In: Martin Stuber, Stefan Hächler, Luc Lienhard (Hgg.): Hallers Netz. Ein europäischer Gelehrtenbriefwechsel zur Zeit der Aufklärung. Basel [Schwabe] 2005 (Studia Halleriana IX), S. 3–216. (Stuber/Hächler/Steinke 2005)
- Stuber, Martin u. Stefan Hächler, Lothar Krempel, Marion Maria Ruisinger: Exploration von Netzwerken durch Visualisierung. Die Korrespondenznetze von Banks, Haller, Heister, Linné, Rousseau, Trew und der Oekonomischen Gesellschaft Bern. In: Regina Dauser, Stefan Hächler u.a. (Hgg.): Wissen im Netz. Botanik und Pflanzentransfer in europäischen Korrespondenznetzen des 18. Jahrhunderts. Berlin [Akademie] 2008 (Colloquia Augustana 24), S. 347–374.

- Sturm, Heribert: Eger. Geschichte einer Reichsstadt. 2 Bde. Augsburg [Kraft] 1951–52.
- Ter Meulen, Volker (Hg.): Geschichte, Struktur, Aufgaben. Deutsche Akademie der Naturforscher Leopoldina. 12. Auflage. Halle (Saale) [Deutsche Akademie der Naturforscher Leopoldina] 2009.
- Thurner, Annette Petra: Johann Georg Hasenest (1689–1771) und sein Werk „Der Medicinische Richter". Diss. med. Erlangen 2009.
- Tschopp, Silvia Serena: Popularisierung gelehrten Wissens im 18. Jahrhundert. Institutionen und Medien. In: Richard van Dülmen, Sina Rauschenbach (Hgg.): Macht des Wissens. Die Entstehung der modernen Wissensgesellschaft. Köln, Weimar u.a. [Böhlau] 2004, S. 469–489.
- Wasserman, Stanley u. Katherine Faust: Social Network Analysis: Methods and Applications. Cambridge [Cambridge Univ. Press] 1994.
- Weber, Wolfgang E. J.: Pikante Verhältnisse. Verflechtung und Netzwerk in der jüngeren historisch-kulturwissenschaftlichen Forschung. In: Regina Dauser, Stefan Hächler u.a. (Hgg.): Wissen im Netz. Botanik und Pflanzentransfer in europäischen Korrespondenznetzen des 18. Jahrhunderts. Berlin [Akademie] 2008 (Colloquia Augustana 24), S. 289–299.
- Wegner, Richard N.: Christoph Jacob Trew (1695–1769). Ein Führer zur Blütezeit naturwissenschaftlicher Abbildungswerke in Nürnberg im 18. Jahrhundert. In: Mitteilungen zur Geschichte der Medizin, der Naturwissenschaften und der Technik 39 (1940), S. 218–228.
- Wenzel, Manfred: Die Soemmering-Edition der Akademie der Wissenschaften und Literatur, Mainz. In: Wolf von Engelhardt (Hg.): Zur Edition naturwissenschaftlicher Texte der Goethezeit. Leopoldina-Meeting vom 22. bis 23. Mai 1992 in Halle (Saale). Leipzig [Barth] 1992 (Acta historica Leopoldina 20), S. 105–120.
- Wickert, Konrad: Joachim Camerarius und das Mattioli'sche Kräuterbuch (1586). In: Mitteilungen des Vereins für Geschichte der Stadt Nürnberg 82 (1995), S. 139–154.
- Wilke, Jürgen: Grundzüge der Medien- und Kommunikationsgeschichte. Köln, Weimar u.a. [Böhlau] 2008.
- Winau, Rolf: Der Hof des Großen Kurfürsten und die Wissenschaften. In: August Buck, Georg Kauffmann u.a. (Hgg.): Europäische Hofkultur im 16. und 17. Jahrhundert. Vorträge und Referate gehalten anläßlich des Kongresses des Wolfenbütteler Arbeitskreises für Renaissanceforschung und des Internationalen Arbeitskreises für Barockliteratur in der Herzog August Bibliothek Wolfenbüttel vom 4. bis 8. September 1979. Bd. III (Referate der Sektionen 6 bis 10). Hamburg [Hauswedell&Co.] 1981 (Wolfenbütteler Arbeiten zur Barockforschung 10), S. 647–658.
- Winterling, Aloys: „Hof". Versuch einer idealtypischen Bestimmung anhand der mittelalterlichen und frühneuzeitlichen Geschichte. In: Reinhardt Butz, Jan Hirschbiegel u.a. (Hgg.): Hof und Theorie. Annäherungen an ein historisches Phänomen. Köln, Weimar u.a. [Böhlau] 2004 (Norm und Struktur 22), S. 77–90.
- Wittern, Renate: Wilhelmine von Bayreuth und Daniel de Superville: Vorgeschichte und Frühzeit der Erlanger Universität. Erlangen [Friedrich-Alexander-Universität Erlangen-Nürnberg] 1993 (Erlanger Universitätsreden, Nr. 46/1993). (1993a)
- Wittern, Renate: Medizin und Aufklärung. In: Helmut Neuhaus (Hg.): Aufbruch aus dem Ancien régime. Beiträge zur Geschichte des 18. Jahrhunderts. Köln, Weimar u.a. [Böhlau] 1993, S. 245–266. (1993b)
- Wittern-Sterzel, Renate: Eine folgenreiche Erbschaft. Die Anfänge der Sammlungen der Universität Erlangen-Nürnberg. In: Udo Andraschke, Marion Maria Ruisinger (Hgg.):

Die Sammlungen der Universität Erlangen-Nürnberg. Begleitband zur Ausstellung „Ausgepackt. Die Sammlungen der Universität Erlangen-Nürnberg“ 20. Mai – 29. Juli 2007 Stadtmuseum Erlangen. Erlangen [Friedrich-Alexander-Universität Erlangen-Nürnberg] 2007, S. 11–23.

- Wittwer, Philipp L.: Entwurf einer Geschichte des Kollegiums der Aerzte in der Reichsstadt Nürnberg. Nürnberg [Stiebner] 1792.
- Zedelmaier, Helmut u. Martin Mulsow (Hgg.): Die Praktiken der Gelehrsamkeit in der Frühen Neuzeit. Tübingen [Max Niemeyer] 2001 (Frühe Neuzeit 64).
- Ziehl, J.C.: Erinnerungen an Christoph Jacob Trew und seine Zeit. Nürnberg [Bauer & Raspe] 1857.

12 Abbildungsverzeichnis

Kolibri 360 GmbH
Ferdinand-Jühlke-Straße 7
99095 Erfurt, Deutschland
produktsicherheit@kolibri360.de